U0378790

电线电缆手册

第 2 册

第 3 版

上海电缆研究所

中国电器工业协会电线电缆分会 ｜ 组　编

中国电工技术学会电线电缆专业委员会

吴长顺　　主　编

机 械 工 业 出 版 社

《电线电缆手册》第 3 版共分四册，汇集了电线电缆产品设计、生产和使用中所需的有关技术资料。

本书为第 2 册，内容包括：电力电缆品种和结构、电性能参数及其计算、结构设计、热稳定性、载流量、性能测试以及充油电缆供油系统设计；电气装备用电线电缆导电线芯结构及绝缘层和护层的设计原则、品种、用途、规格、技术指标、试验方法及测试设备等；电缆护层的分类、结构、型号、特性和用途、设计与计算以及性能测试等；电线电缆的结构计算。

本书可供电线电缆的生产、科研、设计、商贸以及应用部门与机构的工程技术人员使用，也可供大专院校相关专业的师生参考。

图书在版编目（CIP）数据

电线电缆手册. 第 2 册/吴长顺 主编. —3 版 . —北京：机械工业出版社，2017.8（2024.5 重印）
ISBN 978-7-111-57463-7

Ⅰ. ①电… Ⅱ. ①吴… Ⅲ. ①电线–手册②电缆–手册
Ⅳ. ①TM246-62

中国版本图书馆 CIP 数据核字（2017）第 172793 号

机械工业出版社（北京市百万庄大街 22 号 邮政编码 100037）
策划编辑：付承桂　　　　　责任编辑：朱　林
责任校对：张晓蓉　肖　琳　封面设计：鞠　杨
责任印制：张　博
北京建宏印刷有限公司印刷
2024 年 5 月第 3 版第 3 次印刷
184mm×260mm · 49.5 印张 · 3 插页 · 1627 千字
标准书号：ISBN 978-7-111-57463-7
定价：220.00 元

凡购本书，如有缺页、倒页、脱页，由本社发行部调换

电话服务　　　　　　　　　　网络服务
服务咨询热线：010-88361066　机 工 官 网：www.cmpbook.com
读者购书热线：010-68326294　机 工 官 博：weibo.com/cmp1952
　　　　　　　010-88379203　金 书 网：www.golden-book.com
封面无防伪标均为盗版　　　教育服务网：www.cmpedu.com

《电线电缆手册》 第3版 编写委员会

总 前 言

《电线电缆手册》是我国电线电缆行业和众多材料、设备及用户行业的长期技术创新、技术积累及经验总结的提炼、集成与系统汇总，更是几代电缆人的智慧与知识的结晶。本手册自问世以来，为促进我国电线电缆工业发展、服务国家经济建设产生了重要影响，也为指导行业技术进步和培养行业技术人才发挥了重要作用。本手册已经成为电线电缆制造行业及其用户系统广大科技人员的一部重要的专业工具书。

《电线电缆手册》第2版自定稿投入印刷至今已近20年了。近20年来，随着时代的进步、科学技术的飞速发展以及全球经济一体化的快速推进，世界电线电缆工业的产品制造及其应用发生了很大变化，我国的线缆工业更是发生了翻天覆地的变化，新技术迅猛发展、新材料层出不穷、新产品不断开发、新应用遍地开花、新标准持续涌现、新需求强劲牵引……在电线电缆制造与应用方面，我国已成为全球制造和应用大国，在工业技术及应用上与发达国家的距离也大大缩小，在一些技术和产品领域已经跻身于国际先进行列。

为了总结、汇集和展示线缆新技术、新产品、新应用和新标准，同时为了方便和服务于线缆制造业及用户系统广大科技人员的查阅、学习、参考及应用，由上海电缆研究所、中国电器工业协会电线电缆分会、中国电工技术学会电线电缆专业委员会联合组成编写委员会，在《电线电缆手册》第2版基础上进行修订编写，形成《电线电缆手册》第3版。新版内容主要是以新技术为引导，以方便实用为目的，增加新技术、新产品和新应用介绍，同时适当删除过时、落后的技术及产品。这是一项服务行业、惠及社会的公益性工作，也是一项工作量繁杂浩大的系统工程。

为了更好地编写新版《电线电缆手册》，由上海电缆研究所作为主要负责方，联合行业协会及专业学会共同组织，邀请行业主要企业及用户的相关专家组成编写委员会，汇集行业之智慧、知识、经验等各项技术资源，在组编方的统一组织策划下，在各相关企业及广大科技人员的大力支持下，经过编委会成员的共同努力，胜利完成了手册第3版的编写工作。在此，谨向为本手册编写做出贡献的各位专家及科技人员以及所在的企业、机构表示深深的谢意。同时，特别感谢上海电缆研究所及其各级领导和科技人员给予的人力、智力、物力及财力的大力支持。可以说，本手册的编写成功是线缆行业共同努力的结果，行业的发展是不会忘记众多参与者为手册编写做出的贡献的。

《电线电缆手册》第2版分为三册，即电线电缆产品、线缆材料和附件与安装各为一册。鉴于近20年线缆产品发展迅速，品种增加很多，因而，将第1册的线缆产品分为两册，从而使《电线电缆手册》第3版共分成四册出版，具体内容包括：

第1册：裸电线与导体制品、绕组线、通信电缆与电子线缆以及光纤光缆四大类产品的品种、用途、规格、设计计算、技术指标、试验方法及测试设备等。

第2册：电力电缆和电气装备用线缆产品的品种、规格、性能与技术指标、设计计算、性能试验与测试设备等。

第3册：电线电缆和光缆所用材料的品种、组成、用途、性能、技术要求以及有关性能的检测方法。材料包括金属、纸、纤维、带材、电磁线漆、油料、涂料、塑料、橡胶和橡皮等。

第4册：电力用裸线、电力电缆、通信电缆与光缆以及电气装备用电线电缆的附件、安装敷设及运行维护。

今天，《电线电缆手册》第3版将以新的面貌出现在读者面前，相信新的手册定将会在我国线缆行业转型升级的新一轮发展中发挥更加重要的作用。

限于编者的知识、能力和水平，手册中难免有不合时宜的内容和谬误之处，诚恳期待读者的批评和指正。

同时，科学技术的不断发展与进步，相关标准的持续更新与修订，也将使手册相关内容与届时不完全相符，请读者查询并参考使用。

《电线电缆手册》第3版编写委员会

总　　论

1. 电线电缆的分类

电线电缆的广义定义为：用以传输电（磁）能、信息和实现电磁能转换的线材产品。广义的电线电缆亦简称为电缆，狭义的电缆是指绝缘电缆。它可定义为由下列部分组成的集合体：一根或多根导体线芯，以及它们各自可能具有的包覆层、总保护层及外护层。电缆亦可有附加的没有绝缘的导体。

为便于选用及提高产品的适用性，我国的电线电缆产品按其用途分成下列五大类。

(1) 裸电线与导体制品　指仅有导体而无绝缘层的产品，其中包括铜、铝等各种金属导体和复合金属圆单线、各种结构的架空输电线以及软接线、型线和型材等。

(2) 绕组线　以绕组的形式在磁场中切割磁力线感应产生电流，或通以电流产生磁场所用的电线，故又称电磁线，其中包括具有各种特性的漆包线、绕包线、无机绝缘线等。

(3) 通信电缆与通信光缆　用于各种信号传输及远距离通信传输的线缆产品，主要包括通信电缆、射频电缆、通信光缆、电子线缆等。

通信电缆是传输电话、电报、电视、广播、传真、数据和其他电信信息的电缆，其中包括市内通信电缆、数字通信对称电缆和同轴（干线）通信电缆，传输频率为音频~几千兆赫。

与通信电缆相比较，射频电缆是适用于无线电通信、广播和有关电子设备中传输射频（无线电）信号的电缆，又称为"无线电电缆"。其使用频率为几兆赫到几十吉赫，是高频、甚高频（VHF）和超高频（UHF）的无线电频率范围。射频电缆绝大多数采用同轴型结构，有时也采用对称型和带型结构，它还包括波导、介质波导及表面波传输线。

通信光缆是以光导纤维（光纤）作为光波传输介质进行信息传输，因此又称为纤维光缆。由于其传输衰减小、频带宽、重量轻、外径小，又不受电磁场干扰，因此通信光缆已逐渐替代了部分通信电缆。按光纤传输模式来分，有单模和多模两种。按光缆结构来分，有层绞式、骨架式、中心管式、层绞单位式、骨架单位式等多种形式。按其不同的使用条件和环境，光缆可分为直埋光缆、管道光缆、架空光缆、水下或海底光缆等多种形式。

电子线缆在本手册中将其归类在通信线缆大类中。该类线缆产品主要用于电子电器设备内部、内部与外部设备之间的连接，通常其长度较短，尺寸较小。主要用于600V及以下的各类家用电器设备、电子通信设备、音视频设备、信息技术设备及电信终端设备等。由于这些设备种类繁多、要求各异，因此，对该类线缆要求具备不尽相同的耐热性、绝缘性、特殊性能、机械性能以及外观结构等。

(4) 电力电缆　在电力系统的主干（及支线）线路中用以传输和分配大功率电能的电缆产品，其中包括1~500kV的各种电压等级、各种绝缘形式的电力电缆，包括超导电缆、海底电缆等。

(5) 电气装备用电线电缆　从电力系统的配电点把电能直接传送到各种用电设备、器具的电源连接线路用电线电缆，各种工农业装备、军用装备、航空航天装备等使用的电气安装线和控制信号用的电线电缆均属于这一大类产品。这类产品使用面广，品种多，而且大多要结合所用装备的特性和使用环境条件来确定产品的结构、性能。因此，除大量的通用产品外，还有许多专用和特种产品，统称为"特种电缆"。

为了便于产品设计和制造的工程技术人员查阅，本手册将电气装备用电线电缆简单分为两大类：电气装备用绝缘电线和绝缘电缆，并按产品类别和名称直接分类。

本手册将按上述分类法介绍各类电缆产品，在第1册及第2册中分别叙述。在其他场合，例如专利登记、查阅、图书资料分类等，也有按电缆的材料、结构特征、耐环境特性等其他方式分类的。

2. 电线电缆的基本特性

电线电缆最基本的性能是有效地传播电磁波（场）。就其本质而言，电线电缆是一种导波传输线，电磁波在电缆中按规定的导向传播，并在沿缆的传播过程中实现电磁场能量的转换。

通常在绝缘介质中传播的电磁波损耗较小，而在金属中传播的那部分电磁波往往因导体不完善而损耗变成热量。表征电磁波沿电缆回路传输的特性参数称为传输参数，通常用复数形式的传播常数和特性阻抗两个参数来表示。

电缆的另一个十分关键的基本特性是它对使用环境的适应性。不同的使用条件和环境对电线电缆的耐高温、耐低温、耐电晕、耐辐照、耐气压、耐水压、耐油、耐臭氧、耐大气环境、耐振动、耐溶剂、耐磨、抗弯、抗扭转、抗拉、抗压、阻燃、防火、防雷和防生物侵袭等性能均有相应的要求。在电缆的标准和技术要求中，均应对环境要求提出十分具体的测试或试验方法，以及相应的考核指标和检验办法。对一些特殊使用条件工作的电缆，其适用性还要按增列的使用要求项目考核，以确保电缆工程系统的整体可靠性。

正因为电线电缆产品应用于不同的场合，因此性能要求是多方面的，且非常广泛。从整体来看，其主要性能可综合为下列各项：

(1) 电性能 包括导电性能、电气绝缘性能和传输特性等。

导电性能——大多数产品要求有良好的导电性能，有的产品要求有一定的电阻范围。

电气绝缘性能——绝缘电阻、介电常数、介质损耗、耐电压特性等。

传输特性——指高频传输特性、抗干扰特性、电磁兼容特性等。

(2) 力学性能 指抗拉强度、伸长率、弯曲性、弹性、柔软性、耐疲劳性、耐磨性以及耐冲击性等。

(3) 热性能 指产品的耐热等级、工作温度、电力电缆的发热和散热特性、载流量、短路和过载能力、合成材料的热变形和耐热冲击能力、材料的热膨胀性及浸渍或涂层材料的滴落性能等。

(4) 耐腐蚀和耐气候性能 指耐电化腐蚀、耐生物和细菌侵蚀、耐化学药品（油、酸、碱、化学溶剂等）侵蚀、耐盐雾、耐日光、耐寒、防霉以及防潮性能等。

(5) 耐老化性能 指在机械（力）应力、电应力、热应力以及其他各种外加因素的作用下，或外界气候条件下，产品及其组成材料保持其原有性能的能力。

(6) 其他性能 包括部分材料的特性（如金属材料的硬度、蠕变，高分子材料的相容性等）以及产品的某些特殊使用特性（如阻燃、耐火、耐原子辐射、防虫咬、延时传输以及能量阻尼等）。

产品的性能要求，主要是从各个具体产品的用途、使用条件以及配套装备的配合关系等方面提出的。在一个产品的各项性能要求中，必然有一些主要的、起决定作用的，应该严格要求；而有些则是从属的、一般的。达到这些性能的综合要求与原材料的选用、产品的结构设计和生产过程中的工艺控制均有密切关系，各种因素又是相互制约的，因此必须进行全面的研究和分析。

电线电缆产品的使用面极为广泛，必须深入调查研究使用环境和使用要求，以便正确地进行产品设计和选择工艺条件。同时，必须配置各种试验设备，以考核和验证产品的各项性能。这些试验设备，有的是通用的，如测定电阻率、抗拉强度、伸长率、绝缘电阻和进行耐电压试验等所用的设备、仪表；有的是某些产品专用的，如漆包线刮漆试验机等；有的是按使用环境的要求专门设计的，如矿用电缆耐机械力冲击和弯曲的试验设备等，种类很多，要求各异。因此，在电线电缆产品的设计、研究、生产和性能考核中，对试验项目、方法、设备的研究设计和改进同样是十分重要的。

3. 电线电缆生产的工艺特点

电线电缆的制造工艺有别于其他结构复杂的电气产品的制造工艺。它不能用车、钻、刨、铣等通用机床加工，甚至连现代化的柔性机械加工中心对它的加工亦无能为力。电线电缆加工方法可简洁地归纳为"拉—包—绞"三大少物耗、低能耗的专用工艺。

通常用拉制工艺将粗的导体拉成细的；包是绕包、挤包、涂包、编包、纵包等多种工艺的总称，往往用于绝缘层的加工和护套的制作；绞是导线扭绞和绝缘线芯绞合成缆，目的是保证足够的柔软性。

实际的电线电缆专用生产设备与流水线分为拉线、绞线、成缆、挤塑、漆包、编织六大类。在JB/T 5812～5820—2008 中，对上述设备的型式、尺寸、技术要求及基本参数都做了详细的规定。而在这些设备中大量采用的通用辅助部件，主要是放线、收线、牵引和绕包四大基本辅助部件，在 JB/T 4015—

2013、JB/T 4032—2013 及 JB/T 4033—2013 中也对这些设备的型式、尺寸、技术要求及基本参数都做了相应的规定。

电线电缆盘具是一种最通用的电缆专用设备部件，也是电线电缆产品不可缺少的包装用具。在我国已对电线电缆的机用线盘（PNS 型）、大孔径机用线盘（PND 型）和交货盘（PL 型）分别制定了 JB/T 7600—2008、JB/T 8997—2013 和 JB/T 8137—2013 标准；在 JB/T 8135—2013 中，还对绕组线成品的各种交货盘（PC、PCZ 型等）以及检测试验方法做出了具体规定。

实用的现代化电线电缆专用设备是将上述六类设备尽可能合理组合而成的流水线。

本手册中，尚未包括电线电缆生产工艺设备及其技术要求。

在改进产品质量和发展新品种时，必须充分考虑电线电缆产品的生产特点，这些生产特点主要如下：

（1）原材料的用量大、种类多、要求高　电线电缆产品性能的提高和新产品的发展，与选择适用的原材料以及原材料的发展、开发和改进有着密切的关系。

（2）工艺范围广，专用设备多　电线电缆产品在生产中要涉及多种专业的工艺，而生产设备大多是专用的。在各个生产环节中，采用合适的装备和工艺条件，严格进行工艺控制，对产品质量和产量的提高，起着至关重要的作用。

（3）生产过程连续性强　电线电缆产品的生产过程大多是连续的。因此，设计合理的生产流程和工艺布置，使各工序生产有序协调，并在各工序中加强半制品的中间质量控制，这对于确保产品质量、减少浪费、提高生产率等都是十分重要的。

4. 电线电缆材料及其特点

电线电缆所用材料主要包括：金属材料、光导纤维（光纤）、绝缘及护套材料以及各种各样的辅助材料。在本手册第 3 册中具体叙述。

（1）金属材料　电线电缆产品所用金属材料以有色金属为主，其绝大部分为铜、铝、铅及其合金，主要用作导体、屏蔽和护层。银、锡、镍主要用于导体的镀层，以提高导体金属的耐热性和抗氧化性。黑色金属在线缆产品中以钢丝和钢带为主体，主要用作电缆护层中的铠装层，以及作为架空输电线的加强芯或复合导体的加强部分。

（2）塑料　电缆工业用的塑料，几乎都是以合成树脂为基本成分，辅以配合剂如防老剂、增塑剂、填充剂、润滑剂、着色剂、阻燃剂以及其他特种用途的药剂而制成。由于塑料具有优良的电气性能、物理力学性能和化学稳定性能，并且加工工艺简单、生产效率较高、料源丰富，因此，无论是作为绝缘材料还是护套材料，在电线电缆中都得到了广泛的应用。

（3）橡胶和橡皮　橡胶和橡皮具有良好的物理力学性能，抗拉强度高，伸长率大，柔软而富有弹性，电气绝缘性能良好，有足够的密封性，加工性能好以及某些橡胶品种的各种特殊性能（如耐油和耐溶剂、耐臭氧、耐高温、不延燃等），因而在各类电线电缆产品中广泛地用作绝缘和护套材料。

（4）电磁线漆　电磁线漆是用于制造漆包线和胶粘纤维绕包线绝缘层的一种专用绝缘漆料。用于电磁线的绝缘材料还有纸带、玻璃丝带、复合带等。

（5）光纤　光纤主要用作光波传输介质进行信息传输。光纤的主要材质可分为石英玻璃光纤和塑料光纤。石英玻璃光纤主要是由二氧化硅（SiO_2）或硅酸盐材质制成，已经开发出多种可用的石英玻璃光纤（如特种光纤等）。塑料光纤（POF）主要是由高透光聚合物制成的一类光纤。光纤由中心部分的纤芯和环绕在纤芯周围的包层组成，不同的材料和结构使其具有不同的使用性能。

（6）各种辅助材料　包括纸、纤维、带材、油料、涂料、填充材料、复合材料等，满足电线电缆各种性能的需求。

5. 电线电缆选用及敷设

由于电线电缆品种规格很多，性能各不相同，因此对广大使用部门来说，在选用电线电缆产品时应该注意以下几个基本要求。

（1）选择产品要合理　在选择产品时应充分了解电线电缆产品的品种规格、结构与性能特点，以保证产品的使用性能和延长使用寿命。例如，选用高温的漆包线，将可提高电机、电器的工作温度，减小结构尺寸；又如在绝缘电线中，有耐高温的、有耐寒的、有屏蔽特性的，以及不同柔软度的各种品种，必须根据使用条件合理选择。

（2）**线路设计要正确**　在电线电缆线路设计的线路路径选择中，应尽量避免各种外来的破坏与干扰因素（机械、热、雷、电、各种腐蚀因素等）或采用相应的防护措施，对于敷设中的距离、位差、固定的方式和间距、接头附件的结构形式和性能、配置方式、与其他线路设备的配合等，都必须进行周密的调查研究，做出正确的设计，以保证电线电缆的可靠使用。

（3）**安装敷设要认真**　电线电缆本体仅是电磁波传输系统或工程中的一个部件，它必须进行端头处理、中间连接或采取其他措施，才与电缆附件及终端设备组成一个完整的工程系统。整个系统的安装质量及可靠运行不仅取决于电线电缆本身的产品质量，而且与电线电缆线路的施工敷设的质量息息相关。在实际电线电缆线路故障率统计分析中，由于施工、安装、接续等因素所造成的故障率往往要比电缆本身的缺陷所造成的大得多，因此，必须对施工安装工艺严格把关，并在选用电缆时应特别注意电缆与电缆附件的配套。对光缆亦如此。

（4）**维护管理要加强**　电线电缆线路往往要长距离穿越不同的环境（田野、河底、隧道、桥梁等），因此容易受到外界因素影响，特别是各种外力或腐蚀因素的破坏。所以，加强电缆线路的维护和管理，经常进行线路巡视和预防测试，采取各种有效的防护措施，建立必要的自动报警系统，以及在发生事故的情况下，及时有效地测定故障部位、便于快速检修等，这些都是保证电线电缆线路可靠运行的重要条件。

电线电缆制造部门，应在广大使用部门密切配合下，不断改进接头附件的设计。电线电缆的接头附件包括电线电缆终端或中间连接用各种终端头、连接盒，安装固定用的金具和夹具以及充油电缆的压力供油箱等。它们是电缆线路中必不可少的组成部分。由于接头附件处于与电缆完全相同的使用条件下，同时接头附件又必须解决既要引出电能，又要对周围环境绝缘、密封等一系列问题。因此，它的性能要求和结构设计往往比电缆产品本身更为复杂。同时，接头附件基本上是在现场装配，安装条件必然相对工厂的生产条件差，这给保证电缆接头附件的质量带来了一些不利因素。因此，研究改进接头附件的材料、结构、安装工艺等工作应引起制造和使用部门的极大重视。

电线电缆的附件及安装敷设技术要求在本手册的第 4 册中叙述。

本 册 前 言

本册为《电线电缆手册》第3版第2册，共分四篇，主要包括：电力电缆品种和结构、电性能参数及其计算、结构设计、热稳定性、载流量、性能测试以及充油电缆供油系统设计；电气装备用电线电缆导电线芯结构及绝缘层和护层的设计原则、品种、用途、规格、技术指标、试验方法及测试设备等；电缆护层的分类、结构、型号、特性和用途、设计与计算以及性能测试等；电线电缆的结构计算。

本册由吴长顺担任主编并统稿。

第5篇 电力电缆。主要包括：电力电缆品种、结构和性能，电力电缆电性能参数及其计算，电缆的结构设计，电力电缆的载流量，电缆的热力学特性，电力电缆的性能测试以及充油电缆供油系统设计共七章。

第6篇 电气装备用电线电缆。主要包括：电气装备用电线电缆导电线芯结构及绝缘层和护层的设计原则、电气装备用绝缘电线、电气装备用电缆和性能测试共四章。

第7篇 电缆护层。主要包括：电缆护层的分类、结构、型号、特性和用途，电缆护层的设计与计算，电缆护层的试验共三章。

第8篇 电线电缆的结构。主要包括：单根导体、绞线、绝缘层和电缆芯（成缆）共四章。

参与本册编写或提供相关资料并做出贡献的科技人员还有（排名不分先后）：

肖继东、杨立志、李骥、杨娟娟、贾欣、宗曦华、陈慧娟。

在此，一并致以诚挚谢意，并对其所在的企业及部门给予的大力支持表示感谢。

目　录

第6篇　电气装备用电线电缆

第7篇 电缆护层

第8篇　电线电缆的结构

第 5 篇

电力电缆

电力电缆和架空导线在电力系统中都是用于传送和分配电能的线路中。电缆线路的建设费用一般都高于架空线路，但在一些特殊情况下，它能完成架空线路不易或甚至无法完成的任务，例如跨越大江、大河或海峡的输电，以及直接将超高压线路引进城市和工业区中心等。随着工业的发展，电缆用量在整个传输线中所占比例正在逐年提高。电缆使用的普遍性不仅反映了电力工业发展的速度和深度，同时也反映了城市建设的现代化程度。随着国民经济的迅速发展，电力电缆的应用亦将越来越广泛。

与架空线相比，电缆具有下列特点：

1）一般埋设于土壤中或敷设于室内、沟道、隧道中，线间绝缘距离小，不用杆塔，占地少，基本不占地面上的空间。

2）受气候条件和周围环境影响小，传输性能稳定，可靠性高。

3）具有向超高压、大容量发展的更为有利的条件，如低温、超导电力电缆等。

因此，电力电缆常用于城市的地下电网、发电站的引出线路、工矿企业内部的供电，以及过江、过海峡等的水下输电线。

电力电缆主要的结构部件为：导体、绝缘层和护层，除 1~3kV 级产品外，均需有屏蔽层。电缆线路中还必须配置各种中间连接金具、接头和终端等附件。

电缆及其附件必须满足下列要求：

1）能长期承受电网的工作电压，和运行中经常遇到的各种过电压，如操作过电压、大气过电压和故障过电压。

2）能可靠地传送需要传输的功率。

3）具有较好的机械强度、弯曲性能和防腐蚀性能。

4）有较长的使用寿命。

电力电缆的品种很多。目前常用的产品中低压电缆（一般指 35kV 及以下）有：聚氯乙烯绝缘电缆、聚乙烯绝缘电缆、交联聚乙烯绝缘电缆和乙丙橡皮绝缘电缆等，而早期的天然橡皮绝缘电缆、丁苯橡皮绝缘电缆、高粘性浸渍纸绝缘电缆和不滴流电缆等品种已逐渐被前者取代。高压电缆（一般为 66kV 及以上）有：交联聚乙烯绝缘、聚乙烯绝缘电缆、电缆自容式充油电缆和钢管充油电缆等。

在电缆的发展过程中，其结构有了如下的重要改革才使电缆从低压发展至高压。首先是 1914 年德国工程师 M. 霍斯司特达提出了屏蔽型电缆结构，改善了电缆内部电场分布，消除了统包型电缆的沿绝缘表面的切向电场分量。其次是 1924 年意大利工程师 L. 伊曼努里提出了充油电缆结构，使电缆中的绝缘油与供油箱相连以保持电缆中的压力，消除气隙，从而抑制了绝缘内部的局部放电，使电缆的工作电压能提高到 110kV 以上。第三是在 20 世纪 70 年代以来由于三层同时挤出、干法交联工艺的发展和超净绝缘材料的生产，才使挤出绝缘电缆发展至高压等级。

我国 1958 年开始试制充油电缆，1964 年生产 66kV 充油电缆并投运于大连第二发电厂；以后陆续生产了 110kV、220kV 和 330kV 充油电缆，开始使用于刘家峡、浑子溪、映秀湾和伊犁河等水电站，后来高压电缆进城作为地下输电线路。20 世纪 80 年代初生产了 500kV 充油电缆，用于锦（州）辽（阳）500kV 线路中连接变压器和架空线中，并已通过国家鉴定。从 20 世纪 90 年代开始，我国 XLPE 电缆的生产已得到了迅速的发展，从国外引进了 100 多条 HCCV 和 VCV 干法交联 XLPE 生产线，通过技术引进和创新，无论是采用 VCV 还是 HCCV 工艺，现均已能生产 500kV XLPE 绝缘电力电缆。目前 66kV、110kV 和 220kV 交联聚乙烯绝缘高压电缆已经大量使用在电网系统中，2014 年北京电力公司已经投入使用了国产 500kV XLPE 电缆和附件。

随着电力工业的发展，将要求电力电缆的工作电压越来越高，传输容量日益增大。目前投入运行的电力电缆的最高电压是 500kV，电缆结构形式有：自容式充油电缆、钢管充油电缆、交联聚乙烯电缆和压缩气体绝缘电缆。充油电缆中用的纸绝缘有木纤维纸和 PPLP 纸，用合成绝缘油（十二烷基萘）浸渍。500kV 交联聚乙烯电缆在电站引出线和城市电网中开始普及使用。国外还试制成功了 750kV 电缆，还通过了 1100kV 等级的长期老化试验。

提高电力电缆传输容量的方法有：对电缆采用人工冷却、研制新结构的电缆品种等。人工冷却系统结构不太复杂，效果显著。新结构的电缆品种有压缩气体绝缘电缆、低温电缆和超导电缆等，其中超导电缆已经有商业运行的记录。

第1章

电力电缆品种、结构和性能

1.1 电力电缆品种

电力电缆品种见表 5-1-1。

表 5-1-1　电力电缆的品种及型号

电 缆 类 型	电缆产品名称	电压等级/kV (U_0/U)	允许最高工作温度/℃	代表产品型号
聚氯乙烯绝缘电力电缆	1. 聚氯乙烯绝缘电力电缆 2. 聚氯乙烯绝缘阻燃电力电缆 3. 聚氯乙烯绝缘耐火电力电缆 4. 聚氯乙烯绝缘预分支电缆 5. 聚氯乙烯绝缘光纤复合低压电缆	0.6/1 ~ 3.6/6	70	VV、VV22、VLV22、VLV ZA-VV22、ZB-VV、ZC-VV22 N-VV、N-VV22 FZVV、FZVV-T、FZVV-Q、FZVV-P OPLC-VV22、OPLC-VLV22
交联聚乙烯绝缘电力电缆	6. 交联聚乙烯绝缘电力电缆 7. 交联聚乙烯绝缘阻燃电力电缆 8. 交联聚乙烯绝缘耐火电力电缆 9. 交联聚乙烯绝缘低烟无卤阻燃电力电缆 10. 光纤复合交联聚乙烯绝缘电力电缆 11. 交联聚乙烯绝缘分支电力电缆 12. 铝合金导体交联聚乙烯绝缘电力电缆	0.6/1 ~ 1.8/3	90	YJV22、YJLV22 ZA-YJV22、ZB-YJV、ZC-YJV22 N-YJV、N-YJV22 WDZA-YJLV23、WDZD-YJY OPLC-YJLV、OPLC-YJV22 FZYJV、FZYJV-T YJLHV、YJLHV60
	13. 交联聚乙烯绝缘电力电缆 14. 交联聚乙烯绝缘阻燃电力电缆 15. 交联聚乙烯绝缘耐火电力电缆 16. 交联聚乙烯绝缘低烟无卤阻燃电力电缆 17. 光纤复合交联聚乙烯绝缘电力电缆 18. 交联聚乙烯绝缘防鼠电力电缆 19. 交联聚乙烯绝缘防白蚁电力电缆	3.6/6 ~ 26/35	90	YJV22、YJLV22 ZA-YJV22、ZB-YJV、ZC-YJV22 N-YJV、N-YJV22 WDZA-YJLV23、WDZD-YJY OPMC-YJLV、OPMC-YJV22 FS-YJV、FS-YJV22 FY-YJV、FY-YJV22
	20. 交联聚乙烯绝缘电力电缆 21. 交联聚乙烯绝缘阻燃电力电缆	48/66 ~ 290/500	90	YJLW02、YJLLW02、YJLW03、YJLLW03 ZA-YJLW02、ZA-YJLLW02

（续）

电缆类型	电缆产品名称	电压等级/kV (U_0/U)	允许最高工作温度/℃	代表产品型号
架空绝缘电缆	22. 聚氯乙烯绝缘架空电缆 23. 聚乙烯绝缘架空电缆 24. 交联聚乙烯绝缘架空电缆	1（U）	70 70 90	JKV、JKLV JKY、JKLY JKYJ、JKLYJ
	25. 聚乙烯绝缘架空电缆 26. 交联聚乙烯绝缘架空电缆	10（U）	75 90	JKY、JKLY JKYJ、JKLYJ
乙丙橡皮绝缘电力电缆	27. 乙丙橡皮绝缘电力电缆	0.6/1～1.8/3 6/6～26/35	90	E(L)V、E(L)F
直流陆用电力电缆	28. 交联聚乙烯绝缘直流电力电缆	80～500	70	DC-YJLW02、DC-YJLLW02
海底电力电缆	29. 交流海底电力电缆 30. 交流光电复合海底电力电缆	6/10～290/500	90	HYJQ41，HYJQ441 HYJQ41-F，HYJQ441-F
	31. 直流海底电力电缆 32. 直流光电复合海底电力电缆	80～320	70	DC-HYJQ41，HYJQ441 DC-HYJQ41-F，HYJQ441-F
超导电缆	33. 超导电力电缆	35	—	—
其他电力电缆	34. 自容式充油电缆	单芯：110～750 三芯：35～110	80～85	CYZQ203（202）、CYZQ302（303）、CYZQ141
	35. 粘性浸渍纸绝缘电缆	1～35	60～80	ZLL、ZLQ、ZQ
	36. 钢管充油电缆	110～750	80～85	—
	37. 压缩气体绝缘电缆	220～500	90	—
	38. 低温电缆	—	—	—

1.2 聚氯乙烯绝缘电力电缆

1.2.1 品种规格

1. 聚氯乙烯绝缘电力电缆

聚氯乙烯绝缘电力电缆适用于额定电压 0.6/1kV、1.8/3kV 和 3.6/6kV 的电力线路中。其中，VV22 型 0.6/1kV 电缆结构外形如图 5-1-1 所示。

（1）电缆型号及敷设场合 聚氯乙烯绝缘电力电缆产品型号及敷设场合见表 5-1-2。

（2）工作温度与敷设条件

1) 电缆导体的长期最高工作温度不超过 70℃。

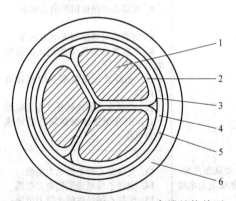

图 5-1-1 VV22 型 0.6/1kV 电缆结构外形
1—导电线芯 2—绝缘 3—包带
4—内衬层 5—铠装钢带 6—护套

表 5-1-2 聚氯乙烯绝缘电力电缆产品型号及敷设场合

型 号		护层种类	敷设场合
铝 芯	铜 芯		
VLV VLY	VV VY	聚氯乙烯护套，无铠装层 聚乙烯护套，无铠装层	敷设在室内、隧道及沟管中，不能承受机械外力的作用

（续）

型 号		护层种类	敷设场合
铝 芯	铜 芯		
VLV22 VLV23	VV22 VV23	钢带铠装，聚氯乙烯护套 钢带铠装，聚乙烯护套	直埋敷设在土壤中，能承受机械外力，不能承受大的拉力
VLV32 VLV33	VV32 VV33	细钢丝铠装，聚氯乙烯护套 细钢丝铠装，聚乙烯护套	敷设在室内、矿井及水中，能承受机械外力和相当的拉力
VLV42 VLV43	VV42 VV43	粗钢丝铠装，聚氯乙烯护套 粗钢丝铠装，聚乙烯护套	敷设在室内、矿井及水中，能承受较大的拉力

2）短路时（最长持续时间不超过 5s），电缆导体截面积 ≤ 300mm²，最高温度不超过 160℃；导体截面积 > 300mm²，最高温度不超过 140℃。

3）敷设电缆时的环境温度不低于 0℃，敷设时电缆的允许最小弯曲半径为

单芯电缆：无铠装 20D；有铠装 15D

三芯电缆：无铠装 15D；有铠装 12D

其中，D 为电缆的外径。

4）电缆没有敷设位差的限制。

（3）产品规格 聚氯乙烯绝缘电力电缆的产品规格见表 5-1-3。

（4）制造长度 电缆的制造长度不小于 100m。允许长度不小于 20m 的短段电缆交货，其数量应不超过交货总长度的 10%。根据双方协议，允许以任何长度的电缆交货。

表 5-1-3 聚氯乙烯绝缘电力电缆产品规格

型 号		芯 数	额定电压 (U_0/U)/kV		
			0.6/1	1.8/3	3.6/6
铜 芯	铝 芯		标称截面积/mm²		
VV，VY — VV62，VV63 VV72，VV73	— VLV，VLY VLV62，VLV63 VLV72，VLV73	1①	1.5 ~ 800 2.5 ~ 1000 10 ~ 1000 10 ~ 1000	10 ~ 800 10 ~ 1000 10 ~ 1000 10 ~ 1000	10 ~ 1000 10 ~ 1000 10 ~ 1000 10 ~ 1000
VV，VY — VV22，VV23	— VLV，VLY VLV22，VLV23	2	1.5 ~ 185 2.5 ~ 185 4 ~ 185	10 ~ 185 10 ~ 185 10 ~ 185	10 ~ 150 10 ~ 150 10 ~ 150
VV，VY — VV22，VV23 VV32，VV33 VV42，VV43	— VLV，VLY VLV22，VLV23 VLV32，VLV33 VLV42，VLV43	3	1.5 ~ 300 2.5 ~ 300 4 ~ 300 — —	10 ~ 300 10 ~ 300 10 ~ 300 16 ~ 300 16 ~ 300	10 ~ 300 10 ~ 300 10 ~ 300 16 ~ 300 16 ~ 300
VV，VY VV22，VV23	VLV，VLY VLV22，VLV23	3 + 1	4 ~ 300 4 ~ 300	10 ~ 300 10 ~ 300	— —
VV，VY VV22，VV23	VLV，VLY VLV22，VLV23	4	4 ~ 300 4 ~ 300	10 ~ 300 10 ~ 300	— —

① 单芯电缆铠装应采用非磁性材料，型号中的 6 代表双非磁性金属带铠装，7 代表非磁性金属丝铠装。

(5) 外径与重量 聚氯乙烯绝缘电力电缆的外径与重量如表 5-1-8 ~ 表 5-1-13 所示。

2. 聚氯乙烯绝缘阻燃电力电缆

在电缆护层火焰燃烧后仅延燃有限距离而能自熄的一种电缆。常用在易受外部影响着火的电缆密集场所或可能因着火延燃酿成严重事故的电缆线路。

聚氯乙烯绝缘阻燃电力电缆产品型号见表 5-1-4。

3. 聚氯乙烯绝缘耐火电力电缆

在火焰燃烧高温作用下，在一定的时间内仍然可以正常供电的电缆。

聚氯乙烯绝缘耐火电力电缆产品型号见表 5-1-5。

表 5-1-4　聚氯乙烯绝缘阻燃电力电缆产品型号

型　号		名　　称	敷　设　场　合
铝　芯	铜　芯		
ZA-VLV ZB-VLV ZC-VLV ZD-VLV	ZA-VV ZB-VV ZC-VV ZD-VV	聚氯乙烯绝缘聚氯乙烯护套 A（B、C、D）类阻燃电缆	敷设在室内、隧道及沟管中，不能承受机械外力的作用
ZA-VLV22 ZB-VLV22 ZC-VLV22 ZD-VLV22	ZA-VV22 ZB-VV22 ZC-VV22 ZD-VV22	聚氯乙烯绝缘钢带铠装聚氯乙烯护套 A（B、C、D）类阻燃电缆	可以直埋敷设在土壤中，能承受机械外力，不能承受大的拉力
ZA-VLV32 ZB-VLV32 ZC-VLV32 ZD-VLV32	ZA-VV32 ZB-VV32 ZC-VV32 ZD-VV32	聚氯乙烯绝缘细钢丝铠装聚氯乙烯护套 A（B、C、D）类阻燃电缆	敷设在室内、矿井，能承受机械外力和相当的拉力
ZA-VLV42 ZB-VLV42 ZC-VLV42 ZD-VLV42	ZA-VV42 ZB-VV42 ZC-VV42 ZD-VV42	聚氯乙烯绝缘粗钢丝铠装聚氯乙烯护套 A（B、C、D）类阻燃电缆	敷设在室内、矿井，能承受较大的拉力

表 5-1-5　聚氯乙烯绝缘耐火电力电缆产品型号

型　号		名　　称	敷　设　场　合
铝　芯	铜　芯		
N-VLV	N-VV	聚氯乙烯绝缘聚氯乙烯护套耐火电缆	敷设在室内、隧道及沟管中，不能承受机械外力的作用
N-VLV22	N-VV22	聚氯乙烯绝缘钢带铠装聚氯乙烯护套耐火电缆	直埋敷设在土壤中，能承受机械外力，不能承受大的拉力
N-VLV32	N-VV32	聚氯乙烯绝缘细钢丝铠装聚氯乙烯护套耐火电缆	敷设在室内、矿井，能承受机械外力和相当的拉力
N-VLV42	N-VV42	聚氯乙烯绝缘粗钢丝铠装聚氯乙烯护套耐火电缆	敷设在室内、矿井，能承受较大的拉力

4. 聚氯乙烯绝缘预分支电缆

工厂在生产主干电缆时按用户设计图样预制分支线的电缆。预分支电缆可以广泛应用在住宅楼、办公楼、写字楼、商贸楼、教学楼、科研楼等各种中、高层建筑中，作为供配电的主、干线电缆使用。

聚氯乙烯绝缘预分支电缆结构图如图 5-1-2 所示。

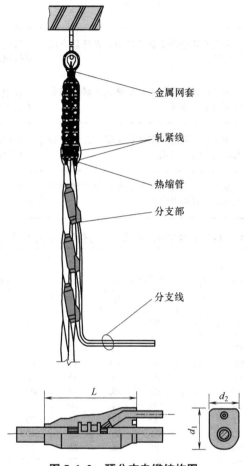

图5-1-2 预分支电缆结构图

聚氯乙烯绝缘预分支电缆产品型号见表5-1-6。

表5-1-6 聚氯乙烯绝缘预分支电缆产品型号

型 号				名 称
单 芯	三芯拧绞	四芯拧绞	五芯拧绞	
FZVV	FZVV-T	FZVV-Q	FZVV-P	铜芯聚氯乙烯绝缘聚氯乙烯护套预分支电缆
Z-FZVV	Z-FZVV-T	Z-FZVV-Q	Z-FZVV-P	铜芯聚氯乙烯绝缘聚氯乙烯护套阻燃预分支电缆
N-FZVV	N-FZVV-T	N-FZVV-Q	N-FZVV-P	铜芯聚氯乙烯绝缘聚氯乙烯护套耐火预分支电缆

5. 聚氯乙烯绝缘光纤复合低压电缆

一种由绝缘线芯和光传输单元复合而成的具有输送电能和光通信能力的电缆,适用于额定电压0.6/1kV及以下的电力工程。

聚氯乙烯绝缘光纤复合低压电缆产品型号见表5-1-7。

6. 聚氯乙烯绝缘聚氯乙烯护套电力电缆的外径与重量

聚氯乙烯绝缘电力电缆产品的外径与重量见表5-1-8～表5-1-13。

表 5-1-7　聚氯乙烯绝缘光纤复合低压电缆产品型号

型号 铝芯	型号 铜芯	名称	敷设场合
OPLC-VLV	OPLC-VV	聚氯乙烯绝缘聚氯乙烯护套光纤复合低压电缆	敷设在室内、隧道及沟管中，不能承受机械外力的作用
OPLC-VLV22	OPLC-VV22	聚氯乙烯绝缘钢带铠装聚氯乙烯护套光纤复合低压电缆	直埋敷设在土壤中，能承受机械外力，不能承受大的拉力
OPLC-VLV32	OPLC-VV32	聚氯乙烯绝缘细钢丝铠装聚氯乙烯护套光纤复合低压电缆	敷设在室内、矿井，能承受机械外力和相当的拉力
OPLC-VLV42	OPLC-VV42	聚氯乙烯绝缘粗钢丝铠装聚氯乙烯护套光纤复合低压电缆	敷设在室内、矿井，能承受较大的拉力

表 5-1-8　0.6/1kV 聚氯乙烯绝缘聚氯乙烯护套电力电缆的外径与重量

导线截面积 /mm²	单芯 外径 /mm	重量/(kg/km) VV	重量/(kg/km) VLV	两芯 外径 /mm	重量/(kg/km) VV	重量/(kg/km) VLV	三芯 外径 /mm	重量/(kg/km) VV	重量/(kg/km) VLV	四芯 外径 /mm	重量/(kg/km) VV	重量/(kg/km) VLV
1	6	44	—	10	103	—	—	—	—	—	—	—
1.5	6	50	—	10	118	—	—	—	—	—	—	—
2.5	7	62	47	11	147	117	11	174	128	—	—	—
4	7	81	62	12	188	139	13	236	163	13	274	185
6	8	109	73	14	254	182	15	325	216	15	368	234
10	9	160	100	16	373	252	17	488	305	18	565	340
16	10	229	131	19	541	342	20	718	419	20	794	460
25	12	334	178	22	783	473	24	1051	587	25	1193	668
35	13	436	222	25	1031	601	27	1400	755	28	1502	795
50	15	605	294	22	1191	582	25	1733	820	28	1939	927
70	17	779	361	25	1603	750	28	2315	1036	32	2648	1215
95	19	1073	492	29	2124	1015	32	3107	1371	38	3588	1632
120	21	1297	573	31	2630	1169	35		1631	40	4300	1894
150	23	1607	699	34	3146	1419	39	4805	2064	45①	5379	2778
185	25	2000	869	36	4109	1789	43	5869	2488	50①	8074	3434
240	29	2602	1098				48	7574	3188	56①	10497	4403
300	32	3252	1202				54①	9869	4130	62①	13080	5428
400	36	4192	1756				—	—	—	—	—	—
500	40	5188	2139									
630	43	6379	2556									

① 尺寸为圆形导体。

表 5-1-9　0.6/1kV 聚氯乙烯绝缘聚氯乙烯护套钢带铠装电力电缆的外径与重量

导线截面积 /mm²	单芯 外径 /mm	重量/(kg/km) VV62	重量/(kg/km) VLV62	两芯 外径 /mm	重量/(kg/km) VV22	重量/(kg/km) VLV22	三芯 外径 /mm	重量/(kg/km) VV22	重量/(kg/km) VLV22	四芯 外径 /mm	重量/(kg/km) VV22	重量/(kg/km) VLV22
4	—	—	—	16	428	379	17	487	412	18	540	451
6	—	—	—	18	527	454	19	626	517	20	694	560
10	13	364	303	21	711	586	23	972	789	24	1070	851
16	15	453	355	24	1057	858	25	1259	961	26	1352	1017

（续）

导线截面积/mm²	单芯			两芯			三芯			四芯		
	外径/mm	重量/(kg/km)		外径/mm	重量/(kg/km)		外径/mm	重量/(kg/km)		外径/mm	重量/(kg/km)	
		VV62	VLV62		VV22	VLV22		VV22	VLV22		VV22	VLV22
25	16	574	424	28	1387	1076	29	1684	1188	31	1904	1372
35	17	696	487	31	1723	1318	33	2153	1507	34	2293	1586
50	20	920	615	28	1800	1391	31	2449	1536	34	2741	1728
70	21	1120	709	31	2324	1507	34	3106	1827	38	3571	2145
95	25	1600	1041	35	2993	1884	38	4031	2295	44	4630	2674
120	26	1865	1166	38	3537	2076	41	4819	2626	47	5477	3071
150	28	2231	1351	41	4136	2409	45	5890	3649	50	6665	3613
185	32	2732	1621	42	5103	2784	50	7130	3749	55	7923	4231
240	35	3471	1990	—	—	—	55	8964	4578	62	12041	5947
300	38	3644	2176	—	—	—	60	11363	5624	68	14844	7193
400	42	5790	2848	—	—	—	—	—	—	—	—	—
500	47	6364	3315	—	—	—	—	—	—	—	—	—
630	50	7653	3830	—	—	—	—	—	—	—	—	—

表 5-1-10　0.6/1kV 聚氯乙烯绝缘聚氯乙烯护套五芯电力电缆的外径与重量

导线截面积/mm²	3+2芯			4+1芯			5芯		
	外径/mm	重量/(kg/km)		外径/mm	重量/(kg/km)		外径/mm	重量/(kg/km)	
		VV	VLV		VV	VLV		VV	VLV
4	15	340	233	15	364	247	16	391	265
6	16	462	298	17	513	336	17	511	322
10	19	664	397	20	734	441	20	772	453
16	22	969	761	23	1038	570	23	1102	596
25	25	1424	748	26	1524	790	27	1625	834
35	27	1726	865	28	1934	955	30	2156	1058
50	32	2407	1200	34	2673	1326	35	2934	1449
70	37	3315	1589	39	3672	1737	40	4050	1905
95	42	4468	2087	44	4981	2301	46	5518	2540
120	46	5621	2509	48	6278	2844	50	6678	2921
150	50	6540	2901	53	7390	3252	55	8273	3638
185	56	8308	3637	59	9296	4060	62	10250	4450
240	63	10683	4610	66	12021	5176	70	13449	5831
300	69	13293	5700	73	14951	6372	77	16674	7109

表 5-1-11　0.6/1kV 聚氯乙烯绝缘聚氯乙烯护套钢带铠装五芯电力电缆的外径与重量

导线截面积/mm²	3+2芯			4+1芯			5芯		
	外径/mm	重量/(kg/km)		外径/mm	重量/(kg/km)		外径/mm	重量/(kg/km)	
		VV22	VLV22		VV22	VLV22		VV22	VLV22
4	18	541	434	19	571	455	19	604	478
6	20	685	522	20	740	564	20	742	553
10	23	924	657	23	1002	709	24	1049	730
16	26	1269	1061	26	1345	876	27	1416	910
25	29	1767	1090	30	1888	1154	31	1999	1208
35	31	2105	1244	32	2343	1364	33	2905	1808
50	37	3248	2040	39	3531	2184	40	3827	2342
70	42	4248	2522	44	4673	2737	45	5092	2947
95	47	5575	3194	49	6137	3458	52	6731	3753
120	52	6844	3732	54	7547	4113	56	8017	4260
150	56	7874	4234	58	8821	4684	61	9780	5144
185	62	9800	5129	65	10918	5683	67	11920	6120
240	69	12444	6370	72	13875	7030	76	15438	7820
300	76	15240	7646	80	17045	8466	84	18910	9345

表5-1-12 3.6/6kV 聚氯乙烯绝缘聚氯乙烯护套铠装电力电缆的外径与重量

导线截面积/mm²	单芯			三芯								
	外径/mm	重量/(kg/km)		外径/mm	重量/(kg/km)		外径/mm	重量/(kg/km)		外径/mm	重量/(kg/km)	
		VV22	VLV22		VV22	VLV22		VV32	VLV32		VV42	VLV42
10	21	670	615	34	1755	1572	—	—	—	—	—	—
16	22	774	683	37	2102	1819	36	2894	2596	39	3962	3664
25	24	1044	913	41	2789	2225	40	3620	3156	43	4829	4365
35	25	1210	1020	40	2782	2243	38	3637	2990	41	4789	4141
50	27	1435	1151	42	3369	2455	41	4320	3406	44	5551	4637
70	28	1668	1277	45	4079	2800	44	5096	3817	47	6409	5130
95	31	2069	1508	49	5013	3277	47	6016	4280	50	7410	5674
120	33	2259	1658	51	6052	3667	50	6912	4719	53	8380	6187
150	34	2715	1827	55	6944	4203	55	8629	5888	57	9714	6973
185	37	3169	2103	59	8165	4784	58	9859	6478	64	10442	7601
240	39	3785	2390	63	9903	5517	63	12908	8522	67	15432	11052
300	42	4481	2760	—	—	—						
400	46	5622	3292	—	—	—						

表5-1-13 3.6/6kV 聚氯乙烯绝缘聚氯乙烯护套电力电缆的外径与重量

导线截面积/mm²	单芯			三芯		
	外径/mm	重量/(kg/km)		外径/mm	重量/(kg/km)	
		VV	VLV		VV	VLV
10	16	342	282	28	954	771
16	17	425	328	31	1212	922
25	19	552	398	33	1707	1243
35	20	668	454	35	1810	1171
50	21	853	543	36	2365	1451
70	23	1043	625	39	3000	1721
95	25	1348	767	42	3780	2044
120	27	1601	873	45	4745	2352
150	28	1908	998	49	5541	2800
185	31	2286	1164	52	6591	3210
240	33	2829	1381	55	8209	3823
300	36	3489	1668	—	—	—
400	40	4451	2026	—	—	—

1.2.2 产品结构

1. 导体结构

1) 导电线芯用单线应符合 GB/T 3953—2009 规定的圆铜单线或符合 GB/T 3955—2009 规定的圆铝单线制造。

2) 单芯电缆的导电线芯为圆形。多芯电缆导线截面积在 35mm² 及以下者，其线芯可为圆形、扇形或半圆形；线芯截面积在 50mm² 及以上者为扇形或半圆形。四芯电缆中的第四芯（中性线芯）可为圆形或扇形。

3) 16mm² 及以下者允许由单根导线构成，25mm² 及以上者应由多根单线构成。其单线根数应符合 GB/T 3956—2008《电缆的导体》规定。由多根单线构成的扇形或半圆形线芯，均应经紧压定型。

4) 四芯电缆的截面有等截面和不等截面（3＋1 芯）两种，不等截面的第四芯截面积应符合

表 5-1-14 规定。

5）五芯电缆的截面有等截面、不等截面（3+2芯）和（4+1芯）三种，不等截面芯截面积应符合表 5-1-14 规定。

6）导体应符合 GB/T 3956—2008《电缆的导体》规定。

表 5-1-14 中性线芯截面积 （单位：mm²）

主线芯	中性线芯	主线芯	中性线芯	主线芯	中性线芯
25	16	95	50	240	120
35	16	120	70	300	150
50	25	150	70	400	185
70	35	185	95		

2. 绝缘结构

1）电缆绝缘用的聚氯乙烯绝缘料，代号分 PVC/A、PVC/B 两类。

A 类用于 $U_0/U \leqslant 1.8/3kV$ 电缆；

B 类用于 $U_0/U > 1.8/3kV$ 电缆。

绝缘性能应符合 GB/T 12706—2008 的规定。

2）绝缘的标称厚度应符合表 5-1-15 的规定。绝缘厚度平均值应不小于规定的标称值，绝缘最薄点的厚度应不小于规定标称值的 90% -0.1mm。

3）绝缘层的横断面上应无目力可见的气泡和砂眼等缺陷。

4）绝缘线芯的识别标志应符合 GB/T 6995.5—2008 的规定。绝缘线芯分色规定如下：

两芯电缆：红、蓝；

三芯电缆：红、黄、绿；

四芯电缆：红、黄、绿、蓝；

五芯电缆：红、黄、绿、蓝、黄/绿双色。

主线芯用红、黄、绿色表示，中性线芯用蓝色表示，接地线用黄/绿双色表示。

亦可以用数字识别：

两芯电缆：0、1；

三芯电缆：1、2、3；

四芯电缆：0、1、2、3；

五芯电缆：0、1、2、3、4。

主线芯用 1、2、3 表示，中性线芯用 0 表示。在五芯电缆中，数字 4 指特定目的导体（包括接地导体）。

3. 屏蔽结构

额定电压 3.6/6kV 的电缆应有金属屏蔽，可以在单根绝缘线芯上也可在几根绝缘线芯上包覆金属屏蔽。

表 5-1-15 聚氯乙烯绝缘电力电缆绝缘厚度

导体标称截面积 mm²	额定电压 $U_0/U(U_m)$ 下的绝缘标称厚度/mm		
	0.6/1(1.2)kV	1.8/3(3.6)kV	3.6/6(7.2)kV
1.5、2.5	0.8	—	—
4、6	1.0	—	—
10、16	1.0	2.2	3.4
25、35	1.2	2.2	3.4
50、70	1.4	2.2	3.4
95、120	1.6	2.2	3.4
150	1.8	2.2	3.4
185	2.0	2.2	3.4
240	2.2	2.2	3.4
300	2.4	2.4	3.4
400	2.6	2.6	3.4
500～800	2.8	2.8	3.4
1000	3.0	3.0	3.4

注：不推荐任何小于以上给出的导体截面积。

铜带屏蔽由一层重叠绕包的软铜带组成，也可采用双层铜带间隙绕包。铜带间的平均搭盖率应不小于 15%（标称值），其最小搭盖率应不小于 5%。铜带标称厚度为

单芯电缆：≥0.12mm；

三芯电缆：≥0.10mm。

铜带的最小厚度应不小于标称值的 90%。

4. 内衬层结构

1）具有铠装层或金属屏蔽的多芯电缆，在缆芯上一般应有一内衬层。

2）额定电压 0.6/1kV 以上的非径向电场电缆的内衬层及填充应采用非吸湿材料。

3）额定电压 0.6/1kV 以上在缆芯上只有统包金属屏蔽的径向电场电缆的内衬层应采用半导电材料，填充物亦可用半导电物。

4）既无铠装层又无统包金属屏蔽层的 0.6/1kV 多芯电缆，以及 1kV 以上分相金属屏蔽电缆只要电缆外形圆整，且绝缘线芯与护套不粘连，可以省去内衬层。如缆芯中圆形绝缘线芯的导体截面积不超过 10mm²，其热塑性护套允许嵌入绝缘线芯间，假使仍加内衬层，其厚度可不按规定考核。

5）额定电压 0.6/1kV 的电缆只有当金属带标称厚度不超过 0.3mm 时，金属带可直接绕包在缆芯上而省去内衬层。

6）内衬层可以挤包或绕包，非铠装电缆内衬层厚度应符合表 5-1-16 的规定。钢带铠装电缆的内衬层应采用包带层加强，绕包型内衬层与包带层的总厚度应符合 GB/T 2952.3—2008 的规定或 GB/T 12706—2008 的规定。

7）当金属屏蔽外有铠装时，在金属屏蔽上应

挤包不透水的内衬层，也称隔离套，其厚度应符合 GB/T 2952.3—2008 的规定。

表 5-1-16　电缆内衬层厚度

缆芯假设 直径（*d*） /mm	内衬层厚度（近似值）/mm	
	挤包型	绕包型
d ≤ 25	1.0	0.4
25 < *d* ≤ 35	1.2	0.4
35 < *d* < 40	1.4	0.4
40 < *d* ≤ 45	1.4	0.6
45 < *d* ≤ 60	1.6	0.6
60 < *d* ≤ 80	1.8	0.6
d > 80	2.0	0.6

5. 铠装层结构

1）钢带与钢丝铠装结构尺寸应符合 GB/T 2952—2008 的规定。

2）采用钢带铠装时，内衬层应采用包带层加强，绕包型内衬层与包带层的总厚度应符合 GB/T 2952—2008 和表 5-1-16a ~ 表 5-1-16c 的规定。

3）当金属屏蔽外有铠装时，在金属屏蔽上应挤包不透水的内衬层，也称隔离套，其厚度应符合 GB/T 2952.3—2008 规定。

4）如采用隔离套或挤包内衬层，不需加包带垫层。

6. 非金属外护套

1）护套应采用 PVC（ST$_1$）或 PE（ST$_3$）塑料。

2）护套标称厚度应符合 GB/T 2952—2008 的规定。

3）无铠装电缆的非金属护套和不直接挤包在铠装、金属屏蔽或同心导体上的电缆外护套，其厚度的最小测量值应不低于规定标称值的 85% − 0.1mm。直接挤包在铠装、金属屏蔽或同心导体上的电缆外护套和隔离套，其厚度最小测量值应不低于规定标称值的 80% − 0.2mm。

**表 5-1-16a　聚氯乙烯绝缘
钢带铠装电缆内衬层厚度（单芯）**

规格 /mm²	电压等级			
	0.6/1kV		1.8/3kV	3.6/6kV
	内衬层为 绕包型结 构厚度/mm	内衬层为挤 包型结构 厚度/mm	内衬层为 挤包型结 构厚度/mm	内衬层为 挤包型结构 厚度/mm （无屏蔽结构）
1.5	0.52	0.76	—	—
2.5	0.52	0.76	—	—

（续）

规格 /mm²	电压等级			
	0.6/1kV		1.8/3kV	3.6/6kV
	内衬层为 绕包型结 构厚度/mm	内衬层为挤 包型结构 厚度/mm	内衬层为 挤包型结 构厚度/mm	内衬层为 挤包型结构 厚度/mm （无屏蔽结构）
4	0.52	0.76	—	—
6	0.52	0.76	—	—
10	0.52	0.76	0.76	0.76
16	0.52	0.76	0.76	0.76
25	0.52	0.76	0.76	0.76
35	0.52	0.76	0.76	0.76
50	0.52	0.76	0.76	0.76
70	0.52	0.76	0.76	0.76
95	0.52	0.76	0.76	0.76
120	0.52	0.76	0.76	0.76
150	0.52	0.76	0.76	0.76
185	0.52	0.76	0.76	0.76
240	0.52	0.76	0.76	0.76
300	0.52	0.76	0.76	0.76
400	0.52	0.76	0.76	0.76
500	0.76	0.76	0.76	0.84
630	0.76	0.84	0.84	0.84
800	0.76	0.92	0.92	0.92
1000	0.92	0.92	0.92	1.00

**表 5-1-16b　聚氯乙烯绝缘
钢带铠装电缆内衬层厚度（三芯）**

规格 /mm²	电压等级			
	0.6/1kV		1.8/3kV	3.6/6kV
	内衬层为 绕包型结 构厚度/mm	内衬层为挤 包型结构 厚度/mm	内衬层为 挤包型结 构厚度/mm	内衬层为 挤包型结构 厚度/mm （无屏蔽结构）
1.5	0.52	0.76	—	—
2.5	0.52	0.76	—	—
4	0.52	0.76	—	—
6	0.52	0.76	—	—
10	0.52	0.76	0.76	0.76

（续）

规格 /mm²	电压等级			
	0.6/1kV		1.8/3kV	3.6/6kV
	内衬层为 绕包型结 构厚度/mm	内衬层为挤 包型结构 厚度/mm	内衬层为 挤包型结构 厚度/mm	内衬层为 挤包型结构 厚度/mm （无屏蔽结构）
16	0.52	0.76	0.76	0.76
25	0.52	0.76	0.76	0.76
35	0.52	0.76	0.76	0.76
50	0.52	0.76	0.76	0.76
70	0.52	0.76	0.76	0.84
95	0.76	0.76	0.84	0.92
120	0.76	0.84	0.84	0.92
150	0.92	0.92	0.92	1.00
185	0.92	0.92	1.00	1.08
240	0.92	1.00	1.08	1.16
300	1.16	1.16	1.16	1.16
400	0.92	1.24	1.24	1.32
500	0.92	1.32	1.40	1.40
630	0.92	1.48	1.48	1.48
800	0.92	1.56	1.56	1.64
1000	0.92	1.72	1.72	1.72

**表5-1-16c　聚氯乙烯绝缘钢带铠装
电缆内衬层厚度（3＋1芯）**

主截面 规格 /mm²	电压等级		
	0.6/1kV		1.8/3kV
	内衬层为 绕包型结 构厚度/mm	内衬层为 挤包型结 构厚度/mm	内衬层为 绕包型结构 厚度/mm
4	0.52	0.76	—
6	0.52	0.76	—
10	0.52	0.76	0.76
16	0.52	0.76	0.76
25	0.52	0.76	0.76
35	0.52	0.76	0.76
50	0.52	0.76	0.76
70	0.52	0.76	0.76
95	0.76	0.76	0.84
120	0.76	0.84	0.92

（续）

主截面 规格 /mm²	电压等级		
	0.6/1kV		1.8/3kV
	内衬层为 绕包型结 构厚度/mm	内衬层为挤 包型结构 厚度/mm	内衬层为绕 包型结构 厚度/mm
150	0.76	0.92	0.92
185	0.92	1.00	1.00
240	0.92	1.08	1.08
300	0.92	1.16	1.16
400	0.92	1.24	1.24

1.2.3　技术指标

1. 导体直流电阻

导体直流电阻应符合 GB/T 3956—2008 的规定。

2. 绝缘电阻

额定电压 U_0 为 3.6kV 及以下的电缆的绝缘电阻由体积电阻率 ρ 及绝缘电阻常数 K_i 表示，应符合表 5-1-17 的规定。

3. 电气性能

电缆的电气性能应符合表 5-1-18 的规定。

4. 力学物理性能

1）电缆绝缘老化前和老化后的力学性能应符合表 5-1-19 的规定。

2）护套老化前和老化后的力学性能应符合表 5-1-20 的规定。

3）PVC 绝缘和护套的特殊试验应符合表 5-1-21 的规定。

5. 阻燃电缆阻燃技术指标

应符合表 5-1-22 规定。

6. 耐火电缆耐火技术指标

应符合表 5-1-23 规定。

7. 聚氯乙烯绝缘光纤复合低压电缆技术指标

应符合表 5-1-42 的规定。

表5-1-17　聚氯乙烯电缆的绝缘性能

项　目	聚氯乙烯绝缘电缆	
	A	B
体积电阻率 $\rho/(\Omega \cdot cm)$ 　在 20℃ 　在最高额定温度	10^{13} 10^{10}	10^{14} 10^{11}
绝缘电阻常数 $K_i/(M\Omega \cdot km)$ 　在 20℃ 　在最高额定温度	36.7 0.037	367 0.37

表 5-1-18　聚氯乙烯电缆的电气性能

	额定电压 U_0/kV	0.6	1.8	3.6
$\tan\delta$	环境温度下 U_0 时的 $\tan\delta$	—	—	—
	$0.5\sim2U_0$ 的 $\Delta\tan\delta$	—	—	—
	2kV 时环境温度下的 $\tan\delta$	—	—	—
	2kV 时最高工作温度下的 $\tan\delta$	—	—	—
1.73U_0 时局部放电量（灵敏度＜10pC）		—	—	无
工频	例行试验	3.5kV，5min	6.5kV，5min	12.5kV，5min
耐压	型式试验	2.4kV，4h	7.2kV，4h	14.4kV，4h
冲击耐压（最高工作温度＋5℃，±10 次）		—	—	60kV
冲击耐压后的工频耐压		—	—	12.5kV 15min

表 5-1-19　聚氯乙烯电缆绝缘的力学性能

序号	试验项目	PVC	
		A	B
1	导体最高额定温度/℃	70	70
2	老化前力学性能		
	抗张强度/MPa ≥	12.5	12.5
	断裂伸长率（%）≥	150	125
3	空气箱老化后力学性能		
	温度/℃	100	100
	处理条件　温度偏差/℃	±2	±2
	持续时间/d	7	7
	抗张强度/MPa ≥	12.5	12.5
	抗张强度变化率（%）≤	±25	±25
	断裂伸长率（%）≥	150	125
	断裂伸长率变化率（%）≤	±25	±25

表 5-1-20　聚氯乙烯电缆护套的力学性能

序号	试验项目	ST_1	ST_3
1	正常运行时导体最高温度/℃	80	80
2	老化前力学性能		
	抗张强度/(N/mm^2) ≥	12.5	10.0
	断裂伸长率（%）≥	150	300
3	空气箱老化后力学性能		
	温度/℃	100±2	100±2
	处理条件		
	持续时间/d	7	10
	抗张强度/(N/mm^2) ≥	12.5	—
	抗张强度变化率（%）≤	±25	—
	断裂伸长率（%）≥	150	300
	断裂伸长率变化率（%）≤	±25	—

表 5-1-21　聚氯乙烯电缆绝缘和护套的特殊性能

序　号	试 验 项 目	PVC		ST$_1$	ST$_2$
		A	B		
1	失重试验 　处理条件：　温度/℃ 　　　　　　　持续时间/d 　失重/（mg/cm^2）　　≤	— — —	— — —	— — —	100 ± 2 7 1.5
2	高温压力试验 　试验温度/℃ 　压痕深度（%）　　≤	80 ± 2 50	80 ± 2 50	80 ± 2 50	90 ± 2 50
3	低温性能试验 　未老化前的低温卷绕试验 　冷弯试验电缆直径/mm　≤ 　试验温度/℃ 　低温拉伸试验 　试验温度/℃ 　低温冲击试验 　试验温度/℃	12.5 −15 ± 2 −15 ± 2 —	12.5 −5 ± 2 −5 ± 2 —	12.5 −15 ± 2 −15 ± 2 −15 ± 2	12.5 −15 ± 2 −15 ± 2 −15 ± 2
4	抗开裂（热冲击）试验 　试验温度/℃ 　持续时间/h	150 ± 3 1	150 ± 3 1	150 ± 3 1	150 ± 3 1
5	热稳定性试验 　试验温度/℃ 　持续时间/min　　≥	— —	200 ± 0.5 100	— —	— —
6	吸水试验 电气法 　试验温度/℃ 　持续时间/d	70 ± 2 10	70 ± 2 10	— —	— —

表 5-1-22　阻燃电缆阻燃技术参数

分类及标志	A 类	B 类	C 类	D 类
每米试样非金属材料体积/L	7	3.5	1.5	0.5
供火时间/min	40	40	20	20
最大炭化高度/m	2.5	2.5	2.5	2.5

表 5-1-23　耐火电缆耐火技术参数

适用范围	供火温度/℃	供火时间+冷却时间/min	试验电压/V	合格指标
0.6/1kV 及以下电缆	750 +50 −0	90 + 15	额定值	1）2A 熔断器不断； 2）指示灯不熄

1.3　交联聚乙烯绝缘电力电缆

1.3.1　1.8/3kV 及以下产品

1.3.1.1　品种规格

（1）交联聚乙烯绝缘电力电缆　适用于交流 50Hz、额定电压 1.8/3kV 及以下的输配电线路，图 5-1-3 为三芯交联聚乙烯绝缘电力电缆结构。

1）型号及敷设场合。交联聚乙烯绝缘电力电缆产品型号与敷设场合见表 5-1-24。

2）工作温度与敷设条件。

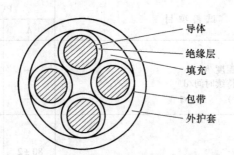

导体
绝缘层
填充
包带
外护套

图 5-1-3　三芯交联聚乙烯绝缘电力电缆结构

表 5-1-24　交联聚乙烯绝缘电力电缆产品型号与敷设场合

型　号		名　　称	敷　设　场　合
铜　芯	铝　芯		
YJV	YJLV	交联聚乙烯绝缘聚氯乙烯护套电力电缆	敷设在室内外，隧道内必须固定在托架上，混凝土管组或电缆沟中以及允许在松散土壤中直埋，不能承受拉力和压力
YJY	YJLY	交联聚乙烯绝缘聚乙烯护套电力电缆	
YJV22	YJLV22	交联聚乙烯绝缘钢带铠装聚氯乙烯护套电力电缆	可在土壤中直埋敷设，电缆能承受机械外力作用，但不能承受大的拉力
YJV23	YJLV23	交联聚乙烯绝缘钢带铠装聚乙烯护套电力电缆	
YJV32	YJLV32	交联聚乙烯绝缘细钢丝铠装聚氯乙烯护套电力电缆	敷设在水中或具有落差较大的土壤中，电缆承受相当的拉力
YJV33	YJLV33	交联聚乙烯绝缘细钢丝铠装聚乙烯护套电力电缆	
YJV42	YJLV42	交联聚乙烯绝缘粗钢丝铠装聚氯乙烯护套电力电缆	敷设在水中及落差较大的隧道或竖井中，电缆能承受较大的拉力
YJV43	YJLV43	交联聚乙烯绝缘粗钢丝铠装聚乙烯护套电力电缆	

① 电缆导体的最高额定温度为 90℃。

② 短路时（最长持续时间不超过 5s），电缆导体的最高温度不超过 250℃。

③ 敷设电缆时的环境温度不低于 0℃，敷设时电缆的允许最小弯曲半径为

单芯电缆：无铠装 20D；有铠装 15D

三芯电缆：无铠装 15D；有铠装 12D

其中，D 为电缆的外径。

④ 电缆没有敷设位差的限制。

3）产品规格。交联聚乙烯绝缘电力电缆的规格见表 5-1-25。

4）制造长度。制造长度应不小于 100m，允许有小于 50m 的短段电缆出厂（钢丝铠装电缆除外），但其数量不超过总交货长度的 10%。

5）外径与重量。交联聚乙烯绝缘电力电缆的外径与重量见表 5-1-26 ~ 表 5-1-29。

表 5-1-25 交联聚乙烯绝缘电力电缆规格

型 号		芯 数	额定电压 (U_0/U)/kV
			0.6/1
铜 芯	铝 芯		标称截面积/mm²
YJV，YJY	—	1①	1.5 ~ 800
—	YJLV，YJLY		2.5 ~ 1000
YJV62，YJV63	YJLV62，YJLV63		10 ~ 1000
YJV72，YJV73	YJLV72，YJLV73		10 ~ 1000
YJV，YJY	—	2	1.5 ~ 185
—	YJLV，YJLY		2.5 ~ 185
YJV22，YJV23	YJLV22，YJLV23		4 ~ 185
YJV，YJY	YJLV，YJLY	3	1.5 ~ 300
YJV22，YJV23	YJLV22，YJLV23		2.5 ~ 300
YJV32，YJV33	YJLV32，YJLV33		4 ~ 300
YJV42，YJV43	YJLV42，YJLV43		
YJV，YJY	YJLV，YJLY	3 + 1	4 ~ 300
YJV22，YJV23	YJLV22，YJLV23		4 ~ 300
YJV，YJY	YJLV，YJLY	4	4 ~ 300
YJV22，YJV23	YJLV22，YJLV23		4 ~ 300
YJV，YJY	YJLV，YJLY	3 + 2	4 ~ 300
YJV22，YJV23	YJLV22，YJLV23		4 ~ 300
YJV，YJY	YJLV，YJLY	4 + 1	4 ~ 300
YJV22，YJV23	YJLV22，YJLV23		4 ~ 300
YJV，YJY	YJLV，YJLY	5	4 ~ 300
YJV22，YJV23	YJLV22，YJLV23		4 ~ 300

① 单芯电缆铠装应采用非磁性材料，型号中的 6 代表双非磁性金属带铠装，7 代表非磁性金属丝铠装。

表 5-1-26 0.6/1kV 交联聚乙烯绝缘聚氯乙烯护套电力电缆的外径与重量

导线截面积/mm²	单 芯			两 芯			三 芯			四 芯		
	外径/mm	重量/(kg/km)		外径/mm	重量/(kg/km)		外径/mm	重量/(kg/km)		外径/mm	重量/(kg/km)	
		YJV	YJLV		YJV	YJLV		YJV	YJLV		YJV	YJLV
1.5	6	47	38	10	105	86	10	127	99	11	154	117
2.5	6	59	44	10	134	102	11	167	120	12	204	142
4	7	77	52	11	173	123	12	221	145	13	274	175
6	7	99	62	12	226	150	13	293	179	14	363	214
10	8	147	84	15	342	214	16	445	253	17	559	307
16	9	209	109	17	488	285	18	647	342	20	815	416
25	11	304	149	21	711	393	22	959	482	25	1208	585
35	12	400	184	23	927	486	24	1274	613	27	1612	747
50	13	524	232	21	1096	499	24	1590	695	28	2057	886
70	15	732	310	23	1518	657	28	2228	935	32	2883	1193
95	17	991	404	27	2061	864	31	3015	1220	36	3914	1567
120	18	1230	490	29	2567	1058	34	3763	1497	39	4902	1941
150	20	1516	603	32	3155	1292	38	4965	1861	44	6033	2380
185	23	1890	748	36	3913	1583	42	5778	2281	48	7526	2955
240	26	2454	954	—	—	—	47	7513	2920	54	9781	3778
300	28	3041	1157	—	—	—	52	9409	3642	60	12184	4646
400	32	3888	1478	—	—	—	—	—	—	—	—	—
500	36	4959	1874	—	—	—	—	—	—	—	—	—
630	40	6384	2382	—	—	—	—	—	—	—	—	—

表 5-1-27　0.6/1kV 交联聚乙烯绝缘聚钢带铠装氯乙烯护套电力电缆的外径与重量

导线截面积/mm²	单　芯			两　芯			三　芯			四　芯		
	外径/mm	重量/(kg/km)		外径/mm	重量/(kg/km)		外径/mm	重量/(kg/km)		外径/mm	重量/(kg/km)	
		YJV62	YJLV62		YJV22	YJLV22		YJV22	YJLV22		YJV22	YJLV22
4	—	—	—	15	324	274	15	379	303	16	445	408
6	—	—	—	16	390	314	16	466	352	17	550	488
10	12	332	270	18	524	396	19	655	462	21	787	688
16	13	409	310	20	694	490	21	887	582	23	1076	927
25	15	520	365	24	978	645	25	1243	766	27	1519	1267
35	16	632	415	26	1222	782	28	1558	927	30	1957	1558
50	17	800	490	24	1372	775	28	1923	1027	33	2759	2136
70	19	1025	591	28	2124	1263	33	2929	1636	36	3678	2813
95	20	1283	694	31	2728	1532	36	3822	2026	41	4832	2485
120	22	1549	805	34	3292	1783	39	4659	2394	44	5906	2945
150	24	1867	937	37	3975	2113	43	5627	2832	49	7186	3533
185	26	2235	1088	41	4838	2508	48	6897	3400	54	8807	4236
240	28	2795	1307	—	—	—	53	8788	4195	60	11268	5625
300	31	3767	1907	—	—	—	58	10787	5020	66	13824	6286
400	34	4810	2330	—	—	—	—	—	—	—	—	—
500	40	5945	2845	—	—	—	—	—	—	—	—	—
630	44	7318	3412	—	—	—	—	—	—	—	—	—

表 5-1-28　0.6/1kV 交联聚乙烯绝缘聚氯乙烯护套五芯电力电缆的外径与重量

导线截面积/mm²	3+2 芯			4+1 芯			5 芯		
	外径/mm	重量/(kg/km)		外径/mm	重量/(kg/km)		外径/mm	重量/(kg/km)	
		YJV	YJLV		YJV	YJLV		YJV	YJLV
4	13	294	187	14	313	197	14	332	206
6	15	399	234	15	448	271	15	446	256
10	17	589	320	18	656	361	19	691	370
16	21	879	446	21	946	475	22	1007	499
25	24	1313	633	25	1408	670	25	1504	710
35	26	1607	742	27	1807	823	28	2007	905
50	30	2243	1029	32	2479	1127	33	2726	1234
70	35	3126	1392	37	3483	1539	37	3823	1669
95	39	4207	1814	41	4677	1986	43	5190	2199
120	44	5303	2176	46	5971	2522	48	6349	2575
150	48	6209	2552	50	7021	2865	53	7869	3213
185	53	7898	3204	56	8858	3599	59	9788	3962
240	60	10188	4086	63	11473	4598	67	12849	5198
300	66	12675	5045	70	14275	5659	74	15920	6314

表 5-1-29　0.6/1kV 交联聚乙烯绝缘聚钢带铠装氯乙烯护套五芯电力电缆的外径与重量

导线截面积/mm²	3 + 2 芯			4 + 1 芯			5 芯		
	外径/mm	重量/(kg/km)		外径/mm	重量/(kg/km)		外径/mm	重量/(kg/km)	
		YJV22	YJLV22		YJV22	YJLV22		YJV22	YJLV22
4	17	463	356	17	485	368	17	507	380
6	18	584	420	18	637	460	19	638	448
10	21	806	538	21	882	588	22	926	605
16	24	1136	702	24	1208	738	25	1277	769
25	27	1610	930	28	1713	976	28	1817	1023
35	29	1926	1061	30	2152	1169	33	2705	1603
50	35	2983	1770	36	3263	1191	37	3525	2033
70	40	3979	2244	41	4376	2432	42	4732	2578
95	44	5162	2769	46	5695	3004	48	6256	3265
120	49	6397	3269	51	7129	3679	53	7571	3797
150	53	7409	3752	55	8282	4126	58	9221	4565
185	59	9259	4565	61	10287	5029	65	11319	5494
240	65	11737	5635	69	13163	6288	73	14631	6981
300	72	14413	6783	76	16169	7552	80	17948	8341

(2) 交联聚乙烯绝缘阻燃电力电缆　在电缆护层火焰燃烧后仅延燃有限距离而能自熄的一种电缆，常用在易受外部影响着火的电缆密集场所或可能因着火延燃酿成严重事故的电缆线路。

交联聚乙烯绝缘阻燃电力电缆产品型号和敷设场合见表 5-1-30。

表 5-1-30　交联聚乙烯绝缘阻燃电力电缆产品型号和敷设场合

型　号		名　称	敷设场合
铝　芯	铜　芯		
ZA-YJLV ZB-YJLV ZC-YJLV ZD-YJLV	ZA-YJV ZB-YJV ZC-YJV ZD-YJV	交联聚乙烯绝缘聚氯乙烯护套 A（B、C、D）类阻燃电力电缆	敷设在室内、隧道及沟管中，不能承受机械外力的作用
ZA-YJLV22 ZB-YJLV22 ZC-YJLV22 ZD-YJLV22	ZA-YJV22 ZB-YJV22 ZC-YJV22 ZD-YJV22	交联聚乙烯绝缘钢带铠装聚氯乙烯护套 A（B、C、D）类阻燃电力电缆	直埋敷设在土壤中，能承受机械外力，不能承受大的拉力
ZA-YJLV32 ZB-YJLV32 ZC-YJLV32 ZD-YJLV32	ZA-YJV32 ZB-YJV32 ZC-YJV32 ZD-YJV32	交联聚乙烯绝缘细钢丝铠装聚氯乙烯护套 A（B、C、D）类阻燃电力电缆	敷设在室内、矿井及水中，能承受机械外力和相当的拉力
ZA-YJLV42 ZB-YJLV42 ZC-YJLV42 ZD-YJLV42	ZA-YJV42 ZB-YJV42 ZC-YJV42 ZD-YJV42	交联聚乙烯绝缘粗钢丝铠装聚氯乙烯护套 A（B、C、D）类阻燃电力电缆	敷设在室内、矿井及水中，能承受较大的拉力

(3) 交联聚乙烯绝缘耐火电力电缆　在火焰燃烧高温作用下，在一定的时间内仍然可以正常供电的电缆。

交联聚乙烯绝缘耐火电力电缆产品型号和敷设场合见表 5-1-31。

表 5-1-31　交联聚乙烯绝缘耐火电力电缆产品型号和敷设场合

型号		名称	敷设场合
铝芯	铜芯		
N-YJLV	N-YJV	交联聚乙烯绝缘聚氯乙烯护套耐火电力电缆	敷设在室内、隧道及沟管中，不能承受机械外力的作用
N-YJLV22	N-YJV22	交联聚乙烯绝缘钢带铠装聚氯乙烯护套耐火电力电缆	直埋敷设在土壤中，能承受机械外力，不能承受大的拉力
N-YJLV32	N-YJV32	交联聚乙烯绝缘细钢丝铠装聚氯乙烯护套耐火电力电缆	敷设在室内、矿井及水中，能承受机械外力和相当的拉力
N-YJLV42	N-YJV42	交联聚乙烯绝缘粗钢丝铠装聚氯乙烯护套耐火电力电缆	敷设在室内、矿井及水中，能承受较大的拉力

(4) 交联聚乙烯绝缘低烟无卤阻燃电力电缆　适用于高层建筑、地铁、电站以及重要的公共场所，在发生火灾情况下电缆燃烧过程中减轻烟雾浓度、避免毒性气体的释放，这样可以避免蔓延的浓烟使人窒息，同时也避免了有害气体对一些精密、精良仪器及对人体的毒害，从而避免在线缆燃烧时产生的第二次危害。

交联聚乙烯绝缘低烟无卤阻燃电力电缆型号和敷设场合见表 5-1-32。

表 5-1-32　交联聚乙烯绝缘低烟无卤阻燃电力电缆型号和敷设场合

型号		名称	敷设场合
铝芯	铜芯		
WDZA-YJLY WDZB-YJLY WDZC-YJLY WDZD-YJLY	WDZA-YJY WDZB-YJY WDZC-YJY WDZD-YJY	交联聚乙烯绝缘聚烯烃护套低烟无卤 A（B、C、D）类阻燃电力电缆	敷设在室内、隧道及沟管中，不能承受机械外力的作用
WDZA-YJLV23 WDZB-YJLV23 WDZC-YJLV23 WDZD-YJLV23	WDZA-YJV23 WDZB-YJV23 WDZC-YJV23 WDZD-YJV23	交联聚乙烯绝缘钢带铠装聚烯烃护套低烟无卤 A（B、C、D）类阻燃电力电缆	直埋敷设在土壤中，能承受机械外力，不能承受大的拉力
WDZA-YJLV33 WDZB-YJLV33 WDZC-YJLV33 WDZD-YJLV33	WDZA-YJV33 WDZB-YJV33 WDZC-YJV33 WDZD-YJV33	交联聚乙烯绝缘细钢丝铠装聚烯烃护套低烟无卤 A（B、C、D）类阻燃电力电缆	敷设在室内、矿井及水中，能承受机械外力和相当的拉力
WDZA-YJLV43 WDZB-YJLV43 WDZC-YJLV43 WDZD-YJLV43	WDZA-YJV43 WDZB-YJV43 WDZC-YJV43 WDZD-YJV43	交联聚乙烯绝缘粗钢丝铠装聚烯烃护套低烟无卤 A（B、C、D）类阻燃电力电缆	敷设在室内、矿井及水中，能承受较大的拉力

(5) 光纤复合交联聚乙烯绝缘电力电缆　一种由绝缘线芯和光传输单元复合而成的具有输送电能和光通信能力的电缆，适用于额定电压 0.6/1kV 及以下的电力工程。

交联聚乙烯绝缘光纤复合低压电力电缆产品型号和敷设场合见表 5-1-33。

(6) 交联聚乙烯绝缘预分支电缆　工厂在生产主干电缆时按用户设计图样预制分支线的电缆。预分支电缆可以广泛应用在住宅楼、办公楼、写字楼、商贸楼、教学楼和科研楼等各种中、高层建筑中，作为供配电的主、干线电缆使用。其结构图如图 5-1-2 所示。

表 5-1-33　交联聚乙烯绝缘光纤复合低压电力电缆产品型号和敷设场合

型　号		名　称	敷 设 场 合
铝　芯	铜　芯		
OPLC-YJLV	OPLC-YJV	交联聚乙烯绝缘聚氯乙烯护套光纤复合低压电力电缆	敷设在室内、隧道及沟管中，不能承受机械外力的作用
OPLC-YJLV22	OPLC-YJV22	交联聚乙烯绝缘钢带铠装聚氯乙烯护套光纤复合低压电力电缆	直埋敷设在土壤中，能承受机械外力，不能承受大的拉力
OPLC-YJLV32	OPLC-YJV32	交联聚乙烯绝缘细钢丝铠装聚氯乙烯护套光纤复合低压电力电缆	敷设在室内、矿井及水中，能承受机械外力和相当的拉力
OPLC-YJLV42	OPLC-YJV42	交联聚乙烯绝缘粗钢丝铠装聚氯乙烯护套光纤复合低压电力电缆	敷设在室内、矿井及水中，能承受较大的拉力

交联聚乙烯绝缘预分支电缆产品型号见表 5-1-34。

表 5-1-34　交联聚乙烯绝缘预分支电缆产品型号

型　号				名　称
单　芯	三芯拧绞	四芯拧绞	五芯拧绞	
FZYJV	FZYJV-T	FZYJV-Q	FZYJV-P	铜芯交联聚乙烯绝缘聚氯乙烯护套预分支电缆
Z-FZYJV	Z-FZYJV-T	Z-FZYJV-Q	Z-FZYJV-P	铜芯交联聚乙烯绝缘聚氯乙烯护套阻燃预分支电缆
WDZ-FZYJV	WDZ-FZYJV-T	WDZ-FZYJV-Q	WDZ-FZYJV-P	铜芯交联聚乙烯绝缘无卤低烟聚烯烃护套阻燃预分支电缆
N-FZYJV	N-FZYJV-T	N-FZYJV-Q	N-FZYJV-P	铜芯交联聚乙烯绝缘聚氯乙烯护套耐火预分支电缆
WDZN-FZYJV	WDZN-FZYJV-T	WDZN-FZYJV-Q	WDZN-FZYJV-P	铜芯交联聚乙烯绝缘无卤低烟聚烯烃护套阻燃耐火预分支电缆

（7）铝合金导体交联聚乙烯绝缘电力电缆　适用于建筑物、构筑物及其附属设施配电用固定敷设的电力电缆。

铝合金导体交联聚乙烯绝缘电力电缆产品型号见表 5-1-35。

表 5-1-35　铝合金导体交联聚乙烯绝缘电力电缆产品型号

型　号	名　称
YJLHV	铝合金导体交联聚乙烯绝缘聚氯乙烯护套电力电缆
YJLHV60	铝合金导体交联聚乙烯绝缘铝合金带联锁裸铠装电力电缆
YJLHV62	铝合金导体交联聚乙烯绝缘铝合金带联锁铠装聚氯乙烯护套电力电缆
YJLHY	铝合金导体交联聚乙烯绝缘聚烯烃护套电力电缆
YJLHY63	铝合金导体交联聚乙烯绝缘铝合金带联锁铠装聚烯烃护套电力电缆

1.3.1.2 产品结构

(1) 导体结构 见聚氯乙烯绝缘电力电缆。

(2) 绝缘结构

1) 电缆绝缘用的交联聚乙烯绝缘料, 代号 XLPE, 其绝缘性能应符合 GB/T 12706—2008 的规定。

2) 绝缘的标称厚度应符合表 5-1-36 的规定。绝缘厚度平均值应不小于规定的标称值, 绝缘最薄点的厚度应不小于规定标称值的 90% - 0.1mm。

3) 绝缘线芯的识别标志应符合 GB/T 6995.5—2008 的规定。绝缘线芯分色规定如下:

两芯电缆: 红、蓝;

三芯电缆: 红、黄、绿;

四芯电缆: 红、黄、绿、蓝;

五芯电缆: 红、黄、绿、蓝、黄/绿双色。

主线芯用红、黄、绿色表示, 中性线芯用蓝色表示, 接地线用黄/绿双色。

亦可以用数字识别:

两芯电缆: 0、1;

三芯电缆: 1、2、3;

四芯电缆: 0、1、2、3;

五芯电缆: 0、1、2、3、4。

主线芯用 1、2、3 表示, 中性线芯用 0 表示。

在五芯电缆中, 数字 4 指特定目的导体 (包括接地导体)。

表 5-1-36 交联聚乙烯绝缘电力电缆绝缘标称厚度

导体标称截面积/mm²	额定电压 0.6/1kV 绝缘标称厚度/mm
1.5, 2.5	0.7
4, 6	0.7
10, 16	0.7
25, 35	0.9
50	1.0
70, 95	1.1
120	1.2
150	1.4
185	1.6
240	1.7
300	1.8
400	2.0
500	2.2
630	2.4
800	2.6
1000	2.8

注: 不推荐任何小于以上给出的导体截面积。

(3) 内衬层结构 见聚氯乙烯绝缘电力电缆, 其钢带铠装结构的内衬层厚度应符合表 5-1-36a ~ 表 5-1-36c。

表 5-1-36a 交联聚乙烯绝缘钢带铠装电缆内衬层厚度 (单芯)

规格/mm²	电压等级					
	0.6/1kV		1.8/3kV		3.6/6kV	
	内衬层为绕包型结构厚度/mm	内衬层为挤包型结构厚度/mm	内衬层为绕包型结构厚度/mm (必须挤包)	内衬层为挤包型结构厚度/mm	内衬层为绕包型结构厚度/mm (必须挤包)	内衬层为挤包型结构厚度/mm
1.5	0.52	0.76	—	0.76	—	—
2.5	0.52	0.76	—	0.76	—	—
4	0.52	0.76	—	0.76	—	—
6	0.52	0.76	—	0.76	—	—
10	0.52	0.76	—	0.76	—	0.76
16	0.52	0.76	—	0.76	—	0.76
25	0.52	0.76	—	0.76	—	0.76
35	0.52	0.76	—	0.76	—	0.76
50	0.52	0.76	—	0.76	—	0.76
70	0.52	0.76	—	0.76	—	0.76
95	0.52	0.76	—	0.76	—	0.76
120	0.52	0.76	—	0.76	—	0.76
150	0.52	0.76	—	0.76	—	0.76

（续）

规格/mm²	电压等级					
	0.6/1kV		1.8/3kV		3.6/6kV	
	内衬层为绕包型结构厚度/mm	内衬层为挤包型结构厚度/mm	内衬层为绕包型结构厚度/mm（必须挤包）	内衬层为挤包型结构厚度/mm	内衬层为绕包型结构厚度/mm（必须挤包）	内衬层为挤包型结构厚度/mm
185	0.52	0.76	—	0.76	—	0.76
240	0.52	0.76	—	0.76	—	0.76
300	0.52	0.76	—	0.76	—	0.76
400	0.52	0.76	—	0.76	—	0.76
500	0.52	0.76	—	0.76	—	0.84
630	0.84	0.84	—	0.84	—	0.92
800	0.84	0.84	—	0.92	—	0.92
1000	0.92	0.92	—	0.92	—	1.00

表 5-1-36b　交联聚乙烯绝缘钢带铠装电缆内衬层厚度（三芯）

规格/mm²	电压等级					
	0.6/1kV		1.8/3kV		3.6/6kV	
	内衬层为绕包型结构厚度/mm	内衬层为挤包型结构厚度/mm	内衬层为绕包型结构厚度/mm（必须挤包）	内衬层为挤包型结构厚度/mm	内衬层为绕包型结构厚度/mm（必须挤包）	内衬层为挤包型结构厚度/mm
1.5	0.52	0.76	—	—	—	—
2.5	0.52	0.76	—	—	—	—
4	0.52	0.76	—	—	—	—
6	0.52	0.76	—	—	—	—
10	0.52	0.76	—	0.76	—	0.76
16	0.52	0.76	—	0.76	—	0.76
25	0.52	0.76	—	0.76	—	0.76
35	0.52	0.76	—	0.76	—	0.84
50	0.52	0.76	—	0.76	—	0.84
70	0.52	0.76	—	0.76	—	0.92
95	0.52	0.76	—	0.84	—	0.92
120	0.76	0.76	—	0.84	—	1.00
150	0.76	0.84	—	0.92	—	1.08
185	0.76	0.92	—	0.92	—	1.08
240	0.92	1.00	—	1.00	—	1.16
300	0.92	1.08	—	1.08	—	1.24
400	0.92	1.24	—	1.24	—	1.40
500	0.92	1.24	—	1.32	—	1.48

（续）

规格/ mm²	电压等级					
	0.6/1kV		1.8/3kV		3.6/6kV	
	内衬层为绕包型结构厚度/mm	内衬层为挤包型结构厚度/mm	内衬层为绕包型结构厚度/mm（必须挤包）	内衬层为挤包型结构厚度/mm	内衬层为绕包型结构厚度/mm（必须挤包）	内衬层为挤包型结构厚度/mm
630	0.92	1.40	—	1.40	—	1.64
800	0.92	1.48	—	1.56	—	1.72
1000	0.92	1.64	—	1.72	—	1.88

表 5-1-36c　交联聚乙烯绝缘钢带铠装电缆内衬层厚度（3＋1 芯）

主截面规格/mm²	电压等级			
	0.6/1kV		1.8/3kV	
	内衬层为绕包型结构厚度/mm	内衬层为挤包型结构厚度/mm	内衬层为绕包型结构厚度/mm（必须挤包）	内衬层为挤包型结构厚度/mm
4	0.52	0.76	—	0.76
6	0.52	0.76	—	0.76
10	0.52	0.76	—	0.76
16	0.52	0.76	—	0.76
25	0.52	0.76	—	0.76
35	0.52	0.76	—	0.76
50	0.52	0.76	—	0.76
70	0.52	0.76	—	0.76
95	0.76	0.76	—	0.84
120	0.76	0.84	—	0.92
150	0.76	0.84	—	0.92
185	0.92	0.92	—	1.00
240	0.92	1.00	—	1.08
300	0.92	1.08	—	1.16
400	0.92	1.24	—	1.24

（4）铠装层结构　见聚氯乙烯绝缘电力电缆。

（5）非金属外护套

1）护套应采用 PVC（ST_2）或 PE（ST_7）塑料。

2）护套标称厚度应符合 GB/T 2952—2008 的规定。

3）无铠装电缆的非金属护套和不直接挤包在铠装、金属屏蔽或同心导体上的电缆外护套，其厚度的最小测量值应不低于规定标称值的 85%－0.1mm。直接挤包在铠装、金属屏蔽或同心导体上的电缆外护套和隔离套，其厚度最小测量值应不低于规定标称值的 80%－0.2mm。

1.3.1.3　技术指标

（1）导体直流电阻　导体直流电阻应符合 GB/T 3956—2008 的规定。

（2）绝缘电阻　额定电压 U_0 为 3.6kV 及以下的电缆的绝缘电阻以体积电阻率 ρ 及绝缘电阻常数 K_i 表示，应符合表 5-1-37 的规定。

（3）电气性能　电缆的电气性能应符合表 5-1-38 的规定。

表 5-1-37 交联聚乙烯电缆绝缘性能

项　　目	性能要求
	XLPE
体积电阻率 ρ/($\Omega \cdot$ cm) 　在 20℃ 　在最高额定温度	— 10^{12}
绝缘电阻常数 K_i/(M$\Omega \cdot$ km) 　在 20℃ 　在最高额定温度	— 3.67

表 5-1-38 交联聚乙烯电缆的电气性能

额定电压 U_0/kV		0.6
工频耐压	例行试验	3.5kV，5min
	型式试验	2.4kV，4h

(4) 交联聚乙烯电缆的力学性能

1) 电缆绝缘老化前和老化后的力学性能应符合表 5-1-39 的规定。

表 5-1-39 交联聚乙烯电缆绝缘的力学性能

序号	试 验 项 目	XLPE
		0.6/1kV
0	导体最高额定温度/℃	90
1	老化前力学性能 　抗张强度/MPa　　　≥ 　断裂伸长率（%）　　≥	 12.5 200
2	空气箱老化后力学性能 　温度/℃ 　处理条件　温度偏差/℃ 　　　　　　持续时间/d 　抗张强度变化率　（%）　≤ 　断裂伸长率变化率（%）　≤	 135 ±3 7 ±25 ±25

2) 电缆护套老化前和老化后的力学性能应符合表 5-1-40 的规定。

表 5-1-40 交联聚乙烯电缆护套的力学性能

序　号	试 验 项 目	ST$_2$	ST$_7$	ST$_8$
1	正常运行时导体最高温度/℃	90	90	90
2	老化前力学性能 　抗张强度/MPa　　　　≥ 　断裂伸长率（%）　　　≥	 12.5 150	 12.5 300	 9.0 125
3	空气箱老化后力学性能 　温度/℃ 　处理条件 　　　持续时间/d 　抗张强度/MPa　　　　　≥ 　抗张强度变化率（%）　　≤ 　断裂伸长率（%）　　　　≥ 　断裂伸长率变化率（%）　≤	 100±2 7 12.5 ±25 150 ±25	 110 10 — — 300 —	 100 7 9.0 ±40 100 ±40

3) 电缆绝缘和护套的特殊试验应符合表 5-1-41 的规定。

表 5-1-41 交联聚乙烯电缆绝缘和护套的特殊性能

序　号	试 验 项 目	XLPE	ST$_2$	ST$_7$	ST$_8$
1	热延伸试验 　处理条件 　　空气温度/℃（偏差±3℃） 　　负荷时间/min 　　机械应力/（N/cm^2） 　　载荷下最大伸长率（%） 　　冷却后最大永久伸长率（%）	 200 15 20 175 15	 — 	 — 	 —
2	吸水试验 　温度/℃（偏差±2℃） 　持续时间/h 　重量最大增量/（mg/cm^2）	 85 336 1	 — 	 	 70 24 10

（续）

序　号	试 验 项 目	XLPE	ST₂	ST₇	ST₈
3	收缩试验 　标志间长度 L/mm 　处理温度/℃ 　持续时间/h 　最大允许收缩率（%）	200 130 ±3 1 4	— 	80 ±2 5 3	
4	热失重试验 　试验温度/℃（偏差 ±2℃） 　持续时间/h 　最大允许失重量/（mg/cm²）	—	100 168 1.5		
5	高温压力试验 　试验温度/℃（偏差 ±2℃）		90		
6	低温性能试验 　冷弯曲试验 　　试验温度/℃（偏差 ±2℃） 　低温拉伸试验 　　试验温度/℃（偏差 ±2℃） 　低温冲击试验 　　试验温度/℃（偏差 ±2℃）	—	-15 -15 -15		-15 -15 -15
7	热冲击试验 　试验温度/℃ 　持续时间/h		150 ±3 1	—	
8	高温压力试验 　试验温度/℃（偏差 ±2℃）		—	110	80
9	炭黑含量 　标称值（%） 　偏差（%）	—	—	2.5 ±0.5	—

　　(5) 阻燃电缆阻燃技术指标　应符合表 5-1-22 规定。

　　(6) 耐火电缆耐火技术指标　应符合表 5-1-23

　　(7) 交联聚乙烯绝缘光纤复合低压电缆光单元技术指标　应符合表 5-1-42 的规定。

表 5-1-42　交联聚乙烯绝缘光纤复合低压电力电缆技术指标

序　号	试 验 项 目	性 能 要 求
1	拉伸试验 　受试长度/m 　拉伸速度/（mm/min） 　持续时间/min 　长期允许拉伸负荷/MPa 　　铜导体 　　铝导体 　附加衰减/dB < 　　应变（%） < 　短暂允许拉伸负荷/MPa 　　铜导体 　　铝导体 　附加衰减/dB < 　应变（%）　<	10 10 5 $20 \times S_{铜截面}$ $10 \times S_{铝截面}$ 0.2 0.3 $70 \times S_{铜截面}$ $40 \times S_{铝截面}$ 0.2 0.3

（续）

序　号	试 验 项 目	性 能 要 求
2	压扁试验 　持续时间/min 　长压扁力/（N/100mm） 　　无铠装 　　带铠装 　　附加衰减/dB 　短暂压扁力/（N/100mm） 　　无铠装 　　带铠装 　　附加衰减/dB　　　＜	 300 1000 无明显 1000 3000 0.1
3	冲击试验 　冲锤落高/m 　冲击柱面半径/mm 　冲击次数/次 　冲锤重量/g 　　无铠装 　　带铠装 　　附加衰减/dB	 1 12.5 5 450 1000 无明显
4	环境性能 　温度低限/℃ 　温度高限/℃ 　时间/h 　循环次数/次 　附加衰减/（dB/km）　　＜	 -15 70 24 2 0.4

（8）铝合金导体交联聚乙烯绝缘电缆导体铝合金的化学成分　应符合表5-1-43的规定。

（9）交联聚乙烯绝缘预分支电缆技术性能　同交联聚乙烯绝缘电缆。

表5-1-43　电缆导体铝合金的化学成分

序　号	化学成分（质量分数）（%）								Al
	Si	Fe	Cu	Mg	Zn	B	其　他		
							单　个	合　计	
1	0.1	0.55~0.8	0.1~0.2	0.01~0.05	0.05	0.04	0.03①	0.10	余量
2	0.1	0.3~0.8	0.15~0.3	0.05	0.05	0.001~0.04	0.03	0.10	余量
3	0.1	0.6~0.9	0.04	0.08~0.22	0.05	0.04	0.03	0.10	余量
4	0.15②	0.4~1.0②	0.05~0.15	—	0.10	—	0.03	0.10	余量
5	0.03~0.15	0.4~1.0	—	—	0.10	—	0.05③	0.15	余量
6	0.1	0.25~0.45	0.04	0.04~0.12	0.05	0.04	0.03	0.10	余量

注：1. 仅显示单组数据时，表明它是最大允许值。

　　2. 对于脚注中特定元素，仅在有需要时测量。

① $\omega(\text{Li}) \leqslant 0.003\%$。

② $\omega(\text{Si}+\text{Fe}) \leqslant 1.0\%$。

③ $\omega(\text{Ga}) \leqslant 0.03\%$。

1.3.2 3.6/6kV ~ 26/35kV 产品

1.3.2.1 品种规格

(1) 交联聚乙烯绝缘电力电缆 适用于工频交流电压 35kV 及以下的输配电线路中。

三芯交联聚乙烯绝缘电力电缆结构如图 5-1-4 所示。

1）型号及敷设场合。交联聚乙烯绝缘电力电缆产品型号与敷设场合见表 5-1-44。

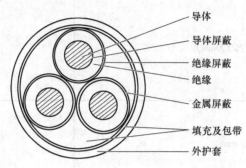

导体
导体屏蔽
绝缘屏蔽
绝缘
金属屏蔽
填充及包带
外护套

图 5-1-4 三芯交联聚乙烯绝缘电力电缆结构

表 5-1-44 交联聚乙烯绝缘电力电缆产品型号与敷设场合

型号		名　　称	敷 设 场 合
铜　芯	铝　芯		
YJV	YJLV	交联聚乙烯绝缘聚氯乙烯护套电力电缆	敷设在室内外，隧道内必须固定在托架上，混凝土管组或电缆沟中以及允许在松散土壤中直埋，不能承受拉力和压力
YJY	YJLY	交联聚乙烯绝缘聚乙烯护套电力电缆	
YJV22	YJLV22	交联聚乙烯绝缘钢带铠装聚氯乙烯护套电力电缆	可在土壤中直埋敷设，电缆能承受机械外力作用，但不能承受大的拉力
YJV23	YJLV23	交联聚乙烯绝缘钢带铠装聚乙烯护套电力电缆	
YJV32	YJLV32	交联聚乙烯绝缘细钢丝铠装聚氯乙烯护套电力电缆	敷设在水中或具有落差较大的土壤中，电缆能承受相当的拉力
YJV33	YJLV33	交联聚乙烯绝缘，细钢丝铠装聚乙烯护套电力电缆	
YJV42	YJLV42	交联聚乙烯绝缘粗钢丝铠装聚氯乙烯护套电力电缆	敷设在水中及落差较大的隧道或竖井中，电缆能承受较大的拉力
YJV43	YJLV43	交联聚乙烯绝缘粗钢丝铠装聚乙烯护套电力电缆	

2）工作温度与敷设条件。

① 电缆导体的最高额定温度为 90℃。

② 短路时（最长持续时间不超过 5s），电缆导体的最高温度不超过 250℃。

③ 敷设电缆时的环境温度不低于 0℃，敷设时电缆的允许最小弯曲半径为

单芯电缆：无铠装 20D；有铠装 15D

三芯电缆：无铠装 20D；有铠装 15D

其中，D 为电缆的外径。

④ 电缆没有敷设位差的限制。

3）产品规格。交联聚乙烯绝缘电力电缆的规格见表 5-1-45。

4）外径与重量。交联聚乙烯绝缘电力电缆的外径与重量见表 5-1-46 ~ 表 5-1-52。

表 5-1-45　交联聚乙烯绝缘电力电缆的规格

型　号	芯　数	额定电压/kV					
		3.6/6	6/6, 6/10	8.7/10 8.7/15	12/20	18/30	21/35 26/35
		标称截面积/mm²					
YJV，YJLV	1	10 ~ 1600	16 ~ 1600	25 ~ 1600	35 ~ 1600	50 ~ 1600	50 ~ 1600
YJY，YJLY		10 ~ 1600	16 ~ 1600	25 ~ 1600	35 ~ 1600	50 ~ 1600	50 ~ 1600
YJV62，YJLV62①		10 ~ 1600	16 ~ 1600	25 ~ 1600	35 ~ 1600	50 ~ 1600	50 ~ 1600
YJV63，YJLV63		10 ~ 1600	16 ~ 1600	25 ~ 1600	35 ~ 1600	50 ~ 1600	50 ~ 1600
YJV72，YJLV72②		10 ~ 1600	16 ~ 1600	25 ~ 1600	35 ~ 1600	50 ~ 1600	50 ~ 1600
YJV73，YJLV73		10 ~ 1600	16 ~ 1600	25 ~ 1600	35 ~ 1600	50 ~ 1600	50 ~ 1600
YJV，YJLV	3	10 ~ 400	16 ~ 400	25 ~ 400	35 ~ 400	50 ~ 400	50 ~ 400
YJY，YJLV		10 ~ 400	16 ~ 400	25 ~ 400	35 ~ 400	50 ~ 400	50 ~ 400
YJV22，YJLV22		10 ~ 400	16 ~ 400	25 ~ 400	35 ~ 400	50 ~ 400	50 ~ 400
YJV23，YJLV23		10 ~ 400	16 ~ 400	25 ~ 400	35 ~ 400	50 ~ 400	50 ~ 400
YJV32，YJLV32		10 ~ 400	16 ~ 400	25 ~ 400	35 ~ 400	50 ~ 400	50 ~ 400
YJV33，YJLV33		10 ~ 400	16 ~ 400	25 ~ 400	35 ~ 400	50 ~ 400	50 ~ 400
YJV42，YJLV42		10 ~ 400	16 ~ 400	25 ~ 400	35 ~ 400	50 ~ 400	50 ~ 400
YJV43，YJLV43		10 ~ 400	16 ~ 400	25 ~ 400	35 ~ 400	50 ~ 400	50 ~ 400

① 6 非磁性金属带铠装。

② 7 非磁性金属丝铠装。

表 5-1-46　3.6/6kV 交联聚乙烯绝缘电力电缆

截面积/mm²	单　芯								
	外径 mm	重量/(kg/km)		外径 mm	重量/(kg/km)		外径 mm	重量/(kg/km)	
		YJV	YJLV		YJV62	YJLV62		YJV72	YJLV72
10	16	338	276	19	557	495	21	905	843
16	17	424	325	21	657	558	23	1171	1071
25	18	528	373	22	772	617	24	1297	1142
35	19	641	424	23	898	682	25	1460	1243
50	21	813	503	24	1087	777	27	1664	1354
70	22	1033	599	26	1329	895	28	1973	1539
95	24	1334	745	27	1650	1061	30	2322	1733
120	25	1596	852	29	1932	1188	32	2640	1896
150	27	1913	983	30	2268	1338	33	3003	2073
185	29	2267	1120	32	2643	1496	36	3683	2536
240	31	2844	1356	35	3254	1766	38	4382	2894
300	34	3477	1617	39	4304	2444	41	5138	3278
400	38	4490	2010	42	5400	2920	45	6305	3825
500	44	5845	2745	49	6924	3824	52	8423	5323
630	48	7113	3207	53	8308	4402	56	9943	6037
800	54	8831	3871	59	10158	5198	63	11997	7037
1000	58	10732	4532	63	12203	6003	66	14155	7955
1200	62	12649	5209	68	14252	6812	71	16335	8895
1400	65	14552	5872	71	16246	7566	74	18432	9752
1600	69	16457	6537	78	18271	8351	78	20560	10640

（续）

截面积 /mm²	三 芯									
	外径 mm	重量/(kg/km)		外径 mm	重量/(kg/km)		外径 mm	重量/(kg/km)		外径 /mm	重量/(kg/km)	
		YJV	YJLV		YJV22	YJLV22		YJV32	YJLV32		YJV42	YJLV42
10	32	1013	823	36	1433	1243	39	2565	2375	43	4098	3908
16	35	1267	963	39	2073	1769	41	2938	2635	46	4578	4274
25	37	1600	1126	41	2470	1996	43	3344	2869	48	5113	4638
35	39	1946	1282	44	2890	2226	47	4267	3603	50	5618	4954
50	42	2462	1514	47	3470	2521	50	4946	3998	53	6363	5414
70	46	3175	1847	51	4298	2970	54	5850	4522	57	7417	6089
95	49	4086	2284	54	5291	3489	57	6948	5145	61	8692	6889
120	53	4914	2638	58	6228	3951	61	7987	5711	64	9781	7504
150	56	5873	3027	61	7293	4447	64	9159	6314	68	11104	8258
185	60	6987	3478	65	8498	4988	68	10506	6996	72	12460	8950
240	65	8773	4220	71	10456	5902	75	13494	8940	77	14744	10190
300	71	10736	5045	77	12604	6913	82	15928	10236	84	17315	11624
400	78	13865	6276	86	16879	9290	89	19686	12097	94	22936	15348

表 5-1-47　6/6kV、6/10kV 交联聚乙烯绝缘电力电缆

截面积/mm²	单 芯								
	外径 /mm	重量/(kg/km)		外径 /mm	重量/(kg/km)		外径 /mm	重量/(kg/km)	
		YJV	YJLV		YJV62	YJLV62		YJV72	YJLV72
16	18	480	381	21	713	613	24	1080	981
25	20	609	454	22	841	686	27	1456	1301
35	21	723	542	23	971	754	28	1610	1395
50	23	877	618	24	1165	855	29	1804	1513
70	24	1111	729	26	1413	979	31	2105	1685
95	26	1406	860	28	1728	1139	34	2697	2113
120	28	1666	968	29	2014	1270	35	3034	2297
150	29	1969	1099	31	2355	1425	37	3384	2475
185	31	2344	1251	32	2735	1588	39	3842	2705
240	34	2939	1496	36	3682	2194	41	4546	3053
300	36	3570	1748	39	4366	2506	43	5272	3397
400	39	4424	2078	42	5462	2982	48	6731	4334
500	42	5459	2514	49	6952	3852	51	8037	4957
630	46	6875	3049	53	8345	4439	55	9686	5703
800	57	8863	3903	60	10196	5236	62	12039	7079
1000	61	10769	4569	64	12249	6049	66	14189	7989
1200	65	12691	5251	68	14303	6863	71	16376	8936
1400	68	14597	5917	72	16331	7651	74	18504	9824
1600	72	16507	6587	75	18330	8410	78	20608	10688

（续）

截面积/mm²	三芯											
	外径/mm	重量/(kg/km)		外径/mm	重量/(kg/km)		外径/mm	重量/(kg/km)		外径/mm	重量/(kg/km)	
		YJV	YJLV		YJV22	YJLV22		YJV32	YJLV32		YJV42	YJLV42
16	35	1400	1097	40	2244	1940	42	3075	2771	46	4716	4413
25	42	1947	1472	47	3054	2579	50	4322	3847	55	5980	5505
35	44	2301	1643	49	3508	2850	52	4813	4155	57	6483	5825
50	47	2779	1888	52	4032	3141	55	5412	4521	60	7177	6286
70	51	3546	2260	56	4930	3644	59	6433	5147	64	8297	7011
95	55	4444	2657	60	5951	4164	63	7573	5786	67	9441	7654
120	58	5281	3028	63	6871	4618	67	8599	6346	71	10622	8369
150	61	6206	3426	67	7801	5021	70	9741	6961	74	11789	9009
185	65	7411	3933	71	9286	5808	76	12078	8600	78	13344	9866
240	70	9290	4722	77	11355	6787	81	14330	9762	83	15697	11129
300	75	11233	5497	83	14368	8632	86	16679	10943	88	18041	12305
400	82	13937	6602	90	17406	10071	93	19871	12536	95	21333	13998

表5-1-48　8.7/10kV、8.7/15kV 交联聚乙烯绝缘电力电缆

截面积/mm²	单芯								
	外径/mm	重量/(kg/km)		外径/mm	重量/(kg/km)		外径/mm	重量/(kg/km)	
		YJV	YJLV		YJV62	YJLV62		YJV72	YJLV72
25	23	729	574	27	1004	849	29	1612	1456
35	24	848	633	28	1149	932	30	1768	1553
50	25	1008	717	29	1336	1026	31	1969	1678
70	27	1252	832	31	1604	1170	33	2110	1689
95	29	1554	970	32	1894	1305	36	2882	2298
120	30	1820	1084	34	2199	1455	37	3207	2470
150	32	2129	1221	35	2530	1600	39	3577	2668
185	36	2514	1378	37	3283	2136	40	4048	2911
240	36	3124	1631	41	3932	2444	43	4749	3256
300	39	3770	1896	43	4610	2750	47	5933	4059
400	42	4634	2237	47	5705	3225	50	6935	4538
500	45	5736	2657	52	7201	4101	53	8240	5160
630	49	7187	3204	56	8590	4684	57	9962	5980
800	57	9076	4116	62	10496	5536	65	12422	7462
1000	61	10994	4794	66	12565	6365	69	14590	8390
1200	65	12929	5489	70	14602	7162	74	16762	9322
1400	68	14848	6168	74	16643	7963	77	18905	10225
1600	72	16770	6850	78	18692	8772	82	22098	12178

截面积/mm²	三芯											
	外径/mm	重量/(kg/km)		外径/mm	重量/(kg/km)		外径/mm	重量/(kg/km)		外径/mm	重量/(kg/km)	
		YJV	YJLV		YJV22	YJLV22		YJV32	YJLV32		YJV42	YJLV42
25	47	2367	1893	52	3164	3139	54	4966	4492	58	6632	6157
35	49	2791	2133	54	4091	3433	56	5488	4830	61	7287	6629
50	52	3307	2417	58	4715	3824	59	6170	5279	63	7936	7045
70	56	4136	2850	62	5703	4417	63	7378	6092	67	9118	7832
95	59	5072	3285	66	6728	4941	67	8386	6599	71	10432	8645
120	62	5941	3687	69	7716	5463	70	9473	7220	74	11545	9292
150	66	6936	4156	72	8859	6079	75	11565	8785	77	12855	10075
185	70	8233	4755	76	10257	6779	79	13090	9612	81	14400	10922
240	75	10124	5556	82	12371	7803	85	15421	10853	87	16797	12229
300	80	12256	6521	88	15622	9880	90	17964	12228	92	19370	13634
400	87	15030	7695	95	18724	11389	97	21228	13894	98	22708	15373

表 5-1-49 12/20kV 交联聚乙烯绝缘电力电缆

截面积/mm²	单 芯									
	外径/mm	重量/(kg/km)		外径/mm	重量/(kg/km)		外径/mm	重量/(kg/km)		
		YJV	YJLV		YJV62	YJLV62		YJV72	YJLV72	
35	26	904	687	29	1255	1038	32	1951	1734	
50	27	1095	785	30	1450	1140	33	2185	1875	
70	29	1332	898	32	1710	1276	36	2749	2315	
95	30	1621	1032	34	2019	1430	37	3111	2522	
120	32	1896	1152	35	2330	1586	39	3465	2721	
150	33	2252	1322	37	3039	2109	40	3866	2936	
185	35	2638	1491	39	3464	2317	42	4316	3169	
240	38	3214	1726	42	4124	2636	44	5008	3520	
300	40	3847	1987	45	4815	2955	48	6239	4379	
400	43	4862	2382	48	5920	3440	51	7398	4918	
500	49	6192	3092	54	7414	4314	57	9074	5974	
630	53	7499	3593	58	8844	4938	61	10638	6732	
800	59	9292	4335	64	10740	5780	67	12713	7753	
1000	63	11229	5029	68	12794	6594	71	14865	8665	
1200	67	13179	5739	73	14911	7471	76	17115	9675	
1400	71	15113	6433	76	16932	8252	81	20200	11520	
1600	74	17050	7130	80	18994	9074	84	22458	12538	

截面积/mm²	三 芯									
	外径/mm	重量/(kg/km)		外径/mm	重量/(kg/km)		外径/mm	重量/(kg/km)		外径/mm	重量/(kg/km)	
		YJV	YJLV		YJV22	YJLV22		YJV32	YJLV32		YJV42	YJLV42
35	53	2751	2087	59	4211	3547	62	6035	5371	65	7824	7160
50	56	3320	2373	62	4884	3935	65	6781	5833	68	8657	7709
70	59	4073	2745	66	5741	4412	69	7736	6408	72	9762	8434
95	63	4943	3140	70	6735	4932	73	8873	7071	76	10942	9139
120	66	5816	3540	73	7769	5492	78	10901	8625	80	12197	9920
150	70	6952	4106	77	8994	6148	81	12268	9422	83	13580	10734
185	73	8155	4645	80	10306	6796	85	13773	10263	87	15140	11630
240	79	9958	5404	87	13183	8630	90	16033	11476	94	19180	14626
300	84	11926	6234	93	15397	9706	96	18366	12674	100	21744	16053
400	90	15066	7477	99	18837	11248	102	22018	14429	106	25661	18072

表 5-1-50 18/30kV 交联聚乙烯绝缘电力电缆

截面积/mm²	单 芯								
	外径/mm	重量/(kg/km)		外径/mm	重量/(kg/km)		外径/mm	重量/(kg/km)	
		YJV	YJLV		YJV62	YJLV62		YJV72	YJLV72
50	32	1339	1029	36	1791	1481	39	2923	2613
70	34	1609	1175	39	2454	2020	41	3267	2833
95	35	1896	1307	40	2777	2188	43	3634	3045
120	37	2199	1455	42	3119	2375	44	3983	3239
150	38	2526	1596	44	3502	2572	47	4844	3914
185	40	2955	1808	45	3973	2826	49	5368	4221
240	43	3566	2078	48	4643	3455	51	6121	4633
300	45	4199	2339	50	5355	3495	54	6912	5052
400	48	5236	2756	53	6466	3986	57	8096	5616
500	54	6594	3494	59	7971	4871	63	9784	6684
630	58	7955	4049	64	9462	5556	67	11410	7504
800	64	9778	4818	70	11412	6452	73	13539	8579
1000	68	11740	5540	74	13500	7300	77	15764	9564
1200	72	13724	6284	78	15624	8184	83	19024	11584
1400	73	15720	7040	82	17710	9030	86	21211	12531
1600	79	17686	7766	85	19807	9887	90	23503	13583

截面积/mm²	三 芯											
	外径/mm	重量/(kg/km)		外径/mm	重量/(kg/km)		外径/mm	重量/(kg/km)		外径/mm	重量/(kg/km)	
		YJV	YJLV		YJV22	YJLV22		YJV32	YJLV32		YJV42	YJLV42
50	67	4187	3238	73	5985	5037	78	9121	8172	80	10416	9468
70	71	4988	3660	77	6886	5558	82	10215	8887	83	11566	10238
95	74	5902	4100	81	7928	6125	85	11428	9626	89	14409	12607
120	78	6820	4543	86	9849	7572	89	12611	10334	93	15724	13448
150	81	7862	5016	89	11011	8165	92	13881	11036	96	17127	14281
185	85	9071	5561	93	12401	8891	96	15426	11916	100	18741	15231
240	90	10965	6412	98	14543	9989	102	17746	13193	106	21229	16676
300	95	12948	7256	103	16766	11074	107	20088	14396	111	23850	18159
400	102	16200	8611	110	20322	12733	114	23857	16269	120	30060	22471

表 5-1-51 21/35kV 交联聚乙烯绝缘电力电缆

截面积/mm²	单 芯								
	外径/mm	重量/(kg/km)		外径/mm	重量/(kg/km)		外径/mm	重量/(kg/km)	
		YJV	YJLV		YJV62	YJLV62		YJV72	YJLV72
50	37	1586	1295	40	2364	2054	44	3266	2975
70	39	1878	1458	42	2686	2252	47	4072	3652
95	41	2192	1608	43	3038	2449	49	4498	3914
120	42	2500	1764	45	3388	2644	50	4877	4141
150	44	2818	1910	46	3756	2826	52	5327	4419
185	45	3252	2115	48	4237	3090	54	5834	4697
240	48	3906	2413	51	4943	3455	56	6628	5135
300	50	4567	2693	53	5641	3781	59	7473	5599
400	53	5479	3082	56	6792	4312	62	8530	6133
500	59	6691	3611	62	8273	5173	68	10145	7065
630	63	8199	4216	66	9756	5850	72	11919	7936
800	67	10035	5075	73	11801	6841	76	14008	9048
1000	71	12012	5812	77	13909	7709	81	17194	10994
1200	75	14011	6571	81	16013	8573	86	19486	12046
1400	79	16021	7341	85	18157	9477	89	21762	13082
1600	82	18003	8083	89	21108	11188	93	23971	14051

（续）

截面积/mm²	三 芯											
	外径/mm	重量/(kg/km)		外径/mm	重量/(kg/km)		外径/mm	重量/(kg/km)		外径/mm	重量/(kg/km)	
		YJV	YJLV		YJV22	YJLV22		YJV32	YJLV32		YJV42	YJLV42
50	76	5485	4885	83	9625	8786	87	10973	10091	88	12262	11371
70	80	6433	5567	88	10815	9569	91	12220	10752	93	13563	12277
95	83	7501	6298	91	12116	10372	95	13559	11783	96	15019	13232
120	87	8482	7286	95	13306	11111	98	14871	12643	100	16429	14176
150	90	9564	7692	98	14549	11830	101	16119	13364	103	17756	14976
185	94	10985	8643	102	16182	12765	105	17843	14392	107	19536	16058
240	99	13083	10008	108	18657	14153	111	20416	15876	113	22205	19130
300	104	15321	11460	113	21218	15532	113	22395	16704	118	24921	21060
400	111	18321	13383	120	24602	17338	120	26237	18649	125	29040	21705

表 5-1-52　26/35kV 交联聚乙烯绝缘电力电缆

截面积/mm²	单 芯								
	外径/mm	重量/(kg/km)		外径/mm	重量/(kg/km)		外径/mm	重量/(kg/km)	
		YJV	YJLV		YJV62	YJLV62		YJV72	YJLV72
50	39	1778	1487	43	2745	2435	47	3960	3669
70	41	2061	1641	45	3076	2642	49	4334	3914
95	43	2401	1817	46	3416	2827	51	4767	4183
120	44	2697	1960	48	3777	3033	52	5171	4435
150	46	3077	2139	50	4180	3250	54	5613	4705
185	48	3492	2355	52	4641	3494	56	6125	4988
240	50	4137	2644	55	5353	3865	58	6953	5460
300	52	4832	2958	58	6092	4232	61	7786	5912
400	55	5959	3362	61	7262	4782	64	8880	6693
500	61	6951	3871	66	8730	5630	70	10322	7242
630	64	8435	4452	70	10270	6364	74	12099	8116
800	70	10369	5409	76	12285	7325	81	15552	10592
1000	74	12398	6198	80	14416	8216	85	17913	11713
1200	78	14420	6980	85	16624	9184	89	20271	12831
1400	82	16415	7735	88	19571	10891	93	22497	13817
1600	85	18414	8494	92	21746	11826	96	24767	14847

截面积/mm²	三 芯											
	外径/mm	重量/(kg/km)		外径/mm	重量/(kg/km)		外径/mm	重量/(kg/km)		外径/mm	重量/(kg/km)	
		YJV	YJLV		YJV22	YJLV22		YJV32	YJLV32		YJV42	YJLV42
50	81	6202	5311	90	9691	8800	91	12049	11158	93	13495	12604
70	85	7142	5856	94	10788	9502	95	13133	11847	97	14865	13579
95	89	8310	6524	98	12107	10321	99	14772	12985	101	16285	14498
120	92	9312	7059	101	13232	10979	103	16057	13804	105	17725	15472
150	96	10447	7667	104	14560	11780	106	17420	14640	108	19114	16334
185	99	11891	8413	108	16152	12674	110	19213	15734	112	20962	17484
240	105	14082	9514	114	18664	14075	240	240	240	117	23592	19024
300	110	16312	10576	119	21134	15398	300	300	300	122	26247	20511
400	116	19383	12048	126	24515	17181	400	400	400	129	30029	22694

（2）**交联聚乙烯绝缘阻燃电力电缆**　见
1.3.1.1 节中的（2）。

（3）**交联聚乙烯绝缘耐火电力电缆**　见
1.3.1.1 节中的（3）。

（4）**交联聚乙烯绝缘低烟无卤阻燃电力电缆**
见 1.3.1.1 节中的（4）。

（5）**光纤复合交联聚乙烯绝缘电力电缆**　见
1.3.1.1 节中的（5）。

（6）**交联聚乙烯绝缘防鼠电力电缆**　适用于老
鼠猖獗的地方。电缆护套采用防鼠性能的材料，其
他性能均符合交联聚乙烯绝缘电力电缆。型号在交
联聚乙烯绝缘电力电缆型号前加 FS。

（7）**交联聚乙烯绝缘防白蚁电力电缆**　适用于
白蚁猖獗的地方。电缆护套采用防白蚁性能的材
料，其他性能均符合交联聚乙烯绝缘电力电缆。型
号在交联聚乙烯绝缘电力电缆型号前加 FY。

1.3.2.2　产品结构

（1）导体结构

1）导体应采用圆形单线绞合紧压导体或实心
铝导体，圆铜、铝单线应分别符合 GB/T 3953—
2009 和 GB/T 3955—2009 的规定。

2）标称截面积为 1000mm² 及以上铜芯应采用
分裂导体结构。

3）导体应符合 GB/T 3956—2008 的规定。

（2）绝缘结构　绝缘应用交联聚乙烯，代号
为 XLPE。挤包在导体上的绝缘，其电气性能应符
合表 5-1-54 的规定。

绝缘标称厚度应符合表 5-1-53 的规定。绝缘
厚度平均值应不小于规定的标称值，绝缘最薄点的
厚度应不小于规定标称值的 90% −0.1mm。导体和
绝缘外面的任何隔离层或半导电屏蔽层的厚度应不
包括在绝缘厚度内。

表 5-1-53　绝缘厚度

导体标称截面积 /mm²	额定电压（U_0/U）/kV						
	3.6/6	6/6、6/10	8.7/10、8.7/15	12/20	18/20、18/30	21/35	26/35
	绝缘标称厚度/mm						
10	2.5	—	—	—	—	—	—
16	2.5	3.4	—	—	—	—	—
25	2.5	3.4	4.5	—	—	—	—
35	2.5	3.4	4.5	5.5	—	—	—
50	2.5	3.4	4.5	5.5	8.0	9.3	10.5
70.95	2.5	3.4	4.5	5.5	8.0	9.3	10.5
120	2.5	3.4	4.5	5.5	8.0	9.3	10.5
150	2.5	3.4	4.5	5.5	8.0	9.3	10.5
185	2.5	3.4	4.5	5.5	8.0	9.3	10.5
240	2.6	3.4	4.5	5.5	8.0	9.3	10.5
300	2.8	3.4	4.5	5.5	8.0	9.3	10.5
400	3.0	3.4	4.5	5.5	8.0	9.3	10.5
500	3.2	3.4	4.5	5.5	8.0	9.3	10.5
630	3.2	3.4	4.5	5.5	8.0	9.3	10.5
800	3.2	3.4	4.5	5.5	8.0	9.3	10.5
1000	3.2	3.4	4.5	5.5	8.0	9.3	10.5
1200	3.2	3.4	4.5	5.5	8.0	9.3	10.5
1400	3.2	3.4	4.5	5.5	8.0	9.3	10.5
1600	3.2	3.4	4.5	5.5	8.0	9.3	10.5

绝缘线芯的识别标志应符合 GB/T 6995.5—
2008 的规定。

（3）屏蔽结构

1）导体屏蔽。

①额定电压 U_0 为 1.8kV 以上的电缆应有导体屏蔽。

②导体屏蔽应为挤包的半导电层。标称截面
积为 500mm² 及以上电缆的导体屏蔽应由半导电带
和挤包半导电层联合组成。

③导体屏蔽用的半导电材料应是交联型的，
其电气性能应符合表 5-1-54 的规定。半导电层应
均匀地包覆在导体上，表面应光滑，无明显绞线凸
纹，不应有尖角、颗粒、烧焦或擦伤的痕迹。

2）绝缘屏蔽。

3.6/6kV 及以上的电缆应有绝缘屏蔽。

每根绝缘线芯上应直接挤包与绝缘线芯紧密结合的
非金属半导电层。电压为 18/30kV 及以下电缆的挤包型

绝缘屏蔽应是可剥离的，电压 35kV 电缆的挤包型绝缘屏蔽为不可剥离的（也可按用户要求采用剥离的）。

绝缘屏蔽电气性能应符合表 5-1-54 的规定。

半导电层应与绝缘同时挤出，均匀地包覆在绝缘表面上，表面应光滑，不应有尖角、颗粒、烧焦或擦伤的痕迹。

表 5-1-54　绝缘和屏蔽电气性能

序　号	项　　目	单位及要求	技术要求		
			绝　缘　料	导体屏蔽料	绝缘屏蔽料
1	正常运行时导体最高温度	℃	90	—	—
2	$\tan\delta$（在 95～100℃间）	≤	8×10^{-4}	—	—
3	电阻率（在 90℃±2℃间）	$\Omega\cdot m$（≤）	—	1000	500
4	剥离力	N（≤）	—	—	4～45

3）金属屏蔽

① 电压为 3.6/6kV 及以上的电缆应有金属屏蔽层，金属屏蔽有铜丝屏蔽和铜带屏蔽两种结构形式，标称截面积为 500mm² 及以上电缆的金属屏蔽层应采用铜丝屏蔽结构。

② 铜丝屏蔽由疏绕的软铜线组成，其表面采用反向绕包铜丝或铜带扎紧。额定电压 U_0 为 26kV 及以下电缆铜丝屏蔽的标称截面积分为 16mm²、25mm²、35mm² 及 50mm² 四种，可根据故障电流容量要求选用。电阻应符合 GB/T 3956—2008 的规定。

③ 铜带屏蔽由重叠绕包的软铜带组成。铜带标称厚度应按下列要求选用。

单芯电缆：≥0.12mm；

三芯电缆：≥0.10mm。

(4) 内衬层结构　交联聚乙烯电缆的内衬层结构要求与聚氯乙烯电缆相同。如果是耐火电缆，其内衬层结构应符合国家电线电缆质量监督检验中心技术规范 TICW08—2002《额定电压 6kV（U_m = 7.2kV）到 35kV（U_m = 40.5kV）挤包绝缘耐火电力电缆》中耐火隔离层的要求。

(5) 铠装层结构

1）圆金属丝或扁金属丝应是镀锌钢丝，铜丝或镀锡铜丝，铝或铝合金丝。

金属带应是钢带、镀锌钢带、铝或铝合金带。钢带应采用工业等级的热轧或冷轧钢带。

2）采用钢带铠装时，内衬层应采用包带层加强，绕包型内衬层与包带层的总厚度应符合 GB/T 2952—2008 的规定。

3）当金属屏蔽层外有铠装时，在金属屏蔽层上应挤包内衬层（也称隔离层），单芯电缆的铠装层下应有挤包的内衬层，其厚度应符合其厚度应符合表 5-1-55 规定。

表 5-1-55　挤包内衬层厚度

缆芯假设直径/mm		挤包内衬层厚度近似值/mm
—	≤25	1.0
>25	≤35	1.2
>35	≤45	1.4
>45	≤60	1.6
>60	≤80	1.8
>80	—	2.0

4）如采用隔离套或挤包内衬层，不必加包带垫层。

5）单芯电缆金属带铠装结构仅在特殊条件下使用，并应设计成非磁性铠装金属带结构。

6）单芯电缆钢丝铠装结构应设计成有隔磁效果的铠装结构。

(6) 非金属外护套

1）护套应用 PVC-S1、PVC-S2 或 PE-S 型材料制成。

2）护套标称厚度应符合 GB/T 2952—2008 的规定。

3）直接挤包在单芯非铠装电缆光滑圆柱体表面，如内护套或绝缘上的护套，其平均厚度应不小于规定的标称值。任一点的最小厚度应不小于标称值的 85% - 0.1mm。

1.3.2.3　技术指标

(1) 导体直流电阻　导体直流电阻应符合 GB/T 3956—2008 的规定。

(2) 电气性能　电缆的电气性能应符合表 5-1-56 的规定。

(3) 力学物理性能

1）电缆绝缘老化前和老化后的力学性能应符合表 5-1-57 的规定。

2）聚氯乙烯护套老化前和老化后的力学性能应符合表 5-1-20 和表 5-1-21 的规定。

3）交联聚乙烯绝缘特殊性能试验应符合表 5-1-58 的规定，护套的特殊试验应符合表 5-1-41 的规定。

（4）阻燃电缆阻燃技术指标　应符合表 5-1-22 规定。

表 5-1-56　交联聚乙烯电缆的电气性能

项　　目		交联聚乙烯电缆						
额定电压 U_0/kV		3.6	6	8.7	12	18	21	26
导体最高温度（5~10)℃ tanδ　≤		—			0.008			0.001
1.73U_0 时局部放电量/pC		无任何可测试的局放						
工频耐压/kV	例行试验　5min	12.5	21	30.5	42	63	73.5	91
	型式试验　4h	—	24	35	48	72	84	104
导体最高工作温度（5~10)℃ 冲击耐压/kV（±10 次）		60	75	95	125	170	200	200
冲击耐压之后交流电压试验/kV		12.5	21	30.5	42	63	73.5	91

表 5-1-57　交联聚乙烯电缆绝缘的力学性能

序　号	试 验 项 目	XLPE
1	导体最高额定温度/℃	90
2	老化前力学性能 　抗张强度/MPa　≥ 　断裂伸长率（%）　≥	 12.5 200
3	空气箱老化后力学性能 　温度/℃ 　处理条件　温度偏差/℃ 　　　　　　持续时间/d 　抗张强度变化率　（%）　≤ 　断裂伸长率变化率　（%）　≤	 135 ±3 7 ±25 ±25

表 5-1-58　交联聚乙烯绝缘特殊性能试验

序　号	试 验 项 目	XLPE
1	热延伸试验 　空气温度（偏差±3℃)/℃ 　负荷时间/min 　机械应力/（N/cm²） 负载下伸长度（%）　≤ 冷却后永久伸长率（%）≤	 200 15 20 175 15
2	吸水试验重量法 　温度（偏差±2℃)/℃ 　时间/d 　重量变化/（mg/cm²）　≤	 85 14 1[①]
3	收缩试验 　标志间长度 L/mm 　温度（偏差±3℃)/℃ 　时间/h 　收缩率（%）　≤	 200 130 1 4

① 对密度大于 1 的交联聚乙烯正在考虑重量变化大于 1mg/cm² 的要求。

（5）耐火电缆耐火技术指标 符合国家电线电缆质量监督检验中心技术规范 TICW08—2002《额定电压 6kV（$U_m = 7.2kV$）到 35kV（$U_m = 40.5kV$）挤包绝缘耐火电力电缆》中耐火试验要求。

（6）交联聚乙烯绝缘光纤复合中压电缆光单元技术指标 应符合表 5-1-42 的规定。

（7）防鼠电力电缆防鼠性能 应符合 JB/T 10696.10—2011《电线电缆机械和理化性能试验方法 第 10 部分 大鼠啃咬试验》标准中的要求。

（8）防白蚁电力电缆防白蚁性能 应符合 JB/T 10696.9—2011《电线电缆机械和理化性能试验方法 第

9 部分 白蚁试验》标准中的要求。

1.3.3 48/66kV ~ 290/500kV 产品

1.3.3.1 品种规格

额定电压为 48/66kV ~ 290/500kV 的交联聚乙烯绝缘电力电缆适用于工频交流电压 500kV 及以下的输配电线路中，目前我国采用 VCV 和 HCCV 工艺制造技术已能制造 500kV 及以下交联聚乙烯绝缘电力电缆。

48/66kV ~ 290/500kV 交联聚乙烯绝缘电缆常见结构如图 5-1-5 ~ 图 5-1-10 所示。

图 5-1-5 皱纹铝套电缆结构图

1—导体 2—导体屏蔽层 3—交联聚乙烯绝缘
4—绝缘屏蔽层 5—半导电带缓冲层 6—皱纹铝套
7—PVC/PE 外护套 8—外电极

图 5-1-6 综合护层电缆结构

1—导体 2—导体屏蔽层 3—交联聚乙烯绝缘 4—绝缘屏蔽层
5—半导电带绕包层 6—铜丝屏蔽 7—半导电带绕包层
8—金属箔 9—PVC/PE 外护套 10—外电极

图 5-1-7 平板铝套电缆结构

1—导体 2—导体屏蔽层 3—交联聚乙烯绝缘
4—绝缘屏蔽层 5—半导电带 6—平板铝套
7—防腐层 8—PVC/PE 外护套 9—外电极

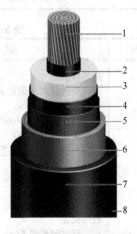

图 5-1-8 铅套电缆结构

1—导体 2—导体屏蔽层 3—交联聚乙烯绝缘
4—绝缘屏蔽层 5—半导电带 6—铅套
7—PVC/PE 外护套 8—外电极

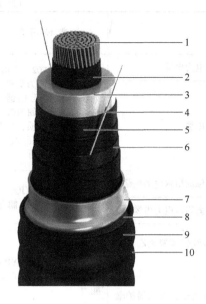

图 5-1-9　皱纹铝套光电复合电缆结构
1—导体　2—导体屏蔽层　3—交联聚乙烯绝缘　4—光缆
5—绝缘屏蔽层　6—半导电带　7—皱纹铝套
8—防腐层　9—PVC/PE 外护套　10—外电极

图 5-1-10　综合护层光电复合电缆结构
1—导体　2—导体屏蔽层　3—交联聚乙烯绝缘　4—光缆
5—绝缘屏蔽层　6—半导电带　7—铜丝屏蔽　8—半导电带
9—金属箔　10—PVC/PE 外护套　11—外电极

（1）型号及敷设场合　额定电压为 48/66kV ~ 290/500kV 的交联聚乙烯绝缘电力电缆产品型号及敷设场合见表 5-1-59。

表 5-1-59　额定电压为 48/66kV ~ 290/500kV 的交联聚乙烯绝缘电力电缆产品型号及敷设场合

型　号		名　称	敷　设　场　合
铜　芯	铝　芯		
YJLW02	YJLLW02	交联聚乙烯绝缘皱纹铝套或焊接皱纹铝套聚氯乙烯护套电力电缆	隧道或管道中，可在潮湿环境中及地下水位较高的地方，腐蚀不严重和要求承受一定机械力的场所
YJLW03	YJLLW03	交联聚乙烯绝缘皱纹铝套或焊接皱纹铝套聚乙烯护套电力电缆	
YJLW02-Z	YJLLW02-Z	交联聚乙烯绝缘皱纹铝套或焊接皱纹铝套聚氯乙烯护套纵向阻水电力电缆	同 YJLW02、YJLW03 型，电缆具有纵向阻水能力
YJLW03-Z	YJLLW03-Z	交联聚乙烯绝缘皱纹铝套或焊接皱纹铝套聚乙烯护套纵向阻水电力电缆	
YJSAY	YJLSAY	交联聚乙烯绝缘铜丝屏蔽纵包铝塑复合带聚乙烯综合护套电力电缆	室内或干燥隧道、管道中，不能承受压力
YJSAY-Z	YJLSAY-Z	交联聚乙烯绝缘铜丝屏蔽纵包铝塑复合带聚乙烯综合护套纵向阻水电力电缆	同 YJSAY 型，电缆具有纵向阻水能力

（续）

型号		名 称	敷设场合
铜 芯	铝 芯		
YJQ02	YJLQ02	交联聚乙烯绝缘铅套聚氯乙烯护套电力电缆	同 YJLW02、YJLW03 型，抗污秽能力更高，腐蚀较严重但无硝酸、醋酸、有机质（如泥煤）及强碱性腐蚀物质，且受机械力（拉力、压力、振动等）不大的场所
YJQ03	YJLQ03	交联聚乙烯绝缘铅套聚乙烯护套电力电缆	
YJQ02-Z	YJLQ02-Z	交联聚乙烯绝缘铅套聚氯乙烯护套纵向阻水电力电缆	同 YJQ02、YJQ03 型，电缆具有纵向阻水能力
YJQ03-Z	YJLQ03-Z	交联聚乙烯绝缘铅套聚乙烯护套纵向阻水电力电缆	
ZA-YJLW02	ZA-YJLLW02	交联聚乙烯绝缘皱纹铝套或焊接皱纹铝套聚氯乙烯护套阻燃 A 级电力电缆	同 YJLW02、YJLW03 型，电缆具有一定阻燃能力
ZC-YJLW03-Z	ZC-YJLLW03-Z	交联聚乙烯绝缘皱纹铝套或焊接皱纹铝套聚乙烯护套纵向阻水阻燃 C 级电力电缆	
ZN-YJLW02	ZN-YJLLW02	交联聚乙烯绝缘皱纹铝套或焊接皱纹铝套聚氯乙烯护套智能光纤复合电力电缆	同 YJLW02、YJLW03 型，电缆具有智能监控、光电传输功能
ZN-YJLW03-Z	ZN-YJLLW03-Z	交联聚乙烯绝缘皱纹铝套或焊接皱纹铝套聚乙烯护套智能光纤复合纵向阻水电力电缆	

注：1. 02 型（聚氯乙烯）外护套电缆主要适用于有一般防火要求和对外护套有一定绝缘要求的电缆线路。
　　2. 03 型（聚乙烯）外护套电缆主要适用于对外护套绝缘要求较高的直埋敷设的电缆线路。对 -20℃ 以下的低温环境，或化学液体浸泡场所，以及燃烧时有低毒性要求的电缆宜采用聚乙烯外护套。聚乙烯外护套如有必要用于隧道或竖井中时，应采取相应的防火阻燃措施。
　　3. 金属塑料复合护层电缆主要适用于受机械力（拉力、压力、振动等）不大，无腐蚀或腐蚀轻微，且不直接与水接触的一般潮湿场所。

（2）工作温度与敷设条件

1) 电缆导体的最高额定温度为 90℃。

2) 短路时（最长持续时间不超过 5s），电缆导体的最高温度不超过 250℃。

3) 敷设电缆时的环境温度不低于 0℃，敷设时电缆的允许最小弯曲半径为

① 36 $(d+D)$ $(1+5\%)$，平铝套电缆；

② 25 $(d+D)$ $(1+5\%)$，铅、铅合金、皱纹金属套或金属塑料复合护层电缆

③ 20 $(d+D)$ $(1+5\%)$，其他电缆，

其中，D、d 分别为电缆及导体的外径。

4) 电缆安装时的允许的最大拉力和最大侧压力可按照 GB 50217—2007 的附录 H 确定。

5) 铅套电缆的最小（内侧）弯曲半径推荐为电缆直径的 18 倍，皱纹铝套和金属塑料复合护套电缆的最小（内侧）弯曲半径推荐为电缆直径的 20 倍。

6) 电缆没有敷设位差时限制。

（3）产品规格

额定电压 48/66kV～290/500kV 交联聚乙烯绝缘电力电缆的生产规格见表 5-1-60。制造长度按双方协议规定生产，允许以任何制造长度的电缆交货，但在实际工程线路中需要考虑电缆金属护层的感应电压及其交叉换位与接地系统等因素，设计合适的制造长度。额定电压 48/66kV～290/500kV 交联聚乙烯绝缘电缆的外径与重量见表 5-1-61～表 5-1-68。

表 5-1-60 额定电压为 48/66kV～290/500kV 的交联聚乙烯绝缘电力电缆的生产规格

型 号	芯数	额定电压/kV							
		48/66	64/110	76/132	87/150	127/220	158/275	190/330	290/500
		标称截面积/mm²							
YJLW02、YJLLW02		185～1600	240～1600	240～1600	400～2500	400～2500	400～2500	800～2500	800～3000
YJLW03、YJLLW03		185～1600	240～1600	240～1600	400～2500	400～2500	400～2500	800～2500	800～3000
YJLW02-Z、YJLLW02-Z		185～1600	240～1600	240～1600	400～2500	400～2500	400～2500	800～2500	800～3000
YJLW03-Z、YJLLW03-Z		185～1600	240～1600	240～1600	400～2500	400～2500	400～2500	800～2500	800～3000
YJSAY、YJLSAY		185～1600	240～1600	240～1600	400～2500	400～2500	400～2500	800～2500	800～3000
YJSAY-Z、YJLSAY-Z		185～1600	240～1600	240～1600	400～2500	400～2500	400～2500	800～2500	800～3000
YJQ02、YJLQ02	1	185～1600	240～1600	240～1600	400～2500	400～2500	400～2500	800～2500	800～3000
YJQ03、YJLQ03		185～1600	240～1600	240～1600	400～2500	400～2500	400～2500	800～2500	800～3000
YJQ02-Z、YJLQ02-Z		185～1600	240～1600	240～1600	400～2500	400～2500	400～2500	800～2500	800～3000
YJQ03-Z、YJLQ03-Z		185～1600	240～1600	240～1600	400～2500	400～2500	400～2500	800～2500	800～3000
ZA-YJLW02、ZA-YJLLW02		185～1600	240～1600	240～1600	400～2500	400～2500	400～2500	800～2500	800～3000
ZC-YJLW03-Z、ZC-YJLLW03-Z		185～1600	240～1600	240～1600	400～2500	400～2500	400～2500	800～2500	800～3000
ZN-YJLW02、ZN-YJLLW02		185～1600	240～1600	240～1600	400～2500	400～2500	400～2500	800～2500	800～3000
ZN-YJLW03-Z、ZN-YJLLW03-Z		185～1600	240～1600	240～1600	400～2500	400～2500	400～2500	800～2500	800～3000

注：部分规格铝芯导体不推荐。

表 5-1-61 48/66kV 交联聚乙烯绝缘电力电缆的外经与重量

截面积/mm²	外径/mm	重量/(kg/km)		外径/mm	重量/(kg/km)		外径/mm	重量/(kg/km)		外径/mm	重量/(kg/km)	
		YJLW02	YJLLW02		YJLW03	YJLLW03		YJSAY	YJLSAY		YJQ02	YJQ03
185	71.0	5346.6	4383.0	71.0	4958.1	3994.6	62.0	4921.1	3789.9	61.2	7600.1	7238.6
240	73.9	6072.6	4768.2	73.9	5667.0	4362.6	64.0	5574.5	4087.6	62.0	8100.3	7897.9
300	75.9	6776.6	5103.1	75.9	6359.3	4685.9	66.0	6254.6	4389.2	64.0	9100.7	8927.8
400	78.9	7776.1	5583.5	78.9	7341.4	5148.8	69.0	7186.0	4800.7	72.0	10500.5	10230.7
500	80.9	8911.5	6066.4	80.9	8465.4	5620.3	71.0	8249.1	5185.7	76.0	12500.4	12230.4
630	84.8	10542.7	6833.6	84.8	10073.8	6364.7	75.0	9761.1	5799.6	80.0	14200.8	13910.2
800	88.8	12508.0	7710.4	88.8	12016.1	7218.5	79.0	11603.8	6530.8	85.0	16900.9	16670.3
1000	95.8	15800.7	9875.4	95.8	14484.9	8725.8	86.0	14329.0	7952.9	91.0	19900.4	19530.8
1200	98.8	16796.0	10497.5	98.8	16180.4	9747.2	90.0	16069.7	8635.3	96.0	23000.1	22540.6
1400	102.7	18912.8	12820.5	102.7	18271.5	11006.0	93.0	18112.3	9412.5	99.0	28000.5	27400.2
1600	105.7	20918.9	13074.3	105.7	20257.8	12203.5	96.0	20092.8	10154.8	104	33400.8	32870.3

表 5-1-62 64/110kV 交联聚乙烯绝缘电力电缆的外径与重量

截面积/mm²	外径/mm	重量/(kg/km)		外径/mm	重量/(kg/km)		外径/mm	重量/(kg/km)		外径/mm	重量/(kg/km)	
		YJLW02	YJLLW02		YJLW03	YJLLW03		YJSAY	YJLSAY		YJQ02	YJQ03
240	84.8	7523.5	6055.6	84.8	7054.6	5586.6	75.0	6651.2	5164.3	68.3	9600.3	9359.9
300	87.6	8260.8	6416.3	87.6	7775.6	5931.0	76.0	7258.7	5393.2	71.5	10900.7	10631.1
400	87.7	8987.6	6613.8	87.7	8501.8	6128.0	77.0	8012.5	5627.1	74.6	12300.4	11912.3
500	89.7	10095.2	7061.8	89.7	9597.8	6584.3	79.0	9098.4	6035.2	78.2	13807.5	13401.7
630	92.8	11718.0	7808.4	92.8	11141.8	7232.3	83.0	10657.3	6695.7	82.6	16015.3	15635.6
800	95.8	13530.4	8518.5	95.8	12934.6	7922.7	86.0	12426.0	7353.0	84.3	18539.4	18101.3
1000	103.4	16317.4	10327.5	103.4	15671.4	10176.2	93.0	15159.7	8783.7	90.2	21904.8	20651.9
1200	107.5	18305.3	11809.8	107.5	17562.1	11403.9	97.0	17059.7	9625.3	95.6	24785.8	24219.1
1400	111.4	20474.9	13209.6	111.4	19703.1	12794.2	101.0	19155.2	10455.3	98.9	26987.1	26431.8
1600	114.4	22525.6	14532.6	114.4	21731.7	14111.5	104.0	21170.0	11232.1	103.1	30167.9	29768.4

表 5-1-63　76/132kV 交联聚乙烯绝缘电力电缆的外径与重量

截面积 /mm²	外径 /mm	重量/(kg/km)		外径 /mm	重量/(kg/km)		外径 /mm	重量/(kg/km)		外径 /mm	重量/(kg/km)	
		YJLW02	YJLLW02		YJLW03	YJLLW03		YJSAY	YJLSAY		YJQ02	YJQ03
240	93.4	8973.1	7486.2	93.4	8414.9	6928.0	77.0	6864.7	5377.8	76.3	11232.1	10670.5
300	94.4	9609.7	7744.3	94.4	9045.3	7179.8	78.0	7476.4	5611.0	78.2	12358.6	11740.7
400	95.4	10403.0	8017.7	95.4	9832.4	7447.0	79.0	8232.2	5846.9	81.9	13812.3	13121.7
500	97.4	11561.2	8498.0	97.4	10978.2	7915.0	81.0	9324.1	6260.9	85.3	15628.7	14847.3
630	101.4	13365.5	9403.9	101.4	12685.2	8723.7	85.0	10893.4	6931.8	88.7	17532.2	16655.6
800	105.3	15339.0	10266	105.3	14630.5	9557.9	88.0	12671.0	7598.0	93.6	20435.9	19598.0
1000	112.9	18446.9	12380.5	112.9	17685.5	11559.2	95.0	15424.1	9048.6	98.2	23615.6	22647.4
1200	116.9	20591.6	13819.8	116.9	19718.6	12887.9	99.0	17337.2	9902.8	102.3	26523.8	25436.3
1400	120.8	22876.3	15353.2	120.8	21972.6	14361.2	103.0	19443.1	10743.3	108.7	28698.1	27628.8
1600	123.8	25009.7	16785.0	123.8	24082.8	15740.4	106.0	21467.2	11529.2	110.3	31756.9	30954.9

表 5-1-64　87/150kV 交联聚乙烯绝缘电力电缆的外径与重量

截面积 /mm²	外径 /mm	重量/(kg/km)		外径 /mm	重量/(kg/km)		外径 /mm	重量/(kg/km)		外径 /mm	重量/(kg/km)	
		YJLW02	YJLLW02		YJLW03	YJLLW03		YJSAY	YJLSAY		YJQ02	YJQ03
400	109.6	12181.3		109.6	11474.6		100.4	10882.6		83.7	14072.3	13509.4
500	110.6	13207.0		110.6	12493.5		101.4	11888.9		86.2	15735.6	15106.2
630	112.6	14710.3		112.6	13983.2		103.8	13395.6		90.4	18036.9	17315.4
800	116.6	16747.4		116.6	15993.1		106.8	15240.8		94.6	20514.3	19693.7
1000	119.6	19097.0		119.6	18322.5		110.1	17353.6		100.8	23869.5	23081.0
1200	122.6	20981.8	—	122.6	20186.8	—	113.6	19505.9	—	103.7	26750.9	25858.5
1400	127.6	23400.6		127.6	22571.7		117.1	21646.8		107.5	30269.5	29270.1
1600	130.6	25544.9		130.6	24695.7		120.1	23707.6		110.8	32216.7	311153.5
1800	133.6	27598.3		133.6	26728.6		123.3	26186.0		113.5	36987.0	35766.4
2000	136.6	29914.2		136.6	29024.2		126.4	28423.1		116.5	37928.2	36676.0
2200	138.6	31667.9		138.6	30764.3		128.4	30124.2		121.4	40651.8	39310.3
2500	142.6	34820.6		142.6	33889.9		132.1	33149.1		124.9	44958.1	42474.5

表 5-1-65　127/220kV 交联聚乙烯绝缘电力电缆的外径与重量

截面积 /mm²	外径 /mm	重量/(kg/km)		外径 /mm	重量/(kg/km)		外径 /mm	重量/(kg/km)		外径 /mm	重量/(kg/km)	
		YJLW02	YJLLW02		YJLW03	YJLLW03		YJSAY	YJLSAY		YJQ02	YJQ03
400	118.1	13350.1		118.1	12581.6		106.3	11743.6		109.8	19407.6	18631.3
500	121.1	14710.1		121.1	13921.1		109.2	13044.9		112.8	20995.0	20155.2
630	123.1	16129.5		123.1	15327.3		110.7	14414.5		114.5	22878.5	21963.4
800	125.1	17877.1		125.1	17061.2		112.7	16131.0		117.1	24916.3	23919.7
1000	129.6	20307.2		129.6	19460.6		116.0	18288.1		119.9	27273.5	26182.6
1200	131.8	22076.9	—	131.8	21215.3	—	119.5	20453.4	—	123.3	29836.7	28881.9
1400	135.7	24351.1		135.7	23462.7		123.0	22641.7		127.0	32782.8	31733.8
1600	139.5	26571.4		139.5	25656.7		126.0	24747.3		130.3	35630.9	34490.7
1800	142.3	28809.3		142.3	27875.7		129.2	27217.8		131.6	36959.4	35776.7
2000	146.2	31206.6		146.2	30246.6		132.3	29505.0		132.3	39985.2	38705.7
2200	148.2	32951.9		148.2	31978.3		134.4	31232.6		134.6	42379.8	41023.6
2500	152.2	36098.9		152.2	35097.7		138.1	34278.7		138.5	46291.0	44809.7

表 5-1-66 158/275kV 交联聚乙烯绝缘电力电缆的外径与重量

截面积 /mm²	外径 /mm	重量/(kg/km) YJLW02	YJLLW02	外径 /mm	重量/(kg/km) YJLW03	YJLLW03	外径 /mm	重量/(kg/km) YJSAY	YJLSAY	外径 /mm	重量/(kg/km) YJQ02	YJQ03
400	119.7	14635.3		119.7	13805.6		108.3	12034.1		111.7	20748.5	20333.5
500	122.7	16054.0		122.7	15202.7		111.2	13345.7		114.7	22372.2	21924.7
630	124.7	17539.3		124.7	16673.5		112.7	14716.0		116.4	24283.2	23797.0
800	126.7	19332.9		126.7	18452.6		114.7	16460.4		118.4	26217.9	25693.5
1000	132.3	22095.6		132.3	21174.4		118.0	18622.4		121.8	28758.7	28183.6
1200	134.3	23933.1	—	134.3	22997.7	—	121.5	20804.8	—	125.2	31369.1	30741.7
1400	137.3	26196.3		137.3	25239.1		124.9	22975.7		128.9	34367.7	33680.3
1600	141.2	28524.2		141.2	27538.3		128.0	25095.0		132.2	37261.7	365156.5
1800	143.2	30518.6		143.2	29518.2		131.2	27595.9		135.0	39574.9	38783.4
2000	146.8	33208.2		146.8	32181.9		134.3	29876.1		138.3	42675.1	41821.6
2200	149.8	35138.6		149.8	34090.4		136.4	31609.9		140.6	45126.3	44223.8
2500	153.7	38377.1		153.7	37300.2		140.1	34667.1		144.5	49121.6	48139.1

表 5-1-67 190/330kV 交联聚乙烯绝缘电力电缆的外径与重量

截面积 /mm²	外径 /mm	重量/(kg/km) YJLW02	YJLLW02	外径 /mm	重量/(kg/km) YJLW03	YJLLW03	外径 /mm	重量/(kg/km) YJSAY	YJLSAY	外径 /mm	重量/(kg/km) YJQ02	YJQ03
800	138.6	21402.2		138.6	20426.5		122.6	17776.5		129.5	30091.0	29489.2
1000	141.6	23623.3		141.6	22627.1		125.9	19978.6		132.1	32882.0	32224.4
1200	144.6	25634.8		144.6	24615.2		129.4	22178.9		135.3	35163.8	34460.5
1400	147.2	28006.9		147.2	26968.3		131.9	24242.2		138.0	37966.4	37207.1
1600	151.0	30369.6	—	151.0	29303.0	—	135.0	26383.0	—	141.1	40488.8	39679.1
1800	153.1	31832.6		153.1	30750.4		137.2	28717.4		143.3	43014.2	42153.9
2000	156.9	34354.5		156.9	33244.7		140.3	31025.4		146.4	45713.6	44799.3
2200	158.9	36172.3		158.9	35047.5		142.4	32777.9		148.7	48225.5	47261.3
2500	162.9	39431.3		162.9	38277.5		146.1	35868.2		152.4	51796.1	50760.2
3000	168.9.	45016.4		168.9.	43818.6		152.3	41263.8		158.6	57996.5	56836.6

表 5-1-68 290/500kV 交联聚乙烯绝缘电力电缆的外径与重量

截面积 /mm²	外径 /mm	重量/(kg/km) YJLW02	YJLLW02	外径 /mm	重量/(kg/km) YJLW03	YJLLW03	外径 /mm	重量/(kg/km) YJSAY	YJLSAY	外径 /mm	重量/(kg/km) YJQ02	YJQ03
800	148.7	24214.0		148.7	22997.7		130.5	19181.5		137.9	33658.8	32509.9
1000	151.6	26593.9		151.6	25353.1		133.9	21423.0		141.0	36621.1	35445.6
1200	155.4	28772.7		155.4	27499.2		137.4	23685.5		144.4	39450.7	38245.5
1400	156.5	30662.2		156.5	29379.1		138.9	25567.3		145.9	41534.7	40316.4
1600	161.0	33309.2	—	161.0	31988.5	—	142.0	27740.5	—	149.2	44615.1	43368.0
1800	161.8	34625.4		161.8	33297.0		143.2	29892.6		150.0	45876.6	44622.5
2000	165.7	37212.3		165.7	35851.3		146.3	32228.3		153.3	49132.8	47849.9
2200	167.7	39060.4		167.7	37682.3		148.4	33999.2		155.4	51193.1	49891.8
2500	172.3	42630.8		172.3	41213.2		152.1	37123.1		159.3	55352.0	54016.6
3000	179.1	48563.9		179.1	47088.0		159.3	42797.7		167.7	63365.1	61956.1

1.3.3.2 产品结构

(1) 导体结构

1) 导体应采用圆形单线绞合紧压导体或分割导体，圆铜、铝单线应分别符合 GB/T 3953—2009 和 GB/T 3955—2009 的规定。

2) 导体应符合 GB/T 3956—2008 或 IEC 60228 的规定。标称截面积为 800mm² 以下的导体应采用符合 GB/T 3956—2008 的第 2 种紧压绞合圆形结构，标称截面积为 800mm² 以上的导体应采用分割导体结构，800mm² 的导体可以采用紧压绞合圆形结构，也可以采用分割导体结构。

3）铜分割导体中的单线应不少于170根。铝分割导体的结构在考虑中。如果采用金属绑扎带，应是非磁性的，且应具有足以减小分割导体股块位移所需的强度。金属绑扎带应无凹痕、油污、裂缝、折皱；绕包后不应有可能穿透半导电屏蔽层的缺陷。

4）分割导体的圆度应采用卡尺和周长带两种方法沿着导体轴向相互间隔约0.3m的5个位置进行测量。卡尺测得的5个最大直径的平均值应不超过周长带测得的5个直径的平均值的2%，在任一位置卡尺测得的最大直径应不超过周长带测得的直径的3%。

5）各种绞合导体和分割导体不允许整芯或整股焊接。绞合导体中的单线允许焊接，但在同一层内，相邻两个接头之间的距离应不小于300mm。

6）导体表面应光洁、无油污、无损伤屏蔽及绝缘的毛刺、锐边以及凸起或断裂的单线。

（2）绝缘结构

1）导体屏蔽。材料 半导电屏蔽应采用交联型的半导电屏蔽塑料，应具有与其直接接触的其他材料良好的相容性，其耐温等级应与 XLPE 绝缘适配，不同电压等级半导电屏蔽材料的性能见表5-1-69。

表 5-1-69 半导电屏蔽材料的性能

序 号	项 目	单 位	64/110kV 半导电屏蔽料	127/220kV 半导电屏蔽料	290/500kV 半导电屏蔽料
1	抗张强度	MPa	≥12.0	≥12.0	≥12.0
2	断裂伸长率	%	≥150	≥150	≥150
3	热延伸试验（（200±3）℃，0.20MPa，15min） 负荷下伸长率 永久变形率	% %	≤100 ≤10	≤100 ≤10	≤100 ≤10
4	体积电阻率 23℃ 90℃	Ω·m Ω·m	<1.0 <3.5	<1.0 <3.5	<0.35
5	凝胶含量	%	—	—	≥65

对于额定电压为64/110kV 的高压交联电缆：导体屏蔽应由挤包的半导电层或先绕包半导电带再在其上挤包半导电层组成，其厚度的近似值为1.5mm。挤包的半导电层的最小厚度应为0.5mm。绕包用的半导电带的体积电阻率应不大于1000Ω·m。挤包的半导电层应厚度均匀，并与绝缘层牢固地粘结，且易于从导体上剥离。半导电层与绝缘层的界面应光滑，无明显绞线凸纹、尖角、颗粒、焦烧及擦伤的痕迹。

对于额定电压为127/220kV 的高压交联电缆：导体屏蔽应由绕包半导电带和在其上挤包的半导电层组成，其厚度的近似值为2.0mm，其中挤包的半导电层的最薄点厚度不应小于0.8mm。导体屏蔽绕包用的半导电带的体积电阻率不大于1000Ω·m。挤包的半导电层应厚度均匀，并与绝缘层牢固地粘结。半导电层与绝缘层的界面应连续光滑，无明显绞线凸纹、尖角、颗粒、焦烧及擦伤的痕迹。

对于额定电压为290/500kV 的超高压交联电缆：导体屏蔽由半导电包带和挤包的半导电层组成，其厚度近似值为2.5mm，其中挤包半导电层厚度近似值为2.0mm。挤包半导电层应均匀地包覆在半导电包带外，并牢固地粘在绝缘层上。在与绝缘层的交界面上应光滑，无明显绞线凸纹、尖角、颗粒、烧焦或擦伤痕迹。

2）绝缘材料。挤包在导体上部分包括的绝缘材料的类型应是无填充剂的交联聚乙烯，缩写代号为 XLPE。绝缘材料的性能见表5-1-70。

绝缘层的标称厚度见表5-1-71。电缆绝缘任一处最薄点的厚度应不小于标称值的90%。导体和绝缘外面的任何隔离层或半导电屏蔽层的厚度应不包括在绝缘厚度内。绝缘层的最小厚度以及偏心度应符合 GB/T 11017—2014、GB/T 18890—2015 和 GB/T 22078—2008 的规定。

绝缘中允许的微孔和杂质尺寸及数目应分别符合 GB/T 11017—2014、GB/T 18890—2015 和 GB/T 22078—2008 的规定。

表 5-1-70 **XLPE 电缆绝缘料性能**

序号	项目	单位	64/110kV 绝缘料	127/220kV 绝缘料	290/500kV 绝缘料
1	抗张强度	MPa	≥17.0	≥17.0	≥25.0
2	断裂伸长率	%	≥500	≥500	≥500
3	热延伸试验（（200±3）℃, 0.20MPa，15min) 负荷下伸长率 永久变形率	% %	≤100 ≤10	≤100 ≤10	≤90 ≤10
4	介电常数		≤2.35	≤2.35	≤2.35
5	介质损耗角正切 $\tan\delta$		≤5.0×10^{-4}	≤5.0×10^{-4}	≤5.0×10^{-4}
6	凝胶含量	%	—	—	≥82
7	短时工频击穿强度（较小的平板电极直径 25mm，升压速率 500V/s)	kV/mm	≥22	≥30	≥35
8	体积电阻率 23℃ 90℃	$\Omega\cdot m$ $\Omega\cdot m$	≥1.0×10^{13} —	≥1.0×10^{14} —	≥1.0×10^{14} —
9	杂质最大尺寸（1000g 样片中）	mm	≤0.10	≤0.10	≤0.075

表 5-1-71 **额定电压为 48/66kV～290/500kV 的交联聚乙烯绝缘电力电缆绝缘厚度**

导体标称截面积 /mm²	额定电压/kV							
	48/66	64/110	76/132	87/150	127/220	158/275	190/330	290/500
	绝缘标称厚度/mm							
185	13.5	—	—					
240	13.5	19.0	20.0					
300	13.5	18.5	19.5					
400	13.5	17.5	18.5	24.0	27.0	28.0		
500	13.0	17.0	18.0	23.0	27.0	28.0		
630	13.0	16.5	17.5	22.5	26.0	27.0		
800	13.0	16.0	17.0	22.0	25.0	26.0	30.0	34.0
1000	13.0	16.0	17.0	21.0	24.0	25.0	29.0	33.0
1200	13.0	16.0	17.0	21.0	24.0	25.0	29.0	33.0
1400	13.0	16.0	17.0	21.0	24.0	25.0	28.5	32.0
1600	13.0	16.0	17.0	21.0	24.0	25.0	28.5	32.0
1800	—			21.0	24.0	25.0	28.0	31.0
2000	—			21.0	24.0	25.0	28.0	31.0
2200	—			21.0	24.0	25.0	28.0	31.0
2500	—			21.0	24.0	25.0	28.0	31.0
3000	—			21.0	24.0	25.0	2.0	31.0

绝缘线芯的识别标志应符合 GB/T 6995—2008 的规定。

3）绝缘屏蔽材料。半导电屏蔽应采用交联型的半导电屏蔽塑料，应具有与其直接接触的其他材料良好的相容性，其耐温等级应与 XLPE 绝缘适配，不同电压等级半导电绝缘屏蔽材料的性能见表 5-1-72。

表 5-1-72　半导电绝缘屏蔽材料的性能

序号	项　　目	单　　位	64/110kV 半导电屏蔽材料	127/220kV 半导电屏蔽材料	290/500kV 半导电屏蔽材料
1	抗张强度	MPa	≥12.0	≥12.0	≥12.0
2	断裂伸长率	%	≥150	≥150	≥150
3	热延伸试验（(200±3)℃，0.20MPa，15min） 　负荷下伸长率 　永久变形率	% %	≤100 ≤10	≤100 ≤10	≤100 ≤10
4	体积电阻率 　23℃ 　90℃	Ω·m Ω·m	<1.0 <3.5	<1.0 <3.5	<0.35 —
5	凝胶含量	%	—	—	≥65

对于额定电压为 64/110kV 的高压交联电缆：绝缘屏蔽应与绝缘和挤包的导体屏蔽同时挤出的半导电层，其厚度的近似值为 1.0mm，最小厚度应为 0.5mm。半导电层应均匀地挤包在绝缘上，并与绝缘层牢固地粘结。半导电层与绝缘层的界面应光滑，无明显尖角、颗粒、焦烧及擦伤的痕迹。

对于额定电压为 127/220kV 的高压交联电缆：绝缘屏蔽应为与绝缘层同时挤出的半导电层，其厚度的近似值为 1.0mm，其最薄点厚度不应小于 0.5mm。半导电层应均匀地挤包在绝缘上，并与绝缘层牢固地粘结。半导电层与绝缘层的界面应连续光滑，无明显尖角、颗粒、焦烧及擦伤的痕迹。

对于额定电压为 290/500kV 的超高压交联电缆：绝缘屏蔽为挤包半导电层，其厚度近似值为 1.0mm，绝缘屏蔽应与导体挤包屏蔽层和绝缘层一起三层共挤。绝缘屏蔽应均匀地包覆在绝缘表面，并牢固地粘附在绝缘层上。在绝缘屏蔽的表面以及与绝缘层的交界面上应光滑，无尖角、颗粒、烧焦或擦伤的痕迹。

半导电屏蔽层与绝缘层界面的微孔与突起应分别符合 GB/T 11017—2014、GB/T 18890—2015 和 GB/T 22078—2008 的规定。

（3）缓冲层和纵向阻水层

1）缓冲层。在挤包的绝缘半导电屏蔽层外应有缓冲层。缓冲层应是半导电的，以使绝缘半导电屏蔽层与金属屏蔽层之间保持电气上接触良好。缓冲层应能满足补偿电缆运行中热膨胀的要求。

2）缓冲层材料。缓冲层材料应采用半导电弹性材料或具有纵向阻水功能的半导电弹性阻水膨胀材料，阻水带和阻水绳应具有吸水膨胀性能。半导电弹性材料或纵向阻水材料应与其相邻的其他材料相容。半导电性无纺布带和半导电性阻水膨胀带的直流电阻率应小于 $1.0 \times 10^5 \Omega \cdot cm$。绕包用的半导电缓冲带的体积电阻率应与电缆挤包的绝缘半导电屏蔽的体积电阻率相适应，室温下体积电阻率不大于 500Ω·m，其他物理性能应符合 JB/T 10259—2014 的要求。

3）阻水层。如电缆有纵向阻水要求时，绝缘屏蔽层与径向金属防水层之间应具有纵向阻水层。纵向阻水层应由半导电性的阻水膨胀带绕包而成。阻水带应绕包紧密、平整，其可膨胀面应面向铜丝屏蔽（如果有）。当采用与绝缘半导电屏蔽直接粘结的铝箔复合套时，可免去额外的纵向阻水层。如电缆导体也有纵向阻水要求时，导体绞合时应加入阻水材料。

4）纵向阻水层材料。材料应采用具有纵向阻水功能的半导电弹性阻水膨胀材料，阻水带和阻水绳应具有吸水膨胀性能，纵向阻水材料应与其相邻的其他材料相容。半导电性阻水膨胀带的直流电阻率应小于 $1.0 \times 10^6 \Omega \cdot cm$。绕包用的半导电阻水缓冲带的体积电阻率应与电缆挤包的绝缘半导电屏蔽的体积电阻率相适应，室温下体积电阻率不大于 500Ω·m，其他物理性能应符合 JB/T 10529—2005 的要求。

（4）金属屏蔽与金属套

1）金属屏蔽。

铜丝屏蔽：铜丝屏蔽应由同心疏绕的软铜线组成，铜丝屏蔽层的表面上应有铜丝或铜带反向扎紧，相邻屏蔽铜丝的平均间隙 G 应不大于 4mm。G 由下式定义：

$$G = [\pi(D + d) - nd]/n$$

式中　D——铜丝屏蔽下的缆芯直径（mm）；

d——铜丝的直径（mm）；

n——铜丝的根数。

铜丝屏蔽的截面积应能满足短路容量的要求。适用时，铜丝屏蔽的电阻测量值应符合 GB/T 3956—2008 的规定，或者不大于制造厂标称值（当铜丝屏蔽的截面积与 GB/T 3956—2008 推荐的系列截面积不同时）。

金属套屏蔽：电缆采用铅套或铝套时，金属套可作为金属屏蔽。如铅套或铝套的厚度不能满足用户对短路容量的要求时，应采取增加金属套厚度或增加铜丝屏蔽的措施。

2）径向隔水层。

当电缆系统敷设在地下、易积水的地下通道或水中时，电缆应采用径向不透水的阻挡层。

径向隔水层包括金属套及金属塑料复合护套。金属塑料复合带应符合 YD/T 723—2007 的要求。

3）金属套。

① 材料：铅套应采用符合 GB/T 26011—2010 规定的铅合金。皱纹铝套应采用纯度不小于 99.6% 的铝或铝合金制造；焊接用铝带应符合 GB/T 3880.1—2012 的要求，铝带的伸长率应不小于 16%。也可以用铜套，铜套代号符合 JB/T 5268.1—2011 的规定，厚度测量参考皱纹的测量方法。

② 金属套的厚度。

金属套的标称厚度应符合表 5-1-73 ~ 表 5-1-77 的规定。铅或铅合金套的最小厚度应不小于 95% 标称厚度 -0.1mm，即 $t_{min} \geq 95\% t_n - 0.1$。

平铝套的最小厚度应不小于 90% 标称厚度 -0.1mm，即 $t_{min} \geq 90\% t_n - 0.1$。

皱纹铝套的最小厚度应不小于 85% 标称厚度 -0.1mm，即 $t_{min} \geq 85\% t_n - 0.1$。

表 5-1-73　48/66kV 金属套的标称厚度

导体标称截面积/mm²	铅套/mm	皱纹铝套/mm
185	2.3	1.7
240	2.3	1.7
300	2.3	2.0
400	2.3	2.0
500	2.4	1.8
630	2.5	1.9
800	2.8	2.0
1000	3.0	2.0
1200	3.0	2.0
1400	3.0	2.0
1600	3.0	2.0

表 5-1-74　64/110kV、76/132kV 金属套的标称厚度

导体标称截面积/mm²	铅套/mm	皱纹铝套/mm
240	2.6	2.0
300	2.6	2.0
400	2.7	2.0
500	2.7	2.0
630	2.8	2.0
800	2.9	2.0
1000	3.0	2.3
1200	3.1	2.3
1400	3.2	2.3
1600	3.3	2.3

表 5-1-75　87/150kV、127/220kV、158/275kV 金属套的标称厚度

导体标称截面积/mm²	铅套/mm	皱纹铝套/mm
400	2.7	2.4
500	2.7	2.4
630	2.8	2.4
800	2.8	2.4
1000	2.8	2.6
1200	2.9	2.6
1400	3.0	2.6
1600	3.1	2.6
1800	3.1	2.6
2000	3.2	2.8
2200	3.3	2.8
2500	3.4	2.8

表 5-1-76　190/330kV 金属套的标称厚度

导体标称截面积/mm²	铅套/mm	皱纹铝套/mm
800	3.1	2.6
1000	3.2	2.7
1200	3.2	2.7
1400	3.3	2.8
1600	3.3	2.9
1800	3.5	2.9
2000	3.5	3.0
2200	3.6	3.0
2500	3.6	3.0

表 5-1-77 290/500kV 金属套的标称厚度

导体标称截面积/mm²	铅套/mm	皱纹铝套/mm
800	3.3	2.9
1000	3.4	3.0
1200	3.5	3.0
1400	3.5	3.0
1600	3.6	3.1
1800	3.6	3.2
2000	3.7	3.2
2200	3.7	3.2
2500	3.8	3.3
3000	4.0	3.5

③ 金属套的防蚀层。

金属套表面应有沥青或热溶胶防蚀层，沥青可采用符合 GB/T 494—2010 要求的 10 号沥青。铅套上允许绕包自粘橡胶带作为防蚀层。

(5) 非金属外护套

1) 材料：根据电缆非金属外护套的类型和代号以及性能应分别符合表 5-1-78 ~ 表 5-1-80 的规定，外护套颜色一般为黑色。

表 5-1-78 电缆外护套混合料力学性能

序号	试验项目和试验条件 （混合料代号见 4.3）	单位	性能要求 ST₂	性能要求 ST₇
1	老化前（GB/T 2951.11—2008 中 9.2）			
	最小抗张强度	N/mm²	12.5	12.5
	最小断裂伸长率	%	150	300
2	空气烘箱老化后（GB/T 2951.12—2008 中 8.1）			
	处理条件：温度	℃	100	100
	温度偏差	℃	±2	±2
	持续时间	d	7	10
	抗张强度：			
	a）老化后最小值	N/mm²	12.5	—
	b）最大变化率①	%	±25	—
	断裂伸长率：			
	a）老化后最小值	%	150	300
	b）最大变化率①	%	±25	—
3	高温压力试验（GB/T 2951.31—2008 中 8.2）			
	试验温度	℃	90	110
	温度偏差	℃	±2	±2

① 变化率：老化后测得中间值与老化前测得中间值的差值除以后者，以百分率表示。

表 5-1-79 电缆 PVC 外护套混合料特性试验要求

序号	试验项目和试验条件 （混合料代号见 4.3）	单位	性能要求 ST₂
1	空气烘箱失重（GB/T 2951.32—2008 中 8.2）		
	处理条件：		
	温度	℃	100
	温度偏差	℃	±2
	持续时间	d	7
	最大允许失重	mg/cm²	1.5
2	低温性能①（GB/T 2951.14—2008 第 8 章）		
	试验在未经先前老化下进行		
	哑铃片的低温拉伸试验		
	试验温度	℃	−15
	温度偏差	℃	±2
	低温冲击试验		
	试验温度	℃	−15
	温度偏差	℃	±2
3	热冲击试验（GB/T 2951.31—2008 中 9.2）		
	试验温度	℃	150
	温度偏差	℃	±3
	试验时间	h	1

① 因气候条件，可以采用更低的试验温度。

表 5-1-80 电缆热塑性聚乙烯混合料的炭黑含量试验要求

混合料代号（见 4.3）	单　位	ST$_7$
炭黑含量（仅对黑色外护套，GB/T 2951.41—2008 第 11 章）		
标称值	%	2.5
偏差	%	±0.5

2）非金属外护套的厚度。

非金属外护套的标称厚度应符合表 5-1-81 的规定。

非金属外护套的最小厚度和平均厚度应分别符合 GB/T 11017—2014、GB/T 18890—2015 和 GB/T 22078—2008 的规定。

非金属外护套的最小厚度应不小于 85% 标称厚度 - 0.1mm，即 $t_{min} \geq 85\% t_n - 0.1$。

表 5-1-81　额定电压为 48/66kV ~ 290/500kV 的交联聚乙烯绝缘电力电缆
非金属外护套标称厚度

导体标称截面积 mm²	额定电压/kV							
	48/66	64/110	76/132	87/150	127/220	158/275	190/330	290/500
	外护套标称厚度/mm							
185	4.0	—	—	—	—	—	—	—
240	4.0	4.0	4.0	—	—	—	—	—
300	4.0	4.0	4.0	—	—	—	—	—
400	4.0	4.0	4.0	4.5	5.0	5.0	—	—
500	4.0	4.0	4.0	4.5	5.0	5.0	—	—
630	4.0	4.5	4.5	4.5	5.0	5.0	—	—
800	4.0	4.5	4.5	4.5	5.0	5.0	6.0	6.0
1000	4.5	4.5	4.5	4.5	5.0	5.0	6.0	6.0
1200	4.5	5.0	5.0	4.5	5.0	5.5	6.0	6.0
1400	4.5	5.0	5.0	4.5	5.0	5.5	6.0	6.0
1600	4.5	5.0	5.0	4.5	5.0	5.5	6.0	6.0
1800	—	—	—	4.5	5.0	5.5	6.0	6.0
2000	—	—	—	4.5	5.0	5.5	6.0	6.0
2200	—	—	—	—	5.0	5.5	6.0	6.0
2500	—	—	—	4.5	5.0	5.5	6.0	6.0
3000	—	—	—	—	—	—	—	6.0

（6）外导电层　非金属外护套的表面应施以均匀牢固的导电层。

如果采用挤塑的半导电层，且其与电缆外护套粘结牢固，其厚度可以构成为外护套总厚度的一部分，但挤塑半导电层不应超过外护套标称厚度的 20%。

1.3.3.3　技术指标

（1）导体的直流电阻　导体的直流电阻应符合 GB/T 3956—2008 及表 5-1-82 的规定。

（2）绝缘电阻　额定电压为 48/66kV ~ 290/500kV 的交联聚乙烯绝缘电力电缆的绝缘材料电阻以体积电阻率 ρ 及绝缘电阻常数 K_i 表示，应符合表 5-1-83 的规定。

（3）电气性能　电缆的电气性能应符合表 5-1-84 的规定。

（4）力学物理性能

1）电缆绝缘老化前和老化后的力学性能应符合表 5-1-85 的规定。

表 5-1-82 导体的结构和直流电阻

导体标称截面积/mm²	导体中单线最少根数	20℃时直流电阻最大值/(Ω/km)	
		铜导体	铝导体
185	30	0.0991	0.164
240	34	0.0754	0.125
300	34	0.0601	0.100
400	53	0.0470	0.0778
500	53	0.0366	0.0605
630	53	0.0283	0.0469
800	53	0.0221	0.0367
1000	170	0.0176	0.0291
1200	170	0.0151	0.0247
1400	170	0.0129	0.0212
1600	170	0.0113	0.0186
1800	265	0.0101	0.0155
2000	265	0.0090	0.0149
2200	265	0.0083	0.0134
2500	265	0.0072	0.0127
3000	265	0.0060	0.0100

表 5-1-83

序 号	试 验 项 目	交联聚乙烯绝缘电力电缆
1	在额定工作温度时体积电阻率 ρ/(Ω·cm) ≥	10^{15}
2	在额定工作温度时绝缘电阻常数 K_i/(MΩ·km) ≥	3.67

表 5-1-84 额定电压为 48/66kV ~ 290/500kV 的交联聚乙烯绝缘电力电缆的电气性能

试验项目及要求		额定电压/kV							
		48/66	64/110	76/132	87/150	127/220	158/275	190/330	290/500
序号	项 目	试验电压/kV							
1[①]	局部放电试验 $1.5U_0$ 最大局部放电量（在制造商声明灵敏度下无可见放电）	72	96	114	131	190	240	285	435
2	工频耐压 $2.5U_0$（30min 不击穿）	120	160	190	218	318	385	580kV/60min	580kV/60min
3	非金属外护套直流耐压（1min 不击穿）	25	25	25	25	25	25	25	25
4	冲击耐压（90℃、±10 次）（不击穿）	380	550	650	750	1050	1050	1175	1550

① 额定电压为 127/220kV 及以上的交联电缆在 $1.5U_0$ 局部放电试验时应无可视局部放电。

表5-1-85 电缆 XLPE 绝缘混合料的力学性能要求（老化前后）

表5-1-85 电缆 XLPE 绝缘混合料的力学性能要求（老化前后）

序　号	试验项目和试验条件 （混合料代号见4.2）	单　位	性 能 要 求 XLPE
0	正常运行时导体最高温度	℃	90
1	老化前（GB/T 2951.11—2008 中9.1） 最小抗张强度 最小断裂伸长率	 N/mm^2 %	 12.5 200
2	空气烘箱老化后（GB/T 2951.12—2008 的8.1） 处理条件：温度 　　　　温度偏差 　　　　持续时间 抗张强度： 　a）老化后最小值 　b）最大变化率① 断裂伸长率 　a）老化后最小值 　b）最大变化率①	 ℃ K h N/mm^2 % % %	 135 ±3 168 — ±25 — ±25

① 变化率：老化后测得中间值与老化前测得中间值的差值除以后者，以百分率表示。

2）护套老化前和老化后的力学性能应符合表5-1-86～表5-1-89的规定。

表5-1-86 电缆外护套混合料机械特性试验要求（老化前后）

序　号	试验项目和试验条件 （混合料代号见4.3）	单　位	性 能 要 求	
			ST$_2$	ST$_7$
1	老化前（GB/T 2951.11—2008 中9.2） 最小抗张强度 最小断裂伸长率	 N/mm^2 %	 12.5 150	 12.5 300
2	空气烘箱老化后（GB/T 2951.12—2008 中8.1） 处理条件：温度 　　　　温度偏差 　　　　持续时间 抗张强度： 　a）老化后最小值 　b）最大变化率① 断裂伸长率： 　a）老化后最小值 　b）最大变化率①	 ℃ ℃ d N/mm^2 % % %	 100 ±2 7 12.5 ±25 150 ±25	 100 ±2 10 — — 300 —
3	高温压力试验（GB/T 2951.31—2008 中8.2） 试验温度 温度偏差	 ℃ ℃	 90 ±2	 110 ±2

① 变化率：老化后测得中间值与老化前测得中间值的差值除以后者，以百分率表示。

表 5-1-87　交联聚乙烯绝缘特殊性能试验

序　号	试　验　项　目	XLPE
1	热延伸试验 　　空气温度（偏差 ±3℃）/℃ 　　处理条件载荷时间/min 　　机械应力/MPa 　　负荷下伸长度（%）　≤ 　　冷却后永久伸长率（%）　≤	200 15 20 175 15
2	吸水试验重量法 　　温度（偏差 ±2℃）/℃ 　　时间/d 　　重量变化/（mg/cm²）　≤	85 14 1①
3	收缩试验 　　温度（偏差 ±3℃）/℃ 　　时间/h 　　收缩率（%）　≤	130 6 4

① 对密度大于 1 的交联聚乙烯正在考虑重量变化大于 1mg/cm² 的要求。

表 5-1-88　电缆热塑性聚乙烯混合料的炭黑含量试验要求

混合料代号（见 4.3）	单　位	ST₇
炭黑含量（仅对黑色外护套，GB/T 2951.41—2008 第 11 章） 标称值 偏差	 % %	 2.5 ±0.5

表 5-1-89　电缆 PVC 外护套混合料特性试验要求

序　号	试验项目和试验条件 （混合料代号见 4.3）	单　位	性 能 要 求 ST₂
1	空气烘箱失重（GB/T 2951.32—2008 中 8.2） 处理条件： 　　温度 　　温度偏差 　　持续时间 　　最大允许失重	 ℃ ℃ d mg/cm²	 100 ±2 7 1.5
2	低温性能①（GB/T 2951.14—2008 第 8 章） 试验在未经先前老化下进行 哑铃片的低温拉伸试验 　　试验温度 　　温度偏差 低温冲击试验 　　试验温度 　　温度偏差	 ℃ ℃ ℃ ℃	 −15 ±2 −15 ±2
3	热冲击试验（GB/T 2951.31—2008 中 9.2） 　　试验温度 　　温度偏差 　　试验时间	 ℃ ℃ h	 150 ±3 1

① 因气候条件，可以采用更低的试验温度。

　　额定电压为 48/66kV～290/500kV 的交联聚乙烯绝缘电力电缆试验项目如下。

1）电缆例行试验项目

　　局部放电试验

　　电压试验

　　非金属外护套的电气试验

2）电缆抽样试验项目

　　导体检验

导体和金属屏蔽电阻测量

绝缘厚度测量

铜丝屏蔽的检查（适用时）

金属套厚度测量

非金属护套厚度测量

直径测量（要求时进行）

XLPE绝缘热延伸试验

电容测量

雷电冲击电压试验（适用时）

透水试验（适用时）

具有与外护套粘结的纵包金属带或纵包金属箔的电缆部件的试验（适用时）

3）电缆型式试验项目

绝缘厚度检验

弯曲试验及随后的局部放电试验

$\tan\delta$测量

热循环电压试验及随后的局部放电试验

雷电冲击电压试验及随后的工频电压试验

上述试验后的检验

半导电屏蔽电阻率

电缆结构检查

绝缘老化前后力学性能试验

非金属护套老化前后力学性能试验

成品电缆段相容性老化试验

ST_2型PVC护套失重试验

护套高温压力试验

PVC护套（ST_1和ST_2）低温试验

PVC护套（ST_1和ST_2）热冲击试验

XLPE绝缘的微孔杂质试验

XLPE绝缘热延伸试验

半导电屏蔽层与绝缘层界面的微孔与突起试验

黑色PE护套炭黑含量测量

燃烧试验（要求时进行）

纵向透水试验（要求时进行）

具有与外护套粘结的纵包金属带或纵包金属箔的电缆的部件试验

XLPE绝缘收缩试验

PE外护套收缩试验

非金属外护套的刮磨试验

铝套的腐蚀扩展试验

成品电缆标志的检查

4）电缆系统预鉴定试验项目（不适用于某些电压等级）

绝缘厚度检验

热循环电压试验

雷电冲击电压试验

预鉴定试验后的试样检验

预鉴定扩展试验a

1.4 塑料架空绝缘电缆

1.4.1 1kV架空绝缘电缆

1. 品种规格

1kV架空绝缘电缆适用于交流额定电压为1kV及以下的架空电力线路，电缆结构如图5-1-11～图5-1-13所示。

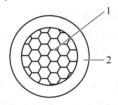

图5-1-11 1kV单芯绝缘架空电缆结构图
1—导体 2—交联聚乙烯绝缘

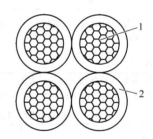

图5-1-12 1kV四芯绝缘架空电缆结构图
1—导体 2—交联聚乙烯绝缘

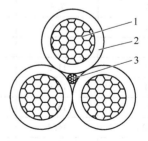

图5-1-13 1kV带加强芯的三芯绝缘架空电缆结构图
1—导体 2—交联聚乙烯绝缘 3—承载绞线

（1）型号及敷设场合 1kV架空绝缘电缆产品型号及敷设场合见表5-1-90。

表 5-1-90　1kV 架空绝缘电缆型号及敷设场合

型　号	名　称	敷　设　场　合
JKV	额定电压 1kV 铜芯聚氯乙烯绝缘架空电缆	
JKY	额定电压 1kV 铜芯聚乙烯绝缘架空电缆	
JKYJ	额定电压 1kV 铜芯交联聚乙烯绝缘架空电缆	
JKLV	额定电压 1kV 铝芯聚氯乙烯绝缘架空电缆	
JKLY	额定电压 1kV 铝芯聚乙烯绝缘架空电缆	架空固定敷设、引户线
JKLYJ	额定电压 1kV 铝芯交联聚乙烯绝缘架空电缆	
JKLHV	额定电压 1kV 铝合金芯聚氯乙烯绝缘架空电缆	
JKLHY	额定电压 1kV 铝合金芯聚乙烯绝缘架空电缆	
JKLHYJ	额定电压 1kV 铝合金芯交联聚乙烯绝缘架空电缆	

（2）工作温度及敷设条件

1）电缆导体的长期允许工作温度：聚氯乙烯绝缘电缆、聚乙烯绝缘电缆应不超过 70℃，交联聚乙烯绝缘电缆应不超过 90℃。

2）敷设电缆时的环境温度应不低于 –20℃。

3）敷设时电缆的允许最小弯曲半径：电缆外径

（D）小于 25mm 时，弯曲半径应不小于 4D，电缆外径（D）大于或等于 25mm 时，弯曲半径应不小于 6D。

（3）产品规格　1kV 架空绝缘电缆的规格见表 5-1-91。

（4）外径与重量　1kV 架空绝缘电缆的外径与重量如表 5-1-92 ~ 表 5-1-96 所示。

表 5-1-91　1kV 架空绝缘电缆规格

型　　号	芯数	主线芯标称截面积/mm²
JKV、JKLV、JKLHV、JKY、JKLY、JKLHY、JKYJ、JKLYJ、JKLHYJ	1	10 ~ 400
	2、4	10 ~ 120
JKLV、JKLY、JKLYJ	3 + K[①]	10 ~ 120

① 辅助线芯 K 为承载绞线或带承载的中线线芯。按工程设计要求，任选其中截面与主线芯匹配。其中 K 为 A 时为钢承载绞线，K 为 B 时为铝合金承载绞线。

表 5-1-92　1kV 架空绝缘电缆（单芯）的外径与重量

导体标称截面积/mm²	平均外径/mm	电缆单位长度重量/(kg/km)			
		JKV	JKLV、JKLHV	JKY、JKYJ	JKLYJ、JKLY、JKLHY、JKLHYJ
10	5.9	114	49	106	42
16	7.3	178	77	167	65
25	8.5	264	109	250	96
35	9.9	368	151	349	132
50	11.3	488	193	466	171
70	12.9	684	261	658	236
95	15.0	921	357	887	323
120	16.4	1163	435	1126	398
150	18.4	1442	540	1395	493
185	20.4	1769	672	1711	614
240	23.0	2311	865	2239	793
300	25.4	—	1053	—	972
400	27.8	—	1311	—	1222

表 5-1-93 1kV 架空绝缘电缆（两芯）的外径与重量

导体标称截面积 /mm²	平均外径/mm	电缆单位长度重量/（kg/km）			
		JKV	JKLV、JKLHV	JKY、JKYJ	JKLYJ、JKLY、JKLHY、JKLHYJ
10	11.8	236	106	219	88
16	14.6	371	164	345	138
25	17.0	546	232	514	200
35	19.9	760	319	718	276
50	22.7	1006	408	957	358
70	25.9	1408	546	1350	488
95	29.9	1895	744	1819	668
120	32.7	2391	905	2307	821

表 5-1-94 1kV 架空绝缘电缆（三芯）的外径与重量

导体标称截面积 /mm²	平均外径/mm	电缆单位长度重量/（kg/km）	
		JKLV	JKLY、JKLYJ
10	12.7	155	130
16	15.8	240	203
25	18.4	341	296
35	21.5	470	409
50	24.5	601	530
70	28.0	811	728
95	32.3	1106	997
120	35.3	1348	1227

表 5-1-95 承载绞线的外径与重量

铝合金绞线			钢 绞 线		
标称截面积 /mm²	外径/ mm	单位长度重量 /（kg/km）	标称截面积 /mm²	外径 /mm	单位长度重量 /（kg/km）
25	6.39	68.2	25	6.33	191.8
35	7.56	95.5	35	7.53	269.9
50	9.06	137.2	50	9.15	400.1
70	10.70	191.7	70	10.90	553.0
95	12.50	261.5	95	12.55	730.9
120	14.20	330.8	—	—	—

表 5-1-96 1kV 架空绝缘电缆（四芯）的外径与重量

导体标称截面积/ mm²	平均外径/ mm	计算重量/（kg/km）			
		JKV	JKLV、JKLHV	JKY、JKYJ	JKLYJ、JKLY、JKLHY、JKLHYJ
10	14.3	468	206	434	173
16	17.7	734	321	684	271
25	20.6	1083	455	1023	395
35	24.1	1509	626	1428	545
50	27.4	1999	801	1905	707
70	31.3	2800	1081	2690	971
95	36.2	3769	1474	3624	1329
120	39.6	4759	1797	4599	1636

2. 产品结构

(1) 导体结构

1) 导体应采用紧压圆形绞合的铜、铝或铝合金导线。其中，铜导电线芯应采用 GB/T 3953—2009 中的 TY 型硬铜圆线，多芯电缆的铜导电线芯允许采用 TR 型软铜圆线；铝导电线芯应采用 GB/T 17048—2009 中的 LY9 型硬圆铝线；铝合金导电线芯应采用 GB/T 30551—2014 中的 LHA1 型或 LHA2 型铝合金圆线。

2) 导体中的单线为 7 根及以下时，所有单线不允许有接头，7 根以上时，绞线中单线允许有接头，但成品绞线上两接头间的距离不小于 15m。

3) 导体表面应光洁、无油污、无损伤绝缘的毛刺、锐边以及凸起或断裂的单线。

(2) 绝缘结构

1) 绝缘的标称厚度应符合表 5-1-97 和表 5-1-98 的规定。绝缘厚度的平均值应不小于标称值，绝缘最薄点的厚度应不小于规定标称值的 90% − 0.1mm。

2) 绝缘应采用耐候型的聚氯乙烯、聚乙烯、交联聚乙烯为基的混合料，性能符合表 5-1-99 的规定。

表 5-1-97　1kV 铜芯架空绝缘电缆技术要求

导体标称截面积 /mm²	导体中最少单线根数	导体外径（参考值）/mm	绝缘标称厚度 /mm	电缆平均外径最大值 /mm	20℃时最大导体电阻 /(Ω/km)		额定工作温度时最小绝缘电阻 /(MΩ·km)		单芯电缆拉断力/N
					硬铜	软铜	70℃	90℃	硬铜
10	6	3.8	1.0	6.5	1.906	1.83	0.0067	0.67	3471
16	6	4.8	1.2	8.0	1.198	1.15	0.0065	0.65	5486
25	6	6.0	1.2	9.4	0.749	0.727	0.0054	0.54	8465
35	6	7.0	1.4	11.0	0.540	0.524	0.0054	0.54	11731
50	6	8.4	1.4	12.3	0.399	0.387	0.0046	0.46	16502
70	12	10.0	1.4	14.1	0.276	0.268	0.0040	0.40	23461
95	15	11.6	1.6	16.5	0.199	0.193	0.0039	0.39	31759
120	18	13.0	1.6	18.1	0.158	0.154	0.0035	0.35	39911
150	18	14.6	1.8	20.2	0.128	0.124	0.0035	0.35	49505
185	30	16.2	2.0	22.5	0.1021	0.0991	0.0035	0.35	61846
240	34	18.4	2.2	25.6	0.0777	0.0754	0.0034	0.34	79823

表 5-1-98　1kV 铝芯、铝合金芯架空绝缘电缆技术要求

导体标称截面积 /mm²	导体中最少单线根数	导体外径（参考值）/mm	绝缘标称厚度 /mm	电缆平均外径最大值 /mm	20℃时最大导体电阻 /(Ω/km)		额定工作温度时最小绝缘电阻 /(MΩ·km)		单芯电缆拉断力 /N	
					铝芯	铝合金芯	70℃	90℃	铝芯	铝合金芯
10	6	3.8	1.0	6.5	3.08	3.574	0.0067	0.67	1650	2514
16	6	4.8	1.2	8.0	1.91	2.217	0.0065	0.65	2517	4002
25	6	6.0	1.2	9.4	1.20	1.393	0.0054	0.54	3762	6284
35	6	7.0	1.4	11.0	0.868	1.007	0.0054	0.54	5177	8800
50	6	8.4	1.4	12.3	0.641	0.744	0.0046	0.46	7011	12569
70	12	10.0	1.4	14.1	0.443	0.514	0.0040	0.40	10354	17596
95	15	11.6	1.6	16.5	0.320	0.371	0.0039	0.39	13727	23880
120	15	13.0	1.6	18.1	0.253	0.294	0.0035	0.35	17339	30164

（续）

导体标称截面积 /mm²	导体中最少单线根数	导体外径（参考值）/mm	绝缘标称厚度 /mm	电缆平均外径最大值 /mm	20℃时最大导体电阻 /(Ω/km)		额定工作温度时最小绝缘电阻 /(MΩ·km)		单芯电缆拉断力 /N	
					铝芯	铝合金芯	70℃	90℃	铝芯	铝合金芯
150	15	14.6	1.8	20.2	0.206	0.239	0.0035	0.35	21033	37706
185	30	16.2	2.0	22.5	0.164	0.190	0.0035	0.35	26732	46503
240	30	18.4	2.2	25.6	0.125	0.154	0.0034	0.34	34679	60329
300	30	20.8	2.2	27.2	0.100	0.116	0.0033	0.33	43349	75411
400	53	23.2	2.2	30.7	0.0778	0.0904	0.0032	0.32	55707	100548

表 5-1-99　电缆绝缘力学物理性能

序号	项　目		单位	性能要求		
				聚氯乙烯	聚乙烯	交联聚乙烯
1	力学性能试验					
	老化前力学性能					
	抗张强度	最小	MPa	12.5	10	12.5
	断裂伸长率	最小	%	150	300	200
	空气烘箱老化后力学性能					
	温度		℃	80±2	100±2	100±2
	时间		h	168	240	240
	抗张强度	最小	MPa	12.5	—	—
	变化率	最大	%	±20	—	±25
	断裂伸长率	最小	%	150	300	—
	变化率	最大	%	±20	—	±25
	人工气候老化后力学性能①					
	老化时间		h	1008	1008	1008
	试验结果					
	0~1008 h					
	抗张强度变化率	最大	%	±30	±30	±30
	断裂伸长率变化率	最大	%	±30	±30	±30
	504~1008 h					
	抗张强度变化率	最大	%	±15	±15	±15
	断裂伸长率变化率	最大	%	±15	±15	±15
2	热失重试验					
	温度		℃	80±2	—	—
	时间		h	168	—	—
	失重	最大	mg/cm²	2.0	—	—
3	抗开裂试验					
	温度		℃	150±3	—	—
	时间		h	1	—	—
	试验结果			不开裂	—	—
4	高温压力试验					
	温度		℃	80±2	—	—
	时间		h	4 (6)	—	—
	试验结果		%	50	—	—
5	低温卷绕试验					
	温度		℃	−35	—	—
	试验结果			不开裂	—	—

（续）

序号	项目		单位	性能要求		
				聚氯乙烯	聚乙烯	交联聚乙烯
6	低温拉伸试验 温度 断裂伸长率	最小	℃ %	-35 20	— —	— —
7	低温冲击试验 温度 试验结果		℃	-35 不开裂	— —	— —
8	吸水试验 电压法 温度 时间 试验结果 重量法 温度 时间 吸水量	最大	℃ h ℃ h %	70±2 240 不开裂 — — —	— — — 85±2 336 1	— — — 85±2 336 1
9	收缩试验 温度 时间 收缩率	最大	℃ h %	— — —	100±2 1 4	130±2 1 4
10	热延伸试验 温度 载荷时间 机械应力 载荷下伸长率 冷却后永久变形		℃ min N/cm² % %	— — — — —	— — — — —	200±3 15 20 175 15
11	熔融指数 老化前允许值		g/10min	—	0.4	—

① 人工老化试验方法见 GB/T 12527—2008 附录 A。

3）绝缘应紧密挤包在导体上，绝缘表面应平整、色泽均匀。

4）两芯及两芯以上的电缆绝缘表面推荐采用标有可识别相序的凸出标志，A 相为一根凸脊，B 相为二根凸脊，C 相为三根凸脊。根据供需双方协议，也可采用其他耐久的标志方法。

5）绝缘线芯应按 GB/T 3048—2007 的规定，进行火化试验，作为生产过程中的中间检验。

（3）成缆 两芯及两芯以上电缆的绝缘线芯应按 A、B、C 顺向序绞合成束，绞合方向为右向绞合节距不大于绝缘线芯计算绞合外径的 25 倍。

3. 技术指标

1）电缆的外径和结构尺寸应符合表 5-1-97 和表 5-1-98 的规定。导线的单线直径不做考核。

2）电缆的拉断力应符合表 5-1-97 和表 5-1-98 的规定。软铜线芯多芯电缆的拉断力由承载线芯决定，视具体工程配套用辅助线芯而定。

3）电缆的导体电阻应符合表 5-1-97 和表 5-1-98 的规定。

4）电缆应能承受 3.5kV、1min 电压试验。单芯电缆应浸在室温水（附加电极）中 1h 后进行。

5）电缆的绝缘电阻应符合表 5-1-97 和表 5-1-98 的规定。试样应在通过上述电压试验后的电缆上截取，其长度不小于 10m，浸入电缆额定工作温度 ±2℃的水中，2h 后进行试验。

6）电缆绝缘的力学物理性能应符合表 5-1-99 的规定。

7）聚氯乙烯绝缘架空电缆的燃烧性能应符合 GB/T 18380.11—2008 的规定。

8）电缆应按 GB/T 12527—2008 的附录 B 规定

的方法进行耐磨性试验（不包括交联聚乙烯绝缘电缆），电缆的耐磨次数应不少于 20000 次。试验时试样端部悬挂的负荷应符合下述规定：

① 导体标称截面积为 16mm² 及以上的电缆：50N；

② 导体标称截面积为 16mm² 及以下的电缆：30N。

1.4.2 10kV 架空绝缘电缆

1. 品种规格

10kV 架空绝缘电缆适用于交流额定电压为 10kV 及以下的架空电力线路，电缆结构如图 5-1-14 ~ 图 5-1-16 所示。

（1）型号及敷设场合 10kV 架空绝缘电缆产品型号及敷设场合见表 5-1-100。

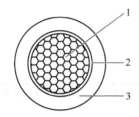

图 5-1-14 10kV 单芯绝缘架空电缆结构图
1—导体 2—导体屏蔽 3—交联聚乙烯绝缘

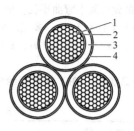

图 5-1-15 10kV 三芯绝缘架空电缆结构图
1—导体 2—导体屏蔽 3—交联聚乙烯绝缘 4—绝缘屏蔽

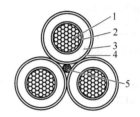

图 5-1-16 10kV 带加强芯的三芯绝缘架空电缆结构图
1—导体 2—导体屏蔽 3—交联聚乙烯绝缘 4—绝缘屏蔽 5—承载绞线

表 5-1-100 10kV 架空绝缘电缆产品型号及敷设场合

型号	名称	敷设场合
JKYJ	额定电压 10kV 铜芯交联聚乙烯绝缘架空电缆	架空固定敷设，软铜芯产品用于变压器引下线 架设电缆时，应考虑电缆和树木保持一定距离，电缆运行时，允许电缆和树木频繁接触
JKTRYJ	额定电压 10kV 软铜芯交联聚乙烯绝缘架空电缆	
JKLYJ	额定电压 10kV 铝芯交联聚乙烯绝缘架空电缆	
JKLHYJ	额定电压 10kV 铝合金芯交联聚乙烯绝缘架空电缆	
JKY	额定电压 10kV 铜芯聚乙烯绝缘架空电缆	
JKTRY	额定电压 10kV 软铜芯聚乙烯绝缘架空电缆	
JKLY	额定电压 10kV 铝芯聚乙烯绝缘架空电缆	
JKLHY	额定电压 10kV 铝合金芯交联聚乙烯绝缘架空电缆	
JKLYJ/B	额定电压 10kV 铝本色交联聚乙烯绝缘架空电缆	架空固定敷设 架设电缆时，应考虑电缆和树木保持一定距离，电缆运行时，允许电缆和树木频繁接触
JKLHYJ/B	额定电压 10kV 铝合金芯本色交联聚乙烯绝缘架空电缆	
JKLYJ/Q	额定电压 10kV 铝芯轻型交联聚乙烯绝缘架空电缆	架空固定敷设 架设电缆时，应考虑电缆和树木保持一定距离，电缆运行时，只允许电缆和树木作短时接触
JKLHYJ/Q	额定电压 10kV 铝合金芯轻型交联聚乙烯绝缘架空电缆	
JKLY/Q	额定电压 10kV 铝芯轻型交联聚乙烯绝缘架空电缆	
JKLHY/Q	额定电压 10kV 铝合金芯轻型聚乙烯绝缘架空电缆	

（2）工作温度及敷设条件

1）电缆（有承载结构电缆）导体的长期允许工作温度：高密度聚乙烯绝缘电缆应不超过 75℃；交联聚乙烯绝缘电缆应不超过 90℃。

2）短路时（最长持续时间不超过 5s）电缆的最高温度：交联聚乙烯绝缘电缆应不超过 250℃；高密度聚乙烯绝缘电缆应不超过 150℃。

3）敷设电缆时的环境温度应不低于 - 20℃，

敷设时电缆的允许最小弯曲半径：单芯电缆不小于 20（$D+d$）（$1\pm5\%$），多芯电缆不小于 15（$D+d$）（$1\pm5\%$），其中 D、d 分别是电缆及导体的外径。

(3) 产品规格 10kV 架空绝缘电缆的产品规格见表 5-1-101。

(4) 外径与重量 10kV 架空绝缘电缆的外径与重量见表 5-1-102 和表 5-1-103，承载绞线的外径与重量见表 5-1-104。

表 5-1-101　10kV 架空绝缘电缆产品规格

型　号	芯　数	标称截面积/mm²
JKYJ JKTRYJ JKLYJ JKLHYJ	1	10 ~ 400
	3	25 ~ 400
	3 + K	25 ~ 400 或 K25 ~ 120
JKY，JKTRY JKLY，JKLHY JKLYJ/Q，JKLHYJ/Q JKLY/Q，JKLHY/Q	1	10 ~ 400
JKLYJ/B JKLHYJ/B	3	25 ~ 400
	3 + K	25 ~ 400 或 K25 ~ 120

注：1. 其中 K 为承载绞线，按工程设计要求，可任选表 5-1-101 中规定截面积与相应导体截面积相匹配，如杆塔跨距更大采用外加承载索时，该承载索不包括在电缆结构内。

　2. K 为 A 时表示钢承载绞线，K 为 B 时表示铝合金承载绞线。

表 5-1-102　10kV 架空绝缘电缆（单芯）的外径与重量

导体标称截面积/mm²	平均外径/mm		计算重量/（kg/km）		
	JKYJ、JKTRYJ、JKY、JKTRY、JKLYJ、JKLHYJ、JKLY、JKLHY、JKLYJ/B、JKLHYJ/B	JKLYJ/Q、JKLHYJ/Q、JKLY/Q、JKLHY/Q	JKYJ、JKTRYJ、JKY、JKTRY	JKLYJ、JKLHYJ、JKLY、JKLHY、JKLYJ/B、JKLHYJ/B	JKLYJ/Q、JKLHYJ/Q、JKLY/Q、JKLHY/Q
10	11.9		105	122	
16	12.9		123	151	
25	14.1	11.3	346	191	135
35	15.1	12.3	447	230	169
50	16.4	13.6	574	280	212
70	18.1	15.3	781	359	283
95	19.9	16.9	1021	457	366
120	21.3	18.3	1271	543	445
150	22.9	19.9	1542	639	533
185	24.5	21.5	1857	760	646
240	26.7	23.7	2386	940	814
300	28.9	26.1	2995	1131	996
400	32.1	28.5	3689	1405	1247

表 5-1-103 10kV 架空绝缘电缆（三芯）的外径与重量

导体标称截面积/mm²	平均外径/mm	计算重量/(kg/km)	
	JKYJ、JKTRYJ、JKLYJ、JKLHYJ、JKLYJ/B、JKLHYJ/B	JKYJ、JKTRYJ	JKLYJ、JKLHYJ、JKLYJ/B、JKLHYJ/B
25	35.1	1214	751
35	37.2	1531	880
50	40.0	1927	1043
70	43.7	2567	1300
95	47.6	3308	1615
120	50.6	4075	1890
150	54.1	4906	2198
185	57.5	5871	2579
240	62.3	7483	3144
300	67.0	9336	3744
400	74.0	11454	4604

表 5-1-104 10kV 架空绝缘电缆技术要求

导体标称截面积/mm²	导体最少单线根数	导体直径参考值/mm	导体屏蔽层最小厚度[1]（近似值）[2]/mm	绝缘标称厚度/mm		绝缘屏蔽层标称厚度/mm	20℃时导体电阻不大于/(Ω/km)				导体拉断力不小于/N		
				薄绝缘	普通绝缘		硬铜芯	软铜芯	铝芯	铝合金芯	硬铜芯	铝芯	铝合金芯
10	6	3.8	0.5	—	3.4	—	—	1.83	3.080	3.574	—	—	—
16	6	4.8	0.5	—	3.4	—	—	1.15	1.190	2.217	—	—	—
25	6	6.0	0.5	2.5	3.4	1.0	0.749	0.727	1.200	1.393	8465	3762	6284
35	6	7.0	0.5	2.5	3.4	1.0	0.540	0.524	0.868	1.007	11731	5177	8800
50	6	8.3	0.5	2.5	3.4	1.0	0.399	0.387	0.641	0.744	16502	7011	12569
70	12	10.0	0.5	2.5	3.4	1.0	0.276	0.268	0.443	0.514	23461	10354	17596
95	15	11.6	0.6	2.5	3.4	1.0	0.199	0.193	0.320	0.371	31759	13727	23880
120	18	13.0	0.6	2.5	3.4	1.0	0.158	0.153	0.253	0.294	39911	17339	30164
150	18	14.6	0.6	2.5	3.4	1.0	0.128	—	0.206	0.239	49505	21033	37706
185	30	16.2	0.6	2.5	3.4	1.0	0.1021	—	0.164	0.190	61846	26732	46503
240	34	18.4	0.6	2.5	3.4	1.0	0.0777	—	0.125	0.145	79823	34679	60329
300	34	20.6	0.6	2.5	3.4	1.0	0.0619	—	0.100	0.116	99788	43349	75411
400	53	23.8	0.6	2.5	3.4	1.0	0.0484	—	0.0778	0.0904	133040	55707	100548

① 轻型薄绝缘结构架空电缆无内半导电屏蔽层。

② 近似值是既不要验证又不要检查的数值，但在设计与工艺制造上需充分考虑。

2. 产品结构

(1) 导体结构

1) 导体应采用紧压圆形绞合的硬铜、硬铝、铝合金或钢芯铝绞线，其中，铜导体采用 GB/T 3953—2009 中的 TY 型硬铜圆线；铝导体应采用 GB/T 17048—2009 中的 LY9 型硬铝圆线；铝合金导体应采用 GB/T 30551—2014 中的 LHA1 型或 LHA2 型铝合金圆线；作为变压器引下线用的架空电缆导体应采用 GB/T 3953—2009 中的 TR 型软铜圆线。

2) 导体的结构尺寸、机械拉断力及导体电阻应符合表 5-1-104 的规定。

3) 承载绞线材料和结构应符合 GB/T 30551—2014 或 GB/T 1179—2008 的相应规定，其拉断力应符合表 5-1-105 的规定。

表 5-1-105 承载绞线的拉断力

承载绞线截面积 /mm²	钢承载绞线拉断力 不小于/N	铝合金承载绞线拉断力 不小于/N
25	30000	6284
35	42000	8800
50	56550	12569
70	81150	17596
95	110150	23880
120	—	30164

4）导体中的单线为 7 根及以下时，所有单线均不允许有接头，7 根以上时，绞线中单线允许有接头，但成品绞线上两单线接头间的距离不小于 15m。

5）导体表面应光洁、无油污、无损伤屏蔽及绝缘的毛刺、锐边以及凸起或断裂的单线。

（2）绝缘结构

1）绝缘应采用交联聚乙烯或高密度聚乙烯混合料，如绝缘层无半导电屏蔽层，材料应采用黑色耐候型材料。

2）绝缘的标称厚度应符合表 5-1-104 的规定。绝缘厚度的平均值应不小于标称值，绝缘最薄点的厚度应不小于规定标称值的 90% −0.1mm。

3）绝缘应紧密挤包在导体或导体屏蔽层上，绝缘表面应平整、色泽均匀。

4）三芯电缆绝缘表面推荐采用标有可识别相序的凸出标志，A 相为一根凸脊，B 相为二根凸脊，C 相为三根凸脊。根据供需双方协议，也可采用其他耐久的标志方法。中性线芯应采用区别于上述标志方法的其他标志。

（3）屏蔽结构

1）导体屏蔽。除轻型薄绝缘结构外，导体表面均应有半导电屏蔽层，导体屏蔽采用半导电材料可以是交联型的或者是非交联型的，半导电屏蔽层应均匀地包覆在导体上，表面应光滑，无明显绞线凸纹，不应有尖角、颗粒、烧焦或擦伤的痕迹。半导电屏蔽层厚度可参考表 5-1-104 的规定。

2）绝缘屏蔽。三芯绞合成缆的绝缘线芯，应有挤包的半导电层作为绝缘屏蔽，不允许采用轻型薄绝缘结构。单芯电缆均采用耐候黑色绝缘，可不包覆半导电屏蔽层。

绝缘屏蔽层应采用可剥离的半导电交联材料，并应均匀地包覆在绝缘表面，表面应光滑，不应有尖角、颗粒、烧焦及擦伤的痕迹。绝缘屏蔽层厚度的平均值应不小于表 5-1-104 规定的标称值，最薄点的厚度应不小于标称值的 90% −0.1mm。

3）成缆。三芯电缆应绞合成缆，成缆节距比应小于 25，绞合方向为右向。如具有承载绞线时，承载绞线应处于中心位置。

3. 技术指标

1）电缆结构尺寸应符合表 5-1-104 的规定。导线的单线直径不做考核。

2）电缆导体的拉断力应符合表 5-1-104 的规定。软铜线芯多芯电缆的拉断力由承载线芯决定，视具体工程配套用辅助线芯而定。承载绞线拉断力应符合表 5-1-105 的规定。

3）导体直流电阻应符合表 5-1-104 的规定。

4）无绝缘屏蔽电缆，应进行绝缘电阻试验。试验在成盘电缆上进行，在室温下，将电缆浸入水中不少于 1h，施加 80～500V 直流电压，稳定时间不少于 1min，且不大于 5min。普通绝缘结构电缆的绝缘电阻应不小于 1500MΩ·km，轻型薄绝缘结构电缆的绝缘电阻应不小于 1000MΩ·km。

5）电缆的电气性能应符合表 5-1-106 的规定。其中，有绝缘屏蔽的电缆应按表中第 2～6 项顺序逐项进行试验，但不必进行耐电痕试验和绝缘耐候试验。

6）绝缘电缆的力学物理性能应符合表 5-1-107 的规定。

7）电缆的可剥离外半导电层应经受剥离试验。取带有外半导电层的绝缘线芯 0.5m，沿轴向将半导电层平行切割成两条至绝缘的深痕，间距 10mm。用力拉已切割成条的外半导电层，力的方向应不小于 8N 且不大于 40N，绝缘不应拉坏，且无半导电层残留在表面上。

表 5-1-106 电缆的电气性能

序号	项 目		普通绝缘结构电缆	轻型薄绝缘结构电缆
1	工频耐压	例行试验	18kV×1min	12kV×1min
		型式试验	18kV×4h	12kV×4h

（续）

序号	项　目		普通绝缘结构电缆	轻型薄绝缘结构电缆
2	9kV 下局部放电		放电量≤20pC	—
3	弯曲试验及之后的局部放电试验 　弯曲试验 　9kV 下局部放电		按本表第 7 条规定试验 放电量≤20pC	
4	tanδ 与电压关系（室温条件下） 　3kV 下 　6kV 下 　12kV 下		≤0.0002 ≤0.0004 ≤0.0002	—
5	tanδ 与温度关系（2kV 交流电压下） 　室温下 　90℃下	型 式 试 验	≤0.0004 ≤0.0008	—
6	热循环试验及之后的局部放电试验 　热循环试验 　9kV 下局部放电试验		电缆试样上通以电流，使导体达到并稳定在100℃，多芯电缆试样的加热电流应通过所有导体。加热循环应持续至少 8h，在每一加热过程中，导体在达到规定温度后至少应维持2h，并随即在空气中自然冷却至少3h，如此重复循环 3 次 放电量≤20pC	—
7	弯曲试验		试验按 JB/T 10696.3—2007 规定进行，试验用圆柱体直径：单芯电缆 20 $(D+d)(1\pm5\%)$ mm　多芯电缆 15 $(D+d)(1\pm5\%)$ mm	
8	冲击电压试验及之后的交流耐压试验 　冲击电压试验 　交流耐压试验		95kV±10 次 18kV×15min	75kV±10 次 12kV×15min
9	绝缘耐漏电痕迹试验		—	在 4kV 电压下，经 101 次喷水后，表面应无烧焦，泄漏电流应不超过 0.5A

表 5-1-107　绝缘电缆力学物理性能

序号	项　目	单　位		性 能 要 求	
				交联聚乙烯	高密度聚乙烯
1	力学性能试验 　老化前力学性能 　　抗张强度 　　断裂伸长率 　空气烘箱老化后力学性能 　　温度 　　时间 　　抗张强度 　　　变化率 　　断裂伸长率 　　　变化率 　人工气候老化后力学性能[1] 　　老化时间 　　试验结果 　　0～1008h 　　　抗张强度变化率 　　　断裂伸长率变化率 　　504～1008h 　　　抗张强度变化率 　　　断裂伸长率变化率	 最小 最小 最小 最大 最小 最大 最大 最大 最大 最大	 MPa % ℃ h MPa % % % h % % % %	 12.5 200 135±3 168 — ±25 — ±25 1008 ±30 ±30 ±15 ±15	 10.0 300 100±2 240 — — 300 — 1008 ±30 ±30 ±15 ±15

（续）

序号	项 目	单 位	性能要求	
			交联聚乙烯	高密度聚乙烯
2	吸水试验（重量分析法） 温度 持续时间 吸水量　　　　　最大	℃ H mg/cm²	85±2 336 1	85±2 336 1
3	收缩试验 温度 时间 收缩率　　　　　最大	℃ h %	130±2 1 4	100±2 1 4
4	热延伸试验 温度 载荷时间 机械应力 载荷下伸长率 冷却后永久变形	℃ min N/cm² % %	200±3 15 20 175 15	— — — — —
5	熔融指数 老化前允许值	g/10min	—	0.4
6	绝缘粘附力（滑脱）试验		在 10m 电缆上取 3 个试样，试样在一个旋转滑脱机上进行，其滑脱力应不小于 180N 试验方法按 GB/T 14049—2008 附录 B 规定进行	

① 人工老化试验方法见 GB/T 14049—2008 附录 C。无绝缘屏蔽的电缆应进行本项试验。

1.5　乙丙橡皮绝缘电力电缆

1.5.1　乙丙橡皮绝缘低压电力电缆

1. 品种规格

乙丙橡皮绝缘低压电力电缆适用于配电网和工业装置中。

乙丙橡皮绝缘低压电力电缆的结构示意图如图 5-1-17 所示。

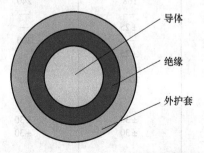

图 5-1-17　0.6/1kV E(L)V 型单芯乙丙橡皮绝缘低压电力电缆结构示意图

(1) 品种与敷设场合　乙丙橡皮绝缘低压电力电缆的品种与敷设场合见表 5-1-108。

表 5-1-108　乙丙橡皮绝缘低压电力电缆的品种与敷设场合

品　　种	型　号		外护层种类	敷设场合
	铝芯	铜芯		
乙丙绝缘聚氯乙烯护套低压电力电缆	ELV	EV	聚氯乙烯	敷设在室内，隧道及沟道中，不能承受机械外力和振动
乙丙绝缘氯化聚乙烯护套低压电力电缆	ELF	EF	氯丁橡胶、氯磺化聚乙烯或类似聚合物	

(2) 工作温度与敷设条件

1) 导体长期允许工作温度应不超过 90℃。

2) 短路时（最长持续时间不超过 5s）电缆导体的最高温度不超过 250℃。

3) 敷设电缆时的环境温度不低于 0℃，敷设时电缆的允许最小半径为：单芯电缆 > 20D；多芯电

缆 $>15D$ 。

（3）**型号规格**　乙丙橡皮绝缘低压电力电缆型号规格见表 5-1-109。

（4）**外径及重量**　乙丙橡皮绝缘低压电力电缆代表产品的外径和重量见表 5-1-110 和表 5-1-111。

表 5-1-109　乙丙橡皮绝缘低压电力电缆的型号规格

型　　号	芯　　数	额定电压/kV	导体截面积/mm²
E（L）V	1 或 3	0.6/1、1.8/3	单芯：1.5～1000；三芯：1.5～500
E（L）F			单芯：1.5～1000；三芯：1.5～500

表 5-1-110　0.6/1kV 乙丙橡皮绝缘低压电力电缆的外径和重量

导体截面积/mm²	0.6/1kV 单芯				0.6/1kV 三芯			
	参考外径/mm		计算重量/(kg/km)		参考外径/mm		计算重量/(kg/km)	
	EF	EV	EF	EV	EF	EV	EF	EV
1.5	6.3	6.3	60	54	11.7	11.7	191	174
2.5	6.7	6.7	73	67	12.6	12.6	237	215
4	7.2	7.2	94	85	13.6	13.6	305	277
6	7.7	7.7	119	108	14.7	14.7	388	353
10	8.8	8.8	174	158	17.2	17.2	611	556
16	9.8	9.8	244	222	19.4	19.4	845	768
25	11.4	11.4	352	320	22.7	22.7	1228	1117
35	12.4	12.4	459	417	24.8	24.8	1631	1483
50	14.0	14.0	631	573	28.3	28.3	2230	2027
70	15.7	15.7	859	781	32.2	32.2	3041	2764
95	18.5	18.5	1180	1073	36.7	36.7	4008	3643
120	19.9	19.9	1431	1301	40.0	40.0	4861	4419
150	22.0	22.0	1765	1605	44.7	44.7	5989	5445
185	24.0	24.0	2158	1961	49.3	49.3	7320	6655
240	26.8	26.8	2806	2551	55.8	55.8	9471	8610
300	29.3	29.3	3467	3151	61.6	61.6	11744	10677
400	33.1	33.1	4403	4003	69.4	69.4	14911	13556

表 5-1-111　1.8/3kV 乙丙橡皮绝缘低压电力电缆的外径和重量

导体截面积/mm²	1.8/3kV 单芯				1.8/3kV 三芯			
	参考外径/mm		计算重量/(kg/km)		参考外径/mm		计算重量/(kg/km)	
	EF	EV	EF	EV	EF	EV	EF	EV
10	11.4	11.4	238	217	22.7	22.7	803	730
16	12.4	12.4	314	286	24.9	24.9	1057	961
25	13.5	13.5	418	380	27.3	27.3	1426	1296
35	14.5	14.5	530	482	29.4	29.4	1845	1677
50	15.7	15.7	694	631	32.0	32.0	2419	2199

（续）

导体截面积 /mm²	1.8/3kV 单芯				1.8/3kV 三芯			
	参考外径/mm		计算重量/(kg/km)		参考外径/mm		计算重量/(kg/km)	
	EF	EV	EF	EV	EF	EV	EF	EV
70	17.4	17.4	930	845	35.9	35.9	3255	2959
95	20.2	20.2	1262	1148	40.4	40.4	4250	3863
120	21.6	21.6	1519	1381	43.6	43.6	5123	4657
150	23.2	23.2	1837	1670	47.5	47.5	6206	5642
185	24.8	24.8	2209	2009	51.1	51.1	7477	6798
240	27.2	27.2	2835	2577	56.7	56.7	9559	8690
300	29.3	29.3	3467	3151	61.6	61.6	11744	10677
400	33.1	33.1	4403	4003	69.4	69.4	14911	13556

2. 产品结构

（1）**导体** 铜、铝导电线芯应采用 GB/T 3956—2008 规定的第 2 种或第 5 种导体。

（2）**绝缘** 绝缘采用乙丙橡皮或类似绝缘混合物，代号为 EPR，其性能符合 GB/T 12706—2008 的规定，绝缘的标称厚度见表 5-1-112，绝缘厚度平均值应不小于规定的标称值，绝缘最薄点的厚度应不小于标称值的 90% − 0.1mm。

表 5-1-112 乙丙橡皮绝缘低压电力电缆绝缘标称厚度

导体截面积 /mm²	绝缘标称厚度/mm	
	0.6/1kV	1.8/3kV
1.5、2.5	1.0	—
4、6	1.0	—
10、16	1.0	2.2
25、35	1.2	2.2
50	1.4	2.2
70	1.4	2.2
95	1.6	2.4
120	1.6	2.4
150	1.8	2.4
185	2.0	2.4
240	2.2	2.4
300	2.4	2.4
400	2.6	2.6
500	2.8	2.8
630	2.8	2.8
800	2.8	2.8
1000	3.0	3.0

（3）**护套** 护套厚度应符合 GB/T 12706—2008 的规定。无铠装电缆和不直接包覆在铠装、金属屏蔽或同心导体上的护套，其最薄处厚度不得低于标称厚度的 85% − 0.1mm，直接包覆在铠装、金属屏蔽或同心导体上的护套，其最薄处厚度不得低于标称厚度的 80% − 0.2mm。

3. 技术指标

（1）**电气性能** 乙丙橡皮绝缘低压电力电缆电气性能应符合表 5-1-113 的规定。

表 5-1-113 乙丙橡皮绝缘低压电力电缆主要电气性能

序号	试验项目	单位	性能指标
1	20℃导体直流电阻	Ω/km	符合 GB/T 3956—2008 的规定
2	例行交流耐压试验	kV/min	0.6/1kV 电缆：施加 3.5kV/5min，绝缘不击穿 1.8/3kV 电缆：施加 6.5kV/5min，绝缘不击穿

（2）**绝缘力学物理性能** 乙丙橡皮绝缘力学物理性能应符合表 5-1-114 的规定。

（3）**护套力学物理性能** 护套力学物理性能应符合 GB/T 12706—2008 的规定，其中氯丁橡胶、氯磺化聚乙烯或类似聚合物护套力学物理性能应符合表 5-1-115 的规定。

表 5-1-114　EPR 绝缘力学物理性能

序号	试 验 项 目		单　位	性 能 指 标
1	老化前 抗张强度 断裂伸长率	≥ ≥	N/mm² %	4.2 200
2	空气箱老化后 处理条件 　温度 　持续时间 抗张强度变化率 断裂伸长率变化率	 ≤ ≤	 ℃ h % %	 135±3 168 ±30 ±30
3	绝缘热延伸试验 处理条件 　空气温度 　持续时间 　机械应力 载荷下伸长率 冷却后永久伸长率	 ≤ ≤	 ℃ min N/cm² % %	 250±2 15 20 175 15
4	耐臭氧试验 　臭氧浓度（按体积） 　无开裂持续试验时间		% h	0.025~0.030 24
5	吸水试验 　温度 　持续时间 　重量增值	 ≤	℃ h mg/cm²	85 336 5

表 5-1-115　氯丁橡胶、氯磺化聚乙烯或类似聚合物护套力学物理性能

序号	试 验 项 目		单　位	性 能 指 标
1	老化前 抗张强度 断裂伸长率	≥ ≥	N/mm² %	10.0 300
2	空气箱老化后 处理条件 　温度 　持续时间 抗张强度 　老化后数值 　变化率 断裂伸长率 　老化后数值 　变化率	 ≥ ≤ ≥ ≤	 ℃ h N/mm² % % %	 100±2 168 — ±30 250 ±40
3	浸油后力学性能 　温度 　持续时间 最大允许变化率 　抗张强度 　断裂伸长率	 %	℃ h % %	100±2 24 ±40 ±40

(续)

序号	试验项目	单 位	性能指标
4	绝缘热延伸试验 处理条件 　空气温度 　持续时间 　机械应力 载荷下伸长率　≤ 冷却后永久伸长率　≤	℃ min N/cm² % %	200±3 15 20 175 15

1.5.2　乙丙橡皮绝缘中压电力电缆

1. 品种规格

乙丙橡皮绝缘中压电力电缆适用于配电网和工业装置中。

乙丙橡皮绝缘中压电力电缆的结构示意图见图5-1-18所示。

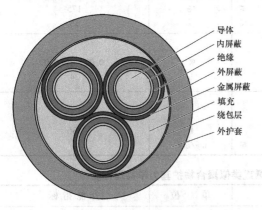

图 5-1-18　8.7/10kV E(L)V 型三芯乙丙橡皮绝缘中压电力电缆结构示意图

(1) 品种与敷设场合　乙丙橡皮绝缘中压电力电缆的品种与敷设场合见表5-1-116。

表 5-1-116　橡皮绝缘中压电力电缆的品种与敷设场合

品　　种	型　号 铝芯	型　号 铜芯	外护层种类	敷设场合
乙丙绝缘聚氯乙烯护套中压电力电缆	ELV	EV	聚氯乙烯	敷设在室内，隧道及沟道中，不能承受机械外力和振动
乙丙绝缘氯化聚乙烯护套中压电力电缆	ELF	EF	氯丁橡胶、氯磺化聚乙烯或类似聚合物	

(2) 工作温度与敷设条件

1) 导体长期允许工作温度应不超过90℃。

2) 短路时（最长持续时间不超过5s）电缆导体的最高温度不超过250℃。

3) 敷设时的环境温度不低于0℃，敷设时电缆的允许最小半径为：单芯电缆 >20D；多芯电缆 >15D。

(3) 型号规格　乙丙橡皮绝缘中压电力电缆的型号规格见表5-1-117。

(4) 外径及重量　乙丙橡皮绝缘中压电力电缆代表产品的外径和重量见表5-1-118 ~ 表5-1-123。

表 5-1-117　乙丙橡皮绝缘中压电力电缆的型号规格

型　号	芯　数	额定电压/kV	导体截面积/mm²
E (L) V	1 或 3	3.6/6、6/6、6/10、8.7/10、8.7/15、12/20、18/30、26/35	单芯：10 ~ 1000；三芯：10 ~ 500
E (L) F			单芯：10 ~ 1000；三芯：10 ~ 500

表 5-1-118　3.6/6kV 乙丙橡皮绝缘中压电力电缆的外径和重量

导体截面积 /mm²	单　芯 参考外径/mm EF	单　芯 参考外径/mm EV	单　芯 计算重量/(kg/km) EF	单　芯 计算重量/(kg/km) EV	三　芯 参考外径/mm EF	三　芯 参考外径/mm EV	三　芯 计算重量/(kg/km) EF	三　芯 计算重量/(kg/km) EV
25	18.0	18.0	627	570	35.2	35.2	1966	1787

（续）

导体截面积 /mm²	单 芯				三 芯			
	参考外径/mm		计算重量/(kg/km)		参考外径/mm		计算重量/(kg/km)	
	EF	EV	EF	EV	EF	EV	EF	EV
35	19.0	19.0	753	684	37.5	37.5	2443	2221
50	20.2	20.2	932	848	40.3	40.3	3079	2799
70	21.9	21.9	1190	1081	44.2	44.2	3909	3553
95	23.5	23.5	1484	1349	47.8	47.8	4915	4468
120	25.0	25.0	1761	1601	51.0	51.0	5836	5305
150	26.5	26.5	2093	1903	54.7	54.7	6910	6282
185	28.4	28.4	2496	2269	58.3	58.3	8184	7440
240	31.1	31.1	3175	2886	64.8	64.8	10391	9446
300	33.8	33.8	3881	3528	70.6	70.6	12667	11515
400	37.5	37.5	4856	4414	78.3	78.3	15764	14331

表 5-1-119　6/6、6/10kV 乙丙橡皮绝缘中压电力电缆的外径和重量

导体截面积 /mm²	单 芯				三 芯			
	参考外径/mm		计算重量/(kg/km)		参考外径/mm		计算重量/(kg/km)	
	EF	EV	EF	EV	EF	EV	EF	EV
25	19.8	19.8	716	651	39.3	39.3	2329	2117
35	20.8	20.8	846	769	41.6	41.6	2780	2527
50	22.0	22.0	1031	937	44.4	44.4	3395	3087
70	23.7	23.7	1296	1178	48.3	48.3	4257	3870
95	25.3	25.3	1597	1452	52.0	52.0	5373	4884
120	26.8	26.8	1881	1710	55.2	55.2	6279	5709
150	28.5	28.5	2233	2030	58.9	58.9	7421	6747
185	30.2	30.2	2632	2392	62.6	62.6	8686	7896
240	32.9	32.9	3320	3018	68.5	68.5	10877	9889
300	35.2	35.2	4002	3638	73.3	73.3	13036	11851
400	38.3	38.3	4933	4484	80.0	80.0	16014	14558

表 5-1-120　8.7/10、8.7/15kV 乙丙橡皮绝缘中压电力电缆的外径和重量

导体截面积 /mm²	单 芯				三 芯			
	参考外径/mm		计算重量/(kg/km)		参考外径/mm		计算重量/(kg/km)	
	EF	EV	EF	EV	EF	EV	EF	EV
25	22.0	22.0	835	759	44.4	44.4	2803	2548
35	23.0	23.0	971	883	46.7	46.7	3271	2974
50	24.2	24.2	1163	1057	49.5	49.5	3911	3555
70	25.9	25.9	1437	1306	53.4	53.4	4882	4438

（续）

导体截面积 /mm²	单 芯				三 芯			
	参考外径/mm		计算重量/(kg/km)		参考外径/mm		计算重量/(kg/km)	
	EF	EV	EF	EV	EF	EV	EF	EV
95	27.7	27.7	1762	1602	57.1	57.1	5911	5374
120	29.1	29.1	2049	1863	60.3	60.3	6886	6260
150	30.9	30.9	2414	2194	64.0	64.0	8020	7291
185	32.5	32.5	2819	2563	67.6	67.6	9356	8505
240	35.3	35.3	3527	3206	73.6	73.6	11613	10557
300	37.6	37.6	4223	3839	78.4	78.4	13840	12582
400	40.7	40.7	5174	4704	85.1	85.1	16969	15426

表 5-1-121 12/20kV 乙丙橡皮绝缘中压电力电缆的外径和重量

导体截面积 /mm²	单 芯				三 芯			
	参考外径/mm		计算重量/(kg/km)		参考外径/mm		计算重量/(kg/km)	
	EF	EV	EF	EV	EF	EV	EF	EV
35	24.7	24.7	1095	995	51.3	51.3	3749	3408
50	25.9	25.9	1293	1175	54.0	54.0	4451	4046
70	27.8	27.8	1588	1443	57.9	57.9	5450	4954
95	29.4	29.4	1909	1736	61.8	61.8	6571	5973
120	31.0	31.0	2217	2015	65.0	65.0	7530	6845
150	32.6	32.6	2577	2343	68.6	68.6	8730	7937
185	34.4	34.4	3005	2732	72.3	72.3	10091	9174
240	37.2	37.2	3728	3389	78.3	78.3	12462	11329
300	39.3	39.3	4419	4018	83.0	83.0	14708	13371
400	42.4	42.4	5387	4897	89.6	89.6	17861	16237

表 5-1-122 18/30kV 乙丙橡皮绝缘中压电力电缆的外径和重量

导体截面积 /mm²	单 芯				三 芯			
	参考外径/mm		计算重量/(kg/km)		参考外径/mm		计算重量/(kg/km)	
	EF	EV	EF	EV	EF	EV	EF	EV
50	31.8	31.8	1725	1569	66.7	66.7	6061	5510
70	33.5	33.5	2032	1848	70.6	70.6	7103	6457
95	35.3	35.3	2392	2174	74.2	74.2	8259	7508
120	36.7	36.7	2706	2460	77.6	77.6	9441	8582
150	38.5	38.5	3105	2823	81.3	81.3	10759	9780
185	40.1	40.1	3541	3219	84.9	84.9	12316	11196
240	42.7	42.7	4284	3894	90.3	90.3	14765	13423
300	45.2	45.2	5042	4584	95.6	95.6	17292	15720
400	48.3	48.3	6054	5504	102.3	102.3	20600	18727

表 5-1-123 26/35kV 乙丙橡皮绝缘中压电力电缆代表产品的外径及重量

导体截面积 /mm²	单 芯				三 芯			
	参考外径/mm		计算重量/(kg/km)		参考外径/mm		计算重量/(kg/km)	
	EF	EV	EF	EV	EF	EV	EF	EV
50	37.2	37.2	2201	2001	78.4	78.4	7808	7098
70	39.0	39.0	2539	2308	82.3	82.3	9063	8239
95	40.7	40.7	2915	2650	86.0	86.0	10341	9401
120	42.2	42.2	3257	2961	89.2	89.2	11475	10432
150	43.9	43.9	3671	3337	92.9	92.9	12790	11627
185	45.7	45.7	4141	3765	96.6	96.6	14308	13007
240	48.2	48.2	4914	4468	102.1	102.1	16815	15287
300	50.6	50.6	5700	5182	107.3	107.3	19426	17660
400	53.8	53.8	6755	6141	114.0	114.0	23032	20938

2. 产品结构

（1）**导体** 铜、铝导电线芯应采用 GB/T 3956—2008 规定的第 2 种或第 5 种导体。

（2）**绝缘** 绝缘采用乙丙橡皮或类似绝缘混合物，代号为 EPR，其性能符合 GB/T 12706—2008 的规定，绝缘的标称厚度见表 5-1-124，绝缘厚度平均值应不小于规定的标称值，绝缘最薄点的厚度应不小于标称值的 90% −0.1mm。

表 5-1-124 乙丙橡皮绝缘中压电力电缆绝缘标称厚度

导体截面积/mm²	绝缘标称厚度/mm							
	3.6/6kV		6/6kV、6/10kV	8.7/10kV、8.7/15kV	12/20kV	18/30kV	21/35kV	26/35kV
	无屏蔽	有屏蔽						
10	3.0	2.5	—	—	—	—	—	—
16	3.0	2.5	3.4	—	—	—	—	—
25	3.0	2.5	3.4	4.5	—	—	—	—
35	3.0	2.5	3.4	4.5	5.5	—	—	—
50~185	3.0	2.5	3.4	4.5	5.5	8.0	9.3	10.5
240	3.0	2.6	3.4	4.5	5.5	8.0	9.3	10.5
300	3.0	2.8	3.4	4.5	5.5	8.0	9.3	10.5
400	3.0	3.0	3.4	4.5	5.5	8.0	9.3	10.5
500~1000	3.2	3.2	3.4	4.5	5.5	8.0	9.3	10.5

（3）**屏蔽** 额定电压为 3.6/6V 及以上的绝缘线芯上应有导体屏蔽和绝缘屏蔽（额定电压为 3.6/6kV 的绝缘厚度若选择厚度较大的一种时，可用无屏蔽结构）。导体屏蔽应是非金属的，由挤包的半导电材料或在导体上先包半导电带再挤包半导电材料组成，挤包的半导电材料应和绝缘紧密结合。绝缘屏蔽应由非金属半导电层和金属层组成，金属屏蔽要求符合 GB/T 12706—2008 的要求。

（4）**护套** 护套厚度应符合 GB/T 12706—2008 的规定。无铠装电缆和不直接包覆在铠装、金属屏蔽或同心导体上的护套，其最薄处厚度不得低于标称厚度的 85% −0.1mm，直接包覆在铠装、金属屏蔽或同心导体上的护套，其最薄处厚度不得低于标称厚度的 80% −0.2mm。

3. 技术指标

（1）**电气性能** 乙丙橡皮绝缘中压电力电缆电气性能应符合表 5-1-125 的规定。

表 5-1-125　乙丙橡皮绝缘中压电力电缆主要电气性能

序号	试 验 项 目	单　　位	性　能　指　标
1	20℃导体直流电阻	Ω/km	符合 GB/T 3956—2008 的规定
2	例行交流耐压试验	kV/min	$3.5U_0$/5min，绝缘不击穿
3	例行局部放电试验	—	试验电压 $1.73U_0$，试验灵敏度为 10pC 或更优，应无任何由被试电缆产生的超过声明试验灵敏度的可检测出的放电

(2) 绝缘力学物理性能　乙丙橡皮绝缘力学物理性能应符合表 5-1-126 的规定。

(3) 护套力学物理性能　护套力学性能应符合 GB/T 12706—2008 的规定，其中氯丁橡胶、氯磺化聚乙烯或类似聚合物护套机械物理性能应符合表 5-1-127的规定。

表 5-1-126　乙丙橡皮绝缘力学物理性能

序号	试 验 项 目		单　位	性能指标
1	老化前 　抗张强度 　断裂伸长率	≥ ≥	N/mm² %	4.2 200
2	空气箱老化后 处理条件 　温度 　持续时间 抗张强度变化率 断裂伸长率变化率	 ≤ ≤	 ℃ h % %	 135±3 168 ±30 ±30
3	绝缘热延伸试验 处理条件 　空气温度 　持续时间 　机械应力 载荷下伸长率 冷却后永久伸长率	 ≤ ≤	 ℃ min N/cm² % %	 250±2 15 20 175 15
4	耐臭氧试验 　臭氧浓度（按体积） 无开裂持续试验时间	 	 % h	 0.025~0.030 24
5	吸水试验 　温度 　持续时间 重量增值	 ≤	 ℃ h mg/cm²	 85 336 5

表 5-1-127　氯丁橡胶、氯磺化聚乙烯护套力学物理性能

序号	试 验 项 目	单　位	性能指标
1	老化前 抗张强度　≥ 断裂伸长率　≥	 N/mm² %	 10.0 300

（续）

序号	试验项目		单 位	性能指标
2	空气箱老化后 处理条件 　温度 　持续时间 抗张强度 　老化后数值 　变化率 断裂伸长率 　老化后数值 　变化率	 ≥ ≤ ≥ ≤	 ℃ h N/mm² % % %	 100 ± 2 168 — ±30 250 ±40
3	浸油后力学性能 　温度 　持续时间 允许变化率 　抗张强度 　断裂伸长率	 ≤ 	 ℃ h — % %	 100 ± 2 24 — ±40 ±40
4	绝缘热延伸试验 处理条件 　空气温度 　持续时间 　机械应力 载荷下伸长率 冷却后永久伸长率	 ≤ ≤	 ℃ min N/cm² % %	 200 ± 3 15 20 175 15

1.6 直流陆地用电缆

交流电缆有很大的电容电流，对于长线路需要做电抗补偿，而在一些系统中很难做到，因此存在临界长度问题，而直流电缆则没有这个问题，并且线路损耗亦较交流的小。

直流电缆的结构与交流电缆有很多相似之处，但绝缘长期承受直流电压，且可比交流电压高 5 ~ 6 倍。

直流电缆与交流电缆不同的另一特点是，绝缘必须能承受快速的极性转换。在带负荷的情况下，极性转换实际上会引起电缆绝缘内部电场强度的增加，通常可达 50% ~ 70%。直流电缆由于在金属护套和铠装上不会有感应电压，所以不存在护套损耗问题。直流电缆的护层结构主要考虑机械保护和防腐。迄今直流电缆都采用铅护套，防腐层结构与交流电缆基本相同，大多挤包聚乙烯或氯丁橡皮作防腐层。在铅包和防腐层之间，有时还用镀锌钢带或不锈钢带加强，并可起到抗扭作用。海底直流电缆一般都采用镀锌钢丝或挤塑钢丝铠装，根据要求，有单层钢丝铠装或双层钢丝铠装。

迄今，投入运行的直流电缆中，最高电压为 ±400kV，传输容量为 750MW。目前正在研制 ±600kV 及以上的直流电缆。

1.6.1 品种规格

直流电力电缆按绝缘介质的不同可分为：充油电缆、粘性浸渍纸电缆、充气电缆和塑料绝缘电缆。

迄今投入运行的直流（海底）电缆大部分为粘性浸渍纸绝缘，只有当线路高差或电压特别高时，采用充油电缆。由于塑料绝缘电缆有着耐温等级更高、安装不受敷设落差影响、线路维修成本低、环境友好等优势，国内外众多的电缆制造商和用户将目光逐渐转向塑料绝缘电缆。一般情况下，柔性直流输电采用聚合物绝缘电缆。随着国内外对可再生清洁能源的重视和推广，柔性直流输电技术也被越来越多地重视和应用，作为此项技术中的关键电力设备之一——塑料绝缘直流电缆将成为电缆行业的一个热点。

聚乙烯绝缘的直流电缆需解决空间电荷对电性

能的影响，目前是一个研制的热点，世界上已有多项成功运行的工程案例。法国 Nexans 公司，采用聚乙烯（PE）绝缘，电缆电压等级为 500kV，但是无运行经验。意大利的 Pirelli 公司，采用了交联聚乙烯（XLPE）绝缘，电缆电压等级为 250kV，仅用于 VSC 系统，无运行经验。法国 Sagem 公司，采用低密度聚乙烯（LDPE）绝缘，电缆电压等级为 400kV，参加了法国电力公司的直流输电项目研究。日本 Viscas 公司，采用 XLPE 绝缘，电缆电压等级

为 500kV，无商业运行经验。ABB 在 2014 年竣工的全球最长、输电能力最大的柔性直流输电系统中，采用 300kV 的塑料绝缘电缆。

1. 型号

根据 TICW 7.2—2012《额定电压 500kV 及以下直流输电用挤包绝缘电力电缆系统技术规范 第2部分 直流陆地电缆》，交联聚乙烯绝缘直流陆地电缆型号和名称如表 5-1-128 所示。

表 5-1-128　直流陆地电缆型号和名称（举例）

型　号		电缆名称
铜芯	铝芯	
DC-YJLW02	DC-YJLLW02	交联聚乙烯绝缘皱纹铝套聚氯乙烯护套直流陆地电缆
DC-YJLW03	DC-YJLLW03	交联聚乙烯绝缘皱纹铝套聚乙烯护套直流陆地电缆
DC-YJQ02	DC-YJLQ02	交联聚乙烯绝缘铅套聚氯乙烯护套直流陆地电缆
DC-YJQ03	DC-YJLQ03	交联聚乙烯绝缘铅套聚乙烯护套直流陆地电缆
DC-YJAY	DC-YJLAY	交联聚乙烯绝缘金属箔/带粘结聚乙烯复合护套直流陆地电缆

注：若含有纵向阻水性能，在各型号后增加-Z。

2. 工作温度

电缆正常运行时导体最高工作温度为 70℃。

短路时（最长持续时间不超过 5s），电缆导体允许最高温度为 160℃。

3. 弯曲半径

电缆安装时允许的最小弯曲半径为电缆直径的 20 倍。

4. 额定电压

TICW 7 推荐的直流电压等级为 80kV、150kV、200kV、250kV、320kV、400kV、500kV，可根据用户需求采用其他电压等级。

5. 产品规格

电缆的规格用导体芯数、导体标称截面积表示。

TICW 7 包括电缆导体标称截面积（mm^2）有 95、120、150、185、240、300、400、500、630、800、1000、1200、（1400）、1600。

其中括号内截面积为非优选截面积。用户要求时，允许采用其他截面积的导体。

1.6.2　产品结构

直流电缆与交流电缆的结构类似，直流陆地电缆典型结构如图 5-1-19 所示。

1. 导体结构

导体应是符合 GB/T 3956—2008 的第 2 种紧压

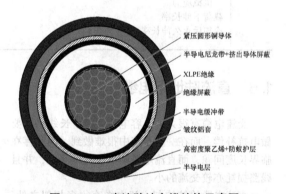

图 5-1-19　直流陆地电缆结构示意图

铜导体或铝导体。

直流陆地电缆的导体可采用阻水结构。

2. 绝缘结构

TICW 7 适用的绝缘材料是直流电缆用交联聚乙烯或其他合适的混合物，缩写符号为 DC-XLPE。各制造商可能采用不同配方的直流交联聚乙烯绝缘材料、半导电屏蔽材料以及采用不同的制造工艺，电缆绝缘的厚度应由电缆制造商自行设计并校核。

TICW 7 推荐的绝缘标称厚度如表 5-1-129 所示。该厚度是基于导体最高工作温度为 70℃，绝缘内外温差为 15℃，绝缘电导率随温度的升高呈单调上升，且 $\gamma_{70}/\gamma_{30} \leqslant 100$，在（10~20）kV/mm 测试

电场下由于空间电荷引起绝缘层内各处电场强度的畸变率不大于 20%。用户可根据使用的材料特性和制造工艺进行设计并修改。

表 5-1-129　推荐的绝缘标称厚度

导体标称截面积/mm²	80kV	100kV	150kV	200kV	250kV	320kV	400kV	500kV
95	9.0	12.0	—	—	—	—		
120	9.0	12.0	—	—	—	—		
150	9.0	12.0	—	—	—	—		
185	9.0	11.0	—	—	—	—		
240	8.0	11.0	17.0	—	—	—		
300	8.0	11.0	17.0	—	—	—	考虑中	考虑中
400	8.0	10.0	15.0	17.0	24.5	—		
500	8.0	10.0	15.0	17.0	24.5	—		
630	8.0	10.0	15.0	17.0	22.0	—		
800	8.0	10.0	14.0	16.0	22.0	28.0		
1000	8.0	9.0	14.0	16.0	22.0	28.0		
1200	7.0	9.0	14.0	16.0	20.0	26.0		
1400	7.0	9.0	14.0	16.0	20.0	26.0		
1600	7.0	9.0	14.0	16.0	20.0	26.0		

绝缘厚度的平均值应不小于标称值（或委托方声明值），其最薄处厚度应不小于标称值（或委托方声明值）的 90%，绝缘的偏心度应不大于 0.15。导体或绝缘外面的任何隔离层或半导电屏蔽层的厚度应不包括在绝缘厚度之中。

3. 屏蔽结构

导体屏蔽应为挤出的半导电层，挤包的半导电层应和绝缘紧密结合，其与绝缘层的界面应光滑、无明显绞线凸纹，不应有尖角、颗粒、烧焦或擦伤的痕迹。

标称截面积为 500mm² 及以上的电缆导体屏蔽应由半导电带和挤包半导电层复合而成。

绝缘屏蔽应为挤出的半导电层，与绝缘层牢固地粘结紧密结合，半导电层与绝缘层的界面应光滑，无明显尖角、颗粒、烧焦及擦伤的痕迹。

4. 陆地电缆绝缘屏蔽以外结构

（1）金属屏蔽

对于陆地电缆，金属屏蔽可采用铜丝屏蔽或金属套屏蔽结构，各屏蔽的截面积应能满足电缆短路容量的要求。

1）铜丝屏蔽。铜丝屏蔽应由同心疏绕的软铜线组成，铜丝屏蔽层的表面上应用铜丝或铜带反向扎紧，相邻屏蔽铜丝的平均间隙应不大于 4mm。

陆地电缆可采用铅套或铝套作为径向防水层，也可作为金属屏蔽，当金属套的厚度不能满足用户对短路容量的要求时，应采取增加金属套厚度或增加铜丝屏蔽的措施。

2）铅套。铅套应采用符合 JB/T 5268.2—2011 规定的铅合金，也可采用与此性能相当或较优的铅合金。铅套应为松紧适当的无缝铅套。铅套的标称厚度按下式计算：

$$\Delta = 0.03D + 0.8$$

式中　Δ——铅套的标称厚度（mm）；

D——铅套前假定直径（mm）。

所有假设直径的计算均按 GB/T 12706.3—2008 附录 A 进行，纵向阻水层（若有）在计算中忽略不计，计算结果精确至 0.1mm。

铅套最薄处厚度应不小于标称厚度的 95% −0.1mm。

3）铝套。铝套应采用纯度不小于 99.6% 的铝材制造，铝带的伸长率应不小于 16%。铝套可采用皱纹铝套或平铝套。铝套的标称厚度应按照下列公式计算：

皱纹铝套：$\Delta = 0.02D + 0.6$

平铝套：$\Delta = 0.03D + 0.8$

式中 Δ——铝套的标称厚度（mm）；

  D——铝套前假定直径（mm）。

铝套最薄处厚度应不小于标称厚度的85% -0.1mm。

（2）纵向阻水层

如果电缆有纵向阻水要求时，在金属层周围绕包纵向阻水层。纵向阻水层应由半导电的阻水膨胀带绕包而成。阻水带应绕包紧密、平整，其可膨胀面应面向金属屏蔽。其纵向阻水性能应符合 GB/T 11017.1—2014 附录 C 的规定。

（3）护套

TICW 7 针对下面 3 种类型的非金属护套：

1）以聚氯乙烯为基础的 ST_2；

2）以聚乙烯为基料的 ST_7；

3）低烟无卤 ST_8（限于隧道和室内，用户要

求时，考虑中）。

护套类型的选择取决于电缆的设计和运行时的力学和热性能的限定要求。

若无其他规定，护套的标称厚度值（以 mm 计）应按以下公式计算：

$$T_s = 0.035D + 1.0$$

式中 D——挤包护套前电缆的假设直径（mm）。

护套的标称厚度应不小于1.8mm，护套最薄处厚度应不小于标称值的80% -0.2mm。非金属外护套的表面应施以均匀牢固的导电层。金属箔/带粘结聚乙烯复合护套应符合 IEC 60840—2011 附录 F 的规定。

1.6.3 技术指标

1. 试验项目及方法

1）例行试验项目及要求见表 5-1-130。

2）型式试验项目及要求见表 5-1-131。

表 5-1-130 直流陆地电缆的例行试验和抽样试验项目及要求

序号	检查项目	试验类型	试验要求	试验方法
1	直流电压试验或交流电压试验	R	TICW 7.1 中 7.1	GB/T 3048.14—2007 GB/T 3048.8—2007
2	非金属外护套直流电压试验	R	TICW 7.1 中 7.1	GB/T 3048.14—2007
3	导体和金属屏蔽直流电阻	R，S	TICW 7.1 中 7.1、8.1.5	GB/T 3048.4—2007
4	导体检查	S	TICW 7.1 中 8.1.4	GB/T 3956—2008
5	电容测量	S	TICW 7.1 中 8.1.6	TICW 7.1 中 8.1.6
6	绝缘和非金属护套厚度测量	S	TICW 7.1 中 8.1.7	GB/T 2951.11—2008
7	金属套厚度测量	S	TICW 7.1 中 8.1.8	TICW 7.1 中 8.1.8
8	外径	S	TICW 7.1 中 8.1.9	GB/T 2951.11—2008
9	绝缘热延伸试验	S	TICW 7.1 中 8.1.10	GB/T 2951.21—2008
10	透水试验	S	TICW 7.1 中 8.1.11	IEC 60840—2011 附录 E
11	金属箔/带粘结聚乙烯护套电缆的试验	S	TICW 7.1 中 8.1.12	IEC 60840—2011 附录 E

表 5-1-131 直流陆地电缆的型式试验项目及要求

序号	试验项目	试验要求	试验方法
1	非电气型式试验	TICW 7.1 中 5.3	
1.1	电缆结构尺寸检查	5.1~5.7，TICW 7.1 中 5.3.1	GB/T 2951.11—2008
1.2	绝缘力学物理性能	5.3.3，TICW 7.1 中 5.3.2	GB/T 2951.12—2008，GB/T 2951.13—2008，GB/T 2951.21—2008

（续）

序号	试验项目	试验要求	试验方法
1.3	护套力学物理性能	5.7.3，TICW 7.1 中 5.3.3	GB/T 2951.12—2008， GB/T 2951.13—2008， GB/T 2951.14—2008， GB/T 2951.31—2008， GB/T 2951.32—2008， GB/T 2951.41—2008
1.4	绝缘微孔杂质及半导电层与绝缘界面微孔和突起试验	TICW 7.1 中 5.3.4	GB/T 11017—2014 附录 E
1.5	燃烧试验	TICW 7.1 中 5.3.5	GB/T 18380.12—2008
1.6	非金属外护套刮磨试验	TICW 7.1 中 5.3.6	JB/T 10696.6—2007
1.7	腐蚀扩展试验	TICW 7.1 中 5.3.7	JB/T 10696.5—2007
1.8	陆地电缆透水试验	TICW 7.1 中 5.3.8.1	GB/T 11017—2014 附录 C
1.9	金属箔/带粘结聚乙烯护套电缆的试验	TICW 7.1 中 5.3.9	IEC 60840—2014 附录 F
1.10	成品电缆表面标志		GB/T 6995—2008
2	电气型式试验	TICW 7.1 中 5.4	
2.1	绝缘厚度检查	TICW 7.1 中 5.4.1	GB/T 2951.11—2008
2.2	电缆机械预处理试验	TICW 7.1 中 5.4.3.1	TICW 7.1 中 5.4.3.1
2.3	负荷循环试验	TICW 7.1 中 5.4.4	TICW 7.1 中 5.4.4
2.4	直流叠加操作冲击电压试验	TICW 7.1 中 5.4.5	TICW 7.1 中 5.4.5
2.5	直流叠加雷电冲击电压试验	TICW 7.1 中 5.4.5.4	GB/T 3048.13—2007
2.6	直流电压试验	TICW 7.1 中 5.4.5.5	GB/T 3048.14—2007
2.7	检查	TICW 7.1 中 5.4.6	TICW 7.1 中 5.4.6
2.8	导体直流电阻试验	TICW 7.1 中 5.4.7	GB/T 3048.4—2007
2.9	半导电层电阻率试验	TICW 7.1 中 5.4.8	GB/T 11017.1—2014 附录 B
2.10	电缆绝缘电导率试验	TICW 7.1 中 5.4.9	TICW 7.1 中附录 A
2.11	电缆绝缘空间电荷试验	TICW 7.1 中 5.4.10	TICW 7.1 中附录 B

3）预鉴定试验项目及要求见表 5-1-132。

表 5-1-132　预鉴定试验项目及要求

序号	试验项目	试验要求	试验方法
1	负荷循环正极性电压试验	TICW 7.1 中 6	TICW 7.1 中 6
2	负荷循环负极性电压试验	TICW 7.1 中 6	TICW 7.1 中 6
3	负荷循环极性反转试验（LCC）	TICW 7.1 中 6	TICW 7.1 中 6
4	高负荷正极性电压试验	TICW 7.1 中 6	TICW 7.1 中 6
5	高负荷负极性电压试验	TICW 7.1 中 6	TICW 7.1 中 6

（续）

序号	试验项目	试验要求	试验方法
6	零负荷负极性电压试验	TICW 7.1 中 6	TICW 7.1 中 6
7	负荷循环正极性电压试验	TICW 7.1 中 6	TICW 7.1 中 6
8	负荷循环负极性电压试验	TICW 7.1 中 6	TICW 7.1 中 6
9	负荷循环极性反转试验（LCC）	TICW 7.1 中 6	TICW 7.1 中 6
10	直流叠加操作冲击电压试验	TICW 7.1 中 6.5	TICW 7.1 中 6

（续）

序号	试验项目	试验要求	试验方法
11	直流叠加雷电冲击电压试验	TICW 7.1 中 6.5	TICW 7.1 中 6
12	检查	TICW 7.1 中 6.6	TICW 7.1 中 6

4）机械预处理试验。

陆地用直流电缆的机械预处理为弯曲试验，试验在室温下进行，电缆试样应围绕一个试验圆柱体（如电缆盘的筒体）弯曲至少一整圈，然后展直，再用同样方法做反方向弯曲。如此作为一个循环，共进行 3 次。

试验圆柱体的直径应不大于：

① $25(d+D)(1+5\%)$，金属套或纵包金属箔（搭盖或焊接）粘结护套电缆；

② $20(d+D)(1+5\%)$，其他电缆。

式中　d——导体标称直径（mm）；

　　　D——电缆标称外径（mm）。

5）相关试验电压定义见表 5-1-133。

表 5-1-133　试验电压定义

U_0	指电缆系统设计的导体与屏蔽之间的额定直流电压
U_T	指型式试验和例行试验中的直流试验电压，推荐 $U_T = 1.85U_0$
U_{TP1}	指预鉴定试验（负荷循环电压试验）、型式试验（极性反转试验）和安装后试验中的直流试验电压，推荐 $U_{TP1} = 1.45U_0$
U_{TP2}	指预鉴定试验中极性反转试验的直流试验电压，推荐 $U_{TP2} = 1.25U_0$
U_{P1}	当雷电冲击电压与实际直流电压反极性时，电缆系统能够承受的雷电冲击电压最大绝对峰值的 1.15 倍（见图 5-1-20）
$U_{P2,S}$	当操作冲击电压与实际直流电压同极性时，电缆系统能够承受的操作冲击电压最大绝对峰值的 1.15 倍（见图 5-1-20）
$U_{P2,O}$	当操作冲击电压与实际直流电压反极性时，电缆系统能够承受的操作冲击电压最大绝对峰值的 1.15 倍（见图 5-1-20）
$U_{RC,AC}$	指回流电缆能够承受的瞬态阻尼交流过电压的最大值，这个电压通常是由于换相失败引起的，电压值取决于高压直流电网的供应商的计算值，过电压的性质取决于高压直流电网的配置，需根据不同的情况进行计算
$U_{RC,DC}$	回流电缆正常运行时的最大直流电压

注：直流试验电压的纹波系数不应超过 3%。

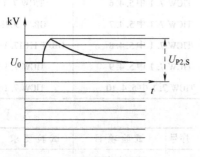

VSC，同极性操作正冲击

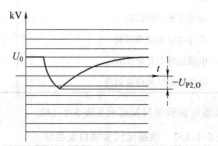

LCC或VSC，反极性操作负冲击

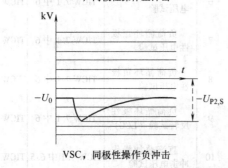

VSC，同极性操作负冲击

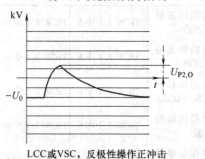

LCC或VSC，反极性操作正冲击

图 5-1-20　操作冲击和雷电冲击试验电压示意图

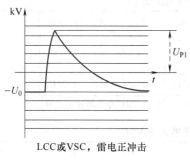 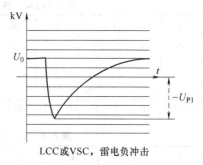

LCC或VSC，雷电正冲击　　　　　LCC或VSC，雷电负冲击

图 5-1-20　操作冲击和雷电冲击试验电压示意图（续）

注：由于直流系统设计的限制，$U_{P2,S}$ 不一定等于 $U_{P2,0}$，即同极性冲击受避雷器保护，而反极性冲击受换流器的保护。

6）型式试验中的负荷循环试验。负荷循环包括加热阶段和冷却阶段。

24h 负荷循环：包括至少 8h 加热和至少 16h 自然冷却。在加热阶段的至少最后 2h，导体温度应不低于 $T_{c,max}$ 且绝缘内温差应不低于 ΔT_{max}。

48h 负荷循环：包括至少 24h 加热和至少 24h 自然冷却。在加热的至少最后 18h，导体温度应不低于 $T_{c,max}$ 且绝缘内温差应不低于 ΔT_{max}。48h 负荷循环仅作为型式试验的一部分，用来确保电应力反转在负荷循环内很好地进行。

① 对 LCC 运行的电缆系统，试验对象应经受：

ⓐ 负极性 U_T 下，8 个 24h 负荷循环；

ⓑ 正极性 U_T 下，8 个 24h 负荷循环；

ⓒ 8 个 24h 负荷循环，同时 U_{TP1} 下极性反转；

ⓓ 正极性 U_T 下，3 个 48h 负荷循环。

除极性反转试验外，不同极性的负荷循环试验之间允许存在一段有加热循环不加电压的停顿时间，建议最短停顿时间为 24h。

② 对 VSC 运行的电缆系统，试验对象应经受：

ⓐ 负极性 U_T 下，12 个 24h 负荷循环；

ⓑ 正极性 U_T 下，12 个 24h 负荷循环；

ⓒ 正极性 U_T 下，3 个 48h 负荷循环。

不同极性的负荷循环试验之间允许存在一段有加热循环不加电压的停顿时间，建议最短停顿时间为 24h。48h 负荷循环选择正极性电压，该条件对于附件来说被认为是最为严酷的条件。

7）型式试验中的叠加冲击电压试验。试验应在已经通过负荷循环的试验对象上进行。

在施加冲击电压前（叠加冲击、操作和雷电），导体温度应达到不低于 $T_{c,max}$ 且绝缘内温差不低于 ΔT_{max} 至少 10h，并持续至试验结束，且已承受 U_0（相应极性）至少 10h，随后进行直流叠加冲击电压试验，每次冲击试验间隔不小于 2min。

① 叠加操作冲击电压试验（LCC 运行的电缆系统）。

ⓐ 正极性 U_0 下，叠加负极性操作冲击电压 $U_{P2,0}$ 连续 10 次；

ⓑ 负极性 U_0 下，叠加正极性操作冲击电压 $U_{P2,0}$ 连续 10 次。

② 叠加操作冲击电压试验（VSC 运行的电缆系统）。

ⓐ 正极性 U_0 下，叠加正极性操作冲击电压 $U_{P2,S}$ 连续 10 次；

ⓑ 正极性 U_0 下，叠加负极性操作冲击电压 $U_{P2,0}$ 连续 10 次；

ⓒ 负极性 U_0 下，叠加负极性操作冲击电压 $U_{P2,S}$ 连续 10 次；

ⓓ 负极性 U_0 下，叠加正极性操作冲击电压 $U_{P2,0}$ 连续 10 次。

③ 叠加雷电冲击电压试验。

若安装的电缆系统不直接或间接暴露在雷击下，则试验可不进行。

ⓐ 正极性 U_0 下，叠加负极性雷电冲击电压 U_{P1} 连续 10 次；

ⓑ 负极性 U_0 下，叠加正极性操作冲击电压 U_{P1} 连续 10 次。

④ 随后的直流电压试验。试验应在通过 1.6.3 节第 1 条第 7）款叠加冲击电压试验后进行，试验对象应在不加热的情况下经受负极性直流电压 U_T，时间 2h。该试验开始前允许有一段停顿时间。

8）预鉴定试验中的长期电压试验。预鉴定试验持续的最短试验时间为 360 天，电缆系统的导体温度和绝缘内温差均应控制在设计水平，附件和相邻电缆的设计水平可不同。

LCC 和 VSC 的试验顺序见表 5-1-134 和表 5-1-135。

表 5-1-134　线路整流换流器 LCC

试验项目	LC	LC	LC+PR	HL	HL	ZL	LC	LC	LC+PR	S/IMP
循环次数	30	30	20	40	40	120	30	30	20	不适用
电压	+	−	+	−	−	−	+	−	−	$U_{P2,0}=1.2U_0$
	$1.45U_0$	$1.45U_0$	$1.25U_0$	$1.45U_0$	$1.45U_0$	$1.45U_0$	$1.45U_0$	$1.45U_0$	$1.25U_0$	$U_{PI}=2.1U_0$（若适用）

注：LC 为负荷循环，HL 为高负荷，PR 为极性反转，ZL 为零负荷，S/IMP 为叠加冲击试验。

表 5-1-135　电压源换流器 VSC

试验项目	LC	LC	HL	HL	ZL	LC	LC	S/IMP
循环次数	40	40	40	40	120	40	40	不适用
电压	+	−	+	−	−	+	−	$U_{P2,0}=1.2U_0$
	$1.45U_0$	$1.45U_0$	$1.45U_0$	$1.45U_0$	$1.45U_0$	$1.45U_0$	$1.45U_0$	$U_{PI}=2.1U_0$（若适用）

注：LC 为负荷循环，HL 为高负荷，ZL 为零负荷，S/IMP 为叠加冲击试验。

试验过程中，环境温度将会发生变化，可调节导体电流以使导体温度和绝缘温差保持在限定的范围内。

不同极性负荷循环试验之间，推荐最短停顿时间为 24h，此停顿时间不施加电压但加热循环不停止，该停顿时间不适用 LCC 试验系统中的极性反转试验。

9) 预鉴定试验中的叠加冲击电压试验。

长期电压试验后的叠加冲击电压试验随工程的不同而不同，推荐的冲击电压为 $U_{P2,0}=1.2U_0$，$U_{PI}=2.1U_0$（若适用）。试验可在一段或多段电缆上进行，每段试样的有效长度不小于 30m。在施加冲击电压前（叠加冲击、操作和雷电），导体温度应不低于 $T_{c,max}$ 且绝缘内温差不低于 ΔT_{max} 至少 10h，并持续至试验结束。

所有试样应能承受直流叠加 10 次正极性和 10 负极性操作冲击电压。

直流叠加雷电冲击电压由供需双方商定，试样应能承受直流叠加 10 次正极性和 10 次负极性雷电冲击电压。

10) 电缆绝缘电导率试验。

电导率的测试系统包括：

① 高压直流电源，能够提供 0～10kV 直流高压，纹波系数小于 0.1%；

② 静电电流表，电流的准确度达到 10^{-14}A；

③ 三电极结构的电极系统；

④ 加热和温度控制系统。

采用普通用切片机或具有类似功能的其他设备，从成品电缆上截取 300mm 长的电缆试样，剥除绝缘屏蔽外所有部分，沿电缆轴向切取 6 个条状试片，试片的厚度为 0.3～0.5mm。对于切片机用

的刀片应锋利，以便获得的试片具有均匀厚度和光滑的表面，应非常小心地保持试片表面清洁，并防止擦伤。

测试步骤：

① 在某一温度下，将试片安装在三电极系统上，对试片施加直流电压 U，记录 10min 时的电流值 I；

② 保持温度恒定，升高施加在试样上的直流电压，记录 10min 后的电流值；

③ 每个温度点共测量 2 个试片，试验结果取平均值。

试样在某一温度点的电导率 γ_t 按照如下公式计算：

$$\gamma_t = Id/US$$

式中　γ_t——电导率（S/cm）；

　　　I——实测电流值（A）；

　　　d——试片厚度（cm）；

　　　U——施加的直流电压（V）；

　　　S——电极面积（cm^2）。

推荐测试温度：30℃，50℃，70℃；

推荐测试场强：10kV/mm，15kV/km，20kV/mm。

推荐的试验结果：绝缘电导率随温度的升高呈单调上升，且 $\gamma_{70}/\gamma_{30} \leqslant 100$。

11) 电缆绝缘空间电荷试验。

空间电荷测试设备基于电声脉冲法原理，空间分辨率高于 20μm，空间电荷密度的灵敏度大于 0.2μC/cm^3。系统测试温度为室温至 70℃。

采用普通用切片机或具有类似功能的其他设备，从成品电缆上截取 300mm 长的电缆试样，剥除绝缘屏蔽外所有部分，沿电缆轴向切取 4 个条状试片，试片的厚度为 0.3～0.5mm。对于切割用的刀片应锋

利，以便获得的试片具有均匀厚度和光滑的表面，应非常小心地保持试片表面清洁，并防止擦伤。

将该电缆的半导电屏蔽料颗粒置于制片的模框中，在115~120℃的平板硫化机不加压预热6min，然后经4min加热加压成形。试样的交联条件为(170~180)℃持续15min，平板硫化机的压强应大于15MPa，然后加压冷却至室温。试片应平整光洁、厚度均匀、无气泡。半导电电极厚度为1~2mm，制作电极直径与空间电荷测试设备的高压电极基本一致。

测试步骤：

① 将试片与相应的半导电电极安装在空间电荷测试系统中；

② 在某一温度下，在试片两电极间施加直流电场，施加时间为60min，记录60min时试片中的空间电荷分布；

③ 若用同一试片测量同一温度、不同直流电场下试样中的空间电荷分布，则遵循施加电场从低到高的原则；

④ 每个温度点应测试两个试片；

⑤ 若需要观察试片在特定直流电场加压后短路过程中的空间电荷分布，则按照测试系统的要求先进行短路，同时记录不同短路时间时的空间电荷分布，该条款可作为开发试验用途。

空间电荷信号的标定方法与数据处理方法应按照测试系统规定的要求进行。

根据空间电荷测量结果计算各温度和场强下的电场畸变程度，在测试电场 E_0 和温度 T 下的电场畸变率 $\delta E_{0,T}$ 按下式计算：

$$\delta E_{0,T} = \left| E_{max} - E_0 \right| / \left| E_0 \right| \times 100\%$$

式中 E_0——测试时施加的电场（kV/mm）；

E_{max}——根据空间电荷测试结果计算得出的试片中的电场最大值（kV/mm）。

每个温度和电场下的电场畸变率试验结果取该温度和电场下的两个试片测试得到的电场畸变率的平均值。

推荐测试温度：30℃，70℃；

推荐测试场强：10kV/mm，15kV/mm，20kV/mm。

推荐试验结果：各温度和电场下的电场畸变率 $\delta E_{0,T}$ 应不大于20%。

2. 非电气性能

（1）结构检查 电缆的导体检查、绝缘和非金属护套厚度、金属套厚度和外径测量应分别符合本节第1条的规定。

（2）绝缘力学物理性能 电缆绝缘力学物理性能应符合表5-1-136规定。

（3）护套力学物理性能 电缆护套的力学物理性能应符合表5-1-137规定。

表5-1-136 绝缘力学物理性能试验要求

序号	试验项目	单位	试验要求	试验方法
1	老化前性能			GB/T 2951.11—2008
	抗张强度（最小）	N/mm²	12.5	
	断裂伸长率（最小）	%	200	
2	空气烘箱老化后的性能			GB/T 2951.12—2008
	老化条件			
	试验温度	℃	135±2	
	处理时间	h	168	
	老化前后抗张强度变化率（最大）	%	±25	
	老化前后断裂伸长率变化率（最大）	%	±25	
3	相容性老化后的性能			GB/T 2951.12—2008
	老化条件			
	试验温度	℃	100±2	
	处理时间	h	168	
	老化前后抗张强度变化率（最大）	%	±25	
	老化前后断裂伸长率变化率（最大）	%	±25	

（续）

序号	试验项目	单位	试验要求	试验方法
4	热延伸试验			GB/T 2951.21—2008
	试验条件			
	试验温度	℃	200±2	
	处理时间	min	15	
	机械应力	N/mm²	0.2	
	载荷下的伸长率（最大）	%	175	
	冷却后的伸长率（最大）	%	15	
5	吸水试验			GB/T 2951.13—2008
	试验条件			
	试验温度	℃	85±2	
	试验时间	h	336	
	重量增量（最大）	mg/cm²	1	
6	绝缘热收缩试验			GB/T 2951.13—2008
	试验条件			
	试验温度	℃	130±2	
	试验时间	h	6	
	收缩率（最大）	%	4.5	

表 5-1-137　护套力学物理性能试验要求

序号	试验项目	单位	试验要求 ST₂	试验要求 ST₇	试验方法
1	老化前性能				GB/T 2951.11—2008
	抗张强度（最小）	N/mm²	12.5	12.5	
	断裂伸长率（最小）	%	150	300	
2	空气烘箱老化后的性能				GB/T 2951.12—2008
	老化条件				
	试验温度	℃	100	110	
	处理时间	h	168	240	
	抗张强度（最小）	N/mm²	12.5	—	
	断裂伸长率（最小）	%	150	300	
	老化前后抗张强度变化率（最大）	%	±25	—	
	老化前后断裂伸长率变化率（最大）	%	±25	—	
3	相容性老化后的性能				GB/T 2951.12—2008
	老化条件				
	试验温度	℃	100	100	
	处理时间	h	168	168	
	抗张强度（最小）	N/mm²	12.5	—	
	断裂伸长率（最小）	%	150	300	
	老化前后抗张强度变化率（最大）	%	±25	—	
	老化前后断裂伸长率变化率（最大）	%	±25	—	

（续）

序号	试验项目	单位	试验要求		试验方法
			ST$_2$	ST$_7$	
4	失重试验				GB/T 2951.32—2008
	试验条件				
	试验温度	℃	100	—	
	处理时间	h	168	—	
	允许失重量（最大）	mg/cm^2	1.5		
5	低温试验				GB/T 2951.14—2008
5.1	低温拉伸试验				
	试验温度	℃	-15	—	
	断裂伸长率（最小）	%	20	—	
5.2	低温冲击试验				
	试验温度	℃	-15	—	
	试验结果		无裂纹		
6	热冲击试验				GB/T 2951.31—2008
	试验条件				
	试验温度	℃	150		
	持续时间	h	1		
	试验结果		无裂纹		
7	高温压力试验				GB/T 2951.31—2008
	试验条件				
	试验温度	℃	90	110	
	压痕中间值/平均厚度（最大）	%	50	50	
8	护套热收缩试验				GB/T 2951.13—2008
	试验条件				
	试验温度	℃	—	80	
	加热持续时间	h	—	5	
	加热周期	次	—	5	
	收缩率（最大）	%	—	3	
9	炭黑含量	%	—	2.5±0.5	GB/T 2951.41—2008

（4）微孔杂质和突起　电缆和工厂接头应按照 GB/T 11017.1—2014 附录 E 的要求进行绝缘微孔、杂质及半导电层与绝缘层界面微孔和突起试验，试验结果应符合以下要求：

1）绝缘中应无大于 0.05mm 的微孔；大于 0.025mm，小于等于 0.05mm 的微孔在每 10cm^3 体积中应不超过 18 个；

2）绝缘中应无大于 0.125mm 的不透明杂质；大于 0.05mm，小于等于 0.125mm 的不透明杂质在每 10cm^3 体积中应不超过 6 个；

3）绝缘中应无大于 0.25mm 的半透明棕色物质；

4）半导电屏蔽层与绝缘层界面应无大于 0.05mm 的微孔；

5）导体半导电屏蔽层与绝缘层界面应无大于 0.125mm 进入绝缘层的突起和大于 0.125mm 进入半导电屏蔽层的突起；

6）绝缘半导电屏蔽层与绝缘层界面应无大于 0.125mm 进入绝缘层的突起和大于 0.125mm 进入半导电屏蔽层的突起。

（5）阻水性能　当陆地电缆具有阻水结构时，应进行透水试验，该试验适用于下列电缆结构：

1）具有阻止沿绝缘屏蔽外表面和不透水阻挡层之间的空隙纵向透水的阻隔;

2）具有阻止沿导体纵向透水的阻隔。

试验装置、取样、试验方法和要求应符合GB/T 11017.1—2014 附录 C 的规定。

海底电缆的导体纵向透水距离和金属套纵向透水距离应不大于制造商声明值。

(6) 燃烧试验　陆地电缆如采用 ST₂ 护套，且制造方声明电缆的设计符合燃烧试验要求，则应在成品电缆试样上按照 GB/T 18380.12—2008 的规定进行燃烧试验并符合要求。

(7) 非金属外护套刮磨试验　经弯曲试验后的陆地电缆试样，非金属外护套应按 JB/T 10696.6—2007 和 GB/T 2952.1—2008 规定进行刮磨试验并符合相应的要求。

(8) 腐蚀扩展试验（只适用于铝套）　经弯曲试验后的陆地电缆试样，铝套应按 JB/T 10696.5—2007 和 GB/T 2952.1—2008 规定进行腐蚀扩展试验并符合要求。

(9) 纵包金属箔/带粘结护套电缆的组件试验　对具有纵包金属箔/带粘结护套的电缆，应在成品电缆段取下 1m 长的试样进行以下试验:

1）目力检查;

2）金属箔/带的粘附强度;

3）金属箔/带搭接部分的剥离强度。

试验装置、步骤和要求应符合 IEC 60840—2011 附录 F 的规定。

(10) 埋地接头的外保护层试验　陆地电缆接头外保护层的试验步骤和要求符合 IEC 60840—2011 附录 G 和 IEC 62067—2011 附录 G 的规定。

3. 电气性能试验

(1) 导体直流电阻　电缆的导体在 20℃ 的直流电阻应按 GB/T 3048.4—2007 规定的步骤进行试验，试验结果应符合 GB/T 3956—2008 的规定。

(2) 半导电层电阻率

挤包在导体和绝缘上的半导电屏蔽层的电阻率，应在电缆绝缘线芯上的试样上测量，绝缘线芯应分别取自电缆试样和按后续产品规范进行的相容性试验后的电缆试样。试验应按 GB/T 11017.1—2014 附录 B 规定的步骤进行。测量应在 90℃ 下进行，老化前和相容性老化后的电阻率不超过: $1000\Omega \cdot m$（导体屏蔽）和 $500\Omega \cdot m$（绝缘屏蔽）。

(3) 电缆绝缘电导率

所有电缆绝缘应按 1.6.3 节第 1 款第 10）条进行不同电场、不同温度下的电导率试验，并符合推荐的试验结果。

(4) 电缆绝缘空间电荷　所有电缆绝缘应按 1.6.3 节第 1 款第 11）条进行不同电场、不同温度下的空间电荷试验，并符合推荐的试验结果。

(5) 电气性能　成品电缆应进行表 5-1-131 中所有项目的试验。试验过程中，电缆应不击穿。试验后，用肉眼检查解剖的电缆样品，应无可能影响系统正常运行的劣化迹象（如电气劣化、泄漏、腐蚀或有害的收缩）。

1.7　海底电缆

海底电缆主要指固定敷设于海洋、江河、湖泊中的电力电缆、光电复合电力电缆。海底电缆可分为交流海底电缆、直流海底电缆；按绝缘材料又分为：油纸绝缘海底电缆、乙丙橡胶绝缘海底电缆、交联聚乙烯绝缘海底电缆。其主要特点是防水、耐腐蚀、大长度、高机械强度。目前国内正在运行的海底电缆，既有油纸绝缘海底电缆、乙丙橡胶绝缘海底电缆，也有交联聚乙烯绝缘海底电缆，但目前国内生产的海底电缆主要是交联聚乙烯绝缘海底电缆。

1.7.1　交联聚乙烯绝缘交流海底电缆

1. 品种规格

(1) 产品命名

1）系列代号：海底电缆为（前缀）H。

2）产品代号：光纤复合海底电缆为（后缀）F。

3）材料特征代号：交联聚乙烯绝缘为 YJ，铜导体为（T）省略，铅套为 Q，粗圆钢丝铠装为 4，双粗圆钢丝铠装为 44，铜丝铠装为 7，双铜丝铠装为 77，扁钢丝铠装为 9，双扁钢丝铠装为 99，纤维外被层为 1。

铜丝铠装推荐采用扁铜丝铠装，允许采用圆铜丝铠装。两种铜丝铠装的代号相同，但圆铜丝铠装应在产品名称中明确，名称中未明确说明的即为扁铜丝铠装。

4）分相代号：分相为 F。

5）光纤类别代号：光纤类别代号应符合 GB/T 9771—2008 和 GB/T 12357.1—2004 的规定。

(2) 产品型号和名称

交联聚乙烯绝缘交流海底电缆结构如图 5-1-21 和图 5-1-22 所示。

交联聚乙烯绝缘海底电缆产品型号和名称见表 5-1-138。

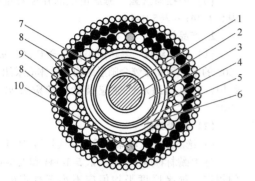

图5-1-21 单芯HYJQ41-F海底电缆结构图
1—导体 2—导体屏蔽 3—绝缘 4—绝缘屏蔽
5—半导电阻水膨胀带 6—铅套 7—聚乙烯护套
8—浸渍绳 9—镀锌钢丝铠装 10—光缆

图5-1-22 三芯HYJQ41-F海底电缆结构图
1—导体 2—导体屏蔽 3—绝缘 4—绝缘屏蔽
5—铅套 6—聚乙烯护套 7—填充 8—绑扎带
9—浸渍绳 10—镀锌钢丝铠装
11—光缆

表5-1-138 交联聚乙烯绝缘海底电缆型号和名称

型 号	名 称	敷设场合
HYJQ41	交联聚乙烯绝缘 铅套 粗圆钢丝铠装 聚丙烯纤维外被层 海底电缆	
HYJQ441	交联聚乙烯绝缘 铅套 双粗圆钢丝铠装 聚丙烯纤维外被层 海底电缆	
HYJQ71	交联聚乙烯绝缘 铅套 扁铜线铠装 聚丙烯纤维外被层 海底电缆	
HYJQ771	交联聚乙烯绝缘 铅套 双扁铜线铠装 聚丙烯纤维外被层 海底电缆	
HYJQ91	交联聚乙烯绝缘 铅套 扁钢线铠装 聚丙烯纤维外被层 海底电缆	
HYJQ991	交联聚乙烯绝缘 铅套 双扁钢线铠装 聚丙烯纤维外被层 海底电缆	
HYJQF41	交联聚乙烯绝缘 分相铅套 粗圆钢丝铠装 聚丙烯纤维外被层 海底电缆	
HYJQF441	交联聚乙烯绝缘 分相铅套 双粗圆钢丝铠装 聚丙烯纤维外被层 海底电缆	
HYJQF91	交联聚乙烯绝缘 分相铅套 扁钢线铠装 聚丙烯纤维外被层 海底电缆	
HYJQF991	交联聚乙烯绝缘 分相铅套 双扁钢线铠装 聚丙烯纤维外被层 海底电缆	敷设于海底、平台及水下环境的场合
HYJQ41-F	交联聚乙烯绝缘 铅套 粗圆钢丝铠装 聚丙烯纤维外被层 光纤复合海底电缆	
HYJQ441-F	交联聚乙烯绝缘 铅套 双粗圆钢丝铠装 聚丙烯纤维外被层 光纤复合海底电缆	
HYJQ71-F	交联聚乙烯绝缘 铅套 扁铜线铠装 聚丙烯纤维外被层 光纤复合海底电缆	
HYJQ771-F	交联聚乙烯绝缘 铅套 双扁铜线铠装 聚丙烯纤维外被层 光纤复合海底电缆	
HYJQ91-F	交联聚乙烯绝缘 铅套 扁钢线铠装 聚丙烯纤维外被层 光纤复合海底电缆	
HYJQ991-F	交联聚乙烯绝缘 铅套 双扁钢线铠装 聚丙烯纤维外被层 光纤复合海底电缆	
HYJQF41-F	交联聚乙烯绝缘 分相铅套 粗圆钢丝铠装 聚丙烯纤维外被层 光纤复合海底电缆	
HYJQF441-F	交联聚乙烯绝缘 分相铅套 双粗圆钢丝铠装 聚丙烯纤维外被层 光纤复合海底电缆	
HYJQF91-F	交联聚乙烯绝缘 分相铅套 扁钢线铠装 聚丙烯纤维外被层 光纤复合海底电缆	
HYJQF991-F	交联聚乙烯绝缘 分相铅套 双扁钢线铠装 聚丙烯纤维外被层 光纤复合海底电缆	

电缆工作温度与敷设条件如下：

1) 电缆正常运行时，导体允许的长期最高温度为 90℃。

2) 短路时（最长持续时间不超过 5s），电缆导体允许的最高温度不超过 250℃。

3) 敷设电缆时的环境温度应不低于 0℃，敷设时电缆的允许最小弯曲半径为：

① 单芯电缆：20D；

② 三芯电缆：15D。

其中，D 为海底电缆的外径。

(3) 产品规格 电缆的规格用电缆芯数、导体标称截面积、光纤芯数和光纤类别表示。

海底电缆的生产规格见表 5-1-139 和表 5-1-140。

(4) 外径与重量 海底电缆的外径与重量见表 5-1-141 ~ 表 5-1-143。

2. 产品结构

(1) 导体结构 导体应采用符合 GB/T 3956—2008 的第二种紧压绞合圆形结构。导体应采用阻水结构，其纵向阻水性能应满足电缆敷设水深的要求。

(2) 绝缘结构

1) 绝缘应用交联聚乙烯料，代号为 XLPE。

2) 绝缘标称厚度应符合表 5-1-144 和表 5-1-145 的规定。绝缘厚度平均值应不小于规定的标称值，绝缘最薄点的厚度应不小于规定标称值的 90%。

表 5-1-139　110kV 及以下交联聚乙烯绝缘海底电缆的生产规格

型　　号	芯数	额定电压/kV						
		6/10 (12) kV	8.7/10 (12) kV, 8.7/15 (17.5) kV	12/20 (24) kV	18/30 (36) kV	21/35 (40.5) kV	26/35 (40.5) kV	64/110 (126) kV
		标称截面积/mm²						
HYJQ41,　HYJQ441 HYJQ41-F, HYJQ441-F HYJQ71,　HYJQ71-F HYJQ771,　HYJQ91 HYJQ991,　HYJQ771-F HYJQ91-F, HYJQ991-F	1	50, 70, 95, 120, 150, 185, 240, 300, 400						240, 300, 400, 500, 630, 800, 1000, 1200, 1600
HYJQF41,　HYJQF441 HYJQF91,　HYJQF991 HYJQF41-F, HYJQF441-F HYJQF91-F, HYJQF991-F	3	50, 70, 95, 120, 150, 185, 240, 300, 400						240, 300, 400, 500, 630, 800

表 5-1-140　220kV 交联聚乙烯绝缘海底电缆的生产规格

型　　号	芯　　数	标称截面积/mm²
HYJQ41,　HYJQ441 HYJQ41-F, HYJQ441-F HYJQ71,　HYJQ771, HYJQ71-F, HYJQ771-F HYJQ91,　HYJQ991 HYJQ91-F, HYJQ991-F	1	400, 500, 630, 800, 1000, 1200, (1400), 1600, (1800), 2000
HYJQF41,　HYJQF441 HYJQF41-F, HYJQF441-F HYJQF91,　HYJQF991 HYJQF91-F, HYJQF991-F	3	400, 500, 630, 800, 1000

表 5-1-141　额定电压 10kV、35kV 海底电缆外径与重量

截面积 /mm²	三芯 10kV 海底电缆		单芯 35kV 海底电缆			三芯 35kV 海底电缆	
	外径 /mm	重量 HYJQ41 /(kg/km)	外径 /mm	重量 HYJQ41 /(kg/km)	重量 HYJQ71 /(kg/km)	外径 /mm	重量 HYJQ41 /(kg/km)
35	73.0	9940	—	—	—	—	—
50	76.0	10740	55	6810	7162	108.3	22666.8
70	82.0	13220	58	8170	8592	111.1	24032.6
95	85.0	14500	60	8680	9129	115.0	26283.9
120	88.0	15700	61	9150	9623	118.0	27680.8
150	92.0	17200	63	9720	10223	121.5	29598.0
185	95.0	18720	64	10320	10854	127.4	34344.3
240	100.0	21120	67	11300	11884	132.1	37419.7
300	105.0	24500	69	12170	12799	137.3	41198.5
400	112.0	28530	72	14080	14808	145.5	47192.4
500	121.0	34380	76	16820	17690	—	—
630	129.0	39450	80	18700	19667	—	—

表 5-1-142　额定电压 110kV 海底电缆外径与重量

截面积 /mm²	单芯 110kV 海底电缆			三芯 110kV 海底电缆	
	外径 /mm	重量 HYJQ41 /(kg/km)	重量 HYJQ71 /(kg/km)	外径 /mm	重量 HYJQ41 /(kg/km)
240	93.6	22146.7	25383.1	188.6	82063.8
300	95.9	23689.3	26596.3	193.6	86679.6
400	97.3	25110.9	27853.2	196.5	90965.5
500	101.3	28699.6	31738.2	200.8	95989.8
630	103.9	31015.5	33406.3	206.5	102364.4
800	107.9	34664.5	37335.6	215.0	113063.9
1000	115.3	40302.4	41152.5	—	—
1200	119.2	44277.2	45302.8	—	—
1400	123.1	48159.5	48579.3	—	—
1600	126.5	51763.6	52035.4	—	—

表 5-1-143　额定电压 220kV 海底电缆外径与重量

截面积 /mm²	单芯 220kV 海底电缆			三芯 220kV 海底电缆	
	外径 /mm	重量 HYJQ41 /(kg/km)	重量 HYJQ71 /(kg/km)	外径 /mm	重量 HYJQ41 /(kg/km)
400	124.8	36609.8	38357.9	250.3	113969.9
500	127.9	38638.9	42436.9	257.0	120756.2
630	129.5	40425.4	43932.4	260.3	126547.5
800	139.2	56195.5	47028.4	272.6	139483.4
1000	140.9	58906.4	50210.6	276.4	147704.6
1200	144.8	62918.7	54602.1	284.8	159262.4
1400	148.7	66912.4	58093.9	293.2	170809.7
1600	152.1	70661.5	61744.2	300.5	181882.8
1800	155.4	74359.3	65283.1	—	—
2000	158.7	78134.7	68393.8	—	—
2200	161.0	81395.8	72896.4	—	—
2500	165.5	86739.9	76781.0	—	—

表 5-1-144　额定电压 110kV 及以下海底电缆绝缘层标称厚度

导体标称截面积 /mm²	在额定电压下的绝缘标称厚度/mm						
	6/10 (12)kV	8.7/10 (12)kV, 8.7/15 (17.5)kV	12/20 (24)kV	18/30 (36)kV	21/35 (40.5)kV	26/35 (40.5)kV	64/110 (126)kV
50 ~ 185	3.4	4.5	5.5	8.0	9.3	10.5	—
240	3.4	4.5	5.5	8.0	9.3	10.5	19.0
300	3.4	4.5	5.5	8.0	9.3	10.5	18.5
400	3.4	4.5	5.5	8.0	9.3	10.5	17.5
500	3.4	4.5	5.5	8.0	9.3	10.5	17.0
630	3.4	4.5	5.5	8.0	9.3	10.5	16.5
800 ~ 1600	3.4	4.5	5.5	8.0	9.3	10.5	16.0

注：1. 不包含任何小于本表给出的导体截面积，因为更小截面积的海底电缆，其结构和材料可能会有改变，需另做规定。

2. 对大于 1000mm² 的导体截面积，可以增加绝缘厚度，以避免安装和运行时的机械损伤。

表 5-1-145　额定电压 220kV 海底电缆绝缘层标称厚度

导体标称截面积/mm²	绝缘层标称厚度/mm
400、500	27.0
630	26.0
800	25.0
1000 ~ 2000	24.0

注：1. 不包含任何小于本表给出的导体截面积，因为更小截面积的海底电缆，其结构和材料可能会有改变，需另做规定。

2. 对大于 1000mm² 的导体截面积，可以增加绝缘厚度，以避免安装和运行时的机械损伤。

3）绝缘线芯的识别标志应符合 GB/T 6995.5—2008 的规定。

（3）屏蔽结构

1）导体屏蔽。

①导体屏蔽应为挤包的半导电层。导体屏蔽由半导电带和挤包半导电层组成。

②导体屏蔽用的半导电料，应是交联型材料。半导电层应均匀地包覆在导体上，表面应光滑，无明显绞线凸纹、尖角、颗粒、烧焦或擦伤的痕迹。

2）绝缘屏蔽。绝缘屏蔽应为挤包半导电层。绝缘屏蔽应与导体屏蔽层、绝缘层三层共挤。绝缘屏蔽应均匀地包覆在绝缘层表面，其与绝缘层的界面应光滑，不应有尖角、颗粒、烧焦或擦伤的痕迹。

3）金属屏蔽。统包铅套电缆的金属屏蔽采用铜带或铜丝结构，分相铅包电缆的铅套可作为金属屏蔽层，如铅套的厚度不能满足用户对短路容量的要求时，应采取增加金属套厚度或增加铜丝屏蔽的措施。

（4）纵向阻水层　在挤包的绝缘半导电屏蔽层外应有纵向阻水缓冲层，阻水缓冲层应采用半导电阻水膨胀带绕包而成。阻水膨胀带应绕包紧密、平整，其可膨胀面应面向金属屏蔽层，阻水缓冲层应使绝缘半导电屏蔽层与金属屏蔽层保持电气上接触。

（5）金属套

1）采用铅套作为电缆径向防水层，铅套应采用符合 JB/T 5268.2—2011 规定的铅合金，也可采用与此性能相当或较优的铅合金。

2）金属套的标称厚度应符合下述的规定。

额定电压 110kV 及以下海底电缆金属套标称厚度

$$\Delta = \alpha D + \beta$$

式中　Δ——铅套的标称厚度（mm）；

D——铅套前假定直径（mm）；

α——0.03；

β——单芯电缆为 1.1，分相铅套电缆为 0.8。

额定电压 220kV 海底电缆铅套的标称厚度应符合表 5-1-146 规定。

表 5-1-146　额定电压 220kV 海底电缆铅套的标称厚度

导体标称截面积 /mm²	单芯海缆铅套厚度 /mm	三芯海缆铅套厚度 /mm
400	3.8	3.5
500	3.8	3.5
630	3.9	3.6
800	3.9	3.6
1000	4.0	3.7
1200	4.1	—
1400	4.1	—
1600	4.3	—
1800	4.3	—
2000	4.3	—

3）金属套的最薄处厚度应不小于标称厚度的 85%－0.1mm。

（6）非金属外护套　金属套外应挤包聚合物非金属外护套作为防护层。

1）三芯海底电缆绝缘线芯的分相铅套外应挤包以聚乙烯为基料的半导电护套作为外护套。

2）对金属套和铠装两端互连接地的大长度单芯海底电缆，绝缘线芯的铅套外应挤包以聚乙烯为基料的半导电护套作为外护套；也可挤包以聚乙烯为基料的绝缘型外护套料（ST₇型）作为外护套，但必须采取适当的方式，沿电缆长度方向以一定的间隔距离将金属套和铠装层进行互相连接，并做好连接处的防水处理。

3）半导电护套料的体积电阻率（23℃）不大于 1Ω·m。

4）半导电护套和绝缘型外护套的标称厚度应按以下公式计算：

$$T = 0.03D + 0.6$$

式中　T——外护套的标称厚度（mm）；

　　　D——外护套前的假定直径（mm）；

5）外护套的最薄处厚度应不小于标称厚度的 85%－0.1mm。

（7）成缆　三芯统包铅套电缆的绝缘线芯金属屏蔽后、三芯分相铅包电缆的缆芯挤包非金属外护套后应成缆，缆芯之间的间隙应使用非吸湿材料填充，成缆后应用合适带子扎紧，电缆外形应保持圆整。三芯光纤复合海底电缆在成缆时，光纤单元宜放置于绝缘线芯之间的边隙内。

（8）内衬层　金属铠装层下应有内衬层。内衬层可采用聚丙烯绳绕包层，并在内衬层外面均匀涂敷沥青或其他合适的防腐材料，内衬层的近似厚度不小于1.5mm。

单芯光纤复合海底电缆光纤单元可放置于内衬层内。内衬层可选用其他合适材料和方式，使光纤单元在制造、敷设安装过程中不受损伤。

（9）铠装层

1）金属丝铠装材料采用镀锌钢丝或铜丝。镀锌钢丝应符合 GB/T 3082—2008 的规定。

2）三芯电缆采用镀锌钢丝铠装。铠装钢丝可以是圆钢丝或扁钢丝。

3）单芯电缆推荐采用扁铜丝铠装，当单芯海底电缆要求很强拉力及机械保护情况下需采用镀锌钢丝铠装时，应充分考虑钢丝铠装层交流损耗对电缆载流量的要求。

4）铠装圆钢丝直径一般为 4.0mm、5.0mm、6.0mm、8.0mm，钢丝直径不包括钢丝上可能有的非金属防蚀层，如用户要求或协商同意，允许采用比规定直径更大的钢丝。

5）铠装扁铜丝厚度一般为 2.0mm、2.5mm、3.0mm。如用户要求或协商同意，允许采用比规定更厚的铜线。

6）金属线铠装应很紧密，即相邻金属线间的间隙很小。必要时，可在扁金属线铠装和圆金属丝铠装外疏绕一条最小标称厚度为 0.3mm 的金属带。

（10）外被层

1）电缆外被层一般采用纤维外被层。纤维外被层应有均匀涂敷的沥青或其他合适的防腐材料作为防腐层。纤维外被层的近似厚度为 4.0mm。

2）允许采用其他合适结构的外被层。

（11）光纤单元

1）根据用户要求可采用单模光纤或多模光纤。单模光纤应符合 GB/T 9771—2008，多模光纤应符合 GB/T 12357—2015。

2）松套管材料宜采用不锈钢，不锈钢带材性能应符合 GB/T 3280—2015 中 06Cr19Ni10 的规定，每一松套管中的光纤数宜为 2~24 芯，可根据需要增加光纤芯数。

3）填充化合物应采用符合 YD/T 839.1—2015 要求的材料或等效材料。

4）光纤单元宜采用中心束管式结构。经供需双方协商，可采用其他结构。光纤单元结构应是全截面阻水结构，光纤单元护套以内的所有间隙应充满复合物或其他有效阻水措施。

护套可采用符合 GB/T 15065—2009 规定的中密度或高密度聚乙烯材料，也可根据需要采用其他合适材料。

3. 技术指标

（1）导体直流电阻　导体直流电阻应符合 GB/T 3956—2008 的规定。

（2）绝缘材料

110kV 及以下的交联聚乙烯绝缘海底电缆用绝缘材料的性能应符合表 5-1-147 的规定，220kV 的交联聚乙烯绝缘材料海底电缆用绝缘材料的性能应符合表 5-1-148 的规定。

（3）力学物理性能　电缆绝缘老化前和老化后的力学性能应符合表 5-1-149 的规定，交联聚乙烯混合料特殊性能试验应符合表 5-1-150 的规定。

（4）非金属外护套料　护套老化前和老化后的力学性能应符合表 5-1-151 的规定。

表 5-1-147　110kV 及以下交联聚乙烯绝缘材料的性能

序　号	项　目	单　位	性能指标
1	密度（23℃）	g/cm³	0.922 ± 0.002
2	老化前抗张强度［(250 ± 50)mm/min］	N/mm²	≥17.0
3	老化前断裂伸长率［(250 ± 50)mm/min］	%	≥500
4	热延伸试验（200℃，0.20MPa）		
	负荷伸长率	%	≤100
	永久变形率	%	≤10
5	凝胶含量	%	≥82
6	介电常数		≤2.35
7	介质损耗角正切（tanδ）		≤5.0 × 10⁻⁴
8	短时工频击穿强度（较小的平板电极直径25mm，升压速率 500V/s）	kV/mm	≥22
9	体积电阻率（23℃）	Ω·cm	≥1.0 × 10¹⁵
10	杂质最大尺寸（1000g 样片中）	mm	≤0.10

表 5-1-148　220kV 交联聚乙烯绝缘材料性能

序　号	项　目	单　位	性能指标
1	密度（23℃）	g/cm³	0.922 ± 0.002
2	老化前抗张强度［(250 ± 50)mm/min］	N/mm²	≥17.0
3	老化前断裂伸长率［(250 ± 50)mm/min］	%	≥500
4	热延伸试验（200℃，0.20MPa）		
	负荷伸长率	%	≤100
	永久变形率	%	≤10
5	凝胶含量	%	≥82
6	介电常数		≤2.35
7	介质损耗角正切（tanδ）		≤5.0 × 10⁻⁴
8	短时工频击穿强度（较小的平板电极直径25mm，升压速率 500V/s）	kV/mm	≥30
9	体积电阻率（23℃）	Ω·cm	≥1.0 × 10¹⁵
10	杂质最大尺寸（1000g 样片中）	mm	≤0.075

表 5-1-149　交联聚乙烯绝缘混合料（XLPE）力学性能要求（老化前后）

序　号	试验项目和试验条件	单　位	性能要求
0	正常运行时导体最高温度	℃	90
1	老化前（GB/T 2951.11—2008 中 9.1）		
	最小抗张强度	N/mm²	12.5
	最小断裂伸长率	%	200
2	空气烘箱老化后（GB/T 2951.12—2008 中 8.1）		
	处理温度	℃	135
	温度偏差	℃	±3
	持续时间	d	7
	抗张强度		
	老化后最小值	N/mm²	—
	最大变化率	%	±25
	断裂伸长率	%	
	老化后最小值	—	
	最大变化率	%	±25

注：变化率为老化后得出的中间值与老化前得出的中间值的差除以后者，以百分率表示。

表 5-1-150 电缆交联聚乙烯混合料（XLPE）特殊性能试验

序　号	混合料代号	单　位	XLPE
1	热延伸试验（GB/T 2951.21—2008 中第 9 章）		
2	处理条件：空气烘箱温度	℃	200
	温度偏差	℃	±3
	负荷时间	min	15
	机械应力	N/mm²	20
3	负荷下最大伸长率	%	175
4	冷却后最大永久伸长率	%	15
5	收缩试验（GB/T 2951.13—2008 第 10 章）		
6	标志间长度	mm	200
7	温度	℃	130
	温度偏差	℃	±3
8	持续时间	h	6
9	最大允许收缩量	%	4

10～35kV 电缆试样的加热持续时间为 1h。

表 5-1-151 电缆外护套混合料（ST₇）力学性能要求（老化前后）

序　号	试验项目和试验条件	单　位	性能要求
			ST₇
1	老化前（GB/T 2951.11—2008 中 9.2）		
	最小抗张强度	N/mm²	12.5
	最小断裂伸长率	%	300
2	空气烘箱老化后（GB/T 2951.12—2008 中 8.1）		
	处理条件：温度	℃	110
	温度偏差	℃	±2
	持续时间	d	10
	抗张强度		
	老化后最小值	N/mm²	—
	最大变化率	%	—
	断裂伸长率		
	老化后最小值	%	300
	最大变化率	%	—
3	高温压力试验（GB/T 2951.31—2008 中 8.2）		
	试验温度	℃	110
	温度偏差	℃	±2

注：变化率为老化后得出的中间值与老化前得出的中间值的差除以后者，以百分率表示。

（5）电缆的试验项目及要求

1）例行试验和抽样试验项目及要求应符合表 5-1-152 的规定。

2）型式试验项目及要求应符合表 5-1-153 的规定。

3）光纤单元的试验项目及要求应符合表 5-1-154 的规定。

表 5-1-152 例行试验和抽样试验项目及要求

序　号	试验项目	试验类型	试验要求		试验方法
			GB/T 32346.2—2015	GB/T 32346.1—2015	
1	制造长度电缆试验				
	局部放电试验	R	—	6.1.1	GB/T 3048.12—2007

（续）

序 号	试验项目	试验类型	试验要求 GB/T 32346.2—2015	试验要求 GB/T 32346.1—2015	试验方法
1	电压试验	R	—	6.1.2	GB/T 3048.8—2007
2	工厂接头试验			—	
	局部放电试验	R	—	6.2.1	GB/T 3048.12—2007
	电压试验	R	—	6.2.2	GB/T 3048.8—2007
3	交货电缆试验				
	电压试验	R	—	6.3.2	GB/T 3048.8—2007
	局部放电试验	R	—	6.3.3	GB/T 3048.12—2007
4	抽样试验				
	导体检验	S	6.1.1	7.1.4	
	导体电阻测量	S	6.1.2	7.1.5	GB/T 3048.4—2007
	绝缘厚度测量	S	6.2.2	7.1.6	GB/T 2951.11—2008
	金属套厚度测量	S	6.5.2	7.1.7	GB/T 2951.11—2008
	外护套厚度测量	S	6.6.2	7.1.6	GB/T 2951.11—2008
	铠装金属丝测量	S	6.10	7.1.8	GB/T 32346.1—2015 中 7.1.8.1
	直径测量	S	—	7.1.9	GB/T 2951.11—2008
	XLPE 绝缘热延伸试验	S		7.1.10	GB/T 2951.21—2008
	电容测量	S		7.1.11	GB/T 3048.11—2007
	局部放电试验	S		7.1.12	GB/T 3048.12—2007
	雷电冲击电压试验	S	—	7.1.13	GB/T 3048.13—2007
	导体屏蔽、绝缘屏蔽和半导电挤包护套电阻率测量	S	6.3.5	7.1.14	GB/T 32346.1—2015 中附录 A
5	工厂接头抽样试验			7.2	
	局部放电试验	S		7.2.2	GB/T 3048.12—2007
	交流电压试验	S		7.2.2	GB/T 3048.8—2007
	雷电冲击电压试验	S		7.2.3	GB/T 3048.13—2007
	XLPE 绝缘热延伸试验	S		7.2.4	GB/T 2951.21—2008
	导体接头拉力试验	S		7.2.5	GB/T 4909.3—2009

表 5-1-153　型式试验项目及要求

序 号	试验项目	试验类型	试验要求 GB/T 32346.2—2015	试验要求 GB/T 32346.1—2015	试验方法
1	绝缘厚度检查	T	—	8.5	GB/T 2951.11—2008
2	海底电缆和工厂接头的卷绕试验	T	—	8.6.1.1	GB/T 32346.1—2015 中 8.6.1.1

（续）

序　号	试验项目	试验类型	试验要求 GB/T 32346.2—2015	试验要求 GB/T 32346.1—2015	试验方法
3	海底电缆和工厂接头的张力弯曲试验	T	—	8.6.1.2	GB/T 32346.1—2015 中 8.6.1.2
4	纵向、径向透水试验	T	—	8.7	GB/T 32346.1—2015 中 8.7
5	电气型式试验				
	环境温度下局部放电试验	T	—	8.8.2.1	GB/T 3048.12—2007
	tan δ 测量	T	—	8.8.2.2	GB/T 3048.11—2007
	热循环电压试验	T	—	8.8.2.3	GB/T 3048.8—2007
	局部放电试验	T	—	8.8.2.4	GB/T 3048.12—2007
	雷电冲击电压试验及随后的工频电压试验	T	—	8.8.2.5	GB/T 3048.13—2007
	目测检验电缆和附件	T	—	8.8.2.6	目测检验
	半导电屏蔽电阻率测量	T	6.3.5	8.8.2.7	GB/T 32346.1—2015 中附录 A
6	电缆组件和成品电缆段的非电气型式试验				
	电缆结构检验	T	6.1.1、4.2.2、6.5.2、6.6.2、6.9、6.10、6.11	8.9.1	GB/T 2951.11—2008
	老化前后绝缘力学性能试验	T	—	8.9.2	GB/T 2951.11—2008
	半导电护套电阻率测量	T	6.6.3	8.8.2.7	GB/T 32346.1—2015 中附录 A
	老化前后半导电护套力学性能试验		6.6.4	8.9.3	GB/T 2951.11—2008
	老化前后 ST₇ 型外护套力学性能试验	T	6.6.4	8.9.3	GB/T 2951.12—2008
	成品电缆段相容性老化试验	T	—	8.9.4	GB/T 32346.1—2015 中 8.9.4
	ST₇ 外护套型高温压力试验	T	—	8.9.5	GB/T 2951.31—2008
	XLPE 绝缘热延伸试验	T	—	8.9.6	GB/T 2951.21—2008
	XLPE 绝缘的微孔杂质和半导电屏蔽层与绝缘层界面的微孔与突起试验	T	—	8.9.7	GB/T 32346.1—2015 中附录 B

表 5-1-154　光纤单元试验项目及要求

序　号	试验项目	试验类型	试验要求 GB/T 32346.2—2015	试验方法
1	光纤色谱识别	R	6.12.2.1	目力检查
2	光纤衰减系数测量	R	6.12.3.1	GB/T 15972.40—2008
3	光纤色散测量	R	6.12.3.2	GB/T 15972.40~47—2008
4	光纤单元水密性试验	T	6.12.3.3	GB/T 18480—2001

1.7.2 交联聚乙烯绝缘直流海底电缆

交联聚乙烯绝缘直流海底电缆适用于额定电压为 ±320kV 的柔性直流 [（电压源换流器）VSC] 输电线路中。

1. 品种规格

（1）产品命名 交联聚乙烯绝缘直流海底电缆与交联聚乙烯绝缘交流海底电缆的命名相同，为与交流海底电缆区分，直流海底电缆的型号是在交流海底电缆的型号前加前级 DC-。

交联聚乙烯绝缘直流海底电缆结构如图 5-1-23～图 5-1-25 所示。

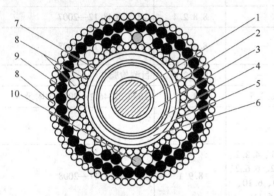

图 5-1-23　单芯 HYJQ41-F 海底电缆结构图
1—导体　2—导体屏蔽　3—绝缘　4—绝缘屏蔽
5—半导电阻水膨胀带　6—铅套　7—聚乙烯护套
8—浸渍绳　9—镀锌钢丝铠装　10—光缆

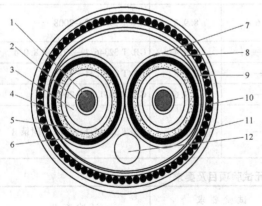

**图 5-1-24　两芯 DC-HYJQ41-F
直流海底电缆结构图**
1—导体　2—导体屏蔽　3—绝缘　4—绝缘屏蔽
5—半导电阻水膨胀带　6—铅套　7—聚乙烯护套
8—绑扎带　9—浸渍绳　10—镀锌钢丝铠装
11—浸渍绳　12—光缆

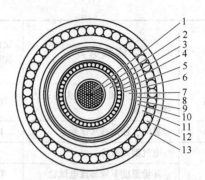

**图 5-1-25　两芯 DC-YJOYJQY43 同轴
直流海底电缆结构图**
1—导体　2—导体屏蔽　3—绝缘　4—绝缘屏蔽
5—外导体　6—外导体屏蔽　7—外导体
绝缘　8—绝缘屏蔽　9—半导电阻水带
10—铅套　11—聚乙烯内护套
12—钢丝铠装　13—浸渍绳

（2）产品型号和名称 电缆的型号和名称见表 5-1-155。

表 5-1-155　电缆的型号和名称

型　　号	电缆名称
DC-HYJQ41	交联聚乙烯绝缘铅套粗圆钢丝铠装聚丙烯纤维外被层直流海底电缆
DC-HYJQ441	交联聚乙烯绝缘铅套双粗圆钢丝铠装聚丙烯纤维外被层直流海底电缆
DC-HYJQ91	交联聚乙烯绝缘铅套扁钢线铠装聚丙烯纤维外被层直流海底电缆
DC-HYJQ991	交联聚乙烯绝缘铅套双扁钢线铠装聚丙烯纤维外被层直流海底电缆
DC-HYJQ41-F	交联聚乙烯绝缘铅套粗圆钢丝铠装聚丙烯纤维外被层光纤复合直流海底电缆
DC-HYJQ441-F	交联聚乙烯绝缘铅套双粗圆钢丝铠装聚丙烯纤维外被层光纤复合直流海底电缆
DC-HYJQ91-F	交联聚乙烯绝缘铅套扁钢线铠装聚丙烯纤维外被层光纤复合直流海底电缆
DC-HYJQ991-F	交联聚乙烯绝缘铅套双扁钢线铠装聚丙烯纤维外被层光纤复合直流海底电缆

1）直流海底电缆额定电压 U_0：电压等级为 80kV、150kV、200kV、250kV、320kV，根据用户的需求，可采用其他电压等级。

2）直流海底电缆的工作温度：电缆敷设时，环境温度应不低于 0℃，电缆正常运行时，导体最高允许温度为 70℃。

短路时（最长持续时间不超过 5s），电缆导体允许最高温度为 160℃。

3）电缆弯曲半径：允许的最小弯曲半径为电缆直径的 20 倍。

（3）产品的规格（见表 5-1-156）

（4）单芯直流海底电缆外径和重量（见表 5-1-157 ~ 表 5-1-162）

表 5-1-156　交联聚乙烯绝缘直流海底电缆的生产规格

型　号	芯　数	额定电压					
		80kV	100kV	150kV	200kV	250kV	300kV
		标称截面积/mm²					
DC-HYJQ41 DC-HYJQ441 DC-HYJQ91 DC-HYJQ991 DC-HYJQ41-F DC-HYJQ441-F DC-HYJQ91-F DC-HYJQ991-F	1 ~ 3	95 ~ 1600		240 ~ 1600	400 ~ 1600		800 ~ 1600

注：用户有要求时，允许采用其他截面积的导体。

表 5-1-157　80kV 交联聚乙烯绝缘单芯直流海底电缆的外径和重量

电缆截面积/mm²	DC-HYJQ41		DC-HYJQ41-F	
	外径/mm	重量/(kg/km)	外径/mm	重量/(kg/km)
1×95	60.9	9210	74.1	11239
1×120	62.7	9876	75.9	12040
1×150	64.3	10578	79.5	14185
1×185	63.9	10677	79.1	14388
1×240	66.3	11691	81.5	15388
1×300	68.7	12888	83.9	16734
1×400	72.3	14723	87.5	18644
1×500	75.5	16329	90.7	20429
1×630	81.3	19627	94.5	22478
1×800	85.7	22735	100.9	27662
1×1000	92.6	26811	107.8	31885
1×1200	94.1	28935	109.3	34111
1×1400	100.0	33656	113.2	37311
1×1600	103.4	36742	116.6	40430

表 5-1-158　100kV 交联聚乙烯绝缘单芯直流海底电缆的外径和重量

电缆截面积/mm²	DC-HYJQ41		DC-HYJQ41-F	
	外径/mm	重量/(kg/km)	外径/mm	重量/(kg/km)
1×95	67.7	10991	82.1	13455
1×120	69.3	11528	83.7	14102

（续）

电缆截面积/mm²	DC-HYJQ41		DC-HYJQ41-F	
	外径/mm	重量/(kg/km)	外径/mm	重量/(kg/km)
1×150	71.1	12432	87.5	16674
1×185	70.7	12525	87.1	16870
1×240	73.1	13577	89.5	17913
1×300	75.5	14833	92.3	19431
1×400	76.9	15967	93.7	20630
1×500	80.1	17721	96.9	22311
1×630	85.9	21140	102.7	26672
1×800	90.3	24304	107.7	30032
1×1000	94.8	27812	113.0	34063
1×1200	98.7	30842	116.9	37300
1×1400	104.4	35559	120.6	40301
1×1600	107.8	38456	124.0	43288

表 5-1-159　150kV 交联聚乙烯绝缘单芯直流海底电缆的外径和重量

电缆截面积/mm²	DC-HYJQ41		DC-HYJQ41-F	
	外径/mm	重量/(kg/km)	外径/mm	重量/(kg/km)
1×240	86.7	17793	105.5	24891
1×300	88.9	18924	108.9	26621
1×400	88.1	19555	108.1	26986
1×500	91.3	21319	111.3	29096
1×630	97.1	25173	115.1	31496
1×800	99.1	27400	117.1	33837
1×1000	106.0	31978	124.2	38664
1×1200	110.1	35332	128.3	42093
1×1400	115.6	40146	131.8	45157
1×1600	119.0	43396	135.2	48468

表 5-1-160　200kV 交联聚乙烯绝缘单芯直流海底电缆的外径和重量

电缆截面积/mm²	DC-HYJQ41		DC-HYJQ41-F	
	外径/mm	重量/(kg/km)	外径/mm	重量/(kg/km)
1×400	92.5	20979	42050.1	105997
1×500	95.7	22786	45668.0	114292
1×630	101.5	26864	53830.3	127533
1×800	103.7	29396	58895.2	139012
1×1000	110.6	33812	67733.9	158537
1×1200	114.5	37025	74163.5	172755
1×1400	120.4	42615	85350.5	198959
1×1600	123.8	45689	91501.3	214977

表 5-1-161 250kV 交联聚乙烯绝缘单芯直流海底电缆的外径和重量

电缆截面积/mm²	DC-HYJQ41		DC-HYJQ41-F	
	外径/mm	重量/(kg/km)	外径/mm	重量/(kg/km)
1×400	109.5	27415	129.5	36250.1
1×500	112.7	29399	132.7	38552.0
1×630	112.7	31263	131.7	38628.6
1×800	117.1	34772	136.1	42223.5
1×1000	123.8	39392	142.0	46799.8
1×1200	123.3	40898	132.7	44255.1
1×1400	129.2	46550	136.6	47731.7
1×1600	132.6	49947	140.0	50895.0

表 5-1-162 320kV 交联聚乙烯绝缘单芯直流海底电缆的外径和重量

电缆截面积/mm²	DC-HYJQ41		DC-HYJQ41-F	
	外径/mm	重量/(kg/km)	外径/mm	重量/(kg/km)
1×800	130.7	41024	125.6	38610
1×1000	137.4	45902	126.0	41132
1×1200	136.9	47391	111.2	37140
1×1400	142.8	53545	111.6	39302
1×1600	146.2	57090	112.0	41461

2. 产品结构

(1) 导体结构 导体应符合 GB/T 3956—2008 的第 2 种紧压圆形铜导体。

导体应采用阻水结构，其纵向阻水性能应满足电缆敷设水深要求。

(2) 导体屏蔽

1）导体屏蔽应为挤出的半导电层，挤包的半导电层应和绝缘紧密结合，其与绝缘层的界面应光滑、无明显绞线凸纹，不应有尖角、颗粒、烧焦或擦伤的痕迹。

2）标称截面积为 500mm² 及以上电缆导体屏蔽应由半导电带和挤包半导电层复合而成。

3）导体屏蔽电阻率在 90℃ 测量温度下，老化前后的电阻率不超过 1000Ω·m。

4）导体屏蔽与绝缘界面的微孔和突起，不同电压等级有不同的要求。

(3) 绝缘结构

1）绝缘材料应是直流电缆用交联聚乙烯绝缘料，代号为 DC-XLPE。

2）绝缘厚度见表 5-1-163。

3）绝缘的平均厚度应不小于标称值，最薄处厚度应不小于标称值的 90%，绝缘的偏心度应不大

表 5-1-163 绝缘标称厚度

导体标称截面积/mm²	绝缘标称厚度/mm					
	80kV	100kV	150kV	200kV	250kV	320kV
95	9.0	12.0	—	—	—	—
120	9.0	12.0	—	—	—	—
150	9.0	12.0	—	—	—	—
185	9.0	11.0	—	—	—	—
240	8.0	11.0	17.0	—	—	—
300	8.0	11.0	17.0	—	—	—
400	8.0	10.0	15.0	17.0	24.5	—
500	8.0	10.0	15.0	17.0	24.5	—
630	8.0	10.0	15.0	17.0	22.0	—
800	8.0	10.0	14.0	16.0	22.0	28.0

（续）

导体标称截面积 /mm²	绝缘标称厚度/mm					
	80kV	100kV	150kV	200kV	250kV	320kV
1000	8.0	9.0	14.0	16.0	22.0	28.0
1200	7.0	9.0	14.0	16.0	20.0	26.0
1400	7.0	9.0	14.0	16.0	20.0	26.0
1600	7.0	9.0	14.0	16.0	20.0	26.0

于 0.15。

（4）绝缘屏蔽

1）绝缘屏蔽应为挤出的半导电层，与绝缘层牢固地粘结，半导电层与绝缘层的界面应光滑、无明显尖角、颗粒、焦烧及擦伤的痕迹。

2）绝缘屏蔽电阻率在 90℃ 的测试温度下，老化前后的电阻率不超过 500Ω·m。

3）绝缘屏蔽与绝缘界面的微孔和突起，不同电压满足不同要求。

（5）纵向阻水缓冲层 在挤包的绝缘半导电屏蔽层外应有纵向阻水缓冲层，阻水缓冲层应采用半导电阻水膨胀带绕包而成。阻水膨胀带绕包紧密、平整，其可膨胀面应面向金属屏蔽层。阻水缓冲层厚度应能满足补偿电缆运行中热膨胀的要求。阻水缓冲层应使绝缘半导电屏蔽层与金属屏蔽层保持电气连接。

（6）铅套 铅套应采用符合 JB/T 5268.2—2011 规定的铅合金，也可采用与此性能相当或较优的铅合金。

铅套应为松紧适当的无缝铅管。铅套的标称厚度按下式计算：

$$\Delta = 0.03D + 1.1$$

式中 Δ——铅套的标称厚度（mm）；

D——铅套前假定直径（mm）。

所有假设直径的计算均按 GB/T 12706.3—2008 附录 A 进行，纵向阻水缓冲层在计算中忽略不计，计算结果修约至 0.1mm。铅套的最薄处厚度应不小于标称厚度的 95% − 0.1mm。

（7）金属屏蔽 铅套可作为金属屏蔽层，如铅套的厚度不能满足用户对短路容量的要求时，应采取增加金属套厚度或增加铜丝屏蔽的措施。

（8）非金属外护套 铅套外应采用挤包非金属外护套，铅套表面应有适当防腐层。挤包非金属外护套可采用 ST₇ 型聚乙烯护套材料。挤包外护套的标称厚度应按照以下公式计算：

$$T = 0.03D + 0.6$$

式中 T——非金属外护套标称厚度（mm）；

D——非金属外护套前的假设直径（mm）。

非金属外护套的最薄处厚度应不小于标称厚度的 85% − 0.1mm。

（9）成缆

1）两芯电缆除同轴结构外，线芯挤包非金属外护套后成缆，若用户同意两根线芯也可平行放置，线芯之间的间隙应使用非吸湿材料填充，成缆后应用合适带子扎紧。

2）三芯电缆，线芯挤包非金属外护套后成缆，线芯之间的间隙应使用非吸湿材料填充，成缆后应用合适带子扎紧，电缆外形应保持圆整。

3）两芯、三芯光纤复合直流海底电缆，光纤单元宜放置于绝缘线芯之间的边隙内。

（10）内衬层 金属铠装层下应有内衬层。内衬层可采用聚丙烯绳绕包层，并在内衬层外面均匀涂敷沥青或其他合适的防腐材料，内衬层的近似厚度不小于 1.5mm。单芯光纤复合海底电缆光纤单元可放置于内衬层内。内衬层可选用其他合适材料和方式，使光纤单元在制造、敷设安装过程中不受损伤。

（11）金属丝铠装层

铠装材料为镀锌钢丝，应符合 GB/T 3082—2008 的规定。

圆铠装钢丝直径一般为 4.0mm、5.0mm、6.0mm、8.0mm，钢丝直径不包括钢丝上的可能有的非金属防蚀层。如用户要求或同意，允许采用比规定直径更大的钢丝。

扁钢线厚度一般为 2.0mm、2.5mm、6.0mm、3.0mm。如用户要求或同意，允许采用比规定直径更厚的钢丝。

金属线铠装应很紧密，即相邻金属线间的间隙很小。必要时，可在扁金属线铠装和圆金属丝铠装外疏绕一条最小标称厚度为 0.3mm 的金属带。

（12）电缆外被层 电缆外被层一般采用纤维外被层，也可采用其他合适的外被层结构。外被层的近似厚度为 4.0mm。

（13）光纤单元

1）光纤和松套管。

光单元中的光纤数宜为 2～24 芯。

单模光纤应符合 GB/T 9771.1—2008 中非色散位移单模光纤,多模光纤应符合 GB/T 12357.1—2015 规定的 A1 类多模光纤的规定。各光纤涂覆层表面应着色,并应符合 GB/T 6995.2—2008 的规定。

光纤应放入松套管中,光纤在松套管中的余长应均匀稳定。采用激光焊接的不锈钢管松套管,其不锈钢带材性能应符合 GB/T 3280—2015 中 06Cr19Ni10 的规定。不锈钢管松套管焊接应连续、完整、无虚焊、无气孔。

松套管内填充膏应采用符合 YD/T 839.1—2015 A 型填充膏的规定,填充材料应均匀分布,易于去除。

2)加强构件宜采用高强度单圆钢丝,其弹性模量应不低于 190GPa。在光纤单元制造长度内金属加强构件不允许有接头。

3)结构。光纤单元宜采用 YD/T 769—2010 的中心管式结构,光纤单元结构应是全截面阻水结构。光缆护套以内的所有间隙应有有效的阻水措施,包带及以内的缆芯间隙宜用填充复合物连续充满,包带和护套之间的间隙宜用涂覆复合物连续充满或连续放置吸水膨胀带或纱。

4)护套

护套采用黑色聚乙烯套。聚乙烯套厚度应符合 YD/T 769—2010 中相关内容的规定,护套应无针孔、裂口等缺陷。

3. 技术指标

(1)导体直流电阻 导体直流电阻应符合 GB/T 3956—2008 的规定。

(2)绝缘材料 交联聚乙烯绝缘直流海底电缆须用专用的直流交联聚乙烯绝缘材料,使用前应对绝缘材料电导率与温度和电场特性,电场与空间电荷特性等进行开发性试验。绝缘材料的力学物理性能应符合表 5-1-164 的规定。

表 5-1-164 直流交联聚乙烯绝缘材料的力学性能

序号	项　目	单　位	性能指标
1	老化前性能 　抗张强度（最小） 　断裂伸长率（最小）	 N/mm^2 %	 12.5 200
2	空气烘箱老化后的性能 　老化条件 　　试验温度 　　处理时间 　老化前后抗张强度变化率（最大） 　老化后断裂伸长率变化率（最大）	 ℃ h % %	 135±2 168 ±25 ±25
3	相容性老化后的性能 　老化条件 　　试验温度 　　处理时间 　老化前后抗张强度变化率（最大） 　老化后断裂伸长率变化率（最大）	 ℃ h % %	 100±2 168 ±25 ±25
4	热延伸试验 　试验条件 　　试验温度 　　处理时间 　　机械应力 　载荷下的伸长率（最大） 　冷却后的伸长率（最大）	 ℃ min N/mm^2 % %	 200±2 15 0.2 175 15
5	吸水试验 　试验条件 　　试验温度 　　试验时间 　重量增量（最大）	 ℃ h mg/cm^2	 85±2 336 1
6	绝缘热收缩试验 　试验条件 　　试验温度 　　试验时间 　收缩率（最大）	 ℃ h %	 130±2 6 4.5

（3）非金属外护套料 护套老化前和老化后的力学性能要求应符合表5-1-165的规定。

（4）电缆的试验项目及要求

1）例行试验和抽样试验项目及要求应符合表5-1-166的规定；

2）型式试验项目及要求应符合表5-1-167的规定；

3）光纤单元的试验项目及要求应符合表5-1-168的规定。

表5-1-165　电缆外护套混合料（ST_7）力学性能试验要求（老化前后）

序　号	试验项目和试验条件	单　位	性能要求
			ST_7
1	老化前（GB/T 2951.11—2008 中 9.2） 　最小抗张强度 　最小断裂伸长率	N/mm^2 %	12.5 300
2	空气烘箱老化后（GB/T 2951.12—2008 中 8.1） 　处理条件：温度 　　　　温度偏差 　　　　持续时间 　抗张强度 　　老化后最小值 　　最大变化率 　断裂伸长率 　　老化后最小值 　　最大变化率	℃ ℃ d N/mm^2 % % %	110 ±2 10 — — 300 —
3	高温压力试验（GB/T 2951.31—2008 中 8.2） 　试验温度 　温度偏差	℃ ℃	110 ±2

注：变化率为老化后得出的中间值与老化前得出的中间值的差除以后者，以百分率表示。

表5-1-166　例行试验和抽样试验项目及要求

序号	检查项目	试验类型	试验要求	试验方法
1	直流电压试验或交流电压试验	R	TICW 7.1 中 7.1	GB/T 3048.14—2007 GB/T 3048.8—2007
2	导体和金属屏蔽直流电阻	R, S	TICW 7.1 中 7.1、8.1.5	GB/T 3048.4—2007
3	导体检查	S	TICW 7.1 中 8.1.4	GB/T 3956—2008
4	电容测量	S	TICW 7.1 中 8.1.6	TICW 8.1.6
5	绝缘和非金属护套厚度测量	S	TICW 7.1 中 8.1.7	GB/T 2951.11—2008
6	金属套厚度测量	S	TICW 7.1 中 8.1.8	TICW 7.1 中 8.1.8
7	外径	S	TICW 7.1 中 8.1.9	GB/T 2951.11—2008
8	绝缘热延伸试验	S	TICW 7.1 中 8.1.10	GB/T 2951.21—2008
9	透水试验	S	TICW 7.1 中 8.1.11	TICW 7.1 中 5.5.8.2

表5-1-167　型式试验项目及要求

序　号	试验项目	试验要求	试验方法
1	非电气型式试验	TICW 7.1 中 5.3	
1.1	电缆结构尺寸检查	5.1 ~ 5.10，TICW 7.1 中 5.3.1	GB/T 2951.11—2008
1.2	绝缘力学物理性能	5.3.3，TICW 7.1 中 5.3.2	GB/T 2951.12—2008， GB/T 2951.13—2008， GB/T 2951.21—2008

（续）

序　号	试 验 项 目	试 验 要 求	试 验 方 法
1.3	护套力学物理性能	5.7.3，TICW 7.1 中 5.3.3	GB/T 2951.12—2008， GB/T 2951.13—2008， GB/T 2951.14—2008， GB/T 2951.31—2008， GB/T 2951.32—2008， GB/T 2951.41—2008
1.4	绝缘微孔杂质及半导电层与绝缘界面微孔和突起试验	TICW 7.1 中 5.3.4	GB/T 11017.1—2014 附录 E
1.5	海底电缆的透水试验	TICW 7.1 中 5.3.8.2	TICW 7.1 中 5.3.8.2
1.6	成品电缆表面标志	6	GB/T 6995—2008
2	电气型式试验	TICW 7.1 中 5.4	
2.1	绝缘厚度检查	TICW 7.1 中 5.4.1	GB/T 2951.11—2008
2.2	海底电缆和工厂接头机械预处理试验	TICW 7.1 中 5.4.3.2	TICW 7.1 中 5.4.3.2
2.3	负荷循环试验	TICW 7.1 中 5.4.4	TICW 7.1 中 5.4.4
2.4	直流叠加操作冲击电压试验	TICW 7.1 中 5.4.5	TICW 7.1 中 5.4.5
2.5	直流叠加雷电冲击电压试验	TICW 7.1 中 5.4.5.4	GB/T 3048.13—2007
2.6	直流电压试验	TICW 7.1 中 5.4.5.5	GB/T 3048.14—2007
2.7	检查	TICW 7.1 中 5.4.6	TICW 7.1 中 5.4.6
2.8	导体直流电阻试验	TICW 7.1 中 5.4.7	GB/T 3048.4—2007
2.9	半导电层电阻率试验	TICW 7.1 中 5.4.8	GB/T 11017.1—2014 附录 B
2.10	电缆绝缘电导率试验	TICW 7.1 中 5.4.9	TICW 7.1 中附录 A
2.11	电缆绝缘空间电荷试验	TICW 7.1 中 5.4.10	TICW 7.1 中附录 B

表 5-1-168　光纤单元试验项目及要求

序　号	试 验 项 目	试验类型	试 验 要 求 GB/T 32346.2—2015	试 验 方 法
1	光纤衰减常数测量	R	5.11.5.1	GB/T 15972.40—2008
2	光纤色码识别	R	5.11.1	目力检查
3	卷绕和张力弯曲试验后的光纤衰减常数测量	T	5.11.5.4	GB/T 15972.40—2008
4	光纤尺寸参数测量	T	5.11.5.2	GB/T 15972.20 ~ 15972.22—2008
5	光纤模场直径测量	T	5.11.5.2	GB/T 15972.45—2008
6	光纤截止波长测量	T	5.11.5.2	GB/T 15972.44—2008
7	光纤色散测量	T	5.11.5.2	GB/T 15972.42—2008
8	光纤单元水密性试验	T	5.11.5.3	GB/T 18480—2001

1.8 超导电缆

1.8.1 品种规格

超导电缆是利用超导材料的超导特性制造的电缆。与常规电缆相比较，超导电缆具有大电流、低损耗、体积小等优势。区别使用于液氦下的低温超导体，目前用于电缆的超导体为运行于液氮下的高温超导体，电缆也称为高温超导电缆。

按电力传输形式，超导电缆可分为交流超导电缆和直流超导电缆。

按绝缘所处温度，超导电缆可分为室温绝缘（Warm Dielectric，WD）超导电缆和低温绝缘（Cold Dielectric，CD）超导电缆。室温绝缘（WD）超导电缆的绝热管在绝缘层的内层，绝缘处于常温下，其屏蔽层也工作于常温下，与普通电力电缆的屏蔽相同。而低温绝缘（CD）超导电缆的导体、绝缘和屏蔽均浸泡在液氮中，处于绝热管的内部。交流低温绝缘（CD）高温超导电缆的绝缘屏蔽采用和导体相同的高温超导带材绞制形成，电缆绝缘和绝缘屏蔽均处于液氮温度下，导体通过交流电时，由于电磁感应效应，超导屏蔽层上将会产生一个理论上与导体传输电流大小相等、方向相反的感应电流。正因为如此，超导电缆的外部不产生磁场，基本不存在因相邻相的磁场而造成高温超导电缆导体临界电流退化的现象，也不会对环境造成电磁污染。所以，CD超导电缆系统的载流容量大大优于WD绝缘高温超导电缆。

按电缆线芯之间的结构关系，交流高温超导电缆可分为以下几种。

1）单芯超导电缆：每个绝热管中为一相，每一相包含导体、绝缘、屏蔽。三个这样的单芯电缆线芯及其绝热管组成一个三相回路，如图5-1-26所示。

2）三芯超导电缆：三个单芯电缆线芯在同一个绝热管中，每一芯典型结构包括导体、绝缘、屏蔽，如图5-1-27所示。

3）三芯同轴超导电缆：三相超导导体同心地分布在同一衬心上，并处在同一个绝热管中。在这样的超导电缆结构中，相与相之间的绝缘必须承受线电压，不同于通常的相对地电压（相电压），如图5-1-28所示。在电缆线芯外通常有一层由高温超导线材或铜组成的同心中性层。

与常规电力电缆不同，除构成超导电缆系统的电缆和电缆附件外，超导电缆系统的运行还需要一个与之配套的冷却系统，以保证绝热管内的电缆线芯运行于要求的温度和压力下，同时还需要搭建一套与之相适应的监控系统，用于监控超导电缆系统及冷却系统的运行。

图5-1-26 单芯电缆

图5-1-27 三芯电缆

图5-1-28 三芯同轴电缆

1.8.2 产品结构

交流低温绝缘超导电缆结构从内到外一般为以下几部分。

1. 导体衬心

通常为一根铜绞线或金属波纹管，用于超导带绞合时的支撑，还可以用于超导导体层失超时的保护或用于液氮的流通管路。

2. 导体

由超导带材绕制在导体衬心上，一般为多层结构。

3. 绝缘

通常采用多层复合绝缘纸绕包而成，随电缆的电压等级不同而绝缘的厚度不同。

4. 屏蔽

由超导带材绕制而成，超导带材外可能包含/或不包含铜线（或铜带）来通过短路电流，并保护高温超导带材。

5. 绝热层

为同轴双层金属波纹管，两层金属波纹管之间抽真空并包绕多层防辐射金属箔。起到绝热管内的超导电缆线芯与外界之间的绝热作用。绝热管采用波纹结构，以保证电缆的弯曲性能。

1.8.3　技术指标

低温绝缘超导电缆系统应考虑进行的试验有以下几个。

1. 电缆的弯曲试验和 I_c 测量

电缆在制造和敷设过程中经受弯曲，测量电缆弯曲试验后的电缆线芯的临界电流，以检查由于弯曲所造成的对超导线材的损伤。

电缆样品在环境温度下进行三次弯曲试验，从中截取一段样品，采用"四引线法"进行 I_c（临界电流）测量。所测得的临界电流应大于在考虑液氮温度、磁场等因素情况下的所设计电缆线芯临界电流值的 95%。

2. 系统的负荷循环电压试验

试验应在装配好的超导电缆系统上进行。当系统的温度和压力均达到要求时方可进行系统的负荷循环电压试验。

施加电缆的标称电流至少施加 8h，接着至少 16h 无负载状态。加负载和不加负载的循环次数应为 20 次。在整个试验周期中，$2.0\ U_0$ 电压应施加在系统上。

3. 系统的交流电压试验

试验应在装配好的超导电缆系统上进行。当系统的温度和压力均达到要求时，方可进行系统的交流电压试验。

对系统施加规定的交流电压和时间，电缆应不发生击穿。

4. 系统的冲击电压试验及随后的交流电压试验

试验应在装配好的超导电缆系统上进行。当系统的温度和压力均达到要求时方可进行电压试验。

冲击电压按 GB/T 3048.13—2007 要求施加，系统应经受 10 次正极性和 10 次负极性冲击电压而不发生失效或闪络。冲击电压试验后，施加工频交流电压，电缆应不发生击穿。

5. 系统的局部放电试验

试验应在装配好的超导电缆系统上进行。当系统的温度和压力均达到要求时方可进行系统的局部放电试验。

试验按 GB/T 3048.12—2007 的规定进行，试验电压逐渐升到 $1.75\ U_0$ 并保持 10s，然后慢慢降到 $1.5\ U_0$。在 $1.5\ U_0$ 下，应无超过声明试验灵敏度的可检测到的放电。

6. 真空泄漏试验

应对电缆系统中抽真空部分检测泄漏率，以确保系统漏热负荷符合要求。

采用氦质谱检漏仪器检测电缆或部件的气体泄漏率，泄漏率应不高于设计水平。

7. 系统的压力试验

为保证超导电缆绝缘的电气绝缘性能，低温绝缘超导电缆运行时绝缘处于具有压力的过冷液氮中。

压力试验在电缆和附件装配好的电缆系统上进行，或分别在单独的部件上进行，按照对压力容器和压力管的相关法规或标准的要求进行试验。

8. 附件电压试验

每一个预制附件的主绝缘部件应在环境温度下进行工频耐压电压和局部放电试验。

9. 临界电流测量

应在每一批次生产的电缆上取长度大于 1m 的样品进行临界电流测量，试验应对每一相导体进行，如有超导屏蔽层，则也应进行临界电流测量。

10. 交流损耗测量

该试验用于估算因运行在交流载荷下超导电缆产生的热损耗，这些损耗在确定冷却系统的制冷功率时需考虑进去。

同时，这些损耗应符合设计要求，处于一个较低的数值。

11. 绝热管的热损耗

该试验用于评估电缆绝热管的热传导和热辐射所造成的热损耗，这些损耗在确定冷却系统的制冷功率时需考虑进去。

同时，这些损耗应符合设计要求，处于一个较低的数值。

12. 电感、电容、介质损耗等电气参数的测量

这些电缆系统的电气参数通常作为电网、装置保护和控制回路等的输入。

13. 短路电流试验

短路电流试验对超导电缆来讲非常重要。当短路发生时，超导电缆中的超导材料会从超导状态转变成正常状态，如果对短路电流不加以控制或采用旁路的形式将短路电流分流，则将会对超导材料形成极大的威胁，甚至烧毁超导材料。同时，由于短路电流在超导电缆中将会产生大量的热，有可能导致绝热管内的压力上升，甚至将液氮汽化，不仅影响超导电缆的绝缘性能，或由于超导电缆系统内压力过高直接造成系统的损坏。

14. 敷设后试验

电缆系统中有的部件需要在敷设时完成安装工作。敷设后试验应包括真空泄漏试验、压力试验和电压试验。电压试验可选择采用交流电压试验、直流电压试验或超低频试验。

1.9 其他电缆

1.9.1 自容式充油电缆

自容式和钢管充油电缆的特点，是用补充浸渍剂的办法消除因负荷变化而在油纸绝缘层中形成的气隙，以提高电缆的工作场强。

自容式充油电缆有单芯和三芯两种结构，单芯电缆的电压等级为 110～750kV，三芯电缆的电压等级一般为 35～110kV，电缆结构如图 5-1-29 和图 5-1-30 所示。

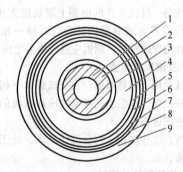

图 5-1-29　单芯自容式充油电缆结构
1—油道　2—导线　3—导线屏蔽　4—绝缘层
5—绝缘屏蔽　6—铅套　7—内衬套
8—加强层　9—外护层

单芯自容式充油电缆的导线一般为中空的，中空部分作为油道。

电缆带有补充浸渍设备，如压力箱和重力箱

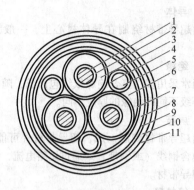

图 5-1-30　三芯自容式充油电缆结构
1—导线　2—导线屏蔽　3—绝缘层　4—绝缘
屏蔽　5—油道　6—填料　7—铜丝编织带
8—铅套　9—内衬垫　10—加强层
11—外护层

等。补充浸渍设备与电缆油道相通，以贮藏或补偿电缆在发生体积变化（因负荷变化引起电缆热胀冷缩）时的浸渍剂，并且保持一定的油压。

电缆的浸渍剂，一般采用低粘度 [在20℃时的粘度为 $(5～40) \times 10^{-6} \mathrm{m^2/s}$] 的合成油（如十二烷基苯），以提高补充浸渍速度，减小油流在油道中的压降。

根据电缆内浸渍剂的压力，自容式充油电缆可分为：低油压（压力 0.02～0.40MPa）、中油压（压力 0.40～0.80MPa）、高油压（压力不小于 0.80MPa）三种。绝缘的电气强度随油压的提高而提高。

1. 品种规格

（1）型号及敷设场合　见表 5-1-169。

（2）使用特性

1）电缆长期运行时最高允许导体工作温度：85℃。

2）电缆允许最高工作电压：

110～220kV 电缆为 1.15 倍额定电压；

275kV 及以上电缆为 1.1 倍额定电压。

3）电缆线路上任何一点、任何时刻的工作油压均应大于 0.02MPa；按电缆加强层结构不同，其允许最高稳态油压可分为 0.4MPa 和 0.8MPa 两类。

4）电缆敷设时的环境温度：≥0℃。

5）电缆敷设时允许的弯曲半径不小于电缆外径的 25 倍。敷设后，电缆的弯曲半径不小于电缆外径的 20 倍。电缆敷设落差不大于 30m。

（3）产品规格　见表 5-1-170。

表 5-1-169　电缆的型号、名称与敷设场合

型　号	名　称	敷 设 范 围
CYZQ203 （202）	铜芯纸绝缘铅套不锈钢带径向加强聚乙烯（聚氯乙烯）护套自容式充油电缆	敷设于土壤、隧道中，在使用时护套能保持良好的绝缘，电缆能承受较小的机械外力作用，不能承受拉力
CYZQ302 （303）	铜芯纸绝缘铅套铜带径向及纵向加强聚氯乙烯（聚乙烯）护套自容式充油电缆	
CYZQ141	铜芯纸绝缘铅包铜带径向加强粗钢丝铠装纤维绳外护层自容式充油电缆	敷设于水中或垂直敷设，电缆能承受较大的拉力

表 5-1-170　电缆规格及绝缘厚度

额定电压/ kV	最小绝缘厚度/mm	标称截面积/mm^2
110	10.5	120，150，185，240，300，400，500，630，800，1000
220	19.0	240，300，400，500，630，800，1000，1200，1600
330	25.0	400，500，630，800，1000，1200，1400，1600，2000
500	31.0	630，800，1000，1200，1400，1600，2000，2500

2. 产品结构

（1）导体

1）导体应是中心具有金属螺旋管作支架的油道或由型线绞合构成的油道的中空圆形导体，油道直径应不小于12mm。

2）导体应采用软圆铜线或软铜型线制造，且符合 GB/T3953—2009 的规定。

3）导体表面应光滑、清洁，不允许有损伤导体屏蔽的毛刺、锐边和个别单线凸起和断裂。

（2）屏蔽　导体屏蔽及绝缘屏蔽由单色半导电纸及一层双色半导电纸构成，性能符合 GB/T7971—2007 的规定。屏蔽层厚度不小于 0.4mm。导体屏蔽的外层为双色半导电纸，双色半导电纸的绝缘面朝向绝缘层。绝缘屏蔽的内层为双色半导电纸，双色半导电纸的绝缘面朝向绝缘层，绝缘屏蔽层的表面亦允许有一层薄铜带大间隙绕包。

（3）绝缘

1）绝缘由油浸纸组成。110～330kV 高压电缆纸符合 QB/T2692—2005 的规定；但 500kV 高压电缆纸的介质损耗角正切（100℃）应符合：干纸 $\tan\delta \leqslant 0.002$，油纸 $\tan\delta \leqslant 0.0025$；绝缘油应符合 GB/T 21221—2007 和 GB/T 9326.2—2008 附录 A 的规定。绝缘层厚度符合表5-1-170规定。

2）经弯曲试验后，在 300mm 长的试样中相邻绝缘纸带不允许有两个以上的重合撕裂，相邻绝缘纸带不允许有两个以上的间隙重合，纸包反向处最多允许 3 个间隙重合。纵向撕裂或边缘撕裂长度超过 7.5mm 的绝缘纸带数，不超过两处。

（4）铅护套

1）铅护套应采用合金铅，合金成分为：锑 0.40%～0.80%，铜 0.08% 以下，余量为铅；或碲 0.04%～0.10%，砷 0.12%～0.20%，锡 0.10%～0.18%，铋 0.06%～0.14%，余量为铅。护套用铅应符合 GB/T469—2005 的规定，不低于 5 号铅。

2）铅护套应在圆锥体上扩张至铅包前电缆直径的 1.3 倍而无裂纹。

3）铅护套厚度应符合表 5-1-171 的规定。

表 5-1-171　铅护套厚度　　　　　　　　　　　　（单位：mm）

铅包前直径	CYZQ102		CYZQ302		CYZQ141	
	标称厚度	最小厚度	标称厚度	最小厚度	标称厚度	最小厚度
50 及以下	3.0	2.7	3.5	3.2	3.5	3.2
50.01～70.00	3.5	3.2	4.0	3.7	4.0	3.7
70.01 以上	4.0	3.7	4.5	4.2	4.5	4.2

4）电缆铅套应表面光滑、密封，不得有砂眼和铅渣夹杂物，表面擦伤应进行修理。

5）电缆铠装前应进行铅护套密封性检验，在0.50~0.60MPa压力下经2h电缆应不渗油，允许修补到符合要求。

(5) 外护层

1）电缆外护层应由符合 GB/T2952—2008 的同心层组成，其工艺要求应符合 GB/T2952.1—2008。

2）内衬层应紧包在铅套上，其厚度近似为 0.5mm。

3）普通电缆加强层采用铜带（或不锈钢带）做径向加强；能承受较大张力的电缆采用不锈钢带（或铜带）做径向加强和不锈钢带（或窄铜带）做纵向加强。其保护层由防水层和聚乙烯/聚氯乙烯挤包护套组成。

4）聚乙烯或聚氯乙烯护套应符合表 5-1-172 的规定，最小厚度应不小于标称值的 80%-0.2mm。

5）水底电缆加强层外应有由防水层和挤包的聚乙烯或聚氯乙烯塑料护套组成的保护层，保护层

外应另加粗钢丝铠装和外被层。水底电缆外护层的各部分尺寸应根据实际工程条件由制造厂和买方协商确定。

6）单芯电缆铠装可采用单层或双层的低磁或无磁性金属丝。

7）纤维外被层由聚丙烯绳等防水、耐磨纤维层组成。外被层的标称厚度为 4.0mm，允许有 20% 的负偏差。

表 5-1-172　电缆塑料护套厚度

护套前标称直径/mm	护套标称厚度/mm
≤70	3.5
>70~85	4.0
>85~100	4.5
>100	5.0

3. 技术指标

成品电缆技术性能应按表 5-1-173 规定检测，性能指标要求符合 GB/T9326.1-2—2008 的规定。

表　5-1-173

序号	检查项目	要求 GB/T9326.1—2008 条文	试验类型	试验方法
01	导体直流电阻试验	2.2	R	GB/T 3048.4—2007
02	电容试验	2.3		GB/T 3048.11—2007
03	介质损耗角正切试验	2.4		GB/T 3048.11—2007
04	交流电压试验	2.5		GB/T 3048.8—2007
05	塑料护套直流耐压试验	2.6		GB/T 3048.14—2007
06	电缆油样试验	2.7		GB/T 507—2002 和 GB/T 5654—2007
07	导体结构	GB/T 9326.2—2008 的 7.1	S	目测
08	厚度测量	3.1		GB/T 9326.1—2008 的 3.1
09	力学性能试验	3.2		GB/T 9326.1—2008 的 3.2
10	铅套扩张试验	3.3		GB/T 9326.1—2008 的 3.3
11	介质损耗角正切/温度试验	4.3	T	GB/T 3048.11—2007
12	绝缘安全试验	4.4		GB/T 3048.8—2007
13	雷电冲击电压试验	4.5		GB/T 3048.13—2007
14	操作冲击电压试验	4.6		GB/T 3048.13—2007
15	铅护套和加强层液压试验	4.7		GB/T 9326.1—2008 的 4.7
16	外护层沥青滴出试验	4.8		GB/T 9326.1—2008 的 4.8
17	外护套刮磨试验	4.9		GB/T 9326.1—2008 的 4.9

1.9.2　粘性浸渍纸绝缘电缆

粘性浸渍纸绝缘电缆包括普通粘性浸渍电缆和不滴流浸渍电缆。这两种电缆除浸渍剂不同外，结构完全相同，广泛应用于 35kV 及以下电压等级。10kV 及以下的多芯电缆常共用一个金属护套，称统包型结构。对 20～35kV 电缆，如每个绝缘线芯都有铅（铝）护套，称为分相铅（铝）包型；如绝缘线芯分别加屏蔽层，并共用一个金属（铝或铅）护套，称为分相屏蔽型。分相的作用是使绝缘中的电场分布只有径向而没有切向分量，以提高电缆的电气性能。电缆结构如图 5-1-31 和图 5-1-32 所示。

图 5-1-31　ZLQ2 型 10kV 及以下电压等级、油浸纸绝缘电力电缆结构图

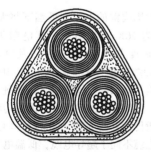

图 5-1-32　ZLQF20 型 20～35kV 电压等级、油浸纸绝缘分相铅包电力电缆结构图

普通粘性浸渍剂是低压电缆油与松香的混合物。不滴流浸渍剂常为低压电缆油和某些塑料（如聚乙烯粉料、聚异丁烯胶料等）及合成地蜡的混合物。低压电缆油可用石油产品或合成油。

普通粘性浸渍剂即使在较低的工作温度下也会流动，当电缆敷设于落差较大的场合时，浸渍剂会从高端淌下，造成绝缘干涸，绝缘水平下降，甚至可能导致绝缘击穿。同时，浸渍剂在低端淤积，有胀破铅套的危险。因此，粘性浸渍电缆不宜用于高落差的场合。

不滴流浸渍剂在浸渍温度下粘度相当低，能保证充分浸渍；而在电缆工作温度下，呈塑性蜡体状，不易流动。因此对不滴流电缆不规定敷设落差的限制。

普通粘性浸渍电缆，因浸渍剂粘度随温度增高而降低，温度越高越易淌流，所以其最高工作温度规定得较低。不滴流电缆的浸渍剂在其滴点温度下不会淌流，其最高工作温度可规定得较高，因此可提高其载流量。由于不滴流电缆可用于高落差敷设，工作温度高，载流量大，故比普通粘性浸渍电缆得到了更广泛的应用。

但相对于粘性浸渍纸绝缘电缆的复杂制造工艺及使用和敷设环境等的诸多限制，该类产品已逐步被交联聚乙烯绝缘电缆所取代。

1.9.3　钢管充油电缆

钢管充油电缆一般为三芯。将三根屏蔽的电缆线芯置于充满一定压力的绝缘油的钢管内，其作用和自容式充油电缆相似，用补充浸渍剂的方法，消除绝缘层中形成的气隙，以提高电缆的工作场强。

钢管电缆导线没有中心油道，绝缘层的结构与自容式充油电缆相同。绝缘屏蔽层外扎铜带和缠以两至三根半圆形铜丝，其作用是使电缆拖入钢管时减小阻力，并防止电缆绝缘层擦伤。

钢管充油电缆线芯绝缘层的浸渍剂一般采用高粘度聚丁烯油，在 20℃ 时粘度为 $(10～20)\times10^{-4}\,m^2/s$，以保证电缆拖入钢管后，再行充入钢管内的聚丁烯油，其粘度较低，在 20℃ 时粘度为 $(5～6)\times10^{-4}\,m^2/s$，这样油流阻力小，可保证电缆绝缘充分补偿浸渍。钢管内的油用油泵供给，油压一般保持在 1.5MPa $(15kgf/cm^2)$ 左右。

与自容式充油电缆比较，钢管充油电缆采用钢管作为电缆护层，机械强度好，不易受外力损伤；钢管电缆的油压高，油的粘度大，所以电气性能较好；而且供油设备集中，管理维护较方便。对于大长度电缆线路，自容式充油电缆通常需采用护套交叉换位互联的措施，以减少护套损耗和提高载流量。为此，就需要增加绝缘连接盒和普通连接盒。钢管充油电缆则不需要护套交叉互联接地，不必因此增加绝缘连接盒和普通连接盒。钢管电缆三芯在同一钢管内，占地少；但一相发生故障时会影响其余两相；敷设安装比自容式充油电缆复杂，且只能敷设于斜坡落差不大的场合，不宜敷设于垂直高落差的场合。

钢管充油电缆结构如图 5-1-33 所示。

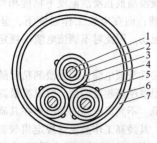

图 5-1-33 钢管充油电缆结构

1—导线 2—导线屏蔽 3—绝缘层
4—绝缘屏蔽 5—半圆形滑丝
6—钢管 7—防腐层

自容式和钢管充油电缆的电气性能要求相同。

力学性能试验要求经弯曲试验后检查绝缘结构是否撕破或有无裂纹。绝缘结构检查的要求如下：

1）在 300mm 长度中，纵向或边缘撕裂超过 7.5mm，绝缘纸带的根数应不多于两根。

2）整个绝缘中任一相邻纸带上，不能同时有两个撕裂，也不能有两个间隙重合。如果在纸包换向时，三根纸带中允许有两个间隙重合。

1.9.4 压缩气体绝缘电缆

压缩气体绝缘电缆又称管道充气电缆，是在内外两个圆管之间充以一定压力（一般是 0.2～0.3MPa）的 SF_6 气体。内圆管（常用铝管或铜管）为导电线芯，由固体绝缘垫片（通常是环氧树脂浇注体）每隔一定距离支撑在外圆管内。外圆管既作为 SF_6 气体介质的压力容器，又作电缆的外护层。单芯结构的外圆管用铝或不锈钢管，三芯结构的可用钢管。压缩气体绝缘电缆的导线和护层结构有刚性和可挠性两种，如图 5-1-34 和图 5-1-35 所示。

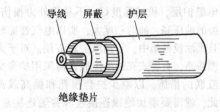

图 5-1-34 刚性压缩气体绝缘电缆结构图

刚性结构电缆在工厂装配成长 12～15m 的短段，运至现场进行焊接。由于负荷和环境温度的变化而引起热伸缩，在线路中要有导线和护层的伸缩连接。在长线路中，还应有隔离气体的塞止连接。

压缩气体绝缘电缆的电容小、介质损耗低、导

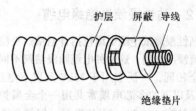

图 5-1-35 可挠性压缩气体绝缘电缆结构图

热性好，因而传输容量较大，一般传输容量可达 2000MVA 以上，常用于大容量发电厂的高压引出线、封闭式电站与架空线的连接线或在避免两路架空线交叉而将一路改为地下输电时使用。但是压缩气体绝缘电缆的尺寸较大，如电压等级为 275～500kV 的刚性压缩气体绝缘电缆的外径在 340～710mm，500kV 三芯结构的外径达 1220mm。可挠性结构电缆的最大外径，一般限制在 250～300mm，以便于卷挠；但传输容量要比刚性的小得多，并且必须采用高气压（一般为 1.5MPa 左右），以保证足够的耐压强度。压缩气体绝缘电缆的管道要清洁光滑，气体要经过处理，去除其中的自由导电粒子，以保证高的电气强度。固体绝缘垫片要设计合理，以改善其电场分布，使它具有高的耐冲击电压性能。

1.9.5 低温电缆

高纯度铝或铜的电阻在低温下将大幅度降低，铅在温度为 20K 的液氢中，其电阻为常温下的 1/500；在温度为 77K 的液氮中，其电阻为常温下的 1/10。导线在液氢或液氮冷却下，电缆的散热能力也大大提高。低温电缆应用上述原理，既降低了导线损耗，又增强了散热能力，因而传输容量大为增加。一般传输容量可达 5000MVA 以上。

低温电缆不同于超导电缆，低温电缆的运行温度在导体超导临界温度以上 20K 和 80K 左右，而超导电缆的运行温度在导体的超导临界温度以下。因此低温电缆也叫低温有阻电缆。

低温电缆的绝缘结构一般有两种：一种是液氮（或液氢）浸渍非极性合成纤维纸，如聚乙烯合成纸（图 5-1-36 和图 5-1-37），从安全角度考虑，相对于液氢，低温电缆采用液氮作为低温介质更可行。另一种采用真空作为绝缘，如图 5-1-38 所示。其优点是在低温电缆中真空也是绝热材料，另外真空绝缘一般是没有损耗的。但在真空绝缘中为取得高的击穿强度，需要高度光滑的电极表面和十分洁净的系统，而且真空的击穿强度随着间隙的增大趋

于饱和，因此真空绝缘只应用于低的电压等级。

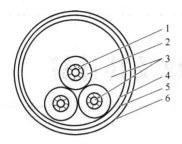

图 5-1-36　液氮冷却低温电缆结构示意图
1—导线　2—绝缘　3—液氮　4—电磁屏蔽
压力管　5—真空热绝缘　6—防蚀钢管

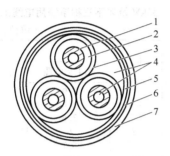

图 5-1-37　液氢冷却低温电缆结构示意图
1—导线　2—绝缘　3—护层　4—液氢　5—电磁
屏蔽压力管　6—真空热绝缘　7—防蚀钢管

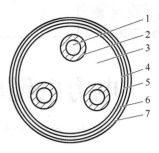

图 5-1-38　真空绝缘低温电缆结构示意图
1—液氮　2—导线　3—真空绝缘　4—涡流屏蔽管
5、6—真空热绝缘内、外壁　7—防蚀钢管

低温电缆有很强的过负载能力。这是因为低温介质能够吸收故障所产生的多余功率，以 500kV、3500A 电缆为例，以液氢为低温介质时，电缆可以过负载 40% 约 1.25h，而温度只升高 1K。如果以液氮为低温介质，过负载 40% 约 0.85h，温度升高 1K。

第2章

电力电缆电性能参数及其计算

电性能是电线电缆最基本的特性，对于电力电缆尤为重要。由于电力电缆在高电压（即强电场）下工作，因此其电性能的要求是多方面的，也是极为严格的。在设计电力电缆产品时，必须精确地进行电性能的计算，以作为选择材料和结构的依据。

电力电缆的电性能包括：导体的直流电阻和交流电阻，绝缘层的绝缘电阻、介质损耗和电场分布及电场强度的计算，绝缘老化寿命的估算，电缆的电容、电感和电磁力的计算，以及金属护套的感应电压和电流的计算等。

2.1 设计电压

电缆及附件的设计必须满足额定电压、雷电冲击电压、操作冲击电压和系统最高电压的要求。其定义如下：

1. 额定电压

额定电压是电缆及附件设计和电性试验用的基准电压，用 U_0/U 表示。其中：

U_0——电缆及附件设计的导体和绝缘屏蔽之间的额定工频电压有效值（kV）；

U——电缆及附件设计的各相导体间的额定工频电压有效值（kV）。

2. 雷电冲击电压

U_P——电缆及附件设计所需耐受的雷电冲击电压的峰值（kV）。

3. 操作冲击电压

U_S——电缆及附件设计所需耐受的操作冲击电压的峰值（kV）。

4. 系统最高电压

U_m——系统最高电压，是在正常运行条件下任何时候和电网上任何点的最高相间电压有效值。它不包括由于故障条件和大负荷的突然切断而造成的电压暂时的变化（kV）。

对于35kV及以下三相系统用电缆的额定电压应符合表5-2-1规定。

表5-2-1　35kV及以下三相系统用电缆的额定电压

（单位：kV）

U	U_m	U_0	
		第1类电缆	第2类电缆
1	—	0.6	0.6
3	3.6	1.8	3.6
6	7.2	3.6	6
10	12	6	8.7
15	17.5	8.7	12
20	24	12	18
35	42	21	26

注：U_0 按系统接地故障持续时间不同分为两类，具体分类如下：

第1类电缆——用于单相接地故障时间每一次一般不长于1min的系统，亦可用于最长不超过8h，每年累计不超过125h的系统。

第2类电缆——用于接地故障时间更长的系统，对电缆绝缘性能要求较高的场合，也应采用第2类。

66～220kV电缆的允许最高工作电压为1.15倍额定电压。对于66kV中性点是经消弧线圈接地的三相系统，电缆的设计电压为 $1.33U_0$。

330kV电缆的允许最高工作电压为1.1倍额定电压。500kV电缆的允许最高工作电压为1.05倍额定电压。

2.2 导体电阻

2.2.1 导体直流电阻

单位长度电缆的导体直流电阻 R'（Ω/m）一般可按式（5-2-1）进行计算

$$R' = \frac{\rho_{20}}{A}[1 + \alpha(\theta - 20)]k_1 k_2 k_3 k_4 k_5 \qquad (5\text{-}2\text{-}1)$$

式中　R'——单位长度电缆导体在 $\theta℃$ 温度下的直流电阻。

　　　A——导体截面积，如导体由 n 根相同的直径为 d 的导线绞合而成，显然 $A = n\pi d^2/4$。

　　　ρ_{20}——导体材料在温度为 20℃时的电阻率，对于标准软铜，$\rho_{20} = 0.017241 \times 10^{-6}$ $\Omega \cdot m = 0.017241$ 或 $1/58\Omega \cdot mm^2/m$；对于标准硬铝，$\rho_{20} = 0.02864 \times 10^{-6}$ $\Omega \cdot m = 0.02864\Omega \cdot mm^2/m$。

　　　α——导体电阻的温度系数（1/℃），对于标准软铜，$\alpha = 0.00393℃^{-1}$；对于涂（镀）锡软铜，$\alpha = 0.00385℃^{-1}$；对于软铜制品，$\alpha = 0.00395℃^{-1}$；对于标准硬铝及硬铝制品，$\alpha = 0.00403℃^{-1}$；对于软的、半硬铝制品，$\alpha = 0.00410℃^{-1}$。

　　　k_1——单根导线加工过程引起金属电阻率的增加所引入的系数，它与导线直径大小、金属种类、表面有否涂层有关。根据 IEC 的规定，它的数值如表 5-2-2 所示。根据我国标准的规定，软圆铜单线的电阻率（即 $k_1\rho_{20}$），当 $d \le 1.0mm$ 时，不大于 $0.01748 \times 10^{-6} \Omega \cdot m$。当 $d > 1.0mm$ 时，不大于 $0.0179 \times 10^{-6} \Omega \cdot m$；

涂金属（锡）软圆铜单线的电阻率，当 $d \le 0.5mm$ 时，不大于 $0.0179 \times 10^{-6}\Omega \cdot m$；$d > 0.5mm$ 时，不大于 $0.0176 \times 10^{-6}\Omega \cdot m$；硬圆铝单线的电阻率不大于 $0.0290 \times 10^{-6}\Omega \cdot m$，软的和半硬圆铝单线的电阻率不大于 $0.0283 \times 10^{-6}\Omega \cdot m$。

　　　k_2——用多根导线绞合而成的线芯，使单根导线长度增加所引入的系数。对于实心线芯，$k_2 = 1$；对于固定敷设电缆紧压多根导线绞合线芯结构，$k_2 = 1.02$（$200mm^2$ 以下）~ 1.03（$250mm^2$ 以上）；对于不紧压多根导线绞合线芯结构和固定敷设软电缆线芯，$k_2 = 1.03$（4 层以下）~ 1.04（5 层以上）。

　　　k_3——紧压线芯因紧压过程使导线发硬、电阻率增加所引入的系数（≈ 1.01）。

　　　k_4——因成缆绞合增长线芯长度所引入的系数，对于多芯电缆及单芯分割导线结构，$k_4 \approx 1.01$。

　　　k_5——因考虑导线允许公差所引入的系数，对于非紧压线芯结构，$k_5 = [d/(d - e)]^2$，e 为导线容许公差，对于紧压结构线芯，$k_5 \approx 1.01$。

表 5-2-2　系数 k_1 值

线芯中单线的最大直径/mm		k_1			
		实心线芯		绞合线芯	
大于	大于及等于	涂（镀）金属铜及裸铝	裸铜	涂（镀）金属铜及裸铝	裸铜
0.05	0.10	—	—	1.12	1.07
0.10	0.31	—	—	1.07	1.04
0.31	0.91	1.05	1.03	1.04	1.02
0.91	3.60	1.04	1.03	1.03	1.02
3.60	—	1.04	1.03		

2.2.2　导体交流电阻

在交流电流作用下，线芯电阻将由于趋肤效应和邻近效应而增大，此时电阻称为有效电阻。有效电阻可根据麦克斯韦方程进行推导。在电缆设计及输配电工程中，一般采用下列简化公式计算电缆线芯有效电阻：

$$R = R'(1 + Y_s + Y_p) \qquad (5-2-2)$$

式中　Y_s——趋肤效应因数，即由于趋肤效应而增

加的电阻百分数；

　　　Y_p——邻近效应因数，即由于邻近效应而增加的电阻百分数。

当 X_s 和 X_p 不大于 2.8 的情况下，Y_s 和 Y_p 分别可用下式求得：

$$Y_s = \frac{X_s^4}{192 + 0.8X_s^4} \qquad (5-2-3)$$

$$Y_p = \frac{X_p^4}{192 + 0.8X_p^4}\left(\frac{D_\sigma}{S}\right)^2 \times$$

$$\left[0.312\left(\frac{D_\sigma}{S}\right)^2+\cfrac{1.18}{\cfrac{X_p^4}{192+0.8X_p^4}+0.27}\right]$$

$$\tag{5-2-4}$$

式中

$$X_s^2=\frac{8\pi f}{R'}k_s\times10^{-7}\tag{5-2-5}$$

$$X_p^2=\frac{8\pi f}{R'}k_p\times10^{-7}\tag{5-2-6}$$

式中 f——线路频率（Hz）；

R'——单位长度电缆线芯直流电阻（Ω/m）（见式 5-2-1）；

D_σ——线芯外径，对于扇形芯电缆，它等于截面积相同的圆形芯的直径；

S——线芯中心轴间距离；

k_s、k_p——常数，不同结构的线芯有不同数值，见表 5-2-3。

对于扇形多芯电缆，$S=D_\sigma+\Delta$，Δ 为线芯间绝缘层厚度，邻近效应因数 Y_p 为按式（5-2-4）计算所得值乘 2/3。

磁性材料（钢、铁）管式电缆的趋肤效应和邻近效应因数，根据实验，分别比式（5-2-3）和

式（5-2-4）计算值大 70%，即

$$R=R'\left[1+1.7(Y_s+Y_p)\right]\tag{5-2-7}$$

表 5-2-3 不同结构线芯的 k_s 和 k_p 值

	干燥浸渍否	k_s	k_p
圆形、扭绞	是	1	0.8
圆形、扭绞	否	1	1
圆形、紧压	是	1	0.8
圆形、紧压	否	1	1
圆形、分割①	是	0.435	0.37
圆形、空心	是	②	0.8
扇形	是	1	0.8
扇形	否	1	1

① 适用于 1500mm² 以下四扇形分割线芯（有、无中心油道）。

② $k_s=\dfrac{D_c'-D_0}{D_c'+D_0}\left(\dfrac{D_c'+2D_0}{D_c'+D_0}\right)^2$

式中 D_0——线芯内径（中心油道直径）；

D_c'——具有相同中心油道，等效实线芯外径。

根据 IEC 的规定，第一、二种结构导体的电阻应不大于表 5-2-4 和表 5-2-5 中的规定值。

表 5-2-4 第一种结构导体的电阻值

标称截面积/mm²	导体中导线的最少根数	20℃时导体的最大电阻/(Ω/m)					
		铜导体				铝导体	
		单线镀金属		单线不镀金属			
		单芯	多芯	单芯	多芯	单芯	多芯
1	1	17.9×10^{-3}	18.2×10^{-3}	17.7×10^{-3}	18.1×10^{-3}	29.3×10^{-3}	29.9×10^{-3}
1.5	1	12.0×10^{-3}	12.2×10^{-3}	11.9×10^{-3}	12.1×10^{-3}	19.7×10^{-3}	20.0×10^{-3}
2.5	1	7.21×10^{-3}	7.35×10^{-3}	7.14×10^{-3}	7.28×10^{-3}	11.8×10^{-3}	12.0×10^{-3}
4	1	4.51×10^{-3}	4.60×10^{-3}	4.47×10^{-3}	4.56×10^{-3}	7.89×10^{-3}	7.54×10^{-3}
6	1	3.00×10^{-3}	3.06×10^{-3}	2.97×10^{-3}	3.03×10^{-3}	4.91×10^{-3}	5.01×10^{-3}
10	1	1.79×10^{-3}	1.83×10^{-3}	1.77×10^{-3}	1.81×10^{-3}	2.94×10^{-3}	3.00×10^{-3}
16	1	1.13×10^{-3}	1.15×10^{-3}	1.12×10^{-3}	1.14×10^{-3}	1.85×10^{-3}	1.89×10^{-3}
25	1	0.715×10^{-3}	0.729×10^{-3}	0.708×10^{-3}	0.722×10^{-3}	1.17×10^{-3}	1.20×10^{-3}
35	1	0.524×10^{-3}	0.535×10^{-3}	0.519×10^{-3}	0.529×10^{-3}	0.859×10^{-3}	0.876×10^{-3}
50	7	0.361×10^{-3}	0.368×10^{-3}	0.358×10^{-3}	0.365×10^{-3}	0.529×10^{-3}	0.604×10^{-3}
120	19	0.149×10^{-3}	0.152×10^{-3}	0.148×10^{-3}	0.151×10^{-3}	0.245×10^{-3}	0.250×10^{-3}
150	19	0.119×10^{-3}	0.121×10^{-3}	0.117×10^{-3}	0.120×10^{-3}	0.194×10^{-3}	0.198×10^{-3}
240	37	0.0767×10^{-3}	0.0783×10^{-3}	0.0760×10^{-3}	0.0775×10^{-3}	0.126×10^{-3}	0.128×10^{-3}
300	37	0.0609×10^{-3}	0.0621×10^{-3}	0.0603×10^{-3}	0.0615×10^{-3}	0.0998×10^{-3}	0.102×10^{-3}

表 5-2-5 第二种结构导体的电阻

标称截面积 /mm²	导体中导线最少根数			20℃时导体的最大电阻/(Ω/m)					
	圆形导体	压紧的圆形或扇形导线		铜导体				铝导体	
				单线镀金属		单线不镀金属			
		n_1（一般用于铜）	n_2（一般用于铝）	单芯	多芯	单芯	多芯	单芯	多芯
1	7	—	—	21.2×10^{-3}	21.6×10^{-3}	20.8×10^{-3}	21.2×10^{-3}	34.8×10^{-3}	35.4×10^{-3}
1.5	7	—	—	13.6×10^{-3}	13.8×10^{-3}	13.6×10^{-3}	13.3×10^{-3}	22.2×10^{-3}	22.7×10^{-3}
2.5	7	—	—	7.41×10^{-3}	7.56×10^{-3}	7.27×10^{-3}	7.41×10^{-3}	12.1×10^{-3}	12.4×10^{-3}
4	7	—	—	4.60×10^{-3}	4.70×10^{-3}	4.52×10^{-3}	4.61×10^{-3}	7.55×10^{-3}	7.70×10^{-3}
6	7	—	—	3.05×10^{-3}	3.11×10^{-3}	3.02×10^{-3}	3.08×10^{-3}	4.99×10^{-3}	5.09×10^{-3}
10	7	6①	1	1.81×10^{-3}	1.84×10^{-3}	1.79×10^{-3}	1.83×10^{-3}	2.96×10^{-3}	3.02×10^{-3}
16	7	6①	1	1.14×10^{-3}	1.16×10^{-3}	1.13×10^{-3}	1.15×10^{-3}	1.87×10^{-3}	1.91×10^{-3}
25	7	6	1	0.719×10^{-3}	0.734×10^{-3}	0.712×10^{-3}	0.727×10^{-3}	1.18×10^{-3}	1.20×10^{-3}
35	7	6	6①	0.519×10^{-3}	0.529×10^{-3}	0.514×10^{-3}	0.524×10^{-3}	0.851×10^{-3}	0.868×10^{-3}
50②	19	15	6①	0.383×10^{-3}	0.391×10^{-3}	0.379×10^{-3}	0.387×10^{-3}	0.628×10^{-3}	0.641×10^{-3}
70	19	15	15①	0.265×10^{-3}	0.270×10^{-3}	0.262×10^{-3}	0.268×10^{-3}	0.435×10^{-3}	0.443×10^{-3}
95	19	15	15①	0.191×10^{-3}	0.195×10^{-3}	0.189×10^{-3}	0.193×10^{-3}	0.313×10^{-3}	0.320×10^{-3}
120	37	30	15①	0.151×10^{-3}	0.154×10^{-3}	0.150×10^{-3}	0.153×10^{-3}	0.248×10^{-3}	0.253×10^{-3}
150	37	30	15①	0.123×10^{-3}	0.126×10^{-3}	0.122×10^{-3}	0.124×10^{-3}	0.202×10^{-3}	0.206×10^{-3}
185	37	30	30①	0.0982×10^{-3}	0.100×10^{-3}	0.0972×10^{-3}	0.0991×10^{-3}	0.161×10^{-3}	0.164×10^{-3}
240	61	53	30①	0.0747×10^{-3}	0.762×10^{-3}	0.0740×10^{-3}	0.0754×10^{-3}	0.122×10^{-3}	0.125×10^{-3}
300	61	53	30①	0.0595×10^{-3}	0.0607×10^{-3}	0.0590×10^{-3}	0.0601×10^{-3}	0.0976×10^{-3}	0.100×10^{-3}
400	61	53	53	0.0465×10^{-3}	0.0475×10^{-3}	0.0461×10^{-3}	0.0470×10^{-3}	0.0763×10^{-3}	0.0778×10^{-3}
500	61	53	53	0.0369×10^{-3}	0.0377×10^{-3}	0.0366×10^{-3}	0.0373×10^{-3}	0.0605×10^{-3}	0.0617×10^{-3}
630	127	114	114	0.0286×10^{-3}	0.0292×10^{-3}	0.0283×10^{-3}	0.0289×10^{-3}	0.0469×10^{-3}	0.0478×10^{-3}
800	127	—	—	0.0224×10^{-3}	0.0228×10^{-3}	0.0221×10^{-3}	0.0226×10^{-3}	0.0367×10^{-3}	0.0347×10^{-3}
1000	127	—	—	0.0177×10^{-3}	0.0181×10^{-3}	0.0176×10^{-3}	0.0179×10^{-3}	0.0291×10^{-3}	0.0297×10^{-3}

① 对于非常特殊用途的导体可制成实心导体。

② 实际截面积约为 47mm²。

2.3 电感及电磁力

2.3.1 电缆电感的计算

电缆的电感是电缆导体所交链的磁通链与导体电流的比值。为了便于计算，可以将电感分成内感及外感或自感与互感分量。内感是导体内部交链的磁通量所构成的电感，而外感则是导体外部交链的磁通链所构成的电感。自感是导体本身的电流所形成的磁通与导体自身交链所构成的电感，互感则是邻近导体的电流所形成的磁通与电缆导体交链所形成的电感。各种情况下电缆电感的计算方法见表 5-2-6。

表 5-2-6　电力电缆电感的计算方法

电缆及线路特征	每相每厘米长度电缆的电感 $L/(10^{-9}\text{H/cm})$	备　注
1. 两根单芯电缆（无铠装）组成的单相交流回路，护套开路	$L = L_i + L_e$ 或 $L = L_{11} - M_{21}$ 1）内感 L_i a）实心圆形导体 $L_i = 0.500$ b）多根单线规则扭绞导体 <table><tr><td>单线根数</td><td>L_i（在工频范围内）</td></tr><tr><td>3</td><td>0.780</td></tr><tr><td>7</td><td>0.640</td></tr><tr><td>19</td><td>0.555</td></tr><tr><td>37</td><td>0.530</td></tr><tr><td>61</td><td>0.516</td></tr><tr><td>91 或单根</td><td>0.500</td></tr></table> c）中空导体（如中心油道结构） $L_i = \dfrac{2r_{du}^4}{(r_c^2 - r_{du}^4)^2}\ln\dfrac{r_c}{r_{du}} + \dfrac{1}{2}\dfrac{r_c^2 - 3r_{du}^2}{r_c^2 - r_{du}^2}$ 或简化公式 $L_i = 0.5\left[1 - \left(\dfrac{r_{du}}{r_c}\right)^{1.5}\right]$ d）大截面导体 　当导体截面积大于 500mm^2 时，趋肤效应及邻近效应对电感的影响，可以用一个等效的空心导体加以考虑。空心导体的外径等于导体的外径；空心导体具有这样的内径：其直流电阻等于导体的交流有效电阻 2）外感 L_e $L_e = 2\ln\dfrac{S}{r_c}$ 3）自感 L_{11} $L_{11} = L_i + 2\ln\dfrac{1}{r_c}$ 4）互感 M_{21} $M_{21} = 2\ln\dfrac{1}{S}$	L_i——内感，由导体内部的磁通交链而产生的（H/cm）； L_e——外感，由导体外部的磁通交链而产生的（H/cm）； L_{11}——自感，由导体 A 的电流对导体 A 本身产生的电感（H/cm）； M_{21}——互感，导体 B 的电流对导体 A 产生的电感（H/cm）； r_c——导体半径（cm）； r_{du}——空心导体内半径（cm）； S——导体轴间距离（cm）
2. 三根单芯电缆（无铠装）组成的三相对称交流回路，正三角形敷设，护套开路 $\dot{I}_A + \dot{I}_B + \dot{I}_C = 0$ $\dot{I}_A = \dot{I}_B \angle 120°$； $\dot{I}_C = \dot{I}_B \angle -120°$	$L = L_i + 2\ln\dfrac{S}{r_c}$	S——导体轴间距离（cm）

（续）

电缆及线路特征	每相每厘米长度电缆的电感 $L/(10^{-9}\text{H/cm})$	备　注
3. 三根单芯电缆（无铠装）组成的三相对称交流回路，等距平面敷设，护套开路 $\dot{I}_B = \left(-\dfrac{1}{2}-j\dfrac{\sqrt{3}}{2}\right)\dot{I}_A$ $\dot{I}_C = \left(-\dfrac{1}{2}+j\dfrac{\sqrt{3}}{2}\right)\dot{I}_A$	A 相： $L_1 = L_i + 2\ln\dfrac{S}{r_c} - \dfrac{-1+j\sqrt{3}}{2}(2\ln2)$ B 相： $L_2 = L_i + 2\ln\dfrac{S}{r_c}$ C 相： $L_3 = L_i + 2\ln\dfrac{S}{r_c} - \dfrac{-1-j\sqrt{3}}{2}(2\ln2)$ 三相平均值 $L = \dfrac{L_1+L_2+L_3}{3} = L_i + 2\ln\dfrac{S}{r_c} + \dfrac{2}{3}\ln2$	S——导体轴间距离（cm）
4. 三根单芯电缆（无铠装）组成的三相对称交流回路，平面敷设，电缆换位，护套开路 	$L = L_i + 2\ln\dfrac{S_e}{r_c}$ $S_e = \sqrt[3]{S_{AB}S_{BC}S_{CA}}$	S_e——三电缆轴间距离的几何平均距离（cm）； S_{AB}——导体 A 与导体 B 轴间距离（cm）； S_{BC}——导体 B 与导体 C 轴间距离（cm）； S_{CA}——导体 C 与导体 A 轴间距离（cm）
5. 两个三相系统	两系统间的距离大于同一系统中电缆轴间距离时，两系统间的相互影响可以不计，每个系统单独计算其电感	
6. 由 n 根单芯电缆（无铠装）组成的 n 相电路　金属护套开路	第 k 根电缆的电感 $L_k = \dfrac{\dot{\Phi}_k}{\dot{I}_k}$ $= \dfrac{M_{1k}\dot{I}_1 + M_{2k}\dot{I}_2 + M_{3k}\dot{I}_3 + \cdots + L_{kk}\dot{I}_k + \cdots + M_{nk}\dot{I}_n}{\dot{I}_k}$	L_{kk}——第 k 根电缆的自感（H/cm）； M_{nk}——第 k 根电缆与第 n 根电缆间的互感（H/cm）； $\dot{I}_k$——第 k 根电缆的导体电流（A）； $\dot{I}_{sk}$——第 k 根电缆的护套环流（A）；
7. 同上，金属护套闭路（存在护套环流 I_s） 1）一般情况 2）单相回路 3）按等边三角形敷设的三相回路，平衡负载	$L'_k = L_k +$ $\dfrac{M_{s1k}\dot{I}_{s1} + M_{s2k}\dot{I}_{s2} + \cdots + L_{skk}\dot{I}_{sk} + \cdots + M_{snk}\dot{I}_{sn}}{\dot{I}_k}$ $L'_k = L + \dfrac{\dot{I}_s}{\dot{I}}L_s \approx L - \dfrac{I_s}{I}L_s$	L_{skk}——第 k 根电缆的护套自感（H/cm）； M_{snk}——第 k 根电缆的护套与第 n 根电缆间的互感（H/cm）； $L_{kk} = L_i + 2\ln\dfrac{1}{r_{c.k}}$ $L_{skk} = 2\ln\dfrac{1}{r_{s.k}}$ $M_{nk} = M_{snk} = 2\ln\dfrac{1}{S_{nk}}$ $r_{c.k}$——第 k 根电缆的导体半径（cm）；
8. 有铠装电缆	钢带或钢丝铠装的电缆，和没有铠装的电缆比较，电感变大，相当于导体之间的距离增加 15%~25% 敷设在钢管中的电缆，电感的增加相当于电缆轴间距离增加 30%	S_{nk}——第 k 根电缆与第 n 根电缆的轴间距离（cm）； $r_{s.k}$——护套的平均半径（cm）

（续）

电缆及线路特征	每相每厘米长度电缆的电感 $L/(10^{-9}\mathrm{H/cm})$	备 注
9. 圆形导体多芯电缆	$L = L_i + 2\ln\dfrac{S}{r_c}$	L_i——内感（H/cm） S——导体轴间距离（cm） r_c——圆形导体的半径（cm），或与扇形导体具有相同截面积的等效圆形导体的半径（cm）;
10. 扇形导体多芯电缆	$L = L_i + 2\ln\dfrac{r_c + \delta}{r_c}$	δ——导体间的绝缘厚度（cm）

2.3.2 电缆护套的电感

电缆金属护套所交链的磁通链与电缆导体电流的比值称为电缆护套的电感。

计算护套中的感应电压、感应电流以及护套损耗时，都需要知道护套电感。

护套电感的计算公式见表 5-2-7。

表 5-2-7 电力电缆金属护套电感 L_s 的计算

电缆及线路特征	每相每厘米长度电缆金属护套的电感 $L_s/(10^{-9}\mathrm{H/cm})$	备 注
1. 两根单芯电缆组成的单相交流回路，护套开路	$L_s = 2\ln\dfrac{S}{r_s}$	
2. 三根单芯电缆按等边三角形敷设的三相平衡负载交流回路，护套开路	$L_s = 2\ln\dfrac{S}{r_s}$	S——电缆导体轴间距离（cm）; S_{AB}——导体 A 与导体 B 的轴间距离（cm）; S_{BC}——导体 B 与导体 C 的轴间距离（cm）;
3. 三根单芯电缆按等距平面敷设的三相平衡负载交流回路，护套开路 $\dot{I}_A = \left(-\dfrac{1}{2} - j\dfrac{\sqrt{3}}{2}\right)\dot{I}_B$ $\dot{I}_C = \left(-\dfrac{1}{2} + j\dfrac{\sqrt{3}}{2}\right)\dot{I}_B$	A 相： $L_{s1} = 2\ln\dfrac{S}{r_s} - \dfrac{-1 + j\sqrt{3}}{2}(2\ln 2)$ B 相： $L_{s2} = 2\ln\dfrac{S}{r_s}$ C 相： $L_{s3} = 2\ln\dfrac{S}{r_s} - \dfrac{-1 - j\sqrt{3}}{2}(2\ln 2)$ 三相平均值： $L_s = 2\ln\dfrac{S}{r_s} + \dfrac{2}{3}\ln 2$	S_{CA}——导体 C 与导体 A 的轴间距离（cm）; r_s——电缆金属护套的平均半径（cm）; $\dot{I}_1$——A 相电缆的电流（A）; $\dot{I}_k$——k 相电缆的电流（A）; $\dot{I}_{s1}$——A 相电缆的护套环流（A）; $\dot{I}_{sk}$——k 相电缆的护套环流（A）;
4. 三根单芯电缆平面敷设的三相平衡负载交流回路，电缆换位，护套开路	$L_s = 2\ln\dfrac{\sqrt[3]{S_{AB}S_{BC}S_{CA}}}{r_s}$	M_{s1k}——第一根电缆（A 相）与第 k 相电缆的护套间的互感（H/cm）; M_{snk}——第 n 相电缆与第 k 相电缆的护套间的互感（H/cm）;
5. n 根单芯电缆构成的 n 相交流回路，护套开路	第 k 根电缆的护套电感的一般公式 $L_{sk} =$ $\dfrac{M_{s1k}\dot{I}_1 + M_{s2k}\dot{I}_2 + M_{s3k}\dot{I}_3 + \cdots + L_{skk}\dot{I}_k + \cdots + M_{snk}\dot{I}_n}{\dot{I}_k}$	L_{skk}——第 k 相电缆的护套自感，即由导体 k 中的电流在护套 k 中产生的电感（H/cm）;

（续）

电缆及线路特征	每相每厘米长度电缆金属护套的电感 $L_s/(10^{-9}\text{H/cm})$	备　注
6. n 根单芯电缆构成的 n 相交流回路，护套两端闭路（有护套环流）	有护套环流时第 k 根电缆的护套电感一般公式 $L'_{sk} = L_{sk} +$ $\dfrac{M_{s1k}\dot{I}_{s1} + M_{s2k}\dot{I}_{s2} + \cdots + L_{skk}\dot{I}_{sk} + \cdots + M_{snk}\dot{I}_{sn}}{\dot{I}_k}$	$M_{snk} = 2\ln\dfrac{1}{S_{nk}}$ $L_{skk} = 2\ln\dfrac{1}{r_{s,k}}$
7. 两根单芯电缆构成的单相交流回路，护套闭路	$L'_s = L_s + \dfrac{\dot{I}_s}{\dot{I}}L_s \approx L_s\left(1 - \dfrac{I_s}{I}\right)$	S_{nk}——导体 n 与导体 k 的轴间距离（cm）； $r_{s,k}$——第 k 相电缆金属护套的平均半径（cm）
8. 三根单芯电缆按等边三角形敷设的三相平衡负载交流回路，护套闭路		
9. 多芯电缆	可以忽略不计	

2.3.3　电磁力的计算

当电缆导体中有电流通过时，导体间因电磁感应而有电磁力的作用。当两电缆导体平行、电流方向相同时，为吸力；反之为斥力。这种力作用于电缆各部分，使之发生应变。大容量的电缆短路时，电磁力可能达到很大的值，有损坏电缆的可能性。

各种情况下电磁力的计算见表5-2-8。

表5-2-8　电力电缆电磁力的计算

线路特征	每厘米长度电缆两导体间的电磁力 $F/(\text{N/cm})$	备　注
1. 单相直流电路	$F = \dfrac{C}{S}i_1 i_2$	
2. 单相交流电路 $I = I_m\cos\omega t$	$F = \dfrac{C}{S}I^2 = \dfrac{CI_m^2}{2S} + \dfrac{CI_m^2}{2S}\cos 2\omega t$	
3. 任意三相交流电路	A 相与 B 相导体间的作用力： $F_{AB} = \dfrac{C}{S_{AB}}\dot{I}_A\dot{I}_B$ B 相与 C 相导体间的作用力： $F_{BC} = \dfrac{C}{S_{BC}}\dot{I}_B\dot{I}_C$ C 相与 A 相导体间的作用力： $F_{CA} = \dfrac{C}{S_{CA}}\dot{I}_C\dot{I}_A$	C——常数；$C = 2\times10^{-6}$ N/A^2， S——两导体轴间距离（cm）； $i_1,\ i_2$——两导体的直流电流（A）； I_m——交流电流的波峰值（A）； $\dot{I}_A,\ \dot{I}_B,\ \dot{I}_C$——A、B、C 各相的导体电流矢量（A）； $\dot{I}_{SA}$——A 相电缆的护套环流矢量（A）； $S_{AB}、S_{BC}、S_{CA}$——A、B、C 各相电缆的轴间距离（cm）； ω——交流电流角频率（rad/s）； t——时间（s）
4. 平衡负载三相交流电路 $\dot{I}_A = I_m\cos\omega t$ $\dot{I}_B = I_m\cos(\omega t - 120°)$ $\dot{I}_C = I_m\cos(\omega t - 240°)$	$F_{AB} = -\dfrac{CI_m^2}{4S} + \dfrac{CI_m^2}{2S}\cos(2\omega t - 120°)$ $F_{BC} = \dfrac{CI_m^2}{2S} + \dfrac{CI_m^2}{2S}\cos 2\omega t$ $F_{CA} = -\dfrac{CI_m^2}{4S} + \dfrac{CI_m^2}{2S}\cos(2\omega t - 240°)$	
5. 有护套环流的电缆线路	考虑护套环流的影响时的电磁力公式同上，但每相的电流应用每相电流与每相护套电流的矢量和代替，即以 $\dot{I}_A + \dot{I}_{SA}$ 代替 $\dot{I}_A$，余类推	

2.3.4 电缆的电抗、阻抗及电压降

电缆的电抗 X （Ω/cm）：

$$X = \omega L, \omega = 2\pi f \qquad (5\text{-}2\text{-}8)$$

电缆的阻抗 Z （Ω/cm）：

$$z = \sqrt{R^2 + X^2} \qquad (5\text{-}2\text{-}9)$$

电缆的电压降 ΔU （V）：

$$\Delta U = IZl \qquad (5\text{-}2\text{-}10)$$

式中　f——电源频率（Hz）；

L——每厘米长度电缆每相的电感（H/cm）；

R——每厘米长度电缆每相导体的交流有效电阻（Ω/cm），计算时应包括护层损耗及铠装损耗的影响；

I——导体电流（A）；

l——电缆长度（cm）。

2.3.5 金属护套的感应电压及电流

1. 金属护套感应电压的来源及影响

由单芯电缆构成的交流传输系统中，电缆导体和金属护套间的关系可以看作一个空心变压器。电缆导体相当于一次绕组，而金属护套相当于二次绕组。

单芯电缆金属护套处于导体电流的交变磁场中，因而在金属护套中产生一定的感应电动势。

在一般情况下，电缆导体中通过的只是载流量安全范围内的工作电流。这时电缆金属护套每厘米长度上的感应电压虽然数值不大，但由于电缆可能很长，每厘米长度上的感应电压叠加起来也可能达到危及人身安全的程度。如护套形成通路，护套中的感应电动势将在护套中形成护套电流（环流），消耗电源能量，并引起电缆发热，成为限制电缆载流量的影响因素之一。特别对于高压及超高压电缆，护套损耗对载流量的影响是相当大的。为了减少护套损耗，提高载流量，在超高压电缆中常使护套对地绝缘，而在护套的一定位置采用特殊的护套连接及接地方法。在这种情况下，应保证在护套最高电压时护套对地绝缘能够可靠地工作。

当电缆短路故障时，导体中有强大的短路电流通过，护套中的感应电压将达到更大的数值。此外，当电缆导体中有过电压（大气过电压以及操作过电压）的冲击波传播时，也会在电缆护套中形成很大的感应电压。在设计电缆护套的绝缘时，应考虑所有可能发生的护套电压。

2. 正常工作情况下电缆护套感应电压的计算

1）由两根单芯电缆构成的单相回路。每厘米长度电缆每相护套中的感应电动势 E_s（V/cm）

$$\dot{E}_s = j\omega L_s \dot{I} \text{ 或 } E_s = \omega L_s I \qquad (5\text{-}2\text{-}11)$$

$$L_s = 2\ln\frac{S}{r_s} \times 10^{-9} \qquad (5\text{-}2\text{-}12)$$

式中　L_s——电缆金属护套的电感，（H/cm）；

I——导体电流（A）；

S——导体轴间距离（cm）；

r_s——护套平均半径（cm）。

当金属护套只有一点接地，不能构成电流通路，护套内只有感应电压而无感应环流。当金属护套两端接地，构成电流的环路，则护套内有感应电流 I_s

$$\dot{I}_s = \frac{\dot{E}_s}{R_s + jX_s}$$

或绝对值

$$\left.\begin{array}{l} I_s = \dfrac{E_s}{\sqrt{R_s^2 + X_s^2}} \\[2mm] R_s = \dfrac{\rho_s}{A_s}[1 + \alpha_s(\theta_s - 20)] \\[2mm] X_s = \omega L_s \end{array}\right\} \qquad (5\text{-}2\text{-}13)$$

式中　R_s——每厘米长度电缆金属护套的电阻（Ω/cm）；

ρ_s——护套金属的电阻系数（$\Omega \cdot cm$），对护套用铝时为 2.84×10^{-6}，对护套用铅合金时为 21.4×10^{-6}；

α_s——护套金属的电阻温度系数（1/℃），对护套用铝时为 4.03×10^{-3}，对护套用铅合金时为 4.0×10^{-3}；

θ_s——护套的温度（℃）；

A_s——护套金属的截面积（cm^2）；

X_s——每厘米长度电缆每相金属护套的电抗（Ω/cm）；

L_s——每厘米长度电缆每相护套的电感（H/cm）。

2）由三根单芯电缆构成的三相交流电路在一般情况下，每厘米长度电缆护套上的感应电压 U_s（V/cm）相应于 A、B、C 三相分别为

$$\left.\begin{array}{l} \dot{U}_{sA} = \dot{I}_{sA} R_s - j\omega L_{sA} \dot{I}_A \\[4pt] \dot{U}_{sB} = \dot{I}_{sB} R_s - j\omega L_{sB} \dot{I}_B \\[4pt] \dot{U}_{sC} = \dot{I}_{sC} R_s - j\omega L_{sC} \dot{I}_C \end{array}\right\} \qquad (5\text{-}2\text{-}14)$$

根据三相平衡负载的条件 $\dot{I}_A + \dot{I}_B + \dot{I}_C = 0$，令

$$\dot{I}_A = \left(-\frac{1}{2} + j\frac{\sqrt{3}}{2}\right)\dot{I}_B$$

$$\dot{I}_C = \left(-\frac{1}{2} - j\frac{\sqrt{3}}{2}\right)\dot{I}_B$$

　　根据电缆的具体敷设及护套连接方法的不同，可以求出各种情况下的护套感应电压及电流，在表 5-2-9 中列出。表中给出了感应电压及电流的矢量以及标量两种形式，还给出了护套损耗与导体损耗的比例系数 λ_1。关于 λ_1 的计算还可参考本篇第 3 章。

　　从表 5-2-9 可知，护套感应电压 U_s 与导体电流 I 成比例，同时与电缆的几何尺寸及敷设方式有关，是 S/r_s 的函数。图 5-2-1 给出了护套感应电压 U_s 与 S/r_s 的关系，图中各条曲线对应的电缆敷设方法和相位列于表 5-2-10 中。

　　图中的数值是按电缆长度为 1km，电缆导体电流为 100A 的情况计算而得的。每根电缆长度为 $l$km，导体电流为 IA 时，则此电缆护套的感应电压应是曲线所示数值乘以 $\dfrac{Il}{100}$V。

　　3）多芯电缆护套中的感应电压可以忽略不计。

3. 外部短路故障时护套的感应电压

　　(1) 与电缆敷设方式的关系　当与电缆直接连接的架空线路发生短路故障时，导体中的短路电流在电缆护套上产生（感应电压。为了便于计算，假定：①短路电流不影响电缆的回路参数；②相对相的短路及相对地的短路电流对电缆导体电流的影响可以忽略不计；③没有与导体平行的屏蔽存在，但在护套单点接地系统中，有一供短路电流通过的地线；④假定电缆是等距平面敷设。

　　单点连接电缆的金属护套不允许作为短路电流的回路，通常随着电缆敷设一根接地导体（地线）。为了避免平时该地线中有回流，敷设时使它与中心电缆的距离为 0.7S（S 为相邻邻电缆轴间距离），并在电缆线路一半处换位，但电缆不换位，如图 5-2-2 所示。

　　(2) 典型的短路方式　短路的典型方式有下列 3 种：

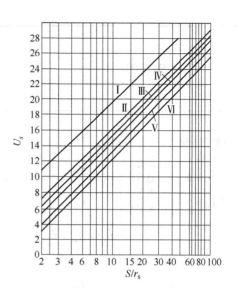

图 5-2-1　电缆护套感应电压 U_s 与

S/r_s 的关系

（电缆长度 1km，电缆电流 100A）

（图中 Ⅰ、Ⅱ、Ⅲ、Ⅳ、Ⅴ、Ⅵ 表示电缆排列方式，与表 5-2-10 相对应）

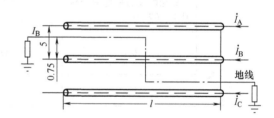

图 5-2-2　三相单点连接

电缆及其地线的布置

　　1）三相对称短路。三相对称短路时的护套感应电压和三相对称负载时的护套感应电压有共同的公式，但以短路电流 I_{sc} 代替电缆工作电流 I。

　　2）相间短路。相间短路时有两种情况，即边相（A、C 相）间短路，或边相与中相间短路。相间短路时，如果短路电流不对称，地线上就有短路电流通过，大小决定于地线的电阻，此时地线对导体起屏蔽作用；如果短路电流对称，地线上没有电流通过，将是最坏的情况，此时护套感应电压最高。计算是按最坏情况计算的。

　　3）单相对地短路。单相（A）对地短路时，

表 5-2-9　电缆金属护套的感应电

电缆的排列方式		A B 间距 S	A B C 三角形 间距 S	A B C 垂直 间距 S
① 护套一端接地 $\dot{I}_{sA}=0$ $\dot{I}_{sB}=0$ $\dot{I}_{sC}=0$	护套感应电压/(V/cm) $\dot{U}_{sA}$	$-jX\dot{I}_B$	$jX\dot{I}_B\dfrac{-1+j\sqrt{3}}{2}$	$j\dot{I}_B\dfrac{\left(-X+\frac{a}{2}\right)+j\sqrt{3}Y}{2}$
	$\dot{U}_{sB}$	$jX\dot{I}_B$	$jX\dot{I}_B$	$jX\dot{I}_B$
	$\dot{U}_{sC}$	—	$jX\dot{I}_B\dfrac{-1-j\sqrt{3}}{2}$	$j\dot{I}_B\dfrac{\left(-X+\frac{a}{2}\right)+j\sqrt{3}Y}{2}$
	$\dfrac{\dot{U}_{sA}+\dot{U}_{sB}+\dot{U}_{sC}}{3}$	0	0	$j\dfrac{a}{6}\dot{I}_B$
② 护套两端接地 $\dot{U}_{sA}=0$ $\dot{U}_{sB}=0$ $\dot{U}_{sC}=0$	护套感应电流/A $\dot{I}_{sA}$	$\dfrac{jX\dot{I}_n}{R_s+jX}$	$-\dfrac{jX(-1+j\sqrt{3})}{2(R_s+jX)}\dot{I}_B$	
	$\dot{I}_{sB}$	$-\dfrac{jX\dot{I}_B}{R_s+jX}$	$-\dfrac{jX\dot{I}_B}{R_s+jX}$	
	$\dot{I}_{sC}$	—	$-\dfrac{jX(-1-j\sqrt{3})}{2(R_s+jX)}\dot{I}_B$	
	每相电缆的平均护套损耗 $W_s/(W/cm)$	$\dfrac{X^2R_s}{R_s^2+X^2}I_B^2$	$\dfrac{X^2R_s}{R_s^2+X^2}I_B^2$	
③ 护套一端接地 $W_s=0$	U_{sA}	XI	XI	$\dfrac{1}{2}\sqrt{3Y^2+\left(X-\frac{a}{2}\right)^2}\,I$
	U_{sB}	XI	XI	XI
	U_{sC}	—	XI	$\dfrac{1}{2}\sqrt{3Y^2+\left(X-\frac{a}{2}\right)^2}\,I$
④ 护套两端连接接地 $U_{sA}=U_{sB}=U_{sC}=0$ $\lambda_1=\dfrac{护套损耗}{导体损耗}$	$\lambda_{1A}=\dfrac{I_{sA}^2R_s}{I^2R}$	$\dfrac{X^2}{R_s^2+X^2}\dfrac{R_s}{R}$	$\dfrac{X^2}{R_s^2+X^2}\dfrac{R_s}{R}$	
	$\lambda_{1B}=\dfrac{I_{sB}^2R_s}{I^2R}$	$\dfrac{X^2}{R_s^2+X^2}\dfrac{R_s}{R}$	$\dfrac{X^2}{R_s^2+X^2}\dfrac{R_s}{R}$	
	$\lambda_{1C}=\dfrac{I_{sC}^2R_s}{I^2R}$	—	$\dfrac{X^2}{R_s^2+X^2}\dfrac{R_s}{R}$	
⑤ 符号	Y	—	—	$X+\dfrac{a}{2}$
	Z	—	—	$X-\dfrac{a}{6}$
	M			
	N			
⑥ 备注		$X=2\omega\ln S/r_s\times10^{-9}(\Omega/cm)$ S——电缆轴间距离(cm) r_s——护套平均半径(cm)		

压、电流及损耗公式

$j\dot{I}_B\dfrac{(-X+a)+j\sqrt{3}\,Y}{2}$	$j\dot{I}_B\dfrac{\left(-X+\dfrac{b}{2}\right)+j\sqrt{3}\,Y}{2}$	$j\dot{I}_B\dfrac{\left(-X+\dfrac{b}{2}\right)+j\sqrt{3}\,Y}{2}$
$jX\dot{I}_B$	$j\left(X+\dfrac{a}{2}\right)\dot{I}_B$	$j\left(X+\dfrac{a}{2}\right)\dot{I}_B$
$j\dot{I}_B\dfrac{(-X+a)-j\sqrt{3}\,Y}{2}$	$j\dot{I}_B\dfrac{\left(-X+\dfrac{b}{2}\right)-j\sqrt{3}\,Y}{2}$	$j\dot{I}_B\dfrac{\left(-X+\dfrac{b}{2}\right)-j\sqrt{3}\,Y}{2}$
$j\dfrac{a}{3}\dot{I}_B$	$j\dfrac{a+b}{6}\dot{I}_B$	$j\dfrac{a+b}{6}\dot{I}_B$

$$-\dfrac{(1-\sqrt{3}\,N)+j(M+\sqrt{3})}{2(M+j)(N+j)}\dot{I}_B$$

$$-\dfrac{j}{N+j}\dot{I}_B$$

$$-\dfrac{(1+\sqrt{3}\,N)+j(M-\sqrt{3})}{2(M+j)(N+j)}\dot{I}_B$$

$$\dfrac{(M^2+N^2+2)R_s}{2(M^2+1)(N^2+1)}\dot{I}_B$$

$\dfrac{1}{2}\sqrt{3Y^2+(X-a)^2}\,I$	$\dfrac{1}{2}\sqrt{3Y^2+\left(X-\dfrac{b}{2}\right)^2}\,I$	$\dfrac{1}{2}\sqrt{3Y^2+\left(X-\dfrac{b}{2}\right)^2}\,I$
XI	$\left(X+\dfrac{a}{2}\right)I$	$\left(X+\dfrac{a}{2}\right)I$
$\dfrac{1}{2}\sqrt{3Y^2+(X-a)^2}\,I$	$\dfrac{1}{2}\sqrt{3Y^2+\left(X-\dfrac{b}{2}\right)^2}\,I$	$\dfrac{1}{2}\sqrt{3Y^2+\left(X-\dfrac{b}{2}\right)^2}\,I$

$$\dfrac{M^2+3N^2+2\sqrt{3}(M-N)+4}{4(M^2+1)(N^2+1)}\dfrac{R_s}{R}$$

$$\dfrac{1}{N^2+1}\dfrac{R_s}{R}$$

$$\dfrac{M^2+3N^2-2\sqrt{3}(M-N)+4}{4(M^2+1)(N^2+1)}\dfrac{R_s}{R}$$

$X+a$	$X+a+\dfrac{b}{2}$	$X+a-\dfrac{b}{2}$
$X-\dfrac{a}{3}$	$X+\dfrac{a}{3}-\dfrac{b}{6}$	$X+\dfrac{a}{3}-\dfrac{b}{6}$

$$R_s/Y$$

$$R_s/Z$$

$a=2\omega\ln2\times10^{-9}\ \Omega/\text{cm}$

$b=2\omega\ln5\times10^{-9}\ \Omega/\text{cm}$

I_B——B 相电流（A）

R_s——护套电阻（Ω/cm）

表 5-2-10 电缆护套感应电压 U_s 与电缆敷设方法及相位的关系

	电缆的排列方式	电缆相位	护套感应电压对应图 5-2-1 的曲线号
1	A ○ S ○ B	A, B	V
2	A ○ S S ○ B S ○ C	A, B, C	V
3	A ○ S B ○ S ○ C	A, C B	IV V
4	A ○ S B ○ S C ○	A, C B	II V
5	S S A ○ B ○ C ○ S A ○ B ○ C ○	A, C B	I II
6	A ○ B ○ C ○ S C ○ B ○ A ○ S S	A, C B	III IV

假定所有的短路电流都是通过地线的，不以大地为回路。这时护套中出现最危险的情况，护套感应电压最高，这与实验结果相符合。

(3) 短路计算 对应各种短路方式护套感应电压的计算公式列于表 5-2-11。

表 5-2-11　短路时护套的感应电压 U_s

短　路　方　式	每厘米长度电缆金属护套的感应电压 $U_s \times 10^{-9}$ /（V/cm）
1. 三相对称短路 $I_{sC.A} = I_{sC.B} = I_{sC.C}$ $\dot{I}_{sC.A} + \dot{I}_{sC.B} + \dot{I}_{sC.C} = 0$	$\dot{U}_{sA} = j2\omega\left(-\dfrac{1}{2}\ln\dfrac{S}{2r_s} + j\dfrac{\sqrt{3}}{2}\ln\dfrac{2S}{r_s}\right)\dot{I}_{sC.B}$ $\dot{U}_{sB} = j2\omega\ln\dfrac{S}{r_s}\dot{I}_{sC.B}$ $\dot{U}_{sC} = j2\omega\left(-\dfrac{1}{2}\ln\dfrac{S}{2r_s} - j\dfrac{\sqrt{3}}{2}\ln\dfrac{2S}{r_s}\right)\dot{I}_{sC.B}$ $\dot{U}_{sAB} = j2\omega\left(-\dfrac{1}{2}\ln\dfrac{S^3}{2r_s^3} + j\dfrac{\sqrt{3}}{2}\ln\dfrac{2S}{r_s}\right)\dot{I}_{sC.B}$ $\dot{U}_{sAC} = -2\sqrt{3}\omega\ln\dfrac{2S}{r_s}\dot{I}_{sC.B}$ $\dot{U}_{sBC} = j2\omega\left(-\dfrac{1}{2}\ln\dfrac{S^3}{2r_s^3} - j\dfrac{\sqrt{3}}{2}\ln\dfrac{2S}{r_s}\right)\dot{I}_{sC.B}$
2. 边相（A 相与 C 相）间短路	$\dot{U}_{sA} = j2\omega\ln\dfrac{S}{r_s}\dot{I}_{sC.A}$ $\dot{U}_{sB} = 0$ $\dot{U}_{sC} = -j2\omega\ln\dfrac{2S}{r_s}\dot{I}_{sC.A}$ $\dot{U}_{sAB} = \dot{U}_{sA}$ $\dot{U}_{sBC} = \dot{U}_{sC}$ $\dot{U}_{sAC} = -j4\omega\ln\dfrac{2S}{r_s}\dot{I}_{sC.A}$
3. 边相（A 相）与中间相（B 相）间短路	$\dot{U}_{sA} = j2\omega\left(\ln\dfrac{2S}{r_s}\right)\dot{I}_{sC.A}$ $\dot{U}_{sB} = -j2\omega\left(\ln\dfrac{2S}{r_s}\right)\dot{I}_{sC.A}$ $\dot{U}_{sC} = -j2\omega\left(\ln 2\right)\dot{I}_{sC.A}$ $\dot{U}_{sAB} = j4\omega\left(\ln\dfrac{S}{r_s}\right)\dot{I}_{sC.A}$ $\dot{U}_{sBC} = -j2\omega\left(\ln\dfrac{S}{2r_s}\right)\dot{I}_{sC.A}$ $\dot{U}_{sAC} = j2\omega\left(\ln\dfrac{2S}{r_s}\right)\dot{I}_{sC.A}$
4. 单相（A 相）对地短路	$\dot{U}_{sA} = \left(R_E 10^9 + j2\omega\ln\dfrac{S_{AE}^2}{r_s r_E}\right)\dot{I}_{sC.A}$ $\dot{U}_{sB} = \left(R_E 10^9 + j2\omega\ln\dfrac{S_{AE}S_{BE}}{Sr_E}\right)\dot{I}_{sC.A}$ $\dot{U}_{sC} = \left(R_E 10^9 + j2\omega\ln\dfrac{S_{AE}S_{CE}}{2Sr_E}\right)\dot{I}_{sC.A}$ $\dot{U}_{sAB} = j2\omega\left(\ln\dfrac{SS_{AE}}{r_s S_{BE}}\right)\dot{I}_{sC.A}$ $\dot{U}_{sBC} = j2\omega\left(\ln\dfrac{2S_{BE}}{S_{CE}}\right)\dot{I}_{sC.A}$ $\dot{U}_{sAC} = j2\omega\left(\ln\dfrac{2S}{r_s}\dfrac{S_{AE}}{S_{CE}}\right)\dot{I}_{sC.A}$

（续）

短路方式	每厘米长度电缆金属护套的感应电压 $U_s \times 10^{-9}$ /（V/cm）
备注	f——电源频率（Hz），$\omega = 2\pi f$； S——相邻两电缆导体轴间距离（cm）； S_{AE}，S_{BE}，S_{CE}——A，B，C相导体与接地线 E 间的轴间距离（cm）； r_s——金属护套的平均半径（cm）； r_E——接地线的半径（cm）； $I_{sC.A}$，$I_{sC.B}$——A相，B相的短路电流（A）； R_E——接地线电阻（Ω/cm）。

4. 过电压在电缆金属护套上引起的感应电压

过电压，不论是大气过电压，还是操作过电压，在护套上均会引起很高的感应电压。

（1）大气过电压引起的护套感应电压 当电缆的一端与架空线相连接，而架空线上承受大气过电压时，电缆护套上的感应电压 U_s（kV）按下式计算：

$$U_s = \frac{2Z_{1s}}{Z_0 + Z_{1s} + Z}\left(\frac{Z_{2s}}{Z_{2s} + Z_e}\right)U_i \quad (5-2-15)$$

一般 $Z_{2s} \geqslant Z_e$，上式近似简化为

$$U_s \approx \frac{2Z_{1s}}{Z_0 + Z_{1s} + Z}U_i \quad (5-2-16)$$

式中　U_i——从架空线来的入侵电压波幅值（kV）；
　　　Z_{1s}——在架空线侧护套的接地波阻抗（Ω），铅套一端接地时一般应在架空线侧接地；
　　　Z_{2s}——电缆护套另一端的保护器的波阻抗（Ω）；
　　　Z——电缆的波阻抗（Ω）；
　　　Z_0——架空线的波阻抗（Ω）；
　　　Z_e——护套对地的波阻抗（Ω）。

一般架空线的波阻抗为 $Z_0 = 500\Omega$，电缆的波阻抗为 $Z = 30\Omega$。对应于不同接地波阻抗 Z_{1s} 的护套感应电压与架空线来的入侵电压波的幅值百分比列于表5-2-12中。从表可见，在铅套一端接地时，欲降低护套感应电压 U_s 必须特别注意尽量减小接地电阻。

表 5-2-12　接地波阻抗 Z_{1s} 对护套感应电压的影响

电缆接地波阻抗 Z_{1s}/Ω	护套感应电压 U_s/入侵电压波 U_i（%）
0.5	0.19
1.0	0.38
5	1.87
10	3.70

（2）操作电压引起的护套感应电压 试验表明，在操作过电压下电缆护套中的感应电压可达很大的数值。主要通过试验来决定，估算时可采用下式：

护套对地过电压 = 0.153 × 操作过电压

其中 0.153 是实验测得的值。操作过电压决定于系统所采用的开关及保护装置的特性。

2.4　绝缘电阻

绝缘上所加的直流电压 U 与泄漏电流 I_g 的比值称为绝缘电阻 R_i，即

$$R_i = \frac{U}{I_g}$$

相应于泄漏电流是表面的或体积的，绝缘电阻也可以分为表面绝缘电阻和体积绝缘电阻。一般在不加说明时所称的绝缘电阻均是指体积绝缘电阻。

在均匀电场下绝缘电阻与绝缘厚度 δ 成正比，而与电极面积 A 成反比，即

$$R_V = \rho_V\frac{\delta}{A} \quad (5-2-17)$$

式中　ρ_V——体积绝缘电阻系数（$\Omega \cdot cm$）。

20℃下，电缆常用绝缘材料的绝缘电阻系数列于表5-2-13中。

表 5-2-13　电缆常用绝缘材料的绝缘电阻系数（温度：20℃）

材料	绝缘电阻系数 ρ_V /（$\Omega \cdot cm$）	材料	绝缘电阻系数 ρ_V /（$\Omega \cdot cm$）
油浸纸	$10^{15} \sim 10^{17}$	聚氯乙烯	$10^{13} \sim 10^{14}$
干纸	$10^{16} \sim 10^{17}$	聚乙烯	$10^{16} \sim 10^{17}$
绝缘油	$10^{14} \sim 10^{15}$	交联聚乙烯	$10^{16} \sim 10^{17}$
橡胶	$10^{13} \sim 10^{15}$		

影响绝缘电阻系数的主要因素列于表5-2-14中。

表 5-2-14　影响绝缘电阻系数的主要因素

影 响 因 素	说　　明
温度	绝缘电阻系数随温度上升而迅速下降，服从如下指数近似公式： $$\rho_V = a e^{-\alpha\theta}$$ 式中　θ——温度（℃）； 　　　α——常数，与绝缘材料有关。对于油与松香的复合物浸渍的电缆纸绝缘，0℃ 时 $a \approx 10^{18} \Omega \cdot cm$，$\alpha \approx 0.88$（1/℃）
电场强度	在电场强度较低时，绝缘电阻系数与电场强度几乎无关；在场强较高时，由于离子迁移率增加，绝缘电阻系数很迅速地下降。油纸绝缘的绝缘电阻系数随电场强度增加而下降的关系，如图 5-2-3 所示。聚乙烯电缆的绝缘电阻系数可近似地用如下经验公式表达： $$\rho_V = \frac{K e^{-\alpha\theta}}{E^\gamma}$$ 式中　K——常数，对于绝缘厚度为 1.9mm 的试样，当电场强度 $E = 5 \sim 21 kV/mm$ 时，$\alpha = 0.13$，$\gamma = 2.1 \sim 2.4$。 在接近击穿的高场强范围时，绝缘电阻系数随电场强度近似按指数规律急剧下降，因为此时不仅离子迁移率迅速增加，而且还出现大量的电子迁移
杂质	各种杂质离子，特别是水分，会大大降低绝缘电阻系数。含有杂质的绝缘，吸湿后其绝缘电阻系数下降的趋势尤为显著

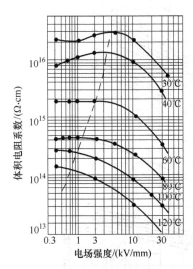

图 5-2-3　油浸纸的绝缘电阻
系数与电场强度的关系

（图中虚线为电阻系数开始表现与电场
强度有强烈依存关系各点的连线）

2.4.1　绝缘电阻的计算方法

已知电缆的结构尺寸和所用绝缘材料的绝缘电阻系数，可用表 5-2-15 中的公式求出电缆的绝缘电阻。

表 5-2-15　电缆绝缘电阻的计算

序号	电缆类型	绝缘电阻 R_i/Ω	备　注
1	单芯电缆 分相铅包电缆 屏蔽型电缆	$R_i = \dfrac{\rho_V}{2\pi} G$	ρ_V——绝缘电阻系数（$\Omega \cdot cm$）； G、G_x——几何因数； F——扇形校正因数，可从图 5-2-4 中查出； n——多芯电缆的芯数； R_i——单位长度电缆的绝缘电阻
2	圆形多芯电缆	$R_i = \dfrac{\rho_V}{2\pi n} G_x$	
3	扇形多芯电缆	$R_i = \dfrac{\rho_V}{2\pi n} G_x F$	

2.4.2　几何因数计算

1. 单芯电缆的几何因数

单芯电缆的几何因数 G 可以从图 5-2-4 中查出，也可从下式计算而得

$$G = \ln \frac{r_i}{r_c} \qquad (5\text{-}2\text{-}18)$$

式中　r_i——绝缘外半径（cm），不包括绝缘屏蔽；

r_c——导体外半径（cm），包括导体屏蔽。

2. 圆形多芯电缆的几何因数

圆形多芯电缆的几何因数 G_x 取决于各芯导体与金属护套间的连接方式。例如对于三芯带绝缘式电缆，由于导体 A、B、C 与金属护套间共有 9 种不同的连接方式，因而几何因数 G_x 也有 9 种，见表 5-2-16，其中最常用的 G、G_1、G_2 可以根据比值 $\dfrac{\delta'+\delta''}{D_c}$ 及 $\dfrac{\delta''}{\delta'}$，从图 5-2-4 中直接查出。

表 5-2-16　三芯带绝缘式电缆的几何因数 G_x

序号	连接方式	几何因数 G_x
1	A、B 及 C 相连对护套	G_1（见图 5-2-4）
2	三相工作时	G_2（见图 5-2-4）
3	A 对 B	$G_3 = 2G_2$
4	A 对 B 及 C	$G_4 = 1.5G_2$
5	A 对护套	$G_5 = \dfrac{3G_1+2G_2}{3}$
6	A 对 B 连接护套	$G_6 = \dfrac{G_2(6G_1+G_2)}{3G_1+2G_2}$
7	A 对 B、C 连接护套	$G_7 = \dfrac{9G_1G_2}{6G_1+2G_2}$
8	A 连 B 对护套	$G_8 = \dfrac{6G_1+G_2}{6}$
9	A 连 B 对 C 连接护套	$G_9 = \dfrac{4.5G_1G_2}{3G_1+2G_2}$

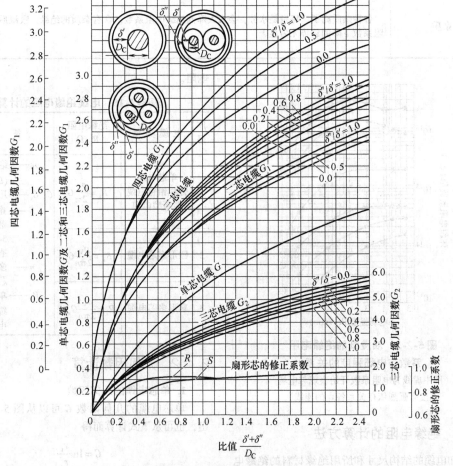

图 5-2-4　电缆的几何因数

3. 扇形多芯电缆的几何因数

扇形多芯电缆的几何因数 G_x 的求法与圆形多芯电缆的求法一样，但以扇形导体的等效直径代替 D_c。如果扇形导体的面积为 A，则其等效直径 D_c 可按下式求出：

$$D_c = \sqrt{\frac{4A}{\pi}}$$

2.5　电缆的电容

单芯电缆的导体与金属护套之间的电压为 U（V）而导体上被充的电荷为 Q（C）时，则电荷量与电压的比值 C 被称为该电缆的电容（单位为 F）即

$$C = \frac{Q}{U} \qquad (5\text{-}2\text{-}19)$$

在均匀电场情况下，电容 C 与电极面积 A 成正比，而与电极间的绝缘厚度 δ 成反比，即

$$C = \varepsilon \frac{A}{\delta} \qquad (5\text{-}2\text{-}20)$$

式中　ε——绝缘的介电系数。介电系数越大，表明这种材料在电场中每单位体积所能贮存的电能越多。当面积的单位为 cm^2，厚度的单位为 cm 时，ε 的单位为 F/cm。

真空具有最小的介电系数，以 ε_0 表示，是一个基本常数。$\varepsilon_0 \approx 8.86 \times 10^{-14}$ F/cm。

在实际应用中，绝缘材料的介电系数通常以下式表示

$$\varepsilon = \varepsilon_r \varepsilon_0$$

式中　ε_r——绝缘材料的相对介电系数。真空的相对介电系数为 1，各种绝缘材料的相对介电系数都大于 1。通常把相对介电系数简称为介电系数。

各类电力电缆绝缘的相对介电系数 ε_r 列于表 5-2-17。

表 5-2-17　电力电缆绝缘的相对介电系数

电缆绝缘型式	相对介电系数
浸渍纸绝缘电缆	
粘性浸渍、不滴流	4.0
充油，低压力	3.3
充油，高压力	3.5
管式充油型	3.7
气压型	3.5
充气型	3.4
其他类型绝缘的电缆	
乙丙橡胶	3.0
丁基橡胶	4.0
聚氯乙烯	8.0
聚乙烯	2.3
交联聚乙烯	2.5
天然丁苯橡胶	4.0

2.5.1　电容的计算

1. 均匀介质的电容（见表 5-2-18）

2. 分层介质的电容和等效介电系数（见表 5-2-19 和表 5-2-20）

表 5-2-18　每厘米长电缆的电容　　　　（单位：F/cm）

序　号	电缆类型	电容 C	备　注
1	单芯电缆 分相铅（铝）护套电缆 屏蔽型电缆	$C = \dfrac{2\pi\varepsilon_0\varepsilon_r}{G}$	ε_r——绝缘的相对介电系数； n——多芯电缆的芯数； G、G_x——几何因数[①]； F——扇形校正因数[①]； $\varepsilon_0 = 8.86 \times 10^{-14}$ F/cm
2	圆形多芯电缆	$C = \dfrac{2\pi n\varepsilon_0\varepsilon_r}{G'_x}$	
3	扇形多芯电缆	$C = \dfrac{2\pi n\varepsilon_0\varepsilon_r}{G_x F}$	

① 几何因数 G、G_x 及扇形校正因数 F 的求法见图 5-2-4 和表 5-2-16。

表 5-2-19　分层绝缘结构电缆电容的计算方法

序　号	分层方式	每厘米长度电缆的电容/(F/cm)
1	不分层 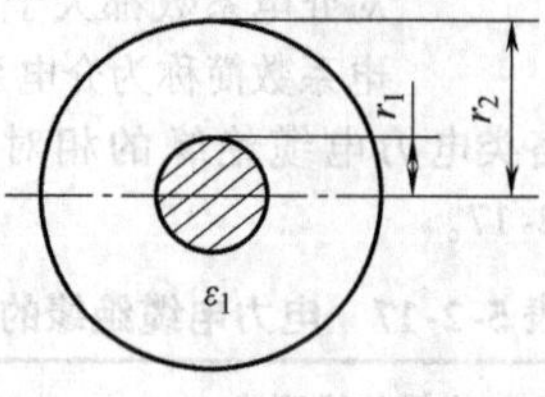	$$C = \dfrac{2\pi\varepsilon_0}{\dfrac{1}{\varepsilon_1}\ln\dfrac{r_2}{r_1}} \qquad (5\text{-}2\text{-}21)$$
2	双层 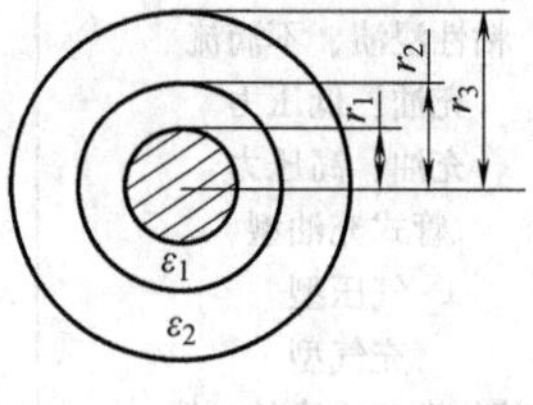	$$C = \dfrac{2\pi\varepsilon_0}{\dfrac{1}{\varepsilon_1}\ln\dfrac{r_2}{r_1} + \dfrac{1}{\varepsilon_2}\ln\dfrac{r_3}{r_2}} \qquad (5\text{-}2\text{-}22)$$
3	三层 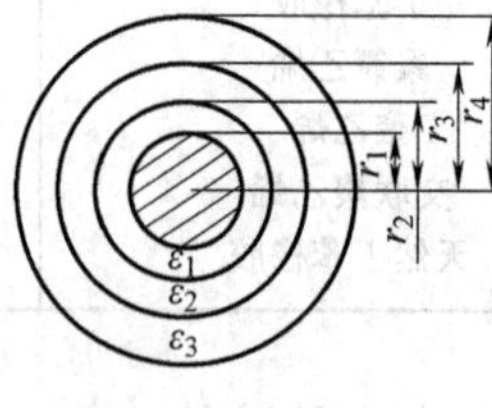	$$C = \dfrac{2\pi\varepsilon_0}{\dfrac{1}{\varepsilon_1}\ln\dfrac{r_2}{r_1} + \dfrac{1}{\varepsilon_2}\ln\dfrac{r_3}{r_2} + \dfrac{1}{\varepsilon_3}\ln\dfrac{r_4}{r_3}} \qquad (5\text{-}2\text{-}23)$$
4	m 层 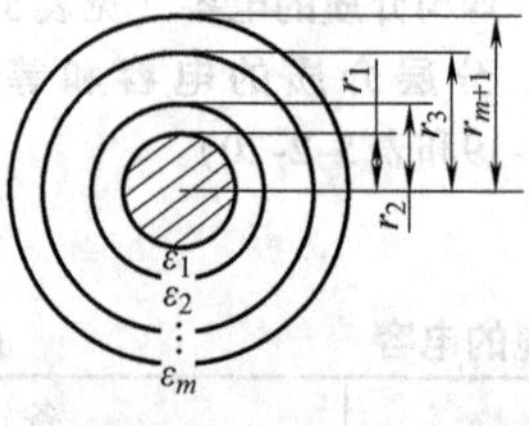	$$C = \dfrac{2\pi\varepsilon_0}{\displaystyle\sum_{i=1}^{m}\dfrac{1}{\varepsilon_i}\ln\dfrac{r_i+1}{r_i}} \qquad (5\text{-}2\text{-}24)$$

表 5-2-20　分层介质等效介电系数的计算

序号	绝　缘　种　类	等效介电系数 ε_r	备　注
1	并联的层 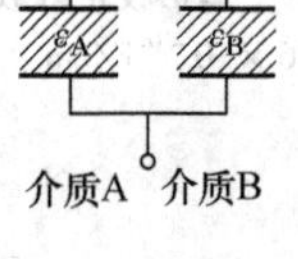 介质A　介质B	$$\varepsilon_r = a\varepsilon_A + b\varepsilon_B \qquad (5\text{-}2\text{-}25)$$	ε_A——介质 A 的介电系数; ε_B——介质 B 的介电系数; $a = V_A/(V_A + V_B)$; $b = V_B/(V_A + V_B)$; V_A——介质 A 的体积; V_B——介质 B 的体积

（续）

序号	绝缘种类	等效介电系数 ε_r	备　注
2	串联的层 ε_A 介质A ε_B 介质B	$\varepsilon_r = \dfrac{\varepsilon_A \varepsilon_B}{a\varepsilon_B + b\varepsilon_A}$　　(5-2-26)	—
3	干燥的电缆纸 ε_A　空气 ε_B　纸纤维	$\varepsilon_r = \dfrac{\varepsilon_B}{\varepsilon_B - \dfrac{\rho}{\rho_B}(\varepsilon_B - 1)}$　　(5-2-27)	ε_A——空气的介电系数 $\varepsilon_A = 1$； ε_B——纸纤维的介电系数 $\varepsilon_B \approx 6.35$； ρ——电缆纸的密度； ρ_B——纸纤维的密度 $\rho_B \approx 1.53$
4	油浸纸 ε_A　绝缘油 ε_B　纸纤维	$\varepsilon_r = \dfrac{\varepsilon_A \varepsilon_B}{\varepsilon_B - \dfrac{\rho}{\rho_B}(\varepsilon_B - \varepsilon_A)}$　　(5-2-28)	ε_A——绝缘油的介电系数，对矿物油 　　$\varepsilon_A \approx 2.2$； ε_B——纸纤维的介电系数 $\varepsilon_B \approx 6.35$； ρ_B——纸纤维的密度 $\rho_B \approx 1.53$； ρ——电缆纸的密度； $k = e/v$； e——纸带包绕间隙； v——纸带包绕节距
5	油纸电缆 绝缘油　ε_A　绝缘油 ε_A 纸纤维　ε_B 油浸纸　油隙	$\varepsilon_r = \dfrac{(1-k)\varepsilon_A \varepsilon_B}{\varepsilon_B - \dfrac{\rho}{\rho_B}(\varepsilon_B - \varepsilon_A)} + k\varepsilon_A$ 　　(5-2-29)	

2.5.2　多芯电缆的工作电容

多芯电缆的电容有部分电容与工作电容之分。部分电容就是导体与导体之间或者导体与金属护套之间的电容。图 5-2-5 中所示三芯电缆之电容 C_{AO}、C_{BO}、C_{CO}、C_{AB}、C_{BC}、C_{CA} 均是导体的部分电容。而工作电容是各导体在稳定电压运行状态下对地的

电容。根据等效图 5-2-5c，三芯电缆每相的工作电容

$$C = C_x + 3C_y \qquad (5-2-30)$$

通常是根据两次测量的结果来求工作电容，如表 5-2-21 所示。两芯电缆工作电容的意义及求法类似（见图 5-2-6）。

表 5-2-21　多芯电缆每相的工作电容

电缆芯数	每相的工作电容 C	说　明
三芯电缆	$C = \dfrac{9C_1 - C_2}{6}$　　(5-2-31)	C_1——一导体对其余二导体和护套相连的电容； C_2——三导体相连对护套的电容
两芯电缆	$C = C_2\left(1 - \dfrac{C_2}{4C_1}\right)$　　(5-2-32)	C_1——一导体对另一导体和护套相连的电容； C_2——二导体相连对护套的电容

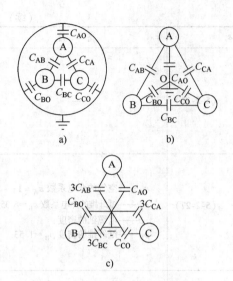

图 5-2-5　三芯电缆的电容

a）三芯电缆中的电容分布　b）图 a 简化后的
等效变形　c）化成星形的等效电路图

$C_{AO} = C_{BO} = C_{CO} = C_x$（芯—地间的部分电容）；

$C_{AB} = C_{BC} = C_{CA} = C_y$（芯—芯间的部分电容）

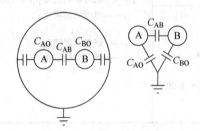

图 5-2-6　两芯电缆的电容

2.5.3　电容充电电流的计算

每厘米长度电缆每相的电容电流 I_e（A/cm）

$$I_e = U\omega C \qquad (5\text{-}2\text{-}33)$$

式中　U——电缆的对地电压（V）；

　　　C——每厘米长度电缆每相的电容（F/cm）。

2.6　电缆的介质损耗

2.6.1　介质损耗的概念

在交流电压作用下，消耗于绝缘中的有功功率叫作介质损耗。

每厘米长度电缆的介质损耗 W_d（W/cm）可按下式计算

$$W_d = U^2\omega C\tan\delta, \quad \omega = 2\pi f \qquad (5\text{-}2\text{-}34)$$

式中　U——电缆导体对地电压（V）；

　　　C——每厘米长度电缆每相的电容（F/cm）；

　　　$\tan\delta$——绝缘的介质损耗角正切。

$\tan\delta$ 的物理意义可以通过绝缘上的交流电压 U 与绝缘中通过的电流 I 之间的矢量关系来了解。如图 5-2-7 所示，电流与电压间的夹角为 φ，电流 I 矢量可以分解为两个分量：$I_P = I\sin\varphi$，与电压矢量 U 相垂直，代表电缆的纯电容电流，是电流的无功分量；$I_a = I\cos\varphi$，与电压矢量 U 相平行，是电流的有功分量。I_P 与 I 之间的夹角为 δ，叫作介质损耗角。从图中可以看出

$$\tan\delta = \frac{I_a}{I_P} = \frac{UI_a}{UI_P} = \frac{W_d}{U^2\omega C} \qquad (5\text{-}2\text{-}35)$$

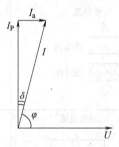

图 5-2-7　绝缘 $\tan\delta$ 的简化矢量图

即介质损耗角正切 $\tan\delta$ 是电流的有功分量与无功分量的比，同时也是能量的有功分量与无功分量的比。$\tan\delta$ 越大，损失于介质中的能量也越大。

介质损耗引起绝缘发热，使电缆的容许载流量减小，对超高压电缆，介质损耗是限制载流量和影响绝缘热击穿的主要因素。介质损耗角正切（$\tan\delta$）的变化还是电缆绝缘老化的标志之一。

各种电力电缆绝缘的 $\tan\delta$ 值列于表 5-2-22，表中还列出了供损耗计算所推荐的安全值，电缆在其正常使用寿命期内，于最高工作温度下的 $\tan\delta$ 最大值将低于安全值。

2.6.2　介质损耗角正切的计算

1. 有损耗时介质的等效电路

具有损耗的绝缘可以用电阻和理想电容（即没有损耗的电容）的并联或串联等效电路来表示，等效电路、$\tan\delta$ 及 W_d 的表达式列于表 5-2-23。

2. 分层介质等效介质损耗角正切的计算

分层介质等效介质损耗角正切的计算及其在油纸绝缘等的应用列于表 5-2-24。

表 5-2-22　电力电缆的介质损耗角正切值

电 缆 类 型	$\tan\delta$	
	一般实测范围	推荐作损耗计算用的安全值
浸渍纸绝缘电缆		
粘性浸渍、不滴流	$0.0025 \sim 0.008$	0.01
充油	$0.0020 \sim 0.0029$	0.004
其他类型绝缘的电缆		
乙丙橡胶	$0.005 \sim 0.02$	0.040
丁基橡胶	$0.01 \sim 0.025$	0.050
聚氯乙烯	$0.04 \sim 0.08$	0.1
聚乙烯	$0.0002 \sim 0.0005$	0.004
交联聚乙烯	$0.0002 \sim 0.0025$	0.008

表 5-2-23　有损耗介质的等效电路

等效电路及其矢量图	介质损耗角正切 $\tan\delta$ 及介质损耗 W_d 的表达式	等效电路及其矢量图	介质损耗角正切 $\tan\delta$ 及介质损耗 W_d 的表达式
并联等效电路 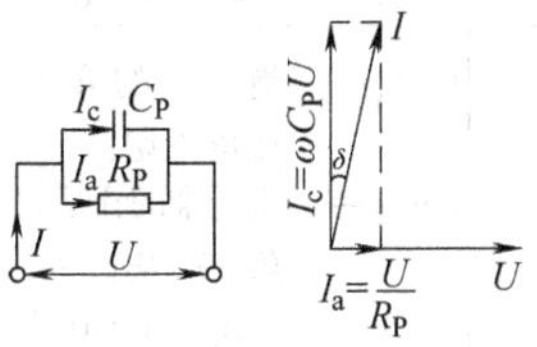	$\tan\delta = \dfrac{1}{\omega C_P R_P}$　(5-2-36) $W_d = \dfrac{U^2}{R_P}$ $= U^2 \omega C_P \tan\delta$　(5-2-37)	串联等效电路 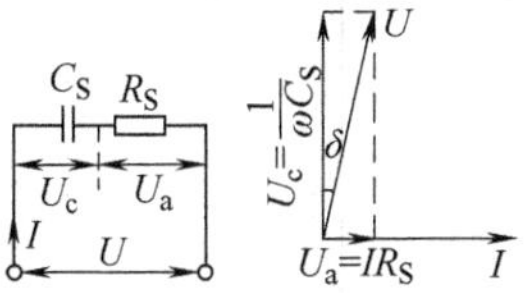	$\tan\delta = \omega C_S R_S$　(5-2-38) $W_d = I^2 R_S$ $= U^2 \omega C_S \dfrac{\tan\delta}{1 + \tan^2\delta}$　(5-2-39) 当 $\tan\delta \ll 1$ 时， $W_d \approx U^2 \omega C_S \tan\delta$　(5-2-40)

注：并联和串联等效电路参数间的关系：

$$C_S = C_P(1 + \tan^2\delta) \qquad C_P = C_S \dfrac{1}{1 + \tan^2\delta}$$

$$R_S = R_P \dfrac{\tan^2\delta}{1 + \tan^2\delta} \qquad R_S = R_P\left(1 + \dfrac{1}{\tan^2\delta}\right)$$

表 5-2-24　分层介质等效介质损耗角正切的计算及其应用实例

序号	绝缘种类	等效介质损耗角正切 $\tan\delta$	备　注
1	并联的层 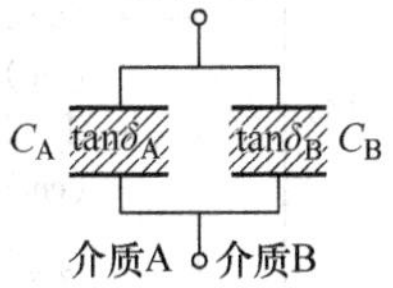 介质A　介质B	$\tan\delta = \dfrac{C_A \tan\delta_A + C_B \tan\delta_B}{C_A + C_B}$　(5-2-41) 或 $\tan\delta = \tan\delta_A + \dfrac{\mu}{\mu + \eta}(\tan\delta_B - \tan\delta_A)$　(5-2-42)	C_A，C_B——介质 A 及 B 的电容； $\tan\delta_A$，$\tan\delta_B$——介质 A 及 B 的介质损耗角正切； $\mu = \dfrac{b}{a}$ $\eta = \dfrac{\varepsilon_A}{\varepsilon_B}$ $a = V_A/(V_A + V_B)$ $b = V_B/(V_A + V_B)$；

(续)

序号	绝缘种类	等效介质损耗角正切 $\tan\delta$	备　注
2	串联的层 C_A　$\tan\delta_A$　介质A C_B　$\tan\delta_B$　介质B	$\tan\delta = \dfrac{C_B(1+\tan^2\delta_B)\tan\delta_A + C_A(1+\tan^2\delta_A)\tan\delta_B}{C_A(1+\tan^2\delta_A)+C_B(1+\tan^2\delta_B)}$ $\approx \dfrac{C_B\tan\delta_A + C_A\tan\delta_B}{C_A + C_B}$　　(5-2-43) 或 $\tan\delta = \tan\delta_A + \dfrac{\mu(\tan\delta_B - \tan\delta_A)}{\mu + \dfrac{1+\tan^2\delta_B}{\eta(1+\tan^2\delta_A)}}$ $\approx \tan\delta_A + \dfrac{\mu\eta(\tan\delta_B - \tan\delta_A)}{\mu\eta + 1}$　(5-2-44)	V_A，V_B——介质A及B的体积； ε_A，ε_B——介质A及B的介电系数
3	干燥的电缆纸 C_A　$\tan\delta_A$　空气 C_B　$\tan\delta_B$　纸纤维	$\tan\delta = \dfrac{\tan\delta_B}{1+\dfrac{a}{b}\varepsilon_B}$　　(5-2-45) 或 $\tan\delta = \dfrac{\tan\delta_B}{1+\dfrac{\rho_B-\rho}{\rho}\varepsilon_B}$　　(5-2-46)	$\tan\delta_B$——纸纤维的介质损耗角正切，对一般电缆纸 $\tan\delta_B \approx 6\times10^{-3}$； ε_B——纸纤维的介电系数，$\varepsilon_B \approx 6.35$； ρ_B——纸纤维的密度，$\rho_B \approx 1.53\text{g/cm}^3$； ρ——纸的密度（g/cm³）
4	油浸纸 C_A　$\tan\delta_A$　绝缘油 C_B　$\tan\delta_B$　纸纤维	$\tan\delta = \tan\delta_A + \dfrac{\tan\delta_B - \tan\delta_A}{1+\dfrac{\rho_B-\rho}{\rho}\dfrac{\varepsilon_B}{\varepsilon_A}}$　(5-2-47)	$\tan\delta_A$——绝缘油的介质损耗角正切； $\tan\delta_B$——纸纤维的介质损耗角正切，一般 $\tan\delta_B \approx 6\times10^{-3}$； ε_A——绝缘油的介电系数，$\varepsilon_A \approx 2.2$； ε_B——纸纤维的介电系数，$\varepsilon_B \approx 6.35$； ρ_B——纸纤维的密度，$\rho_B \approx 1.53\text{g/cm}^3$； ρ——纸的密度（g/cm³）
5	油浸纸电缆 油浸纸 $\tan\delta_B$　$\tan\delta_A$ 绝缘油 油浸纸　油隙 油浸纸　油隙 e v	$\tan\delta = \tan\delta_A + \dfrac{\mu}{\mu+\eta}(\tan\delta_B - \tan\delta_A)$　(5-2-48)	$\tan\delta_A$——绝缘油的介质损耗角正切； $\tan\delta_B$——油浸纸的介质损耗角正切； $\mu = \dfrac{v-e}{e}$； v——纸带包绕节距（cm）； e——纸带包绕间隙（cm）； $\eta = \dfrac{\varepsilon_A}{\varepsilon_B}$； ε_A——绝缘油的介电系数； ε_B——油浸纸的介电系数

2.6.3　油浸纸绝缘介质损耗角正切的特性

1. 影响油浸纸绝缘电缆的主要因素

（1）纸的密度　纸的密度越大，电缆的 $\tan\delta$ 也就越大。图 5-2-8 为 $\tan\delta$ 与纸的密度关系曲线。高压电力电缆为了绝缘分阶的需要，采用具有不同密度即不同介电系数的纸。为了尽量减小 $\tan\delta$，超高压电缆常采用低密度的纸。

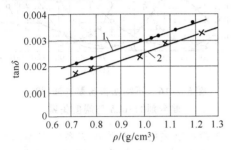

图 5-2-8　油纸绝缘的 $\tan\delta$ 与纸密度的关系

1—低粘度油浸渍纸（油的 $\tan\delta$ 为 9×10^{-4}）　2—干纸

（2）半导体屏蔽　采用半导体屏蔽可以改善电缆的 $\tan\delta$ 与温度的关系，如图 5-2-9 所示。从电缆在加热循环前后的 $\tan\delta$ 与电压的关系（见图 5-2-10）也可看出半导体屏蔽的有益影响。半导电纸能吸附油纸绝缘中的杂质，因而可以降低电缆的 $\tan\delta$，并能提高其绝缘强度，改善其耐老化性能。

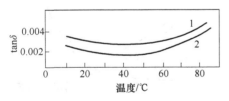

图 5-2-9　35kV 电缆应用半导体屏蔽时 $\tan\delta$ 与温度关系的改善

1—没采用半导体屏蔽　2—采用半导体屏蔽

采用半导电纸屏蔽后，充油电缆的 $\tan\delta$ 与电压的特性曲线上的 $\Delta\tan\delta$ 有所上升，特别是对于 110kV 以下的充油电缆。但电缆在运行过程中 $\tan\delta$ 与电压的特性会逐步改善。采用半导体屏蔽的充油电缆可以允许有稍高的值。

（3）工艺因素　纸中的含水量对 $\tan\delta$ 的影响示于图 5-2-11～图 5-2-13。目前充油电缆要求干燥终了时含水量低于 0.1%，甚至要求低于 0.05%。

改进纸绝缘干燥工艺是改善充油电缆绝缘品质、降低 $\tan\delta$ 的主要措施。目前采用一次干燥工

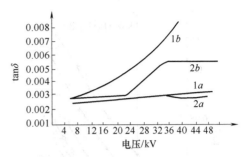

图 5-2-10　半导体屏蔽对 35kV 油纸绝缘电缆加热循环前后 $\tan\delta$ 与电压的关系

1a—加热循环前，没有半导体屏蔽
1b—加热循环后，没有半导体屏蔽
2a—加热循环前，有半导体屏蔽
2b—加热循环后，有半导体屏蔽

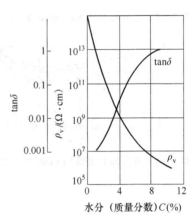

图 5-2-11　纸的 $\tan\delta$、ρ_{v} 与纸中含水量的关系

艺比传统的二次干燥工艺明显地改善了绝缘质量，干燥周期也大大缩短；$\tan\delta$ 降低的情况如图 5-2-14 所示。

（4）温度　未浸渍干纸的 $\tan\delta$ 与温度的关系如图 5-2-15 所示。构成纸的主要成分纤维素是极性物质。极性物质的 $\tan\delta$- 温度曲线中出现峰值。纸的 $\tan\delta$ 的峰值出现在 $-100\sim-80\,^{\circ}\!\mathrm{C}$。温度在 $80\,^{\circ}\!\mathrm{C}$ 以上，$\tan\delta$ 又逐渐增大，这是由于电导随温度升高而增加所致。

电缆用的矿物绝缘油是弱极性物质。在工作温度范围内绝缘油的 $\tan\delta$ 随温度升高而缓慢升高，取决于油中的离子导电成分。

粘性浸渍电缆的浸渍剂中含有松香，松香是极性物质。粘性浸渍剂的 $\tan\delta$ 随温度出现峰值，而且在高温时 $\tan\delta$ 急剧上升。松香含量不同，峰值出现的位置也不同，如图 5-2-16 所示。

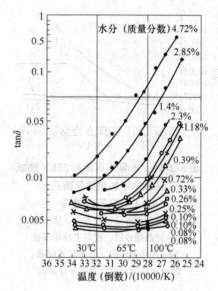

图 5-2-12 水分与油浸纸的 tanδ 关系之一

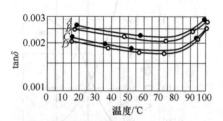

图 5-2-13 水分与油浸纸的 tanδ 关系之二

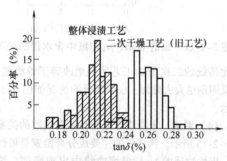

图 5-2-14 两种生产工艺生产的，220kV 以下充油电缆的 tanδ 的统计时比

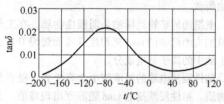

图 5-2-15 干纸的 tanδ 与 温度的关系（50Hz）

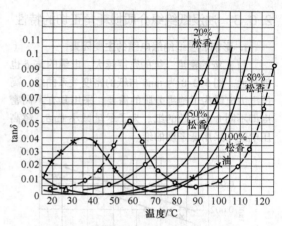

图 5-2-16 不同松香含量的油-松香 混合剂的 tanδ 与温度关系

油浸纸电缆的 tanδ-温度关系之典型曲线如图 5-2-17 所示。tanδ 主要由两个部分组成：一部分 tanδ 随温度上升而增加，它主要相应于离子电导的介质损耗角正切；另一部分随温度上升而下降，主要相应于纸的损耗和非均匀介质所引起的吸收损耗。这两部分合成的结果，在 20~60℃间出现最小值。如果油的电导率很大，此一最小值将会消失。

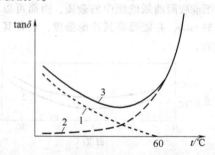

图 5-2-17 油浸纸电缆的 tanδ 与温度的关系
1—干纸和电缆分层绝缘中的吸收损耗分量 2—浸渍剂的电导损耗分量 3—合成曲线温度较高时，电缆绝缘的 tanδ 随温度上升，近似服从如下指数函数；

$$\tan\delta_\theta = \tan\delta_{\theta 0} e^{\alpha(\theta - \theta_0)} \qquad (5\text{-}2\text{-}49)$$

式中 $\tan\delta_\theta$ 及 $\tan\delta_{\theta 0}$——温度为 θ 及 θ_0 时的 tanδ 值；
α——绝缘材料性质有关的常数。

（5）电场强度 油浸纸绝缘电缆的 tanδ 与电场强度的关系如图 5-2-18 所示。对于浸渍良好不存在绝缘内部局部放电的电缆，tanδ-电压曲线低而平，如曲线 1。含有气隙的电缆当电压高于气隙的起始放电电压时，tanδ 急剧增加，如曲线 2 和 3 所示。曲线的转折点 U_1 及 U_2 相应于局部放电起始电压。

曲线 2 相应于电缆绝缘中含有大量气隙,但气隙不随电压增加而增加,在电压 U_1 时开始放电,到电压 u' 时全部气隙均已放电,$\tan\delta$ 出现最大值。

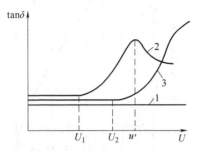

图 5-2-18　油纸绝缘电缆的 $\tan\delta$ 与电压关系

1—绝缘中不存在局部放电　2—绝缘于 U_1 时
开始局部放电　3—绝缘于 U_2 时开始局部放电

对于绝缘不良或老化后的油纸电缆,$\tan\delta$ 在非常低的电场强度时出现峰值,以后随电场强度增加 $\tan\delta$ 下降。温度越高,这种现象越明显,如图 5-2-19 所示。

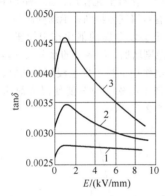

图 5-2-19　老化了的充油电缆
绝缘 $\tan\delta$ 与电场强度的关系

1—20℃时的曲线　2—30℃时的曲线　3—40℃时的曲线

2. 降低超高压电缆 $\tan\delta$ 的若干方法

(1) 降低纸的密度　采用降低纸中纤维含量的办法可以适当降低纸的 $\tan\delta$,但纸的冲击强度及机械强度同时也降低了。

(2) 去离子水洗纸　造纸时用离子交换水洗去纸浆中的金属离子,特别是一价金属离子 K^+ 及 Na^+,并适当降低纸的密度,可使电缆的 $\tan\delta$ 明显下降,$\tan\delta_{80℃}$ 可降到 0.0015 左右,而 $\tan\delta_{100℃}$ 可降到 0.002 左右。

(3) 电渗析处理纸　纸在直流电场中的溶液中通过,纸中的离子移向电极而被水带走,从而降低了纸的 $\tan\delta$。也可以用这种方法处理纸浆,然后再

制成纸。用这种纸制成的电缆,其 $\tan\delta_{80℃}$ 可降低到 0.00134,$\tan\delta_{100℃}$ 可降低到 0.00143。

(4) 混抄纸　在纸浆中混入云母等成分而制成的纸,其 $\tan\delta$ 可以降低到 0.0012 ~ 0.0013。

(5) 合成纸　用合成纤维制成纸,$\tan\delta$ 可降低到 10^{-4} 的水平。

2.7　电缆绝缘的老化及寿命

2.7.1　绝缘的老化及寿命概念

绝缘的性能随着时间而发生的不可逆下降,叫作绝缘的老化。

绝缘老化的表现形式是各方面的,如介质损耗角正切的增加、击穿强度的降低、机械强度或其他性能的降低等。造成绝缘老化的原因很复杂,有电老化和热老化,有化学老化和机械老化,还有受潮及污染,……这些原因可能在绝缘中同时存在,或从一种老化形式转变为另一种形式,往往很难互相加以分开。

在老化过程中,绝缘性能降低到规定的允许范围之下所需要的时间通常称为绝缘的寿命。

通常把绝缘材料的性能随时间老化的曲线叫作老化曲线或寿命曲线。

电缆的击穿电压与电压作用时间的关系是最重要的寿命曲线之一。

由电缆的长期运行试验或加速老化试验而获得的电缆寿命曲线,是设计电缆的一个重要依据。

2.7.2　交流电压下电缆绝缘的老化及寿命

1. 交流电压下绝缘老化的主要原因

1) 绝缘中的局部放电是引起绝缘老化的最主要的原因。在相当强的局部放电长期作用下,导致浸渍剂以及纸纤维的分解,强烈的析气以及 $\tan\delta$ 增高。局部放电还使绝缘渐渐受损,形成小孔和导电树枝状枝芽,这种枝芽在绝缘中的纵深发展,最终造成绝缘的电击穿或热击穿。

对于容量为 1000pF 的油纸绝缘试样,试验表明:放电强度为 $10^{-10} \sim 10^{-9}$ C/s 对老化的影响主要表现在绝缘 $\tan\delta$ 的增长,而当强度小于 10^{-10} C/s 时,对老化没有明显影响。

图 5-2-20 和图 5-2-21 说明了局部放电使 $\tan\delta$ 增加,并使 $\tan\delta$—U 关系曲线于低场强时出现峰值,表征绝缘中的导电离子杂质增加了。

在放电作用下浸渍剂形成气体析出的同时,形

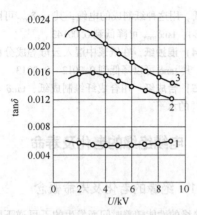

图 5-2-20 在局部放电（放电强度为 10^{-8}C/s）长期作用下试样的 tanδ 与电压 U 的关系曲线
1—作用前 2—1300h 后 3—1900h 后

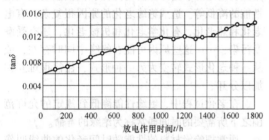

图 5-2-21 在放电过程中 tanδ 的变化
（试样电容 1000pF 放电强度 10^{-8}C/s）

成高分子聚合物——X 蜡，这一化学变化过程是

$$2C_nH_{2n+2} \rightarrow C_{2n}H_{4n} + H_2 \uparrow$$

浸渍剂的析气性取决于其化学成分。纯的石蜡族碳氢化合物成分易于析气，而芳香族碳氢化合物相反，有一定的吸收气体的能力。图 5-2-22 表明低粘度油中的芳香族含量对析气性的影响。

2）电缆在冷热循环作用下由于浸渍剂的膨胀系数比铅套大 10 倍，而铅套又易于发生塑性变形，电缆的铅套发生不可逆的膨大，在绝缘中形成空隙。这些气隙使起始放电电压降低，tanδ 增大。特别是当电缆敷设有一定落差时，浸渍剂从高端向低端流动，电缆上端浸渍剂大量流失，绝缘变干，不仅 tanδ 严重增加，而且电强度降低，易于上端击穿。而下端因压力增大，造成电缆头漏油或胀裂。

铝包电缆的情况要比铅护套好得多，因为铝护套的机械强度及弹性都大得多。铅套与铝套电缆的对比试验表明：同样经过 7 次冷热循环（从室温加热到 85℃，保持 6h 再冷至室温为一个循环）之后，铅护套电缆的 tanδ 大大上升了，而铝护套电缆的

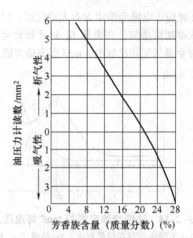

图 5-2-22 低粘度矿物油的芳香族成分时析气性的影响

tanδ 未发生明显变化。实际的运行经验也表明，粘性浸渍电缆有落差敷设时，往往易于在上端击穿。

3）电缆的金属部分（如铜、铅）与浸渍剂的接触对它的老化有催化作用，使 tanδ 较快地增加。绝缘中含有残留气体特别是绝缘受潮时，即使很微量的水分也会使金属的催化作用加速。电缆吸潮后，tanδ 急剧增加。绝缘中的水分及气体还使电缆在长期热电作用下易于发生浸渍剂的氧化及分解。粘性浸渍剂中的松香成分能使浸渍剂的稳定性改善，如图 5-2-23 所示。

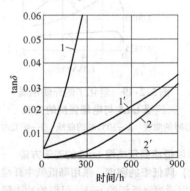

图 5-2-23 油-松香粘性复合剂的 tanδ 与老化时间的关系（老化温度 120℃）
1—环烷石蜡系油 1′—环烷石蜡系油 +15% 松香
2—石蜡系油 2′—石蜡系油 +10% 松香

4）温度对老化的影响。在油浸纸绝缘电缆中，纸是最易受温度影响的。温度对纸的老化最明显的影响是纸的力学性能的降低，这主要是因纸中纤维素的劣化所致。由于在高温作用下纸发生严重的化学变化，开始是一个水解过程，接着是氧化还原反

应，在这个过程中，产生水和部分的酸性气体生成物，后者在高温下产生得特别多，形成纸的热分解，使纸的力学性能迅速降低。

根据纸的力学性能，电缆使用温度提高 10°C，则电缆的寿命就要缩短 $\frac{1}{2.5} \sim \frac{1}{2}$。在塑料电缆中，温度对绝缘的老化影响可以用下式来表示：

$$te^{-b/\theta} = k \tag{5-2-50}$$

式中　t——时间；

θ——温度；

b——常数，与活化能成正比；

k——常数，取决于结构与材料。

由上式可见，随着温度增加，使用寿命在减少。

2. 寿命曲线

在交流电压作用下，随着绝缘的老化，电强度渐渐降低。电缆的击穿电压 $U_s(\text{kV})$ 与电压作用时间的关系有如下经验公式。

$$U_s = At^{-1/n} + U_\infty \tag{5-2-51}$$

式中　t——电压作用时间（h）；

A, n——常数，与电缆绝缘种类有关，由实验决定。

U_∞——当加压时间为无限大时的安全工作电压，与电缆绝缘种类有关，由实验决定。

或者写成

$$(U_s - U_\infty)^n t = \text{常数} \tag{5-2-52}$$

2.7.3　多次冲击电压作用下油纸绝缘的老化

冲击电压作用下的局部放电（也可称为游离）过程决定着绝缘的老化。其表现不仅是起始放电电压的降低，而且是在多次冲击作用下冲击击穿电压的降低。

电缆在弱的不均匀电场的情况下，$100 \sim 200$ 次冲击电压作用后，冲击击穿电压降低并不明显，在更多次数（到 1000 次）的冲击作用后，冲击强度降低 $10\% \sim 15\%$。在弱的不均匀电场中的局部放电过程是油膜或气隙中的放电，由于电压作用时间短，对绝缘的破坏作用相当慢。

在强的不均匀电场中（如在电缆终端头电容极板边缘部分）局部放电过程以极板边缘的电晕及强烈滑闪放电形式出现，使绝缘烧伤并大大减弱了绝缘的击穿强度。因此，在多次冲击电压作用下冲击强度的降低要大得多，100 次冲击作用后，冲击强度下降 $15\% \sim 20\%$。在图 5-2-24 中示出了各种电缆的冲击强度与冲击次数的关系。

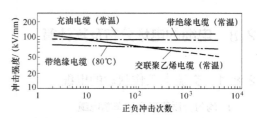

图 5-2-24　各种电缆的冲击强度与冲击次数的关系
（充油电缆为最大场强，其他均为平均场强）

2.7.4　直流电压下油纸绝缘的老化及寿命

在直流电压下油纸绝缘的老化和交流电压下有许多共通之处。老化的主要原因均在于局部放电过程、绝缘的受潮及氧化等。

直流与交流下的局部放电老化有重大的区别。在直流电压作用下由于放电强度较小，因而对击穿场强的降低也较小。

油纸绝缘的氧化及受潮使绝缘电阻急剧下降，导致电场沿绝缘厚度的重新分布。绝缘电阻下降还使放电过程加剧并导致绝缘击穿。

在直流电压作用下的寿命曲线同交流时相似，可以用下面的近似公式表达

$$E_s = At^{-n} \tag{5-2-53}$$

式中　t——电压作用时间（h）；

A, n——常数，取决于材料性能，可从实验中得到。

应该指出，在直流电压下寿命的分散性比交流电压下要大得多。

温度对直流电压下绝缘的老化有强烈的影响。这是由于温度升高使各种因素的老化过程进行得更快了。图 5-2-25 中给出了直流及交流电压下电缆绝缘的寿命对比曲线。

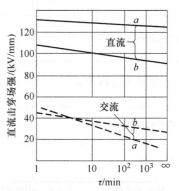

图 5-2-25　油纸绝缘电缆的直流击穿场强与电压作用时间的关系曲线
a—粘性浸渍电缆　b—充油电缆

2.8 电缆的电场分布及其计算

2.8.1 交流电工作状态的电缆

1. 均匀介质圆形导体单芯电缆

(1) 电缆导电线芯有光滑表面或有屏蔽 圆形导体单芯电缆以及分相铅套型、屏蔽型电线，如果导体具有光滑的表面或屏蔽，其电场如图 5-2-26 和图 5-2-27 所示。电场强度可按同心圆柱电场进行计算，见表 5-2-25。

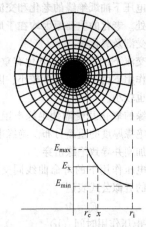

图 5-2-26 均匀介质中单芯电缆的电场分布

(2) 导体不是平整的圆柱形表面及内屏蔽 这时电缆的电场受导体表面组成单线曲率的影响而是不均匀分布，如图 5-2-28 所示。考虑这种影响，导体表面的最大电场强度 E'_{max}（A 点处）可用下式计算

$$E'_{max} = \frac{\lambda}{\ln\dfrac{\lambda}{m} + \dfrac{\dfrac{\lambda}{m}}{\ln\dfrac{r_i}{r_c}}} E_{max} \qquad (5-2-54)$$

式中

$$\lambda = \frac{1 + m\sin\dfrac{\pi}{\mu}}{\sin\dfrac{\pi}{m}}$$

m——构成导体外层的单线根数；

r_i——绝缘外半径（cm）；

r_c——导体外半径（cm）；

E_{max}——导体为光滑圆柱形表面时的最大电场强度（kV/cm）。

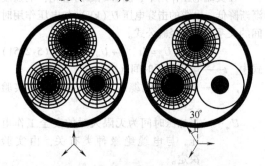

图 5-2-27 分相铅护套三芯电缆中的电场

注：图的下方表示出每一芯线的电压矢量在这两个瞬时的位置。

表 5-2-25 均匀介质圆形导体单芯电缆电场强度的计算

计 算 项 目	计 算 公 式		公 式 符 号
1. 半径 x 处的电场强度 E_x/(kV/cm)	$E_x = \dfrac{U}{x\ln\dfrac{r_i}{r_c}}$	(5-2-55)	
2. 最大电场强度 E_{max}/(kV/cm)	$E_{max} = \dfrac{U}{r_c\ln\dfrac{r_i}{r_c}}$	(5-2-56)	U——导体对地电压（kV） x——绝缘中任一点的半径（cm）； r_i——绝缘外半径（cm）； r_c——导体外半径（cm）
3. 最小电场强度 E_{min}/(kV/cm)	$E_{min} = \dfrac{U}{r_i\ln\dfrac{r_i}{r_c}}$	(5-2-57)	
4. 平均电场强度 E_{av}/(kV/cm)	$E_{av} = \dfrac{U}{r_i - r_c}$	(5-2-58)	
5. 绝缘利用系数 η	$\eta = \dfrac{E_{av}}{E_{max}} = \dfrac{r_c}{r_i - r_c}\ln\dfrac{r_i}{r_c}$	(5-2-59)	

注：电缆的平均电场强度与最大电场强度的比值叫作绝缘利用系数。在均匀电场中，$E_{max} = E_{av}$，绝缘利用系数 $\eta = 1$，材料充分利用。对于圆形单芯电缆，η 总是小于 1 的。在电缆设计时，适当地选择导体半径与绝缘厚度之间的配合，可使最大电场强度减小而使绝缘利用系数提高。当 $r_i/r_c = 2.72$ 或 $r_c/r_i = 0.37$ 时，最大电场强度有最小值，此时 $E_{max} = U/r_c$。

E'_{max}/E_{max} 取决于外层单线的根数 m 及半径比 N，见图 5-2-29。

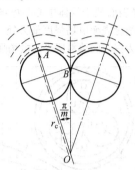

图 5-2-28　导线由多根单线绞合时，近表面处的电场分布

注：虚线即电场等位面。

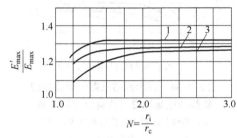

图 5-2-29 $\dfrac{E'_{max}}{E_{max}}$ 与半径比 $N = \dfrac{r_i}{r_c}$ 的关系

1—$m = 18$ 时的曲线　2—$m = 12$ 时的曲线

3—$m = 6$ 时的曲线

一般 $m = 6$，12，18，30，…，当 $m \gg 1$ 时，

$E'_{max}/E_{max} = 1.318$。即考虑不平整影响时的最大电场强度也要比光滑圆柱面的最大电场强度增加 32%。

2. 均匀介质椭圆形及扇形导体分相屏蔽型电缆

电场强度可按如下近似方法进行计算：导体表面上具有代表性的点 A、B 及 C（见图 5-2-30 和图 5-2-31）的电场强度可认为等于以该点的曲率半径为半径，具有相同绝缘厚度的圆柱形导体电缆的电场强度。计算公式见表 5-2-26。

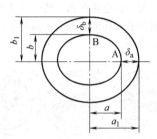

图 5-2-30　椭圆形导体分相屏蔽电缆电场强度计算用图

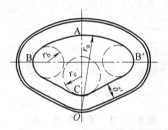

图 5-2-31　扇形导体分相屏蔽电缆电场强度计算用图

表 5-2-26　均匀介质椭圆形及扇形导体分相屏蔽型电缆电场强度的计算

类　型	电场强度/(kV/cm)		公式符号
椭圆形导体	A 点	$E_A = \dfrac{U}{r_a \ln \dfrac{r_a + \delta_a}{r_a}}$ （5-2-60）	
	B 点	$E_B = \dfrac{U}{r_b \ln \dfrac{r_b + \delta_b}{r_b}}$ （5-2-61）	U——导体对地电压（kV）； δ_a、δ_b——A、B 点的绝缘厚度（cm）； a、b——分别为椭圆的长、短半轴（cm）； r_a、r_b、r_c——分别为 A、B、C 点的曲率半径（cm）；
扇形导体	A 点	$E_A = \dfrac{U}{r_a \ln \dfrac{r_a + \delta'}{r_a}}$ （5-2-62）	
	B 点	$E_B = \dfrac{U}{r_b \ln \dfrac{r_b + \delta'}{r_b}}$ （5-2-63）	$r_a = \dfrac{b^2}{a}$；$r_b = \dfrac{a^2}{b}$ δ'——相绝缘厚度（cm）
	C 点	$E_C = \dfrac{U}{r_c \ln \dfrac{r_c + \delta'}{r_c}}$ （5-2-64）	

3. 均匀介质圆形导体带绝缘型三芯电缆

多芯电缆的电场分布比较复杂，每个导体上的电压均为时间的函数，故每一瞬时的电场分布亦不同。圆形导体三芯电缆在某两个瞬时的电场分布如图 5-2-32 所示。在一个周期的 30°内，每隔 5°的 7 个瞬时的电场如图 5-2-33 所示。由于是对称的，一个周期内的其余部分的电场分布，可从这一小部分的分布情况推出。图 5-2-33 中最后的两个图表示两种特殊情况下的电场分布，其中 A 为两芯连接对第三芯与铅护套相连的电场，B 为两芯与铅套相连对另一芯的电场。

图 5-2-32 圆形导体三芯电缆在两个瞬态的电场分布

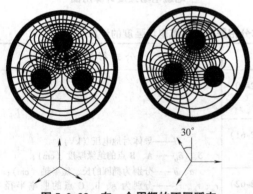

图 5-2-33 在一个周期的不同瞬态，圆形三芯电缆的电场分布

圆形三芯带绝缘型电缆各典型点的电场强度可从图 5-2-34 及图 5-2-35 求得。

在电缆线芯三角形区域内的电场强度与带绝缘厚度无关，它只随相绝缘厚度与导体直径之比而变化。最大电场强度出现在 A 点，它是导体表面处于导体中心与电缆几何中心相连的直线上。B 点的电

场强度稍低于 A 点，它是导体表面处于两导体中心的连线上。C 点（两缆芯绝缘表面相切处）及 D 点（电缆相绝缘表面处于导体中心与电缆几何中心连线上）为相绝缘表面电场强度最大处。E 点（电缆几何中心）为三芯间填料所受的电场强度。

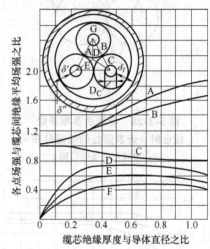

图 5-2-34 圆形线芯三芯带绝缘电缆绝缘中电场强度与几何尺寸的关系

注：曲线与图形中的符号相对应，曲线 F 表示 D 点的最大切向场强。

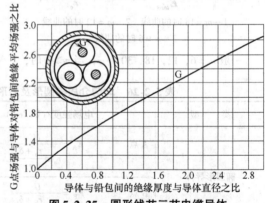

图 5-2-35 圆形线芯三芯电缆导体表面最近铅包一点的电场强度曲线

由于等电位面不再与绝缘层完全平行，许多点同时存在着垂直纸层的径向电场强度及沿着纸层的切向电场强度。最大的切向电场强度出现在 D 点，以曲线 F 表示。可以看出，最大切向电场强度与径向电场强度有相同的数量级。对于油浸纸绝缘，由其切向击穿电场强度比径向击穿电场强度低得多（约为一个数量级），带绝缘三芯电缆的设计要考虑到切向电场强度的作用来确定绝缘厚度。

导体表面与铅套最近一点的电场强度（曲线 G），

与相绝缘及带绝缘厚度都有关。

　　除了利用上述曲线求各点的电场强度外，也可以用下面的近似公式来计算最大电场强度（kV/cm）

$$E_{max} = \frac{\sqrt{3}U \sqrt{\dfrac{v+4}{v}}}{2r_c \ln \dfrac{\sqrt{v+4}+\sqrt{v}}{\sqrt{v+4}-\sqrt{v}}}, \quad v = \frac{2\delta'}{r_c} \quad (5\text{-}2\text{-}65)$$

式中　U——导体对地电压（kV）；

　　　　r_c——导体半径（cm）；

　　　　δ'——相绝缘厚度（cm）。

4. 均匀介质扇形导体带绝缘型三芯交流电缆

　　扇形三芯带绝缘电缆的电场分布的两个瞬时的实测结果，如图 5-2-36 所示。

　　扇形三芯带绝缘型电缆的电场强度可按表 5-2-27 中的近似公式进行计算。

5. 多层介质单芯电缆

　　（1）分阶绝缘电缆的电场强度　当电缆绝缘层用不同介电系数（ε）的均匀介质构成时，则电场强度分布与介电系数有关，如图 5-2-37 所示。

表 5-2-27　扇形三芯电缆电场强度的近似计算

位　　置	电场强度/（kV/cm）		备　　注
1. a 点（扇形导体的圆弧部分）	$E_a = \dfrac{U}{r_a \ln \dfrac{r_a + \delta_1}{r_a}}$	(5-2-66)	r_a——扇形导体圆弧处曲率半径（cm）； r_b——扇形导体外圆角处曲率半径（cm）； r_c——扇形导体内圆角处曲率半径（cm）； $\delta_1 = \delta' + \delta''$——导体对地绝缘厚度（cm）； $\delta = 2\delta'$——导体间绝缘厚度（cm）； δ'——相绝缘厚度（cm）； δ''——带绝缘厚度（cm）； U——导体对地电压（kV）； $v = \dfrac{2\delta'}{r_c}$
2. b 点（扇形导体的外圆角处）	$E_b = \dfrac{\sqrt{3}U \sqrt{\dfrac{v+4}{v}}}{2r_b \ln \dfrac{\sqrt{v+4}+\sqrt{v}}{\sqrt{v+4}-\sqrt{v}}}$	(5-2-67)	
3. c 点（扇形导体的内圆角处）	$E_c = \dfrac{U}{r_c \ln \dfrac{r_c + 1.155\delta'}{r_c}}$	(5-2-68)	
4. d 点（扇形导体平面部分）	$E_d = \dfrac{U}{\sqrt{3}\delta}$	(5-2-69)	

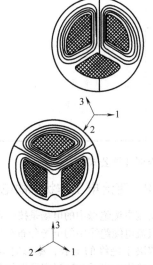

图 5-2-36　扇形三芯带绝缘电缆两个瞬时的电场分布

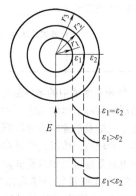

图 5-2-37　双层介质单芯电缆的电场

若靠近导体介质的介电系数 ε_1 大于外层介质的介电系数 ε_2，则可以改善电场分布，提高绝缘利用系数，减薄绝缘厚度。这种绝缘结构称为分阶绝缘，在绝缘较厚时，常采用双层分阶以至多层分阶的绝缘。分阶绝缘电缆的电场计算见表5-2-28。

表5-2-28　多层介质单芯电缆的电场强度计算

绝缘情况	电场强度/(kV/cm)	公式符号
1. 双层分阶绝缘	半径 x 处的电场强度 $$E_x = \frac{U}{x\varepsilon_x\left(\dfrac{1}{\varepsilon_1}\ln\dfrac{r_2}{r_1} + \dfrac{1}{\varepsilon_2}\ln\dfrac{r_3}{r_2}\right)}$$ 第一层介质中的最大电场强度 $$E_{max1} = \frac{U}{r_1\varepsilon_1\left(\dfrac{1}{\varepsilon_1}\ln\dfrac{r_2}{r_1} + \dfrac{1}{\varepsilon_2}\ln\dfrac{r_3}{r_2}\right)}$$ 第二层介质中的最大电场强度 $$E_{max2} = \frac{U}{r_2\varepsilon_2\left(\dfrac{1}{\varepsilon_1}\ln\dfrac{r_2}{r_1} + \dfrac{1}{\varepsilon_2}\ln\dfrac{r_3}{r_2}\right)}$$	U——导体对地电压（kV）；ε_x——半径 x 处绝缘的相对介电系数；ε_1——第一层介质的相对介电系数；ε_i——第 i 层介质的相对介电系数；ε_0——绝缘油的相对介电系数；r_1——第一层绝缘的内半径（cm）；r_2——第二层绝缘的内半径（cm）；r_i——第 i 层绝缘的内半径（cm）
2. m 层分阶绝缘	半径 x 处的电场强度 $$E_x = \frac{U}{x\varepsilon_x\displaystyle\sum_{i=1}^{m}\dfrac{1}{\varepsilon_i}\ln\dfrac{r_i+1}{r_i}}$$ 第一层介质中的最大电场强度 $$E_{max1} = \frac{U}{r_1\varepsilon_1\displaystyle\sum_{i=1}^{m}\dfrac{1}{\varepsilon_i}\ln\dfrac{r_i+1}{r_i}}$$ 第 m 层介质中的最大电场强度 $$E_{max,m} = \frac{U}{r_m\varepsilon_m\displaystyle\sum_{i=1}^{m}\dfrac{1}{\varepsilon_i}\ln\dfrac{r_i+1}{r_i}}$$	
3. 绝缘中的油隙或气隙	紧邻导体的油隙中的电场强度 $$E_{max.0} = \frac{\varepsilon_1}{\varepsilon_0}E_{max1}$$ 紧邻导体的气隙中的电场强度 $$E_{max.0} \approx \varepsilon_1 E_{max1}$$	

(2) 气隙及油隙中的电场强度　均匀介质是一种理想情况。实际上电缆绝缘层中往往存在气隙或油隙，由于气隙及油隙的击穿场强较低，但分配到的电场强度却较高，所以是绝缘中的弱点。气隙及油隙中的电场强度可以用双层介质的计算方法来分析。当气隙或油隙紧邻导体表面时，场强度最大。表5-2-28中列出了紧邻导体的气隙及油隙的电场强度计算公式。

2.8.2　直流电工作状态的电缆

交流电缆绝缘中的电场是按电容分布的。

直流电缆绝缘中的电场分布在加压充电的状态时，取决于绝缘的电容；稳态时取决于绝缘的电阻。而绝缘电阻系数随温度及电场强度而变化，所以直流电缆的电场分布比较复杂。

1. 均匀介质单芯直流电缆

均匀介质单芯直流电缆电场强度计算的一般公式及两种典型绝缘电场强度计算的公式列于表 5-2-29。

表 5-2-29　均匀介质直流单芯电缆电场强度的计算

电缆绝缘电阻	电场强度（半径 r 处）/(kV/cm)	公式符号
1. 不考虑绝缘电阻系数 ρ_r 受温度影响时	$E_r = \dfrac{\dfrac{\rho_r}{2\pi r}}{\displaystyle\int_{r_c}^{r_i}\dfrac{\rho_r}{2\pi r}dr}U$　(5-2-70)	U——导体对地电压（kV）； r——绝缘中任一点的半径（cm）； r_c——导体半径（cm）； r_i——绝缘半径（cm）； ρ——绝缘电阻系数（$\Omega\cdot$cm）； ρ_0——0℃时的绝缘电阻系数（$\Omega\cdot$cm）；
2. 油浸纸绝缘电缆 $\rho = \rho_0 e^{-\alpha\theta}$ $\theta = \theta_c - (\theta_c - \theta_s)\dfrac{\ln\dfrac{r}{r_c}}{\ln\dfrac{r_i}{r_c}}$	$E_r = \dfrac{U\beta r^{\beta-1}}{r_i^\beta - r_c^\beta}$　(5-2-71)	θ——半径 r 处的温度（℃）； θ_c——导体温度（℃）； θ_s——金属护套温度（℃）； α——温度系数（1/℃）； E——电场强度（kV/cm）；
3. 聚乙烯绝缘电缆 $\rho = \dfrac{Ke^{-\alpha\theta}}{E^\gamma}$ $\theta = \theta_c - (\theta_c - \theta_s)\dfrac{\ln\dfrac{r}{r_c}}{\ln\dfrac{r_i}{r_c}}$	$E_r = \dfrac{U\delta r^{\delta-1}}{r_i^\delta - r_c^\delta}$　(5-2-72)	K、γ——常数； $\beta = \dfrac{\alpha(\theta_c - \theta_s)}{\ln(r_i/r_c)}$； $\delta = \dfrac{\gamma + \beta}{\gamma + 1}$

（1）油浸纸绝缘直流电缆　油浸纸绝缘直流电缆的电场分布只考虑绝缘电阻系数是温度的指数函数，而不考虑电场强度对绝缘电阻系数的影响，具有如下特点。

1）当 $\beta = 0$，即 $\theta_c = \theta_s$ 时，绝缘层中各点温度相同，相当于电缆空载的情况，电场分布与交流时一样。电场强度最大值位于导体表面，最小值位于绝缘外表面。

2）当 $\beta = 1$，即 $\theta_c - \theta_s = \dfrac{1}{\alpha}\ln\dfrac{r_i}{r_c}$ 时，得 $E_r = \dfrac{U}{r_i - r_c}$，即绝缘中各点的电场强度相等，等于平均电场强度。

3）一般来说，导体表面的电场强度随温度差 $(\theta_c - \theta_s)$ 的增加而减小，而绝缘表面的电场强度随 $(\theta_c - \theta_s)$ 的增加而增大。当 $\beta < 1$ 时，导体表面的电场强度 E_c 大于绝缘表面的电场强度 E_s；当 $\beta > 1$ 时，$E_c < E_s$。

油浸纸绝缘直流电缆的电场分布与 β 值的关系如图 5-2-38 所示。温度差 $(\theta_c - \theta_s)$ 对导体表面及绝缘表面电场强度的影响如图 5-2-39 所示。

（2）聚乙烯绝缘直流电缆　聚乙烯绝缘直流电缆的电场分布在考虑温度影响的同时，还考虑了电场强度对绝缘电阻系数的影响，具有如下特点。

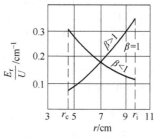

图 5-2-38　油浸纸绝缘直流电缆绝缘内的电场分布与 β 值的关系

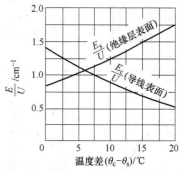

图 5-2-39　油浸纸绝缘直流电缆导体表面及绝缘表面的电场分布与温度差的关系

1）当 $\delta < 1$ 即 $\beta < 1$ 时，电缆负载很小，导体表面的电场强度 E_c 大于绝缘表面的电场强度 E_s，

r 愈大，E_c/E_s 愈接近于1。

2）当 $\delta=1$ 即 $\beta=1$ 时，绝缘层中各点的电场强度相等，等于平均电场强度。

3）当 $\delta>1$ 即 $\beta>1$ 时，$E_c/E_s<1$，即导体表面的电场强度小于绝缘表面的电场强度。在图 5-2-40 中示出了聚乙烯绝缘直流电缆导体表面电场强度 E_c/U、绝缘表面电场强度 E_s/U 以及 E_c/E_s 与 δ 的关系曲线。

2. 双层介质单芯直流电缆

当绝缘层由两层或多层电阻系数不同的材料构成时，可以利用直流电压下双层介质绝缘电容器电压及电荷的分布规律计算每层的电压分布，见表 5-2-30，然后按上述均匀介质直流电缆电场强度的计算方法求每一层介质中的电场强度。

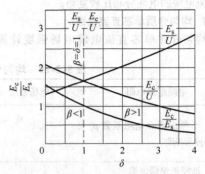

图 5-2-40　聚乙烯绝缘直流电缆的 E_c/U、E_s/U、E_c/E_s 与 δ 的关系曲线

表 5-2-30　双层介质电容器直流电压下的电压及电荷分布

电位及电荷分布图	基本关系式	公式符号
1. 充电时，电压反比电容分布	$U_1'=\dfrac{C_2}{C_1+C_2}U$ $U_2'=\dfrac{C_1}{C_1+C_2}U$ $Q_1'=U_1'C_1=\dfrac{UC_1C_2}{C_1+C_2}$ $Q_2'=U_2'C_2=\dfrac{UC_1C_2}{C_1+C_2}$ $\Bigg\}$ (5-2-73)	C_1——第一层介质的电容（F）及电阻（Ω）； C_2——第二层介质的电容（F）及电阻（Ω）； Q_1'、Q_2'——充电时第一层及第二层介质上的电荷（C）； U——外加电压（V）； U_1'、U_2'——充电时第一层及第二层介质上分配的电压（V）
2. 稳态时，电压正比电阻分布	$U_1''=\dfrac{R_1}{R_1+R_2}U$ $U_2''=\dfrac{R_2}{R_1+R_2}U$ $Q_1''=\dfrac{C_1R_1}{R_1+R_2}U$ $Q_2''=\dfrac{C_2R_2}{R_1+R_2}U$ $\Bigg\}$ (5-2-74)	R_1——第一层介质的电容（F）及电阻（Ω）； R_2——第二层介质的电容（F）及电阻（Ω）； U_1''、U_2''——稳态时第一层及第二层介质上分配的电压（V）； Q_1''、Q_2''——稳态时第一层及第二层介质上的电荷（C）；
3. 放电时	$U_1'''=\dfrac{Q_1''-Q_2''}{C_1+C_2}$ $U_2'''=\dfrac{Q_2''-Q_1''}{C_1+C_2}$ $Q_1'''=\dfrac{Q_1''-Q_2''}{C_1+C_2}C_1$ $Q_2'''=\dfrac{Q_2''-Q_1''}{C_1+C_2}C_2$ $\Bigg\}$ (5-2-75)	U_1'''、U_2'''——放电时第一层及第二层介质上的电压（V）； Q_1'''、Q_2'''——放电时第一层及第二层介质上的电荷（C）

2.9　绝缘击穿强度的统计理论

2.9.1　绝缘材料的寿命曲线

在一承受一定电压的绝缘材料内取一单元立方体，该单元立方体绝缘材料在电场强度 E 作用 t 时刻不发生击穿的概率可写成：

$$p(t,E) = \exp(-Ct^a E^b) \qquad (5-2-76)$$

式中　a、b、c——与 t、E 无关的常数。

根据式（5-2-76），可以得到绝缘材料的寿命曲线。在电场强度为 E_1，作用时间为 t_1 时发生击穿的概率与在电场强度为 E_2、作用时间为 t_2 时发生的概率相等，即有

$$1 - P(E_1, t_1) = 1 - P(E_2, t_2) \qquad (5-2-77)$$
$$或\quad t_1^a E_1^b = t_2^a E_2^b \qquad (5-2-78)$$
$$得\quad t_1 E_1^{\frac{b}{a}} = t_2 E_2^{b/a} \qquad (5-2-79)$$

如令 $\dfrac{b}{a} = n$，则式（5-2-79）与实验方法得到的绝缘材料的寿命曲线 $t_1 E_1^n = t_2 E_2^n$ 完全一致，n 一般称为寿命指数。

2.9.2　电缆绝缘击穿强度与电缆几何尺寸的关系

设电缆绝缘层内最大电场强度为 E_{max}，r_c 为电缆导体半径。令 $C = \beta l^k$，l 为电缆长度，β、k 为与电缆几何尺寸无关的常数，于是整个绝缘层不发生击穿的概率为

$$P(E,t) = \exp\left\{ \frac{-2\pi\beta}{b-2} t^a E_{max}^b \frac{l^{k+1}}{k+1} r_c^2 \times \left[1 - \left(\frac{r_c}{R} \right)^{b-2} \right] \right\} \qquad (5-2-80)$$

式中　R——电缆绝缘半径。

则在最大电场强度为 E_{max}，在 t 时刻发生击穿的概率为

$$\begin{aligned} F(E,t) &= 1 - P(E,t) \\ &= 1 - \exp\left\{ \frac{-2\pi\beta t^a}{b-2} E_{max}^b \frac{l^{k+1}}{k+1} r_c \times \left[1 - \left(\frac{r_c}{R} \right)^{b-2} \right] \right\} \end{aligned} \qquad (5-2-81)$$

如一根电缆长度为 l_1，线芯半径为 r_{c1}，绝缘层厚度为 $\Delta_1 = R_1 - r_{c1}$，在电压 U_1（相应绝缘层中最大电场强度为 E_{max1}）作用 t 时间产生击穿的概率与另一根电缆长度为 l_2，线芯半径为 r_{c2}，绝缘层厚度为 $\Delta_2 = R_2 - r_{c2}$，在相应电压 U_1（相应绝缘层中最大电场强度为 E_{max2}）作用 t 时间的击穿概率相等，即通常说这两根电缆具有相同的击穿电压，此时

$$E_{max1}^b l_1^{k+1} r_{c1}^2 \left[1 - \left(\frac{r_{c1}}{R_1} \right)^{b-2} \right]$$
$$= E_{max2}^b l_2^{k+1} r_{c2}^2 \left[1 - \left(\frac{r_{c2}}{R_2} \right)^{b-2} \right] \qquad (5-2-82)$$

即

$$\begin{aligned} \frac{E_{max1}}{E_{max2}} &= \left\{ \frac{l_2^{k+1} r_{c2}^2 \left[1 - \left(\frac{r_{c2}}{R_2} \right)^{b-2} \right]}{l_2^{k+1} r_{c1}^2 \left[1 - \left(\frac{r_{c1}}{R_1} \right)^{b-2} \right]} \right\}^{\frac{1}{b}} \\ &= \left\{ \frac{r_{c2}^2 \left[1 - \left(\frac{r_{c2}}{r_{c2}+\Delta_2} \right)^{b-2} \right]}{r_{c1}^2 \left[1 - \left(\frac{r_{c1}}{r_{c1}+\Delta_1} \right)^{b-2} \right]} \right\}^{\frac{1}{b}} \left(\frac{l_2}{l_1} \right)^{\frac{1}{b_L}} \end{aligned} \qquad (5-2-83)$$

式中　$b_L = \dfrac{b}{k+1}$。

常数 b 和 b_L 称为形状参数，其大小与电缆绝缘层的材料性质、质量、工艺（纸包、干燥、浸渍、挤压、气隙大小、气隙分布情况、残余机械应力、杂质等）有关，各种电缆绝缘层的形状参数 b 和 b_L 值如表 5-2-31 所示。

表 5-2-31　各种电缆绝缘层的形状参数

电缆型式	电压波形	形状参数	
		b	b_L
充油电缆	脉冲工频	7 ~ 25 ~ 14	43 ~ 60 40 ~ 60
交联聚乙烯电缆	脉冲工频	4.5 ~ 16.5 5.5 ~ 6.5	~ 16.5 6.2 ~ 7

从式（5-2-83）和表 5-2-31 所列形状参数值可以分析电缆的主要几何尺寸对击穿强度的影响。

(1) 绝缘层厚度对电缆击穿场强的影响　当 $l_1 = l_2$，$r_{c1} = r_{c2}$ 时，式（5-2-83）可写成

$$\frac{E_{max1}}{E_{max2}} = \left[\frac{1 - \left(\frac{r_{c2}}{r_{c2}+\Delta_2} \right)^{b-2}}{1 - \left(\frac{r_{c1}}{r_{c1}+\Delta_1} \right)^{b-2}} \right]^{\frac{1}{b}} \qquad (5-2-84)$$

如令 $b = 7.5$，$r_{c1} = r_{c2}$，$\Delta_1 = r_{c1}$，$\Delta_2 = 2\Delta_1$ 代入式（5-2-84）得

$$\frac{E_{max1}}{E_{max2}} = \left[\frac{1 - \left(\frac{1}{3} \right)^{5.5}}{1 - \left(\frac{1}{2} \right)^{5.5}} \right]^{\frac{1}{7.5}} \approx 1$$

即可认为绝缘层厚度对电缆击穿场强无影响，于是式（5-2-83）可写成

$$\frac{E_{max1}}{E_{max2}} = \frac{l_2^{1/b_L} r_{c2}^{2/b}}{l_1^{1/b_L} r_{c1}^{2/b}} \qquad (5\text{-}2\text{-}85)$$

（2）电缆长度对电缆击穿场强的影响 当 $r_{c1} = r_{c2}$ 时，式（5-2-85）可写成

$$\frac{E_{max1}}{E_{max2}} = \left(\frac{l_2}{l_1}\right)^{\frac{1}{b_L}} \qquad (5\text{-}2\text{-}86)$$

从式（5-2-86）得知，$b_L \ll 1$，即电缆长度对电缆击穿场强影响极不显著。例如，对于充油电缆，$b_L \approx 40$，当电缆长度增加 100 倍，击穿场强仅降低 12%。

（3）线芯半径对电缆击穿场强的影响 当 $\Delta_1 = \Delta_2$，$l_1 = l_2$ 时，式（5-2-85）可写成

$$\frac{E_{max1}}{E_{max2}} = \left(\frac{r_{c2}}{r_{c1}}\right)^{\frac{2}{b}} \qquad (5\text{-}2\text{-}87)$$

例如对于充油电缆，$b = 7$，当线芯半径增一倍，电缆击穿场强降低约 21.8%。形状参数 b 值越小，电缆击穿场强受线芯半径影响越大。如 $b = 25$ 时，当线芯半径增加一倍，电缆击穿场强降低仅 5.7%。换言之，电缆绝缘质量越高，形状参数 b 值越大，绝缘层击穿场强受半径影响愈小。因此，对于低压电缆（1～3kV），绝缘层厚度较小，工艺因素随线芯直径变化影响不大，且最大电场强度几乎与平均电场强度相等，且在一般线芯大小变化范围内，几乎不随线芯半径变化。考虑到线芯较大时，绝缘可能发生变形较大，因此这类电缆的绝缘层厚度随线芯半径的增大而增大。对于较高电压（6～10kV）电缆，随着绝缘厚度的增加，工艺因素影响逐渐明显，但由于最大电场强度随线芯半径增加而减小，这类电缆绝缘层厚度几乎不随线芯半径变化而变化，对于一定电压电缆，绝缘层几乎采取恒定值。对于更高电压（35kV 及以上）绝缘层厚度较厚，工艺因素影响显著，对于高质量绝缘层，形状参数数值高，绝缘层击穿场强几乎不随半径增加而下降或下降甚微，此时对于某一电压电缆绝缘层厚度随线芯半径增加而减薄。反之，绝缘层质量较差，形状参数数值较小，绝缘层击穿场强随半径增加而下降，此时，对于某一电压电缆绝缘层厚度将不随线芯半径增加而减小，保持恒定值（相应于以平均场强决定绝缘层厚度），有时甚至随线芯半径增加而增加绝缘层的厚度。

第3章

电缆的结构设计

3.1 导体结构设计

  电缆的用途不同，对电缆导体的可曲度的要求也有所不同。移动式橡皮、塑料绝缘电力电缆要求最高，其次是固定式橡皮、塑料绝缘电力电缆，一般多用于可曲度要求较高的场合。油纸绝缘和XLPE电缆导体的可曲度比橡皮、塑料绝缘电缆低，因为该类电缆的可曲度主要由护层结构来决定，导体对电缆的可曲度影响较小，一般只要求导体在生产制造、安装敷设过程中不致损伤绝缘即可。

  在扇形导体结构中，稳定性问题应予以足够重视。扇形导体的中间两旁导线往往是平行放置，应防止它们在弯曲时变形而损伤绝缘。

3.1.1 绞合形式分类

1. 规则绞合

  导线有规则、同心且相继各层依不同方向的绞合称为规则绞合。它还可以分正常规则绞合和非正常规则绞合，前者系指所有组成导线的直径均相同的规则绞合，如图5-3-1所示，后者系指层与层间的导线直径不尽相同的规则绞合，如图5-3-2所示。

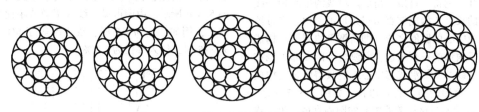

图 5-3-1　不同中心导线数的正常规则绞合

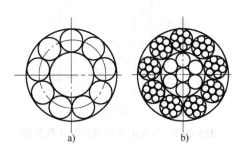

图 5-3-2　非正常规则绞合

a）简单非正常规则绞合　b）复合非正常规则绞合

  除此之外，规则绞合又可分简单规则绞合和复合规则绞合，如图5-3-3所示，后者系指组成规则绞合的导线不是单根的，而是由更细的导线按规则绞合组成的，再绞合成导体。这种绞合形式多用于移动式橡皮电缆的导体结构，以提高其柔软性。一般正常简单规则绞合在电力电缆中应用最为广泛。如无特别说明，规则绞合一般均指正常简单规则绞合。

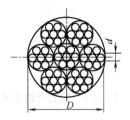

图 5-3-3　复合正常规则绞合

2. 不规则绞合（束绞）

  所有组成导线都以同一方向的绞合。

  绞合方向规定如下：将绞合线芯垂直放置，如单线从下至上的方向向左称为左向绞合（见图5-3-4a），反之向右称为右向绞合（见图5-3-4b）。

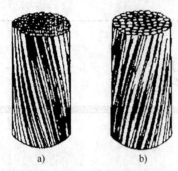

图5-3-4 绞合方向规定说明

a）左向绞合 b）右向绞合

规则绞合稳定性较高，几何形状固定，可以用组合导线的几何关系来表示。在空间利用和绞合设备成本方面，束绞较为有利，束绞填充系数较高，相同截面积外径较小，可曲度较高，因而多用于绝缘软线和移动式橡皮绝缘电缆。电力电缆的线芯则多采用规则绞合。下面介绍规则绞合的一般规律。

3.1.2 绞合角和绞入率

如果将规则绞合的线芯中任一沿螺旋线绞合的单线展开，则得一直角三角形。单线的中心轴绕线芯一周的长度 L 构成该直角三角形的斜边，穿过该层各单线中心的圆周之长（即所谓平均周长）构成该直角三角形的一直角边，而绞合节距 h 即单线在绞合时绕线芯一周沿线芯中心线所量得的长度构成该直角三角形的另一直角边长，如图5-3-5所示。图中 D' 表示通过该层单线中心的圆周直径，角 α 称为绞合角。由图可见

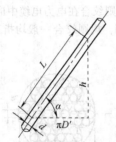

图5-3-5 绞合导线展开

$$\alpha = \text{artan} \frac{h}{\pi D'} \qquad (5\text{-}3\text{-}1)$$

一般把 $\frac{h}{D'}$ 称为节距比，又称扭绞节距倍数或称为绞合系数，用 m 表示，即

$$m = \frac{h}{D'} \qquad (5\text{-}3\text{-}2)$$

该层任一单线沿螺旋线在一节距内的长度为

$$L = \sqrt{h^2 + (\pi D')^2} = h\sqrt{1 + \left(\frac{\pi}{m}\right)^2} \qquad (5\text{-}3\text{-}3)$$

在一绞合节距（h）内，单线长度 L 比线芯长度 h 长 ΔL

$$\Delta L = L - h = h\left(\sqrt{1 + \frac{\pi^2}{m^2}} - 1\right) \qquad (5\text{-}3\text{-}4)$$

而电缆技术上常用的绞入率（扭增率）定义为

$$k = \frac{\Delta L}{h}\left(\sqrt{1 + \frac{\pi^2}{m^2}} - 1\right) \times 100\% \qquad (5\text{-}3\text{-}5)$$

一般节距比大于7，因为 $\left(1 + \frac{\pi^2}{m^2}\right)^{1/2} \approx 1 + \frac{1}{2} \times \frac{\pi^2}{m^2}$，于是式（5-3-5）可写成

$$k = \frac{\Delta h}{h} = \frac{1}{2} \frac{\pi^2}{m^2} \times 100\% \qquad (5\text{-}3\text{-}6)$$

k 表示单线长度比线芯长度增长的百分比。

由上列各式可见，节距比 m 越小，绞合角 α 越小 $\left(\alpha = \arctan \frac{m}{\pi}\right)$，柔性程度越高。但 m 越小，k 值越大，节距与单线长度相差越大，即绞制同样长度线芯，需用较长单线。绞入率与节距比的关系如图5-3-6所示。由图可见，绞入率随节距比增加而减小，例如，当 $m = 9$ 时，绞入率等于6%，而当 $m = 15$ 时，绞入率仅为2.2%。

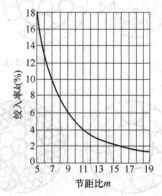

图5-3-6 绞入率与节距比的关系曲线

3.1.3 最小节距比、层数与单线根数的关系

如对规则绞合线芯沿其垂直线芯长度方向切开，每根单线的截面积将为椭圆形，如图5-3-7所示。

椭圆长轴 $d' = \frac{d}{\sin\alpha} = d\sqrt{1 + \text{ctg}^2\alpha}$

$$(5\text{-}3\text{-}7)$$

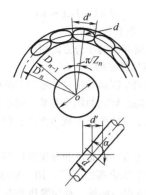

图 5-3-7 n 层规则绞合的几何关系说明

式中 d——单线的直径;

 α——该层单线的绞合角。

如 α 足够地大, 则 $\sqrt{1 + \operatorname{ctg}^2 \alpha} \approx 1 + \dfrac{1}{2} \operatorname{ctg}^2 \alpha$, 于是

$$d' = d(1 + k) \tag{5-3-8}$$

式中 k——绞入率, $k = \dfrac{1}{2} \dfrac{\pi^2}{m^2}$。

由图 5-3-7 可见, 规则绞合线芯某一层 n 上单线数 Z_n 约等于该层各单线中心的圆周除以椭圆形的长轴, 即

$$Z_n = \frac{\pi(D_{n-1} + d)}{d'} = \frac{\pi(D_{n-1} + d)}{1(1 + k_n)d} \tag{5-3-9}$$

式中 k_n——第 n 层的绞入率。

第 $n-1$ 层上单线数

$$Z_{n-1} \approx \frac{\pi(D_{n-2} + d)}{(1 + k_{n-1})d} \tag{5-3-10}$$

式中 k_{n-1}——第 $n-1$ 层的绞入率。

而 $D_{n-1} = D_{n-2} + 2d$。

作为第一近似, 取 $k_n = k_{n-1} = k$, 则相邻两层单线根数之差

$$Z_n - Z_{n-1} = \frac{2\pi}{1 + k} \approx 6 \tag{5-3-11}$$

由此可知, 如各层均以同一直径单线做规则绞合, 则相邻两层单线根数相差为 6。但有一例外, 中心单线根数为 1 的规则绞合, 第二层单线根数为 6, 两层单线根数相差是 5 而不是 6。

根据相邻层单线根数相差为 6 的关系, 可以推出中心单线根数为 1、2、3、4、5 时单线总根数与层数的关系式, 如表 5-3-1 所示。

表 5-3-1 规则绞合线芯的单线总数与层数之关系

中心单线根数	第 n 层单线根数 Z_n	单线总根数 Z
1	$6(n-1)$	$3n^2 - 3n + 1$

(续)

中心单线根数	第 n 层单线根数 Z_n	单线总根数 Z
2	$6\left(n - \dfrac{2}{3}\right)$	$3n^2 - 3n + 2n$
3	$6\left(n - \dfrac{1}{2}\right)$	$3n^2 - 3n + 3n$
4	$6\left(n - \dfrac{1}{3}\right)$	$3n^2 - 3n + 4n$
5	$6\left(n - \dfrac{1}{6}\right)$	$3n^2 - 3n + 5n$

从图 5-3-7 和式 (5-3-8) 可知, 当绞入率 k 值增加 (或绞合角 α 减小), 每根单线在圆周上所占的长度增加, 如相邻层的单线根数仍需保持相差 6, 则 k 有一容许最大值 $k_{\max}$, 当 $\dfrac{2\pi}{1 + k_{\max}} = 6$ 时, $k_{\max} = 0.047$, 相应之节距比称为极限节距比, 此时

$$m = \sqrt{\frac{1}{2} \frac{\pi^2}{0.047^2}} \approx 10 \tag{5-3-12}$$

相应于极限节距比的绞合角称为极限绞合角。

对于油浸纸绝缘电力电缆, 圆形线芯的节距比 m 一般为 18 ~ 22, 对于橡皮、塑料绝缘电力电缆, m 值为 16 ~ 20, 外层 m 值可达 10 ~ 12。复合绞合线芯的每股绞合的节距比要比股绞合成线芯的绞合节距比小。绞合节距比 m 小于 10, 仅用于弯曲稳定性和柔软性要求特别高的场合 (例如矿用、探测电缆), 此时相邻两层单线根数相差小于 6。

根据图 5-3-7, 也可计算电缆线芯内垫芯的直径 D_r。如线芯最内层单线直径为 d, 根数为 Z_n, 绞合角为 α, 则

$$D_r = D_{n-1} = d\left(\frac{\sqrt{1 + \operatorname{ctg}^2 \frac{\pi}{Z_n}}}{\sin\alpha} - 1\right) \tag{5-3-13}$$

3.1.4　线芯的填充系数

线芯的填充系数定义为线芯导体实际面积与线芯轮廓截面积之比。对于圆形绞合线芯有

$$\eta = \frac{\sum\limits_{i=1}^{i=Z} A_i}{\frac{\pi}{4} D_c^2} \tag{5-3-14}$$

式中 A_i——每根单线截面积;

 Z——线芯单线总根数;

D_c——绞合线芯外接圆的直径。

规则绞合线芯的填充系数不仅与层数有关，而且与中心导线根数有关，如图5-3-8所示。中心为1根导线的绞合线芯的填充系数随层增加而减小，而中心导线根数为2、3、4、5线芯的填充系数随层数增加而增加，但其绝对值比中心导线根数为1的小。从提高填充系数和稳固性考虑，中心为1根导线的规则绞合的结构最好，故在绝大多数情况下，电力电缆的线芯都采用中心为1根导线的规则绞合结构。

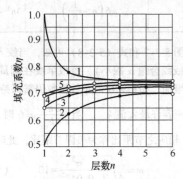

图5-3-8 填充系数 η 和层数的关系曲线
（曲线上的数字表示中心导线根数）

3.1.5 导体结构

导线的截面积主要取决于电缆的传输容量，例如长期允许载流量和允许短路电流等。设计方法是按电缆的结构和运行条件，先假定几个导线系列截面积，分别计算电缆的长期允许载流量，选取其中合适者，再作允许短路电流核算。导线的截面积应同时满足长期允许载流量和允许短路电流的要求。表5-3-2中列出了目前电力电缆导线截面积系列。

表5-3-2 电力电缆导线截面积系列表

电缆类别	导线截面积/mm²
低压电缆 （35kV及以下）	2.5、4、6、10、16、25、35、50、70、95、120、150、185、240、300、400、500、625、800
高压充油电缆 （110kV及以上）	180、240、270、300、400、500、600、700、850[①]、1000、1200、1500、2000

① 850mm² 及以上截面积根据技术协议书选用。

1. 圆形导线正规绞合结构

正规绞合时圆单线直径相同，中心放置1根单线，第一层为6根，以后每层递增6根，导线中单线的总根数 N 为

$$N = 1 + 3m(m+1) \qquad (5\text{-}3\text{-}15)$$

式中 m——绞合层数。

相邻两层导线的绞合方向相反。

2. 紧压导线结构

对圆形和非圆形导线（如扇形和椭圆形等）加以紧压，可提高导线的填充系数，缩小外径，用于粘性浸渍纸绝缘电缆还可减少在垂直敷设时浸渍剂的淌流。

紧压工艺有一次紧压和逐层紧压两种。一次紧压是在各层单线全部绞完后，用一对滚压轮压紧，填充系数为80%~84%。逐层紧压是在每层单线绞完后，均用滚压轮紧压，填充系数可达90%~93%，常用于大截面导线。

导体经过紧压后，每根导线不再是圆形，而是不规则形状，原来空隙部分被导线变形而填满，如图5-3-9所示。紧压圆形导体的结构参数如表5-3-3所示。

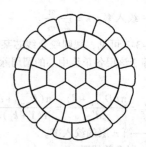

图5-3-9 紧压后圆形线芯截面

表5-3-3 紧压圆形线芯结构参数

标称截面积/mm²	每根导线直径及线芯结构	线芯直径/mm
70	$(1+6) \times 2.60 + 12 \times 2.19$	9.59
95	$(1+6) \times 3.00 + 12 \times 2.57$	11.2
120	$(1+6) \times 3.38 + 12 \times 2.88$	12.5
185	$(1+6) \times 3.19 + 12 \times 2.80 + 18 \times 2.52$	16.0
240	$(1+6+12) \times 3.17 + 18 \times 2.87$	18.2
300	$(1+6+12) \times 3.54 + 18 \times 3.21$	20.4
400	$(1+6) \times 3.72 + 12 \times 3.46 +$ $18 \times 3.05 + 24 \times 2.85$	23.1
500	$(1+6) \times 4.16 + 12 \times 3.88 +$ $18 \times 3.41 + 24 \times 3.07$	25.8

3. 扇形导体结构

为使非紧压扇形芯具有足够的可曲度和稳定性，在设计不紧压扇形芯时，必须遵守下列规则。

(1) 中央导线规则 扇形芯的中央导线必须位

于扇形芯的中心线上,否则,当线芯弯曲时,位于中心线上部导线将被拉伸,而下部的将被压缩而可能凸出。这将引起扇形破坏而损伤绝缘。

(2) 移滑规则 扇形芯中心线上导线的直径一般较大,处在其两侧的导线应能沿中心线上导线滑动而不改变扇形芯外形,这一规则称为移滑规则,如图 5-3-10 所示。如不遵守这一规则,当扇形芯绞合成缆时,扇形可能被破坏而损伤绝缘。

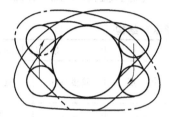

图 5-3-10 移滑规则说明

目前我国对于工作电压在 10kV 及以下油浸纸绝缘电力电缆,扇形线芯都采用紧压结构,即先绞合成卵形线芯坯子,再经过型模紧压成扇形线芯。不同截面积线芯坯的结构如下:

截面积为 10mm² 及 16mm² 的扇形芯由实心圆形单线组成,或由相同直径的圆形线绞合而成。截面积由 25 ~ 70mm² 由 6 根不绞的中央导线,其上加盖由 12 根导线组成的线层而制成(见图 5-3-11)。

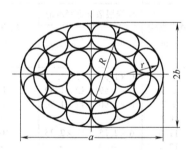

图 5-3-11 截面积为 25mm²、35mm²、50mm²、70mm² 扇形芯坯的结构

截面积为 70mm²、95mm²、120mm² 的扇形芯,采用由 7 根导线绞合的中央线芯,沿其两侧平放两根圆形导线,然后再加盖一层或两层导线(150mm² 及以上),如图 5-3-12 和图 5-3-13 所示。

另外,设计单根导线组成扇形截面(以及数根导线组成紧压扇形芯),必须考虑下列各点:

1) 扇形线芯边角圆弧化半径必须选择足够大,以免线芯尖角引起电场集中和损伤电缆绝缘层。对于截面积在 25 ~ 30mm² 范围内的线芯,圆弧化半径一般选定为 1mm。

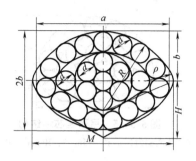

图 5-3-12 截面积为 70mm²、95mm²、120mm² 扇形芯坯的结构

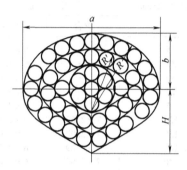

图 5-3-13 截面积为 150mm²、185mm²、240mm² 扇形芯坯结构

2) 为了保证电缆外形为圆形,绝缘线芯绞合后半径减去线芯的绝缘厚度,必须等于线芯扇形圆弧半径 R(见图 5-3-14),从图 5-3-14 可以看出,如 R' 小于正确值 R,则扇形高度、相间空隙、电缆直径将比等于正确值时大。如扇形圆弧大于正确值,同样也会增加电缆直径,甚至在绞合成电缆时,损伤电缆绝缘层。

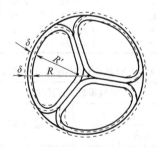

图 5-3-14 正确选择扇形圆弧半径的说明

对于双芯电缆线芯一般采用弓形结构,如图 5-3-15 和图 5-3-16 所示。

几种标准扇形、弓形线芯的结构参数和尺寸如表 5-3-4 ~ 表 5-3-7 所示,可供设计线芯时参考。

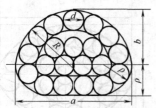

图 5-3-15 弓形线芯坯结构
（线芯截面积为 25mm²、35mm²、50mm²、70mm²）

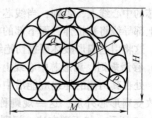

图 5-3-16 弓形线芯坯结构
（线芯截面积为 95mm²、120mm²）

表 5-3-4 三芯电缆的扇形芯（紧压）结构

标称截面积/mm²	导线根数及直径/mm				扇形尺寸/mm	
	中　心		第一层	第二层	高度/mm	宽度/mm
	绞合	平放				
25	—	6×1.34	12×1.34	—	4.9	9.0
35	—	6×1.59	12×1.59	—	5.8	11.0
50	—	6×1.90	12×1.90	—	7.0	13.0
70	—	6×2.25	12×2.25	—	8.3	15.4
95	—	6×2.62	12×2.62	—	9.8	18.0
120	7×2.62	6×2.62	12×2.40	—	11.2	20.1
150	7×2.07	6×2.07	12×2.07	21×2.07	12.8	22.5
185	7×2.29	6×2.29	12×2.29	21×2.29	14.2	25.2
240	7×2.62	6×2.62	12×2.62	21×2.62	16.4	28.5

表 5-3-5 四芯电缆扇形芯（紧压）结构

标称截面积/mm²	基本线芯					第四线芯		
	导线根数×直径/mm				扇形高度/mm	导线根数×直径/mm		扇形高度/mm
	中　央		第一层	第二层		中央	第一层	
	绞合	平放						
25	—	6×1.34	12×1.34	—	5.3	6×1.34	12×1.34	6.4
35	—	6×1.59	12×1.59	—	6.5	6×1.59	12×1.59	7.9
50	—	6×1.90	12×1.90	—	7.7	6×1.90	12×1.90	7.7
70	—	6×2.25	12×2.25	—	9.2	—	—	—
95	7×2.32	2×2.32	16×2.14	—	11.0	6×2.25	12×2.25	10.3
120	7×2.62	2×2.62	16×2.40	—	12.4			
150	7×2.07	2×2.07	15×2.07	21×2.07	13.4			
185	7×2.29	2×2.29	15×2.29	21×2.29	15.2			

表 5-3-6 双芯电缆弓形芯（紧压）结构

标称截面积/mm²	导线根数×直径/mm				弓形高度/mm
	中　央		第一层	第二层	
	绞合	平放			
25	—	7×1.28	13×1.28	—	4.2
35	—	7×1.51	13×1.51	—	5.0
50	—	7×1.80	13×1.80	—	6.0
70	—	7×2.13	13×2.13	—	7.2
95	7×2.25	2×2.25	15×2.25	—	8.5
120	7×2.53	2×2.53	15×2.53	—	9.0
150	7×2.07	2×2.27	15×2.07	21×2.07	10.9

表 5-3-7 三芯、四芯电缆单根扇形芯结构

标称截面积/mm²	结 构 参 数			
	高/mm	宽/mm	扇形弧半径/mm	扇形角圆弧化半径/mm
3×25	4.65	7.8	5.8	1
3×35	5.5	9.4	6.6	1
3×50	6.65	11.48	7.8	1
3×25+1×16	5.1	7.3	6.6	1
3×35+1×16	6.0	8.52	7.6	1
3×50+1×25 基本线芯	7.19	10.98	8.6	1
3×50+1×25 第四线芯	6.1	6.25	8.7	1

4. 中空导线结构

自容式充油电缆常用的中空导线结构如图 5-3-17 所示。图 5-3-17a 是中心用螺旋管支撑，外面再绞合圆形线的结构，图 5-3-17b、c 是形线绞合结构，图 5-3-17d 是中空六分裂导线结构，中心用螺旋管支撑，外面再绞合紧压的扇形导体。

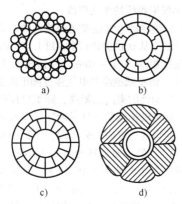

图 5-3-17　中空导线的结构形式
a）圆形单线绞合　b）Z 形和弓形线绞合
c）弓形线绞合　d）中空六分裂导线

中空部分为油道，直径一般为 12mm、15mm 和 18mm，亦可选用更大的直径。对于较长的电缆线路，为减少油流阻力和油压降，宜选较大的油道直径。

（1）螺旋管支撑结构　螺旋管由厚度为 $0.6 \sim 0.8$mm 的镀锡扁铜线构成。外层绞合的单线，其直径、根数及绞合层数，一般根据工艺条件及导线的力学性能，按下列步骤选定。

先假定螺旋管外第一层单线的根数为 n_1，求出单线直径 d

$$d = \frac{D}{1.02 n_1 - \pi} \quad (5\text{-}3\text{-}16)$$

式中　D——螺旋管外径（mm）；
　　　d——一般不宜大于 3.0mm。
再假定绞合层数为 m，则绞合单线总根数 N 为

$$N = m_1 n_1 + 3m(m-1) \quad (5\text{-}3\text{-}17)$$

然后再校核导线截面积 A

$$A = N \cdot \frac{\pi}{4} d^2 \quad (5\text{-}3\text{-}18)$$

（2）型线结构　绞合型线（Z 形线、弓形线）的根数，一般根据制造设备条件和绞合后导线的柔软性来选择。根数太少，导线柔软性较差；根数太多，则制造工艺复杂。型线的几何尺寸可用绘图法或计算法求得。当用绘图法时，可将图放大 20 倍，从图上直接量出几何尺寸，用求积仪测出面积。

5. 分裂导线结构

大截面导线（一般为 1000mm² 以上），常采用分裂导线结构，以减少趋肤效应。分裂导线除中空结构（见图 5-3-17d）外，亦可制成实心结构，如图 5-3-18 所示。分裂导线一般由 4 股或 6 股紧压的扇形导线绞合而成，相邻两股必须进行电性隔离（间隔包一层薄绝缘）。绞合导线外面用金属带（如青铜带、不锈钢带）扎紧，以防止弯曲时松散。

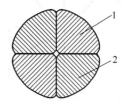

图 5-3-18　实心四分裂导线结构
1—包绝缘的导线　2—不包绝缘的导线

3.2　绝缘结构设计

3.2.1　交流系统用的单芯、多芯电缆绝缘层中的电场分布

1. 单芯电缆不分阶绝缘结构

绝缘层由介电常数相同的材料构成，称为不分阶绝缘。其电场强度按下式计算

$$E = \frac{U}{r \ln \dfrac{r_i}{r_c}} \quad (5\text{-}3\text{-}19)$$

式中　U——导体与金属护套（或金属屏蔽）之间的电压（kV）；
　　　r——绝缘层中任一点的半径（mm）；
　　　r_i——绝缘半径（mm）；
　　　r_c——导线半径（mm）；
　　　E——绝缘层中半径为 r 处的电场强度（kV/mm）。

不分阶绝缘中的电场分布情况如图 5-3-19a 所示。

2. 单芯电缆分阶绝缘结构

绝缘层由介电常数不同的材料构成，称为分阶绝缘。其电场强度与各分阶层的介电常数 ε 成反比，所以 ε 大的材料用于绝缘内层，ε 小的材料用于绝缘外层；分阶绝缘的作用是使绝缘层内的电场强度分布均匀性，提高绝缘外层的电场强度，提高绝缘的利用系数（即平均场强与最大场强之比）。更重要的是可降低导线表面的最大场强，提高了电

缆的安全系数；或在导线表面最大场强相同的情况下，可减薄绝缘厚度。分阶绝缘中的电场分布情况如图 5-3-19b 所示。图 5-3-19c 是绝缘厚度相同时不分阶绝缘与分阶绝缘中的电场分布的比较。

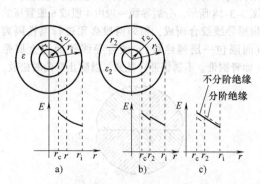

图 5-3-19 不分阶绝缘和分阶绝缘中的电场分布

a) 不分阶绝缘 b) 分阶绝缘 c) 不分阶
与分阶绝缘电场分布的比较

各分阶绝缘的厚度一般按安全系数相等的原则来计算，见式（5-3-20），求出各分阶层半径后，即可求出各分层厚度。

$$E_1 \varepsilon_1 r_c = E_2 \varepsilon_2 r_2 = \cdots = E_n \varepsilon_n r_n \quad (5\text{-}3\text{-}20)$$

式中　r_c，$r_2 \cdots r_n$——导线半径和各分阶绝缘层的半径（mm）；

ε_1，ε_2，ε_n——各分阶绝缘层材料的介电常数；

E_1，E_2，$\cdots E_n$——各分阶绝缘层材料的长期工频击穿场强（kV/mm）。

3. 多芯电缆绝缘结构

三芯分相铅包（或分相屏蔽）电缆的每一相的电场分布与单芯电缆相同，因此可用式（5-3-19）及式（5-3-20）求得。

10kV 及以下的三芯电缆大多采用统包结构，其电场分布较复杂；但由于工作电压较低，其绝缘厚度主要取决于机械强度，因此一般不作电场计算。

3.2.2　绝缘的电气强度

电缆绝缘的击穿方式有电击穿、热击穿、滑移击穿 3 种。电击穿是电场对绝缘直接作用而引起；热击穿是当电缆发热大于散热时，电缆处于热不稳定状态，温度越来越高，最终使绝缘丧失承受电压的能力而引起；滑移击穿是由于绕包绝缘纸层间的局部滑移放电逐步延伸，最后形成击穿通道而引起。

电缆绝缘的电气强度（工频电压击穿强度、冲击电压击穿强度、过电压击穿强度），与电缆的结构，绝缘材料的性能以及制造工艺等因素有关。

绝缘中气隙、水分和杂质的存在，会降低绝缘的电气强度。充油电缆结构能有效地消除绝缘层中的气隙，并保持一定的油压，所以比粘性浸渍电缆和塑料、橡皮电缆有较高的电气强度。

1. 油浸纸绝缘的电气强度

油浸纸绝缘的电气强度随浸渍剂的压力增大而提高，当油压从 0.098MPa 增加到 1.47MPa 时，工频击穿强度提高 50%~70%，冲击击穿强度提高 5%~10%。油浸纸绝缘的电气强度随纸的密度、不透气性及均匀性的提高而提高，随纸带厚度的增厚而下降。油浸纸绝缘的电气强度还随含水量的降低而提高，所以油、纸应充分干燥，使纸的剩余含水量低于一定的值。如高压电缆（110kV 及以上），要求纸的剩余含水量在 0.1% 以下，其干燥缸的真空度应达到 $10^{-2} \sim 10^{-3}$ mmHg $\ominus$。干燥温度一般为 120~125℃。干燥后进行压力浸渍，浸渍剂的含水量一般在 10×10^{-6} 以下，含气量在 0.05% 以下。经验证明，干燥浸渍的质量对电缆的工频长期击穿强度的影响较为显著。电缆纸层发皱会使油浸纸绝缘的电气强度下降，尤其对冲击击穿强度影响较大。高压电缆如纸层严重发皱，会使电缆的冲击击穿强度降低 25% 左右。制造过程中避免纸层发皱的措施有：

1）进行切纸预干燥，使纸带的含水量在 1% 以下。

2）对纸包机进行湿度控制，靠近纸包头处的湿度应控制在 10% 以下。

3）控制纸包张力，在纸包过程中各层纸的张力波动应尽可能地小，使纸层紧而不皱。如纸包张力太大，纸包过紧，纸带不易滑移，电缆弯曲时产生轴向压力超出纸带的弹性范围时，纸带将产生折皱。如纸包张力太小，纸包就太松，电缆弯曲时相邻纸带之间易松动，会导致绝缘松皱。GDL-075 纸在纸包时采用的张力大致如下：电缆导线直径 ϕ30mm 以下时，张力为 5.9~6.9N；电缆导线直径为 ϕ30~40mm 时，张力为 5.9N；电缆导线直径为 ϕ40mm 以上时，张力为 0.39~4.9N。

相邻的薄纸带与厚纸带的厚度相差不要太大，这样可减少或避免薄纸发皱。

4）纸包后缆芯弯曲半径不能过小，一般不小于纸包外径的 40 倍。

$\ominus$　1mmHg = 133.322Pa。

2. 塑料绝缘的电气强度

塑料电缆的击穿主要是由于绝缘层中的气隙、杂质以及屏蔽层与绝缘层之间的表面不平等缺陷，在电场下引起部分放电（或称游离放电）而导致绝缘树枝状放电而引起。绝缘中如有水分，在电场和水的同时作用下，树枝状放电发展得更快。因此塑料电缆应尽可能消除绝缘中的气隙、杂质和水分（如将塑料进行预干燥）。高压塑料电缆（110kV 及以上）采用内、外半导电屏蔽层和绝缘层三层同时挤出及逐段冷却等工艺，可提高其电气强度。交联聚乙烯电缆宜采用非水蒸气交联法（如红外线交联、超声波交联等），以消除绝缘中的气隙和水分。

3. 橡皮绝缘的电气强度

橡皮电缆的击穿主要是由于绝缘层中存在气隙、杂质等缺陷，在电场下产生部分放电而引起。因此要求尽可能地消除绝缘中的气隙和杂质。橡皮的击穿强度与含胶量及其配方有关。含胶量较高的橡皮击穿强度较高。橡皮的击穿强度随拉伸程度的增加而降低。

3.2.3　油浸纸绝缘电缆的绝缘设计

绝缘设计包括绝缘材料和绝缘结构（如是否采用分阶绝缘）的选择，绝缘厚度的设计计算，以及纸带厚度、宽度的确定等内容。

绝缘厚度按电缆承受的工频电压和冲击电压要求分别计算确定，取其大者。油浸纸绝缘的操作过电压击穿强度约为冲击电压击穿强度的 85% ~ 90%，但是线路中的操作过电压值仅为雷击过电压的 50% ~ 70%，因此只需校核承受雷击过电压的能力即可。

按工频强度确定绝缘厚度时，以线路的额定电压为依据。当中性点直接接地时，绝缘层的设计电压为相电压。当中性点经消弧线圈接地时，绝缘层的设计电压为相电压的 1.33 倍。按冲击强度确定绝缘厚度时，以电缆的冲击试验电压为依据。冲击试验电压取决于电缆线路中可能出现的冲击过电压。冲击过电压又与线路的绝缘水平、变电站的保护方式以及避雷器的性能有关。电缆的冲击试验电压如表 5-3-8 所示。

表 5-3-8　电缆冲击试验电压推荐值

线路额定电压/kV	35	66	110		220		330	500	750
避雷器型式	阀型	阀型	阀型	磁吹	阀型	磁吹	磁吹	磁吹	磁吹
电缆冲击试验电压/kV	240	310	450	380	950	750	1175	1550	2100

油浸纸绝缘电缆的绝缘厚度是按电缆的最大场强设计计算的。

不分阶绝缘结构的绝缘厚度为

$$\Delta_i = r_c \left(e^{\frac{U}{E_{max} r_c}} - 1 \right) \tag{5-3-21}$$

二层分阶绝缘结构的绝缘厚度为

$$\Delta_i = r_2 \cdot e^{\frac{\varepsilon_2}{\varepsilon_1} \left(\frac{U}{r_c E_{max1}} - \ln \frac{E_{max1} \varepsilon_1}{E_{max2} \varepsilon_2} \right)} - r_c \tag{5-3-22}$$

式中　Δ_i——绝缘厚度（mm）；

U——导体与金属护层之间的电压（kV）；

r_c——导体屏蔽半径（mm）；

r_2——分阶绝缘半径（mm）；

ε_1，ε_2——分别为第一、二（由内向外）分阶绝缘的介电常数；

E_{max1}，E_{max2}——分别为第一、二分阶绝缘层的最大场强（kV/mm）。

为保证电缆安全运行，设计的最大场强与电缆绝缘击穿场强之间应有一定的安全系数。工频安全系数一般取 2.5 ~ 5，冲击安全系数取 1.2 以上。

目前各种型式电缆的最大工作场强如表 5-3-9 所示。

电缆的长期工频击穿强度及冲击击穿强度与电缆的型式、绝缘材料的性能及制造工艺等因素有关。

表 5-3-9　油浸纸绝缘电缆的最大工作场强　　（单位：kV/mm）

电压级/kV	6 ~ 10	20 ~ 35	110	220	330	500	750
粘性浸渍纸绝缘电缆	3 ~ 5	3 ~ 5					
充气电缆		6.5	8.5	9.5			
气压电缆		8.5	10	11			
自容式充油电缆[①]钢管充油电缆			8 ~ 10	10 ~ 12	12 ~ 14	15 ~ 17	20 ~ 21

①　330kV 及以下自容式充油电缆用低油压，500kV 用低油压或中油压，750kV 用高油压。

1. 均匀介质绝缘

由图 5-3-20 可见，油浸纸绝缘的长期工频击穿强度与它所处的压力有关，压力越高，长期工频击穿强度越高，压力从 0.098MPa 增加到 1.47MPa 时，长期工频击穿强度增加 70%。短时工频击穿强度虽然随绝缘纸带的厚度增加而减小，如图 5-3-21 所示，但随绝缘厚度增加而减少甚微。绝缘干燥浸渍良好，则工频击穿场强提高，如图 5-3-22 所示。

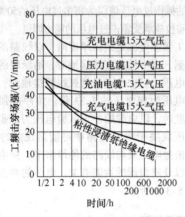

图 5-3-20　不同型式电缆的寿命曲线

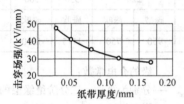

**图 5-3-21　油浸纸电缆绝缘的短时
交流击穿场强与纸带厚度的关系**

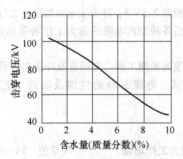

**图 5-3-22　油浸纸电缆绝缘的
击穿电压与含水量的关系**

油浸纸绝缘的冲击击穿强度的影响因素较多，主要有如下几个方面：

1）电缆的冲击击穿强度随导体上纸带厚度的增加而下降，如图 5-3-23 所示。这是由于油隙存在使油浸纸的冲击强度明显下降。

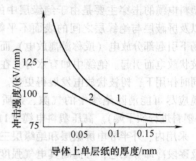

**图 5-3-23　电缆的冲击强度与
导体上纸带厚度的关系**
1—低粘度油浸渍纸绝缘　2—贫乏浸渍纸绝缘

2）电缆的冲击强度随纸的密度增加而提高，如图 5-3-24 所示。密度增加 20% ~ 50%，冲击强度提高 10% ~ 20%。这种影响在浸渍剂粘度越小时，影响越大。

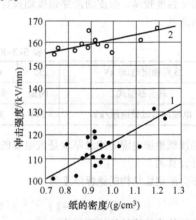

**图 5-3-24　纸绝缘电缆的冲击
强度与纸的密度的关系**
1—浸渍剂粘度 25cSt　2—浸渍剂粘度 8000cSt

3）冲击强度随纸的不透气性及均匀性的增加而增加，如图 5-3-25 所示。试验表明，冲击强度的总变化中，可以归结为不透气性及均匀性的变化占 78.5%。

4）冲击强度随浸渍剂的粘度增加而提高，如图 5-3-26 所示。

5）冲击强度随油隙的厚度增加而减小，因此在导体表面采用较薄的纸带以减小油隙厚度。冲击强度还随油隙的宽度增加而降低，如当纸带间隙宽为 3mm 时，冲击强度为 130kV/mm；间隙宽为 1.5mm 时，冲击强度为 140kV/mm；没有间隙时，冲击强度为 160kV/mm。冲击强度随绝缘厚度上油

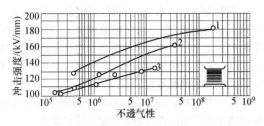

图 5-3-25 冲击强度与纸的厚度及不透气性的关系

1—纸厚 0.03mm，密度为 0.7~0.8g/cm³　2—纸厚
0.08mm，密度为 0.7g/cm³　3—纸厚 0.13mm，
密度为 0.75g/cm³

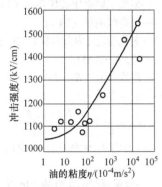

**图 5-3-26 纸绝缘电缆的冲击
强度和浸渍剂粘度的关系**

隙数目的增多而降低，如绝缘厚度上的油隙数从 3
个增加到 6 个时，冲击强度从 175kV/mm 下降到
135kV/mm。

6）冲击强度随导体表面采用屏蔽而提高，采
用金属化纸屏蔽使冲击强度提高 10%~15%，半导
体纸屏蔽使冲击强度提高 15%~22%，

7）冲击强度随绝缘的纸包均匀性及浸渍充分
程度的提高而提高。在纸包及浸渍均好的情况下，
各种电缆（充油、压力及粘性浸渍电缆）的冲击强
度相近，约为 130kV/mm。当纸包发皱时，冲击强
度下降 20%~25%，对于采用 0.01~0.04mm 薄纸
的超高压电缆，冲击强度下降 10%~40%。浸渍不
完全时冲击强度降低约 15%。

8）冲击强度随压力的增加有所提高。充油电
缆油压从 0.098MPa 提高到 1.47MPa 时，冲击强度
提高 10%；对于浸渍不充分的电缆，压力对冲击强
度影响甚大，如滴干绝缘电缆压力从 0.098MPa 增
加到 1.37MPa 时，冲击强度从 62kV/mm 增加到
145kV/mm；而对浸渍良好的粘性浸渍电缆，压力
对冲击强度几乎没有影响，如 20℃ 时粘度为
8000cSt 的粘性浸渍电缆，在 0.098MPa 及 1.37MPa

时的冲击强度分别为 163kV/mm 及 164kV/mm。

9）冲击强度随导体截面积的增大而降低，这
是由于在导体表面存在的弱点有可能增加。

10）冲击强度与冲击电压的极性关系不大，在
各种情况下，正负极性时冲击强度的差值不超过
10%。值得注意的是换极性时，冲击强度下降 12%
（对低粘度浸渍剂）~20%（对高粘度浸渍剂）。

由上述影响油浸纸绝缘的长期工频击穿强度和
冲击击穿强度的因素可见，对长期工频击穿强度起
主导作用的为压力，而冲击击穿强度主要取决于纸
的性能及纸带的厚度。对油浸纸绝缘电缆的压力和
纸带厚度的选择原理可用图 5-3-27 来说明。曲线
1~3 表示绝缘层处在不同压力下，工频击穿强度除
以该绝缘层所要求的工频安全系数与纸带厚度的关
系曲线。而曲线 4 表示绝缘层冲击击穿强度除以该
绝缘层所要求的冲击安全系数与纸带厚度的关系。
从图中可以看出，如纸带厚度为 δ_1，绝缘所受的压
力为 P_1，当选取工作场强为 E_1 时，则工频和冲击
击穿强度将同时满足指定的安全裕度（安全系数分
别为 m 和 n）。同样，也可采用纸带厚度为 δ_2，压
力为 P_2，选取工作场强为 E_2；或者纸带厚度为 δ_3，
压力为 P_3，工作场强为 E_3，亦能满足指定的安全
裕度。

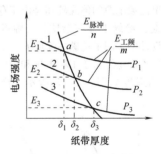

**图 5-3-27 电源绝缘层纸带厚度与
油压对工频与脉冲击穿场强的影响**

2. 分层介质绝缘

1）设计分阶绝缘时，可根据保证各层绝缘最
大工作场强处的安全裕度相等的原则来确定。即

$$\frac{(E_p)_1}{(E_{max})_1} = \frac{(E_p)_2}{(E_{max})_2} = \frac{(E_p)_3}{(E_{max})_3} = \cdots = m$$

$$(5\text{-}3\text{-}23)$$

式中　$(E_p)_1$，$(E_p)_2$，$(E_p)_3\cdots$——第一层、第二层、
　　　　　　　　　　　　　　　　　第三层……绝缘
　　　　　　　　　　　　　　　　　的击穿强度
　　　　　　　　　　　　　　　　　（kV/mm）；

　　　　$(E_{max})_1$，$(E_{max})_2$，$(E_{max})_3$——第一层、第二层、

第三层……绝缘的最大场强 (kV/mm)；

m——安全系数。

则应满足

$$(E_p)\varepsilon_1 r_1 = (E_p)\varepsilon_2 r_2 = \cdots \quad (5\text{-}3\text{-}24)$$

式中 ε_1、ε_2……——各层绝缘的介电系数；

r_1、r_2……——各层绝缘的内半径。

2）若希望每层绝缘有相等的最大场强，即

$$(E_{max})_1 = (E_{max})_2 = \cdots$$

则应满足

$$\varepsilon_1 r_1 = \varepsilon_2 r_2 = \cdots \quad (5\text{-}3\text{-}25)$$

3.2.4 塑料及橡皮绝缘电缆的绝缘设计

塑料及橡皮绝缘电缆的绝缘厚度一般按绝缘的工频和冲击强度的平均值分别计算确定，取其大者。

1. 交联聚乙烯（XLPE）电缆的绝缘设计

交联聚乙烯电缆绝缘厚度由式（5-3-26）确定

$$t = V/E_D \quad (5\text{-}3\text{-}26)$$

式中 t——绝缘厚度 (mm)；

V——承受电压 (kV)；

E_D——设计破坏强度 (kV/mm)。

交联聚乙烯电缆的绝缘破坏是由于存在内外半导电层凸起，绝缘中存在杂质、气隙等缺陷而引起，因此设计中采用平均破坏强度 E_{mean}。

交联聚乙烯电缆对于工频电压和雷电冲击电压的绝缘破坏强度如图 5-3-28 所示，符合威布尔分布。

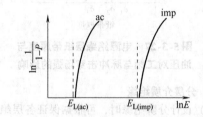

图 5-3-28 XLPE 电缆的耐电压强度

威布尔分布如式（5-3-27）所示

$$P(E) = 1 - \exp\left\{-\left(\frac{E - E_L}{E_0}\right)^m\right\} \quad (5\text{-}3\text{-}27)$$

式中 $P(E)$——电场强度 E 下的积累破坏概率；

m——形状参数；

E_0——尺寸参数；

E_L——位置参数。

实际设计中，由承受工频电压值 V_{ac} 和工频电压最低破坏强度 $E_{L(ac)}$ 求出绝缘厚度 t_{ac}；以及由承受雷电冲击电压值 V_{imp} 和雷电冲击电压最低破坏强度 $E_{L(imp)}$ 求出绝缘厚度 t_{imp}。取两者较厚的绝缘厚度作为电缆的绝缘厚度。

式（5-3-28）和式（5-3-29）分别为以工频电压和雷电冲击电压决定绝缘厚度的计算公式

$$t_{ac} = \frac{V_{ac}}{E_{L(ac)}} = \frac{V_0/\sqrt{3}K_1 K_2 K_3}{E_{L(ac)}} \quad (5\text{-}3\text{-}28)$$

式中 t_{ac}——由工频电压决定的绝缘厚度 (mm)；

V_{ac}——电缆承受的工频电压 (kV)；

$E_{L(ac)}$——最低工频电压破坏强度 (kV/mm)；

V_0——最高线电压 (kV)；

K_1——老化系数（寿命指数 $n = 9$，$K = 4$；$n = 12$，$K = 2.83$）；

K_2——温度系数（$K_2 = 1.1$）；

K_3——安全系数（$K_3 = 1.1$）。

$$t_{imp} = \frac{V_{imp}}{E_{L(imp)}} = \frac{BILK_1' K_2' K_3'}{E_{L(imp)}} \quad (5\text{-}3\text{-}29)$$

式中 t_{imp}——由雷电冲击电压决定的绝缘厚度 (mm)；

V_{imp}——电缆承受的雷电冲击电压 (kV)；

$E_{L(imp)}$——最低雷电冲击电压破坏强度 (kV/mm)；

BIL——基准雷电冲击强度 (kV)；

K_1'——重复承受冲击电压的老化系数（$K_1' = 1.1$）；

K_2'——温度系数（$K_2' = 2.5$）；

K_3'——安全裕度（$K_3' = 1.1$）。

用于交联聚乙烯电缆绝缘厚度设计的 E_L 值如表 5-3-10 所示。$E_{L(ac)}$ 和 $E_{L(imp)}$ 只能从大量试验中绘出威布尔分布曲线，并通过曲线而求得。

表 5-3-10 最小击穿场强 E_L（单位：MV/m）

电缆额定电压/kV	$E_{L(ac)}$	$E_{L(imp)}$
66	20	50
154	20	50
275	30	60
500	35	75

寿命指数 $n = b/a$，交联聚乙烯电缆的使用寿命与电压的关系为 $V^n t = $ 常数，通常 $n = 9$，电缆的质量越高则 n 值越大。因此，随着电压等级的增高对微孔、杂质、半导电层突起等缺陷的要求也越为严格，日本和美国的规定如表 5-3-11 所示。

表 5-3-11　日本、美国对 XLPE
电缆绝缘缺陷的规定

额定电压/kV	66	154	275	500	5~35
微孔/μm ≤	50	50	30	20	75
烧焦树脂/μm ≤	250	250	250	80	1250
金属或炭黑/μm ≤	100	100	100	80	125
半导电层凸起/μm ≤	250	250	250	80	125

2. 聚氯乙烯电缆的绝缘设计

聚氯乙烯电缆的长期工频击穿场强如图 5-3-29 所示，由图可见，其长期工频击穿场强在 10kV/mm 以上。聚氯乙烯电缆的平均工作场强可取 1 ~ 2kV/mm。

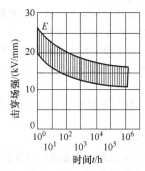

图 5-3-29　聚氯乙烯电缆交流
击穿场强与加压时间的关系

3. 聚乙烯电缆的绝缘设计

聚乙烯电缆的长期工频击穿场强如图 5-3-30 所示，由图可见，聚乙烯的 40 年工频击穿场强约为 9kV/mm。冲击击穿场强如图 5-3-31 所示。聚乙烯电缆的平均工作场强可取 1.5 ~ 5.5kV/mm。

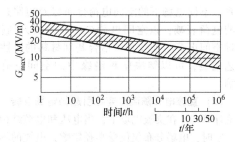

图 5-3-30　聚乙烯绝缘的工频
击穿场强与加压时间的关系

4. 橡皮绝缘电缆的绝缘设计

橡皮的击穿强度与其拉伸程度有关，拉伸程度越大，击穿强度降低越多，如图 5-3-32 和图 5-3-33 所示，在拉伸情况下，橡皮击穿强度差不多是正常情况下的 1/5 ~ 1/6。橡皮的击穿强度随其含胶量的

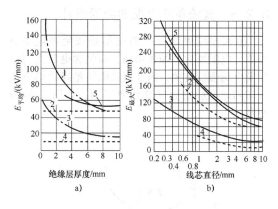

图 5-3-31　聚乙烯绝缘电缆的击穿强度
　a）与绝缘厚度关系　b）与导线直径关系
　1—均匀加直流电压　2—逐级加直流电压
　3—均匀加交流电压　4—逐级加交流电压
　　　5—脉冲电压（1/50μs）

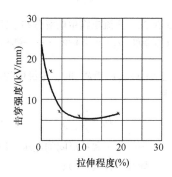

图 5-3-32　橡皮绝缘的击穿强度
与拉伸程度的关系

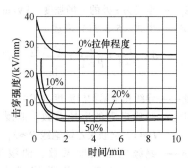

图 5-3-33　橡皮在不同拉伸状态下，击穿
强度与电压作用时间的关系

增加而提高。

橡皮电缆的绝缘设计参考塑料电缆，平均工作场强可取 1~2kV/mm。

3.2.5 直流单芯电缆的绝缘设计

直流电缆绝缘层中的电场是按绝缘电阻分布的，电阻增大，场强增高，而绝缘电阻又与温度及电场强度有关，因此直流电缆绝缘内的电场分布随绝缘层的温度变化而不同，如图 5-3-34 所示。

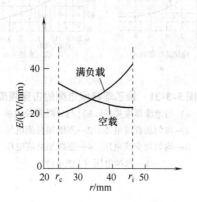

图 5-3-34 直流电缆中电场分布示意图

E—电场强度　r_c—导线半径　r_i——绝缘厚度

当绝缘电阻率 $\rho = \rho_0 e^{-\alpha\theta_r} E_r^{-P}$ 时，绝缘中的电场强度按下式计算

$$E_r = \frac{U\delta r^{\delta-1}}{r_i^\delta - r_c^\delta} \qquad (5\text{-}3\text{-}30)$$

式中　U——导线与金属护层间的电压（kV）；

　　　r_c——导线半径（mm）；

　　　r_i——绝缘半径（mm）；

　　　ρ_0——0℃时的绝缘电阻率（$\Omega \cdot cm$）；

　　　θ_r——绝缘中半径 r 处的温度（℃）；

　　　E_r——半径为 r 处的电场强度（kV/mm）；

　　　δ——由式（5-3-31）表述。

$$\delta = \frac{P}{P+1} + \frac{\alpha}{P+1} \cdot \frac{\theta_c - \theta_s}{\ln \frac{r_i}{r_c}} \qquad (5\text{-}3\text{-}31)$$

　　　θ_c、θ_s——导线和金属护层温度（℃）；

　　　P——绝缘电阻的电场系数，油浸纸绝缘 $P \approx 1$，交联聚乙烯绝缘 $P \approx 2$；

　　　α——绝缘电阻温度系数，油浸纸绝缘 $\alpha \approx 0.11/℃$，交联聚乙烯绝缘 $\alpha \approx 0.051/℃$。

直流线路的雷电过电压，因直流避雷器保护方式及电缆长度而不同，在无避雷器时约为额定电压的 3 倍，而内过电压约为额定电压的 1.7 倍，因此直流电缆绝缘一般按承受 3 倍额定电压的雷击过电

压设计。由于各种含交流分量的过电压叠加在直流电压上，绝缘的击穿强度由其合成的最高电压决定。在反极性过电压情况下，电缆绝缘的击穿强度稍低。

黏性浸渍纸绝缘电缆在额定直流电压下，最大工作场强可取 20~25kV/mm。充油电缆的最大工作场强可取 26~35kV/mm。聚乙烯或交联聚乙烯电缆的最大工作场强可取 20kV/mm。

高压直流电缆结构设计时需要考虑电场、热场、空间电荷、机械应力和环境应力等因素。对于塑料绝缘直流高压电缆，绝缘标称厚度的设计和校核部分应充分考虑但不限于以下因素：

1）导体的工作温度；

2）绝缘电导率与温度、电场的关系；

3）绝缘层内空间电荷分布；

4）绝缘和半导电界面空间电荷分布；

5）在预期的敷设条件下，绝缘层内部电场分布；

6）不同温度下绝缘的直流击穿和冲击击穿特性。

关键技术问题有：

（1）空间电荷对绝缘造成的电场畸变以及由此引起的绝缘劣化的影响　在交流 XLPE 电缆的设计中，空间电荷不是一个需要考虑的问题，而在直流高压电缆中却成为必须考虑的问题。空间电荷分布受聚合物结晶形态、杂质含量、交联副产物浓度、半导电层与绝缘之间的界面状态、外施电场、电场极性、温度等多种因素的作用。交联副产物对空间电荷的影响显著，脱气时间的长短对改善 XLPE 中空间电荷的分布有着密不可分的关系。不同电场下的空间电荷分布以及短路过程中的电荷衰减，以空间电荷少、衰减快为判据。通过空间电荷表征技术，结合基础材料的改性和工艺控制，可以解决塑料绝缘中的空间电荷的影响。

（2）直流电导随温度变化引起的电场反转　从理论计算知：在交流电场下，当电压和电缆结构参数一定时，电场分布仅仅受半径影响，电缆的场强沿电缆径向减小，最大场强出现在导体屏蔽处。当在直流电场下，场强不仅仅与电压和结构参数有关系，并且和温度分布也有关系，当温度不同时，最大场强可能出现在导体屏蔽界面，也可能出现在绝缘屏蔽处，并且随负载变化而变化。研究温度、电场对电导的影响，可为后续计算电场分布提供实验数据。

(3) 直流电导与电场、温度以及空间电荷多场耦合问题　高压直流电缆的结构设计的关键之一是绝缘厚度的确定。场强分布是决定电缆绝缘厚度的最重要参数。由于直流电场分布是与绝缘电导率、空间电荷分布和温度密切相关，比交流电场分布的情况要复杂得多。采用多场耦合软件，例如 COMSOL Multiphysics，空间电荷分布和电导随电场分布的经验曲线采用实测数据拟合，从电导率角度考虑电流场，从空间电荷角度考虑静电场，将这两个场进行叠加可求得绝缘层中的电场分布。当然还需要考虑绝缘水平（操作过电压和雷电过电压）、安全裕度（m 为 1.2 ~ 1.6）、绝缘材料的寿命指数（n 值）等因素，综合决定其绝缘层厚度。

一般认为，高压直流电缆的挤包聚合物绝缘材料必须具备：高直流击穿强度，较高的绝缘电阻系数，其温度系数和电场系数较小，不易形成空间电荷，以及低热阻系数。

不管是陆地电缆还是海底电缆，在电缆结构设计中，电场计算都遵循基本的方程，而海底电缆和陆地电缆，主要的差别在于电缆的护层结构、电缆横截面以及电缆的敷设条件（涉及电缆的环境温度，散热效率等不同）。

电缆各部分的结构设计需要一个反复迭代计算的过程。因此，首先针对一系列给定的电压等级和容量，根据交流电缆的经验取相对保守的导体横截面，初步计算电缆的绝缘厚度。正常工作条件下，为保证电缆绝缘长期可靠运行，要求绝缘层内部任一点的电场强度均不高于绝缘材料的设计工作场强。分别考虑两种极端情况，即空载运行（绝缘层没有温差）和满载运行（绝缘层温差最大），计算绝缘层中的电场分布。将得到的最大值再叠加上空间电荷造成的畸变，得到此绝缘厚度下的最大场强。反复调整绝缘厚度，直到计算得到的最大电场强度等于规定的工作场强。取空载和满载下得到的厚度的较大值为设计值。

为了初步确定电缆的绝缘厚度，需先假定海缆绝缘层和陆缆绝缘层的温差。而实际运行过程中，电缆绝缘层中的温度分布是与绝缘厚度密切相关的。因此在初步确定电缆结构后，需要建立电-热耦合场模型对电缆的载流量和绝缘强度进行校核。

3.3　屏蔽结构设计

屏蔽层分为导线屏蔽和绝缘屏蔽。

导线屏蔽的作用是改善导线表面的电场分布，对于塑料及橡皮电缆，还起消除导线与绝缘层之间气隙的作用。纸绝缘电缆的导线屏蔽材料有半导电纸、金属化纸、金属化半导电纸等，半导电纸的电阻率 ρ_v 一般为 $10^5 \sim 10^7\,\Omega\cdot\mathrm{cm}$。塑料、橡皮电缆的导线屏蔽材料有半导电塑料、半导电橡皮、半导电带等，ρ_v 一般为 $10^4 \sim 10^7\,\Omega\cdot\mathrm{cm}$。屏蔽材料的 ρ_v 过高会引起 $\tan\delta$ 的增加，使介质损耗增高，过低会引起电缆绝缘的冲击强度降低。

绝缘屏蔽材料一般与导线屏蔽材料相同。对于高压油浸纸绝缘电缆，绝缘屏蔽外还用铜带或编织铜丝带扎紧绝缘层，并使绝缘屏蔽与金属护套有良好接触。对于无金属护套的塑料、橡皮电缆，绝缘屏蔽由半导电材料加金属带或金属丝组合而成，其屏蔽金属的截面积由短路电流决定。若截面积太小，当短路电流通过时将产生过热或烧断，并损坏绝缘。

塑料、橡皮电缆屏蔽铜带的截面积，以短路电流通过屏蔽铜带所引起的温升不超过电缆最高允许温度来确定。短路电流通过屏蔽铜带所引起的温升可由下式计算

$$\Delta\theta_\mathrm{sc} = \frac{a}{(R_1 - R_2)M}\left[\frac{1}{R_1}\left(\mathrm{e}^{R_1^2 t}WR_1\sqrt{t} - 1\right)\right.$$
$$\left. - \frac{1}{R_2}\left(\mathrm{e}^{R_2^2 t}WR_2\sqrt{t} - 1\right)\right] \qquad (5\text{-}3\text{-}32)$$

式中　$\Delta\theta_\mathrm{sc}$——短路时导线的最高温升（℃）；

$\quad t$——短路时间（s）；

$\quad W$——erfc 补余误差函数符号；

$\quad a$——短路前单位散热面积铜带发生的热量（W/cm²），由式（5-3-33）表述

$$a = \frac{r_{s20}[1 + \alpha(\theta_0 - 20)]I_\mathrm{sc}^2}{\pi d_\mathrm{m}} \qquad (5\text{-}3\text{-}33)$$

r_{s20}——20℃时每 cm 铜带的电阻（Ω/cm）；

$\quad \alpha$——铜带电阻温度系数（$\alpha = 0.003931/℃$）；

$\quad \theta_0$——短路前铜带温度（℃）；

$\quad I_\mathrm{sc}$——短路电流（A）；

$\quad d_\mathrm{m}$——铜带包绕后平均直径（cm）。

$$R_1 = \frac{k}{2M\sqrt{K}} + \sqrt{\frac{k^2}{4M^2 K} + \frac{b}{M}}$$
$$R_2 = \frac{k}{2M\sqrt{K}} + \sqrt{\frac{k^2}{4M^2 K} + \frac{b}{M}} \qquad (5\text{-}3\text{-}34)$$

K——铜带邻接物的温度传导系数（cm²/s），由式（5-3-35）表述

$$K = \frac{k}{c\gamma} \qquad (5\text{-}3\text{-}35)$$

k——铜带邻接物的导热系数 [J/(cm·s·℃)];

c——铜带邻接物的比热容 [J/(g·℃)];

γ——铜带邻接物的密度（g/cm³），

M——单位散热面积铜带的热容量[J/(℃·cm²)]，

$$M = k_2 Q \delta_s m;$$

k_2——铜带搭盖绕包对铜带厚度的增加系数；

Q——铜带单位体积的热容量 [J/(℃·cm³)]；

δ_s——铜带厚度（cm）；

m——铜带层数。

图 5-3-35 示出的允许短路电流，是一层铜带（厚度为 0.1mm），1/4 搭盖绕包，铜带温升为 160℃时，根据式 (5-3-32) 计算得出的。

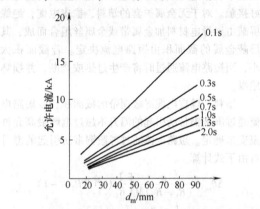

图 5-3-35 屏蔽铜带的允许短路电流

3.3.1 聚氯乙烯电缆屏蔽结构

对于额定电压 U_0 为 6kV 及以上的聚氯乙烯电缆应具有导体屏蔽和绝缘屏蔽。导体屏蔽应为一层挤包的半导电层，绝缘屏蔽应由半导电层和铜带组成。绝缘表面的半导电层可采用挤包型、包带型或包带内加石墨涂层结构，铜带可以分相绕包在绝缘线芯上或统包于缆芯上，铜带厚度应不小于 0.1mm。

3.3.2 交联聚乙烯电缆屏蔽结构

1. 导体屏蔽

额定电压 U_0 为 1.8kV 以上的交联聚乙烯电缆应有导体屏蔽。导体屏蔽应为挤包的半导电层。标称截面积为 500mm² 及以上的电缆导体屏蔽应由半导电带和挤包半导电层联合组成。

额定电压 U_0 为 64kV 及以上的交联聚乙烯电缆导体屏蔽用的半导电材料应是交联型材料，其性能应符合：

直流体积电阻率：23℃时最大为 100Ω·cm；

90℃时最大为 350Ω·cm；

拉伸强度：最小为 14.5MPa；

伸长率：最小为 200%。

2. 绝缘屏蔽

额定电压 U_0 为 1.8kV 以上的交联聚乙烯电缆应有绝缘屏蔽。

额定电压 U_0 为 8.7kV 及以下 XLPE 电缆绝缘屏蔽可采用挤包型、包带型或包带内加石墨涂层结构。额定电压 U_0 为 8.7kV 以上电缆绝缘屏蔽应为挤包半导电层。

额定电压 U_0 为 12kV 及以下电缆的挤包型绝缘屏蔽应是可剥离的。

额定电压 U_0 为 64kV 及以上电缆的绝缘屏蔽用的挤包的半导电材料应是交联型材料，其性能要求与导体屏蔽材料相同。

3. 金属屏蔽

额定电压 U_0 为 1kV 及以上的电缆应有金属屏蔽层，金属屏蔽有铜丝屏蔽和铜带屏蔽两种结构型式，额定电压为 21kV 及以上，同时标称截面积为 500mm² 及以上的电缆的金属屏蔽层应采用铜丝屏蔽结构。

铜丝屏蔽由疏绕的软铜线组成，其表面应用反向铜丝或铜带扎紧。铜丝屏蔽的标称截面积分 16mm²、25mm²、35mm² 及 50mm² 4 种，可根据故障电流容量要求选用。

铜带屏蔽由重叠绕包的软铜带组成。铜带标称厚度应按下列要求选用：单芯电缆≥0.12mm，三芯电缆≥0.10mm。

额定电压 U_0 为 64kV 及以上的电缆的金属屏蔽应由疏绕软铜线组成，在表面应用反向铜丝或铜带扎紧。铜丝屏蔽的标称截面为 95mm²，电阻率应符合 GB/T 3956—2008 的规定。

电缆采用铅包或铝包金属套时，金属套可作为金属屏蔽层。

3.4 护层结构设计

电缆护层分内护层和外护层。内护层有金属的铅护套、平铝护套、皱纹铝护套等和非金属的塑料护套、橡皮护套等，其作用是防止绝缘层受潮、机械损伤以及光和化学侵蚀性媒质等的作用。金属护套多用于油浸纸绝缘电缆，塑料和橡皮护套多用于塑料、橡皮绝缘电缆。

金属护套厚度取决于机械强度，并考虑电缆内部的压力以及敷设运行条件和工艺条件加以确定。

低压电缆的铅、铝、塑料、橡皮护套已趋标准化，如图 5-3-36 所示。为提高铝护层的安全裕度，目前铝护层的厚度基本与铅护层相同。

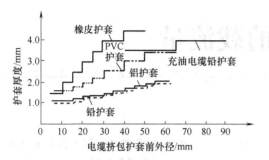

图 5-3-36　**电缆护套厚度与外径的关系**

自容式充油电缆的铅护套厚度可由下式求得

$$\Delta_s = KD_s + 1.5 \qquad (5\text{-}3\text{-}36)$$

式中　Δ_s——铅护套厚度（mm）；

D_s——铅护套内径（mm）；

K——系数，对于铅锑铜合金，$K = 0.025 \sim 0.05$；对于铅碲砷合金，$K = 0.02 \sim 0.04$。

目前我国高压电缆中铅护套有铅锑铜合金和铅碲砷合金两种。铅碲砷合金的抗拉强度、耐疲劳性能和耐蠕变性能比铅锑铜合金高，延伸率稍差。

外护层包括衬垫层、铠装层和覆盖层（外被层），主要是起机械加强和防腐蚀作用。其结构设计取决于电缆的敷设运行条件。金属护套的外护层常为多层结构，为沥青、聚氯乙烯带、浸渍纸、加强金属带的组合。这种组合有较好的防蚀性能，并能防止铠装层对金属护套的机械损伤。为了使外护层有更好的防蚀性和防水性，最外层还可采用挤包的塑料护套。

当高压电缆线路发生短路故障，或当操作波及雷击波侵入时，会产生很高的护层感应电压，可能引起外护层的击穿，因此外护层必须有承受一定电压的能力。一般应能通过工频电压 10kV 1min 及冲击试验电压 50kV 正负 10 次不击穿的试验。为了提高电缆的传输容量，外护层有较高的绝缘电阻，其指标可参照 GB/T 8815—2008 或 GB/T 15065—2009。

外护层的加强金属带厚度可用下式确定

$$\Delta_a = \frac{nPD_a}{2m\sigma} \qquad (5\text{-}3\text{-}37)$$

式中　Δ_a——加强金属带厚度（mm）；

n——安全系数，一般取 $n = 18 \sim 22$；

P——电缆内单位面积的最高压力（MPa）；

D_a——加强金属带绕包前的电缆直径（mm）；

m——加强金属带层数；

σ——加强金属带的抗拉强度（MPa）（黄铜带 $\sigma = 323.4$MPa）。

对于铅包的高油压自容式充油电缆、高落差电缆及水底电缆，由于要承受较大的内压力或拉力，或者两者都要承受，需进行机械加固，所以护层要铠装。铠装材料一般用带材（如铝青铜带、不锈钢带）或线材（如钢丝、铝合金丝）。铠装带的厚度及层数，铠装丝的直径及根数，由电缆所承受的压力、拉力和铠装材料的机械强度确定。

电缆外护层按不同的敷设条件，分为普通外护层、一级外护层和二级外护层 3 种结构。普通外护层仅适用于铅护层，由沥青和浸渍电缆纸的组合层组成。一级外护层，对于无铠装的结构，由沥青加聚氯乙烯护套组成；对于有铠装的结构，衬垫层由两层沥青、聚氯乙烯带和浸渍绉纸带的防水组合层组成，在铠装外面可无外被层（裸）或有一层由沥青、浸渍电缆纸及防止粘合的涂料所组成的外被层。二级外护层是在铠装外面还有一层与衬垫层相同结构的防护层，再挤包塑料护套。

裸铠装或裸铅包电缆，只能适用于对铠装或金属护套没有腐蚀作用的场合。一级外护层有一定的防腐蚀作用，但在严重的酸、碱性环境和海水中，铠装和金属护套仍会锈烂。二级外护层则可同时防止酸、碱、盐和水分对金属护套和铠装的侵蚀。

第4章

电力电缆的载流量

电力电缆的载流量是指电缆在最高允许温度下，电缆导线允许通过的最大电流。在设计或选用电缆时，应使电缆各部分损耗产生的热量不会使电缆温度超过其最高允许温度。在大多数情况下，电缆的传输容量是由它的最高允许温度确定的。电缆的最高允许温度，主要取决于所用绝缘材料的热老化性能，因为电缆工作温度过高，绝缘材料老化会加速，电缆寿命大大缩短。如果电缆在最高允许温度以下运行，电缆将长期（30年以上）安全工作。

4.1 长期允许载流量

当电缆通过长期负载电流达到稳态后，电缆各结构部分中产生的损耗热量（包括导线、介质、护层和铠装层的损耗等），继续向周围媒质散发。由于电缆各结构部分及周围媒质都存在热阻，热流将使这些部分温度升高。当各部分温度升高而使导线的温度等于电缆最高允许长期工作温度时，该负载电流称为电缆的长期允许载流量。电缆的等值热路如图 5-4-1 所示。

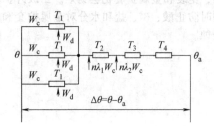

图 5-4-1 电缆的等值热路图

由图 5-4-1 可得

$$\theta - \theta_a = \left(W_c + \frac{1}{2} W_d \right) T_1 + \left[W_c (1 + \lambda_1) + W_d \right] n T_2 + \left[W_c (1 + \lambda_1 + \lambda_2) + W_d \right] n (T_3 + T_4) \quad (5\text{-}4\text{-}1)$$

式中
θ——电缆最高长期工作温度（℃）（见表 5-1-1）；

θ_a——环境温度（℃）；

W_c——每厘米电缆每相线芯的导线损耗（W/cm）；

W_d——每厘米电缆每相的介质损耗（W/cm）；

$\lambda_1 W_c, \lambda_2 W_c$——分别为每厘米电缆金属护套及铠装层的损耗（W/cm）；

λ_1, λ_2——分别为电缆金属护套及铠装层的损耗系数；

T_1, T_2, T_3, T_4——分别为每厘米电缆的绝缘热阻、衬垫热阻、外被层及外部热阻（℃·cm/W）；

n——电缆的芯数。

因为 $W_c = I^2 r$，所以电缆的长期允许载流量 I 为：

$$I = \sqrt{\frac{\theta - \theta_a - W_d \left[\frac{1}{2} T_1 + n(T_2 + T_3 + T_4) \right]}{r\{T_1 + n[(1 + \lambda_1) T_2 + (1 + \lambda_1 + \lambda_2)(T_3 + T_4)]\}}}$$

式中 r——每厘米电缆的导线交流电阻（Ω/cm）。

4.1.1 导线交流电阻计算

导线交流电阻由导线直流电阻及其在交流作用下因趋肤效应和邻近效应而增大的部分所组成。

1. 导线直流电阻计算

每厘米电缆的导线直流电阻 r' 可按下式计算

$$r' = \frac{\rho_{20}}{A} \left[1 + \alpha (\theta - 20) k_1 k_2 k_3 \right] \quad (5\text{-}4\text{-}2)$$

式中 ρ_{20}——导线材料在20℃下的电阻率，铜的 $\rho_{20} = 1.7241 \times 10^{-6} \Omega \cdot cm^2/cm$，铝的 $\rho_{20} = 2.8264 \times 10^{-6} \Omega \cdot cm^2/cm$；

A——导线截面积（cm^2）；

α——电阻温度系数，铜的 $\alpha = 0.00393$ 1/℃，

铝的 $\alpha = 0.00403$ 1/℃。

θ——电缆导线温度（℃）；

k_1——扭绞系数，一般取 $k_1 = 1.012$；

k_2——成缆系数，一般取 $k_2 = 1.007$；

k_3——紧压效应系数，一般取 $k_3 = 1.01$。

2. 趋肤效应和邻近效应系数计算

趋肤效应系数 y_s 和邻近效应系数 y_p 可分别按式（5-4-3）和式（5-4-4）计算

$$y_s = \frac{x_s^4}{192 + 0.8x_s^4} \quad (5\text{-}4\text{-}3)$$

$$y_p = \frac{x_p^4}{192 + 0.8x_p^4}\left(\frac{D_c}{S}\right)^2 \times$$

$$\left[0.312\left(\frac{D_c}{S}\right)^2 + \frac{1.18}{\frac{x_p^4}{192 + 0.8x_p^4} + 0.27}\right]$$

$$(5\text{-}4\text{-}4)$$

式中　$x_s^4 = \frac{8\pi f}{r'} \times 10^{-9} k_s$；

$x_p^4 = \frac{8\pi f}{r'} \times 10^{-9} k_p$；

f——频率（Hz）；

r'——每厘米电缆导线直流电阻（Ω/cm）；

D_c——导线外径，对于扇形芯电缆，等于截面积相同的圆形芯的直径（mm）；

S——导线中心轴间距离（mm）；

k_s，k_p——常数，见表5-4-1。

表5-4-1　k_s 和 k_p 的值

导线类型	干燥浸渍否	k_s	k_p
圆形、扭绞	是	1	0.8
圆形、扭绞	否	1	1
圆形、紧压	是	1	0.8
圆形、紧压	否	1	1
圆形、分裂①	是	0.435	0.37
圆形、空心	是	②	0.8
扇形	是	1	0.8
扇形	否	1	1

① 该数据适用于导线截面积在 1500mm^2 以下的四分裂导线（有中心油道或无中心油道）。

② $k_s = \frac{D'_c - D_0}{D'_c - D_0}\left(\frac{D'_c + D_0}{D'_c + D_0}\right)^2$

式中　D_0——导线内直径，即中心油道直径（mm）；

D'_c——具有相同中心油道的等效实芯导线外径（mm）。

3. 导线交流电阻计算

每厘米电缆的导线交流电阻 r 按下式计算：

$$r = r'(1 + y_s + y_p) \quad (5\text{-}4\text{-}5)$$

钢管电缆由于磁性材料的影响，趋肤效应和邻近效应系数比按式（5-4-3）和式（5-4-4）计算的大 70%，所以导线交流电阻为

$$r = r'\left[1 + 1.7(y_s + y_p)\right] \quad (5\text{-}4\text{-}6)$$

4.1.2　介质损耗计算

介质损耗按下式计算

$$W_d = U_\phi^2 \omega C \tan\delta \quad (5\text{-}4\text{-}7)$$

式中　W_d——每厘米电缆每相的介质损耗（W/cm）；

U_ϕ——电缆导线与绝缘屏蔽层之间的电压（V）；

ω——电源角频率，$\omega = 2\pi f$（rad/s）；

C——每厘米电缆每相电容（F/cm）；

$\tan\delta$——电缆绝缘的介质损耗角正切。

单位长度的单芯电缆、分相铅包、分相屏蔽型电缆的电容可由下式计算

$$C = \frac{\varepsilon}{1.8\ln D_i/D_c} \times 10^{-12} \quad (5\text{-}4\text{-}8)$$

式中　ε——电缆绝缘的介电常数；

D_i——电缆绝缘外径（mm）；

D_c——电缆导线外径（mm）。

电缆绝缘的介电常数 ε 和 $\tan\delta$ 如表5-4-2所示。

表5-4-2　电缆绝缘的介电常数 ε 和 $\tan\delta$

电缆类型	ε	$\tan\delta$
粘性浸渍纸绝缘电缆	4	0.01
低油压自容式充油电缆	3.3	0.0033 ~ 0.001
高油压自容式充油电缆	3.5	0.0033 ~ 0.001
钢管充油电缆	3.7	0.0045
乙丙橡皮电缆	3	0.04
丁基橡皮电缆	4	0.05
聚氯乙烯电缆	8	0.1
聚乙烯电缆	2.3	0.001
交联聚乙烯电缆	2.3	0.001

4.1.3　金属护套损耗系数计算

金属护套损耗系数 λ_1 可按下式计算

$$\lambda_1 = \lambda'_1 + \lambda''_1 \quad (5\text{-}4\text{-}9)$$

式中　λ'_1 和 λ''_1——护套损耗的环流损失系数和涡流损失系数。其计算方法列于表5-4-3。

表 5-4-3 λ_1' 及 λ_1'' 的计算公式

敷设连接方式			λ_1'	λ_1''
单芯电缆（三相电路）				
护套两端接地	等边三角形敷设		$\dfrac{r_s}{r} \cdot \dfrac{x_s^2}{r_s^2 + x_s^2}$	不计
	等距平面敷设	电缆换位	$\dfrac{r_s}{r} \cdot \dfrac{x_s'^2}{r_s^2 + x_s'^2}$	不计
		电缆不换位	A 相：$\dfrac{r_s}{r} \cdot \dfrac{M^2 + 3N^2 + 2\sqrt{3}(M-N) + 4}{4(M^2+1)(N^2+1)}$ B 相：$\dfrac{r_s}{r} \cdot \dfrac{1}{N^2+1}$ C 相：$\dfrac{r_s}{r} \cdot \dfrac{M^2 + 3N^2 - 2\sqrt{3}(M-N) + 4}{4(M^2+1)(N^2+1)}$	不计
护套单点接地或交叉换位互连接地	等边三角形敷设		不计	$A_1 \dfrac{r_s}{r} \cdot \dfrac{\left(\dfrac{D_s}{2S}\right)^2 [1 + A_2(D_s/2S)^2]}{(r_s \cdot 10^9/\omega)^2 + 2S/5D_s}$ $A_1 = 3 \quad A_2 = 0.417$
	等距平面敷设	两侧电缆	不计	$A_1 = 1.5 \quad A_2 = 0.27$
		中间电缆	不计	$A_1 = 6 \quad A_2 = 0.083$
钢管型三芯电缆（分相屏蔽或分相金属护套）				
不分连接方式			$\dfrac{r_s}{r} \cdot \dfrac{1.7 x_s^2}{x_s^2 + x_s^2}$	不计
说明			r_s —— 每厘米电缆的护电阻（Ω/cm）； r —— 每厘米电缆的导线电阻（Ω/cm）；$x_s = 2\omega\ln\dfrac{2S}{D_s} \times 10^{-9}$（Ω/cm），$x_s' = 2\omega\ln\dfrac{2S_e}{D_s} \times 10^{-9}$（Ω/cm）； S —— 电缆导线轴间距离（cm）；$S_e = 1.26S$（cm）； D_s —— 金属护套平均直径（cm）；$M = \dfrac{r_s}{x_s + a}$，$N = \dfrac{r_s}{x_s - \dfrac{a}{3}}$，$a = 2\omega\ln 2 \times 10^{-9}\ \Omega/cm$，$\omega = 2\pi f$， f —— 频率（Hz），对于大截面分裂导线，λ_1'' 尚需乘以系数 F，$F = \dfrac{4M^2N^2 + (M+N)^2}{4(M^2+1)(N^2+1)}$		

4.1.4 铠装损耗系数计算

对于铠装用非磁性材料损耗系数 λ_2，可用下述方法计算：以护套和铠装并联电阻代替 r_s，护套直径 D_{s1} 和铠装直径 D_{s2} 均方根值代替金属护套平均直径（即 $D_s = \sqrt{\dfrac{D_{s1}^2 + D_{s2}^2}{2}}$），用表 5-4-3 中相应护套公式计算护层和铠装中总损耗。

对于单芯钢丝铠装电缆，钢丝铠装应采取措施，如采用较大的包缠节距，钢丝中夹以非磁性材料金属丝，以减小它的磁效应，铠装损耗系数 λ_2 亦可以用上述方法作为近似计算。

对于钢管型电缆，钢管中损耗系数 λ_2 可用下列经验公式计算

当三根电缆在钢管中呈三角形顶点向上排列时

$$\lambda_2 = \left(\frac{0.00082S + 0.00104D_d}{r} \times 10^{-6}\right)$$

(5-4-10)

当三根电缆在钢管内呈三角形顶点向下排列时

$$\lambda_2 = \left(\frac{0.00307S + 0.00158D_d}{r} \times 10^{-6}\right)$$

(5-4-11)

式中 r —— 每厘米电缆的导线电阻（Ω/cm）；
S —— 相邻电缆中心轴间距离（cm）；
D_d —— 钢管内径（cm）。

一般计算钢管内损耗时，采用式（5-4-10）和式（5-4-11）的平均值。电缆常用金属材料的电阻系数和温度系数如表5-4-4所示。

表5-4-4　电缆常用金属材料的电阻系数和温度系数

材　料	用途	20℃时电阻系数 $\rho/(\Omega \cdot cm)$	20℃时温度系数 $\alpha/(1/℃)$
钢	导线	1.7241×10^{-6}	3.93×10^{-3}
铝	导线	2.8264×10^{-6}	4.03×10^{-3}
铅（或铅合金）	护层	21.4×10^{-6}	4.0×10^{-3}

（续）

材　料	用途	20℃时电阻系数 $\rho/(\Omega \cdot cm)$	20℃时温度系数 $\alpha/(1/℃)$
铝	护层	3.10×10^{-6}	4.03×10^{-3}
黄铜	铠装	3.5×10^{-6}	3.0×10^{-3}
钢	铠装	13.8×10^{-6}	4.5×10^{-3}
不锈钢	铠装	70.0×10^{-6}	可忽略不计

4.1.5　电缆的热阻计算

电缆各部分热阻的计算公式如表5-4-5所示。

表5-4-5　电缆各部分热阻的计算公式

电缆及敷设方式	每厘米电缆的热阻/（℃·cm/W）	说　明
绝缘热阻 T_1 单芯电缆	$T_1 = \dfrac{\rho_{T1}}{2\pi} \ln \dfrac{D_i}{D_c}$	
衬垫热阻 T_2 单芯电缆	$T_2 = \dfrac{\rho_{T2}}{2\pi} \ln \dfrac{D_b}{D_s}$	ρ_{T1}、ρ_{T2}、ρ_{T3}、ρ_{T4}——分别为电缆绝缘、衬垫层、外被层及土壤的热阻系数（℃·cm/W）；
外被层热阻 T_3	$T_3 = \dfrac{\rho_{T3}}{2\pi} \ln \dfrac{D_e}{D_A}$	D_c、D_i、D_s、D_b、D_A、D_e——分别为电缆的导线、绝缘、护层、衬垫层、铠装及电缆的外径（cm）；
外部热阻 T_4 1. 空气敷设电缆	$T_4 = \dfrac{1}{\pi D_e h (\Delta\theta_s)^{1/4}}$	h——电缆表面散热系数 W/cm²·(℃)$^{5/4}$，见图5-4-2； $\Delta\theta_s$——电缆表面温升(℃)，可用图5-4-3[1]求得；
2. 直埋敷设电缆	$T_4 = \dfrac{\rho_{T4}}{2\pi} \ln \dfrac{4L}{D_e}$[2] $T_4 = T_4' + T_4''$	L——电缆中心到地面距离（cm）； $\theta_{\Delta I}$——电缆与钢管内油的平均温度（℃）；
1）一般电缆	$T_4' = \dfrac{26}{1 + 0.0026\theta_{\Delta I} D_e'}$	$D_e' = 2.15 D_e$（cm）； D_f——钢管外被层外径（cm）。
2）钢管充油电缆	$T_4'' = \dfrac{\rho_{T4}}{2\pi} \ln \dfrac{4L}{D_f}$	电缆如沉入水底泥中，则应按直埋敷设情况计算
3. 水中敷设电缆	$T_4 = 0$	

[1] 图5-4-3中，$\dfrac{\Delta\theta + \Delta\theta_d - \Delta\theta_s}{(\Delta\theta_s)^{5/4}} = \dfrac{[T_1 + (1+\lambda_1)T_2 + (1+\lambda_1+\lambda_2)T_3]\pi D_e h}{1 + \lambda_1 + \lambda_2}$

式中　$\Delta\theta_d = n W_d \left[\left(\dfrac{1}{1+\lambda_1+\lambda_2} - \dfrac{1}{2} \right) T_1 - \dfrac{\lambda_2 T_2}{1+\lambda_1+\lambda_2} \right]$;

$\Delta\theta$——电缆的最高允许温升（℃）；

W_d——每厘米电缆的介质损耗（W/cm）；

n——电缆芯数。

[2] 如有 N 根电缆敷设于土地中，电缆及其负载电流均相同，考虑其间相互热影响，根据镜像法，第 k 根电缆等效周围媒质热阻等于

$$T_4 = \dfrac{\rho_{T4}}{2\pi} \ln \left(\dfrac{4L}{D_e} F_e \right)$$

式中　$F_e = \dfrac{d_{1k}'}{d_{1k}} \cdot \dfrac{d_{2k}'}{d_{2k}} \cdots \dfrac{d_{Nk}'}{d_{Nk}} \left(\text{其中不包括} \dfrac{d_{kk}'}{d_{kk}} \text{项} \right)$;

d_{1k}，d_{2k}，$\cdots d_{Nk}$——分别为电缆1，2…N 中心至 k 电缆中心距离（cm）；

d_{1k}'，d_{2k}'，$\cdots d_{Nk}'$——分别为电缆1，2…N 的镜像中心至 k 电缆中心距离(cm)。

各种材料的热阻系数如表5-4-6所示。

各种电力电缆在不同敷设方式下的长期允许载流量，（见本篇附录A～附录F）。对于导线截画积大于 $700mm^2$ 的高压电缆，其长期允许载流量可按以上介绍的方法进行计算。

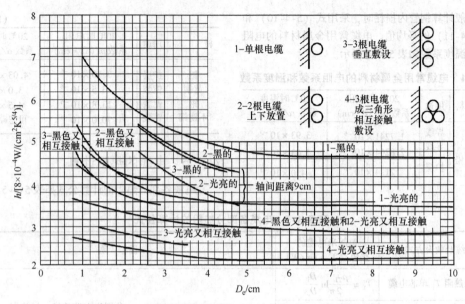

1-单根电缆
3-3根电缆垂直敷设
2-2根电缆上下放置
4-3根电缆成三角形相互接触敷设

3-黑色又相互接触
2-黑色又相互接触
3-黑的
2-黑的
1-黑的
2-光亮的
轴间距离9cm
1-光亮的
4-黑色又相互接触和2-光亮又相互接触
3-光亮又相互接触
4-光亮又相互接触

图 5-4-2　电缆表面散热系数 h 与电缆外径 D_e 的关系曲线

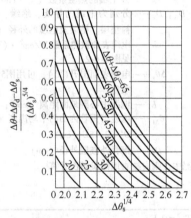

图 5-4-3　$\dfrac{\Delta\theta + \Delta\theta_d - \Delta\theta_s}{(\Delta\theta_s)^{5/4}}$ 与 $(\Delta\theta_s)^{1/4}$ 的关系曲线

表 5-4-6　各种材料的热阻系数

材　　料	热阻系数/(℃·cm/W)
1. 绝缘材料	
粘性浸渍纸绝缘	600
充油电缆纸绝缘	500
压气电缆纸绝缘	550
充气电缆纸绝缘	550
聚乙烯	350
交联聚乙烯	350
聚氯乙烯	500 ~ 600
乙丙橡皮	350 ~ 500
丁基橡皮	500
绝缘油	700
2. 护层材料	
浸渍麻及纤维材料	600
氯丁橡皮	550

（续）

材　　料	热阻系数/(℃·cm/W)
聚氯乙烯	500 ~ 600
聚乙烯	350
3. 管道敷设材料	
纤维	480
石棉	200
水泥	100
聚氯乙烯	600
聚乙烯	350
4. 其他	
土壤：潮湿土壤	60
普通土壤	100
干燥土壤	150
5. 金属	
铜	0.26
铝	0.5
铅	2.9

4.2　电缆周期负载载流量

土壤敷设电缆承受周期负载时，其载流量可以比恒定负载下载流量高，该提高系数称为周期负载因数 M。M 值可由式（5-4-12）计算

$$M = \frac{1}{\left(\left\{\sum_{i=0}^{5} y_i\left[\dfrac{\theta_R(i+1)}{\theta_R(\infty)} - \dfrac{\theta_R(i)}{\theta_R(\infty)}\right] + \mu\left[1 - \dfrac{\theta_R(6)}{\theta_R(\infty)}\right]\right\}\right)^{\frac{1}{2}}}$$

（5-4-12）

$$\mu = \frac{1}{24}\sum_{i=0}^{23} y_i$$

式中　y_i——每小时电流与一天中最大电流比值的
　　　　二次方；

　$\theta_R(i)$——导体温度达到最大值前 6h 的电缆暂态
　　　　温升（K）；

　$\theta_R(\infty)$——电缆的稳态温升（K）；

$$\frac{\theta_R(i)}{\theta_R(\infty)} = [1 - K + K\beta(i)]\alpha(i) \quad (5\text{-}4\text{-}13)$$

式中　$\alpha(i)$——电缆导体对电缆表面温升的达到
　　　　因数；

　$\beta(i)$——电缆表面对周围环境温升的达到
　　　　因数；

$$\alpha(t) = \frac{T_a(-e^{-at}) + T_b(1 - e^{-bt})}{T_A + T_B} \quad (5\text{-}4\text{-}14)$$

$$\beta(t) = \frac{-E_i(-D_e^2/16t\delta) - [-E_i(-L^2/t\delta)]}{2\ln(4L/D_e)}$$
$$(5\text{-}4\text{-}15)$$

$$K = \frac{W_1 T_4}{W_C(T_A + T_B) + W_1 W_4} \quad (5\text{-}4\text{-}16)$$

式中　D_e——电缆外径（mm）；

　　t——$3600i$（s）；

　　i——时间（h）；

　　W_1——在额定温度下单单位电缆长度的总
　　　　损耗（W/cm）；

　　W_C——在额定温度下每单位长度一相导体
　　　　的损耗（W/cm）；

　　T_4——单根电缆的外部热阻（℃·cm/W）；

$$T_4 = \frac{\rho_T}{2\pi}\ln\frac{4L}{D_e}；$$

　　L——电缆敷设深度（mm）；

　　ρ_T——土壤热阻系数（K·cm/W）；

　$-E_i(-x)$——指数积分函数；

　　δ——土壤热扩散系数（m^2/s）；

　T_a、T_b——用于计算电缆部分暂态温升的视在
　　　　热阻（K·cm/W）；

　　a、b——用于计算电缆部分暂态温升的系数；

　T_A、T_B——等值热回路的组成部分。

4.3　电缆短时过载载流量

　　电缆在事故情况或紧急情况下，才进行过负载
运行，此时所允许通过的电流为短时过载载流量。
短时过载载流量 I_2 可由式（5-4-17）计算

$$I_2 = I_R\left\{\frac{h_1^2 R_1}{R_{max}} + \frac{(R_R/R_{max})(r - h_1^2 \cdot R_1/R_R)}{\theta_R(t)/\theta_R(\infty)}\right\}$$
$$(5\text{-}4\text{-}17)$$

$$h_1 = I_1/I_R$$

$$r = \theta_{max}/\theta_R(\infty)$$

式中　I_1——电缆过载前载流量（A）；

　　I_R——电缆额定载流量（A）；

　θ_{max}——允许短时过载温度（℃）；

　$\theta_R(\infty)$——电缆稳态温升（K）；

R_1、R_R、R_{max}——电缆在过载前温度、额定工作温
　　　　度、允许短时过载温度下的导体
　　　　交流电阻（Ω/cm）；

　$\theta_R(t)$——过载时的电缆暂态温升（K）。

　　土壤敷设电缆（直埋或在管道中）$\theta_R(t)$ 按
式（5-4-18）计算

$$\theta_R(t) = \theta_C(t) + \alpha(t)\theta_e(t) \quad (5\text{-}4\text{-}18)$$

式中　$\theta_C(t)$——导体对电缆表面的暂态温升（K）；

　$\theta_e(t)$——电缆表面对环境的暂态温升（K）；

　$\alpha(t)$——导体和电缆外表面之间的暂态温
　　　　升的达到因数。

$$\theta_C(t) = W_C[T_a(1 - e^{-at}) + T_b(1 - e^{-bt})]$$
$$(5\text{-}4\text{-}19)$$

$$\alpha(t) = \theta_C(t)/[W_C(T_A + T_B)] \quad (5\text{-}4\text{-}20)$$

$$\theta_e(t) = \frac{\rho_T W_1}{4\pi}\left\{\left[-E_i\left(\frac{D_e^2}{16t\delta}\right)\right] + \right.$$
$$\left. \sum_{k=1}^{k=N-1}\left[-E_i\left(\frac{-(d_{PK})^2}{4t\delta}\right)\right]\right\}$$
$$(5\text{-}4\text{-}21)$$

式中　d_{PK}——第 P 根电缆与第 K 根电缆之间的中心距
　　　　离，其余符号含义与本章 4.2 节相同。

　　空气敷设电缆 $\theta_R(t)$ 用式（5-4-22）计算

$$\theta_R(t) = \theta_C(t) \quad (5\text{-}4\text{-}22)$$

4.4　电缆的允许短路电流

　　电缆的允许短路电流 I_{SC} 是根据电缆在短路电
流作用期间，电缆的温度不超过其允许短路温度而
定，如式（5-4-23）所示。

$$I_{SC} = \sqrt{\frac{C_C}{r_{20}\alpha t}\ln\frac{1 + \alpha(\theta_{SC} - 20)}{1 + \alpha(\theta_0 - 20)}} \quad (5\text{-}4\text{-}23)$$

式中　θ_{SC}——电缆允许短路温度（℃），一般取以下
　　　　值：粘性浸渍及充气电缆为 220℃，充
　　　　油电缆为 160℃，聚氯乙烯电缆为
　　　　160℃，聚乙烯电缆为 130℃，交联聚乙
　　　　烯电缆为 250℃，天然橡皮电缆为
　　　　150℃，乙丙及丁基橡皮电缆分别为
　　　　250℃和 220℃；

　　θ_0——短路前电缆温度（℃）；

　　r_{20}——20℃时每厘米电缆导体的交流电
　　　　阻（Ω/cm）；

α——导体电阻的温度系数（K^{-1}）；

C_C——每厘米电缆导体的热容 [$J/(cm \cdot ℃)$]；

t——短路时间（s）。

电缆常用材料的密度和热容系数如表5-4-7所示。

表5-4-7 电缆常用材料的密度和热容系数

材　料	密度/（g/cm^3）	热容系数/（$J/cm^3 \cdot ℃$）
铜	8.9	3.5
铝	2.7	2.48
油	0.85	1.7
电缆纸	0.8	0.9
油浸纸	1.1 ~ 1.3	1.7 ~ 1.9
铅	11.34	1.5
钢	7.8	3.6
聚乙烯	0.91 ~ 0.97	1.2 ~ 1.3
聚氯乙烯	1.3 ~ 1.5	1.5 ~ 1.7
橡皮	1.2 ~ 1.8	1.9 ~ 2.0
沥青	1	1.67
电缆麻	0.5	0.67
土壤	1.4 ~ 2.2	1.14 ~ 4.3
水泥	2.2	1.84

4.5　强迫冷却下的电缆载流量

4.5.1　强迫冷却的方式

电缆一般都是在自然散热条件下工作，即靠自然冷却来保持热的稳定。这种冷却有时显得不够，要求更进一步的冷却，以提高传输容量。用人工对电缆进行加速冷却的方法，叫作电缆的人工冷却（或叫作强迫冷却）。人工冷却的方法有多种。

按冷却部位相对于电缆的部位可以分为内部冷却和外部冷却两大类。

按冷却媒质不同可以分为：油冷、水冷、风冷，以及其他冷却媒质（如氟利昂蒸发冷却）等。

例如自容式充油电缆的中心油道既是绝缘油的补充油道，又可在泵的作用下循环冷却，带走电缆导体中的一部分热，这种方法叫作内部油冷。

如果与电缆线路相平行的敷设冷却水管，或在电缆坑道中通以冷风，都属于外部冷却。利用中心油道进行冷却具有较好的冷却效果，因为冷却媒质直接对温度最高的导体进行冷却。但是导体处于高电位，冷却媒质的导入和导出结构比较复杂。中心油道直径往往不允许很大，冷却管中的压力降限制了电缆的长度。一般短的高压电缆系统采用中心油道内冷。

外冷管道直径的限制较少，接头比较简单，适于较长的电缆系统。外部冷却时带走的热量要通过电缆各部分的热阻，还要通过电缆至冷却管间的热阻，所以冷却的效率不如内冷的高。

采用人工冷却可以提高电缆的载流量，减少电缆之间的相互热影响，从而大大节约敷设电缆的空间，节约材料及成本。例如利用导体中心的冷却铜管（内径26mm，内表面光滑）进行直接水内冷的试验表明，当电缆（22kV，$1 \times 800mm^2$ 铜导体，7mm 厚度的交联聚乙烯绝缘）长50m时，载流量可提高10倍。使之用作母线，与分离母线相比，容积仅为 $\frac{1}{15} \sim \frac{1}{10}$，建设投资仅为 $\frac{1}{2}$。采用人工冷却对超高压电缆的传输容量的提高有更重大的意义，从介质损耗角正切（$\tan\delta$）对电缆容量的影响，更可看出人工冷却的必要性及优越性。

4.5.2　介质损耗对载流量的影响及提高传输容量的途径

在载流量的计算公式中，$W_d\left(\dfrac{T_1}{2} + T_2 + T_3 + T_4\right)$ 一项是表达介质损耗的影响。当电缆电压较低时，如35kV的油浸纸绝缘电缆，6kV以下的聚氯乙烯电缆，介质损耗对载流量的影响还是很小的，通常可忽略不计。当电缆电压较高时，介质损耗对电缆载流量的影响就越来越大。在表5-4-8中列举了典型单芯电缆的介质损耗与导体损耗之比的关系，可以看出，高压电缆中的介质损耗占的比重随电压提高而越来越大。

由于介质损耗随电压提高比重越来越大，对载流量的影响也越严重。在图5-4-4中，给出了敷设于空气中的高压电缆传输功率与 $\tan\delta$ 值的典型关系曲线。图中将相应于 $\tan\delta = 0$ 时电缆的传输功率 P 作为100%。

表5-4-8 不同工作电压下电缆的介质损耗

电缆标称电压/kV	导体面积/mm^2	$\tan\delta$ 值	介质损耗 W_d/（W/m）	介质损耗/导体损耗（%）
30	185	0.008	0.2	1.5
110	270	0.005	2.0	10.8
220	350	0.004	3.4	34.0
400	400	0.003	11.8	105.0

从图5-4-4可知，当 $\tan\delta = 0.01$ 时，电压66kV、132kV、220kV及330kV下的传输功率分别减小5%、15%、35%及60%。因此 $\tan\delta = 0.01$ 的绝缘是不能用于超高压电缆的。

当传输功率减小到零，这时的 $\tan\delta$ 叫作相应于

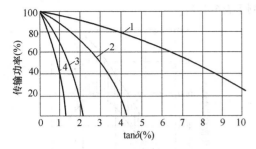

图 5-4-4　电缆的传输功率与电缆介质损耗角正切（tanδ）的关系

1—66kV 电压的电缆　2—132kV 电压的电缆

3—220kV 电压的电缆　4—330kV 电压的电缆

该电压的临界损耗角正切。它意味着电缆的介质损耗发热量已达到电缆全部的散热量，介质损耗所产生的温升已达到电缆容许的全部温升，电缆已不能输送任何功率，这时

$$\Delta\theta_d = W_d\left(\frac{T_1}{2} + T_2 + T_3 + T_4\right)$$

$$= U^2\omega c\tan\delta\left(\frac{T_1}{2} + T_2 + T_3 + T_4\right)$$

$$= \Delta\theta \qquad (5\text{-}4\text{-}24)$$

式中　$\Delta\theta_d$——介质损耗形成的温升（℃）；

　　　$\Delta\theta$——电缆的允许温升（℃）。

从而可得临界损耗角正切值

$$\tan\delta_c = \frac{\Delta\theta}{U^2\omega c\left(\frac{T_1}{2} + T_2 + T_3 + T_4\right)} \qquad (5\text{-}4\text{-}25)$$

随着电力事业的发展，要求电缆传输的容量越来越大。一般采用提高电压的办法可以有效地减少线路损耗而提高传输容量，但是这对电缆只在一定范围内才有效。当电缆的 tanδ 一定时，电压高到一定程度传输功率达到最大值，再提高电压，传输功率反而下降，极限情况下传输功率下降到零。图 5-4-5 示出了电缆的传输功率与电缆电压及 tanδ 的关系。

传输功率出现最大值的电压可由 $\frac{\partial P}{\partial U} = 0$ 求出。对于图 5-4-5 所假定的条件，传输功率最大值出现的电压为

$$U = \sqrt{\frac{2\Delta\theta}{3\rho_T\omega\varepsilon\varepsilon_0\tan\delta}} \qquad (5\text{-}4\text{-}26)$$

为了提高传输功率，一方面要提高传输电压，同时还必须降低电缆的介质损耗角正切（tanδ）的值。

提高传输容量还可以采用增加导体面积的办法。但是这种办法对超高压电缆也只在一定范围内

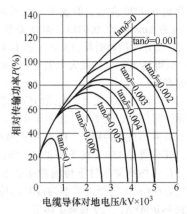

图 5-4-5　电缆的传输功率与电缆的电压及 tanδ 的关系

（$\Delta\theta = 20℃$，$\rho_{T1} = 500℃\cdot cm/W$，$\varepsilon = 4$；

忽略 T_2、T_3、T_4 及 λ_1、λ_2）

有效。随着导体尺寸增大，绝缘介质的损耗也增加了。如图 5-4-6 所示，当导体尺寸增大到一定值后导体的传输功率或电流不仅不再增加，反而减小了。极限情况下介质损耗发热占据了全部散热能力，传输电流减到零。所以单靠增加导体面积是不能解决问题的。欲增加导体面积提高传输容量，同时必须降低电缆的介质损耗角正切（tanδ）的值。

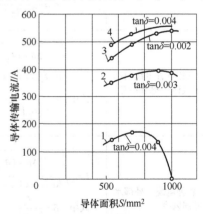

图 5-4-6　电缆的容许载流量和导体面积及 tanδ 的关系

1—$\tan\delta = 0.004$，自然冷却

2—$\tan\delta = 0.003$，自然冷却

3—$\tan\delta = 0.002$，自然冷却

4—$\tan\delta = 0.004$，人工冷却

（线路长度 1km，冷却油温 15℃，平均流速 5cm/s）

降低超高压电缆的 tanδ 是超高压电缆发展的重大课题之一。现在实用的高压电缆绝缘的 tanδ 在 0.0025 ~ 0.0035 的范围内。采用去离子水洗纸可以

把 tanδ 降到 0.0020 左右，但成本大大增加了。即使将电缆的 tanδ 降至 0.0015，但在系统电压为 500kV 时，由介质损耗引起的温升可达 14℃，而在 750kV 时就可达 30℃。这就大大限制了自然冷却电缆的传输容量。

采用人工冷却的方法后，电缆的传输功率随着电压及导体面积增加而增加，如图 5-4-7 所示，对电缆的 tanδ 并不要求特别低。例如一根 500kV 的充油电缆，具有直径 15mm 的中心油道，28mm 的绝缘厚度，在自然冷却条件下传输功率达 520MVA；当以速度为 600m/h 进行人工油内冷时其传输功率可提高到 1410MVA，几乎提高了两倍。

4.5.3 强迫冷却时允许载流量的计算

各种典型的人工冷却电缆的载流量的计算方法列于表 5-4-9。

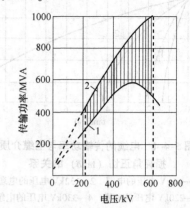

图 5-4-7　电缆的传输功率与电压的关系曲线
1—中心油道人工冷却　2—自然冷却

表 5-4-9　强迫冷却连续载流量的计算方法

电缆及冷却方式	连续载流量 I/A	
1）单芯自容式充油电缆，中心油道油循环冷却	$I = \sqrt{\dfrac{\Delta\theta - \beta(\theta_{po} - \theta_a)e^{-\alpha l} - W_d\left(\dfrac{T_1}{2} + T_2 + T_3 + T_4\right)(1 - \beta e^{-\alpha l})}{R[T_1 + (1 + \lambda_1)T_2 + (1 + \lambda_1 + \lambda_2)(T_3 + T_4)](1 - \beta e^{\alpha l})}}$ 式中　$\beta = \dfrac{T_1 + T_2 + T_3 + T_4}{T_0 + T_1 + T_2 + T_3 + T_4}$ $\alpha = \dfrac{1}{cQ_0(T_0 + T_1 + T_2 + T_3 + T_4)}$	(5-4-27)
2）三相钢管电缆内部油（或气体）循环冷却	$I = \sqrt{\dfrac{\Delta\theta - (\theta_{po} - \theta_a)e^{-\alpha l} - W_d\left[\dfrac{T_1}{2} + T_2' + (T_2'' + 3T_3 + 3T_4)(1 - e^{-\alpha l})\right]}{R\{T_1 + (1 + \lambda_1)T_2' + [(1 + \lambda_1)T_2'' + 3(1 + \lambda_1 + \lambda_2)(T_3 + T_4)](1 - e^{\alpha l})\}}}$ 式中　$\alpha = \dfrac{1}{cQ_0\left(\dfrac{T_2''}{3} + T_3 + T_4\right)}$	(5-4-28)
3）各种电缆，外部水冷或外部风冷	$I = \sqrt{\dfrac{\Delta\theta - (\theta_{po} - \theta_a)\beta e^{-\alpha l} - W_d\left[\dfrac{T_1}{2} + T_2 + T_3 + T_4(1 - \beta e^{\alpha l})\right]}{R[T_1 + (1 + \lambda_1)T_2 + (1 + \lambda_1 + \lambda_2)T_3 + (1 + \lambda_1 + \lambda_2)T_4(1 - \beta e^{\alpha l})]}}$ 式中　$\beta = \dfrac{T_4}{T_4 + T_0}$ $\alpha = \dfrac{1}{cQ_0(T_4 + T_0)}$	(5-4-29)
备注	$\Delta\theta$——电缆允许工作温升（℃）； θ_{po}——冷却媒质入口处的温度（℃）； θ_a——环境温度（℃）； l——电缆冷却段的长度（cm）； W_d——每厘米电缆每相介质损耗（W/cm）； R——工作温度下，每厘米电缆每相导体的交流电阻（Ω/cm）； λ_1——护套损耗系数； λ_2——铠装损耗系数；	

（续）

电缆及冷却方式	连续载流量 I/A
备注	Q_0——冷却媒质的流量（g/s）； c——冷却媒质的热容系数 [J/(g·℃)]； T_0——电缆至冷却媒质的热阻（℃·cm/W）； T_1——绝缘热阻（℃·cm/W）； T_2——衬垫热阻（℃·cm/W）； T_2'——每厘米长度每相钢管电缆从绝缘芯表面到冷却媒质的热阻（℃·cm/W）； T_2''——每厘米长度每相钢管电缆从冷却媒质到钢管的热阻（℃·cm/W）； T_3——护层热阻（℃·cm/W）； T_4——外部热阻（℃·cm/W）

1. 自容式单芯充油电缆中心油道循环冷却

中心油道冷却载流量的计算公式中，导体到冷却媒质的热阻 T_0（℃·cm/W）可按如下近似公式计算

$$T_0 = \frac{31\mu^{0.4}}{(D_{du}v)^{0.8}} \tag{5-4-30}$$

式中 μ——冷却油的粘度（cP$^{\ominus}$），对绝缘油可取 $\mu = 10\text{cP}$；

v——冷却油的流速（cm/s）；

D_{du}——中心油道直径（cm）。

2. 钢管电缆钢管内油（或气体）

循环冷却钢管电缆的压力媒质（油或气体）在泵的作用下循环，带走了部分从绝缘中传出的热，绝缘芯中其余的热仍通过钢管外表面散失到周围媒质中去。

电缆芯表面到钢管的热阻 T_2 的计算方法：

电缆芯表面到钢管的热阻，可以看作是由下面两部分热阻相加而成：

1）电缆芯表面至钢管中的压力媒质（油或气体）的热阻 T_2'；

2）从媒质到钢管的热阻 T_2''，即

$$T_2 = T_2' + T_2''$$

这是由于在油或气体的中间部分，实际上不存在温度降。利用前面的公式可求出 T_2，而 T_2' 及 T_2'' 可近似按电缆芯表面积及钢管内表面积反比进行分配，即

$$\left.\begin{array}{l} T_2' = \dfrac{D}{D+d}T_2 \\[2mm] T_2'' = \dfrac{d}{D+d}T_2 \end{array}\right\} \tag{5-4-31}$$

式中 D——钢管内径；

d——电缆芯等效直径。

3. 外部水冷

和电缆线路相平行敷设若干冷却水管来提高载流量是比较简单可行的方法。这时电缆的一部分热量被冷却水带走，其余被周围媒质所吸收。

电缆表面到冷却媒质的热阻 T_0 的计算：T_0 由下列 3 部分组成

$$T_0 = T_{pe} + T_p + T_{pw}$$

1）T_{pe} 为电缆表面到冷却水管外表面的热阻，取决于电缆及冷却水管的敷设位置。T_{pe} 通常很小，约为 T_0 的百分之几，可以忽略。

各种敷设位置与 T_{pe} 的关系列于表 5-4-10。

表 5-4-10 不同敷设条件下的热阻 T_{pe}

电缆及冷却管道 敷设位置	两边位置 电缆的热阻 T_{pe} 值		中间位置 电缆的热阻 T_{pe} 值	
	$T_{pe} = \dfrac{\rho_T}{2\pi}\ln\dfrac{2.83S^4}{r_c r_p^3}$	(5-4-32)	$T_{pe} = \dfrac{\rho_T}{2\pi}\ln\dfrac{2S^4}{r_c r_p^3}$	(5-4-33)

$\ominus$ $1\text{cP} = 10^{-3}\text{Pa·s}$。

（续）

电缆及冷却管道 敷设位置	两边位置 电缆的热阻 T_{pe} 值	中间位置 电缆的热阻 T_{pe} 值
	$T_{pe} = \dfrac{\rho_T}{2\pi} \ln \dfrac{0.354 S^4}{r_c r_p^3}$ (5-4-34)	$T_{pe} = \dfrac{\rho_T}{2\pi} \ln \dfrac{0.5 S^4}{r_c r_p^3}$ (5-4-35)
	$T_{pe} = \dfrac{\rho_T}{2\pi} \ln \dfrac{0.122 S^2 \sqrt{S}}{r_c r_p \sqrt{r_p}}$ (5-4-36)	$T_{pe} = \dfrac{\rho_T}{2\pi} \ln \dfrac{0.0468 S^2 \sqrt{S}}{r_c r_p \sqrt{r_p}}$ (5-4-37)
	$T_{pe} = \dfrac{\rho_T}{2\pi} \ln \dfrac{1.875 S^2 \sqrt{S}}{r_c r_p \sqrt{r_p}}$ (5-4-38)	$T_{pe} = \dfrac{\rho_T}{2\pi} \ln \dfrac{3.17 S^2 \sqrt{S}}{r_c r_p \sqrt{r_p}}$ (5-4-39)

注：⬚为冷却水管，其外半径为 r_p(cm)；◯为电缆，其外半径为 r_c(cm)；ρ_T 为周围媒质的热阻系数（℃·cm/W）；S 为电缆轴间距离（cm）。

2）T_p 为冷却水管外表面到内表面的热阻，由冷却水管外表面的防腐层的热阻及管壁材料本身热阻所组成，可按护层热阻的计算方法求得。对于金属管子可以忽略管壁的热阻。

3）T_{pw} 为冷却水管内表面到冷却水的热阻（℃·cm/W），按下式计算

$$T_{pw} = \frac{1.08N}{(1 + 0.0146\theta_{pa})(0.025 Dv^{0.8})}$$

(5-4-40)

式中　N——一根冷却管冷却的电缆的根数；

　　　D——冷却管的内直径（cm）；

　　　v——冷却水的平均速度（cm/s）；

　　　θ_{pa}——冷却水沿管子长度方向的平均温度（℃）。

4. 外部风冷

电缆敷设于坑道中，在坑道中通冷风进行冷却。这时电缆的一部分热经过电缆表面至冷风的热阻 R_{T0} 被冷风带走，电缆另外的热经过坑道而被大地吸收。

T_0（℃·cm/W）的计算：当坑道中的风速为 v 时，T_0 可按如下经验公式计算

$$T_0 = \frac{10}{[\pi D_e + 6(D_e v)^{0.8}]h}$$

(5-4-41)

式中　D_e——电缆外径（mm）；

　　　v——空气流速（m/s）；

　　　h——电缆表面的散热系数（W/cm²）。

4.5.4　冷却管道中压力降落的计算

冷却媒质（油或水等）管道中的压力降落 Δp(g/cm²) 可按下式计算

$$\Delta p = \lambda \frac{1}{D_p} \frac{\gamma v^2}{2g}$$

或者 $$\Delta p = \frac{8}{\pi^2} \frac{\gamma \lambda}{g} \frac{Q_0^2 l}{D_p^5}$$

(5-4-42)

式中　l——冷却管道长度（cm）；

　　　D_p——冷却管道内径（cm）；

　　　γ——冷却媒质的密度（g/cm³）；

　　　v——冷却媒质的流速（cm/s）；

　　　Q_0——冷却媒质的流量（cm³/s）；

　　　g——重力加速度，$g = 980$cm/s²；

　　　λ——阻力系数。

4.5.5　电缆线路电气参数计算

1. 电缆线路正、负序阻抗

(1) 金属护套内无电流

1）单回路。

当单芯电缆线路的金属护套只有一点接地；或各相电缆和金属护套均换位且 3 个换位段长度相等；或金属护套换位很好时，金属护套内不会存在

感应电流。图 5-4-8 为以比率表示的任意排列单回路中各相电缆之间的中心距离。

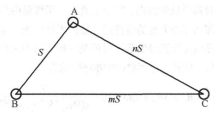

图 5-4-8 以比率表示的任意排列单回路中各相电缆之间的中心距离

图中 S 为任意两相的中心距离，这里取 A、B 两相，n 和 m 分别为 A、C 两相和 B、C 两相中心距离与 A、B 两相中心距离的比率，即

$$n = \frac{AC}{AB}, \quad m = \frac{BC}{AB}$$

采用几何均距计算电缆线路的正、负序阻抗为

$$Z_1 = Z_2 = R_c + j2\omega \times 10^{-4}\ln \frac{(S \times nS \times mS)^{1/3}}{(GMR_A + GMR_B + GMR_C)^{1/3}} \tag{5-4-43}$$

式中 Z_1——正序阻抗（Ω/km）；

Z_2——正序阻抗（Ω/km）；

R_c——三相线芯的平均交流电阻（Ω/km）；

ω——角频率；

GMR_A，GMR_B，GMR_C——A、B、C 三相线芯几何平均半径（mm）；

S——A、B 两相间中心距离（mm）。

如果三相线芯的结构是相同的，即 $GMR_A = GMR_B = GMR_C$，当线路呈正三角形排列时，$n = m = 1$，则

$$Z_1 = Z_2 = R_c + j2\omega \times 10^{-4}\ln \frac{S}{GMR_C} \tag{5-4-44}$$

当线路成等间距直线排列时，$n = 2$ 而 $m = 1$，则

$$Z_1 = Z_2 = R_c + j2\omega \times 10^{-4}\ln \frac{\sqrt[3]{2}S}{GMR_C} \tag{5-4-45}$$

2）双回路。

图 5-4-9 为双回路中各相电缆之间中心距的比率图，通常两回路线芯结构是相同的，而线芯之间的距离关系如用图中比率来表示，那么双回路的正、负序阻抗为

$$Z_1 = Z_2 = \frac{R_c}{2} + j2\omega \times 10^{-4}\ln$$

$$\frac{(S \times s'S \times nS \times n'S \times mS \times m'S \times qS \times q'S \times rS \times r'S \times yS \times y'S)^{1/12}}{(GMR_C \times pS \times GMR_C \times tS \times GMR_C \times zS)^{1/6}}$$

$$Z_1 = Z_2 = \frac{R_c}{2} + j2\omega \times 10^{-4}\ln \frac{S^{1/2}(s'nn'mm'qq'rr'yy')^{1/12}}{GMR_C^{1/2}(ptz)^{1/6}} \tag{5-4-46}$$

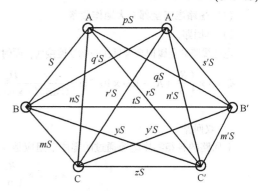

图 5-4-9 以比率表示的任意排列双回路各相电缆之间的中心距离

（2）金属护套内有电流 有些电缆线路，如海底电缆线路的金属护套不能用交叉互连而只能在线路两端直线互连接地，这样金属护套上的感应电压在护套形成的闭合回路中产生了和线芯电流方向相反的护套电流，并产生了护套损耗，这些损耗通常被折算为线芯的附加损耗，也就是增加了线芯的正、负序电阻；而金属护套内电流与线芯产生了互感，由于两者电流方向相反，因此线芯的正、负序感抗有所减小。

1）单回路。

$$Z_1 = Z_2 = R_c + \frac{X_m^2 R_s}{X_m^2 + R_s^2} + j2\omega \times$$

$$10^{-4}\ln \frac{(mm)^{1/3}S}{GMR_C} - j\frac{X_m^3}{X_m^2 + R_s^2} \tag{5-4-47}$$

而：

$$X_m = j2\omega \times 10^{-4}\ln \frac{(mm)^{1/3}S}{GMR_S} \tag{5-4-48}$$

式中 R_s——金属护套的交流电阻（Ω/km）；

X_m——金属护套和线芯间的互感抗（Ω/km）；

GMR_S——金属护套的几何平均半径（mm）。

2）双回路。

$$Z_1 = Z_2 = \frac{R_c}{2} + \frac{X_m^2 \dfrac{R_s}{2}}{X_m^2 + \left(\dfrac{R_s}{2}\right)^2} + j2\omega \times$$

$$10^{-4}\ln \frac{(s'nn'mm'qq'rr'yy')^{1/12}S^{1/2}}{GMR_C^{1/2}(ptz)^{1/6}}$$

$$- j\frac{X_m^3}{X_m^2 + \left(\dfrac{R_s}{2}\right)^2} \tag{5-4-49}$$

而：$X_m = j2\omega \times 10^{-4} \ln \dfrac{(s'nn'mm'qq'rr'yy')^{1/12}S^{1/2}}{\mathrm{GMR}_S^{1/2}(ptz)^{1/6}}$

2. 电缆线路和零序阻抗

(1) 短路电流全部以大地作回路

1) 单回路。

电缆线路的金属护套若只在一端互连接地，而附

近又无其他平行的接地导线，如回流线等，则在电网发生单相接地故障时，短路电流只能由大地作回路。按照对称分量的法则，零序电流在三相线路内是相同的，那么流经大地的电流是三倍的零序电流，这三倍的零序电流所流经的零序阻抗是三相线路中三相的并联阻抗。因此，单回路的相零序阻抗为

$$Z_0 = 3 \times \left\{ \dfrac{R_c}{3} + R_g + j2\omega \times 10^{-4} \ln \dfrac{D_e}{\left[\mathrm{GMR}_C^3 (S \times nS \times mS)^2 \right]^{1/9}} \right\} = R_c + 3R_g + j6\omega \times 10^{-4} \dfrac{D_e}{\mathrm{GMR}_C^{1/3} S^{2/3}(nm)^{2/9}}$$

$$(5\text{-}4\text{-}50)$$

2) 双回路。

双回路的各相零序电流通过的零序电阻应是 6 个相的并联阻抗，故双回路的相零序阻抗为

$$Z_0 = 3 \times \left\{ \dfrac{R_c}{6} + R_g + j2\omega \times 10^{-4} \times \right.$$

$$\left. \ln \dfrac{D_e}{\left[(\mathrm{GMR}_C \times pS)^2 (\mathrm{GMR}_C \times tS)^2 (\mathrm{GMR}_C \times zS)^2 S^2 (s'S)^2 (nS)^2 (n'S)^2 (mS)^2 (m'S)^2 (qS)^2 (q'S)^2 (rS)^2 (r'S)^2 (yS) (y'S)^2 \right]^{1/36}} \right\}$$

$$(5\text{-}4\text{-}51)$$

$$Z_0 = \dfrac{R_c}{2} + 3R_g + j6\omega \times 10^{-4} \ln \dfrac{D_e}{\mathrm{GMR}_C^{1/6} S^{5/6} (ptzs'nn'mm'qq'rr'yy)^{1/18}} \qquad (5\text{-}4\text{-}52)$$

式中 D_e——故障电流以大地为回路时等值回路的深度 (mm)；

R_g——大地的漏电电阻 (Ω/km)。

而：

$$D_e = \left(e^{12.981} \times \dfrac{\rho}{f} \right)^{1/2} \times 1000$$

$$R_g = \pi^2 f \times 10^{-4}$$

式中 ρ——大地电阻率 (Ω·m)；

f——频率 (Hz)。

(2) 短路电流全部以回流线作回路 有时金属护套只在一端互连接地，此时，通常在电缆线路沿线平行敷设一条两端可靠接地的金属导线，这样短路电流可以通过回流线流回系统的中性点，特别是当接地故障发生在电厂或变电所内，有良好的回流线时，可以认为短路电流全部通过回流线。

如回流线如图 5-4-10 所示，回流线的几何平均半径为 GMR_p，电阻为 R_p，则此单回路电缆的相零序阻抗为

$$Z_0 = R_c + 3R_g + j6\omega \times 10^{-4} \ln \dfrac{(qS \times rS \times yS)^{1/3}}{\left[(\mathrm{GMR}_C \times S \times nS \times \mathrm{GMR}_C \times nS \times mS \times \mathrm{GMR}_C \times S \times mS)^{1/9} \times \mathrm{GMR}_p \right]^{1/2}}$$

$$Z_0 = R_c + 3R_g + j6\omega \times 10^{-4} \ln \dfrac{(qry)^{1/3} S^{2/3}}{\mathrm{GMR}_C^{1/6} \mathrm{GMR}_p^{1/2} (nm)^{1/9}}$$

$$(5\text{-}4\text{-}53)$$

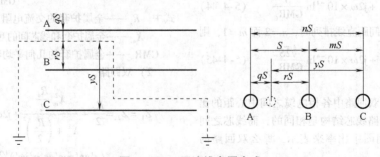

图 5-4-10 回流线布置方式

(3) 短路电流全部以金属护套作回路 当电缆线路的金属护套在两端直接互连接地，或者虽然是交叉互连或连续交叉互连接地的电缆线路，当大地电阻率较大，短路电流通过大地部分可以忽略不计，而附近又无其他平行的金属导体，则可假设短路电流全部由金属护套作回路，而回路电阻应是金属护套的并联电阻。

1）单回路。

单回路线路的相零序阻抗为

$$Z_0 = 3 \times \left\{ \frac{R_c}{3} + \frac{R_s}{3} + j2\omega \times 10^{-4} \ln \frac{\text{GMR}_S^{1/3} S^{2/3} (nm)^{2/9}}{\text{GMR}_C^{1/3} S^{2/3} (nm)^{2/9}} \right\}$$

$$= R_c + R_s + j2\omega \times 10^{-4} \ln \left(\frac{\text{GMR}_S}{\text{GMR}_C} \right)^{1/3} \quad (5\text{-}4\text{-}54)$$

2）双回路。

双回路线路的相零序阻抗为

$$Z_0 = R_c + R_s + j6\omega \times 10^{-4} \ln \left(\frac{\text{GMR}_S}{\text{GMR}_C} \right)^{1/6} \quad (5\text{-}4\text{-}55)$$

（4）短路电流一部分以金属护套作回路，另一部分以大地作回路　敷设在水底的电缆其金属护套在线路的两端直接互连并接地。由于线路附近的大地电阻率较小，接地体的接地电阻也较小，因此短路电流虽然大部分通过金属护套，但还是有一小部分会通过海水和大地作回路。此时，电缆线路的相零序阻抗为

$$Z_0 = R_c + 3X_c + \frac{3R_s(R_g + X_m)}{R_s + 3R_g + 3X_m} \quad (5\text{-}4\text{-}56)$$

式中　X_c——线芯短路电流以金属护套为回路时的自感抗（Ω/km）；

　　　X_m——金属护套和大地组成回路的感抗（Ω/km）。

而：

$$X_c = j2\omega \times 10^{-4} \ln \frac{\text{GMR}_S^{1/3} S^{2/3} (nm)^{2/9}}{\text{GMR}_C^{1/3} S^{2/3} (nm)^{2/9}}$$

$$= j2\omega \times 10^{-4} \ln \left(\frac{\text{GMR}_S}{\text{GMR}_C} \right)^{1/3}$$

$$X_m = j2\omega \times 10^{-4} \ln \frac{D_e}{\text{GMR}_S^{1/3} S^{2/3} (nm)^{2/9}}$$

$$(5\text{-}4\text{-}57)$$

当短路电流以大地作回路的线路，在计算其零序阻抗时实际还应计入接地体的接地电阻。

3. 电缆动态电流计算

电缆在实际运行过程中将负荷一定的载流量，导体温度相对于环境温度达到稳定的温升。当所负荷的载流量发生变化时，由于电缆内部热容的存在，导体的温度不是阶跃变化的，而是随时间逐渐达到另一稳定的温升。

（1）空气中敷设　对于空气中敷设的电缆，空气的热容可忽略不计，可把电缆本体看成由集中热容 K_T 和集中热阻 T_T 所组成的集中近似等值热路来计算导体温度对所负荷电流的暂态响应。电缆的近似等值热路如图5-4-11所示。其中：

$$K_T = K_{TC} + k(K_{Ti} + K_{Ts}) \quad (5\text{-}4\text{-}58)$$

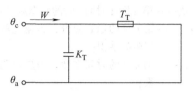

图 5-4-11　电缆近似等值热路

$$T_T = T_1 + T_4 \quad (5\text{-}4\text{-}59)$$

如考虑金属护套损耗系数 λ_1，则

$$T_T = T_1 + (1 + \lambda_1) T_4 \quad (5\text{-}4\text{-}60)$$

式中　K_{TC}、K_{Ti}、K_{Ts}——分别为线芯、绝缘层和护套的热容；

　　　k——经验常数，一般可取 $k = 0.5$；

　　　T_1、T_4——分别为绝缘层和电缆表面至周围媒质的热阻。

假设电缆所负荷的电流为 I_1，而电缆线芯的温度已达到稳定温度 θ_1，那么在时间 $t = 0$ 时，电缆负荷增加为 I_2，电缆线芯温度 θ_c 随时间的变化如下式：

$$\theta_c - \theta_a = \Delta\theta_m(1 - e^{-t/\tau}) + (\theta_1 - \theta_a)e^{-t/\tau}$$

$$(5\text{-}4\text{-}61)$$

式中　θ_a——环境温度；

　　　$\Delta\theta_m$——当电流为 I_2 时，电缆线芯温度达到稳定时相对于环境温度的温升；

　　　τ——等值热路的时间常数（s）。

其中：

$$\tau = K_T T_T \quad (5\text{-}4\text{-}62)$$

$$\Delta\theta_m = I_2^2 R_2 T_T \quad (5\text{-}4\text{-}63)$$

$$\theta_1 - \theta_a = I_1^2 R_1 T_T \quad (5\text{-}4\text{-}64)$$

式中　R_1、R_2——分别为电缆负荷电流为 I_1、I_2 时电缆线芯达到稳定温度时的交流电阻。

式（5-4-61）可变换为

$$\theta_c - \theta_1 = (I_2^2 R_2 - I_1^2 R_1) T_T (1 - e^{-t/\tau})$$

$$(5\text{-}4\text{-}65)$$

通过式（5-4-65）可以求得当电缆负荷电流从 I_1 增加到 I_2 时导体温度随时间的变化，也可以求得电缆负荷电流增加到 I_2 时达到最高稳定工作温度所需的时间。

（2）土壤中敷设　在确定敷设在土壤中电缆（10h 以内）线芯温度由于负载的变化而随时间变化时，可把电缆及其周围媒质分成 6 个区域，其中电缆本体分为 2 个区而周围媒质土壤分为 4 个区。每一区域的温度可用单一指数曲线来表示，即

$$\theta_n = \theta_{nm}(1 - e^{-t/\tau_n}) \quad (5\text{-}4\text{-}66)$$

式中 θ_n——第 n 区在时间 t 时的暂态温升;

$\quad\theta_{nm}$——第 n 区的稳态温升,为流经的热流与
热阻的乘积;

$\quad\tau_n$——第 n 区的时间常数,为热阻与热容的
乘积。

对于单芯及三芯电缆,第 1 个区域包括线芯和绝缘层的一半,其余电缆部分为第 2 个区域;对于穿管敷设电缆,第 1 个区域包括线芯至电缆表面部分,第 2 个区域包括电缆外表面至管道表面部分。而周围媒质则按体积比为 1:4:16:64 划分为 4 个同心圆柱体,土壤中第 1 个区域的内径等于电缆的外径 D_e,第 4 个区域的外径 D_4 为 4 倍的电缆敷设深度 L,而各层外径分别为

$$D_1 = \sqrt{\frac{4A}{\pi} + D_e^2}$$

$$D_2 = \sqrt{\frac{16A}{\pi} + D_1^2}$$

$$D_3 = \sqrt{\frac{64A}{\pi} + D_2^2}$$

$$A = \frac{\pi}{4 \times 85}(D_4^2 - D_e^2)$$

如已知土壤热容及热阻系数,则可以求得相应各区域的热阻 T_{43}、T_{44}、T_{45}、T_{46} 及热容 K_{43}、K_{44}、K_{45}、K_{46},同样可以计算土壤中各区域的时间常数 τ_3、τ_4、τ_5、τ_6。同样可以得到当电缆负荷电流从稳态电流 I_1 增加为 I_2 后电缆线芯温度随时间的变化:

$$\begin{aligned}\theta_c - \theta_1 = (I_2^2 R_2 - I_1^2 R_1)[&T_{11}(1 - e^{-t/\tau_1}) + \\ &T_{12}(1 + \lambda_1)(1 - e^{-t/\tau_2}) + \\ &T_{43}(1 + \lambda_1)(1 - e^{-t/\tau_3}) + \cdots + \\ &T_{46}(1 + \lambda_1)(1 - e^{-t/\tau_6})] \quad (5\text{-}4\text{-}67)\end{aligned}$$

式中 T_{11}、T_{12}——电缆 2 个区域的热阻;

$\quad T_{43}$、T_{44}、T_{45}、T_{46}——土壤 4 个区域的热阻;

$\quad\tau_1 \cdots \tau_6$——各区域时间常数 (s);

$\quad\lambda_1$——金属护套损耗系数;

其余符号同式 (5-4-65)。

第5章

电缆的热力学特性

5.1 电缆的热稳定性

5.1.1 电缆的热稳定性条件

电缆的介质损耗一般随温度上升而增加。电缆设计应保证在正常情况下电缆工作在允许温度范围内，还应保证在短路故障、过电压条件下电缆的热稳定。

电缆内部产生热量与其表面温度的关系曲线如图 5-5-1 曲线 1 所示，曲线 2 是散发热量与表面温度的曲线。曲线 1 与曲线 2 只有一个交点，而且在高于交点温度、散热量恒大于电缆内产生的热量，这种情况下的电缆具有完全的热稳定性，电缆稳定工作在温度 θ_{s1}。因为当温度低于 θ_{s1} 时，电缆产生热量大于从绝缘表面散发的热量，于是温度上升直至 θ_{s1}。当由于某种原因（短路故障或过电压等）发生热量增加，温度高于 θ_{s1} 时，散发热量大于电缆发生的热量，于是温度仍回到 θ_{s1}，不会发生热击穿现象。

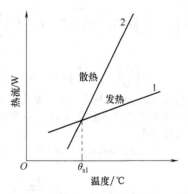

图5-5-1 具有完全热稳定性电缆的发热与散热曲线

当电缆发热曲线与散热曲线相切或永远大于散热曲线，如图 5-5-2 所示，则称这一电缆具有完全

热不稳定。因为加上负载温度会不断上升，直至发生热击穿。

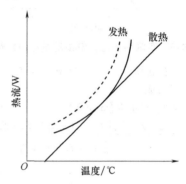

图 5-5-2 具有完全热不稳定性电缆的发热与散热曲线

实际电缆具有图 5-5-3 所示的发热和散热曲线，即具有有限热稳定性。发热曲线 1 与散热曲线 2 相交于 A、B 两点。电缆由于某种原因温度过热到 θ_1，当过热热源移开时，由于电缆表面的散热量大于电缆本身所产生的热量，电缆温度仍会回到 A 点，因此电缆在 A 点附近是稳定的。但是如电缆绝缘温度过热到 θ_2，过热热源移开，此时电缆内发生热量大于表面散发的热量，于是电缆温度会继续上升，直至发生热击穿。所以在 B 点及以上温度电缆是不稳定的。只有在一定温度范围内具有热稳定性，所以称为有限热稳定。

从上述分析可知，判断电缆的热稳定性需要确定电缆的发热和散热曲线，当电缆是热稳定的，它满足下列条件

1）电缆发生热量≤电缆散发热量；

2）电缆发生热量随温度的变化率＜电缆散发到周围媒质热量随温度的变化率（比较图 5-5-3 中 A 点和 B 点）。即

$$W(\theta_i) \geqslant G(\theta_i) \tag{5-5-1}$$

$$\frac{\partial W(\theta_i)}{\partial \theta_i} > \frac{\partial G(\theta_i)}{\partial \theta_i} \tag{5-5-2}$$

式中　$G(\theta_i)$——绝缘层的发热量（W/cm）；

　　　$W(\theta_i)$——从绝缘层表面散发到周围媒质的
热量（W/cm）；

　　　θ_i——绝缘层的平均温度（℃）。

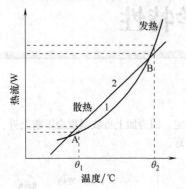

图 5-5-3　有限热稳定性电缆的发热与散热曲线

以单芯电缆为例，根据式（5-5-1）和式
（5-5-2）可写成

$$G(\theta_i) = W_i = 2\pi f C U_0^2 \tan\delta(\theta_i) \tag{5-5-3}$$

$$= \frac{\theta_c - \theta_a - W_c[T_1 + (1+\lambda_1)(T_2 + T_3 + T_4)]}{\frac{1}{2}T_1 + T_2 + T_3 + T_4} \tag{5-5-4}$$

$$\theta_i = \frac{\theta_c + \theta_s}{2} \tag{5-5-5}$$

式中　θ_c——线芯温度（℃）；

　　　θ_s——护套温度（℃）；

　　　θ_a——周围媒质温度（℃）；

　　　C——电缆绝缘层电容（F/cm）；

　　　U_0——绝缘层承受电压（V）；

$$\frac{\partial \tan\delta(\theta_i)}{\partial \theta_i} < \frac{1 - \alpha I^2 RT}{2\pi f C U_0^2 \left[\left(\frac{1}{4}T_1 + T_2 + T_3 + T_4 \right)(1 - \alpha I^2 RT) + \left(T - \frac{T_1}{2} \right)\alpha I^2 R \left(\frac{1}{2}T_1 + T_2 + T_3 + T_4 \right) \right]} \tag{5-5-10}$$

其中　$T = T_1 + (1+\lambda_1)(T_2 + T_3 + T_4)$ （5-5-11）

当满足式（5-5-10）的条件时，电缆是热稳定的。

5.1.2　电缆的发热曲线

计算电缆传输容量时，认为 $\tan\delta$ 是与电缆温度无
关的恒定值，实际取电缆在容许工作温度范围内 $\tan\delta$
的最大允许值。一般电缆绝缘，可近似用下式表示

$$\tan\delta = \tan\delta_0 \exp[\alpha(\theta - \theta_a)] \tag{5-5-12}$$

式中　$\tan\delta_0$——绝缘温度为 θ_a 时 $\tan\delta$ 值；

　　　α——常数。

电缆发热曲线可从热场一般方程（5-5-13）
求得

$\tan\delta(\theta_i)$——绝缘层在其平均温度下的 $\tan\delta$ 值；

　　　T_1、T_2、T_3、T_4、λ_1 等代表的意义同（5-4-1）
式。从式（5-5-4）及式（5-5-5）可得

$$W(\theta_i) = \frac{\theta_i - \theta_a - W_c\left[\frac{1}{2}T_1 + (1+\lambda_1)(T_2 + T_3 + T_4) \right]}{\frac{1}{4}T_1 + T_2 + T_3 + T_4} \tag{5-5-6}$$

将式（5-5-3）和式（5-5-6）对 θ_i 求导并代入式
（5-5-2）得电缆绝缘的热稳定温度范围条件为

$$2\pi f C U_0^2 \frac{\partial \tan\delta}{\partial \theta_i} <$$

$$\frac{1 - \left[\frac{T_1}{2} + (1+\lambda_1)(T_2 + T_3 + T_4) \right]\alpha I^2 R \frac{\partial \theta_c}{\partial \theta_i}}{\frac{1}{4}T_1 + T_2 + T_3 + T_4} \tag{5-5-7}$$

式中　α——线芯电阻温度系数（1/℃）；

　　　R——在温度为 θ_a 时线芯的电阻（Ω）；

　　　I——线芯电流（A）。

另外，根据热平衡条件

$$\theta_c - \theta_a = I^2 R[1 + \alpha(\theta_c - \theta_a)][T_1 + (1+\lambda_1) \times$$
$$(T_2 + T_3 + T_4)] + 2\pi f C U_0^2 \tan\delta(\theta_i) \times$$
$$\left(\frac{1}{2}T_1 + T_2 + T_3 + T_4 \right) \tag{5-5-8}$$

可得 $\dfrac{\partial \theta_c}{\partial \theta_i} = \dfrac{2\pi f C U_0^2 \left(\frac{1}{2}T_1 + T_2 + T_3 + T_4 \right)\frac{\partial \tan\delta(\theta_i)}{\partial \theta_i}}{1 - \alpha I^2 R[T_1 + (1+\lambda_1)(T_2 + T_3 + T_4)]}$ （5-5-9）

把式（5-5-9）代入式（5-5-7）得

$$\lambda_T \left(\frac{d^2\theta}{dx^2} + \frac{1}{x}\frac{d\theta}{dx} \right) + W_i = 0 \tag{5-5-13}$$

这里以单芯电缆为例求其发热曲线。绝缘层单
位时间单位体积发出热量 $W_i = \gamma E^2$，γ 为绝缘材料
的等效电导系数

$$\gamma = \omega \varepsilon_0 \varepsilon \tan\delta_0 \exp[\alpha(\theta - \theta_a)] \tag{5-5-14}$$

于是

$$W_i = \gamma E^2 = \omega \varepsilon_0 \varepsilon \tan\delta_0 \exp[\alpha(\theta - \theta_a)]\left(\frac{U_0}{x\ln\frac{R}{r_c}} \right)$$

$$= \frac{\omega C^2 U_0^2}{4\pi^2 \varepsilon_0 \varepsilon x^2}\tan\delta_0 \exp[\alpha(\theta - \theta_a)] \tag{5-5-15}$$

式中　x——绝缘层离电缆中心的距离；

$\quad C$——绝缘层电容，$C = \dfrac{2\pi\varepsilon_0\varepsilon}{\ln\dfrac{R}{r_c}}$；

$\quad r_c$——线芯半径；

$\quad R$——绝缘层外半径；

$\quad U_0$——绝缘层承受电压。

将式（5-5-15）代入式（5-5-13）得

$$x^2\frac{d^2\theta}{dx^2} + x\frac{d\theta}{dx} + \frac{\omega C^2 U_0^2 \rho_{T1}}{4\pi^2\varepsilon_0\varepsilon}\tan\delta_0\exp\left[\alpha(\theta - \theta_a)\right] = 0$$

$$(5\text{-}5\text{-}16)$$

求解此方程，得：

$$\theta_c - \theta = \frac{2}{\alpha}\ln\left[\frac{\left(\dfrac{x}{r_c}\right)^{-k} + (B-1)\left(\dfrac{x}{r_c}\right)^k}{B}\right]$$

$$(5\text{-}5\text{-}17)$$

其中，$k = dg\sqrt{\dfrac{na}{8}}$，$d = \left[\dfrac{B}{B-1}\exp\left(\dfrac{\alpha\theta_c}{2}\right)\right]^{1/2}$，$g = \left[B\exp\left(\dfrac{\alpha\theta_c}{2}\right)\right]^{1/2}$，$n = \dfrac{\omega C^2 U_0^2\tan\delta_0\rho_{T1}}{4\pi^2\varepsilon_0\varepsilon e^{\alpha\theta_c}}$，$B = 2 + A + \sqrt{A}\sqrt{2+A}$，$A = \dfrac{\alpha\omega_c^2\rho_{T1}^2}{4\pi^2 n}\exp(-\alpha\theta_c)$。

在给定 ω_c、θ_c 条件下，根据式（5-5-17）即可确定电缆绝缘层中的温度分布。

为了求得恒定负载电流下电缆的发热曲线，可假定一系列 θ_c，然后根据负载电流 I 及 θ_c 确定 ω_c，再用下式确定一系列 θ_s 值

$$\theta_s = \theta_c - \frac{2}{\alpha}\ln\left[\frac{\left(\dfrac{R}{r_c}\right)^{-k} + (B-1)\left(\dfrac{R}{r_c}\right)^k}{B}\right]$$

$$(5\text{-}5\text{-}18)$$

相应于 θ_s，电缆发热量 W_R 为

$$W_R = \frac{-2\pi x}{\rho_{T1}}\frac{d\theta}{dx}\bigg|_{x=R} = \frac{4\pi k}{\alpha\rho_{T1}}\cdot\frac{(B-1)\left(\dfrac{R}{r_c}\right)^k - \left(\dfrac{R}{r_c}\right)^{-k}}{(B-1)\left(\dfrac{R}{r_c}\right)^k + \left(\dfrac{R}{r_c}\right)^{-k}}$$

$$(5\text{-}5\text{-}19)$$

于是得到电缆发热曲线（$W_R \sim \theta_s$）。

5.1.3　电缆的散热曲线

当电缆护层热阻、周围媒质热阻不随温度和热流大小改变而为一常数值时，电缆的散热曲线将是一直线。例如，对于单芯铅包电缆，如铅套内损耗等于零，则根据等值热路有

$$\frac{\theta_s - \theta_a}{T_2 + T_4} = W_R \qquad (5\text{-}5\text{-}20)$$

式中　θ_s——护套温度；

$\quad\theta_a$——周围媒质温度；

$\quad T_2$、T_4——护层及周围媒质热阻；

$\quad W_R$——散发到周围媒质的热量。

在此情况下，散热曲线在横坐标 θ_s 上的截距为 θ_a，它的斜率 $\tan\beta = \dfrac{W_R}{Q_s - Q_a} = \dfrac{1}{T_2 + T_4}$，如图 5-5-4 中直线 1 所示。

如护套中有损耗 W_s，则根据等值热路有

$$\frac{\theta_s - \theta_a}{T_2 + T_4} = W_R + W_s \qquad (5\text{-}5\text{-}21)$$

将其变换得

$$\frac{\theta_s - \left[\theta_a + W_s(T_2 + T_4)\right]}{T_2 + T_4} = W_R \qquad (5\text{-}5\text{-}22)$$

在此情况下，散热曲线在横坐标（θ_s）上的截距为 $\theta_a + W_s(T_2 + T_4)$，斜率仍为 $\tan\beta = \dfrac{1}{T_2 + T_4} = \dfrac{W_R + W_s}{\theta_s - \theta_a}$，如图 5-5-4 中直线 2 所示。

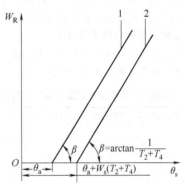

图 5-5-4　电缆的散热曲线

用上述方法获得电缆的发热和散热曲线后，不难根据上述判断电缆热稳定与否的原则来确定电缆是否热稳定。

利用发热和散热曲线也可确定电缆的热击穿电压和热击穿场强度。用不同的 $U_0\left(\text{或 } E_{max} = \dfrac{U_0}{r_c\ln\dfrac{R}{r_c}}\right)$ 确定发热曲线，相应于与散热曲线相切发热曲线的电压（或 E_{max}）即为该电缆的热击穿电压（或击穿场强）。

5.2　电缆热力学性能设计

随着输电容量的不断增长，高压电缆的导体截面积也越来越大，目前最大截面积已达 3000mm²。

对于大截面电缆，在负载电流变化时，由于导体温度的变化引起的热胀冷缩所产生的机械力是十分大的。这种机械力称之为热机械力。电缆导体截面积越大，产生的热机械力也越大，如处理不当，将对电缆安全运行形成很大的威胁。因此，制造部门在设计大截面电缆及附件，以及使用部门在设计大截面电缆线路时都应充分考虑这一问题。

5.2.1 塑料绝缘电缆

挤塑绝缘电缆所应用的介质主要为：交联聚乙烯（XLPE）、低密度聚乙烯（LDPE）、高密度聚乙烯（HDPE）和乙丙橡胶（EPR）。其中 XLPE 是最常用的绝缘材料。

挤塑电缆的寿命与绝缘材料性能、电缆制造工艺、电缆的结构设计及电缆的运行状态等因素有关。影响挤塑电缆寿命的主要因素除了树枝问题外，就是电缆的热力学性能问题，尤其是交联聚乙烯电缆在高温下的交联工艺，在较高的温度下运行，产生较大的热机械力而导致电缆损坏。

1. 交联聚乙烯电缆的热应力

交联聚乙烯绝缘有很大的热膨胀性能，在不同温度下其密度变化如表 5-5-1 所示。

表 5-5-1　交联聚乙烯绝缘不同温度下的密度和线胀系数

温度/℃	20～23	40	80	100	113	120	200	250	300	400
绝缘相变范围	半结晶熔化区					无定形区				
密度/（g/cm³）	0.92	0.91	0.86	0.83	0.8	0.8	0.75	0.72	0.69	0.64
线胀系数/10⁻⁶℃⁻¹			374	436	530	476	392	370	359	338

绝缘密度在无定形区可用下式表示

$$\rho = 0.864 - 5.717 \times 10^{-4} t \quad (5\text{-}5\text{-}23)$$

式中　ρ——绝缘密度（g/cm³）；

　　　t——温度（℃）。

绝缘应变可按下式求出：

$$\varepsilon = (\rho_0/\rho_c)^{1/3} - 1 \quad (5\text{-}5\text{-}24)$$

式中　ρ_0——环境温度 t_0 下的绝缘密度（g/cm³）；

　　　ρ_c——温度为 t_c 时的绝缘密度（g/cm³）。

在传统交联温度 275℃ 下，绝缘的最大应变量为 9.5%，而 IEC 规定 110kV 及以下电压等级的交联聚乙烯绝缘电缆的最大收缩系数为 4%，则要求在生产过程中电缆冷却得很好。而交联聚乙烯绝缘的线胀系数是铜的 20 倍左右，所以两者组合在一起，热力学性能是很不相容的。

交联聚乙烯电缆在额定工作温度下运行时，电缆弯曲处的侧压力，由于绝缘热膨胀可达 30～40MN/m²［（300～400）×10⁵Pa］，造成导体不可能保持在绝缘中心，并嵌入到绝缘层中，导体移动距离可达绝缘厚度的 16.5%，在短时过载温度 105℃ 下运行时，移动距离可达 56%。

交联聚乙烯绝缘是半结晶半无定形的片状交叉结构，如工艺水平高，结晶态增加，晶体和无定形界面紧密地结合在一起，则具有很高的绝缘强度。反之，若无定形态增加，则容易吸收水分和水中杂质，是产生水树枝的根源。由于热机械应力会使晶体开裂，在晶体本身或晶体与无定形体界面上形成裂缝，该裂缝在直流电场下集聚空间电荷，当极性变化或反转时，会使电缆在较低的电压下发生击穿。

2. 改善绝缘热应力

（1）采用热应力消除装置　NOKIA 的松弛装置是将冷却后的电缆再加热到结晶熔化温度，从而消除绝缘因热膨胀而产生的热机械应力，改善绝缘的热收缩性，增大了绝缘和导体的摩擦力，改进了绝缘品质。采用该装置后，可提高电缆的冲击击穿强度 10% 以上。高压电缆制造企业均采用烘房退火，消除热应力，也有明显的效果。

（2）改善交联工艺　适当降低绝缘表面交联温度，增加预冷却管长度。35kV 及以下电缆绝缘表面温度不得超过 275℃，高压、超高压电缆为 250～275℃，并采用计算机控制生产速度，使绝缘缓慢地冷却，使绝缘向导体中心收缩，绝缘和导体间产生压应力，绝缘有压紧导体的作用，并增加绝缘和导体间位移的摩擦力。若预冷管过短，绝缘冷却过快，电缆绝缘向绝缘中心收缩，绝缘和导体间产生拉应力，就容易造成应力开裂。

（3）降低机筒温度、提高螺杆压力，并采用导体预热装置　以前交联材料的熔化温度为 116～132℃，机筒温度控制在 120℃，现在 UCC 公司提供的绝缘材料规定加工工艺规范为 95～115℃，降低了塑化温度，提高了螺杆压力。Davis 和 NOKIA 公司规定机筒压力分别为 63MPa 和 50～75MPa。绝缘挤出后就有很高的密实度，从而减少了热膨胀，还可减小微孔尺寸。采用导体预热后可以适当降低硫化温度，改善了绝缘内的温度分布，从而降低了热力，达到较高的硫化速度。

（4）增加内外半导电层厚度，在绝缘层与金属护套间增加半导电缓冲层　如 500kV XLPE 电缆内半导电层厚度在 2.0 ~ 3.5mm，外半导电层厚度为 1.0 ~ 3.0mm，半导电缓冲层厚度为 3.0mm，这样可以在绝缘和导体之间以及绝缘和金属护套间起到缓冲作用。

(5) 提高电缆的允许最小弯曲半径　适当提高电缆的允许最小弯曲半径，以改善电缆在运行时的热力学性能。

5.2.2　油浸纸绝缘电缆

1. 直埋电缆线路

(1) 作用在电缆线芯上的摩擦力　当电缆线芯因负荷电流加热，在金属护套内膨胀而位移时，将受到与纸绝缘之间摩擦力和其他机械力的约束。因而有一部分膨胀要被这些约束力所阻止。对于长电缆线路，在中间部分的线芯就处于平衡状态，即存在不发生位移的静止区，而膨胀位移仅发生在约束力不能全部阻止线芯膨胀的线路的两个末端附近。

当电缆敷设成直线时，可以认为摩擦力是由纸绝缘层中径向剩余纸包压力 ϕ_r 所产生的，所以单位长度线芯上的摩擦力 N 为

$$N = 2\pi r f \phi_r \qquad (5\text{-}5\text{-}25)$$

式中　N——单位长度线芯的摩擦力（9.8N/cm）；

　　　r——线芯半径（cm）；

　　　f——摩擦系数；

　　　ϕ_r——剩余纸包压力（0.098MPa）。

为了减小电缆末端的推力，有时将电缆在邻近终端处敷设成波浪形，如图 5-5-5 所示。为了获得最好的效果，曲线的弯曲半径 R 应尽可能地小，于是可以认为电缆弯曲所形成的侧压力 $F/R \cdot \varphi$ 远大于剩余纸包压力，即 $F/R \cdot \varphi 2\pi r \varphi_r$，因此可以近似地认为作用在线芯单位长度的摩擦力可表示为

$$N = f \cdot \frac{F}{R \cdot \varphi} \qquad (5\text{-}5\text{-}26)$$

式中　R——弯曲半径（cm）；

　　　φ——曲线段夹角（rad）。

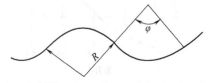

图 5-5-5　敷设成波浪形的电缆

(2) 电缆线芯末端的推力和位移

1）电缆敷设成直线。末端推力 F_0 与末端位移 Δl 之间的关系：

$$F_0 = \alpha \Delta \theta EA - \sqrt{4\pi r f \phi_r AE \Delta l} \qquad (5\text{-}5\text{-}27)$$

式中　F_0——线芯末端推力（kg）；

　　　α——线芯材料的线膨胀系数（1/℃）；

　　　$\Delta \theta$——线芯温升（℃）；

　　　E——线芯的弹性模量（kgf/cm²）；

　　　A——线芯截面积（cm²）；

　　　Δl——线芯在电缆末端产生的位移（cm）。

线芯能产生膨胀的长度 x_0 与 Δl 之间的关系：

$$x_0 = \sqrt{\frac{AE\Delta l}{\pi r f \phi_r}} \qquad (5\text{-}5\text{-}28)$$

式中　x_0——线芯能产生膨胀的长度（cm）。

当阻止末端位移时，即使 $\Delta l = 0$ 时，$F_0 = \alpha \Delta \theta EA$，此时的末端推力为最大，电缆的全部位移完全被阻止。

令末端推力 $F_0 = 0$，即可求得自由膨胀状态下的位移 Δl 和 x_0

$$\Delta l = (\alpha \Delta \theta)^2 AE / 4\pi r f \phi_r \qquad (5\text{-}5\text{-}29)$$

$$x_0 = \alpha \Delta \theta AE / 2\pi r f \phi_r \qquad (5\text{-}5\text{-}30)$$

利用上述诸式计算时，需要知道线芯弹性模量 E、摩擦系数 f 和剩余纸包压力 ϕ_r。E 可以在实际的线芯上测得，摩擦系数 f 值在 0.4 ~ 0.6 之间，ϕ_r 值一般在 0.1 ~ 0.8kgf/cm² 之间，实测值为 0.2kgf/cm²。

2）电缆敷设成波浪形。为了减小在同样末端位移 Δl 下的末端推力，电缆在末端处敷设成如图 5-5-6 所示的波浪形。

线芯能产生膨胀的长度 x_0 与末端推力 F_0 的关系如下

$$x_0 = \frac{R}{f} \ln \frac{\alpha \Delta \theta EA}{F_0} \qquad (5\text{-}5\text{-}31)$$

线芯在电缆末端产生的位移 Δl 与 F_0 的关系如下

$$\Delta l = \frac{\alpha \Delta \theta R}{f} \left(\ln \frac{\alpha \Delta \theta EA}{F_0} + \frac{F_0}{\alpha \Delta \theta EA} - 1 \right)$$

$$(5\text{-}5\text{-}32)$$

x_0 与 Δl 之间的关系如下

$$\Delta l = \alpha \Delta \theta \left[x_0 - \frac{R}{f} \left(1 - e^{\frac{f}{R}x_0} \right) \right] \qquad (5\text{-}5\text{-}33)$$

在图 5-5-6 和图 5-5-7 中示出一条 275kV，2000mm² 的充油电缆的末端推力 F_0 和线芯能发生膨胀的长度 x_0 与线芯末端位移 Δl 之间的关系曲线。从图 5-5-6 中可以看出，当电缆敷设成波浪形曲线时，F_0 值随 Δl 的增加而下降的速度比电缆敷设成直线时要快得多。由此可见，在终端头附近将电缆敷设成波浪形对降低线芯在膨胀时所产生的推力是有利的。

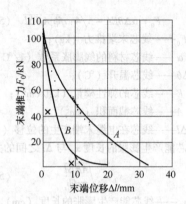

**图 5-5-6 275kV、2000mm² 电缆的
推力随位移的变化**

A—电缆敷设成直线，B—电缆敷设成波浪形
· —在敷成直线的电缆上的测量值
× —在敷成波浪形的电缆上的测量值
—— —计算值

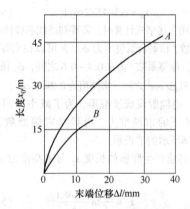

**图 5-5-7 275kV、2000mm² 电缆能发生膨胀的
长度 x_0 与线芯末端位移 Δl 的关系**

A—电缆敷设成直线 B—电缆敷设成波浪形

(3) 一些实验结果

1) 在线芯末端无位移时的线芯推力。将被试
电缆的两端加以固定，在完全阻止线芯位移的条件
下，在 4 段 275kV 单芯自容式充油电缆上测量了由
于线芯温升所产生的推力。4 段电缆试样的线芯均
为铜芯，其截面积和结构如下：

① 2000mm²，分裂线芯；
② 1000mm²，内层型线，外层圆绞线；
③ 1000mm²，全部为型线；
④ 700mm²，内层型线，外层圆绞线。

线芯在 8h 内的温度由 15℃ 升至 85℃，温升为
70℃，测得的线芯无末端位移时的推力示于图 5-5-8
中。由图中可以看到这 4 种线芯的最大推力分别为

10.5tf⊖、7tf、5.5tf 和 5tf。根据式（5-5-27）式当
$\Delta l = 0$ 时，$F_0 = \alpha\Delta\theta AE$。铜的线膨胀系数 $\alpha = 16.5 \times 10^{-6}1/℃$，$\Delta\theta = 70℃$，上述 4 种线芯的截面积和最
大推力代入后求得上述 4 种截面线芯的弹性模量分
别为 $0.45 \times 10^6 \mathrm{kgf/cm^2}$、$0.6 \times 10^6 \mathrm{kgf/cm^2}$、$0.48 \times 10^6 \mathrm{kgf/cm^2}$ 和 $0.62 \times 10^6 \mathrm{kgf/cm^2}$。

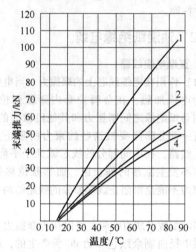

图 5-5-8 线芯推力与温度的关系

1—线芯截面积为 2000mm²，分裂线芯 2—线芯截
面积为 1000mm²，内层型线，外层圆绞线 3—线芯截
面积为 1000mm²，全部为型线 4—线芯截面积
为 700mm²，内层型线，外层圆绞线

2) 线芯末端自由膨胀时的位移 图 5-5-9 示
出了在一根线芯截面积为 2000mm²，弹性模量为
$0.45 \times 10^6 \mathrm{kgf/cm^2}$ 的电缆上测得的线芯末端自由膨
胀时的位移与温升的关系。图中画出的是光滑曲
线，实际上线芯位移是一连串很小的不连续的
跃变。

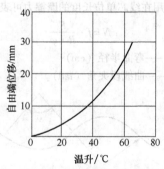

**图 5-5-9 275kV、2000mm² 电缆的自由端的
位移与线芯温升的关系**

⊖ 1tf = 9.80665 × 10³ N。

离自由端不同长度处的线芯位移则示于图 5-5-10 中，线芯温升 $\Delta\theta = 65℃$。从图中可以看到离自由端的距离超过 45m 后，线芯受到摩擦力的约束而不发生位移了，即线芯能产生膨胀的长度为 45m。

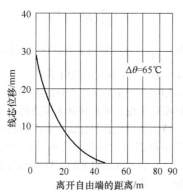

图 5-5-10 275kV、2000mm² 电缆沿电缆长度的线芯位移

当对线芯进行重复加热和冷却循环时，虽然线芯在每次循环时的位移在数值上基本保持不变，但在头 10 次循环内，线芯在每次冷却后不能收缩到原先开始加热时的位置，而随着发热和冷却循环逐次向末端伸长，一直到超过 10 次循环以后才趋稳定，如图 5-5-11 所示。此外，在线芯产生位移部分的长度上对纸绝缘做了检查，邻近线芯的纸带随着线芯一起位移，邻近金属护套的纸带则保持不动，而在这两部分之间的纸带则产生相对位移。

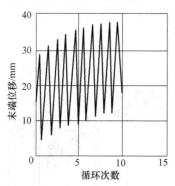

图 5-5-11 发热和冷却循环时的线芯位移

3）线芯推力随末端位移的变化。在温升为 70℃时，线芯在不同位移时的推力的实测值与理论计算值一同示于图 5-5-6 中。

4）实验结果与理论计算值的比较。以截面积为 2000mm² 的分裂线芯为例，其弹性模量的实测值为 $0.45 \times 10^6 \text{kgf/cm}^2$，线芯半径为 2.8cm。由图 5-5-9 可知，在温升为 60℃时线芯自由膨胀的末端位移为

2.5cm，利用式（5-5-29）式可求得摩擦力 $2\pi r f \phi_r = 1.76\text{kgf/cm}$，取摩擦系数 $f = 0.5$，则 $\phi_r = 0.2\text{kgf/cm}^2$，把这些数据代入式（5-5-30）式可得 $x_0 = 50.6\text{m}$，这与由图 5-5-10 中的实测值 47m 相比较也基本符合。

2. 敷设在竖井中的电缆线路

敷设在竖井中的电缆有两种固定方式，即挠性固定和刚性固定。前者允许电缆在受热后膨胀，但需加以妥善控制，使电缆金属护套在电缆发生膨胀位移时不产生过分的应变而缩短寿命。后者将电缆用夹子固定，不能产生横向位移，线芯的膨胀被阻止而转变为内部压缩应力。

（1）挠性固定方式 在竖井内垂直敷设高压电缆时，采用挠性固定方式的比较多，因为这种敷设方法比较容易。挠性固定时又有悬挂式和正弦波形敷设两种方法。

悬挂式是用一个特殊的固定在竖井顶部的锥形铠装丝夹具，把电缆的铠装丝夹住，从而使电缆悬挂在竖井内，在竖井底部再将电缆敷设成一个自由弯头以吸收电缆的膨胀。

正弦波形敷设方式是将电缆在两个相邻夹子之间以垂线为基准做交替方向的偏置，形成正弦波形，于是电缆在运行时产生的膨胀将为电缆的初始曲率所吸收，即线路只要稍增大一些曲率就能容纳其膨胀量，因此不会使金属护套产生危险的疲劳应力。做这种敷设时相邻两个夹子之间的间距和偏置幅值的最佳值取决于电缆的重量和刚度，一般由实验方法和经验确定。间距越大则安装时越简便，间距的上限值取决于电缆在自重作用下，由电缆的下垂所形成的不匀称的曲率。一般采用的间距为 4 ~ 6m，而偏置的幅值以间距的 5% 为宜。电缆夹子的安装方向应适应电缆的正弦波形，为此，在上述百分率的偏置幅值时，夹子的轴线应与垂直线成大约 11° 的夹角。为了保证 3 根单芯电缆在发热膨胀时运动的均匀性，在电缆档距的中央处应装设一个把 3 根电缆连在一起并能随电缆一起横向运动的夹具。在敷设时，应从竖井的底部开始，由下向上地拧紧夹子把电缆夹住，拧紧一个夹子后，在竖井顶部按照要求将电缆慢慢放下至所需的偏置幅值后再拧紧上面一个夹子。

（2）刚性固定方式 当竖井中的地方有限，不能做需要较大空间的挠性敷设时，如果电缆的截面积不大，也可采用刚性固定方式。所谓刚性固定，即采用短间距密集布置的电缆夹子把电缆夹住，以阻止由于电缆的自重和它的热膨胀所产生的任何运

动。采用这种固定方式之后，电缆所产生的热机械力与在直埋电缆线路上产生的力相同。安装时，要求在这种热机械力的作用下，相邻两个夹子之间的电缆不应产生纵弯曲现象，以防止在金属护套上产生严重的局部应力。由于在两个相邻夹子之间的电缆类同于材料力学中的压杆结构，因此可以利用校验压杆稳定的欧拉理论来计算夹子的间距。对于铅包或皱纹铝包电缆，在热膨胀时产生压缩力的主要部分是线芯，而电缆的其余部分（特别是对于大截面电缆）可以忽略不计。但是，如果是平铝包电缆，情况就不是这样了，除了线芯外还必须考虑铝包上产生的膨胀压缩力。在两个夹子之间的电缆段可视为是两端固定的压杆，使其不失去稳定的临界力为

$$P_c = \frac{\pi^2 S}{4l^2} \tag{5-5-34}$$

式中　P_c——电缆不产生纵弯曲时的临界力（kgf）；

S——电缆线芯和金属护套的总弯曲刚度（弯曲刚度为弹性模量与惯矩的乘积）（kgf·cm²）；

l——夹子之间的间距（cm）。

作用在电缆上的临界力即为线芯发热时的膨胀压缩力，由于温升，线芯产生的膨胀压缩力为

$$P = \alpha\Delta\theta EA \tag{5-5-35}$$

式中　P——线芯上的膨胀压缩力（kgf）；

$\Delta\theta$——线芯的最大允许温升（℃）；

α——线芯的线膨胀系数（1/℃）；

E——线芯的弹性模量（kgf/cm²）；

A——线芯的截面积（cm²）。

当式（5-5-34）和式（5-5-35）相等时，即可求得夹子的间距为

$$l = \frac{\pi}{2}\sqrt{\frac{S}{\alpha\Delta\theta EA}} \tag{5-5-36}$$

上述公式只适用于线路的直线部分，在线路的弯曲部分必须将间距减小至直线部分的 30%～60%，一般取为 50%。

对于平铝包电缆，前面已经指出必须考虑铝包的膨胀压缩力，即在式（5-5-35）中还必须增加一项铝包上的压缩力，而对皱纹铝包电缆，在原则上说是不能利用式（5-5-36）来计算其夹子的间距，因为式（5-5-34）只适用于纵向均匀的压杆结构，而皱纹铝包是纵向不均匀的压杆结构。但在计算皱纹铝包的弯曲刚度时如采用如下的两个假定，则仍

可利用式（5-5-36）来近似地计算皱纹铝包电缆夹子的间距。这两个假定是：

1）取皱纹铝包的有效弹性模量为铝的 25%；

2）皱纹铝包的惯性矩由下式计算

$$I = \frac{\pi}{64}(D_1^4 - D_2^4) \tag{5-5-37}$$

式中　$D_1 = \frac{1}{2}$（皱纹铝包波峰直径 + 波谷直径）；

$D_2 = D_1 - 2 \times$ 皱纹铝包的厚度。

在采用刚性固定的垂直敷设的线路上，与直埋电缆一样必须考虑在垂直部分末端的线芯上产生的总推力，特别是当缆芯与金属护套之间较松时，在自重作用下缆芯与金属护套之间还会产生相对运动，这时，在竖井底部附近的附件可能会受到很大的热机械力的作用。

（3）对电缆夹子的要求　不论是挠性固定还是刚性固定，对固定电缆用的夹子的设计均应给以充分注意，主要考虑的问题是，对于单芯电缆，制作夹子用的材料应为硬质木料或其他非磁性材料。用夹子固定电缆时，特别是在做刚性固定时需要很大的夹紧力，如采用两片式的夹子结构则有将电缆夹成椭圆形的危险，因而限制了能被施加的夹紧力，因此当电缆发热膨胀时有可能在夹子中产生滑动而损伤金属护套。为了能对电缆施加足够的夹紧力，而又不夹扁电缆，电缆夹子最好采用如图 5-5-12 所示的四片式径向夹子。此外，夹子还应具有足够的接触面积，以使在所要求的夹紧力下对电缆产生的单位面积上的压力低于允许值。所有这些都可由实验来确定。

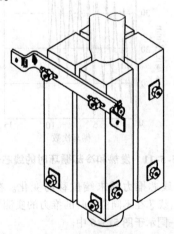

图 5-5-12　径向四片式电缆夹子

第6章

电力电缆的性能测试

根据试验目的，电缆试验可分为5类：例行试验、抽样试验、型式试验、预鉴定试验和安装敷设后检查及预防性试验。

例行试验是制造厂对所有电缆成品长度均应进行的试验，以证明电缆总体性能，它可发现电缆生产过程中的偶然性缺陷，校验电缆产品质量是否与设计要求一致。

抽样试验也称特殊试验，它是根据一定取样规则，从一批产品中抽出一部分电缆长度进行的试验。与例行试验的目的一样，但因它试验手续比较复杂，或在试验过程中可能损伤电缆，故仅取一部分试样进行试验。

型式试验主要是对新型式产品大量使用前所做的试验。经过型式试验证明该产品能满足运行提出的性能要求，或经过型式试验可以在较短时间确定新产品相对老产品的相对质量和新产品是否符合产品标准或技术条件的要求。除非电缆的材料、工艺或设计有变化并可能影响其性能，产品的型式试验不必重复。

预鉴定试验是针对220kV及以上电压等级的交联聚乙烯绝缘电力电缆与配套的附件（终端、绝缘接头、直通接头、GIS终端等）进行一年的长期老化试验，一年中在系统上施加 $1.7U_0$ 的电压，至少完成180个热循环试验，每个热循环至少加热8h，冷却16h，试验结束后要进行雷电冲击试验，此试验证明电缆与附件的配合程度。

安装敷设后检查及预防性试验，电缆安装敷设完毕后进行检查试验的目的是用来检查电缆安装敷设的质量，在安装敷设过程中有否严重损伤电缆。预防性试验或电缆定期检查试验，主要用来事先发现电缆使用过程中电缆的损伤，使电缆能及时修理和调换，以免发生意外停电事故或引起更大的故障。

上述各类试验的主要试验项目的分类见表5-6-1。

表 5-6-1　电力电缆主要试验项目

序号	试验项目	试验类别					
		中间检查	出厂与验收试验	定期试验	研究性试验	安装后交接试验	运行监督试验
1	导体直流电阻		√				
2	绝缘电阻		√			√	√
3	整盘电缆介质损耗角正切（$\tan\theta$）		√				
4	交流短时耐压试验		√				√
5	交流长时耐压试验			√			
6	直流耐压试验					√	√
7	热循环下的 $\tan\theta$ 试验			√			
8	电容					√	
9	正序及零序阻抗					√	
10	泄漏电流及三相不平衡度的检查					√	√
11	老化试验			√			
12	局部放电检测				√		

（续）

序号	试验项目	试 验 类 别					
		中间检查	出厂与验收试验	定期试验	研究性试验	安装后交接试验	运行监督试验
13	载流量试验				√		
14	电缆弯曲后的冲击电压试验			√			
15	火花试验	√					
16	浸水耐压试验	√					
17	结构尺寸检查	√	√	√			
18	铅套扩张试验	√	√				
19	铅（铝）套密封性试验		√				
20	铅套和加强层的液压试验				√		
21	充油电缆油样试验	√	√			√	√
22	粘性电缆油样试验	√					
23	浸渍剂滴出试验			√			
24	交联度试验			√			
25	橡塑类电缆的耐寒试验			√			
26	浸渍含气量试验				√		
27	$\tan\theta - t$℃曲线			√			
28	护层耐电压试验			√			

注：√表示合格。

6.1 导体直流电阻的测试

电力电缆线芯在20℃下的直流电阻值应该符合表5-6-2～表5-6-4的规定。

表5-6-2 第1种实心导体电阻值

标称截面积/mm²	20℃时导体最大电阻/（Ω/km）		
	圆形退火铜导体		铝导体和铝合金导体圆形或成型③
	不镀金属	镀金属	
0.5	36.0	36.7	—
0.75	24.5	24.8	—
1.0	18.1	18.2	—
1.5	12.1	12.2	—
2.5	7.41	7.56	—
4	4.61	4.70	—
6	3.08	3.11	—
10	1.83	1.84	3.08①
16	1.15	1.16	1.91①
25	0.727②	—	1.20①
35	0.524②	—	0.868①
50	0.387②	—	0.641
70	0.268②	—	0.443
95	0.193②	—	0.320④
120	0.153②	—	0.253④
150	0.124②	—	0.206④
185	0.101②	—	0.164④
240	0.0775②	—	0.125④
300	0.0620②	—	0.100④

（续）

标称截面积/mm²	20℃时导体最大电阻/(Ω/km)		
	圆形退火铜导体		铝导体和铝合金导体
	不镀金属	镀金属	圆形或成型③
400	0.0465②	—	0.0778
500	—	—	0.0605
630	—	—	0.0469
800	—	—	0.0367
1000	—	—	0.0291
1200	—	—	0.0247

① 仅适用于截面积 10～35mm² 的圆形铝导体。

② 标称截面积25mm² 及以上的实心铜导体用于特殊类型的电缆，如矿物绝缘电缆，而非一般用途。

③ 对于具有与铝导体相同标称截面积的实心铝合金导体，本表中给出的电阻可乘以1.162 的系数，除非制造方与买方另有规定。

④ 对于单芯电缆，4 根扇形成型导体可以组合成一根圆形导体。该组合导体的最大电阻值应为单根构件导体的25%。

表 5-6-3　第 2 种绞合导体线芯的电阻

标称截面积/mm²	导体中最少单线数量						20℃时导体最大电阻/(Ω/km)		
	圆形		紧压圆形		成型		退火铜导体		铝和铝合金导体③
	铜	铝	铜	铝	铜	铝	不镀金属	镀金属	
0.5	7	—	—	—	—	—	36.0	36.7	—
0.75	7	—	—	—	—	—	24.5	24.8	—
1.0	7	—	—	—	—	—	18.1	18.2	—
1.5	7	—	6	—	—	—	12.1	12.2	—
2.5	7	—	6	—	—	—	7.41	7.56	—
4	7	—	6	—	—	—	4.61	4.70	—
6	7	—	6	—	—	—	3.08	3.11	—
10	7	7	6	6	—	—	1.83	1.84	3.08
16	7	7	6	6	—	—	1.15	1.16	1.91
25	7	7	6	6	6	6	0.727	0.734	1.20
35	7	7	6	6	6	6	0.524	0.529	0.868
50	19	19	6	6	6	6	0.387	0.391	0.641
70	19	19	12	12	12	12	0.268	0.270	0.443
95	19	19	15	15	15	15	0.193	0.195	0.320
120	37	37	18	15	18	15	0.153	0.154	0.253
150	37	37	18	15	18	15	0.124	0.126	0.206
185	37	37	30	30	30	30	0.0991	0.100	0.164
240	37	37	34	30	34	30	0.0754	0.0762	0.125
300	61	61	34	30	34	30	0.0601	0.0607	0.100
400	61	61	53	53	53	53	0.0470	0.0475	0.0778
500	61	61	53	53	53	53	0.0366	0.0369	0.0605
630	91	91	53	53	53	53	0.0283	0.0286	0.0469
800	91	91	53	53	—	—	0.0221	0.0224	0.0367
1000	91	91	53	53	—	—	0.0176	0.0177	0.0291
1200	②						0.0151	0.0151	0.0247
1400①	②						0.0129	0.0129	0.0212
1600	②						0.0113	0.0113	0.0186
1800①	②						0.0101	0.0101	0.0165
2000	②						0.0090	0.0090	0.0149

（续）

标称截面积/ mm²	导体中最少单线数量						20℃时导体最大电阻/（Ω/km）		
	圆形		紧压圆形		成型		退火铜导体		铝和铝合金导体③
	铜	铝	铜	铝	铜	铝	不镀金属	镀金属	
2500	②						0.0072	0.0072	0.0127

① 这些尺寸不推荐，其他不推荐的尺寸针对某些特定应用，但未包含进本要求范围内。
② 这些尺寸的最小单线数量未做规定。这些尺寸可以由4、5或6个均等部分构成。
③ 对于具有与铝导体标称截面积相同的绞合铝合金导体，其电阻值宜由制造方与买方商定。

表 5-6-4　第 5 种软铜导体的电阻

标称截面积/ mm²	导体内最大单线直径/mm	20℃时导体最大电阻/（Ω/km）	
		不镀金属	镀金属
0.5	0.21	39.0	40.1
0.75	0.21	26.0	26.7
1.0	0.21	19.5	20.0
1.5	0.26	13.3	13.7
2.5	0.26	7.98	8.21
4	0.31	4.95	5.09
6	0.31	3.30	3.39
10	0.41	1.91	1.95
16	0.41	1.21	1.24
25	0.41	0.780	0.795
35	0.41	0.554	0.565
50	0.41	0.386	0.393
70	0.51	0.272	0.277
95	0.51	0.206	0.210
120	0.51	0.161	0.164
150	0.51	0.129	0.132
185	0.51	0.106	0.108
240	0.51	0.0801	0.0817
300	0.51	0.0641	0.0654
400	0.51	0.0486	0.0495
500	0.61	0.0384	0.0391
630	0.61	0.0287	0.0292

按照国家标准 GB/T 3048—《电线电缆电气性能测试方法 第 4 部分：导体直流电阻试验》进行，被测试样品最小长度为 1m。对于大截面铝导体，推荐采用试样长度：导体截面积 95 ~ 185mm²，取 3m；导体截面积为 240mm² 及以上，取 5m。有争议时，导体截面积为 185mm² 及以下，取 5m；导体截面积为 240mm² 及以上，取 10m。

1. 测试设备

1）测量导体线芯电阻的直流电桥，应根据表 5-6-5 选择。电桥可以是携带式电桥或实验室专用电桥，实验室专用固定式电桥及附件的接线与安装应按仪器说明书进行。

2）测量导体线芯电阻所采用的直流开尔文电桥或惠斯顿电桥的基本原理见图 5-6-1。

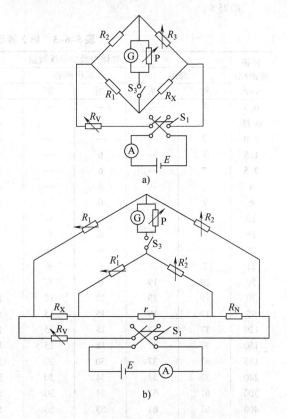

图 5-6-1　测量导线直流电阻的电桥原理图
a) 惠斯顿电桥　b) 开尔文电桥
A—电流表　R_V—变阻器　E—直流电源
R_1, R_1', R_2, R_2', R_3—电桥桥臂电阻
G—检流计　R_X—被测电阻
P—分流器　S_1—直流电源开关
R_N—标准电阻　S_3—检流计开关
r—跨线电阻

表 5-6-5　按被电阻选用电桥

测量电阻范围/Ω	$1 \times 10^{-5} \sim 2$	$2 \sim 100$	$100 \sim 10000$
电桥型式	开尔文电桥	开尔文或惠斯顿电桥	惠斯顿电桥

3）四端测试夹具。

4）电桥主要部件和接线，应符合下列要求：

a）电桥精密度不低于 0.5 级；

b）检流计灵敏度，当电桥平衡时，改变可变电阻臂电阻的 0.5%，检流计的偏转不小于 1 格；

c）标准电阻 R_{bz} 的准确度等级应不低于 0.1 级；

d）测量时，电桥的读数应保证有 3 位有效数。

如作为一般出厂检查试验，且测量数据能满足有关产品标准规定的要求，允许采用准确度等级不低于 2.0 级的开尔文电桥测量小于 2Ω 的线芯电阻。

2. 测试中的技术要求

1）当测量电线电缆产品或样品的导体线芯电阻时，除在相应产品标准或技术条件有特殊要求者外，被测导线温度应等于周围环境温度，且测量时电流选择应不致使测量过程中导线温度升高（判断导线温度是否升高，可用比例为 1:1.41 的两个电流，分别测定其电阻值；倘若两者之差不超过 ±0.5%，则可以认为用比例为 1 的电流进行测量时导线温度并不升高）。

2）测量环境温度用的温度计，应使用最小刻度为 0.1℃ 的温度计测量环境温度。在测量时，温度计距离地面应不小于 1m，距离墙面不小于 10cm，距离试样不大于 1m 且两者大致在同一高度的地方，并避免受到热辐射和空气对流的影响。

3）试样表面处理。试样在接入测量系统前，应预先清洁其连接部位的导体表面，去除附着物、污秽和油垢。连接处表面的氧化层应尽可能除尽，如用试剂处理后必须用水充分清洗以清除试剂的残留液。对于阻水型导体，应采用低熔点合金浇注。

4）测量大截面铝导体直流电阻时，铝绞线的电流引入端可采用铝压接头，并按常规压接方式压接，以使压接后的导体与接头融为一体。其电位电极可采用直径大约 1.0mm 的软铜丝在绞线外紧密缠绕 1~2 圈后打结引出，以防松动。

5）被测导体线芯电阻 R_x 值，应按所选用电桥中规定的公式进行计算。

6）当用准确度等级不低于 0.5 级电桥测量小于 0.1Ω 电阻时，需要用两个相反方向的电流各测一次，再取其平均值。

7）测量用的直流电桥等器具，必须进行定期校验，每年不应少于 1 次。

6.2　绝缘电阻的测试

6.2.1　测试目的

绝缘电阻是反映电线电缆产品绝缘特性的重要指标，它与该产品能够承受电击穿或热击穿的能力，与绝缘中的介质损耗，以及绝缘材料在工作状态下的逐步劣化等均存在着极为密切的相互依赖关系。因此对用于工作电压为 500V 及以上电压级的产品，一般均需测定其绝缘电阻，甚至对于低压弱电流的通信电线电缆，也把测定绝缘电阻作为控制和保证其绝缘品质的主要参数。

测定绝缘电阻可以发现工艺中的缺陷，如：绝缘干燥不透或护套损伤受潮；绝缘受到污染和有导电杂质混入；各种原因引起的绝缘层穿透等。同时，测定绝缘电阻也是研究绝缘材料的品质和特性，研究绝缘结构，以及产品在各种运行条件下的使用性能等方面的重要手段。对于已投入运行的产品，绝缘电阻是判断产品品质变化的重要依据之一。因此是十分重要的。

6.2.2　绝缘电阻与泄漏电流

当绝缘层加上直流电压时，沿绝缘表面和绝缘内部均有微弱的电流通过；对应于这两种电流的电阻分别称为表面绝缘电阻和体积绝缘电阻，一般不加特别注明的绝缘电阻均指体积绝缘电阻。只有极少数的产品有表面绝缘电阻的严格要求（如汽车高压点火线）。

加上电压后，流经绝缘内部的电流有下面 4 种。

1）充电电流：因介质的极化而产生，实际上就是以导体和外电极（金属护套或屏蔽层）作为一对电极构成一个电容器的充电电流。充电电流按指数规律随时间很快地衰减，一般在数毫秒时间内接近消失。

2）不可逆吸收电流：因绝缘材料中的电解电导而产生，约经数秒钟衰减至零。

3）可逆吸收电流：是绝缘材料的位移电流，在施加电压的瞬间达最大值，慢慢趋向于位移稳定，约经数分钟才能趋向于消失。

4）电导电流：系绝缘材料中自由离子及混杂

的导电杂质所产生，与电压施加时间无关。在电场强度不太高时符合欧姆定律，且随温度的增高而增加很快。它的大小反映了绝缘品质的优劣。电导电流又称为泄漏电流。

严格说来，只有对应于恒定的电导电流的电阻才是体积绝缘电阻，它是测试的主要对象。

图5-6-2是电缆绝缘加上直流电压后几种电流随加压时间的变化规律。

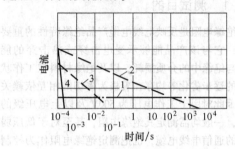

图5-6-2 电缆绝缘加上直流电压后 绝缘内电流的变化

1—电导电流　2—可逆吸收电流
3—不可逆吸收电流　4—充电电流

6.2.3 测试中电压与时间的选择

1. 测试电压

测试绝缘电阻时所施加的直流电压不能太高，否则会导致绝缘内局部放电，既影响测试正确性又易造成绝缘损坏；也不能太低，以致影响测试的灵敏度和准确性。对于35kV及以下的电力电缆，一般最低电压不低于100V，最高电压不超过3000V。

2. 测试顺序

为了检查电缆在耐压试验过程中可能产生而并未暴露（即未击穿）的缺陷，因此绝缘电阻的测试应在耐压试验后进行。

3. 测试中的读数时间

由于加上电压后，绝缘中存在着3种随时间而衰减的电流，因此理论上应该等这3种电流全部衰减完后，才读出导电电流（即泄漏电流）的数值，以计算绝缘电阻。但时间太长测试工作量大以及考虑到测量系统长时间的稳定性，因此在测试方法的标准中明确规定接通电流后1min读数（即正达到1min时即读数）。

1min读数既保证了非电导电流大部分已经消失，又使测试时间有了统一，使读数具有重复性和可比性，以及提高测试效率。

在研究试验中，有时为了进一步分析绝缘品质

的好坏及其原因，读数时间就不受上述1min规定的限制。例如，可以快速连续读取15s、30s、60s及泄漏电流完全趋于稳定时的数值求出相应的绝缘电阻R_{15}、R_{30}、R_{60}及R_m，求其比值

$$\frac{R_{60}-R_{15}}{R_{60}}；\frac{R_{60}-R_{30}}{R_{60}}；\frac{R_m-R_{15}}{R_m}$$

就可以反映出绝缘中吸收电流衰减的规律性，判断绝缘品质。当绝缘受潮或干燥不充分时，上述比值就小。同时也可做出电流曲线（见图5-6-3）进行分析。一般说来，加上电压后电流衰减慢的，绝缘品质要差些。如图5-6-3中曲线1为最差，3为最好。

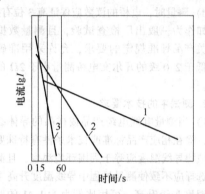

图5-6-3 加上电压后，绝缘中电流随时间 变化的曲线（1，2，3为不同受潮程度的绝缘）

6.2.4 测试方法选择

电线电缆产品绝缘电阻的测试方法常用的有3种。

1. 直流比较法

采用同时测试标准电阻来做对比的方法，它尽可能地排除了外界干扰和测试线路中的杂散电流，所以测试精度较高，测量高电阻的范围较宽。它多用于要求精确测量，仲裁试验。比较法测定装量均由各单位按标准自行组装或定型的设备。

2. 兆欧表法（直读法）

兆欧表俗称"摇表"，常作为工厂中产品出厂检查用。它操作简便、快速，可以携带，但测试精度较低（1~1.5级），对于绝缘较厚，绝缘电阻较高的产品，应选择较高的测试电压（例如2500V，甚至5000V）。

3. 高阻计（电桥型）**法**

这是近年来大量使用的一种测试仪器，同样具备兆欧表法的特点，但测试精度要高得多，测量范围也较高。

表 5-6-6 是电线电缆产品常用的绝缘电阻测试仪器。

表 5-6-6　常用的绝缘电阻测试仪器

型　式		型号	测量范围/ 电源电压（MΩ/V）	精度
直 读 式	高压直流发 电机流比计型	ZC1	100/100，500/500， 1000/1000	1.0 级
	高压直流发 电机整流器型	ZC5	2500/2500	1.5 级
	晶体管变 流器型	ZC14	100/100，250/250， 500/500，1000/1000	1.5 级
电 桥 式	直流高阻 电桥	ZC90	$10^5 \sim 10^{12}\,\Omega$	0.05 级
	直流超高 阻电桥	ZC36	$10^7 \sim 10^{20}\,\Omega$	0.05 级

6.2.5　测试绝缘电阻的直流比较法

用直流比较法测量电线电缆的绝缘电阻必须按照国家标准 GB/T 3048—2007 的规定进行。

1. 测试范围与测试线路

适用于以直流比较法测量电线电缆产品的绝缘电阻，其测量范围为 $10^5 \sim 10^{12}\,\Omega$。

测量 $10^5 \sim 10^{10}\,\Omega$ 时，测量误差不得超过 ±15%，测量 $10^{10} \sim 10^{12}\,\Omega$ 时，测量误差不得超过 ±30%。

绝缘电阻的测定，必须用 100 ～ 300V 直流电压，测量方法的原理见图 5-6-4。

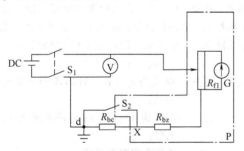

图 5-6-4　测量绝缘电阻原理图

DC—直流电源　R_{bz}—标准电阻
S_1—直流电源开关　R_{bc}—被试品绝缘电阻
G—镜式检流计　V—直流电压表　R_{fl}—分流器
P—金属屏蔽　S_2—测定检流计常数开关

2. 测量装置元件的要求

1）镜式检流计电流常数应根据测量范围和测试电压选择，但不低于 $10^{-9}\,A/mm/m$。检流计外部临界电阻，至少应超过其内阻 5 倍。

2）分流器电阻值，应等于或大于检流计的外部临界电阻值，但不得大于 20%。分流器的分流系数，应能从 1/10000 ～ 1/1 的范围内变化，且应不少于 5 档，其电阻的相对误差不大于 ±0.2%。

3）标准电阻的标准值，应不小于 $10^5\,\Omega$，标准电阻的相对误差应不大于 ±0.5%。

4）直流电源可用蓄电池、干电池或整流稳压器。整流稳压器脉动系数不大于 ±3%，当网络电压在 180 ～ 240V 范围内变化时，输出端电压变化不应超过 ±1.0%。

3. 屏蔽及保护环

为了排除表面杂散电流的影响，以及测试装置元件之间的影响，测试中对屏蔽、接线和保护环均有相应的要求。

1）测量线路中被屏蔽元件（包括分流器、标准电阻、接线端及连接线）对屏蔽间的绝缘电阻，应至少比标准电阻值大 200 倍。

2）屏蔽方式可采用总屏蔽或个别屏蔽。个别屏蔽应互相连接，并与分流器上的滑动触头连接。连接线及零件（支架及线路元件的底座）能产生漏电的地方均应屏蔽。

3）在使用带有内部照明设备的镜式检流计的情况下，其照明电源用其他电池供给时，必须将此电源接入总屏蔽系统内；由交流电源作照明时，必须将降压变压器低压侧的一端与总屏蔽相连接。

4）在需要时，允许在线芯绝缘上加绕保护环进行测量。此保护环应接到测量装置的屏蔽上。绝缘线芯上加绕保护环的方式见图 5-6-5。

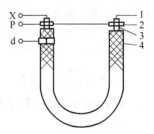

图 5-6-5　测量绝缘电阻时保护环装置
1—导电线芯　2—保护环　3—绝缘　4—护套

4. 测试方法的规定

1）测量个别线芯以及无金属护套和无金属屏蔽的单芯电线电缆的绝缘电阻时，应将电线电缆浸入水池中，在线芯与水之间进行测量；或将线芯绕在金属棒上，在线芯与金属棒之间进行测量。

2）无金属护套或无金属屏蔽的多芯电缆，其绝缘电阻应在浸水的情况下，分别就每一线芯对其余线芯进行测量，其余线芯应与水相连接。

3）有金属护套或有金属屏蔽的电线电缆，则应：

单芯——线芯对金属护套或金属屏蔽间测量；

多芯——每个线芯对其余线芯和金属护套或金属屏蔽间测量。

4）电线电缆浸入水中测量绝缘电阻时，绝缘切割处和水面的距离，应不小于100mm，而当有编织、橡套等外护层时，该段距离应增加50～70mm。

5）在绝缘层上不应留有棉纱或编织纤维及金属细丝。线芯切割处表面必须干燥。

6）需要在高湿度下测量绝缘电阻时，应将试样放在具有相应湿度的恒温恒湿箱内进行。

7）电线电缆的被测线芯，应接到测试设备的测量极上；金属护套、金属屏蔽、水池（如果是浸水测量）和多芯电线电缆的其他线芯接到高压极上。

8）测量时试验场的相对湿度应不超过80%。

9）测量电压加在被试品上1min后，读取检流计标尺上的读数。

5. 测试步骤与计算

1）在正式测量前，应检查测量装置是否漏电，即不连接被试品，断开开关 S_2，闭合开关 S_1，调节分流器，使分流比为1/1时，检流计应无偏转读数。

2）测量设备常数。接入试品，闭合开关 S_2，然后闭合开关 S_1，使分流比（n）为1/10000时，读取检流计偏转读数 α。

3）测量被试品绝缘电阻

a）断开开关 S_2，逐级调节分流器，使检流计有最大偏转后，读取偏转格数 α_1 和分流比 n_1。

b）将所得偏转格数（α 和 α_1）和相应分流比（n 和 n_1）代入式（5-6-1），进行计算

$$R_{bc} = R_{bz}\left(\frac{\alpha \cdot n_1}{\alpha_1 \cdot n} - L\right) \qquad (5\text{-}6\text{-}1)$$

式中 R_{bc}——在测试环境温度下每千米绝缘电阻（$M\Omega/km$）；

R_{bz}——标准电阻（$M\Omega$）；

L——试品长度（km）；

α——测量标准电阻时检流计偏转格数；

α_1——测量被试品时检流计偏转格数；

n_1——测量（被试品）时分流器的分流系数；

n——测量标准电阻时分流器的分流系数。

当被试品电阻大于 $10^8\Omega$ 时，可按式（5-6-2）计算

$$R_{bc} = R_{bz} \cdot L\frac{\alpha \cdot n_1}{\alpha_1 \cdot n} \qquad (5\text{-}6\text{-}2)$$

4）为了使计算所得 R_{bc} 值换算到温度20℃时的

绝缘电阻，应将 R_{bc} 的数值乘以被试品的绝缘电阻温度校正系数。绝缘电阻温度校正系数根据相应产品标准或有关技术条件的规定。

5）当重复试验时，被试品应先短路放电，其时间不少于2min。

6.2.6 高温下绝缘电阻的测试方法

绝缘线芯或单芯电缆的高温下绝缘电阻可按下述的方法测试：

1）从被试线芯上切取一段1.40m长的试样，在试样中央部分包覆屏蔽层，可以采用金属编织或金属带作屏蔽层，其包覆方式应使得有效长度至少为1.0m。在有效测量长度的两端留出1mm宽的间隙，再绑扎5mm宽的金属丝作为保护环；然后将试样弯成直径约15D（D 为绝缘线芯的外径）但至少是0.20m的圆圈。试样应在规定试验温度的空气烘箱中持续2h，测量线芯和屏蔽之间的绝缘电阻，测试时保护金属丝环接地。

2）从被试电缆上取3～5m电缆，将试样做适合于绝缘电阻测量的处理后，放入试验箱中。在达到规定试验温度后，保温2h，测量电缆线芯的绝缘电阻。

6.2.7 绝缘电阻温度换算系数

1. 绝缘电阻（及其系数）与温度的关系

电线电缆绝缘所用的有机绝缘材料（纤维、矿物油、橡皮、塑料等），其绝缘电阻受温度变化的影响很大，总的特征是温度上升，电导增加，绝缘电阻降低。一般说来，近似符合下列经验公式

$$\rho_{Vt} = \rho_{V0}e^{-\beta(t-t_0)} \qquad (5\text{-}6\text{-}3)$$

式中 ρ_{V0}——温度为 t_0（K）时的体积绝缘电阻系数；

ρ_{Vt}——温度为 t（K）时的体积绝缘电阻系数；

β——绝缘电阻温度系数。

因此绝缘电阻与温度的关系符合指数规律，当以半对数坐标做曲线图时，两者呈线性关系，β 即为直线的斜率，如图5-6-6所示。

某些材料实验所得的曲线，绝缘电阻（及其系数）与温度的关系并非严格的指数规律，其原因是某些添加材料（如增塑剂和硫化剂等）的绝缘电阻（及其系数）和温度间的关系是更为复杂的函数。但实用中常近似地用数理统计方法将其绝缘电阻（及其系数）的对数与温度的关系直线化，以利于求出 β 值，便于应用。

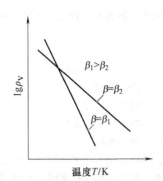

图 5-6-6　绝缘电阻系数的对数与温度的关系

因此各种产品的绝缘电阻的指标，均以 20℃ 时的值作为基准值，然后换算到实际的环境温度。或者在实际环境温度下测得绝缘电阻后换算到 20℃，再与标准规定值比较。

2. 绝缘电阻温度换算系数

为了计算方便，式（5-6-3）可以改写成下列形式

$$\rho_{Vt} = \frac{1}{k'}\rho_{Vo} \qquad (5-6-4)$$

或

$$\rho_{Vo} = k'\rho_{Vt}$$

即

$$R_{Vo} = k'R_{Vt}$$

式中　k'——绝缘电阻温度换算系数，$k' = e^{\beta(t-20)}$。

实用中，一般将各类产品的 k' 值求出，列成表格或做成图，以便换算。表 5-6-7 是几种电力电缆的 k' 值表。

表 5-6-7　绝缘电阻温度换算系数（k'）表

温度/℃	油纸绝缘电缆	聚氯乙烯绝缘电缆		天然橡胶	天然丁苯(1:1)橡胶	丁基橡胶
		1～3kV	6kV			
-5	0.08	0.016	—	—	—	—
-4	0.09	0.019	—	—	—	—
-3	0.10	0.024	—	—	—	—
-2	0.11	0.029	—	—	—	—
-1	0.13	0.032	—	—	—	—
0	0.14	0.042	—	0.38	0.27	0.34
1	0.16	0.048	0.25	0.40	0.28	0.35
2	0.18	0.054	0.26	0.42	0.29	0.38
3	0.20	0.070	0.27	0.44	0.31	0.40
4	0.22	0.077	0.28	0.46	0.33	0.42
5	0.24	0.091	0.29	0.48	0.36	0.44
6	0.26	0.109	0.31	0.51	0.39	0.46
7	0.30	0.124	0.33	0.54	0.42	0.49

（续）

温度/℃	油纸绝缘电缆	聚氯乙烯绝缘电缆		天然橡胶	天然丁苯(1:1)橡胶	丁基橡胶
		1～3kV	6kV			
8	0.33	0.151	0.36	0.57	0.45	0.52
9	0.37	0.183	0.37	0.60	0.48	0.54
10	0.41	0.211	0.38	0.63	0.51	0.58
11	0.44	0.249	0.41	0.67	0.54	0.61
12	0.49	0.292	0.48	0.71	0.58	0.64
13	0.52	0.340	0.52	0.74	0.62	0.68
14	0.56	0.402	0.58	0.79	0.66	0.72
15	0.61	0.468	0.59	0.82	0.70	0.76
16	0.64	0.547	0.63	0.85	0.75	0.81
17	0.73	0.638	0.74	0.83	0.80	0.85
18	0.82	0.744	0.78	0.92	0.86	0.90
19	0.91	0.857	0.85	0.96	0.93	0.96
20	1.00	1.000	1.00	1.00	1.00	1.00
21	1.09	1.17	1.11	1.06	1.11	1.07
22	1.18	1.34	1.20	1.13	1.23	1.14
23	1.26	1.57	1.40	1.20	1.36	1.22
24	1.33	1.81	1.80	1.27	1.51	1.30
25	1.44	2.08	1.90	1.35	1.68	1.38
26	1.55	2.43	2.05	1.44	1.87	1.45
27	1.68	2.79	2.40	1.54	2.08	1.55
28	1.76	3.22	2.70	1.65	2.31	1.65
29	1.92	3.71	3.80	1.77	2.57	1.77
30	2.09	4.27	4.10	1.90	2.86	1.89
31	2.25	4.92	4.45	2.03	3.18	2.00
32	2.42	5.60	5.20	2.17	3.53	2.15
33	2.60	6.45	5.80	2.32	3.91	2.32
34	2.79	7.42	7.60	2.47	4.33	2.50
35	2.95	8.45	8.28	2.65	4.79	2.69
36	3.12	9.70	8.50	2.85	5.29	2.90
37	3.37	—	9.66	3.10	5.83	3.13
38	3.58	—	11.60	3.35	6.44	3.38
39	4.06	—	14.50	3.63	7.18	3.65
40	4.53	—	16.00	3.95	8.23	3.94

6.3　电缆介质损耗角正切值的测试

6.3.1　测试介质损耗角正切（tanδ）值的意义

在交流电场作用下，在绝缘中由于各种因素而

引起电能转化为热能，这种现象称为介质损耗，以介质损耗角正切（tanδ）值表示。tanδ 值能够较全面地反映在交流电场中绝缘的品质，例如：绝缘材料的分子结构与组成；绝缘中含气、受潮，或微粒杂质存在的程度；工艺处理的完善程度（干燥是否充分，浸渍是否均匀和充分）；结构设计是否合理（如外屏蔽层与绝缘接触是否良好，导线表面有否均匀电场的屏蔽层），以及运行中的产品绝缘是否老化等。因此 tanδ 的测试对控制用于交流系统的电力电缆是十分重要的。电缆的工作电压越高，其重要性越突出。

在某一电压值下测得某一个 tanδ 值，对于分析绝缘品质是很不充分的，必须测试 tanδ 随外加电压变化的曲线（tanδ-U 曲线），称为电缆的游离特性曲线。图 5-6-7 是几种典型的游离特性曲线。

品质优良的绝缘，则具有 tanδ 的值较小；tanδ 随电压上升而增加很少（曲线平坦）；以及 tanδ 突然明显增加时对应的电压值较高，甚至在大于规定工作电压范围内并不出现曲线的突然上拐等几个特性，如图 5-6-7 中的曲线 1 和 2。

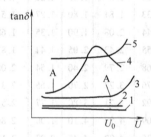

图 5-6-7 电力电缆的几种游离特性曲线（tanδ-U 曲线）

图 5-6-7 中曲线 3，前段比较平稳，电压升至 A 点以后 tanδ 值就开始明显增加，这表明绝缘中开始了严重的游离放电，因此 A 点对应的电压值 U_0 称为起始游离电压。当电缆的工作电压低于 U_0，并有一定的裕度时，电缆绝缘能够安全可靠地工作，所以曲线 3 是实际使用的电缆的典型情况。同时，此处的起始游离电压 U_0 是宏观状态下的数值，它与局部放电一节中所述的局部起始游离放电电压是不同的概念。局部起始游离放电是在进一步分析研究绝缘中某一局部产生微量放电时的数值，当测量整根电缆绝缘的 tanδ 值时，这种局部放电尚不能反映出来。

曲线 4 是属于含气量很多的情况，因此在电压较低时，就开始起始游离放电。当游离放电严重到一定程度时，气体激烈游离而产生的热效应将使气

泡内压力增大，游离又得到某种程度的抑制，而且因为

$$\tan\delta = \frac{P_d}{\omega C U^2} \qquad (5\text{-}6\text{-}5)$$

式中 P_d——介质损耗；

　　ω——电压角频率；

　　C——电缆的工作电容；

　　U——外加电压。

因此，当电压增大至某一限度，而总的介质损耗已达到最大值并趋向于稳定时，表现出 tanδ 值的下降。这只能表明此时电缆的绝缘已处于严重游离而加速老化以至破坏的特性。这种电缆绝缘品质较差，允许工作电压不能提高。这种情况发生于纸力缆的脱气不善；金属护套挤包不紧，有气体夹层，以及某些气体组合绝缘（如滴干型纸力缆）等情况。

曲线 5 与曲线 3 有类似的形态，但 tanδ 的数值很大，这是由于绝缘中含有大量的离子杂质所致，如不清洁；绝缘内有导电杂质；绝缘材料本身电性不良；绝缘电阻较低等，但由于含气量不多，故起始游离电压值仍较高。这种产品尚可用于工作电压较低的系统中。

除了 tanδ 与电压的关系曲线外，在研究电缆绝缘品质及确定其工作特性时，tanδ 与电缆温度的关系曲线和在加速老化或长期运行试验中 tanδ 与时间的关系曲线均是十分重要的。

6.3.2　测试电压的选择

在大量生产中不能测量每根电缆的游离特性曲线，因此产品标准中一般规定取 2 个（适用于 35kV 及以下的产品）或 4 个（适用于 110kV 及以上的产品）试验电压值，测出其对应的 tanδ 值，并计算其差值（Δtanδ）作为判断产品应保证的最低指标。

因此 tanδ 值的指标与 Δtanδ 值的规定同样是十分重要的，Δtanδ 的数值大小实际上就是判断 tanδ 随试验电压而增加的速度，这从图 5-6-8 上可以看出

$$\Delta\tan\delta = \tan\delta_2 - \tan\delta_1 = (U_2 - U_1)\tan\theta$$

在 U_1、U_2 固定的情况下，Δtanδ 正比于两个 tanδ 值连线的斜率。

测试电压应该这样选择：U_1 一般选择低于电缆的额定工作电压而接近于实际工作电压（相电压）的数值，以反映在正常工作状态下的 tanδ 值；U_2 一般选取 2 倍的额定工作电压，希望 2 倍额定工

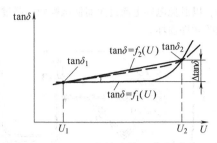

图5-6-8 tanδ-U 曲线上的二点斜率表示法

作电压仍低于或接近起始游离电压 U_0。当然对于品质较差的电缆 U_2 就会大于 U_0，此时 $\Delta\tan\delta$ 将不合格。

对用于高压或超高压的电力电缆，为了较严格的控制 $\tan\delta$ 随电压的变化，更近似地反映 $\tan\delta$ 与 U 的关系，因此标准中规定了测量电压为 0.5、1.0、1.5、2.0 倍实际工作电压（相电压）下的 4 个对应 $\tan\delta$ 值，以及各段的 $\tan\delta$ 增值（$\Delta\tan\delta$）和 0.5～2.0 实际工作电压之间的总增值，这是完全必要的。

6.3.3 tanδ 的测试方法

1. 测试方法标准与技术要求

$\tan\delta$ 的测试按国家标准 GB/T 3048—2007《电线电缆电性能试验方法 第11部分：介质损耗角正切试验》的规定进行。

（1）试验设备 采用高压西林电桥，其基本原理如图 5-6-9 所示。

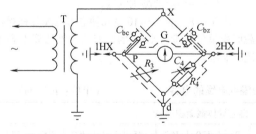

图5-6-9 测量介质损耗角正切值原理图

T—试验变压器 R_3、R_4—桥臂电阻

G—平衡指示装置（放大器和检流计）

C_{bz}—标准电容器 1HX、2HX—火花间隙

C_{bc}—被测电容 C_4—桥臂电容器

试验设备应符合下列要求：

1）高压西林电桥的测量范围

① $\tan\delta$ 从 1×10^{-4} ～ 1.0；

② 电容测量范围应能满足相应被试品电容值的要求。

2）电桥平衡指示装置的灵敏度，应保证电桥有 3 位有效数。

3）测量 $\tan\delta$ 时，所施加的电压波形应接近于正弦波，其振幅系数（最大值与有效值之比）不应大于 10% 正弦波形的振幅系数。

4）试验变压器的额定电压和额定容量应满足相应被试品最高测试电压和相应容量的要求。标准电容器的额定工作电压应大于相应被试品最高测试电压值。标准电容器尚应符合下列要求：

① 电容准确度 ±0.5%；

② 介质损耗角正切值 $\tan\delta \leqslant 1 \times 10^{-4}$。

5）测量设备及接线应有可靠屏蔽。

6）测量 $\tan\delta$ 时，施加电压的测量必须采用不低于 1.0 级电压互感器（与试验变压器的高压侧并联）或高压静电电压表，测试电压的误差不得大于 ±3%。

（2）接线与保护环

1）测量 $\tan\delta$ 的接线法。

① 单芯电缆——芯线与金属护套；

② 多芯电缆——每一线芯对其余线芯及金属护套。

无金属护套电缆的接线法，按相应的产品标准或技术条件规定。每次测试只允许对 1 个电缆试品进行，不得同时测试 2 个及 2 个以上的电缆试品。被试电缆不能直接接地。

2）在需要时，允许在被试电缆线芯绝缘上加绕保护环进行测量。此保护环应接到测量装置屏蔽接线端上，线芯绝缘上加绕保护环的方式如图 5-6-10 所示。

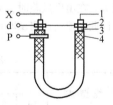

图5-6-10 电缆绝缘线芯上保护环的绕接方法

1—导电线芯 2—保护环 3—绝缘 4—护套

（3）测试中的技术要求与计算

1）$\tan\delta$ 测量，应在高压试验后进行。如需单独测量时，应先以相应被试品最高测试电压施加 5min 之后再进行，以防电缆在测量过程中，发生闪络或击穿现象。

2）进行测量时，应反复调节 R_3 和 R_4 桥臂，直到平衡指示装置在满足读数要求灵敏度条件下平衡（指零）时为止。

3）采用不接分流电阻的电桥测量时，被测试品介质损耗角 tanδ 直接在电桥的 R_4 桥臂上读出。每千米电缆电容值按下式计算

$$C_{bc} = C_{bz}\frac{R_4}{R_3 L}$$

式中　R_3，R_4——桥臂电阻（Ω）；

　　　C_{bz}——标准电容器电容值（μF）；

　　　C_{bc}——试品电容值（μF）；

　　　L——试品长度（km）。

4）除在产品标准或技术条件中有特殊要求者外，测量时试验场的相对湿度均应不超过80%。

2. 正接法与反接法

（1）正接法　按图5-6-9的原理，电缆导电线芯接高压，西林电桥桥体处于低压的接线系统称为正接法，此种接法要求电缆外皮对地绝缘（见图5-6-11a）。为了测试方便和安全，试品如能对地绝缘，毫无例外地均采用正接法。

（2）反接法　当试品无法对地绝缘时，正接法就无法应用，此时必须采用反接法，即电缆试品处于低电位，而电桥桥体处于高压位。采用反接法时，必须使操作者处于与电桥等电位，并对地有足够的绝缘。其方法是将电桥与操作者置于一个对他有安全绝缘裕度的金属丝笼内（即所谓"法拉第笼"），如图5-6-11b所示。采用反接法，尤需注意遵守安全规程。

3. 电容电流的估算

在测试 tanδ 时，通过试品、标准电容器及电桥线路中的电流主要是电容电流。由于电缆试品的电容量较大，又随电缆的型式、截面，尤其是长度的不同而变化很大。在出厂试验时，上述几方面的变化范围很大，因此必须估计测试时可能产生的电容

电流，以避免电容电流过大而使试验变压器过载以及电桥元件损坏。

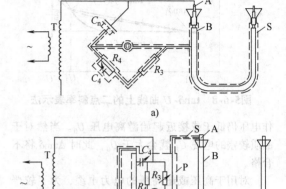

图 5-6-11　用西林电桥测量 tanδ 时的两种接法
a）正接法　b）反接法
T—高压试验变压器　A—电缆线芯　C_n—标准电容器
G—检流计　B—铝套或铅套　H—支持绝缘子　P—法拉第笼
R_3、C_4、R_4—电桥的桥臂　S—高压屏蔽

电容电流的有效值为

$$I_c = \omega C U \qquad (5\text{-}6\text{-}6)$$

式中　ω——测试电流的角频率，即 $\omega = 2\pi f$；

　　　C——被测电缆的电容；

　　　U——预定的测试电压。

表5-6-8～表5-6-10是几种电力电缆各种规格截面积单位长度（km）的电容值，供估算电容电流时参考。

表 5-6-8　1～35kV 油浸纸电缆的电容 　　　　　（单位：μF/km）

额定电压/kV	电缆型式	缆芯导体截面积/mm²												
		16	25	35	50	70	95	120	150	185	240	300	400	500
1	三芯统包扇形	—	0.36	0.45	0.63	0.65	0.67	0.68	0.70	0.71	0.85	—	—	—
3	三芯统包扇形	—	0.24	0.30	0.35	0.37	0.425	0.45	0.50	0.60	0.65	—	—	—
3	三芯统包圆形	0.20	0.23	0.25	0.26	0.30	0.32	0.34	0.38	—	—	—	—	—
6	三芯统包扇形	0.19	0.20	0.24	0.28	0.33	0.37	0.40	0.44	0.475	0.52	—	—	—
		0.22	0.29	0.32	0.38	0.45	0.52	0.57	0.64	0.73	0.82	—	—	—
10	三芯统包扇形	0.15	0.18	0.21	0.22	0.23	0.27	0.30	0.32	0.37	—	—	—	—
		0.18	0.23	0.26	0.30	0.33	0.38	0.42	0.46	0.58	—	—	—	—
6	单芯	0.20	0.25	0.28	0.33	0.37	0.42	0.46	0.50	0.55	0.62	0.65	0.72	0.82
10	单芯	—	0.21	0.23	0.26	0.29	0.33	0.34	0.39	0.42	0.47	0.53	0.59	0.65

（续）

额定电压/kV	电缆型式	缆芯导体截面积/mm²												
		16	25	35	50	70	95	120	150	185	240	300	400	500
20	单芯或分相铅包	—	0.18	0.20	0.23	0.26	0.29	0.31	0.34	0.37	—	—	—	—
35	单芯或分相铅包					0.20	0.22	0.23	0.25	0.27	—	—	—	—

注：1. 三芯统包型 1～3kV 电缆的电容系指一芯对其他两芯及铅包的电容。

　　2. 三芯统包型 6kV 及 10kV 电缆，每种截面积有两个电容值，列于上面一行的系一芯对其他两芯及铅包的电容，列于下面一行的系一芯对中性点的总电容。

表 5-6-9　110～330kV 单芯自容式充油电缆的电容　　（单位：μF/km）

导线截面积 /mm²	额定电压/kV					
	110		220		330	
100	0.252	0.270	—	—	—	—
180	—	0.3015	—	—	—	—
240	0.298	—	0.196	—	—	—
270	—	0.3085	—	0.212	—	0.166
400	0.343	0.338	0.222	0.2285	0.192	0.1775
600	0.390	0.383	0.249	0.256	0.213	0.197
700	0.412	0.439	0.261	0.290	0.224	0.220

表 5-6-10　交联聚乙烯电缆（单芯或分相圆形芯）**电容计算值**　　（单位：μF/km）

导线截面积 /mm²	额定电压/kV		导线截面积 /mm²	额定电压/kV	
	10	35		10	35
16	0.147	—	150	0.259	0.150
25	0.1645	—	185	0.279	0.161
35	0.1805	—	240	0.31	0.174
50	0.1925	0.114	300	0.324	0.188
70	0.214	0.122	400	0.376	—
95	0.235	0.132	500	0.405	—
120	0.241	0.141			

注：电容电流估算之后，就必须正确选用电桥中附带的分流电阻，使之满足电容电流的要求。

6.3.4　影响测试结果的因素及防护措施

1. 外界电磁场影响与测试系统的屏蔽

当测试系统中有漏电流存在，或是处于强的电场、磁场或较强的电磁场周围时，将使测试结果发生误差。解决的措施是将测试系统（包括试品）完善地屏蔽起来。

电桥桥体本身，设计时已充分考虑了。但是当试品的损耗很小而电桥结构元件之间和对地（即对桥体屏蔽外壳）的寄生电容较大时，也会导致附加误差。对此，要求所有屏蔽不应直接接地，而应经过一附加的阻容网络再接地，这样，测试时可以进行预先平衡以对消寄生电容的影响。

短试样测试时，应采用全屏蔽并在距离端部适当位置修割保护环。图 5-6-12～图 5-6-14 分别为单芯和三芯电缆屏蔽或修割保护环的示意图。

割了保护环的试样还可排除终端头绝缘质量对电流本体 tanδ 值的影响。全屏蔽与加割保护环对短试样尤为重要。但对于充油电缆（特别是有外油道结构的）与充气电缆，割保护环尚存在着困难。

2. 温度的影响

温度的影响及校正某些绝缘材料的 tanδ 值随温

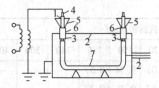

图 5-6-12 单芯电缆的全部屏蔽方法

1—工厂绝缘 2—屏蔽铁箱 3—保护环附近的金属套修割
4—线芯 5—减弱与均匀端部电场的屏蔽罩
6—保护环 7—金属护套

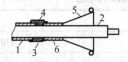

图 5-6-13 单芯电缆保护环的修割

1—铅皮 2—工厂绝缘 3—近保护环处，割去 5～10mm
金属护套后增绕绝缘 4—外包屏蔽金属箔 5—减弱端部
电场的屏蔽罩 6—保护环

$\tan\sigma_{20}$，$\tan\delta_t$——温度分别为 20℃和 t℃时的
介质损耗角正切值。

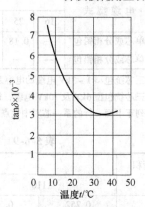

**图 5-6-15 油浸纸绝缘电缆的 $\tan\delta$
与温度的关系曲线**

浸渍剂配方（重量比）：松香 35%，低压电缆油 65%

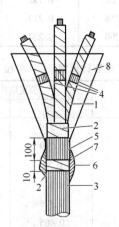

**图 5-6-14 三芯统包电缆端部加设保护环和
全屏蔽的方法**

1—相绝缘 2—带绝缘 3—金属护套
4—相绝缘上的锡箔保护环 5—金属护套上割出的保护环
6—金属护套割开处的漆布增绕绝缘 7—增绕绝缘上的
锡箔屏蔽 8—浇注沥青的漏斗兼作减弱端部
电场的屏蔽罩

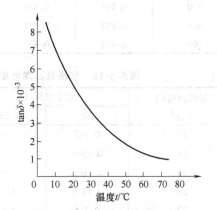

**图 5-6-16 交联聚乙烯电缆的
$\tan\delta$ 与温度的关系曲线**

度而变化，其变化范围有时很大，主要取决于材料的
特性及组成（配比及成分）。图 5-6-15 和图 5-6-16 是
两种电缆 $\tan\delta$ 与温度关系的实验曲线。

因此为了严格控制高压电缆的 $\tan\delta$ 值，规定以
20℃为标准进行换算，即

$$\tan\delta_{20} = \tan\delta_t [1 + \sigma(t - 20)] \qquad (5\text{-}6\text{-}7)$$

式中 σ——$\tan\delta$ 的温度换算系数，对于高压充油
电缆，$\sigma = 0.02$；

为了保证高压充油电缆有极低的介质损耗，同
时规定当温度超过 20℃时不作换算，低于 20℃时
应作换算。

对于 35kV 及以下的油浸纸绝缘电缆，一般规
定在 0～45℃范围内不作换算，仲裁试验时进行
换算。

在生产厂中，也可根据自己测试的 $\tan\delta$ 与温
度的实验曲线或做出相应的换算系数表以备
应用。

6.3.5 测试实例的质量分析

表 5-6-11 中列出了制造厂在实际生产中测试
$\tan\delta$ 值及 $\Delta\tan\delta$ 值中可能遇到的情况，以及相应存
在的质量问题的分析。

表 5-6-11 生产中产品 tanδ 和 Δtanδ 实测后质量分析

情况	实测结果			测定的游离特性曲线	试品质量分析
	$\tan\delta_1$	$\tan\delta_2$	$\tan\delta$		
I	√	×	×	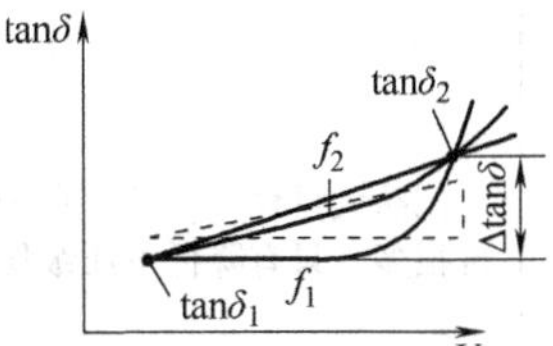 a)	试品中含有少量气体, 可能是局部屏蔽不紧。在等量的气体含量时, 如绝缘内电场强度较低, 起始游离电压较高 (曲线 f_1); 如电场强度较高, 则起始游离电压更低 (曲线 f_2)
II	×	√	√	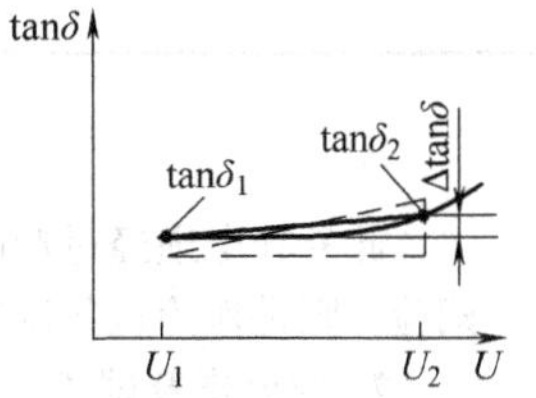 b)	试品气体含量极少, 绝缘中含有少量离子杂质, 对老化、寿命的损害并不严重, 仍可应用 从产品技术条件角度出发, 产品仍是不合格的。有时可能由于电缆两端受到污染, 消除这种污染, 往往 $\tan\delta_1$ 就能下降到合格 当 $\tan\delta_1$ 不合格, $\tan\delta_2$ 合格, 则 $\Delta\tan\delta$ 必然合格
III	√	√	×	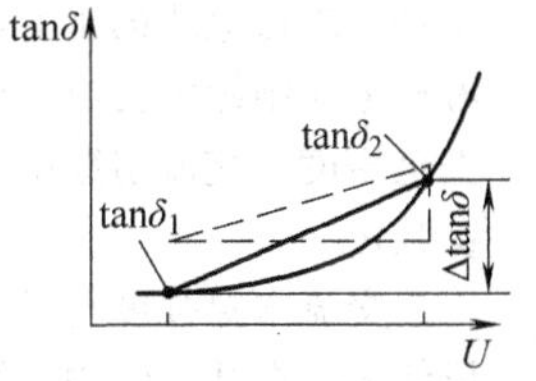 c)	绝缘中离子杂质极少, 而气体含量较多, 这种气体含量多半是结构性的, 而不是工艺性的。如果是干燥工艺不善, $\tan\delta_1$ 就不会太小。例如铅护套较松, 整个屏蔽不紧或绝缘是空气—薄膜组合结构等通过铅护套或屏蔽层的返工就能改善
IV	×	×	√	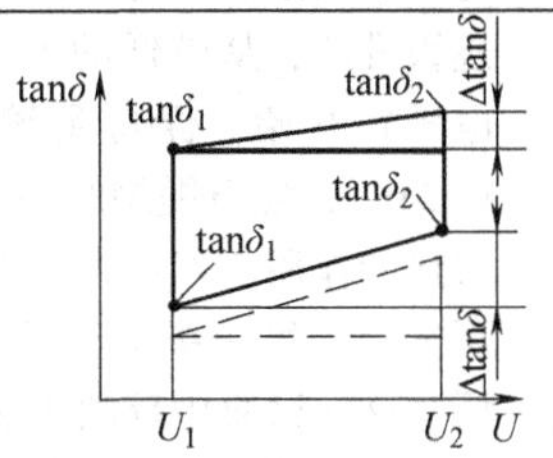 d)	虽然 $\Delta\tan\delta$ 合格, 甚至很小, 尚须根据 $\tan\delta_1$ 的绝对数值分析确定。图中上面一种 $\Delta\tan\delta$ 比下面一种小, 但 $\tan\delta$ 数值很大。表明气体杂质很少, 但离子杂质含量很大, 大多是含有水分或导电杂质。和绝缘电阻联系鉴别时, 可以发现绝缘电阻较低
V	√	×	√	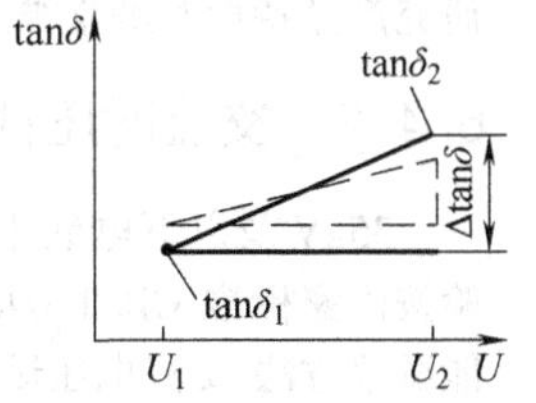 e)	这一情况应不存在, 只有标准规定的 $\Delta\tan\delta$ 值比 $|\tan\delta_2 - \tan\delta_1|$ 大时才有这种可能, 如 20kV 和 35kV 电缆其 $\Delta\tan\delta_{标准} = 0.0025$ 而 $|\tan\delta_2 - \tan\delta_1| = 0.01 - 0.008 = 0.0020$
VI	√	√	√	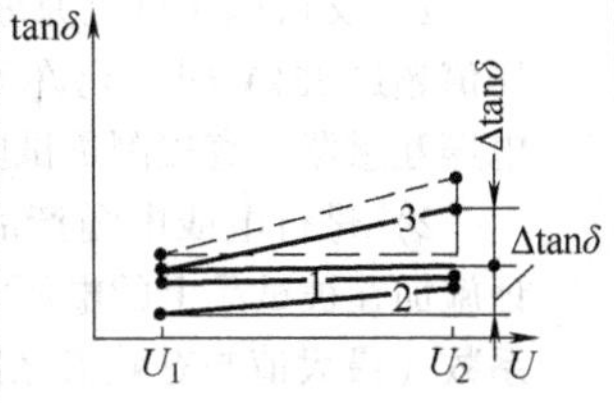 f)	这是合格的好电缆。中间的一种 (曲线 1) 最好, $\tan\delta$ 不随电压变化; 曲线 2 次之; 曲线 3 稍差; 但均符合要求

（续）

情况	实测结果			测定的游离特性曲线	试品质量分析
	$\tan\delta_1$	$\tan\delta_2$	$\tan\delta$		
Ⅶ	×	×	×	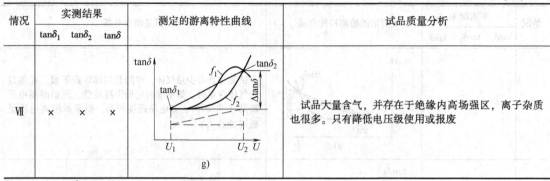 g)	试品大量含气，并存在于绝缘内高场强区，离子杂质也很多。只有降低电压级使用或报废

注：1. "√"表示合格，"×"表示不合格。
　　2. 插图中虚线三角形是标准要求的值。

6.4 工频电压试验

6.4.1 试验类型与目的

电缆的交流电压试验总地可以分为两类：耐压试验和击穿试验。

1. 耐压试验

耐压试验的基本方法是在电缆绝缘上加上高于工作电压一定倍数的电压值，保持一定的时间，要求试品能经受这一试验而不击穿。对于电力传输用的绝缘电线和电力电缆，每一根出厂前全部均要进行这一项试验。因此耐压试验是一项最基本的电性试验。出厂耐压试验绝大多数采用工频交流电压。

耐压试验的目的是考核产品在工作电压下运行的可靠程度和发现绝缘中的严重缺陷（如受机械外伤），但是最主要的是发现生产工艺中的缺点，例如：绝缘有严重的外部损伤；导体上有使电场急剧畸变的严重缺陷；绝缘在生产中有穿透性缺陷或大的导电杂质，绝缘纸带包得不好，有许多纸条重合；绝缘严重受潮等。

耐压试验电压选定的原则是，既要能够发现绝缘中的严重缺陷，同时又不致损害完好的绝缘，以致造成绝缘的暗伤。因此一般耐压试验的电压为电缆额定工作电压的两倍左右。加压时间一般为15min以下。

耐压试验中还有一种是定期以试样进行的4h（对35kV及以下）或24h（对110kV及以上）的耐压试验，又称为介质安定性试验，试验电压为额定电压的4倍左右。这种试验的目的是为了进一步考虑电缆的工艺质量，同时也可发现绝缘材料中严重的品质不良的缺陷。

此外在电缆经过弯曲试验或加热循环后的耐压试验，则是作为这些试验项目考核手段的补充。

2. 交流击穿试验

电缆的击穿试验是加上电压后一直升压至绝缘击穿，求得电缆的击穿电压值。这类试验的目的是考核电缆绝缘承受电压的能力和与工作电压之间的安全裕度。交流击穿电场强度是电缆设计中的重要参数之一。

交流击穿强度与升压速度有很大关系，连续升压使电缆在几分钟内击穿称为瞬时击穿，基本上没有热的因素，因此是属于电击穿的类型。另一种是逐级升压，从较低的电压（例如0.5~2倍的工作电压）开始，保持足够的时间（2、3、4、6、12或24h），使电缆绝缘在这一电压级中充分地产生电与热的作用，然后再升至另一电压级，逐级上升直至击穿。每一级上升的电压为0.5~1倍的工作电压。这一试验中反映了热击穿的因素，较接近于实际工作情况，试验结果有较好的参考价值，所以在研究产品特性时经常被采用。

6.4.2 交流耐压试验的方法

35kV及以下电线电缆产品的工频交流电压试验按国家标准GB/T3048—2007《电线电缆电气性能试验方法 交流电压试验》进行。

1. 试验设备工作原理及要求

1）交流电压试验原理（见图5-6-17）。试验电压值超过35kV时，允许采用高压静电电压表代替电压互感器，直接测量试验电压值。

2）进行电线电缆产品交流电压试验时，应保证施加在被试品上的电压波形接近正弦波，其振幅系数（最大值与有效值之比）不应大于正弦波形相应数值的±10%。

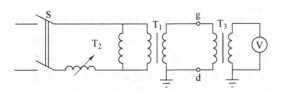

图 5-6-17　耐压试验线路原理图

S—电源开关　T_1—试验变压器　T_2—单相感应调压器

V—电压表　T_3—电压互感器　g、d—被试品接线端

3）试验变压器应采用快速过电流保护装置，以保证当被试品击穿时能迅速切断试验电源。

4）电压互感器的准确度等级应不低于 1.0 级，电压表准确度等级不低于 2.5 级。

5）选择电压表的测量范围时，应使被测量值不小于电压表测量范围额定值的 1/4。

2. 试验中接线的规定

1）除在有关产品标准或技术条件中有特殊要求者外，有金属护套、金属屏蔽或金属编织的试品，以及试验时采用相应产品标准或技术条件中有特殊规定电极（水槽、石墨等）的无金属护套的被试品，均应按表 5-6-12 第 3 列的规定，与试验变压器连接。无金属护套的被试品，如试验时不采用特殊电极，应根据表 5-6-12 第 4 列的规定，与试验变压器连接。

在所有情况下，每次变换接线之后，应立即进行电压试验。

表 5-6-12　交流耐压试验接线方法

被试品芯数	被试品简图	连接方法	
		芯对地及芯对芯之间	芯对芯之间
单芯（包括分相铅包）	① 0	1 接于 g 0 接于 d	
二芯	①② 0	(1) 1 接于 g，2 和 0 接于 d (2) 2 接于 g，1 和 0 接于 d	1 接于 g 2 接于 d
三芯	①②③ 0	每根线芯分别接于 g，其余线芯及 0 接于 d	(1) 1 接于 g，2 和 3 接于 d (2) 2 接于 g，1 和 3 接于 d
四芯	①③②④ 0	(1) 1 及 4 接于 g，2 和 3 及 0 接于 d (2) 1 及 2 接于 g，3 和 4 及 0 接于 d (3) 1、2、3、4 接于 g，0 接于 d；或者每根线芯分别各接于 g，其余线芯及 0 接于 d，以代替上述（1）和（2）	(1) 1 及 4 接于 g，2 及 3 接于 d (2) 1 及 2 接于 g，3 及 4 接于 d
五芯以上	0	(1) 各层奇数线芯组接于 g，偶数线芯组及 0 接于 d (2) 各层偶数线芯组接于 g，奇数线芯组及 0 接于 d (3) 以最外层算起，奇数层所有线芯接于 g，偶数层所有线芯及 0 接于 d	(1) 各层奇数线芯组接于 g，偶数线芯组及 0 接于 d (2) 以最外层算起奇数层所有线芯接于 g，偶数层所有线芯及 0 接于 d

注：g 指高压端，d 指接地。

2）有金属护套及屏蔽的被试品。做电压试验时，必须将屏蔽与金属护套连接在一起。

3. 试验方法的规定

1）进行试验时，起始电压不应超过相应产品标准所规定的试验电压值的40%，电压应均匀逐渐上升至所规定的试验电压值，总的升压时间不超过1min。

2）在连续试验的全部时间内，所规定试验电压的偏差不得超过±3%。

3）试验完毕后，可使用任何速度平稳降压，当电压降到试验电压值的40%后允许切断电源。

4）被试品终端头部分的长度及做终端头的方法，应保证试验过程中无闪络放电。当试品击穿是在终端头部分时，必须另做终端头，并重复进行试验。

5）在试验过程中，因被试品终端头闪络放电或被试品击穿，必须重复试验时，除在相应产品标准或技术条件中有特殊规定外，必须重新计时。但在试验过程中，因故停电，每次间断后继续进行试验时，总的施加相应试验电压值的时间（包括试验间断前的时间）应比原规定时间增加20%。

6.5 直流耐压与泄漏电流的测试

6.5.1 测试的目的与要求

直流耐压试验与交流耐压一样分为耐压试验与击穿试验两种类型。

耐压试验的目的同样是为了发现电缆绝缘中的严重缺陷。但由于直流电压对绝缘造成的损害要比交流电压小得多，发现局部缺陷的敏感性比交流耐压好，加之所需设备容量小，成本低，因此广泛地被用来作为电缆敷设后的交接试验，以及运行中电缆的预防性试验。在工厂中，某些易受交流电压损害的绝缘，出厂试验也采用直流耐压。

直流击穿试验的目的主要是分析电缆绝缘在电击穿状态下的特性与有关因素，考核电缆承受直流电压的能力。由于直流电压试验中没有热的因素，因此很少进行长期耐压或逐级击穿。

在直流耐压试验的同时，均需测量并记录不同试验电压，不同加压时间时流经电缆绝缘中的泄漏电流，它反映了电缆的绝缘电阻，对判断电缆的品质是很重要的。

表5-6-13～表5-6-15列出了对电缆直流耐压与泄漏电流测试的有关规定。

表 5-6-13　直流耐压试验和泄漏电流测试周期

序号	电缆种类	试验周期	备注
1	发电厂变电所内的重要电缆，如发电机、主变压器、母线连接线、厂用电等电缆	每六个月一次	电缆停止运行超过48h，重新投入运行前，应测量绝缘电阻；如有疑问时，应进行耐压试验
2	发电厂、变电所的出线电缆	每年至少一次	
3	新敷设的电缆加入运行后的两年内	加入运行后两个月内试验一次，以后每四个月至少一次	

表 5-6-14　直流耐压试验的电压和加压时间

种类	额定电压 U_1/kV	电缆型式	缆芯接线方式	试验电压及加压时间				备注
				新电缆验收试验及新电缆线路接交试验		预防性试验		
				电压/kV	时间/min	电压/kV	时间/min	
粘性浸渍和不滴流纸绝缘电缆	1	单芯双芯三芯四芯	缆芯对铅包接地 一芯对其他一芯及铅包接地 一芯对其他两芯及铅包接地 一芯对其他三芯及铅包接地	$6U_1$	10	$3U_1$ 或用2.5kV绝缘电阻表	5	—

（续）

种类	额定电压 U_1/kV	电缆型式	缆芯接线方式	试验电压及加压时间				备注
				新电缆验收试验及新电缆线路接交试验		预防性试验		
				电压/kV	时间/min	电压/kV	时间/min	
粘性浸渍和不滴流纸绝缘电缆	3~10	单芯统包三芯	缆芯对铅包接地 一芯对其他两芯及铅包接地	$6U_1$	10	$5~6U_1$	5	1. U_1 为电缆额定电压（kV）； 2. 试验在室温下进行； 3. 多芯电缆必须按规定的缆芯接线方式分别试验各芯； 4. 没有做过耐压试验的 2~35kV 电缆可以采用 3.3 倍额定电压的直流电压开始，并在以后的试验中逐渐将电压提高到规定值； U_0 为电缆额定设计电压（kV）
	20	分相铅包	中性点接地	各芯分别对屏蔽及铅包接地	$4.5U_1$	10	$3.5~4U_1$	5	
			中性点不接地		$5U_1$	10	$4~5U_1$		
	35	分相铅包	中性点接地	各芯分别对屏蔽及铅包接地	$4.5U_1$	10	$3.5~4U_1$	5	
			中性点不接地		$5U_1$	10	$4~5U_1$		
充油电缆	110 220 330	全部	缆芯对铅包接地	259 496 735	15 15 15	— — —	— — —	
聚氯乙烯绝缘电缆	1~6	全部	芯对芯及屏蔽接地	$3U_1$	1			
交联聚乙烯绝缘电缆	1~220	单芯三芯	缆芯对金属屏蔽接地 芯对芯及屏蔽接地	$3U_0$	15	$3U_0$	5	

表 5-6-15　直流耐压试验时泄漏电流及其各芯的不对称系数（电缆长度为500m时）

电缆种类	额定电压/kV	直流试验电压/kV	泄漏电流/μA		不对称系数		备　注
			新电缆	预防性试验	新电缆	预防性试验	
三芯输配电用电缆	3	15	10	20	2	2.5	1. 电缆长度在 500m 以下时不做长度修正 2. 两根电缆并联运行时应尽可能分开试验 3. 不对称系数是指任意两个线芯的泄漏电流的比值
	6	30	15	30	1.5	2	
	10	50	25	50	1.5	2	
	20	80	40	64	1.25	2	
	35	100	30	60	1.25	2	
单芯输配电用电缆	6	30	20	40	—	—	
	10	50	35	70	—	—	
发电机和主变压器用三芯电缆	3	15	4	10	2	2.5	
	6	30	6	15	1.5	2	
	10	50	10	25	1.5	2	
	20	80	16	32	1.25	2	
	35	100	12	30	1.25	2	
发电机和主变压器用单芯电缆	6	30	8	20	—	—	
	10	50	14	35	—	—	

6.5.2 试验装置

进行直流耐压试验需要高压直流电源，一般利用交流试验变压器通过整流产生。直流耐压及泄漏电流试验装置的原理线路如图 5-6-18 所示。

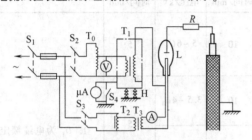

图 5-6-18 直流耐压试验及泄漏电流测量线路原理图

S_1、S_2、S_3、S_4—开关 T_1、T_2—调压器
T_0—高压试验变压器 T_3—高压灯丝变压器
L—整流管 H—绝缘子 V—电压表 A—电流表
μA—微安表 R—限流电阻

1）高压整流采用整流管，一般采用两个整流管的倍压线路，高压整流管的额定电压（反峰电压）有 110kV、150kV 及 230kV 等，工作时必须注意试验电压不得超过 1/2 的反峰电压。也可采用高压硅堆作整流器，这样可以省去灯丝变压器，硅堆的整流电流可达 100mA 以上（高压整流管额定电流大多是 30mA）。

2）测高压可用球隙测量方法，也可用静电电压表直接测量。

3）保护电阻一般为水电阻，电阻值按试验电压及整流管的额定电流计算而定。

6.5.3 测试中的技术要求及注意事项

1）升压速度应平稳，不能太快，不得大于 1kV/s。以免升压太快时充电电流过大烧坏设备，或在升压过程中就可能将有缺陷的电缆击穿，必须注意这种情况发生时立刻将调压变压器恢复到零位。

2）在升压过程中，于 0.25、0.5、0.75、1.0 倍试验电压下各停留 1min 读取泄漏电流，以便必要时绘制泄漏电流和直流试验电压的关系曲线。增加到额定试验电压时，应读取 1、2、3、4、5min 时的泄漏电阻值。

3）耐压试验时，升压速度达到规定试验电压值后，按标准规定保持一定时间，然后迅速地加以放电。放电时必须先经过限流电阻接地放电几分钟，然后再直接接地。放电必须有足够长的时间，以保证安全，试验若不继续进行，则保持接地状态。

4）试验中，一般将导电线芯接负极性。测量泄漏电流的微安表可以接在低压端，也可以接在高压端。当接在低压端时，必须测量在试验电压下，不连接被试电缆时的杂散电流，然后将接有被试电缆的泄漏电流减去这个数值。当接在高压端时，微安表的操作必须使用绝缘棒。为了避免高压引线的电晕电流引入微安表而影响泄漏电流的真正值，高压引线要加以屏蔽。为了保护微安表，不致因泄漏电流忽然增大发生撞针或烧坏情况，最好装置放电管及并联短路刀刀关。

6.6 冲击电压试验

6.6.1 试验目的

电缆在运行中，会有经受操作过电压与大气过电压（雷击）的可能，因此考核产品承受短期过电压的特性是必要的。

冲击电压试验的目的是：

1）考核产品耐大气过电压的能力，保证产品具有标准规定的耐冲击电压水平。

2）发现电缆结构设计及工艺过程中的某些缺陷，这些缺陷是其他试验不易发现的（如油浸纸绝缘电缆的浸渍质量）。

3）研究各种因素与击穿强度的关系，为电缆的设计和改进提供依据。

冲击电压试验仍然分为耐压试验和击穿试验两种。

对于 35kV 及以下的电力电缆，由于绝缘中设计的最大电场强度较低，绝缘安全裕度倍数很大，因此在运行中，过电压的影响较小，所以一般在标准中不规定进行冲击电压试验。对这类产品，仅把冲击电压试验作为研究试验项目。

对于 110kV 及以上的高压电缆，情况就与 35kV 级的电缆不同。随着额定工作电压的提高，绝缘安全裕度将不得不越来越小，因此对高压电缆来说，冲击电压试验对保证产品的安全运行和产品合理的设计均是极为重要的。

高压电缆的冲击电压试验，一般包括 3 个内容：

(1) 对弯曲性能试验的考查 电缆试品按产品标准规定的要求进行弯曲，然后以冲击电压试验检查有无损伤。其目的是考察电缆在敷设中经过有限次数的弯曲对电缆结构性能影响的程度。

(2) 热冲击试验 电缆试品在加热条件下进行有关冲击试验,是为了考察电缆在工作状态下耐受操作过电压和大气过电压的能力。

(3) 工频耐压试验 作为冲击电压试验的补充,目的在于发现冲击试验后绝缘内部是否已经击穿。

6.6.2 试验装置及冲击电压的测量

(1) 冲击电压发生器的原理 冲击电压发生器是产生冲击电压波的一种设备。它的主要部分是由一些电容器组成,利用这些电容器的并联充电和串联放电就可以得到高电压的冲击波。

冲击电压发生器的线路图及等值线路图如图5-6-19所示。变压器 T 经过整流管 G 和电阻 R、r 给并联的电容器 C 充电。假定充电电压为 V 时点火球隙击穿,各个球隙的很快相继击穿,使得原来并联充电到 V 的各电容器串联向 C_2 充电,C_2 就得到 3V 的电压(这里假定电容器级数 $n = 3$)。冲击波的波头主要由对 C_2 的充电过程决定。然后 C_2 通过电阻 R_d、R_p 对地放电,这一过程决定了波尾形状。在等值图中,$C_1 = \frac{1}{3}C$,$R_1 = 3R_p$,$R_2 = 3R_d$,可以利用下式计算波头和波长,供调整波形时参考:

$$波头长度\ \tau_\varphi \approx 3.24 \frac{C_1 C_2}{C_1 + C_2} R_2 \quad (5\text{-}6\text{-}8)$$

$$波尾长度\ \tau_\beta = 0.7(C_1 + C_2) R_1 \quad (5\text{-}6\text{-}9)$$

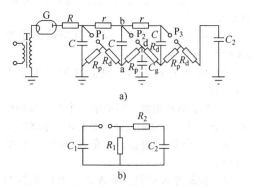

图 5-6-19 冲击电压发生器的线路图
a)原理线路图 b)等值线路图

电容器 C 通常用油浸纸电容器,电容 $0.1 \sim 0.7\mu F$。C_1 常称为冲击发生器的冲击电容或主电容。C_2 称为负荷电容,它包括试品的电容。R_1 称为放电电阻,可以调节波长,又称波尾电阻。R_2 称

为阻尼电阻,又称波头电阻,可以调节波头。构成 R_1 的 R_p 用镍铬丝双线无感绕成,约数百欧姆。R_d 也是线绕电阻,其大小约为 R_p 的 1/10。R 是整流管的保护电阻,大于 $100k\Omega$,常用水电阻。

(2) 冲击电压的测量 冲击电压的测量最常用的方法是球隙测量法和分压器测量法,将分压器配上高压示波器可以测量冲击波形。

1)球隙测量法。球隙法在高压侧直接测量冲击电压幅值,有许多优点,如结构简单,使用方便,测量范围较广,准确度可达 $3\% \sim 5\%$,同时还作高压保护之用。

在标准大气条件下(大气压力为 760mmHg⊖,气温 20℃)球隙的冲击放电电压见国家标准 GB/T 311—2012。

如果测定电压时大气条件与标准条件不同,则表5-6-16 中的数值应乘以 δ(δ 是空气的相对密度),δ 由下式计算

$$\delta = \frac{293P}{760(273 + \theta)} \quad (5\text{-}6\text{-}10)$$

式中 P——测量时的大气压力 (mmHg);

θ——测量时的周围气温 (℃)。

当 δ 与 1 相差很大时,采用表5-6-16 中的校正系数代替上述的 δ 值。

表 5-6-16 空气相对密度与校正系数

空气相对密度 δ	0.7	0.75	0.8	0.85	0.9	0.95	1	1.05	1.1
校正系数	0.72	0.77	0.81	0.86	0.91	0.95	1	1.05	1.09

2)分压器测量法。电阻分压器测量线路如图5-6-20 所示。电阻分压器广泛用于冲击电压的测量中,简单方便。分压器可用薄膜电阻、碳质电阻、线绕电阻等制作。分压器的电感应尽量小,用镍铬丝或康铜丝绕制成的电阻分压器,可采用无感绕法。电阻分压器的电阻值一般 $10 \sim 20k\Omega$。电阻分压器的高压端往往带有一个屏蔽环,以减小对地电容的影响。高压示波器和分压器相连时采用高频电缆,并尽量减少其长度。末端匹配电阻 r,其数值等于高频电缆的波阻抗 Z,以免波发生反射而影响观察效果。分压比用式 (5-6-11) 计算

$$K = \frac{\dfrac{R_2 r}{R_2 + r}}{R_1 + \dfrac{R_2 r}{R_2 + r}} \quad (5\text{-}6\text{-}11)$$

⊖ $1mmHg = 133.322Pa$。

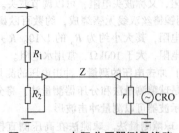

图 5-6-20　电阻分压器测量线路

R_1—高压臂电阻　Z—高频电缆

R_2—低压臂电阻　r—末端匹配

电阻　CRO—高压示波器

6.6.3　试验方法

1. 试验条件

1）试样经过弯曲试验，并装置适当的终端头。

2）试验温度：电缆被逐渐加热到导体最高温度，应不低于电缆额定运行温度，不高于额定温度加5℃。

3）试验压力：充油电缆的压力调整到不大于规定的最小压力，但容许 +25% 偏差，在试验过程中应不断地检查压力的情况并加以调整。

2. 冲击电压试验的电压波形

全波冲击试验电压应为非周期性的冲击波，其特点是在波头部分电压很快上升，然后逐渐下降到零（波尾）。电压上升的速度以波头的长度来表示，在示波器上采用直线扫描时，波头的长度等于 OA，见图5-6-21a。在用非直线扫描时，波头的长度取 1.67CD。电压下降的速度以波的长度来表示，在采用直线扫描时，波的长度等于 OB；在采用非直线扫描时，波长仍为 OB，但 O 点的决定则以 0.3 波头长度作为 O 点对 C 点的距离。

电力电缆的冲击电压试验波形参数一般规定为：波头长 1~5μs；波长 50±10μs，记作 1~5/(50±10μs)。

全波的波幅部分允许有小的振荡或个别的尖峰，但振荡或个别的峰尖不得超过基本波幅的5%，见图5-8-21b。波中带有振荡时，应以基本波幅作为试验电压的波幅。

冲击电压的波头及波长应根据记录下来的示波图测量而定。

3. 冲击耐压试验要求

1）电缆维持在规定的温度范围内，先承受标准规定的幅值的正极性冲击波十次；

2）接着改变极性，电缆应能承受十次负极性

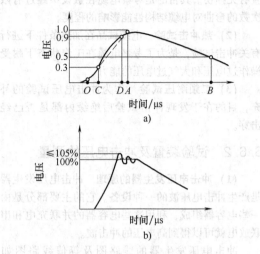

图 5-6-21　冲击电压的标准波形

规定幅值的冲击电压波；

3）每个极性至少记录第一个及第十个冲击波的波形，每个波形都应包括时标；

4）试验期间记录电缆的温度，环境温度以及油压。

4. 冲击击穿试验要求

当进行高于标准中规定的冲击耐压水平的冲击试验时应按此要求。

1）试验温度条件不变，按以下顺序加压：

a）10 个负冲击波，幅值约为耐压水平的 1.05 倍；

b）5 个正冲击波，其中第一个冲击波的幅值为 a）的一半（50%），其余的逐渐增加到 a）的 85%；

c）10 个正冲击波，幅值约为耐压水平的 1.05 倍；

d）10 个正冲击波，幅值约为耐压水平的 1.10 倍；

e）5 个负冲击波，其中第一个冲击波的幅值为 d）的一半，其余的逐渐增加到 d）的 85%；

f）10 个负冲击波，幅值约为耐压水平的 1.10 倍。

2）如此逐级重复，每级试验电压幅值约提高5%。

3）试验连续进行直到达到规定的试验电压或直到试品击穿为止。

4）每级电压每个极性至少记录第一个及第十个冲击波的波形，并包括时标。

5）记录温度及油压等。

6.7　电缆的电热老化试验

6.7.1　试验目的

电缆在长期使用过程中，绝缘由于高场强和热循环的同时作用而逐渐老化，其主要表现如介质损耗增加，某些点的温度越来越高（热点），击穿场强降低等。电缆的老化试验就是在尽量接近运行的条件下研究电缆绝缘的稳定性与老化的进程、机理及其规律性，为电缆的结构、设计、选择材料、确定工艺方案提供可靠资料，提高电缆运行的安全可靠性。因此这种试验意义重大，在对产品进行深入研究或研制新产品以及采用新材料、新工艺时均应进行。

老化试验的特点是时间很长，能发现短时试验不能反映的规律。

试验越接近实际运行情况，越能反映实际的老化情况。但一般电缆要求安全运行 30 ~ 50 年以上，要在短期内即使是 1 ~ 2 年的实验中考察电缆数十年中的老化，也是很难模拟其条件的。为此，老化试验条件应比运行条件要苛刻得多。从试验持续的时间来分，可分为两类，一类称长期稳定性试验，持续时间半年至两年，有的还要长一些，试验电压约为工作电压的 1.5 ~ 2 倍。另一类称加速老化试验，试验电压是工作电压的 2 ~ 3 倍，试验持续时间一般不超过两个月。

老化试验是一项研究性试验，除了应模拟运行条件并予加速老化的总原则下，具体的试验方法和条件一般均根据对具体产品的要求和环境条件而进行老化试验的设计。

老化试验中主要应从下面几个方面进行考虑：

1) 试验线路的设计和装置（如敷设方式和线路布置等）；

2) 试验中的电条件（如试验电压的数值及变化规律、加压的方式和时间等）；

3) 试验中的热条件（如导线温度、环境温度、加热周期方式、冷却条件等）；

4) 试验中的测试（如测试性能项目的选择、测试周期、试验中运行条件和参数的测量记录等）。

6.7.2　试验线路

试验线路的电缆长度由试验要求及设备容量而定，一般长 50 ~ 200m，除了电缆的终端盒外，线路中应包括连接盒，以便一起接受检查。

线路的敷设应适当地选择倾斜的、水平的及垂直的各种情况，给予一定的落差（水平差），以便观察浸渍剂沿电缆长度流动时不同位置绝缘的可靠性。对粘性浸渍纸绝缘电缆，浸渍剂在热循环中沿电缆流动是造成电缆老化的重要原因之一。

接头盒及压力箱的分布要具有代表性。

为了研究电缆长度各不同部分的电性变化，或将电缆的金属护套分段，在分段处用适当的绝缘材料密封。

6.7.3　试验中的电条件

试验电压值的选择由试验目的决定。

为了决定电缆在额定电压及负载时的安全可靠性而进行的试验，通常试验电压是工作电压的倍数。

长期稳定性试验中，对高压及低压电缆为 $1.5 \sim 1.75U_n$，对超高压电缆为 $1.1 \sim 1.4U_n$，对加速老化试验为 $2 \sim 2.5U_n$，U_n 为电缆额定工作电压（kV）。

经过规定的试验时间（长期稳定性试验为 1 年左右，加速老化试验为 1 ~ 2 个月），电缆的绝缘性能应无明显改变。

为比较不同结构电缆的电强度和可靠性，加速老化试验的电压常采用逐日升压的方法进行。起始电压值和每日的增加百分比的选择是使击穿在 1 个月左右的时间中发生。

6.7.4　试验中的热条件

(1) 环境温度　环境温度要可以调节，试验应尽量在恒定的环境温度下进行，也应考虑电缆在实际运行中的环境条件。环境温度的变化往往影响试验结果。

(2) 导线温度　试验期间电缆被通电加热，有时是连续通电加热，更多的是周期地通电加热，然后冷却到室温。周期可以选用 24h（如 16h 加热，8h 冷却）或 48h（如 16h 加热，32h 冷却）或其他周期。试验温度除了模拟正常工作状态外，还在一些热周期中提高到允许温度以上 5 ~ 15℃，高压充油电缆的稳定性试验中有些热周期中的温度达 105 ~ 110℃。

(3) 加热方法　给电缆加热的负载电流应可以调节，常用的加热方式有下列几种，根据电缆的长度、构造（单芯或三芯）、当地的条件及可能性来选择。

1）低压加热变压器，以电缆组成的短路线圈为二次线圈；

2）电动机发电机组，发电机对地绝缘；

3）高压加热变压器，二次绕组对地绝缘。

由于老化试验中是在加电压的同时加电流，因此要考虑加热设备的对地绝缘，图 5-6-22 中是上述 3 种加热方法的原理线路图。

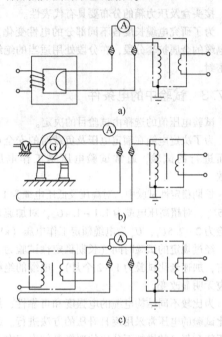

图 5-6-22　老化试验加热线路原理图

a) 低压加热变压器　b) 电动机发电机组

c) 高压加热变压器

6.7.5　老化试验中的测量

试验前后，以及在试验过程中应该周期地对电缆进行检查和测量。

试验前及试验后的测量和检查的内容包括：电缆样品的 $\tan\delta$ 与电压和温度的关系；游离放电特性；击穿强度；将电缆样品拆开，观察绝缘中树枝状放电发展的情况；蜡的形成；浸渍剂的移动及氧化；绝缘纸的电性及力学性能。

试验中的测量有：各代表位置中检测点的温度（环境温度、护层温度、导体温度、终端底部温度等）；电缆的油压及油流量；冷却风速；试验电压及加热电流；加热及冷却时电缆的 $\tan\delta$ 与电压的关系；游离性能等。

将测试的结果与试验时间的关系绘成曲线，进行综合分析。

6.8　电缆系统的预鉴定试验

6.8.1　概述和预鉴定试验的认可范围

当额定电压为 220kV 及以上电压等级的挤包绝缘电缆系统成功通过预鉴定试验，制造商就具有供应被试验额定电压等级或较低电压等级电缆系统的合格资格，只要其绝缘屏蔽上计算的标称电场强度等于或者低于已通过试验的电缆系统的相应值。

如果一个预鉴定合格的电缆系统使用另一个已通过预鉴定试验电缆系统的电缆和（或）附件进行替换，且另一个电缆系统的绝缘屏蔽上的计算电场强度等于或高于被替换的电缆系统，则现有的预鉴定认可应扩展到此系统或另一个电缆系统的电缆和（或）附件，只要其满足了 6.8.3 节的全部要求。

如果一个预鉴定合格的电缆系统使用没有进行过预鉴定试验的电缆和（或）附件，或者使用另一个已通过预鉴定试验电缆系统的电缆和（或）附件进行替换、但该电缆系统的绝缘屏蔽上的计算电场强度低于被替换的电缆系统，则新组成的电缆系统应进行预鉴定试验，并满足 6.8.2 节的全部要求。

1）除非与该电缆系统相关的材料、制造工艺、设计和设计场强水平有实质性改变，预鉴定试验只需要进行一次。

2）实质性改变定义为可能对电缆系统产生不利影响的改变。如果有改变而申明不构成实质性改变，供应方应提供包括试验证据的详细情况。

3）推荐使用大截面导体的电缆进行预鉴定试验，以包含热-力学性能的影响。

4）如果电缆系统已经完成了同等要求的长期试验，且已经证明其具有良好的运行经历，预鉴定试验可以免做。

5）已经按照相应国家标准或 IEC 标准通过的预鉴定试验仍然有效。

由具有资质的鉴定机构代表签署的预鉴定试验证书、或由制造商提供的有合适资格官员签署的载有试验结果的报告、或由独立实验室出具的预鉴定试验证书应认可作为通过预鉴定试验的证明。

6.8.2　电缆系统的预鉴定试验要求

1. 预鉴定试验概要

预鉴定试验应由约 100m 长的全尺寸成品电缆包含每种类型附件至少一件的完整电缆系统上进行的电气试验组成。附件之间的自由电缆的长度应至少 10m。试验的顺序应如下：

    a）热循环电压试验（见本节 4.）；

    b）雷电冲击电压试验（见本节 5.）；

    c）电缆系统完成上述试验后的检验（见本节 6.）。

可能有一个或多个附件不能满足 6.8.1 中所有预鉴定试验的要求。对被试电缆系统修理后，可以对保留下的电缆系统（电缆和其余的附件）继续进行预鉴定试验。如果保留下的电缆系统满足了本节的所有要求，该保留下的电缆系统（电缆和其余的附件）就认为通过预鉴定试验，而没有完成试验的电缆附件则没有通过该预鉴定试验。但是可以对更换附件的电缆系统继续进行预鉴定试验直到满足本节的所有要求。如果制造商确定预鉴定试验的电缆系统包含修理好的附件，那么该完整系统的预鉴定试验的起始时间考虑从修理后开始计算。

2. 试验电压值

电缆系统预鉴定试验前，应测量电缆的绝缘厚度，必要时按照下列原则调整：

应按 GB/T 2951.11—2008 规定的方法在供试验用的有代表性的一段试样上测量电缆的绝缘厚度，以检查绝缘平均厚度是否超过标称值太多。

如果绝缘平均厚度未超过标称厚度 5%，试验电压应取以 U_0 为基础的规定试验电压值。

如果绝缘平均厚度超过标称厚度 5%，但不超过 15%，应调整试验电压，以使得导体屏蔽上电场强度等于绝缘平均厚度为标称值，且试验电压为相关电缆产品规定的试验电压值时确定的电场强度。

用于预鉴定试验的电缆段的绝缘平均厚度不应超过标称值 15%。

3. 试验布置

电缆和附件应按制造商说明书规定的方法进行组装，采用其所提供的等级和数量的材料，包括润滑剂（如果有）。

试验布置应能代表实际安装敷设的条件，例如刚性固定、柔性和过渡方式安装、地下以及空气中安装。特别应当考虑附件热-力学性能的特殊情况。

在安装和试验期间环境条件可能会有变化，但认为环境条件的变化并无重要影响。

4. 热循环电压试验

应只通过导体电流将试样加热到规定的温度。试样应加热至导体温度超过电缆正常运行的最大导体温度 0～5K。试验过程中因环境温度变化要求调节导体电流。

应选择加热布置方式，使得远离附件的电缆导体温度达到上述规定温度，应记录电缆表面温度作为参考。

加热应至少 8h。在每个加热期内，导体温度应保持在上述温度范围内至少 2h，随后应自然冷却至少 16h。

注：如果由于实际原因，不能达到试验温度，可以外加热绝缘措施。

在整个 8760h 的试验期间，应对电缆系统施加 $1.7U_0$ 电压和热循环。加热冷却循环应进行至少 180 次，应无击穿发生。

    1）建议在试验期间进行局部放电测试以便提供性能可能劣化的早期预警，从而有可能在损坏前进行修理。

    2）应完成总的循环次数而不管那些可能发生的中断。

    3）导体温度超过电缆正常运行的最大导体温度 5K 的那些热循也认为有效。

5. 雷电冲击电压试验

试验应在取自试验系统的有效长度最少 30m 的一根或多根电缆试样上进行，电缆导体温度超过电缆正常运行的最大导体温度 0～5K，导体温度应保持在上述温度范围内至少 2 h。

注：作为替代，试验也可在整个试验回路上进行。

应按照 GB/T 3048—2007 给出的步骤施加冲击电压。

试验回路应耐受按相应产品标准要求的试验电压值施加的 10 次正极性和 10 次负极性电压冲击而不破坏。

6. 检验

电缆系统（电缆和附件）的检验应符合下列要求：

将一个试样电缆解剖，以及只要可能将各个附件拆解，以正常视力或经矫正但不放大的视力进行检查，应无可能影响电缆系统运行的劣化迹象（如电气品质下降、泄漏、腐蚀或有害的收缩）。

6.8.3 电缆系统的预鉴定扩展试验

1. 预鉴定扩展试验概要

预鉴定扩展试验应包括本节中 2. 中规定的完整电缆系统的电气性能试验和相应产品标准中规定的电缆的非电气试验。

2. 电缆系统的预鉴定扩展试验的电气部分

(1) 概述 本条中第（3）款所列试验应在已通过预鉴定试验的电缆系统的一个或多个成品电缆的试样上进行，取决于附件的数量。电缆系统的试样应包含需要预鉴定扩展试验的电缆附件每种至少一件。试验可在实验室中进行，而不必在模拟真实安装的条件下进行。

附件之间电缆的最短长度应为5m，电缆总长度应最少20m。

电缆和附件应按制造商说明书规定的方法进行安装，采用其所提供的等级和数量的材料，包括润滑剂（如果有）。

如果一个接头的预鉴定要扩展到用于柔性和刚性两种安装方式，试验时一个接头应以柔性方式安装，另一个接头应以刚性方式安装，如图5-6-23所示。

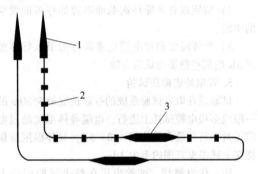

**图 5-6-23　扩展到另一接头设计用于柔性和
刚性两种安装方式的电缆系统的
预鉴定扩展试验布置示例**
1—终端　2—夹具　3—接头

如果电缆也是预鉴定扩展试验的部分，试验回路应按6.8.2规定的直径敷设成U形。

除本条中第（3）款规定情形之外，本条中第（3）款所列的所有试验项目应在同一个试样上依次进行。附件应在电缆的弯曲试验后安装。

电缆半导电屏蔽电阻率的测量应在单独的试样上进行。

如果预鉴定扩展试验仅针对附件，那么就不要求U形试验回路以及进行电缆半导电屏蔽电阻率测量。

(2) 试验电压值 预鉴定扩展试验的电气试验前，应测量电缆的绝缘厚度，必要时应按照12.4.1调整试验电压值。

(3) 预鉴定扩展试验的电气试验顺序 预鉴定扩展试验的电气部分的正常顺序应如下：

1）弯曲试验后先不做判定性的局部放电试验，而是随后安装要进行预鉴定扩展试验的附件；

2）弯曲试验及安装附件后进行局部放电试验，以检查已安装的附件的质量；

3）不加电压的热循环试验［见本条中第（4）款］；

4）tanδ测量：本项试验可以在不进行本试验序列中其余试验项目的装有特殊试验终端的另一个电缆试样上进行；

5）热循环电压试验；

6）环境温度下和高温下的局部放电试验：本试验应在上述第5）项试验的最后一次循环后，或者在下述第7）项雷电冲击电压试验后进行；

7）雷电冲击电压试验及随后的工频电压试验；

8）局部放电试验，若上述第6）项没有进行；

9）接头的外保护层试验；

注1：本项试验可以在已经通过3）项热循环试验的接头上进行，也可以在经过至少3次热循环的另一个单独的接头上进行。

(4) 不加电压的热循环试验 应只通过导体电流将试样加热到规定的温度。试样应加热至导体温度超过电缆正常运行的最大导体温度5~10℃。

加热应至少8h。在每个加热周期内，导体温度应保持在上述温度范围内至少2h，随后应自然冷却至少16h，直到导体温度冷却至不高于30℃或者冷却至高于环境温度15℃以内，取两者之中的较高值，但最高为45℃。应记录每个加热周期最后2h的导体电流。

加热冷却循环应进行60次。

导体温度超过电缆正常运行的最大导体温度5℃的那些热循环也认为有效。

6.9　电缆绝缘局部放电的检测

6.9.1　测试目的

测试绝缘内部局部放电特性的目的主要有：

1）判断试样在工作电压下有无明显的局部放电存在，考核绝缘内的游离性能；

2）测量绝缘内局部放电的起始电压，或局部放电的熄灭电压值；

3）测量在规定电压下的局部放电强度。

研究绝缘内局部放电的特性有很重要的意义，尤其对高压电缆和橡皮、塑料绝缘电缆。其意义为：

1）局部放电会导致绝缘的逐渐老化，使绝缘在工作电压下不发生局部放电或不超过一定量的局部放电，可以保证绝缘的长期工作可靠性。运行部门可利用局部放电作为绝缘的预防性试验。

2）局部放电检测是一种非破坏性试验，可以用来评定产品工艺质量及检测内部缺陷，塑料绝缘电力电缆将局部放电检测列为定期试验之一。高压电缆及附件的放电测试是提供产品质量的主要指标之一。

3）提供设计参数，为改进结构提供依据。

放电脉冲信号基本特征是：当高压电气设备中绝缘体内（如电缆绝缘内部）或高压导体附近在高电压作用下，如果存在缺陷，在缺陷处出现局部放电，也就是在缺陷处会有瞬时的微小电压变化，那么在电气回路中会出现微小的脉冲信号（电压或电流），此脉冲信号叫放电脉冲信号。

放电脉冲信号的特点：信号的频谱非常宽，大约从数百 Hz 到数百 MHz。信号波形很陡、很尖。一般情况下认为当电缆绝缘体内局部区域的电场强度到达击穿场强时，该区域就发生放电。所谓的局部区域一般是指类似于气泡、微孔、气隙和不同介质的界面等，在放电理论中都用气体放电的机理去分析。气体放电机理分为电子碰撞电离理论和流注理论。在大气中当电极的距离比较大、气压比较高时或绝缘体的表面电阻很高、放电产生的空间电荷累积在气隙两端的介质表面上，使电场集中从而可能产生流注放电，放电波形图如图 5-6-24a 所示；在绝缘内部的气隙，一般都是很薄的，通常都是电子碰撞电离放电，放电波形图如图 5-6-24b 所示。

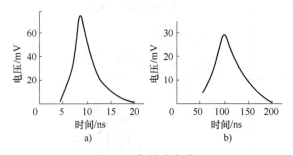

图 5-6-24　气体放电波形图
a）流注放电　b）电子碰撞电离放电

从图中我们可以看出无论是流注放电还是电子碰撞电离放电，其放电脉冲的上升时间都小于 100ns。

6.9.2　局部放电测试原理

绝缘中发生局部放电时，引起电、化、光、声、热等各种效应，利用这些效应而有多种局部放电检测方法。目前采用最广泛的高频脉冲方法，它具有较高的灵敏度，可以测量放电量为微微库（pC）的微弱放电信号。

当试样上的外加电压逐渐升高，达到绝缘中气隙的放电电场强度时，气隙中就发生放电，外电场中和掉一部分电荷，在试样两端引起压降 ΔU 和视在放电量 q。

试样两端的压降 ΔU 引起了试验回路中电荷重新分配的暂态过程，高频脉冲电流在试样电容 C_a、耦合电容器 C_k 及测量阻抗 Z_m 中流动，并在测量阻抗 Z_m 上造成了一个微弱的放电脉冲信号。通过放大器加以放大，然后再通过指示仪器将放电信号显示出来，以便观察和记录。

6.9.3　测试回路及测量仪器

1. 3 种基本测试回路

1）测量仪器与耦合电容器串联的测试回路（见图 5-6-25a）。

2）测量仪器与试样串联的测试回路（见图 5-6-25b）。

3）平衡测试回路（或称桥式测试回路）（见图 5-6-25c）。

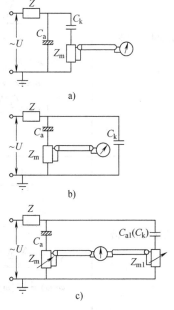

图 5-6-25　测试局部放电的 3 种基本回路

构成测试回路的主要组成是：

1）试样，一般可以看作是一个电容器，C_a（或 C_x）；

2）耦合电容器 C_k（或第二试样 C_{a1}）；

3）测量阻抗 Z_m（有时尚有第二测量阻抗）；

4）测量仪器（包括放大器及指示器）；

5）滤波器 Z；

6）其他，如连接电缆等。

2. 滤波器 Z

滤波器 Z 与高压电源相串联，作用是阻止高压电源方面来的干扰或高压电源的放电脉冲波进入测试回路。

3. 耦合电容器 C_k

耦合电容器给试样中发生的放电脉冲提供一个方便的回路，以提高测量灵敏度。耦合电容器应在最高试验电压范围内不发生局部放电。有时也可用第二个试样 C_{a1} 代替耦合电容器。对于第二种基本试验回路，当试样电容较小，高压线对地杂散电容较大时，耦合电容器可以省去。C_k/C_a 越大，测量灵敏度越高，一般取 $C_k = 1000 \sim 1500\mathrm{pF}$ 已可满足要求。当这样大小的高压耦合电容器不易获得时，也可采用其他量值的耦合电容器，再从其他方面来解决灵敏度的问题。

4. 测量阻抗 Z_m

测量阻抗（或称输入阻抗）的作用是和试样或耦合电容器相串联，将试样中的放电电流脉冲转变成相应的电压脉冲信号。供给检测回路。

测量阻抗一般有两种：

1）纯电阻 R；

2）电感 L 或 L、R 并联。

测量阻抗 Z_m 及其上的放电脉冲波形及频谱见表 5-6-17。

表 5-6-17　测量阻抗 Z_m 上的放电脉冲波形及其频谱

	Z_m 为电阻 R 时	Z_m 为 L 和 R 并联时
测试回路		
Z_m 上的电压波形	 $U_{12}(t) = \Delta U_{BX}\mathrm{e}^{-\alpha t}$ $\Delta U_{BX} = \Delta U \dfrac{C'_\Sigma}{C'_\Sigma + C_n}$ $\alpha = 1/\tau = 1/R(C'_\Sigma + C_n)$ $C'_\Sigma = \dfrac{C_a C_k}{C_a + C_k}$	 $U_{12}(t) = \Delta U_{BX}\mathrm{e}^{-\alpha t}\left(\cos\omega_0 t - \dfrac{\alpha}{\omega_0}\sin\omega_0 t\right)$ $\Delta U_{BX} = \Delta U \dfrac{C'_\Sigma}{C'_\Sigma + \varepsilon_n}$ $\alpha = \dfrac{1}{\tau} = 1/2R(C'_\Sigma + C_n)$ $C'_\Sigma = \dfrac{C_a C_k}{C_a + C_k}$ $\omega_0 = \sqrt{1/L(C'_\Sigma + C_n) - \alpha^2}$
Z_m 上电压波的频谱	 $S(\omega) = \dfrac{\Delta U_{BX}}{\alpha + \mathrm{j}\omega}$ $\varphi(\omega) = |S(\omega)| = \dfrac{\Delta U_{BX}}{\sqrt{\alpha^2 + \omega^2}}$	 $S(\omega) = \dfrac{\mathrm{j}\omega\Delta U_{BX}}{\alpha^2 + \omega_0^2 - \omega^2 + 2\mathrm{j}\omega\alpha}$ $\varphi(\omega) = \dfrac{\omega\Delta U_{BX}}{\sqrt{(\alpha^2 + \omega_0^2 - \omega^2)^2 + 4\alpha^2\omega^2}}$

表中 $\tau = \dfrac{1}{\alpha}$ 是脉冲波的衰减时间常数，是一个重要参数。如果脉冲信号幅值从最大值下降到 5% 所需的时间为脉冲持续时间 t，则 $t = 3\tau$。如果两个连续的放电脉冲间隔时间大于 t，前一个脉冲已经衰减为零，不会影响后一脉冲的波形。如果间隔时间小于 t，两脉冲波就有一部分互相重叠。为了提高对脉冲的分辨能力，希望 τ 尽量要小，即 Z_m 要小。

但若从灵敏度来要求，灵敏度随 Z_m 增加而增加，即是使 τ 增加。

一般气隙放电时间（一个放电脉冲的时间）很短为 $10^{-8} \sim 10^{-7}\,\mathrm{s}$；而油隙放电时间为 $2 \sim 3 \times 10^{-6}\,\mathrm{s}$。实际上时间常数 τ 的值比放电时间要长得多。对于 Z_m 为 R 时，常取 $\tau = 10 \sim 20\,\mu\mathrm{s}$；对于 Z_m 为 L 与 R 并联时，常取 $\tau = 20 \sim 30\,\mu\mathrm{s}$。

如果等效电容 $C = C_n + \dfrac{C_a C_k}{C_a + C_k} = 1000 \sim 2000\,\mathrm{pF}$，当 Z_m 为 R 时，可取 R 为 $10\mathrm{k}\Omega$ 左右；当 Z_m 为 L 与 R 并联时，可取 R 为 $5\mathrm{k}\Omega$ 左右。

5. 放大器

放大器的作用是将测量阻抗 Z_m 的输出信号加以放大，然后通过各种指示仪表将局部放电强度显示出来。

由于测量阻抗 Z_m 不同，要求采用不同特性的放大器：

1）当 Z_m 为 R 时，为达到 90% 脉冲信号，能量的频带宽度不小于

$$\Delta f = \alpha \frac{1}{R(C'_\Sigma + C_n)} \qquad (5\text{-}6\text{-}12)$$

Δf 近似等于 $1\mathrm{MHz}$。因此常采用频率上限 $f_2 = 10\mathrm{MHz}$，而频率下限 f_1 大大小于 f_2 的宽频放大器。

2）当 Z_m 为 L 和 R 并联时，为达到 90% 脉冲信号，能量的频带宽度为

$$\Delta f = 2\alpha = \frac{1}{R(C'_\Sigma + C_n)} \approx 60 \sim 100\mathrm{kHz}$$
$$(5\text{-}6\text{-}13)$$

且谐振频率

$$\omega_0 = \sqrt{\frac{1}{L(C'_\Sigma + C_n)} - \alpha^2} \approx \sqrt{\frac{1}{L(C'_\Sigma + C_n)}}$$
$$(5\text{-}6\text{-}14)$$

实用上多采用 $\Delta f > 60\mathrm{kHz}$ 的选频放大器，且谐振频率尽量避开无线电广播频带。

但有时为了提高防干扰能力及提高信号噪声比，以及较高的灵敏度，宁肯牺牲一些分辨能力而取 $\Delta f \approx 10\mathrm{kHz}$。

采用 Z_m 为 R 及宽频放大器，易于得到高的分辨率；采用 Z_m 为 L 与 R 并联的方式及窄频放大器，具有高的抗干扰能力及灵敏度。可根据试验的要求及环境条件进行选择。

6. 测量仪器

测量仪器连接于放大器之后，以显示各种放电强度。

（1）阴极射线示波器 阴极射线示波器具有宽频放大器，可以用来观察放电脉冲的时间分布、相对大小和脉冲形状等。经校正后可以测定单次放电脉冲的放电量 q。使用示波器还可以区分外部干扰信号与内部放电信号；有时可以决定放电的类型，如电晕信号易于在示波器上识别。示波器是使用最广泛的局部放电测量仪器。

（2）其他仪器 除了示波器外，还可采用其他的指示仪器，以测量各种放电强度。例如，放电重复率 n 的测量，可以采用脉冲计数器（记录累积的脉冲次数）或脉冲率计（记录单位时间的脉冲次数）。在测量放电重复率（或称放电次数）时要注意：

1）计数器或脉冲率计的分辨时间应小于测量回路的分辨时间，按一般要求应能分辨出时间间隔为数十微秒的两个连续脉冲。

2）当脉冲达到计数器输入端时，应避免发生反射振荡而造成一个脉冲多次记录的误差。

3）计数器只对幅值大于某一临界值的脉冲进行记录。脉冲计数器要具有一个可调节的幅值鉴别器，将低于规定幅值的脉冲删去。如果计数器仅记录某一幅值范围内的脉冲，或分别记录各个幅值范围的脉冲分布，将更有利于对放电现象的研究。

平均放电电流 I 的测量，采用平均放电电流指示计。凡是于线性放大和整流后测量脉冲电流平均值的仪器，经校正后均可作为平均放电电流指示计。测试时要注意由于脉冲的覆盖（即超出其分辨能力）和由于放大器过载（即失去线性）而造成的误差。

图 5-6-26 和图 5-6-27 是常用的两种测试仪电路原理图。

6.9.4 测试中的校正

1. 局部放电检测装置的校正内容

（1）局部放电检测装置各组成测量仪器本身的测定和校正 校正应在仪器的所有测量范围及所有使用条件下进行。

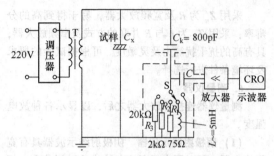

图 5-6-26 直接法游离测试仪电路原理图

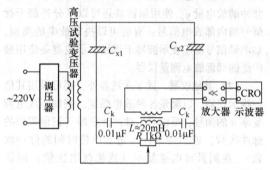

图 5-6-27 对称法（桥式）游离测试仪电路原理图

测量阻抗 Z_m 及连接的高频电缆是仪器的主要成分，应包括在校正中。

校正应定期地重复进行，经验表明这是完全必要的。

校正内容应包括脉冲分辨率、脉冲幅值过载极限、放电强度的测量灵敏度，等等。

1）脉冲分辨率的测定。可以用一恒定幅值的脉冲，增加其重复率（频率），仪器（如计数器等）的读数应与脉冲的重复率相对应，当读数和脉冲重复率的增加已不能相对应时，即为脉冲分辨率的极限。

2）脉冲幅值过载极限的测定。用固定的较低的脉冲重复率（最好为 100 次/s），逐渐增加其幅值，仪器的读数应准确地相对应，当此相应关系破坏时表明此脉冲幅值对仪器来说已过载。

3）放电强度灵敏度的校正详见下面部分。

（2）**整个局部放电检测装置的校正** 校正是在试样接入试验回路的真实情况下进行，以便确定仪器所指示的量与被测的放电量间的关系，即确定仪器的灵敏度或确定最小可测放电量。仪器的灵敏度受 C_k/C_a 比值的影响，因此校正应对每一新的试品重复进行。但当试样的电容特性完全相同时，可以只对一个或几个试样进行校正。

（3）**校准器的要求** 局部放电标准电荷发生器（放电量校准器）脉冲信号的基本参数，在测量电缆局部放电时，其测得的数值大小、真伪与系统校验时用的放电量校准器的性能参数有很大的关系。图 5-6-28 是放电量校准器产生的典型脉冲波形。

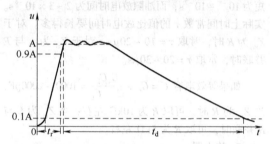

图 5-6-28 放电量校准器产生的典型脉冲波形

有关标准规定电压幅值 A 的 10%~90% 部分的时间间隔，作为上升时间 t_r，电压幅值与其 10% 部分的时间间隔作为衰减时间（波尾时间）t_d，用于电缆测量的放电量校准器一般规定 $t_r < 100 ns$；$t_d \geqslant 100 \mu s$。

2. 灵敏度的校正

为了决定放电强度，通常用一个矩形波（或称方波）来校正回路的灵敏度。表 5-6-18 中列出了几种常用的校正回路及计算式，其中回路 1 和 3 称为串联法，矩形波发生器 G 和试品相串联；回路 2 及 4 称为并联法，矩形波发生器 G 通过小电容 C_0 并联在试品 C_x 两端。从原理上讲，串联法和并联法一样是正确的，但由于矩形波发生器具有一定的输出阻抗，使校正误差较大，因此只推荐并联法。

表 5-6-18 局部放电测试灵敏度的校正回路

校正回路	灵敏度与电容关系式		推荐回路
	$C_s = 0$	$C_s \neq 0$	
正确的校正回路	$K \propto \dfrac{1}{C_x + C_n + \dfrac{C_x C_n}{C_k}}$	$K' \propto \dfrac{1}{C_x + C_n + \dfrac{C_n C_x}{C_k + C_s}}$	

（续）

校 正 回 路	灵敏度与电容关系式		推荐回路
	$C_{\mathrm{s}}=0$	$C_{\mathrm{s}}\neq0$	
正确的校正回路	$K\propto\dfrac{1}{C_{\mathrm{x}}+C_{\mathrm{n}}+C_0+\dfrac{(C_{\mathrm{x}}+C_0)C_{\mathrm{n}}}{C_{\mathrm{k}}}}$	$K'\propto\dfrac{1}{C_{\mathrm{x}}+C_{\mathrm{n}}\cdot C_0+\dfrac{(C_{\mathrm{x}}+C_0)C_{\mathrm{n}}}{C_{\mathrm{k}}+C_{\mathrm{s}}}}$	√
	$K\propto\dfrac{1}{C_{\mathrm{x}}+C_{\mathrm{n}}+\dfrac{C_{\mathrm{x}}C_{\mathrm{n}}}{C_{\mathrm{k}}}}$	$K'\propto\dfrac{1}{C_{\mathrm{x}}+C_{\mathrm{n}}+C_{\mathrm{s}}+\dfrac{C_{\mathrm{n}}(C_{\mathrm{x}}+C_0)}{C_{\mathrm{k}}}}$	
	$K\propto\dfrac{1}{C_{\mathrm{x}}+C_{\mathrm{n}}+C_0+\dfrac{C_{\mathrm{n}}(C_{\mathrm{x}}+C_0)}{C_{\mathrm{k}}}}$	$K'\propto\dfrac{1}{C_{\mathrm{x}}+C_{\mathrm{n}}+C_{\mathrm{s}}+C_0\dfrac{C_{\mathrm{n}}(C_{\mathrm{x}}+C_0+C_{\mathrm{s}})}{C_{\mathrm{k}}}}$	√
错误的方法			

注：表中 G 为矩形波发生器。

对于并联法，灵敏度 K（pC/mm）为

$$K=\frac{C_0 U_{\mathrm{g}}}{h}\qquad(5\text{-}6\text{-}15)$$

对于串联法，灵敏度 K（pC/mm）为

$$K=\frac{C_{\mathrm{x}} U_{\mathrm{g}}}{h}\qquad(5\text{-}6\text{-}16)$$

式中　U_{g}——矩形波幅值（V）；

C_0——串联电容（pF）；

C_{x}——试样电容（pF）；

h——示波器荧光屏上的高度（mm）或局部放电指示仪偏转的格数。

放电量 $q=Kh$，从而可得仪器的最小可测放电量

$$q_{\min}=Kh_{\min}$$

式中　$h_{\min}$——在试验时示波器荧光屏上可以从干扰及噪声中分辨出的放电信号最小高度（mm）。

3. 校正条件（对矩形波及 C_0 的要求）

（1）矩形波的陡度（矩形波的上升时间）或波头 τ_ϕ 当矩形波陡度越差时，在相同条件下所得的校正灵敏度越低。回路时间常数 τ 越小，矩形波陡度的影响也越大。当矩形波的陡度（τ_ϕ）与回路时间常数 τ 的比值小于或等于 0.1 时，即可得到较满意的校正结果。如果测量回路时间常数为 $10\sim20\mu\mathrm{s}$，

矩形波陡度应在 $1\mu\mathrm{s}$ 以下。

测量回路时间常数 $\tau=Z_{\mathrm{m}}\left(C_{\mathrm{n}}+\dfrac{C_{\mathrm{x}}C_{\mathrm{k}}}{C_{\mathrm{x}}+C_{\mathrm{k}}}\right)$

$$(5\text{-}6\text{-}17)$$

（2）矩形波的衰减时间应比回路的时间常数大得多。

（3）与矩形波发生器相串联的辅助电容 C_0 应该比 C_{x} 及 C_{k} 都小得多，通常取 $C_0=15\sim25\mathrm{pF}$。

（4）矩形波频率 矩形波频率对校正有很大影响。特别是选频放大器，由于频带较窄，当矩形波频率高时，会引起振荡波形重叠，给校正造成较大误差；频带越窄，影响越大。对于宽频放大器，矩形波频率的影响较小。

用矩形波校正时，矩形波频率应在 1kHz 以下或者固定为 100Hz。

（5）矩形波发生器放置的位置 矩形波发生器及引线因存在对地杂散电容而对校正结果有很大影响。校正时方波发生器必须远离地面，矩形波发生器与 C_0 及试样间的连接线应尽量短。

4. 影响灵敏度的因素

整个测量系统的灵敏度是受外界干扰强弱，测量仪器本身的固有噪声大小和测量电路参数等所限制。

测量回路的灵敏度随 $1/C_x$、$1/C_n$、C_k/C_x、Z_m 的增加而增加。

杂散电容对与试样相串联的测量电路是增大灵敏度，但对与耦合电容器相串联的测试电路会降低灵敏度。

6.9.5 外部干扰

1. 干扰的来源

1）与电源电压有关的干扰。通常随试验电压增加而增加，如高压侧的试验变压器中的局部放电，高压连接线及屏蔽罩上的电晕放电，周围金属接地物接地不良而产生的火花，以及通过低压电源线路而来的干扰等。

2）与电源电压无关的干扰，主要指无线电广播，邻近电路中的开关动作，电焊、吊车、整流电机、高压试验场中的冲击发生器放电等。

2. 干扰的检测与减小干扰的措施

(1) 检测干扰的方法

1）利用阴极射线示波器作为测量仪器的指示器，有助于观察和区别试样中的局部放电及外部干扰，有时可以决定干扰的类型，如电晕易于从波形识别。

2）与电压无关的干扰，可以从试验线路不加电压时测量仪器的读数中检测出来。

3）与电压有关的干扰，可以从试验线路升至试验电压时测量仪器的读数中检测出来，但线路中的试样用一个在试验电压下不放电的电容器（或其他电器）代替，或试样不与高压线路连接。

4）采用平衡测量电路，利用平衡点的移动可以将外部干扰从局部放电信号中区分开来。

(2) 减小干扰的措施 针对外界干扰的来源，采取如下相应措施可以有效地减小干扰：

1）高压连接线采用粗而表面光滑的导电管或蛇皮管。

2）高压连接线采用尼龙绳吊接。

3）连接处及高电压部位的金属件要加屏蔽罩，连接要良好。

4）高压设备周围的金属物要良好接地，并且有足够的距离。

5）仪器的引入线用高频电缆或屏蔽线，其金属屏蔽要良好接地。

6）如条件允许，可将高压电源、试样、耦合电容器以及高压引线等，全部置入金属板屏蔽箱中，屏蔽箱应妥善接地。

7）采用选频放大器测量时，受测量频带以外的干扰频率的影响较小。

8）采用平衡回路，可以互相补偿而消除大部分外来干扰。

9）寻找干扰源是一件非常认真、细致的工作。例如有时发现示波器上有空气中电晕的信号，要找到电晕的地点却不容易。利用天线作为测向仪可以较方便地发现干扰方位而采取措施消除。

6.9.6 局部放电测试方法

(1) 局部放电耐电压试验 目的是通过试验来证明试样是否在某一规定电压下不发生局部放电。

逐渐升高试样上的电压至保证不发生局部放电的电压值，并维持该电压至规定的时间，然后减少电压至零。如果试样的放电不超过规定的值（如对交联聚乙烯电缆，一般规定不超过声明试验灵敏度的无可见放电），则认为已经通过了此项试验。

什么叫测试系统的背景干扰水平？当成盘试样与测试系统构成测试回路，用经过校验的放电量校准器对测试回路进行标定后，在不加电压的情况下，局部放电测试仪所显示的数值或最大脉冲高度所对应的电荷数值，称为测量系统的背景干扰水平，当然如果在局部放电测试仪示波图中存在不在放电相位区域的固定干扰信号，可以用"开窗"的措施降低系统的背景干扰水平。系统背景干扰水平用"pC"表示。

什么叫测试系统的灵敏度？试验回路的灵敏度是指存在背景干扰条件下，仪器能检出的最小放电量（q_{min}），在 GB/T 3048.12—2007 或 IEC60270 中规定试验回路的灵敏度等于 2 倍的系统背景干扰水平。

所以为了得到明确的检测结果，q_{min} 在示波器上的显示高度应至少为视在背景干扰高度的 2 倍。如果采用指示仪表，则 q_{min} 的读数也应至少为背景干扰水平（噪声读数）的 2 倍。

$$q_{min} = 2kh_n$$

式中 k——标定系数，计算得出（pC/mm），如果是指针表头的仪器有此标定值，如果是数字式仪器，此值为 1；

h_n——背景干扰偏转值（mm），在示波器或微微库表上读数，如果是指针表头的仪器有此标定值，如果是数字式仪器，此值可以直接读出。

(2) 局部放电起始电压及熄灭电压的测定 逐渐升高试样上的电压，直至出现了超过规定的最小值的放电信号，记录此时的电压值。

随后逐渐降低试样上的电压（约降低 10%）到放电熄灭或小于规定的值，记录此时的电压值。重复上面的过程至少 3 次，如果得到的结果较一致，取平均值为起始电压和熄灭电压值。

如果 3 次的结果很不一致，应更多地重复上述的观察过程，以便得到一个较合理的平均值，或确定每次重复结果的倾向性。

但应注意试样上的试验电压保持在起始电压值之上的时间对随后的熄灭及起始电压值的影响。有时在相当低的试验电压下会出现一些零星的局部放电信号，这些信号或者立刻就消失，或者在稍后消失。这种放电的出现应记录在试验报告中。

（3）局部放电强度的测量　局部放电强度是各种放电量的总称，它可以指其中的一个或几个量，可以是单个放电脉冲的放电量，也可以指一段时间内放电的积分量。局部放电强度的测量在规定的电压下进行。逐渐升高试样上的电压至规定值，并维持此电压值到规定的时间，在此时间的末尾测量放电强度，之后降压至零。

有时放电强度也在电压升高或降低的整个试验过程中进行测量。

6.10　载流量试验

6.10.1　试验目的

合理地确定电缆的载流量，既可保证电缆的长期工作可靠性（即安全寿命），又充分发挥电缆的传输电能（电流）的能力，具有重大的技术意义及经济意义。

电缆载流量试验的目的在于：掌握电缆在实际敷设和运行条件下的发热及散热变化规律，验证理论公式（如热力学基本公式的应用条件与合理性），确定与载流量有关的基本参数（如热阻系数、表面散热系数等），为拟订载流量标准，提供所需的各种计算方法及技术数据（如经验公式、简化公式、校正系数等）。

6.10.2　试验内容

影响电线电缆载流量的因数较多，如：线路特性（如工作电压、电流类型、频率、负荷因数），电线电缆的结构（如导电线芯的结构、芯数、绝缘材料的种类、屏蔽层及内外护层的结构和材料、总外径），敷设条件（如空气中敷设、管道中敷设、直接埋地敷设、地下沟道中敷设、水底敷设等），导电线芯最高允许工作温度和周围环境条件（如空气和土壤温度、土壤的热阻系数、周围热源的邻近效应）等。因此电线电缆的载流量试验是一项长期的基本研究工作，又是迫切需要的技术工作。研究试验中涉及范围很广，其中最基本的是研究电线电缆产品在通电流后的温升规律与散热情况，通过大量试验，得出在典型情况下的最大允许载流量，供使用单位合理应用。

6.10.3　试验方法

1. 单根空气中架空水平敷设载流温升试验

1）试样样品。选择各种类型及规格的电缆样品，每根样品长度为 10m。

2）环境条件的控制与调整。试验应在可控的环境条件下模拟电线电缆在实际空气中架空敷设情况下的散热规律，本试验在特制的设备（空气敷设模拟试验筒）中进行。

空气敷设模拟试验筒的工作容积为 2m×2m×10m（长度）。试验筒两端设有绝热门，门顶上有风道，一端为进风口，另一端为排风口，风源由恒温装置供给。如需进行电线电缆在强迫冷却条件下的试验时，可由风道接入所需的风源。试验筒内有供安装样品的支架小车以及电源接线端子等。试验筒内的空气温度可在 5～40℃ 范围内调整，并在整个试验期间连续保持稳定（±0.2℃）。试验筒内各点空气温度相差不超过 ±0.5℃。模拟试验筒的结构示意图及温度调节控制系统原理图见图 5-6-29 及图 5-6-30。在标准条件下空气温度调整到 25℃。

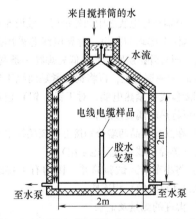

图 5-6-29　空气敷设模拟试验筒结构示意图

3）样品的敷设与安装如图 5-6-31 所示。

a）将样品单根或多根安装在试验小车的支架上。

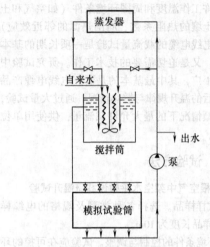

**图 5-6-30 模拟试验筒温度调节
控制系统原理图**

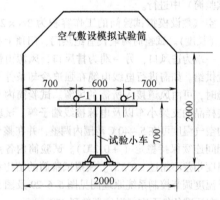

图 5-6-31 试样在试验筒中安放的情况

b) 分别在导电线芯中和外护层上敷设 5 对热电偶，在试样中部均匀敷设，对导电线芯采用插入热电偶法，而对外护层则将热电偶先焊在一条宽 3mm、厚 0.2mm 的薄铜带上，再将铜带紧贴间绕于样品表面或用漆包线扎紧热电偶，对于铅（铝）包及钢带铠装处可将热电偶直接焊上。

c) 在试验样品两端分别接上电流接线端和电位接线端（测导电线芯直流电阻用）。

d) 将小车推入试验筒并与筒内有关接线（电流、电位和热电偶）相连接。

4) 温度的测量及记录。

a) 采用 0.05 级电位差计，利用热电偶进行温度测量。热电偶的冷端放在冰水中，保持 0℃。

b) 对于导体、铅（铝）护套还采用直流电阻电桥配合 0.5 级分流器（作为标准电阻），通过测量直流电阻来测量温度。

c) 采用电子电位差计（1.0 级）连续自动记录载流温升曲线，并作为监视试验过程中试品表面和模拟试验筒内空气温度的平衡稳定。

5) 导电线芯的加热方法。

a) 直流加热：利用直流发电机或其他直流电源。通过 0.5 级分流器测量直流电流值。

b) 交流加热：备有单相和三相加热变压器，利用调压器调节其一次电压，以获取所需的加热电流。采用 0.2 级穿芯式电流互感器直接测量电流值。

加热电流及电阻测量的线路如图 5-6-32 ~ 图 5-6-34 所示。

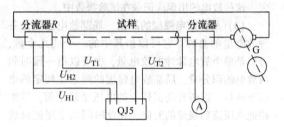

**图 5-6-32 用直流发电机加热线芯时
测导体直流电阻**

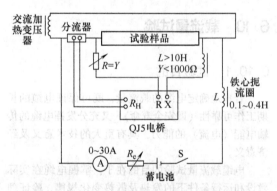

**图 5-6-33 用交流电源加热线芯时测量
导体直流电阻**

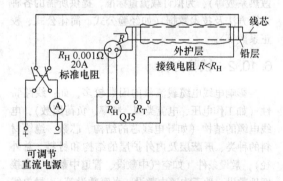

图 5-6-34 测量护套直流电阻

6）试验程序。

a）按试验方案在模拟试验筒中安装敷设试样。

b）调节试验筒空气温度至 25℃，待试样导电线芯温度基本稳定于 25℃时，测量导电线芯直流电阻值并记录当时导电线芯和模拟试验筒内的热电偶读数。开启电子电位差计，使其开始连续自动记录载流温升曲线（包括环境温度和样品表面温度）。

c）调节加热电流至试验值。

d）待试样温度达到稳定后，分别测量下列各量：

① 通过导电线芯的电流值；

② 导电线芯、外护层、试验筒内各热电偶温度；

③ 导电线芯的直流电阻值。

试样温度稳定的标志是导电线芯和试样表面温度在 0.5h 内的变化不超过 0.5℃。

e）为了减少数据分散性（偶然误差），在正负极性下重复试验次数各不少于 3 次，每次测量相隔时间为 1h。

f）用其他试验电流值重复上述试验，或在新的样品上重复上述试验。

g）对试验数据进行整理和分析处理。

2. 直接埋地载流温升试验

试验方法除环境条件不同外，基本与空气中敷设即在模拟筒中试验相同。直接埋地的环境条件：敷设在地面以下 0.75m，仍以原土壤填进，待土壤恢复其结构特性后（电缆沟内土壤热阻系数和周围土壤热阻系数相同），开始通电流试验。

样品三芯接成 Y 形，以三台单相加热变压器供电，用电流互感器和电流表监视每一相电流。电缆发热功率用交流电位差计测量每相的电流、电压和相角，然后计算电缆发热功率。直接埋地电缆温升稳定时间很长，要特别注意气温的突然变化而产生的影响。

6.10.4　用探针法测量土壤的热阻系数

（1）意义　土壤热阻系数是计算土壤热阻及电缆埋地敷设时允许载流量的重要参数，它随土壤成分、结构、温度的不同变化较大。为了正确设计，测量土壤热阻系数十分重要。探针法是一种测量土壤热阻系数的快速、方便而又准确的方法。

（2）探针结构　主要由一根细长的不锈钢管，管内放入一根加热丝及三对热电偶而组成。

（3）探针法原理　探针长度大于其直径 200倍，可以看作一个无限长线状热源。当其插入无限

大的均匀土壤介质中时，其热传导方程为

$$\frac{\partial \theta}{\partial t} = D\left(\frac{\partial^2 \theta}{\partial r^2} + \frac{1}{r}\frac{\partial \theta}{\partial r}\right) + \frac{W}{C\gamma} \quad (5\text{-}6\text{-}18)$$

方程的解为

$$\theta = \frac{W\rho_T}{4\pi}\left[-E_i\left(\frac{-r^2}{4Dt}\right)\right] \quad (5\text{-}6\text{-}19)$$

式中　W——探针单位长度的发热量（W/cm）；

$\quad\quad r$——探针内半径（cm）；

$\quad\quad t$——时间（s）；

$\quad\quad D$——土壤的播热系数，$D = \dfrac{1}{\rho_T C\gamma}$；

$\quad\quad \rho_T$——土壤的热阻系数（℃·cm/W）；

$\quad\quad C$——土壤的比热［W·s/(cm³·℃)］；

$\quad\quad \gamma$——土壤的密度（g/cm³）；

$\quad\quad E_i$——指数积分函数的符号，是一个无穷级数。

当 t 足够大时（5s 以上），则可从 θ（℃·cm/W）的简化式中得

$$\rho_T = \frac{4\pi(\theta_2 - \theta_1)}{W\lg\dfrac{t_2}{t_1}} = 5.46\,\frac{\theta_2 - \theta_1}{W\lg\dfrac{t_2}{t_1}} \quad (5\text{-}6\text{-}20)$$

式中　θ_2、θ_1——相应于时间 t_2 及 t_1 时管壁处的温度（℃）。

（4）探针的使用方法

1）用打孔装置在地上打孔。

2）探针插入孔中，接好线路，调节电流至某一数值，加热功率以 0.4~0.7W/cm 为宜。测量过程中温度不要超过 100℃，否则要降低功率重新测量。按一定的时间间隔记录探针内某一热电偶指示出的温度随时间的变化，约经 20min，温度趋于稳定，把所得数据绘于半对数坐标纸上，外推出 100min 时的温度。

根据 100min 及 10min 的温度差 m（℃），加热丝长度 l（cm），探针总功率 P（W），即可按下式求出土壤热阻系数 ρ_T

$$\rho_T = 5.46\,\frac{l \cdot m}{P} \quad (5\text{-}6\text{-}21)$$

6.11　电缆结构检查与理化试验

6.11.1　结构检查

电缆结构的检查系指对电缆各组成部分的结构形状及几何尺寸的检查。通过结构检查可以暴露电缆的制造质量，发现生产中的可见缺陷，避免造成故障。

试样一般是从整盘电缆的末端割下一段（约1m），或按规定在两端割取样品。试样应该是完整的，没有任何外伤，然后按自外而内的次序逐步进行详细的检查，并将结果随时加以记录。结构尺寸均应符合标准规定。

本节所述的内容系指电缆已是成品的情况，检查的顺序必然地自外而内，叙述将和实际工作取得一致，而不是按照生产的程序。

1. 端面视察 对于油浸纸绝缘电缆，为了能够清晰地观察其断面结构，首先要设法将其端面上的浸渍剂清除掉，通常用浸透汽油的纱布来擦拭，然后观察电缆的圆整性、导线结构的对称性和材料的一致性等。对于橡塑类电缆除观察上述诸点外还应观察绝缘和护套内有无气孔、砂眼等。

2. 护层结构检查

1）外护层的质量要求和检查参见第6篇。

2）金属护套的检查。作为电缆护套的金属材料主要是铝、铅与铅合金，这些金属由于硬度低，故在清除附着的沥青时，不能用刀子一类的工具去刮，否则将影响表面状态和尺寸。最好也用汽油、纱布擦除沥青，必要时也可用喷灯加热，去除沥青、油污等物，然后检查表面是否光滑，有无混杂的粒子、氧化物、气孔和裂缝等。

根据制造方的意见应采用下列之一测量金属护套最小厚度。

窄条法：

应使用测量头平面直径为4~8mm的千分尺测量，测量精度为±0.01mm。

测量应在取自成品电缆上的50cm长的护套试样进行。试样应沿轴向破开并仔细展平。将试样擦拭干净后，应沿展平的试样的圆周方向距边缘至少10mm进行测量。应测取足够多的数据，以保证测量到最小厚度。

圆环法：

应使用具有一个平测头和一个球形测头的千分尺，或具有一个平测头和一个长为2.4mm、宽为0.8mm的矩形平测头的千分尺进行测量。测量时球形测头和矩形测头应置于护套环的内侧。千分尺的精度应为±0.01mm。

测量应在从样品上仔细切下的环形护套上进行。应沿着圆周上测量足够多的点，以保证测量到最小厚度。

金属护套的密封性试验对于充油电缆和充气电缆都是必要的，试验方法如下：

对充油电缆，金属护套密封性试验是在电缆装铠前，于金属护套内部充以0.49~0.59MPa油压，经2h后不漏油。

对充气电缆，金属护套密封性试验是将电缆中的压力加到1.3倍额定压力，然后与气瓶隔开，经2h后电缆中的压力应不降低。

3. 绝缘厚度检查

(1) 概述 绝缘厚度的测量可以作为一项单独的试验，也可以作为其他试验如力学性能试验过程中的一个步骤。在所有情况下，取样方法均应符合有关电缆产品标准的规定。

(2) 测量装置 读数显微镜或放大倍数至少10倍的投影仪，两种装置读数均应至0.01mm。当测量绝缘厚度小于0.5mm时，则小数点后第三位为估计读数。现在市面上有全自动厚度测试装置，应属于投影仪类的设备。

(3) 试件制备 从绝缘上去除所有护层，抽出导体和隔离层（若有的话）。小心操作以避免损坏绝缘，内外半导电层若与绝缘粘连在一起，则不必去掉。

每一试件均由一绝缘薄片组成，应用适当的工具（锋利的刀片，如剃刀刀片等）沿着与导体轴线相垂直的平面切取薄片。

如果绝缘上有压印标记凹痕，则会使该处厚度变薄，因此试件应取包含该标记的一段。

(4) 测量步骤 将试件置于装置的工作面上，切割面与光轴垂直。

1）当试件内侧为圆形时，应按图5-6-35a径向测量6点。如是扇形绝缘线芯，则按图5-6-35b测量6点。

2）当绝缘是从绞合导体上截取时，按图5-6-35c和图5-6-35d测量6点。

3）当绝缘内、外内外均有不可去除的半导电层时，屏蔽层的厚度应从测量值中减去；当不透明绝缘内、外内外均有不可去除的半导电层时，应使用读数显微镜测量。

(5) 绝缘偏心度测量 在同一个试件上测得的最大绝缘厚度 t_{max} 和最小绝缘厚度 t_{min}，则绝缘偏心度的计算公式为 $\frac{t_{max} - t_{min}}{t_{max}}$。

对油浸纸类型的电缆还要检查纸带绕包的质量。

纸带重合的检查，可截取300mm长电缆试样，逐层检查纸带。纸带在不少于一个绕包节距长度内的间隙，如不被它上面一层纸带遮盖住，即为重合。同一层纸带即使多处重合也算一次重合。

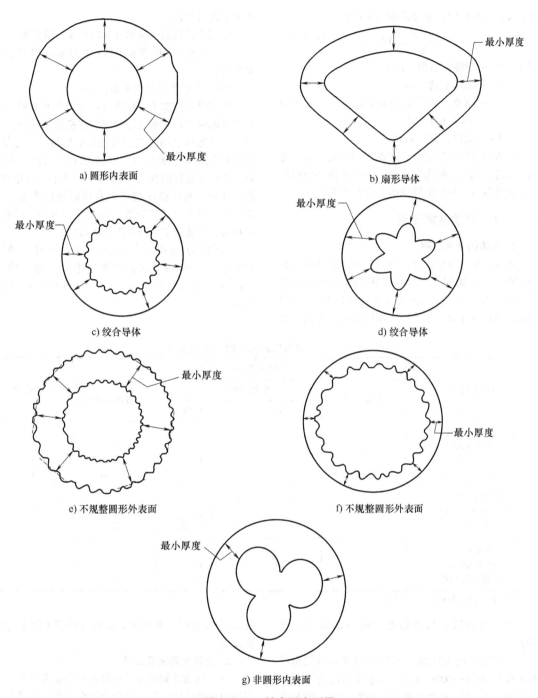

a) 圆形内表面　　　　　　　　　　b) 扇形导体

c) 绞合导体　　　　　　　　　　　d) 绞合导体

e) 不规整圆形外表面　　　　　　　f) 不规整圆形外表面

g) 非圆形内表面

图 5-6-35　护套厚度测量

对纸绝缘高压电缆还可用摄影方法记录各层纸带的相对位置。

4. 导电线芯的检查

导电线芯的直径可用测微规、千分卡尺来测量或按导线圆周算出。导线圆周可用纸带绕在导线上求出。如果是半圆形、扇形或其他非圆形导电线芯，均可用纸带法求得它的相当圆直径。

导线实际截面的测定，可截取一定长度的缆芯样品，除去绝缘层，将单线退成直线，如附有浸渍剂的应用汽油洗净，测其重量及其长度，根据密

度，按式（5-6-22）求截面积（mm²）

$$S = \frac{W}{\gamma \cdot l} \times 10^3 \qquad (5\text{-}6\text{-}22)$$

式中　S——导体截面积（mm²）；

　　　W——试样重量（g）；

　　　γ——密度，对于铝 $\gamma = 2.7\text{g/cm}^3$，对于铜 $\gamma = 8.89\text{g/cm}^3$；

　　　l——试样长度（mm）。

检查导体时应注意导线表面是否光滑，有无毛刺、裂开、翘皮、擦伤等毛病，导线表面不应有严重的氧化现象，导线的缝隙中不应有污垢存在。

6.11.2　力学性能试验

1. 电缆的弯曲试验

电缆在制造及敷设过程中，受到多次弯曲。制造不良的电缆就会因弯曲而引起绝缘的损伤（如纸条撕裂）及金属护套的损伤（如出现裂缝）。弯曲试验的目的在于检查电缆经有限次数的弯曲而不出现对电缆的损伤。

电缆进行弯曲试验时样品的长度，通常为：

110kV 及以上的充油电缆：≥10m 再加二个终端长度；

35kV 及以下的各类电缆：5m。

弯曲试验按如下方法进行：对于充油电缆，电缆样品两端封焊。除去外护层后在室温下进行。将已准备好的样品围绕规定直径的圆柱体进行卷绕，然后将电缆试样拉直，以相反的方向再卷绕、再拉直，如此反复伸曲作为一次弯曲；对于交联电缆，将已准备好的样品围绕规定直径的圆柱体进行卷绕，然后将电缆试样拉直，以相反的方向再卷绕、再拉直，如此反复伸曲作为一次弯曲。

弯曲的次数及圆柱体直径（弯曲直径）的规定列于表 5-6-19。试验应连续进行到规定的弯曲次数，如试验在进行过程中发生中断应重新开始。

表 5-6-19　电缆弯曲试验的直径及次数

护套种类	弯曲直径 $(D+d)$/mm				弯曲次数
	充油电缆	塑料绝缘电缆		油纸绝缘电缆	
		≥66kV	≤35kV		
铅护套、皱纹铝护套					
单芯电缆	25	25	20	25	3
多芯电缆	20	20	15	15	3
分相三芯电缆	—	—	—	18（2.15$D+d$）	3
非皱纹铝护套					
护套外径≥40mm	30	36	单芯：25	30	3
护套外径<40mm	—	—	三芯：20	25	3
塑料护套					
移动式电缆	—	20	10	—	3
非移动式电缆			15		—

注：D 为护套外径，d 为导体外径。

经过弯曲试验的样品进行电压试验和物理检查。

弯曲后的电压试验：35kV 及以下油浸纸电缆按 GB/T 12976—2008 规定，在弯曲后经受工频电压试验，对高压充油电缆按 GB/T 9326—2008 规定，抽样试验在弯曲后经受工频电压试验，型式试验在弯曲后经受工频电压和冲击电压试验。

交联聚乙烯电缆按 GB/T 12706—2008、GB/T 11017—2014 和 GB/Z 18890—2015，在弯曲后经受局部放电试验。

物理检查在经弯曲试验后的试样中部取长约 1m 的电缆进行，金属护套及绝缘层应无严重的损伤发生。

2. 金属护套强度试验

(1) 铅层扩张试验　用径向扩张来考察铅管沿圆周的延伸性能，是发现铅套合金不匀、压铅工艺不良的一种简便且很有效的方法。标准规定对于直径15mm 以上的电缆，其铅套应经受扩张试验。方法是将 150mm 长的铅管一段，置于一底部直径为高度的 1/3 的圆锥体上，然后垂直轻掷圆锥体的底部，使铅套下移，同时与锥体接触部分的直径得到扩张。试验时接触部分应加润滑油，并且要经常转动铅套。

对纯铅铅套应扩张到铅套内径的 1.5 倍不破裂，对合金铅套则为 1.3 倍不破裂。

(2) 液压试验　此试验是对经常工作在有一定内压下的电缆的金属护套进行的（如充油电缆、充气电缆）。对于铅套只有在具有加强层的情况下才进行这一试验。

对于有加强层的铅套的试验方法是：样品不短于 5m。剥去电缆外护层至加强带外的聚氯乙烯带为止，铅层内承受 1.1 ~ 1.2MPa 的液压（介质可以用水或油），经 4h 后应不裂开。

对于铅套尚未有具体规定。

6.11.3　理化性能试验

1. 充油电缆的油样试验

电缆、压力箱、纸卷筒以及每桶电缆油，均应做油样试验，即取油样做如下要求的电性试验。

对电缆本体、压力箱、纸卷桶的油样，在温度 100℃时的 $\tan\delta$ 小于 0.005，击穿电压大于 45kV/2.5mm。

对每桶电缆油样，在温度 100℃ 时 $\tan\delta$ 小于 0.003。

2. 充油电缆的浸渍试验

浸渍试验是为了检查电缆浸渍完善程度和测量电缆中气体的含量。试验方法如图 5-6-36 所示：将电缆一端通过阀门 5 与供油箱或压力箱 2 相连，另一端阀门 6 关闭，可以从压力表 3 读出初压力户 p_0。关闭与压力箱相通部分的阀门 5 而打开另一端

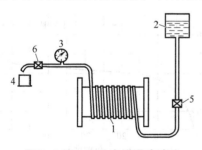

图 5-6-36　充油电缆浸渍试验
1—电缆试样　2—供油箱　3—压力表
4—测量油体积的量筒　5、6—阀门

的阀门 6 放出若干电缆油，随即关闭。可从量筒 4 测量出放出的油的体积 ΔV。待压力稳定后读出压力表 3 的读数 p_1，$\Delta p = p_0 - p_1$，从而可以求出气体含量为

$$V_0 = \Delta V \left(\frac{p_0}{\Delta p} + 1 \right) \approx \Delta V \frac{p_0}{\Delta p} \qquad (5\text{-}6\text{-}23)$$

一般充油电缆中的气体含量不得超过电缆绝缘层所占体积的 0.1%。

3. 浸渍剂滴流试验

不滴流电缆的滴流性能试验：样品长度不小于 1m，试样两端密封，在工作温度下保持 7 天，浸渍剂滴出量应符合下列规定。

6/6kV 及以下电缆不超过试样金属套内部体积的 3%；

6/10kV 及以上电缆不超过试样金属套内部体积的 2.5%。

4. 交联聚乙烯交联度的测量

交联聚乙烯的交联度直接影响交联质量。交联聚乙烯的交联度应不低于 80% 交联度的测量用重量溶胀法进行，其具体做法如下：

1) 试样的抽取：交联聚乙烯绝缘分内、中内、中外、外四层（包括半导体层），从每层中取样。每块试样大小以 15mm×15mm×2mm 左右为宜，每批试样尺寸力求一致，以减少误差。

2) 试验方法：将试样放入 50mL 称量瓶内，在精度千分之一的天平上称量。然后将甲苯注入称量瓶内，满度为离瓶口 1mm 左右，将盖旋紧。然后将称量瓶放入烘箱的铝板架上，在 110℃±2℃ 下加热 24h。然后倒去溶剂（溶有未交联的物质的甲苯），将瓶盖侧置于称量瓶口上，放入 70℃烘箱中干燥 24h，然后仍在原天平上称量干燥后的重量。

3) 计算：由下式计算出交联度

$$\text{交联度} = \frac{\text{干燥后试料重}}{\text{原始试料重}} 100\% \qquad (5\text{-}6\text{-}24)$$

5. 有关橡塑产品的耐寒性能、耐油性能、耐燃烧性能、热变形、耐湿性、热老化、高温卷绕、低温卷绕、柔软性、干湿耐压、火花试验等（参见第 6 篇）。

第7章

充油电缆供油系统设计

供油系统是自容式和钢管式充油电缆线路的一个重要组成部分。因为充油电缆是借助于供油系统的油压来消除在普通粘性浸渍电缆绝缘中由于温度变化引起的收缩所形成的气隙，从而大大提高了工作电场强度。例如 35kV 及以下的普通粘性浸渍电缆的工作场强仅为 3 ~ 4kV/mm，而充油电缆的最大工作场强则高达 15kV/mm。充油电缆在制造过程中是经过十分仔细的干燥和浸渍的，因此它在存储、运输、敷设、安装和运行时必须保持一定的油压以免空气和潮气侵入电缆内部。

充油电缆的油压是借与之相连的供油设备来保持的。当电缆因负荷电流的变化和环境温度的变化引起电缆线路内部油体积的膨胀或收缩时，供油设备能够吸收或补偿这一部分油体积的变化量，从而使电缆线路上的油压保持在允许范围以内。为达到此目的就需要正确计算充油电缆在温度变化时的需油率、需油量、暂态压力以及供油设备的容量和供油长度等，并根据线路的具体情况选择供油设备的型式并把它们布置在合适的地点。

7.1 供油箱的工作原理及型式

自容式充油电缆的供油设备主要是供油箱。根据其结构和工作原理，供油箱可分为重力供油箱、压力供油箱（简称压力箱）和平衡供油箱（或称恒定压力供油箱）。

7.1.1 重力供油箱

重力供油箱是利用供油箱与电缆之间的相对位差来保持电缆中油压的供油装置，它的结构原理如图 5-7-1 所示。它的主要部分是一组密封、可变容积的弹性元件。弹性元件系由两片有波纹的金属薄板焊接而成，弹性元件内充满与电缆油道相通的电缆油。充满油的弹性元件置于油箱内，油箱内的油与大气相通而与元件内部的电缆油相隔离。当电缆

温度升高时，电缆中的油体积膨胀，压力增大，将电缆中一部分油压到重力供油箱的弹性元件内，弹性元件体积增大，弹性元件外的油面提高。反之，电缆温度下降时，元件内的油回流到电缆，弹性元件体积收缩，元件外的油面降低。使电缆的内压力维持在规定范围内，因此在电缆绝缘层内不会形成气隙。重力供油箱的供油特性曲线如图 5-7-2 所示。

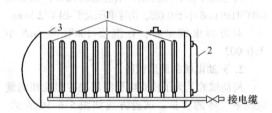

图 5-7-1 重力供油箱结构示意图
1—弹性元件 2—油位计 3—箱壳

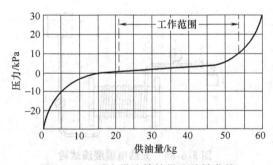

图 5-7-2 重力供油箱的供油特性曲线

重力供油箱的优点是结构简单、供油量大（供油长度可达 1 ~ 2km），压力恒定（几乎与温度、落差、供油量无关）。它的缺点是体积大，一定要安装在高处才能保证电缆要求的压力。

另一种重力供油箱称为特殊重力供油箱，如图 5-7-3 所示，它的工作原理与重力供油箱相同，只不过把重力供油箱分成两个箱子。一个箱子称为元件箱，里面放的主要是可变容积的弹性元件；另一个箱子

称为调整油箱，里面放的主要是普通重力供油箱中元件外部的油，它的位置决定了供油压力。因为特殊供油箱的调整油箱体积较小，重量较轻，选择安装场所和安装就方便得多，而较重的元件箱则可放置在任何适当的场所。

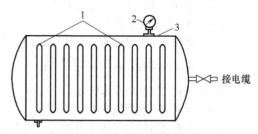

图 5-7-4　压力供油箱结构示意图

1—弹性元件　2—压力计　3—箱壳

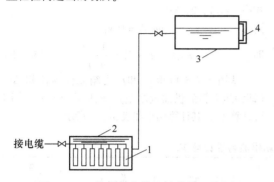

图 5-7-3　特殊重力供油箱结构示意图

1—弹性元件　2—元件箱
3—调整油箱　4—油位计

7.1.2　压力供油箱

压力供油箱简称压力箱，它的结构原理如图 5-7-4 所示。

在可变体积弹性元件内充有一定量的气体（一般为氮气或二氧化碳气体），这些元件置于密封的油箱中，箱中的油与电缆油道相通。当电缆温度上升时，电缆内油的体积膨胀，油压上升，从而压缩元件内的气体，而电缆中多余的油则流到压力箱中去。反之，当电缆温度下降时，电缆内油体积收缩，油压下降，元件内气体体积膨胀，把油又压回到电缆中去，使电缆得到所需的补充浸渍，维持电缆内压力在规定范围内，因此在电缆绝缘层内不会形成气隙。国产 30 型压力箱供油特性曲线如图 5-7-5 所示。

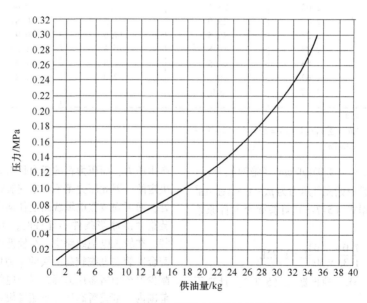

图 5-7-5　国产 30 型压力箱供油特性曲线

压力供油箱元件内的气体体积、温度和压力的关系，可以认为遵守波义耳—查理定律。根据波义耳—查理定律

$$pV = nkT \qquad (5\text{-}7\text{-}1)$$

$$k = \frac{p_0 V_0}{T_0} \qquad (5\text{-}7\text{-}2)$$

式中　p——全部元件内气体的压力；

V——全部元件内的气体体积（L）；

T——全部元件内气体的温度（K）；

n——压力箱中的元件数；

k——元件内的气体常数，是压力箱的一个重要的特性常数 $\left(\dfrac{L \cdot kg/cm^2}{K}\right)$；

p_0——元件充气时的气体压力；

T_0——元件充气时的气体温度（K）；

V_0——元件充气时，气体压力为 p_0 时每个元件内的气体体积（L）。

压力供油箱的元件气体常数 k 亦可从其供油特性曲线求得。设在任意绝对压力 p_1 下，全部元件内气体体积为 V_1，当排出油量 ΔV_i 后，压力下降至 p_i。如温度不变，根据波义耳-查理定律有

$$p_1 V_1 = p_i (V_1 + \Delta V_i) \tag{5-7-3}$$

$$V_1 = \frac{P_i \Delta V_i}{p_1 - p_i} = \frac{\Delta V_i}{\dfrac{p_1}{p_i} - 1} \tag{5-7-4}$$

式中 $i = 1, 2, 3 \cdots$

同时

$$n p_0 V_0 = P_1 V_1$$

即

$$n p_0 V_0 = p_1 V_1 V_0 = \frac{1}{n} \frac{p_1 V_1}{p_0} \tag{5-7-5}$$

从图 5-7-5 可得 p_i 和压力箱元件内体积 ΔV_i（即为压力箱的供油量之差）。根据式（5-7-4）即可计算 V_1，其计算结果如表 5-7-1 所示。

表 5-7-1　根据压力箱供油特性计算 V_1

序号	压力箱压力/(kgf/cm²)[①]		压力箱内油量 V_i'/L	$\Delta V_i' = V_i' - V_{i+1}'$/L	$\dfrac{p_1}{p_i} - 1$	$V_1 = \dfrac{\Delta V_i}{\dfrac{p_1}{p_i} - 1}$
i	表压力	绝对压力				
1	3.0	4.03	35	0.8	0.05	16.0
2	2.8	3.83	34.2	1.5	0.11	13.6
3	2.6	3.63	33.5	3.0	0.17	17.7
4	2.4	3.43	32.0	4.2	0.25	16.8
5	2.2	3.23	30.8	5.9	0.33	17.8
6	2.0	3.03	29.1	7.5	0.42	17.8
7	1.8	2.83	27.5	9.5	0.53	17.9
8	1.6	2.63	25.5	12.0	0.66	18.2
9	1.4	2.43	23.0	14.5	0.81	17.9
10	1.2	2.23	20.5	17.5	0.98	17.9
11	1.0	2.03	17.5	20.5	1.20	17.1
12	0.8	1.83	14.5	24.8	1.48	16.8
13	0.6	1.63	10.2	29.0	1.82	15.9
14	0.4	1.43	6.0	—	—	—

注：1. $\sum V_1 = 221.4$。

2. V_1 的平均值 $= \sum V_1/(i-1) = 221.4/(14-1) = 17.0$。

① $1 kgf/cm^2 \approx 0.098 MPa$。

由表 5-7-1 得 $p_1 = 4.03 kgf/cm^2$（绝对），$V_1 = 17L$，如压力箱元件原始充气压力为 $p_0 = 1.33 kgf/cm^2$（绝对），则可根据式（5-7-5）计算每个元件原始充气体积 V_0

$$V_0 = \frac{17.0 \times 4.03}{1.33 \times 30} L \approx 1.72 L$$

如充气温度 $T_0 = 293K$，则根据式（5-7-2）计算压力箱气体常数

$$k = \frac{1.72 \times 1.33}{293} = 0.0078 \ \frac{L \cdot kgf/cm^2}{K}$$

反之，有了气体常数，也可确定压力箱的供油特性。所以说，气体常数是表征压力箱供油特性曲线的常数。

重力供油箱是靠本身相对于电缆位置（重力）产生压力，而压力箱的压力是由元件内气体压力所决定的。因此压力箱不一定安装在电缆线路上的高处，而可安装在电缆线路上任何合适的场所。在安装重力供油箱条件不允许时，可以用压力箱来代替。在较长电缆线路中，在较低端安装一压力箱以配合安装在电缆较高一端的重力供油箱供油，可以减少电缆中暂态压力降，保证电缆在容许温度变化范围内，电缆暂态压力不超过规定值。

压力箱的缺点是较同体积的重力供油箱的供油量小，它的供油长度一般小于1000m。其次，它的供油压力随温度和供油量大小而变化，因此用压力箱供油的电缆线路的压力变化比用重力供油箱供油的大。压力供油箱多用于落差较小或水平敷设的电缆线路。

还有一种外气体型压力箱，结构如图 5-7-6 所示。它的气体和油的相对位置恰好与上述结构相反，元件内充满与电缆相连通的油，而在元件外和箱中是压缩气体。它与压力箱相比较，在相同外形尺寸的条件下，可容气体体积较大，也就是说，在供油量相同条件下，外气体型压力箱压力变化较小；放大箱壳尺寸比放大弹性元件的尺寸容易，即这种结构增加气体体积比较容易；增加箱壳机械强度也比较容易。因此，这种压力箱适用于高压力充油电缆线路。

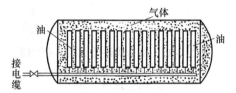

图 5-7-6 外气体型压力箱结构示意图

7.1.3 平衡供油箱（恒压供油箱）

重力箱必须安装在高处才能使用。这使得重力供油箱的使用受到限制。而压力箱正好相反，安装点可任意选择，但它的供油压力随供油量和温度而变化，当压力高时，供油量相同的条件下，压力变化更大。如图 5-7-7 所示，当 $\Delta V_1 = \Delta V_2$ 时，ΔP_2 远远大于 ΔP_1。因此，压力越高，压力箱的供油效率越低。

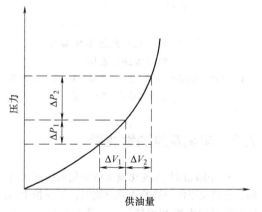

图 5-7-7 压力供油箱的供油特性曲线
（当提高工作压力时，供油效率降低说明图）

近年来，为了克服上述两种供油箱的缺点，人们设计了许多形式平衡（恒压）供油箱。这类供油箱的供油压力不是由油箱位置确定的，而是用泵或气体维持其恒定。这样安装位置就不受高度的限制，而且供油压力基本维持恒定，兼备了重力供油箱和压力供油箱的优点。但是，平衡供油箱的结构和使用维护都比重力供油箱或压力箱复杂。图 5-7-8 为一种压缩空气式的平衡供油箱的结构原理图。高压储气罐存储一定压力的气体，当低压气体室中油压低于规定值时，高压储气罐通过滤尘器及减压阀向低压气体室供气，使压力箱的压力升高到规定值。当低压室中油压高于规定值时，则低压室中的气体通过释气阀放气，使油压降低到规定值，从而维持压力箱供油压力恒定。高压储气罐通过压缩机自动控制开关保持其压力恒定。平衡供油箱的供油特性曲线与重力供油箱和压力箱的供油特性曲线的比较如图 5-7-9 所示。

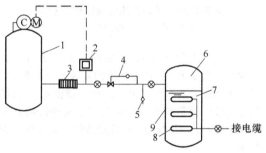

图 5-7-8 平衡供油箱原理示意图
C—压缩机 M—电动机
1—高压储气罐 2—压缩机压力控制器 3—滤尘器
4—减压阀 5—释气阀 6—低压力气体室
7—油 8—弹性元件 9—供油箱

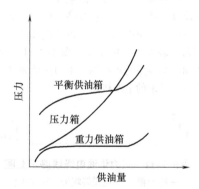

图 5-7-9 平衡供油箱、压力箱、重力供油箱的供油特性曲线比较

7.2 供油箱的布置

根据使用的供油箱种类，电缆供油系统大体可以分为下列三类。

7.2.1 重力供油系统

重力供油系统主要由重力供油箱供油，它的安装示意图见图 5-7-10。

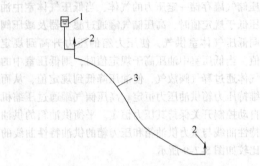

图 5-7-10 重力供油电缆线路示意图
1—重力供油箱 2—电缆终端头 3—电缆

重力供油系统的特点是供油压力几乎与供油量大小和温度无关，由供油箱的安装高度来确定，因此供油压力基本保持恒定。重力供油箱一般安装在电缆线路最高终端头的上面。这种供油方式适用于倾斜的电缆线路，从位置高的一端终端头处供油。

7.2.2 压力供油系统

压力供油系统主要由压力箱供油。由于我国电缆厂只生产压力箱，目前几乎我国所有充油电缆线路均采用这种系统。压力供油电缆线路的优点是安装方便而且经济。短段电缆线路（1km 以下）一般可在一端用压力箱供油。对于较长电缆线路，可以采取两端或多处压力箱供油。图 5-7-11 为两端压力箱供油电缆线路的示意图。压力供油系统多用于敷设线路较平坦的电缆线路中。

图 5-7-11 压力供油电缆线路示意图
1—压力箱 2—电缆终端头 3—电缆

7.2.3 混合供油系统

混合供油系统是在电缆线路一端用重力供油箱供油，在电缆线路的另一端或在中间用压力箱供油，如图 5-7-12 所示。这种系统由于在电缆较高的一端采用了重力供油箱，电缆中压力基本上维持恒定。另一方面，由于在电缆较低一端用压

力箱供油，减小了电缆中的暂态压力，使供油长度可大大增长（可用于长达 3～4km 的电缆线路）。对于落差大的电缆线路，可用平衡供油箱代替压力箱，以改善其供油特性，提高其供油效率。对于更长电缆线路（4km 以上），可在电缆线路中间适当地点再接上压力箱，以减少其暂态压力降。

图 5-7-12 混合供油电缆线路示意图
1—重力供油箱 2—电缆终端头
3—压力箱 4—电缆

对于多回路电缆，为了节约安装供油设备的场地，减少储备油量，可采用图 5-7-13 所示的系统，即用一个统一的加压储油装置以集中加压。对于较长的电缆线路，还可在电缆线路的另一端接压力箱以减少暂态压力。这种供油系统适用于城市地下电站。

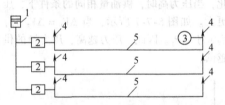

图 5-7-13 集中加压混合供油
电缆线路示意图
1—加压（调整）油箱 2—元件箱 3—压力供油箱
4—电缆终端头 5—电缆

7.3 电缆系统的需油量

充油电缆因负载变化或季节变化而引起温度下降，电缆及附件中油的体积收缩时，供油箱中的油即经油道向电缆和附件补充，使油保持一定的压力，以防止绝缘层中气隙产生。电缆线路的需油量，由供油箱来供给，电缆线路中供油箱的只数根据需油量确定。

充油电缆的需油量可按表 5-7-2 进行计算。表 5-7-3 和表 5-7-4 为电缆常用材料的体积膨胀系数和充油电缆需油量实例。

表5-7-2　充油电缆需油量的计算

计 算 内 容	需 油 量	备　　注
1. 每相电缆因负载变化引起的需油量	$G_c = \{ \Delta\theta_c(e_0 V_0 + e_c V_c + e_{SP} V_{SP}) + e_i V_i \times \left(\dfrac{\Delta\theta_s D_i^2 - \Delta\theta_c D_c^2}{D_i^2 - D_c^2} + \dfrac{\Delta\theta_c - \Delta\theta_s}{2\ln\dfrac{D_i}{D_c}} \right) - \Delta\theta_s e_s V_s \} l$	
2. 每相电缆因季节性温差引起的需油量	$G_s = \Delta\theta_a(e_0 V_0 + e_c V_c + e_{SP} V_{SP} + e_i V_i + e_s V_s) l$	l——每相电缆长度（cm）； $e_0, e_c, e_{SP}, e_i, e_s$——分别为绝缘油、导线、油道螺旋管、纸绝缘以及金属的体积膨胀系数（1/℃）（见表5-7-3）； $V_0, V_c, V_{SP}, V_i, V_s$——分别为每厘米电缆的导线内油、导线螺旋管、绝缘及金属护套的体积（cm³/cm）； $\Delta\theta_c, \Delta\theta_s$——电缆导线及金属护套的稳态温升（℃）； $\Delta\theta_a$——环境温度的季节变化（℃）； V_T, V_j——每只终端或连接盒内油的体积（cm³）； n_j——每相电缆线路内的连接盒数； N——每相电缆线路内的压力箱数； G——每只压力箱供油量（cm³）
3. 每只压力箱因季节性温差引起的需油量	$G_{PT} = \Delta\theta_a e_0 V_{PT}$	
4. 电缆终端因季节性温差的需油量	$G_T = 2\Delta\theta_a e_0 V_T$	
5. 每相线路的连接盒因季节性温差的需油量	$G_j = n_j e_0 V_j \Delta\theta_a$	
6. 每相线路因上述各原因引起的总的需油量	$NG = G_c + G_s + NG_{PT} + G_T + G_j$	

表5-7-3　电缆常用材料的体积膨胀系数

材料	体积膨胀系数/(1/℃)
铜	5×10^{-5}
铝	7×10^{-5}
铅	8.5×10^{-5}
钢	3.6×10^{-5}
油	75×10^{-5}
纸	10×10^{-5}
油浸纸绝缘不锈钢	42.5×10^{-5}
	3.0×10^{-5}

表5-7-4　充油电缆需油量实例

导线截面积/mm²	100kV	220kV	330kV
	需油量/(L/km)		
100	50		
180	50		
240	60	100	
270	60	100	130
400	70	130	170
600	80	150	190
700	80	160	200

7.4　供油箱数量的确定

供油箱只数 N 由式（5-7-6）确定

$$N = \frac{1.4(G_c + G_s + G_T + G_j)}{G - 1.4 G_{PT}} \qquad (5\text{-}7\text{-}6)$$

式中　　　　　1.4——安全裕度系数；
G_c、G_s、G_T、G_j、G、G_{PT}——电缆各部分需油量，符号含义见表5-7-2。

7.5　暂态油压计算

油在油道中流动时，由于存在油流阻力而产生压力降，压力降与电缆需油率、油流阻力系数及电缆线路长度有关。压力降与电缆线路长度的二次方成正比，如电缆线路过长，则可能引起压力降过大，使电缆中的压力低于规定值，引起电缆绝缘的电气性能下降。因此要确定供油长度，保证电缆中的压力在规定范围以内。

电缆线路油流压力降 ΔP 计算式如下:

压力箱在一端供油

$$\Delta P = \frac{1}{2}abl^2 \qquad (5\text{-}7\text{-}7)$$

压力箱在二端供油

$$\Delta P = \frac{1}{8}abl^2 \qquad (5\text{-}7\text{-}8)$$

式中 a——需油率,即单位时间、单位长度电缆的需油量 $[cm^3/(cm \cdot s)]$;

l——供油长度 (cm);

b——油流阻力系数 $(g \cdot s/cm^6)$,由下式计算

$$b = \frac{2.6 \times 10^{-5}}{r_0^4}\mu \qquad (5\text{-}7\text{-}9)$$

μ——油的粘度 $(10^{-3}Pa \cdot s)$;

r_0——油道半径 (cm)。

一般 ΔP 的最大值发生在需油率 a 和油的粘度 μ 的乘积最大的时候。在加上负载时,油流的暂态压力的最大值发生在冬季当空载电缆加上最大负载时。在切除负载时,油流的暂态压力的最大值发生在冬季切除额定负载。

$110 \sim 330kV$ 电缆的 a_{max} 及 $\left(\frac{\mu}{\mu_0}a\right)_{max}$ 值列于表 5-7-5。

暂态压力沿电缆线路的分布由下式计算

$$\Delta P_x = abx\left(l - \frac{x}{2}\right) \qquad (5\text{-}7\text{-}10)$$

式中 ΔP_x——距压力箱 x 处的油流压力降 (0.098MPa);

x——距压力箱的距离 (cm)。

表 5-7-5　冬季加上额定负载时电缆的 a_{max} 及 $\left(\frac{\mu}{\mu_0}a\right)_{max}$ 值

序号	导体截面积 /mm²	敷设于空气中						敷设于土地中					
		$a_{max}/$ $[10^5 cm^3/(cm \cdot s)]$			$\left(\frac{\mu}{\mu_0}a\right)_{max}$ $/[10^5 cm^3/(cm \cdot s)]$			$a_{max}/$ $[10^5 cm^3/(cm \cdot s)]$			$\left(\frac{\mu}{\mu_0}a\right)_{max}$ $/[10^5 cm^3/(cm \cdot s)]$		
		110kV	220kV	330kV	110kV	220kV	330kV	110kV	220kV	330kV	110kV	220kV	330kV
1	100	11.183	10.181	9.795	9.781	8.060	7.343	12.275	10.601	10.242	12.260	10.657	10.724
2	240	10.037	9.883	9.647	8.490	7.213	6.676	11.237	10.346	10.040	9.984	8.867	8.588
3	400	10.519	10.127	9.917	8.671	7.383	6.838	11.096	10.449	10.252	9.552	8.474	8.179
4	600	10.651	10.317	10.128	8.883	7.588	7.032	10.964	10.674	10.410	9.254	8.199	7.888
5	700	10.806	10.472	10.284	9.074	7.760	7.191	10.883	10.737	10.517	9.220	8.164	7.84
6	845	10.556	10.326	10.201	8.877	7.632	7.094	10.587	10.551	10.387	8.793	7.575	7.448
7	100	11.144	10.435	9.842	9.794	8.451	7.301	12.504	10.942	10.309	12.289	10.807	10.055
8	180	10.339	10.334	9.876	9.180	8.143	7.054	12.163	11.037	11.380	11.054	9.817	9.195
9	270	9.223	9.229	9.101	7.388	6.527	5.806	10.544	10.079	9.706	8.474	7.756	7.485
10	400	8.229	8.560	8.262	6.468	5.828	5.244	9.310	9.406	9.255	9.197	6.286	6.194
11	600	7.959	8.369	8.610	6.338	5.768	5.245	8.603	9.064	9.136	6.486	5.715	5.547
12	700	10.605	10.414	10.238	9.035	7.942	7.061	10.896	10.837	10.564	9.022	8.059	7.563

注: 1. 环境温度 $\theta_a = 0$℃。

2. 序号 1~6 导线为螺旋支撑圆绞线结构, 7~12 导线为型线结构。

7.6　供油长度的确定

供油长度根据电缆线路的工作油压不超过过渡时最大允许油压 P_{max} 和不低于规定的最小允许油压 P_{min} 来确定。如果 ΔP_T 为加上负载时的最大暂态压力变化, ΔP_B 为切除负载时的最大暂态压力变化, P_s 为夏季时电缆承受额定负载时压力箱的压力, P_w 为冬季时电缆空载时压力箱的压力, P_h 为电缆线路中距供油点远端与压力箱之间的高度差所产生

的静电压。则压力应满足下列条件

$$P_{\max} = P_s + P_h + \Delta P_T \qquad (5\text{-}7\text{-}11)$$

$$P_{\min} = P_w + P_h + \Delta P_B \qquad (5\text{-}7\text{-}12)$$

根据上两式得出允许的 ΔP_T 和 ΔP_B，然后从 ΔP_T 和 ΔP_B 用 $\Delta P = \dfrac{1}{2}abl^2$ 或 $\Delta P = \dfrac{1}{8}abl^2$ 求出供油长度 l。

7.7 供油箱压力整定

电缆必须在规定的油压范围（$P_{\min} \sim P_{\max}$）内运行，因此必须对压力箱中的油压进行下限压力和上限压力的限定。当压力箱中的油压低于其下限压力或高于其上限压力时，报警系统报警，必须调整油压。该上、下限压力称为压力箱的整定油压。

整定油压必须根据电缆中最大允许油压 $P_{\max}$、最小允许油压 $P_{\min}$，及由位差所产生的静油压 P_h、加上负载时的最大暂态压力变化 ΔP_T、切除负载时的最大暂态压力变化 ΔP_B 等因素来确定。若供油长度 l 已确定，可求出相应的 ΔP_T 和 ΔP_B，压力箱的整定油压可用下列公式计算

下限压力 P_w 为　$P_w \geq P_{\min} + \Delta P_B - P_h$

$$(5\text{-}7\text{-}13)$$

上限压力 P_s 为　$P_s \leq P_{\max} - \Delta P_T - P_h$

$$(5\text{-}7\text{-}14)$$

附 录

常用电力电缆的载流量

附录 A 1~35kV 纸绝缘电力电缆载流量表

表 A-1 1~3kV 普通粘性浸渍纸绝缘电缆长期允许载流量（一）

导线工作温度：80℃　环境温度：25℃、适用电缆型号：ZQ、ZLQ、ZL、ZLL

导线截面积 /mm²	空气敷设长期允许载流量/A				相应电缆表 面温度/℃	
	铜芯		铝芯			
	一芯	三芯	一芯	三芯	一芯	三芯
2.5	40	28	30	22	72	71
4	55	37	42	28	72	72
6	75	46	55	35	73	73
10	95	60	75	48	74	73
16	120	80	90	65	74	73
25	160	110	125	85	75	73
35	200	130	155	100	75	74
50	245	165	190	130	75	74
70	305	205	235	160	76	74
95	370	255	285	195	76	74
120	430	295	330	225	76	75
150	470	345	360	265	76	75
185	550	390	425	300	76	75
240	660	450	510	350	76	75
300	770		590		76	
400	930		710		76	
500	1090		840		76	
625	1260		970		76	
800	1500		1150		76	

注：四芯电缆的载流量，可借用三芯电缆的载流量值。

表 A-2　1～3kV 普通粘性浸渍纸绝缘电缆长期允许载流量（二）

导线工作温度：80℃　　环境温度：25℃

适用电缆型号：ZLL02、ZL02、ZLQ02、ZQ02、ZLL03、ZL03、ZLQ03、ZQ03、ZLL22、ZL22、ZLQ22、ZQ22、ZLL23、ZL23、ZLQ23、ZQ23、ZLL32、ZL32、ZLQ32、ZQ32、ZLL33、ZL33、ZLQ33、ZQ33、ZLQ41、ZQ41

导线截面积/mm²	长期允许载流量/A					
	空气敷设		直埋敷设			
			土壤热阻系数为80℃·cm/W		土壤热阻系数为120℃·cm/W	
	铜芯	铝芯	铜芯	铝芯	铜芯	铝芯
2.5	30	24	37	28	33	26
4	40	32	47	37	43	33
6	52	40	60	46	54	42
10	70	55	80	60	70	55
16	95	70	105	80	93	70
25	125	95	140	105	123	95
35	155	115	170	130	150	115
50	190	145	205	160	180	140
70	235	180	250	190	220	165
95	285	220	300	230	260	195
120	335	255	345	265	300	230
150	390	300	390	300	340	260
185	450	345	445	340	390	300
240	530	410	510	400	450	340

注：表中数据均系三芯电缆。四芯电缆的载流量可借用三芯电缆的载流量值。

表 A-3　6kV 普通粘性浸渍纸绝缘电缆长期允许载流量（一）

导线工作温度：65℃　　环境温度：25℃、适用电缆型号：ZQ、ZLQ、ZL、ZLL

导线截面积/mm²	空气敷设长期允许载流量/A				相应电缆表面温度/℃	
	铜芯		铝芯			
	一芯	三芯	一芯	三芯	一芯	三芯
10	76	55	56	43		56
16	104	70	76	55		56
25	140	95	100	75		59
35	172	115	125	90		59
50	215	150	158	115		59
70	265	175	198	135		59
95	318	220	240	170		60
120	360	255	275	195		60
150	418	295	320	225		60
185	470	340	360	260		60
240	550	400	425	310		60
300	635		500			
400	755		600			
500	860		700			

表 A-4　6kV 普通粘性浸渍纸绝缘电缆长期允许载流量（二）

导线工作温度：65℃　　环境温度：25℃

适用电缆型号：ZLL02、ZL02、ZLQ02、ZQ02、ZLL03、ZL03、ZLQ03、ZQ03、ZLL22、ZL22、ZLQ22、ZQ22、ZLL23、ZL23、ZLQ23、ZQ23、ZLL32、ZL32、ZLQ32、ZQ32、ZLL33、ZL33、ZLQ33、ZQ33

导线截面积 /mm²	长期允许载流量/A							
	空气敷设				三芯电缆直埋敷设			
	铜芯		铝芯		土壤热阻系数为80℃·cm/W		土壤热阻系数为120℃·cm/W	
	一芯	三芯	一芯	三芯	铜芯	铝芯	铜芯	铝芯
10	86	60	66	48	70	55	65	48
16	118	80	91	60	90	70	80	60
25	153	110	118	85	120	95	110	80
35	190	135	146	100	145	110	130	100
50	235	165	181	125	180	135	160	120
70	283	200	218	155	215	165	190	145
95	340	245	262	190	260	205	230	180
120	390	285	300	220	300	230	260	200
150	445	330	342	255	340	260	295	230
.185	505	380	388	295	380	295	335	260
240	600	450	462	345	450	345	390	300
300	680		523					
400	810		625					
500	930		715					

表 A-5　10kV 普通粘性浸渍纸绝缘电缆长期允许载流量（一）

导线工作温度：60℃　环境温度：25℃、适用电缆型号：ZQ、ZLQ、ZL、ZLL

导线截面积 /mm²	空气敷设长期允许载流量/A				相应电缆表面温度/℃ （三芯）
	铜　芯		铝　芯		
	一芯	三芯	一芯	三芯	
16	104	65	80	50	52
25	137	90	106	70	53
35	170	110	131	85	53
50	210	135	161	105	54
70	255	170	196	130	54
95	300	210	231	160	54
120	350	240	270	185	54
150	400	275	308	210	55
185	450	320	347	245	55
240	530	370	408	285	55
300	600		462		
400	720		555		
500	840		646		

表 A-6　10kV 普通粘性浸渍纸绝缘电缆长期允许载流量（二）

导线工作温度：60℃　　环境温度：25℃

适用电缆型号：ZLL02、ZL02、ZLQ02、ZQ02、ZLL03、ZL03、ZLQ03、ZQ03、ZLL22、ZL22、ZLQ22、ZQ22、ZLL23、ZL23、ZLQ23、ZQ23、ZLL32、ZL32、ZLQ32、ZQ32、ZLL33、ZL33、ZLQ33、ZQ33

导线截面积 /mm²	长期允许载流量/A							
	空气敷设				三芯电缆埋地敷设			
	铜芯		铝芯		土壤热阻系数为80℃·cm/W		土壤热阻系数为120℃·cm/W	
	一芯	三芯	一芯	三芯	铜芯	铝芯	铜芯	铝芯
16	107	75	81	60	85	65	75	60
25	140	100	108	80	115	90	100	75
35	175	125	135	95	135	105	120	95
50	220	155	169	120	170	130	150	115
70	270	190	208	145	205	150	180	140
95	320	230	246	180	245	185	215	165
120	370	265	285	205	275	215	245	185
150	415	305	320	235	315	245	280	215
185	480	355	370	270	310	275	315	240
240	570	420	440	320	420	325	365	280
300	660		508					
400	800		615					
500	920		710					

表 A-7　20~35kV 普通粘性浸渍纸绝缘电缆长期允许载流量

导线工作温度：50℃　　环境温度：25℃

适用电缆型号：ZLL、ZL、ZLQ、ZQ、ZLL02、ZL02、ZLQ02、ZQ02、ZLL03、ZL03、ZLQ03、ZQ03、ZLQF22、ZQF22、ZLQF23、ZQF23

导线截面积 /mm²	长期允许载流量/A							
	空气敷设				三芯电缆直埋敷设			
	铜芯		铝芯		土壤热阻系数为80℃·cm/W		土壤热阻系数为120℃·cm/W	
	一芯	三芯	一芯	三芯	铜芯	铝芯	铜芯	铝芯
25		95		75	105	80	80	70
35		115		85	115	90	110	85
50	160	145	123	110	150	115	135	100
70	200	175	154	135	180	135	160	120
95	245	210	188	165	210	165	195	150
120	290	240	223	180	240	185	220	170
150	340	265	261	200	275	210	240	190
185	395	300	304	230	300	230	270	210
240	475		366					
300	560		431					
400	680		523					

注：1. 一芯电缆均为 ZLL、ZL、ZLQ、ZQ、ZLL02、ZL02、ZLQ02、ZLL03、ZL03、ZLQ03、ZQ03 型，三芯电缆为分相铅包型。
　　2. 直埋敷设载流量仅适用于 ZLQF22、ZQF22、ZLQF23、ZQF23。

附录 B 1~35kV 塑料、橡皮绝缘电力电缆载流量表

表 B-1 1kV 聚氯乙烯绝缘及护套电缆（1~3 芯）长期允许载流量

导线工作温度：65℃　　　环境温度：25℃、适用电缆型号：VV、VLV

导线截面积 /mm²	空气敷设长期允许载流量/A						直埋敷设长期允许载流量/A											
	铜芯			铝芯			土壤热阻系数为80℃·cm/W						土壤热阻系数为120℃·cm/W					
							铜芯			铝芯			铜芯			铝芯		
	一芯	二芯	三芯	一芯	二芯	三芯	一芯	二芯	三芯	一芯	二芯	三芯	一芯	二芯	三芯	一芯	二芯	三芯
1	18	15	12				27	20	18				25	19	16			
1.5	23	19	16				34	26	22				31	24	20			
2.5	32	26	22	24	20	16	45	35	30	35	27	23	42	32	27	32	24	20
4	41	35	29	31	26	22	61	45	39	47	35	30	56	41	35	43	32	27
6	54	44	38	41	34	29	77	57	49	59	43	38	70	52	44	54	40	34
10	72	60	52	55	46	40	103	76	66	80	59	51	94	69	59	72	53	46
16	97	79	69	74	61	53	138	101	86	106	77	67	124	91	77	95	70	59
25	132	107	93	102	83	72	183	131	115	140	101	87	163	118	101	125	91	78
35	162	124	113	124	95	87	221	156	141	170	120	108	196	139	124	151	107	95
50	204	155	140	157	120	108	272	192	171	210	148	132	241	171	150	185	132	116
70	253	196	175	195	151	135	333	235	210	256	180	162	292	208	184	225	160	141
95	272	238	214	214	182	165	392	280	249	302	216	192	348	257	218	267	191	168
120	356	273	247	276	211	191	451	320	283	348	247	218	392	282	247	305	218	190
150	410	315	293	316	242	225	516	365	326	392	280	250	447	322	283	343	248	218
185	465		332	358		257	572		367	436		283	500		318	385		247
240	552		396	425		306	667		424	516		327	582		368	447		284
300	636			490			751			577			660			500		
400	757			589			876			678			773			593		
500	886			680			1012			766			876			670		
630	1025			787			1154			878			1000			767		
800	1338			934			1320			1012			1153			885		

表 B-2 1kV 聚氯乙烯绝缘及护套电缆（四芯）长期允许载流量

导线工作温度：65℃　　　环境温度：25℃、适用电缆型号：VV、VLV

芯数、导线截面积 /mm²	空气敷设长期允许载流量/A		直埋敷设长期允许载流量/A			
			土壤热阻系数为80℃·cm/W		土壤热阻系数为120℃·cm/W	
	铜芯	铝芯	铜芯	铝芯	铜芯	铝芯
3×4+1×2.5	29	22	38	29	35	27
3×6+1×4	38	29	48	37	44	34
3×10+1×6	51	40	65	50	58	45
3×16+1×6	68	53	84	65	76	58
3×25+1×10	92	71	111	86	100	77
3×35+1×10	115	89	139	107	123	95
3×50+1×16	144	111	173	133	152	117
3×70+1×25	178	136	208	160	183	140
3×95+1×35	218	168	249	191	218	167
3×120+1×35	252	195	285	220	248	192
3×150+1×50	297	228	329	253	286	220
3×185+1×50	341	263	370	286	321	248

表 B-3　1kV 聚氯乙烯绝缘和护套铠装电缆（二～三芯）长期允许载流量

导线工作温度：65℃　　环境温度：25℃

适用电缆型号：VV22、VLV22、VV23、VLV23、VV32、VLV32、VV33、VLV33、VV42、VLV42、VV43、VLV43

导线截面积 /mm²	空气敷设长期允许载流量 /A				直埋敷设长期允许载流量/A							
					土壤热阻系数为 80℃·cm/W				土壤热阻系数为 120℃·cm/W			
	铜芯		铝芯		铜芯		铝芯		铜芯		铝芯	
	二芯	三芯	二芯	三芯	二芯	三芯	二芯	三芯	二芯	三芯	二芯	三芯
4	36	31	27	23	45	39	35	30	41	35	32	27
6	45	39	35	30	56	49	43	38	52	45	40	34
10	60	52	46	40	73	66	56	51	67	59	52	46
16	81	71	62	54	100	87	76	67	90	78	70	60
25	106	96	81	73	131	115	100	88	118	103	91	79
35	128	114	99	88	157	139	121	107	140	123	108	94
50	160	144	123	111	191	172	147	133	171	151	132	116
70	197	179	152	138	233	223	180	162	207	192	160	142
95	240	217	185	167	278	247	214	190	248	216	191	166
120	278	252	215	194	320	283	247	218	284	247	219	190
150	319	292	246	225	361	324	277	248	320	282	246	216
185		333		257		361		279		315		242
240		392		305		421		324		364		295

表 B-4　1kV 聚氯乙烯绝缘和护套铠装电缆（四芯）长期允许载流量

导线工作温度：65℃　　环境温度：25℃

适用电缆型号：VV22、VLV22、VV23、VLV23、VV32、VLV32、VV33、VLV33、VV42、VLV42、VV43、VLV43

芯数、导线截面积 /mm²	空气敷设长期允许载流量/A		直埋敷设长期允许载流量/A			
			土壤热阻系数为 80℃·cm/W		土壤热阻系数为 120℃·cm/W	
	铜芯	铝芯	铜芯	铝芯	铜芯	铝芯
3×4+1×2.5	30	23	37	29	34	26
3×6+1×4	39	30	48	37	44	34
3×10+1×6	52	40	64	50	58	45
3×16+1×6	70	54	85	65	77	59
3×25+1×10	94	73	111	85	100	77
3×35+1×10	119	92	143	110	126	97
3×50+1×16	149	115	175	135	154	118
3×70+1×25	184	141	211	162	185	142
3×95+1×35	226	174	254	196	221	171
3×120+1×35	260	201	290	223	252	194
3×150+1×50	301	231	327	252	284	218
3×185+1×50	345	266	369	284	319	246

表 B-5　6kV 聚氯乙烯绝缘和护套电缆长期允许载流量

导线工作温度：65℃　　环境温度：25℃、适用电缆型号：VV、VLV

导线截面积 /mm²	空气敷设长期允许载流量 /A				直埋敷设长期允许载流量/A							
					土壤热阻系数为 80℃·cm/W				土壤热阻系数为 120℃·cm/W			
	铜芯		铝芯		铜芯		铝芯		铜芯		铝芯	
	一芯	三芯	一芯	三芯	一芯	三芯	一芯	三芯	一芯	三芯	一芯	三芯
10	75	55	58	42	91	63	70	49	85	58	65	44
16	99	73	76	56	121	83	94	64	113	76	86	58
25	133	96	102	74	161	108	124	83	148	98	114	75
35	161	118	124	90	195	136	150	104	179	121	137	93
50	202	146	155	112	244	166	187	128	221	148	171	114
70	249	177	191	136	298	199	229	153	270	177	208	136
95	301	218	232	167	359	241	275	186	324	213	248	164
120	348	251	269	194	408	275	320	213	372	243	286	187
150	400	292	308	224	471	316	365	243	426	278	324	213
185	456	333	351	257	535	354	408	275	471	312	365	241
240	540	392	416	301	633	408	485	316	554	359	426	278
300	624		479		711		550		633		488	
400	750		576		850		653		752		580	
500	868		666		975		748		860		660	

表 B-6　6kV 聚氯乙烯绝缘和护套铠装电缆（三芯）长期允许载流量

导线工作温度：65℃　　环境温度：25℃

适用电缆型号：VV22、VLV22、VV23、VLV23、VV32、VLV32、VV33、VLV33、VV42、VLV42、VV43、VLV43

导线截面积 /mm²	空气敷设长期允许载流量 /A		直埋敷设长期允许载流量/A			
			土壤热阻系数为 80℃·cm/W		土壤热阻系数为 120℃·cm/W	
	铜芯	铝芯	铜芯	铝芯	铜芯	铝芯
10	56	43	63	49	58	45
16	73	56	82	63	75	58
25	95	73	105	81	96	74
35	118	90	133	102	119	92
50	148	114	165	127	147	113
70	181	143	200	154	178	137
95	218	168	237	182	210	162
120	251	194	271	209	240	185
150	290	223	310	215	272	210
185	333	256	348	270	309	237
240	391	301	406	313	356	274

表 B-7　10 ~ 35kV 交联聚乙烯绝缘电缆长期允许载流量

导线工作温度：80℃　　　环境温度：25℃、适用电缆型号：YJV、YJLV

导线截面积 /mm²	空气敷设长期允许载流量/A				直埋敷设长期允许载流量/A （土壤热阻系数为100℃·cm/W）			
	10kV 三芯电缆		35kV 单芯电缆		10kV 三芯电缆		35kV 单芯电缆	
	铜芯	铝芯	铜芯	铝芯	铜芯	铝芯	铜芯	铝芯
16	121	94			118	92		
25	158	123			151	117		
35	190	147			180	140		
50	231	180	260	206	217	169	213	166
70	280	218	317	247	260	202	256	202
95	335	261	377	295	307	240	301	240
120	388	303	433	339	348	272	342	269
150	445	347	492	386	394	308	385	303
185	504	394	557	437	441	344	429	339
240	587	461	650	512	504	396	495	390
300	671	527	740	586	567	481	550	439
400	790	623			654	518		
500	893	710			730	580		

表 B-8　500V 橡皮绝缘聚氯乙烯护套电缆长期允许载流量

导线工作温度：65℃　　　环境温度：25℃、适用电缆型号：XV、XLV

导线截面积 /mm²	空气敷设长期允许载流量/A						直埋敷设长期允许载流量/A											
							土壤热阻系数为80℃·cm/W						土壤热阻系数为120℃·cm/W					
	铜芯			铝芯			铜芯			铝芯			铜芯			铝芯		
	一芯	二芯	三芯	一芯	二芯	三芯	一芯	二芯	三芯	一芯	二芯	三芯	一芯	二芯	三芯	一芯	二芯	三芯
1	20	17	15				29	23	20				27	21	18			
1.5	25	21	18				36	29	25				33	26	22			
2.5	34	28	24	27	22	19	48	38	33	38	30	26	44	34	30	35	27	23
4	45	37	32	35	30	25	64	50	43	50	40	34	58	45	38	46	36	30
6	57	47	40	45	37	32	80	63	54	64	50	43	73	56	48	57	45	38
10	80	66	57	62	52	45	111	86	74	87	67	58		76	65	78	60	51
16	107	89	76	83		59	148	114	98	115	88	76	132	101	86	102	78	66
25	141	118	101	110	93	79	191	147	125	150	115	98	170	129	109	133	101	86
35	172	144	124	135	113	97	232	175	151	182	138	118	205	154	131	161	121	103
50	218	184	158	171	144	124	289	217	186	227	170	146	254	190	162	199	149	127
70	265	223	191	208	175	150	348	259	220	273	204	173	304	227	191	239	178	150
95	323	271	234	253	213	184	413	306	263	323	240	206	361	268	228	283	211	179
120	371	312	269	291	246	212	471	347	298	369	273	234	410	304	258	322	239	203
150	429	362	311	337	285	245	531	395	336	417	311	264	463	345	291	363	272	229
185	494	414	359	388	327	284	602	443	380	473	350	300	524	387	329	412	306	260
240	590			465			702			553			610			480		
300				537			627									544		
400				632			720									625		
500				733			820									710		
630				858			941									814		

表 B-9　500V 橡皮绝缘聚氯乙烯护套内钢带铠装电缆长期允许载流量

导线工作温度：65℃　　　　环境温度：25℃、适用电缆型号：XV29、XLV29

导线截面积/mm²	空气敷设长期允许载流量/A				直埋敷设长期允许载流量/A							
					土壤热阻系数为80℃·cm/W				土壤热阻系数为120℃·cm/W			
	铜芯		铝芯		铜芯		铝芯		铜芯		铝芯	
	二芯	三芯	二芯	三芯	二芯	三芯	二芯	三芯	二芯	三芯	二芯	三芯
1.5	21	18			27	24			25	22		
2.5	28	24			37	32			34	28		
4	37	31	30	25	48	41	38	33	44	37	35	29
6	47	40	37	31	61	52	48	41	55	46	44	37
10	66	56	51	44	83	71	65	56	75	63	59	50
16	89	75	69	58	111	93	86	72	99	83	77	64
25	116	98	91	77	142	120	111	94	126	106	99	83
35	141	119	111	94	171	145	134	113	152	128	119	
50	179	150	140	118	212	178	167	140	188	157	148	123
70	216	183	169	143	252	213	198	168	223	188	175	147
95	263	222	206	175	302	255	237	200	267	224	209	175
120	300	254	236	200	339	286	266	225	299	251	235	198
150	346	293	272	231	386	326	304	257	340	285	268	225
185	396	334	313	264	436	365	344	289	384	320	303	253

表 B-10　500V 橡皮绝缘氯丁橡套电缆长期允许载流量

导线工作温度：65℃　　　　环境温度：25℃、适用电缆型号：XF、XLF

导线截面积/mm²	空气敷设长期允许载流量/A						直埋敷设长期允许载流量/A											
							土壤热阻系数为80℃·cm/W						土壤热阻系数为120℃·cm/W					
	铜芯			铝芯			铜芯			铝芯			铜芯			铝芯		
	一芯	二芯	三芯	一芯	二芯	三芯	一芯	二芯	三芯	一芯	二芯	三芯	一芯	二芯	三芯	一芯	二芯	三芯
1	22	18	16				31	25	22				28	22	19			
1.5	28	23	20				39	30					35	27	24			
2.5	37	31	26	29	24	21	52	40	35	41	32	28	47	36	31	37	28	25
4	49	41	35	39	32	27	69	53	46	54	42	36	61	47	40	49	37	32
6	61	51	44	49	41	35	87	66	57	69	53	46	77	59	50	61	46	40
10	87	72	62	68	57	49	119	90	78	93	71	61	105	79	68	82	62	53
16	117	98	84	90	76	65	158	118	102	123	92	79	139	104	89	108	80	69
25	154	130	112	121	102	87	203	152	130	159	119	102	178	133	112	139	104	88
35	189	158	136	148	124	107	246	181	156	193	142	122	214	158	135	168	124	106
50	240	200	173	188	157	136	305	222	191	239	174	150	264	194	165	207	153	130
70	292	243	209	230	191	164	366	265	226	287	208	178	316	232	196	248	182	154
95	357	294	254	280	231	200	430	314	270	337	246	212	373	274	233	292	215	183
120	411	337	292	323	265	230	490	356	306	384	280	240	423	310	263	332	244	207
150	475	390	337	373	307	266	550	404	345	431	318	271	476	352	298	373	277	234
185	545	446	388	428	353	307	622	453	390	489	358	308	537	395	336	422	312	265
240	649			511			721			568			624			491		
300				587						643						555		
400				691						740						639		
500				798						842						725		
630				933						965						830		

表 B-11 6kV-芯橡皮绝缘铅包电缆长期允许载流量

导线工作温度：65℃   环境温度：25℃、适用电缆型号：XQ、XLQ、XQ1、XLQ1

导线截面积 /mm²	长期允许载流量/A				导线截面积 /mm²	长期允许载流量/A			
	xQ	XLQ	XQ1	XLQ1		xQ	XLQ	XQ1	XLQ1
2.5	41	33	43	34	95	353	276	368	288
4	54	42	57	45	120	405	318	423	332
6	67	53	71	56	150	467	366	485	380
10	92	72	97	76	185	536	421	555	436
16	122	94	128	99	240	639	503	664	523
25	157	123	166	130	300	735	579	761	600
35	191	150	201	158	400	869	687	896	709
50	240	188	252	197	500	1003	795	1034	819
70	290	228	304	239					

注：一芯电缆载流量未计入铅层两端接地时的环流损耗。

附录 C 橡皮、塑料绝缘电线、软线载流量表

表 C-1 500V 单芯橡皮、聚氯乙烯绝缘电线长期允许载流量

导线工作温度：65℃   环境温度：25℃

导线截面积 /mm²	空气敷设长期允许载流量/A			
	橡皮绝缘电线		聚氯乙烯绝缘电线	
	铜芯 BX、BXR	铝芯 BLX	铜芯 BV、BVR	铝芯 BLV
0.75	18		16	
1.0	21		19	
1.5	27	19	24	18
2.5	33	27	32	25
4	45	35	42	32
6	58	45	55	42
10	85	65	75	59
16	110	85	105	80
25	145	110	138	105
35	180	138	170	130
50	230	175	215	165
70	285	220	265	205
95	345	265	325	250
120	400	310	375	285
150	470	360	430	325
185	540	420	490	380
240	660	510		
300	770	600		
400	940	730		
500	1100	850		
630	1250	980		

注：按上述条件工作时，电线表面温度为 60～61℃。

表 C-2 250～500V 聚氯乙烯绝缘软线和护套
电线长期允许载流量

导线工作温度：65℃　　环境温度：25℃

适用电线型号：RV、RVV、RVB、RVS、BVV、BLVV

导线截面积 /mm²	空气敷设长期允许载流量/A					
	一芯		二芯		三芯	
	铜芯	铝芯	铜芯	铝芯	铜芯	铝芯
0.12	5		4		3	
0.2	7		5.5		4	
0.3	9		7		5	
0.4	11		8.5		6	
0.5	12.5		9.5		7	
0.75	16		12.5		9	
1	19		15		11	
1.5	24		19		14	
2	28		22		17	
2.5	32	25	26	20	20	16
4	42	34	36	26	26	22
6	55	43	47	33	32	25
10	75	59	65	51	52	40

表 C-3 500V 橡皮绝缘电线穿管敷设长期允许载流量

导线工作温度：65℃　　环境温度：25℃

适用电线型号：BX、BLX

导线截面积 /mm²	穿铁管时长期允许载流量/A						穿塑料管时长期允许载流量/A					
	穿两根电线		穿三根电线		穿四根电线		穿两根电线		穿三根电线		穿四根电线	
	铜芯	铝芯	铜芯	铝芯	铜芯	铝芯	铜芯	铝芯	铜芯	铝芯	铜芯	铝芯
1.0	15		14		12		13		12		11	
1.5	20	15	18	14	17	11	17	14	16	12	14	11
2.5	28	21	25	19	23	16	25	19	22	17	20	15
4	37	28	33	25	30	23	33	25	30	23	26	20
6	49	37	43	34	39	30	43	33	38	29	34	26
10	68	52	60	46	53	40	59	44	52	40	46	35
16	86	66	77	59	69	52	76	58	68	52	60	46
25	113	86	100	76	90	68	100	77	90	68	80	60
35	140	106	122	94	110	93	125	95	110	84	98	74
50	175	133	154	118	137	105	160	120	140	108	123	95
70	215	165	193	150	173	133	195	153	175	135	155	120
95	260	200	235	180	210	160	240	184	215	165	195	150
120	300	230	270	210	245	190	278	210	250	190	227	170
150	340	260	310	240	280	220	320	250	290	227	265	205
185	385	295	355	270	320	250	360	282	330	252	300	232

表 C-4　500V 聚氯乙烯绝缘电线穿管敷设长期允许载流量

导线工作温度：65℃　　　环境温度：25℃

适用电线型号：BV、BLV

导线截面积/mm²	穿铁管时/A						穿塑料管时/A					
	穿两根电线		穿三根电线		穿四根电线		穿两根电线		穿三根电线		穿四根电线	
	铜芯	铝芯	铜芯	铝芯	铜芯	铝芯	铜芯	铝芯	铜芯	铝芯	铜芯	铝芯
1.0	14		13		11		12		11		10	
1.5	19	15	17	13	16	12	16	13	15	11.5	13	10
2.5	26	20	24	18	22	15	24	18	21	16	19	14
4	35	27	31	24	28	22	31	24	28	22	25	19
6	47	35	41	32	37	28	41	31	36	27	32	25
10	65	49	57	44	50	38	56	42	49	38	44	33
16	82	63	73	56	65	50	72	55	65	49	57	44
25	107	80	95	70	85	65	95	73	85	65	75	57
35	133	100	115	90	105	80	120	90	105	80	93	70
50	165	125	146	110	130	100	150	114	132	102	117	90
70	205	155	183	143	165	127	185	145	167	130	148	115
95	250	190	225	170	200	152	230	175	205	158	185	140
120	290	220	260	195	230	172	270	200	240	180	215	160
150	330	250	300	225	265	200	305	230	275	207	250	185
185	380	285	340	255	300	230	355	265	310	235	280	212

表 C-5　橡皮、塑料绝缘电线穿管用管线配合参考表

导线截面积/mm²	管子内径/mm					
	黑铁管或钢管			硬塑料管		
	穿两根	穿三根	穿四根	穿两根	穿三根	穿四根
1.0		15.9(5/8in)			12.7(1/2in)	
1.5		15.9(5/8in)			12.7(1/2in)	19.0(3/4in)
2.5						19.0(3/4in)
4		19.0(3/4in)	25.4(1in)			25.4(1in)
6		19.0(3/4in)	25.4(1in)		19.0(3/4in)	25.4(1in)
10	25.4(1in)			25.4(1in)		
16	25.4(1in)	31.7(1¼in)				31.7(1¼in)
25	31.7(1¼in)	31.7(1¼in)		31.7(1¼in)	31.7(1¼in)	
35	31.7(1¼in)	38.1(1½in)			38.1(1½in)	
50		50.8(2in)			50.8(2in)	
70		50.8(2in)			50.8(2in)	
95	50.8(2in)	63.5(2½in)	76.2(3in)	50.8(2in)	63.5(2½in)	76.2(3in)
120	50.8(2in)	63.5(2½in)	76.2(3in)	50.8(2in)	63.5(2½in)	76.2(3in)
150	50.8(2in)	63.5(2½in)	76.2(3in)	50.8(2in)	63.5(2½in)	76.2(3in)

注：1. 管线配合一般是管内电线总面积（包括护层）应不超过管子内孔面积的 40%。

　　2. 管子内径在 50.8mm 以下时用黑铁管，50.8mm 及以上时用钢管。

附录 D　橡套电缆、塑料绝缘护套电缆载流量表

表 D-1　通用橡套软电缆长期允许载流量

导线工作温度：65℃　　　环境温度：25℃

导线截面积 /mm²	空气敷设长期允许载流量/A								
	YQ、YQW		YZ、YZW			YC、YCW			
	二芯	三芯	二芯	三芯	四芯	一芯	二芯	三芯	四芯
0.3	7	6							
0.5	11	9	12	10	9				
0.75	14	12	14	12	11				
1			17	14	13				
1.5			21	18	18				
2			26	22	22				
2.5			30	25	25	37	30	26	27
4			41	35	36	47	39	34	34
6			53	45	45	52	51	43	44
10						75	74	63	63
16						112	98	84	84
25						148	135	115	116
35						183	167	142	143
50						226	208	176	177
70						289	259	224	224
95						353	318	273	273
120						415	371	316	316

表 D-2　矿用橡套电缆长期允许载流量

导线工作温度：65℃　　　环境温度：25℃

主线芯导线截面积/mm²	空气敷设长期允许载流量/A	
	1kV 以下矿用橡套电缆 UZ、U、UP、UC、UCP	6kV 矿用橡套电缆 UG、UGF
4	36	
6	46	53
10	64	72
16	85	94
25	113	121
35	138	148
50	173	
70	215	

表 D-3　橡皮绝缘船用电缆长期允许载流量（一）

环境温度：45℃

导线截面积 /mm²	空气敷设长期允许载流量/A								
	导线工作温度 70℃			导线工作温度 80℃			导线工作温度 85℃		
	一芯	二芯	三芯	一芯	二芯	三芯	一芯	二芯	三芯
0.75	13	11	10	16	13	11	17	14	12
1.0	16	13	11	19	16	13	20	17	14
1.5	20	17	14	24	20	17	25	21	18
2.5	26	22	19	32	27	23	34	28	24
4	35	29	25	42	35	30	44	37	32
6	44	37	32	53	45	38	56	48	41
10	61	51	44	72	62	52	77	66	56
16	81	68	58	97	82	70	100	87	74
25	105	90	77	130	110	92	135	115	98
35	135	110	94	160	135	115	170	140	120
50	165	140	120	200	165	140	210	180	150
70	205	170	145	245	205	175	260	220	180
95	250	210	180	300	250	215	320	270	230
120	290	245	205	350	290	250	370	310	265
150	335		240	400		285	430		305
186	385		280	460		335	490		355
240	465		335	545		400	580		430
300	620			630			670		
400	625			750			800		

表 D-4　橡皮绝缘船用电缆长期允许载流量（二）

环境温度：45℃

		多芯电缆空气敷设长期允许载流量/A											
导线温度/℃		70				80				85			
导线截面积/mm²		0.75	1.0	1.5	2.5	0.75	1.0	1.5	2.5	0.75	1.0	1.5	2.5
芯数	4	9	10	13	18	11	12	16	21	11	13	17	22
	5	8	10	12	16	10	12	15	20	10	12	16	21
	7	7	9	11	15	9	10	13	17	9	11	14	18
	10	7	8	10	13	8	9	12	16	8	10	13	17
	14	6	7	9	12	7	8	10	14	8	9	11	15
	19	5	6	8	11	6	8	9	13	7	8	10	14
	24	5	6	8	10	6	7	9	12	6	8	10	13
	30	5	6	7	9	6	7	8	11	6	7	9	12
	37	4	6	6	9	5	6	8	10	6	7	9	II
	44	4				5				5			
	48	4				5				5			

表 D-5　聚氯乙烯绝缘船用电缆长期允许载流量（一）

环境温度：45℃

导线截面积 /mm²	空气敷设长期允许载流量/A					
	导线工作温度65℃			导线工作温度80℃		
	一芯	二芯	三芯	一芯	二芯	三芯
0.75	11	9	9	15	12	12
1.0	13	11	9	17	14	13
1.5	16	14	12	22	18	16
2.5	22	18	16	29	24	21
4	29	24	21	39	32	28
6	36	30	26	49	41	35
10	50	41	36	68	55	48
16	67	55	47	91	74	64
25	88	72	62	120	97	84
35	110	88	76	150	120	100
50	135	110	96	185	150	130
70	170	135	120	230	185	160
95	205	165	140	280	220	190
120	240	190	165	325	260	220

表 D-6　聚氯乙烯绝缘船用电缆长期允许载流量（二）

环境温度：45℃

		多芯电缆空气敷设长期允许载流量/A							
导线温度/℃		65				80			
导线截面积/mm²		0.75	1.0	1.5	2.5	0.75	1.0	1.5	2.5
芯数	4	7	8	11	14	10	11	14	19
	5	7	8	10	13	9	11	13	18
	7	6	7	9	12	8	10	12	16
	10	6	7	8	11	8	9	11	15
	14	5	6	7	10	7	8	10	13
	19	4	5	7	9	6	7	9	12
	24	4	5	6	8	6	7	9	11
	30	4	5	6	8	5	6	8	11
	37	4	4	6	7	5	6	7	10
	44	4				5			
	48	3				5			

附录 E　自容式充油电缆载流量表

表 E-1　自容式充油电缆空气敷设长期允许载流量

导线工作温度：75℃　　环境温度：35℃

适用电缆型号：CYZQ302　　　　　　　　　　　　　　（单位：A）

额定电压/kV	导线截面积/mm²	电缆间距离/mm	接地方式		额定电压/kV	导线截面积/mm²	电缆间距离/mm	接地方式	
			一端接地	两端接地				一端接地	两端接地
110	100	250	328	301	220	270	250	543	455
		500	328	293			500	543	433
		1000	328	285			1000	543	415
	180	250	466	402		400	250	678	529
		500	466	384			500	678	497
		1000	466	367			1000	678	472
	240	250	537	443		600	250	858	612
		500	537	419			500	858	566
		1000	537	400			1000	858	534
	270	250	575	467		700	250	939	657
		500	575	439			500	939	609
		1000	575	415			1000	939	573
	400	250	720	539	330	270	250	505	438
		500	720	499			500	505	421
		1000	720	467			1000	505	407
	600	250	918	613		400	250	628	511
		500	918	561			500	628	487
		1000	918	523			1000	628	469
	700	250	1009	652		600	250	791	594
		500	1009	596			500	791	566
		1000	1009	556			1000	791	537
220	240	250	505	433		700	250	865	630
		500	505	415			500	865	591
		1000	505	402			1000	865	566

注：电缆系水平敷设。

表 E-2　自容式充油电缆直埋敷设、护套两端接地时的长期允许载流量

导线工作温度：75℃　　环境温度：25℃

适用电缆型号：CYZQ302　　　　　　　　　　　　　　（单位：A）

额定电压/kV	导线截面积/mm²	埋设深度/mm	电缆间距离/mm								
			250			500			1000		
			土壤热阻系数/(C·cm/W)								
			80	100	120	80	100	120	80	100	120
110	100	500	320	302	287	326	310	295	329	314	300
		1000	296	277	261	301	283	268	307	290	275
		1500	283	264	248	288	269	254	294	276	261
	180	500	432	403	379	437	410	387	437	411	389
		1000	393	364	340	397	369	346	402	375	352
		1500	375	345	322	376	348	325	381	353	331
	240	500	459	430	406	459	432	409	457	432	410
		1000	419	389	364	418	390	366	421	394	371
		1500	399	369	344	397	368	344	399	372	349

（续）

额定电压/kV	导线截面积/mm²	埋设深度/mm	电缆间距离/mm								
			250			500			1000		
			土壤热阻系数/(C·cm/W)								
			80	100	120	80	100	120	80	100	120
110	270	500	499	464	436	499	466	439	495	464	438
		1000	453	418	390	451	418	390	452	420	394
		1500	430	395	368	426	393	366	428	395	369
	400	500	548	510	479	542	507	479	536	503	475
		1000	495	457	426	488	452	422	488	454	425
		1500	469	431	401	461	424	395	461	426	398
	600	500	613	568	531	601	560	526	593	554	521
		1000	550	505	469	537	495	461	535	496	463
		1500	519	475	440	505	463	430	503	463	431
	700	500	639	591	552	626	582	545	618	576	541
		1000	571	523	485	557	512	476	556	513	478
		1500	539	492	454	522	478	443	521	478	444
220	240	500	434	407	386	441	415	393	446	422	401
		1000	394	365	340	400	372	348	409	382	360
		1500	374	344	319	378	349	325	387	359	336
	270	500	467	434	407	473	442	416	476	446	421
		1000	422	388	360	425	393	366	433	401	375
		1500	399	365	337	400	367	340	408	376	349
	400	500	524	487	456	529	494	464	534	500	472
		1000	470	432	400	473	436	406	483	447	418
		1500	444	405	373	444	406	376	453	417	388
	600	500	592	546	509	594	552	516	599	558	524
		1000	520	479	442	525	482	446	536	494	459
		1500	493	447	410	490	447	411	501	458	424
	700	500	619	570	529	622	575	537	627	583	546
		1000	547	498	458	547	500	461	559	513	476
		1500	513	463	424	509	462	424	520	475	438
330	270	500	438	406	379	448	418	392	456	427	403
		1000	392	357	329	400	368	340	413	381	355
		1500	368	333	304	375	341	313	387	355	328
	400	500	492	453	420	503	467	436	513	479	449
		1000	435	393	359	444	405	372	459	422	391
		1500	406	364	329	413	373	340	428	390	358
	600	500	566	508	468	567	522	485	577	535	500
		1000	485	435	393	493	446	408	511	466	429
		1500	450	399	357	455	408	369	473	427	390
	700	500	581	529	486	593	545	504	605	559	521
		1000	504	450	400	513	462	421	532	484	444
		1500	466	412	367	472	421	379	491	442	402

注：电缆系水平敷设。

表 E-3　自容式充油电缆直埋敷设、护套一端接地时的长期允许载流量

导线工作温度：75℃　　环境温度：25℃

适用电缆型号：CYZQ302　　　　　　　　　　　　　　　　　　（单位：A）

额定电压/kV	导线截面积/mm²	埋设深度/mm	电缆间距离/mm								
			250			500			1000		
			土壤热阻系数/(C·cm/W)								
			80	100	120	80	100	120	80	100	120
110	100	500	342	324	308	359	342	327	374	358	344
		1000	319	299	282	334	315	299	350	332	316
		1500	307	286	269	321	301	284	335	317	300
	180	500	490	460	434	518	489	465	542	515	492
		1000	452	420	394	476	445	419	502	472	447
		1500	433	401	375	455	423	397	479	448	422
	240	500	550	519	492	580	550	525	605	578	554
		1000	509	476	447	535	503	475	563	532	505
		1500	488	454	426	512	479	451	538	506	478
	270	500	603	565	534	638	602	571	668	634	605
		1000	555	516	484	586	547	515	618	581	549
		1500	532	492	460	559	520	488	589	551	519
	400	500	731	686	649	775	732	696	812	773	738
		1000	673	626	587	710	665	620	750	706	669
		1500	644	596	557	677	631	592	714	669	631
	600	500	907	850	801	966	921	864	1015	965	920
		1000	831	771	721	882	823	773	934	877	829
		1500	793	733	683	829	778	729	887	829	779
	700	500	986	921	857	1053	992	939	1110	1052	1002
		1000	900	834	779	958	892	837	1017	953	899
		1500	858	791	736	910	843	788	954	899	844
220	240	500	506	478	453	534	509	485	557	533	512
		1000	468	436	409	493	463	437	518	490	466
		1500	448	415	387	471	439	413	495	469	440
	270	500	554	520	491	587	555	527	614	585	559
		1000	510	473	441	538	503	473	568	535	505
		1500	487	449	417	513	476	445	541	506	476
	400	500	671	630	595	711	674	641	745	711	681
		1000	615	571	534	652	610	573	688	649	615
		1500	587	542	503	621	577	539	656	614	578
	600	500	830	777	731	886	837	794	931	887	847
		1000	758	700	652	807	752	705	856	804	760
		1500	721	662	612	766	709	660	812	758	711
	700	500	901	842	791	964	910	862	1012	966	922
		1000	820	756	702	876	814	762	931	873	823
		1500	779	713	658	830	766	712	882	821	759
330	270	500	505	472	443	536	507	480	562	536	512
		1000	461	424	392	489	455	425	518	487	459
		1500	438	399	366	464	428	396	492	458	428
	400	500	612	570	533	655	617	583	689	656	625
		1000	554	507	465	593	548	509	631	591	555
		1500	524	474	430	559	512	471	597	553	514
	600	500	754	699	650	812	762	717	859	814	774
		1000	677	615	560	729	671	620	781	728	680
		1500	637	572	515	685	624	570	735	677	627
	700	500	816	754	699	883	826	776	936	886	840
		1000	729	660	599	789	724	667	848	786	735
		1500	685	612	549	740	671	611	796	732	675

注：电缆系水平敷设。

附录 F 110kV、220kV 交联聚乙烯绝缘铝套聚氯乙烯外护套电缆长期载流量

表 F-1 110kV 交联聚乙烯绝缘铝套聚氯乙烯外护套电缆长期载流量

导体工作温度：90℃ ，空气中敷设环境温度：40℃

适应电缆型号：YJLW02、YJLW02-Z、YJLLW02、YJLLW02-Z

电缆排列方式	导　体	铜		铝	
	金属护套互联接地方式	单　端	两　端	单　端	两　端
	导体标称截面积	载流量/A			
	240	604	577	472	459
	300	687	648	538	518
	400	790	733	623	594
	500	906	825	721	678
	630	1034	916	832	766
	800	1165	1008	952	860
	1000	1383	1160	1120	991
	1200	1484	1219	1217	1057
	1600	1689	1349	1411	1194
	240	597	546	469	443
	300	677	606	533	496
	400	774	674	615	561
	500	883	747	709	633
	630	1002	815	815	705
	800	1119	883	926	778
	1000	1299	1011	1074	893
	1200	1381	1054	1158	944
	1600	1542	1152	1322	1051
	240	609	526	474	432
	300	694	580	541	481
	400	801	639	628	540
	500	924	704	730	605
	630	1063	765	845	670
	800	1210	825	974	737
	1000	1450	959	1153	856
	1200	1567	1001	1260	905
	1600	1821	1098	1482	1008

注：D_e 为电缆外径。

表 F-2　110kV 交联聚乙烯绝缘铅套聚氯乙烯外护套电缆长期载流量

导体工作温度：90℃ ，空气中敷设环境温度：40℃

适应电缆型号：YJQ02、YJQ02-Z、YJLQ02、YJLQ02-Z

电缆排列方式	导　体	铜		铝	
	金属护套互联接地方式	单　端	两　端	单　端	两　端
	导体标称截面积	载流量/A			
	240	600	594	467	464
	300	685	674	533	528
	400	789	774	619	611
	500	910	887	719	707
	630	1045	1007	833	813
	800	1185	1130	958	928
	1000	1444	1348	1145	1096
	1200	1561	1435	1253	1185
	1600	1813	1619	1475	1365
	240	599	579	466	457
	300	682	654	532	518
	400	785	742	617	595
	500	904	840	716	683
	630	1035	937	828	775
	800	1171	1032	950	871
	1000	1416	1186	1132	1003
	1200	1526	1238	1234	1066
	1600	1753	1342	1443	1186
	240	602	556	468	445
	300	687	621	534	501
	400	794	694	621	569
	500	919	773	723	645
	630	1060	845	839	719
	800	1212	911	970	794
	1000	1470	1004	1157	885
	1200	1597	1032	1269	925
	1600	1878	1089	1506	999

注：D_e 为电缆外径。

表 F-3　110kV 交联聚乙烯绝缘铝套聚乙烯外护套电缆长期载流量

导体工作温度：90℃ ，空气中敷设环境温度：40℃

适应电缆型号：YJLW03、YJLW03-Z、YJLLW03、YJLLW03-Z

电缆排列方式	导　体	铜		铝	
	金属护套互联接地方式	单　端	两　端	单　端	两　端
	导体标称截面积	载流量/A			
	240	614	587	479	466
	300	699	660	546	527
	400	803	747	633	605
	500	922	842	734	691
	630	1056	938	849	784
	800	1191	1033	972	880
	1000	1415	1191	1144	1016
	1200	1521	1255	1246	1087
	1600	1734	1391	1447	1229

（续）

电缆排列方式	导体 金属护套互联接地方式 导体标称截面积	铜 单端	两端	铝 单端	两端
		载流量/A			
	240	607	557	476	450
	300	689	619	542	506
	400	788	689	626	573
	500	900	764	722	646
	630	1024	837	832	722
	800	1145	908	946	799
	1000	1330	1040	1098	917
	1200	1419	1088	1188	973
	1600	1586	1191	1357	1085
	240	618	536	481	439
	300	706	592	550	491
	400	814	653	639	552
	500	941	720	742	619
	630	1084	786	863	688
	800	1236	849	994	757
	1000	1481	988	1177	880
	1200	1604	1034	1289	933
	1600	1866	1136	1518	1042

注：D_e 为电缆外径。

表 F-4　110kV 交联聚乙烯绝缘铅套聚乙烯外护套电缆长期载流量

导体工作温度：90℃，空气中敷设环境温度：40℃

适应电缆型号：YJQ03、YJQ03-Z、YJLQ03、YJLQ03-Z

电缆排列方式	导体 金属护套互联接地方式 导体标称截面积/mm²	铜 单端	两端	铝 单端	两端
		载流量/A			
	240	610	603	475	471
	300	696	686	542	537
	400	803	787	630	622
	500	926	903	732	720
	630	1066	1029	850	831
	800	1210	1155	978	948
	1000	1474	1379	1169	1120
	1200	1598	1472	1282	1214
	1600	1857	1663	1510	1400
	240	608	589	474	465
	300	693	666	541	527
	400	799	756	628	606
	500	921	857	729	696
	630	1057	959	845	793
	800	1196	1057	970	892
	1000	1447	1216	1156	1028
	1200	1563	1274	1263	1095
	1600	1797	1382	1478	1220

（续）

电缆排列方式	导　体	铜		铝	
	金属护套互联接地方式	单　端	两　端	单　端	两　端
	导体标称截面积/mm²	载流量/A			
	240	612	566	475	453
	300	698	632	543	510
	400	808	708	631	580
	500	935	789	735	658
	630	1082	866	856	737
	800	1237	936	990	814
	1000	1501	1032	1181	909
	1200	1634	1064	1298	953
	1600	1923	1124	1541	1031

注：D_e 为电缆外径。

表 F-5　110kV 交联聚乙烯绝缘铝套聚氯乙烯外护套电缆长期载流量

导体工作温度：90℃，土壤中敷设环境温度：25℃　土壤热阻 1.0K·m/W

适应电缆型号：YJLW02、YJLW02-Z、YJLLW02、YJLLW02-Z

电缆排列方式	导　体	铜		铝	
	金属护套互联接地方式	单　端	两　端	单　端	两　端
	导体标称截面积/mm²	载流量/A			
	240	512	480	401	385
	300	576	532	452	429
	400	652	590	516	484
	500	736	650	588	542
	630	827	707	668	600
	800	914	761	751	659
	1000	1046	839	854	730
	1200	1110	870	919	768
	1600	1226	933	1036	841
	240	506	448	399	368
	300	567	488	448	406
	400	638	532	510	451
	500	714	576	578	497
	630	797	616	653	542
	800	872	653	728	585
	1000	971	716	814	645
	1200	1021	738	868	673
	1600	1104	783	961	727
	240	545	449	425	374
	300	616	487	480	411
	400	702	527	551	454
	500	799	568	632	498
	630	907	606	723	541
	800	1017	642	821	582
	1000	1185	720	947	655
	1200	1270	744	1026	684
	1600	1442	795	1181	742

注：D_e 为电缆外径。

表 F-6　110kV 交联聚乙烯绝缘铅套聚氯乙烯外护套电缆长期载流量

导体工作温度：90℃，土壤中敷设环境温度：25℃　土壤热阻 1.0K·m/W

适应电缆型号：YJQ02、YJQ02-Z、YJLQ02、YJLQ02-Z

电缆排列方式	导　体	铜		铝	
	金属护套互联接地方式	单　端	两　端	单　端	两　端
	导体标称截面积/mm²	载流量/A			
	240	513	505	400	396
	300	579	568	451	446
	400	659	642	517	509
	500	749	723	592	579
	630	846	806	675	655
	800	944	888	764	733
	1000	1116	1022	888	838
	1200	1196	1075	963	896
	1600	1352	1174	1105	1001
	240	513	491	400	389
	300	578	546	452	436
	400	657	610	517	493
	500	745	677	591	555
	630	839	740	673	618
	800	933	796	759	680
	1000	1094	879	878	754
	1200	1167	904	949	791
	1600	1304	946	1080	850
	240	541	487	421	394
	300	613	537	476	438
	400	700	590	547	490
	500	799	644	629	545
	630	910	690	721	595
	800	1026	728	821	643
	1000	1214	772	957	691
	1200	1309	783	1041	712
	1600	1507	801	1211	745

注：D_e 为电缆外径。

表 F-7　110kV 交联聚乙烯绝缘铝套聚乙烯外护套电缆长期载流量

导体工作温度：90℃，土壤中敷设环境温度：25℃　土壤热阻 1.0K·m/W

适应电缆型号：YJLW03、YJLW03-Z、YJLLW03、YJLLW03-Z

电缆排列方式	导　体	铜		铝	
	金属护套互联接地方式	单　端	两　端	单　端	两　端
	导体标称截面积/mm²	载流量/A			
	240	517	485	405	389
	300	581	537	456	433
	400	658	596	521	488
	500	742	657	593	547
	630	835	715	675	606
	800	924	770	758	666
	1000	1056	848	863	737
	1200	1122	880	929	777
	1600	1239	944	1047	850

（续）

电缆排列方式	导　体	铜		铝	
	金属护套互联接地方式	单　端	两　端	单　端	两　端
	导体标称截面积/mm²	载流量/A			
	240	511	452	402	372
	300	572	493	452	410
	400	644	538	514	455
	500	721	582	583	502
	630	805	623	660	548
	800	882	660	735	591
	1000	981	724	822	652
	1200	1032	747	877	681
	1600	1116	793	971	735
	240	551	454	429	378
	300	622	493	485	416
	400	709	533	557	459
	500	807	575	638	504
	630	918	614	731	548
	800	1029	650	830	590
	1000	1198	730	957	663
	1200	1285	754	1038	694
	1600	1459	806	1195	752

注：D_e 为电缆外径。

表 F-8　110kV 交联聚乙烯绝缘铅套聚乙烯外护套电缆长期载流量

导体工作温度：90℃，土壤中敷设环境温度：25℃　土壤热阻 1.0K·m/W

适应电缆型号：YJQ03、YJQ03-Z、YJLQ03、YJLQ03-Z

电缆排列方式	导　体	铜		铝	
	金属护套互联接地方式	单　端	两　端	单　端	两　端
	导体标称截面积/mm²	载流量/A			
	240	518	510	403	399
	300	585	573	455	450
	400	665	648	522	513
	500	756	730	597	584
	630	855	815	682	662
	800	953	897	772	741
	1000	1127	1032	896	846
	1200	1209	1086	973	905
	1600	1366	1187	1117	1012
	240	518	495	404	393
	300	584	552	456	440
	400	663	616	522	498
	500	752	684	596	561
	630	848	748	680	625
	800	942	805	767	687
	1000	1105	888	887	762
	1200	1180	914	959	799
	1600	1317	957	1091	859

（续）

电缆排列方式	导　体	铜		铝	
	金属护套互联接地方式	单　端	两　端	单　端	两　端
	导体标称截面积/mm²	载流量/A			
	240	547	493	425	398
	300	619	543	481	443
	400	707	597	553	495
	500	808	652	635	550
	630	921	698	729	603
	800	1037	737	830	651
	1000	1227	781	967	699
	1200	1324	793	1054	722
	1600	1525	812	1225	755

注：D_e 为电缆外径。

表 F-9　220kV 交联聚乙烯绝缘铝套电缆空气中敷设长期载流量

导体工作温度：90℃ ，空气中敷设环境温度：40℃

适应电缆型号：YJLW02、YJLW02-Z、YJLW03、YJLW03-Z

电缆排列方式	外护套材料	聚氯乙烯		聚乙烯	
	金属护套互联接地方式	单　端	两　端	单　端	两　端
	导体标称截面积/mm²	载流量/A			
	400	778	732	791	746
	500	890	827	905	844
	630	1016	927	1035	974
	800	1144	1024	1167	1048
	1000	1355	1185	1385	1216
	1200	1455	1257	1487	1290
	1600	1651	1409	1690	1448
	2000	1811	1528	1856	1573
	2500	1946	1628	1996	1677
	400	761	694	775	709
	500	865	776	881	794
	630	979	858	999	880
	800	1092	936	1116	961
	1000	1269	1074	1299	1105
	1200	1350	1131	1383	1164
	1600	1498	1264	1538	1303
	2000	1617	1364	1661	1407
	2500	1713	1447	1762	1494
	400	789	682	802	697
	500	908	762	924	780
	630	1045	841	1064	862
	800	1188	916	1211	941
	1000	1422	1054	1451	1085
	1200	1540	1111	1571	1144
	1600	1786	1254	1825	1293
	2000	1997	1359	2042	1403
	2500	2185	1447	2236	1495

注：D_e 为电缆外径。

表 F-10　220kV 交联聚乙烯绝缘铅套电缆空气中敷设长期载流量

导体工作温度：90℃，空气中敷设环境温度：40℃

适应电缆型号：YJQ02、YJQ02-Z、YJQ03、YJQ03-Z

电缆排列方式	外护套材料	聚氯乙烯		聚乙烯	
	金属护套互联接地方式	单　端	两　端	单　端	两　端
	导体标称截面积/mm²	载流量/A			
	400	784	767	797	781
	500	902	878	918	894
	630	1037	1000	1056	1019
	800	1178	1125	1200	1148
	1000	1426	1336	1455	1366
	1200	1545	1431	1577	1463
	1600	1794	1617	1832	1655
	2000	2002	1763	2045	1807
	2500	2180	1874	2229	1923
	400	780	735	793	749
	500	896	830	912	847
	630	1027	930	1046	950
	800	1163	1028	1186	1052
	1000	1401	1183	1429	1213
	1200	1511	1243	1543	1276
	1600	1737	1351	1775	1389
	2000	1920	1431	1964	1473
	2500	2069	1481	2119	1526
	400	787	686	801	701
	500	909	764	924	781
	630	1050	838	1068	859
	800	1199	910	1221	934
	1000	1449	1011	1477	1040
	1200	1577	1046	1608	1078
	1600	1852	1109	1889	1144
	2000	2091	1157	2135	1195
	2500	2308	1187	2357	1227

注：D_e 为电缆外径。

表 F-11　220kV 交联聚乙烯绝缘铝套电缆土壤中敷设长期载流量

导体工作温度：90℃，土壤中敷设环境温度：25℃　土壤热阻 1.0K·m/W

适应电缆型号：YJLW02、YJLW02-Z、YJLW03、YJLW03-Z

电缆排列方式	外护套材料	聚氯乙烯		聚乙烯	
	金属护套互联接地方式	单　端	两　端	单　端	两　端
	导体标称截面积/mm²	载流量/A			
	400	639	582	645	587
	500	718	642	725	649
	630	805	703	812	710
	800	889	758	897	766
	1000	1016	844	1025	852
	1200	1075	881	1085	890
	1600	1179	955	1190	964
	2000	1258	1008	1270	1018
	2500	1321	1051	1334	1061

（续）

电缆排列方式	外护套材料	聚氯乙烯		聚乙烯	
	金属护套互联接地方式	单端	两端	单端	两端
	导体标称截面积/mm²	载流量/A			
	400	621	541	627	546
	500	692	590	698	596
	630	767	636	774	643
	800	837	677	846	684
	1000	934	748	943	756
	1200	978	775	988	784
	1600	1047	841	1057	850
	2000	1097	884	1108	893
	2500	1136	919	1147	929
	400	691	559	698	565
	500	785	610	793	618
	630	890	658	899	666
	800	997	701	1008	710
	1000	1162	782	1174	792
	1200	1246	813	1259	823
	1600	1410	895	1425	906
	2000	1543	947	1559	959
	2500	1659	991	1676	1003

注：D_e 为电缆外径。

表 F-12　220kV 交联聚乙烯绝缘铅套电缆土壤中敷设长期载流量

导体工作温度：90℃ ，土壤中敷设环境温度：25℃　土壤热阻 1.0K·m/W

适应电缆型号：YJQ02、YJQ02-Z、YJQ03、YJQ03-Z

电缆排列方式	外护套材料	聚氯乙烯		聚乙烯	
	金属护套互联接地方式	单端	两端	单端	两端
	导体标称截面积/mm²	载流量/A			
	400	653	632	659	638
	500	741	711	748	717
	630	839	794	846	802
	800	937	876	946	885
	1000	1104	1007	1114	1017
	1200	1184	1062	1195	1073
	1600	1339	1161	1351	1172
	2000	1459	1230	1472	1241
	2500	1557	1274	1571	1286
	400	650	595	656	601
	500	736	659	743	665
	630	831	720	838	727
	800	925	779	934	787
	1000	1082	862	1092	871
	1200	1154	890	1164	900
	1600	1288	932	1300	942
	2000	1388	959	1401	968
	2500	1462	968	1475	977

（续）

电缆排列方式	外护套材料	聚 氯 乙 烯		聚 乙 烯	
	金属护套互联接地方式	单　端	两　端	单　端	两　端
	导体标称截面积/mm²	载流量/A			
	400	694	572	701	578
	500	791	622	799	629
	630	902	666	911	674
	800	1017	708	1027	717
	1000	1202	759	1214	768
	1200	1297	774	1310	783
	1600	1493	794	1508	804
	2000	1656	808	1672	818
	2500	1800	812	1818	822

注：D_e 为电缆外径。

附录 G　不同敷设条件下载流量的校正系数

表 G-1　电线电缆在空气中多根并列敷设时载流量的校正系数

线缆根数		1	2	3	4	6	4	6
排列方式								
线缆由心距离	$S = d$	1.0	0.9	0.85	0.82	0.80	0.8	0.75
	$S = 2d$	1.0	1.0	0.98	0.95	0.90	0.9	0.90
	$S = 3d$	1.0	1.0	1.0	0.98	0.96	1.0	0.96

注：本表系产品外径相同时的载流量校正系数，d 为电缆的外径。当电线电缆外径不同时，d 值建议取各产品外径的平均值。

表 G-2　电线电缆在土壤中多根并列埋设时载流量的校正系数

线缆间净距 /mm	不同敷设根数时的载流量校正系数				
	1 根	2 根	3 根	4 根	6 根
100	1.00	0.88	0.84	0.80	0.75
200	1.00	0.90	0.86	0.83	0.80
300	1.00	0.92	0.89	0.87	0.85

注：敷设时电线电缆相互间净距应不小于100mm。

表 G-3　环境温度变化时载流量的校正系数

导线工作温度/℃	不同环境温度下的载流量校正系数								
	5℃	10℃	15℃	20℃	25℃	30℃	35℃	40℃	45℃
80	1.17	1.13	1.09	1.04	1.0	0.954	0.905	0.853	0.798
65	1.22	1.17	1.12	1.06	1.0	0.935	0.865	0.791	0.707
60	1.25	1.20	1.13	1.07	1.0	0.926	0.845	0.756	0.655
50	1.34	1.26	1.18	1.09	1.0	0.895	0.775	0.663	0.447

注：不同环境温度下载流量的校正系数可按下式计算：

$$\frac{I_1}{I_2} = \left(\frac{\Delta\theta_1}{\Delta\theta_2}\right)^{\frac{1}{2}}$$

式中　$\Delta\theta_1$——载流量表中规定的最大允许温升（导线温度与基准环境温度之差）（℃）

$\Delta\theta_2$——由于环境温度变化后的导线最大允许温升（℃）；

I_1、I_2——对应于 $\Delta\theta_1$、$\Delta\theta_2$ 时的载流量，两者的比值即为温度校正系数。

表 G-4　绝缘电线穿管敷、管子根数不同时载流量的校正系数

已穿电线的管子并列根数	校 正 系 数
2~4	0.95
4 以上	0.90

注：适用于管与管紧靠敷设的状态。

表 G-5　不同土壤热阻系数时载流量的校正系数

导线截面积 /mm²	不同土壤热阻系数时载流量的校正系数				
	$\rho_T = 60℃ \cdot cm/W$	$\rho_T = 80℃ \cdot cm/W$	$\rho_T = 120℃ \cdot cm/W$	$\rho_T = 160℃ \cdot cm/W$	$\rho_T = 200℃ \cdot cm/W$
2.5~16	1.06	1.0	0.9	0.83	0.77
25~95	1.08	1.0	0.88	0.80	0.73
120~240	1.09	1.0	0.86	0.78	0.71

注：土壤热阻系数的选取：潮湿地区取 60~80，指沿海、湖、河畔地带雨量多地区，如华东、华南地区等，普通土壤取 120，如平原地区东北、华北等；干燥土壤取 160~200，如高原地区雨量少山区，丘陵，干燥地带。

第 6 篇

电气装备用电线电缆

电气装备用电线电缆使用范围很广，因而品种繁多，主要涉及供电、配电和用电所需要的各种通用或专用的电线电缆，以及控制、信号、仪表和测温等弱电系统中所使用的电线电缆。

按照使用要求或使用场合的不同，本篇将电气装备用电线电缆产品大致做如下分类：

通用橡皮、塑料绝缘电线；

通用橡皮、塑料绝缘软线；

屏蔽绝缘电线；

公路车辆用绝缘电线；

电机电器引接线；

航空电线；

补偿导线；

不可重接插头线；

控温加热电线；

通用橡套软电缆；

电焊机用软电缆；

机车车辆用电缆；

矿用电线电缆；

船用电缆；

石油和地质勘探用电缆；

电梯电缆；

潜水电机用橡套电缆；

无线电装置用电缆；

摄影光源软电缆；

直流高压软电缆；

核电站用电缆；

风力发电用电缆；

控制和信号电缆；

光伏发电用电缆；

轨道交通用电缆；

机场灯光照明用电缆；

云母带绕包绝缘电缆；

耐高温电缆；

海洋工程用电缆；

单芯中频同轴电力电缆。

有关各类产品的品种、结构尺寸、性能和使用特点等，将分别在本篇中给予介绍。

分类中所列的"电线"和"电缆"，从结构上讲，没有一个严格的界限。一般认为，单根的是"线"，绞合的是"缆"，但有时也把直径较小的绞合品种作为"线"看待。随着使用范围的扩大，许多品种既有"线"，又有"缆"，所以在本编中将"电线"和"电缆"分列第 2 章和第 3 章，纯粹是为了手册分类查阅的方便，并不是定义性的分类，许多品种往往"线"中包含"缆"，"缆"中又包含"线"。

新型化工材料的开发和工艺装备水平的提高，对电气装备用电线电缆产品的发展，起着重要的推动作用。例如随着 105℃ 聚氯乙烯塑料、辐照交联和硅烷交联聚烯烃材料，以及低烟低卤和低烟无卤材料的研制开发，使得电气装备用电线电缆这一大类，增添了不少新颖的和高性能的品种，以适应各种使用场合的要求，更好地满足国民经济发展的需要。

电气装备用电线电缆试验方法，是考核产品性能能否满足使用要求的重要手段，只有在正确的试验方法下，才能保证产品的性能安全可靠。因此本篇有一章专门介绍产品的性能试验方法，并对某些产品的特殊试验方法，也在相应的章节中给予介绍。

第1章

电气装备用电线电缆导电线芯结构及绝缘层和护层的设计原则

1.1 导电线芯结构

按国家标准 GB 3956—1983《电气装备用电线电缆铜、铝导电线芯》规定，电气装备用电线电缆导电线芯结构共分四种。第1种和第2种适合固定敷设电线电缆用，其中，第1种为实心导体，第2种为绞合导体。第3种和第4种适合软电缆和软电线，第4种比第3种更软，第3、第4种均为绞合导体。

新国家标准 GB/T 3956—2008《电缆的导体》规定了电力电缆和软线用导体标称截面积为 0.5 ~ 2500mm²，并规定了单线根数、单线直径及其电阻值，以代替 GB 3956—1983《电气装备用电线电缆铜、铝导电线芯》及 GB 3957—1983《电力电缆铜、铝导电线芯》。导体共分四种：第1种、第2种、第5种和第6种。第1种和第2种预定用于固定敷设电缆的导体。第1种为实心导体，第2种为绞合导体，相当于原标准 GB3956—1983 的第1和第2种。第5种和第6种预定用于软电缆和软电线的导体，第6种比第5种更柔软，相当于原标准 GB 3956—1983 的第3种和第4种。

由于新标准 GB/T 3956—2008 代替了 GB 3956—1983 和 GB 3957—1983，因此 GB/T 3956—2008 中的导体标称截面积的规格范围与 GB 3956—1983 相比略有不同，即较小截面积规格未列入标准中，却增加了一些大截面积规格范围，以满足于电力电缆铜、铝导电线芯的选用范围。为了执行及贯彻 GB/T 3956—2008 版标准，本文将导电线芯分为第1、第2种，以及第5、第6种。由于电气装备用导电线芯较多选用小规格截面积线芯，例如 0.035 ~ 0.4mm²，但新版标准中并未列入；而新版标准中大规格截面，例如第1种导线即 GB/T 3956—2008 的表1中的 10 ~ 1200mm²，电气装备用导电线芯通常不采用。因此，本文选取的表 6-1-1 ~ 表 6-1-4 是以 GB/T 3956—2008 标准为基础，适当选取原标准 GB 3956—1983 产品中一些小规格截面积的标准，以利于产品的设计和制造，并在表中加以说明。

铜、铝导电线芯的截面积系列、组成根数、最大外径和直流电阻等，见表 6-1-1 ~ 表 6-1-4。导电线芯的电阻温度系数见表 6-1-5。铝导体只用于第1种和第2种结构。

表 6-1-1　第1种单芯和多芯电线电缆实芯导体

标称截面积/mm²	最大外径/mm	直流电阻/(Ω/km) ≤			标称截面积/mm²	最大外径/mm	直流电阻/(Ω/km) ≤		
		铜芯		铝芯			铜芯		铝芯
		不镀锡	镀锡				不镀锡	镀锡	
(0.035)	—	587.8	604.6	—	0.5	0.9	36.0	36.7	—
(0.05)		376.2	386.9		0.75	1.0	24.5	24.8	—
(0.06)		261.2	268.7		1	1.2	18.1	18.2	—
(0.08)		225.2	229.6		1.5	1.5	12.1	12.2	— 18.1
(0.12)		144.1	146.9		2.5	1.9	7.41	7.56	(11.8) 12.1
(0.2)		92.3	94.0		4	2.4	4.61	4.70	(7.39) 7.41
(0.3)		64.1	85.3		6	2.9	3.08	3.11	(4.91) 4.61
(0.4)		47.1	48.0						

注：1. 表中括号内数字均为 GB 3956—1983 标准中选取值或规定值。

2. 表中导体最大外径规定值选自 GB 3956—1983 标准，GB/T 3956—2008 标准由附录 C《圆形导体的尺寸范围导则》中加以规定，两者相同。

3. 表中增加了电气装备用电线电缆常用小截面积规格：0.035 ~ 0.4mm²，省略了很少使用的大截面积规格：10 ~ 1200mm²。

表 6-1-2 第 2 种单芯和多芯电线电缆绞合导体

标称截面积 /mm²	导体中单线最少根数		最大外径 /mm	直流电阻/（Ω/km） ≤		
	铜 芯	铝 芯		铜 芯		铝 芯
				不镀锡	镀锡	
0.5	7	—	1.1	36.0	36.7	—
0.75	7	—	1.2	24.5	24.8	—
1	7	—	1.4	18.1	18.2	—
1.5	7	—	1.7	12.1	12.2	—
2.5	7	—	2.2	7.41	7.56	—
4	7	—	2.7	4.61	4.70	—
6	7	—	3.3	3.08	3.11	—
10	7	7	4.2	1.83	1.84	3.08
16	7	7	5.3	1.15	1.16	1.91
25	7	7	6.6	0.727	0.734	1.20
35	7	7	7.9	0.524	0.529	0.868
50	19	19	9.1	0.387	0.391	0.641
70	19	19	11.0	0.263	0.270	0.443
95	19	19	12.9	0.193	0.195	0.320
120	37	37	14.5	0.153	0.154	0.253
150	37	37	16.2	0.124	0.126	0.206
185	37	37	18.0	0.0991	0.100	0.164
240	37	37	20.6	0.0754	0.0762	0.125
300	61	61	23.1	0.0601	0.0607	0.100
400	61	61	26.1	0.0470	0.0475	0.0778
500	(91) 61	(91) 61	29.2	0.0366	0.0369	0.0605
630	(127) 91	(127) 91	33.2	0.0283	0.0286	0.0469
800	(127) 91	(127) 91	37.6	0.0221	0.0224	0.0367

注：1. 表中括号内数字为 GB 3956—1983 标准中规定值。

2. GB/T 3956—2008 标准中第 2 种导体分为非紧压圆形导体，紧压圆形导体和成型导体等三大类，本表为非紧压圆形导体。

3. 表中省略了电气装备用电线电缆很少使用的大截面积规格：1000～2500mm²。

4. 表中导体最大外径规定选自于 GB/T 3956—2008 标准中的附录 C。

表 6-1-3 第 5 种单芯和多芯电线电缆软铜导体

标称截面积 /mm²	导体中单线最大直径/mm	最大外径 /mm	直流电阻/(Ω/km) ≤		标称截面积 /mm²	导体中单线最大直径/mm	最大外径 /mm	直流电阻/(Ω/km) ≤	
			不镀锡	镀锡				不镀锡	镀锡
(0.06)	0.11		366	384	10	0.41	5.1	1.91	1.95
(0.08)	0.13		247	254	16	0.41	6.3	1.21	1.24
(0.12)	0.16		150	163	25	0.41	7.8	0.780	0.795
(0.2)	0.16		92.3	95.0	35	0.41	9.2	0.554	0.565
(0.3)	0.16		69.2	71.2	50	0.41	11.0	0.386	0.393
(0.4)	0.16	—	48.2	49.6	70	0.51	13.1	0.272	0.277
0.5	0.21	1.1	39.0	40.1	95	0.51	15.1	0.206	0.210
0.75	0.21	1.3	26.0	26.7	120	0.51	17.0	0.161	0.164
1	0.21	1.5	19.5	20.0	150	0.51	19.0	0.129	0.132
1.5	0.26	1.8	13.3	13.7	185	0.51	21.0	0.106	0.108
2.5	0.26	2.4	7.98	8.21	240	0.51	24.0	0.0801	0.0817
4	0.31	3.0	4.95	5.09	300	0.51	27.0	0.0641	0.0654
6	0.31	3.9	3.30	3.39	400	0.51	31.0	0.0486	0.0495

注：1. 表中括号内数值摘自于 GB 3956—1983 标准，即本表增加了 0.06～0.4mm² 小规格截面积，却省略了 500～630mm² 大规格截面积。

2. 导体最大外径选自于 GB/T 3956—2008 标准中附录 C。

3. 表中所列导体均为非紧压圆形绞线。

表 6-1-4 第 6 种单芯和多芯电线电缆软铜导体

标称截面积/mm²	导体中单线最大直径/mm	最大外径/mm	直流电阻/(Ω/km) ≤ 铜芯 不镀锡	直流电阻/(Ω/km) ≤ 铜芯 镀锡	标称截面积/mm²	导体中单线最大直径/mm	最大外径/mm	直流电阻/(Ω/km) ≤ 铜芯 不镀锡	直流电阻/(Ω/km) ≤ 铜芯 镀锡
(0.012)	0.06		1466	1534	6	0.21	3.9	3.30	3.39
(0.03)	0.09		748	783	10	0.21	5.1	1.91	1.95
(0.06)	0.08		349	365	16	0.21	6.3	1.21	1.24
(0.12)	0.08		174	183	25	0.21	7.8	0.780	0.795
(0.2)	0.08		93.5	97.8	35	0.21	9.2	0.554	0.565
(0.3)	0.08		68.0	71.2	50	0.31	11.0	0.386	0.393
(0.4)	0.11	—	52.3	54.8	70	0.31	13.1	0.272	0.277
0.5	0.16	1.1	39.0	40.1	95	0.31	15.1	0.206	0.210
0.75	0.16	1.3	26.0	26.7	120	0.31	17.0	0.161	0.164
1	0.16	1.5	19.5	20.0	150	0.31	19.0	0.129	0.132
1.5	0.16	1.8	13.3	13.7	185	0.41	21.0	0.106	0.108
2.5	0.16	2.6	7.98	8.21	240	0.41	24.0	0.0801	0.0817
4	0.16	3.2	4.95	5.09					

注: 1. 表中括号内数值摘自于 GB 3956—1983 标准, 即本表增加了 0.012 ~ 0.4mm² 小规格截面积, 却省略了 300mm² 大规格截面积。
2. 导体最大外径选自 GB 3956—2008 标准中附录 C。
3. 表中所列导体均为非紧压圆形绞线。

表 6-1-5 铜铝导电线芯温度校正系数 K_t

测量时导体温度 t/℃	校正系数 K_t	测量时导体温度 t/℃	校正系数 K_t
0	1.087	21	0.996
1	1.082	22	0.992
2	1.078	23	0.988
3	1.073	24	0.984
4	1.068	25	0.980
5	1.064	26	0.977
6	1.059	27	0.973
7	1.055	28	0.969
8	1.050	29	0.965
9	1.046	30	0.962
10	1.042	31	0.958
11	1.037	32	0.954
12	1.033	33	0.951
13	1.029	34	0.947
14	1.025	35	0.943
15	1.020	36	0.940
16	1.016	37	0.936
17	1.012	38	0.933
18	1.008	39	0.929
19	1.004	40	0.926
20	1.000		

在挤包绝缘之前，导电线芯不允许整根焊接，单线或股线的导电线芯可以焊接，但在同一层内，相邻两个焊接点之间的距离应不少于300mm。

镀锡铜线必须符合 GB/T 4910—2009 的镀锡软铜线的要求。铝导电线芯必须用符合 GB/T 3955—2009 的铝单线制造，采用半硬铝线。

1.2 绝缘层的设计原则

绝缘层是电线电缆的主要结构部分，保证产品具有良好的电气性能。绝缘层的设计包括绝缘材料和结构（挤包型、绕包型、组合型）的选择，以及绝缘厚度的确定，此外还必须确定加工工艺方法等。

1.2.1 绝缘材料的选择原则

根据产品的使用条件来选择绝缘材料时必须考虑以下几方面。

(1) 按性能要求选择材料

1) 电气性能是选择材料首先要考虑的因素，因为绝缘层的主要作用就是电绝缘，但产品的电绝缘是指产品在足够长的使用期间内，在受热、机械应力及其他因素致使绝缘老化，以及各种使用条件（例如拉伸、弯曲、扭绞）的情况下，仍必须保证电性能不降低到产品所要求的最低指标的要求。因此，必须考虑材料的其他有关性能，以保证产品的电气性能。

最后判断产品能否继续使用的指标，仍然是以电气性能为主。

2) 对于绝大多数的电气装备用电线电缆来说，产品的工作电压不太高，同时基本上是橡皮、塑料等有机材料。因此绝缘材料的耐热等级、热变形和长期热老化往往是选择绝缘材料最重要的因素。

3) 绝缘材料的力学性能（抗拉强度、伸长率及柔软性）同样是重要的因素。对某些机械应力破坏较突出的场合所应用的产品，机械应力主要由护套来承受，但绝缘材料也应具有足够的机械强度。

(2) 材料的经济性和来源 在满足性能要求的前提下，应该尽量采用国内能大量生产的廉价材料，同时要充分贯彻有关材料的经济政策，例如以合成材料代替天然材料，节约棉麻丝绸，以塑料作为铅的代用品等。

(3) 考虑工艺上的方便与可能性，使其易于生产。

(4) 对于有护套结构的产品，绝缘材料的选择应结合护套结构与材料来考虑。例如有护套的产品，对绝缘的机械强度要求可略微降低。反之，有的绝缘材料机械强度较差就应适当增加护套的厚度。

(5) 在新的环境要求条件下，应考虑材料的环保性能。

1.2.2 绝缘厚度的确定

从电压等级来讲，电压越高，绝缘厚度越厚。对于高压产品，绝缘厚度的确定主要根据电性能要求来进行设计，同时在结构上还应考虑均匀内外电场的半导电层的设计。

对于低压电气装备用电线电缆，在绝缘材料选定之后，确定绝缘厚度时，电性能一般不是主要的考虑因素，而是以力学性能为主。一般应考虑下列几点：

1) 按力学性能来确定绝缘厚度。产品在制造、安装敷设或使用中，会受到弯曲和拉力等，这样绝缘层会受到拉、压、弯、扭、剪切等机械应力的作用。而导线截面积的大小对这些应力的数值影响很大。截面积越大，弯曲应力越大，自重也大，因此在每一产品中，绝缘厚度总是随着导电线芯截面积的增大而增加。为了方便，适当分成几档。

对低压产品来说，绝缘在满足了力学性能的要求后，电性能也相应得到满足。当产品的电压等级提高时，绝缘厚度适当增加。如 1kV 级矿用电缆的绝缘比 500V 级的要稍厚一些。

导电线芯的柔软度对绝缘的确定也有关，柔软的导电线芯，弯曲时应力小些。但因为柔软型的产品均用于经常移动弯曲的场合，因此一般不再减薄绝缘厚度。

图 6-1-1 是交流 500V 级的绝缘电线和软线等产品的绝缘厚度随着截面积增加的变化曲线。材料的力学性能较好，就可适当减薄绝缘厚度。如聚氯乙烯绝缘电线的绝缘厚度就较橡皮绝缘电线为薄。

2) 绝缘的最薄厚度应考虑到两方面的因素：一是工艺上的可能性；二是长期老化因素。同样的材料，绝缘薄，则老化损坏快些，一般橡皮绝缘电线最薄的绝缘，厚度不小于 0.3mm，聚氯乙烯不小于 0.25mm。

3) 同样电压等级而有护套结构的产品，从电性能角度考虑，绝缘厚度可以相应减薄些，但考虑到某些产品经常移动，对安全性要求较高，实际上并不一定减薄。图 6-1-2 是有护套通用橡套电缆和船用电缆与橡皮绝缘电线的橡皮绝缘线芯绝缘厚度的对比。

4）对安全性要求特别高的产品，可适当加厚

绝缘厚度。图 6-1-3 是 500V 级聚氯乙烯绝缘电线和聚氯乙烯绝缘船用电缆的绝缘厚度的对比。

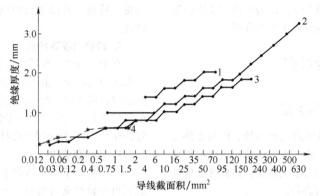

图 6-1-1　橡皮绝缘和聚氯乙烯绝缘电线的绝缘厚度与导线截面积的关系

1—1000V 矿用电缆绝缘线芯（U）　2—500V 橡皮绝缘电线（BX，BXR）

3—500V 聚氯乙烯绝缘电线（BV）　4—300V 聚氯乙烯绝缘软线（RV）

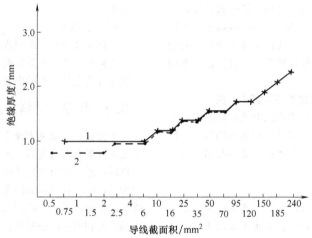

图 6-1-2　有护套与无护套橡皮绝缘线芯绝缘厚度的对比

1—500V 橡皮绝缘电线和 500V 船用电缆　2—500V 通用橡套电缆

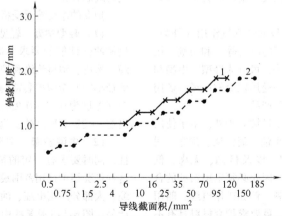

图 6-1-3　聚氯乙烯绝缘船用电缆与聚氯乙烯绝缘电线绝缘厚度对比

1—500V 聚氯乙烯绝缘船用电缆　2—500V 聚氯乙烯绝缘电线

目前，各类产品绝缘厚度具体数值的确定，主要根据实际经验数据和试验数据，在此基础上，可以做出有关的经验计算公式。随着标准化工作的进展，将使绝缘厚度的设计趋于更为合理。

1.3 护层的设计原则

1.3.1 护层的结构类型

护层的作用是保护电缆的绝缘层，以防止外力或环境因素损伤电缆。由于电气装备用电线电缆使用的场合不同，敷设的方法也各异，因此这类电线电缆的护层结构形式有多种。

1. 绝缘层兼作护层的产品

仅有绝缘层没有护层的产品，用于没有机械外力、环境条件较好的场合，绝缘层同时起着护层作用。这类产品包括：聚氯乙烯和丁腈聚氯乙烯绝缘电线和绝缘软线，部分电机电器引接线和公路车辆用电线等。氯丁橡皮绝缘电线由于氯丁橡皮具有耐磨、耐气候老化和机械强度较高等特性，也可不用外护层。

2. 棉纤维或玻璃纤维编织涂沥青护层

这种护层常见于橡皮绝缘电线和软线等一类产品，其起着防止轻度机械外力和摩擦的作用，但耐气候性较差。随着布电线产品的更新改造，这种护层的使用越来越少。

3. 橡皮、塑料护层

由于电气装备用电线电缆大多要求在移动条件下工作，或常更换安装位置，要求安装时柔软、弯曲半径小等，因此橡皮、塑料护套在电气装备电线电缆产品中占了绝大部分，使用比较普遍。

按使用环境的要求，橡皮、塑料护套又分为普通与特殊两种。

普通要求的护层主要是承受机械作用（外力、耐磨、弯曲或扭转的条件下的应力等）和防潮。按照承受机械作用能力的大小，可分为轻型、中型和重型护套等几种结构。例如通用橡套软电缆、矿用电缆和船用电缆中的一部分产品。

特殊要求的护层，除了机械防护外，由于使用环境的不同，还要求具有耐油、耐泥浆、耐寒、耐日光、防霉、防虫、防鼠，以及低烟、无卤、低毒、阻燃等各种特殊性能，因此必须采用新型的合成材料或各种特殊配方材料。例如矿用电缆、船用电缆和机车车辆用电缆等，就要求护套材料具有不延燃性，部分产品要求低烟无卤。油矿电缆、部分机车车辆用电缆和公路车辆用电线，要求护套具有耐油性。湿热带地区用电线电缆要求具有耐日光和防霉等特性。石油平台用电缆要求具有耐泥浆等特性。

4. 铅护套或铝护套

在老产品中，凡严格要求防潮的产品，以前大多采用金属护层。由于金属密度大、价格贵，因此目前仅在极少数产品中还保留这种结构，例如固定敷设的油井加热电缆。大多数产品已用防潮性能良好的橡塑或塑料/金属复合材料来取代。

5. 外护套结构

当产品用于地下直埋敷设、垂直或机械外力破坏可能较严重的场合，产品在护套外还需加上金属铠装的外护套结构，如采用钢丝或铜丝编织，也有采用与橡塑绝缘电力电缆相同的各种铠装结构。前者如部分船用电缆，后者如部分控制、信号电缆。

6. 屏蔽结构

当使用场合有屏蔽要求时，可采用金属丝、金属带或铝塑复合带作为屏蔽层，有的编织或绕包于每根绝缘线芯外，有的安置于总的护套内或外。

1.3.2 橡皮、塑料护套厚度的确定

护套材料根据使用要求、材料来源、经济性及工艺条件等因素选定后，护套厚度的确定主要取决于机械因素，同时也应考虑长期环境老化和材料透湿性的影响。这些影响因素主要与产品的外径和导线截面积等有关，因此护套厚度一般除了随导电线芯的截面积增大而加厚外，多芯电缆还与产品成缆后的直径有很大的关系。因此在各产品标准中规定护套厚度的原则，主要是取决于挤包护套前电线电缆的缆芯直径。

护套的厚度按承受机械外力的能力分为三类：

(1) 轻型护套 轻型护套要求柔软，对耐磨和机械冲击性能的要求不高，如轻型通用橡套软电缆，橡皮、塑料绝缘和护套电线及软线。对于要求外径小因此希望护套特别薄的产品，则采用尼龙护套（厚度为 0.12~0.25mm）。从图 6-1-4 中可以看出这一类护套厚度的变化。

(2) 中型护套 中型护套要求有一定的柔软性，同时要求有一定的抗机械应力、耐磨等特性。这种护套结构适用范围最广，如中型通用橡套软电缆、大部分船用电缆、油矿电缆、控制信号电缆等产品。图 6-1-5 是某些中型护套产品的护套厚度与外径的变化关系。

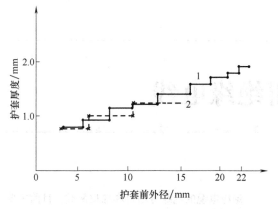

图 6-1-4　轻型护套的厚度与外径的关系
1—橡皮绝缘氯丁护套电线　2—塑料绝缘塑料护套软线

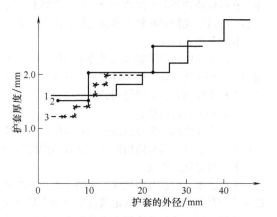

图 6-1-5　中型护套的厚度与外径的关系
1—聚氯乙烯绝缘和护套控制电缆　2—船用聚氯乙烯
绝缘和护套电缆　3—中型橡套软电缆

（3）重型护套　重型护套的电缆仍要求具有经常移动的柔软性，但它具有很强的承受机械外力的能力，如严重的摩擦、冲击力、挤压以及撕裂性外力等。这类产品如重型橡套软电缆和矿用橡套软电缆。图 6-1-6 给出了这两种电缆的护套厚度与外径的关系，以及与中型橡套软电缆的对比。

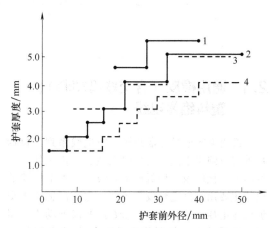

图 6-1-6　重型护套的厚度与外径的关系
1—矿用采煤机组电缆　2—重型橡套电缆
3—矿用移动橡套橡套软电缆　4—氯丁
橡套控制电缆（中型护套）

对于有耐油要求的护层，常选用适合的材料（如丁腈橡皮、氯磺化聚乙烯等）来提高产品的耐油性。此外，也采用改变材料配方或共混改性等方法，来改善电缆的耐寒、耐日光等性能。

第2章

电气装备用绝缘电线

2.1 通用橡皮（含交联型塑料）、塑料绝缘电线

橡塑绝缘电线通常归属于布电线系列，包括户外架空绝缘电线、用户引入线、户内配线、电气电源连接线及农用低压地埋线等。本节所述的电线主要用于固定敷设等场合。它广泛适用于交流额定电压 450/750V（U_0/U）及以下动力、照明、电器装置、仪器仪表及电信设备之间的连接。部分塑料电线供交流 300/300V 及以下的用电设备之用。

经过长期的生产和使用，我国已经制定了额定电压 450/750V 及以下橡皮绝缘软线和电缆（GB/T 5013.1～7—2008、GB/T 5013.8—2013 和 JB/T 8735.1～3—2011）和额定电压 450/750V 及以下聚氯乙烯绝缘软线和电缆（GB/T 5023.1～5、GB/T 5023.7—2008、GB/T 5023.6—2006 和 JB/T 8734.1～7—2012）等标准，部分产品采用 IEC 国际通用标准，使产品的品种型号与 IEC 统一，且适用范围广，技术性能要求也相应一致，并扩大了某些品种的截面积范围，使这一系列的产品更能适应用户的需要。

绝缘电缆的绝缘有塑料和橡皮两类，目前主要采用普通聚氯乙烯、耐热聚氯乙烯、天然丁苯橡皮和乙烯-乙酸乙烯酯橡皮等。导电线芯以铜、铝为主。在机械防护要求较高的场合，采用塑料和橡皮护套，电线电缆护套材料有聚氯乙烯、尼龙、氯丁橡皮和黑色聚乙烯等。

塑料绝缘电线除了逐步取代橡皮绝缘电线用于动力和照明线路之外，还大量应用于各种电工器具和控制柜中作为安装电线使用，其中还包括一些用于无线电装置用的电线。

上述产品中的一部分已采用 IEC 国际标准及其相应的型号，其余部分则仍保留了适合国内使用习惯的各种型号绝缘电线。

另外，本节中述及的软线，不同于下一节的软线系列产品，仍然是作为固定敷设之用而不是作为移动电线之用，这种软线用于安装时要求在比较柔软的场合。

2.1.1 产品品种

橡皮（含交联型塑料）、塑料绝缘电线的工作电压，除少量产品外，均用于交流 450/750V 及以下的线路中。产品品种见表 6-2-1。

表 6-2-1　橡皮（含交联型塑料）、塑料绝缘电线产品品种

型　　号	产品名称	敷设场合及要求	导体长期允许工作温度/℃
BXF BLXF	铜芯橡皮绝缘氯丁或其他相当的合成胶混合物护套电线 铝芯橡皮绝缘氯丁或其他相当的合成胶混合物护套电线	适用于户内明敷和户外特别是寒冷地区	65
BXY BLXY	铜芯橡皮绝缘黑色聚乙烯护套电线 铝芯橡皮绝缘黑色聚乙烯护套电线	适用于户内明敷和户外特别是寒冷地区	

（续）

型　　号	产　品　名　称	敷设场合及要求	导体长期允许工作温度/℃
BX	铜芯橡皮绝缘棉纱或其他相当的纤维编织电线	固定敷设用，可明敷或暗敷	65
BLX	铝芯橡皮绝缘棉纱或其他相当的纤维编织电线	固定敷设用，可明敷或暗敷	
BXR	铜芯橡皮绝缘棉纱或其他相当的纤维编织软电线	室内安装，要求较柔软时用	
60245 IEC 04（YYY）[①] 60245 IEC 06（YYY）	铜芯耐热乙烯-乙酸乙烯酯橡皮或其他相当的合成弹性体绝缘电线	固定敷设于高温环境等场合	110
60227 IEC 01.05（BV）[②]	铜芯聚氯乙烯绝缘电线	固定敷设用，可用于室内明敷、穿管等场合	70
BLV	铝芯聚氯乙烯绝缘电线		
60227 IEC 07（BV-90）	铜芯耐热90℃聚氯乙烯绝缘电线	固定敷设于高温环境等场合，其他同上	90
BVR	铜芯聚氯乙烯绝缘软电线	固定敷设时要求柔软的场合	70
60227 IEC 10（BVV） BVV	铜芯聚氯乙烯绝缘聚氯乙烯护套圆形电线	固定敷设用，要求机械防护较高和潮湿等场合；可明敷、暗敷	70
BLVV	铝芯聚氯乙烯绝缘聚氯乙烯护套圆形电线		
BVVB	铜芯聚氯乙烯绝缘聚氯乙烯护套扁形电线		
BLVVB	铝芯聚氯乙烯绝缘聚氯乙烯护套扁形电线		
AV	铜芯聚氯乙烯绝缘安装电线	电气、仪表、电子设备等用的硬接线	70
AV-90	铜芯耐热90℃聚氯乙烯绝缘安装电线	用于高温环境等场合其他同上	90
NLYV	农用直埋铝芯聚乙烯绝缘聚氯乙烯护套电线	一般地区	70
NLYV-H	农用直埋铝芯聚乙烯绝缘耐寒聚氯乙烯护套电线	一般及耐寒地区	
NLYV-Y	农用直埋铝芯聚乙烯绝缘防蚁聚氯乙烯护套电线	白蚁活动地区	
NLYY	农用直埋铝芯聚乙烯绝缘黑色聚乙烯护套电线	一般及耐寒地区	
NLVV	农用直埋铝芯聚氯乙烯绝缘聚氯乙烯护套电线	一般地区	
NLVV-Y	农用直埋铝芯聚氯乙烯绝缘防蚁聚氯乙烯护套电线	白蚁地区	
BVF	铜芯丁腈聚氯乙烯复合物绝缘电线	交流500V及以下电气，仪表等装置连接用	65
BY	铜芯聚乙烯绝缘电线	供固定或移动式无线电设备等连接用，绝缘电阻较高，可用于高频场合，最低使用环境温度为 -60℃	80

（续）

型　号	产品名称	敷设场合及要求	导体长期允许工作温度/℃
BVN	铜芯导体温度70℃聚氯乙烯绝缘尼龙护套电线	建筑、电器、开关等固定用布线	70
BVN-90	铜芯导体温度90℃聚氯乙烯绝缘尼龙护套电线	建筑、电器、开关等固定用布线、要求耐热场合	90
BVNVB	铜芯导体温度70℃聚氯乙烯绝缘尼龙护套电线聚氯乙烯外护套扁形电缆	建筑用固定布线	70
BVJ-90 BVJVJ-90 BVJVJB-90	铜芯导体温度90℃交联聚氯乙烯绝缘电线和电缆 铜芯导体温度90℃交联聚氯乙烯绝缘和护套电缆 铜芯导体温度90℃交联聚氯乙烯绝缘和护套扁电缆	固定布线和电力、建筑、电子设备内部连接	90
BVJ-105	铜芯导体温度105℃交联聚氯乙烯绝缘电线和电缆	固定布线和电力、建筑、电子设备内部连接	105
Z-BYJ-105 WDZ-BYJ-105 Z-BYJYJ-105 WDZ-BYJYJ-105	耐热105℃阻燃交联聚烯烃绝缘电缆 耐热105℃无卤低烟阻燃交联聚烯烃绝缘电缆 耐热105℃无阻燃交联聚烯烃绝缘和护套电缆 耐热105℃无卤低烟阻燃交联聚烯烃绝缘和护套电缆	固定布线和电力、建筑、电子设备内部连接	105
Z-BYJ-125 WDZ-BYJ-125 Z-BYJYJ-125 WDZ-BYJYJ-125	耐热125℃阻燃交联聚烯烃绝缘电缆 耐热125℃无卤低烟阻燃交联聚烯烃绝缘电缆 耐热125℃阻燃交联聚烯烃绝缘绝缘和护套电缆 耐热125℃无卤低烟阻燃交联聚烯烃绝缘和护套电缆	固定布线和电力、建筑、电子设备内部连接	125
Z-BYJ-150 WDZ-BYJ-150 Z-BYJYJ-150 WDZ-BYJYJ-150	耐热150℃阻燃交联聚烯烃绝缘电缆 耐热150℃无卤低烟阻燃交联聚烯烃绝缘电缆 耐热150℃阻燃交联聚烯烃绝缘和护套电缆 耐热150℃无卤低烟阻燃交联聚烯烃绝缘和护套电缆	固定布线和电力、建筑、电子设备内部连接	150

① 60245 IEC 04 为 GB/T 5013.1—2008 标准中规定的型号，而括号内 YYY 为 GB/T 5013.1—1985 标准中规定的型号，余同。

② 60227 IEC 01.05 为 GB/T 5023.1—2008 标准中规定的型号，而括号内 BV 为 GB 5023.1—1985 标准中规定的型号，余同。

2.1.2　产品规格与结构尺寸

1. 产品规格

橡皮绝缘电线的产品规格及交货长度见表6-2-2。塑料绝缘电线的产品规格及交货长度见表

6-2-3。

2. 结构尺寸

1）BXF、BLXF、BXY、BLXY、BX、BLX、BXR、60245 IEC 04（YYY）和 60245 IEC 06（YYY）型电线的结构尺寸见表6-2-4～表6-2-8。

表 6-2-2 橡皮（含交联型塑料）绝缘电线产品规格及交货长度

型 号	额定电压（U_0/U）/V	芯数	标称截面积/mm²	交 货 长 度
BXF	300/500	1	0.75~240	
BLXF	300/500	1	2.5~240	
BXY	300/500	1	0.75~240	
BLXY	300/500	1	2.5~240	
BX	300/500	1	0.75~630	
BLX	300/500	1	2.5~630	
BXR	300/500	1	0.75~400	
60245 IEC 04（YYY）	450/750	1	0.5~95	
60245 IEC 06（YYY）	300/500	1	0.5~1	
BVJ-90	450/750	1	1.5~240	应不小于100m，允许长度不小于
BVJVJ-90	300/500	1	0.75~10	20m的短线段交货，其数量应不超
BVJVJB-90	300/500	2，3	0.75~10	过交货总长度的10%，但245IEC04
BVJ-105	450/750	1	1.5~240	（YYY）和245IEC06（YYY）产品
Z-BYJ-105	450/750	1	0.5~240	交货长度可以任意
WDZ-BYJ-105	450/750	1	0.5~240	
Z-BYJYJ-105	300/500	1	0.75~10	
WDZ-BYJYJ-105	300/500	1	0.75~10	
Z-BYJ-125	450/750	1	0.5~240	
WDZ-BYJ-125	450/750	1	0.5~240	
Z-BYJYJ-125	300/500	1	0.5~240	
WDZ-BYJYJ-125	300/500	1	0.75~10	
Z-BYJ-150	450/750	1	0.5~240	
WDZ-BYJ-150	450/750	1	0.5~240	
Z-BYJYJ-150	300/500	1	0.75~10	
WDZ-BYJYJ-150	300/500	1	0.75~10	

表 6-2-3 塑料绝缘电线的产品规格及交货长度

型 号	额定电压（U_0/U）/V	芯数	标称截面积/mm²	交 货 长 度
60227 IEC 05（BV）	300/500	1	0.5~1	
60227 IEC 01（BV）	450/750	1	1.5~400	
60227 IEC 07（BV-90）	300/500	1	0.5~2.5	
BLV	450/750	1	2.5~400	
BVR	450/750	1	0.75~185	
BVV	300/500	1	0.75~1185	交货长度任意或供需双方商定
227IEC10（BVV）	300/500	2~5	1.5~35	
BLVV	300/500	1	2.5~10	
BVVB	300/500	2，3	0.75~10	
BLVVB	300/500	2，3	2.5~10	
AV-90	300/300	1	0.08~0.4	
NLYV NLYV-H NLYV-Y NLYY NLVV NLVV-Y	450/750	1	4~95	应不少于200m，100mm² 及以上者，允许不少于50m的短段交货，但不超过总量的10%

（续）

型　号	额定电压（U_0/U）/V	芯数	标称截面积/mm²	交货长度
BVF	500	1	0.75~6	同 BV
BY	500	1	0.06~2.5	
BVN BVN-90	300/500	1	0.5~1.0	交货长度任意或供需双方商定
BVN BVN-90	450/750	1	1.5~400	交货长度任意或供需双方商定
BVNVB	300/500	2,3	0.75~10	

表 6-2-4　BXF、BLXF、BXY、BLXY 型 300/500V 橡皮绝缘电线

导体截面积/mm²	导电线芯结构与单线直径/（根/mm）	绝缘与护套厚度之和/mm	绝缘最薄点厚度/mm≥	护套最薄点厚度/mm≥	平均外径/mm≤
0.75	1/0.97	1.0	0.4	0.2	3.9
1.0	1/1.13	1.0	0.4	0.2	4.1
1.5	1/1.38	1.0	0.4	0.2	4.4
2.5	1/1.78	1.0	0.6	0.2	5.0
4	1/2.25	1.0	0.6	0.2	5.6
6	1/2.76	1.2	0.6	0.25	6.8
10	7/1.35	1.2	0.75	0.25	8.3
16	7/1.70	1.4	0.75	0.25	10.1
25	7/2.14	1.4	0.9	0.30	11.8
35	7/2.52	1.6	0.9	0.30	13.8
50	19/1.78	1.6	1.0	0.30	15.4
70	19/2.14	1.8	1.0	0.35	18.2
95	19/2.52	1.8	1.1	0.35	20.6
120	37/2.03	2.0	1.2	0.40	23.0
150	37/2.25	2.0	1.3	0.40	25.0
185	37/2.52	2.2	1.3	0.40	27.9
240	61/2.25	2.4	1.4	0.40	31.4

表 6-2-5　BX、BLX 型 300/500V 橡皮绝缘电线

导体截面积/mm²	导电线芯结构与单线直径/（根/mm）	绝缘厚度/mm	平均外径/mm≤
0.75	1/0.97	1.0	4.4
1.0	1/1.13	1.0	4.5
1.5	1/1.38	1.0	4.8
2.5	1/1.78	1.0	5.2
4	1/2.25	1.0	5.8
6	1/2.76	1.0	6.3
10	7/1.35	1.2	8.2
16	7/1.70	1.2	9.4
25	7/2.14	1.4	11.2
35	7/2.52	1.4	12.5
50	19/1.78	1.6	14.4
70	19/2.14	1.6	16.4
95	19/2.52	1.8	18.9
120	37/2.03	1.8	19.8
150	37/2.25	2.0	21.8
185	37/2.52	2.2	24.2
240	61/2.25	2.4	27.4
300	61/2.52	2.6	30.3
400	61/2.85	2.8	33.9
500	91/2.65	3.0	38.0
630	127/2.52	3.2	42.2

表 6-2-6　**BXR 型 300/500V 橡皮绝缘电线**

导体截面积/mm²	导电线芯结构与单线直径/(根/mm)	绝缘厚度/mm	平均外径/mm≤
0.75	7/0.37	1.0	4.5
1.0	7/0.43	1.0	4.7
1.5	7/0.52	1.0	5.0
2.5	19/0.41	1.0	5.6
4	19/0.52	1.0	6.2
6	19/0.64	1.0	6.8
10	49/0.52	1.2	8.9
16	49/0.64	1.2	10.1
25	98/0.58	1.4	12.6
35	133/0.58	1.4	13.8
50	133/0.68	1.6	15.8
70	189/0.68	1.6	18.4
95	259/0.68	1.8	20.8
120	259/0.76	1.8	21.6
150	336/0.74	2.0	25.9
185	427/0.74	2.2	26.6
240	427/0.85	2.4	30.2
300	513/0.85	2.6	33.3
400	703/0.85	2.8	38.2

表 6-2-7　**60245 IEC 04（YYY）型 450/750V 铜芯耐热乙烯-乙酸乙烯酯橡皮或**
其他相当的合成弹性体绝缘单芯电线

导体截面积 /mm²	GB/T 3956—2008 中的导体种类	绝缘厚度 /mm	平均外径/mm	
			下限	上限
0.5	1	0.8	2.3	2.9
0.75	1	0.8	2.4	3.1
1.0	1	0.8	2.6	3.2
1.5	1	0.8	2.8	3.5
2.5	1	0.9	3.4	4.3
4	1	1.0	4.0	5.0
6	1	1.0	4.5	5.6
10	1	1.2	5.7	7.1
1.5	2	0.8	2.9	3.7
2.5	2	0.9	3.5	4.4
4	2	1.0	4.2	5.2
6	2	1.0	4.7	5.9
10	2	1.2	6.0	7.4
16	2	1.2	6.8	8.5
25	2	1.4	8.4	10.6
35	2	1.4	9.4	11.8
50	2	1.6	10.9	13.7
70	2	1.6	12.5	15.6
95	2	1.8	14.5	18.1

表 6-2-8 60245 IEC 06（YYY）型 300/500V 铜芯耐热乙烯-乙酸乙烯酯橡皮或其他相当的弹性体绝缘单芯电线

导体截面积 /mm²	GB/T 3956—2008 中的导体种类	绝缘厚度 /mm	平均外径/mm	
			下限	上限
0.5	1	0.6	1.9	2.4
0.75	1	0.6	2.1	2.6
1.0	1	0.6	2.2	2.8

2）60227 IEC 05（BV）、60227 IEC 01（BV）、 结构尺寸见表 6-2-9～表 6-2-14。
BLV、60227 IEC 07（BV-90）、AV、AV-90 型电线

表 6-2-9 60227 IEC 05（BV）型 300/500V 铜芯（单根）聚氯乙烯绝缘电线

导体截面积 /mm²	GB/T 3956—2008 中的导体种类	绝缘厚度 /mm	平均外径/mm	
			下限	上限
0.5	1	0.6	1.9	2.3
0.75	1	0.6	2.1	2.5
1.0	1	0.6	2.2	2.7

表 6-2-10 BV 型 300/500V 铜芯（绞线）聚氯乙烯绝缘电线

导体截面积/mm²	绞合导体中单线最少根数	绝缘厚度/mm	平均外径/mm≤
0.75	7	0.6	2.6
1.0	7	0.6	2.8

表 6-2-11 60227 IEC 01（BV）型 450/750V 铜芯聚氯乙烯绝缘电线

导体截面积 /mm²	GB/T 3956—2008 中的导体种类	绝缘厚度 /mm	平均外径/mm	
			下限	上限
1.5	1	0.7	2.6	3.2
1.5	2	0.7	2.7	3.3
2.5	1	0.8	3.2	3.9
2.5	2	0.8	3.3	4.0
4	1	0.8	3.6	4.4
4	2	0.8	3.8	4.6
6	1	0.8	4.1	5.0
6	2	0.8	4.3	5.2
10	1	1.0	5.3	6.4
10	2	1.0	5.6	6.7
16	2	1.0	6.4	7.8
25	2	1.2	8.1	9.7
35	2	1.2	9.0	10.9
50	2	1.4	10.6	12.8
70	2	1.4	12.1	14.6
95	2	1.6	14.1	17.1
120	2	1.6	15.6	18.8
150	2	1.8	17.3	20.9
185	2	2.0	19.3	23.3
240	2	2.2	22.0	26.6
300	2	2.4	24.5	29.6
400	2	2.6	27.5	33.2

表 6-2-12　BLV 型 450/750V 铝芯聚氯乙烯绝缘电线

导体截面积/mm²	实心导体或绞合导体中单线最少根数	绝缘厚度/mm	平均外径/mm≤
2.5	1	0.8	3.9
4	1	0.8	4.4
6	1	0.8	5.0
10	7	1.0	6.7
16	7	1.0	7.8
25	7	1.2	9.7
35	7	1.2	10.9
50	19	1.4	12.8
70	19	1.4	14.6
95	19	1.6	17.1
120	37	1.6	18.8
150	37	1.8	20.9
185	37	2.0	23.3
240	61	2.2	26.6
300	61	2.4	29.6
400	61	2.6	33.2

表 6-2-13　60227 IEC 07（BV-90）型 300/500V 铜芯耐热 90℃聚氯乙烯绝缘电线

导体截面积 /mm²	GB/T 3956—2008 中的导体种类	绝缘厚度 /mm	平均外径/mm	
			下限	上限
0.5	1	0.6	1.9	2.3
0.75	1	0.6	2.1	2.5
1.0	1	0.6	2.2	2.7
1.5	1	0.7	2.6	3.2
2.5	1	0.8	3.2	3.9

表 6-2-14　AV、AV-90 型 300/300V 铜芯聚氯乙烯绝缘安装用电线

导体截面积/mm²	实心导体	绝缘厚度 /mm	平均外径 /mm≤
0.08	1	0.4	1.3
0.12	1	0.4	1.4
0.2	1	0.4	1.5
0.3	1	0.4	1.6
0.4	1	0.4	1.7

3）BVR 型电线结构尺寸见表 6-2-15。

4）60227 IEC 10（BVV）、BLVV、BVVB、BLVVB 型电线结构尺寸见表 6-2-16～表 6-2-18。

5）NLYV、NLYV-H、NLYV-Y、NLVV、NLVV-Y 型等农用直埋铝芯塑料绝缘塑料护套电线结构尺寸见表 6-2-19。

表 6-2-15　BVR 型 450/750V 铜芯聚氯乙烯绝缘软电线

导体截面积/mm²	绞合导体中单线最少根数	绝缘厚度 /mm	平均外径 /mm≤
0.75	7	0.7	2.9
1.0	7	0.7	3.1
1.5	7	0.7	3.4
2.5	19	0.8	4.1
4	19	0.8	4.8
6	19	0.8	5.3
10	49	1.0	6.8
16	49	1.0	8.1
25	98	1.2	10.2
35	133	1.2	11.7
50	133	1.4	13.9
70	189	1.4	16.0
95	259	1.6	18.2
120	259	1.6	19.8
150	336	1.8	22.2
185	427	2.0	24.6

表 6-2-16　60227 IEC 10（BVV）型电线

导体芯数× （截面积/mm²）	GB/T 3956—2008 中的导体种类	绝缘厚度 /mm	内护层厚度 近似值/mm	护套厚度 /mm	平均外径/mm	
					下限	上限
2×1.5	1	0.7	0.4	1.2	7.6	10.0
	2	0.7	0.4	1.2	7.8	10.5
2×2.5	1	0.8	0.4	1.2	8.6	11.5
	2	0.8	0.4	1.2	9.0	12.0
2×4	1	0.8	0.4	1.2	9.6	12.5
	2	0.8	0.4	1.2	10.0	13.0
2×6	1	0.8	0.4	1.2	10.5	13.5
	2	0.8	0.4	1.2	11.0	14.0
2×10	1	1.0	0.6	1.4	13.0	16.5
	2	1.0	0.6	1.4	13.5	17.5
2×16	2	1.0	0.6	1.4	15.5	20.0
2×25	2	1.2	0.8	1.4	18.5	24.0
2×35	2	1.2	1.0	1.6	21.0	27.5
3×1.5	1	0.7	0.4	1.2	8.0	10.5
	2	0.7	0.4	1.2	8.2	11.0
3×2.5	1	0.8	0.4	1.2	9.2	12.0
	2	0.8	0.4	1.2	9.4	12.5
3×4	1	0.8	0.4	1.2	10.0	13.0
	2	0.8	0.4	1.2	10.5	13.5
3×6	1	0.8	0.4	1.4	11.5	14.5
	2	0.8	0.4	1.4	12.0	15.5
3×10	1	1.0	0.6	1.4	14.0	17.5
	2	1.0	0.6	1.4	14.5	19.0
3×16	2	1.0	0.6	1.4	16.5	21.5
3×25	2	1.2	0.8	1.6	20.5	26.0
3×35	2	1.2	1.0	1.6	22.0	29.0
4×1.5	1	0.7	0.4	1.2	8.6	11.5
	2	0.7	0.4	1.2	9.0	12.0
4×2.5	1	0.8	0.4	1.2	10.0	13.0
	2	0.8	0.4	1.2	10.0	13.5
4×4	1	0.8	0.4	1.4	11.5	14.5
	2	0.8	0.4	1.4	12.0	15.0
4×6	1	0.8	0.6	1.4	12.5	16.0
	2	0.8	0.6	1.4	13.0	17.0
4×10	1	1.0	0.6	1.4	15.5	19.0
	2	1.0	0.6	1.4	16.0	20.5
4×16	2	1.0	0.8	1.4	18.0	23.5
4×25	2	1.2	1.0	1.6	22.5	28.5
4×35	2	1.2	1.0	1.6	24.5	32.0
5×1.5	1	0.7	0.4	1.2	9.4	12.0
	2	0.7	0.4	1.2	9.8	12.5
5×2.5	1	0.8	0.4	1.2	11.0	14.0
	2	0.8	0.4	1.2	11.0	14.5
5×4	1	0.8	0.6	1.4	12.5	16.0
	2	0.8	0.6	1.4	13.0	17.0
5×6	1	0.8	0.6	1.4	13.5	17.5
	2	0.8	0.6	1.4	14.5	18.5
5×10	1	1.0	0.6	1.4	17.0	21.0
	2	1.0	0.6	1.4	17.5	22.0
5×16	2	1.0	0.8	1.6	20.5	26.0
5×25	2	1.2	1.0	1.6	24.5	31.5
5×35	2	1.2	1.2	1.6	27.0	35.0

表 6-2-17　BVV、BLVV 型 300/500V 铜芯和铝芯聚氯乙烯绝缘及护套圆形电线

导体截面积/mm²	实心导体或绞合导体中单线最少根数	绝缘厚度/mm	护套厚度/mm	平均外径/mm	
				下限	上限
0.75	1	0.6	0.8	3.6	4.4
1.0	1	0.6	0.8	3.7	4.5
1.5	1	0.7	0.8	4.2	5.0
1.5	7	0.7	0.8	4.3	5.2
2.5	1	0.8	0.8	4.8	5.7
2.5	7	0.8	0.8	4.8	5.9
4	1	0.8	0.9	5.4	6.5
4	7	0.8	0.9	5.5	6.8
6	1	0.8	0.9	5.9	7.1
6	7	0.8	0.9	6.0	7.3
10	7	1.0	0.9	7.3	8.8
16	7	1.0	0.9	8.0	9.5
25	7	1.2	1.0	9.7	12.3
35	7	1.2	1.1	10.9	14.1
50	19	1.4	1.3	12.8	17.5
70	19	1.4	1.4	14.4	19.8
95	19	1.6	1.5	16.6	24.2
120	37	1.6	1.6	18.1	26.6
150	37	1.8	1.8	20.1	31.0
185	37	2.0	1.9	22.3	35.8

表 6-2-18　BVVB、BLVVB 型 300/500V 铜芯和铝芯聚氯乙烯绝缘及护套扁形电缆（电线）

导体芯数 × （截面积/mm²）	实心导体或绞合导体中单线最少根数	绝缘厚度/mm	护套厚度/mm	平均外形尺寸/mm	
				下限	上限
2×0.75	1	0.6	0.9	3.8×5.9	4.6×7.1
2×1.0	1	0.6	0.9	3.9×6.1	4.8×7.4
2×1.5	1	0.7	0.9	4.4×7.0	5.6×8.5
2×2.5	1	0.8	1.0	5.1×8.4	6.2×10.1
2×4	1	0.8	1.0	5.6×9.2	6.7×11.1
2×4	7	0.8	1.0	5.7×9.5	6.9×11.5
2×6	1	0.8	1.1	6.2×10.4	7.5×12.5
2×6	7	0.8	1.1	6.4×10.8	7.8×13.0
2×10	7	1.0	1.2	7.9×13.4	9.5×16.2
3×0.75	1	0.6	0.9	3.8×7.9	4.6×9.6
3×1.0	1	0.6	0.9	3.9×8.4	4.8×10.1
3×1.5	1	0.7	0.9	4.4×9.6	5.3×11.7
3×2.5	1	0.8	1.0	5.1×11.6	6.2×14.0
3×4	1	0.8	1.1	5.8×13.1	7.0×15.8
3×4	7	0.8	1.1	5.9×13.5	7.1×16.3
3×6	1	0.8	1.1	6.2×14.5	7.5×17.5
3×6	7	0.8	1.1	6.4×15.1	7.8×18.2
3×10	7	1.0	1.2	7.9×19.0	9.5×23.0

表 6-2-19 450/750V 农用直埋铝芯塑料绝缘塑料护套电线

导体截面积 /mm²	线芯（结构与单线直径） /（根/mm）	绝缘厚度 /mm		护套厚度 /mm		平均外径/mm			
						非紧压导电线芯		紧压导电线芯	
		PE	PVC	PVC	PE	≥	≤	≥	≤
4	1/2.25	0.8		1.2		6.0	6.9	—	—
6	1/2.76	0.8		1.2		6.4	7.4	—	—
10	7/1.35	1.0		1.4		8.2	9.8	—	—
16	7/1.70	1.0		1.4		9.2	10.9	9.1	10.9
25	7/2.14	1.0		1.4		10.8	12.8	10.5	12.6
35	7/2.52	1.2		1.6		12.2	14.4	11.8	14.1
50	19/1.78	1.4		1.6		13.5	16.2	13.2	15.7
70	19/2.14	1.4		1.6		15.0	18.5	14.8	17.4
95	19/2.52	1.6		2.0		18.2	21.5	17.6	20.5

6）BVF 型丁腈聚氯乙烯复合物绝缘电线结构尺寸见表6-2-20。

表 6-2-20 BVF 型丁腈聚氯乙烯复合物绝缘电线

导体截面积/mm²	线芯结构与单线直径/（根/mm）	绝缘厚度 /mm	最大外径 /mm
0.75	1/0.97	1.0	3.5
1.0	1/1.13	1.0	3.7
1.5	1/1.37	1.0	3.9
2.5	1/1.76	1.0	4.4
4	1/2.24	1.0	4.9
6	1/2.73	1.0	5.4

7）BY 型铜芯聚乙烯绝缘电线结构尺寸见表6-2-21。

表 6-2-21 BY 型铜芯聚乙烯绝缘电线

导线截面积/mm²	导线结构与直径/（根/mm）	绝缘厚度 /mm	最大外径 /mm
0.06	7/0.10	0.20	0.8
0.12	7/0.12	0.20	0.9
0.18	16/0.12	0.20	1.1
0.20	7/0.20	0.20	1.1
0.30	16/0.15	0.30	1.2
0.40（1）	19/0.16	0.30	1.3
0.40（2）	7/0.27	0.30	1.5
0.50	7/0.30	0.30	1.6
1.0	19/0.27	0.4	2.3
1.3	19/0.30	0.4	2.4
1.5	49/0.20	0.4	2.7
2.5	19/0.41	0.5	3.2

8）BVN、BVN-90 和 BVNVB 聚氯乙烯绝缘尼龙护套电线电缆结构尺寸见表6-2-22 ～ 表6-2-24。

表 6-2-22 BVN、BVN-90 300/500V 铜芯聚氯乙烯绝缘尼龙护套电线

导线截面积/mm²	导体种类	绝缘厚度给定值/mm		尼龙护套厚度规定值/mm	平均外径上限/mm
		平均	最薄处	最薄处	
0.5	1	0.4	0.33	0.10	2.2
0.75	1	0.4	0.33	0.10	2.4
0.75	2	0.4	0.33	0.10	2.5
1.0	1	0.4	0.33	0.10	2.6
1.0	2	0.4	0.33	0.10	2.7

表 6-2-23　**BVN、BVN-90**　450/750V 铜芯聚氯乙烯绝缘尼龙护套电线

导线截面积/mm²	导体种类	绝缘厚度给定值/mm		尼龙护套厚度规定值/mm	平均外径上限/mm
		平均	最薄处	最薄处	
1.5	1	0.4	0.33	0.10	2.9
1.5	2	0.4	0.33	0.10	3.0
2.5	1	0.4	0.33	0.10	3.3
2.5	2	0.4	0.33	0.10	3.4
4	1	0.4	0.33	0.10	3.8
4	2	0.4	0.33	0.10	4.0
6	1	0.5	0.42	0.10	4.7
6	2	0.5	0.42	0.10	4.9
10	1	0.7	0.60	0.13	6.2
10	2	0.7	0.60	0.13	6.5
16	2	0.8	0.69	0.13	7.8
25	2	1.0	0.87	0.15	9.9
35	2	1.0	0.87	0.15	11.0
50	2	1.2	1.05	0.18	13.0
70	2	1.3	1.14	0.18	15.5
95	2	1.3	1.14	0.18	17.0
120	2	1.4	1.23	0.18	19.0
150	2	1.5	1.32	0.20	21.0
185	2	1.6	1.41	0.20	23.5
240	2	1.6	1.41	0.20	26.0
300	2	1.8	1.59	0.23	29.0
400	2	1.8	1.59	0.23	32.5

表 6-2-24　**BVNVB**　300/500V 铜芯聚氯乙烯绝缘尼龙护套聚氯乙烯外护套扁电缆

芯数×截面积/mm²	导体种类	绝缘厚度给定值/mm		护套厚度规定值/mm		平均外径/mm	
		平均	最薄处	尼龙 最薄处	PVC 平均	上限	下限
2×0.75	1	0.4	0.33	0.10	0.9	3.7×5.7	4.5×6.8
2×1	1	0.4	0.33	0.10	0.9	3.9×6.0	4.7×7.3
2×1.5	1	0.4	0.33	0.10	0.9	4.1×6.4	4.9×7.8
2×2.5	1	0.4	0.33	0.10	1.0	4.7×7.4	5.6×8.9
2×4	1	0.4	0.33	0.10	1.0	5.1×8.3	6.2×10.0
2×4	2	0.4	0.33	0.10	1.0	5.2×8.5	6.3×10.3
2×6	1	0.5	0.42	0.10	1.1	6.0×9.8	7.2×11.8
2×6	2	0.5	0.42	0.10	1.1	6.1×10.2	7.4×12.3
2×10	1	0.7	0.60	0.13	1.2	7.4×12.5	8.9×15.1
2×10	2	0.7	0.60	01.3	1.2	7.4×13.0	9.3×15.6
3×0.75	1	0.4	0.33	0.10	0.9	3.7×7.6	4.5×9.2
3×1	1	0.4	0.33	0.10	0.9	3.9×8.2	4.7×9.8
3×1.5	1	0.4	0.33	0.10	0.9	4.1×8.8	4.9×10.6
3×2.5	1	0.4	0.33	0.10	1.0	4.7×10.1	5.6×12.2
3×4	1	0.4	0.33	0.10	1.0	5.3×11.6	6.4×14.0
3×4	2	0.4	0.33	0.10	1.0	5.4×12.0	6.6×14.6
3×6	1	0.5	0.42	0.10	1.1	6.0×13.6	7.2×16.5
3×6	2	0.5	0.42	0.10	1.1	6.1×14.2	7.4×17.2
3×10	1	0.7	0.60	0.13	1.2	7.4×17.5	8.9×21.1
3×10	2	0.7	0.60	01.3	1.2	7.7×18.4	9.3×22.2

9) BVJ-90、BVJVJ-90、BVJVJB-90、BVJ-105 交联聚氯乙烯绝缘电线电缆结构尺寸见表6-2-25 ~ 表6-2-27。

表6-2-25 BVJ-90、BVJ-105 450/750V 铜芯交联聚氯乙烯绝缘电线电缆

导线标称截面积/mm²	导体种类	绝缘厚度规定值/mm	平均外径上限/mm
1.5	1	0.7	3.3
1.5	2	0.7	3.4
2.5	1	0.7	3.9
2.5	2	0.8	4.2
4	1	0.8	4.4
4	2	0.8	4.8
6	1	0.8	4.9
6	2	0.8	5.4
10	1	1.0	6.4
10	1	1.0	6.8
16	1	1.0	8.0
25	2	1.2	9.8
35	2	1.2	11.0
50	2	1.4	12.8
70	2	1.4	14.6

（续）

导线标称截面积/mm²	导体种类	绝缘厚度规定值/mm	平均外径上限/mm
95	2	1.6	17.0
120	2	1.6	18.8
150	2	1.8	21.0
185	2	2.0	23.5
240	2	2.2	26.6

表6-2-26 BVJVJ-90 300/500V 铜芯交联聚氯乙烯绝缘和护套电缆

导线标称截面积/mm²	导体种类	绝缘厚度规定值/mm	护套厚度规定值/mm	平均外径/mm 下限	平均外径/mm 上限
0.75	1	0.6	0.8	3.6	4.4
1.0	1	0.6	0.8	3.7	4.5
1.5	1	0.7	0.8	4.2	5.0
1.5	2	0.7	0.8	4.3	5.2
2.5	1	0.7	0.8	4.8	5.7
2.5	2	0.8	0.8	4.8	5.9
4	1	0.8	0.8	5.4	6.5
4	2	0.8	0.9	5.5	6.8
6	1	0.8	0.8	5.9	7.1
6	2	0.8	0.9	6.0	7.3
10	2	1.0	0.9	7.3	8.8

表6-2-27 BVJVJB-90 型 300/500V 铜芯交联聚氯乙烯绝缘及护套扁形电缆

导体芯数×（截面积/mm²）	导体种类	绝缘厚度/mm	护套厚度/mm	平均外形尺寸/mm 下限	平均外形尺寸/mm 上限
2×0.75	1	0.6	0.9	3.8×5.9	4.6×7.1
2×1.0	1	0.6	0.9	3.9×6.1	4.8×7.4
2×1.5	1	0.7	0.9	4.4×7.0	5.6×8.5
2×2.5	1	0.8	1.0	5.1×8.4	6.2×10.1
2×4	1	0.8	1.0	5.6×9.2	6.7×11.1
2×4	2	0.8	1.0	5.7×9.5	6.9×11.5
2×6	1	0.8	1.1	6.2×10.4	7.5×12.5
2×6	2	0.8	1.1	6.4×10.8	7.8×13.0
2×10	2	1.0	1.2	7.9×13.4	9.5×16.2
3×0.75	1	0.6	0.9	3.8×7.9	4.6×9.6
3×1.0	1	0.6	0.9	3.9×8.4	4.8×10.1
3×1.5	1	0.7	0.9	4.4×9.6	5.3×11.7
3×2.5	1	0.8	1.0	5.1×11.6	6.2×14.0
3×4	1	0.8	1.1	5.8×13.1	7.0×15.8
3×4	2	0.8	1.1	5.9×13.5	7.1×16.3
3×6	1	0.8	1.1	6.2×14.5	7.5×17.5
3×6	2	0.8	1.1	6.4×15.1	7.8×18.2
3×10	2	1.0	1.2	7.9×19.0	9.5×23.0

10）Z-BYJ-105、WDZ-BYJ-105、Z-BYJYJ-105、WDZ-BYJYJ-105、Z-BYJ-125、WDZ-BYJ-125、Z-BYJYJ-125、WDZ-BYJYJ-125、Z-BYJ-150、WDZ-BYJ-150、Z-BYJYJ-150、WDZ-BYJYJ-150 交联聚烯烃绝缘电线电缆结构尺寸见表6-2-28 ~ 表6-2-29。

表 6-2-28　Z-BYJ-105、WDZ-BYJ-105、Z-BYJ-125、WDZ-BYJ-125、Z-BYJ-150、WDZ-BYJ-150 型 450/750V 铜芯耐热交联聚烯烃绝缘电缆

导线标称截面积/mm²	导体种类	绝缘厚度规定值/mm	平均外径上限/mm
0.5	1	0.6	2.6
0.5	2	0.6	2.7
0.75	1	0.6	2.7
0.75	2	0.6	2.8
1.0	1	0.7	2.9
1.0	2	0.7	3.1
1.5	1	0.7	3.3
1.5	2	0.7	3.4
2.5	1	0.8	3.9
2.5	2	0.8	4.2
4	1	0.8	4.4
4	2	0.8	4.8
6	1	0.8	4.9
6	2	0.8	5.4
10	2	1.0	6.8
16	1	1.0	8.0
25	2	1.2	9.0
35	2	1.2	11.0
50	2	1.4	12.8
70	2	1.4	14.6
95	2	1.6	17.0
120	2	1.6	18.8
150	2	1.8	21.0
185	2	2.0	23.5
240	2	2.2	26.5

表 6-2-29　Z-BYJYJ-105、WDZ-BYJYJ-105、Z-BYJYJ-125、WDZ-BYJYJ-125、Z-BYJYJ-150、WDZ-BYJYJ-150 型　300/500V 铜芯耐热交联聚烯烃绝缘和护套电缆

导体芯数×（截面积/mm²）	导体种类	绝缘厚度/mm	护套厚度/mm	平均外形尺寸/mm 下限	平均外形尺寸/mm 上限
0.75	1	0.6	0.8	3.6	4.4
1.0	1	0.7	0.8	3.7	4.5
1.5	1	0.7	0.8	4.2	5.0
1.5	2	0.7	0.8	4.3	5.2
2.5	1	0.8	0.8	4.8	5.7
2.5	2	0.8	0.8	4.8	5.9
4	1	0.8	0.9	5.4	6.5
4	2	0.8	0.9	5.5	6.8
6	1	0.8	0.9	6.0	7.1
6	2	0.8	0.9	6.0	7.3
10	2	1.0	0.9	7.3	8.8

2.1.3　性能指标

1. 橡皮绝缘电线

（1）导体直流电阻（见表 6-2-30）

表 6-2-30　橡皮绝缘电线导体直流电阻

导体截面积/mm²	20℃时导体电阻/(Ω/km)　≤ 第1种导体 铜芯	第1种导体 镀金属铜芯	第2种导体 铜芯	第2种导体 镀金属铜芯	铝芯
0.75	24.5	24.8	24.5	24.8	—
1.0	18.1	18.2	18.1	18.2	—
1.5	12.1	12.2	12.1	12.2	—
2.5	7.41	7.56	7.41	7.56	—
4	4.61	4.70	4.61	4.70	—
6	3.08	3.11	3.08	3.11	—
10	—	—	1.83	1.84	3.08
16	—	—	1.15	1.16	1.91
25	—	—	0.727	0.734	1.20
35	—	—	0.524	0.529	0.868
50	—	—	0.387	0.391	0.641
70	—	—	0.268	0.270	0.443
95	—	—	0.193	0.195	0.320
120	—	—	0.153	0.154	0.253
150	—	—	0.124	0.126	0.206
185	—	—	0.0991	0.100	0.164
240	—	—	0.0754	0.0762	0.125
300	—	—	0.0601	0.0607	0.100
400	—	—	0.0470	0.0475	0.0778
500	—	—	0.0366	0.0369	0.0605
630	—	—	0.0283	0.0286	0.0469

（2）耐电压性能（见表 6-2-31）

表 6-2-31　橡皮绝缘电线线芯耐电压试验

试验条件	单位	性能要求 300/500	性能要求 450/750
样品长度　≥	m	10	10
浸水时间　≥	h	1	1
水温	℃	20±5	20±5
试验电压值	V	2000	2500
施加电压时间　≥	min	5	5

（3）物理力学性能　橡皮绝缘电线的绝缘和护套材料应按表 6-2-32 选用，其相应的物理力学性能见表 6-2-33～表 6-2-38。

（4）结构性能要求

1）导电线芯应符合电气装备用电线电缆铜、铝导电线芯标准规定的要求、导体允许紧压。

2）绝缘和护套的最薄点厚度应不小于标准规定值。

3）绝缘和护套允许双层一次挤出。

表 6-2-32　橡皮绝缘电线的绝缘和护套材料型号

电线型号	BXF、BLXF	BXY、BLXY	BX、BLX、BXR	BVJ-90、BVJVJ-90、BVJVJB-90、BVJ-105	Z-BYJ、WDZ-BYJ、Z-BYJYJ、WDZ-BYJYJ 系列	245IEC04（YYY）245IEC06（YYY）
绝缘	XJ-00A			XLPVC	YJ、WDYJ	IE3
护套	XH-01A	PE①	—	XLPVC	YJ、WDYJ	—

① 低密度黑色聚乙烯护套料。

表 6-2-33　XJ-00A 型绝缘橡皮的物理力学性能

序号	试 验 项 目		单位	性能要求	序号	试 验 项 目		单位	性能要求
1	抗拉强度和断裂伸长率					老化条件：温度		℃	75±2　75±2③
1.1	原始性能					时间		h	4×24　7×24
	抗拉强度	≥	MPa	5.0		老化后抗拉强度	≥	MPa	4.2　4.2
	断裂伸长率	≥	%	250		变化率	≤		②　±25
1.2	空气烘箱老化试验					老化后断裂伸长率	≥	%	250　250
	老化条件：温度		℃	75±2①	2	变化率	≤		②　±35
	时间		h	10×24		热延伸试验			
	老化后抗拉强度	≥	MPa	4.2		温度		℃	200±3
	变化率	≤	%	①		施加负荷		MPa	0.20
	老化后断裂伸长率	≥	%	250		加负荷时间		min	15
	变化率	≤	%	①		负荷下伸长率	≤		175
1.3	氧弹老化试验					冷却后永久变形	≤		25

注：导体不镀锡且无隔离层的成品绝缘电线老化试验时应带导体。

① 如果经烘箱老化试验后，抗拉强度等于或大于 5.0MPa，抗拉强度和断裂伸长率的变化率不大于 40%，应进行 4d 氧弹老化试验，如果烘箱老化试验后，抗拉强度小于 5.0MPa，但不低于 4.2MPa，则进行 7d 氧弹老化试验。

② 如果 4×24h 氧弹老化试验后的抗拉强度不小于 5.0MPa，且在空气烘箱老化试验后抗拉强度和伸长率的变化率不大于 25%，则 4×24h 氧弹老化后的抗拉强度的变化率应不大于 40%，伸长率的变化率应不大于 30%，如果 4×24h 氧弹老化试验后抗拉强度不小于 5.0MPa，且在空气烘箱老化试验后抗拉强度或伸长率的变化率大于 25%，则 4×24h 氧弹老化后抗拉强度变化率应不大于 25%，伸长率的变化率应不大于 35%。

③ 如果 10×24h 空气烘箱老化和 4×24h 氧弹老化所得的抗拉强度都小于 5.0MPa，但不小于 4.2MPa，则必须进行 7×24h氧弹老化试验，试验后抗拉强度变化率应不大于 25%，伸长率的变化率应不大于 35%。

表 6-2-34　IE1、IE2、IE3 绝缘橡皮的物理力学性能

序　号	试 验 项 目	单　位	混合物的型号		
			IE1	IE2	IE3
1	抗拉强度和断裂伸长率				
1.1	交货状态原始性能				
1.1.1	抗拉强度原始值				
	最小中间值	MPa	5.0	5.0	6.5
1.1.2	断裂伸长率原始值				
	最小中间值	%	250	150	200
1.2	空气烘箱老化后的性能				
1.2.1	老化条件：				
	温度	℃	80±2	200±2	150±2
	处理时间	h	7×24	10×24	7×24
1.2.2	老化后抗拉强度				
	最小中间值	MPa	4.2	4.0	—
	最大变化率①	%	±25	—	±30
1.2.3	老化后断裂伸长率				
	最小中间值	%	250	120	—
	最大变化率①	%	±25	—	±30
1.3	氧弹老化后的性能				
1.3.1	老化条件：				

（续）

序　号	试验项目	单　位	混合物的型号		
			IE1	IE2	IE3
	温度	℃	70 ± 1	—	—
	处理时间	h	4 × 24	—	—
1.3.2	老化后抗拉强度				
	最小中间值	MPa	4.2	—	—
	最大变化率①	%	± 25	—	—
1.3.3	老化后断裂伸长率				
	最小中间值	%	250	—	—
	最大变化率①	%	± 25	—	—
1.4	空气弹老化后的性能				
1.4.1	老化条件：				
	温度	℃	—	—	150 ± 3
	处理时间	h	—	—	7 × 24
1.4.2	老化后抗拉强度				
	最小中间值	MPa	—	—	6.0
1.4.3	老化后断裂伸长率				
	最大变化率①	%	—	—	− 30②
2	热延伸试验				
2.1	试验条件：				
	温度	℃	200 ± 3	200 ± 3	200 ± 3
	加负荷时间	min	15	15	15
	机械应力	MPa	0.20	0.20	0.20
2.2	试验结果				
	负荷下的伸长率，最大值	%	175	175	100
	冷却后的伸长率，最大值	%	25	25	25
3	高温压力试验				见 GB/T 2951.31—2008
3.1	试验条件：				
	由刀片施加的压力		—	—	见 GB/T 2951.31—2008 中的 8.1.4
	负荷下的加热时间		—	—	见 GB/T 2951.31—2008 中的 8.1.5
	温度	℃	—	—	150 ± 2
3.2	试验结果				
	压痕深度中间值，最大值	%	—	—	50

① 变化率：老化后中间值与老化前中间值之差与老化前中间值之比，以百分数表示。
② 不规定正偏差。

表 6-2-35　护套的物理力学性能

序　号	试验项目	单　位	性能要求	
			XH-01A	PE②
1	抗拉强度和断裂伸长率			
1.1	原始性能			
	抗拉强度（最小）	MPa	10.0	10.0
	断裂伸长率（最小）	%	300	300
1.2	空气烘箱老化试验			
	老化条件：温度	℃	75 ± 2	100 ± 2
	时间	h	10 × 24	4 × 24
	老化后抗拉强度 ≥	MPa	—	

（续）

序　号	试　验　项　目		单　　位	性 能 要 求	
				XH-01A	PE[2]
	老化后抗拉强度变化率	≤	%	−15[1]	—
	老化后断裂伸长率	≥	%	250	300
	老化后断裂伸长率变化率	≤	%	−25[1]	—
2	热延伸试验				
	试验条件：空气温度		℃	200±3	—
	加负荷时间		min	15	—
	施加负荷		MPa	0.20	—
	负荷下伸长率	≤	%	175	—
	冷却后永久变形	≤	%	25	—
3	浸油试验				
	试验条件：油液温度		℃	100±2	—
	浸油时间		h	24	—
	浸油后抗拉强度变化率	≤	%	±40	—
	浸油后断裂伸长率变化率	≤	%	±40	—

① 不规定上限值。
② 低密度黑色聚乙烯护套。

表 6-2-36　双层一次挤出橡皮（绝缘和护套）的物理力学性能

序　号	试　验　项　目		单　位	性 能 要 求
1	原始性能			
	抗拉强度	≥	MPa	5.5
	断裂伸长率	≥	%	300
2	空气烘箱老化试验			
	老化条件：温度		℃	75±2[1]
	时间		h	10×24
	老化后抗拉强度变化率	≤	%	30
	老化后断裂伸长率变化率	≤	%	30

① 导体不镀锡且无隔离层的成品绝缘电线，老化时应带导体。

表 6-2-37　交联型绝缘物理力学性能

序号	试 验 项 目	单位	混 合 物							
			XLPVC /XP90	XLPVC /XP105	XPO /105Z	XPO /105W	XPO /125Z	XPO /125W	XPO /150Z	XPO /150W
1	抗张强度和断裂伸长率									
1.1	交货状态原始性能									
1.1.1	抗张强度									
	—最小中间值	MPa	12.5	12.5	12.5	9.0	12.5	9.0	12.5	9.0
1.1.2	断裂伸长率									
	—最小中间值	%	150	150	200	120	200	120	200	120
1.2	空气箱老化后的性能									
1.2.1	老化条件									
	—温度	℃	135±2	135±2	135±2	135±2	158±2	158±2	180±2	180±2
	—处理时间	h	240	240	168	168	168	168	168	168
1.2.2	抗张强度									
	—最小中间值	MPa	12.5	12.5	—	—	—	—	—	—

（续）

序号	试验项目	单位	混合物							
			XLPVC/XP90	XLPVC/XP105	XPO/105Z	XPO/105W	XPO/125Z	XPO/125W	XPO/150Z	XPO/150W
1.2.3	断裂伸长率 —最大变化率	%	±20	±20	±25	±30	±25	±30	±25	±30
	—最小中间值	%	150	150	—	—	—	—	—	—
	—最大变化率	%	±20	±20	±25	±30	±25	±30	±25	±30
2	失重									
2.1	老化条件									
	—温度	℃	115±2	130±2	—	—	—	—	—	—
	—处理时间	h	240	240	—	—	—	—	—	—
2.2	失重									
	—最大值	g/m²	20	20	—	—	—	—	—	—
3	热稳定性试验									
3.1	老化条件									
	—温度	℃	200±2	200±2	—	—	—	—	—	—
3.2	试验结果									
	—最小平均热稳定时间	min	60	60	—	—	—	—	—	—
4	热延伸试验									
4.1	试验条件									
	—温度	℃	200±3	200±3	200±3	200±3	200±3	200±3	200±3	200±3
	—负荷时间	min	15	15	15	15	15	15	15	15
	—机械应力	MPa	0.20	0.20	0.20	0.20	0.20	0.20	0.20	0.20
4.2	试验结果									
	载荷下最大伸长率	%	100	100	175	175	175	175	175	175
	冷却后最大永久变形	%	25	25	15	25	15	25	15	25

表 6-2-38　交联型护套物理力学性能

序号	试验项目	单位	混合物							
			XLPVC/SX90	XLPVC/SX105	SXE/105Z	SXE/105W	SXE/125Z	SXE/125W	SXE/150Z	SXE/150W
1	抗张强度和断裂伸长率									
1.1	交货状态原始性能									
1.1.1	抗张强度									
	—最小中间值	MPa	12.5	12.5	12.5	9.0	12.5	9.0	12.5	9.0
1.1.2	断裂伸长率									
	—最小中间值	%	150	150	250	120	250	120	250	120
1.2	空气箱老化后的性能									
1.2.1	老化条件									
	—温度	℃	135±2	135±2	135±2	135±2	158±2	158±2	180±2	180±2
	—处理时间	h	240	240	168	168	168	168	168	168
1.2.2	抗张强度									
	—最小中间值	MPa	12.5	12.5	—	—	—	—	—	—
	—最大变化率	%	±20	±20	±25	±30	±25	±30	±25	±30
1.2.3	断裂伸长率									
	—最小中间值	%	150	150	—	—	—	—	—	—
	—最大变化率	%	±20	±20	±25	±30	±25	±30	±25	±30

（续）

序号	试验项目	单位	混合物							
			XLPVC /SX90	XLPVC /SX105	SXE /105Z	SXE /105W	SXE /125Z	SXE /125W	SXE /150Z	SXE /150W
2	失重									
2.1	老化条件									
	一温度	℃	115±2	130±2	—	—	—	—	—	—
	一处理时间	h	240	240	—	—	—	—	—	—
2.2	失重									
	一最大值	g/m²	20	20	—	—	—	—	—	—
3	热稳定性试验									
3.1	老化条件									
	一温度	℃	200±2	200±2	—	—	—	—	—	—
3.2	试验结果									
	一最小平均热稳定时间	min	60	60	—	—	—	—	—	—
4	热延伸试验									
4.1	试验条件									
	一温度	℃	200±3	200±3	200±3	200±3	200±3	200±3	200±3	200±3
	一负荷时间	min	15	15	15	15	15	15	15	15
	一机械应力	MPa	0.20	0.20	0.20	0.20	0.20	0.20	0.20	0.20
4.2	试验结果									
	载荷下最大伸长率	%	100	100	175	175	175	175	175	175
	冷却后最大永久变形	%	25	25	15	25	15	25	15	25

2. 塑料绝缘电线

（1）导体直流电阻（见表6-2-39）　　　　**（2）耐电压性能**（见表6-2-40）

表 6-2-39　导体直流电阻

导体截面积/mm²	A、B、N 型塑料绝缘电线		
	20℃时导体电阻/(Ω/km)　　≤		
	第 1、2 类导体		
	铜 芯	镀锡铜芯	铝 芯
0.08	225.2	229.6	—
0.12	144.1	146.9	—
0.2	92.3	94.0	—
0.3	64.1	65.3	—
0.4	47.1	48.0	—
0.5	36.0	36.7	—
0.75	24.5	24.8	—
1.0	18.1	18.2	—
1.5	12.1	12.2	—
2.5	7.41	7.56	12.1
4	4.61	4.70	7.41
6	3.08	3.11	4.61
10	1.83	1.84	3.08
16	1.15	1.16	1.91
25	0.727	0.734	1.20
35	0.524	0.529	0.868
50	0.387	0.391	0.641
70	0.268	0.270	0.443
95	0.193	0.195	0.320
120	0.153	0.154	0.253

（续）

导体截面积/mm²	A、B、N 型塑料绝缘电线		
	20℃时导体电阻/（Ω/km） ≤		
	第 1、2 类导体		
	铜 芯	镀锡铜芯	铝 芯
150	0.124	0.126	0.206
185	0.0991	0.100	0.164
240	0.0754	0.0762	0.125
300	0.0601	0.0607	0.100
400	0.0470	0.0475	0.0778

表 6-2-40　电压试验条件及要求

序　号	试 验 项 目	单 位	电缆额定电压		
			300/300V	300/500V	450/750V
1	成品电缆电压试验				
1.1	试验条件：				
	试样最小长度	m	10	10	10①
	浸水最少时间	h	1	1	1
	水温	℃	20±5	20±5	20±5②
1.2	试验电压（交流）				
	绝缘厚度 0.6mm 及以下	V	1500	—	—
	绝缘厚度 0.6mm 以上	V	2000	2000	2500
1.3	每次最少施加电压时间	min	5	5	5
1.4	试验结果		不发生击穿		
2	绝缘线芯电压试验				
2.1	试验条件：				
	试样长度	m	5	5	5
	浸水最少时间	h	1	1	1
	水温	℃	20±5	20±5	20±5
2.2	试验电压（交流）				
	绝缘厚度 0.6mm 及以下	V	1500	1500	—
	绝缘厚度 0.6mm 以上	V	2000	2000	2500
2.3	每次最少施加电压时间	min	5	5	5
2.4	试验结果		不发生击穿		

① 农用电缆系列，试样长度为制造长度。
② 农用电缆系列，水温为室温。

（3）绝缘电阻　塑料绝缘电线的绝缘试验方法见表 6-2-41，其绝缘电阻见表 6-2-42。

（4）物理力学性能　塑料绝缘电线的绝缘和护套材料应按表 6-2-43 选用。

表 6-2-41　绝缘电阻试验

试验条件		单 位	电缆型号		
			AV-90、227IEC07（BV-90）	2451EC04（YYY）2451EC06（YYY）	其他型号
试样长度	≥	m	5	1.4	5
浸热水时间	≥	h	2	2	2
水温		℃	90±2	—	70±2
热空气（烘箱）		℃	—	110	—

表6-2-42　塑料绝缘电线的绝缘电阻

导体截面积/mm²	AV, 227IEC01（BV）、227IEC05（BV）, BLV 227IEC10（BVV）, BLVV, BVVB, BLVVB		NLYV, NLYY NLYV-H, NLYV-Y		NLVV NLVV-Y		BVR	AV-90 227IEC07 (BV-90)	245IEC04 （YYY）		245IEC06 （YYY）
	第1类导体	2第类导体							第1类导体	第2类导体	
	70℃	70℃	20℃	70℃	20℃	70℃	70℃	90℃	110℃	110℃	110℃
0.08	0.018	—	—	—	—	—	—	0.018	—	—	—
0.12	0.016	—	—	—	—	—	—	0.016	—	—	—
0.2	0.015	—	—	—	—	—	—	0.015	—	—	—
0.3	0.014	—	—	—	—	—	—	0.014	—	—	—
0.4	0.012	—	—	—	—	—	—	0.012	—	—	—
0.5	0.015	—	—	—	—	—	—	0.015	0.018	—	0.015
0.75	0.012	0.014	—	—	—	—	—	0.013	0.016	—	0.013
1.0	0.011	0.013	—	—	—	—	—	0.012	0.014	—	0.012
1.5	0.011	0.010	—	—	—	—	—	0.011	0.012	0.012	—
2.5	0.010	0.009	—	—	—	—	0.011	0.009	0.011	0.011	—
4	0.0085	0.0077	—	—	8	0.0085	0.009	—	0.010	0.010	—
6	0.0070	0.0065	—	—	7	0.0070	0.0084	—	0.009	0.008	—
10	0.0070	0.0065	—	—	7	0.0065	0.0072	—	0.008	0.008	—
16	—	0.0050	—	—	6	0.0050	0.0062	—	—	0.006	—
25	—	0.0050	600	300	5	0.0050	0.0058	—	—	0.006	—
35	—	0.0040	—	—	5	0.0040	0.0052	—	—	0.005	—
50	—	0.0045	—	—	5	0.0045	0.0051	—	—	0.005	—
70	—	0.0035	—	—	5	0.0035	0.0045	—	—	0.004	—
95	—	0.0035	—	—	5	0.0035	—	—	—	0.004	—
120	—	0.0032	—	—	—	—	—	—	—	—	—
150	—	0.0032	—	—	—	—	—	—	—	—	—
185	—	0.0032	—	—	—	—	—	—	—	—	—
240	—	0.0032	—	—	—	—	—	—	—	—	—
300	—	0.0030	—	—	—	—	—	—	—	—	—
400	—	0.0028	—	—	—	—	—	—	—	—	—

注：绝缘电阻/(MΩ·km)　≥

表6-2-43　塑料绝缘电线的绝缘和护套材料型号

电线型号	227IEC01（BV）、227IEC05（BV）BLV BVR 227IEC10（BVV）NLVV BLVV BVVB BLVVB AV	NLYV	NLYV-H	NLYV-Y	NLVV-Y	NLYY	AV-90 227IEC07 (BV-90)
绝缘 护套	PVC/C 型 PVC-ST4 型	PE 型 PVC-ST4 型	PE 型 PVC-H 型	PE 型 PVC-Y 型	PVC/C 型 PVC-Y 型	PE 型 PE-S 型	PVC/E 型

(5) 结构性能要求

1) 导电线芯应符合电气装备用电线电缆铜、铝导电线芯标准规定的要求。导体允许镀锡和紧压。

2) 绝缘厚度的平均值应不小于规定的标称值，其最薄点的厚度应不小于标称值的90% - 0.1mm。

3) 护套厚度的平均值应不小于规定的标称值，其最薄点的厚度应不小于标称值的85% - 0.1mm。

4) 多芯电缆的绞合节距应不大于绞合计算外径的25倍，最外层为右向。

5) 护套和绝缘应不粘合。

6) 圆形护套电缆的圆整度，即最大外径和最小外径之差不应超过规定的平均上限值的15%。

7) 成批电缆的标志应符合规定，且字迹清。

2.1.4　试验要求与结构特点

橡皮、塑料绝缘电线的性能试验及要求，见表 6-2-44，使用要求和结构特点见表 6-2-45。

表 6-2-44　性能试验及要求

试 验 项 目	单位	70℃		90℃	70℃	PVC-ST4	PVC-ST5	PVC-H	PVC-Y	PE-S
		PVC/C	PVC/D	PVC/E	PE					
1. 抗拉强度和断裂伸长率原始性能										
抗拉强度　≥	MPa	12.5	10.0	15.0	10.0	12.5	10.0	12.5	12.5	10.0
断裂伸长率　≤	%	125	150	150	300	125	150	125	125	350
空气烘箱老化后性能										
老化温度	℃	80±2		135±2	90±2	80±2		80±2		90±2
老化时间	h	7×24		10×24	4×24	7×24		7×24		4×24
试验结果										
抗拉强度　≥	MPa	12.5	10.0	15.0	8.0	12.5	10.0	12.5		8.0
变化率　≤	%	±20		±25	—	±20		±20		—
断裂伸长率　≥	%	125	150	150	200	125	150	125		200
变化率　≤	%	±20		±25		±20		±20		—
2. 失重试验										
温度	℃	80±2		115±2		80±2		10±2		
时间	h	7×24		10×24		7×24		7×24		
失重　≤	mg/cm²	2.0		2.0		2.0		2.0	4.0	
3. 高温压力试验										
温度	℃	80±2	70±2	90±2	75±2	80±2	70±2	—	80±2	75±3
变化率　≤	%	50		50	10	50			50	10
4. 热冲击试验										
温度	℃	150±2		—		150±2		150±2		—
时间	h	1		—		1		1		—
试验结果		不开裂		—		不开裂		不开裂		—
5. 低温弯曲试验										
温度	℃	-15±2			—	-15±2		-25±2		
试验结果		不开裂			—	不开裂		不开裂		
6. 低温冲击试验										
温度	℃	-15±2			—	-15±2		-25±2		
试验结果		不开裂			—	不开裂		不开裂		
7. 低温拉伸试验										
温度	℃	-15±2			—	15±2	-15±2	-25±2		
伸长率　≥	%	20			—	20	20	20		

（续）

试 验 项 目	单位	性能要求								
		70℃		90℃	70℃	PVC-ST4	PVC-ST5	PVC-H	PVC-Y	PE-S
		PVC/C	PVC/D	PVC/E	PE					
8. 热收缩试验										
温度	℃		150±3		—	—				
时间	min		15							
收缩率 ≤	%		4							
9. 热稳定性试验										
温度	℃				200±5					
试验结果										
平均热稳定时间≥	min	—	—	—	180					
10. 氧化诱导期（200℃） ≥	min				10					
11. 熔融指数 ≥	g/10min				0.25~2.0	—				
12. 生物测定 KT50 ≤	min				—				500	—
13. 耐环境应力开裂 ≥	h					—				24

表 6-2-45　使用要求和结构特点

使 用 要 求	结 构 特 点
1）适用范围：交流额定电压450/750V及以下的动力、照明、电器装置、仪器仪表及电信设备的连接和内部的安装线 2）敷设场合与方式：室内明敷或沟通道、隧道内沿墙或架空敷设；室外架空敷设；穿铁管或塑料管敷设；电工设备、仪表及无线电装置的敷设，均为固定敷设 　塑料绝缘塑料护套电线可直埋土壤中敷设 3）一般要求：经济，耐用，结构简单 4）特殊要求： 　a）室外架空敷设时，受日光、风吹、雨淋和冰冻等影响，要求耐大气老化、尤其是耐日光老化，严寒地区有耐寒要求 　b）使用中易受外力破坏或易燃、易爆与油类接触极多的场合应穿管。穿管时，电线受到较大拉力，并有刮伤的可能，应采取润滑措施，管内要求光滑 　c）作为电气装备内部安装线使用时，当安装位置较小时应有一定的柔软性；并要求绝缘线芯分色清晰；应配合专用的小型接线端子或插头，使连接方便可靠 　对于有防电磁干扰要求的场合，应采用屏蔽电线 　d）对于环境温度较高的场合，应采用护套电线。对于特殊高温的场合，应采用耐热电线	1）导电线芯：作为动力、照明及电气装备内部安装用时，优先采用铜芯，对大截面积的导线宜采用紧压线芯固定安装用的导体一般采用第1类或第2类导体结构 2）绝缘：绝缘材料一般有天然一丁苯橡皮、聚氯乙烯、聚乙烯、丁腈聚氯乙烯复合物等四种。耐热电线采用耐温90℃的聚氯乙烯橡皮或塑料牌号的选用应按不同产品的要求绝缘层的厚度主要取决于力学性能，因此随导线截面积的增大而加厚 3）护套：护套材料一般有聚氯乙烯、耐寒聚乙烯、防蚁聚氯乙烯、黑色聚乙烯、氯丁橡皮等五种 　特别耐寒和户外架空敷设宜选用黑色聚乙烯和氯丁护套电线 　在有机械外力、腐蚀、潮湿等环境时，可采用橡皮或塑料护套的电线

2.2　通用橡皮、塑料绝缘软线

　　橡皮或塑料绝缘软线是一类使用范围极为广泛的通用产品，适用于各种交直流的移动电器、日用电器、电工仪表、电信设备及自动化装置的连接。这类产品的特征是柔软、易弯曲、外径小、重量轻。因此在日用电器和照明灯头线中也得到了广泛的应用。聚氯乙烯绝缘和护套软线还可以在一般环境条件下作轻型的移动式电源线或信号控制线使用,当使用条件较恶劣时应选用橡套软电缆。

通用橡皮、塑料绝缘软线的部分产品已采用 IEC 国际标准及其相应的型号,并制定了 GB/T 5013.1~7—2008 和 JB/T 8735.1~3—1998 额定电压为 450/750V 及以下橡皮绝缘电缆标准以及 GB/T 5023.1~7—2008 和 JB/T 8734.1~5—1998 额定电压为 450/750V 及以下 PVC 绝缘电缆标准。为了便于电缆设计制造及使用人员参考,本篇仍将原标准各种型号绝缘软线列出(见表 6-2-46)。

绝缘软线的绝缘有塑料、橡皮和复合物等三种,目前主要采用柔软的聚氯乙烯、丁苯—天然橡皮、硅橡胶、乙烯—乙酸乙酯橡皮和丁腈聚氯乙烯复合物等。导电线芯主要采用铜。当有特殊要求时,宜选用合成橡胶和耐高温绝缘软线。

2.2.1　产品品种

橡皮、塑料绝缘软线主要适用于中轻型电器(家用电器、移动工具等)、仪器仪表、动力照明等电源连接。工作电压为交流 750V 及以下,大多为 300V 等级,其主要品种见表 6-2-46。

表 6-2-46　橡皮、塑料绝缘软线品种

型　　号	产品名称	敷设场合及要求	导体长期允许工作温度/℃
RXS 60245 IEC 51（RX） RXH	铜芯橡皮绝缘编织双绞软电线 铜芯橡皮绝缘总编织圆形软电线 铜芯橡皮绝缘橡皮护层总编织圆形软电线	主要用于电热电器、家用电器、灯头线等使用时要求柔软的场合	65 60 65
60245 IEC 03（YG） 60245 IEC 05（YRYY） 60245 IEC 07（YRYY）	铜芯耐热硅橡胶绝缘电缆 铜芯耐热乙烯-乙酸乙酯橡皮或其他相当的合成弹性体绝缘软电缆	要求高温等场合	180 110
60227 IEC 02（RV） 60227 IEC 06（RV） 60227 IEC 42（RVB） （RVS） 60227 IEC 52（RVV） 60227 IEC 53（RVV）	一般用途用铜芯聚氯乙烯绝缘连接软电线 内部布线用铜芯聚氯乙烯绝缘连接软电线 铜芯聚氯乙烯绝缘扁形连接软电线 铜芯聚氯乙烯绝缘绞型连接软电线 铜芯聚氯乙烯绝缘聚氯乙烯护套圆形连接 软电缆(轻型、普通型)	主要用于中轻型移动电器、仪器仪表、家用电器、动力照明等使用时要求柔软的场合	70
60227 IEC 08（RV-90）	铜芯耐热 90℃ 聚氯乙烯绝缘连接软电线	主要用于要求耐热的场合	90
RFB RFS	铜芯丁腈聚氯乙烯复合物绝缘扁形软线 铜芯丁腈聚氯乙烯复合物绝缘绞型软线	主要用于小型家用电器、电动器具、灯头线等使用时要求更柔软的场合	70
AVR AVRB	铜芯聚氯乙烯绝缘安装软电线 铜芯聚氯乙烯绝缘扁形安装软电线	用于仪器仪表、电子设备等内用软接线	70
AVRS AVVR	铜芯聚氯乙烯绝缘绞型安装软电线 铜芯聚氯乙烯绝缘聚氯乙烯护套安装软电缆	轻型电器设备、控制系统等柔软场合使用的电源或控制信号连接线	

（续）

型　号	产品名称	敷设场合及要求	导体长期允许工作温度/℃
AVR-90	铜芯耐热 90℃ 聚氯乙烯绝缘安装软电线	同上，主要用于耐热场合	90
60227 IEC 41（RTPVR）	扁形铜皮软线	用于电话听筒用线	
60227 IEC 43（SVR）	户内装饰照明回路用软线	用于户内装饰、照明回路	
60227 IEC 71f（TVVB）	扁形聚氯乙烯护套电梯电缆和挠性连接用软电缆	用于安装在自由悬挂长度不超过 35m 及移动速度不超过 1.6m/s 的电梯和升降机	70
60227 IEC 74（RVVYP） 60227 IEC 74（RVVY）	耐油聚氯乙烯护套屏蔽软电缆 耐油聚氯乙烯烯护套非屏蔽软电缆	用于包括机床和起重设备在内的制造加工用机器各部件间的内部连接	

2.2.2　产品规格与结构尺寸

1. 产品规格

橡皮绝缘软线的产品规格及交货长度见表 6-2-47 和表 6-2-48。

表 6-2-47　橡皮绝缘软线产品规格及交货长度

型　号	额定电压/V	芯　数	导体截面积/mm²	交　货　长　度
RXS	300/300	2	0.3～4	
60245 IEC 51（RX）	300/300	2～3	0.75～1.5	
RX	300/300	2～3	0.3～0.5　2.5～4	
RXH	300/300	2～3	0.3～4	成圈，每圈长 100m
60245 IEC 03（YG）	300/500	1	0.5～16	
60245 IEC 05（YRYY）	450/750	1	0.5～95	
60245 IEC 07（YRYY）	300/500	1	0.5～1	

表 6-2-48　塑料绝缘软线产品规格及交货长度

型　号	额定电压/V	芯　数	导体截面积/mm²	交　货　长　度
60227 IEC 06（RV）	300/500	1	0.5～1	
60227 IEC 02（RV）	450/750	1	1.5～240	
60227 IEC 4Z（RVB）	300/300	2	0.5～0.75	
RVS	300/300	2	0.5～0.75	
60227 IEC 52（RVV） 60227 IEC 53（RVV）	300/300 300/500	2, 3 2～5	0.5～0.75 0.75～2.5	成圈长度为100m，成盘长度应不小于100m。允许短段长度不小于10m，其总量应不超过交货总长度的10%
60227 IEC 08（RV-90）	300/500	1	0.5～2.5	
RFB, RFS	300/300	2	0.12～2.5	
AVR, AVR-90 AVRB AVRS AVVR	300/300	1 2 2 2 3～24	0.08～0.4 0.12～0.4 0.12～0.4 0.08～0.4 0.12～0.4	

（续）

型　号	额定电压/V	芯　数	导体截面积/mm²	交货长度
60227 IEC 41（RTPVR） 60227 IEC 43（SVR）	300/300 300/300	2 1	0.5~0.75	成圈长度为100m，成盘长度应不小于100m。允许短段长度不小于10m，其总量应不超过交货总长度的10%
60227 IEC 71f（TVVB） 60227 IEC 74（RVVYP） 60227 IEC 75（RVVY）	300/500 450/750 300/500	6，9，12，24 4，5，6，9成12 4.5 2，3，4，5，6 7，12.18，27 36，48和60	0.75~1 1.5~2.5 4~25 0.5~2.5 0.5~2.5	

2. 结构尺寸

1）RXS、RX、RXH、YG、YRYY 型橡皮绝缘软电线结构尺寸见表 6-2-49~表 6-2-55。

2）RV、RVB、RVS、RVV、RV-90 型塑料绝缘软电线结构尺寸见表 6-2-56~表 6-2-62。

3）AVR、AVR-90、AVRB、AVRS、AVVR 型聚氯乙烯绝缘安装软电线结构尺寸见表 6-2-63~表 6-2-66。

表 6-2-49　RXS 型 300/300V 橡皮绝缘编织双绞软电线

导体截面积/mm²	导体中单线最大直径/mm	绝缘厚度/mm	每根编织绝缘线芯平均外径/mm ≤
0.3	0.16	0.6	2.6
0.4	0.16	0.6	2.8
0.5	0.16	0.6	2.9
0.75	0.16	0.6	3.1
1	0.21	0.6	3.3
1.5	0.21	0.8	4.1
2.5	0.21	0.8	4.6
4	0.21	0.8	5.3

表 6-2-50　60245 IEC 51（RX）型 300/300V 橡皮绝缘总编织圆形软电线

芯数和导体截面积/（芯数/mm²）	导体种类	绝缘厚度 mm	平均外径/mm ≥	≤
2×0.75	第5类	0.8	5.8	8.0
2×1	第5类	0.8	6.2	8.4
2×1.5	第5类	0.8	6.8	9.0
3×0.75	第5类	0.8	6.8	8.6
3×1	第5类	0.8	6.8	9.0
3×1.5	第5类	0.8	7.2	9.6

表 6-2-51　RX 型 300/300V 橡皮绝缘编织软电线

导体截面积/mm²	导体中单线最大直径/mm	绝缘厚度/mm	平均外径/mm 2芯 ≥	≤	3芯 ≥	≤
0.3	0.16	0.6	3.9	5.3	4.2	5.6
0.4	0.16	0.6	4.2	5.6	4.5	6.0
0.5	0.16	0.6	5.2	6.8	5.6	7.3
2.5	0.21	1.0	7.9	10.2	8.5	11.0
4	0.21	1.0	8.9	11.5	9.6	12.4

表 6-2-52　RXH 型 300/300V 橡皮绝缘橡皮保护层编织圆形软电线

导体截面积/mm²	导体中单线最大直径/mm	绝缘厚度/mm	平均外径/mm 2芯 ≥	≤	3芯 ≥	≤
0.3	0.16	0.6	4.2	5.6	4.5	6.0
0.4	0.16	0.6	4.5	6.0	4.8	6.4
0.5	0.16	0.6	4.7	6.2	5.0	6.7
0.75	0.16	0.6	5.0	6.6	5.3	7.0
1	0.21	0.6	5.3	7.0	5.6	7.4
1.5	0.21	0.8	6.5	8.5	7.0	9.1
2.5	0.21	0.8	7.4	9.6	7.9	10.3
4	0.21	0.8	8.4	10.9	9.1	11.7

表 6-2-53　60245 IEC 03（YG）型 300/500V 耐热硅橡胶绝缘电缆

导体截面积/mm²	绝缘厚度/mm	平均外径/mm≤
0.5	0.6	3.4
0.75	0.6	3.6
1	0.6	3.8
1.5	0.7	4.3
2.5	0.8	5.0
4	0.8	5.6
6	0.8	6.2
10	1.0	8.2
16	1.0	9.6

表 6-2-54　60245 IEC 05（YRYY）型 450/750V 耐热乙烯-乙酸乙烯酯橡皮或其他相当的合成弹性体绝缘单芯电缆

导体截面积/mm²	导体种类	绝缘厚度/mm	平均外径/mm≤
0.5	5	0.8	3.3
0.75	5	0.8	3.4
1.0	5	0.8	3.6
1.5	5	0.8	3.9
2.5	5	0.9	4.7
4	5	1.0	5.6
6	5	1.0	6.2
10	5	1.2	7.8
16	5	1.2	9.1
25	5	1.4	11.2
35	5	1.4	12.8
50	5	1.6	15.1
70	5	1.6	17.2
95	5	1.8	19.5

表 6-2-55　60245 IEC 07（YRYY）型 300/500V 耐热乙烯-乙酸乙烯酯橡皮或其他相当的合成弹性体绝缘单芯电缆

导体截面积/mm²	导体种类	绝缘厚度/mm	平均外径/mm≤
0.5	第5类	0.6	2.5
0.75	第5类	0.6	2.7
1.0	第5类	0.6	2.9

表 6-2-56　60227 IEC 06（RV）型 300/500V 铜芯聚氯乙烯绝缘连接软电线

导体截面积/mm²	导体种类	绝缘厚度/mm	平均外径/mm≤
0.5	第5类	0.6	2.6
0.75	第5类	0.6	2.8
1.0	第5类	0.6	3.0

表 6-2-57　60227 IEC 02（RV）型 450/750V 铜芯聚氯乙烯绝缘连接软电线

导体截面积/mm²	导体种类	绝缘厚度/mm	平均外径/mm≤
1.5	第5类	0.7	3.5
2.5	第5类	0.8	4.2
4	第5类	0.8	4.8
6	第5类	0.8	6.3
10	第5类	1.0	7.6
16	第5类	1.0	8.8
25	第5类	1.2	11.0
35	第5类	1.2	12.5
50	第5类	1.4	14.5
70	第5类	1.4	17.0
95	第5类	1.6	19.0
120	第5类	1.6	21.0
150	第5类	1.8	23.5
185	第5类	2.0	26.0
240	第5类	2.2	29.5

表 6-2-58　60227 IEC 42（RVB）型 300/300V 铜芯聚氯乙烯绝缘平行连接软电线

导体截面积/mm²	导体种类	绝缘厚度/mm	平均外形尺寸/mm ≥	平均外形尺寸/mm ≤
0.5	第6类	0.8	2.5×5.0	3.0×6.0
0.75	第6类	0.8	2.7×5.4	3.2×6.4

表 6-2-59　RVS 型 300/300V 铜芯聚氯乙烯绝缘绞型连接软电线

芯数×（截面积/mm²）	导体中单线最大直径/mm	绝缘厚度/mm	平均外径/mm≤
2×0.5	0.16	0.8	6.0
2×0.75	0.16	0.8	6.2

表 6-2-60　60227 IEC 52（RVV）型 300/300V 轻型聚氯乙烯护套软电线

芯数×（截面积/mm²）	导体种类	绝缘厚度/mm	护套厚度/mm	平均外形尺寸/mm ≥	平均外形尺寸/mm ≤
2×0.5	第5类	0.5	0.6	4.8 或 3.0×4.8	6.0 或 3.6×6.0
2×0.75	第5类	0.5	0.6	5.2 或 3.2×5.2	6.4 或 3.9×6.4
3×0.5	第5类	0.5	0.6	5.0	6.2
3×0.75	第5类	0.5	0.6	5.4	6.8

表 6-2-61　60227 IEC 53 （RVV）型 300/500V 普通聚氯乙烯绝缘及护套软电线

芯数 ×（截面积/mm²）	导体种类	绝缘厚度/mm	护套厚度/mm	平均外形尺寸/mm	
				≥	≤
2×0.75	第5类	0.6	0.8	6.0 或 3.8×6.0	7.6 或 5.2×7.6
2×1.0	第5类	0.6	0.8	6.4	8.0
2×1.5	第5类	0.7	0.8	7.4	9.0
2×2.5	第5类	0.8	1.0	8.9	11.0
3×0.75	第5类	0.6	0.8	6.4	8.0
3×1.0	第5类	0.6	0.8	6.8	8.4
3×1.5	第5类	0.7	0.9	8.0	9.8
3×2.5	第5类	0.8	1.0	9.6	12.0
4×0.75	第5类	0.6	0.8	6.8	8.6
4×1.0	第5类	0.6	0.9	7.6	9.4
4×1.5	第5类	0.7	1.0	9.0	11.0
4×2.5	第5类	0.8	1.1	10.5	13.0
5×0.75	第5类	0.6	0.9	7.4	9.6
5×1.0	第5类	0.6	0.9	8.3	10.0
5×1.5	第5类	0.7	1.1	10.0	12.0
5×2.5	第5类	0.8	1.2	11.5	14.0

表 6-2-62　60227 IEC 08 （RV-90）型 300/500V 单芯铜导体聚氯乙烯绝缘软电线

导体截面积/mm²	导体种类	绝缘厚度/mm	平均外径/mm≤
0.5	第5类	0.6	2.6
0.75	第5类	0.6	2.8
1.0	第5类	0.6	3.0
1.5	第5类	0.7	3.5
2.5	第5类	0.8	4.2

表 6-2-64　AVRB 型 300/300V 铜芯聚氯乙烯绝缘扁形安装用软电线

芯数 ×（截面积/mm²）	导体中单线最大直径/mm	绝缘厚度/mm	平均外径/mm≤
2×0.12	0.16	0.5	1.7×3.4
2×0.2	0.16	0.6	2.1×4.2
2×0.3	0.16	0.6	2.2×4.4
2×0.4	0.16	0.6	2.4×4.8

表 6-2-63　AVR、AVR-90 型 300/300V 铜芯聚氯乙烯绝缘安装用软电线

导体截面积/mm²	导体中单线最大直径/mm	绝缘厚度/mm	平均外径/mm≤
0.08	0.13	0.4	1.3
0.12	0.16	0.4	1.5
0.2	0.16	0.4	1.6
0.3	0.16	0.5	2.0
0.4	0.16	0.5	2.1

表 6-2-65　AVRS 型 300/300V 铜芯聚氯乙烯绝缘绞型安装用软电线

芯数 ×（截面积/mm²）	导体中单线最大直径/mm	绝缘厚度/mm	平均外径/mm≤
2×0.12	0.16	0.5	3.4
2×0.2	0.16	0.6	4.2
2×0.3	0.16	0.6	4.4
2×0.4	0.16	0.6	4.8

表 6-2-66　AVVR 型 300/300V 铜芯聚氯乙烯绝缘聚氯乙烯护套安装用软电线

芯数× （截面积 /mm²）	导体中 单线最 大直径/mm	绝缘 厚度 /mm	护套 厚度 /mm	平均外径或外形 尺寸/mm ≥	平均外径或外形 尺寸/mm ≤	芯数× （截面积 /mm²）	导体中 单线最 大直径/mm	绝缘 厚度 /mm	护套 厚度 /mm	平均外径或外形 尺寸/mm ≥	平均外径或外形 尺寸/mm ≤
2×0.08	0.13	0.4	0.6	3.1	4.1					2.5×3.9	3.0×4.7
				2.3×3.4	2.7×4.1	2×0.3	0.16	0.5	0.6	4.1	5.3
2×0.12	0.16	0.4	0.6	3.3	4.3					2.8×4.4	3.4×5.3
				2.4×3.6	2.8×4.3	2×0.4	0.16	0.5	0.6	4.4	5.7
2×0.2	0.16	0.4	0.6	3.6	4.7					2.9×4.7	3.5×5.7
3×0.12	0.16	0.4	0.6	3.4	4.5	12×0.12	0.16	0.4	0.6	5.8	7.4
3×0.2	0.16	0.4	0.6	3.8	4.9	12×0.2	0.16	0.4	0.6	6.5	8.2
3×0.3	0.16	0.5	0.6	4.4	5.7	12×0.3	0.16	0.5	0.8	8.0	10.1
3×0.4	0.16	0.5	0.6	4.7	6.0	12×0.4	0.16	0.5	0.8	8.6	10.8
4×0.12	0.16	0.4	0.6	3.8	4.9	14×0.12	0.16	0.4	0.6	6.1	7.8
4×0.2	0.16	0.4	0.6	4.2	5.4	14×0.2	0.16	0.4	0.6	7.2	9.1
4×0.3	0.16	0.5	0.6	4.8	6.2	14×0.3	0.16	0.5	0.8	8.4	10.6
4×0.4	0.16	0.5	0.6	5.1	6.6	14×0.4	0.16	0.5	0.8	9.1	11.3
5×0.12	0.16	0.4	0.6	4.1	5.3	16×0.12	0.16	0.4	0.6	6.5	8.2
5×0.2	0.16	0.4	0.6	4.5	5.8	16×0.2	0.16	0.4	0.6	7.6	9.6
5×0.3	0.16	0.5	0.6	5.3	6.7	16×0.3	0.16	0.5	0.8	8.9	11.1
5×0.4	0.16	0.5	0.6	5.6	7.2	16×0.4	0.16	0.5	0.8	9.7	11.9
6~7×0.12	0.16	0.4	0.6	4.4	5.7	19×0.12	0.16	0.4	0.6	7.2	9.1
6~7×0.2	0.16	0.4	0.6	4.9	6.3	19×0.2	0.16	0.4	0.6	8.1	10.1
6~7×0.3	0.16	0.5	0.6	5.7	7.3	19×0.3	0.16	0.5	0.8	9.4	11.7
6-7×0.4	0.16	0.5	0.6	6.2	7.8	19×0.4	0.16	0.5	0.8	10.1	12.6
10×0.12	0.16	0,4	0.6	5.7	7.2	24×0.12	0.16	0.4	0.6	8.4	10.6
10×0.2	0.16	0.4	0.6	6.3	8.0	24×0.2	0.16	0.4	0.6	9.4	11.7
10×0.3	0.16	0.5	0.8	7.8	9.7	24×0.3	0.16	0.5	1.0	11.4	14.2
10×0.4	0.16	0.5	0.8	8.3	10.4	24×0.4	0.16	0.5	1.0	12.3	15.2

　　4）RTPVR、SVR 型聚氯乙烯绝缘软电线结构尺寸见表 6-2-67 和表 6-2-68。

　　5）60227 IEC 71f（TVVB）型扁形聚氯乙烯护套电梯电缆和挠性连接用电缆结构尺寸见表 6-2-69。

　　6）耐油聚氯乙烯护套屏蔽和非屏蔽软电线结构尺寸见表 6-2-70 和表 6-2-71。

表 6-2-67　60227 IEC 41（RTPVR）型 300/300V 扁形铜皮软电线

绝缘厚度/mm	平均外形尺寸/mm ≥	平均外形尺寸/mm ≤	70℃时绝缘电阻 /(MΩ·km) ≥	20℃时导体电阻 /(Ω/km) ≤
0.8	2.2×4.4	3.5×7.0	0.019	270

表 6-2-68　60227 IEC 43（SVR）型 300/300V 户内装饰照明回路用软电线

导体截面积 /mm²	导体种类	各层绝缘厚度 /mm≥	绝缘总厚度 /mm≥	绝缘总厚度平均值 /mm	平均外径 /mm≤
0.5	第6类	0.2	0.6	0.7	2.7
0.75	第6类	0.2	0.6	0.7	2.9

表 6-2-69　60227 IEC 71f（TVVB）型扁形聚氯乙烯护套电梯电缆和挠性连接用电缆

导体截面积 /mm²	导体种类	绝缘厚度 /mm	间距标称值 θ_1 /mm	护套厚度/mm		导体截面积 /mm²	导体种类	绝缘厚度 /mm	间距标称值 θ_1 /mm	护套厚度/mm	
				θ_2	θ_3					θ_2	θ_3
0.75	第 5 类	0.6	1.0	0.9	1.5	6	第 5 类	0.8	1.5	1.2	1.8
1.0	第 5 类	0.6	1.0	0.9	1.5	10	第 5 类	1.0	1.5	1.4	1.8
1.5	第 5 类	0.7	1.0	1.0	1.5	16	第 5 类	1.0	1.5	1.5	2.0
2.5	第 5 类	0.8	1.5	1.0	1.8	25	第 5 类	1.2	1.5	1.6	2.0
1.0	第 5 类	0.8	1.5	1.2	1.8						

表 6-2-70　60227 IEC 74（RVVYP）型 300/500V 屏蔽电缆

导体芯数 × （截面积/mm²）	导体种类	绝缘厚度 /mm	内护层厚度 /mm	屏蔽层铜线最大直径/mm	外护套厚度 /mm	平均外径/mm	
						⩾	⩽
2 × 0.5	第 5 类	0.6	0.7	0.16	0.9	7.7	9.6
2 × 0.75	第 5 类	0.6	0.7	0.16	0.9	8.0	10.0
2 × 1.0	第 5 类	0.6	0.7	0.16	0.9	8.2	10.3
2 × 1.5	第 5 类	0.7	0.7	0.16	1.0	9.3	11.6
2 × 2.5	第 5 类	0.8	0.7	0.16	1.1	10.7	13.3
3 × 0.5	第 5 类	0.6	0.7	0.16	0.9	8.0	10.0
3 × 0.75	第 5 类	0.6	0.7	0.16	0.9	8.3	10.4
3 × 1.0	第 5 类	0.6	0.7	0.16	1.0	8.8	11.0
3 × 1.5	第 5 类	0.7	0.7	0.16	1.0	9.7	12.1
3 × 2.5	第 5 类	0.8	0.7	0.16	1.1	11.3	14.0
4 × 0.5	第 5 类	0.6	0.7	0.16	0.9	8.5	10.7
4 × 0.75	第 5 类	0.6	0.7	0.16	1.0	9.1	11.3
4 × 1.0	第 5 类	0.6	0.7	0.16	1.0	9.4	11.7
4 × 1.5	第 5 类	0.7	0.7	0.16	1.1	10.7	13.2
4 × 2.5	第 5 类	0.8	0.8	0.16	1.2	12.6	15.5
5 × 0.5	第 5 类	0.6	0.7	0.16	1.0	9.3	11.6
5 × 0.75	第 5 类	0.6	0.7	0.16	1.0	9.7	12.1
5 × 1.0	第 5 类	0.6	0.7	0.16	1.1	10.3	12.8
5 × 1.5	第 5 类	0.7	0.8	0.16	1.2	11.8	14.7
5 × 2.5	第 5 类	0.8	0.8	0.21	1.3	13.9	17.2
6 × 0.5	第 5 类	0.6	0.7	0.16	1.0	9.9	12.4
6 × 0.75	第 5 类	0.6	0.7	0.16	1.1	10.5	13.1
6 × 1.0	第 5 类	0.6	0.7	0.16	1.1	11.0	13.6
6 × 1.5	第 5 类	0.7	0.8	0.16	1.2	12.7	15.7
6 × 2.5	第 5 类	0.8	0.8	0.21	1.4	15.2	18.7
7 × 0.5	第 5 类	0.6	0.7	0.16	1.1	10.8	13.5
7 × 0.75	第 5 类	0.6	0.7	0.16	1.2	11.5	14.3
7 × 1.0	第 5 类	0.6	0.8	0.16	1.2	12.2	15.1
7 × 1.5	第 5 类	0.7	0.8	0.21	1.3	14.1	17.4
7 × 2.5	第 5 类	0.8	0.8	0.21	1.5	16.5	20.3

（续）

导体芯数× （截面积/mm²）	导体种类	绝缘厚度 /mm	内护层厚度 /mm	屏蔽层铜线 最大直径/mm	外护套厚度 /mm	平均外径/mm	
						≥	≤
12×0.5	第5类	0.6	0.8	0.21	1.3	13.3	16.5
12×0.75	第5类	0.6	0.8	0.21	1.3	13.9	17.2
12×1.0	第5类	0.6	0.8	0.21	1.4	14.7	18.1
12×1.5	第5类	0.7	0.8	0.21	1.5	16.7	20.5
12×2.5	第5类	0.8	0.9	0.21	1.7	19.9	24.4
18×0.5	第5类	0.6	0.8	0.21	1.3	15.1	18.6
18×0.75	第5类	0.6	0.8	0.21	1.5	16.2	19.9
18×1.0	第5类	0.6	0.8	0.21	1.5	16.9	20.8
18×1.5	第5类	0.7	0.9	0.21	1.7	19.6	24.1
18×2.5	第5类	0.8	0.9	0.21	2.0	23.3	28.5
27×0.5	第5类	0.6	0.8	0.21	1.6	18.0	22.1
27×0.75	第5类	0.6	0.9	0.21	1.7	19.3	23.7
27×1.0	第5类	0.6	0.9	0.21	1.7	20.2	24.7
27×1.5	第5类	0.7	0.9	0.21	2.0	23.4	28.6
27×2.5	第5类	0.8	1.0	0.26	2.3	28.2	34.5
36×0.5	第5类	0.6	0.9	0.21	1.7	20.1	24.7
36×0.75	第5类	0.6	0.9	0.21	1.8	21.3	26.2
36×1.0	第5类	0.6	0.9	0.21	1.9	22.5	27.6
36×1.5	第5类	0.7	1.0	0.26	2.2	26.6	32.5
36×2.5	第5类	0.8	1.1	0.26	2.4	31.5	38.5
48×0.5	第5类	0.6	0.9	0.26	1.9	23.1	28.3
48×0.75	第5类	0.6	1.0	0.26	2.1	24.9	30.4
48×1.0	第5类	0.6	1.0	0.26	2.1	26.1	31.9
48×1.5	第5类	0.7	1.1	0.26	2.4	30.4	37.0
48×2.5	第5类	0.8	1.2	0.31	2.4	35.9	43.7
60×0.5	第5类	0.6	1.0	0.26	2.1	25.5	31.1
60×0.75	第5类	0.6	1.0	0.26	2.2	27.0	32.9
60×1.0	第5类	0.6	1.0	0.26	2.3	28.5	34.7
60×1.5	第5类	0.7	1.1	0.26	2.4	32.7	39.9
60×2.5	第5类	0.8	1.2	0.31	2.4	38.8	47.2

表 6-2-71　60227 IEC 75（RVVY）型 300/500V 非屏蔽电缆

导体芯数× （截面积 /mm²）	导体 种类	绝缘 厚度 /mm	护套 厚度 /mm	平均外径/mm		导体芯数× （截面积 /mm²）	导体 种类	绝缘 厚度 /mm	护套 厚度 /mm	平均外径/mm	
				≥	≤					≥	≤
2×0.5	第5类	0.6	0.7	5.2	6.6	6×0.5	第5类	0.6	0.9	7.6	9.6
2×0.75	第5类	0.6	0.8	5.7	7.2	6×0.75	第5类	0.6	0.9	8.1	10.1
2×1.0	第5类	0.6	0.8	5.9	7.5	6×1	第5类	0.6	1.0	8.7	10.8
2×1.5	第5类	0.7	0.8	6.8	8.6	6×1.5	第5类	0.7	1.1	10.2	12.6
2×2.5	第5类	0.8	0.9	8.2	10.3	6×2.5	第5类	0.8	1.2	12.2	15.1
3×0.5	第5类	0.6	0.7	5.5	7.0	7×0.5	第5类	0.6	0.9	8.3	10.4
3×0.75	第5类	0.6	0.8	6.0	7.6	7×0.75	第5类	0.6	1.0	9.0	11.3
3×1.0	第5类	0.6	0.8	6.3	8.0	7×1	第5类	0.6	1.0	9.5	11.8
3×1.5	第5类	0.7	0.9	7.4	9.4	7×1.5	第5类	0.7	1.2	11.3	14.1
3×2.5	第5类	0.8	1.0	9.0	11.2	7×2.5	第5类	0.8	1.3	13.6	16.8

（续）

导体芯数×（截面积/mm²）	导体种类	绝缘厚度/mm	护套厚度/mm	平均外径/mm ≥	平均外径/mm ≤	导体芯数×（截面积/mm²）	导体种类	绝缘厚度/mm	护套厚度/mm	平均外径/mm ≥	平均外径/mm ≤
4×0.5	第5类	0.6	0.8	6.2	7.9	12×0.5	第5类	0.6	1.1	10.4	12.9
4×0.75	第5类	0.6	0.8	6.6	8.3	12×0.75	第5类	0.6	1.1	11.0	13.7
4×1.0	第5类	0.6	0.8	6.9	8.7	12×1	第5类	0.6	1.2	11.8	14.6
4×1.5	第5类	0.7	0.9	8.2	10.2	12×1.5	第5类	0.7	1.3	13.8	17.0
4×2.5	第5类	0.8	1.1	10.1	12.5	12×2.5	第5类	0.8	1.5	16.8	20.6
5×0.5	第5类	0.6	0.8	6.8	8.6	18×0.5	第5类	0.6	1.2	12.3	15.3
5×0.75	第5类	0.6	0.9	7.4	9.3	18×0.75	第5类	0.6	1.3	13.2	16.4
5×1.0	第5类	0.6	0.9	7.8	9.8	18×1	第5类	0.6	1.3	14.0	17.2
5×1.5	第5类	0.7	1.0	9.1	11.4	18×1.5	第5类	0.7	1.5	16.5	20.3
5×2.5	第5类	0.8	1.1	11.0	13.7	18×2.5	第5类	0.8	1.8	20.2	24.8
27×0.5	第5类	0.6	1.4	15.1	18.6	48×0.5	第5类	0.6	1.7	19.8	24.3
27×0.75	第5类	0.6	1.5	16.2	19.9	48×0.75	第5类	0.6	1.8	21.2	25.9
27×1.0	第5类	0.6	1.5	17.0	21.0	48×1	第5类	0.6	1.9	22.5	27.6
27×1.5	第5类	0.7	1.8	20.3	24.9	48×1.5	第5类	0.7	2.2	26.2	32.5
27×2.5	第5类	0.8	2.1	24.7	30.2	48×2.5	第5类	0.8	2.4	32.1	39.1
36×0.5	第5类	0.6	1.5	17.0	20.9	60×0.5	第5类	0.6	1.8	21.7	26.6
36×0.75	第5类	0.6	1.6	18.2	22.4	60×0.75	第5类	0.6	2.0	23.4	28.7
36×1.0	第5类	0.6	1.7	19.4	23.8	60×1	第5类	0.6	2.1	24.9	30.5
36×1.5	第5类	0.7	2.0	23.0	28.2	60×1.5	第5类	0.7	2.4	29.5	35.8
36×2.5	第5类	0.8	2.3	28.0	34.2	60×2.5	第5类	0.8	2.4	35.0	42.6

2.2.3　性能指标

1. 导体直流电阻（见表6-2-72）

2. 耐电压性能

橡皮或塑料绝缘软电线系列的耐电压性能：其试样长度、浸水时间、水温、试验电压及电压施加时间请参阅 B 系列电缆，见表6-2-40。

3. 绝缘电阻

塑料绝缘软电线的绝缘电阻试验方法请参阅 B 系列电线，见表6-2-41，其绝缘电阻见表6-2-73。

4. 物理力学性能

橡皮绝缘软电线的绝缘应选用 XJ-00A、IE2 或 IE3 型绝缘橡皮，其物理力学性能请参见 B 系列中表6-2-35、表6-2-36。

聚氯乙烯绝缘软电线的绝缘和护套材料应按表6-2-74选用。其相应的物理力学性能请参阅 B 系列中表6-2-44。

5. 结构性能要求

表6-2-72　导体直流电阻

导体截面积/mm²	20℃时导体电阻/（Ω/km）　≤					
	RXS RXH		60245 IEC 51（RX）		R、A 型塑料绝缘电线 Y 型橡皮绝缘电线	
	第5、6类导体				第5类导体	
	铜芯	镀锡铜芯	铜芯	镀锡铜芯	铜芯	镀锡铜芯
0.08					247	254
0.12					158	163
0.2					92.3	95.0
0.3	69.2	71.2	71.3	73.0	69.2	71.2
0.4	48.2	49.6	49.6	51.1	48.2	49.6

（续）

导体截面积/mm²	20℃时导体电阻/(Ω/km) ≤					
	RXS RXH		60245 IEC 51（RX）		R、A型塑料绝缘电线 Y型橡皮绝缘电线	
	第5、6类导体				第5类导体	
	铜芯	镀锡铜芯	铜芯	镀锡铜芯	铜芯	镀锡铜芯
0.5	39.0	40.1	40.2	41.3	39.0	40.1
0.75	26.0	26.7	26.8	27.5	26.0	26.7
1.0	19.5	20.0	20.1	20.6	19.5	20.0
1.5	13.3	13.7	13.7	14.1	13.3	13.7
2.5	7.98	8.21	8.2	8.46	7.98	8.21
4	4.95	5.09	5.1	5.24	4.95	5.09
6					3.30	3.39
10					1.91	1.95
16					1.21	1.24
25					0.780	0.795
35					0.554	0.565
50					0.386	0.393
70					0.272	0.277
95					0.206	0.210
120					0.161	0.164
150					0.129	0.132
185					0.106	0.108
240					0.0801	0.0817

表 6-2-73　绝缘电阻

导体截面积/mm²	60227 IEC 02(RV) 60227 IEC 06(RV) 60227 IEC 71f(TVVB)	60227 IEC 42(RVB) RVS	60227 IEC 52(RVV) 60227 IEC 53(RVV) 60227 IEC 74(RVVYP) 60227 IEC 75(RVVY)	60227 IEC 08(RV-90)	AVR、AVR-90 AVVR	AVRB、AVRS	60227 IEC 43(SVR)	60245 IEC 05(YRYY) 60245 IEC 07(YRYY)
	70℃	70℃	70℃	90℃	70℃或90℃	70℃	70℃	110℃
0.08					0.018			
0.12					0.016	0.018		
0.2					0.014	0.017		
0.3					0.014	0.016		
0.4					0.012	0.014		
0.5	0.013	0.016	0.012	0.013			0.014	0.016
0.75	0.011	0.014	0.011	0.012			0.012	0.015
1.0	0.010		0.010	0.010				0.013
1.5	0.010		0.010	0.009				0.012
2.5	0.009		0.009	0.009				0.011
4	0.007							0.010
6	0.006							0.008
10	0.0056							0.008
16	0.0046							0.006
25	0.0044							0.005
35	0.0038							0.005
50	0.0037							0.004
70	0.0032							0.004
95	0.0032							0.004
120	0.0029							
150	0.0029							
185	0.0029							
240	0.0028							

表 6-2-74　聚氯乙烯绝缘软电线的绝缘和护套材料型号

电线型号	60227 IEC 02（RV） 60227 IEC 06（RV） AVR AVRB AVRS AVVR	60227 IEC 42（RVB）RVS RVVB 60227 IEC 52（RVV）60227 IEC 41（RTPVR） 60227 IEC 43（SVR）60227 IEC 71f（TVVB）	60227 IEC 08 （RV-90） AVR-90	60227 IEC 75 （RVVY） 60227 IEC 74 （RVVYP）
绝缘护套	PVC/C PVC-ST4	PVC/D PVC-ST5	PVC/E	PVC/D PVC-ST9

1）导电线芯应符合电气装备用电线电缆铜、铝导电线芯标准规定的要求。单线根数允许多于标准规定的根数，单线直径按标称截面积及相应根数确定。导体允许镀锡。

2）绝缘厚度的平均值不小于标称值的 90% – 0.1mm。

3）多芯电缆的绞合节距应不大于绞合计算外径的下述倍数：

橡皮绝缘软电线：245IEC51（RX）型 5.5 倍；RXS、RXH 型 8 倍。

塑料绝缘软电线：RVS、AVRS 型 8 倍；其他型号 14 倍。

最外层为右向。

4）护套厚度的平均值应不小于规定的标称值，其最薄点的厚度应不小于标称值的 85% – 0.1mm。

5）圆形护套电缆的圆整度，即最大外径和最小外径之差应不超过规定的平均外径上限值的 15%。

6）产品电线的标志应符合规定，且字迹清楚，容易辨认，耐擦。

2.2.4　使用要求与结构特点

橡皮、塑料绝缘软电线的使用要求与结构特点见表 6-2-75。

表 6-2-75　橡皮、塑料绝缘软电线使用要求和结构特点

使 用 要 求	结 构 特 点
1）适用范围：主要适用于中轻型移动电器（家用电器、电动工具等），仪器仪表、动力照明的连接。工作电压为交流 750V 及以下，大多数为交流 300V 等级 2）因该类产品使用时要经常移动、弯曲、扭转等，故要求电线柔软、结构稳定、不易扭结，并具有一定的耐磨性 3）接地线采用黄绿双色线，电缆中的其他线芯不允许采用黄色或绿色 4）当用于电热器具的电源连接线时，应视情况，采用编织橡皮绝缘软线或橡皮绝缘软电线 5）要求结构简单、轻便	1）导电线采用铜芯，结构采用柔软型，系多根单线束绞或复绞而成 2）绝缘采用天然—丁苯橡皮、聚氯乙烯或软聚氯乙烯塑料 3）成缆节距倍数较小 4）外保护层采用棉纱编织，避免过热而烫伤绝缘层 5）为方便使用，简化生产工艺，采用三芯平行结构，可节省生产工时和提高生产效率

2.3　屏蔽绝缘电线

在绝缘软电线的绝缘外编织或绕包一层金属丝，或者绕包一层金属箔，其目的是减少外界电磁波对绝缘电线内电流的干扰；同时，也是减少绝缘电线内电流产生的电磁场对外界的影响。这类产品称为屏蔽电线，目前广泛应用于要求防干扰的各种电器、仪表、电信、电力设备及自动化装置的线路中。

随着电力工业、自动化控制技术和智能化机械的发展，对屏蔽电线的需要量和屏蔽效能均提出了新的要求。例如：目前屏蔽层大多采用铜丝编织的结构，但其生产率低，耗铜量大，而且，连接接地及安装施工困难。因此屏蔽结构正在不断改进中。在新的标准中增加了采用直径更细的圆形或扁形铜线单层或双层绕包代替编织，其覆盖率可接近100%，且电缆的柔软性大大提高，并挤一层塑料护套，防止松散；采用这种结构，生产速度可提高 5~10 倍，耗铜量减少 30%。另外，有的采用复合金属化薄膜的绕包结构，如铝箔或铜箔和聚酯薄膜组成的复合带绕包结构既有屏蔽作用，又有绝缘

作用。另外，纵向放置一根与金属箔有良好接触的裸铜线作为屏蔽层接地的引线，便于连接和安装施工。由于屏蔽绝缘电线要取得良好的屏蔽效果，屏蔽体的电阻要小，且电磁穿透还与厚度有关，故应按使用要求，设计不同的屏蔽结构。

屏蔽电线的屏蔽效率通常规定其编织密度或者用比较法测定其抗干扰的能力。目前规范的方法是采用三同轴法测定其转移阻抗，即在30MHz时的测量值应不超过250Ω/km来表征屏蔽电线的屏蔽效率。

2.3.1 产品品种

聚氯乙烯绝缘屏蔽电线使用交流额定电压

(U_0/U) 为 300/500V 及以下的电器、仪表、电信、电力设备及自动化装置等屏蔽线路中，根据导电线芯结构的柔软性分别用于固定安装或移动使用的场合中。屏蔽绝缘电线的品种见表6-2-76。

2.3.2 产品规格与结构尺寸

1. 产品规格（见表6-2-77）

2. 结构尺寸

(1) AVP、AVP-90 型电线（见表6-2-78）

(2) RVP、RVP-90 型电线（见表6-2-79）

(3) RVVP、RVVP1 型电线（见表6-2-80）

表 6-2-76　屏蔽绝缘电线产品品种

型　号	产品名称	敷设场合及要求	导体允许工作温度/℃
AVP	铜芯聚氯乙烯绝缘安装用屏蔽电线	固定敷设	70
RVP RVVP RVVP1	铜芯聚氯乙烯绝缘屏蔽软电线 铜芯聚氯乙烯绝缘屏蔽聚氯乙烯护套软电缆 铜芯聚氯乙烯绝缘缠绕屏蔽聚氯乙烯护套软电缆	移动使用和安装时要求柔软的场合，带有护套电线用于防潮及要求一定机械防护的场合	70
RVP-90	铜芯耐热90℃聚氯乙烯绝缘屏蔽软电线	移动使用，同RVP	90
AVP-90	铜芯耐热90℃聚氯乙烯绝缘安装用屏蔽电线	固定敷设，同AVP	90

表 6-2-77　屏蔽绝缘电线的产品规格

型　号	额定电压/V	芯　数	标称截面积/mm²	交货长度
AVP、AVP-90	300/300	1	0.08~0.4	
RVP、RVP-90	300/300	1	0.08~2.5	
		2	0.08~1.5	成圈者为100m，成盘者应大于100m，允许长度不小于10m的短段交货，但不超过总量的10%，每圈短段不超过5个
RVVP、RVVP1	300/300	1	0.08~2.5	
		2	0.08~1.5	
		3	0.12~1.5	
		4~24	0.12~0.4	

表 6-2-78　AVP、AVP-90 型 300/300V 铜芯聚氯乙烯绝缘安装用屏蔽电线

导体截面积/mm²	实 心 导 体	绝缘厚度/mm	屏蔽层单线直径/mm	平均外径/mm　≤
0.08	1	0.4	0.10	1.9
0.12	1	0.4	0.10	2.0
0.2	1	0.4	0.10	2.1
0.3	1	0.4	0.10	2.2
0.4	1	0.4	0.10	2.3

表 6-2-79　RVP 型及 RVP-90 型 300/300V 铜芯聚氯乙烯绝缘屏蔽软电线

芯数×截面积/mm²)	导体中单线最大直径/mm	绝缘厚度/mm	屏蔽层单线直径/mm	平均外径或外形尺寸/mm　≤	芯数×(截面积/mm²)	导体中单线最大直径/mm	绝缘厚度/mm	屏蔽层单线直径/mm	平均外径或外形尺寸/mm　≤
1×0.08	0.13	0.4	0.10	1.9	2×0.2	0.16	0.4	0.10	3.9
1×0.12	0.16	0.4	0.10	2.0					2.2×3.9
1×0.2	0.16	0.4	0.10	2.2	2×0.3	0.16	0.5	0.15	4.8
1×0.3	0.16	0.5	0.10	2.6					2.8×4.8
1×0.4	0.16	0.5	0.15	3.0	2×0.4	0.16	0.5	0.15	5.2
1×0.5	0.21	0.5	0.15	3.1					3.0×5.2
1×0.75	0.21	0.5	0.15	3.4	2×0.5	0.21	0.5	0.15	5.4
1×1.0	0.21	0.6	0.15	3.8					3.1×5.4
1×1.5	0.26	0.6	0.15	4.1	2×0.75	0.21	0.5	0.15	6.0
1×2.5	0.26	0.7	0.15	4.9					3.4×6.0
2×0.08	0.13	0.4	0.10	3.3	2×1.0	0.21	0.6	0.15	6.8
				1.9×3.3					3.8×6.8
2×0.12	0.16	0.4	0.10	3.5	2×1.5	0.26	0.6	0.15	7.4
				2.0×3.5					4.1×7.4

表 6-2-80　RVVP 型及 RVVP1 型 300/300V 铜芯聚氯乙烯绝缘屏蔽聚氯乙烯护套软电线

芯数×(截面积/mm²)	导体中单线最大直径/mm	绝缘厚度/mm	屏蔽层单线直径/mm	护套厚度/mm	平均外径/mm RVVP ≥	平均外径/mm RVVP ≤	平均外径/mm RVVP1 ≥	平均外径/mm RVVP1 ≤
1×0.01	0.13	0.4	0.10	0.4	2.4	2.9	2.1	2.5
1×0.12	0.16	0.4	0.10	0.4	2.4	3.0	2.2	2.6
1×0.2	0.16	0.4	0.10	0.4	2.6	3.2	2.3	2.8
1×0.3	0.16	0.5	0.10	0.4	2.9	3.5	2.6	3.1
1×0.4	0.16	0.5	0.10	0.4	3.0	3.7	2.7	3.3
1×0.5	0.21	0.5	0.10	0.4	3.1	3.8	2.8	3.4
1×0.75	4.21	0.5	0.10	0.4	3.4	4.1	3.1	3.7
1×1.0	0.21	0.6	0.10	0.6	4.1	4.9	3.8	4.6
1×1.5	0.26	0.6	0.10	0.6	4.3	5.2	4.0	4.9
1×2.5	0.26	0.7	0.15	0.6	4.9	6.0	4.7	5.6

（续）

芯数 × （截面积/mm²）	导体中单线最大直径 /mm	绝缘厚度 /mm	屏蔽层单线直径 /mm	护套厚度 /mm	平均外径或外形尺寸/mm	
					≥	≤
2 × 0.08	0.13	0.4	0.10	0.4	3.2	4.2
					2.4 × 3.5	2.9 × 4.2
2 × 0.12	0.16	0.4	0.10	0.6	3.7	4.9
					2.8 × 4.0	3.4 × 4.9
2 × 0.2	0.16	0.4	0.10	0.6	4.1	5.3
					3.0 × 4.4	3.6 × 5.3
2 × 0.3	0.16	0.5	0.15	0.6	4.8	6.2
					3.5 × 5.1	4.2 × 6.2
2 × 0.4	0.16	0.5	0.15	0.6	5.1	6.6
					3.6 × 5.4	4.4 × 6.6
2 × 0.5	0.21	0.5	0.15	0.6	5.3	6.8
					3.7 × 5.6	4.5 × 6.8
2 × 0.75	0.21	0.5	0.15	0.6	5.8	7.4
					4.0 × 6.1	4.8 × 7.4
2 × 1.0	0.21	0.6	0.15	0.6	6.4	8.2
					4.3 × 6.7	5.2 × 8.3
2 × 1.5	0.26	0.6	0.15	0.8	73	9.2
					4.9 × 7.6	6.0 × 9.3
3 × 0.12	0.16	0.4	0.10	0.6	3.9	5.1
3 × 0.2	0.16	0.4	0.15	0.6	4.5	5.8
3 × 0.3	0.16	0.5	0.15	0.6	5.1	6.5
3 × 0.4	0.16	0.5	0.15	0.6	5.4	6.9
3 × 0.5	0.21	0.5	0.15	0.6	5.6	7.1
3 × 0.75	0.21	0.5	0.15	0.6	6.1	7.8
3 × 1.0	0.21	0.6	0.15	0.8	7.2	9.1
3 × 1.5	0.26	0.6	0.20	0.8	8.0	10.0
4 × 0.12	0.16	0.4	0.15	0.6	4.5	5.8
4 × 0.2	0.16	0.4	0.15	0.6	4.9	6.2
4 × 0.3	0.16	0.5	0.15	0.6	5.5	7.0
4 × 0.4	0.16	0.5	0.15	0.6	5.9	7.5
5 × 0.12	0.16	0.4	0.15	0.6	4.8	6.2
5 × 0.2	0.16	0.4	0.15	0.6	5.3	6.7
5 × 0.3	0.16	0.5	0.15	0.6	6.0	7.6
5 × 0.4	0.16	0.5	0.15	0.6	6.4	8.1
6 ~ 7 × 0.12	0.16	0.4	0.15	0.6	5.2	6.6
6 ~ 7 × 0.2	0.16	0.4	0.15	0.6	5.7	7.2
6 ~ 7 × 0.3	0.16	0.5	0.15	0.6	6.5	8.2
6 ~ 7 × 0.4	0.16	0.5	0.15	0.8	7.3	9.2
10 × 0.12	0.16	0.4	0.15	0.6	6.4	8.1
10 × 0.2	0.16	0.4	0.15	0.8	7.4	9.3
10 × 0.3	0.16	0.5	0.20	0.8	8.7	10.9
10 × 0.4	0.16	0.5	0.20	0.8	9.3	11.6

（续）

芯数 × （截面积/mm²）	导体中单线 最大直径 /mm	绝缘厚度 /mm	屏蔽层 单线直径 /mm	护套厚度 /mm	平均外径或外形尺寸/mm	
					≥	≤
12 × 0.12	0.16	0.4	0.15	0.6	6.6	8.3
12 × 0.2	0.16	0.4	0.15	0.8	7.6	9.6
12 × 0.3	0.16	0.5	0.20	0.8	9.0	11.2
12 × 0.4	0.16	0.5	0.20	0.8	9.6	11.9
14 × 0.12	0.16	0.4	0.15	0.8	7.2	9.1
14 × 0.2	0.16	0.4	0.20	0.8	8.2	10.3
14 × 0.3	0.16	0.5	0.20	0.8	9.4	11.7
14 × 0.4	0.16	0.5	0.20	0.8	10.0	12.5
16 × 0.12	0.16	0.4	0.15	0.8	7.6	9.5
16 × 0.2	0.16	0.4	0.20	0.8	8.6	10.8
16 × 0.3	0.16	0.5	0.20	0.8	9.9	12.3
16 × 0.4	0.16	0.5	0.20	0.8	10.5	13.1
19 × 0.12	0.16	0.4	0.15	0.8	8.2	10.3
19 × 0.2	0.16	0.4	0.20	0.8	9.0	11.3
19 × 0.3	0.16	0.5	0.20	0.8	10.4	12.9
19 × 0.4	0.16	0.5	0.20	1.0	11.5	14.2
24 × 0.12	0.16	0.4	0.20	0.8	9.4	11.7
24 × 0.2	0.16	0.4	0.20	0.8	10.4	12.9
24 × 0.3	0.16	0.5	0.20	1.0	12.4	14.4
24 × 0.4	0.16	0.5	0.20	1.0	13.2	16.4

2.3.3　性能指标

1. 导体直流电阻（见表6-2-81）

表6-2-81　屏蔽绝缘电线导体直流电阻的规定

导体截面积 /mm²	20℃时导体电阻/(Ω/km)　≤			
	第1类导体		第5类导体	
	铜芯	镀锡铜芯	铜芯	镀锡铜芯
0.08	225.2	229.6	247	254
0.12	144.1	146.9	158	163
0.2	92.3	94.0	92.3	95.0
0.3	64.1	65.3	69.2	71.2
0.4	47.1	48.0	48.2	49.6
0.5	—	—	39.0	40.1
0.75	—	—	26.0	26.7
1.0	—	—	19.5	20.0
1.5	—	—	13.3	13.7
2.5	—	—	7.98	8.21

2. 耐电压性能（见表6-2-82）

3. 绝缘电阻屏蔽绝缘电线的绝缘电阻试验方法（见表6-2-83）

绝缘电阻见表6-2-84。

表6-2-82　屏蔽绝缘电线耐电压试验

序号	试验条件	单位	电线额定电压 300/300V
1	成品电线电压试验 　试样长度 ≥ 　温度 　试验电压按绝缘厚度 　　≤0.6mm 　　>0.6mm 　电压施加时间 ≥	m ℃ V V min	10 20 ± 5 1500 2000 5
2	绝缘线芯电压试验 　试样长度 ≥ 　温度 　试验电压按绝缘厚度 　　≤0.6mm 　　>0.6mm 　电压施加时间 ≥	m ℃ V V min	5 20 ± 5 1500 2000 5

表 6-2-83　绝缘电阻试验方法

试验条件	单位	电线型号	
		AVP-90、RVP-90	其他型号
试样长度 ≥	m	5	5
浸热水时间 ≥	h	2	2
水温	℃	90 ±2	70 ±2

表 6-2-84　绝缘电阻值

导体截面积 /mm²	70℃ 或 90℃ 时绝缘电阻/(MΩ·km) ≥	
	AVP、AVP-90	RVP、RVP-90 RVVP、RVVP1
0.08	0.019	0.018
0.12	0.015	0.016
0.2	0.015	0.013
0.3	0.014	0.014
0.4	0.012	0.013
0.5		0.012
0.75		0.010
1.0		0.010
1.5		0.009
2.5		0.008

4. 物理力学性能

屏蔽绝缘电线的绝缘和护套材料应按表 6-2-85 选用，其相应的物理力学性能见 B 系列塑料绝缘电线中的表 6-2-44。

表　6-2-85

电线型号	RVP、RVVP、RVVP1	AVP	AVP-90、RVP-90
绝缘	PVC/D	PVC/C	PVC/E
护套	PVC-ST5 型		

5. 结构性能要求

1）导电线芯应符合国家标准 GB/T 3956—2008《电缆的导体》中规定的要求。导体允许镀锡。束线节距比不大于 25，成品电线的导体不应断芯。

2）绝缘厚度的平均值应不小于标称值的 90% – 0.1mm。

3）护套厚度的平均值应不小于规定的标称值，其最薄点的厚度应不小于标称值的 85% – 0.1mm。

4）多芯电线的绞合节距应不大于绞合外径的 14 倍。最外层为右向。

5）0.12mm² 及以下的单芯屏蔽绝缘电线，其编织（或缠绕）密度应不小于 60%，其他规格的电缆均应不小于 80%，或在 30MHz 时的转移阻抗应不超过 250Ω/km。

缠绕屏蔽的方向：单层为右向；双层为先左后右的两个方向均匀缠绕。

2.3.4　使用要求与结构特点

屏蔽绝缘电线使用要求与结构特点见表 6-2-86。

表 6-2-86　屏蔽绝缘电线使用要求与结构特点

使用要求	结构特点
1）屏蔽电线的性能要求，基本同不屏蔽的同类型电线的要求 2）应符合设备对屏蔽（防干扰性能）的要求。一般推荐用于有中等水平的电磁干扰的场合 3）屏蔽层应能与连接装置有良好接触或一端接地，并要求屏蔽层不松开、不断丝和不易被外物刮断	1）某些场合导电线芯允许镀锡 2）屏蔽层的表面覆盖密度应符合标准规定或满足使用要求。屏蔽层应采用镀锡铜线编织或缠绕，屏蔽层外如挤包护套，则允许采用软圆铜线编织或缠绕 3）为防止线芯或线对之间的内干扰，可生产各线芯（或线对）单独的屏蔽结构

2.4　汽车车辆用电线

汽车车辆用电线包含公路车辆用电线电缆和小汽车车辆用电线。

汽车车辆用电线标准众多，有国际标准 ISO 6722—2011、ISO 14572—2011、ISO 4141—2005；有各国国家标准，如中国标准：GB/T 25085—2010（idt ISO 6722—2011）、GB/T 25087—2010（idt ISO 14572—2011）、GB/T 5054—2008（idt ISO 4141—2005）、JB/T 8139—1999、QC/T 414—2015，德标：DIN 72551—1996，美标：SAE J 1128—2005、SAE J 1127—2010，日标：JASO D 611—2009 等；有各制造厂商技术条件，如大众公司的 VW 60306—2005、通用公司的 GMW 15626—2008、克莱斯勒公司的 MS-12441—2013、福特公司的系列标准、菲亚

特公司的 FIAT 系列标准、丰田公司的 TSC 系列标准和现代起亚的 ES 等，这些标准中基础的标准为 ISO 6722—2011，近些年各国、各制造厂商标准有向 ISO 6722—2011 标准靠拢的迹象。

公路车辆用电线电缆按其用途可分为两大类，一类是公路车辆用低压电线电缆，其中单芯绝缘电线用于汽车等公路车辆的电器及仪表线路，七芯护套电缆用于车辆与挂车之间的电器连接。这一类电线电缆，在结构上与普通的绝缘软线相似，但要求有良好的耐热、耐寒、耐油和耐磨性能。单项绝缘电线的颜色分单色和双色，都采用聚氯乙烯或聚氯乙烯-丁腈复合物作绝缘材料。七芯电缆的绝缘线芯的绝缘为各自不同的单色，其排列有着严格的规定，采用聚氯乙烯绝缘、聚氯乙烯护套。公路车辆用低压电线，因结构柔软，颜色种类多，因此也广泛用作其他机床电气设备的内部接线。

另一类是公路车辆用高压点火电线，供连接车辆发动机的点火装置之用。由于工作在高压和高温条件下，因此要求高压点火电线具有良好的电气绝缘性能和耐热性能。高压点火电线又分为铜导电线芯和阻尼导电线芯两种结构。阻尼导电线芯可以是具有均匀电阻值的高阻合金丝卷绕而成的电阻线芯，也可以是具有均匀电阻的纤维，如浸渗碳黑的纤维或具有同等性能的材料制成的电阻线芯。高压阻尼点火电线除具有铜芯高压点火电线相同的点火性能外，还具有良好的抑制点火所产生的无线电干扰的性能，已在我国得到了普遍应用。目前的高压点火电线采用塑料或橡皮作为绝缘和护套材料。

2.4.1 产品品种

不同的标准有不同的产品品种分类，如 GB/T 25085—2011（idt ISO 6722—2011）、QC/T 730 及 ISO 6722—2011 标准是单芯无护套汽车电线，按照壁厚分为超薄壁、薄壁、厚壁三种类型，按照电压等级分为 60V、600V 两个等级，按照使用温度范围分为 A（−40~85℃）~H（−40~250℃）共八个等级；GB/T 25087—2010（idt ISO 14572—2011）和 ISO 14572—2005 标准是有护套汽车电线，按照使用温度范围分为 A（−40~85℃）~H（−40~250℃）共八个等级；JB/T 8139—1999 标准的型号有 QVR、QVR-105、QFR 和 QVVR；GB/T 5054—2008（idt ISO 4141—2005）标准是一种大型挂车用的多芯螺旋连接线；德标 DIN 72551—1996 和 VW 60306—2005 标准按照结构及所使用的绝缘和护套材料建立了一种较复杂的型号命名系统，如 FLRY-B 代表非正规绞合铜导体薄壁 PVC 绝缘无屏蔽低压电缆；美标 SAE J 1128—2005 按照使用场合和所用的绝缘材料分为 TWP、GPT、HDT、HTS、TXL、GXL、SXL 等型号；日标 JASO D 611—2009 按照结构、所用材料、耐热等级等设计了一套复杂的命名系统，如 AVSS、AVX、AESSX 等。

公路车辆用电线电缆的产品品种见表 6-2-87。

表 6-2-87　公路车辆用电线电缆产品品种

产品名称	标准号	型号	最高工作温度/℃	主要用途
公路车辆用铜芯聚氯乙烯绝缘低压电线	JB/T 8139—1999	QVR	70	车辆电器及仪表线路用
公路车辆用铜芯聚氯乙烯-丁腈复合物绝缘低压电线	JB/T 8139—1999	QFR	70	车辆电器及仪表线路用
公路车辆用铜芯耐热 105℃聚氯乙烯绝缘低压电线	JB/T 8139—1999	QVR-105	105	车辆高温区电器仪表线路用
公路车辆用钢芯聚氯乙烯绝缘聚氯乙烯护套低压电缆	JB/T 8139—1999	QVVR	70	车辆与挂车电器线路用
公路车辆用铜芯（阻尼芯）聚氯乙烯绝缘高压点火电线	GB/T 14820—2009	QGV（QGZV）	70	车辆发动机点火系统连接用
公路车辆用铜芯（阻尼芯）聚氯乙烯-丁腈复合物绝缘高压点火电线	GB/T 14820—2009	QGF（QGZF）	70	车辆发动机点火系统连接用
公路车辆用铜芯阻（尼芯）耐热 105℃聚氯乙烯绝缘高压点火电线	GB/T 14820—2009	QGV-105（QGZV-105）	105	车辆发动机点火系统连接用

（续）

产品名称	标准号	型号	最高工作温度/℃	主要用途
公路车辆用铜芯（阻尼芯）天然-丁苯橡皮绝缘氯丁护套高压点火电线	GB/T 14820—2009	QGXF（QGZXF）	70	车辆发动机点火系统连接用
公路车辆用铜芯（阻尼芯）聚氯乙烯护套高压点火电线	GB/T 14820—2009	QGXV（QGZXV）	70	车辆发动机点火系统连接用

2.4.2 产品规格与结构尺寸

（1）公路车辆用低压电线规格及结构（见表 6-2-88 和表 6-2-89）

（2）公路车辆用高压点火电线的结构（见表 6-2-90）

表 6-2-88 QVR、QFR、QVR-105 型低压电线的规格及结构

导体截面积/mm²	根数和单线直径/（根/mm）	绝缘厚度/mm	平均外径/mm ≤	电线单位长度质量/（kg/km）	导体截面积/mm²	根数和单线直径/（根/mm）	绝缘厚度/mm	平均外径/mm ≤	电线单位长度质量/（kg/km）
0.2	12/0.15	0.3	1.3	3.3	6	84/0.30	0.8	5.1	69.5
0.3	16/0.15	0.3	1.4	4.0	10	84/0.40	1.0	6.7	122
0.4	23/0.15	0.3	1.6	5.4	16	126/0.40	1.0	8.5	178
0.5	16/0.20	0.6	2.4	9.4	25	196/0.40	1.3	10.6	279
0.75	24/0.20	0.6	2.6	12.2	35	276/0.40	1.3	11.8	378
1.0	32/0.20	0.6	2.8	15.0	50	396/0.40	1.5	13.7	536
1.5	30/0.25	0.6	3.1	20.0	70	360/0.50	1.5	15.7	742
2.5	49/0.25	0.7	3.7	31.3	95	475/0.50	1.6	18.2	972
4	56/0.30	0.8	4.5	49.3	120	608/0.50	1.6	19.9	1223

注：截面积为 0.2～0.4mm² 仅适用于车辆内特殊使用场合。

表 6-2-89 QVVR 型七芯电缆的规格及结构

导体截面积/mm²	根数和单线直径/（根/mm）	绝缘厚度/mm	绝缘线芯绞合外径/mm	护套厚度/mm	平均外径/mm ≥	平均外径/mm ≤	电缆单位长度质量/（kg/km）
1×2.5 + 6×1.5	49/0.25 + 30/0.25	0.5 0.6	9.5	1.5	11.0	13.5	222

表 6-2-90 高压点火电线结构

电线外径代号	导电线芯结构		绝缘厚度/mm				护套厚度/mm			电线外径/mm
	根数和单线直径/（根/mm）	阻尼芯最大外径/mm	QGV QGV-105	QGXF QGXV	QGZV QGZV-105	QGZXV QGZXF	QGXV QGXF	QGZXV QGZXF		
1	32/0.20	2	1.7	0.9	1.5	0.9	0.8	0.6		5±0.3
2	32/0.20	2	2.7	1.7	2.5	1.5	0.9	1.0		7±0.3
3	32/0.20	2	3.2	2.2	3.0	2.0	0.9	1.0		8±0.3

(3) ISO 6722 的产品规格及结构尺寸（见表 6-2-91）

表 6-2-91 ISO 6722 的产品规格及结构尺寸

ISO 导体 截面积/mm²	直径/mm 最大	厚壁 绝缘厚度/mm 标称	最小	外径/mm 最大	薄壁 绝缘厚度/mm 标称	最小	外径/mm 最大	超薄壁 绝缘厚度/mm 标称	最小	外径/mm 最大
0.13	0.55				0.25	0.20	1.05	0.20	0.16	0.95
0.22	0.70						1.20			1.05
0.35	0.90						1.40			1.20
0.50	1.10			2.30	0.28	0.22	1.60			1.40
0.75	1.30			2.50			1.90			1.60
1.0	1.50	0.60	0.48	2.70	0.30	0.24	2.10			1.75
1.25	1.70			2.95			2.30			2.00
1.5	1.80			3.00			2.40			2.10
2	2.00			3.30	0.35	0.28	2.80	0.25	0.20	2.40
2.5	2.20	0.70	0.56	3.60			3.00			2.70
3	2.40			4.10			3.40			
4	2.80			4.40			3.70			
5	3.10	0.80	0.64	4.90	0.40	0.32	4.20			
6	3.40			5.00			4.30			
8	4.30			5.90			5.00			
10	4.50	1.00	0.80	6.50	0.60	0.48	6.00			
12	5.40			7.40			6.50			
16	5.80			8.30			7.20			
20	6.90	1.10	0.88	9.10	0.65	0.52	7.80			
25	7.20			10.40			8.70			
30	8.30	1.30	1.04	10.90	0.80	0.64	9.60			
35	8.50			11.60			10.40			
40	9.60	1.40	1.12	12.40	0.90	0.71	11.10			
50	10.50			13.50			12.20			
60	11.60	1.50	1.20	14.60	1.00	0.80	13.30			
70	12.50			15.50			14.40			
95	14.80	1.60	1.28	18.00	1.10	0.90	16.70			
120	16.50			19.70						

(4) 公路车辆用低压电线电缆的颜色标志

1）单芯低压电线颜色标志：单芯低压电线绝缘表面的颜色标志分单色和双色两种，单色标志的颜色和代号见表 6-2-92。

表 6-2-92　低压电线单色标志颜色

颜色	黑	白	红	绿	黄	棕	蓝	灰	紫	橙
代号	B	W	R	G	Y	Br	Bl	Gr	V	O

双色标志由主色和辅色两种颜色组成。辅色为两条及以上轴向直条，成对称位置分布。辅色与主色的宽度之比不大于2∶8，双色标志颜色组合和代号见表 6-2-93。

表 6-2-93　低压电线双色颜色标志代号

组合顺序	1	2	3	4	5
电线颜色	BV	BY	BR		
	WR	WB	WB1	WY	WG
	RW	RB	RY	RG	RB1
	GW	GR	GY	GB	GB1
	YR	YB	YG	YB1	YW
	BrW	BrR	BrY	BrB	
	B1W	B1R	B1Y	B1B	B1O
	GrR	GrY	GrB1	GrG	GrB

注：代号中第一个字母（或带小写字母）表示主色，第二个字母表示辅色。

2）七芯低压电缆颜色标志：QVVR 型七芯低压电缆的绝缘线芯为单色颜色标志，各绝缘线芯的颜色和排列如图 6-2-1 所示。护套优选采用黑色或灰色。图中白色绝缘线芯的标称截面积为 2.5mm²，其余绝缘线芯为 1.5mm²。

图 6-2-1　公路车辆用
七芯低压电缆

（5）公路车辆用电线电缆的交货长度（见表 6-2-94）

表 6-2-94　公路车辆用电线电缆交货长度

产品型号及规格	交货长度 /mm≥	允许短段长度 /mm≥	允许短段占总量的百分比（%）≤	备　注
QVR、QFR、QVR-105 0.2～2.5mm²	200	20	10	
QVR、QFR、QVR-105 4～120mm²	100	20	10	
QVVR 1×2.5mm²+1×2.5mm² QGV、QGF、QGV-105	100	20	10	1. 每盘或每卷中的短段数不应超过 5 个 2. 根据双方协议可按任何长度交货
QGXF、QGXV	100	10	10	
QGZViQGZF QGZV-105 QGZXV	50	5	10	

2.4.3　汽车车辆用电线电缆的性能测试项目及试验方法

1. 低压电线电缆

QVR、QFR、QVR-105 型低压电线及 QVVR 型七芯电缆的性能测试项目及试验方法如表 6-2-95 规定。

2. 高压点火电线

QGV、QGF、QGV-105、QGXF 和 QGXV 型铜芯高压点火电线的性能测试项目及试验方法如表 6-2-96规定。

QGZV、QGZF、QGZV-105、QGZXV 和 QGZXF 型高压阻尼点火电线的性能测试项目及试验方法如表 6-2-97 规定。

表 6-2-95　**QVR、QFR、QVR-105 型低压电线及 QVVR 型七芯电缆性能测试项目及试验方法**

序号	试验项目	试验类型		试验方法
		QVR、QFR、QVR-105	QVVR	
1	结构和尺寸检查			
1.1	导体结构	T,S	T,S	GB/T 4909.2—2009
1.2	绝缘厚度	T,S	T,S	GB/T 2951.11—2008
1.3	护套厚度	—	T,S	GB/T 2951.11—2008
1.4	外径	T,S	T,S	GB/T 2951.11—2008
2	导体电阻试验	T,S	T,S	GB/T 3048.4—2007
3	绝缘电阻试验	T,St	T,S	GB/T 3048.5 和 6—2007
4	30min 工频交流电压试验和击穿电压试验	T,S	T,S	GB/T 3048.8—2007 和 JB/T 8139—1999
5	绝缘和护套高温压力试验	T,St	T,St	GB/T 2951.16 和 17—2008
6	过热试验	T,St	T,St	JB/T 8139—1999
7	热收缩试验	T,St	T,St	GB/T 2951.38—2008
8	燃烧试验	T,St	T,St	GB/T 2951.19—2008
9	低温卷绕试验	T,St	T,St	GB/T 2951.12—2008 和 JB/T 8139—1999
10	低温冲击试验	T,St	T,St	GB/T 2951.14—2008
11	绝缘附着力试验	T,St	T,St	JB/T 8139—1999
12	绝缘剥离试验	T,St	T,St	JB/T 8139—1999
13	耐油试验	T,St	T,St	JB/T 8139—1999
14	绝缘刮磨试验	T,St	T,St	JB/T 8139—1999
16	识别标志			
16.1	绝缘线芯颜色标志检查	T,S	T,S	GB/T 6995—2008
16.2	成品电缆标志耐擦试验	T,S	T,S	GB/T 6995—2008

注：St 表示定期试验，每半年至少进行一次。

表　6-2-96

序　号	试验项目	试验类型	试验方法
1	结构和尺寸检查		
1.1	导体结构	T,S	GB/T 4909.2—2009
1.2	绝缘厚度	T,S	GB/T 2951.11—2008
1.3	护套厚度	T,S	GB/T 2951.11—2008
1.4	外径	T,S	GB/T 2951.11—2008
2	工频火花试验	R	GB/T 3048.9—2007
3	30min 电压试验和击穿电压试验	T,S	GB/T 14820.1—2009
4	耐电晕试验	T,St	GB/T 14820.1—2009
5	高温压力试验	T,St	GB/T 2951.16 和 17—2008
6	高温卷绕试验	T,St	GB/T 14820.1—2009
7	热收缩试验	T,St	GB/T 2951.23—2008
8	燃烧试验	T,St	GB/T 12666.4—2008
9	低温柔软性试验	T,St	GB/T 14820.1—2009
10	耐油试验	T,St	GB/T 14820.1—2009
11	耐燃料试验	T,St	GB/T 14820.1—2009
12	快速寿命试验	T,St	GB/T 14820.1—2009
13	绝缘线芯颜色标志检查	T,St	GB/T 6995.1—2008

表 6-2-97

序号	试验项目	试验类型	试验方法
1	结构和尺寸检查		
1.1	阻尼芯直径	T, S	GB/T 2951.4—2008
1.2	绝缘厚度	T, S	GB/T 2951.11—2008
1.3	护套厚度	T, S	GB/T 2951.11—2008
1.4	外径	T, S	GB/T 2951.11—2008
2	导体电阻试验	T, S	GB/T 3048.4—2007
3	浸水电压试验	R	GB/T 3048.8—2007
4	30min 电压试验和击穿电压试验	T, S	GB/T 14820.1—2009
5	耐电晕试验	T, St	GB/T 14820.1—2009
6	高温压力试验	T, St	GB/T 2951.16 和 17—2008
7	高温卷绕试验	T, St	GB/T 14820.1—2009
8	热收缩试验	T, St	GB/T 2951.23—2008
9	燃烧试验	T, St	GB/T 12666.4—2008
10	低温柔软性试验	T, St	GB/T 14820.1—2009
11	机械拉伸试验	T, St	GB/T 14820.1—2009
12	耐油试验	T, St	GB/T 14820.1—2009
13	耐燃料试验	T, St	GB/T 14820.1—2009
14	快速寿命试验	T, St	GB/T 14820.1—2009
15	成品电线标志耐擦试验	T, St	GB/T 6995.1—2008

3. ISO 6722—2011 汽车电线的性能测试项目及试验方法

(1) 结构尺寸检查 结构尺寸检查包括导体单丝根数、导体单丝直径、导体外径、绝缘厚度、电线外径检查。通常测量应取间隔 1m 的 3 个样本进行测量。测量采用精度 ±0.01mm 的测量装置（如投影仪或读数显微镜）。所有的测量值应符合表6-2-91规定的要求。

(2) 电性能试验 电性能试验包括导体电阻试验、耐压试验和绝缘电阻试验。

导体电阻试验样品有效长度应为 1m 外加连接所必需的长度，试验结果应符合表6-2-98 的要求。

表 6-2-98 导体电阻

ISO 导体	20℃单位长度最大电阻/(mΩ/m)		
	裸铜	镀锡铜	镀镍铜
0.13	136	140	142
0.22	84.8	86.5	87.9
0.35	54.4	55.5	56.8
0.50	37.1	38.2	38.6
0.75	24.7	25.4	25.7
1.0	18.5	19.1	19.3
1.25	14.9	15.9	16.0

（续）

ISO 导体	20℃单位长度最大电阻/(mΩ/m)		
	裸铜	镀锡铜	镀镍铜
1.5	12.7	13.0	13.2
2	9.42	9.69	9.82
2.5	7.60	7.82	7.92
3	6.15	6.36	6.41
4	4.71	4.85	4.91
5	3.94	4.02	4.11
6	3.14	3.23	3.27
8	2.38	2.52	2.60
10	1.82	1.85	1.90
12	1.52	1.60	1.66
16	1.16	1.18	1.21
20	0.955	0.999	1.03
25	0.743	0.757	0.774
30	0.647	0.684	0.706
35	0.527	0.538	0.549
40	0.473	0.500	0.516
50	0.368	0.375	0.383
60	0.315	0.333	0.344
70	0.259	0.264	0.270
95	0.196	0.200	0.204
120	0.153	0.156	0.159

耐压试验样品应在 3% 盐水中进行，使用 50Hz 或 60Hz 的交联电压源，在导体和水浴之间施加 1kV 电压 30min 不发生击穿，然后以 500V/s 的速度增加电压至规定值不发生击穿（小于 0.5mm² 的电线 3kV，0.5mm² 以上的电线 5kV）；对于 600V 电线除了完成以上耐压试验外，还需保持 3kV 或 5kV 的电压 5min 不发生击穿。

绝缘电阻试验通常采用 5m 长的样品进行，样品浸泡在 20℃ 水中 2h 后测量绝缘电阻换算成绝缘体积电阻率，绝缘体积电阻率应不小于 10⁹Ω·mm。

（3）高温压力试验

高温压力试验采用电气试验法，用 3 个试样进行试验，系数 k 取 0.8，试验温度为汽车电线的最大工作温度，将试样放入试验装置上，施加规定的重量，将试验装置放入烘箱中 4h 后，迅速浸入冷水中冷却，然后进行耐压试验 1kV，1min，不发生击穿。

（4）剥离力试验

剥离力试验又叫附着力试验，是考核绝缘材料与导体的粘着性的一个指标，一般应用与导体截面积不大于 6mm² 的电线，用 3 个试样进行试验，试样长度 100mm，有效试验长度 50mm。试验时以 250mm/min 的速度将导体从电线中拔出，记录最大拔出力。

（5）低温卷绕试验

取两根 600mm 长样品，放入 −40℃ 冷冻箱中至少 4h 后，卷绕于 5 倍电线外径的芯轴上，卷绕后允许将试样返回至室温，目视检查，并进行耐压试验 1kV，1min，不发生击穿。

（6）低温冲击试验

取三个 1.2m 长试样，放入 −15℃ 冷冻箱中至少 4h 后，使用规定重量的重锤进行冲击，冲击后允许将试样返回至室温，目视检查，并进行耐压试验 1kV，1min，不发生击穿。

（7）耐磨试验

耐磨试验有拖磨和刮磨两种，试验仅对导体截面积在 6mm² 以下的样品进行。

1）拖磨。

取 1m 长试样，使用标号 150J 的石榴石砂带，按照规定的重量加上砝码，托架压于试样上，以（1500 ± 75）mm/min 的速度在试样下拉动砂带，记录使导体暴露所需的砂带长度，移动试样 50mm 并顺时针翻转试样 90°，重复这个程序读取 4 个读数，取平均值为拖磨值。

2）刮磨。

取 1m 长试样，采用（0.25 ± 0.01）mm 或（0.45 ± 0.01）mm 的刮针，施加规定重量（一般为 7N）的砝码，按照（55 ± 5）次/min 的频率往复刮磨，移动试样 100mm 并顺时针翻转试样 90°，重复这个程序读取 4 个读数，取平均值为刮磨值。

（8）热老化试验

热老化试验包括 3000h 长期老化、240h 短期老化试验、热过载试验和热收缩试验，热老化试验烘箱采用自然通风烘箱。

1）3000h 长期老化试验。

取至少 350mm 长试样两个，将试样放入自然通风烘箱中 3000h，试验温度为汽车电线最大工作温度，老化试验结束后，取出试样在（23 ± 5）℃ 下存放至少 16h，室温下进行卷绕试验，绕棒直径为 5 倍的电线外径，然后进行耐压试验 1kV，1min，不发生击穿。

2）240h 短期老化试验。

取至少 350mm 长试样两个，将试样放入自然通风烘箱中 240h，试验温度为汽车电线最大工作温度 +25℃，老化试验结束后，取出试样在（23 ± 5）℃ 下存放至少 16h，−25℃ 下进行卷绕试验，绕棒直径为 5 倍的电线外径，然后进行耐压试验 1kV，1min，不发生击穿。

3）热过载试验。

取至少 350mm 长试样两个，将试样放入自然通风烘箱中 6h，试验温度为汽车电线最大工作温度 +50℃，老化试验结束后，取出试样在（23 ± 5）℃ 下存放至少 16h，室温下进行卷绕试验，绕棒直径为 5 倍的电线外径，然后进行耐压试验 1kV，1min，不发生击穿。

4）热收缩试验。

取 3 个 100mm 长试样，在（23 ± 5）℃ 下测量试样绝缘长度。将试样放入（150 ± 3）℃ 自然通风烘箱中 15min，冷却到（23 ± 5）℃，再次测量绝缘长度，任意一端绝缘最大收缩应不超过 2mm。

（9）耐环境和化学品试验

耐环境和化学品试验共用 3 种方法进行试验，汽油、柴油、乙醇、机油、玻璃洗涤剂和盐水 6 种液体试验是必须进行的，其他液体的试验可以由供需双方协商解决。方法 1 用于本标准实施后试验新材料或原材料配方发生变更的材料，方法 2 用于本标准实施前就存在的材料。如果方法 1 试验已经进行过，耐电池酸试验可以不用进行。

方法1试验又分两组试验,第一组试验共进行1000h,分别采用引擎冷却液、机油、盐水和玻璃洗涤剂4种液体进行,第二组试验共进行240h,分别采用汽油、柴油、乙醇、动力转向液、自动挡液、制动液和电池酸共7种液体进行。第一组试验每种液体共准备8根试样,第二组试验每种液体共准备2根试样。

首先将准备好的试样弯成U形,然后将中部2/3部分浸入各液体中10s,再放入烘箱中加热,试验温度为试样最大工作温度,试样应悬挂在烘箱中,第一组试样每240h、480h、720h、1000h各取出两根样品进行卷绕及耐压试验1kV,1min,应不发生击穿;第二组试样240h后即取出进行卷绕及耐压试验1kV,1min,应不发生击穿。

方法2采用汽油、柴油、机油、乙醇、动力转向液、自动挡液、引擎冷却液7种液体进行试验,每种液体试验在规定不同的温度下试验20h后取出卷绕及耐压试验1kV,1min,应不击穿,同时还必须测量浸液前后的外径变化。

耐电池酸试验:在电线上滴几滴电池酸,然后将样品挂入(90±2)℃烘箱中加热8h,从烘箱中取出试样再滴几滴电池酸,将样品再挂入(90±2)℃烘箱中加热16h,照此进行两个循环,冷却至室温,卷绕及耐压1kV,1min,应不发生击穿。

(10) 电缆标志耐擦试验

将以上方法2中机油试验后的样品取出,用两片毛毡,施加10N的力擦刮电线表面,电线表面印字应清晰。

(11) 耐臭氧试验

取三个长度300mm的样品,挂入(65±3)℃,浓度100pphm的臭氧箱中192h,试样卷绕在5倍电线外径的试棒上,取出试样目测,电线外表面应无裂纹。

(12) 耐热水试验

试样2.5m一根,5倍外径卷绕后放入(85±5)℃的10g/L盐水中,施加48V直流电,共试验35天,每7天测量一次绝缘电阻,绝缘电阻应符合规定的要求。期间如未发生击穿现象,再进行交流耐压试验1kV,1min,应不击穿。再取试样2.5m一根,颠倒施加的直流电压极性重复以上步骤进行试验,最后进行交流耐压试验1kV,1min,应不发生击穿。

(13) 温湿度循环试验

取两个600mm长样品,放入温湿度箱中进行试验,试验按照-40℃,0.5h,-40~(85±5)℃,0.5h,(85±5)℃,80%~100%下4h,再在0.5h内升温至电线工作温度并保持1.5h后并在1h内降温至-40℃,以上为一个循环,这样共进行40个循环,取出进行交流耐压试验1kV,1min,应不发生击穿。

(14) 不延燃试验

取600mm长试样5个,用本生灯点火,本生灯的内焰温度为(950±50)℃,点火时火苗应垂直于试样,2.5mm²及以下电线点火时间为15s,2.5mm²以上电线点火时间为30s,点火结束后试样上的火焰应在70s内自熄,测量未焦烧距离,未焦烧距离应不小于50mm。

2.5 电机绕组引接软线

电机绕组引接软线(以下简称引接线)是电机绝缘结构的主要部件之一,是直接永久地与电机绕组连接,并引出至机壳或绕组与电机壳体上的接线柱相连接的绝缘电线。由于引接线应具有良好的耐热、耐溶剂、耐浸渍剂和电气性能,同时要求柔软,故不能采用一般的绝缘电线。自我国执行UL1446 Systems of insulation material- qoneral 以来,引接线的耐热特性不再按配套电机的耐热等级划分,而是用连续运行导体最高温度表示,其关系如下所示。

电机绝缘系统耐热等级及温度/℃	引接线工作温度/℃
B级(130)	90
F级(155)	125
H级(180)	150
R级(220)	200

此外,要求引接线的热寿命不得少于20000h。

2.5.1 产品品种和型号

引接线的主要品种包括在JB/T 6213—2006标准之中。电线的长期工作温度分为70℃、90℃、125℃、150℃、180℃分别对应于UL1446规定中的B、F、H等几个耐热等级的电机配套。电压等级分为500V、1000V、3000V、6000V、10000V等5档。电线的绝缘材料为塑料(热塑性和热固性两类)、橡胶及薄膜绕包纤维编织等。产品的名称、型号见表6-2-99。

表 6-2-99　引接线品种和型号

产　品　名　称	型　号	工作温度/℃	电压等级/V	导体截面积/mm²
铜芯 PVC 绝缘电机绕组引接线	JV	70	500	0.12~50
铜芯丁腈/PVC 复合物绝缘电机绕组引接线	JF	70	500	0.12~50
铜芯乙丙橡皮绝缘电机绕组引接线	JE	90	500 1000 3000 6000 10000	0.2~10 0.2~240 2.5~240 16~240 25~400
铜芯氯磺化聚乙烯绝缘电机绕组引接线	JH	90	500 1000 3000	0.2~10 0.2~240 2.5~240
铜芯乙丙橡皮绝缘氯磺化聚乙烯护套电机绕组引接线	JEH	90	500 1000 3000 6000 10000	0.2~120 0.75~120 2.5~120 16~240 25~400
铜芯乙丙橡皮绝缘氯醚护套电机绕组引接线	JEM	90	500 1000 3000 6000 10000	0.2~120 0.75~120 2.5~120 16~240 25~240
铜芯交联聚烯烃绝缘电机绕组引接线	JYJ125	125	500 1000 3000	0.5~120 0.5~120 2.5~120
铜芯交联聚烯烃绝缘电机绕组引接线	JYJ150	125	500	0.5~120
铜芯硅橡皮绝缘电机绕组引接线	JG	180	500 1000 3000 6000 10000	0.5~10 0.5~240 2.5~240 16~240 25~240
铜芯聚酯薄膜纤维绝缘耐氟利昂电机绕组引	JZ	—	500	0.5~2.5
铜芯聚全氟乙丙烯绝缘耐氟利昂电机绕组引接线	JF 46	—	500	0.5~2.5

注：1. 70℃级为老产品温度等级，保留使用于耐热等级不高的电机。
　　2. JZ、JF 46 型为电冰箱电机引接线。

2.5.2　产品规格与结构尺寸

1. 导体结构（见表 6-2-100）

2. 绝缘结构

(1) 导体连续运行最高温度 70℃引接线的绝缘结构（见表 6-2-101）

(2) 导体连续运行温度 90℃引接线的绝缘结构（见表 6-2-102）

表 6-2-100　导体结构尺寸[①]

导体截面积 /mm²	导体结构与单线直径 /(根/mm)	导体近似外径 /mm	导体截面积 /mm²	导体结构与单线直径 /(根/mm)	导体近似外径 /mm
0.12	7/0.15	0.45	10	84/0.40	4.60
0.2	12/0.15	0.63	16	126/0.40	5.70
0.3	16/0.15	0.71	25	196/0.40	7.10
0.4	23/0.15	0.83	35	276/0.40	8.50
0.5	16/0.20	0.93	50	396/0.40	10.30
0.75	24/0.20	1.14	70	360/0.50	12.40
1.0	32/0.20	1.32	95	475/0.50	14.50
1.5	30/0.25	1.60	120	608/0.50	16.00
2.5	49/0.25	2.00	150	756/0.50	18.00
4	56/0.30	2.60	185	925/0.50	20.00
6	84/0.30	3.60	240	1221/0.50	23.00

注：单线根数允许大于表列根数，单线标称直径按标称截面积及相应根数确定。

① 除 JZ、JF46 型引接线之外，它们的导体结构见表 6-2-105。

表　6-2-101

导体截面积 /mm²	JE、JH									
	绝缘厚度/mm					平均外径/mm≤				
	500V	1000V	3000V	6000V	10000V	500V	1000V	3000V	6000V	10000V
0.2	0.8	1.4	—	—	—	3.0	4.2	—	—	—
0.3	0.8	1.4	—	—	—	3.1	4.3	—	—	—
0.4	0.8	1.4	—	—	—	3.2	4.4	—	—	—
0.5	0.8	1.4	—	—	—	3.3	4.5	—	—	—
0.75	0.8	1.4	—	—	—	3.5	4.7	—	—	—
1.0	0.8	1.4	—	—	—	3.7	4.9	—	—	—
1.5	0.8	1.4	—	—	—	4.0	5.2	—	—	—
2.5	0.9	1.4	2.8	—	—	4.6	5.6	8.5	—	—
4	1.0	1.4	2.8	—	—	5.4	6.3	9.1	—	—
6	1.0	1.5	2.8	—	—	6.5	7.5	10.1	—	—
10	1.2	1.5	2.8	—	—	7.9	8.5	11.1	—	—
16	—	1.5	2.8	5.0	—	9.6	12.4	17.2	—	—
25	—	1.6	2.8	5.0	7.6	11.4	13.8	18.6	24.1	
35	—	1.6	2.8	5.0	7.6	12.8	15.2	20.0	25.5	
50	—	1.71	2.8	5.0	7.6	14.8	17.1	22.1	27.3	
70	—	1.8	2.8	5.0	7.6	17.2	19.2	24.3	29.4	
95	—	2.0	3.0	5.0	7.6	19.7	22.0	26.3	31.5	
120	—	2.0	3.0	5.0	7.6	21.9	23.5	27.8	33.3	
150	—	2.3	3.0	5.0	7.6	24.1	25.5	29.8	35.3	
185	—	2.4	3.0	5.0	7.6	26.3	27.5	32.1	37.3	
240	—	2.4	3.0	5.0	7.6	29.3	30.5	35.1	40.3	

表　6-2-102

导体截面积 /mm²	JEH、JEM														
	绝缘厚度/mm					护套厚度/mm					平均外径/mm≤				
	500V	1000V	3000V	6000V	10000V	500V	1000V	3000V	6000V	10000V	500V	1000V	3000V	6000V	10000V
0.2	0.6	—	—	—	—	0.8	—	—	—	—	3.9	—	—	—	—
0.3	0.6	—	—	—	—	0.8	—	—	—	—	4.0	—	—	—	—
0.4	0.6	—	—	—	—	0.8	—	—	—	—	4.1	—	—	—	—
0.5	0.6	1.0	—	—	—	0.8	0.8	—	—	—	4.3	5.1	—	—	—
0.75	0.6	1.0	—	—	—	0.8	0.8	—	—	—	4.5	5.4	—	—	—
1.0	0.6	1.0	—	—	—	0.8	0.8	—	—	—	4.7	5.5	—	—	—
1.5	0.6	1.0	—	—	—	0.8	0.8	—	—	—	5.0	5.9	—	—	—
2.5	0.8	1.2	2.3	—	—	1.0	1.0	1.4	—	—	6.2	7.1	10.3	—	—
4	0.8	1.2	2.3	—	—	1.0	1.0	1.4	—	—	6.8	7.7	11.0	—	—
6	0.8	1.2	2.3	—	—	1.0	1.0	1.4	—	—	7.5	8.4	12.0	—	—
10	1.0	1.4	2.5	—	—	1.2	1.2	1.4	—	—	10.0	10.9	14.0	—	—
16	1.0	1.4	2.5	3.5	—	1.2	1.2	1.4	1.8	—	11.2	12.0	15.2	18.0	—
25	1.0	1.4	2.5	3.5	5.6	1.4	1.4	1.6	2.0	2.0	13.7	14.6	17.8	20.6	24.6
35	1.0	1.4	2.5	3.5	5.6	1.4	1.4	1.6	2.0	2.0	14.9	15.7	18.9	21.7	25.7
50	1.2	1.6	2.5	3.5	5.6	1.6	1.6	1.8	2.0	2.5	17.1	17.9	20.9	23.3	28.3
70	1.2	1.6	2.5	3.5	5.6	1.6	1.6	2.0	2.5	2.5	19.6	20.5	24.0	27.0	32.0
95	1.4	1.8	2.8	3.5	5.6	1.6	0.6	2.0	2.5	2.5	21.9	22.8	26.5	28.9	33.9
120	1.6	1.8	2.8	3.5	5.6	1.8	1.8	2.1	2.5	2.5	24.6	25.0	28.6	30.8	35.8
150	—	—	—	3.5	5.6	—	—	—	2.5	2.5	—	—	—	31.5	36.5
185	—	—	—	3.5	5.6	—	—	—	2.5	2.5	—	—	—	33.5	38.5
240	—	—	—	3.5	5.6	—	—	—	2.5	2.5	—	—	—	36.5	41.5

（3）导体连续运行最高温度125℃和150℃引接线的绝缘结构（见表6-2-103）

（4）导体连续运行最高温度180℃引接线的绝缘结构（见表6-2-104）

表　6-2-103

导体截面积 /mm²	JYJ125、JYJ150					
	绝缘厚度/mm			平均外径/mm≤		
	500V	1000V	3000V	500V	1000V	3000V
0.5	0.8	1.4	—	3.3	4.5	—
0.75	0.8	1.4	—	3.5	4.7	—
1.0	0.8	1.4	—	3.7	4.9	—
1.5	0.8	1.4	—	4.0	5.2	—
2.5	0.8	1.4	2.8	4.4	5.6	8.6
4	0.8	1.4	2.8	5.0	6.3	9.1
6	0.8	1.5	2.8	6.1	7.5	10.1
10	1.2	1.5	2.8	7.9	8.5	11.1
16	1.2	1.5	2.8	9.0	9.6	12.4
25	1.2	1.6	2.8	10.8	11.4	13.8
35	1.2	1.6	2.8	12.0	12.8	15.2
50	1.4	1.7	2.8	14.2	14.8	17.1
70	1.6	1.8	2.8	16.8	17.2	19.2
95	1.6	2.0	3.0	18.9	19.7	22.0
120	1.6	2.2	3.0	21.1	21.9	23.5

表 6-2-104

JG

导体截面积 /mm²	绝缘厚度/mm					平均外径/mm≤				
	500V	1000V	3000V	6000V	10000V	500V	1000V	3000V	6000V	10000V
0.5	0.8	1.4	—	—	—	3.3	4.5	—	—	—
0.75	0.8	1.4	—	—	—	3.5	4.7	—	—	—
1.0	0.8	1.4	—	—	—	3.7	4.9	—	—	—
1.5	0.8	1.4	—	—	—	4.0	5.2	—	—	—
2.5	0.9	1.4	2.8	—	—	4.6	5.6	8.5	—	—
4	1.0	1.4	2.8	—	—	5.4	6.3	9.1	—	—
6	1.0	1.5	2.8	—	—	6.5	7.5	10.1	—	—
10	1.2	1.5	2.8	—	—	7.9	8.5	11.1	—	—
16	—	1.5	2.8	5.0	—	—	9.6	12.4	17.2	—
25	—	1.6	2.8	5.0	7.6	—	11.4	13.8	18.6	24.1
35	—	1.6	2.8	5.0	7.6	—	12.8	15.2	20.0	25.5
50	—	1.71	2.8	5.0	7.6	—	14.8	17.1	22.1	27.3
70	—	1.8	2.8	5.0	7.6	—	17.2	19.2	24.3	29.4
95	—	2.0	3.0	5.0	7.6	—	19.7	22.0	26.3	31.5
120	—	2.2	3.0	5.0	7.6	—	21.9	23.5	27.8	33.3
150	—	2.3	3.0	5.0	7.6	—	24.1	25.5	29.8	35.3
185	—	2.4	3.0	5.0	7.6	—	26.3	27.5	32.1	37.3
240	—	2.4	3.0	5.0	7.6	—	28.3	30.6	35.1	40.3

(5) 耐氟利昂引接线的导体的绝缘结构（见表 6-2-105）

表 6-2-105

导体截面积 /mm²	导体结构与单线直径 /(根/mm)	绝缘厚度 /mm		平均外径 /mm≤	
		JZ	JF40	JZ	JF46
0.5	28/0.15	0.45	0.4	1.90	1.80
0.75	42/0.15	0.45	0.4	2.10	2.00
1.0	56/0.15	0.45	0.4	2.30	2.20
1.25	71/0.15	0.45	0.4	2.45	2.30
1.5	84/0.15	0.60	0.4	2.90	2.45
2.0	112/0.15	0.60	0.5	3.10	3.00
2.5	133/0.15	0.60	0.5	3.30	3.10

注：单线根数允许大于表列根数，单线直径按标称截面及相应根数确定。

2.5.3 性能指标

1. 导体直流电阻（见表 6-2-106）

表 6-2-106 引接线导体 20℃时直流电阻值

导体截面积 /mm²	20℃时导体电阻/(Ω/km) ≤	
	铜芯	镀锡铜芯
0.12	158.0	163.0
0.2	92.3	95.0
0.3	69.2	71.2
0.4	48.2	49.6
0.5	39.0	40.1
0.75	26.0	26.7
1.0	19.5	20.0
1.5	13.3	13.7
2.5	7.98	8.21
4	4.95	5.09
6	3.30	3.39
10	1.91	1.95
16	1.21	1.24
25	0.780	0.795
35	0.554	0.565
50	0.386	0.393
70	0.272	0.277
95	0.206	0.210
120	0.161	0.164
150	0.129	0.132
185	0.106	0.108
240	0.0801	0.0817

2. 耐电压试验

（1）例行试验　成品电线应进行例行耐工频电压试验。试样浸于室温水中，两端露出水面。浸水12h以后，施加表6-2-107规定的电压，持续时间5min不发生击穿。为便于生产，额定电压 U_0 为3000V及以下电缆（电线）浸水电压试验也允许用火花电压试验代替，所有试样均应不发生击穿，其试验电压值见表6-2-108。

表　6-2-107

浸水电压试验

电线额定电压/V	试验电压/kV
500	3
1000	6
3000	15
6000	20
10000	35

表　6-2-108

火花试验电压

电压等级 U_0/V	导体截面积 /mm²	试验电压/kV 交流（50Hz）	试验电压/kV 直流
500	≤6	6	9
500	>6	8	12
1000	≤16	10	15
1000	>16	12	18
3000	所有规格	12	18

（2）型式试验　成品电线在进行弯曲、热效应、耐溶剂和耐浸渍漆之后均必须进行耐电压试验，其试验电压值见表6-2-107。这些项目的具体试验方法在JB/T 6213—2006中已做了详细规定。

2.6　航空用电线

航空用电线包括飞机、卫星、火箭和其他飞行器上用的各种电线电缆，统称为航空用电线。这些产品由于高空运行，要求外径小、重量轻、耐高温、耐振动、抗冲击、易安装。各种类型的飞机和飞行器上所用的电线品种很多。随着航空航天工业的发展，品种还在不断增加。

航空线缆大致包括四大类：航空电网安装线及动力电缆（约占80%）、飞机发动机区高温耐火电缆、航空通信数据电缆、航空特种电缆。

飞机上用量最大的是在常温区使用的电线，工作温度在105℃以下的，过去主要以耐热聚氯乙烯绝缘尼龙护套电线为主，但现在已基本不用。近几年来飞机用导线主要以含氟聚合物绝缘为主，其中按导体的镀层材料和绝缘结构不同，耐温等级分为150℃、200℃和260℃等几种。尤其是新型飞机，已大量采用辐照交联乙烯—四氟乙烯共聚物绝缘电线电缆和聚四氟乙烯/聚酰亚胺绝缘电线电缆。

各种高温绝缘材料绝缘的航空电线在使用特性方面各有长处和欠缺，飞机设计师们只能根据主要宗旨兼顾其他性能选用。

2.6.1　产品品种

1. 产品型号标识及其编制方法

为便于识别后面出现的产品型号和型号中字母和阿拉伯数字的含义，下面先介绍航空电线产品型号编制方法。

（1）电线的型号命名方法

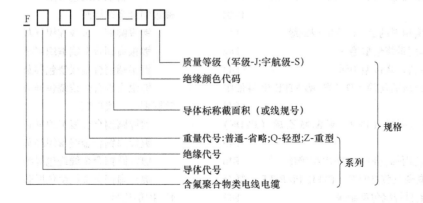

(2) 电缆的型号命名方法

F □ □ □ □ □ □ × □ — □ / □ □ □

质量等级（军级-J;宇航级-S）
护套颜色代码，本色时可省略
绝缘颜色代码
导体标称截面积（或线规号）
电缆绝缘线芯数
护层代号
屏蔽代号
缆芯类型代号：双绞-省略，B-平行）
重量代号：普通-省略;Q-轻型;Z-重型）
绝缘代号
导体代号
含氟聚合物类电线电缆

规格
型号
系列

(3) 电线电缆型号命名中代号的意义 电线电缆型号命名中代号的意义如下：

1) 导体代号。

镀锡铜导体（JX 型）	1
镀银铜导体（JY 型）	2
镀镍铜导体（JN 型）	3
镀锡铜合金导体（JHX 型）	6
镀银铜合金导体（JHY 型）	7
镀镍铜合金导体（JHN 型）	8

2) 绝缘代号。

PTFE 挤出型绝缘　　　　　　　　F4

乙烯—三氟氯乙烯共聚物（ECTFE）挤出型绝缘　　　　　　　　　　　　　　F30

乙烯—四氟乙烯共聚物（ETFE）挤出型绝缘　　　　　　　　　　　　　　　F40

辐照交联乙烯—四氟乙烯共聚物（XETFE）挤出型绝缘　　　　　　　　　　F40J

加有耐磨填料的 PTFE 挤出型绝缘　　F41

PTFE 车削带绕包型绝缘　　　　　　F42

PTFE 生料带绕包型绝缘　　　　　　F43

PTFE 带/玻璃丝涂 PTFE 乳液/PTFE 生料带组合型绝缘　　　　　　　　　　　　　F44

聚全氟乙丙烯（FEP）/聚偏氟乙烯（PVDF）挤出型绝缘　　　　　　　　　　　　F45

聚全氟乙丙烯（FEP）挤出型绝缘　　F46

PTFE/聚酰亚胺/PTFE（PTFE/PI/PTFE）复合带和 PTFE 生料带绕包型绝缘　　　　　F47

PTFE 挤出型外涂聚酰亚胺（PI）绝缘　　F48

3) 屏蔽代号。

镀锡铜线屏蔽

镀锡圆铜线编织屏蔽	P11
镀锡扁铜线编织屏蔽	P12
镀锡圆铜线绕包屏蔽	P13
镀锡扁铜线绕包屏蔽	P14

镀银铜线屏蔽

镀银圆铜线编织屏蔽	P21
镀银扁铜线编织屏蔽	P22
镀银圆铜线绕包屏蔽	P23
镀银扁铜线绕包屏蔽	P24

镀镍铜线屏蔽

镀镍圆铜线编织屏蔽	P31
镀镍扁铜线编织屏蔽	P32
镀镍圆铜线绕包屏蔽	P33
镀镍扁铜线绕包屏蔽	P34

镀银铜合金线屏蔽

镀银圆铜合金线编织屏蔽	P41
镀银扁铜合金线编织屏蔽	P42
镀银圆铜合金线绕包屏蔽	P43
镀银扁铜合金线绕包屏蔽	P44

镀镍铜合金线屏蔽

镀镍圆铜合金线编织屏蔽	P61
镀镍扁铜合金线编织屏蔽	P62
镀镍圆铜合金线绕包屏蔽	P63
镀镍扁铜合金线绕包屏蔽	P64

4) 护层代号。

聚全氟乙丙烯（FEP）挤出型护套　　H3

PTFE 挤出型护套 H4

PTFE 生料带绕包型护套 H5

聚酰亚胺/聚全氟乙丙烯（PI/FEP）复合带绕包型护套 H6

玻璃丝编织涂覆 PTFE 乳液护套 H7

聚偏氟乙烯（PVDF）挤出型护套 H8

四氟乙烯—全氟烷基乙烯基醚共聚物（PFA）挤出型护套 H9

乙烯—四氟乙烯共聚物（ETFE）挤出型护套 H10

交联乙烯—四氟乙烯共聚物（XETFE）挤出型护套 H11

聚全氟乙丙烯/聚酰亚胺/聚全氟乙丙烯（FEP/PI/FEP）复合带和 PTFE 生料带组合绕包护层 H12

交联聚偏氟乙烯（XPVDF）挤出型护套 H13

聚酰胺挤出型护套 H14

聚酰胺编织浸涂聚酰胺漆护套 H15

聚酯纤维编织浸涂高温漆护套 H16

聚酰亚胺/PTFE（PI/PTFE）复合带绕包型护套 H17

聚酰亚胺/聚全氟乙丙烯（PI/FEP）薄膜与白色 PTFE 生料带组合护套 H18

5）颜色代码。

黑	0
棕	1
红	2

橙	3
黄	4
绿	5
蓝	6
紫	7
灰	8
白	9

6）其他特性代号。

轻型电线 —— Q

一般重量电线 —— 省略

2. 产品品种及其使用特性

航空用电线按用途分类，可分为三大类：①机舱布电线，约占整个飞机用线量的90%以上，用作电力输送和信号传递，一般是几十根甚至上百根成束沿蒙皮固定敷设。②高压点火用电线，传送高压电能供飞机发动机起动点火。这类电线用量不大，但要求很高。③特种专用电线，数量很少，且各类飞机无统一规范要求。

按不同绝缘材料，也可分为3类：①聚氯乙烯绝缘尼龙护套电线，现已基本淘汰；②聚酰亚胺绝缘电线。聚酰亚胺是一种非常好的绝缘材料，曾经在航空导线中广泛应用，但由于其不耐电弧、不耐水解、不耐原子氧、不耐潮、低温弯曲性能差，用量已大幅下降，面临淘汰；③氟碳树脂绝缘电线。当前广泛应用的航空电线主要以氟碳树脂绝缘电线为主，其适用标准为新修订的 GJB 773B—2015 通用规范与详细规范，见表6-2-109。

表 6-2-109 GJB 773B—2015 中的产品品种及产品规格

序号	产品名称	产品型号	产品规格/mm²	标 准 号	额定电压/V	最高允许工作温度/℃	对应国外标准
1	F3F4 系列航空航天用镀镍铜导体聚四氟乙烯绝缘电线电缆	F3F4	0.08 ~ 3.0	GJB 773B/2B—2015	600	260	AS22759/12
		F3F4P31	1 芯 0.08 ~ 6.0 2 ~ 4 芯 0.08 ~ 2.0				
		F3F4H5	2 ~ 4 芯 0.08 ~ 2.0				
		F3F4H9	2 ~ 4 芯 0.08 ~ 2.0				
		F3F4P31H5	1 芯 0.08 ~ 6.0 2 ~ 4 芯 0.08 ~ 2.0				
		F3F4P31H9	1 芯 0.08 ~ 6.0 2 ~ 4 芯 0.08 ~ 2.0				
		F3F4P33H5	1 芯 0.08 ~ 6.0 2 ~ 4 芯 0.08 ~ 2.0				
		F3F4P33H9	1 芯 0.08 ~ 6.0 2 ~ 4 芯 0.08 ~ 2.0				

（续）

序号	产品名称	产品型号	产品规格/mm²	标 准 号	额定电压/V	最高允许工作温度/℃	对应国外标准
2	F2F4 系列航空航天用镀银铜导体聚四氟乙烯绝缘电线电缆	F2F4	0.08 ~ 8.0	GJB 773B/3B—2015	600	200	AS22759/11
		F2F4P21	1 芯　0.08 ~ 6.0 2 ~ 4 芯 0.08 ~ 2.0				
		F2F4P31	1 芯　0.08 ~ 6.0 2 ~ 4 芯 0.08 ~ 2.0				
		F2F4H3	2 ~ 4 芯 0.08 ~ 2.0				
		F2F4H5	2 ~ 4 芯 0.08 ~ 2.0				
		F2F4P21H3	1 芯　0.08 ~ 6.0 2 ~ 4 芯 0.08 ~ 2.0				
		F2F4P21H5	1 芯　0.08 ~ 6.0 2 ~ 4 芯 0.08 ~ 2.0				
		F2F4P23H3	1 芯　0.08 ~ 6.0 2 ~ 4 芯 0.08 ~ 2.0				
		F2F4P23H5	1 芯　0.08 ~ 6.0 2 ~ 4 芯 0.08 ~ 2.0				
		F2F4P31H3	1 芯　0.08 ~ 6.0 2 ~ 4 芯 0.08 ~ 2.0				
		F2F4P31H5	1 芯　0.08 ~ 6.0 2 ~ 4 芯 0.08 ~ 2.0				
		F2F4P33H3	1 芯　0.08 ~ 6.0 2 ~ 4 芯 0.08 ~ 2.0				
		F2F4P33H5	1 芯　0.08 ~ 6.0 2 ~ 4 芯 0.08 ~ 2.0				
3	F3F4Q 系列航空航天用镀镍铜导体聚四氟乙烯绝缘轻型电线电缆	F3F4Q	0.035 ~ 1.0	GJB 773B/4B—2015	250	260	ANSI/NEMA HP3
		F3F4QP31	1 芯　0.035 ~ 1.0 2 ~ 4 芯 0.035 ~ 0.60				
		F3F4QH5	2 ~ 4 芯 0.035 ~ 0.60				
		F3F4QH9	2 ~ 4 芯 0.035 ~ 0.60				
		F3F4QP31H5	1 芯　0.035 ~ 1.0 2 ~ 4 芯 0.035 ~ 0.60				
		F3F4QP31H9	1 芯　0.035 ~ 1.0 2 ~ 4 芯 0.035 ~ 0.60				
		F3F4QP33H5	1 芯　0.035 ~ 1.0 2 ~ 4 芯 0.035 ~ 0.60				
		F3F4QP33H9	1 芯　0.035 ~ 1.0 2 ~ 4 芯 0.035 ~ 0.60				

（续）

序号	产品名称	产品型号	产品规格/mm²	标准号	额定电压/V	最高允许工作温度/℃	对应国外标准
4	F2F4Q 系列航空航天用镀银铜导体聚四氟乙烯绝缘轻型电线电缆	F2F4Q	0.035 ~ 1.0	GJB 773B/5B—2015	250	200	ANSI/NEMA HP3
		F2F4QP21	1 芯　0.035 ~ 1.0 2 ~ 4 芯 0.035 ~ 0.60				
		F2F4QP31	1 芯　0.035 ~ 1.0 2 ~ 4 芯 0.035 ~ 0.60				
		F2F4QH3	2 ~ 4 芯 0.035 ~ 0.60				
		F2F4QH5	2 ~ 4 芯 0.035 ~ 0.60				
		F2F4QP21H3	1 芯　0.035 ~ 1.0 2 ~ 4 芯 0.035 ~ 0.60				
		F2F4QP21H5	1 芯　0.035 ~ 1.0 2 ~ 4 芯 0.035 ~ 0.60				
		F2F4QP23H3	1 芯　0.035 ~ 1.0 2 ~ 4 芯 0.035 ~ 0.60				
		F2F4QP23H5	1 芯　0.035 ~ 1.0 2 ~ 4 芯 0.035 ~ 0.60				
		F2F4QP31H3	1 芯　0.035 ~ 1.0 2 ~ 4 芯 0.035 ~ 0.60				
		F2F4QP31H5	1 芯　0.035 ~ 1.0 2 ~ 4 芯 0.035 ~ 0.60				
		F2F4QP33H3	1 芯　0.035 ~ 1.0 2 ~ 4 芯 0.035 ~ 0.60				
		F2F4QP33H5	1 芯　0.035 ~ 1.0 2 ~ 4 芯 0.035 ~ 0.60				
5	F8F4 系列航空航天用镀镍铜合金导体聚四氟乙烯绝缘电线电缆	F8F4	0.06 ~ 0.60	GJB 773B/6B—2015	600	260	AS22759/23 ANSI/NEMA HP3
		F8F4P31	1 ~ 4 芯 0.06 ~ 0.60				
		F8F4H5	2 ~ 4 芯 0.06 ~ 0.60				
		F8F4H9	2 ~ 4 芯 0.06 ~ 0.60				
		F8F4P31H5	1 ~ 4 芯 0.06 ~ 0.60				
		F8F4P31H9	1 ~ 4 芯 0.06 ~ 0.60				
		F8F4P33H5	1 ~ 4 芯 0.06 ~ 0.60				
		F8F4P33H9	1 ~ 4 芯 0.06 ~ 0.60				

（续）

序号	产品名称	产品型号	产品规格/mm²	标 准 号	额定电压/V	最高允许工作温度/℃	对应国外标准
6	F7F4 系列航空航天用镀银铜合金导体聚四氟乙烯绝缘电线电缆	F7F4	0.06~0.60	GJB 773B/7B—2015	600	200	AS22759/22 ANSI/NEMA HP3
		F7F4P21	1~4 芯 0.06~0.60				
		F7F4P31	1~4 芯 0.06~0.60				
		F7F4H3	2~4 芯 0.06~0.60				
		F7F4H5	2~4 芯 0.06~0.60				
		F7F4P21H3	1~4 芯 0.06~0.60				
		F7F4P21H5	1~4 芯 0.06~0.60				
		F7F4P23H3	1~4 芯 0.06~0.60				
		F7F4P23H5	1~4 芯 0.06~0.60				
		F7F4P31H3	1~4 芯 0.06~0.60				
		F7F4P31H5	1~4 芯 0.06~0.60				
		F7F4P33H3	1~4 芯 0.06~0.60				
		F7F4P33H5	1~4 芯 0.06~0.60				
7	F2F46 系列航空航天用镀银铜导体聚全氟乙丙烯绝缘电线电缆	F2F46	0.14~8.0	GJB 773B/8B—2015	600	200	ANSI/NEMA HP4
		F2F46P21	1 芯　　0.14~6.0 2~4 芯 0.14~2.0				
		F2F46P31	1 芯　　0.14~6.0 2~4 芯 0.14~2.0				
		F2F46H3	2~4 芯 0.14~2.0				
		F2F46H6	2~4 芯 0.14~2.0				
		F2F46P21H3	1 芯　　0.14~6.0 2~4 芯 0.14~2.0				
		F2F46P21H6	1 芯　　0.14~6.0 2~4 芯 0.14~2.0				
		F2F46P23H3	1 芯　　0.14~6.0 2~4 芯 0.14~2.0				
		F2F46P23H6	1 芯　　0.14~6.0 2~4 芯 0.14~2.0				
		F2F46P31H3	1 芯　　0.14~6.0 2~4 芯 0.14~2.0				
		F2F46P31H6	1 芯　　0.14~6.0 2~4 芯 0.14~2.0				
		F2F46P33H3	1 芯　　0.14~6.0 2~4 芯 0.14~2.0				
		F2F46P33H6	1 芯　　0.14~6.0 2~4 芯 0.14~2.0				

（续）

序号	产品名称	产品型号	产品规格/mm²	标准号	额定电压/V	最高允许工作温度/℃	对应国外标准
8	F7F46 系列航空航天用镀银铜合金导体聚全氟乙丙烯绝缘电线电缆	F7F46	0.035～0.60	GJB 773B/9B—2015	600	200	ANSI/NEMA HP4
		F7F46P21	1～4 芯 0.035～0.60				
		F7F46P31	1～4 芯 0.035～0.60				
		F7F46H3	2～4 芯 0.035～0.60				
		F7F46H6	2～4 芯 0.035～0.60				
		F7F46P21H3	1～4 芯 0.035～0.60				
		F7F46P21H6	1～4 芯 0.035～0.60				
		F7F46P23H3	1～4 芯 0.035～0.60				
		F7F46P23H6	1～4 芯 0.035～0.60				
		F7F46P31H3	1～4 芯 0.035～0.60				
		F7F46P31H6	1～4 芯 0.035～0.60				
		F7F46P33H3	1～4 芯 0.035～0.60				
		F7F46P33H6	1～4 芯 0.035～0.60				
9	F2F46Q 系列航空航天用镀银铜导体聚全氟乙丙烯绝缘轻型电线电缆	F2F46Q	0.014～1.5	GJB 773B/10B—2015	250	200	ANSI/NEMA HP4
		F2F46QP21	1 芯　0.014～1.5　2～4 芯 0.014～0.60				
		F2F46QP31	1 芯　0.014～1.5　2～4 芯 0.014～0.60				
		F2F46QH3	2～4 芯 0.014～0.60				
		F2F46QH6	2～4 芯 0.014～0.60				
		F2F46QP21H3	1 芯　0.014～1.5　2～4 芯 0.014～0.60				
		F2F46QP21H6	1 芯　0.014～1.5　2～4 芯 0.014～0.60				
		F2F46QP23H3	1 芯　0.014～1.5　2～4 芯 0.014～0.60				
		F2F46QP23H6	1 芯　0.014～1.5　2～4 芯 0.014～0.60				
		F2F46QP31H3	1 芯　0.014～1.5　2～4 芯 0.014～0.60				
		F2F46QP31H6	1 芯　0.014～1.5　2～4 芯 0.014～0.60				
		F2F46QP33H3	1 芯　0.014～1.5　2～4 芯 0.014～0.60				
		F2F46QP33H6	1 芯　0.014～1.5　2～4 芯 0.014～0.60				

（续）

序号	产品名称	产品型号	产品规格/mm²	标准号	额定电压/V	最高允许工作温度/℃	对应国外标准
10	F1F46 系列航空航天用镀锡铜导体聚全氟乙丙烯绝缘电线电缆	F1F46	0.14~8.0	GJB 773B/11B—2015	600	150	ANSI/NEMA HP4
		F1F46P11	1 芯　　0.14~6.0 2~4 芯 0.14~2.0				
		F1F46H3	2~4 芯 0.14~2.0				
		F1F46H10	2~4 芯 0.14~2.0				
		F1F46P11H3	1 芯　　0.14~6.0 2~4 芯 0.14~2.0				
		F1F46P11H10	1 芯　　0.14~6.0 2~4 芯 0.14~2.0				
		F1F46P13H3	1 芯　　0.14~6.0 2~4 芯 0.14~2.0				
		F1F46P13H10	1 芯　　0.14~6.0 2~4 芯 0.14~2.0				
11	F1F45Q 系列航空航天用镀锡铜导体聚全氟乙丙烯/聚偏氟乙烯组合绝缘轻型电线电缆	F1F45Q	0.14~3.0	GJB 773B/12B—2015	600	135	AS22759/14
		F1F45QP11	1 芯　　0.14~3.0 2~4 芯 0.14~2.0				
		F1F45QH3	2~4 芯 0.14~2.0				
		F1F45QH8	2~4 芯 0.14~2.0				
		F1F45QH10	2~4 芯 0.14~2.0				
		F1F45QP11H3	1 芯　　0.14~3.0 2~4 芯 0.14~2.0				
		F1F45QP11H8	1 芯　　0.14~3.0 2~4 芯 0.14~2.0				
		F1F45QP11H10	1 芯　　0.14~3.0 2~4 芯 0.14~2.0				
		F1F45QP13H3	1 芯　　0.14~3.0 2~4 芯 0.14~2.0				
		F1F45QP13H8	1 芯　　0.14~3.0 2~4 芯 0.14~2.0				
		F1F45QP13H10	1 芯　　0.14~3.0 2~4 芯 0.14~2.0				

（续）

序号	产品名称	产品型号	产品规格/mm²	标准号	额定电压/V	最高允许工作温度/℃	对应国外标准
12	F1F40 系列航空航天用镀锡铜导体乙烯-四氟乙烯共聚物绝缘电线电缆	F1F40	0.14～70	GJB 773B/14B—2015	600	150	AS22759/16
		F1F40P11	1 芯　0.14～6.0 2～4 芯 0.14～2.0				
		F1F40H10	2～4 芯 0.14～2.0				
		F1F40P11H10	1 芯　0.14～6.0 2～4 芯 0.14～2.0				
		F1F40P13H10	1 芯　0.14～6.0 2～4 芯 0.14～2.0				
13	F3F41 系列航空航天用镀镍铜导体耐磨聚四氟乙烯绝缘电线电缆	F3F41	0.2～20	GJB 773B/15B—2015	600	260	AS22759/6 AS22759/8
		F3F41P31	1 芯　0.2～6.0 2～4 芯 0.2～2.0				
		F3F41H4	2～4 芯 0.2～2.0				
		F3F41H5	2～4 芯 0.2～2.0				
		F3F41H9	2～4 芯 0.2～2.0				
		F3F41P31H4	1 芯　0.2～6.0 2～4 芯 0.2～2.0				
		F3F41P31H5	1 芯　0.2～6.0 2～4 芯 0.2～2.0				
		F3F41P31H9	1 芯　0.2～6.0 2～4 芯 0.2～2.0				
		F3F41P33H4	1 芯　0.2～6.0 2～4 芯 0.2～2.0				
		F3F41P33H5	1 芯　0.2～6.0 2～4 芯 0.2～2.0				
		F3F41P33H9	1 芯　0.2～6.0 2～4 芯 0.2～2.0				
14	F2F41 系列航空航天用镀银铜导体耐磨聚四氟乙烯绝缘电线电缆	F2F41	0.2～20	GJB 773B/16B—2015	600	200	AS22759/7
		F2F41P21	1 芯　0.2～6.0 2～4 芯 0.2～2.0				
		F2F41P31	1 芯　0.2～6.0 2～4 芯 0.2～2.0				
		F2F41H3	2～4 芯 0.2～2.0				
		F2F41H4	2～4 芯 0.2～2.0				
		F2F41H5	2～4 芯 0.2～2.0				

（续）

序号	产品名称	产品型号	产品规格/mm²	标准号	额定电压/V	最高允许工作温度/℃	对应国外标准
14	F2F41 系列航空航天用镀银铜导体耐磨聚四氟乙烯绝缘电线电缆	F2F41P21H3	1芯　0.2~6.0 2~4芯 0.2~2.0	GJB 773B/16B—2015	600	200	AS22759/7
		F2F41P21H4	1芯　0.2~6.0 2~4芯 0.2~2.0				
		F2F41P21H5	1芯　0.2~6.0 2~4芯 0.2~2.0				
		F2F41P23H3	1芯　0.2~6.0 2~4芯 0.2~2.0				
		F2F41P23H4	1芯　0.2~6.0 2~4芯 0.2~2.0				
		F2F41P23H5	1芯　0.2~6.0 2~4芯 0.2~2.0				
		F2F41P31H3	1芯　0.2~6.0 2~4芯 0.2~2.0				
		F2F41P31H4	1芯　0.2~6.0 2~4芯 0.2~2.0				
		F2F41P31H5	1芯　0.2~6.0 2~4芯 0.2~2.0				
		F2F41P33H3	1芯　0.2~6.0 2~4芯 0.2~2.0				
		F2F41P33H4	1芯　0.2~6.0 2~4芯 0.2~2.0				
		F2F41P33H5	1芯　0.2~6.0 2~4芯 0.2~2.0				
15	F3F44 系列航空航天用镀镍铜导体聚四氟乙烯/玻璃丝组合绝缘电线电缆	F3F44	0.3~70	GJB 773B/17B—2015	600	260	AS22759/2 AS22759/3
		F3F44P31	1芯　0.3~6.0 2~4芯 0.3~2.0				
		F3F44H5	2~4芯 0.3~2.0				
		F3F44H7	2~4芯 0.3~2.0				
		F3F44P31H5	1芯　0.3~6.0 2~4芯 0.3~2.0				
		F3F44P31H7	1芯　0.3~6.0 2~4芯 0.3~2.0				
		F3F44P33H5	1芯　0.3~6.0 2~4芯 0.3~2.0				
		F3F44P33H7	1芯　0.3~6.0 2~4芯 0.3~2.0				

（续）

序号	产品名称	产品型号	产品规格/mm²	标准号	额定电压/V	最高允许工作温度/℃	对应国外标准
16	F2F44 系列航空航天用镀银铜导体聚四氟乙烯/玻璃丝组合绝缘电线电缆	F2F44	0.3 ~ 70	GJB 773B/18B—2015	600	200	AS22759/1 AS22759/4
		F2F44P21	1 芯　0.3 ~ 6.0 2 ~ 4 芯 0.3 ~ 2.0				
		F2F44P31	1 芯　0.3 ~ 6.0 2 ~ 4 芯 0.3 ~ 2.0				
		F2F44H5	2 ~ 4 芯 0.3 ~ 2.0				
		F2F44H7	2 ~ 4 芯 0.3 ~ 2.0				
		F2F44P21H5	1 芯　0.3 ~ 6.0 2 ~ 4 芯 0.3 ~ 2.0				
		F2F44P21H7	1 芯　0.3 ~ 6.0 2 ~ 4 芯 0.3 ~ 2.0				
		F2F44P23H5	1 芯　0.3 ~ 6.0 2 ~ 4 芯 0.3 ~ 2.0				
		F2F44P23H7	1 芯　0.3 ~ 6.0 2 ~ 4 芯 0.3 ~ 2.0				
		F2F44P31H5	1 芯　0.3 ~ 6.0 2 ~ 4 芯 0.3 ~ 2.0				
		F2F44P31H7	1 芯　0.3 ~ 6.0 2 ~ 4 芯 0.3 ~ 2.0				
		F2F44P33H5	1 芯　0.3 ~ 6.0 2 ~ 4 芯 0.3 ~ 2.0				
		F2F44P33H7	1 芯　0.3 ~ 6.0 2 ~ 4 芯 0.3 ~ 2.0				
17	F1F40J 系列航空航天用镀锡铜导体交联乙烯-四氟乙烯共聚物绝缘电线电缆	F1F40J	0.2 ~ 70	GJB 773B/20A—2015	600	150	AS22759/34
		F1F40JP11	1 芯　0.2 ~ 6.0 2 ~ 4 芯 0.2 ~ 2.0				
		F1F40JH3	2 ~ 4 芯 0.2 ~ 2.0				
		F1F40JH10	2 ~ 4 芯 0.2 ~ 2.0				
		F1F40JH11	2 ~ 4 芯 0.2 ~ 2.0				
		F1F40JP11H3	1 芯　0.2 ~ 6.0 2 ~ 4 芯 0.2 ~ 2.0				
		F1F40JP11H10	1 芯　0.2 ~ 6.0 2 ~ 4 芯 0.2 ~ 2.0				
		F1F40JP11H11	1 芯　0.2 ~ 6.0 2 ~ 4 芯 0.2 ~ 2.0				
		F1F40JP13H3	1 芯　0.2 ~ 6.0 2 ~ 4 芯 0.2 ~ 2.0				
		F1F40JP13H10	1 芯　0.2 ~ 6.0 2 ~ 4 芯 0.2 ~ 2.0				
		F1F40JP13H11	1 芯　0.2 ~ 6.0 2 ~ 4 芯 0.2 ~ 2.0				

（续）

序号	产品名称	产品型号	产品规格/mm²	标准号	额定电压/V	最高允许工作温度/℃	对应国外标准
18	F1F40JQ 系列航空航天用镀锡铜导体交联乙烯-四氟乙烯共聚物绝缘轻型电线电缆	F1F40JQ	0.06~3	GJB 773B/21A—2015	600	150	AS22759/32
		F1F40JQP11	1 芯　0.06~3.0 2~4 芯 0.06~0.75				
		F1F40JQH3	2~4 芯 0.06~0.75				
		F1F40JQH10	2~4 芯 0.06~0.75				
		F1F40JQH11	2~4 芯 0.06~0.75				
		F1F40JQP11H3	1 芯　0.06~3.0 2~4 芯 0.06~0.75				
		F1F40JQP11H10	1 芯　0.06~3.0 2~4 芯 0.06~0.75				
		F1F40JQP11H11	1 芯　0.06~3.0 2~4 芯 0.06~0.75				
		F1F40JQP13H3	1 芯　0.06~3.0 2~4 芯 0.06~0.75				
		F1F40JQP13H10	1 芯　0.06~3.0 2~4 芯 0.06~0.75				
		F1F40JQP13H11	1 芯　0.06~3.0 2~4 芯 0.06~0.75				
19	F2F40J 系列航空航天用镀银铜导体交联乙烯-四氟乙烯共聚物绝缘电线电缆	F2F40J	0.14~70	GJB 773B/22A—2015	600	200	AS22759/43
		F2F40JP21	1 芯　0.14~6.0 2~4 芯 0.14~2.0				
		F2F40JH9	2~4 芯 0.14~2.0				
		F2F40JH11	2~4 芯 0.14~2.0				
		F2F40JP21H9	1 芯　0.14~6.0 2~4 芯 0.14~2.0				
		F2F40JP21H11	1 芯　0.14~6.0 2~4 芯 0.14~2.0				
		F2F40JP23H9	1 芯　0.14~6.0 2~4 芯 0.14~2.0				
		F2F40JP23H11	1 芯　0.14~6.0 2~4 芯 0.14~2.0				

（续）

序号	产品名称	产品型号	产品规格/mm²	标准号	额定电压/V	最高允许工作温度/℃	对应国外标准
20	F2F40JQ 系列航空航天用镀银铜导体交联乙烯-四氟乙烯共聚物绝缘轻型电线电缆	F2F40JQ	0.08~3	GJB 773B/23A—2015	600	200	AS22759/44
		F2F40JQP21	1 芯　　0.08~3.0 2~4 芯 0.08~0.75				
		F2F40JQH9	2~4 芯 0.08~0.75				
		F2F40JQH11	2~4 芯 0.08~0.75				
		F2F40JQP21H9	1 芯　　0.08~3.0 2~4 芯 0.08~0.75				
		F2F40JQP21H11	1 芯　　0.08~3.0 2~4 芯 0.08~0.75				
		F2F40JQP23H9	1 芯　　0.08~3.0 2~4 芯 0.08~0.75				
		F2F40JQP23H11	1 芯　　0.08~3.0 2~4 芯 0.08~0.75				
21	F3F40J 系列航空航天用镀镍铜导体交联乙烯-四氟乙烯共聚物绝缘电线电缆	F3F40J	0.14~70	GJB 773B/24—2015	600	200	AS22759/41
		F3F40JP31	1 芯　　0.14~6.0 2~4 芯 0.14~2.0				
		F3F40JH9	2~4 芯 0.14~2.0				
		F3F40JH11	2~4 芯 0.14~2.0				
		F3F40JP31H9	1 芯　　0.14~6.0 2~4 芯 0.14~2.0				
		F3F40JP31H11	1 芯　　0.14~6.0 2~4 芯 0.14~2.0				
		F3F40JP33H9	1 芯　　0.14~6.0 2~4 芯 0.14~2.0				
		F3F40JP33H11	1 芯　　0.14~6.0 2~4 芯 0.14~2.0				
22	F3F40JQ 系列航空航天用镀镍铜导体交联乙烯-四氟乙烯共聚物绝缘轻型电线电缆	F3F40JQ	0.08~3.0	GJB 773B/25—2015	600	200	AS22759/45
		F3F40JQP21	1 芯　　0.08~3.0 2~4 芯 0.08~0.75				
		F3F40JQH9	2~4 芯 0.08~0.75				
		F3F40JQH11	2~4 芯 0.08~0.75				
		F3F40JQP21H9	1 芯　　0.08~3.0 2~4 芯 0.08~0.75				
		F3F40JQP21H11	1 芯　　0.08~3.0 2~4 芯 0.08~0.75				

（续）

序号	产品名称	产品型号	产品规格/mm²	标准号	额定电压/V	最高允许工作温度/℃	对应国外标准
22	F3F40JQ 系列航空航天用镀镍铜导体交联乙烯-四氟乙烯共聚物绝缘轻型电线电缆	F3F40JQP23H9	1 芯　　0.08~3.0 2~4 芯 0.08~0.75	GJB 773B/25—2015	600	200	AS22759/45
		F3F40JQP23H11	1 芯　　0.08~3.0 2~4 芯 0.08~0.75				
23	F7F40J 系列航空航天用镀银铜合金导体交联乙烯-四氟乙烯共聚物绝缘电线电缆	F7F40J	0.14~0.6	GJB 773B/26—2015	600	200	AS22759/35
		F7F40JP21	1~4 芯 0.14~0.6				
		F7F40JH9	2~4 芯 0.14~0.6				
		F7F40JH11	2~4 芯 0.14~0.6				
		F7F40JP21H9	1~4 芯 0.14~0.6				
		F7F40JP21H11	1~4 芯 0.14~0.6				
		F7F40JP23H9	1~4 芯 0.14~0.6				
		F7F40JP23H11	1~4 芯 0.14~0.6				
24	F7F40JQ 系列航空航天用镀银铜合金导体交联乙烯-四氟乙烯共聚物绝缘轻型电线电缆	F7F40JQ	0.06~0.6	GJB 773B/27—2015	600	200	AS22759/33
		F7F40JQP21	1~4 芯 0.06~0.6				
		F7F40JQH9	2~4 芯 0.06~0.6				
		F7F40JQH11	2~4 芯 0.06~0.6				
		F7F40JQP21H9	1~4 芯 0.06~0.6				
		F7F40JQP21H11	1~4 芯 0.06~0.6				
		F7F40JQP23H9	1~4 芯 0.06~0.6				
		F7F40JQP23H11	1~4 芯 0.06~0.6				
25	F8F40J 系列航空航天用镀镍铜合金导体交联乙烯-四氟乙烯共聚物绝缘电线电缆	F8F40J	0.14~0.6	GJB 773B/28—2015	600	200	AS22759/42
		F8F40JP31	1~4 芯 0.14~0.6				
		F8F40JH9	2~4 芯 0.14~0.6				
		F8F40JH11	2~4 芯 0.14~0.6				
		F8F40JP31H9	1~4 芯 0.14~0.6				
		F8F40JP31H11	1~4 芯 0.14~0.6				
		F8F40JP33H9	1~4 芯 0.14~0.6				
		F8F40JP33H11	1~4 芯 0.14~0.6				
26	F8F40JQ 系列航空航天用镀镍铜合金导体交联乙烯-四氟乙烯共聚物绝缘轻型电线电缆	F8F40JQ	0.08~0.6	GJB 773B/29—2015	600	200	AS22759/46
		F8F40JQP31	1~4 芯 0.08~0.6				
		F8F40JQH9	2~4 芯 0.08~0.6				
		F8F40JQH11	2~4 芯 0.08~0.6				
		F8F40JQP31H9	1~4 芯 0.08~0.6				
		F8F40JQP31H11	1~4 芯 0.08~0.6				
		F8F40JQP33H9	1~4 芯 0.08~0.6				
		F8F40JQP33H11	1~4 芯 0.08~0.6				

2.6.2　产品规格与结构尺寸

1. 聚氯乙烯绝缘尼龙护套电线

(1) 产品规格（见表 6-2-110）

表 6-2-110　聚氯乙烯绝缘尼龙护套
电线产品规格

型　　号	芯　　数	规格/mm²
FVN		
FVNP	1	0.3~95

(2) 产品结构　产品典型结构如图 6-2-2 所示，其结构尺寸见表 6-2-111。

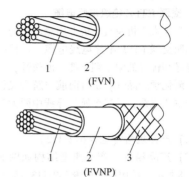

(FVN)

(FVNP)

图 6-2-2　FVN、FVNP 型尼龙护套电线结构
1—镀锡铜芯导体　2—PVC + 尼龙绝缘
3—镀锡铜线编织屏蔽

表 6-2-111　FVN、FVNP 型尼龙护套电线的结构尺寸

标称截面积 /mm²	导体结构 根数/单线 直径/mm	PVC 绝缘 标称厚度 /mm	尼龙护套 标称厚度 /mm	20℃时导体 最大直流电 阻/(Ω/km)	成品最大外径/mm		电线单位长度最大重量 /(kg/km)	
					FVN	FVNP	FVN	FVNP
0.3	16/0.15	0.35	0.12	70.0	1.9	2.4	6.4	12.8
0.4	23/0.15	0.35	0.12	47.8	2.1	2.6	7.7	14.8
0.5	28/0.15	0.35	0.12	40.0	2.15	2.7	9.2	16.5
0.6	19/0.20	0.35	0.12	32.6	2.2	3.1	9.9	24.7
0.8	19/0.23	0.35	0.12	24.8	2.3	3.2	12.1	27.8
1.0	19/0.26	0.35	0.12	19.4	2.5	3.3	15.0	31.5
1.2	19/0.28	0.40	0.12	16.7	2.6	3.5	17.4	34.8
1.5	19/0.32	0.40	0.12	13.1	2.9	3.7	21.5	40.0
2.0	49/0.23	0.40	0.12	9.6	3.4	4.3	29.1	51.0
2.5	49/0.26	0.40	0.12	7.5	3.9	4.8	36.9	61.5
3.0	49/0.28	0.45	0.12	6.5	4.0	4.9	42.5	67.8
4.0	77/0.26	0.45	0.12	4.8	4.8	5.7	56.7	86.4
5.0	98/0.26	0.45	0.12	3.8	5.1	5.9	69.5	101
6.0	77/0.32	0.45	0.16	3.2	5.6	6.5	81.3	116
8.0	98/0.32	0.50	0.16	2.5	6.0	6.9	101	138
10	126/0.32	0.50	0.16	2.0	7.1	7.9	128	170
16	209/0.32	0.60	0.20	1.16	9.0	9.7	213	265
20	247/0.32	0.60	0.20	0.99	9.4	10.2	269	324
25	209/0.39	0.60	0.20	0.78	10.4	11.6	300	393
35	285/0.39	0.60	0.20	0.57	11.6	12.8	402	504
50	323/0.45	0.65	0.25	0.38	14.0	15.2	583	705
70	444/0.45	0.65	0.25	0.28	15.9	17.3	780	918
95	592/0.45	0.70	0.25	0.21	17.8	19.2	1033	1187

2. 聚酰亚胺绝缘电线电缆

这几年聚酰亚胺绝缘电线电缆在航天航空工业

中用量大幅度下降，已被新型的交联 ETFE 绝缘电线电缆及 PTFE/PI 绝缘电线电缆所取代，因此这里不再展开叙述。

3. 交联 ETFE 绝缘电线电缆

近几年大飞机及直升机上用量较多的一类安装线是辐照交联 ETFE 绝缘电线电缆。这种电线具有极薄绝缘和优异的耐辐照性能、耐热性，力学物理性能、耐化学药品性，是目前航空航天飞行器广泛使用的主要线缆，是当今航空导线中两大高端线种之一。

（1）产品规格（见表6-2-112）

（2）产品结构 产品典型结构如图 6-2-3 ~ 图 6-2-8所示，结构尺寸见表 6-2-113 ~ 表 6-2-116。

表 6-2-112　F40J、F40JQ 型绝缘电线电缆产品规格

型　号	芯　数	规格　AWG
F1F40J F2F40J F3F40J	1	26 ~ 00
F7F40J F8F40J	1	26 ~ 20

（续）

型　号	芯　数	规格　AWG
F1F40JQ F2F40JQ F3F40JQ	1	28 ~ 12
F7F40JQ F8F40JQ	1	26 ~ 20
F1F40JH11 F2F40JH11 F3F40JH11	2 ~ 4	26 ~ 10
F1F40JQH11 F2F40JQH11 F3F40JQH11	2 ~ 4	26 ~ 12
F1F40JP11H11 F2F40JP21H11 F3F40JP31H11	1 ~ 4	26 ~ 10
F1F40JQP11H11 F2F40JQP21H11 F3F40JQP31H11	1 ~ 4	26 ~ 12

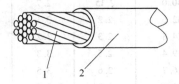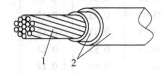

图 6-2-3　F40J、F40JQ 型绝缘电线

1—镀锡或镀银、镀镍铜导体，或镀银、镀镍铜合金导体

2—XETFE 绝缘

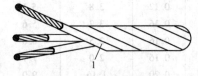

图 6-2-4　多芯 F40J、F40JQ 型绝缘无屏蔽无护套电缆

1—F40J、F40JQ 型电线

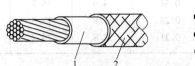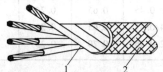

图 6-2-5　1 ~ 4 芯 F40JP、F40JQP 型有屏蔽无护套电缆

1—F40J、F40JQ 型电线　2—编织屏蔽

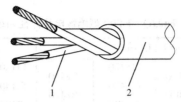

图 6-2-6　多芯 F40JH11、F40JQH11 型无屏蔽有护套电缆

1—F40J、F40JQ 型电线　2—XETFE 挤出护套

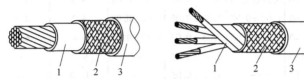

图 6-2-7　1 ~ 4 芯 F40JPH11、F40JQPH11 型有屏蔽有护套电缆

1—F40J、F40JQ 型电线　2—编织屏蔽　3—XETFE 挤出护套

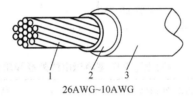

26AWG~10AWG

图 6-2-8　F47、F47Q 型绝缘电线

1—镀锡或镀锡、镀镍铜芯，或镀银、镀镍铜合金导体　2—F4/PI 复合带绕包　3—F4 生料带绕包烧结

表 6-2-113　F40J、F47 型绝缘电线外径和单位长度重量

标称截面积 /mm²	线规号 AWG	电线外径/mm				电线单位长度最大重量/(kg/km)					
		F1F40J F2F40J F3F40J	F7F40J F8F40J	F1F47 F2F47 F3F47	F7F47 F8F47	F1F40J	F2F40J	F3F40J	F7F40J F8F40J	F1F47 F2F47 F3F47	F7F47 F8F47
0.14	26	1.02 ± 0.05	1.02 ± 0.05	0.89 ± 0.05	0.89 ± 0.05	2.5	2.5	2.5	2.5	2.3	2.3
0.2	24	1.14 ± 0.05	1.14 ± 0.05	1.02 ± 0.05	1.02 ± 0.05	3.4	3.4	3.4	3.4	3.3	3.3
0.4/0.3	22	1.27 ± 0.05	1.27 ± 0.05	1.14 ± 0.05	1.14 ± 0.05	4.8	4.8	4.8	4.9	4.6	4.6
0.6/0.5	20	1.47 ± 0.05	1.47 ± 0.05	1.35 ± 0.05	1.35 ± 0.05	7.0	7.0	7.0	7.1	6.8	7.0
1.0	18	1.78 ± 0.08	—	1.60 ± 0.05	—	10.7	10.7	10.7	—	10.3	—
1.2	16	1.96 ± 0.08	—	1.79 ± 0.06	—	13.4	13.4	13.4	—	13.1	—
2	14	2.39 ± 0.08	—	2.12 ± 0.06	—	20.5	20.5	20.5	—	19.9	—
3	12	2.82 ± 0.08	—	2.60 ± 0.06	—	30.5	30.5	30.5	—	29.9	—
5	10	3.40 ± 0.10	—	3.16 ± 0.06	—	48.2	48.2	48.2	—	47.0	—
8	8	4.95 ± 0.20	—	4.67 ± 0.10	—	89.7	92.1	95.5	—	87.1	—
13	6	6.12 ± 0.25	—	5.68 ± 0.12	—	141	141	144	—	132	—
20	4	7.87 ± 0.25	—	7.16 ± 0.16	—	223	235	243	—	214	—
35	2	10.3 ± 0.40	—	9.00 ± 0.25	—	356	356	366	—	336	—
40	1	11.3 ± 0.40	—	10.11 ± 0.25	—	432	454	467	—	435	—
50	0	12.3 ± 0.40	—	11.05 ± 0.38	—	561	573	627	—	524	—
70	00	13.8 ± 0.40	—	12.45 ± 0.38	—	725	725	771	—	667	—

表 6-2-114　F40JQ、F47Q 型绝缘电线外径和单位长度重量

标称截面积 /mm²	线规号 AWG	电线外径/mm				电线单位长度最大重量/(kg/km)			
		F1F40JQ F2F40JQ F3F40JQ	F7F40JQ F8F40JQ	F1F47Q F2F47Q F3F47Q	F7F47Q F8F47Q	F1F40JQ F2F40JQ F3F40JQ	F7F40JQ F8F40JQ	F1F47Q F2F47Q F3F47Q	F7F47Q F8F47Q
0.14	26	0.81±0.05	0.81±0.05	0.81±0.05	0.81±0.05	2.1	2.1	2.1	2.1
0.2	24	0.94±0.05	0.94±0.05	0.92±0.05	0.94±0.05	3.0	3.0	2.9	3.0
0.4/0.3	22	1.09±0.05	1.09±0.05	1.05±0.05	1.09±0.05	4.2	4.3	4.2	4.2
0.6/0.5	20	1.27±0.05	1.27±0.05	1.25±0.05	1.27±0.05	6.4	6.5	6.4	6.4
1.0	18	1.52±0.05	—	1.47±0.05	—	9.7	—	9.7	—
1.2	16	1.73±0.05	—	1.65±0.05	—	12.4	—	12.3	—
2	14	2.16±0.08	—	1.98±0.05	—	19.3	—	18.6	—
3	12	2.62±0.08	—	2.49±0.05	—	29.3	—	29.2	—
5	10	—	—	3.07±0.05	—	—	—	45.5	—

表 6-2-115　F40J 型、F47 型绝缘电缆外径和单位长度重量

标称截面积 /mm²	线规号 AWG	电缆最大外径/mm				电缆单位长度最大重量/(kg/km)			
		F1F40JP11H11 F2F40JP21H11 F3F40JP31H11	F1F40JH11 F2F40JH11 F3F40JH11	F1F47P11H12 F2F47P21H12 F3F47P31H12	F1F47H12 F2F47H12 F3F47H12	F1F40JP11H11 F2F40JP21H11 F3F40JP31H11	F1F40JH11 F2F40JH11 F3F40JH11	F1F47P11H12 F2F47P21H12 F3F47P31H12	F1F47H12 F2F47H12 F3F47H12
单芯									
0.2	24	2.16	—	2.04	—	10.2	—	8.5	—
0.4/0.3	22	2.29	—	2.16	—	12.2	—	9.8	—
0.6/0.5	20	2.49	—	2.37	—	15.2	—	12.8	—
1.0	18	2.83	—	2.62	—	20.4	—	16.9	—
1.2	16	3.01	—	2.82	—	23.9	—	20.9	—
2	14	3.44	—	3.15	—	32.8	—	28.8	—
3	12	3.87	—	3.63	—	44.7	—	41.6	—
5.0	10	4.55	—	4.19	—	66.0	—	60.3	—
二芯									
0.2	24	3.35	2.90	3.11	2.66	17.8	10.2	15.2	8.9
0.4/0.3	22	3.61	3.16	3.35	2.90	21.7	13.3	18.6	11.8
0.6/0.5	20	4.01	3.56	3.77	3.32	27.8	18.3	22.4	16.6
1.0	18	4.77	4.24	4.27	3.82	39.9	26.7	34.2	24.0
1.2	16	5.13	4.68	4.67	4.22	45.9	33.7	39.9	30.0
2	14	6.11	5.54	5.33	4.88	65.7	49.4	56.5	43.6
3	12	6.97	6.52	6.37	5.92	89.8	73.0	84.9	69.4
5.0	10	8.29	7.72	7.49	7.04	137	111	124	106

（续）

标称 截面积 /mm²	线规号 AWG	电缆最大外径/mm				电缆单位长度最大重量/(kg/km)			
		F1F40JP11H11 F2F40JP21H11 F3F40JP31H11	F1F40JH11 F2F40JH11 F3F40JH11	F1F47P11H12 F2F47P21H12 F3F47P31H12	F1F47H12 F2F47H12 F3F47H12	F1F40JP11H11 F2F40JP21H11 F3F40JP31H11	F1F40JH11 F2F40JH11 F3F40JH11	F1F47P11H12 F2F47P21H12 F3F47P31H12	F1F47H12 F2F47H12 F3F47H12
三芯									
0.2	24	3.54	3.09	3.28	2.83	22.9	13.8	18.3	11.7
0.4/0.3	22	3.82	3.37	3.54	3.09	28.3	18.7	23.9	16.3
0.6/0.5	20	4.25	3.80	3.99	3.54	36.9	26.0	32.4	23.3
1.0	18	5.06	4.62	4.53	4.08	52.3	39.5	45.3	34.5
1.2	16	5.45	5.01	4.96	4.52	62.3	48.3	55.2	42.9
2	14	6.50	6.06	5.75	5.23	90.2	73.4	78.0	63.5
3	12	7.43	6.98	6.80	6.35	125	106	118	99.2
5.0	10	8.93	8.28	8.00	7.56	194	162	174	153
四芯									
0.2	24	4.21	3.77	3.89	3.44	27.9	18.0	22.5	14.9
0.4/0.3	22	4.57	4.12	4.21	3.77	34.9	24.2	29.5	20.9
0.6/0.5	20	5.19	4.67	4.79	4.34	47.0	33.8	40.5	30.8
1.0	18	6.12	5.68	5.47	5.02	65.8	51.3	57.2	45.4
1.2	16	6.73	6.17	6.10	5.57	80.4	63.0	69.5	56.5
2	14	7.91	7.46	7.00	6.55	115	95.7	103	86.5
3	12	9.20	8.64	8.31	7.86	167	139	151	131
5	10	10.92	10.36	9.96	9.39	249	216	232	201

表 6-2-116　F40JQ、F47Q 型绝缘电缆外径和单位长度重量

标称 截面 积 /mm²	线 规 号 AWG	电缆最大外径/mm				电缆单位长度最大重量/(kg/km)			
		F1F40JQP11H11 F2F40JQP21H11 F3F40JQP31H11	F1F40JQH11 F2F40JQH11 F3F40JQH11	F1F47QP11H12 F2F47QP21H12 F3F47QP31H12	F1F47QH12 F2F47QH12 F3F47QH12	F1F40JQP11H11 F2F40JQP21H11 F3F40JQP31H11	F1F40JQH11 F2F40JQH11 F3F40JQH11	F1F47QP11H12 F2F47QP21H12 F3F47QP31H12	F1F47QH12 F2F47QH12 F3F47QH12
单芯									
0.2	24	1.96	—	1.94	—	8.9	—	7.7	—
0.4/0.3	22	2.11	—	2.07	—	10.8	—	9.2	—
0.6/0.5	20	2.29	—	2.27	—	13.6	—	12.7	—
1.0	18	2.54	—	2.49	—	18.1	—	16.5	—
1.2	16	2.75	—	2.67	—	21.7	—	20.1	—
2	14	3.21	—	3.00	—	30.6	—	28.4	—
3	12	3.67	—	3.51	—	42.6	—	40.5	—
5.0	10	—	—	4.09	—	—	—	58.9	—
二芯									
0.2	24	2.95	2.50	2.91	2.46	15.5	9.0	13.6	7.6
0.4/0.3	22	3.25	2.80	3.17	2.72	19.1	11.8	17.0	10.7
0.6/0.5	20	3.61	3.16	3.57	3.12	25.0	16.7	23.1	15.6
1.0	18	4.11	3.66	4.01	3.56	33.7	24.1	31.2	22.5
1.2	16	4.61	4.08	4.37	3.92	41.6	30.1	38.5	27.5
2	14	5.53	5.08	5.03	4.58	59.5	46.3	54.4	40.8
3	12	6.57	6.12	6.13	5.60	85.6	69.8	83.2	63.8
5.0	10	—	—	7.29	6.84	—	—	121	103

（续）

标称截面积/mm²	线规号 AWG	电缆最大外径/mm				电缆单位长度最大重量/(kg/km)			
		F1F40JQP11H11 F2F40JQP21H11 F3F40JQP31H11	F1F40JQH11 F2F40JQH11 F3F40JQH11	F1F47QP11H12 F2F47QP21H12 F3F47QP31H12	F1F47QH12 F2F47QH12 F3F47QH12	F1F40JQP11H11 F2F40JQP21H11 F3F40JQP31H11	F1F40JQH11 F2F40JQH11 F3F40JQH11	F1F47QP11H12 F2F47QP21H12 F3F47QP31H12	F1F47QH12 F2F47QH12 F3F47QH12
三芯									
0.2	24	3.10	2.66	3.06	2.62	19.8	12.4	16.0	10.5
0.4/0.3	22	3.43	2.98	3.34	2.90	24.9	16.5	21.5	16.0
0.6/0.5	20	3.82	3.37	3.77	3.33	33.2	23.8	30.3	22.5
1.0	18	4.36	3.91	4.25	3.80	45.6	34.6	43.0	33.5
1.2	16	4.89	4.36	4.64	4.19	56.8	43.5	51.8	40.5
2	14	6.00	5.44	5.35	4.90	84.2	67.1	74.7	60.8
3	12	7.00	6.55	6.53	6.09	119.5	101	114	96.0
5.0	10	—	—	7.78	7.26	—	—	170	150
四芯									
0.2	24	3.67	3.22	3.61	3.17	24.2	15.9	20.8	13.8
0.4/0.3	22	4.08	3.63	3.97	3.52	30.6	21.3	28.0	19.9
0.6/0.5	20	4.57	4.12	4.51	4.07	41.5	30.9	37.9	28.8
1.0	18	5.33	4.81	5.11	4.67	58.6	45.2	54.3	43.1
1.2	16	5.90	5.46	5.69	5.16	71.9	57.9	65.3	53.3
2	14	7.28	6.84	6.59	6.14	107.1	89.8	98.0	80.1
3	12	8.54	8.09	7.98	7.53	153.3	133	146	127
5	10	—	—	9.68	9.12	—	—	226	197

4. 聚四氟乙烯/聚酰亚胺绝缘电线电缆

大飞机及直升机上用量较多的另一类安装线是聚四氟乙烯/聚酰亚胺绝缘电线电缆，是当今航空导线中两大高端线种之一。这种线具有更薄的绝缘、更轻的重量，载流量大、力学性能优越、化学稳定性好等要求，更为安全可靠，现在各种型号的飞机已开始大量使用这种线缆。由于其具有重量轻的显著特点，尤其在直升机上获得广泛应用。

（1）产品规格（见表6-2-117）

表6-2-117　F47、F47Q 型绝缘电线电缆产品规格

型　　号	芯　数	规格 AWG
F1F47 F2F47 F3F47	1	26 ~ 0000
F7F47 F8F47	1	26 ~ 20
F1F47Q F2F47Q F3F47Q	1	26 ~ 10

（续）

型　　号	芯　数	规格 AWG
F7F47Q F8F47Q	1	26 ~ 20
F1F47H12 F2F47H12 F3F47H12	2 ~ 4	26 ~ 10
F1F47QH12 F2F47QH12 F3F47QH12	2 ~ 4	26 ~ 12
F1F47P11H12 F2F47P21H12 F3F47P31H12	1 ~ 4	26 ~ 10
F1F47QP11H12 F2F47QP21H12 F3F47QP31H12	1 ~ 4	26 ~ 12

（2）产品结构　产品典型结构如图6-2-9 ~图6-2-13 所示，结构尺寸见表6-2-113 ~ 表6-2-116。

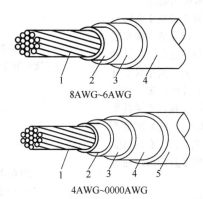

图 6-2-9　F47 型绝缘电线

1—镀锡或镀银、镀镍铜芯　2—F4 薄膜绕包　3—F4/PI 复合带绕包
4—F4 生料带绕包　5—F4 生料带绕包烧结

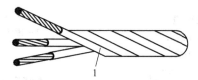

图 6-2-10　多芯 F47、F47Q 型电缆无屏蔽无护套电缆

1—F40J、F40JQ 型电线

图 6-2-11　1～4 芯 F47P、F47QP 型有屏蔽无护套电缆

1—F47 或 F47Q 型电线　2—编织屏蔽

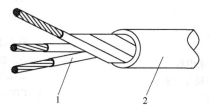

图 6-2-12　多芯 F47H12、F47QH12 型无屏蔽有护套电缆

1—F47 或 F47Q 型电线　2—F46/PI + F4 生料带绕包烧结

图 6-2-13　1～4 芯 F47PH12、F47QPH12 型有屏蔽有护套电缆

1—F47 或 F47Q 型电线　2—编织屏蔽　3—F46/PI + F4 生料带绕包烧结

5. 其他型号含氟聚合物类绝缘电线电缆

含氟聚合物类绝缘电线电缆是航天航空工业中使用的一个大类产品，用于机载设备、仪器的内部安装接线，机舱布电线和点火线路。这类产品包括的品种最多，从135～260℃可以自成温度系列。所用含氟材料有135℃等级的聚偏氟乙烯；150℃等级的聚三氟氯乙烯，乙烯-四氟乙烯共聚物，乙烯-三氟氯乙烯共聚物；200℃等级的聚全氟乙丙烯；260℃等级的四氟乙烯和可熔性聚四氟乙烯。在加工工艺方面，有的只能用推挤或用这类材料的薄膜绕包，但多数都可以通过螺杆连续挤出，进行大长度制造。

(1) 产品规格（见表6-2-109）

(2) 产品结构　产品结构如图6-2-14～图6-2-23所示；导体结构和绝缘厚度见表6-2-118。

图 6-2-14　F4 型绝缘电线

1—镀银或镀镍铜导体，或镀银或镀镍
铜合金导体　2—F4 挤出绝缘

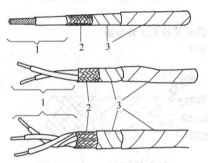

图 6-2-15　F4 型绝缘电缆

1—F4 型绝缘电线　2—编织屏蔽　3—FEP 挤出护套，
或 F4 生料带绕包烧结，或 PFA 挤出护套

图 6-2-16　F46 型绝缘电线

1—镀银或镀锡铜导体或镀银铜合金导体
2—FEP 挤出绝缘

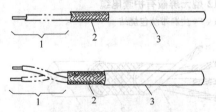

图 6-2-17　F46 型绝缘电缆

1—F46 型电线　2—编织屏蔽　3—FEP 挤出护套
或 PI/FEP 复合带绕包烧结或 ETFE 挤出护套

图 6-2-18　F45Q 型绝缘电线

1—镀锡铜导体　2—FEP/PVDF 双层挤出绝缘

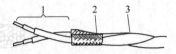

图 6-2-19　F45Q 型绝缘电缆

1—F45Q 型绝缘电线　2—编织屏蔽
3—FEP 挤出护套 或 PVDF 挤出护套 或 ETFE 挤出护套

图 6-2-20　F41 型绝缘电线

1—镀银或镀镍铜导体　2—耐磨 PTFE
绝缘挤出并高温烧结

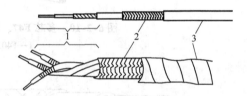

图 6-2-21　FF41 型绝缘电缆

1—F41 型绝缘电线　2—编织屏蔽
3—单层 PTFE 挤出并高温烧结或多层 PTFE 生料
带绕包烧结或单层 PFA 挤出护套

图 6-2-22　F44 型绝缘电线

1—镀银或镀镍铜导体　2—PTFE 薄膜绕包
3—玻璃丝涂覆 PTFE 乳液并高温烧结
4—PTFE 生料带绕包烧结或 PFA 挤出

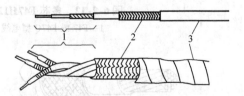

图 6-2-23　F44 型绝缘电缆

1—F44 型绝缘电线　2—编织屏蔽
3—PTFE 生料带绕包烧结或玻璃丝
编织涂覆 PTFE 乳液并高温烧结

表 6-2-118　氟碳树脂绝缘电线导体结构和绝缘厚度

标称截面积/mm²	导体线规 AWG	导体结构/(根数/mm)	绝缘最小厚度/mm												
			F2F4Q F3F4Q	F2F4 F3F4	F7F4 F8F4 F7F46	F1F46 F2F46	F2F46Q	F1F45Q	F1F40	F2F41 F3F41	F2F44 F3F44	F1F40J F2F40J F3F40J	F1F40JQ F2F40JQ F3F40JQ	F1F47 F2F47 F3F47	F1F47Q F2F47Q F3F47Q
0.014	—	7/0.05	—	—	—	—	0.13	—	—	—	—	—	—	—	—
0.035	32	7/0.079	0.13	—	—	—	0.13	—	—	—	—	—	—	—	—
0.06	30	7/0.102	0.13	—	0.20	—	0.13	—	—	—	—	—	0.13	—	—
0.08	28	7/0.127	0.13	0.17	0.20	—	0.13	—	—	—	—	—	0.13	—	—
0.14	26	19/0.102	0.13	0.17	0.20	0.20	0.13	0.21	0.23	—	—	—	0.13	0.133	0.105
0.20	24	19/0.127	0.13	0.17	0.20	0.20	0.13	0.21	0.23	0.38	—	0.20	0.13	0.133	0.105
0.40/0.30	22	19/0.16	0.13	0.17	0.20	0.20	0.13	0.21	0.23	0.40	0.50	0.20	0.13	0.133	0.105
0.60/0.50	20	19/0.203	0.13	0.20	0.20	0.20	0.13	0.21	0.23	0.40	0.50	0.20	0.13	0.133	0.105
0.75	—	19/0.23	0.13	0.20	—	0.23	0.13	0.21	0.23	0.40	0.50	0.20	0.13	0.133	0.105
1.0	18	19/0.254	0.13	0.20	—	0.23	0.13	0.21	0.23	0.40	0.50	0.20	0.13	0.133	0.105
1.2	16	19/0.287	—	0.20	—	0.23	0.13	0.21	0.23	0.45	0.50	0.20	0.13	0.147	0.105
1.5	—	19/0.32	—	0.20	—	0.23	0.13	0.21	0.23	0.45	0.50	0.20	0.13	0.147	0.105
2.0	14	19/0.361	—	0.20	—	0.23	—	0.21	0.23	0.45	0.50	0.20	0.13	0.147	0.105
2.5	—	37/0.30	—	0.20	—	0.23	—	0.21	0.23	0.45	0.50	0.20	0.13	0.147	0.105
3.0	12	37/0.32	—	0.20	—	0.23	—	0.21	0.23	0.45	0.50	0.20	0.13	0.161	0.119
4.0	—	37/0.37	—	0.26	—	0.26	—	—	0.23	0.45	0.60	0.20	—	—	0.119
5.0	10	37/0.404	—	0.26	—	0.26	—	—	0.23	0.45	0.60	0.20	—	0.161	0.119
6.0	—	37/0.45	—	0.35	—	0.26	—	—	0.23	0.45	—	0.20	—	—	—
8.0	8	133/0.287	—	0.35	—	0.26	—	—	0.23	0.50	0.80	0.20	—	0.238	—
10	—	133/0.32	—	—	—	—	—	—	0.23	0.65	0.85	0.20	—	—	—
13	6	133/0.361	—	—	—	—	—	—	0.23	0.80	0.85	0.20	—	0.238	—
16	—	133/0.39	—	—	—	—	—	—	0.23	0.80	1.00	0.20	—	—	—
20	4	133/0.455	—	—	—	—	—	—	0.23	0.90	1.00	0.20	—	0.287	—
25	—	304/0.32	—	—	—	—	—	—	0.23	—	1.10	0.20	—	0.287	—
35	2	665/0.254	—	—	—	—	—	—	0.23	—	1.10	0.20	—	0.287	—
40	1	817/0.254	—	—	—	—	—	—	0.23	—	1.15	0.20	—	0.287	—
50	0	1045/0.254	—	—	—	—	—	—	0.23	—	1.15	0.20	—	0.287	—
70	00	1330/0.254	—	—	—	—	—	—	0.23	—	1.35	0.20	—	0.287	—
85	000	1665/0.254	—	—	—	—	—	—	—	—	—	—	—	0.287	—

(3) 电线电缆外径和计算重量

1) F2F4、F3F4、F1F46、F2F46、F2F41、F3F41 型绝缘电线外径和单位长度重量见表6-2-119。

2) F7F46、F7F4、F8F4 型绝缘电线外径和单位长度重量见表6-2-120。

3) F2F46Q、F2F4Q、F3F4Q、F1F45Q 型绝缘电线外径和单位长度重量见表6-2-121。

4) F2F44、F1F40 型绝缘电线外径和单位长度重量见表6-2-122。

5) F4 型绝缘电缆外径和单位长度重量见表6-2-123。

6) F4Q 型绝缘电缆外径和单位长度重量见表6-2-124。

7) 铜合金线芯 F4 型绝缘电缆外径和单位长度重量见表6-2-125。

8) F46 型绝缘电缆外径和单位长度重量见表6-2-126。

9) F46Q 型绝缘电缆外径和单位长度重量见表6-2-127。

10) 铜合金线芯 F46 型绝缘电缆外径和单位长度重量见表6-2-128。

11) F45Q 型绝缘电缆外径和单位长度重量见表6-2-129。

12) 耐磨 F4 型绝缘电缆外径和单位长度重量见表6-2-130。

表 6-2-119　F2F4、F3F4、F1F46、F2F46、F2F41、F3F41 型绝缘电线外径和单位长度重量

标称截面积 /mm²	线规号 AWG	电线最大外径/mm			电线单位长度最大重量/(kg/km)		
		F2F4 F3F4	F1F46 F2F46	F2F41 F3F41	F2F4 F3F4	F1F46 F2F46	F2F41 F3F41
0.08	28	0.84 ± 0.05	—	—	2.02	—	—
0.14	26	0.97 ± 0.05	1.02 ± 0.05	—	2.83	3.01	—
0.2	24	1.09 ± 0.05	1.14 ± 0.05	1.57 ± 0.05	3.84	4.22	6.4
0.40/0.30	22	1.25 ± 0.05	1.32 ± 0.05	1.85 ± 0.05	5.54	5.87	8.93
0.60/0.50	20	1.47 ± 0.05	1.52 ± 0.05	2.08 ± 0.05	8.08	8.43	12.1
1.0	18	1.73 ± 0.05	1.80 ± 0.05	2.34 ± 0.05	12.1	12.5	16.4
1.2	16	1.91 ± 0.05	2.06 ± 0.08	2.59 ± 0.08	14.9	16.1	20.5
2.0	14	2.29 ± 0.05	2.41 ± 0.08	2.92 ± 0.08	23.2	24.5	27.7
3.0	12	2.82 ± 0.08	2.90 ± 0.10	3.4 ± 0.08	36.3	37.3	42.4
5.0	10	3.53 ± 0.10	3.53 ± 0.10	4.01 ± 0.10	58.0	56.5	62.2
8.0	8	5.18 ± 0.10	5.03 ± 0.10	5.59 ± 0.13	99.7	97.0	109
13	6	—	—	6.86 ± 0.15	—	—	168
20	4	—	—	8.33 ± 0.18	—	—	257

表 6-2-120　F7F46、F7F4、F8F4 型绝缘电线外径和单位长度重量

标称截面积 /mm²	线规号 AWG	电线最大外径/mm			电线单位长度最大重量/(kg/km)		
		F7F46	F7F4	F8F4	F7F46	F7F4	F8F4
0.035	32	0.76 ± 0.05	—	—	1.38	—	—
0.06	30	0.81 ± 0.05	0.80 ± 0.05	0.80 ± 0.05	1.66	1.61	1.61
0.08	28	0.89 ± 0.05	0.84 ± 0.05	0.84 ± 0.05	2.17	1.96	1.99
0.14	26	1.02 ± 0.05	0.97 ± 0.05	0.97 ± 0.05	3.01	2.84	2.86
0.20	24	1.14 ± 0.05	1.09 ± 0.05	1.09 ± 0.05	4.22	3.88	3.91
0.40/0.30	22	1.32 ± 0.05	1.25 ± 0.05	1.25 ± 0.05	5.87	5.48	5.55
0.60/0.50	20	1.52 ± 0.05	1.47 ± 0.05	1.47 ± 0.05	8.43	8.01	8.09

表 6-2-121　F2F46Q、F2F4Q、F3F4Q、F1F45Q 型绝缘电线外径和单位长度重量

标称截面积 /mm²	线规号 AWG	电线最大外径/mm			电线单位长度最大重量/(kg/km)		
		F2F46Q	F2F4Q F3F4Q	F1F45Q	F2F46Q	F2F4Q F3F4Q	F1F45Q
0.035	32	0.56±0.05	0.56±0.05	—	0.89	0.89	—
0.06	30	0.61±0.05	0.61±0.05	—	1.14	1.14	—
0.08	28	0.69±0.05	0.69±0.05	—	1.59	1.59	—
0.14	26	0.79±0.05	0.81±0.05	0.94±0.05	2.25	2.26	2.68
0.20	24	0.91±0.05	0.94±0.05	1.07±0.05	3.36	3.46	3.68
0.40/0.30	22	1.07±0.05	1.12±0.05	1.22±0.08	4.79	4.99	5.25
0.60/0.50	20	1.27±0.05	1.27±0.05	1.42±0.08	7.19	7.19	7.63
1.0	18	1.55±0.05	1.55±0.05	1.68±0.08	11.1	11.1	11.4
1.2	16	1.78±0.05	—	1.80±0.10	14.2	—	13.9
2.0	14	—	—	2.21±0.10	—	—	21.4
3.0	12	—	—	2.72±0.10	—	—	33.2

表 6-2-122　F2F44、F1F40 型绝缘电线外径和单位长度重量

标称截面积/mm²	线规号 AWG	电线最大外径/mm		电线单位长度最大重量/(kg/km)	
		F2F44	F1F40	F2F44	F1F40
0.14	26	—	1.02±0.05	—	2.66
0.2	24	—	1.14±0.05	—	3.82
0.4/0.3	22	1.88±0.08	1.32±0.05	8.78	5.48
0.6/0.5	20	2.08±0.08	1.52±0.05	11.8	7.98
1.0	18	2.41±0.08	1.80±0.05	16.4	11.7
1.2	16	2.62±0.10	2.01±0.05	20.2	14.8
2	14	2.95±0.10	2.36±0.05	27.7	22.2
3	12	3.38±0.10	2.90±0.08	39.6	33.6
5	10	4.17±0.15	3.53±0.08	61.8	52.2
8	8	5.97±0.18	5.06±0.08	115	94.5
13	6	7.16±0.25	6.35±0.08	171	149
20	4	8.92±0.38	7.93±0.10	274	234
35	2	10.93±0.38	10.55±0.10	443	386
40	1	12.20±0.38	11.20±0.13	533	467
50	0	13.34±0.64	12.32±0.15	649	582
70	00	14.86±0.64	15.18±0.18	824	750

表 6-2-123　F4 型绝缘电缆外径和单位长度重量

标称截面积/mm²	线规号 AWG	电缆最大外径/mm						
		F3F4H9 F2F4H3	F2F4H5 F3F4H5	F2F4P21 F2F4P31 F3F4P31	F2F4P21H3 F2F4P31H3 F3F4P31H9	F2F4P21H5 F2F4P31H5 F3F4P31H5	F2F4P23H3 F2F4P33H3 F3F4P33H9	F2F4P23H5 F2F4P33H5 F3F4P33H5
单芯								
0.08	28	—	—	1.34	2.06	2.10	1.83	1.87
0.14	26	—	—	1.47	2.19	2.23	1.96	2.00
0.2	24	—	—	1.59	2.31	2.35	2.08	2.12
0.4/0.3	22	—	—	1.75	2.47	2.51	2.24	2.28
0.6/0.5	20	—	—	1.97	2.69	2.73	2.46	2.50
1.0	18	—	—	2.23	2.95	2.99	2.72	2.76
1.2	16	—	—	2.41	3.13	3.17	2.90	2.94
2.0	14	—	—	2.79	3.51	3.55	3.28	3.32
3.0	12	—	—	3.35	4.07	4.11	3.84	3.88
5.0	10	—	—	4.08	5.10	4.84	4.87	4.61
二芯								
0.08	28	2.50	2.54	2.23	2.95	2.99	2.72	2.76
0.14	26	2.76	2.80	2.49	3.21	3.25	2.98	3.02
0.2	24	3.00	3.04	2.73	3.45	3.49	3.22	3.26
0.4/0.3	22	3.32	3.36	3.05	3.77	3.81	3.54	3.58
0.6/0.5	20	3.76	3.80	3.49	4.21	4.25	3.98	4.02
1.0	18	4.58	4.32	4.01	5.03	4.77	4.80	4.54
1.2	16	4.94	4.68	4.37	5.39	5.13	5.16	4.90
2.0	14	5.70	5.44	5.13	6.15	5.89	5.92	5.66
三芯								
0.08	28	2.64	2.68	2.37	3.09	3.13	2.86	2.90
0.14	26	2.92	2.96	2.65	3.37	3.41	3.14	3.18
0.2	24	3.18	3.22	2.91	3.63	3.67	3.40	3.44
0.4/0.3	22	3.53	3.57	3.26	3.98	4.02	3.75	3.79
0.6/0.5	20	4.00	4.04	3.73	4.45	4.49	4.22	4.26
1.0	18	4.86	4.60	4.29	5.31	5.05	5.08	4.82
1.2	16	5.25	4.99	4.68	5.70	5.44	5.47	5.21
2.0	14	6.07	5.81	5.50	6.52	6.26	6.29	6.03
四芯								
0.08	28	2.87	2.91	2.60	3.32	3.36	3.09	3.13
0.14	26	3.19	3.23	2.92	3.64	3.68	3.41	3.45
0.2	24	3.48	3.52	3.21	3.93	3.97	3.70	3.74
0.4/0.3	22	3.87	3.91	3.60	4.32	4.36	4.09	4.13
0.6/0.5	20	4.70	4.44	4.13	5.15	4.89	4.92	4.66
1.0	18	5.33	5.07	4.76	5.78	5.52	5.55	5.29
1.2	16	5.76	5.50	5.19	6.21	5.95	5.98	5.72
2.0	14	6.68	6.42	6.11	7.13	6.87	6.90	6.64

（续）

标称截面积 /mm²	线规号 AWG	电缆单位长度最大重量/（kg/km）						
		F3F4H9 F2F4H3	F2F4H5 F3F4H5	F2F4P21 F2F4P31 F3F4P31	F2F4P21H3 F2F4P31H3 F3F4P31H9	F2F4P21H5 F2F4P31H5 F3F4P31H5	F2F4P23H3 F2F4P33H3 F3F4P33H9	F2F4P23H5 F2F4P33H5 F3F4P33H5
单芯								
0.08	28	—	—	5.45	9.69	9.97	7.23	7.49
0.14	26	—	—	6.65	11.2	11.5	8.57	8.84
0.2	24	—	—	8.03	12.9	13.2	10.1	10.4
0.4/0.3	22	—	—	10.2	15.5	15.8	12.4	12.7
0.6/0.5	20	—	—	13.4	19.2	19.6	15.8	16.2
1.0	18	—	—	18.3	24.7	25.1	20.9	21.3
1.2	16	—	—	21.6	28.5	28.9	24.4	24.8
2.0	14	—	—	30.4	38.2	38.7	33.5	34.2
3.0	12	—	—	45.4	54.7	55.3	49.2	49.7
5.0	10	—	—	68.0	84.2	79.8	77.3	73.1
二芯								
0.08	28	9.00	9.33	9.73	15.7	16.1	12.2	12.6
0.14	26	11.2	11.6	12.1	18.7	19.1	14.8	15.2
0.2	24	13.8	14.2	14.8	22.0	22.4	17.7	18.1
0.4/0.3	22	18.0	18.4	19.2	27.0	27.5	22.3	22.8
0.6/0.5	20	24.2	24.7	25.6	34.4	34.9	29.1	29.6
1.0	18	37.8	34.1	35.2	49.9	45.8	43.7	39.8
1.2	16	44.6	40.7	41.9	57.7	53.4	51.0	46.8
2.0	14	62.6	58.0	59.5	77.8	72.8	70.0	65.2
三芯								
0.08	28	11.7	12.1	12.6	19.3	19.7	15.3	15.7
0.14	26	14.9	15.3	15.9	23.3	23.7	18.9	19.3
0.2	24	18.6	19.0	19.8	27.8	28.3	23.0	23.5
0.4/0.3	22	24.6	25.1	26.0	34.8	35.4	29.6	30.1
0.6/0.5	20	33.6	34.1	35.2	45.2	45.8	39.2	39.8
1.0	18	52.0	47.8	49.2	66.8	61.2	58.7	54.3
1.2	16	61.9	57.4	58.9	76.8	71.9	69.2	64.5
2.0	14	88.1	82.8	84.7	105	100	97.5	91.1
四芯								
0.08	28	14.5	14.9	15.5	22.8	23.3	18.5	18.9
0.14	26	18.5	19.0	19.7	27.9	28.4	23.0	23.5
0.2	24	23.4	23.9	24.8	33.6	34.1	28.3	28.8
0.4/0.3	22	31.3	31.8	32.9	42.7	43.2	36.8	37.3
0.6/0.5	20	47.6	43.5	44.8	61.1	56.6	54.2	49.9
1.0	18	66.2	61.6	63.2	81.6	76.6	73.3	68.9
1.2	16	79.2	74.1	75.9	95.9	90.5	87.4	82.1
2.0	14	113	107	110	133	130	123	117

表 6-2-124　F4Q 型绝缘电缆外径和单位长度重量

标称截面积 /mm²	线规号 AWG	电缆最大外径/mm						
		F2F4QH3 F3F4QH9	F2F4QH5 F3F4QH5	F2F4QP21 F2F4QP31 F3F4QP31	F2F4QP21H3 F2F4QP31H3 F3F4QP31H9	F2F4QP21H5 F2F4QP31H5 F3F4QP31H5	F2F4QP23H3 F2F4QP33H3 F3F4QP33H9	F2F4QP23H5 F2F4QP33H5 F3F4QP33H5
单芯								
0.035	32	—	—	1.06	1.62	1.66	1.39	1.43
0.06	30	—	—	1.11	1.67	1.71	1.44	1.48
0.08	28	—	—	1.19	1.75	1.79	1.52	1.56
0.14	26	—	—	1.31	1.87	1.91	1.64	1.68
0.20	24	—	—	1.44	2.00	2.04	1.77	1.81
0.40/0.30	22	—	—	1.62	2.18	2.22	1.95	1.99
0.60/0.50	20	—	—	1.77	2.33	2.37	2.10	2.14
1.0	18	—	—	2.05	2.61	2.65	2.38	2.42
二芯								
0.035	32	1.78	1.82	1.67	2.23	2.27	2.00	2.04
0.06	30	1.88	1.92	1.77	2.33	2.37	2.10	2.14
0.08	28	2.04	2.08	1.93	2.49	2.53	2.26	2.30
0.14	26	2.28	2.32	2.17	2.73	2.77	2.50	2.54
0.20	24	2.54	2.58	2.43	2.99	3.03	2.76	2.80
0.40/0.30	22	2.90	2.94	2.79	3.35	3.39	3.12	3.16
0.60/0.50	20	3.20	3.24	3.09	3.69	3.69	3.42	3.46
三芯								
0.035	32	1.88	1.92	1.77	2.33	2.37	2.10	2.14
0.06	30	1.99	2.03	1.88	2.44	2.48	2.21	2.25
0.08	28	2.16	2.20	2.05	2.61	2.65	2.38	2.42
0.14	26	2.42	2.46	2.30	2.86	2.90	2.64	2.68
0.20	24	2.70	2.74	2.58	3.14	3.18	2.92	2.96
0.40/0.30	22	3.09	3.13	2.97	3.53	3.57	3.31	3.35
0.60/0.5	20	3.41	3.45	3.30	3.86	3.90	3.63	3.67
四芯								
0.035	32	2.04	2.08	1.93	2.49	2.53	2.26	2.30
0.06	30	2.16	2.20	2.05	2.61	2.65	2.38	2.42
0.08	28	2.35	2.39	2.24	2.80	2.84	2.57	2.61
0.14	26	2.64	2.68	2.53	3.09	3.13	2.86	2.90
0.20	24	2.96	3.00	2.84	3.40	3.44	3.18	3.22
0.40/0.30	22	3.39	3.43	3.28	3.84	3.88	3.61	3.65
0.60/0.5	20	3.75	3.79	3.64	4.20	4.24	3.97	4.01

（续）

标称截面积 /mm²	线规号 AWG	电缆单位长度最大重量/(kg/km)						
		F2F4QH3 F3F4QH9	F2F4QH5 F3F4QH5	F2F4QP21 F2F4QP31 F3F4QP31	F2F4QP21H3 F2F4QP31H3 F3F4QP31H9	F2F4QP21H5 F2F4QP31H5 F3F4QP31H5	F2F4QP23H3 F2F4QP33H3 F3F4QP33H9	F2F4QP23H5 F2F4QP33H5 F3F4QP33H5
单芯								
0.035	32	—	—	3.46	6.06	6.29	4.16	4.35
0.06	30	—	—	3.86	6.56	6.79	4.58	4.79
0.08	28	—	—	4.56	7.41	7.64	5.31	5.53
0.14	26	—	—	5.69	8.76	9.02	6.52	6.75
0.20	24	—	—	7.19	10.5	10.8	8.04	8.29
0.40/0.30	22	—	—	9.27	12.9	13.2	10.13	10.4
0.60/0.50	20	—	—	11.9	15.9	16.2	12.9	13.2
1.0	18	—	—	16.7	21.2	21.6	17.8	18.1
二芯								
0.035	32	4.48	4.71	5.88	9.42	9.75	6.78	7.04
0.06	30	5.17	5.41	6.66	10.4	10.7	7.60	7.88
0.08	28	6.36	6.62	8.02	12.0	12.3	9.02	9.31
0.14	26	8.35	8.65	10.3	14.7	15.0	11.4	11.8
0.20	24	11.0	11.4	13.2	18.1	18.5	14.5	14.8
0.40/0.30	22	14.8	15.2	17.3	22.8	23.3	18.5	18.9
0.60/0.50	20	19.8	20.2	22.6	28.7	29.1	24.1	24.5
三芯								
0.035	32	5.74	6.00	7.35	11.2	11.6	8.32	8.60
0.06	30	6.71	6.98	8.43	12.5	12.9	9.45	9.75
0.08	28	8.41	8.71	10.3	14.8	15.1	11.4	11.8
0.14	26	11.3	11.6	13.5	18.4	18.8	14.8	15.2
0.20	24	15.2	15.5	17.7	23.1	23.5	19.0	19.4
0.40/0.30	22	20.6	21.0	23.5	29.7	30.1	24.9	25.3
0.60/0.5	20	27.9	28.4	31.2	38.0	38.5	32.8	33.3
四芯								
0.035	32	7.00	7.29	8.82	13.1	13.4	9.86	10.2
0.06	30	8.26	8.56	10.2	14.7	15.1	11.3	11.6
0.08	28	10.5	10.8	12.7	17.5	17.9	13.9	14.2
0.14	26	14.2	14.5	16.7	22.1	22.5	18.1	18.5
0.20	24	19.3	19.7	22.1	28.1	28.6	23.7	24.1
0.40/0.30	22	26.3	26.8	29.7	36.5	37.0	31.2	31.7
0.60/0.5	20	36.0	36.5	39.7	47.3	47.9	41.5	42.0

表 6-2-125　铜合金线芯 F4 型绝缘电缆外径和单位长度重量

标称截面积 /mm²	线规号 AWG	电缆最大外径/mm						
		F7F4H3 F8F4H9	F7F4H5 F8F4H5	F7F4P21 F7F4P31 F8F4P31	F7F4P21H3 F7F4P31H3 F8F4P31H9	F7F4P21H5 F7F4P31H5 F8F4P31H5	F7F4P23H3 F7F4P33H3 F8F4P33H9	F7F4P23H5 F7F4P33H5 F8F4P33H5
单芯								
0.06	30	—	—	1.30	2.02	2.06	1.79	1.83
0.08	28	—	—	1.34	2.06	2.10	1.83	1.87
0.14	26	—	—	1.47	2.19	2.23	1.96	2.00
0.20	24	—	—	1.59	2.31	2.35	2.08	2.12
0.40/0.30	22	—	—	1.75	2.47	2.51	2.24	2.28
0.60/0.50	20	—	—	1.97	2.69	2.73	2.46	2.50
二芯								
0.06	30	2.42	2.46	2.15	2.87	2.91	2.64	2.68
0.08	28	2.50	2.54	2.23	2.95	2.99	2.72	2.76
0.14	26	2.76	2.80	2.49	3.21	3.25	2.98	3.02
0.20	24	3.00	3.04	2.73	3.45	3.49	3.22	3.26
0.40/0.30	22	3.32	3.36	3.05	3.77	3.81	3.54	3.58
0.60/0.50	20	3.76	3.80	3.49	4.21	4.25	3.98	4.02
三芯								
0.06	30	2.56	2.60	2.29	3.01	3.05	2.78	2.82
0.08	28	2.64	2.68	2.37	3.09	3.13	2.86	2.90
0.14	26	2.92	2.96	2.65	3.37	3.41	3.14	3.18
0.20	24	3.18	3.22	2.91	3.63	3.67	3.40	3.44
0.40/0.30	22	3.53	3.57	3.26	3.98	4.02	3.75	3.79
0.60/0.50	20	4.00	4.04	3.73	4.45	4.49	4.22	4.26
四芯								
0.06	30	2.78	2.82	2.51	3.23	3.27	3.00	3.04
0.08	28	2.87	2.91	2.60	3.32	3.36	3.09	3.13
0.14	26	3.19	3.23	2.92	3.64	3.68	3.41	3.45
0.20	24	3.48	3.52	3.21	3.93	3.97	3.70	3.74
0.40/0.30	22	3.87	3.91	3.60	4.32	4.36	4.09	4.13
0.60/0.50	20	4.70	4.44	4.13	5.15	4.89	4.92	4.66

标称截面积 /mm²	线规号 AWG	电缆单位长度最大重量/(kg/km)						
		F7F4H3 F8F4H9	F7F4H5 F8F4H5	F7F4P21 F7F4P31 F8F4P31	F7F4P21H3 F7F4P31H3 F8F4P31H9	F7F4P21H5 F7F4P31H5 F8F4P31H5	F7F4P23H3 F7F4P33H3 F8F4P33H9	F7F4P23H5 F7F4P33H5 F8F4P33H5
单芯								
0.06	30	—	—	4.91	9.05	9.33	6.66	6.91
0.08	28	—	—	5.39	9.63	9.91	7.17	7.43
0.14	26	—	—	6.66	11.2	11.5	8.58	8.85
0.20	24	—	—	8.07	12.9	13.2	10.1	10.4
0.40/0.30	22	—	—	10.2	15.5	15.8	12.4	12.7
0.60/0.50	20	—	—	13.4	19.2	19.6	15.8	16.2

（续）

标称截面积 /mm²	线规号 AWG	电缆单位长度最大重量/(kg/km)						
		F7F4H3 F8F4H9	F7F4H5 F8F4H5	F7F4P21 F7F4P31 F8F4P31	F7F4P21H3 F7F4P31H3 F8F4P31H9	F7F4P21H5 F7F4P31H5 F8F4P31H5	F7F4P23H3 F7F4P33H3 F8F4P33H9	F7F4P23H5 F7F4P33H5 F8F4P33H5
二芯								
0.06	30	8.00	8.30	8.67	14.5	14.9	11.1	11.4
0.08	28	8.88	9.21	9.61	15.6	16.0	12.1	12.5
0.14	26	11.2	11.6	12.1	18.7	19.1	14.8	15.2
0.20	24	13.9	14.3	14.9	22.1	22.5	17.8	18.2
0.40/0.30	22	17.9	18.3	19.1	26.9	27.4	22.2	22.7
0.60/0.50	20	24.0	24.5	25.4	34.2	34.7	29.0	29.6
三芯								
0.06	30	10.3	10.6	11.1	17.6	18.0	13.7	14.1
0.08	28	11.5	11.9	12.4	19.1	19.5	15.1	15.5
0.14	26	15.0	15.4	16.0	23.4	23.8	19.0	19.4
0.20	24	18.7	19.1	19.9	27.9	28.4	23.1	23.6
0.40/0.30	22	24.4	24.9	25.8	34.6	35.2	29.4	29.9
0.60/0.50	20	33.4	33.9	35.0	45.0	45.6	39.0	39.6
四芯								
0.06	30	12.5	12.9	13.5	20.6	21.1	16.4	16.8
0.08	28	14.2	14.6	15.2	22.5	23.0	18.2	18.6
0.14	26	18.6	19.1	19.8	28.0	28.5	23.1	23.6
0.20	24	23.5	24.0	24.9	33.7	34.2	28.4	28.9
0.40/0.30	22	31.0	31.5	32.6	42.4	42.9	36.5	37.0
0.60/0.50	20	47.4	43.3	44.6	60.9	56.2	54.0	49.7

表 6-2-126　F46 型绝缘电缆外径和单位长度重量

标称截面积 /mm²	线规号 AWG	电缆最大外径/mm						
		F1F46H3 F2F46H3	F2F46H6	F1F46P11 F2F46P21 F2F46P31	F1F46P11H3 F2F46P21H3 F2F46P31H3	F1F46P13H3 F2F46P23H3 F2F46P33H3	F2F46P21H6 F2F46P31H6	F2F46P23H6 F2F46P33H6
单芯								
0.14	26	—	—	1.52	2.24	2.01	1.80	1.57
0.2	24	—	—	1.64	2.36	2.13	1.92	1.69
0.4/0.3	22	—	—	1.82	2.54	2.31	2.10	1.87
0.6/0.5	20	—	—	2.02	2.74	2.51	2.30	2.07
1.0	18	—	—	2.30	3.03	2.80	2.58	2.35
1.2	16	—	—	2.59	3.31	3.08	2.87	2.64
2.0	14	—	—	2.94	3.66	3.43	3.22	2.99
3.0	12	—	—	3.45	4.17	3.94	3.72	3.49
5.0	10	—	—	4.08	5.10	4.87	4.36	4.13

（续）

标称截面积 /mm²	线规号 AWG	电缆最大外径/mm						
		F1F46H3 F2F46H3	F2F46H6	F1F46P11 F2F46P21 F2F46P31	F1F46P11H3 F2F46P21H3 F2F46P31H3	F1F46P13H3 F2F46P23H3 F2F46P33H3	F2F46P21H6 F2F46P31H6	F2F46P23H6 F2F46P33H6
二芯								
0.14	26	2.86	2.42	2.59	3.31	3.08	2.87	2.64
0.2	24	3.10	2.66	2.83	3.55	3.32	3.11	2.88
0.4/0.3	22	3.46	3.02	3.19	3.91	3.68	3.47	3.24
0.6/0.5	20	3.86	3.42	3.59	4.31	4.08	3.87	3.64
1.0	18	4.72	3.98	4.15	5.17	4.94	4.43	4.20
1.2	16	5.30	4.56	4.73	5.75	5.52	5.01	4.78
2.0	14	6.00	5.26	5.43	6.45	6.22	5.71	5.48
三芯								
0.14	26	3.03	2.59	2.76	3.48	3.25	3.04	2.81
0.2	24	3.29	2.85	3.02	3.74	3.51	3.30	3.07
0.4/0.3	22	3.68	3.23	3.41	4.13	3.90	3.69	3.46
0.6/0.5	20	4.11	3.67	3.84	4.56	4.33	4.12	3.89
1.0	18	5.02	4.28	4.45	5.47	5.24	4.73	4.50
1.2	16	5.64	4.90	5.07	6.09	5.86	5.35	5.12
2.0	14	6.40	5.66	5.83	6.85	6.62	6.11	5.88
四芯								
0.14	26	3.31	2.87	3.04	3.76	3.53	3.32	3.09
0.2	24	3.60	3.16	3.33	4.05	3.82	3.61	3.38
0.4/0.3	22	4.04	3.60	3.77	4.49	4.26	4.05	3.82
0.6/0.5	20	4.82	4.08	4.25	5.27	5.04	4.53	4.30
1.0	18	5.50	4.76	4.93	5.95	5.72	5.21	4.98
1.2	16	6.20	5.46	5.63	6.65	6.42	5.91	5.68
2.0	14	7.05	6.31	6.48	7.50	7.27	6.76	6.53

标称截面积 /mm²	线规号 AWG	电缆单位长度最大重量/(kg/km)						
		F1F46H3 F2F46H3	F2F46H6	F1F46P11 F2F46P21 F2F46P31	F1F46P11H3 F2F46P21H3 F2F46P31H3	F1F46P13H3 F2F46P23H3 F2F46P33H3	F2F46P21H6 F2F46P31H6	F2F46P23H6 F2F46P33H6
单芯								
0.14	26	—	—	6.99	11.7	8.95	8.16	5.84
0.2	24	—	—	8.57	13.6	10.6	9.82	7.31
0.4/0.3	22	—	—	10.8	16.2	13.0	12.2	9.37
0.6/0.5	20	—	—	13.9	19.9	16.4	15.5	12.4
1.0	18	—	—	18.9	25.5	21.6	20.6	17.1
1.2	16	—	—	23.4	30.7	26.3	25.3	21.3
2.0	14	—	—	32.8	41.1	36.1	35.0	30.5
3.0	12	—	—	47.2	56.7	51.0	49.7	44.4
5.0	10	—	—	68.3	84.5	77.6	71.3	65.1

（续）

标称截面积 /mm²	线规号 AWG	电缆单位长度最大重量/(kg/km)						
		F1F46H3 F2F46H3	F2F46H6	F1F46P11 F2F46P21 F2F46P31	F1F46P11H3 F2F46P21H3 F2F46P31H3	F1F46P13H3 F2F46P23H3 F2F46P33H3	F2F46P21H6 F2F46P31H6	F2F46P23H6 F2F46P33H6
二芯								
0.14	26	11.8	7.59	12.7	19.6	15.5	14.5	10.9
0.2	24	14.8	10.2	15.9	23.2	18.9	17.8	13.8
0.4/0.3	22	19.0	13.8	20.3	28.4	23.5	22.4	17.9
0.6/0.5	20	25.1	19.3	26.6	35.6	30.2	29.0	23.9
1.0	18	39.0	27.9	36.4	51.5	45.1	39.2	33.4
1.2	16	48.2	35.7	45.3	62.3	55.1	48.5	41.9
2.0	14	67.6	53.2	64.4	83.6	75.4	68.0	60.4
三芯								
0.14	26	15.7	10.9	16.8	24.4	19.9	18.8	14.7
0.2	24	20.0	14.8	21.3	29.5	24.6	23.4	18.9
0.4/0.3	22	26.0	20.1	27.5	36.7	31.2	29.9	24.8
0.6/0.5	20	34.9	28.2	36.6	46.8	40.7	39.3	33.6
1.0	18	53.7	41.1	50.9	67.9	60.7	54.0	47.4
1.2	16	66.9	52.5	63.7	83.0	74.8	67.3	59.8
2.0	14	95.2	78.7	91.7	114	104	95.8	87.1
四芯								
0.14	26	19.7	14.2	20.9	29.3	24.2	23.1	18.5
0.2	24	25.2	19.3	26.7	35.8	30.3	29.1	24.0
0.4/0.3	22	33.0	26.4	34.7	44.9	38.8	37.5	31.7
0.6/0.5	20	49.5	37.1	46.6	63.3	56.2	49.7	43.3
1.0	18	68.4	54.2	65.3	84.4	76.2	68.9	61.4
1.2	16	85.6	69.4	82.1	104	94.4	86.2	77.9
2.0	14	123	104	119	143	133	124	114

表 6-2-127　F46Q 型绝缘电缆外径和单位长度重量

标称截面积 /mm²	线规号 AWG	电缆最大外径/mm						
		F2F46QH3	F2F46QH6	F2F46QP21 F2F46QP31	F2F46QP21H3 F2F46QP31H3	F2F46QP21H6 F2F46QP31H6	F2F46QP23H3 F2F46QP33H3	F2F46QP23H6 F2F46QP33H6
单芯								
0.035	32	—	—	1.06	1.62	1.34	1.39	1.11
0.06	30	—	—	1.10	1.67	1.39	1.44	1.16
0.08	28	—	—	1.19	1.75	1.47	1.52	1.24
0.14	26	—	—	1.29	1.85	1.57	1.62	1.34
0.20	24	—	—	1.41	1.97	1.69	1.74	1.46
0.40/0.30	22	—	—	1.57	2.13	1.85	1.90	1.62
0.60/0.50	20	—	—	1.77	2.33	2.05	2.10	1.82
1.0	18	—	—	2.05	2.61	2.33	2.38	2.10
1.2	16	—	—	2.28	2.84	2.56	2.61	2.33

（续）

标称截面积 /mm²	线规号 AWG	电缆最大外径/mm						
		F2F46QH3	F2F46QH6	F2F46QP21 F2F46QP31	F2F46QP21H3 F2F46QP31H3	F2F46QP21H6 F2F46QP31H6	F2F46QP23H3 F2F46QP33H3	F2F46QP23H6 F2F46QP33H6
二芯								
0.035	32	1.78	1.50	1.67	2.23	1.95	2.00	1.72
0.06	30	1.88	1.60	1.77	2.33	2.05	2.10	1.82
0.08	28	2.04	1.76	1.93	2.49	2.21	2.26	1.98
0.14	26	2.24	1.96	2.13	2.69	2.41	2.46	2.18
0.20	24	2.48	2.20	2.37	2.93	2.65	2.70	2.42
0.40/0.30	22	2.80	2.52	2.69	3.25	2.97	3.02	2.74
0.60/0.50	20	3.20	2.92	3.09	3.69	3.37	3.42	3.14
三芯								
0.035	32	1.88	1.60	1.77	2.33	2.05	2.10	1.82
0.06	30	1.99	1.71	1.88	2.44	2.16	2.21	1.93
0.08	28	2.16	1.88	2.05	2.61	2.33	2.38	2.10
0.14	26	2.37	2.09	2.26	2.84	2.54	2.58	2.31
0.20	24	2.63	2.35	2.52	3.08	2.80	2.85	2.57
0.40/0.30	22	2.98	2.70	2.87	3.43	3.15	3.20	2.92
0.60/0.50	20	3.41	3.13	3.30	3.86	3.58	3.63	3.35
四芯								
0.035	32	2.04	1.76	1.93	2.49	2.21	2.26	1.98
0.06	30	2.16	1.88	2.05	2.61	2.33	2.38	2.10
0.08	28	2.35	2.07	2.24	2.80	2.52	2.57	2.29
0.14	26	2.59	2.31	2.48	3.04	2.76	2.81	2.53
0.20	24	2.88	2.60	2.77	3.33	3.05	3.10	2.82
0.40/0.30	22	3.27	2.99	3.16	3.72	3.44	3.49	3.21
0.60/0.50	20	3.75	3.47	3.64	4.20	3.92	3.97	3.70

标称截面积 /mm²	线规号 AWG	电缆单位长度最大重量/(kg/km)						
		F2F46QH3	F2F46QH6	F2F46QP21 F2F46QP31	F2F46QP21H3 F2F46QP31H3	F2F46QP21H6 F2F46QP31H6	F2F46QP23H3 F2F46QP33H3	F2F46QP23H6 F2F46QP33H6
单芯								
0.035	32	—	—	3.46	6.06	4.30	4.16	2.69
0.06	30	—	—	3.86	6.56	4.74	4.58	3.05
0.08	28	—	—	4.56	7.41	5.49	5.31	3.68
0.14	26	—	—	5.52	8.57	6.53	6.32	4.56
0.20	24	—	—	7.00	10.3	8.09	7.84	5.94
0.40/0.30	22	—	—	8.92	12.5	10.1	9.83	7.73
0.60/0.50	20	—	—	11.9	15.9	13.3	12.9	10.6
1.0	18	—	—	16.7	21.2	18.2	17.8	15.1
1.2	16	—	—	20.5	27.5	22.2	23.6	18.7
二芯								
0.035	32	4.48	2.69	5.88	9.42	7.07	6.78	4.70
0.06	30	5.17	3.26	6.66	10.4	7.92	7.60	5.42
0.08	28	6.36	4.28	8.02	12.0	9.38	9.02	6.66
0.14	26	8.06	5.75	9.92	14.3	11.4	11.0	8.40
0.20	24	10.8	8.17	12.9	17.7	14.5	14.1	11.2
0.40/0.30	22	14.2	11.3	16.6	22.0	18.5	17.9	14.7
0.60/0.50	20	19.8	16.4	22.6	28.7	24.7	24.1	20.4

（续）

标称截面积 /mm²	线规号 AWG	电缆单位长度最大重量/（kg/km）						
		F2F46QH3	F2F46QH6	F2F46QP21 F2F46QP31	F2F46QP21H3 F2F46QP31H3	F2F46QP21H6 F2F46QP31H6	F2F46QP23H3 F2F46QP33H3	F2F46QP23H6 F2F46QP33H6
三芯								
0.035	32	5.74	3.72	7.35	11.2	8.67	8.32	6.02
0.06	30	6.71	4.56	8.43	12.5	9.83	9.45	7.02
0.08	28	8.41	6.06	10.3	14.8	11.8	11.4	8.77
0.14	26	10.9	8.22	13.0	17.9	14.7	14.2	11.3
0.20	24	14.7	11.8	17.1	22.7	19.0	18.4	15.2
0.40/0.30	22	19.8	16.4	22.6	28.5	24.6	24.0	20.4
0.60/0.50	20	27.9	24.1	31.2	38.0	33.6	32.8	28.6
四芯								
0.035	32	7.00	4.76	8.82	13.1	10.3	9.86	7.34
0.06	30	8.26	5.86	10.2	14.7	11.7	11.3	8.63
0.08	28	10.5	7.84	12.7	17.5	14.3	13.9	10.9
0.14	26	13.6	10.7	16.1	21.4	17.9	17.3	14.1
0.20	24	18.7	15.4	21.5	27.4	23.5	22.9	19.3
0.40/0.30	22	25.3	21.5	28.5	35.1	30.8	30.0	26.0
0.60/0.50	20	36.0	31.7	39.7	47.3	42.4	41.5	36.9

表 6-2-128　铜合金线芯 F46 型绝缘电缆外径和单位长度重量

标称截面积 /mm²	线规号 AWG	电缆最大外径/mm						
		F7F46H3	F7F46H6	F7F46P21 F7F46P31	F7F46P21H3 F7F46P31H3	F7F46P21H6 F7F46P31H6	F7F46P23H3 F7F46P33H3	F7F46P23H6 F7F46P33H6
单芯								
0.035	32	—	—	1.26	1.98	1.54	1.75	1.31
0.06	30	—	—	1.31	2.03	1.59	1.80	1.36
0.08	28	—	—	1.39	2.11	1.67	1.88	1.44
0.14	26	—	—	1.52	2.24	1.80	2.01	1.57
0.20	24	—	—	1.64	2.36	1.92	2.13	1.69
0.40/0.30	22	—	—	1.82	2.54	2.10	2.31	1.87
0.60/0.50	20	—	—	2.02	2.74	2.30	2.51	2.07
二芯								
0.035	32	2.34	1.90	2.07	2.79	2.35	2.56	2.12
0.06	30	2.44	2.00	2.17	2.89	2.45	2.66	2.22
0.08	28	2.60	2.16	2.33	3.05	2.61	2.82	2.38
0.14	26	2.86	2.42	2.59	3.31	2.87	3.08	2.64
0.20	24	3.10	2.66	2.83	3.55	3.11	3.32	2.88
0.40/0.30	22	3.46	3.02	3.19	3.91	3.47	3.68	3.24
0.60/0.50	20	3.86	3.42	3.59	4.31	3.87	4.08	3.64
三芯								
0.035	32	2.47	2.03	2.20	2.92	2.48	2.69	2.25
0.06	30	2.58	2.14	2.31	3.03	2.59	2.80	2.36
0.08	28	2.75	2.31	2.48	3.20	2.76	2.97	2.53
0.14	26	3.03	2.59	2.76	3.48	3.04	3.25	2.81
0.20	24	3.29	2.85	3.02	3.74	3.30	3.51	3.07
0.40/0.30	22	3.68	3.23	3.41	4.13	3.69	3.90	3.46
0.60/0.50	20	4.11	3.67	3.84	4.56	4.12	4.33	3.89

（续）

标称截面积 /mm²	线规号 AWG	电缆最大外径/mm						
		F7F46H3	F7F46H6	F7F46P21 F7F46P31	F7F46P21H3 F7F46P31H3	F7F46P21H6 F7F46P31H6	F7F46P23H3 F7F46P33H3	F7F46P23H6 F7F46P33H6
四芯								
0.035	32	2.68	2.24	2.41	3.13	2.69	2.90	2.46
0.06	30	2.80	2.36	2.53	3.25	2.81	3.02	2.58
0.08	28	3.00	2.56	2.73	3.45	3.01	3.22	2.78
0.14	26	3.31	2.87	3.04	3.76	3.32	3.53	3.09
0.20	24	3.60	3.16	3.33	4.05	3.61	3.82	3.38
0.40/0.30	22	4.04	3.60	3.77	4.49	4.05	4.26	3.82
0.60/0.50	20	4.82	4.08	4.25	5.27	4.53	5.04	4.30

标称截面积 /mm²	线规号 AWG	电缆单位长度最大重量/(kg/km)						
		F7F46H3	F7F46H6	F7F46P21 F7F46P31	F7F46P21H3 F7F46P31H3	F7F46P21H6 F7F46P31H6	F7F46P23H3 F7F46P33H3	F7F46P23H6 F7F46P33H6
单芯								
0.035	32	—	—	4.56	8.60	5.55	6.27	3.62
0.06	30	—	—	4.99	9.16	6.02	6.75	4.02
0.08	28	—	—	5.75	10.1	6.83	7.58	4.70
0.14	26	—	—	6.99	11.7	8.16	8.95	5.84
0.20	24	—	—	8.57	13.6	9.82	10.6	7.31
0.40/0.30	22	—	—	10.8	16.2	12.2	13.0	9.37
0.60/0.50	20	—	—	13.9	19.9	15.5	16.4	12.4
二芯								
0.035	32	7.34	3.94	7.98	13.6	9.43	10.3	6.51
0.06	30	8.13	4.57	8.83	14.7	10.3	11.2	7.28
0.08	28	9.53	5.72	10.3	16.5	11.9	12.9	8.64
0.14	26	11.8	7.59	12.7	19.6	14.5	15.5	10.9
0.20	24	14.8	10.2	15.9	23.2	17.8	18.9	13.8
0.40/0.30	22	19.0	13.8	20.2	28.4	22.4	23.5	17.9
0.60/0.50	20	25.1	19.3	26.6	35.6	29.0	30.2	23.9
三芯								
0.035	32	9.35	5.52	10.1	16.4	11.7	12.7	8.46
0.06	30	10.5	6.45	11.3	17.8	13.0	14.0	9.55
0.08	28	12.4	8.13	13.4	20.3	15.2	16.2	11.5
0.14	26	15.7	10.9	16.8	24.4	18.8	19.9	14.7
0.20	24	20.0	14.8	21.3	29.5	23.4	24.6	18.9
0.40/0.30	22	26.0	20.1	27.5	36.7	29.9	31.2	24.8
0.60/0.50	20	34.9	28.2	36.6	46.8	39.3	40.7	33.6
四芯								
0.035	32	11.4	7.10	12.3	19.1	14.1	15.1	10.4
0.06	30	12.8	8.32	13.8	21.0	15.7	16.7	11.8
0.08	28	15.4	10.5	16.5	24.1	18.5	19.6	14.3
0.14	26	19.7	14.2	20.9	29.3	23.1	24.2	18.5
0.20	24	25.2	19.3	26.7	35.8	29.1	30.3	24.0
0.40/0.30	22	33.0	26.4	34.7	44.9	37.5	38.8	31.7
0.60/0.50	20	49.5	37.1	46.6	63.3	49.7	56.2	43.3

表 6-2-129　F45Q 型绝缘电缆外径和单位长度重量

标称截面积 /mm²	线规 AWG	电缆最大外径/mm						
		F1F45QH3 F1F45QH10	F1F45QH8	F1F45QP11	F1F45QP11H3 F1F45QP11H10	F1F45QP11H8	F1F45QP13H13 F1F45QP13H10	F1F45QP13H8
单芯								
0.15/014	26	—	—	1.44	2.16	1.95	1.93	1.72
0.2	24	—	—	1.57	2.29	2.08	2.06	1.85
0.4/0.3	22	—	—	1.75	2.47	2.26	2.24	2.03
0.6/0.5	20	—	—	1.95	2.67	2.46	2.44	2.23
0.75	/	—	—	2.29	3.01	2.80	2.72	2.51
1	18	—	—	2.34	3.06	2.85	2.77	2.56
1.2	16	—	—	2.48	3.20	2.99	2.91	2.70
1.5	/	—	—	2.80	3.52	3.31	3.23	3.02
2	14	—	—	2.89	3.61	3.40	3.32	3.11
2.5	/	—	—	3.30	4.02	3.81	3.73	3.52
3	12	—	—	3.40	4.12	3.91	3.83	3.62
二芯								
0.15/014	26	2.70	2.49	2.56	3.28	3.07	2.99	2.78
0.2	24	2.96	2.75	2.82	3.54	3.33	3.25	3.04
0.4/0.3	22	3.32	3.01	3.18	3.90	3.69	3.61	3.40
0.6/0.5	20	3.72	3.51	3.58	4.30	4.09	4.01	3.80
0.75	/	4.44	4.03	4.00	5.02	4.61	4.73	4.32
1	18	4.54	4.13	4.10	5.12	4.71	4.83	4.42
1.2	16	4.82	4.41	4.38	5.40	4.99	5.11	4.70
1.5	/	5.46	5.05	5.02	6.04	5.63	5.75	5.34
2	14	5.64	5.34	5.20	6.22	5.92	5.93	5.63
三芯								
0.15/014	26	2.86	2.65	2.72	3.44	3.23	3.12	2.92
0.2	24	3.14	2.93	3.00	3.72	3.51	3.40	3.20
0.4/0.3	22	3.53	3.32	3.39	4.11	3.90	3.79	3.59
0.6/0.5	20	3.96	3.75	3.82	4.54	4.33	4.22	4.02
0.75	/	4.71	4.30	4.27	5.29	4.88	4.96	4.56
1	18	4.82	4.41	4.38	5.40	4.99	5.07	4.67
1.2	16	5.12	4.71	4.68	5.70	5.29	5.37	4.97
1.5	/	5.80	5.50	5.36	6.38	6.08	6.06	5.78
2	14	6.01	5.71	5.57	6.59	6.29	6.25	5.97
四芯								
0.15/014	26	3.12	2.91	2.98	3.70	3.49	3.38	3.18
0.2	24	3.36	3.22	3.29	4.01	3.80	3.69	3.49
0.4/0.3	22	3.80	3.66	3.73	4.45	4.24	4.13	3.93
0.6/0.5	20	4.65	4.24	4.21	5.23	4.82	4.89	4.49
0.75	/	5.16	4.75	4.27	5.74	5.33	5.40	5.00
1	18	5.28	4.87	4.84	5.86	5.45	5.52	5.12
1.2	16	5.62	5.32	5.18	6.20	5.90	5.86	5.58
1.5	/	6.39	6.09	5.95	6.97	6.67	6.64	6.36
2	14	6.61	6.17	6.17	7.19	6.89	6.85	6.57

（续）

标称截面积/mm²	线规 AWG	电缆单位长度最大重量/(kg/km)									
		F1F45QH3	F1F45QH8	F1F45QH10	F1F45QP11	F1F45QP11H3	F1F45QP11H8	F1F45QP11H10	F1F45QP13H3	F1F45QP13H8	F1F45QP13H10
单芯											
0.15/014	26	—	—	—	6.41	10.9	8.85	9.88	8.30	6.48	7.41
0.2	24	—	—	—	7.81	12.6	10.4	11.5	9.82	7.87	8.85
0.4/0.3	22	—	—	—	9.93	15.2	12.8	14.0	12.1	9.97	11.1
0.6/0.5	20	—	—	—	12.9	18.7	16.1	17.4	15.3	13.0	14.1
0.75	/				17.6	24.1	21.2	22.7	19.4	16.7	18.0
1.0	18	—	—	—	19.2	25.9	22.9	24.4	21.0	18.3	19.6
1.2	16	—	—	—	22.2	29.3	26.1	27.7	24.1	21.3	22.7
1.5	/	—	—	—	27.6	35.4	31.9	33.6	29.6	26.5	28.0
2	14	—	—	—	31.3	39.3	35.8	37.5	33.4	30.2	31.8
2.5	/	—	—	—	41.1	50.1	46.1	48.1	43.4	39.7	41.5
3	12	—	—	—	45.0	54.4	50.3	52.2	47.5	43.7	45.5
二芯											
0.15/014	26	11.0	8.7	9.8	12.9	19.6	16.7	18.1	16.7	14.1	15.4
0.2	24	13.7	11.1	12.4	15.9	23.1	20.0	21.5	20.0	17.2	18.5
0.4/0.3	22	17.8	15.0	16.3	20.3	28.4	24.9	26.5	25.0	21.9	23.3
0.6/0.5	20	23.8	20.5	22.1	26.7	35.6	31.8	33.6	31.9	28.4	30.0
0.75	/	33.5	26.9	30.7	33.0	47.2	39.6	43.9	42.9	35.8	39.9
1.0	18	36.8	30.0	34.0	36.3	50.8	43.1	47.5	46.5	39.2	43.4
1.2	16	43.0	35.8	39.9	42.5	57.9	49.7	54.4	53.3	45.6	50.0
1.5	/	53.7	45.4	50.2	53.2	70.6	61.4	66.6	65.5	56.8	61.7
2	14	61.5	54.6	57.8	61.0	78.9	71.3	74.8	73.7	66.4	69.8
三芯											
0.15/014	26	14.6	12.0	13.2	16.8	24.2	21.0	22.5	21.1	18.2	19.5
0.2	24	18.4	15.5	16.9	20.9	29.0	25.6	27.2	25.7	22.5	24.0
0.4/0.3	22	24.4	21.1	22.6	27.3	36.3	32.5	34.2	32.6	29.0	30.7
0.6/0.5	20	33.0	29.3	31.0	36.3	46.4	42.1	44.1	42.3	38.3	40.2
0.75	/	45.9	38.3	42.7	45.4	61.3	52.9	57.7	56.6	48.6	53.2
1.0	18	50.7	43.0	47.5	50.2	66.6	57.9	62.9	61.7	53.6	58.2
1.2	16	59.7	51.5	56.2	59.2	76.6	67.4	72.6	71.5	62.8	67.8
1.5	/	75.1	67.5	71.0	74.6	94.3	85.9	89.8	88.6	80.6	84.4
2	14	86.5	78.7	82.3	86.1	107	97.8	102	101	92.3	96.2
四芯											
0.15/014	26	18.2	15.2	16.6	20.7	28.8	25.4	27.0	25.4	22.2	23.7
0.2	24	23.2	19.9	21.5	26.0	34.9	31.2	32.9	31.3	27.8	29.4
0.4/0.3	22	30.9	27.2	28.9	34.2	44.2	40.0	41.9	40.1	36.2	38.0
0.6/0.5	20	46.5	39.0	43.3	46.0	62.0	53.5	58.4	57.3	49.2	53.8
0.75	/	58.2	49.8	54.6	57.7	75.5	66.1	71.5	70.3	61.4	66.5
1.0	18	64.7	56.0	60.9	64.2	82.4	72.8	78.2	77.0	67.9	73.1
1.2	16	76.4	68.9	72.4	76.0	95.3	87.1	90.9	89.7	81.8	85.5
1.5	/	96.4	87.9	91.9	96.1	118	109	114	112	103	107
2	14	112	103	107	112	134	125	129	128	119	123

表 6-2-130　耐磨 F4 型绝缘电缆外径和单位长度重量

标称截面积 /mm²	线规号 AWG	电缆最大外径/mm					电缆单位长度最大重量/(kg/km)				
		F3F41H4 F3F41H5	F3F41H9	F3F41P31	F3F41P31H4 F3F41P31H5	F3F41P31H9	F3F41H4 F3F41H5	F3F41H9	F3F41P31	F3F41P31H4 F3F41P31H5	F3F41P31H9
单芯											
0.2	24	—	—	2.20	2.96	2.92	—	—	13.7	20.4	20.0
0.4/0.3	22	—	—	2.48	3.24	3.26	—	—	17.4	24.7	24.3
0.6/0.5	20	—	—	2.71	3.47	3.43	—	—	21.3	29.4	28.9
1.0	18	—	—	2.97	3.73	3.69	—	—	26.6	35.4	34.9
1.2	16	—	—	3.25	4.01	3.97	—	—	31.8	41.3	40.7
2	14	—	—	3.58	4.34	4.30	—	—	40.2	50.6	50.0
3	12	—	—	4.06	4.82	5.08	—	—	56.8	68.4	72.8
5.0	10	—	—	4.69	5.45	5.71	—	—	79.0	92.2	97.2
二芯											
0.2	24	4.00	4.26	3.82	4.58	4.84	21.7	25.1	25.3	35.4	39.3
0.4/0.3	22	4.56	4.82	4.38	5.14	5.40	28.2	32.1	32.4	43.8	48.2
0.6/0.5	20	5.02	5.28	4.84	5.60	5.86	35.8	40.0	40.4	53.0	57.7
1.0	18	5.54	5.80	5.36	6.12	6.38	45.8	50.4	51.0	64.7	69.9
1.2	16	6.10	6.36	5.92	6.68	6.94	55.4	60.6	61.2	76.3	82.0
2	14	6.76	7.02	6.58	7.34	7.60	71.7	77.3	78.2	94.9	101
三芯											
0.2	24	4.26	4.52	4.08	4.48	5.10	29.5	33.4	33.7	45.1	49.4
0.4/0.3	22	4.86	5.12	4.68	5.44	5.70	38.8	43.2	43.6	56.6	61.5
0.6/0.5	20	5.36	5.62	5.18	5.94	6.20	49.8	54.6	55.2	69.4	74.7
1.0	18	5.92	6.18	5.74	6.50	6.76	64.4	69.7	70.4	86.1	91.9
1.2	16	6.53	6.78	6.35	7.11	7.37	78.5	84.3	85.2	102	109
2	14	7.24	7.50	7.06	7.82	8.08	102	109	110	129	136
四芯											
0.2	24	4.68	4.94	4.50	5.26	5.52	37.3	41.6	42.0	54.7	59.5
0.4/0.3	22	5.36	5.62	5.18	5.94	6.20	49.4	54.3	54.9	69.4	74.8
0.6/0.5	20	5.91	6.17	5.73	6.49	6.75	63.8	69.2	70.0	85.9	91.8
1.0	18	6.54	6.80	6.36	7.12	7.38	83.0	88.9	89.9	107	114
1.2	16	7.22	7.48	7.04	7.80	8.06	102	108	109	129	136
2	14	8.54	8.28	7.84	9.12	8.86	148	140	142	179	171

6. 高压点火线

高压点火线在每架飞机上用量不大，但要求很高，除经受发动机附近的高温、油烟和振动外，要承受很高的脉冲电压，故其试验电压都在几十千伏，这类产品的关键性能就是耐电压性能。由于使用长度短，又用于高压，因此直流电阻通常不做要求。为增加机械强度，一般采用不锈钢芯。

（1）产品品种见表 6-2-131，规格见表 6-2-132。

（2）产品结构尺寸见表 6-2-132。

表 6-2-131　飞机用高压点火线产品品种

产品品种	型号	最高允许工作温度/℃
钢芯橡皮绝缘橡皮护套高压点火线	FGGHY-1 FGGHY-2 FGGHY-3	120

（续）

产品品种	型号	最高允许工作温度/℃
钢芯氟磺化聚乙烯橡皮绝缘护套高压点火线	—	—
铜芯 F4 薄膜绝缘玻璃丝编织硅有机浸渍高压点火线	FGF	250
钢芯 F4 薄膜绝缘玻璃丝编织硅有机浸渍高压点火线	FGGF	250
推挤 F4 绝缘高压点火线	—	260
F4 薄膜绝缘可熔性 F4 护套高压点火线	—	260
聚酰亚胺薄膜绝缘高压点火线	—	300

表 6-2-132　高压点火线规格和结构尺寸

型　号	导电线芯		绝缘线芯/mm			护套最小厚度/mm	电线最大外径/mm
	材料	结构与直径/(根数/mm)	标称厚度	绝缘外径	最薄处厚度不小于		
FGGHY-1	不锈钢丝	7/0.3	—	3.9～4.1	1.16	0.5	5.3
FGGHY-2	不锈钢丝	7/0.3	—	3.9～4.2	1.16	1.3	7.3
FGGHY-3	不锈钢丝	7/0.3	—	6.8～7.0	1.80	1.0	9.3
FGF	铜芯	7/0.37	1.25	3.3～3.9	—	—	4.5
FGGF	不锈钢丝	7/0.3	1.65	3.8～4.6	—	—	6.5

2.6.3　性能要求

1. 聚氯乙烯绝缘尼龙护套电线性能要求

(1) 导体直流电阻（见表 6-2-112）

(2) 20℃时绝缘电阻 每米不小于 500MΩ。

(3) 耐电压试验（见表 6-2-133）

表 6-2-133　聚氯乙烯绝缘尼龙护套
电线耐电压试验

型号	试验电压/kV		
	绝缘线芯工频火花	成品电线	
		浸水工频	芯对屏蔽工频
FVN	3.5	2	—
FVNP	3.5	—	2

(4) 热老化 120℃，168h，经卷绕弯曲后，表面不应有目测可见的裂纹。

(5) 热变形 100℃，4h，浸水耐压1 kV /1min 应不发生击穿。

(6) 耐寒

1) 静试验：卷绕后在 -60℃ 低温箱中 3h，绝缘及护套表面不应有目测可见的裂纹。

2) 动试验：卷绕后在 -25℃ 低温箱中 3h，在该温度下反向卷绕，绝缘及护套表面不应有目测可见的裂纹。16mm² 以上的电线不做此项试验。

(7) 水平燃烧试验 燃烧部分的长度应不超过 50mm，且火焰应能自动熄灭。

(8) 耐油试验 试样浸在温度不低于 15℃ 的等体积航空润滑油和航空汽油的混合油中 24h。然后按规定在金属棒上卷绕 3 圈。卷绕后的试样表面不应有目测可见裂纹。

2. 聚酰亚胺绝缘电线性能要求（略）

3. 交联 ETFE 绝缘电线电缆

(1) 导体直流电阻 20℃时导体直流电阻应符合表 6-2-134 的规定。

表 6-2-134　导体直流电阻

标称截面积/mm²	线规AWG	导体结构根数/线径/mm	20℃时导体最大直流电阻/(Ω/km)				
			镀锡铜导体	镀银铜导体	镀镍铜导体	镀银铜合金导体	镀镍铜合金导体
0.14	26	19/0.102	135.5	126.0	138.4	147.0	162.1
0.2	24	19/0.127	85.96	79.72	84.97	93.18	98.75
0.4/0.3	22	19/0.160	53.15	49.54	52.49	57.41	61.02
0.6/0.5	20	19/0.203	32.41	30.15	32.05	35.10	37.40
1.0	18	19/0.254	20.44	19.00	20.01	—	—
1.2	16	19/0.287	15.78	14.83	15.62	—	—
2	14	19/0.361	10.04	9.449	9.842	—	—
3	12	37/0.320	6.627	6.233	6.496	—	—
5	10	37/0.404	4.134	3.904	4.068	—	—
8	8	133/0.287	2.300	2.159	2.277	—	—
13	6	133/0.361	1.460	1.371	1.430	—	—
20	4	133/0.455	0.9186	0.8661	0.9022	—	—

（续）

标称截面积 /mm²	线规 AWG	导体结构 根数/线径 /mm	20℃时导体最大直流电阻/(Ω/km)				
			镀锡铜导体	镀银铜导体	镀镍铜导体	镀银铜合金导体	镀镍铜合金导体
35	2	665/0.254	0.6004	0.5577	0.5807	—	—
40	1	817/0.254	0.4888	0.4560	0.4724	—	—
50	0	1045/0.254	0.3806	0.3543	0.3707	—	—
70	00	1330/0.254	0.2986	0.2789	0.2920	—	—
95	000	1665/0.254	0.2329	0.2231	0.2329	—	—

（2）绝缘电阻

1）按 GB/T 3048.5—2007 的规定进行。

2）AWG26 ~ AWG10 应不小于 1524MΩ·km。

3）AWG8 ~ AWG00 应不小于 914MΩ·km。

（3）绝缘表面电阻

1）按 GJB 17.5—1984 的规定进行。

2）电线绝缘表面电阻应不小于 1.3×10^4 MΩ·mm。

（4）电压试验　电压试验应符合表 6-2-135 的规定。

表 6-2-135　电压试验

成品电线			成品电缆	
浸水 电压	脉冲 电压	高频火 花电压	芯对芯 工频	芯对屏 蔽工频
2.5 kV	8.0kV	5.7kV	1.5kV	1.5kV

（5）导体断裂伸长率和拉断力（见表6-2-136）

表 6-2-136　导体断裂伸长率和拉断力

线规 AWG	铜导体	铜合金导体	
	最小断裂伸长率 (%)	最小拉断力 /N	最小断裂伸长率 (%)
26	6	63.1	6
24	6	99.6	6
22	10	159.1	6
20	10	258.3	6
18 ~ 000	10	—	—

（6）绝缘及护套抗张强度及断裂伸长率

1）按 GB/T 2951.11—2008 的规定进行。

2）绝缘抗张强度 ≥34.5MPa。

3）绝缘断裂伸长率：单层绝缘：≥75%；双层绝缘：内层≥125%，总绝缘≥75%。

H11 型护套抗张强度 ≥34.5MPa，断裂伸长率 ≥50%。

（7）绝缘收缩

1）按 GJB 17.13—1984 的规定进行。

2）镀锡导体：(200 ±3)℃ ×6h，镀银及镀镍导体：(230 ±3)℃ ×6h。

3）试验后绝缘伸缩量应不大于 3.2mm。

（8）电线绝缘浸吸性

1）按 GJB 17.19—1984 的规定进行。

2）试验后染色液浸进距离不超过 57.2mm。

（9）电线耐热冲击

1）按 GJB 17.14—1984 的规定进行。

2）镀锡导体：(150 ±3)℃ ×30min ~ (−55 ±2)℃ ×30min，共 4 个循环周期。

3）镀银及镀镍导体：(200 ±3)℃ ×30min ~ (−55 ±2)℃ ×30min，共 4 个循环周期。

4）试验后绝缘层应无开裂、裂缝及其他损伤现象，且无喇叭状张开，电线绝缘的最大伸缩量：AWG26 ~ AWG12 规格为 1.5mm；AWG10 ~ AWG8 为 2.5mm，AWG6 ~ AWG00 为 3.2mm。

（10）电线潮湿

1）按 GJB 17.15—1984 的规定进行。

2）潮湿试验后绝缘电阻：26 ~ 10AWG 时应不小于 1524MΩ·km；8 ~ 00AWG 时应不小于 914MΩ·km。

（11）电线冒烟

1）按 GJB 17.17—1984 的规定进行。

2）镀锡导体：(200 ±2)℃ ×15min；镀银及镀镍导体：(250 ±5)℃ ×15min。

3）试验过程中，电线不应有冒烟现象。

（12）绝缘及护套交联程度验证

1）按 GJB 17.6—1984 的规定进行。

2）绝缘：试验温度 (300 ±3)℃，试验时间 7h。试验后绝缘层应无开裂、裂缝及其他损伤现象，且电线应能经受浸水电压 2.5kV/5min 而不发生击穿。

3）H11 型护套：试验温度 (300 ±5)℃，试验时间 6h。试验后护套层应无开裂、裂缝及其他损伤现象，且电缆护套应能经受浸水电压 1.0kV/1min

而不发生击穿。

(13) 电线浸液

1) 按 GJB 17.8—1984 的规定进行。

2) 浸液试验后电线外径变化率不大于 5%，电

线绝缘层应无开裂、裂缝及其他损伤现象，且应能经受浸水电压 2.5kV/5min 而不发生击穿。

浸液用试剂应符合表 6-2-137 的规定。

表 6-2-137　浸液用试剂

序号	试 剂 名 称	技 术 指 标	试验温度 /℃	浸渍时间 /h
1	防冰除冰除霜液，未稀释的	符合 GB/T 20856—2007	48～50	20
2	防冰除冰除霜液，稀释体积比 60/40（液体/水）	符合 GB/T 20856—2007	48～50	20
3	机身表面洗涤剂	符合 HB 5334—1985	48～50	20
4	甲基异丁基酮（用于有机涂层）	符合 HG/T 3481—1999	20～25	168
5	耐燃航空液压油	相当于 SAE AS1241	48～50	20
6	合成航空润滑油	符合 GJB 135A—1998	118～121	0.5
7	飞机清洗剂，未稀释的	符合 MH/T 6007—1998	63～68	20
8	飞机清洗剂，稀释体积比 25/75（液体/水）	符合 MH/T 6007—1998	63～68	20
9	模拟标准燃油 A	符合 GB/T 1690—2010	20～25	168
10	模拟标准燃油 D		20～25	168
11	1 号标准油		20～25	168
12	4601 号合成液压油	运动粘度：≥5.0mm²/s（100℃）， ≤450mm²/s（-40℃） 闪点（开口）：≥180℃ 凝点：≤-60℃ 中和值：≤0.07mgKOH/g； 腐蚀（45 号钢片、HP59-1 黄铜、YC-154 耐磨铸铁、ZL10 铝合金，100℃，3h）：合格	20～25	168
13	车用汽油	符合 GJB 4221—2001	20～25	168
14	航空涡轮发动机用合成润滑油	符合 GJB 1263—1991	48～50	20
15	15 号航空液压油	符合 GJB 1177A—20XX	48～50	20
16	异丙醇	符合 GB/T 7814—2008	18～25	20
17	宽馏分喷气燃料（或 3 号喷气燃料）	符合 GJB 2376—1995（或 GB 6537—2006）	18～20	20

(14) 粘连

1) 按 GJB 17.10—1984 的规定进行。

2) 电线：镀锡导体为（200±3）℃×24h，镀银及镀镍导体为（230±3）℃×24h；试验后，试样退绕时相邻圈或相邻层应容易分开而不出现粘连现象。

3) 电缆：镀锡导体为（150±5）℃×6h，镀银

及镀镍导体为（200±5）℃×6h；试验后，试样退绕时相邻圈或相邻层应容易分开而不出现粘连现象。

(15) 高温卷绕

1) 按 GJB 17.16—1984 的规定进行。

2) 电线：镀锡导体为（200±3）℃×2h；镀银及镀镍导体为（313±3）℃×2h；卷绕试验后绝缘

层应无开裂、裂缝及其他损伤现象。

3）电缆：（230±5）℃×4h，卷绕试验后护套层应无开裂、裂缝及其他损伤现象。

（16）低温弯曲

1）按GJB 17.21—1984的规定进行。

2）电线：（-65±3）℃×4h，试验后绝缘层应无开裂、裂缝及其他损伤现象，且电线应能经受浸水电压2.5kV/5min而不发生击穿。

3）电缆：（-55±5）℃×4h，试验后护套层应无开裂、裂缝及其他损伤现象，且应能经受浸水电压1.0kV/1min而不发生击穿。

（17）老化试验

1）按GJB 17.6—1984的规定进行。

2）电线：镀锡导体为（200±3）℃×500h，镀银及镀镍导体为（230±3）℃×500h，试验后绝缘层应无开裂、裂缝及其他损伤现象，且电线应能经受浸水电压2.5kV/5min而不发生击穿。

3）电缆：H11型护套（230±5）℃×96h，试验后护套层应无开裂、裂缝及其他损伤现象。

（18）标识耐久性

1）按GJB 773B—2015中4.6.49的规定进行。

2）印在电线绝缘层或电缆护套层上的标志应能经受125个循环（250个行程），250g负荷的耐久性试验。任何一根试样的标志表面被钢针磨出一条粗实线时，则认为不合格。

（19）成品电线电缆燃烧

1）按GJB 17.18—1984的规定进行。

2）燃烧试验条件见表6-2-138，试验后，火焰延燃时间和火焰延燃长度应符合表6-2-138的规定，且试验过程中不得有燃滴物燃着试样下面的餐巾纸。

表6-2-138　燃烧试验条件

类型	标称截面积/mm²	供火时间/s	延燃	
			时间/s	长度/mm
电线	0.2~70	30	≤3	≤76
电缆	0.2~6	30	≤30	≤76

4. 聚四氟乙烯/聚酰亚胺绝缘电线电缆

（1）导体直流电阻　20℃时导体直流电阻应符合表6-2-134的规定。

（2）绝缘电阻

1）按GB/T 3048.5—2007的规定进行。

2）AWG26~AWG10应不小于1524MΩ·km；

3）AWG8~AWG000应不小于914MΩ·km。

（3）电压试验

电压试验应符合表6-2-139的规定。

表6-2-139　电压试验

成品电线			成品电缆	
浸水电压	脉冲电压	高频火花电压	芯对芯工频	芯对屏蔽工频
2.5kV	8.0kV	5.7kV	1.5kV	1.5kV

（4）导体断裂伸长率和拉断力（见表6-2-136）

（5）绝缘收缩

1）按GJB 17.13—1984的规定进行。

2）镀锡及镀银导体：（230±2）℃×6h，镀镍导体：（290±2）℃×6h。

3）试验后绝缘伸缩量：AWG26~AWG10不大于2.3mm，AWG8~AWG000不大于3.2mm。

（6）电线耐热冲击

1）按GJB 17.14—1984的规定进行。

2）镀锡及镀银导体：（200±2）℃×30min~（-55±2）℃×30min，共4个循环周期。

3）镀镍导体（260±5）℃×30min~（-55±2）℃×30min，共4个循环周期。

4）试验后绝缘层应无开裂、裂缝及其他损伤现象，且电线绝缘的最大伸缩量：AWG26~AWG10规格为2.3mm；AWG8~AWG000规格为3.2mm。

（7）电线潮湿

1）按GJB 17.15—1984的规定进行。

2）潮湿试验后绝缘电阻：26~10AWG应不小于1524MΩ·km；8~000AWG应不小于914MΩ·km。

（8）电线冒烟

1）按GJB 17.17—1984的规定进行。

2）镀锡及镀银导体：（200±5）℃×15min；镀镍导体：（260±5）℃×15min。

3）试验过程中，电线不应有冒烟现象。

（9）电线浸液

1）按GJB 17.8—1984的规定进行。

2）浸液试验后电线外径变化率不大于5%，电线绝缘层应无开裂、裂缝及其他损伤现象，且应能经受浸水电压2.5kV/1min而不发生击穿。

3）浸液用试剂应符合表6-2-137的规定。

（10）电线室温卷绕

1）按GJB 17.16—1984的规定进行。

2）卷绕试验后应不开裂，浸水电压2.5kV/5min而不发生击穿。

(11) 粘连

1) 按 GJB 17.10—1984 的规定进行。

2) 电线：镀锡及镀银导体为 (200±2)℃×24h，镀镍导体为 (260±2)℃×24h；

试验后，试样退绕时相邻圈或相邻层应容易分开而不出现粘连现象。

3) 电缆：镀锡及镀银导体为 (200±2)℃×6h，镀镍导体为 (260±2)℃×6h；

试验后，试样退绕时相邻圈或相邻层应容易分开而不出现粘连现象。

(12) 低温弯曲

1) 按 GJB 17.21—1984 的规定进行。

2) 电线：(-65±2)℃×4h，试验后绝缘层应无开裂，且电线应能经受浸水电压 2.5kV/5min 而不发生击穿。

3) 电缆：(-55±5)℃×4h，试验后护套层应无开裂，且应能经受浸水电压 1.0kV/1min 而不发生击穿。

(13) 老化试验

1) 按 GJB 17.6—1984 的规定进行。

2) 电线：镀锡及镀银导体为 (230±2)℃×500h，镀镍导体为 (290±2)℃×500h，试验后包带层不分离，且沿绝缘或在两端不应分层；

电线应能经受浸水电压 2.5kV/5min 而不发生击穿。

3) 电缆：H12 型护套 (285±5)℃×96h，试验后护套层应无开裂。

(14) 电线耐湿电弧

1) 按 GJB 773B—2015 中附录 C 的规定进行。

2) 轻型电线至少总数为 64 根应通过浸水耐电压试验，普通型电线至少总数为 67 根应通过浸水耐电压试验。

3) 任何一个线束中，耐压击穿数不超过 3 根。

4) 任何试验线束中，电线的实际毁损距离不超过 76.2mm。

(15) 电线耐干电弧

1) 按 GJB 773B—2015 中附录 D 的规定进行。

2) 轻型电线至少总数为 64 根应通过浸水耐电压试验，普通型电线至少总数为 67 根应通过浸水耐电压试验。

3) 任何一个线束中，耐压击穿数不超过 3 根。

4) 任何试验线束中，电线的实际毁损距离不超过 76.2mm。

(16) 电线动态切通

1) 按 GJB 773B—2015 中附录 G 的规定进行。

2) 平均动态切通力应符合表 6-2-140 的规定。

表 6-2-140 动态切通试验

线规 AWG	试验温度 /℃	平均动态切通力/kgf[①]						
		F1F47 F1F47Q	F2F47 F2F47Q	F3F47 F3F47Q	F7F47Q	F8F47Q	F7F47	F8F47
20	23±5	≥11.3	≥11.3	≥11.3	≥4.54	≥4.54	≥6.80	≥6.80
	150±5	≥9.07	≥9.07	≥9.07	≥3.63	≥3.63	≥5.44	≥5.44
	200±5	—	≥6.80	≥6.80	≥2.72	≥2.72	≥4.54	≥4.54
	260±5	—	—	≥4.54	—	≥1.81	—	≥2.72
16	23±5	≥9.07	≥9.07	≥9.07	≥11.3	≥11.3	≥11.3	
	150±5	≥6.80	≥6.80	≥6.80	≥9.07	≥9.07	≥9.07	
	200±5	—	≥6.80	≥6.80	—	≥6.80	≥6.80	
	260±5	—	—	≥4.54	—	—	≥4.54	

① 1 kgf=9.8N，余同。

(17) 电线强迫水解

1) 按 GJB 773B—2015 中附录 I 的规定进行。

2) 20AWG 电线：70℃×5000h。

3) 试验后，电线应能经受浸水电压 2.5kV/1min 而不发生击穿。

(18) 紫外激光可标识性

1) 按 GJB 773B—2015 中附录 L 的规定进行。

2) 对比水平应不小于 55%。

(19) 绝缘烧结状态

1) 按 GJB 773B—2015 中附录 J 的规定进行。

2) 第 1 次加热与第 2 次加热之间熔融所需的能量差不大于 3J/g。

（20）叠层熔封

1）按 GJB 17.12—1984 的规定进行。

2）电线：（260±5）℃×6h，绝缘应无层间分离或脱层现象。

3）电缆：（230±5）℃×6h，无分层。

（21）绝缘剥离力

1）按 GJB 773B—2015 中附录 E 的规定进行。

2）绝缘剥离力应符合表 6-2-141 规定。

表 6-2-141　绝缘剥离力试验

线规 AWG	最小剥离力/kgf	最大剥离力/kgf
26～20	0.113	2.72
18～14	0.227	3.18

（22）绝缘包带搭盖率

1）按 GJB 773B—2015 中附录 A 的规定进行。

2）26AWG～10AWG：内层及外层的搭盖率均为 50.5%～54.0%。

3）8AWG～6AWG：内层为 20.5%～35.0%，次外层为 50.5%～55.0%，外层为 67.0%～71.0%。

4）4AWG～000AWG：内层为 20.5%～35.0%，次内层为 50.5%～55.0%，次外层及外层为 50.5%～54.0%。

（23）电线热指数

1）按 GJB 773B—2015 中附录 K 的规定进行，试验仅对 20AWG 电线。

2）镀锡导体：10000h，≥150℃。

3）镀银导体：10000h，≥200℃。

4）镀镍导体：10000h，≥260℃。

（24）标识耐久性

1）按 GJB 773B—2015 中 4.6.49 的规定进行。

2）印在电线绝缘层或电缆护套层上的标志应能经受 125 个循环（250 个行程），250g 负荷的耐久性试验。任何一根试样的标志表面被钢针磨出一条粗实线时，则判定为不合格。

（25）成品电线燃烧

1）按 GJB 17.18—1984 的规定进行。

2）燃烧试验条件见表 6-2-138。试验后，火焰延燃时间和火焰延燃长度应符合表 6-2-138 的规定，且试验过程中不得有燃滴物燃着试样下面的餐巾纸。

5.　其他型号含氟聚合物类电线性能要求

（1）导体 20℃时的直流电阻见（表 6-2-142） 按 GB/T 3048.4—2007 规定试验。

表 6-2-142　含氟聚合物类电线电缆 20℃时导体直流电阻

标称截面积/mm²	线规 AWG	单芯导体最大直流电阻/(Ω/km)					多芯导体最大直流电阻/(Ω/km)				
		镀锡铜线芯	镀银铜线芯	镀镍铜线芯	镀银铜合金线芯	镀镍铜合金线芯	镀锡铜线芯	镀银铜线芯	镀镍铜线芯	镀银铜合金线芯	镀镍铜合金线芯
0.014	/	—	1343	—	—	—	—	1424	—	—	—
0.035	32	—	525	578	653	—	—	557	613	692	—
0.06	30	356	330	363	385	425	377	350	385	408	451
0.08	28	225	209	223	244	259	239	222	236	259	275
0.14	26	136	126	138	147	162	144	134	147	156	172
0.20	24	86.0	79.7	85.0	93.2	98.8	91.2	84.5	90.1	98.8	105
0.40/0.30	22	53.1	49.5	52.5	57.4	61.0	56.3	52.5	55.7	60.9	64.7
0.60/0.50	20	32.4	30.2	32.1	35.1	37.4	34.3	32.0	34.0	37.2	39.6
0.75	/	24.6	22.7	24.3	—	—	26.1	24.1	25.8	—	—
1.0	18	20.4	19.0	20.0	—	—	21.6	20.1	21.2	—	—
1.2	16	15.8	14.8	15.6	—	—	16.8	15.7	16.5	—	—
1.5	/	12.7	11.7	12.6	—	—	13.5	12.4	13.4	—	—
2	14	10.0	9.45	9.84	—	—	10.6	10.0	10.4	—	—
2.5	/	7.43	6.86	7.37	—	—	—	—	—	—	—
3	12	6.63	6.23	6.50	—	—	—	—	—	—	—
4	/	4.88	4.51	4.83	—	—	—	—	—	—	—
5	10	4.13	3.90	4.07	—	—	—	—	—	—	—
6	/	3.30	3.05	3.26	—	—	—	—	—	—	—
8	8	2.30	2.16	2.28	—	—	—	—	—	—	—

（续）

标称截面积/mm²	线规 AWG	单芯导体最大直流电阻/(Ω/km)					多芯导体最大直流电阻/(Ω/km)				
		镀锡铜线芯	镀银铜线芯	镀镍铜线芯	镀银铜合金线芯	镀镍铜合金线芯	镀锡铜线芯	镀银铜线芯	镀镍铜线芯	镀银铜合金线芯	镀镍铜合金线芯
10	/	1.82	1.68	1.80	—	—	—	—	—	—	—
13	6	1.46	1.37	1.43	—	—	—	—	—	—	—
16	/	1.22	1.13	1.31	—	—	—	—	—	—	—
20	4	0.919	0.866	0.902	—	—	—	—	—	—	—
25	/	0.795	0.734	0.758	—	—	—	—	—	—	—
35	2	0.600	0.558	0.581	—	—	—	—	—	—	—
40	1	0.489	0.456	0.472	—	—	—	—	—	—	—
50	0	0.381	0.354	0.371	—	—	—	—	—	—	—
70	00	0.299	0.279	0.292	—	—	—	—	—	—	—

(2) 绝缘电阻（见表6-2-143）按 GB/T 3048.5—2007 试验，试验电压为500V dc。

(3) 电线绝缘表面电阻 按 GJB 17.5—1984 方法测量，绝缘表面电阻应不小于 $1.3 \times 10^4 M\Omega \cdot mm$。

(4) 电压试验（见表6-2-144） 浸水电压试验按 GJB 17.2—1984 规定进行，脉冲电压试验按 GJB 17.4—1984 规定进行，工频火花试验按 GB/T 3048.8—2007规定进行，高频火花试验按 GJB 773B—2015 附录 B 规定进行，试验频率为 3kHz。

表6-2-143 含氟聚合物类电线绝缘电阻

电线型号	最小绝缘电阻/(MΩ · km)
F2F4、F3F4、F2F4Q、F3F4Q、F7F4、F8F4、F2F41、F3F41	1.5×10^4
F1F46、F2F46、F7F46、F2F46Q、F2F44、F3F44	1.5×10^3
F1F45Q	3.0×10^2
F1F40	$(0.14 \sim 2) mm^2: 1.5 \times 10^3$ $(2.5 \sim 13) mm^2: 9.1 \times 10^2$ $(16 \sim 70) mm^2: 6.1 \times 10^2$

表6-2-144 含氟聚合物类电线电缆耐电压试验

产品型号规格/mm²		试验电压/kV						
		绝缘电线			成品电缆			
		浸水	脉冲电压	高频火花	护套工频火花	芯对芯	芯对屏蔽	无屏无护电缆高频火花
F2F4、F3F4 F7F4、F8F4	0.08 ~ 1.0	3.0	8.0	5.7	1.5	1.5	1.5	4.2
	1.2 ~ 8.0		6.5	4.6				
F2F41、F3F41		3.0	8.0	5.7	1.5	1.5	1.5	4.3
F2F44、F3F44、F1F45Q		2.5	8.0	5.7	1.5	1.5	1.5	4.3
F1F46、F2F46 F7F46	0.14 ~ 1.0	2.2	8.0	5.7	1.5	1.5	1.5	4.2
	1.2 ~ 8.0		6.5	4.6				
F2F4Q、F3F4Q、F2F46Q		1.5	4.0	2.9	1.5	1.5	1.5	2.9
F1F40		2.2	8.0	5.7	1.5	1.5	1.5	4.3

（5）**电线老化性能**　按 GJB 17.6—2015 方法试验，电线的老化试验条件见表 6-2-145，试棒直径和挂重按相应产品详细规范中规定。试验后，绝缘应无开裂、裂缝及其他损伤，且应能经受表 6-2-145 中规定的浸水电压试验而不发生击穿。

（6）**电线浸液试验**　按 GJB 17.8—1984 规定进行，浸液用试剂及试验温度、浸渍时间见表 6-2-137，试棒直径和挂重按相应产品详细规范中规定，试验电压见表 6-2-146。

表 6-2-145　含氟聚合物类绝缘电线老化试验

电线型号	老化条件		电压试验	
	老化温度/℃	老化时间/ h	试验电压/kV	加压时间/min
F2F4、F3F4、F7F4、F8F4	275 ±2	120	3.0	5
F2F4Q、F3F4Q	275 ±2	120	1.5	5
F1F46、F2F46、F7F46	230 ±2	120	2.2	5
F2F46Q	230 ±2	120	1.5	5
F1F45Q	160 ±2	120	2.5	5
F2F41、F3F41、F3F44	313 ±2	120	2.5	5
F2F44	250 ±2	120	2.5	5
F1F40	200 ±2	120	2.2	5

表 6-2-146　含氟聚合物类电线浸液试验电压

电线型号	电线外径变化率最大值（%）	电线绝缘表面	试验电压和时间
F2F4、F3F4、F7F4、F8F4F2F41、F3F41	5	电线绝缘应无开裂、裂缝及其他损伤现象	3kV/5min
F2F4Q、F3F4Q、F2F46Q			1.5kV/5min
F1F46、F2F46、F7F46、F1F40			2.2kV/5min
F1F45Q、F2F44、F3F44			2.5kV/5min

（7）**电线粘连试验**　按 GJB 17.10—1984 方法试验，试验条件见表 6-2-147。试验后，试样退绕时相邻圈和相邻层应容易分开而不出现粘连现象。

（8）**电线绝缘伸缩试验**　按 GJB 17.13—1984 方法试验，试验条件和试验结果见表 6-2-148。

表 6-2-147　含氟聚合物类电线粘连试验

电线型号	粘连试验条件		
	处理温度/℃	处理时间/ h	试棒直径及卷绕挂重
F2F4、F3F4、F7F4、F8F4F2F4Q、F3F4Q、F2F41、F3F41F3F44	260 ±2	24	粘连试验用试棒直径及卷绕挂重按相应产品详细规范中规定
F1F46、F2F46、F7F46、F2F46QF2F44、F1F40	200 ±2	24	
F1F45Q	135 ±2	24	

表 6-2-148　含氟聚合物类电线绝缘伸缩试验

电线型号	试验条件		绝缘伸缩最大值/mm
	试验温度/℃	试验时间/ h	
F2F4、F3F4、F7F4、F8F4	290 ±2	6	0.76
F2F4Q、F3F4Q	290 ±2	6	3.2
F2F46、F7F46、F2F46Q	230 ±2	6	3.2
F1F46、F2F44、F1F40	200 ±2	6	3.2
F1F45Q	150 ±2	6	3.2
F2F41、F3F41	313 ±2	6	3.2
F3F44	260 ±2	6	3.2

(9) 电线温度冲击试验　按 GJB 17.14—1984 方法试验, 试验条件按表 6-2-149 规定。试验后, 绝缘层应无开裂、裂缝及其他损伤现象, 且无喇叭状张开, 电线绝缘的伸缩量应符合表6-2-149 规定。

表 6-2-149　含氟聚合物类电线温度冲击试验

电线型号	试验条件			绝缘最大伸缩量/mm
	试验高温/℃	试验低温	试验周期	
F3F4、F8F4、F3F4Q	(260 ±2)℃ ×30min	(-55 ±3)℃ ×30min	4 个周期	1.5
F3F41	(260 ±2)℃ ×30min	(-55 ±3)℃ ×30min	4 个周期	(0.2 ~3) mm²: 1.5 (4 ~8) mm²: 2.5 (10 ~20) mm²: 3.2
F3F44	(260 ±2)℃ ×30min	(-55 ±3)℃ ×30min	4 个周期	(0.4 ~3) mm²: 1.5 (4 ~8) mm²: 2.5 (10 ~70) mm²: 3.2
F2F4、F7F4、F2F4Q F2F46、F7F46、F2F46Q	(200 ±2)℃ ×30min	(-55 ±3)℃ ×30min	4 个周期	1.5
F2F41	(200 ±2)℃ ×30min	(-55 ±3)℃ ×30min	4 个周期	(0.2 ~3) mm²: 1.5 (4 ~8) mm²: 2.5 (10 ~20) mm²: 3.2
F2F44	(200 ±2)℃ ×30min	(-55 ±3)℃ ×30min	4 个周期	(0.4 ~3) mm²: 1.5 (4 ~8) mm²: 2.5 (10 ~70) mm²: 3.2
F1F46Q	(150 ±2)℃ ×30min	(-55 ±3)℃ ×30min	4 个周期	1.5
F1F40	(150 ±2)℃ ×30min	(-55 ±3)℃ ×30min	4 个周期	(0.14 ~3) mm²: 1.5 (4 ~8) mm²: 2.5 (10 ~70) mm²: 3.2
F1F45Q	(135 ±2)℃ ×30min	(-55 ±3)℃ ×30min	4 个周期	1.5

（10）电线高温卷绕试验　按 GJB 17.16—1984 方法进行，试验条件见表 6-2-150，试棒直径为电线自身外径。试验后，绝缘层应无开裂、裂缝及其他损伤现象。

表 6-2-150　含氟聚合物类电线高温卷绕试验

电 线 型 号	试 验 条 件	
	试验温度 /℃	试验时间 /h
F2F4、F3F4、F7F4、F8F4、F2F4Q、F3F4Q、F2F41、F3F41	313 ± 2	2
F1F45Q	160 ± 2	2
F1F40	200 ± 2	2

（11）电线低温弯曲试验　按 GJB 17.21—1984 方法试验，试验条件和试验要求见表 6-2-151，试棒直径和挂重按相应产品详细规范规定。试验后，绝缘层应无开裂、裂缝及其他损伤现象，且应能经受表 6-2-151 规定的浸水电压而不击穿。

表 6-2-151　含氟聚合物类电线低温弯曲试验

电 线 型 号	试 验 条 件		试验电压 和时间
	试验温度 /℃	试验时间 /h	
F2F4、F3F4、F7F4、F8F4、F2F41、F3F41	−65 ± 2	4	3.0kV/5min
F2F4Q、F3F4Q、F2F46Q	−65 ± 2	4	1.5kV/5min
F1F46、F2F46、F7F46、F1F40	−65 ± 2	4	2.2kV/5min
F1F45Q	−55 ± 2	4	2.5kV/5min
F2F44、F3F44	−65 ± 2	4	2.5kV/5min

（12）电线潮湿试验　按 GJB 17.15—1984 方法进行。试验后，绝缘电阻应符合表 6-2-152 规定。

（13）电线冒烟试验　按 GJB 17.17—1984 方法试验，试验条件见表 6-2-153。试验过程中，电线不应有冒烟现象。

表 6-2-152　含氟聚合物类电线潮湿试验

电 线 型 号	最小绝缘电阻/（MΩ·km）
F1F46、F2F46、F7F46 F2F46Q、F2F44、F3F44	1.5×10^3
F1F45Q	3.0×10^2
F2F41、F3F41	1.5×10^4
F1F40	（0.14～2）mm² 　1.5×10^3 （2.5～13）mm² 　9.1×10^2 （16～70）mm² 　6.1×10^2

表 6-2-153　含氟聚合物类电线冒烟试验

电 线 型 号	试 验 条 件	
	试验温度 /℃	试验时间 /min
F2F4、F3F4、F7F4、F8F4 F2F4Q、F3F4Q	290 ± 5	15
F2F46、F2F46Q、F7F46 F2F44、F1F40	200 ± 5	15
F1F46、F1F45Q	150 ± 5	15
F2F41、F3F41、F3F44	313 ± 5	15

（14）电线电缆标志耐久性试验　按 GJB 773B—2015 中 4.6.49 方法进行。印在电线绝缘层或电缆护套层上的标志应能经受 30 个循环周期和所加 500g 荷重的耐久性试验。试验后，试样的标志表面被钢针磨出一条粗实线时则判定为不合格。

（15）电线电缆燃烧试验　按 GJB 773B—2015 中 4.6.32 及 GJB 17.18—1984 方法进行，燃烧供火时间按表 6-2-154 规定，试验结果应符合表 6-2-154 要求，试验过程中不得有燃滴物燃着试样下面的餐巾纸。

（16）电线抗应力开裂试验　对于 F46 型绝缘电线应按 GJB 773B—2015 中 4.6.27 规定进行绝缘抗应力开裂试验，试棒直径为被试电线试样外径，挂重按表 6-2-155 规定。试验后绝缘表面应无开裂、裂缝及其他损伤现象，且电线应能经受表 6-2-156 规定的浸水电压试验而不击穿。

表 6-2-154　含氟聚合物类电线电缆燃烧试验

型号	规格/mm²	试验结果		
		供火时间/s	延燃时间/s	延燃长度/mm
电线 F2F4、F3F4、F7F4、F8F4 F2F4Q、F3F4Q、F1F46、F2F46、F7F46、 F1F45Q、F2F46Q、F2F44、F3F44、 F2F41、F3F41	0.035 ~ 1.0	15	≤3	≤76
	1.2 ~ 4.0	30		
	5.0 ~ 20	60		
	20 以上	120		
F1F40 电线	所有截面	15	≤2	≤140
电缆	0.035 ~ 6.0	30	≤30	≤76

表 6-2-155　F46 型绝缘电线抗应力开裂试验挂重

标称截面积/mm²	挂重/kg
0.30	0.10
0.31 ~ 1.50	0.23
1.51 ~ 4.00	0.45
4.00 以上	1.00

表 6-2-156　F46 型绝缘电线抗应力开裂试验电压

电线型号	试验电压和时间
F1F46、F2F46、F7F46	2.0kV/5min
F2F46Q	1.5kV/5min

(17) 绝缘力学性能试验　按 GB/T 2951.11-2008 方法试验，除非详细规范另有规定，测量时拉伸速率为 (50 ± 5) mm/min。试验结果应符合表 6-2-157规定。

表 6-2-157　含氟聚合物类电线绝缘力学性能

电线型号	规格/mm²	绝缘抗张强度最小值/MPa	绝缘断裂伸长率最小值（%）
F2F4、F3F4、F7F4、F8F4	0.035 ~ 0.60/0.50	31.0	250
	0.75 ~ 2.0	27.6	250
	2.5 ~ 3.0	27.6	200
	4.0 ~ 8.0	24.2	200
F2F4Q、F3F4Q	所有规格	27.6	150
F1F46、F2F46、F7F46、F2F46Q	所有规格	13.8	150
F1F45Q	FEP 内层绝缘	13.8	150
	PVOF 外层绝缘	34.5	250
F2F41、F3F41	0.2 ~ 0.60/0.50	27.6	200
	0.75 ~ 8.0	24.2	200
	10 ~ 20	24.2	150
F1F40	所有规格	34.5	150
F2F44	仅 PFA 外层绝缘	13.8	150
F3F44	仅 PFA 外层绝缘	20.0	150

6. 高压点火线性能要求

(1) FGF、FGGF 型电线长度长期允许工作温度 -60 ~ 250℃，短时可到 360℃，但使用时间不超过 3h。

(2) 电压试验（见表 6-2-158）

表 6-2-158　高压点火电压试验

型　号	绝缘线芯火花试验/V	成品电线浸水电压试验	
		试验电压/V	加压时间/min
FGF，FGGF	20000	35000	5
FGGHY-1，FGGHY-2	—	19000	5
FGGHY-3	—	25000	5

(3) 耐润滑油试验　试样长 1.2m，以约 2.3kg 的拉力在 30mm 直径的铝管上绕 5 圈，两端扎紧，卷绕节距为 20mm，然后浸入温度为 90℃ ±3℃ 的 20# 航空润滑油，试样两端露出油面至少 75mm，40h 后取出试样冷至室温进行以下试验。

1) 在导电线芯和铝管之间按表 6-2-159 规定加电压试验 2h 不应发生击穿。

2) 经上述试验后，将试样从铝管上取下以反方向卷绕在表 6-2-160 规定的试棒上，应无目测可见的损坏。

表 6-2-159　浸油后电压试验

型　号	试验电压/V
FGGHY-1，FGGHY-2	15000
FGGHY-3	18500

表 6-2-160　耐油试验后的卷绕试棒直径

型　号	试棒直径/mm
FGGHY-1，FGGHY-2	12
FGGHY-3	20

(4) 电线耐寒试验（FGGHY-1、FGGHY-2 和 FGGHY-3）　试验温度　–35℃ ±2℃；试样长 700mm，一端固定在直径为 25mm 的试棒上，另一端挂重 1.36kg，整个装置放在-35℃ ±2℃ 的冷冻器中，1h 后卷绕试棒 5 圈。取出试样目视无可见裂纹。

(5) 电线耐久性试验（FGGHY-I、FGGHY-2 和 FGGHY-3 型）　试样长 1.65m，以 4.5kg 的拉力卷绕在表 6-2-160 规定的试棒上，再反向卷绕。如此重复卷绕 4 次。然后再以 2.3kg 的拉力卷绕在外径 30mm 的铝管上 9 圈，卷绕节距为 20mm。电线两端紧扎在铝管上，依此进行以下试验：

1) 按上述方法绕好试样的铝管挂在温度为 120℃ ±3℃ 恒温器中，5h 后取出浸入温度 50℃、浓度 3% 的盐水中，试样两端露出液面至少 75mm，18h 后取出在室温下放置 1h，按表 6-2-159规定在导电线芯和铝管间加交流电压试验 30min。

2) 上述试样再悬挂在 120℃ ±3℃ 的恒温器中 5h，取出浸入 90℃ ±3℃ 的 20# 航空润滑油。18h 后取出在室温下放置 4h，按表 6-2-159 规定进行电压试验。

3) 经上述试验的试样再次悬挂在 120℃ ±3℃ 的恒温器中 5h，取出浸入 20℃ ±3℃ 的 1 号喷气燃料中 8h。取出在室温下放置 1h，再按表 6-2-159 规定进行电压试验，电压试验时间为 2h。

经上述各项试验的试样表面不应有目测可见的裂纹及其他损伤，试样绕扎处击穿仍为合格品。

(6) 耐热水、盐水试验（FGGHY-1、FGGHY-2 和 FGGHY-3 型）　试样长 1m 剥除两端绝缘 25mm，试样绕成圆形，端头扭绞在一起，浸入 85℃ ±3℃ 的水中 4h，然后再浸入浓度 5% 的室温盐水中 30min。试验后电线应能经受表 6-2-159 规定的电压试验 5min。试验时，导电线芯与盐水间应无放电现象。

(7) 力学性能试验（FGGHY-1、FGGHY-2 和 FGGHY-3 型）　试样长 1m，两端绕在线盘上并绷紧固定，使线盘间的试样长度约 150mm。在试样中间挂重 32kg 历时 1min，检查导电线芯、绝缘和护套均应完整无损。受力点绝缘或护套损坏时，仍作为合格品。

(8) 绝缘和导电线芯之间紧密度试验（FGGHY-1、FGGHY-2 和 FGGHY-3 型）　试样长 150mm，一端剥去 20mm 绝缘和护套，另一端剥去 70mm 绝缘和护套。另一端穿过直径 1 + 0.2mm 的金属板小孔，在拉力机进行拉脱试验。

导电线芯从绝缘中抽出的力应不小于 78.4N（8kg）。

2.6.4　航空电线交货长度

GJB 773B—2015 中规定了各型号含氟聚合物类电线电缆的交货长度（见表 6-2-161），长度计量误差应不超过 ±1%。

表 6-2-161　连续长度

标称截面积 /mm²	线规 AWG	电　线				电　缆			
		100 m 及以上	50 m 及以上	20 m 及以上	10 m 及以上	50 m 及以上	30 m 及以上	20 m 及以上	10 m 及以上
0.014 ~ 0.60/0.50	30 ~ 20	≥50 %	≥80 %	100 %	—	≥50 %	—	≥80 %	100 %
0.75 ~ 2.0	18 ~ 14	≥ 30%	≥80 %	100 %	—	≥30 %	≥50 %	≥80 %	100 %
2.5 ~ 6.0	12 ~ 10	—	≥50 %	≥80 %	100 %	—	≥50 %	≥80 %	100 %
8.0 ~ 20	8 ~ 4	—	—	≥20 %	≥50 %	100 %			
25 ~ 40	2 ~ 1	—	—	—	≥50 %	100 %			
40 以上	01 ~ 04	—	—	—	≥30 %	100 %			

2.6.5　航空电线载流量

导线载流量的大小，主要与导线本身的电阻、外径、结构、允许使用温度、环境温度等因素有关，因此精确确定导线在某一环境下的最大载流量是一个比较复杂的过程。参照 AS50881C 标准，给出了以下几组数据，供参考。

表 6-2-162　航空导线典型条件下的载流量
（AS50881C，P45，表 1）

导体材料	电线规格 AWG	成束载流量/A[①]		
		105℃	150℃	200℃
铜芯或铜合金芯	22	3	5	6
	20	4	7	9
	18	6	9	12
	16	7	11	14
	14	10	14	18
	12	13	19	25
	10	17	26	32
	8	38	57	71
	6	50	76	97
	4	68	103	133
	2	95	141	179
	1	113	166	210
	0	128	192	243
	00	147	222	285
	000	172	262	335
	0000	204	310	395

① 表中载流量是基于：环境温度 70℃；高度 18288m；导线束组成为 26 ~ 10AWG：不少于 33 根，8AWG 及更大：不少于 9 根；线束负荷率不超过 20%。

1. 典型条件下的载流量

典型条件下的载流量见表 6-2-162，所谓典型条件见表注。

2. 一般条件下的载流量

（1）单根导线的额定载流量　单根导线的载流量如图 6-2-24 所示。额定载流量随导线所处的环境温度升高而减小。

（2）成束电线修正系数　成束电线修正系数如图 6-2-25 所示。载流量随导线束的根数增加而减小。

（3）高度修正系数　高度修正系数如图 6-2-26 所示。载流量随导线使用时高度的增加而减小。

（4）一般条件下的载流量　根据相应条件从图 6-2-24 ~ 图 6-2-26 的曲线查取数据，并按下式计算

$$I = I_d \times K_{sh} \times K_g$$

式中　I——一般条件下的载流量（A）；

I_d——电线在海平面的单根载流量（A）；

K_{sh}——成束修正系数；

K_g——高度修正系数。

3. 线束允许总电流

线束允许总电流按下式计算

$$I_z = \beta \sum_{j=1}^{n} I_j$$

式中　I_z——线束允许总电流（A）；

β——选用的线束负荷率；

I_j——第 j 根导线的成束载流量（A）；

n——线束中导线总根数。

线束包带或穿管长度超过 2m，且线束的实际负荷率达到选用的负荷率时，载流量下降 5%。

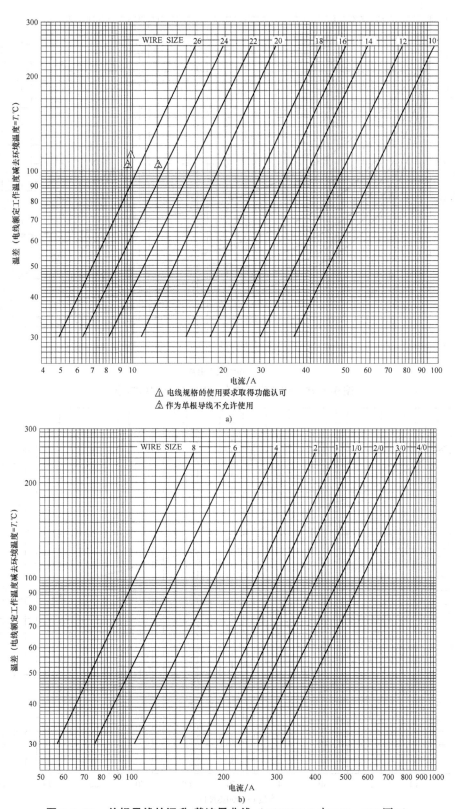

图 6-2-24　单根导线的温升-载流量曲线 （AS50881C 中 P49 ~ P50 图 3）

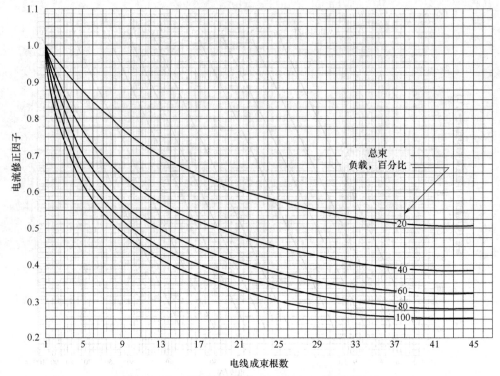

图 6-2-25 成束修正曲线（AS50881C 中 P51 图 4）

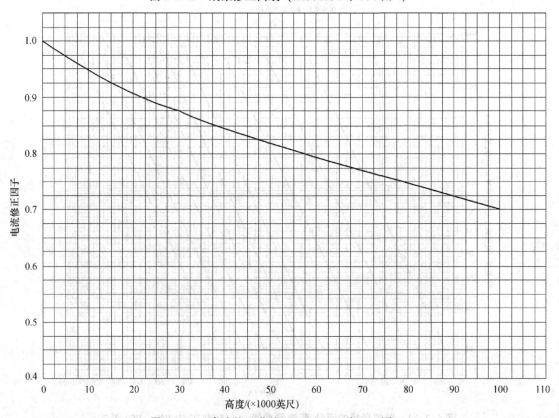

图 6-2-26 高度修正曲线（AS50881C 中 P52 图 6）

2.7　其他专用绝缘电线

2.7.1　补偿导线

补偿导线适用于高温计连接热电偶与检流计之用，导电线芯根据热电偶测温的需要采用多种合金组合。绝缘和护套一般品种采用聚氯乙烯或丁腈聚氯乙烯复合物，耐热品种采用含氟塑料或玻璃丝绕包等复合结构。导线结构有一般结构和柔软结构两类，前者用于室内固定敷设，软线用于移动设备连接用。

1. 产品品种

(1) 补偿导线的分类、等级及标志　补偿导线按照热电特性允差不同分为精密级与普通级，按使用温度分为一般用与耐热用，见表 6-2-163。

表 6-2-163　补偿导线的分类、等级及标志

补偿导线分类	标　志	允　差　等　级	
		普通级	精密级
一般用	G	B	A
耐热用	H	B	A

(2) 产品名称、补偿导线型号、合金丝及热电偶分度号（表 6-2-164）

表 6-2-164　产品名称、补偿导线型号、合金丝及热电偶分度号

产品名称	型　号	配用热电偶	热电偶分度号
铜-铜镍 0.6 补偿型导线	SC 或 RC	铂铑 10-铂热电偶 铂铑 13-铂热电偶	S 或 R
铁-铜镍 22 补偿型导线	KCA		
铜-铜镍 40 补偿型导线	KCB	镍铬-镍硅热电偶	K
镍铬 10-镍硅 3 延长型导线	KX		
铁-铜镍 18 补偿型导线	NC		
镍铬 14 硅-镍硅延长型导线	NX	镍铬硅-镍硅热电偶	N
镍铬 10-铜镍 45 延长型导线	EX	镍铬-铜镍热电偶	E
铁-铜镍 45 延长型导线	JX	铁-铜镍热电偶	J
铁-铜镍 45 延长型导线	TX	铁-康铜热电偶	T

(3) 常用补偿导线使用温度范围（表 6-2-165）

表 6-2-165　常用补偿导线使用温度范围

型号	等级	代号	使用温度范围/℃
SC	一般用普通级	SC-GB	0～70, 0～100
	耐热用普通级	SC-HB	0～180, 0～200
	一般用精密级	SC-GA	0～70, 0～100
KX	一般用普通级	KX-GB	−20～70, −20～100
	耐热用普通级	KX-HB	−40～180, −40～200
	一般用精密级	KX-GA	−20～70, −20～100
	耐热用精密级	KX-HA	−40～180, −40～200
KC	一般用普通级	KC-GB	0～70, 0～100
	一般用精密级	KC-GA	0～70, 0～100
EX	一般用普通级	EX-GB	−20～70, −20～100
	耐热用普通级	EX-HB	−40～180, −40～200
	一般用精密级	EX-GA	−20～70, −20～100
	耐热用精密级	EX-HA	−40～180, −40～200
JX	一般用普通级	JX-GB	−20～70, −20～100
	耐热用普通级	JX-HB	−40～180, −40～200
	一般用精密级	JX-GA	−20～70, −20～100
	耐热用精密级	JX-HA	−40～180, −40～200
TX	一般用普通级	TX-GB	−20～70, −20～100
	耐热用普通级	TX-HH	−40～180, −40～200
	一般用精密级	TX-GA	−20～70, −20～100
	耐热用精密级	TX-HA	−40～180, −40～200

2. 规格与结构补偿导线的标称截面、绝缘厚度、护层厚度及最大外径应符合表 6-2-166 规定。

3. 性能要求

1）一般用补偿导线的绝缘层应能经受交流 50Hz、4000V 电压的火花试验而不发生击穿。绝缘导线的线速度应保证绝缘层每点经受电压作用时间不小于 0.2s。

2）补偿导线成品应经受工频 500V 电压试验 1min 而不发生击穿。

3）补偿导线成品线芯间和线芯与屏蔽间的绝缘电阻，在温度为 20℃ 时，每 10m 不小于 5MΩ。

4）补偿导线成品的往复电阻值，在 20℃、长度为 1m、截面积为 1mm² 时，应符合表 6-2-167 规定。

表 6-2-166　补偿导线的结构参数

等　级	线芯标称截面积/mm²	绝缘层厚度/mm	护层厚度/mm	补偿导线最大外径/mm	
				单股线芯	多股线芯
一般用	0.5	0.5	0.8	3.7 × 6.4	3.9 × 6.6
	1.0	0.7	1.0	5.0 × 7.7	5.1 × 8.0
	1.5	0.7	1.0	5.2 × 8.3	5.5 × 8.7
	2.5	0.7	1.0	5.7 × 9.3	5.9 × 9.8
耐热用	0.5	0.5	0.3	2.6 × 4.6	2.8 × 4.8
	1.0	0.5	0.3	3.0 × 5.3	3.1 × 5.6
	1.5	0.5	0.3	3.2 × 5.8	3.4 × 6.2
	2.5	0.5	0.3	3.6 × 6.7	4.0 × 7.3

注：如有屏蔽层，则屏蔽层厚度不得大于 0.8mm。

5）补偿导线热电动势及允差应符合表 6-2-168
规定。

6）一般用补偿导线的绝缘和护套的力学性能
和热老化性能应符合表 6-2-169 规定。

表 6-2-167　成品往复回路电阻值

补偿导线代号	往复电阻/Ω ≤
SC- GA，SC- GB，SC- HB	0.1
KX- GA，KX- GB，KX- H，KX- HB	1.5
KC- GA，JX- GA，JX- GB，JX- HA，JX- HB	0.8
KC- GB，TX- GA，TX- GB，TX- HA，TX- HB	0.8
EX- GA，EX- GB，EX- HA，EX- HB	1.5

表 6-2-168　成品热电动势及允差

型　号	热电动势及允差/mV					
	100℃			200℃		
	热电势	允差		热电势	允差	
		普通级	精密级		普通级	精密级
SC	0.645	± 0.037（5℃）	± 0.023（3℃）	1.440	± 0.057（5℃）	
KC	4.095	± 0.105（2.5℃）	± 0.063（1.5℃）			
KX	4.095	± 0.105（2.5℃）	± 0.063（1.5℃）	8.137	± 0.100（2.5℃）	± 0.060（1.5℃）
EX	6.317	± 0.170（2.5℃）	± 0.102（1.5℃）	13.419	± 0.183（2.5℃）	± 0.111（1.5℃）
JX	5.268	± 0.135（2.5℃）	± 0.081（1.5℃）	10.777	± 0.138（2.5℃）	± 0.083（1.5℃）
TX	4.277	± 0.047（1℃）	± 0.023（0.5℃）	9.286	± 0.053（1.0℃）	± 0.027（0.5℃）

表 6-2-169　成品绝缘和护套的力学性能和热性能

等　级	力学性能		老化性能		
	抗拉强度/MPa	伸长率（%）	温度/℃	时间/h	老化系数（$K_1 K_2$）
一般用	− 20 ~ 70℃　> 12.7	> 125	80 ± 2	168	0.8 ~ 1.2
	− 20 ~ 100℃　> 12.7	> 125	135 ± 2	168	0.75 ~ 1.25

7）一般用补偿导线应能经受 − 20℃ 低温卷绕
不开裂。

4. 交货长度

补偿导线交货长度应符合表 6-2-170 规定。

表 6-2-170　补偿导线成品交货长度

交货长度/m ≥	允许短段长度/m ≥	允许短段占总量百分比（%）≤	备　注
100	3	10	双方协议可按任何长度交货

2.7.2　不可重接插头线

本产品适合于交流额定电压 250V 及以下的室
内各种移动电气器具、无线电设备和照明灯具连接
电源之用，可以参照 GB/T 2099—2008《家用或类
似用途插头插座》。

1. 产品品种

不可重接插头线产品品种见表 6-2-171。

表 6-2-171　不可重接插头线产品品种

产品名称	型号	额定电压/V	工作温度/℃
单相二极不可重接插头平型软线	PBB		
单相二极不可重接插头平型护套软线	PBT		
单相二极不可重接圆插销插头圆形护套软线	PBYY		
单相二极不可重接圆插销插头扁形护套软线	PB-VDE		
单相二极不可重接插头扁形护套软线	PB-SAA		
单相二极不可重接插头平型软线	PB-SPT-1		
单相二极不可重接插头平型软线	PB-SPT-2	250	70
单相三极不可重接插头圆形护套软线	PSY		
单相三极不可重接插头圆形编织软线	PSYH		
单相三极不可重接圆插销插头圆形护套软线	PSYY		
单相三极不可重接双重接地插头圆形护套软线	PSYY2		
单相三极不可重接插头插座圆形护套软线	PSY-SJTX2		
单相三极不可重接圆插销插头圆形护套软线	PSY-SVT		

表 6-2-172　不可重接插头线产品规格

型　号	匹配导线/mm²	极数	额定电流/A
PBB-25	RVB2 ×0.3	2	2.5
PBB-40	RVB2 ×0.5	2	4
PBB-60	RVB2 ×0.75	2	6
PBT-60	RVVB2 ×0.75	2	6
PBT-75	RVVB2 ×0.75	2	7.5
PSY-40	RVV3 ×0.50	3	4
PSY-60	RVV3 ×0.75	3	6
PSYY-50	RVV3 ×0.75	3	5
PSYY2-10/16	RVV3 ×0.75	3	10/16

3. 技术性能

1）插头的技术尺寸应符合 GB 1002—2008 标准中单相插头的规定。

2. 产品规格

不可重接插头线产品规格见表 6-2-172。

2）插头的绝缘应能经受交流 50Hz，2000V/1min 耐电压试验，不发生击穿或闪络现象。

3）其他性能参照 GB 2099.1—2008《家用或类似用途插头插座　第 1 部分　通用要求》。

2.7.3　农用直埋铝芯塑料绝缘塑料护套电线

本产品可用于供农村地下直埋敷设，连接交流额定电压，U_0/U 为 450/750V 及以下固定配电线路和电器设备用的铝芯塑料绝缘塑料护套电线（简称农用地埋线），可参照 JB/T 2171—1999《额定电压 U_0/U 为 450/750V 及以下农用直埋铝芯塑料绝缘塑料护套电线》。

1. 农用地埋线产品品种

见表 6-2-173。

表 6-2-173　农用地埋线产品品种

型　号	名　称	适 用 地 区
NLYV	农用直埋铝芯聚乙烯绝缘，聚氯乙烯护套电线	一般地区
NLYV-H	农用直埋铝芯聚乙烯绝缘，耐寒聚氯乙烯护套电线	一般及寒冷地区
NLYV-Y	农用直埋铝芯聚乙烯绝缘，防蚁聚氯乙烯护套电线	白蚁活动地区
NLYY	农用直埋铝芯聚乙烯绝缘，黑色聚乙烯护套电线	一般及寒冷地区
-NLVV	农用直埋铝芯聚氯乙烯绝缘，聚氯乙烯护套电线	一般地区
-NLVV-Y	农用直埋铝芯聚氯乙烯绝缘，防蚁聚氯乙烯护套电线	白蚁活动地区

2. 规格及结构

农用地埋线的规格和结构分别列于表 6-2-174 和表 6-2-175。

表 6-2-174　农用地埋线规格

型　号	额定电压/V	芯　数	标称截面积/mm²	型　号	额定电压/V	芯　数	标称截面积/mm²
NLYV NLYV-H NLYV-Y	450/750	1	4～95	NLYY NLVV NLVV-Y	450/750	1	4～95

表 6-2-175　农用地埋线结构尺寸

标称截面积 /mm²	根数与单线直径 /(根/mm)	绝缘厚度/mm		护套厚度/mm		平均外径/mm				20℃时导体电阻 /(Ω/km)	绝缘电阻/(MΩ·km)			
						非紧压导电线芯		紧压导电线芯			NLYV, NLYY NLYV-H, NLYV-Y		NLVV NLVV-Y	
		PE	PVC	PVC	PE	下限	上限	下限	上限	≤	20℃	70℃	20℃	70℃
4	1/2.25	0.8		1.2		6.0	6.9			7.39			8	0.0085
6	1/2.76	0.8		1.2		6.4	7.4			4.91			7	0.0070
10	7/1.35	1.0		1.4		8.2	9.8			3.08			7	0.0065
16	7/1.70	1.0		1.4		9.2	10.9	9.1	10.9	1.91			6	0.0050
25	7/2.14	1.2		1.4		10.8	12.8	10.5	12.6	1.20	600	300	5	0.0050
35	7.2.52	1.2		1.6		12.2	14.4	11.8	14.I	0.868			5	0.0040
50	19/1.78	1.4		1.6		13.5	16.2	13.2	15.7	0.641			5	0.0045
70	19/2.14	1.4		1.6		15.0	18.5	14.8	17.4	0.443			5	0.0035
95	19/2.52	1.6		2.		18.2	21.5	17.5	20.5	0.320			5	0.0035

3. 性能要求

(1) 导体电阻和绝缘电阻　地埋线的导体电阻和绝缘电阻应符合表 6-2-175 规定。70℃下的绝缘电阻的处理条件如表 6-2-176 所示。

(2) 耐电压试验　地埋线应经受表 6-2-177 规定的交流 50Hz 电压试验。

(3) 温度交变试验　电线应经受环境温度从 50～-50℃ 和空气的相对湿度到 98%，温度到 35℃ 的温度交变试验。试验按下述方法进行：取 3m 长成品电线，弯曲成直径不小于 0.5m 的圆形，先在 50℃ ±3℃ 温度下放置 1h，紧接着在 -50℃ ±3℃ 温度下再放置 1h，而后再将试样放置在相对湿度为 90%，温度为 35℃ ±3℃ 的气候箱中 1h，在这之后，按 GB/T 3048.8—2007《电线电缆性能试验方法　第 8 部分　交流电压试验》施加 50Hz 交流电压 2.5kV，试验 5min，试样应不发生击穿。

表 6-2-176　测量 70℃ 绝缘电阻的处理条件

试验条件	单　位	性能要求
试样长度（最小）	m	5
浸水时间（最少）	h	2
水温	℃	70 ±2

表 6-2-177　耐电压试验

序号	试　验　条　件	单位	试验要求
1	成品电线电压试验 试样长度 浸水时间（至少） 水温 试验电压 电压施加时间	m h ℃ V min	制造长度 1 室温 2500 5
2	成品电线绝缘线芯电压试验 试样长度（最小） 浸水时间（至少） 水温 试验电压 电压施加时间	m h ℃ V mm	5 1 20 ±5 2500 5

(4) 电流加热试验　电线应经受电流加热试验。试验按下述方法进行：取 1.5m 长成品电线，以 0.5m 的弯曲直径弯曲成 U，用电流加热使导电线芯温度达到 70℃ ±3℃，并保持 3h，这时电线表面的温度应不低于 50℃ ±3℃，然后停止加热，并使试样在室温条件下保持不少于 1h，然后按 GB/T 3048.8—2007 施加交流 50Hz 电压 2.5kV，试验 5min，试样应不击穿。

（5）短路电流试验　电线应经受短路电流试验。试验按下述方法进行：取 1.5m 长成品电线，以 0.5m 的弯曲直径弯曲成 U 形，在室温下，在总时间不超过 5h 内使电线经受 5 次、每次时间为 5s 的短路电流循环加热，每次加热使电线导电线芯温度升至（对聚乙烯绝缘）130℃±2℃ 和（对聚氯乙烯绝缘）160℃±2℃，每次加热后，试样均应冷却至室温，五次循环加热后，电线应在室温下放置不少于 1h，而后按 GB/T 3048.8—2007 施加 50Hz 交流电压 2.5kV，试验 5min，试样应不发生击穿。

4. 交货长度

电线的交货长度应不小于 200m，导电线芯横截面积在 10mm³ 及以上者允许不小于 50m 的短段电线交货，其数量应不超过交货总长度的 10%。根据双方协议，允许任何长度的成品电线交货。成品电线长度计量误差应不超过 ±0.5%。

2.7.4　控温加热电线

本产品用于户外液体输送管道（如输油管及其阀门和大型设备室外监控仪表）的防冻保温，产品有恒功率加热电线和自控温加热电线两类，可参照 GB/T 19835—2015《自限温电伴热带》。

1. 恒功率加热电线

（1）特点　单位长度电线的功耗恒定，电线可在任何长度截断而不影响使用，安装敷设方便，除了同电线配套使用的控温仪，不需再要其他的辅助设施。

（2）工作原理　在电线的一对主线芯上附加一组电热丝，经一定间隔距离，电热丝同主线芯的导体相接触，这样就形成一组并联加热电路，电线的发热就是通过若干组的并联加热电路来实现的。

（3）产品品种及其基本性能（表 6-2-178）

表 6-2-178　恒功率加热电线品种及基本性能

工作温度/℃	绝缘和护套材料	电压/V	单位功率/（W/m）	耐潮	耐化学	防火	耐辐射
145	氟硅树脂绝缘聚氯乙烯护套	120~240	3，5，7	优	良	优	可
200	氟碳树脂绝缘和护套	120~240	3，5，8，12	优	优	良	良
270	聚酰亚胺绝缘氟碳树脂护套	120~240	4，8，12	优	优	良	良
270	聚酰亚胺绝缘和护套	120~240	4，8，12	良	优	良	良
270	聚酰亚胺玻璃丝组合	120~240	4，8，12	良	良	良	良

2. 自控温加热电线

（1）特点　采用一种半导电塑料，其电阻能随温度作非线性变化——随着温度的升高，电阻相应增加，即具有正温度系数特性，从而调整热输出功率，以达到保温和控温的目的。用它制造的加热电线具有两大特点：第一，可在任何长度上截断而不影响使用；第二，不需要控温装置，电线本身可在任何一点进行自我温度调节，即使输送管道经过环境温度不同的区域，电线也可对环境温度的差异或变化做出反应，分段进行自控温度调节，以达到整根管道的均匀保温。

（2）工作原理　起加热作用的"元件"，是导电炭黑和某种聚合物混成一体的特殊复合物，当加热"元件"是冷态的时候，它处在微观"收缩"状态，此时在特殊复合物中的导电炭黑，构成了许多电的通路，通过"元件"的电流使这一区域加热。当加热元件是温态的时候，它处在微观"膨胀"状态，使一部分电的通路中断，反映在这一区域的电阻增加，发热减少。当加热元件是热态的时候，它处在微观"剧烈膨胀"状态，几乎所有电的通路都中断，反映在这一区域有极高的电阻，发热功耗几乎没有。

（3）产品品种和使用场合　电线的典型结构如图 6-2-27 所示。

按自控温加热电线的使用温度，美国瑞侃公司生产的产品有以下五个系列品种：

BTV 系列——使用温度 65℃，在 85℃ 下可累积使用 1000h。

QTV 系列——使用温度 110℃，在 130℃ 下可累积使用 1000h

STV 系列——使用温度 110℃，在 185℃ 下可累积使用 1000h

HTV 系列——使用温度 120℃，在 185℃ 下可累积使用 1000h

KTV 系列——使用温度 150℃，在 215℃ 下可累积使用 1000h

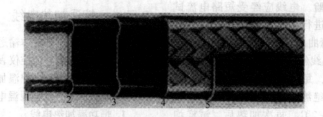

图 6-2-27　自控温加热电线的典型结构

1—铜导体　2—自控温半导电线芯　3—改性聚烯烃或氟碳树脂护套

4—镀锡编织铜丝　5—改性聚烯烃或氟碳树脂外护套

还可按其使用场合的不同，分为下列三种结构类型：

C 型——用于无化学性腐蚀和其他类型腐蚀的区域，其所敷设的管道表面无有效接地的通路（如塑料、不锈钢管，或表面涂漆的管道）。

CR 型——用于需机械保护，并且有无机化学物质的水溶剂（如碳酸盐、氯化物、磷酸盐、弱酸和弱碱等）存在的区域。

CT 型——用于需要机械保护或环境极为潮湿，并且有无机化学物质和有机化学物质（油、脂、溶剂、碳氢化合物、酸、碱等）存在的区域。

这三类结构，一般都有涂锡铜丝编织层；外护套可采用交联聚烯烃或氟碳树脂，并都采用辐照交联的工艺。

2.8　绝缘电线的载流量

电线电缆在运行中允许通过的额定电流值称为载流量。载流量的大小取决于产品的最高允许工作温度，同时与通电的工作制度（如长期连续负荷、变负荷、间断负荷运行等）以及电线电缆的敷设方式、环境条件等有着很大的关系。通常所说的载流量表示长期连续负荷运行情况下的允许工作电流，在其他情况下进行相应的折算。

用于动力、照明线路的电线电缆，需要按载流量的大小来选择导体截面积。而用于某些特殊场合的电线，如车辆的高压点火电线、仪表测量系统的补偿电线，则没有载流量的要求。

本节中列出了常用的橡皮、塑料绝缘电线和塑料绝缘塑料护套电线在空气敷设和穿管敷设时长期连续负荷下的允许载流量。对于软线、屏蔽线也可参考表中的规定额定载流量。

用于电气装备中的电线，同样可以采用这些数值作为依据。

2.8.1　空气敷设时的载流量

电线直接敷设于空气中时的载流量见表6-2-179 ~ 表6-2-182，其环境温度以30℃为基础温度。

表 6-2-179　BX、BLX 型单芯电线单根敷设载流量

（导体最高允许工作温度 65℃，环境温度 30℃）

导体截面积/mm²	长期连续负荷允许载流量/A	
	铜芯	铝芯
0.75	14	—
1.0	17	—
1.5	22	17
2.5	30	24
4	40	32
6	52	41
10	75	58
16	100	78
25	135	105
35	165	130
50	215	165
70	260	205
95	320	250
120	370	290
150	430	335
185	495	390
240	595	470
300	685	540
400	820	650
500	940	745

表 6-2-180 BV、BLV、BVR 型单芯电线单根敷设载流量

（导体最高允许工作温度 70℃，环境温度 30℃）

导体截面积/mm²	长期连续负荷允许载流量/A	
	铜芯	铝芯
0.75	15	—
1.0	18	—
1.5	23	18
2.5	31	24
4	42	33
6	54	42
10	78	60
16	105	82
25	140	110
35	175	135
50	225	175
70	275	210
95	340	265
120	365	285
150	425	330
185	490	380

表 6-2-181 RV、RVV、RVB、RVS 型塑料软线和护套单根敷设载流量

（导体最高允许工作温度 70℃，环境温度 30℃）

导体截面积/mm²	长期连续负荷允许载流量/A		
	一芯	二芯	三芯
0.3	8	6	4
0.4	10	8	5
0.5	12	9	7
0.75	14	11	8
1.0	17	13	10
1.5	22	17	11
2.5	29	24	18
4	40	—	—
6	51	—	—
10	74	—	—
16	100	—	—
25	135	—	—
35	165	—	—
50	215	—	—
70	260	—	—

表 6-2-182 BV-105 型单芯电线单根敷设载流量

（导体最高允许工作温度 105℃，环境温度 30℃）

导体截面积/mm²	长期连续负荷允许载流量/A
0.5	16
0.75	21
1.0	25
1.5	32
2.5	44
4	59
6	75

2.8.2 穿管敷设时的载流量

BX、BLX 型电线穿铁管或塑料管时的载流量分别列于表 6-2-183 和表 6-2-184 中。

BV、BLV 型电线穿铁管或塑料管时的载流量分别列于表 6-2-185 和表 6-2-186 中。

表 6-2-187 列出了铁管和塑料管的尺寸与电线导体截面的配合数据。

表 6-2-183 BX、BLX 型单芯电线穿铁管敷设载流量

（导体最高允许工作温度 65℃，环境温度 30℃）

导体截面积/mm²	长期连续负荷允许载流量/A					
	穿二根		穿三根		穿四根	
	铜芯	铝芯	铜芯	铝芯	铜芯	铝芯
1.0	14	—	13	—	11	—
1.5	19	14	17	13	16	10
2.5	26	20	24	18	22	15
4	35	26	31	24	28	22
6	46	35	40	32	37	28
10	64	49	56	43	50	37
16	80	62	72	55	65	49
25	105	80	94	72	84	64
35	130	100	115	88	100	78
50	165	125	145	110	130	98
70	200	155	180	140	160	125
95	245	190	220	170	295	150
120	280	215	250	195	230	180
150	320	245	290	225	260	205
185	360	275	330	250	300	235

注：三相四线制线路穿管时的载流量与穿三根时相同。

表6-2-184　BX、BLX型单芯电线穿塑料管敷设载流量

（导体最高允许工作温度65℃，环境温度30℃）

导体截面积/mm²	长期连续负荷允许载流量/A					
	穿二根		穿三根		穿四根	
	铜芯	铝芯	铜芯	铝芯	铜芯	铝芯
1.0	12	—	11	—	10	—
1.5	16	13	15	11	13	10
2.5	23	18	21	16	19	14
4	31	23	28	22	24	19
6	40	31	36	27	32	24
10	55	41	49	37	43	33
16	71	54	64	49	56	43
25	95	72	84	64	75	56
35	115	89	100	79	92	69
50	150	110	130	100	115	89
70	180	145	165	125	150	110
95	225	170	200	155	180	140
120	260	195	235	175	210	160
150	300	235	270	210	250	190
185	335	265	310	240	280	215

注：三相四线制线路穿管时的载流量与穿三根时相同。

表6-2-185　BV、BLV型单芯电线穿铁管敷设载流量

（导体最高允许工作温度70℃，环境温度30℃）

导体截面积/mm²	长期连续负荷允许载流量/A					
	穿二根		穿三根		穿四根	
	铜芯	铝芯	铜芯	铝芯	铜芯	铝芯
1.0	14	—	13	—	11	—
1.5	19	15	17	13	16	12
2.5	26	20	24	18	22	15
4	35	27	31	24	28	22
6	47	35	41	32	37	28
10	65	49	57	44	50	38
16	82	63	73	56	65	50
25	105	80	95	70	85	65
35	135	100	115	90	105	80
50	165	125	145	110	130	100
70	205	155	185	145	165	125
95	250	190	225	170	200	150
120	290	220	260	195	230	170
150	330	250	300	225	265	200
185	380	285	340	255	300	230

注：三相四线制线路穿管时的载流量与穿三根时相同。

表6-2-186　BV、BLV型单芯电线穿塑料管敷设载流量

（导体最高允许工作温度70℃，环境温度30℃）

导体截面积/mm²	长期连续负荷允许载流量/A					
	穿二根		穿三根		穿四根	
	铜芯	铝芯	铜芯	铝芯	铜芯	铝芯
1.0	12	—	11	—	10	—
1.5	16	13	15	12	13	10
2.5	24	18	21	16	19	14
4	31	24	28	22	25	19
6	41	31	36	27	32	25
10	56	42	49	38	44	33
16	72	55	65	49	57	44
25	95	73	85	65	75	57
35	120	90	105	80	93	70
50	150	115	130	100	115	90
70	185	145	165	130	150	115
95	230	175	205	160	185	140
120	270	200	240	180	215	160
150	305	230	275	205	250	185
185	355	265	310	235	280	210

注：三相四线制线路穿管时的载流量与穿三根时相同。

表6-2-187　绝缘电线穿铁管或硬塑料管的管线配合参考表

导体截面积/mm²	管子内径/mm		
	穿二根	穿三根	穿四根
1.0	15	15	15
1.5	15	15	20
2.5	15	20	20
4	15	20	25
6	20	20	25
10	25	25	32
16	25	32	32
25	32	40	40
35	40	40	50
50	40	50	50
70	40	50	50
95	50	70	70
120	50	70	80
150	50	70	80
185	70	80	80

注：1. 50mm及以上时用钢管，50mm以下时用黑铁管。

2. 管线配合的原则为管内电线的总面积（包括绝缘外皮）应不超过管子内孔面积的40%。

2.8.3 载流量校正系数

1. 环境温度变化时载流量的校正系数（见表 6-2-188）

载流量的环境温度校正系数也可用下式求得：

$$K = \frac{I_0}{I_1} = \sqrt{\frac{\Delta Q_0}{\Delta Q_1}}$$

式中　K——载流量的校正系数；

ΔQ_0——载流量表中规定的导体最高允许温升（即导体最高允许工作温度与环境温度之差）；

ΔQ_1——因环境温度改变后的导体最高允许温升（即导体最高允许工作温度与改变后的环境温度之差）；

I_0 和 I_1——对应于 ΔQ_0 和 ΔQ_1 时的载流量（A）。

2. 电线多根并列敷设时的载流量的校正系数（见表 6-2-189）

已穿线的铁管（或塑料管）紧靠并列敷设时载流量的校正系数：2~4 管并列时校正系数为 0.95；5 管及以上并列时校正系数为 0.90。

表 6-2-188　环境温度变化时载流量的校正系数

导体工作温度 /℃	空气环境温度								
	5℃	10℃	15℃	20℃	25℃	30℃	35℃	40℃	45℃
65	1.35	1.29	1.22	1.15	1.08	1.0	0.91	0.82	0.72
70	1.32	1.26	1.20	1.13	1.07	1.0	0.92	0.84	0.76
80	1.26	1.21	1.16	1.11	1.05	1.0	0.94	0.87	0.80
90	1.22	1.18	1.13	1.09	1.04	1.0	0.95	0.90	0.84
105	1.15	1.13	1.10	1.06	1.03	1.0	0.97	0.93	0.89

注：环境温度指当地最高月平均温度。

表 6-2-189　并列敷设时的载流量校正系数

距离	1 单根	2 水平排列	3 水平排列	4 水平排列	5 水平排列	4 二排正方形排列	6 二排长方形排列
$s=d$	1.0	0.9	0.85	0.82	0.80	0.80	0.75
$s=2d$	1.0	1.0	0.98	0.95	0.90	0.90	0.90
$s=3d$	1.0	1.0	1.0	0.98	0.96	1.0	0.96

第 3 章

电气装备用电缆

3.1 橡套软电缆

按产品特点和分类方便，本手册将通用橡套软电缆、电焊机电缆、潜水电机用橡套电缆、无线电装置电缆和摄影光源电缆等，归属于橡套软电缆一类。

通用橡套软电缆广泛使用于各种电器设备，例如日用电器、电动机械、电工装置和器具的移动式电源线，同时可在室内或户外环境条件下使用。

根据电缆所受的机械外力，在产品结构上分为轻型、中型和重型三类，在截面上也有适当的衔接。一般轻型橡套电缆使用于日用电器，小型电动设备要求柔软、轻巧、弯曲性能好；中型橡套电缆除工业用外，广泛用于农业电气化中；重型电缆用于如港口机械，探照灯，农业大型水力排灌站等场

合。这类产品具有良好的通用性，系列规格完整，性能良好和稳定，并已制定了国家标准。

防水橡套电缆和潜水泵用扁电缆主要用于潜水电机配套。

无线电装置用电缆，目前主要生产两种橡套电缆（一种屏蔽的，另一种不屏蔽），基本能满足要求。

摄影用电缆产品，配合新型光源的发展，具有结构小，性能好特点，同时满足室内和野外工作的需要，逐步取代一些粗重、耐热性能差的老产品。

上述各类产品以及电焊机电缆等的规格、结构、性能和使用要求，将分别在下列各节中介绍。

3.1.1 产品品种

橡套软电缆的产品品种见表 6-3-1。

表 6-3-1　橡套软电缆产品品种

产品名称	型　号	工作温度	用途和特点
轻型通用橡套电缆	YQ		连接交流电压 250V 及以下轻型移动电气设备和日用电器
户外型通用橡套电缆	YQW	60℃	同上，具有耐气候性和一定的耐油性
中型通用橡套电缆	60245 IEC 53（YZ）	60℃	连接交流电压 500V 及以下各种移动电气设备（包括各种农用电动装置）
户外型中型通用橡套电缆	60245 IEC 57（YZW）		同上，具有耐气候性和一定的耐油性
重型通用橡套电缆	YC	60℃	同 YZ，并能承受较大的机械外力作用，如港口机械等可选用
户外型通用橡套电缆	60245 IEC 66（YCW）		同上，具有耐气候性和一定的耐油性
导体最高温度 180℃耐热硅橡胶电缆	60245 IEC 03（YG）	180℃	耐热 180℃的场合
导体最高温度 110℃750V 硬导体耐热乙烯-乙酸乙烯酯橡皮绝缘单芯无护套电缆	60245 IEC 04（YYY）	110℃	耐热 110℃ 750V 场合的连接线
导体最高温度 110℃750V 软导体耐热乙烯-乙酸乙烯酯橡皮绝缘单芯无护套电缆	60245 IEC 05（YRYY）	110℃	耐热 110℃ 750V 场合的连接线
导体最高温度 110℃500V 硬导体耐热乙烯-乙酸乙烯酯橡皮或其他合成弹性体绝缘单芯无护套电缆	60245 IEC 06（YYY）	110℃	耐热 110℃ 500V 场合的连接线

（续）

产品名称	型号	工作温度	用途和特点
导体最高温度110℃500V 软导体耐热乙烯-乙酸乙烯酯橡皮或其他合成弹性体绝缘单芯无护套电缆	60245 IEC 06（YRYY）	110℃	耐热110℃ 500V 场合的连接线
装饰回路用氯丁或其他相当的合成弹性体橡套圆电缆、扁电缆	60245 IEC 58（YS） 60245 IEC 58f（YSB）	60℃	装饰回路用连接线
电焊机用天然丁苯胶橡套软电缆 电焊机用氯丁胶橡套软电缆	60245 IEC 81（YH） 60245 IEC 82（YHF）	65℃	用作电焊机二次侧接线及连接电焊钳的软电缆，额定工作电压220V
编织电梯电缆 橡套电梯电缆 氯丁或相当的合成弹性体橡套电梯电缆	60245 IEC 70（YTB） 60245 IEC 74（YT） 60245 IEC 75（YTF）	60℃	电梯用连接线
橡皮绝缘编织软电缆 橡皮绝缘编织双绞软电缆 橡皮绝缘橡皮保护层总编织圆形软电缆	RE RES REH	60℃	300/300V 室内照明灯具、家用电器用橡皮绝缘编织软电线
无线电装置用橡皮绝缘橡套电缆 无线电装置用橡皮绝缘屏蔽电缆	SBH SBHP	65℃	供移动式无线电装置用，环境温度为-45～+50℃，湿度不超过95%～98% SBHP 具有屏蔽作用
摄影光源软电缆	GER-500	90℃	摄影灯源用，使用环境温度为-40℃～+50℃
防水橡套电缆	JHS	65℃	潜水泵电源连接线
潜水泵用扁电缆	YQSB YQSFB	65℃	同上，电缆为扁形。YQSB 用于井下，YQSFB 用于井口或井下

3.1.2　通用橡套软电缆

1. 通用橡套软电缆产品规格（见表6-3-2），交货长度见表6-3-3。

表6-3-2　通用橡套软电缆产品规格

型号	额定电压/V	芯数	标称截面积/mm²
YQ、YQW	300/300	2, 3	0.3～0.5
60245 IEC 53（YZ）、60245 IEC 57（YZW）	300/500	2, 3, 4, 5	0.75～6
YC、60245 IEC 66（YCW）	450/750	1 2 3, 4 5	1.5～400 1.5～95 1.5～150 1.5～25

表6-3-3　通用橡套软电缆交货长度

型号	交货长度/m≥	允许短段长度/m≥	占总量百分比（%）	备注
YQ，YQW 60245 IEC 53（YZ），60245 IEC 57（YZW） YC，60245 IEC 66（YCW）	100	10	10	按协议，可以任何长度交货

2. 结构尺寸轻型、中型和重型通用橡套软电缆的结构尺寸

分别见表6-3-4～表6-3-6。

表6-3-4　300/300V YQ、YQW 轻型橡套软电缆结构尺寸

芯数×标称截面积/mm²	导电线芯结构与单线直径/（根数/mm）	绝缘厚度/mm	护套厚度/mm	平均外径/mm ≥	平均外径/mm ≤	20℃时导体电阻/（Ω/km）≤ 铜芯	20℃时导体电阻/（Ω/km）≤ 镀锡铜芯
2×0.3	16/0.15	0.5	0.7	4.6	6.6	69.2	71.2
2×0.5	28/0.15	0.5	0.7	5.0	7.2	39.0	40.1
2×0.3	16/0.15	0.5	0.7	4.8	7.0	69.2	71.2
2×0.5	28/0.15	0.5	0.7	5.2	7.6	39.0	40.1

表 6-3-5　300/500V YZ、YZW〔60245 IEC 53（YZ），60245 IEC 57（YZW）〕中型橡套软电缆结构尺寸

芯数×标称截面积/mm²	导电线芯结构与单线直径/（根数/mm）	绝缘厚度/mm	护套厚度/mm	平均外径/mm ≥	平均外径/mm ≤	20℃时导体电阻/（Ω/km）≤ 铜芯	20℃时导体电阻/（Ω/km）≤ 镀锡铜芯
2×0.75	24/0.10	0.6	0.8	6.0	8.2	26.0	26.7
2×1	32/0.20	0.6	0.9	6.4	8.8	19.5	20.0
2×1.5	30/0.25	0.8	1.0	8.0	10.5	13.3	13.7
2×2.5	49/0.25	0.9	1.1	9.4	12.5	7.98	8.21
2×4	56/0.30	1.0	1.2	11.0	14.0	4.95	5.09
2×6	84/0.30	1.0	1.3	12.5	17.0	3.30	3.39
3×0.75	24/0.20	0.6	0.9	6.6	8.8	26.0	26.7
3×1	32/0.20	0.6	0.9	6.8	9.2	19.5	20.0
3×1.5	30/0.25	0.8	1.0	8.4	11.0	13.3	13.7
3×2.5	49/0.25	0.9	1.1	10.0	13.0	7.98	8.21
3×4	56/0.30	1.0	1.2	11.5	14.5	4.95	5.09
3×6	84/0.30	1.0	1.3	13.0	18.0	3.30	3.39
4×0.75	24/0.20	0.6	0.9	7.2	9.6	26.0	26.7
4×1	32/0.20	0.6	0.9	7.6	10.0	19.5	20.0
4×1.5	30/0.25	0.8	1.1	9.4	12.5	13.3	13.7
4×2.5	49/0.25	0.9	1.3	11.0	14.0	7.98	8.21
4×4	56/0.30	1.0	1.3	13.0	16.5	4.95	5.09
4×6	84/0.30	1.0	1.4	14.5	20.0	5.30	3.39
四芯三大一小结构						（主线芯导体电阻）	
3×1.5+1×1.0	30/0.25+32/0.20	0.8/0.6	1.1	9.4	12.0	18.3	13.7
3×2.5+1×1.5	49/0.25+30/0.25	0.9/0.8	1.2	11.0	14.0	7.98	8.21
3×4+1×2.5	56/0.30+49/0.25	1.0/0.9	1.3	13.0	16.0	4.95	5.09
3×6+1×4	84/0.30+56/0.30	1.0/1.0	1.4	14.5	19.5	3.30	3.39
5×0.75	24/0.20	0.6	1.0	8.0	11.0	26.0	26.7
5×1	32/0.20	0.6	1.0	8.4	11.5	19.5	20.0
5×1.5	30/0.25	0.8	1.1	10.0	13.5	13.3	13.7
5×2.5	49/0.25	0.9	1.3	12.5	15.5	7.98	8.21
5×4	56/0.30	1.0	1.4	14.5	18.0	4.95	5.09
5×6	84/0.40	1.0	1.6	16.5	22.5	3.30	3.39

表 6-3-6　450/750V YC，YCW〔60245 IEC 66（YCW）〕重型橡套软电线结构尺寸

芯数×标称截面积/mm²	导电线芯结构与单线直径/（根数/mm）	绝缘标称厚度/mm	护套厚度/mm 一层	护套厚度/mm 双层 内层	护套厚度/mm 双层 外层	平均外径/mm ≥	平均外径/mm ≤	20℃时导体电阻/（Ω/km）≤ 铜芯	20℃时导体电阻/（Ω/km）≤ 镀锡铜芯
1×1.5	30/0.25	0.8	1.4			5.6	7.2	13.3	13.7
1×2.5	49/0.25	0.9	1.4			6.4	8.0	7.98	8.21
1×4	56/0.30	1.0	1.5			7.2	9.0	4.95	5.09
1×6	84/0.30	1.0	1.6			8.0	11.0	3.30	3.39
1×10	84/0.40	1.2	1.8			9.8	13.0	1.91	1.95
1×16	126/0.40	1.2	1.9			11.0	14.5	1.21	1.24
1×25	106/0.40	1.4	2.0			10.5	16.5	0.780	0.795
1×35	276/0.40	1.4	2.2			14.0	18.5	0.554	0.565
1×50	398/0.40	1.6	2.4			16.5	21.0	0.386	0.393
1×70	360/0.50	1.6	2.6			18.5	24.0	0.272	0.277
1×95	475/0.50	1.8	2.8			21.0	26.0	0.206	0.210
1×120	608/0.50	1.8	3.0			23.0	28.5	0.161	0.164
1×150	756/0.50	2.0	3.2			25.0	32.0	0.129	0.132
1×185	925/0.50	2.2	3.4			27.5	34.5	0.106	0.108
1×240	1221/0.50	2.4	3.5			30.5	38.0	0.0801	0.0817
1×300	1525/0.50	2.6	3.6			33.5	41.5	0.0641	0.0654

（续）

芯数×标称截面积/mm²	导电线芯结构与单线直径/(根数/mm)	绝缘标称厚度/mm	护套厚度/mm 一层	护套厚度/mm 双层 内层	护套厚度/mm 双层 外层	平均外径/mm ≥	平均外径/mm ≤	20℃时导体电阻/(Ω/km) ≤ 铜芯	20℃时导体电阻/(Ω/km) ≤ 镀锡铜芯
1×400	2013/0.50	2.8	3.8			37.5	46.5	0.0486	0.0495
2×1.5	30/0.25	0.8	1.5			9.0	11.5	13.3	13.7
2×2.5	49/0.25	0.9	1.7			10.5	13.5	7.98	8.21
2×4	56/0.30	1.0	1.8			12.0	15.0	4.95	5.09
2×6	84/0.30	1.0	3.0			13.5	18.5	3.30	3.39
2×10	84/0.40	1.2	3.1	—	—	18.5	24.0	1.91	1.95
2×15	126/0.40	1.2	3.3	1.3	2.0	21.0	27.5	1.21	1.24
2×25	196/0.40	1.4	3.6	1.4	2.2	24.5	31.5	0.780	0.795
2×35	276/0.40	1.4	3.9	1.5	2.4	27.5	35.5	0.554	0.565
2×50	396/0.40	1.6	4.3	1.7	2.6	32.0	41.0	0.386	0.393
2×70	360/0.50	1.6	4.6	1.8	2.8	36.0	46.0	0.272	0.277
2×95	475/0.50	1.8	5.0	2.0	3.0	40.5	50.5	0.206	0.210
3×1.5	30/0.25	0.8	1.6	—	—	9.6	12.5	13.3	13.7
3×2.5	49/0.25	0.9	1.8	—	—	11.5	14.5	7.98	8.21
3×4	56/0.30	1.0	1.9	—	—	13.0	16.0	4.95	5.09
3×6	84/0.30	1.0	2.1	—	—	14.5	20.0	3.30	3.39
3×10	84/0.40	1.2	3.3	—	—	20.0	25.5	1.91	1.95
3×16	126/0.40	1.2	3.5	1.4	2.1	22.5	29.5	1.21	1.24
3×25	196/0.40	1.4	3.8	1.5	2.3	26.5	34.0	0.780	0.795
3×35	276/0.40	1.4	4.1	1.6	2.5	29.5	38.0	0.554	0.565
3×50	396/0.40	1.6	4.5	1.8	2.7	34.5	43.5	0.386	0.393
3×70	360/0.50	1.6	4.8	1.9	2.9	38.5	49.5	0.272	0.277
3×95	475/0.50	1.8	5.3	2.1	3.2	44.0	54.0	0.206	0.210
3×120	608/0.50	1.8	5.6	2.2	3.4	48.0	59.0	0.161	0.164
3×150	756/0.50	2.0	6.0	2.4	3.6	53.0	66.5	0.129	0.132
4×1.5	30/0.25	0.8	1.7	—	—	10.5	15.5	13.3	13.7
4×2.5	49/0.25	0.9	1.9	—	—	12.5	15.5	7.98	8.21
4×4	56/0.30	1.0	2.0	—	—	14.5	18.0	4.95	5.09
4×6	84/0.30	1.0	3.3	—	—	16.5	22.0	3.30	3.39
4×10	84/0.40	1.2	3.4	—	—	21.5	28.0	1.91	1.95
4×16	126/0.40	1.2	3.6	1.4	2.2	24.5	32.0	1.21	1.24
4×25	196/0.40	1.4	4.1	1.6	2.5	29.5	37.5	0.780	0.795
4×35	276/0.40	1.4	4.4	1.7	2.7	33.3	42.0	0.554	0.565
4×50	396/0.40	1.6	4.8	1.9	2.9	38.0	48.5	0.336	0.393
4×70	360/0.50	1.6	5.2	2.0	3.2	43.0	55.0	0.272	0.277
4×95	475/0.50	1.8	5.9	2.3	3.6	49.0	60.5	0.206	0.201
4×120	608/0.50	1.8	6.0	2.4	3.6	53.0	65.5	0.161	0.164
4×150	756/0.50	2.0	6.5	2.6	3.9	59.0	74.0	0.129	0.133
四芯三大一小结构								（主线芯导体电阻）	
3×2.5+1×1.5	49/0.25+30/0.25	0.9/0.8	2.0	—	—	13.5	15.5	7.98	8.21
3×4+1×2.5	56/0.30+49/0.25	1.0/0.9	2.0	—	—	14.5	17.5	4.95	5.09
3×6+1×4	84/0.30+56/0.30	1.0/1.0	2.2	—	—	16.0	21.0	3.30	3.39
3×10+1×6	84/0.40+84/0.30	1.2/1.0	3.0	—	—	20.5	26.5	1.91	1.95
3×16+1×6	126/0.40+84/0.30	1.2/1.0	3.5	1.3	2.2	23.0	30.5	1.21	1.24
3×25+1×10	196/0.40+84/0.40	1.4/1.2	4.0	1.6	2.4	28.0	35.5	0.780	0.795
3×35+1×10	276/0.40+84/0.40	1.4/1.2	4.0	1.6	2.4	30.0	38.5	0.554	0.565
3×50+1×16	396/0.40+126/0.40	1.6/1.2	5.0	2.0	3.0	36.0	46.0	0.386	0.393
3×70+1×25	360/0.50+196/0.40	1.6/1.4	5.0	2.0	3.0	40.0	51.0	0.272	0.277
3×95+1×35	475/0.50+276/0.40	1.8/1.4	5.0	2.0	3.0	44.0	55.0	0.206	0.210
3×120+1×35	608/0.50+276/0.40	1.8/1.4	5.0	3.0	3.0	46.5	59.0	0.161	0.164
3×150+1×50	756/0.50+396/0.40	2.0/1.6	5.0	2.0	3.0	52.0	66.0	0.129	0.132

（续）

芯数×标称截面积/mm²	导电线芯结构与单线直径/(根数/mm)	绝缘标称厚度/mm	护套厚度/mm			平均外径/mm		20℃时导体电阻/(Ω/km) ≤	
			一层	双层		≥	≤	铜芯	镀锡铜芯
				内层	外层				
5×1.5	30/0.25	0.8	1.8	—	—	11.5	15.0	13.3	13.7
5×2.5	49/0.25	0.9	2.0	—	—	13.5	17.0	7.98	8.21
5×4	56/0.30	1.0	2.2	—	—	16.0	19.5	4.95	5.09
5×6	84/0.30	1.0	2.5	—	—	18.0	24.5	3.30	3.39
5×10	84/0.40	1.2	3.6	—	—	24.0	31.0	1.91	1.95
5×16	126/0.40	1.2	3.9	1.5	2.4	27.0	35.5	1.21	1.24
5×25	196/0.40	1.4	4.4	1.7	2.7	32.5	41.5	0.780	0.795

3. 性能指标

(1) 电气和物理力学性能指标

1) 绝缘线芯工频火花试验电压（见表 6-3-7）。

2) 成品电缆电压试验（见表 6-3-8）。

3) 绝缘橡皮物理力学性能试验。绝缘硫化橡皮代号 IE2、IE3 和 IE4 型材料（参照 GB/T 5013.1—2008 标准），其物理力学性能应符合表 6-3-9的规定。

4) 护套橡皮物理力学性能。护套硫化橡皮混合物代号有：SE3、SE4 型（参照 GB/T 5013.1—2008 标准），它们的物理力学性能应符合表 6-3-10 的规定。

(2) 结构性能要求

1) 导线性能应符合电线电缆用铜导电线芯标准的规定，电线表面允许包隔离层。

2) 绝缘橡皮性能应不低于 XJ1 型。绝缘平均厚度不小于标称厚度，其最薄处的厚度不小于标称值的 90% - 0.1mm。

表 6-3-7　火花试验电压

绝缘厚度/mm	交流试验电压（有效值）/kV	绝缘厚度/mm	交流试验电压（有效值）/kV
$\delta \leqslant 0.5$	4	$1.5 < \delta \leqslant 2.0$	15
$0.5 < \delta \leqslant 1.0$	6	$2.0 < \delta \leqslant 2.5$	20
$1.0 < \delta \leqslant 1.5$	10	$2.5 < \delta$	25

表 6-3-8　成品电缆电压试验

序号	试验方法	单位	电线额定电压/V	
			300/300，300/500	450/750
1	成品电缆浸水电压试验： 试样长度　　　　≥ 浸水时间　　　　≥ 水温 试验电压 施加电压时间　　≥	m h ℃ V min	10 1 20±5 2000 5	10 1 20±5 2500 5
2	成品绝缘线芯电压试验： 试样长度　　　　≥ 浸水时间 水温 试验电压 绝缘厚度 0.6mm 及以下 绝缘厚度大于 0.6mm 施加电压时间　　≥	m h ℃ V V min	5 1 20±5 1500 2000 5	5 1 20±5 — 2500 5
3	成品电缆不浸水电压试验： 试样长度　　　　≥ 温度　　　　　　≥ 试验电压 施加电压时间　　≥	m C V min	整圈 室温 2000 5	整圈 室温 2500 5

表 6-3-9　绝缘橡皮的物理力学性能

序号	试验项目		单位	绝缘混合物型号		
				IE2	IE3	IE4
1	抗张强度和断裂伸长率					
1.1	原始性能　抗拉强度	≥	N/mm²	5.0	6.5	5.0
	断裂伸长率	≥	%	150	200	200
1.2	空气烘箱老化试验					
	老化条件：温度		℃	200 ± 2	150 ± 2	100 ± 2
	时间		h	10 × 24	7 × 24	7 × 24
	试验结果：抗拉强度	≥	N/mm²	4.0	—	4.2
	变化率①	≤	%	—	± 30	± 25
	断裂伸长率	≥	%	120	—	200
	变化率①	≤	%	—	± 30	± 25
1.3	空气弹老化试验					
	老化条件：温度		℃	—	150 ± 3	127 ± 3
	时间		h	—	7 × 24	40
	试验结果：抗拉强度	≥	N/mm²	—	6.0	—
	变化率①	≤	%	—	—	± 30
	断裂伸长度	≥	%	—	− 30	—
	变化率①	≤	%	—	—	± 30
2	热延伸试验：温度		℃	200 ± 2	200 ± 2	200 ± 2
	施加负荷		N/mm²	0.2	0.2	0.2
	时间		min	15	15	15
	延长率	≤	%	175	175	175
	永久变形	≥	%	25	25	25
3	高温压力			—	—	—
	由刀片施加的压力		MPa	—	见 GB/T 2951—2008	—
	载荷下的加压时间		h	—	见 GB/T 2951—2008	—
	温度		℃	—	150 ± 3	—
4	试验结果—压痕深度中间值　最大值		%		50	
	耐臭氧试验					
	试验条件					
	试验温度		℃			25 ± 2
	试验时间		h			24
	臭氧浓度		%			0.025 ~ 0.030
	试验结果					无裂纹

① 变化率 = (老化后中间值 − 原始中间值)/原始中间值 × 100%

表 6-3-10　护套橡皮的物理力学性能

序号	试验项目		单位	性能要求	
				SE3	SE4
1	抗拉强度和断裂伸长率				
1.1	原始性能：抗拉强度	≥	MPa	7.0	10.0
	断裂伸长率	≥	%	300	300
1.2	空气烘箱老化试验				
	老化条件：温度		℃	70 ± 2	70 ± 2
	时间		h	10 × 24	10 × 24
	试验结果：抗拉强度	≥	MPa	—	—
	变化率	≤	%	± 20	− 15
	断裂伸长率	≥	%	250	250
	变化率	≤	%	± 20	± 25
1.3	浸矿物油后的力学性能				
	试验条件：油的温度		℃	—	100 ± 2
	浸油时间		h	—	24

（续）

序号	试验项目	单位	性能要求 SE3	性能要求 SE4
	试验结果：抗拉强度变化率 ≤	%	—	±40
	断裂伸长率变化率 ≤	%	—	±40
2	热延伸试验：温度	℃	200±3	200±3
	加负荷	MPa	0.20	0.20
	时间	min	15	15
	延伸率	%	175	175
	永久变形	%	25	25
3	低温弯曲试验			
	温度	℃	—	−35±2
	施加低温时间	h	—	见 GB/T 2951—2008
	试验结果			
4	低温拉伸			
	温度	℃	—	−35±2
	施加低温时间	h	—	见 GB/T 2951—2008
	试验结果			
	未断裂时的伸长率，最小值	%	—	30

3）绝缘线芯上允许包布带或其他编织物材料。轻、中型电缆绝缘线芯应分色，接地线芯应为黑色。

4）线芯之间，以及绝缘与导体、绝缘与护套应不粘合。

5）电缆线芯的成缆绞向不作要求，成缆时允许用橡皮条或纤维材料填充间隙。

两芯电缆具有线芯允许平行排列。

6）YQ，60245 IEC 53（YZ），YC 型电缆的护套橡皮应符合 SE3 型。YQW，60245 IEC 57（YZW），60245 IEC 66（YCW）型电缆的护套橡皮应符合 SE4 型。

7）护套平均厚度不小于标称厚度，其最薄点的厚度不低于标称值的 80%−0.1mm，护套应紧密结实。

4. 使用要求和结构特点（见表 6-3-11）

表 6-3-11 通用橡套软电缆使用要求和结构特点

使 用 要 求	结 构 特 点
1. 通用橡套软电缆的适用范围极广，凡要求移动式连接的各种电气设备的一般场合均可适用，包括工农业各部门中一般所用的电气装备的移动连接 2. 根据使用电缆的截面积大小和能受机械外力的能力，分为轻型、中型、重型三种。均有柔软和易弯曲的要求，但轻型电缆柔软性要求更高，并要轻巧、尺寸小，不能承受机械外力；中型电缆要求一定柔软性并承受相当的机械外力，重型电缆应有较高的机械强度 3. 电缆护套应紧密结实和一定的圆整性，YQW、60245 IEC 57（YZW）、60245 IEC 66（YCW）型电缆适国际电工委员会合于野外使用（如探照灯、农用电犁），应有耐日光老化和耐油的性能	1. 导电线芯采用铜软线束绞，结构采用柔软型，大截面导线表面允许包纸，改善弯曲性能 2. 绝缘采用天然—丁苯橡皮，绝缘的老化性能良好 3. 户外型产品的橡套采用全氯丁胶或以氯丁胶为主的混合橡皮配方

5. 通用橡套软电缆参考载流量（见表 6-3-12）

表 6-3-12 参考载流量

主线芯	长期负荷允许载流量/A								
截面积/mm²	YQ，YQW		60245 IEC 53（YZ）60245 IEC 57（YZW）			YC，60245 IEC 66（YCW）			
	一芯	三芯	二芯	三芯	四芯	单芯	二芯	三芯	四芯
0.3	7	6	—	—	—	—	—	—	—
0.5	11	9	12	10	10	—	—	—	—
0.75	14	12	14	12	11	—	—	—	—

（续）

主线芯	长期负荷允许载流量/A								
截面积/mm²	YQ，YQW		60245 IEC 53（YZ） 60245 IEC 57（YZW）			YC，60245 IEC 66（YCW）			
	一芯	三芯	二芯	三芯	四芯	单芯	二芯	三芯	四芯
1	—	—	17	14	13	—	—	—	—
1.5	—	—	21	18	18	—	—	—	—
2	—	—	26	22	22	—	—	—	—
2.5	—	—	30	26	25	37	30	26	27
4	—	—	41	35	35	47	39	34	34
6	—	—	53	45	45	52	51	43	44
10	—	—	—	—	—	75	74	63	63
16	—	—	—	—	—	112	98	84	84
25	—	—	—	—	—	148	135	115	116
35	—	—	—	—	—	183	167	142	143
50	—	—	—	—	—	226	208	176	177
70	—	—	—	—	—	289	259	224	224
95	—	—	—	—	—	353	318	273	273
120	—	—	—	—	—	415	371	316	316

注：导体长期允许工作温度为65℃，环境温度为25℃。

3.1.3　电焊机用软电缆

1. 产品规格、结构尺寸和交货长度（表6-3-13 ~ 表6-3-14）

表6-3-13　电焊机电缆的产品规格及结构尺寸

导体标称截面积 /mm²	导电线芯结构中单线最大直径 /mm	单层或组合护套的总厚度 /mm	组合护套的外护套厚度/mm ≥	平均外径 /mm		20℃时导体电阻 /（Ω/km）≤	
				≥	≤	镀锡	未镀锡
16	0.21	2.0	1.3	8.8	11.0	1.16	1.19
25	0.21	2.0	1.3	10.1	12.7	0.758	0.780
35	0.21	2.0	1.3	11.4	14.2	0.536	0.552
50	0.21	2.2	1.5	13.2	16.5	0.379	0.390
70	0.21	2.4	1.6	15.3	19.2	0.268	0.276
95	0.21	2.6	1.7	17.1	21.4	0.198	0.204

表6-3-14　电焊机电缆交货长度

型号	制造长度 /m≥	允许短段电缆长度/m≥	短段电缆占交货总长的百分比（%）	备注
YH，YHL	100	20	10	双方协议，可按任何长度交货

2. 性能指标

（1）电气和力学性能

1）工频火花试验（表6-3-15）

表6-3-15　工频火花试验

护套层厚度 δ/mm	试验电压/V
δ≤2.0	6000
2.0 < δ≤2.5	7000
	8000
3.0 < δ≤3.5	10000

2）工频电压试验（表6-3-16）

表6-3-16　工频电压试验

试验方法	单　位	性能要求
试样长度≥	m	10
浸水时间≥	h	1
水温	℃	20±5
试验电压值	V	2000
施加电压时间　≥	min	5

3）静态曲挠试验（表6-3-17）

表6-3-17　静态曲挠试验

标称截面积/mm²	最大距离 L/cm
16	45
25	45
35	50
50	50
70	55
95	60

（2）成品电缆橡皮性能　YH 型电缆应采用 XH1-2 型橡皮混合物，YHF 型电缆应采用 XH2 型橡皮混合物，它们的性能可参阅通用橡套软电缆，见表 6-3-10。

（3）结构性能要求

1）导电线芯应分别符合电线电缆用铜、铝导电线芯标准的要求，铝导线采用半硬铝线。导电线

芯应先束成股线，分别以 7 股、19 股、37 股按正规结构绞制，束线与绞制方向相同。

2）导线外应包聚酯薄膜。

3）橡皮层的平均厚度不小于标称厚度，其最薄处的厚度应不小于标称值的 85%。橡皮层应紧密结实。

3. 使用要求和结构特点（见表 6-3-18）

表 6-3-18　电焊机电缆使用要求和结构特点

使 用 要 求	结 构 特 点
1. 电缆是在低电压（最高工作电压为 220V）大电流的条件下工作，要求有一定的耐热性 2. 频繁移动，扭绕，施放，要求柔软、弯曲性能好 3. 在施放中，易碰到尖锐钢铁构件，受到刮、擦等作用，要求电缆绝缘抗撕，耐磨，力学性能较好 4. 使用环境条件复杂，如日晒雨淋，接触泥水，机油，酸碱液体，要求一定的耐气候性和耐油，耐溶剂性 5. 有时会碰到热焊件，要求耐热变形较好 6. 要求外径小，重量轻	1. 导线采用柔软型结构，为了保证弯曲时柔软性和绝缘刺破时的电性能，在导线外包一层聚酯薄膜绝缘带 2. 采用较好的绝缘橡皮，厚度也较大，既作绝缘又作护套 3. 优先发展弯曲性能好的铝合金线芯，在解决连接技术后，电缆重量大大减轻。由于此种电缆电性能要求不高，但使用环境条件复杂，因此在结构上满足各种复杂的环境是不合理的，要求使用时注意改善使用条件，防止外来破坏

3.1.4　防水橡套电缆

1. 产品规格和结构尺寸（见表 6-3-19）

表 6-3-19　JHS 型防水橡套电缆的规格和结构尺寸

芯数	芯数×截面积/mm²	导线结构与单线直径/（根数/mm）	绝缘厚度/mm	橡套厚度/mm	计算外径/mm	计算重量/(kg/km)
单芯	1×4	49/0.32	1.2	2.0	9.3	
	1×6	49/0.39	1.2	2.0	9.9	
	1×10	49/0.52	1.4	2.0	12.1	
	1×16	84/0.49	1.4	2.0	13.5	
	1×25	133/0.40	1.6	2.6	16.2	
	1×35	133/0.58	1.6	2.5	17.5	
	1×50	133/0.68	1.6	2.5	19.0	
	1×70	189/0.68	1.6	2.5	21.4	
三芯	3×2.5	49/0.26	1.0	2.0	13.4	282
	3×4	49/0.32	1.0	2.0	15.5	386
	3×6	49/0.39	1.0	2.0	16.9	485
	3×10	49/0.52	1.2	2.5	22.3	850
	3×16	49/0.64	1.2	2.5	24.6	1103
	3×25	98/0.58	1.4	2.5	31.6	1774
	3×35	133/0.58	1.4	2.5	33.8	2161
四芯	3×2.5+1×1.5	49/0.26+19/0.32	1.0+1.0	2.0	15.1	349
	3×4+1×2.5	49/0.32+49/0.26	1.0+1.0	2.0	16.5	425
	3×6+1×4	49/0.39+49/0.32	1.0+1.0	2.5	18.9	596
	3×10+1×6	49/0.52+49/0.39	1.2+1.0	2.5	23.2	943
	3×16+1×6	49/0.64+49/0.39	1.2+1.0	2.5	25.3	1180
	3×25+1×6	98/0.58+49/0.39	1.4+1.0	2.5	32.4	1895
	3×35+1×6	133/0.58+49/0.39	1.4+1.0	2.5	34.4	2268

2. 性能指标（见表 6-3-20）

表 6-3-20　JHS 型橡套电缆性能指标

20℃导线	绝缘线芯工频耐压		成品电缆工频耐压			电缆横向密封试验	橡皮在水压下吸水量试验
直流电阻/ $(\Omega \cdot mm^2/m)$ $\leqslant$	浸入室温水中 6h 后		浸入室温水中 6h 后		浸水耐压后 20℃绝缘电阻 $/(M\Omega \cdot km)$		
	试验 电压/V	加压时 间/min	试验 电压/V	加压时 间/min			
不镀锡 0.0184 镀锡 0.0210	2500	5	2500	15	100	在电缆直径 5 倍的圆柱体上，弯曲十次（弯至 180°）放在 30 个大气压水箱中 2h，电缆露出部分不漏水	在 30 个大气压，室温水中。护套橡皮放置 24h 重量增加不超过 1.6mg/cm²

3. 使用要求

1）防水橡套电缆供交流电压 500V 及以下的潜水电机上传输电能用。电缆线芯长期允许工作温度为 65℃。

2）要求电缆在长期浸水及较大的水压下，具有良好的电气绝缘性能，并要求护套材料在水压下吸水量小。

3）要求电缆弯曲性能良好，柔软，并能承受经常的移动。

3.1.5　潜水泵用扁电缆

潜水泵用扁电缆用于交流电压 500V 及以下，为潜水电机配套使用的橡皮绝缘橡皮护套扁电缆。

1. 产品品种（见表 6-3-21）

表 6-3-21　潜水泵扁电缆产品品种

型号	产品名称	使用范围
YQSB	潜水泵用天然橡胶护套扁电缆	用于井下
YQSFB	潜水泵用氯丁橡胶护套扁电缆	用于井口或井下

2. 产品规格及结构尺寸（见表 6-3-22）

表 6-3-22　YQSB，YQSFB 型橡套扁电缆的生产规格及结构尺寸

芯数×标称截面积 /mm²	导电线芯结构与单线直径 /（根/mm²）	绝缘厚度 /mm	护套厚度 /mm	电缆外形尺寸/mm		20℃时导体电阻/(Ω/km)　≤	
				标称	最大	铜芯	镀锡铜芯
3×0.3	16/0.15	0.6	1.0	3.89×7.67	4.2×8.3	69.2	71.2
3×0.5	16/0.20	0.6	1.0	4.12×8.36	4.5×9.1	39.0	40.1
3×0.75	24/0.20	0.6	1.2	4.73×9.39	5.1×10.2	26.0	26.7
3×1	32×0.20	0.6	1.2	4.91×9.93	5.3×10.7	19.5	20.0
3×1.5	30/0.25	0.6	1.4	5.58×11.14	6.1×12.1	13.3	13.7
3×2.5	49/0.25	0.8	2.0	7.94×15.82	8.6×17.1	7.98	8.21
3×4	56/0.30	0.8	2.0	8.48×17.44	9.2×18.8	4.95	5.09
3×6	84/0.30	0.8	2.0	9.11×19.33	9.8×20.9	3.30	3.39
3×10	84/0.40	1.0	2.5	11.86×25.58	12.8×27.6	1.91	1.95
3×16	126/0.40	1.0	3.0	14.11×30.33	15.2×32.8	1.21	1.24
3×25	196/0.40	1.2	3.5	16.75×36.25	18×39.2	0.780	0.795
3×35	276/0.40	1.2	3.5	18.1×40.3	19.6×43.5	0.554	0.565
3×50	396/0.40	1.4	4.0	21×47	22.7×50.8	0.386	0.393

3. 性能指标

（1）绝缘橡皮的物理力学性能（见表6-3-23）

（2）护套的物理力学性能（见表6-3-24）

表6-3-23 绝缘橡皮的物理力学性能

序号	试验项目	单位	性能要求
1	原始性能		
	抗张强度原始值　最小中间值	MPa	5.0
	断裂伸长率原始值　最小中间值	%	250
2	空气烘箱老化后性能		
	老化条件：温度	℃	70±2
			100±2
	时间	h	10×24
			4×24
	老化后抗张强度　最小中间值	MPa	4.2
	最大变化率①	%	−30②
3	老化后断裂伸长率　最小中间值	%	250
	最大变化率①	%	−30②
	氧弹老化4天后性能		
	老化条件：温度	℃	70±1
	时间	h	4×24
	老化后抗张强度　最小中间值	MPa	4.2
	最大变化率①	%	③
4	老化后断裂伸长率　最小中间值	%	250
	最大变化率①	%	③
	氧弹老化7天后性能④		
	老化条件：温度	℃	70±1
	时间	h	7×24
	老化后抗张强度　最小中间值	MPa	4.2
	最大变化率①	%	±25
	老化后断裂伸长率　最小中间值	%	250
	最大变化率①	%	±35
5	热延伸试验		
	试验条件　温度	℃	200±2
	施加负荷	MPa	0.2

（续）

序号	试验项目	单位	性能要求
5	时间	min	15
	延伸率　最大	%	175
	永久变形　最大	%	25

注：导体不镀锡且无隔离层的成品绝缘老化时应带有导体。

① 变化率 = $\dfrac{\text{老化后中间值} - \text{原始中间值}}{\text{原始中间值}} \times 100\%$

② 如果烘箱老化试验后，抗拉强度中间值等于或大于5.0MPa，并且抗拉强度和断裂伸长率老化后变化率应不大于40%，则应进行4天氧弹老化试验。

如果烘箱老化试验后，抗拉强度中间值小于5.0MPa，但不低于4.2MPa，则进行7天氧弹老化试验。

③ 如果4×24h氧弹老化试验后的抗拉强度中间值不小于5.0MPa且在空气烘箱老化试验后抗拉强度和伸长率的变化率不大于25%，则4×24h氧弹老化后的抗拉强度的变化率应不大于40%，伸长率的变化率不大于30%。如果4×24h氧弹老化试验后的抗拉强度中间值不小于5.0MPa且在空气烘箱老化试验后抗拉强度或伸长率的变化率大于25%，则4×24h氧弹老化后抗拉强度的变化率应不大于25%，伸长率的变化率应不大于35%。

④ 如果10×24h空气烘箱老化和4×24h氧弹老化所得的抗拉强度中间值都小于5.0MPa，但不小于4.2MPa，则必须进行7×24h氧弹加速老化试验，试验后抗拉强度变化率不大于25%，伸长率的变化率应不大于35%。

表6-3-24 护套的物理力学性能

序号	试验项目	单位	型号 YQSB		型号 YQSFB	
1	原始性能					
	抗拉强度原始值　最小中间值	MPa	7.0		10.0	
	断裂伸长率原始值　最小中间值	%	300		300	
2	空气烘箱老化后性能					
	老化条件：温度	℃	70±2	80±2	70±2	80±2
	时间	h	10×24	4×24	10×24	4×24
	老化后抗拉强度　最小中间值	MPa	—	—	—	—
	最大变化率	%	±20	−80	−15	−30
	老化后断裂伸长率　最小中间值	%	250		250	
	最大变化率	%	±20	−80	−25	−30
3	耐油试验					
	试验条件：油的温度	℃	—		100±2	
	浸油时间	h	—		24	
	浸油后抗拉强度　最大变化率	%	—		±40	
	浸油后断裂伸长率　最大变化率	%	—		±40	

（3）**电气性能**　电缆及其绝缘线芯耐电压试验见表6-3-25。电缆绝缘线芯间的绝缘电阻，换算到20℃时，标称截面积在35mm^{2}及以下者应≥50MΩ/km，50mm^{2}及以上者应≥30MΩ/km。

表6-3-25　电气性能要求

序号	试验项目	单位	性能要求
1	成品电缆浸水电压试验 样品长度≥ 浸水最少时间 水温 试验电压值（交流） 施加电压时间	m h ℃ V min	10 1 20±5 2000 5
2	成品绝缘线芯电压试验 样品长度≥ 浸水最少时间 水温 试验电压值（交流） 施加电压时间	m h ℃ V min	5 1 20±5 2000 5
3	成品电缆不浸水电压试验 样品长度≥ 温度 试验电压值（交流） 施加电压时间	m ℃ V mm	整圈 室温 2000 5

3.1.6　无线电装置用电缆

1. 生产规格　（SBH、SBHP无线电装置用，见表6-3-26和表6-3-27）

表6-3-26　无线电装置用电缆生产规格

型号	芯数	额定电压/V		
		250	500	3000
		导线截面积/mm^2		
SBH	2~8, 10, 12, 14 2及3	0.35~2.5 4~10	0.75~2.5 4~10	1.5~2.5 —
SBHP	1~8, 10, 12, 14 2及3	0.35~2.5 4~10	0.75~2.5 4~10	1.5~2.5 —

注：双方协议，截面积为4~10mm^{2}的2~3芯电缆，也可生产3000V级。

表6-3-27　无线电装置用电缆交货长度

型号	交货长度 /m≥	允许短段 长度/m≥	短段占 交货总 长度（%）	备注
SBH SBHP	100	7	10	双方协议，可按任何长度交货

2. 结构尺寸

250V、500V及3000V电压等级的无线电装置用电缆的结构、外径和重量，分别列于表6-3-28~表6-3-32。

表6-3-28　无线电装置用电缆结构

导线截面积 /mm^2	导线结构与单线直径 /（根/mm）	绝缘厚度/mm			导线截面积 /mm^2	导线结构与单线直径 /（根/mm）	绝缘厚度/mm		
		250V	500V	3000V			250V	500V	3000V
0.35	20/0.15	0.6	—	—	2.5	19/0.41	0.6	1.0	1.8
0.50	16/0.20	0.6	—	—	4	49/0.32 或 19/0.52	0.6	1.0	1.8
0.75	19/0.23	0.6	1.0	—	6	49/0.39 或 19/0.64	0.6	1.0	—
1.0	19/0.26	0.6	1.0	—	10	49/0.52	0.8	1.2	—
1.5	19/0.32	0.6	1.0	1.8					

注：屏蔽层的编织覆盖率应≥75%。

表6-3-29　250V 0.35~2.5mm^2 SBH、SBHP电缆外径与重量

型号	芯数	导线截面积/mm^2											
		0.35		0.5		0.75		1.0		1.5		2.5	
		外径 /mm	重量/ （kg/km）	外径 /mm	重量/ （kg/km）	外径 /mm	重量/ （kg/km）	外径/ mm	重量/ （kg/km）	外径/ mm	重量/ （kg/km）	外径/ mm	重量/ （kg/km）
SBH	2	7.5	65	7.9	73	8.3	84	8.6	94	9.2	112	10.1	143
	3	7.9	76	8.3	86	8.7	98	9.0	110	9.7	130	10.7	179
	4	8.5	81	8.9	100	9.4	118	9.8	134	10.5	164	11.5	218

（续）

型号	芯数	导线截面积/mm²											
		0.35		0.5		0.75		1.0		1.5		2.5	
		外径/mm	重量/(kg/km)	外径/mm	重量/(kg/km)	外径/mm	重量/(kg/km)	外径/mm	重量/(kg/km)	外径/mm	重量/(kg/km)	外径/mm	重量/(kg/km)
SBH	5	9.1	102	9.6	119	10.2	140	10.6	159	12.0	194	14.2	288
	6	9.8	118	10.3	137	11.0	162	11.4	184	12.9	230	15.3	237
	7	9.8	125	10.3	145	11.0	173	11.4	198	12.9	240	15.3	367
	8	11.1	144	11.7	165	12.3	197	12.8	223	14.8	308	16.3	415
	10	12.6	173	14.4	228	15.2	271	15.8	304	17.0	379	18.8	514
	12	13.0	191	14.7	254	15.6	305	16.2	344	17.5	430	19.3	581
	14	14.6	248	15.4	284	16.3	342	16.9	388	18.3	486	20.3	661
SBHP	1	7.1	78	7.2	82	7.5	87	7.6	90	7.9	99	8.4	128
	2	8.7	124	9.1	133	9.5	144	9.8	155	10.4	174	11.3	219
	3	9.1	135	9.5	146	9.9	159	10.2	172	10.9	199	11.9	254
	4	9.7	148	10.1	162	10.6	180	11.0	197	11.7	237	1Z.8	309
	5	10.3	164	10.8	182	11.4	214	11.8	232	13.2	281	15.4	381
	6	11.0	181	11.5	210	12.2	237	12.6	260	14.1	323	17.1	449
	7	11.0	188	11.5	219	12.2	248	12.6	273	14.1	342	17.1	479
	8	12.3	219	12.9	255	13.5	288	14.0	315	16.0	404	18.1	549
	10	13.8	266	15.5	323	17.0	384	17.6	535	18.8	511	20.6	657
	12	14.8	290	15.9	350	17.0	436	18.0	576	19.3	568	21.1	726
	14	15.8	344	17.2	413	18.1	475	18.7	522	20.1	628	22.1	827

表 6-3-30　500V 0.75~2.5mm² SBH、SBHP 电缆外径与重量

型号	芯数	0.75		1.0		1.5		2.5	
		外径/mm	重量/(kg/km)	外径/mm	重量/(kg/km)	外径/mm	重量/(kg/km)	外径/mm	重量/(kg/km)
SBA	1	—	—	—	—	—	—	—	—
	2	9.9	118	10.2	129	10.8	150	11.7	187
	3	10.4	140	10.8	154	11.4	181	12.4	228
	4	11.3	164	11.7	184	12.4	218	14.5	305
	5	12.3	198	12.7	220	15.1	283	16.3	354
	6	14.4	260	14.8	285	15.3	334	17.7	420
	7	14.4	276	14.8	305	15.3	359	17.7	458
	8	16.0	309	16.5	339	17.5	422	19.0	523
	10	18.4	371	19.0	414	20.2	509	22.0	649
	12	18.9	428	19.5	471	20.8	567	22.7	733
	14	19.8	485	20.5	535	21.8	643	23.8	834
SBHP	1	8.3	115	8.4	119	8.7	127	9.2	142
	2	11.1	181	11.4	202	12.0	225	12.9	277
	3	11.6	212	12.0	228	12.6	256	13.6	319
	4	12.5	240	12.9	274	13.6	310	15.7	416
	5	13.5	260	13.9	312	16.9	393	18.1	468
	6	15.8	312	16.0	381	18.1	467	19.5	491
	7	16.8	388	17.0	402	18.1	493	19.5	599
	8	17.8	442	18.3	473	19.3	562	20.8	666
	10	20.2	519	20.8	557	22.0	655	23.8	828
	12	20.7	571	21.3	616	22.6	732	24.8	1003
	14	21.0	631	22.3	698	23.6	810	25.6	1034

表 6-3-31　4～10mm² SBH、SBHP 电缆外径与重量

| 型号 | 250V | | | | | | 500V | | | | | |
| | 4 | | 6 | | 10 | | 4 | | 6 | | 10 | |
	外径/mm	重量/(kg/km)	外径/mm	重量/(kg/km)	外径/mm	重量/(kg/km)	外径/mm	重量/(kg/km)	外径/mm	重量/(kg/km)	外径/mm	重量/(kg/km)
SBH	11.2	191	12.4	251	16.6	446	12.4	266	13.6	342	18.4	580
	11.9	201	14.2	345	17.9	562	13.1	332	15.4	442	19.3	700
SBHP	12.8	237	15.0	330	18.2	512	14.0	330	1.6.8	442	20.0	653
	14.6	324	15.9	410	19.3	644	15.8	420	17.7	542	21.1	789

表 6-3-32　3000V SBH、SBHP 电缆外径与重量

芯数	SBH				SBHP			
	导线截面积/mm²							
	1.5		2.5		1.5		2.5	
	外径/mm	重量/(kg/km)	外径/mm	重量/(kg/km)	外径/mm	重量/(kg/km)	外径/mm	重量/(kg/km)
1	—	—	—	—	10.2	112	10.8	161
2	14.8	254	15.9	295	16.0	356	17.1	403
3	15.6	309	16.8	364	16.8	417	18.0	478
4	17.0	371	18.3	442	18.2	488	19.5	566
5	19.2	437	20.6	529	20.4	563	21.8	660
6	20.8	511	22.4	611	22.0	676	23.6	787
7	20.8	544	22.4	653	22.0	709	23.6	829
8	22.4	615	24.2	740	23.6	792	25.4	929
10	26.2	793	28.4	962	27.4	1000	29.6	1182
12	27.1	911	29.3	1066	28.3	1123	30.5	1293
14	28.5	988	30.8	1202	29.7	1211	32.0	1441

3. 性能指标（表 6-3-33）

表 6-3-33　SBH、SBHP 电缆主要性能指标

| 导线直流电阻率 20℃/(Ω·mm²/m) | 绝缘电阻 20℃/(MΩ·km) | | 绝缘线芯工频耐电压试验 | | | | | 成品工频耐电压试验（芯-芯，芯-屏蔽） | | |
| | | | 250～500V 火花击穿试验 | | | 3000V 浸水耐压试验 | | | | |
≤	额定电压/V	指标	绝缘厚度/mm	试验电压/V		试验电压/V	加压时间/min	额定电压/V	试验电压/V	加压时间/min
0.0190	250	10	0.6	4000		浸入室温水中 6h 后 6000	5	250	1000	5
	500	50	0.8	5000				500	3000	
			1.0	6000						
	3000	100	1.2	7000				3000	6000	

3.1.7　摄影光源软电缆

1. 产品规格与结构尺寸

GER-500 摄影光源软电缆的规格、尺寸和交货长度，分别示于表 6-3-34～表 6-3-36。

表 6-3-34 摄影光源电缆的规格与结构

导线芯数与截面积/mm²				导线结构与单线直径/(根数/mm)	绝缘厚度/mm	护套厚度/mm			
单芯	二芯	二芯平型	四芯			单芯	二芯	二芯平型	四芯
—	1.0	1.0	1.0	32/0.2	1.0	—	1.5	1.5	1.5
—	1.5	1.5	1.5	48/0.2	1.0	—	1.5	1.5	1.5
—	2.5	2.5	2.5	77/0.2	1.0	—	1.5	1.5	2.0
—	4.0	4.0	4.0	126/0.2	1.0	—	1.5	1.5	2.0
—	6.0	6.0	6.0	189/0.2	1.0	—	2.0	2.0	2.0
10	10	10	—	323/0.2	1.2	1.5	2.0	2.0	—
16	16	16	—	513/0.2	1.2	1.5	2.0	2.0	—
25	25	25	—	798/0.2	1.4	2.0	2.5	2.5	—
35	35	35	—	1121/0.2	1.4	2.0	2.5	2.5	—
50	50	50	—	1596/0.2	1.6	2.0	2.5	2.5	—

表 6-3-35 摄影光源电缆的外径与重量

导线截面积/mm²	计算外径/mm				计算重量/(kg/km)			
	单 芯	二 芯	二芯平型	四 芯	单 芯	二 芯	二芯平型	四 芯
1.0	—	9.7	6.3×9.7	11.6	—	108	99	153
1.5	—	10.3	6.6×10.3	12.4	—	131	117	183
2.5	—	11.2	7.1×11.2	14.4	—	163	147	238
4.0	—	13.0	8.0×13.0	16.6	—	228	230	329
6.0	—	15.4	9.7×15.4	18.3	—	312	290	458
10	10.4	18.8	12.0×19.4	—	184	499	389	—
16	11.6	21.1	13.2×21.7	—	253	670	528	—
25	14.8	26.6	16.4×27.2	—	398	1027	812	—
35	15.8	28.6	17.4×29.2	—	505	1305	1048	—
50	17.9	32.8	19.5×33.4	—	645	1753	1388	—

表 6-3-36 摄影光源电缆交货长度

交换长度/m ≥	允许短段长度/m ≥	短段占总量百分比（%）≤	备 注
50	15	30	按双方协议，可按任何长度交货

2. 性能指标（见表 6-3-37）

表 6-3-37 GER-500 摄影光源电缆性能指标

成品导线20℃电阻率/(Ω·mm²/m) ≥	成品电缆20℃绝缘电阻/(MΩ·km) ≥	绝缘线芯工频耐压试验			成品电缆绝缘线芯间耐压试验	绝缘橡皮物理力学老化性能
		火花试验		或浸水		
		绝缘厚度/mm	试验电压/V			
铜线：0.0184 镀锡铜线：0.021	50	1.0 1.2 1.4 1.6	6000 7000 8000 9000	浸入室温水中 6h 后，工频 2000V，5min 而不发生击穿	工频 2000V，5min 不发生击穿；单芯电缆进行浸水耐压试验	1）物理力学性能按电线电缆用橡皮标准的要求 2）热老化性能经 120℃±2℃，168h 后，k_1、k_2 均不小于 0.7
结构性能要求	1）导线结构应符合电线电缆用铜导电线芯标准的要求，导线允许镀锡； 2）绝缘橡皮采用三元乙丙胶，绝缘厚度允许偏差为 ±10%，最薄处厚度不小于标称值的 90% −0.1mm； 3）二芯和四芯电缆成缆节距倍数不大于 10 倍，绞向为右向，成缆后用布带或尼龙丝扎紧； 4）四芯电缆一芯为接地线芯，应有标志； 5）护套厚度允许偏差为 −20%。表面应光滑圆整，允许有节距纹。外径正偏差不应大于标称值的 15%					

3. 使用要求和结构特点（见表 6-3-38）

表 6-3-38 摄影光源电缆使用要求和结构特点

使用要求	结构特点
摄影光源用软电缆使用中频繁移动，并要求在摄影棚内几十根电缆同时应用，或野外摄影使用。同时由于摄影设备和新型光源设备的不断发展，要求电缆具有下列性能： 1）外径小，重量轻 2）电缆要高度柔软 3）输送电能容量大，耐高温 4）能在 −40℃ 低温环境下工作 5）长期的使用寿命	1）导线结构采用较细的柔软型结构，并采用先束后绞的工艺 2）采用乙丙橡胶，性能优良，使电缆长期允许工作温度提高为 90℃，可以缩小电缆外径，减轻重量，节约材料 3）生产平型二芯电缆，减少摄影场地因电缆多、交叉重叠引起的不平整，敷设收放方便，减轻重量 4）新型摄影光源软电缆仍在继续改进和发展中

3.2 矿用电缆

矿用电缆是指煤矿开采工业专用的地面设备和井下设备用电线电缆产品。其中包括采煤机、运输机、通信、照明与信号设备用电缆、以及电钻电缆、帽灯电线和井下移动变电站用的 6kV 电源电缆等。该类产品也包括适用于各种气候环境的挖掘机、斗轮机和排土机用的 6kV 软电缆。

矿用电缆的环境条件很复杂，工作条件很严酷，瓦斯和煤尘集聚的区域又十分危险，容易引起爆炸，造成严重的人身伤亡和财产损失。因此，对电缆的安全特性提出了更高的要求。电缆的安全性能表现在结构的合理性，保护或监视元件功能的可靠性，与电气保护装置的协同性。

为达到安全供电的目的，提高整套装备的运行可靠性，必须按电缆运行的环境条件来正确运计电缆和选用电缆。下面的 5 种环境条件是必须考虑的：

1）空气环境条件。即环境空气中有没有爆炸性气体，或可燃性气体。

2）电气环境条件。工作网络的额定电压、电压波动幅度、系统的接地方式、冲击过电压存在的可能性；单相接地运行的时间。

3）热环境条件。负载电流使导体发热，对于确定的导体温度，环境温度决定着导体温升。过高的导体温度会加速绝缘和护套材料的降解老化进程。

4）化学环境条件。电缆的绝缘和护套材料都是高分子化学聚合物，各种聚合物具有不同的耐化学性。油类的污染会使其力学物理性能不同程度的降低，臭氧可使绝缘和护套材料表面龟裂。

5）物理环境条件。安装和运行的环境条件都在此列。由于受空间的限制，电缆在安装和运行过程中，要受到拖、拉、磨、弯、冲和挤等各种机械应力的作用。有时是两种乃至两种以上应力的复合

作用。

正确选用电缆的前提是，认识电缆运行条件和了解电缆元件的基本功能。特别要注意以下 4 个元件的功能：

1）绝缘屏蔽层。绝缘屏蔽层有三项基本功能。

a）使绝缘内部电场径向分布。从实用观点看，也消除了绝缘表面的切向电场和纵向电场。

b）绝缘导体对地形成固定均匀电容，从而产生均匀波阻抗，使电缆线路内的电压波反射减到最小。

c）灵敏显示绝缘状态，减少触电危险。绝缘层表面到处与导电屏蔽层的电位相等。可以通过监视导体与屏蔽层之间绝缘电阻的方法，显示绝缘状态。当任何一处绝缘电阻低于规定值时，保护装置动作，切断电源，防止人身触电事故发生。

2）监视线（层）。监视线的主要功能是监视地线的连续性。经过结构设计上的演绎之后，监视线均布在电缆轴心的同心圆周上，它又兼有监视外界破坏物体侵入的作用。

3）地线芯。煤矿的供电系统的中性点不是直接接地的。电缆的地线芯直流电阻必须满足有关规程规定。6kV 供电系统中保护装置的应用不如低压系统的普遍，电缆单相接地之后，往往不能及时处理，会引起另一相在不同区域对地击穿，造成两相通过地线短路。因此，要求地线芯有足够大的截面。地线芯与动力线芯之间存在电容和互感，在实际应用中，地线芯必须良好接地，否则会引起严重的人身伤亡。

4）外护套。由于科学技术的进步，使得彩色鲜艳的外护套工业化生产成为现实。井下电缆为便于区分电压等级，规定 3.6/6kV 及以上电缆外护套为红色，1.9/3.3kV 及以下为黑色。这既便于区分不同电压等级的电缆，又美化了煤矿井下的生产环境。至于露天矿用电缆，目前尚不能使用彩色外护

套。这是由于白色无机添加剂，在日光暴露初期，对光的折射，聚合物降解速度转慢。经过一段时间之后，氧化反应最终破坏了聚合物分子链，导致护套表面粉化和裂纹。所以，目前的露天电缆外护套仍以黑色为主。

3.2.1 产品品种

产品品种见表6-3-39～表6-3-40。

表 6-3-39 矿用电缆品种（GB/T 12972—2008）

型　号	名　　称	用　途
UC-0.38/0.66	采煤机橡套软电缆	额定电压为0.38/0.66kV采煤机及类似设备的电源连接
UCP-0.38/0.66	采煤机屏蔽橡套软电缆	额定电压为0.38/0.66kV采煤机及类似设备的电源连接
UCP-0.66/1.14	采煤机屏蔽橡套软电缆	额定电压0.66/1.14kV采煤机及类似设备的电源连接
UCP-1.9/3.3	采煤机屏蔽橡套软电缆	额定电压1.9/3.3kV采煤机及类似设备的电源连接
UCPJB-0.66/1.14	采煤机屏蔽监视编织加强型橡套软电缆	额定电压0.66/1.14kV及以下采煤机及类似设备的电源连接。电缆可直接拖曳使用
UCPJR-0.66/1.14	采煤机屏蔽监视绕包加强型橡套软电缆	额定电压0.66/1.14kV及以下采煤机及类似设备的电源连接。但电缆必须在保护链板内使用
UCPT-0.66/1.14	采煤机金属屏蔽橡套软电缆	额定电压0.66/1.14kV及以下采煤机及类似设备的电源连接
UCPTJ-0.66/1.14	采煤机金属屏蔽橡套软电缆	额定电压0.66/1.14kV及以下采煤机及类似设备的电源连接
UCPT-1.9/3.3	采煤机金属屏蔽橡套软电缆	额定电压1.9/3.3kV采煤机及类似设备的电源连接
UCPTJ-1.9/3.3	采煤机金属屏蔽橡套软电缆	额定电压1.9/3.3kV采煤机及类似设备的电源连接
UY-0.38/0.66	矿用移动橡套软电缆	额定电压0.38/0.66kV各种井下移动采煤设备的电源连接
UYP-0.38/0.66	矿用移动屏蔽橡套软电缆	额定电压0.38/0.66kV各种井下移动采煤设备的电源连接
UYP-0.66/1.14	矿用移动屏蔽橡套软电缆	额定电压0.66/1.14kV各种井下移动采煤设备的电源连接
UYPTJ-3.6/6	矿用移动屏蔽监视型橡套软电缆	额定电压3.6/6kV的井下移动变压器及类似设备的电源连接
UYPTJ-6/10	矿用移动屏蔽监视型橡套软电缆	额定电压6/10kV的井下移动变压器及类似设备的电源连接
UYP-3.6/6	矿用移动屏蔽橡套软电缆	额定电压3.6/6kV移动式地面矿山机械电源连接，环境温度下限为-20℃
UYPT-3.6/6	矿用移动金属屏蔽橡套软电缆	额定电压3.6/6kV移动式地面矿山机械电源连接，环境温度下限为-20℃
UYPT-6/10	矿用移动金属屏蔽橡套软电缆	额定电压6/10kV移动式地面矿山机械电源连接，环境温度下限为-20℃
UYDP-3.6/6	矿用移动屏蔽橡套软电缆	额定电压3.6/6kV移动式地面矿山机械电源连接，环境温度下限为-40℃
UYDPT3.6/6	矿用移动金属屏蔽橡套软电缆	额定电压3.6/6kV移动式地面矿山机械电源连接，环境温度下限为-40℃
UYDPT6/10	矿用移动金属屏蔽橡套软电缆	额定电压6/10kV移动式地面矿山机械电源连接，环境温度下限为-40℃
UZ-0.3/0.5	矿用电钻电缆	煤矿井下额定电压0.3/0.5kV及以下电钻的电源连接
UZP-0.3/0.5	矿用屏蔽电钻电缆	煤矿井下额定电压0.3/0.5kV及以下电钻的电源连接
UYQ-0.3/0.5	矿用移动轻型橡套软电缆	煤矿井下巷道照明，运输机联锁和控制与信号设备电源连接
UM-1	矿工帽灯电线	用于各种酸、碱性矿灯，护套具有耐燃烧性能

表 6-3-40 矿用电话电缆及爆破线

型　号	名　　称	用　途
UHVV	铜芯聚氯乙烯绝缘聚氯乙烯护套矿用电话电缆	平巷挂墙敷设不能承受外力
UHVV22	铜芯聚氯乙烯绝缘聚氯乙烯为护套钢带铠装聚氯乙烯外护套矿用电话电缆	平巷挂墙，能承受冲击力
UHVV32	铜芯聚氯乙烯绝缘聚氯乙烯内护套细钢丝铠装聚氯乙烯外护套矿用电话电缆	竖井或斜井，能承受拉力
UHVV42	铜芯聚氯乙烯绝缘聚氯乙烯内护套粗钢丝铠装聚氯乙烯外护套矿用电话电缆	竖井或斜井，能承受较大拉力
UHVVR	铜钢混绞导体聚氯乙烯绝缘聚氯乙烯护套矿用电话电缆	平巷、斜巷及机电硐室内
UBV	铜芯塑料绝缘爆破线	雷管与电源连接
UBGV	铁芯塑料绝缘爆破线	同UBV

3.2.2 产品规格与结构尺寸

(1) 额定电压 1.9/3.3kV 及以下采煤机软电缆 电缆型式见图6-3-1。电缆规格和结构尺寸见表6-3-41～表6-3-42。

(2) 额定电压 1.9/3.3kV 及以下采煤机屏蔽监视加强型软电缆 电缆型式见图6-3-2，规格见表6-3-43。

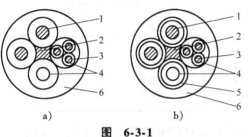

图 6-3-1

a) UC-0.38/0.66 b) UCP-0.38/0.66、UCP-0.66/1.14

1—动力线芯导体 2—接地线芯导体
3—控制线芯导体 4—绝缘 5—绝缘屏蔽
6—外护套

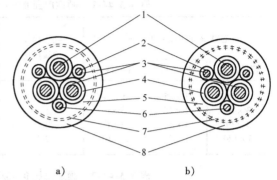

图 6-3-2

a) UCPJR-0.66/1.14 b) UCPJB-0.66/1.14

1—动力线芯导体 2—控制线芯导体 3—绝缘
4—半导电屏蔽层 5—内护套 6—监视线芯
7—＝为绕包加强层，≠为编织加强层（兼作地线）
8—外护套

表6-3-41 额定电压 0.38/0.66kV 采煤机软电缆结构尺寸 （单位：mm）

芯数×导体截面积/mm²		动力线芯绝缘厚度	护套厚度	电缆外径			
				UC-0.38/0.66		UCP-0.38/0.66	
动力线芯	地线芯			≥	≤	≥	≤
3×16	1×4	1.6	4.5	31.3	35.1	34.7	38.5
3×50	1×6	1.8	5.5	37.8	42.0	41.3	45.5
3×35	1×6	1.8	5.5	41.8	46.0	45.1	49.3
3×50	1×10	2.0	5.5	46.0	50.9	50.0	54.3

表6-3-42 额定电压 0.66/1.14kV、1.9/3.3kV 采煤机软电缆结构尺寸 （单位：mm）

芯数×导体截面积/mm²			动力线芯绝缘厚度		护套厚度	电缆外径			
	地线芯		UCP-0.66/1.14	UCP-1.9/3.3		UCP-0.66/1.14		UCP-1.9/3.3	
动力线芯	UCP-0.66/1.14	UCP-1.9/3.3				≥	≤	≥	≤
3×35	1×6	1×10	2.0	2.8	6.0	47.2	51.4	50.8	55.5
3×50	1×10	1×16	2.2	2.8	7.0	54.3	58.6	56.9	61.6
3×70	1×16	1×25	2.2	3.0	7.0	59.6	64.3	62.8	67.9
3×95	1×25	1×25	2.4	3.0	7.0	64.5	70.1	67.5	73.0
3×120	1×25	1×35	2.6	3.2	7.0	70.0	76.5	72.8	78.8

表6-3-43 额定电压 0.66/1.14kV、1.9/3.3kV 采煤机软电缆结构尺寸 （单位：mm）

芯数×导体截面积/mm²			动力线芯绝缘厚度	内护套计算厚度	护套厚度	电缆外径			
	地线芯					UCPJR-0.66/1.14		UCPJB-1.9/3.3	
动力线芯	UCP-0.66/1.14	UCP-1.9/3.3				≥	≤	≥	≤
3×35	1×16	2×2.5	1.4	1.8	3.0	40.0	44.5	42.0	47.0
3×50	1×25	2×2.5	1.6	2.0	3.5	45.5	50.5	47.5	52.0
3×70	1×35	2×2.5	1.6	2.0	3.5	50.5	55.0	51.0	56.5
3×95	1×50	2×2.5	1.8	2.4	4.0	56.0	61.5	58.0	64.0

（3）额定电压 1.9/3.3kV 及以下 kV 采煤机　　　　表6-3-44。

金属屏蔽软电缆　电缆型式如图 6-3-3，规格见

表 6-3-44-1　额定电压 0.66/1.14kV 采煤机软电缆结构尺寸　　　　（单位：mm）

芯数×导体截面积/mm²			动力线芯绝缘厚度	外护套厚度	电缆外径 UCPT-0.66/1.14	
动力线芯	地线芯	控制线芯			≥	≤
3×50	1×25	3×4	1.7	5.3	48.5	51.8
3×70	1×35	3×6	1.8	5.8	55.1	58.8
3×39	1×50	3×6	2.0	6.4	62.4	66.1
3×120	1×50	3×10	2.2	6.9	68.0	72.5

表 6-3-44-2　额定电压 0.66/1.14kV 采煤机软电缆结构尺寸　　　　（单位：mm）

芯数×导体截面积/mm²			动力线芯绝缘厚度	外护套厚度	电缆外径 UCPTJ-0.66/1.14	
动力线芯	地线芯	控制线芯			≥	≤
3×16	1×16	1×16	1.5	5.0	35.8	38.6
3×25	1×16	1×16	1.6	5.0	39.7	42.9
3×35	1×16	1×16	1.6	5.0	43.1	46.3
3×50	1×25	1×25	1.7	5.3	48.5	51.8
3×70	1×35	1×35	1.8	5.8	55.1	58.8
3×95	1×50	1×50	2.0	6.4	62.4	66.1
3×120	1×50	1×70	2.2	6.9	68.0	72.5

表 6-3-44-3　额定电压 1.9/3.3kV 采煤机软电缆结构尺寸　　　　（单位：mm）

芯数×导体截面积/mm²			动力线芯绝缘厚度	控制线芯绝缘标称厚度	外护套厚度	电缆外径 UCPT-1.9/3.3	
动力线芯	地线芯	控制线芯				≥	≤
3×50	1×35	3×4	3.0	1.4	5.9	56.8	59.8
3×70	1×50	3×6	3.0	1.5	6.4	62.8	65.8
3×39	1×50	3×6	3.0	1.5	6.9	68.9	72.7
3×120	1×50	3×10	3.0	1.5	7.3	73.4	77.2

表 6-3-44-4　额定电压 1.9/3.3kV 采煤机软电缆结构尺寸　　　　（单位：mm）

芯数×导体截面积/mm²			动力线芯绝缘厚度	监视线芯绝缘标称厚度	外护套厚度	电缆外径 UCPTJ-1.9/3.3	
动力线芯	地线芯	监视线芯				≥	≤
3×25	1×25	1×16	3.0	3.0	5.1	47.4	49.4
3×35	1×35	1×16	3.0	3.0	5.5	51.6	54.6
3×50	1×35	1×25	3.0	3.0	5.9	56.8	59.8
3×70	1×55	1×35	3.0	3.0	6.4	62.8	65.8
3×95	1×50	1×50	3.0	3.0	6.9	68.9	72.7
3×120	1×70	1×70	3.0	3.0	7.3	73.4	77.2

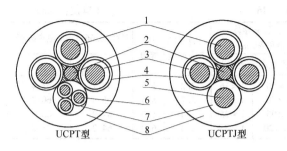

图　6-3-3

1—动力线芯导体　2—接地线芯导体
3—动力线芯绝缘　4—金属/纤维屏蔽层
5—监视线芯导体　6—控制线芯导体
7—控制和监视线芯绝缘　8—外护套

(4) 额定电压 0.66/1.14kV 及以下移动橡套软电缆和移动屏蔽橡套软电缆　电缆型式如图6-3-4，规格见表6-3-45～表6-3-46。

(5) 额定电压 3.6/6kV 和 6/10kV 屏蔽监视型软电缆　电缆型式见图6-3-5，规格见表6-3-47。

(6) 额定电压 3.6/6kV 和 6/10kV 屏蔽橡套软电缆　电缆型式见图6-3-6，规格见表6-3-48～表6-3-50。

(7) 额定电压 0.3/0.5kV 矿用电钻电缆　电缆型式见图6-3-7，规格见表6-3-50。

(8) 额定电压 0.3/0.5kV 矿用移动轻型橡套软电缆　电缆型式见图6-3-8，规格见表6-3-51。

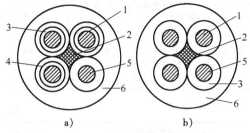

a)　　　　b)

图　6-3-4

a) UYP-0.38/0.66、UYP-0.66/1.14　b) UY-0.38/0.66
1—动力线芯导体　2—填充　3—绝缘
4—绝缘屏蔽　5—地线芯导体　6—外护套

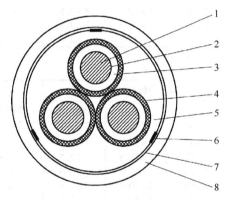

图　6-3-5

1—动力线芯导体　2—导体屏蔽　3—橡皮绝缘
4—绝缘屏蔽（兼作接地线）　5—内护套
6—监视线芯及半导体带包层
7—绝缘包带　8—外护套

表　6-3-45-1　（单位：mm）

芯数×导体截面积/mm²	动力线芯绝缘厚度	护套标称厚度	电缆外径 UY-0.38/0.66	
			≥	≤
1×4	1.4	1.5	8.0	10.0
1×6	1.4	1.6	9.0	11.0
1×10	1.6	1.8	11.0	13.0
1×16	1.6	1.9	12.0	14.5
1×25	1.8	2.0	13.5	16.5
1×35	1.8	2.2	15.5	18.5
1×50	2.0	2.4	17.5	21.0
1×70	2.0	2.6	20.0	23.0
1×95	2.2	2.8	23.0	26.0
1×120	2.2	3.0	24.5	28.5
1×150	2.4	3.2	27.5	31.5
1×185	2.4	3.4	30.0	34.5
1×240	2.6	3.5	33.5	38.5
1×300	2.6	3.6	37.0	42.0
1×400	2.8	3.8	42.0	47.0

表　6-3-45-2　（单位：mm）

芯数×导体截面积/mm²		动力线芯绝缘厚度	护套厚度	电缆外径			
				UY-0.38/0.66		UYP-0.38/0.66	
动力线芯	地线芯			≥	≤	≥	≤
3×4	1×4	1.4	3.5	20.3	23.4	23.7	27.2
3×6	1×6	1.4	3.5	23.0	26.4	26.4	30.1
3×10	1×10	1.6	4.0	27.5	31.3	30.9	34.7
3×16	1×10	1.6	4.0	29.6	33.4	33.0	36.8
3×25	1×16	1.8	4.5	35.6	39.8	39.0	43.2
3×35	1×16	1.8	4.5	38.7	42.9	42.1	46.3
3×50	1×25	2.0	5.0	43.6	47.9	47.1	51.4
3×70	1×25	2.0	5.0	49.7	54.4	52.4	57.1
3×95	1×25	2.2	5.5	56.1	61.5	58.7	65.6
3×120	1×35	2.2	5.5	65.0	66.2	63.0	70.4

表 6-3-46 （单位：mm）

芯数 × 导体截面积/mm²		动力线芯绝缘厚度	护套厚度	UYP-0.66/1.14 电缆外径		芯数 × 导体截面积/mm²		动力线芯绝缘厚度	护套厚度	UYP-0.66/1.14 电缆外径	
动力线芯	地线芯			≥	≤	动力线芯	地线芯			≥	≤
3×10	1×10	1.8	4.5	32.4	36.2	3×50	1×16	2.2	5.5	49.1	53.4
3×16	1×10	1.8	4.5	34.6	38.4	3×70	1×25	2.2	5.5	55.5	60.2
3×25	1×16	2.0	5.0	41.1	45.3	3×95	1×25	2.4	6.0	61.2	65.9
3×35	1×16	2.0	5.0	44.2	48.4	3×120	1×35	2.4	6.0	64.2	71.0

表 6-3-47-1 （单位：mm）

芯数 × 导体截面积/mm²			动力线芯绝缘厚度	内护套计算厚度①	外护套厚度	UYJP-3.6/6 电缆外径	
动力线芯	地线芯	控制线芯				≥	≤
3×25	3×16/3	3×2.5	4.0	2.5	5.5	64.8	70.8
3×35	3×16/3	3×2.5	4.0	2.5	5.5	68.3	74.3
3×50	3×16/3	3×2.5	4.0	2.5	5.5	71.7	77.7
3×70	3×25/3	3×2.5	4.0	3.0	5.5	76.7	83.8
3×95	3×35/3	3×2.5	4.0	3.0	5.5	80.9	88.4
3×120	3×35/3	3×2.5	4.0	3.0	5.5	84.9	92.7

① 计算厚度不作考核。

表 6-3-47-2 （单位：mm）

芯数 × 导体截面积/mm²			动力线芯绝缘厚度	内护套计算厚度①	外护套厚度	UYJP-6/10 电缆外径	
动力线芯	地线芯	控制线芯				≥	≤
3×25	3×16/3	3×2.5	4.5	2.5	5.5	66.8	73.0
3×35	3×16/3	3×2.5	4.5	2.5	5.5	69.7	76.2
3×50	3×35/3	3×2.5	4.5	2.5	5.5	74.4	81.3
3×70	3×35/3	3×2.5	4.5	3.0	5.5	78.7	86.1
3×95	3×50/3	3×2.5	4.5	3.0	5.5	83.0	90.7
3×120	3×50/3	3×2.5	4.5	3.0	5.5	85.3	95.0

① 计算厚度不作考核。

表 6-3-48-1 （单位：mm）

芯数 × 导体截面积/mm²		动力线芯绝缘厚度	护套厚度	UYP-3.6/6、UYDP-3.6/6 电缆外径	
动力线芯	地线芯			≥	≤
3×16	1×16	4.0	5.5	51.3	57.3
3×25	1×16	4.0	5.5	53.9	59.9
3×35	1×16	4.0	5.5	57.0	63.0
3×50	1×25	4.0	5.5	60.8	66.8
3×70	1×25	4.0	6.0	66.2	74.5
3×95	1×35	4.0	6.0	70.9	79.7
3×120	1×35	4.0	6.0	75.3	84.7

表 6-3-48-2 （单位：mm）

芯数 × 导体截面积/mm²		动力线芯绝缘厚度	护套厚度	UYPT-3.6/6、UYDPT-3.6/6 电缆外径	
动力线芯	地线芯			≥	≤
3×16	1×16	4.0	5.5	51.8	57.8
3×25	1×16	4.0	5.5	54.8	60.8
3×35	1×16	4.0	5.5	58.3	64.3
3×50	1×25	4.0	5.5	61.7	67.7
3×70	1×25	4.0	6.0	67.4	74.2
3×95	1×35	4.0	6.0	71.7	78.9
3×120	1×35	4.0	6.0	75.7	83.4

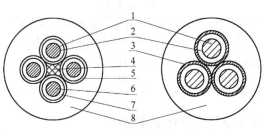

图 6-3-6 UYP-3. 6/6、UYPT-3. 6/6、UYPT-6/10、
UYDP-3. 6/6、UYDPT-3. 6/6、UYDPT-6/10
1—动力线芯导体及屏蔽 2—绝缘
3—金属屏蔽（兼作地线）4—半导电
橡皮填充 5—半导电屏蔽 6—地线芯导体
7—半导电包层 8—护套

表 **6-3-49** （单位：mm）

芯数×导体截面积/mm²		动力线芯绝缘厚度	护套厚度	UYPT-6/10、UYDPT-6/10 电缆外径	
动力线芯	地线芯			≥	≤
3×16	1×16	5.0	6.0	57.2	62.9
3×25	1×16	5.0	6.0	60.4	66.5
3×35	1×16	5.0	6.0	63.4	69.8
3×50	1×25	5.0	6.0	67.2	74.0
3×70	1×35	5.0	6.0	71.7	78.9
3×95	1×50	5.0	6.0	75.9	83.6
3×120	1×50	5.0	6.0	80.0	88.1

表 **6-3-50** （单位：mm）

芯数×导体截面积/mm²			导体结构与单线直径/(根数/mm)	动力线芯绝缘厚度	护套厚度	电缆外径			
动力线芯	地线芯	控制线芯				UZ-0.3/0.5		UZP-0.3/0.5	
						≥	≤	≥	≤
3×2.5	1×2.5	—	77/0.20	1.0	3.5	17.8	19.6	19.4	22.2
3×4	1×4	—	126/0.20	1.0	3.5	19.1	21.0	20.8	23.6
3×2.5	1×2.5	1×2.5	77/0.20	1.0	3.5	19.1	21.0	20.9	23.8
3×4	1×4	1×4	126/0.20	1.0	3.5	20.5	22.6	22.4	25.5

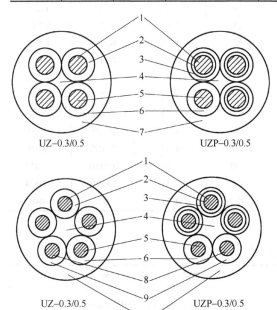

UZ–0.3/0.5 UZP-0.3/0.5

UZ–0.3/0.5 UZP-0.3/0.5

图 6-3-7
1—动力线芯导体 2—动力线芯绝缘 3—半导电屏蔽层
4—填芯 5—地线芯导体 6—地线芯包层
7—护套 8—控制线芯导体 9—控制线芯绝缘

表 **6-3-51** （单位：mm）

芯数×导体截面积/mm²	绝缘厚度	护套厚度	UYQ-0.3/0.5 电缆外径	
			≥	≤
2×1.0	0.6	1.5	9.3	10.2
2×1.5	0.8	1.5	10.8	11.8
2×2.5	1.0	1.5	12.5	13.7
3×1.0	0.6	1.5	9.7	10.6
3×1.5	0.8	1.5	11.4	12.5
3×2.5	1.0	1.5	13.1	14.4
4×1.0	0.6	1.5	10.6	11.7
4×1.5	0.8	1.5	12.3	13.5
4×2.5	1.0	2.0	15.4	16.9
7×1.0	0.6	1.5	12.2	13.5
7×1.5	0.8	2.0	15.4	17.0
7×2.5	1.0	2.0	17.9	19.7
12×1.0	0.6	2.0	16.5	18.2
12×1.5	0.8	2.5	20.5	22.6
12×2.5	1.0	2.5	23.9	26.4

(9) 矿工帽灯电线 电缆型式见图6-3-9，规格见表6-3-52。

(10) 矿用通信电缆（见表6-3-53）

(11) 爆破线（见表6-3-54）

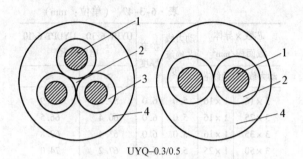

图 6-3-8

1—导体 2—橡皮绝缘 3—填芯 4—护套

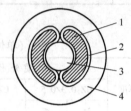

图 6-3-9

1—导体 2—绝缘
3—加强芯 4—护套

表 6-3-52 （单位：mm）

芯数×导体截面积/mm²	导体结构与单线直径（根数/mm）	绝缘厚度	护套厚度	电缆外径 UM-I ≥	电缆外径 UM-I ≤	20℃时导体电阻/（Ω/m）≤
2×0.75	42/0.15	0.4	1.2	6.9	7.5	0.042
2×1.2	70/0.15	0.5	1.3	8.2	8.8	0.025

表 6-3-53

型 号	导体直径/mm	绝缘线芯对数
UHVV	0.8	5、7、10、20、30、50
UHVV22	0.8	10、20、30、50
UHVV32	0.8	10、20、30、50
UHVV42	0.8	30、50
UHVVR	1×0.27+6×0.26	1

表 6-3-54

型号	导体材料	导线直径/mm	绝缘厚度/mm	标称外径/mm	计算重量/(kg/km)
UBV	铜	0.45	0.25	1.0	2.28
UBGV	铁	0.50	0.20	1.0	2.30

3.2.3 主要性能指标

1. 导体直流电阻

除电钻电缆、帽灯电线和爆破线之外，成品电缆的直流电阻见表 6-3-55。电钻电缆、通信电缆和爆破线的导体直流电阻见表 6-3-56。

表 6-3-55

导线截面积/mm²	单线最大直径/(mm)	20℃时导体电阻/（Ω/km）≤ 镀锡	20℃时导体电阻/（Ω/km）≤ 不镀锡
1.0	0.21	19.5	20.0
1.5	0.26	13.3	13.7
2.5	0.26	7.98	8.21
4	0.31	4.95	5.09
6	0.31	3.30	3.39
10	0.41	1.91	1.95
16	0.41	1.21	1.24
25	0.41	0.780	0.795
35	0.41	0.554	0.565
50	0.41	0.386	0.393
70	0.51	0.272	0.277
95	0.51	0.206	0.210
120	0.51	0.161	0.164
150	0.51	0.129	0.132
185	0.51	0.106	0.108
240	0.51	0.0801	0.0817
300	0.51	0.0641	0.0654
400	0.51	0.0486	0.0495

表 6-3-56

型 号	直流电阻/（Ω/km）≤
UZ-0.3/0.5，UZP-0.3/0.5	8.83（2.5mm²），5.39（4mm²）
UHVV，UHVV22，UHVV32，UHVV42	42
UHVVR	260
UBV	0.12
UBGV	0.60

2. 绝缘电阻成品电缆绝缘电阻（见表 6-3-57）

表　6-3-57

（单位：Ω·km≥）

导体规格/mm²	UC，UCP，UY，UYP (0.38/0.66 0.66/1.14)	UCPT-0.66/1.14	UYPJ-3.6/6 UYPT-3.6/6 UYPD-3.6/6 UYPTD-3.6/6 UYP-3.6/6	UHVV UHVV22 UHVV32 UHVV42	UHVVR	UZ-0.3/0.5 UZP-0.3/0.5 UYQ-0.3/0.5
①					15	
②				60		
1.0						160
1.5						160
2.5						160
4	200					160
6	180					
10	160					
16	120	350	750			
25	120	300	650			
35	100	260	550			
50	100	230	500			
70	80	210				
90	80	200				

① 导体规格（根数×单线直径）为 1×0.27mm + 6×0.26mm。
② 导体规格（根数×单线直径）为 1×0.8mm。

3. 成品电缆的电压试验（见表 6-3-58）

表　6-3-58

型　号	试验电压/kV	施加电压时间/min
UYPTJ-6/10、UYPT-6/10、UYDPT6/10	21.0	5
UYPJ-3.6/6，UYP-3.6/6，UYPT-3.6/6，UYPTD-3.6/6，UYPD-3.6/6	11.0	5
UCP-0.66/1.14，UCPT-0.66/1.14，UYP-0.66/1.14，UCPJR-0.66/1.14，UCPJB-0.66/1.14	3.7	5
uc-0.38/0.66，UCP-0.38/0.66，UY-0.38/0.66，UYP-0.38/0.66	3.0	5
UZ-0.3/0.5，UZP-0.3/0.5，UYQ-0.3/0.5	2.0	5
.UM、UM-I	0.5	5
UHVV，UHVV20，UHVV22，UHVV30.UHVV32，UHVV40，UHVV42，HVVR	1.0	2
UBV，UBGV	1.0	火花试验

4. 屏蔽层过渡电阻

屏蔽电钻电缆的过渡电阻不大于 1kΩ，UCPJR-0.66/1.14 和 UCPJB-0.66/1.14 型采煤机电缆不大于 500Ω，所有其他型号电缆的屏蔽层过渡电阻不大于 3kΩ。

5. 阻燃性能

橡套软电缆应能经受 MT/T 386—2011 和 GB/T 19666—2005 标准中燃烧试验的要求。

6. 电缆抗冲击性能和抗挤压性能

电缆抗冲击性能和抗挤压性能见表 6-3-59。

7. 采煤机电缆的抗弯曲性能

UC（P）-0.38/0.66 和 UCP-0.66/1.14 型电缆的抗弯曲性能不低于 18000 次。

表　6-3-59

动力线芯截面积/mm²	冲击次数	挤压力/kN	
		UC（P）-0.38/0.66 UY（P）-0.38/0.66	UCP-0.66/1.14 UYP-0.66/1.14
16，25，35	2	30	40
50，70，95	3		

8. 额定电压为 3.6/6kV 和 6/10kV 电缆的电气性能要求

能通过 $3U_0$ 工频电压的 4h 耐压试验；对于 3.6/6kV 电缆施加 60kV 正负极性各 10 次的冲击电压试验，对于 6/10kV 电缆施加 75kV 正负极性各 10 次的冲击电压试验；$1.5U_0$ 的局部放电量不大于 20pC；U_0 时的介质损耗角正切值不大于 0.035。

9. 绝缘橡皮性能

UCPJB（R）-0.66/1.14 型的绝缘橡皮性能见表 6-3-60；3.6/6kV 及以上电压等级的符合 GB/T 12972.1—2008 附录 A 中 IR2 型绝缘材料要求，其余型号应符合 GB/T 12972.1—2008 附录 A 中 IR1 型绝缘材料要求。

表 6-3-60

序号	试验项目	指标
1	老化前试样	
	抗张强度/MPa≥	4.2
	断裂伸长率（%）≥	200
2	空气箱热老化试验	
	试验温度/℃	135±3
	试验时间/h	7×24
	抗张强度变化率（%）≤	±30
	断裂伸长率变化率（%）≤	±30
3	空气弹老化实验	
	试验温度/℃	127±1
	试验压力/kPa	550±20
	试验时间/h	40
	抗张强度变化率（%）≤	±30
	断裂伸长率变化率（%）≤	±30
4	热延伸试验	
	试验温度/℃	200±3
	机械应力/kPa	200
	载荷时间/min	15
	载荷伸长率（%）≤	175
	冷却后永久变形（%）≤	25
5	体积电阻系数/（Ω·cm）≥	10^{12}
	测试温度/℃	20±5

10. 外护套橡皮性能

UCPJB（R）-0.66/1.14 型电缆外护套橡皮性能见表 6-3-61；UYP、UYPTJ-3.6/6 和 UYPTJ-6/10 型电缆外护套橡皮性能见表 6-3-62；UYP（T）-3.6/6（6/10）和 UYPD（T）-3.6/6（6/10）型电缆外护套橡皮性能见表 6-3-63；其余多数电缆外护套性能应符合 GB 7954.7—1987 中 XH-03A 型规定，而且抗撕强度为 7.5N/mm。

表 6-3-61

序号	试验项目	指标
1	老化前试样	
	抗张强度/MPa≥	15.0
	断裂伸长率（%）≥	300
2	空气箱热老化试验	
	试验温度/℃	100±2
	试验时间/h	7×24
	抗张强度变化率（%）≤	±30
	断裂伸长率（%）≥	250
	断裂伸长率变化率（%）≤	±40

（续）

序号	试验项目	指标
3	抗撕强度/（N/mm）≥	30
4	热延伸试验	
	试验温度/℃	200±3
	机械应力/kPa	200
	载荷时间/min	15
	载荷伸长率（%）≤	175
	冷却后永久变形（%）≤	25
5	浸油试验	
	试验温度/℃	100±2
	试验时间/h	24
	抗张强度变化率（%）≤	±40
	断裂伸长率变化率（%）≤	±40
6	表面电阻系数/Ω≥	10^{9}
	测试温度/℃	20±5

表 6-3-62

序号	试验项目	指标	
1	老化前试样		
	抗张强度/MPa≥	11.0	
	断裂伸长率（%）≥	250	
	抗撕强度/（N/mm）≥	7.5	
2	空气箱热老化试验		
	试验温度/℃	120±2	110±1①
	试验时间/h	7×24	28×24①
	抗张强度变化率（%）≤	±30	±50①
	断裂伸长率（%）≥	—	-120①
	断裂伸长率变化率（%）≤	±40	
	14~28d 老化后断裂伸长率中间值之差与老化前断裂伸长率之比（%）≤	—	±20①
3	空气弹老化试验		
	试验温度/℃	127±1	
	试验压力/kPa	550±20	
	试验时间/h	24	
	抗张强度变化率（%）≤	±50	
	断裂伸长率变化率（%）≤	±50	
4	浸油试验		
	试验温度/℃	100±2	
	试验时间/h	24	
	抗张强度变化率（%）≤	±40	
	断裂伸长率变化率（%）≤	±40	
5	热延伸试验		
	试验温度/℃	200±3	
	机械应力/kPa	200	
	载荷时间/min	15	
	载荷伸长率（%）≤	175	
	冷却后永久变形（%）≤	25	

① 用户要求时才进行该项试验。

表 6-3-63

序号	试验项目	指标	
		UYP、UYPT-3.6/6 (6/10)	UYPD、UYPDT-3.6/6 (6/10)
1	老化前试样		
	抗张强度/MPa≥	11.0	11.0
	断裂伸长率（%）≥	250	250
	抗撕强度/（N/mm）≥	5	5
2	空气箱热老化试验		
	试验温度/℃	120±2 110±1①	120±2
	试验时间/h	7×24 28×240	7×24
	抗张强度变化率（%）≤	±30 ±50①	±30
	断裂伸长率变化率（%）≤	±40	±40
	断裂伸长率（%）≥	-120①	—
	14d和28d老化后断裂伸长率中间值之差与老化前断裂伸长率之比（%）≤	±20①	—
3	空气弹老化实验		
	试验温度/℃	127±1	—
	试验压力/kPa	550±20	—
	试验时间/h	42	—
	抗张强度变化率（%）≤	±50	—
	断裂伸长率变化率（%）≤	±50	—
4	浸油试验		
	试验温度/℃	100±2	100±2
	试验时间/h	24	24
	抗张强度变化率（%）	-40	-40
	断裂伸长率变化率（%）	-40	-40
5	热延伸试验		
	试验温度/℃	200±2	200±2
	机械应力/kPa	200	200
	载荷时间/min	15	15
	载荷伸长率（%）≤	175	175
	冷却后永久变形（%）≤	25	25

① 用户要求时才进行该项试验。

11. 识别标志

（1）绝缘线芯识别标志

1）颜色和色序：2芯电缆绝缘线芯的颜色多为红、白色；3芯电缆绝缘线芯的颜色多为红、白、浅蓝色；地线芯必须为黑色。

2）标志方式采用不同颜色的绝缘橡皮；在绝缘表面上涂印不同颜色的色条；在编织层的纤维纱中嵌入色纱；在绝缘或屏蔽层表面印阿拉伯数字。

（2）电缆识别标志 井下电缆额定电压识别：

6/10kV…………红色护套；

3.6/6kV…………红色护套；

0.66/1.14kV…黄色护套；

0.38/0.66kV…黑色护套。

制造厂名称、电缆型号、规格（或制造年份）用压印或油墨印在护套表面上。

3.2.4 交货长度

双方没有协议交货长度时，制造厂一般按表6-3-64规定的长度交货。

表 6-3-64

电缆型号	长度/m	
	标准	短段
UYPJ-3.6/6，UYP（D）-3.6/6，UYPT（D）-3.6/6（6/10）	150①	40
UC（P）-0.38/0.66，UCP（T）-0.66/1.14，UCPJB（R）-0.66/1.14	200	50
UY（P）-0.38/0.66，UYP-0.66/1.14	100	40
UYQ-0.3/0.5	100	40
UZ（P）-0.3/0.5	100	40
UM，UM-1	100	1.4m整倍数
UHVV，UHVV22. UHVV32	200	100
UHVV32，UHVV42，UHVVR	200	50
UBV，UBGV	0.5kg	0.1kg

① 平均交货长度。

3.2.5 电缆线路电压降落与电缆电容参考值

（1）电压降落 在低电流密度的回路中，导体截面通常是由电压降落确定的。只有在高电流密度的场所，由导体允许最高温升算出的最大负荷电流才是重要的决定因素。电压降落 ΔU 以工作电压 U 的百分数表示时，若所传输功率已知为 P，则电压降落的总和为

$$\Delta U = \frac{PL100(R_w\cos\varphi + X_L\sin\varphi)}{U^2\cos\varphi} \times 100\%$$

式中
P——所要传输的功率（kW）；
L——电缆线路的长度（m）；
R_w——有效电阻（Ω/km）；
U——工作电压（V）；
ΔU——电压降落（%）；
$\cos\varphi$——功率因数。

电压降落 ΔU 与负荷转矩 PL 成正比。这种关系可制成计算图，使用起来简捷方便。例如，额定电压 U_0/U 为 220/380V，可按图6-3-10正确选择电缆导体的截面积。

（2）电缆电容 电缆的电容值与线路保护关系密切。屏蔽型电缆的电容值可参考表6-3-65。

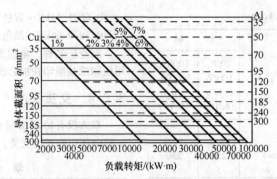

图6-3-10　工作电压为220/380V,功率因数为0.9、导体温度为50℃时,在一定的电压降落条件下,负载的转矩与导体截面积关系

（图中百分数为电压降落的百分数）

表　6-3-65　　　　　　　　　（单位：μF/km）

动力线芯截面积/mm²	UYP（J）-3.6/6 UYPT（D）-3.6/6（6/10）	UYP-0.66/1.14 UCP-0.66/1.14	UYP-0.38/0.66 UCP-0.38/0.66	UCPT-0.66/1.14	UCPJB-0.66/1.14 UCPJR-0.66/1.14
4			0.282		
6			0.367		
10		0.370	0.402		
16	0.258	0.436	0.476	0.461	
25	0.294	0.479	0.519	0.524	
35	0.334	0.565	0.615	0.622	0.698
50	0.374	0.603	0.651	0.683	0.720
70		0.711	0.769	0.770	0.855
95		0.752		0.800	0.879

3.2.6　矿用电缆特殊试验方法

1. 机械冲击试验方法

(1) 试验设备　冲击试验机。冲锤为自由落体。

(2) 试样　从成品电缆上截取试样1个,长约2m。

(3) 试验步骤

1) 按表6-3-66规定选定试验机参数。

表　6-3-66

动力线芯截面积/mm²	冲锤质量/kg	冲程/m
16	20	0.75
25~35	20	1.1
50~95	20	1.5

2) 将试样安装在试验机上,如图6-3-11所示。

3) 在试样各动力线芯间施加三相交流额定电压,并接入检漏继电器。

4) 起动试验机,冲锤从规定高度自由落下,冲击电缆试样,同一根试样应分别在5处试验,相

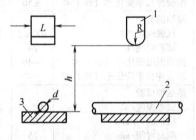

图　6-3-11

1—冲锤（R=25mm,L>1.5d）　2—试样
3—铁板　h—冲程　d—电缆直径

邻两处之间的距离约为100mm。

(4) 试验结果　按产品标准规定的次数冲击后,当检漏继电器不动作时,则认为试样通过该项试验。

2. 挤压试验方法

(1) 试验设备

1) 油压机或水压机。

2) 挤压模由钢轨和铁质上压板组成。

(2) 试样　从成品电缆上截取试样1个,试样长度约2m。

（3）试验步骤

1）将试样安装在挤压模内，如图 6-3-12 所示。

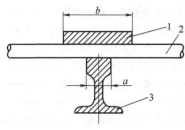

图 6-3-12

1—铁质上压板　2—电缆试样　3—钢轨（43kg/m）

a—钢轨宽度　*b*—上压板宽度，*b*>2*a*

2）在试样各动力线芯间施加三相交流额定电压，并接入检漏继电器。

3）起动压力机，缓缓增加压力至规定值，同一根试样，应分别在 5 处试验。相邻两处之间的距离约 100mm。

（4）试验结果　按产品标准规定的挤压力试验后，当检漏继电器不动作时，则认为试样通过该项试验。

3. 弯曲试验方法

（1）试验设备　3 导轮弯曲试验机，试验机的行程应保证试样受试部分通过 3 个导轮。

（2）试样　从成品电缆上截取试样 3 个，试样长度应保证其受试部分通过 3 个试验导轮。

（3）试验步骤

1）将试样安装在试验机上，如图 6-3-13 所示。

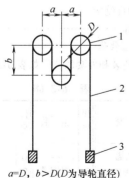

a=*D*，*b*>*D*（*D* 为导轮直径）

图 6-3-13

1—导轮　2—试样　3—负荷

2）按表 6-3-67 规定选择导轮。负荷的选择应

使试样在试验过程中不脱离导轮。

3）起动试验机，弯曲试样。

4）记录弯曲次数，试样沿一个方向通过 1 个导轮记为弯曲 1 次。

表　6-3-67

动力线芯截面积/mm²	导轮直径/mm
35	200
50，70	300
95	400

4. 过渡电阻试验方法

（1）试样　任意长度的绝缘屏蔽电缆或监视型电缆 1 根。

（2）试验步骤

1）将试样屏蔽动力线芯导体（或监视线导体）和接地线芯导体分别接到直流电源的正极和负极。

2）用直径不大于 1.5mm 的金属针刺入电缆，使之与动力线芯的导体接触（UYPJ 型应与兼作地线的金属屏蔽接触）。

3）在试样处于自由状态下，测量回路的电流应不大于 5mA；测量动力线芯导体或监视线芯导体与地线导体之间的电压。

4）每根动力线芯与监视线芯各刺试 3 点。

（3）试验结果

1）过渡电阻值按下式计算：

$$R = V/I$$

式中　*R*——过渡电阻（Ω）；

V——动力线芯导体或监视线芯导体与接地线芯导体之间的电压降（V）；

I——测量回路电流（A）。

2）每点的过渡电阻测量值应不超过标准规定值。

3.3　船用电缆

船用电缆是江河、海洋中各类船舶、海上石油平台及水上建筑物的电力、照明、控制、通信、微机等系统专用的电线电缆。国内外的电缆生产厂、船舶制造单位和使用部门对此类电缆均有特殊要求，必须严格满足联合国通过的《国际海上人命安全公约》（SOLAS）的有关规定。因此各国都根据此公约制订了本国的船舶建造规范和海上石油平台建造规范，其中对船用电缆有严格的规定，并制订了船用电缆的国家标准。国际电工委员会（IEC）

则有专门的技术委员会（JC18 和 SC18A）制订船用电缆的技术标准。而且，各国设有船舶检验部门（船级社或船检局），从事对船用电缆生产厂和船舶制造厂等实施《公约》《规范》和《标准》的监督。

随着河海和远洋运输工业及海洋工程的飞速发展，各类船舶和海上石油平台等也将不断增加，各类设备对电缆的技术要求日益提高。由于使用环境条件较严酷，则要求电缆安全可靠、寿命长、体积小、重量轻和价格低，并具有优良的耐温、耐火、阻燃、耐油、防潮、耐海水，优良的电气和力学性能等要求。

船用电缆按使用范围可分为船用电力电缆（包括额定电压工频交流 1kV 及以下低压电力电缆和额定电压工频交流 3～15kV 中压电力电缆）、船用控制电缆、船用通信电缆、船用信号电缆和船用射频电缆。按材料可分为乙丙橡皮绝缘、聚氯乙烯绝缘、交联聚乙烯绝缘、硅橡胶绝缘、天然丁苯橡皮绝缘、氧化镁绝缘、聚乙烯绝缘、聚四氟乙烯绝缘、无卤聚烯烃绝缘、氯丁橡皮护套、氯磺化聚乙烯护套、聚氯乙烯护套、无卤聚烯烃护套、铜或不锈钢护套等系列产品，共一百多个型号和几千个规格。根据不同的使用要求，应正确选用适当的电缆型号和规格。

我国船用电缆于 1989 年 1 月 1 日开始执行等效采用国际电工委员会 IEC92 号出版物的国家标准，即 GB/T 9331—2008《船舶电气装置 额定电压 1kV 和 3kV 挤包绝缘非径向电场单芯和多芯电力电缆》和 JB/T 8140—1995《额定电压 0.6/1kV 及以下船用电力电缆和电线》、GB/T 9332—2008《船舶电气装置 控制和仪表回路用 150/250V（300V）电缆》和 JB/T 8141—1995《船用控制电缆》、GB/T 9333—2009《船舶电气设备 船用通信电缆和射频电缆 一般仪表、控制和通信电缆》和 JB/T 8142—1995《船用对称通信电缆》、GB/T 9334—2009《船舶电气设备 船用通信电缆和射频电缆 船用同轴软电缆》和 JB/T 8143—1995《船用射频电缆》，从而使此类产品的水平提高到国际公认的 IEC 标准要求，以适应各类船舶和海上石油平台的需要。随着航运和海上石油开发工业的发展，船用电缆将进一步研究开发新的产品，例如：中压电力电缆、耐火电缆、低烟低毒无卤电缆、纵向水密电缆、特种信号电缆，我国正在制订这些电缆的国家标准。

3.3.1 产品分类和命名

GB/T 9331—2008～GB/T 9334—2009 标准对我国船用电缆的分类、命名和代号做了明确规定：

1. 代号

（1）系列代号

乙丙橡皮绝缘船用电力电缆	CE
交联聚乙烯绝缘船用电力电缆	CJ
聚氯乙烯绝缘船用电力电缆	CV
硅橡皮绝缘船用电力电缆	CS
天然西苯橡皮绝缘船用电缆	CX
船用电线	CB
乙丙绝缘船用控制电缆	CKE
交联聚乙烯绝缘船用控制电缆	CKJ
聚氯乙烯绝缘船用控制电缆	CKV
硅橡皮绝缘船用控制电缆	CKS
天然丁苯橡皮绝缘船用控制电缆	CKX
乙丙橡皮绝缘船用对称式通信电缆	CHE
交联聚乙烯绝缘船用对称式通信电缆	CHJ
聚氯乙烯绝缘船用对称式通信电缆	CHV
硅橡皮绝缘船用对称式通信电缆	CHS
实心聚乙烯绝缘船用射频电缆	CSY
聚四氟乙烯绝缘船用射频电缆	CSF

（2）导体代号

铜	T（省略）

（3）绝缘代号

1）热固性绝缘

乙丙橡胶	E
交联聚乙烯	J
硅橡胶	S
天然丁苯橡胶	X
无卤乙丙橡胶	E
无卤交联聚乙烯	J
无卤聚烯烃	待定

2）热塑性绝缘

聚氯乙烯	V

（4）护层代号

内套、铠装和外套的代号如表 6-3-68 规定。

表　6-3-68

代号	内　套	代号	铠　装	代号	外　套
V	聚氯乙烯	0	—	0	—
F	氯丁橡胶①	2	双钢带	2	聚氯乙烯
H	氯磺聚乙烯	3	圆钢丝	3	聚乙烯
PJ	无卤交联聚烯烃	5	铜丝编织	5	无卤交联聚烯烃
P	无卤非交联聚烯烃	8	钢丝编织	6	无卤非交联聚烯烃

① 为了与陆用射频电缆代号协调，故船用射频电缆聚四氟乙烯内套的代号也为"F"。

（5）特性代号

软（电线或电缆）·······················R

纵向水密式（电缆）·····················M

分相屏蔽·······························P

在火焰条件下的燃烧特性见表6-3-69。

表 6-3-69

代号	定 义	代号	定 义
D	单根电缆燃烧	A	有烟、有酸、有毒
S	成束电缆燃烧	B①	低烟、低酸、低毒
N	耐火（单根燃烧）	C	无卤、低酸、低毒

① 此类电缆已被 IEC 取消。

2. 表示方式

1）船用电力、控制和通信电缆产品用型号、规格及标准号表示，如下：

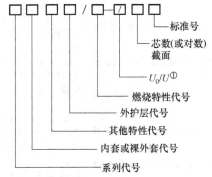

标准号
芯数（或对数）截面
U_0/U①
燃烧特性代号
外护层代号
其他特性代号
内套或裸外套代号
系列代号

① 控制电缆和通信电缆可省略。

2）船用射频电缆产品用型号、特性阻抗、绝缘外径和标准号表示，如下：

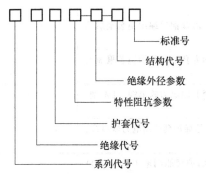

标准号
结构代号
绝缘外径参数
特性阻抗参数
护套代号
绝缘代号
系列代号

如为对称射频电缆，则在结构代号之后标明芯数（2）和导体组成，以区别于同轴射频电缆。

3. 举例说明

1）乙丙橡皮绝缘氯丁护套船用软电力电缆，额定电压 0.6/1kV，3 芯，35mm²，燃烧特性为 AD 型，表示为 CEFR/DA-0.6/1 3×35 GB/T 9331.2—2008。

2）乙丙橡皮绝缘氯磺化聚乙烯内套钢丝编织铠装聚乙烯外套船用电力电缆，额定电压 0.6/1kV，2 芯，50mm²，燃烧特性为 SA 型，表示为 CEH92/SA-0.6/1 2×50 GB/T 9331.2—2008。

3）交联聚乙烯绝缘聚氯乙烯内套铜丝编织铠装船用电力电缆，额定电压 0.6/1kV，3 芯，70mm²，燃烧特性为 DA 型，表示为 CJV80/DA-0.6/1 3×70 GB/T 9331.2—2008。

4）乙丙橡皮绝缘氯丁护套船用纵向水密电力电缆，额定电压 0.6/1kV，7 芯，1.5mm²，燃烧特性为 DA 型，表示为 CEFM/DA-0.6/1 7×1.5 GB/T 9331—2008。

5）交联聚乙烯绝缘无卤交联聚烯烃内套钢丝编织铠装无卤交联聚烯烃外套船用电力电缆，额定电压 0.6/1kV，2 芯，95mm²，燃烧特性为 SC 型，表示为 CJPJ95/SC-0.6/1 2×95 GB/T 9331—2008。

6）乙丙橡皮绝缘氯磺化聚乙烯内套圆钢丝铠装聚氯乙烯外套船用电力电缆，额定电压 8.7/15kV，单芯，120mm²，燃烧特性为 SA 型，表示为 CEH32/SA-8.7/15 1×120 GB/T 9331—2008。

7）乙丙橡皮绝缘氯丁护套船用控制电缆，19 芯，2.5mm²，燃烧特性为 DA 型，表示为 CKEF/DA 19×2.5 GB/T 9332.2—2008。

8）交联聚乙烯绝缘聚氯乙烯内套裸钢丝编织铠装船用控制电缆，14 芯，0.75mm²，燃烧特性为 DA 型，表示为 CKJV90/DA 14×0.75 GB/T 9332.5—2008。

9）聚氯乙烯绝缘和聚氯乙烯内套铜丝编织铠装聚氯乙烯外套对称式船用通信电缆，50 对，0.5mm²，燃烧特性 DA 型，表示为：CHVV82/DA 50×2×0.5 GB/T 9333.3—2009。

10）乙丙橡皮绝缘铜丝编织铠装聚氯乙烯外套对称式船用通信电缆，19 对，0.75mm²，燃烧特性 DA 型，表示为 CHV82/DA 19×2×0.75 GB/T 9333.2—2009。

11）铜导体实心聚乙烯绝缘聚氯乙烯内套裸钢丝编织铠装船用同轴射频电缆，阻抗 50Ω，绝缘标称外径7.25mm，外导体为单层铜丝编织套，表示为 CSYY90 50-7-2 GB/T 9334.2—2009。

12）镀银铜包钢导体聚四氟乙烯绝缘聚四氟乙烯套玻璃丝编织浸硅漆船用同轴射频电缆，阻抗75Ω，绝缘标称外径为 7.25mm，外导体为单层镀银铜丝编织套，表示为 CSFF 75-7-11 GB/T 9334.5—2009。

3.3.2 产品品种和规格（见表 6-3-70 ~ 表 6-3-74）

表 6-3-70 船用电力电缆品种

型　　号	名　　称	使 用 特 性
CEF/DA-0.6/1 CEF/SA-0.6/1	额定电压 0.6/1kV 乙丙橡皮绝缘氯丁护套船用电力电缆，DA 型、SA 型	
CEF80/DA-0.6/1 CEF80/SA-0.6/1	额定电压 0.6/1kV 乙丙橡皮绝缘氯丁内套裸铜丝编织铠装船用电力电缆，DA 型、SA 型	
CEF90/DA-0.6/1 CEF90/SA-0.6/1	额定电压 0.6/1kV 乙丙橡皮绝缘氯丁内套裸钢丝编织铠装船用电力电缆，DA 型、SA 型	
CEF82/DA-0.6/1 CEF82/SA-0.6/1	额定电压 0.6/1kV 乙丙橡皮绝缘氯丁内套铜丝编织铠装聚氯乙烯外套船用电力电缆，DA 型、SA 型	1）额定电压 U_0/U 为 0.6/1kV
CEF92/DA-0.6/1 CEF92/SA-0.6/1	额定电压 0.6/1kV 乙丙橡皮绝缘氯丁内套钢丝编织铠装聚氯乙烯外套船用电力电缆，DA 型、SA 型	2）电缆的导电线芯长期允许工作温度为 +85℃
CEH/DA-0.6/1 CEH/SA-0.6/1	额定电压 0.6/1kV 乙丙橡皮绝缘氯磺化聚乙烯护套船用电力电缆，DA 型、SA 型	3）敷设时电缆的最小弯曲半径应符合下列规定：
CEH80/DA-0.6/1 CEH80/SA-0.6/1	额定电压 0.6/1kV 乙丙橡皮绝缘氯磺化聚乙烯内套裸铜丝编织铠装船用电力电缆，DA 型、SA 型	① 所有金属丝编织铠装型电缆的弯曲内半径最小为 6 倍的电缆外径
CEH90/DA-0.6/1 CEH90/SA-0.6/1	额定电压 0.6/1kV 乙丙橡皮绝缘氯磺化聚乙烯内套裸钢丝编织铠装船用电力电缆．DA 型、SA 型	② 对非铠装型电缆，当电缆外径 $D \leqslant 25\text{mm}$ 时，弯曲内半径最小为 $4D$；当 $D > 25\text{mm}$ 时，其弯曲内半径最小为 $6D$
CEH82/DA-0.6/1 CEH82/SA-0.6/1	额定电压 0.6/1kV 乙丙橡皮绝缘氯磺化聚乙烯内套铜丝编织铠装聚氯乙烯外套船用电力电缆，DA 型、SA 型	4）电缆燃烧时不考核其烟密度和卤酸气体等要求
CEH92/DA-0.6/1 CEH92/SA-0.6/1	额定电压 0.6/1kV 乙丙橡皮绝缘氯磺化聚乙烯内套钢丝编织铠装聚氯乙烯外套船用电力电缆，DA 型、SA 型	
CEV/DA-0.6/1 CEV/SA-0.6/1	额定电压 0.6/1kV 乙丙橡皮绝缘聚氯乙烯护套船用电力电缆，DA 型、SA 型	
CEV80/DA-0.6/1 CEV80/SA-0.6/1	额定电压 0.6/1kV 乙丙橡皮绝缘聚氯乙烯内套裸铜丝编织铠装船用电力电缆，DA 型、SA 型	
CEV90/DA-0.6/1 CEV90/SA-0.6/1	额定电压 0.6/1kV 乙丙橡皮绝缘聚氯乙烯内套裸钢丝编织铠装船用电力电缆，DA 型、SA 型	
CEV82/DA-0.6/1 CEV82/SA-0.6/1	额定电压 0.6/1kV 乙丙橡皮绝缘聚氯乙烯内套铜丝编织铠装聚氯乙烯外套船用电力电缆，DA 型、SA 型	
CEV92/DA-0.6/1 CEV92/SA-0.6/1	额定电压 0.6/1kV 乙丙橡皮绝缘聚氯乙烯内套钢丝编织铠装聚氯乙烯外套船用电力电缆，DA 型、SA 型	
CEFR/DA-0.6/1 CEFR/SA-0.6/1	额定电压 0.6/1kV 乙丙橡皮绝缘氯丁护套船用电力软电缆，DA 型、SA 型	
CEHR/DA-0.6/1 CEHR/SA-0.6/1	额定电压 0.6/1kV 乙丙橡皮绝缘氯磺化聚乙烯护套船用电力软电缆，DA 型、SA 型	
CVV/DA-0.6/1 CVV/SA-0.6/1	额定电压 0.6/1kV 聚氯乙烯绝缘聚氯乙烯护套船用电力电缆，DA 型、SA 型	1）电缆的导电线芯长期允许工作温度为 +60℃
CVV80/DA-0.6/1 CVV80/SA-0.6/1	额定电压 0.6/1kV 聚氯乙烯绝缘聚氯乙烯内套裸铜丝编织铠装船用电力电缆，DA 型、SA 型	2）额定电压敷设半径与乙丙绝缘电力电缆相同
CVV90/DA-0.6/1 CVV90/SA-0.6/1	额定电压 0.6/1kV 聚氯乙烯绝缘聚氯乙烯内套裸钢丝编织铠装船用电力电缆，DA 型、SA 型	
CVV92/DA-0.6/1 CVV92/SA-0.6/1	额定电压 0.6/1kV 聚氯乙烯绝缘聚氯乙烯内套钢丝编织铠装聚氯乙烯外套船用电力电缆，DA 型、SA 型	

（续）

型　号	名　称	使 用 特 性
CJV/DA-0.6/1 CJV/SA-0.6/1	额定电压 0.6/1kV 交联聚乙烯绝缘聚氯乙烯护套船用电力电缆，DA 型、SA 型	1）电缆的导电线芯长期允许工作温度为 +85℃ 2）额定电压、敷设弯曲半径、燃烧特性与乙丙绝缘电力电缆相同
CJV80/DA-0.6/1 CJV80/SA-0.6/1	额定电压 0.6/1kV 交联聚乙烯绝缘聚氯乙烯内套裸铜丝编织铠装船用电力电缆，DA 型、SA 型	
CJV90/DA-0.6/1 CJV90/SA-0.6/1	额定电压 0.6/1kV 交联聚乙烯绝缘聚氯乙烯内套裸钢丝编织铠装船用电力电缆，DA 型、SA 型	
CJV92/DA-0.6/1 CJV92/SA-0.6/1	额定电压 0.6/1kV 交联聚乙烯绝缘聚氯乙烯内套钢丝编织铠装聚氯乙烯外套船用电力电缆，DA 型、SA 型	
CXF-0.6/1	额定电压 0.6/1kV 天然丁苯橡皮绝缘氯丁护套船用电力电缆，DA 型	1）电缆的导电线芯长期允许工作温度为 +70℃ 2）额定电压、敷设内半径与乙丙绝缘电力电缆相同 3）电缆具有 DA 型燃烧特性
CXF80-0.6/1	额定电压 0.6/1kV 天然丁苯橡皮绝缘氯丁内套裸铜丝编织铠装船用电力电缆，DA 型	
CXF90-0.6/1	额定电压 0.6/1kV 天然丁苯橡皮绝缘氯丁内套裸钢丝编织铠装船用电力电缆，DA 型	
CXF92-0.6/1	额定电压 0.6/1kV 天然丁苯橡皮绝缘氯丁内套钢丝编织铠装聚氯乙烯外套船用电力电缆，DA 型	
CXV-0.6/1	额定电压 0.6/1kV 天然丁苯橡皮绝缘聚氯乙烯护套船用电力电缆，DA 型	
CXV80-0.6/1	额定电压 0.6/1kV 天然丁苯橡皮绝缘聚氯乙烯内套裸铜丝编织铠装船用电力电缆，DA 型	
CXV90-0.6/1	额定电压 0-6/1kV 天然丁苯橡皮绝缘聚氯乙烯内套裸钢丝编织铠装船用电力电缆，DA 型	
CXV92-0.6/1	额定电压 0-6/1kV 天然丁苯橡皮绝缘聚氯乙烯内套钢丝编织铠装聚氯乙烯外套船用电力电缆，DA 型	
CXFR-0.6/1	额定电压 0.6/1kV 天然丁苯橡皮绝缘氯丁护套船用电力软电缆，DA 型	
CEF/DA-1.8/3 CEF/SA-1.8/3	额定电压 1.8/3kV 乙丙橡皮绝缘氯丁护套船用电力电缆，DA 型、SA 型	1）额定电压 U_0/U 为 1.8/3、3.6/6、6/10 和 8.7/15kV 2）电缆导电线芯长期允许工作温度为 +85℃ 3）敷设时电缆的最小弯曲半径应符合下列规定： ①额定电压为 1.8/3kV 电缆的最小弯曲半径与额定电压为 0.6/1kV 电缆的规定相同 ②额定电压为 3.6/6、6/10 和 8.7/15kV 电缆的最小弯曲半径为：对于单芯电缆应为 10 $(d+D)$；对于多芯电缆应为 7.5 $(d+D)$ 上式中的 d 为导体外径 mm；D 为电缆外径 mm 4）电缆燃烧时不考核其烟密度和卤酸气体等
CEF/DA-3.6/6 CEF/SA-3.6/6	额定电压 3.6/6kV 乙丙橡皮绝缘氯丁护套船用电力电缆，DA 型、SA 型	
CEF/DA-6/10 CEF/SA-6/10	额定电压 6/10kV 乙丙橡皮绝缘氯丁护套船用电力电缆，DA 型、SA 型	
CEF/DA-8.7/15 CEF/SA-8.7/15	额定电压 8.7/15kV 乙丙橡皮绝缘氯丁护套船用电力电缆，DA 型、SA 型	
CEH/DA-1.8/3 CEH/SA-1.8/3	额定电压 1.8/3kV 乙丙橡皮绝缘氯磺化聚乙烯护套船用电力电缆，DA 型、SA 型	
CEH/DA-3.6/6 CEH/SA-3.6/6	额定电压 3.6/6kV 乙丙橡皮绝缘氯磺化聚乙烯护套船用电力电缆，DA 型、SA 型	
CEH/DA-6/10 CEH/SA-6/10	额定电压 6/10kV 乙丙橡皮绝缘氯磺化聚乙烯护套船用电力电缆，DA 型、SA 型	
CEH/DA-8.7/15 CEH/SA-8.7/15	额定电压 8.7/15kV 乙丙橡皮绝缘氯磺化聚乙烯护套船用电力电缆，DA 型、SA 型	
CJV/DA-1.8/3 CJV/SA-1.8/3	额定电压 1.8/3kV 交联聚乙烯绝缘聚氯乙烯护套船用电力电缆，DA 型、SA 型	
CJV/DA-3.6/6 CJV/SA-3.6/6	额定电压 3.6/6kV 交联聚乙烯绝缘聚氯乙烯护套船用电力电缆，DA 型、SA 型	
CJV/DA-6/10 CJV/SA-6/10	额定电压 6/10kV 交联聚乙烯绝缘聚氯乙烯护套船用电力电缆，DA 型、SA 型	

（续）

型　号	名　称	使用特性
CJV/DA-8.7/15 CJV/SA-8.7/15	额定电压 8.7/15kV 交联聚乙烯绝缘聚氯乙烯护套船用电力电缆，DA 型、SA 型	
CEF80/DA-1.8/3 CEF80/SA-1.8/3	额定电压 1.8/3kV 乙丙橡皮绝缘氯丁内套裸铜丝编织铠装船用电力电缆，DA 型、SA 型	
CEF90/DA-1.8/3 CEF90/SA-1.8/3	额定电压 1.8/3kV 乙丙橡皮绝缘氯丁内套裸钢丝编织铠装船用电力电缆，DA 型、SA 型	
CEH80/DA-1.8/3 CEH80/SA-1.8/3	额定电压 1.8/3kV 乙丙橡皮绝缘氯磺化聚乙烯内套裸铜丝编织铠装船用电力电缆，DA 型、SA 型	
CEH90/SA-1.8/3 CEH90/SA-1.8/3	额定电压 1.8/3kV 乙丙橡皮绝缘氯磺化聚乙烯内套裸钢丝编织铠装船用电力电缆，DA 型、SA 型	
CEF82/DA-1.8/3 CEF82/SA-1.8/3	额定电压 1.8/3kV 乙丙橡皮绝缘氯丁内套铜丝编织铠装聚氯乙烯外套船用电力电缆，DA 型、SA 型	1）额定电压 U_0/U 为 1.8/3、3.6/6、6/10 和 8.7/15kV
CEF92/DA-1.8/3 CEF92/SA-1.8/3	额定电压 1.8/3kV 乙丙橡皮绝缘氯丁内套钢丝编织铠装聚氯乙烯外套船用电力电缆，DA 型、SA 型	2）电缆导线芯长期允许工作温度为 +85℃
CEH82/DA-1.8/3 CEH82/SA-1.8/3	额定电压 1.8/3kV 乙丙橡皮绝缘氯磺化聚乙烯内套铜丝编织铠装聚氯乙烯外套船用电力电缆，DA 型、SA 型	3）敷设时电缆的最小弯曲半径应符合下列规定：
CEH92/DA-1.8/3 CEH92/SA-1.8/3	额定电压 1.8/3kV 乙丙橡皮绝缘氯磺化聚乙烯内套钢丝编织铠装聚氯乙烯外套船用电力电缆，DA 型、SA 型	①额定电压为 1.8/3kV 电缆的最小弯曲半径与额定电压为 0.6/
CJV80/DA-1.8/3 CJV80/SA-1.8/3	额定电压 1.8/3kV 交联聚乙烯绝缘聚氯乙烯内套裸铜丝编织铠装船用电力电缆，DA 型、SA 型	1kV 电缆的规定相同
CJV90/DA-1.8/3 CJV90/SA-1.8/3	额定电压 1-8/3kV 交联聚乙烯绝缘聚氯乙烯内套裸钢丝编织铠装船用电力电缆，DA 型、SA 型	②额定电压为 3.6/6、6/10 和 8.7/15kV
CJV82/DA-1.8/3 CJV82/SA-1.8/3	额定电压 1.8/3kV 交联聚乙烯绝缘聚氯乙烯内套铜丝编织铠装聚氯乙烯外套船用电力电缆，DA 型、SA 型	电缆的最小弯曲半径为：对于单芯电缆应为 10（$d+D$）；对于多芯
CJV92/DA-1.8/3 CJV92/SA-1.8/3	额定电压 1.8/3kV 交联聚乙烯绝缘聚氯乙烯内套钢丝编织铠装聚氯乙烯外套船用电力电缆，DA 型、SA 型	电缆应为 7.5（$d+D$）上式中的 d 为导体外径 mm；D 为电缆外径 mm
CEF22/DA-3.6/6 CEF22/SA-3.6/6	额定电压 3.6/6kV 乙丙橡皮绝缘氯丁内套钢带铠装聚氯乙烯外套船用电力电缆，DA 型、SA 型	4）电缆燃烧时不考核其烟密度和卤酸气体等
CEF32/DA-3.6/6 CEF32/SA-3.6/6	额定电压 3.6/6kV 乙丙橡皮绝缘氯丁内套圆钢丝铠装聚氯乙烯外套船用电力电缆，DA 型、SA 型	
CEH22/DA-3.6/6 CEH22/SA-3.6/6	额定电压 3.6/6kV 乙丙橡皮绝缘氯磺化聚乙烯内套钢带铠装聚氯乙烯外套船用电力电缆，DA 型、SA 型	
CEH32/DA-3.6/6 CEH32/SA-3.6/6	额定电压 3.6/6kV 乙丙橡皮绝缘氯磺化聚乙烯内套圆钢丝铠装聚氯乙烯外套船用电力电缆，DA 型、SA 型	
CJV22/DA-3.6/6 CJV22/SA-3.6/6	额定电压 3.6/6kV 交联聚乙烯绝缘聚氯乙烯内套钢带铠装聚氯乙烯外套船用电力电缆，DA 型、SA 型	
CJV32/DA-3.6/6 CJV32/SA-3.6/6	额定电压 3.6/6kV 交联聚乙烯绝缘聚氯乙烯内套圆钢丝铠装聚氯乙烯外套船用电力电缆，DA 型、SA 型	
CEF22/DA-6/10 CEF22/SA-6/10	额定电压 6/10kV 乙丙橡皮绝缘氯丁内套钢带铠装聚氯乙烯外套船用电力电缆，DA 型、SA 型	
CEF32/DA-6/10 CEF32/SA-6/10	额定电压 6/10kV 乙丙橡皮绝缘氯丁内套圆钢丝铠装聚氯乙烯外套船用电力电缆，DA 型、SA 型	

（续）

型　号	名　称	使用特性
CEH22/DA-6/10 CEH22/SA-6/10	额定电压 6/10kV 乙丙橡皮绝缘氯磺化聚乙烯内套钢带铠装聚氯乙烯外套船用电力电缆，DA 型、SA 型	1）额定电压 U_0/U 为 1.8/3、3.6/6、6/10 和 8.7/15kV
CEH32/DA-6/10 CEH32/SA-6/10	额定电压 6/10kV 乙丙橡皮绝缘氯磺化聚乙烯内套圆钢丝铠装聚氯乙烯外套船用电力电缆，DA 型、SA 型	2）电缆导电线芯长期允许工作温度为 +85℃
CJV22/DA-6/10 CJV22/SA-6/10	额定电压 6/10kV 交联聚乙烯绝缘聚氯乙烯内套钢带铠装聚氯乙烯外套船用电力电缆，DA 型、SA 型	3）敷设时电缆的最小弯曲半径应符合下列规定：
CJV32/DA-6/10 CJV32/SA-6/10	额定电压 6/10kV 交联聚乙烯绝缘聚氯乙烯内套圆钢丝铠装聚氯乙烯外套船用电力电缆，DA 型、SA 型	①额定电压为 1.8/3kV 电缆的最小弯曲半径与额定电压为 0.6/1kV 电缆的规定相同
CEF22/DA-8.7/15 CEF22/SA-8.7/15	额定电压 8.7/15kV 乙丙橡皮绝缘氯丁内套钢带铠装聚氯乙烯外套船用电力电缆，DA 型、SA 型	②额定电压为 3.6/6、6/10 和 8.7/15kV 电缆的最小弯曲半径为：对于单芯电缆应为 10（d+D）；对于多芯电缆应为 7.5（d+D）
CEF32/DA-8.7/15 CEF32/SA-8.7/15	额定电压 8.7/15kV 乙丙橡皮绝缘氯丁内套圆钢丝铠装聚氯乙烯外套船用电力电缆，DA 型、SA 型	上式中的 d 为导体外径 mm；D 为电缆外径 mm
CEH22/DA-8.7/15 CEH22/SA-8.7/15	额定电压 8.7/15kV 乙丙橡皮绝缘氯磺化聚乙烯内套钢带铠装聚氯乙烯外套船用电力电缆，DA 型、SA 型	4）电缆燃烧时不考核其烟密度和卤酸气体等
CEH32/DA-8.7/15 CEH32/SA-8.7/15	额定电压 8.7/15kV 乙丙橡皮绝缘氯磺化聚乙烯内套圆钢丝铠装聚氯乙烯外套船用电力电缆，DA 型、SA 型	
CJV22/DA-8.7/15 CJV22/SA-8.7/15	额定电压 8.7/15kV 交联聚乙烯绝缘聚氯乙烯内套钢带铠装聚氯乙烯外套船用电力电缆，DA 型、SA 型	
CJV32/DA-8.7/15 CJV32/SA-8.7/15	额定电压 8.7/15kV 交联聚乙烯绝缘聚氯乙烯内套圆钢丝铠装聚氯乙烯外套船用电力电缆，DA 型、SA 型	
CEPJ/DC-0.6/1 CEPJ/SC-0.6/1	额定电压 0.6/1kV 无卤乙丙橡皮绝缘无卤交联聚烯烃护套船用电力电缆，DC 型、SC 型	
CEPJ80/DC-0.6/1 CEPJ80/SC-0.6/1	额定电压 0.6/1kV 无卤乙丙橡皮绝缘无卤交联聚烯烃内套裸铜丝编织铠装船用电力电缆，DC 型、SC 型	
CEPJ90/DC-0.6/1 CEPJ90/SC-0.6/1	额定电压 0.6/1kV 无卤乙丙橡皮绝缘无卤交联聚烯烃内套裸钢丝编织铠装船用电力电缆，DC 型、SC 型	1）额定电压 U_0/U 为 0.6/1、1.8/3、3.6/6、6/10 和 8.7/15kV
CEPJ85/DC-0.6/1 CEPJ85/SC-0.6/1	额定电压 0.6/1kV 无卤乙丙橡皮绝缘无卤交联聚烯烃内套铜丝编织铠装无卤聚烯烃外套船用电力电缆，DC 型、SC 型	2）电缆的导电线芯长期允许工作温度为 +85℃
CEPJ95/DC-0.6/1 CEPJ95/SC-0.6/1	额定电压 0.6/1kV 无卤乙丙橡皮绝缘无卤交联聚烯烃内套钢丝编织铠装无卤交联聚烯烃外套船用电力电缆，DC 型、SC 型	3）敷设时电缆的最小弯曲半径与相同额定电压的 DA 和 SA 型电力电缆的规定相同
CEPJR/DC-0.6/1 CEPJR/SC-0.6/1	额定电压 0.6/1kV 无卤乙丙橡皮绝缘无卤交联聚烯烃护套船用软电力电缆，DC 型、SC 型	4）适用于要求电缆具有无卤低烟阻燃等燃烧特性的场所
CJPJ/DC-0.6/1 CJPJ/SC-0.6/1	额定电压 0,6/1kV 无卤交联聚乙烯绝缘无卤交联聚烯烃护套船用电力电缆，DC 型、SC 型	
CJPJ80/DC-0.6/1 CJPJ80/SC-0.6/1	额定电压 0.6/1kV 无卤交联聚乙烯绝缘无卤交联聚烯烃内套裸铜丝编织铠装船用电力电缆，DC 型、SC 型	
CJPJ90/DC-0.6/1 CJPJ90/SC-0.6/1	额定电压 0.6/1kV 无卤交联聚乙烯绝缘无卤交联聚烯烃内套裸钢丝编织铠装船用电力电缆，DC 型、SC 型	
CJPJ85/DC-0.6/1 CJPJ85/SC-0.6/1	额定电压 0.6/1kV 无卤交联聚乙烯绝缘无卤交联聚烯烃内套铜丝编织铠装无卤交联聚烯烃外套船用电力电缆，DC 型、SC 型	
CJPJ95/DC-0.6/1 CJPJ95/SC-0.6/1	额定电压 0.6/1kV 无卤交联聚乙烯绝缘无卤交联聚烯烃内套钢丝编织铠装无卤交联聚烯烃外套船用电力电缆，DC 型、SC 型	

（续）

型 号	名 称	使用特性
CEPJ/DC-1.8/3 CEPJ/SC-1.8/3	额定电压 1.8/3kV 无卤乙丙橡皮绝缘无卤交联聚烯烃护套船用电力电缆，DC 型、SC 型	
CEPJ80/DC-1.8/3 CEPJ80/SC-1.8/3	额定电压 1.8/3kV 无卤乙丙橡皮绝缘无卤交联聚烯烃内套裸铜丝编织铠装船用电力电缆，DC 型、SC 型	
CEPJ90/DC-1.8/3 CEPJ90/SC-1.8/3	额定电压 1.8/3kV 无卤乙丙橡皮绝缘无卤交联聚烯烃内套裸钢丝编织铠装船用电力电缆，DC 型、SC 型	
CEPJ85/DC-1.8/3 CEPJ85/SC-1.8/3	额定电压 1.8/3kV 无卤乙丙橡皮绝缘无卤交联聚烯烃内套铜丝编织铠装无卤交联聚烯烃外套船用电力电缆，DC 型、SC 型	
CEPJ95/DC-1.8/3 CEPJ95/SC-1.8/3	额定电压 1.8/3kV 无卤乙丙橡皮绝缘无卤交联聚烯烃内套钢丝编织铠装无卤聚交联烯烃外套船用电力电缆，DC 型、SC 型	
CJPJ/DC-1.8/3 CJPJ/SC-1.8/3	额定电压 1.8/3kV 无卤交联聚乙烯绝缘无卤交联聚烯烃护套船用电力电缆，DC 型、SC 型	
CJPJ80/DC-1.8/3 CJPJ80/SC-1.8/3	额定电压 1.8/3kV 无卤交联聚乙烯绝缘无卤交联聚烯烃内套裸铜丝编织铠装船用电力电缆，DC 型、SC 型	
CJPJ90/DC-1.8/3 CJPJ90/SC-1.8/3	额定电压 1.8/3kV 无卤交联聚乙烯绝缘无卤交联聚烯烃内套裸钢丝编织铠装船用电力电缆，DC 型、SC 型	
CJPJ85/DC-1.8/3 CJPJ85/SC-1.8/3	额定电压 1.8/3kV 无卤交联聚乙烯绝缘无卤交联聚烯烃内套铜丝编织铠装无卤交联聚烯烃外套船用电力电缆，DC 型、SC 型	1）额定电压 U_0/U 为 0.6/1、1.8/3、3.6/6、6/10 和 8.7/15kV
CJPJ95/DC-1.8/3 CJPJ95/SC-1.8/3	额定电压 1.8/3kV 无卤交联聚乙烯绝缘无卤交联聚烯烃内套钢丝编织铠装无卤交联聚烯烃外套船用电力电缆，DC 型、SC 型	2）电缆的导电线芯长期允许工作温度为 +85℃
CEPJ/DC-3.6/6 CEPJ/SC-3.6/6	额定电压 3.6/6kV 无卤乙丙橡皮绝缘无卤交联聚烯烃护套船用电力电缆，DC 型、SC 型	3）敷设时电缆的最小弯曲半径与相同额定电压的 DA 和 SA 型电力电缆的规定相同
CEPJ25/DC-3.6/6 CEPJ25/SC-3.6/6	额定电压 3.6/6kV 无卤乙丙橡皮绝缘无卤交联聚烯烃内套钢带铠装无卤交联聚烯烃外套船用电力电缆，DC 型、SC 型	4）适用于要求电缆具有无卤低烟阻燃等燃烧特性的场所
CEPJ35/DC-3.6/6 CEPJ35/SC-3.6/6	额定电压 3.6/6kV 无卤乙丙橡皮绝缘无卤交联聚烯烃内套圆钢丝铠装无卤交联聚烯烃外套船用电力电缆，DC 型、SC 型	
CJPJ/DC-3.6/6 CJPJ/SC-3.6/6	额定电压 3.6/6kV 无卤交联聚乙烯绝缘无卤交联聚烯烃护套船用电力电缆，DC 型、SC 型	
CJPJ25/DC-3.6/6 CJPJ25/SC-3.6/6	额定电压 3.6/6kV 无卤交联聚乙烯绝缘无卤交联聚烯烃内套钢带铠装无卤交联聚烯烃外套船用电力电缆，DC 型、SC 型	
CJPJ35/DC-3.6/6 CJPJ35/SC-3.6/6	额定电压 3.6/6kV 无卤交联聚乙烯绝缘无卤交联聚烯烃内套圆钢丝铠装无卤交联聚烯烃外套船用电力电缆．DC 型、SC 型	
CEPJ/DC-6/10 CEPJ/SC-6/10	额定电压 6/10kV 无卤乙丙橡皮绝缘无卤交联聚烯烃护套船用电力电缆，DC 型、SC 型	
CEPJ25/DC-6/10 CEPJ25/SC-6/10	额定电压 6/10kV 无卤乙丙橡皮绝缘无卤交联聚烯烃内套钢带铠装无卤交联聚烯烃外套船用电力电缆，DC 型、SC 型	
CEPJ35/DC-6/10 CEPJ35/SC-6/10	额定电压 6/10kV 无卤乙丙橡皮绝缘无卤交联聚烯烃内套圆钢丝铠装无卤交联聚烯烃外套船用电力电缆，DC 型、SC 型	
CJPJ/DC-6/10 CJPJ/SC-6/10	额定电压 6/10kV 无卤交联聚乙烯绝缘无卤交联聚烯烃护套船用电力电缆，DC 型、SC 型	
CJPJ25/DC-6/10 CJPJ25/SC-6/10	额定电压 6/10kV 无卤交联聚乙烯绝缘无卤交联聚烯烃内套钢带铠装无卤交联聚烯烃外套船用电力电缆，DC 型、SC 型	
CJPJ35/DC-6/10 CJPJ35/SC-6/10	额定电压 6/10kV 无卤交联聚乙烯绝缘无卤交联聚烯烃内套圆钢丝铠装无卤交联聚烯烃外套船用电力电缆，DC 型、SC 型	

（续）

型　号	名　　称	使 用 特 性
CEPJ/DC-8. 7/15 CEPJ/SC-8. 7/15	额定电压 8.7/15kV 无卤乙丙橡皮绝缘无卤交联聚烯烃护套船用电力电缆，DC 型、SC 型	
CEPJ25/DC-8. 7/15 CEPJ25/SC-8. 7/15	额定电压 8.7/15kV 无卤乙丙橡皮绝缘无卤交联聚烯烃内套钢带铠装无卤交联聚烯烃外套船用电力电缆，DC 型、SC 型	
CEPJ35/DC-8. 7/15 CEPJ35/SC-8. 7/15	额定电压 8.7/15kV 无卤乙丙橡皮绝缘无卤交联聚烯烃内套圆钢丝铠装无卤交联聚烯烃外套船用电力电缆，DC 型、SC 型	
CJPJ/DC-8. 7/15 CJPJ/SC-8. 7/15	额定电压 8.7/15kV 无卤交联聚乙烯绝缘无卤交联聚烯烃护套船用电力电缆，DC 型、SC 型	
CJPJ25/DC-8. 7/15 CJPJ25/SC-8. 7/15	额定电压 8.7/15kV 无卤交联聚乙烯绝缘无卤交联聚烯烃内套钢带铠装无卤交联聚烯烃外套船用电力电缆，DC 型、SC 型	
CJPJ35/DC-8. 7/15 CJPJ35/SC-8. 7/15	额定电压 8.7/15kV 无卤交联聚乙烯绝缘无卤交联聚烯烃内套圆钢丝铠装无卤交联聚烯烃外套船用电力电缆，DC 型、SC 型	
CEP/DC-0. 6/1 CEP/SC-0. 6/1	额定电压 0.6/1kV 无卤乙丙橡皮绝缘无卤非交联聚烯烃护套船用电力电缆，DC 型、SC 型	
CEP80/DC-0. 6/1 CEP80/SC-0. 6/1	额定电压 0.6/1kV 无卤乙丙橡皮绝缘无卤非交联聚烯烃内套裸铜丝编织铠装船用电力电缆，DC 型、SC 型	
CEP90/DC-0. 6/1 CEP90/SC-0. 6/1	额定电压 0.6/1kV 无卤乙丙橡皮绝缘无卤非交联聚烯烃内套裸钢丝编织铠装船用电力电缆，DC 型、SC 型	1）额定电压 U_0/U 为 0.6/1、1.8/3、3.6/6、6/10 和 8.7/15kV 2）电缆的导电线芯长期允许工作温度为 +85℃ 3）敷设时电缆的最小弯曲半径与相同额定电压的 DA 和 SA 型电力电缆的规定相同 4）适用于要求电缆具有无卤低烟阻燃等燃烧特性的场所
CEPJ86/DC-0. 6/1 CEPJ86/SC-0. 6/1	额定电压 0.6/1kV 无卤乙丙橡皮绝缘无卤交联聚烯烃内套铜丝编织铠装无卤非交联聚烯烃外套船用电力电缆，DC 型、SC 型	
CEP86/DC-0. 6/1 CEP86/SC-0. 6/1	额定电压 0.6/1kV 无卤乙丙橡皮绝缘无卤非交联聚烯烃内套铜丝编织铠装无卤非交联聚烯烃外套船用电力电缆，DC 型、SC 型	
CEPJ96/DC-0. 6/1 CEPJ96/SC-0. 6/1	额定电压 0.6/1kV 无卤乙丙橡皮绝缘无卤交联聚烯烃内套钢丝编织铠装无卤非交联聚烯烃外套船用电力电缆，DC 型、SC 型	
CEP96/DC-0. 6/1 CEP96/SC-0. 6/1	额定电压 0.6/1kV 无卤乙丙橡皮绝缘无卤非交联聚烯烃内套钢丝编织铠装无卤非交联聚烯烃外套船用电力电缆，DC 型、SC 型	
CJP/DC-0. 6/1 CJP/SC-0. 6/1	额定电压 0.6/1kV 无卤交联聚乙烯绝缘无卤非交联聚烯烃护套船用电力电缆，DC 型、SC 型	
CJP80/DC-0. 6/1 CJP80/SC-0. 6/1	额定电压 0.6/1kV 无卤交联聚乙烯绝缘无卤非交联聚烯烃内套裸铜丝编织铠装船用电力电缆，DC 型、SC 型	
CJP90/DC-0. 6/1 CJP90/SC-0. 6/1	额定电压 0.6/1kV 无卤交联聚乙烯绝缘无卤非交联聚烯烃内套裸钢丝编织铠装船用电力电缆，DC 型、SC 型	
CJPJ86/DC-0. 6/1 CJPJ86/SC-0. 6/1	额定电压 0.6/1kV 无卤交联聚乙烯绝缘无卤交联聚烯烃内套铜丝编织铠装无卤非交联聚烯烃外套船用电力电缆，DC 型、SC 型	
CJP86/DC-0. 6/1 CJP86/SC-0. 6/1	额定电压 0.6/1kV 无卤交联聚乙烯绝缘无卤非交联聚烯烃内套铜丝编织铠装无卤非交联聚烯烃外套船用电力电缆，DC 型、SC 型	
CJPJ96/DC-0. 6/1 CJPJ96/SC-0. 6/1	额定电压 0.6/1kV 无卤交联聚乙烯绝缘无卤交联聚烯烃内套钢丝编织铠装无卤非交联聚烯烃外套船用电力电缆，DC 型、SC 型	
CJP96/DC-0. 6/1 CJP96/SC-0. 6/1	额定电压 0.6/1kV 无卤交联聚乙烯绝缘无卤非交联聚烯烃内套钢丝编织铠装无卤非交联聚烯烃外套船用电力电缆，DC 型、SC 型	
CEP/DC-1. 8/3 CEP/SC-1. 8/3	额定电压 1.8/3kV 无卤乙丙橡皮绝缘无卤非交联聚烯烃护套船用电力电缆，DC 型、SC 型	
CEP80/DC-1. 8/3 CEP80/SC-1. 8/3	额定电压 1.8/3kV 无卤乙丙橡皮绝缘无卤非交联聚烯烃内套裸铜丝编织铠装船用电力电缆，DC 型、SC 型	

（续）

型　号	名　称	使用特性
CEP90/DC-1.8/3 CEP90/SC-1.8/3	额定电压1.8/3kV无卤乙丙橡皮绝缘无卤非交联聚烯烃内套裸钢丝编织铠装船用电力电缆，DC型、SC型	
CEPJ86/DC-1.8/3 CEPJ86/SC-1.8/3	额定电压1.8/3kV无卤乙丙橡皮绝缘无卤交联聚烯烃内套铜丝编织铠装无卤非交联聚烯烃外套船用电力电缆，DC型、SC型	
CEP86/DC-1.8/3 CEP86/SC-1.8/3	额定电压1.8/3kV无卤乙丙橡皮绝缘无卤非交联聚烯烃内套铜丝编织铠装无卤非交联聚烯烃外套船用电力电缆，DC型、SC型	
CEPJ96/DC-1.8/3 CEPJ96/SC-1.8/3	额定电压1.8/3kV无卤乙丙橡皮绝缘无卤非交联聚烯烃内套钢丝编织铠装无卤非交联聚烯烃外套船用电力电缆．DC型、SC型	
CEP96/DC-1.8/3 CEP96/SC-1.8/3	额定电压1.8/3kV无卤乙丙橡皮绝缘无卤非交联聚烯烃内套钢丝编织铠装无卤非交联聚烯烃外套船用电力电缆，DC型、SC型	
CJP/DC-1.8/3 CJP/SC-1.8/3	额定电压1.8/3kV无卤交联聚乙烯绝缘无卤非交联聚烯烃护套船用电力电缆，DC型、SC型	
CJP80/DC-1.8/3 CJP80/SC-1.8/3	额定电压1.8/3kV无卤交联聚乙烯绝缘无卤非交联聚烯烃内套裸铜丝编织铠装船用电力电缆，DC型、SC型	
CJP90/DC-1.8/3 CJP90/SC-1.8/3	额定电压1.8/3kV无卤交联聚乙烯绝缘无卤非交联聚烯烃内套裸钢丝编织铠装船用电力电缆，DC型、SC型	
CJPJ86/DC-1.8/3 CJPJ86/SC-1.8/3	额定电压1.8/3kV无卤交联聚乙烯绝缘无卤交联聚烯烃内套铜丝编织铠装无卤非交联聚烯烃外套船用电力电缆，DC型、SC型	
CJP86/DC-1.8/3 CJP86/SC-1.8/3	额定电压1.8/3kV无卤交联聚乙烯绝缘无卤非交联聚烯烃内套铜丝编织铠装无卤非交联聚烯烃外套船用电力电缆，DC型、SC型	1）额定电压 U_0/U 为0.6/1、1.8/3、3.6/6、6/10和8.7/15kV 2）电缆的导电线芯长期允许工作温度为 +85℃ 3）敷设时电缆的最小弯曲半径与相同额定电压的 DA 和 SA 型电力电缆的规定相同 4）适用于要求电缆具有无卤低烟阻燃等燃烧特性的场所
CJPJ96/DC-1.8/3 CJPJ96/SC-1.8/3	额定电压1.8/3kV无卤交联聚乙烯绝缘无卤交联聚烯烃内套钢丝编织铠装无卤非交联聚烯烃外套船用电力电缆，DC型、SC型	
CJP96/DC-1.8/3 CJP96/SC-1.8/3	额定电压1.8/3kV无卤交联聚乙烯绝缘无卤非交联聚烯烃内套钢丝编织铠装无卤非交联聚烯烃外套船用电力电缆，DC型、SC型	
CEPJ26/DC-3.6/6 CEPJ26/SC-3.6/6	额定电压3.6/6kV无卤乙丙橡皮绝缘无卤交联聚烯烃内套钢带铠装无卤非交联聚烯烃外套船用电力电缆，DC型、SC型	
CEPJ36/DC-3.6/6 CEPJ36/SC-3.6/6	额定电压3.6/6kV无卤乙丙橡皮绝缘无卤交联聚烯烃内套圆钢丝铠装无卤非交联聚烯烃外套船用电力电缆，DC型、SC型	
CJPJ26/DC-3.6/6 CJPJ26/SC-3.6/6	额定电压3.6/6kV无卤交联聚乙烯绝缘无卤交联聚烯烃内套钢带铠装无卤非交联聚烯烃外套船用电力电缆，DC型、SC型	
CJPJ36/DC-3.6/6 CJPJ36/SC-3.6/6	额定电压3.6/6kV无卤交联聚乙烯绝缘无卤交联聚烯烃内套圆钢丝铠装无卤非交联聚烯烃外套船用电力电缆，DC型、SC型	
CEPJ26/DC-6/10 CEPJ26/SC-6/10	额定电压6/10kV无卤乙丙橡皮绝缘无卤交联聚烯烃内套钢带铠装无卤非交联聚烯烃外套船用电力电缆，DC型、SC型	
CEPJ36/DC-6/10 CEPJ36/SC-6/10	额定电压6/10kV无卤乙丙橡皮绝缘无卤交联聚烯烃内套圆钢丝铠装无卤非交联聚烯烃外套船用电力电缆，DC型、SC型	
CJPJ26/DC-6/10 CJPJ26/SC-6/10	额定电压6/10kV无卤交联聚乙烯绝缘无卤交联聚烯烃内套钢带铠装无卤非交联聚烯烃外套船用电力电缆，DC型、SC型	
CJPJ36/DC-6/10 CJPJ36/SC-6/10	额定电压6/10kV无卤交联聚乙烯绝缘无卤交联聚烯烃内套圆钢丝铠装无卤非交联聚烯烃外套船用电力电缆，DC型、SC型	
CEPJ26/DC-8.7/15 CEPJ26/SC-8.7/15	额定电压8.7/15kV无卤乙丙橡皮绝缘无卤交联聚烯烃内套钢带铠装无卤非交联聚烯烃外套船用电力电缆，DC型、SC型	
CEPJ36/DC-8.7/15 CEPJ36/SC-8.7/15	额定电压8.7/15kV无卤乙丙橡皮绝缘无卤交联聚烯烃内套圆钢丝铠装无卤非交联聚烯烃外套船用电力电缆，DC型、SC型	
CJPJ26/DC-8.7/15 CJPJ26/SC-8.7/15	额定电压8.7/15kV无卤交联聚乙烯绝缘无卤交联聚烯烃内套钢带铠装无卤非交联聚烯烃外套船用电力电缆，DC型、SC型	
CJPJ36/DC-8.7/15 CJPJ36/SC-8.7/15	额定电压8.7/15kV无卤交联聚乙烯绝缘无卤交联聚烯烃内套圆钢丝铠装无卤非交联聚烯烃外套船用电力电缆，DC型、SC型	

表 6-3-71　船用控制电缆品种

型　号	名　称	使用特性
CKEF/DA CKEF/SA	乙丙绝缘氯丁护套船用控制电缆，DA 型、SA 型	1）额定电压为 250V 2）电缆的导电线芯长期允许工作温度为 85℃ 3）敷设时电缆的最小弯曲半径应符合下列规定： 　所有金属丝编织铠装电缆的弯曲半径最小为 6 倍的电缆外径 　对于非铠装型电缆，当外径 $D \leqslant 25$mm 时，弯曲内半径最小为 4D；当 $D > 25$mm 时，弯曲内半径最小为 6D
CKEF80/DA CKEF80/SA	乙丙绝缘氯丁内套裸铜丝编织铠装船用控制电缆，DA 型、SA 型	
CKEF90/DA CKEF90/SA	乙丙绝缘氯丁内套裸钢丝编织铠装船用控制电缆，DA 型、SA 型	
CKE82/DA CKE82/SA	乙丙绝缘铜丝编织铠装聚氯乙烯外套船用控制电缆，DA 型、SA 型	
CKEF92/DA CKEF92/SA	乙丙绝缘氯丁内套钢丝编织铠装聚氯乙烯外套船用控制电缆，DA 型、SA 型	
CKEH/DA CKEH/SA	乙丙绝缘氯磺化聚乙烯护套船用控制电缆，DA 型、SA 型	
CKEH80/DA CKEH80/SA	乙丙绝缘氯磺化聚乙烯内套裸铜丝编织铠装船用控制电缆，DA 型、SA 型	
CKEH90/DA CKEH90/SA	乙丙绝缘氯磺化聚乙烯内套裸钢丝编织铠装船用控制电缆，DA 型、SA 型	
CKEH92/DA CKEH92/SA	乙丙绝缘氯磺化聚乙烯内套钢丝编织铠装聚氯乙烯外套船用控制电缆，DA 型、SA 型	
CKEV/DA CKEV/SA	乙丙绝缘聚氯乙烯护套船用控制电缆，DA 型、SA 型	
CKEV80/DA CKEV80/SA	乙丙绝缘聚氯乙烯内套裸铜丝编织铠装船用控制电缆，DA 型、SA 型	
CKEV90/DA CKEV90/SA	乙丙绝缘聚氯乙烯内套裸钢丝编织铠装船用控制电缆，DA 型、SA 型	
CKEV92/DA CKEV92/SA	乙丙绝缘聚氯乙烯内套钢丝编织铠装聚氯乙烯外套船用控制电缆，DA 型、SA 型	
CKVV/DA CKVV/SA	聚氯乙烯绝缘聚氯乙烯护套船用控制电缆，DA 型、SA 型	1）额定电压为 250V 2）电缆的长期允许工作温度为 60℃ 3）敷设弯曲半径与乙丙绝缘控制电缆相同
CKVV80/DA CKVV80/SA	聚氯乙烯绝缘聚氯乙烯内套裸铜丝编织铠装船用控制电缆，DA 型、SA 型	
CKV82/DA CKV82/SA	聚氯乙烯绝缘铜丝编织铠装聚氯乙烯外套船用控制电缆，DA 型、SA 型	
CKVV90/DA CKVV90/SA	聚氯乙烯绝缘聚氯乙烯内套裸钢丝编织铠装船用控制电缆，DA 型、SA 型	
CKVV92/DA CKVV92/SA	聚氯乙烯绝缘聚氯乙烯内套钢丝编织铠装聚氯乙烯外套船用控制电缆，DA 型、SA 型	
CKXF	天然丁苯绝缘氯丁护套船用控制电缆	1）额定电压为 250V 2）电缆的长期允许工作温度为 70℃ 3）电缆具有 DA 型燃烧特性 4）敷设弯曲半径与乙丙绝缘控制电缆相同
CKXF80	天然丁苯绝缘氯丁内套裸铜丝编织铠装船用控制电缆	
CKX82	天然丁苯绝缘铜丝编织铠装聚氯乙烯外套船用控制电缆	
CKXF90	天然丁苯绝缘氯丁内套裸钢丝编织铠装船用控制电缆	
CKXF92	天然丁苯绝缘氯丁内套钢丝编织铠装聚氯乙烯外套船用控制电缆	
CKXV	天然丁苯绝缘聚氯乙烯护套船用控制电缆	
CKXV80	天然丁苯绝缘聚氯乙烯内套裸铜丝编织铠装船用控制电缆	
CKXV90	天然丁苯绝缘聚氯乙烯内套裸钢丝编织铠装船用控制电缆	
CKXV92	天然丁苯绝缘聚氯乙烯内套钢丝编织铠装聚氯乙烯外套船用控制电缆	

（续）

型　号	名　　称	使用特性
CKJV/DA CKJV/SA	交联聚乙烯绝缘聚氯乙烯护套船用控制电缆，DA 型、SA 型	1）额定电压为 250V 2）电缆的长期允许工作为 85℃ 3）敷设弯曲半径与乙丙绝缘控制电缆相同
CKJV80/DA CKJV80/SA	交联聚乙烯绝缘聚氯乙烯内套裸铜丝编织铠装船用控制电缆，DA 型、SA 型	
CKJV82/DA CKJV82/SA	交联聚乙烯绝缘铜丝编织铠装聚氯乙烯外套船用控制电缆，DA 型、SA 型	
CKJV90/DA CKJV90/SA	交联聚乙烯绝缘聚氯乙烯内套裸钢丝编织铠装船用控制电缆，DA 型、SA 型	
CKJV92/DA CKJV92/SA	交联聚乙烯绝缘聚氯乙烯内套钢丝编织铠装聚氯乙烯外套船用控制电缆，DA 型、SA 型	
CKEPJ/DC CKEPJ/SC	无卤乙丙橡皮绝缘无卤交联聚烯烃护套船用控制电缆，DC 型，SC 型	
CKEPJ80/DC CKEPJ80/SC	无卤乙丙橡皮绝缘无卤交联聚烯烃内套裸铜丝编织铠装船用控制电缆，DC 型、SC 型	
CKEPJ90/DC CKEPJ90/SC	无卤乙丙橡皮绝缘无卤交联聚烯烃内套裸钢丝编织铠装船用控制电缆，DC 型、SC 型	
CKE85/DC CKE85/SC	无卤乙丙橡皮绝缘铜丝编织铠装无卤交联聚烯烃外套船用控制电缆，DC 型、SC 型	1）额定电压为 250V 2）电缆的导电线芯长期允许工作温度为 +85℃ 3）敷设时电缆的最小弯曲半径应符合下列规定： ①所有金属丝编织铠装电缆的弯曲内半径最小为 6 倍的电缆外径； ②对于非铠装型电缆，当电缆外径 $D \le$ 25mm 时，其弯曲内半径最小为 4D；当 $D >$ 25mm 时，其弯曲内半径最小为 6D 4）适用于要求电缆具有无卤低烟阻燃等燃烧特性的场所
CKEPJ95/DC CKEPJ95/SC	无卤乙丙橡皮绝缘无卤交联聚烯烃内套钢丝编织铠装无卤交联聚烯烃外套船用控制电缆，DC 型、SC 型	
CKJPJ/DC CKJPJ/SC	无卤交联聚乙烯绝缘无卤交联聚烯烃护套船用控制电缆，DC 型、SC 型	
CKJP80/DC CKJP80/SC	无卤交联聚乙烯绝缘无卤交联聚烯烃内套裸铜丝编织铠装船用控制电缆，DC 型、SC 型	
CKJ85/DC CKJ85/SC	无卤交联聚乙烯绝缘铜丝编织铠装无卤交联聚烯烃外套船用控制电缆，DC 型、SC 型	
CKJPJ90/DC CKJPJ90/SC	无卤交联聚乙烯绝缘无卤交联聚烯烃内套裸钢丝编织铠装船用控制电缆，DC 型、SC 型	
CKJPJ95/DC CKJPJ95/SC	无卤交联聚乙烯绝缘无卤交联聚烯烃内套钢丝编织铠装无卤交联聚烯烃外套船用控制电缆，DC 型、SC 型	
CKE86/DC CKE86/SC	无卤乙丙橡皮绝缘铜丝编织铠装无卤非交联聚烯烃外套船用控制电缆，DC 型、SC 型	
CKEPJ96/DC CKEPJ96/SC	无卤乙丙橡皮绝缘无卤交联聚烯烃内套钢丝编织铠装无卤非交联聚烯烃外套船用控制电缆，DC 型、SC 型	
CKEP96/DC CKEP96/SC	无卤乙丙橡皮绝缘无卤非交联聚烯烃内套钢丝编织铠装无卤非交联聚烯烃外套船用控制电缆，DC 型、SC 型	
CKJ86/DC CKJ86/SC	无卤交联聚乙烯绝缘铜丝编织铠装无卤非交联聚烯烃外套船用控制电缆，DC 型、SC 型	
CKJPJ96/DC CKJPJ96/SC	无卤交联聚乙烯绝缘无卤交联聚烯烃内套钢丝编织铠装无卤非交联聚烯烃外套船用控制电缆，DC 型、SC 型	

（续）

型　号	名　称	使 用 特 性
CKJP96/DC CKJP96/SC	无卤交联聚乙烯绝缘无卤非交联聚烯烃内套钢丝编织铠装无卤非交联聚烯烃外套船用控制电缆，DC 型、SC 型	1）额定电压为 250V 2）电缆的导电线芯长期允许工作温度为 +85℃ 3）敷设时电缆的最
CKEP/DC CKEP/SC	无卤乙丙橡皮绝缘无卤非交联聚烯烃护套船用控制电缆，DC 型、SC 型	小弯曲半径应符合下列规定：
CKJP/DC CKJP/SC	无卤交联聚乙烯绝缘无卤非交联聚烯烃护套船用控制电缆，DC 型、SC 型	①所有金属丝编织铠装电缆的弯曲内半径最小为 6 倍的电缆外径；
CKEP80/DC CKEP80/SC	无卤乙丙橡皮绝缘无卤非交联聚烯烃内套裸铜丝编织铠装船用控制电缆，DC 型、SC 型	②对于非铠装型电缆，当电缆外径 $D \leqslant$ 25mm 时，其弯曲内半径最小为 $4D$；当 $D >$
CKEP90/DC CKEP90/SC	无卤乙丙橡皮绝缘无卤非交联聚烯烃内套钢丝编织铠装船用控制电缆，DC 型、SC 型	25mm 时，其弯曲内半径最小为 $6D$
CKJP80/DC CKJP80/SC	无卤交联聚乙烯绝缘无卤非交联聚烯烃内套裸铜丝编织铠装船用控制电缆，DC 型、SC 型	4）适用于要求电缆具有无卤低烟阻燃等燃
CKJP90/DC CKJP90/SC	无卤交联聚乙烯绝缘无卤非交联聚烯烃内套裸钢丝编织铠装船用控制电缆，DC 型、SC 型	烧特性的场所

表 6-3-72　船用通信电缆品种

型　号	名　称	使 用 特 性
CHE82/DA CHE82/SA	乙丙绝缘铜丝编织铠装聚氯乙烯外套对称式船用通信电缆，DA 型、SA 型	电缆用于交流或直流 60V 的系统，故障情况下也可用在交流或直流 250V 及以下时正常运行
CHEV82/DA CHEV82/SA	乙丙绝缘聚氯乙烯内套铜丝编织铠装聚氯乙烯外套对称式船用通信电缆，DA 型、SA 型	
CHV82/DA CHV82/SA	聚氯乙烯绝缘铜丝编织铠装聚氯乙烯外套对称式船用通信电缆，DA 型、SA 型	
CHVV82/DA CHVV82/SA	聚氯乙烯绝缘聚氯乙烯内套铜丝编织铠装聚氯乙烯外套对称式船用通信电缆，DA 型、SA 型	
CHE85/DC CHE85/SC	无卤乙丙绝缘铜丝编织铠装无卤交联聚烯烃外套船用通信电缆，DC 型、SC 型	1）电缆适用于交流或直流 60V 的系统，故障情况下也可用于交流或直流 250V 及以下时正常运行 2）适用于要求电缆具有无卤低烟阻燃等燃烧特性的场所
CHEPJ85/DC CHEPJ85/SC	无卤乙丙绝缘无卤交联聚烯烃内套铜丝编织铠装无卤交联聚烯烃外套船用通信电缆，DC 型、SC 型	
CHJ85/DC CHJ85/SC	无卤交联聚乙烯绝缘铜丝编织铠装无卤交联聚烯烃外套船用通信电缆，DC 型、SC 型	
CHJPJ85/DC CHJPJ85/SC	无卤交联聚乙烯绝缘无卤交联聚烯烃内套铜丝编织铠装无卤交联聚烯烃外套船用通信电缆，DC 型、SC 型	
CHE86/DC CHE86/SC	无卤乙丙绝缘铜丝编织铠装无卤非交联聚烯烃外套船用通信电缆，DC 型、SC 型	1）电缆适用于交流或直流 60V 的系统，故障情况下也可用于交流或直流 250V 及以下时正常运行 2）适用于要求电缆具有无卤低烟阻燃等燃烧特性的场所
CHEPJ86/DC CHEPJ86/SC	无卤乙丙绝缘无卤交联聚烯烃内套铜丝编织铠装无卤非交联聚烯烃外套船用通信电缆，DC 型、SC 型	
CHJ86/DC CHJ86/SC	无卤交联聚乙烯绝缘铜丝编织铠装无卤非交联聚烯烃外套船用通信电缆，DC 型、SC 型	
CHJPJ86/DC CHJPJ86/SC	无卤交联聚乙烯绝缘无卤交联聚烯烃内套铜丝编织铠装无卤非交联聚烯烃外套船用通信电缆，DC 型、SC 型	
CHJP86/DC CHJP86/SC	无卤交联聚乙烯绝缘无卤非交联聚烯烃内套铜丝编织铠装无卤非交联聚烯烃外套船用通信电缆，DC 型、SC 型	
CHEP86/DC CHEP86/SC	无卤乙丙绝缘无卤非交联聚烯烃内套铜丝编织铠装无卤非交联聚烯烃外套船用通信电缆，DC 型、SC 型	

表 6-3-73 船用射频电缆

型 号	名 称	使用特性
CSYV	铜导体实芯聚乙烯绝缘聚氯乙烯护套船用同轴射频电缆	1）额定阻抗为 500Ω 和 75Ω 2）额定电容为 100pF/m 和 67pF/m 3）额定速比为 0.66 4）最大交流电压（峰值）为 6.5～15kV 和 2.6～12.5kV（按不同规格确定）
CSYV90	铜导体实芯聚乙烯绝缘聚氯乙烯内套裸钢丝编织铠装船用同轴射频电缆	1）最大脉冲电压为最大交流电压（峰值）的 2 倍 2）安装时最小弯曲半径：室内为 5D，室外为 10D（D 为电缆外径） 3）弯曲时允许最低温度为 -40℃
CSFF	镀银铜导体聚四氟乙烯绝缘聚四氟乙烯护套玻璃丝编织护层船用同轴射频电缆和铜包钢导体聚四氟乙烯绝缘聚四氟乙烯护套玻璃丝编织护层船用同轴射频电缆	1）额定阻抗为 50Ω 和 75Ω 2）额定电容为 94pF/m 和 63pF/m 3）额定速比为 0.70 4）最大交流电压（峰值）为 6.5kV 和 5.5kV 5）最大脉冲电压（峰值）为 13kV 和 11kV 6）安装时最小弯曲半径：室内为 5D，室外为 10D（D 为电缆外径） 7）弯曲时允许最低温度为 -55℃

表 6-3-74-1

类别	型 号	芯数	导体截面积/mm²
船用电力电缆	CEF/DA-0.6/1，CEF/SA-0.6/1，CEF80/DA-0.6/1，CEF80/SA-0.6/1，CEF82/DA-0.6/1，CEF82/SA-0.6/1，CEF90/DA-0.6/1.EF90/SA-0.6/1，CEF92/DA-0.6/1，CEF92/SA-0.6/1，CEH/DA-0.6/1，CEH/SA-0.6/1，CEH80/DA-0.6/1，CEH80/SA-0.6/1，CEH82/DA-0.6/1，CEH92/SA-0.6/1，CEH90/DA-0.6/1，CEH90/SA-0.6/1，CEH92/DA-0.6/1，CEH92/SA-0.6/1，CEFR/DA-0.6/1，CEFR/SA-0.6/1，CEHR/DA-0.6/1，CEHR/SA-0.6/1，CEV/DA-0.6/1，CEV/SA-0.6/1，CEV80/DA-0.6/1，CEV80/SA-0.6/1，CEV82/DA-0.6/1，CEV82/SA-0.6/1，CEV90/DA-0.6/1，CEV90/SA-0.6/1，CEV92/DA-0.6/1，CEV92/SA-0.6/1，CVV/DA-0.6/1，CVV/SA-0.6/1，CVV80/DA-0.6/1，CVV80/SA-0.6/1，CVV90/DA-0.6/1，CVV90/SA-0.6/1，CVV92/DA-0.6/1，CVV92/SA-0.6/1，CJV/DA-0.6/1，CJV/SA-0.6/1，CJV80/DA-0.6/1，CJV80/SA-0.6/1，CJV90/DA-0.6/1，CJV90/SA-0.6/1，CJV92/DA-0.8/1，CJV92/SA-0.6/1，CXF-0.6/1，CXF80-0.6/1，CXF90-0.6/1，CXF92-0.6/1，CXV-0.6/1，CXV80-0.6/1，CXV90-0.6/1，CXV92-0.6/1，CXFR-0.6/1	1 2 3 4~37	1～300 1～120 1-185 1～2.5
	CEPJ/DC-0.6/1，CEPJ/SC-0.6/1，CEP/DC-0.6/1，CEP/SC-0.6/1，CEPJ80/DC-0.6/1，CEPJ80/SC-0.6/1，CEP80/DC-0.6/1，CEP80/SC-0.6/1，CEPJ90/DC-0.6/1，CEPJ90/SC-0.6/1，CEP90/DC-0.6/1，CEP90/SC-0.6/1，CEPJ85/DC-0.6/1，CEPJ85/SC-0.6/1，CEPJ86/DC-0.6/1，CEPJ86/SC-0.6/1，CEP86/DC-0.6/1，CEP86/SC-0.6/1，CEPJ95/DC-0.6/1，CEPJ95/SC-0.6/1，CEPJ96/DC-0.6/1，CEPJ96/SC-0.6/1，CEP96/DC-0.6/1，CEP96/SC-0.6/1，CJPJ/DC-0.6/1，CJPJ/SC-0.6/1，CEPJR/DC-0.6/1，CEPJR/SC-0.6/1，CJP/DC-0.6/1，CJP/SC-0.6/1，CJPJ80/DC-0.6/1，CJPJ80/SC-0.6/1，CJP80/DC-0.6/1，CJP80/SC-0.6/1，CJPJ90/DC-0.6/1，CJPJ90/SC-0.6/1，CJP90/DC-0.6/1，CJP90/SC-0.6/1，CJPJ85/DC-0.6/1，CJPJ85/SC-0.6/1，CJPJ86/DC-0.6/1，CJPJ86/SC-0.6/1，CJP86/DC-0.6/1，CJP86/SC-0.6/1，CJPJ95/DC-0.6/1，CJPJ96/DC-0.6/1，CJPJ96/SC-0.6/1，CJP96/DC-0.6/1，CJP96/SC-0.6/1		
	CEF/DA-1.8/3，CEF/SA-1.8/3，CEF80/DA-1.8/3，CEF80/SA-1.8/3，CEF90/DA-1.8/3，CEF90/SA-1.8/3，CEF82/DA-1.8/3，CEF82/SA-1.8/3，CEF92/DA-1.8/3，CEF92/SA-1.8/3，CEH/DA-1.8/3，CEH/SA-1.8/3，CEH80/DA-1.8/3，CEH80/SA-1.8/3，CEH90/DA-1.8/3，CEH90/SA-1.8/3，CEH82/DA-1.8/3，CEH82/SA-1.8/3，CEH92/DA-1.8/3，CEH92/SA-1.8/3，CJV/DA-1.8/3，CJV/SA-1.8/3，CJV80/DA-1.8/3，CJV80/SA-1.8/3，CJV90/DA-1.8/3，CJV90/SA-1.8/3，CJV82/DA-1.8/3，CJV82/SA-1.8/3，CJV92/DA-1.8/3，CJV92/SA-1.8/3	1 3	10～300 10～150

（续）

类别	型　号	芯数	导体截面积 /mm²
船用电力电缆	CEPJ/DC-1.8/3，CEPJ/SC-1.8/3，CEP/DC-1.8/3，CEP/SC-1.8/3，CEPJ80/DC-1.8/3，CEPJ80/SC-1.8/3，CEP80/DC-1.8/3，CEP80/SC-1.8/3，CEPJ90/DC-1.8/3，CEPJ90/SC-1.8/3，CEP90/DC-1.8/3，CEP90/SC-1.8/3，CEPJ85/DC-1.8/3，CEPJ85/SC-1.8/3，CEPJ86/DC-1.8/3，CEPJ86/SC-1.8/3，CEP86/DC-1.8/3，CEP86/SC-1.8/3，CEPJ95/DC-1.8/3，CEPJ95/SC-1.8/3，CEPJ96/DC-1.8/3，CEPJ96/SC-1.8/3，CEP96/DC-1.8/3，CEP96/SC-1.8/3，CJPJ/DC-1.8/3，CJPJ/SC-1.8/3，CJP/DC-1.8/3，CJP/SC-1.8/3，CJPJ80/DC-1.8/3，CJPJ80/SC-1.8/3，CJP80/DC-1.8/3，CJP80/SC-1.8/3，CJPJ90/DC-1.8/3，CJPJ90/SC-1.8/3，CJP90/DC-1.8/3，CJP90/SC-1.8/3，CJPJ85/DC-1.8/3，CJPJ85/SC-1.8/3，CJPJ86/DC-1.8/3，CJPJ86/SC-1.8/3，CJP86/DC-1.8/3，CJP86/SC-1.8/3，CJPJ95/DC-1.8/3，CJPJ95/SC-1.8/3，CJPJ96/DC-1.8/3，CJPJ96/SC-1.8/3，CJP96/DC-1.8/3，CJP96/SC-1.8/3	1 3	10~300 10~150
	CEF/DA-3.6/6，CEF/SA-3.6/6，CEH/DA-3.6/6，CEH/SA-3.6/6，CEF22/DA-3.6/6，CEF22/SA-3.6/6，CEF32/DA-3.6/6，CEF32/SA-3.6/6，CEH22/DA-3.6/6，CEH22/SA-3.6/6，CJV/DA-3.6/6，CJV/SA-3.6/6，CJV22/DA-3.6/6，CJV22/SA-3.6/6，CJV32/DA-3.6/6，CJV32/SA-3.6/6	1 3	10~630 10~150
	CEPJ/DC-3.6/6，CEPJ/SC-3.6/6，CEPJ25/DC-3.6/6，CEPJ25/SC-3.6/6，CEPJ26/DC-3.6/6，CEPJ26/SC-3.6/6，CEPJ35/DC-3.6/6，CEPJ35/SC-3.6/6，CEPJ36/DC-3.6/6，CEPJ36/SC-3.6/6，CJPJ/DC-3.6/6，CJPJ/SC-3.6/6，CJPJ25/DC-3.6/6，CJPJ25/SC-3.6/6，CJPJ26/DC-3.6/6，CJPJ26/SC-3.6/6，CJPJ35/DC-3.6/6，CJPJ35/SC-3.6/6，CJPJ36/DC-3.6/6，CJPJ36/SC-3.6/6		
	CEF/DA-6/10，CEF/SA-6/10，CEH/DA-6/10，CEH/SA-6/10，CEF22/DA-6/10，CEF22/SA-6/10，CEF32/DA-6/10，CEF32/SA-6/10，CEH22/DA-6/10，CEH22/SA-6/10，CEH32/DA-6/10，CEH32/SA-6/10，CJV/DA-6/10，CJV/SA-6/10，CJV22/DA-6/10，CJV22/SA-6/10，CJV32/DA-6/10，CJV32/SA-6/10	1 3	16~630 16~150
	CEPJ/DC-6/10，CEPJ/SC-6/10，CEPJ25/DC-6/10，CEPJ25/SC-6/10，CEPJ26/DC-6/10，CEPJ26/SC-6/10，CEPJ35/DC-6/10，CEPJ35/SC-6/10，CEPJ36/DC-6/10，CEPJ36/SC-6/10，CJPJ/DC-6/10，CJPJ/SC-6/10，CJPJ25/DC-6/10，CJPJ25/SC-6/10，CJPJ26/DC-6/10，CJPJ26/SC-6/10，CJPJ35/DC-6/10，CJPJ35/SC-6/10，CJPJ36DC-6/10，CJPJ36/SC-6/10		
	CEF/DA-8.7/15，CEF/SA-8.7/15，CEH/DA-8.7/15，CEH/SA-8.7/15，CEF22/DA-8.7/15，CEF22/SA-8.7/15，CEF32/DA-8.7/15，CEF32/SA-8.7/15，CEH22/DA-8.7/15，CEH22/SA-8.7/15，CEH32/DA-8.7/15，CEH32/SA-8.7/15，CJV/DA-8.7/15，CJV/SA-8.7/15，CJV22/DA-8.7/15，CJV22/SA-8.7/15，CJV32/DA-8.7/15，CJV32/SA-8.7/15	1 3	25~630 25~150
	CEPJ/DC1-8.7/15，CEPJ/SC-8.7/15，CEPJ25/DC-8.7/15，CEPJ25/SC-8.7/15，CEPJ26/DC-8.7/15，CEPJ26/SC-8.7/15，CEPJ35/DC-8.7/15，CEPJ35/SC-8.7/15，CEPJ36/DC-8.7/15，CEPJ36/SC-8.7/15，CJPJ/DC-8.7/15，CJPJ/SC-8.7/15，CJPJ25/DC-8.7/15，CJPJ25/SC-8.7/15，CJPJ26/DC-8.7/15，CJPJ26/SC-8.7/15，CJPJ35/DC-8.7/15，CJPJ35/SC-8.7/15，CJPJ36/DC-8.7/15，CJPJ36/SC-8.7/15		
	CKEF/DA，CKEF/SA，CKEF80/DA，CKEF80/SA，CKEF90/DA，CKEF90/SA，CKE82/DA，CKE82/SA，CKEF92/DA，CKEF92/SA，CKEH/DA，CKEH/SA，CKEH80/DA，CKEH80/SA，CKEH90/DA，CKEH90/SA，CKEH92/DA，CKEH92/SA，CKEV/DA，CKEV/SA，CKEV80/DA，CKEV80/SA，CKEV90/DA，CKEV90/SA，CKEV92/DA，CKEV92/SA，CKVV/DA，CKVV/SA，CKVV80/DA，CKVV80/SA，CKVV82/DA，CKVV82/SA，CKVV90/DA，CKVV90/SA，CKVV92/DA，CKVV92/SA，CKXF，CKXF80，CKXF82，CKXF90，CKXF92，CKXV，CKXV80，CKXV90，CKXV92，CKJV/DA，CKJV/SA，CKJV80/DA，CKJV80/SA，CKJ82/DA，CKJ82/SA，CKJV90/DA，CKJV90/SA，CKJV92/DA，CKJV92/SA	2，4，7 10，14， 19，24， 30，37	0.75.1
	CKEPJ/DC，CKEPJ/SC，CKEP/DC，CKEP/SC，CKEPJ80/DA，CKEPJ80/SC，CKEP80/DC，CKEP80/SC，CKEP80/SC，CKEPJ90/DC，CKEPJ90/SC，CKEP90/DC，CKEP90/SA，CKE85/DC，CKE85/SC，CKE86/DC，CKE86/SC，CKEPJ95/DC，CKEPJ95/SC，CKEPJ96/DC，CKEPJ96/SC，CKEP96/DC，CKEP96/SC，CKJP/DC，CKJP/SC，CKJPJ/DC，CKJPJ/SC，CKJPJ80/DC，CKJPJ80/SC，CKJP80/DC，CKJP80/SC，CKJ85/DC，CKJ85/SC，CKJ86/DC，CKJ86/SC，CKJP90/DC，CKJP90/SC，CKJPJ90/DC，CKJPJ90/SC，CKJPJ95/DC，CKJPJ95/SC，CKJP96/DC，CKJP96/SC，CKJPJ96/DC，CKJPJ96/SC		

表 6-3-74-2

类别	型 号	绝 对 数	导体截面积/mm²
船用通信电缆	CHE82/DA、CHE82/SA、CHEV82/DA、CHEV82/SA	1、2、4、7、10、14、19、24、30、37、48	0.5、0.75
	CHE85/DC、CHE85/SC、CHE86/DC、CHE86/SC、CHEPJ85/DC、CHEPJ85/SC、CHEPJ86/DC、CHEPJ86/SC、CHEP86/DC、CHEP86/SC		
	CHV82/DA、CHV82/SA、CHVV82/DA、CHVV82/SA	5、10、15、20、25 30、40、50、60、80、100	0.3
	CHJ85/DC、CHJ85/SC、CHJ86/DC、CHJ86/SC、CHJPJ85/DC、CHJPJ85/SC、CHJPJ86/DC、CHJPJ86/SC、CHJP86/DC、CHJP86/SC	1、2、4、7、10、14、19、24、30、37、48	0.5 0.75

表 6-3-74-3

类 别	型 号	规 格 代 号
船用射频电缆	CSYV、CSYV90	50-7-2、50-7-6、50-12-1、50-17-2、50-17-3、75-4-1、75-4-2、75-7-2、75-7-3、75-17-2
	CSFF	50-7-8、75-7-11

3.3.3 船用电力电缆

1. 产品规格和结构尺寸（见表 6-3-75 ~ 表 6-3-76）

2. 计算外径和单位长度重量 0.6/1kV 船用电力电缆的外径标称值和最大值以及单位长度重量见

表 6-3-77 ~ 表 6-3-96。规定电缆的实际外径应不超过最大值。电缆的单位长度重量不作考核，供设计、使用部门参考。

额定电压为 1.8/3kV、3.6/6kV、6/10kV 和 8.7/15kV 船用电力电缆的计算外径和单位长度重量另行规定。

表 6-3-75　0.6/1kV 船用电力电缆结构尺寸的规定

导电线芯截面积/mm²	导体结构和单线直径/（根/mm）		绝缘厚度/mm				护套厚度/mm	金属丝编织层
	固定敷设电缆	软电缆	乙丙橡皮	聚氯乙烯	交联聚乙烯	天然丁苯橡皮		
1	7/0.43	32/0.20	1.0	0.8	0.7	1.0	按标准 GB/T 9331.1—2008 计算确定	1）金属丝直径规定如下：编织前电缆直径 $d \leqslant 10mm$ 者，为 0.2mm；当 $10 < d \leqslant 30mm$ 时，为 0.3mm；当 $d > 30mm$，则为 0.4mm 2）编织覆盖率应符合下列规定：长度不小于 250mm 成品电缆试样编织层重量应不小于具有相同内径和厚度的同一种金属管的重量的 90%
1.5	7/0.52	30/0.25	1.0	0.8	0.7	1.0		
2.5	7/0.68	49/0.25	1.0	1.0	0.7	1.0		
4	7/0.85	56/0.30	1.0	1.0	0.7	1.0		
6	7/1.04	84/0.30	1.0	1.0	0.7	1.0		
10	7/1.35	84/0.40	1.0	1.0	0.7	1.2		
16	7/1.70	126/0.40	1.0	1.0	0.7	1.2		
25	7/2.14	196/0.40	1.2	1.2	0.9	1.4		
35	19/1.53	276/0.40	1.2	1.2	0.9	1.4		
50	19/1.78	396/0.40	1.4	1.4	1.0	1.6		
70	19/2.14	360/0.50	1.6	1.4	1.1	1.6		
95	19/2.52	475/0.50	1.6	1.6	1.1	1.8		
120	37/2.03	608/0.50	1.6	1.6	1.2	1.8		
150	37/2.25	756/0.50	1.8	1.8	1.4	2.0		
185	37/2.52	925/0.50	2.0	2.0	1.6	2.2		
240	61/2.25	1221/0.50	2.2	2.2	1.7	2.4		
300	61/2.52	1525/0.50	2.4	2.2	1.8	2.6		

表 6-3-76　1.8/3kV、3.6/6kV、6/10kV 和 8.7/15kV 船用电力电缆结构要求

导电线芯截面积 /mm²	绝　缘　厚　度/mm							
	乙　丙　橡　皮				交联聚乙烯			
	1.8/3kV	3.6/6kV	6/10kV	8.7/15kV	1.8/3kV	3.6/6kV	6/10kV	8.7/15kV
10	2.2	3.0	—	—	2.0	2.5	—	—
16	2.2	3.0	3.4	—	2.0	2.5	3.4	—
25	2.2	3.0	3.4	4.5	2.0	2.5	3.4	4.5
35	2.2	3.0	3.4	4.5	2.0	2.5	3.4	4.5
50	2.2	—	—	—	2.0	—	—	—
70	2.2	3.0	3.4	4.5	2.0	2.5	3.4	4.5
95	2.4	3.0	3.4	4.5	2.0	2.5	3.4	4.5
120	2.4	3.0	3.4	4.5	2.0	2.5	3.4	4.5
150	2.4	3.0	3.4	4.5	2.0	2.5	3.4	4.5
185	2.4	3.0	3.4	4.5	2.0	2.5	3.4	4.5
240	2.4	3.0	3.4	4.5	2.0	2.5	3.4	4.5
300	2.4	3.0	3.4	4.5	2.0	2.8	3.4	4.5
400	—	3.0	3.4	4.5	—	3.0	3.4	4.5
500	—	3.2	3.4	4.5	—	3.2	3.4	4.5
630	—	3.2	3.4	4.5	—	3.2	3.4	4.5

护套厚度/mm	金属铠装层

护套厚度/mm：

外护套及内护套（若有的话）之厚度 t_1 及 t_2 与未包护套的缆芯假设直径 D 有关，D 的计算方法按 IEC92—350 中附录 A 及 B 规定，其厚度计算公式如下：

1）对于铠装或无铠装层的单层护套电缆：

$t_1 = 0.04D + 0.8\text{mm}$

（但最小厚度为 1.0mm）

2）对于无铠装层的双层护套电缆：

内护套 $t_1 = 0.025D + 0.6\text{mm}$

（但最小厚度为 0.8mm）

外护套 $t_2 = 0.025D + 0.9\text{mm}$

（但最小厚度为 1.0mm）

3）对于有铠装层的双层护套电缆：

内护套 $t_1 = 0.04D + 0.8\text{mm}$

（但最小厚度为 1.0mm）

外护套 $t_2 = 0.025D + 0.6\text{mm}$

（但最小厚度为 0.8mm）

金属铠装层：

1）编织用金属丝的直径：

① 电缆假设外径为 30mm 及以下者，金属丝的直径为 0.3mm；

② 电缆假设外径大于 30mm 者，金属丝的直径为大于或等于 0.4mm

2）铠装用圆金属线的直径规定于下表

铠装前外径假设值/mm		铠装金属 单线直径/mm
>	≤	
—	15	0.8
15	25	1.6
25	35	2.0
35	60	2.5
60	—	3.15

3）铠装用金属带的厚度规定于下表

铠装前外径假设值/mm		带子厚度/mm	
>	≤	镀锌钢带	铝合金带
—	30	0.2	0.5
30	70	0.5	0.5
70	—	0.8	0.8

表6-3-77　DA型、SA型 0.6/1kV 单芯乙丙绝缘船用电力电缆外径与重量

导体截面积/mm²	电缆外径/mm						电缆单位长度重量/(kg/km)									
	CEF CEH CEV		CEF80, CEH80, CEV80, CEF90, CEH90, CEV90		CEF82, CEH82, CEV82, CEF92, CEH92, CEV92		CEF CEH	CEV	CEF80 CEH80	CEV80	CEF90 CEH90	CEV90	CEF92 CEH92	CEV92	CEF82 CEH82	CEV82
	标称值	最大值	标称值	最大值	标称值	最大值										
1	5.8	7.2	6.8	8.2	8.4	9.8	44	41	77	74	78	74	103	99	107	104
1.5	6.0	7.4	7.0	8.4	8.6	10.5	51	48	86	82	86	83	112	109	117	113
2.5	6.5	7.8	7.5	9.0	9.1	11.0	65	62	102	99	103	99	130	126	135	132
4	7.0	8.4	8.0	9.6	9.6	11.5	83	79	123	119	124	120	153	149	158	154
6	7.6	9.0	8.6	10.5	10.2	12.0	107	102	149	145	150	146	181	177	187	183
10	8.5	10.2	9.5	11.5	11.1	13.0	153	148	201	196	202	196	236	230	242	237
16	9.8	11.5	10.8	13.0	12.6	15.0	221	215	275	268	276	270	319	313	326	320
25	11.5	13.5	13.0	15.0	14.8	17.0	329	321	425	417	422	414	478	470	491	483
35	12.9	15.0	14.4	16.5	16.2	18.5	438	429	546	537	543	534	605	596	619	610
50	14.8	17.0	16.3	18.5	18.3	20.5	584	572	707	695	703	691	780	768	796	784
70	17.0	19.5	18.5	21.0	20.5	23.0	813	799	953	939	949	935	1036	1022	1054	1040
95	19.1	22.0	20.6	23.5	22.8	25.5	1090	1072	1246	1229	1242	1225	1347	1330	1368	1350
120	20.7	23.5	22.2	25.0	24.4	27.0	1341	1322	1510	1491	1505	1487	1618	1600	1640	1622
150	22.8	25.5	24.3	27.0	26.7	29.5	1642	1620	1829	1806	1823	1801	1957	1935	1983	1960
185	25.3	28.5	26.8	30.0	29.2	32.5	2046	2020	2252	2226	2247	2220	2395	2368	2421	2395
240	28.5	31.5	30.0	33.0	32.6	36.0	2657	2626	2889	2857	2882	2851	3060	3029	3091	3059
300	31.5	35.0	33.5	37.0	36.1	39.5	3306	3269	3649	3612	3631	3594	3841	3804	3886	3848

表 6-3-78　DA 型、SA 型 0.6/1kV 二芯乙丙绝缘船用电力电缆外径与重量

导体截面积/mm²	电缆外径/mm						电缆单位长度重量/(kg/km)									
	CEF CEH CEV		CEF80, CEF90 CEH80, CEH90 CEV80, CEV90		CEF82, CEF92 CEH82, CEH92 CEV82, CEV92		CEF CEH	CEV	CEF80 CEH80	CEV80	CEF90 CEH90	CEV90	CEF92 CEH92	CEV92	CEF82 CEH82	CEV82
	标称值	最大值	标称值	最大值	标称值	最大值										
1	10.3	12.5	11.8	14.0	13.6	16.0	113	106	201	194	198	191	249	242	262	255
1.5	10.8	13.0	12.3	14.5	14.1	16.5	130	123	222	215	219	212	273	266	285	278
2.5	12.0	14.0	13.5	16.0	15.3	17.5	171	162	272	263	269	260	327	318	341	332
4	13.0	15.5	14.5	17.0	16.5	19.0	214	205	324	314	320	310	389	379	404	394
6	14.2	16.5	15.7	18.0	17.7	20.5	271	260	389	378	385	375	459	449	475	464
10	16.2	19.0	17.7	20.5	19.7	22.5	389	375	523	510	519	505	602	588	620	607
16	18.5	21.5	20.0	23.0	22.2	25.5	547	531	700	683	696	679	799	782	818	801
25	22.2	25.5	23.7	27.0	26.1	29.5	817	795	998	977	993	972	1124	1103	1148	1127
35	24.8	28.0	26.3	29.5	28.7	32.0	1073	1047	1276	125	1270	1244	1415	1389	1442	1416
50	28.3	32.0	29.8	33.5	32.4	36.5	1419	1388	1650	1618	1643	1612	1820	1789	1850	1818
70	33.1	37.0	35.1	39.5	37.9	42.5	1994	1953	2354	2313	2335	2294	2570	2529	2617	2576
95	37.1	41.5	39.1	44.0	42.1	47.0	2634	2585	3036	2098	3015	2966	3294	3245	3346	3298
120	40.5	45.0	42.5	47.0	45.7	50.5	3237	3181	3676	3620	3653	3596	3973	3917	4031	3975

表 6-3-79　DA 型、SA 型 0.6/1kV 三芯乙丙绝缘船用电力电缆外径与重量

导体截面积/mm²	电缆外径/mm						电缆单位长度重量/(kg/km)									
	CEF CEH CEV		CEF80, CEF90 CEH80, CEH90 CEV80, CEV90		CEF82, CEF92 CEH82, CEH92 CEV82, CEV92		CEF CEH	CEV	CEF80 CEH80	CEV80	CEF90 CEH90	CEV90	CEF92 CEH92	CEV92	CEF82 CEH82	CEV82
	标称值	最大值	标称值	最大值	标称值	最大值										
1	10.9	13.0	12.4	14.5	14.2	16.5	135	127	228	220	224	217	278	271	291	283
1.5	11.7	14.0	13.2	15.5	15.0	17.5	163	154	262	253	258	250	315	307	329	320

（续）

导体截面积/mm²	电缆外径/mm						电缆单位长度重量/(kg/km)									
	CEF CEH CEV		CEF80, CEH80, CEV80, CEF90, CEH90, CEV90		CEF82, CEH82, CEV82, CEF92, CEH92, CEV92		CEF CEH	CEV	CEF80 CEH80	CEV80	CEF90 CEH90	CEV90	CEF92 CEH92	CEV92	CEF82 CEH82	CEV82
	标称值	最大值	标称值	最大值	标称值	最大值										
2.5	12.7	15.0	14.2	16.5	16.0	18.5	210	200	317	307	313	304	374	365	389	379
4	13.8	16.5	15.3	18.0	17.3	20.0	269	258	384	374	380	370	453	443	469	459
6	15.3	18.0	16.8	19.5	18.8	21.5	353	340	480	467	476	463	555	542	572	559
10	17.3	20.0	18.8	21.5	20.8	23.5	504	490	647	633	643	628	731	716	750	736
16	19.7	22.5	21.2	24.5	23.4	26.5	721	703	883	865	878	860	986	968	1008	990
25	23.8	27.5	25.3	29.0	27.7	31.5	1097	1072	1292	1267	1286	1262	1426	1402	1452	1427
35	26.5	30.0	28.0	31.5	30.4	34.0	1436	1409	1653	1625	1646	1619	1800	1773	1829	1801
50	30.5	34.5	32.5	36.5	35.3	39.5	1923	1887	2255	2220	2237	2202	2455	2420	2499	2464
70	35.6	40.0	37.6	42.0	40.6	45.0	2710	2663	3096	3050	3076	3029	3344	3297	3394	3348
95	39.9	44.5	41.9	47.0	45.1	50.0	3602	3547	4034	3979	4011	3956	4328	4273	4384	4329
120	43.6	48.5	45.6	50.5	48.8	54.0	4441	4378	4913	4850	4887	4824	5230	5167	5292	5229
150	48.2	53.5	50.2	55.5	53.6	59.0	5446	5370	5966	5890	5938	5862	6337	6261	6405	6329
185	53.3	59.0	55.3	61.0	59.1	65.0	6762	6674	7337	7249	7306	7218	7794	7706	7869	7781

表 6-3-80 DA 型、SA 型 0.6/1kV 多芯乙丙绝缘船用电力电缆外径与重量

导体截面积/mm²	芯数	电缆外径/mm						电缆单位长度重量/(kg/km)									
		CEF CEH CEV		CEF80, CEH80, CEV80, CEF90, CEH90, CEV90		CEF82, CEH82, CEV82, CEF92, CEH92, CEV92		CEF CEH	CEV	CEF80 CEH80	CEV80	CEF90 CEH90	CEV90	CEF92 CEH92	CEV92	CEF82 CEH82	CEV82
		标称值	最大值	标称值	最大值	标称值	最大值										
1	4	12.1	14.5	13.6	16.0	15.4	18.0	155	146	257	248	253	244	312	302	326	317
	5	13.1	15.5	14.6	17.0	16.6	19.5	190	180	300	290	296	286	366	356	381	371

（续）

导体截面积/mm²	芯数	电缆外径/mm						电缆单位长度重量/(kg/km)									
		CEF CEH CEV		CEF80、CEH80、CEV80 CEF90、CEH90、CEV90		CEF82、CEH82、CEV82 CEF92、CEH92、CEV92		CEF CEH	CEV	CEF80 CEH80	CEV80	CEF90 CEH90	CEV90	CEF92 CEH92	CEV92	CEF82 CEH82	CEV82
		标称值	最大值	标称值	最大值	标称值	最大值										
1	7	14.5	17.0	16.0	18.5	18.0	21.0	240	228	361	349	357	345	432	420	449	437
	10	18.4	21.5	19.9	23.0	22.1	25.5	339	323	487	471	481	466	580	565	601	585
	12	19.0	22.0	20.5	23.5	22.7	26.0	373	357	526	509	520	504	622	606	644	627
	14	20.1	23.5	21.6	25.0	23.8	27.5	432	413	594	575	588	569	696	676	718	699
	16	21.2	24.5	22.7	26.0	24.9	28.5	490	470	661	641	654	635	767	748	791	771
	19	22.4	26.0	23.9	27.5	26.3	30.0	556	535	736	715	729	708	858	837	883	862
	24	26.5	30.5	28.0	32.0	30.6	35.0	749	720	967	938	959	930	1126	1097	1156	1127
	27	27.1	31.5	28.6	33.0	31.2	35.5	806	776	1029	999	1020	991	1190	1161	1221	1191
	30	28.0	32.5	29.5	34.5	32.1	37.0	879	848	1110	1079	1101	1070	1276	1245	1309	1278
	33	29.3	34.0	30.8	36.0	33.4	38.5	975	940	1216	1181	1206	1172	1389	1355	1423	1388
	37	30.5	35.0	32.5	37.0	35.3	40.0	1064	1029	1400	1364	1378	1343	1596	1561	1644	1608
1.5	4	12.7	15.0	14.2	17.0	16.0	18.5	182	172	289	279	285	276	346	337	361	351
	5	13.9	16.5	15.4	18.0	17.4	20.0	224	214	340	330	336	326	409	399	425	415
	7	15.3	18.0	16.8	19.5	18.8	21.5	285	273	413	400	408	396	487	475	505	492
	10	19.5	22.5	21.0	24.5	23.2	26.5	406	389	562	546	557	540	661	644	682	666
	12	20.3	23.5	21.8	25.5	24.0	27.5	459	440	622	603	616	597	724	706	747	728
	14	21.3	25.0	22.8	26.5	25.2	29.0	520	500	692	672	686	666	810	790	833	813
	16	22.5	26.0	24.0	27.5	26.4	30.0	592	571	773	752	766	745	896	875	921	900

（续）

导体截面积/mm²	芯数	电缆外径/mm CEF CEH CEV 标称值	CEF CEH CEV 最大值	CEF80, CEH80, CEV80, CEF90, CEH90, CEV90 标称值	CEF80, CEH80, CEV80, CEF90, CEH90, CEV90 最大值	CEF82, CEH82, CEV82, CEF92, CEH92, CEV92 标称值	CEF82, CEH82, CEV82, CEF92, CEH92, CEV92 最大值	电缆单位长度重量（kg/km） CEF CEH	CEV	CEF80 CEH80	CEV80	CEF90 CEH90	CEV90	CEF92 CEH92	CEV92	CEF82 CEH82	CEV82
1.5	19	23.9	27.5	25.4	29.5	27.8	32.0	686	662	879	855	872	848	1009	985	1036	1012
	24	28.3	33.0	29.8	35.0	32.4	37.5	918	885	1150	1117	1141	1108	1318	1285	1350	1317
	27	28.9	33.5	30.4	35.5	33.0	38.5	990	956	1227	1194	1218	1185	1398	1365	1431	1398
	30	30.0	34.5	31.5	37.0	34.3	39.5	1082	1047	1328	1293	1318	1283	1518	1483	1553	1518
	33	31.3	36.0	33.3	38.5	36.1	41.5	1198	1159	1543	1504	1521	1482	1745	1706	1793	1754
	37	32.5	37.5	34.5	39.5	37.3	42.5	1310	1270	1668	1628	1645	1605	1877	1837	1927	1887
2.5	4	13.9	16.5	15.4	18.0	17.4	20.0	238	227	354	344	350	340	423	413	439	429
	5	15.4	18.0	16.9	19.5	18.9	21.5	305	292	433	420	429	416	508	495	526	513
	7	16.7	19.5	18.2	21.0	20.2	23.0	380	366	519	505	514	500	599	585	619	605
	10	21.6	25.0	23.1	26.5	25.5	29.0	560	539	733	713	727	707	852	832	876	856
	12	22.3	25.5	23.8	27.0	26.2	29.5	620	599	799	778	793	772	922	901	946	925
	14	23.7	27.0	25.2	28.5	27.6	31.0	718	694	908	884	901	878	1037	1014	1063	1039
	16	25.0	28.5	26.5	30.0	28.9	32.5	820	795	1021	996	1013	988	1156	1130	1184	1159
	19	26.5	30.0	28.0	32.0	30.6	34.5	950	922	1163	1135	1156	1127	1319	1290	1348	1320
	24	31.2	35.5	33.2	37.5	36.0	40.5	1248	1211	1590	1554	1569	1532	1792	1755	1839	1803
	27	32.1	36.5	34.1	38.5	36.9	41.5	1364	1325	1716	1677	1695	1655	1924	1884	1972	1933
	30	33.3	38.0	35.3	40.0	38.1	43.0	1494	1453	1859	1818	1836	1795	2072	2031	2123	2032
	33	34.8	39.5	36.8	41.5	39.8	44.5	1655	1610	2036	1991	2013	1967	2275	2229	2328	2282
	37	36.1	41.0	38.1	43.0	41.1	46.0	1814	1767	2210	2163	2185	2138	2457	2410	2512	2465

表 6-3-81　DA 型、SA 型 0.6/1kV 单芯聚氯乙烯绝缘船用电力电缆外径与重量

导体截面积 /mm²	电缆外径/mm						电缆单位长度重量/(kg/km)			
	CVV		CVV80 CVV90		CVV92		CVV	CVV80	CVV90	CVV92
	标称值	最大值	标称值	最大值	标称值	最大值				
1	4.9	6.2	5.9	7.2	7.5	8.8	33	61	62	84
1.5	5.2	6.4	6.2	7.6	7.8	9.2	39	69	69	92
2.5	5.6	7.0	6.6	8.0	8.2	9.6	52	84	85	110
4	6.6	8.0	7.6	9.0	9.2	11.0	74	111	112	140
6	7.1	8.6	8.1	9.6	9.7	11.5	97	137	138	167
10	8.1	9.6	9.1	11.0	10.7	12.5	142	187	188	220
16	9.3	11.0	10.3	12.0	11.9	14.0	208	259	261	297
25	11.0	13.0	12.5	14.5	14.3	16.5	313	405	403	457
35	12.5	14.5	14.0	16.0	15.8	18.0	418	522	519	579
50	14.1	16.5	15.6	18.0	17.6	20.0	555	672	669	743
70	16.1	18.5	17.6	20.0	19.6	22.0	772	905	901	984
95	18.6	21.5	20.1	23.0	22.3	25.0	1056	1209	1205	1308
120	20.2	23.0	21.7	24.5	23.9	26.5	1303	1469	1464	1575
150	22.4	25.0	23.9	26.5	26.1	29.0	1599	1781	1776	1897
185	24.8	28.0	26.3	29.5	28.7	32.0	1995	2198	2192	2337
240	28.1	31.0	29.6	32.5	32.2	35.5	2596	2824	2818	2993
300	31.1	34.5	33.1	36.5	35.7	39.0	3234	3573	3555	3762

表 6-3-82　DA 型、SA 型 0.6/1kV 二芯聚氯乙烯绝缘船用电力电缆外径与重量

导体截面积 /mm²	电缆外径/mm						电缆单位长度重量/(kg/km)			
	CVV		CVV80 CVV90		CVV92		CVV	CVV80	CVV90	CVV92
	标称值	最大值	标称值	最大值	标称值	最大值				
1	8.4	10.5	9.4	11.5	11.0	13.0	73	121	121	154
1.5	9.1	11.0	10.1	12.0	11.7	14.0	91	142	143	179
2.5	10.1	12.0	11.6	13.5	13.4	15.5	121	207	204	254
4	12.1	14.5	13.6	16.0	15.4	18.0	178	280	277	336
6	13.2	15.5	14.7	17.0	16.7	19.5	229	340	336	406
10	15.3	18.0	16.8	19.5	18.8	21.5	336	463	459	538
16	17.4	20.0	18.9	22.0	20.9	24.0	474	618	614	702
25	21.2	24.5	22.7	26.0	24.9	28.5	728	902	897	1013
35	23.9	27.0	25.4	28.5	27.8	31.5	962	1157	1151	1291
50	27.4	31.0	28.9	32.5	31.5	35.5	1280	1503	1497	1669
70	31.2	35.0	33.2	37.0	36.0	40.0	1759	2099	2081	2304
95	36.2	40.5	38.2	43.0	41.2	46.0	2406	2799	2778	3050
120	39.6	44.0	41.6	46.0	44.8	49.5	2968	3396	3374	3688

表 6-3-83 DA 型、SA 型 0.6/1kV 三芯聚氯乙烯绝缘船用电力电缆外径与重量

导体截面积 /mm²	电缆外径/mm						电缆单位长度重量/(kg/km)			
	CVV		CVV80 CVV90		CVV92		CVV	CVV80	CVV90	CVV92
	标称值	最大值	标称值	最大值	标称值	最大值				
1	9.0	11.0	10.0	12.0	11.6	14.0	95	146	146	182
1.5	9.6	11.5	10.6	13.5	12.4	15.0	114	168	169	212
2.5	10.7	12.5	12.2	14.5	14.0	16.0	156	246	243	296
4	12.8	15.0	14.3	17.0	16.1	18.5	231	339	335	396
6	14.1	16.5	15.6	18.0	17.6	20.5	303	420	417	491
10	16.3	19.0	17.8	20.5	19.8	22.5	451	586	581	664
16	18.7	21.5	20.2	23.5	22.4	25.5	655	809	804	908
25	22.7	26.0	24.2	27.5	26.6	30.0	998	1183	1178	1312
35	25.5	29.0	27.0	30.5	29.4	33.0	1327	1535	1529	1678
50	29.5	33.5	31.0	35.5	33.6	38.0	1786	2025	2018	2201
70	33.6	37.5	35.6	40.0	28.4	42.5	2468	2833	2813	3051
95	38.9	43.5	40.9	46.0	43.9	49.0	3381	3803	2780	4071
120	42.6	47.5	44.6	49.5	47.8	53.0	4181	4642	4617	4953
150	47.0	52.0	49.0	54.0	52.4	57.5	5115	5622	5595	5985
185	52.3	58.0	54.3	60.0	57.9	64.0	6388	6952	6922	7377

表 6-3-84 DA 型、SA 型 0.6/1kV 多芯聚氯乙烯绝缘船用电力电缆外径与重量

导体截面积 /mm²	芯数	电缆外径/mm						电缆单位长度重量/(kg/km)			
		CVV		CVV80 CVV90		CVV92		CVV	CVV80	CVV90	CVV92
		标称值	最大值	标称值	最大值	标称值	最大值				
	4	9.8	12.0	10.8	13.5	12.6	15.5	111	166	166	209
	5	10.6	13.0	12.1	14.5	13.9	16.5	136	226	222	275
	7	11.5	14.0	13.0	15.5	14.8	17.0	169	266	263	319
	10	14.8	17.5	16.3	19.0	18.3	21.0	244	362	358	432
	12	15.2	18.0	16.7	19.5	18.7	21.5	272	395	391	467
	14	15.9	18.5	17.4	20.5	19.4	22.5	310	438	433	512
1	16	16.8	19.5	18.3	21.0	20.3	23.5	352	487	482	565
	19	17.9	21.0	19.4	22.5	21.6	25.0	410	554	549	645
	24	20.9	24.5	22.4	26.0	24.6	28.5	542	715	709	823
	27	21.4	25.0	22.9	26.5	25.1	29.0	588	765	758	874
	30	22.1	26.0	23.6	27.5	26.0	30.0	644	827	820	951
	33	23.0	26.5	24.5	28.5	26.9	31.0	703	893	886	1021
	37	24.0	28.0	25.5	29.5	27.9	32.0	782	981	973	1114

（续）

导体截面积/mm²	芯数	电缆外径/mm						电缆单位长度重量/(kg/km)			
		CVV		CVV80 CVV90		CVV92		CVV	CVV80	CVV90	CVV92
		标称值	最大值	标称值	最大值	标称值	最大值				
1.5	4	10.5	12.5	12.0	14.5	13.8	16.0	135	224	221	273
	5	11.3	13.5	12.8	15.5	14.6	17.0	166	262	259	314
	7	12.5	15.0	14.0	16.5	15.8	18.5	216	321	317	377
	10	15.8	18.5	17.3	20.5	19.3	22.5	304	431	427	506
	12	16.4	19.5	17.9	21.0	19.9	23.0	342	474	469	550
	14	17.3	20.5	18.8	22.0	21.0	24.5	397	537	532	626
	16	18.3	21.5	19.8	23.0	22.0	25.5	451	598	593	691
	19	19.2	22.5	20.7	24.0	22.9	26.5	519	674	668	771
	24	22.6	26.5	24.1	28.0	26.5	30.5	682	868	861	994
	27	23.2	27.0	24.7	29.0	27.1	31.5	753	944	937	1074
	30	24.1	28.0	25.6	29.5	28.0	32.0	825	1023	1016	1137
	33	25.0	29.0	26.5	30.5	28.9	33.5	902	1108	1100	1246
	37	26.1	30.5	27.6	32.0	30.2	35.0	1004	1219	1211	1375
2.5	4	11.8	14.0	13.3	15.5	15.1	17.5	192	291	288	345
	5	12.8	15.0	14.3	16.5	16.1	18.5	238	346	342	404
	7	13.9	16.5	15.4	18.0	17.4	20.0	303	420	416	489
	10	18.0	21.0	19.5	22.5	21.7	24.5	441	585	580	677
	12	18.5	21.5	20.0	23.0	22.2	25.5	498	647	641	741
	14	19.5	22.5	21.0	24.0	23.2	26.5	570	726	721	825
	16	20.7	24.0	22.2	25.5	24.4	27.5	659	825	819	929
	19	21.8	25.0	23.3	26.5	25.7	29.0	760	935	929	1055
	24	25.6	29.5	27.1	31.0	29.5	33.5	993	1204	1196	1345
	27	26.4	30.0	27.9	32.0	30.5	34.5	1095	1312	1304	1470
	30	27.3	31.5	28.8	33.0	31.4	35.5	1203	1428	1419	1590
	33	28.4	32.5	29.9	34.5	32.5	37.5	1319	1552	1543	1720
	37	29.7	34.0	31.2	36.0	33.8	38.5	1467	1710	1701	1886

表 6-3-85　0.6/1kV 单芯天然丁苯橡皮绝缘船用电力电缆外径与重量

导体截面积/mm²	电缆外径/mm						电缆单位长度重量/(kg/km)							
	CXF CXV		CXF80, CXF90 CXV80, CXV90		CXF92 CXV92		CXF	CXV	CXF80	CXV80	CXF90	CXV90	CXF92	CXV92
	标称值	最大值	标称值	最大值	标称值	最大值								
1	6.8	8.4	7.8	9.4	10.8	12.5	62	56	100	94	100	95	158	153
1.5	7.0	8.6	8.0	9.6	11.0	13.0	69	64	109	104	110	104	169	163

（续）

导体截面积/mm²	电缆外径/mm CXF CXV 标称值	最大值	CXF80，CXF90 CXV80，CXV90 标称值	最大值	CXF92 CXV92 标称值	最大值	电缆单位长度重量/(kg/km) CXF	CXV	CXF80	CXV80	CXF90	CXV90	CXF92	CXV92
2.5	7.5	9.0	8.5	10.5	11.5	13.5	85	79	128	121	128	122	190	184
4	8.0	9.6	9.0	11.0	12.0	14.0	105	98	150	143	151	144	216	209
6	8.6	10.5	9.6	11.5	12.6	14.5	130	123	178	171	179	172	248	241
10	9.9	12.0	10.9	13.5	13.9	16.5	189	180	244	235	245	237	322	314
16	11.0	13.0	12.5	14.5	15.5	18.0	257	247	349	339	347	337	438	428
25	12.7	15.0	14.2	16.5	17.2	19.5	372	361	478	466	475	464	577	566
35	13.9	16.0	15.4	18.0	18.4	21.0	481	468	596	584	593	580	703	690
50	15.6	18.0	17.1	19.5	20.1	22.5	627	612	756	741	752	737	873	858
70	17.4	20.0	18.9	21.5	21.9	24.5	848	831	990	974	987	970	1120	1103
95	19.7	22.5	21.2	24.0	24.2	27.0	1138	1120	1300	1281	1295	1276	1443	1424
120	21.3	24.0	22.8	25.5	25.8	29.0	1394	1374	1568	1548	1563	1543	1721	1701
150	23.2	26.0	24.7	27.5	27.7	31.0	1693	1670	1882	1860	1877	1855	2048	2026
185	26.5	30.0	28.0	31.5	31.0	34.5	2157	2123	2373	2339	2367	2333	2559	2525
240	29.5	33.0	31.0	35.0	34.0	38.0	2772	2734	3012	2974	3005	2967	3217	3179
300	32.3	36.0	34.3	38.0	37.3	41.0	3422	3380	3774	3732	3755	3713	4001	3959

表 6-3-86　0.6/1kV 二芯天然丁苯橡皮绝缘船用电力电缆外径与重量

导体截面积/mm²	电缆外径/mm CXF CXV 标称值	最大值	CXF80，CXF90 CXV80，CXV90 标称值	最大值	CXF92 CXV92 标称值	最大值	电缆单位长度重量/(kg/km) CXF	CXV	CXF80	CXV80	CXF90	CXV90
1	11.1	13.5	12.6	15.0	15.6	18.0	138	129	233	223	229	219
1.5	11.6	14.0	13.1	15.5	16.1	19.0	157	147	256	245	252	242
2.5	12.6	15.0	14.1	16.5	17.1	19.5	194	183	300	289	297	285
4	13.6	16.0	15.1	17.5	18.1	21.0	240	228	354	342	351	338
6	14.8	17.5	16.3	19.0	19.3	22.0	300	286	422	409	419	405
10	17.1	20.5	18.9	22.0	21.9	25.0	440	423	584	567	579	563
16	19.5	22.5	21.0	24.0	24.0	27.5	597	578	757	738	753	734
25	23.0	26.5	24.5	28.0	27.5	31.0	867	845	1055	1033	1050	1027
35	26.4	30.0	27.9	31.5	30.9	35.0	1101	1147	1397	1363	1390	1356
50	29.7	33.5	31.2	35.5	34.2	39.0	1531	1493	1773	1735	1766	1728
70	33.3	37.5	35.3	39.5	38.3	42.5	2245	2002	2408	2364	2388	2345
95	37.9	42.5	39.9	44.5	42.9	48.0	2731	2682	3142	3093	3120	3071
120	42.1	47.0	44.1	49.0	48.1	53.0	2426	3357	3881	3813	3857	3788

表 6-3-87　0.6/1kV 三芯天然丁苯橡皮绝缘船用电力电缆外径与重量

导体截面积/mm²	电缆外径/mm						电缆单位长度重量/(kg/km)							
	CXF CXV		CXF80, CXF90 CXV80, CXV90		CXF92 CXV92		CXF	CXV	CXF80	CXV80	CXF90	CXV90	CXF92	CXV92
	标称值	最大值	标称值	最大值	标称值	最大值								
1	11.7	14.0	13.2	15.5	16.2	19.0	164	153	263	252	259	248	355	344
1.5	12.3	15.0	13.8	16.5	16.8	19.5	188	177	291	280	288	277	388	377
2.5	13.3	15.5	14.8	17.5	17.8	20.5	238	225	349	337	346	333	453	440
4	14.4	17.0	15.9	18.5	18.9	21.5	299	286	420	406	416	402	530	516
6	15.7	18.5	17.2	20.0	20.2	23.0	379	364	509	494	505	490	627	612
10	18.5	21.5	20.0	23.0	23.0	26.0	567	549	720	702	715	697	855	837
16	20.8	24.0	22.3	25.5	25.3	28.5	782	762	953	933	948	928	1102	1083
25	25.5	29.5	27.0	31.0	30.0	34.0	1213	1181	1421	1389	1416	1383	1602	1569
35	28.2	32.0	29.7	33.5	32.7	36.5	1567	1530	1796	1760	1789	1753	1992	1956
50	31.7	36.0	33.7	38.0	36.7	41.0	2047	2006	2393	2352	2374	2333	2616	2575
70	35.6	40.0	37.6	42.0	40.6	45.0	2763	2717	3150	3103	3129	3033	3397	3351
95	41.6	46.5	43.6	49.0	47.6	53.0	3814	3747	4264	4197	4240	4172	4648	4580
120	45.1	50.0	47.1	52.0	51.1	56.5	4652	4579	5139	5066	5113	5040	5552	5479
150	49.3	54.5	51.3	56.5	55.3	61.0	5641	5560	6172	6091	6143	6063	6619	6539
185	55.3	61.0	57.2	63.5	61.2	67.5	7096	6988	7690	7582	7658	7550	8187	8079

表 6-3-88　0.6/1kV 多芯天然丁苯橡皮绝缘船用电力电缆外径与重量

导体截面积/mm²	芯数	电缆外径/mm						电缆单位长度重量/(kg/km)							
		CXF CXV		CXF80, CXF90 CXV80, CXV90		CXF92 CXV92		CXF	CXV	CXF80	CXV80	CXF90	CXV90	CXF92	CXV92
		标称值	最大值	标称值	最大值	标称值	最大值								
1	4	12.7	15.0	14.2	16.5	17.2	20.0	182	170	288	277	285	273	387	375
	5	13.7	16.5	15.2	18.0	18.2	21.0	220	208	336	323	331	319	440	428
	7	14.9	17.5	16.4	19.0	19.4	22.5	269	256	394	380	389	375	506	492
	10	18.6	22.0	20.1	23.0	23.1	26.5	370	352	519	502	514	497	651	634
	12	19.2	22.5	20.7	24.0	23.7	27.0	408	391	563	545	557	539	698	680
	14	20.1	23.5	21.6	25.0	24.6	28.0	463	444	625	606	619	600	766	747
	16	21.2	24.5	22.7	26.0	25.7	29.5	525	505	696	676	690	670	844	824
	19	22.4	26.0	23.9	27.5	26.9	30.5	598	577	778	757	771	750	932	911
	24	27.1	31.5	28.6	33.0	31.6	36.0	841	807	1064	1030	1056	1021	1252	1217
	27	27.7	32.0	29.2	33.5	32.2	36.5	906	870	1133	1098	1124	1089	1324	1289
	30	28.6	33.0	30.1	35.0	33.1	38.5	987	950	1222	1186	1213	1176	1419	1382
	33	29.7	34.5	31.2	36.5	34.2	39.5	1076	1038	1320	1282	1311	1273	1524	1486
	37	30.9	35.5	32.9	37.5	35.9	41.0	1176	1136	1516	1476	1494	1454	1730	1690

（续）

导体截面积/mm²	芯数	电缆外径/mm						电缆单位长度重量/(kg/km)							
		CXF CXV		CXF80，CXF90 CXV80，CXV90		CXF92 CXV92		CXF	CXV	CXF80	CXV80	CXF90	CXV90	CXF92	CXV92
		标称值	最大值	标称值	最大值	标称值	最大值								
1.5	4	13.3	16.0	14.8	17.5	17.8	20.5	210	198	323	310	318	306	425	413
	5	14.5	17.0	16.0	19.0	19.0	22.0	257	244	378	365	374	360	488	474
	7	15.7	18.5	17.2	20.0	20.2	23.5	317	302	448	433	443	429	565	551
	10	19.7	23.0	21.2	24.5	24.2	27.5	440	421	598	580	592	574	736	718
	12	20.3	24.0	21.8	25.5	24.8	28.5	488	469	652	633	646	627	794	775
	14	21.3	25.0	22.8	26.5	25.8	29.5	555	535	726	706	720	700	875	855
	16	22.5	26.0	24.0	27.5	27.0	31.0	631	610	812	791	805	784	967	946
	19	24.7	29.0	26.2	30.5	29.2	33.5	779	749	978	948	970	940	1147	1117
	24	28.7	33.5	30.2	35.5	33.2	38.5	1004	967	1240	1203	1231	1194	1438	1401
	27	29.3	34.0	30.8	36.0	33.8	39.0	1084	1047	1325	1288	1316	1278	1527	1489
	30	30.4	35.0	32.2	37.5	35.4	40.5	1184	1145	1519	1480	1498	1459	1730	1691
	33	31.5	36.5	33.5	38.5	36.5	41.5	1294	1253	1641	1600	1619	1578	1859	1818
	37	32.7	38.0	34.7	40.0	37.7	43.0	1417	1374	1777	1734	1754	1712	2003	1961
2.5	4	14.5	17.0	16.0	18.5	19.0	22.0	270	256	391	378	387	374	501	488
	5	15.8	18.5	17.3	20.0	20.3	23.0	334	320	466	451	461	446	583	568
	7	17.1	20.0	18.6	21.5	21.6	24.5	416	400	558	542	553	537	684	668
	10	21.6	25.0	23.1	26.5	26.1	29.5	588	568	762	742	756	735	912	892
	12	22.3	25.5	23.8	27.0	26.8	30.5	655	634	832	813	827	806	988	967
	14	24.5	28.0	26.0	29.5	29.0	32.5	804	774	1001	970	993	963	1168	1138
	16	25.8	29.5	27.3	31.0	30.3	34.0	915	883	1122	1090	1114	1082	1298	1266
	19	27.1	31.0	28.6	32.5	31.6	35.5	1044	1010	1261	1227	1253	1219	1445	1411
	24	31.6	36.0	33.6	38.0	36.6	41.5	1347	1306	1694	1653	1673	1632	1914	1873
	27	32.3	37.0	34.3	39.0	37.3	42.0	1458	1416	1812	1770	1790	1748	2035	1993
	30	33.5	38.0	35.5	40.0	38.5	43.5	1597	1554	1964	1920	1941	1898	2195	2152
	33	34.8	39.5	36.8	41.5	39.8	44.5	1750	1705	2131	2086	2108	2062	2370	2324
	37	36.1	41.0	38.1	43.0	41.1	46.0	1921	1874	2316	2269	2292	2245	2564	2517

表 6-3-89　DA 型、SA 型 0.6/1kV 单芯交联聚乙烯绝缘船用电力电缆外径与重量

导体截面积/mm²	电缆外径/mm						电缆单位长度重量/(kg/km)			
	CJV		CJV80 CJV90		CJV92		CJV	CJV80	CJV90	CJV92
	标称值	最大值	标称值	最大值	标称值	最大值				
1	5.2	6.4	6.2	7.4	7.8	9.2	32	62	63	86
1.5	5.4	6.8	6.4	7.8	8.0	9.4	38	70	70	94

（续）

导体截面积/mm²	电缆外径/mm						电缆单位长度重量/(kg/km)			
	CJV		CJV80 CJV90		CJV92		CJV	CJV80	CJV90	CJV92
	标称值	最大值	标称值	最大值	标称值	最大值				
2.5	5.9	7.2	6.9	8.2	8.5	10.0	51	85	86	111
4	6.4	7.8	7.4	8.8	9.0	10.5	68	104	105	132
6	7.0	8.4	8.0	9.4	9.6	11.5	90	129	130	159
10	7.9	9.4	8.9	10.5	10.5	12.5	134	178	179	211
16	9.2	11.0	10.2	12.0	11.8	13.5	198	249	250	286
25	10.9	13.0	12.4	14.5	14.2	16.5	299	390	388	442
35	12.3	14.5	13.8	16.0	15.6	18.0	404	507	504	563
50	13.8	16.0	15.3	17.5	17.3	19.5	531	645	642	714
70	16.0	18.5	17.5	20.0	19.5	22.0	750	882	878	960
95	17.9	20.5	19.4	22.0	21.4	24.0	1009	1156	1152	1242
120	19.9	22.5	21.4	24.0	23.6	26.5	1267	1430	1425	1534
150	22.0	24.5	23.5	26.5	25.7	28.5	1555	1735	1730	1849
185	24.5	27.5	26.0	29.0	28.4	31.5	1943	2142	2137	2280
240	27.5	30.5	29.0	32.0	31.6	35.0	2524	2748	2742	2914
300	30.1	33.0	32.1	35.5	34.7	38.0	3128	3457	3439	3641

表 6-3-90　DA 型、SA 型 0.6/1kV 二芯交联聚乙烯绝缘船用电力电缆外径与重量

导体截面积/mm²	电缆外径/mm						电缆单位长度重量/(kg/km)			
	CJV		CJV80 CJV90		CJV92		CJV	CJV80	CJV90	CJV92
	标称值	最大值	标称值	最大值	标称值	最大值				
1	9.1	11.0	10.1	12.0	11.7	14.0	78	129	129	165
1.5	9.6	11.5	10.6	13.5	12.4	15.0	92	146	147	190
2.5	10.6	12.5	12.1	14.0	13.9	16.0	122	212	208	261
4	11.8	14.0	13.3	15.5	15.1	17.5	164	263	260	318
6	13.0	15.0	14.5	17.0	16.3	18.5	213	322	319	381
10	15.0	17.5	16.5	19.0	18.5	21.0	318	442	439	517
16	17.1	20.0	18.6	21.5	20.6	23.5	453	594	590	677
25	21.0	24.0	22.5	25.5	24.7	28.0	698	869	865	979
35	23.4	26.5	24.9	28.0	27.3	30.5	920	1112	1106	1244
50	26.7	30.0	28.2	31.5	30.8	34.5	1225	1443	1436	1604
70	30.9	34.5	32.9	37.0	35.5	39.5	1711	2048	2030	2236
95	34.9	39.0	36.9	41.0	39.7	44.0	2297	2676	2655	2902
120	38.7	34.0	40.4	45.0	43.7	48.0	2867	3287	3264	3554

表 6-3-91　DA 型、SA 型 0.6/1kV 三芯交联聚乙烯绝缘船用电力电缆外径与重量

导体截面积/mm²	电缆外径/mm						电缆单位长度重量/(kg/km)			
	CJV		CJV80 CJV90		CJV92		CJV	CJV80	CJV90	CJV92
	标称值	最大值	标称值	最大值	标称值	最大值				
1	9.6	11.5	10.6	13.0	12.4	15.0	94	148	149	192
1.5	10.2	12.5	11.7	14.0	13.5	16.0	114	200	197	248
2.5	11.2	13.5	12.7	15.0	14.5	16.5	154	249	246	301
4	12.5	15.0	14.0	16.5	15.8	18.0	211	316	313	373
6	13.8	16.0	15.3	17.5	17.3	20.0	280	395	392	464
10	16.0	18.5	17.5	20.0	19.5	22.0	425	558	553	635
16	18.4	21.0	19.9	23.0	22.1	25.0	624	776	772	874
25	22.4	25.5	23.7	27.0	26.3	29.5	955	1137	1132	1264
35	25.2	28.5	26.7	30.0	29.1	32.5	1282	1488	1481	1628
50	28.5	32.0	30.0	33.5	32.6	36.5	1696	1929	1922	2100
70	33.3	37.0	35.3	39.5	38.1	42.5	2398	2760	2741	2977
95	37.6	42.0	39.6	44.0	42.6	47.0	3234	3641	3620	3902
120	41.7	46.0	43.7	48.0	46.9	51.5	4046	4496	4472	4801
150	46.3	51.0	48.3	53.0	51.7	56.5	4973	5473	5446	5830
185	51.6	57.0	53.6	59.0	57.2	63.0	6219	6776	6746	7195

表 6-3-92　DA 型、SA 型 0.6/1kV 多芯交联聚乙烯绝缘船用电力电缆外径与重量

导体截面积/mm²	芯数	电缆外径/mm						电缆单位长度重量/(kg/km)			
		CJV		CJV80 CJV90		CJV92		CJV	CJV80	CJV90	CJV92
		标称值	最大值	标称值	最大值	标称值	最大值				
1	4	10.4	12.5	11.9	14.0	13.7	16.0	108	197	194	246
	5	11.3	13.5	12.8	15.0	14.6	17.0	132	227	224	279
	7	12.5	15.0	14.0	16.5	15.8	18.0	168	273	269	329
	10	15.8	18.5	17.3	20.0	19.3	22.0	234	361	357	436
	12	16.3	19.0	17.8	20.5	19.8	22.5	260	391	386	467
	14	17.1	20.0	18.6	21.5	20.6	23.5	294	432	427	511
	16	18.2	21.0	19.7	22.5	21.9	25.0	341	488	482	580
	19	19.2	22.0	20.7	23.5	22.9	26.0	389	543	537	640
	24	22.5	26.0	24.0	27.5	26.4	30.0	516	702	695	828
	27	23.2	27.0	24.7	28.5	27.1	31.0	568	759	752	888
	30	24.0	27.5	25.5	29.0	27.9	32.0	619	817	810	951
	33	24.9	28.5	26.4	30.0	28.8	33.0	676	881	873	1018
	37	26.1	30.0	27.6	31.5	30.2	34.5	750	965	956	1120

(续)

导体截面积/mm²	芯数	电缆外径/mm						电缆单位长度重量/(kg/km)			
		CJV		CJV80 CJV90		CJV92		CJV	CJV80	CJV90	CJV92
		标称值	最大值	标称值	最大值	标称值	最大值				
1.5	4	11.1	13.5	12.6	15.0	14.4	17.0	132	226	223	278
	5	12.2	14.5	13.7	16.0	15.5	18.0	167	270	266	325
	7	13.3	15.5	14.8	17.5	16.8	19.5	209	320	316	386
	10	16.9	19.5	18.4	21.5	20.4	23.5	293	429	424	508
	12	17.6	20.5	19.1	22.0	21.3	24.5	335	477	472	567
	14	18.5	21.5	20.0	23.0	22.2	25.5	381	529	524	624
	16	19.5	22.5	21.0	24.0	23.2	26.5	432	589	583	687
	19	20.7	24.0	22.2	25.5	24.4	28.0	504	670	664	774
	24	24.3	28.0	25.8	30.0	28.2	32.5	663	864	856	998
	27	24.8	29.0	26.3	30.5	28.7	33.0	720	924	916	1061
	30	25.9	30.0	27.4	31.5	30.0	34.5	798	1011	1003	1166
	33	26.9	31.0	28.4	32.5	31.0	35.5	872	1093	1084	1253
	37	27.9	32.0	29.4	34.0	32.0	36.5	956	1186	1177	1352
2.5	4	12.4	14.5	13.9	16.0	15.7	18.0	188	293	289	349
	5	13.5	16.0	15.0	17.5	17.0	19.5	232	346	342	413
	7	14.9	17.5	16.4	19.0	18.4	21.0	301	425	421	498
	10	19.0	22.0	20.5	23.5	22.7	25.5	428	580	575	677
	12	19.6	22.5	21.1	24.0	23.3	26.5	481	639	633	738
	14	20.8	24.0	22.3	25.5	24.5	27.5	558	726	720	831
	16	21.9	25.0	23.4	26.5	25.8	29.0	636	812	806	933
	19	23.3	26.5	24.8	28.0	27.2	30.5	742	929	922	1056
	24	27.4	31.0	28.9	32.5	31.5	35.5	971	1196	1187	1359
	27	28.0	32.0	29.5	33.5	32.1	36.0	1057	1286	1278	1453
	30	29.2	33.0	30.7	35.0	33.3	38.0	1172	1411	1402	1584
	33	30.3	34.5	32.3	36.5	35.1	39.5	1283	1616	1596	1814
	37	31.5	35.5	33.5	37.5	36.3	40.5	1412	1758	1736	1961

表 6-3-93　DA 型、SA 型 0.6/1kV 单芯船用电力软电缆外径和重量

导体截面积/mm²	电缆外径/mm				电缆单位长度重量/(kg/km)	
	CEFR CEHR		CXFR		CEFR CEHR	CXFR
	标称值	最大值	标称值	最大值		
1	5.8	7.0	6.8	8.4	45	62
1.5	6.1	7.4	7.1	8.6	52	70

（续）

导体截面积/mm²	电缆外径/mm				电缆单位长度重量/(kg/km)	
	CEFR CEHR		CXFR		CEFR CEHR	CXFR
	标称值	最大值	标称值	最大值		
2.5	6.5	7.8	7.5	9.0	64	84
4	7.0	8.4	8.0	9.6	83	105
6	8.2	10.0	9.2	11.5	113	138
10	9.5	11.0	10.9	13.0	168	208
16	10.7	13.0	11.9	14.5	231	270
25	12.8	15.0	14.0	16.0	340	388
35	14.7	16.5	15.7	18.0	459	507
50	17.0	19.0	17.8	20.0	640	689
70	19.6	22.0	20.0	22.5	877	917
95	21.5	23.5	22.1	24.0	1118	1174
120	23.2	25.5	23.8	26.0	1384	1445
150	26.8	29.0	27.2	29.5	1729	1790
185	28.7	31.0	29.9	32.5	2092	2219
240	31.7	35.0	32.7	36.0	2712	2840
300	35.9	38.5	36.7	39.5	3373	3507

表 6-3-94　DA 型、SA 型 0.6/1kV 二芯船用电力软电缆外径和重量

导体截面积/mm²	电缆外径/mm				电缆单位长度重量/(kg/km)	
	CEFR CEHR		CXFR		CEFR CEHR	CXFR
	标称值	最大值	标称值	最大值		
1	10.4	12.5	11.2	13.5	115	140
1.5	10.9	13.0	11.7	14.0	132	158
2.5	12.0	14.0	12.6	15.0	169	192
4	13.0	15.5	13.6	16.0	214	240
6	15.4	18.0	16.0	19.0	294	326
10	18.1	21.0	19.3	22.0	437	494
16	20.3	24.0	21.3	25.0	588	642
25	24.7	28.0	25.5	29.0	875	932
35	28.4	31.5	30.0	33.0	1170	1294
50	32.8	36.0	34.2	38.0	1612	1743
70	38.4	42.5	38.6	42.5	2237	2298
95	41.9	45.0	42.7	46.0	2806	2917
120	45.6	49.5	47.2	51.5	3458	3671

表 6-3-95　DA 型、SA 型 0.6/1kV 三芯船用电力软电缆外径和重量

导体截面积 /mm²	电缆外径/mm				电缆单位长度重量/(kg/km)	
	CEFR CEHR		CXFR		CEFR CEHR	CXFR
	标称值	最大值	标称值	最大值		
1	11.0	13.0	11.9	14.0	136	165
1.5	11.8	14.0	12.4	14.5	164	189
2.5	12.7	15.0	13.3	15.5	207	234
4	13.8	16.0	14.4	17.0	268	298
6	16.6	19.5	17.0	20.0	379	408
10	19.3	22.0	20.6	23.5	561	631
16	21.7	25.5	22.7	27.0	764	833
25	26.6	30.0	28.3	32.0	1157	1288
35	30.4	33.5	32.0	35.5	1537	1687
50	35.3	39.0	36.6	40.5	2150	2296
70	41.3	45.5	41.3	45.5	2988	3053
95	45.1	48.5	46.8	50.5	3774	4016
120	49.1	53.0	50.6	55.0	4674	4913
150	56.7	60.5	57.8	61.5	5888	6120
185	60.6	64.5	62.5	67.0	7065	7417

表 6-3-96　DA 型、SA 型 0.6/1kV 多芯船用电力软电缆外径和重量

导体截面积 /mm²	芯数	电缆外径/mm				电缆单位长度重量/(kg/km)	
		CEFR CEHR		CXFR		CEFR CEHR	CXFR
		标称值	最大值	标称值	最大值		
1	4	12.2	14.5	12.8	15.0	157	184
	5	13.3	15.5	13.9	16.5	192	223
	7	14.6	17.0	15.0	17.5	242	272
	10	18.6	21.5	18.8	21.5	342	374
	12	19.2	22.0	19.4	22.5	377	413
	14	20.4	23.5	20.4	23.5	437	468
	16	21.5	24.5	21.5	24.5	495	531
	19	22.6	26.0	22.6	26.0	562	605
	24	26.8	30.5	27.4	31.5	757	851
	27	27.4	31.0	28.0	32.0	815	916
	30	28.4	32.5	29.0	33.0	889	998
	33	29.7	33.5	30.1	34.0	985	1089
	37	30.8	35.0	31.2	35.5	1076	1190

（续）

导体截面积/mm²	芯数	电缆外径/mm				电缆单位长度重量/(kg/km)	
		CEFR CEHR		CXFR		CEFR CEHR	CXFR
		标称值	最大值	标称值	最大值		
1.5	4	12.8	15.0	13.4	16.0	183	212
	5	14.0	16.5	14.6	17.0	226	259
	7	15.4	18.0	15.8	18.5	287	319
	10	19.6	22.5	19.8	23.0	408	443
	12	20.5	23.5	20.5	23.5	462	492
	14	21.5	24.5	21.5	24.5	524	559
	16	22.7	26.0	22.7	26.0	596	635
	19	24.1	27.5	24.9	28.5	691	785
	24	28.6	32.5	29.0	33.0	924	1011
	27	29.2	33.0	29.6	33.5	997	1092
	30	30.2	34.5	30.6	35.0	1088	1193
	33	31.6	36.0	31.8	36.0	1206	1303
	37	32.8	37.5	33.0	37.5	1319	1427
2.5	4	13.9	16.5	14.5	17.0	234	266
	5	15.4	18.0	15.8	18.5	299	329
	7	16.7	19.5	17.1	20.0	372	409
	10	21.6	24.5	21.6	25.0	549	577
	12	22.3	25.5	22.3	25.5	607	641
	14	23.7	27.0	24.5	28.0	703	789
	16	25.0	28.5	25.8	29.5	803	897
	19	26.5	30.0	27.1	31.0	930	1023
	24	31.2	35.5	31.6	36.0	1221	1321
	27	32.1	36.5	32.3	36.5	1335	1428
	30	33.3	37.5	33.5	38.0	1461	1564
	33	34.8	39.5	34.8	39.5	1619	1714
	37	36.1	41.0	36.1	41.0	1774	1881

3. 性能指标

(1) 导体直流电阻（见表6-3-97）

(2) 绝缘电阻 船用电缆的绝缘电阻是按产品的绝缘材料分别加以规定，与芯数及护层结构无关，其指标见表6-3-98。

(3) 耐电压性能（见表6-3-99）

表 6-3-97　船用电力电缆导体直流电阻的指标　　　　（单位：Ω/km）

导体截面积 /mm²	固定敷设电缆导体			软电缆导体		
	导体结构与单线直径/(根/mm)	20℃时导体电阻≤		导体结构与单线直径/(根/mm)	20℃时导体电阻≤	
		不镀锡	镀锡		不镀锡	镀锡
1	7/0.43	18.1	18.2	32/0.20	19.5	20.0
1.5	7/0.52	12.1	12.2	30/0.25	13.3	13.7
2.5	7/0.68	7.41	7.56	49/0.25	7.98	8.21
4	7/0.85	4.62	4.70	56/0.30	4.95	5.09
6	7/1.04	3.08	3.11	84/0.30	3.30	3.39
10	7/1.35	1.83	1.84	84/0.40	1.91	1.95
16	7/1.70	1.15	1.16	126/0.40	1.21	1.24
25	7/2.14	0.727	0.734	196/0.40	0.780	0.795
35	19/1.53	0.524	0.529	276/0.40	0.554	0.565
50	19/1.78	0.387	0.391	396/0.40	0.386	0.393
70	19/2.14	0.263	0.270	360/0.50	0.272	0.277
95	19/2.52	0.193	0.195	475/0.50	0.206	0.210
120	37/2.03	0.153	0.154	608/0.50	0.161	0.164
150	37/2.25	0.124	0.126	756/0.50	0.129	0.132
185	37/2.52	0.0991	0.100	925/0.50	0.106	0.108
240	61/2.25	0.0754	0.0762	1221/0.50	0.0801	0.0817
300	61/2.52	0.0601	0.0607	1525/0.50	0.0641	0.0654

注：单线根数允许多于表 6-3-102 规定数，其单线标称直径按标称截面积及相应根数计算确定。

表 6-3-98　按绝缘材料而规定的船用电缆线芯绝缘电阻指标

导体截面积 /mm²	绝缘电阻/(MΩ/km)　　　≥							
	乙 丙 橡 皮		聚 氯 乙 烯		交联聚乙烯		天然丁苯橡皮	
	20℃	85℃	20℃	60℃	20℃	85℃	20℃	70℃
1	1382	1.382	13	0.013	1077	1.077	138	0.138
1.5	1230	1.230	11	0.011	949	0.949	123	0.123
2.5	1031	1.031	9	0.009	785	0.785	103	0.103
4	881	0.881	9	0.009	664	0.664	88	0.088
6	759	0.759	8	0.008	567	0.567	76	0.076
10	620	0.620	6	0.006	458	0.458	72	0.072
16	514	0.514	5	0.005	376	0.376	60	0.060
25	496	0.496	5	0.005	385	0.385	57	0.057
35	427	0.427	4	0.004	331	0.331	49	0.049
50	429	0.429	4	0.004	318	0.318	48	0.048
70	412	0.412	4	0.004	294	0.294	41	0.041
95	357	0.357	4	0.004	254	0.254	40	0.040
120	320	0.320	3	0.003	246	0.246	36	0.036
150	325	0.325	3	0.003	258	0.258	36	0.036

（续）

导体截面积 /mm²	绝缘电阻/(MΩ/km) ≥							
	乙丙橡皮		聚氯乙烯		交联聚乙烯		天然丁苯橡皮	
	20℃	85℃	20℃	60℃	20℃	85℃	20℃	70℃
185	323	0.323	3	0.003	264	0.264	35	0.035
240	311	0.311	3	0.003	246	0.246	34	0.034
300	304	0.304	3	0.003	233	0.233	33	0.033

表 6-3-99　船用电力电缆耐电太试验指标

电缆额定电压 U_0/kV	试验电压值/kV（工频，有效值）5min	试验电压值/kV（工频，有效值）4h
0.6	3.5	1.8[1]
1.8	6.5	5.4[1]
3.6	11.0	10.8[1]
6.0	15.0	18.0[1]
8.7	22.0	26.1[1]

① 试验电压值为电缆额定电压 U_0 的 3 倍（$3U_0$）。

（4）浸水电容增率　额定电压 0.6/1kV 和 1.8/3kV 电缆的绝缘线芯按标准规定方法浸水试验后的电容增加率应符合表 6-3-100 中所列的计算公式和指标要求。

表 6-3-100　浸水后电容增加率计算公式和要求

电容增加率	计算公式	要求值[1]（%）
ΔC_1	$\Delta C_1 = \dfrac{C_{14} - C_1}{C_1} \times 100\%$	≤15
ΔC_2	$\Delta C_2 = \dfrac{C_{14} - C_7}{C_7} \times 100\%$	≤5

注：表 6-3-100 中的 ΔC_1 和 ΔC_2 为电容增加率，C_1、C_7 和 C_{14} 为在第 1、7 和 14 天末测量绝缘线芯导体与水之间的电容值。
① 指各种绝缘材料要求值。

（5）成品电缆绝缘材料力学物理性能（见表 6-3-101）

（6）电缆护套材料力学物理性能（见表 6-3-102）

表 6-3-101　成品电缆绝缘材料力学物理性能

	绝缘混合物名称		普通聚氯乙烯	乙丙橡皮	无卤乙丙橡皮	交联聚乙烯	无卤交联聚乙烯	硅橡皮	无卤硅橡皮	无卤聚烯烃
1	未老化的力学性能									
1.1	抗张强度/MPa	≥	12.5	4.2	4.2	12.5	12.5	5.0	5.0	9.0
1.2	断裂伸长率（%）	≥	150	200	200	200	200	150	150	120
2	在空气烘箱中老化后的力学性能									
	试验条件 温度/℃（允许偏差 ±2℃）		100	135	135	135	135	200	200	135
	持续时间/h		168	168	168	168	168	240	240	168
2.1	抗张强度/MPa	≥	12.5	—	—	—	—	4.0	4.0	—
	抗张强度变化率（%）	≤	±25	±30	±30	±25	±25	—	—	±30
2.2	断裂伸长率（%）	≥	150	—	—	—	—	120	120	100
	断裂伸长率变化率（%）	≤	±25	±30	±30	±25	±25	—	—	±30
3	在 0.55±0.02MPa 空气弹中老化后的机械性能									
	试验条件 温度/℃（允许偏差 ±1℃）		—	127	127	—	—	—	—	—
	持续时间/h		—	40	40	—	—	—	—	—
3.1	抗张强度变化率（%）	≤	—	±30	±30	—	—	—	—	—
3.2	断裂伸长率变化率（%）	≤	—	±30	±30	—	—	—	—	—
4	高温压力试验									
	试验条件 温度/℃（允许偏差 ±2℃）		80	—	—	—	—	—	—	—
	加负荷时间/h： 第一种情况		4	—	—	—	—	—	—	—
	第二种情况		6	—	—	—	—	—	—	—
4.1	最大允许凹入深度（%）		50	—	—	—	—	—	—	—
5	热延伸试验									
	试验条件 温度/℃（允许偏差 ±3℃）		—	250	250	200	200	—	—	200
	加负荷时间/min		—	15	15	15	15	—	—	15
	机械应力/MPa		—	20	20	20	20	—	—	20

（续）

绝缘混合物名称			普通聚氯乙烯	乙丙橡皮	无卤乙丙橡皮	交联聚乙烯	无卤交联聚乙烯	硅橡皮	无卤硅橡皮	无卤聚烯烃
5.1	负荷时的伸长率（%）	≤	—	175	175	175	175	—	—	175
5.2	永久伸长率（%）	≤	—	15	15	15	15	—	—	15
6	抗开裂试验									
	试验条件 温度/℃（允许偏差±2℃）		150	—	—	—	—	—	—	—
	持续时间/h		1	—	—	—	—	—	—	—
7	失重试验									
	试验条件 温度/℃（允许偏差±2℃）		80							
	持续时间/h		168							
7.1	最大失重/（mg/cm²）		2							
8	低温性能									
8.1	弯曲试验（用于线芯直径≤12.5mm）									
	试验温度/℃		−15							
8.2	拉伸试验（用于没有经受弯曲试验的线芯）									
	试验温度/℃		−15							
8.3	冲击试验									
	试验温度/℃		−15							
9	耐臭氧试验			0.025 ~	0.025 ~					0.025 ~
	臭氧浓度（按体积计）		—	0.03	0.03	—	—	—	—	0.03
	试验持续时间/h		—	30	30	—	—	—	—	30
9.1	不产生龟裂		—							
10	燃烧时析出气体酸度试验									
	试验条件与方法按 IEC754-2 规定									
10.1	pH 值≥		—	—	4.3	—	4.3	—	4.3	4.3
10.2	电导率/（μS·mm⁻¹）	≤	—	—	10	—	10	—	10	10

表 6-3-102　成品电缆护套材料力学物理性能

护套混合物名称			普通聚氯乙烯	耐热聚氯乙烯	氯丁橡皮	氯磺化聚乙烯	无卤非交联聚烯烃	无卤交联聚烯烃
1	未老化的力学性能							
1.1	抗张强度/MPa	≥	12.5	12.5	10.0	10.0	9.0	9.0
1.2	断裂伸长率（%）	≥	150	150	300	250	125	125
2	在空气烘箱中老化后的力学性能							
	试验条件 温度/℃（允许偏差±2℃）		100	100	100	100	100	120
	持续时间/h		168	168	168	168	168	168
2.1	抗张强度/MPa	≥	12.5	12.5	—	—	7.0	—
	抗张强度变化率（%）	≤	±25	±25	±30	—	±30	±30
	老化前百分比（%）	≥	—	—	—	70	—	—
	断裂伸长率							
2.2	断裂伸长率（%）	≥	150	150	250	—	110	—
	断裂伸长率变化率（%）	≤	±25	±25	±40	—	±30	±30
	老化前百分比（%）	≥	—	—	—	60	—	—
3	浸油后的机械性能							
	试验条件 温度/℃（允许偏差±2℃）		—	—	100	100	—	100
	持续时间/h		—	—	24	24	—	24
3.1	抗张强度变化率（%）	≤	—	—	±40	—	—	±40
	浸油前的百分比（%）	≥	—	—	—	60	—	—
3.2	断裂伸长率变化率（%）	≤	—	—	±40	—	—	±40
	浸油前的百分比（%）	≥	—	—	—	60	—	—
4	热延伸试验							
	试验条件 温度/℃（允许偏差±3℃）		—	—	200	—	—	200
	载荷时间/min		—	—	15	—	—	15
	机械应力/MPa		—	—	20	—	—	20
4.1	载荷下伸长率（%）	≤	—	—	175	—	—	175
4.2	冷却后永久伸长率（%）	≤	—	—	15	—	—	25

（续）

护套混合物名称			普通聚氯乙烯	耐热聚氯乙烯	氯丁橡皮	氯磺化聚乙烯	无卤非交联聚烯烃	无卤交联聚烯烃
5	高温压力试验							
	试验条件	温度/℃（允许偏差 ±2℃）	80	80	—	—	80	—
		持续时间/h						
	电缆外径≤12.5mm		4	4	—	—	4	—
	电缆外径 >12.5mm		6	6	—	—	6	—
5.1	最大允许变化（%）		50	50	—	—	50	—
6	抗开裂试验							
	试验条件	温度/℃（允许偏差 ±3℃）	150	150	—	—	150	—
		持续时间/h	1	1			1	
7	失重试验							
	试验条件	温度/℃（允许偏差 ±2℃）	—	100	—	—	—	—
		持续时间/h		168				
7.1	最大失重/（mg/cm²）		—	1.5	—	—	—	—
8	低温性能							
8.1	弯曲试验（电缆外径 12.5mm 及以下）							
	试验条件	温度/℃（允许偏差 ±2℃）	−15	−15	—	—	−15	−15
		持续时间/h	16	16			16	16
8.2	延伸试验（未经受弯曲试验的电缆）							
	试验条件	温度/℃（允许偏差 ±2℃）	−15	−15	—	—	−15	−15
		持续时间/h	4	4			4	4
8.3	冷冲击试验							
	试验条件	温度/℃（允许偏差 ±2℃）	−15	−15	—	—	−15	−15
		持续时间/h	16	16			16	16
9	卤酸气体含量测定（IEC754-1）卤酸气体含量/（mg/g） ≤		—	—	—	—	5	5
10	烟中透光率（IEC1034-1 和 IEC1034-2）		—	—	—	—	应与电缆试验得出的最大烟密度相一致	应与电缆试验得出的最大烟密度相一致

（7）相容性能 电缆应能经受表 6-3-103 规定的相容性试验。相容性试验在烘箱中进行老化。老化试验后的绝缘和护套的力学性能应分别满足表 6-3-101 和表 6-3-102 规定的指标。

表 6-3-103 船用电缆相容性试验条件

老化条件	老化条件
温度/℃ 持续时间/h	电缆导电线芯长期允许工作温度加 10 ±2 7 ×24

（8）水密性能 纵向水密电缆应能经受水密试验，从电缆中渗出的水的体积测量值 V（cm³）应不大于下列公式的计算值，但其最大值应不超过 2000cm³

$$V = 10N(S + 2)$$

式中 N——试样绝缘线芯数；

S——导体标称截面积（mm²）。

（9）耐燃烧性能

1）D 型船用电缆应能满足按 IEC 60332-1—2015 规定方法进行的单根电缆垂直燃烧试验要求。

2）S 型船用电缆应能满足按 IEC 60332-3—2015 规定方法进行的成束电缆垂直燃烧试验要求。

3）无卤船用电缆的绝缘和护套应能满足按 IEC 60754-1—2011 和 IEC 60754-2—2011 规定的卤酸气体含量、电导率和 pH 值之测量和指标要求。

4）无卤低烟船用电缆应能满足按 IEC 1034 规定的烟密度测量方法和指标要求。

5）N 型船用电缆应能满足按 IEC 60331—2009 规定的耐火试验方法和指标要求。

（10）局部放电性能 额定电压 3.6/6kV、6/10kV 和 8.7/15kV 的船用电力电缆应能满足按 IEC 885-2 规定的局部放电试验，在 $1.5U_0$ 电压下应无见可测到的放电量，其系统的灵敏度应优于 10pC。

（11）弯曲性能 额定电压 3.6/6kV、6/10kV 和 8.7/15kV 的船用电力电缆样品放在室温下的圆柱体上至少绕一个全圈，然后解绕，将其反转并反向弯曲，照此反复三次。圆柱体的直径为：对于单芯电缆是 $20(d + D) ±5\%$ mm；对于多芯电缆是 $15(d + D) ±5\%$ mm，其中 D 为电缆试样实测外径（mm），d 为导体实测外径（mm）。

完成上述试验后，对试样再进行局部放电试验，在 $1.5U_0$ 电压下应无见可测到的放电量。

（12）测量 $\tan\delta$ 与电压值的关系　将经受弯曲试验后的额定电压 3.6/6kV、6/10kV 和 8.7/15kV 船用电力电缆试样，在环境温度下，施加 $0.5U_0$、U_0 和 $2U_0$ 电压值测量 $\tan\delta$，其结果应不超过表 6-3-104 所规定的值。

表 6-3-104　$\tan\delta$ 与测试电压之关系

试验项目	乙丙橡皮	交联聚乙烯
U_0 时，$\tan\delta \times 10^{-4}$ ≤	200	40
$0.5U_0$ 与 $2U_0$ 之间，$\Delta\tan\delta \times 10^{-4}$ ≤	25	20

（13）测量 $\tan\delta$ 与温度的关系　对额定电压 3.6/6kV、6/10kV 和 8.7/15kV 船用电力电缆试样，在规定的温度和施加 2kV 工频电压下测量 $\tan\delta$，其结果应不超过表 6-3-105 所规定的值。

表 6-3-105　$\tan\delta$ 与温度之关系

试验项目	乙丙橡皮	交联聚乙烯
室温时，$\tan\delta \times 10^{-4}$ ≤	200	40
电缆最高额定温度（+85℃）时，$\tan\delta \times 10^{-4}$ ≤	400	80

（14）加热循环和局部放电性能　将经受测量 $\tan\delta$ 与温度关系试验后的样品，用交流电加热导体，使导体温度到达并稳定在 +85℃。对于多芯电缆，每一导体均应加热。加热用电流至少通 2h，继而在空气中自然冷却至少 4h，如此循环 3 次。在第三次循环后，将试样按局部放电的规定进行试验，并符合要求。

（15）耐冲击电压性能　将额定电压 3.6/6kV、6/10kV 和 8.7/15kV 船用电力电缆样品所有导体保持在 +90℃ 下，经受正与负极性的冲击电压各 10 次试验而不发生击穿，其冲击电压值见表 6-3-106。

表 6-3-106　耐冲击电压值

电缆额定电压 U_0/kV	3.6	6.0	8.7
试验电压 U_p/kV	60	75	95

在经受上述试验，将试样冷却至室温，然后进行工频电压试验 15min，其试验电压值按表 6-3-99 规定。绝缘不允许击穿。

（16）结构性能要求

1）铜导体应符合 GB/T 3956—2008 规定。导体可以是非紧压型的，也可以是紧压型的，紧压型导体的最小标称截面积为 10mm²。挤包热固性绝缘

的导体，其单线应为镀锡铜线。允许采用不镀锡的铜线，但导体与绝缘之间应有隔离层，并应对电缆进行适当的型式试验，证明不产生有害影响。挤包热塑性绝缘的导体单线允许不镀锡。

2）绝缘和护套材料应符合 GB/T 7594—1987 或 GB/T 9331—2008 的附录 C～F 等有关标准的要求。绝缘厚度的平均值应不小于标称值，最薄处厚度应不小于标称值的 90% - 0.1mm。光滑圆柱体表面上的护套厚度平均值应不小于标称值，其最薄处厚度层不小于标称值的 85% - 0.1mm；不规则圆柱体表面上的护套（如：内壁渗入缆芯间隙的护套或铠装层上的护套），其最薄处的厚度层应不小于标称值的 85% - 0.2mm。

3）两芯及以上电缆的绝缘线芯识别标志方式可以为绝缘着色或打印数字，允许绕包色带。用数字标志时应符合 GB/T 6995.4—2008 的规定。

4）多芯电缆缆芯的间隙应用非吸湿性材料填充。填充可以是与护套分离的，也可以是与内护套或外护套挤成一体的。导体标称截面积不大于 4mm² 者可以不填充。

5）水密电缆的导体各单线之间，导体与绝缘之间，绝缘线芯之间，绝缘与护套之间，护套与铠装之间，均应用特殊材料填充，在整个电缆制造长度上连续密封。

6）编织铠装的金属丝应符合表 6-3-107 的规定。编织覆盖率 F 应符合下列规定：长度不小于 250mm 成品电缆试样编织层的重量，应不小于具有相同内径和厚度的同一种金属管重量的 90%。

$$F = \frac{\pi}{2}K \times 100\%$$

式中　K—填充系数。当 F 的最小值为同种金属管重量的 90% 时，K 的最小值为 0.573。编织层应均匀，表面应平整。编织层不许整体接续，股线可焊接或插接，插接时金属丝端头应不外露。裸镀锌钢丝编织铠装层应均匀涂覆防锈漆。

表 6-3-107　船用电缆编织铠装金属丝的要求

铠装前缆芯计算直径 d /mm	镀锌钢丝		镀锡铜丝	
	标称直径 /mm	镀层要求	标称直径 /mm	镀层要求
$d \leq 10$	0.20	按 GB 9331—2008 标准的附录 G 试验合格	0.20	铠装前试样，按 GB 4909.9—2009 试验合格
$10 < d \leq 30$	0.30		0.30	
$d > 30$	0.40		0.40	

7）金属丝铠装的金属丝应均匀地基本无空隙地绕包在内衬层上。铠装前外径小于 15mm 者，可采用扁金属丝代替圆丝。镀锌钢丝的断裂伸长率应不小于 12%。

8）金属带铠装的两层金属带以同一方向间隙绕包在内衬层上，内层的绕包间隙应不大于带宽的 0.5 倍，且应被外层金属带遮盖。铠装前外径小于 10mm 者，不宜采用金属带铠装。钢带可以镀锌或涂漆。

3.3.4 船用控制电缆

1. 产品规格和结构尺寸（见表 6-3-108 ~ 表 6-3-109）

2. 计算外径和计算重量

船用控制电缆的外径标称值和最大值以及计算重量列于表 6-3-110 ~ 表 6-3-113，规定电缆的实际外径应不超过最大值。电缆的计算重量不作考核，供设计、使用部门参考。

表 6-3-108 船用控制电缆结构尺寸的规定

导电线芯截面积 /mm²	导体结构单线直径 /（根/mm）	绝缘厚度① /mm	护套厚度/mm	金属丝编织铠装
0.75	7/0.37	0.7	应符合表 6-3-114 规定	1) 金属丝直径规定如下：编织前电缆直径 $d \le 10mm$ 者，为 0.2mm；$d > 10mm$ 者，为 0.3mm 2) 编织覆盖率同船用电力电缆
1	7/0.43	0.7		
1.5	7/0.52	0.7		
2.5	7/0.68	0.8		

① 硅橡胶绝缘仅有 1mm² 规格，其绝缘厚度为 0.8mm。

表 6-3-109 船用控制电缆护套厚度的规定　　　　　　　（单位：mm）

电缆类型	绝缘类型	护套	2 0.75 1 1.5	2.5	4 0.75 1 1.5	2.5	7 0.75 1 1.5	2.5	10, 14 0.75 1 1.5	2.5	19 0.75 1 1.5	2.5	24 0.75 1 1.5	2.5	30, 37 0.75 1 1.5	2.5
单护套，有或没有外金属编织层	乙丙橡皮交联聚乙烯聚氯乙烯天然丁苯橡皮	单层标称值	1.0	1.1	1.1	1.2	1.1	1.2	1.3	1.4	1.4	1.4	1.5	1.5	1.5	1.6
	硅橡皮	同上	1.1	1.2	1.1	1.2	1.2	1.3	1.3	1.4	1.4	1.5	1.5	1.6	1.6	1.7
单护套，有内金属编织层	乙丙橡皮交联聚乙烯聚氯乙烯天然丁苯橡皮	单层标称值	1.1	1.2	1.1	1.2	1.2	1.3	1.3	1.4	1.4	1.5	1.5	1.6	1.6	1.7
	硅橡皮	同上	1.1	1.2	1.2	1.2	1.2	1.3	1.3	1.4	1.4	1.5	1.6	1.7	1.7	1.8
双护套，没有金属编织层	乙丙橡皮天然丁苯橡皮	内套近似值	0.8	0.8	0.8	0.8	0.8	1.0	1.0	1.1	0.9	1.1	1.0	1.2	1.1	1.3
	交联聚乙烯聚氯乙烯	外套标称值	1.1	1.2	1.1	1.2	1.1	1.3	1.3	1.4	1.4	1.4	1.4	1.4	1.4	1.5
	硅橡皮	内套近似值	0.8	—	0.8		0.8				1.0		1.1			
		外套标称值	1.1		1.1		1.1		1.3		1.3		1.4		1.5	—
双护套，有内金属编织层	乙丙橡皮天然丁苯橡皮	内套近似值	1.0	1.0	1.1	1.1	1.1	1.3	1.3	1.5	1.5	1.5	1.5	1.7	1.5	1.7
	交联聚乙烯聚氯乙烯	外套标称值	0.8	0.9	0.9	1.0	0.9	1.0	1.0	1.1	1.0	1.1	1.1	1.2	1.2	1.3
	硅橡皮	内套近似值	1.1	—	1.2		1.2		1.3		1.4		1.5		1.6	—
		外套标称值	0.9	—	0.9		0.9		1.0		1.1		1.2		1.2	—

表6-3-110 DA型、SA型乙丙橡皮绝缘船用控制电缆外径与重量

导体标称截面积/mm²	芯数	电缆外径/mm CKEF CKEH CKEV 标称值	最大值	CKEF80,CKEH80,CKEV80,CKEF90,CKEH90,CKEV90 标称值	最大值	CKEF92 CKEH92 CKEV92 标称值	最大值	CKE82 标称值	最大值	电缆计算重量/(kg/km) CKEF CKEH	CKEV	CKEF80 CKEH80	CKEV80	CKEF90 CKEH90	CKEV90	CKEF92 CKEH92	CKEV92	CKE82
0.75	2	8.2	9.8	9.1	11.0	10.7	13.0	9.3	11.0	67	62	114	108	111	105	141	136	106
	4	9.5	11.5	10.5	12.5	12.3	14.5	10.5	12.0	104	98	158	162	155	149	195	188	145
	7	11.0	13.5	12.5	15.0	14.3	17.0	12.2	14.0	153	145	249	241	243	235	287	280	207
	10	14.1	17.0	15.6	18.5	17.6	20.5	15.6	18.0	222	211	344	332	337	325	394	382	319
	14	15.2	18.0	16.7	19.5	18.7	21.5	16.7	19.0	283	270	413	400	406	393	471	459	388
	19	16.8	20.0	18.3	21.5	20.3	23.5	18.5	21.0	359	345	502	488	494	480	565	552	484
	24	19.8	23.5	21.3	25.0	23.5	27.0	21.3	24.5	463	444	631	612	622	603	710	691	599
	30	20.9	24.5	22.4	26.0	24.8	28.5	22.4	25.5	550	530	728	707	718	698	826	806	704
	37	22.5	26.5	24.0	28.0	26.4	30.5	24.2	27.5	654	633	845	823	834	812	949	927	820
1	2	8.5	10.5	9.5	11.5	11.1	13.0	9.7	11.5	75	70	124	119	121	116	158	155	116
	4	9.9	12.0	10.9	13.0	12.7	15.0	10.9	12.5	118	112	175	169	172	166	221	211	161
	7	11.6	14.0	13.1	15.5	14.9	17.5	12.8	14.5	177	169	277	270	258	250	326	303	233
	10	14.8	17.5	16.3	19.0	18.3	21.0	16.3	18.5	249	239	368	358	361	351	434	419	344
	14	16.0	19.0	17.5	20.5	19.5	22.5	17.5	20.0	329	317	466	454	458	446	540	524	441
	19	17.7	20.5	19.2	22.0	21.2	24.5	19.4	22.0	423	410	573	560	565	552	654	636	551
	24	20.9	24.5	22.4	26.0	24.6	28.0	22.4	25.5	530	516	699	682	690	675	801	779	670
	30	22.1	25.5	23.6	27.0	26.0	29.5	23.8	27.0	647	627	826	807	816	796	951	925	810
	37	23.8	27.5	25.3	29.0	27.7	31.5	25.5	29.0	778	756	978	957	967	945	1110	1083	952

表6-3-111　DA型、SA型聚氯乙烯绝缘船用控制电缆外径与重量

导体标称截面积/mm²	芯数	电缆外径/mm								电缆计算重量/(kg/km)				
		CKVV		CKVV80, CKVV90		CKVV92		CKV82		CKVV	CKVV80	CKVV90	CKVV92	CKV82
		标称值	最大值	标称值	最大值	标称值	最大值	标称值	最大值					
0.75	2	7.8	9.6	8.8	10.5	10.4	12.5	9.2	10.5	60	108	105	135	105
	4	9.1	11.0	10.1	12.0	11.9	14.0	10.5	12.0	95	149	146	186	142
	7	10.5	13.0	12.0	14.5	13.3	16.0	11.7	13.5	141	230	231	275	202
	10	13.4	16.0	14.9	17.5	16.9	20.0	14.9	17.5	204	325	318	376	313
	14	14.5	17.5	16.0	19.0	18.0	21.0	16.0	18.5	261	391	384	449	379
	19	16.0	19.0	17.5	20.5	19.5	22.5	17.7	20.5	333	476	467	539	471
	24	18.9	22.5	20.4	24.0	21.8	26.0	20.4	23.5	428	596	587	675	583
	30	19.9	23.5	21.4	25.0	23.8	27.5	21.4	24.5	510	688	678	786	674
	37	21.4	25.0	22.9	26.5	25.3	29.0	23.1	26.5	608	798	787	913	795
1	2	8.2	9.5	9.2	11.0	10.8	13.0	9.4	11.0	68	118	114	145	115
	4	9.5	11.5	10.5	12.5	12.3	14.5	10.5	12.0	110	167	164	203	159
	7	11.1	13.5	12.6	15.0	14.4	18.5	12.3	14.0	164	264	245	290	228
	10	14.2	17.0	15.7	18.5	17.7	20.5	15.7	18.0	231	330	344	404	337
	14	15.3	18.0	16.8	19.5	18.8	21.5	16.8	19.0	307	444	435	502	430
	19	16.9	20.0	18.4	21.5	20.6	23.5	18.6	21.0	396	546	537	609	537
	24	19.9	23.5	21.4	25.0	23.6	27.0	21.4	24.5	498	667	643	725	653
	30	21.0	24.5	22.5	26.0	24.9	28.5	22.7	26.0	605	785	774	878	788
	37	22.6	26.5	24.1	28.0	26.5	30.5	24.3	27.5	731	932	920	1036	927

表6-3-112 天然丁苯橡皮绝缘船用控制电缆外径与重量

导体标称截面积/mm²	芯数	电缆外径/mm CKXF CKXV 标称值	最大值	CKXF80 CKXF90 CKXV80 CKXV90 标称值	最大值	CKXF92 CKXV92 标称值	最大值	CKX82 标称值	最大值	电缆计算重量/(kg/km) CKXF	CKXV	CKXF80	CKXV80	CKXF90	CKXV90	CKXF92	CKXV92	CKX82
0.75	2	8.2	9.8	9.1	11.0	10.7	13.0	9.3	11.0	70	64	116	111	114	108	144	139	109
	4	9.5	11.5	10.5	12.5	12.3	14.5	10.5	12.0	109	101	164	156	160	152	200	194	150
	7	11.0	13.5	12.5	15.0	14.3	17.0	12.2	14.0	160	152	258	248	252	242	297	289	216
	10	14.1	17.0	15.6	18.5	17.6	20.5	15.6	18.0	236	221	357	342	350	335	408	396	333
	14	15.2	18.0	16.7	19.5	18.7	21.5	16.7	19.0	302	284	432	414	425	407	491	478	408
	19	16.8	20.0	18.3	21.5	20.3	23.5	18.5	21.0	385	364	528	507	520	498	591	578	510
	24	19.8	23.5	21.3	25.0	23.5	27.0	21.3	24.5	496	467	664	636	655	626	743	724	632
	30	20.9	24.5	22.4	26.0	24.8	28.5	22.4	25.5	591	559	769	737	759	727	867	847	745
	37	22.5	26.5	24.0	28.0	26.4	30.5	24.2	27.5	705	668	896	859	885	848	1000	978	871
1	2	8.5	10.5	9.5	11.5	11.1	13.0	9.7	11.5	78	72	127	121	124	118	161	148	119
	4	9.9	12.0	10.9	13.0	12.7	15.0	10.9	12.5	124	116	181	173	178	170	226	210	167
	7	11.6	14.0	13.1	15.5	14.9	17.5	12.8	14.5	187	176	287	277	268	257	336	303	244
	10	14.8	17.5	16.3	19.0	18.3	21.0	16.3	18.5	264	249	383	368	376	361	449	421	359
	14	16.0	19.0	17.5	20.5	19.5	22.5	17.5	20.0	350	331	481	468	479	460	561	526	461
	19	17.7	20.5	19.2	22.0	21.2	24.5	19.4	22.0	451	429	594	579	593	571	682	669	579
	24	20.9	24.5	22.4	26.0	24.6	28.0	22.4	25.5	566	540	735	209	725	685	836	820	705
	30	22.1	25.5	23.6	27.0	26.0	29.5	23.8	27.0	692	658	871	837	860	826	996	930	854
	37	23.8	27.5	25.3	29.0	27.7	31.5	25.5	29.0	833	795	1033	995	1022	984	1165	1100	1007

（续）

导体标称截面积/mm²	芯数	电缆外径/mm CKXF CKXV 标称值	最大值	CKXF80 CKXF90 CKXV80 CKXV90 标称值	最大值	CKXF92 CKXV92 标称值	最大值	CKX82 标称值	最大值	CKXF	CKXV	CKXF80	CKXV80	CKXF90	CKXV90	CKXF92	CKXV92	CKX82
1.5	2	9.0	11.0	10.0	12.0	11.6	13.5	10.2	12.0	92	86	144	138	141	135	174	168	96
	4	10.6	12.5	12.1	14.5	13.9	16.0	11.6	13.5	151	143	243	235	237	230	280	273	197
	7	12.4	15.0	13.9	16.5	15.7	18.0	14.1	16.0	231	222	338	329	332	323	380	371	318
	10	15.9	19.0	17.4	20.5	19.4	22.5	17.4	20.0	335	322	471	458	463	450	531	518	439
	14	17.2	20.0	18.7	22.0	20.7	24.0	18.7	21.5	437	422	584	570	575	561	648	634	550
	19	19.0	22.5	20.5	24.0	22.5	26.0	20.7	23.5	563	547	722	706	713	697	791	776	599
	24	22.5	26.5	24.0	28.0	26.2	30.0	23.8	27.0	724	702	915	893	904	882	1008	986	873
	30	23.8	27.5	25.3	29.5	27.3	32.0	25.3	29.0	873	850	1074	1051	1063	1039	1184	1160	1042
	37	25.6	30.0	27.1	31.5	29.5	34.0	27.3	31.0	1048	1023	1265	1239	1252	1226	1382	1356	1231
2.5	2	10.6	12.5	12.1	14.0	13.7	16.0	12.3	14.0	132	120	223	211	189	177	231	218	175
	4	12.4	14.5	13.9	16.0	15.7	18.0	13.9	16.0	220	210	328	317	321	311	375	364	292
	7	14.6	17.0	16.1	18.5	18.3	21.0	16.3	18.5	344	331	469	456	461	341	523	510	435
	10	18.8	21.5	20.3	23.5	22.7	26.0	20.3	23.0	496	477	656	637	629	629	713	713	603
	14	20.4	23.5	21.9	25.0	24.3	27.5	21.9	24.5	653	632	826	805	801	795	907	887	769
	19	22.6	26.0	24.1	27.5	26.5	30.0	24.3	27.5	850	867	1041	1018	1030	1010	1130	1110	990
	24	26.8	30.5	28.3	32.0	30.9	35.5	28.3	31.5	1087	1055	1313	1281	1300	1268	1428	1393	1236
	30	28.4	32.5	29.9	34.0	32.5	36.5	29.9	33.5	1316	1282	1556	1312	1542	1508	1690	1508	1488
	37	30.6	35.0	32.1	36.5	34.5	39.0	32.3	36.0	1588	1555	1845	1808	1830	1794	1989	1953	1773

表6-3-113 DA型、SA型交联聚乙烯绝缘船用控制电缆外径与重量

导体标称截面积/mm²	芯数	电缆外径/mm								电缆计算重量/(kg/km)				
		CKJV		CKJV80 CKJV90		CKJV92		CKJ82		CKJV	CKJV80	CKJV90	CKJV92	CKJV82
		标称值	最大值	标称值	最大值	标称值	最大值	标称值	最大值					
0.75	2	8.2	9.8	9.1	11.0	10.7	13.0	9.3	11.0	58	105	102	132	102
	4	9.5	11.5	10.5	12.5	12.3	14.5	10.5	12.0	89	144	140	180	137
	7	11.0	13.5	12.5	15.0	14.3	17.0	12.2	14.0	131	227	221	266	192
	10	14.1	17.0	15.6	18.5	17.6	20.5	15.6	18.0	191	312	305	362	299
	14	15.2	18.0	16.7	19.5	18.7	21.5	16.7	19.0	242	372	365	430	360
	19	16.8	20.0	18.3	21.5	20.3	23.5	18.5	21.0	307	450	442	513	455
	24	19.8	23.5	21.3	25.0	23.5	27.0	21.3	24.5	395	534	554	643	550
	30	20.9	24.5	22.4	26.0	24.8	28.5	22.4	25.5	469	647	637	745	633
	37	22.5	26.5	24.0	28.0	26.4	30.5	24.2	27.5	556	746	735	861	743
1	2	8.5	10.5	9.5	11.5	11.1	13.0	9.7	11.5	66	114	112	141	111
	4	9.9	12.0	10.9	13.0	12.7	15.0	10.9	12.5	103	160	157	196	152
	7	11.6	14.0	13.1	15.5	14.9	17.5	12.8	14.5	154	254	235	280	216
	10	14.8	17.5	16.3	19.0	18.3	21.0	16.3	18.5	217	336	318	389	322
	14	16.0	19.0	17.5	20.5	19.5	22.5	17.5	20.0	286	423	415	481	410
	19	17.7	20.5	19.2	22.0	21.2	24.5	19.4	22.0	368	518	510	582	509
	24	20.9	24.5	22.4	26.0	24.6	28.0	22.4	25.5	462	640	630	689	617
	30	22.1	25.5	23.6	27.0	26.0	29.5	23.8	27.0	563	742	732	836	745
	37	23.8	27.5	25.3	29.0	27.7	31.5	25.5	29.0	675	874	864	979	871

3. 性能指标

（1）电性能（见表6-3-114）

表中绝缘电阻常数 K_i（M℃·km）的换算公式如下：

1）已知电缆绝缘电阻时

$$K_i = \frac{R}{\lg \frac{D}{d}}$$

式中　R——测得的电缆绝缘电阻值（MΩ·km）；

　　　D——绝缘线芯的绝缘外径（mm）；

　　　d——绝缘线芯的绝缘内径（mm）。

2）已知绝缘混合物的体积电阻系数 ρ_v 时，

$$K_i = 0.367 \times 10^{-11} \times \rho_v$$

（2）绝缘和护套物理力学性能　参见船用电力电缆。

（3）耐油、耐燃烧、低温性能等　参见船用电力电缆。

（4）结构性能　要求同船用电力电缆。

表 6-3-114　船用控制电缆电性能

20℃时导体直流电阻/(Ω/km) ≤			绝缘电阻/(MΩ·km)		成品耐电压（5min）	
导体标称截面积 /mm²	不镀锡铜线	镀锡铜线	绝缘材料类型	20℃时绝缘电阻常数 K_i/(MΩ·km) ≥	试验电压/kV，有效值	
					交流	直流
0.75	24.5	24.7	天然丁苯橡皮	367	1.5	3.6
			乙丙橡皮	3670		
1	18.1	18.2	交联聚乙烯	3670		
1.5	12.1	12.2	聚氯乙烯	36.7		
2.5	7.41	7.56	硅橡皮	1500		

3.3.5　船用通信电缆

1. 产品规格和结构尺寸（见表6-3-115）

2. 计算外径和计算重量

船用通信电缆的外径标称值和最大值以及计算重量见表6-3-116。规定电缆的实际外径应不超过最大值。电缆的计算重量不作考核，供设计、使用部门参考。

表 6-3-115　船用通信电缆结构尺寸的规定

导电线芯截面积 /mm²	导体结构与单线直径 /（根数/mm）	绝缘厚度 /mm		护套厚度/mm					铜缆编织铠装	
				护套前计算外径 d/mm	热塑体双护套		单护套标称值		铠装前计算直径 D/mm	铜丝标称宜径 /mm
		标称值	最小值		内套近似值	外套标称值	热塑体	热固体		
0.3	7/0.25	0.25	0.20	$d \le 10$	0.8	1.1	1.1	1.2	$D \le 14$	0.20
				$10 < d \le 15$	0.9	1.2	1.2	1.4		
0.5	7/0.30	0.50	0.35	$15 < d \le 20$	1.0	1.3	1.3	1.4	$14 < D$ $D \le 20$	0.25
				$20 < d \le 25$	1.2	1.4	1.4	1.6		
0.75	7/0.37	0.60	0.44	$25 < d \le 30$	1.3	1.5	1.6	1.8	$D > 20$	0.30
				$d > 30$	1.3	1.6	1.8	2.0		

表 6-3-116　DA 型、SA 型船用通信电缆外径与重量

导体标称截面积/mm²	规格	电缆外径/mm								电缆计算重量/(kg/km)			
		CHE82		CHEV82		CHV82		CHVV82		CHE82	CHEV82	CHV82	CHVV82
		标称值	最大值	标称值	最大值	标称值	最大值	标称值	最大值				
0.5	1×2	8.1	9.7	9.7	11.5	8.1	9.7	9.7	11.5	83	119	82	117
	1×4	9.0	11.0	10.6	12.5	9.0	11.0	10.6	12.5	110	148	107	145
	4×2	2.4	15.0	14.0	16.5	12.4	15.0	14.0	16.5	185	224	179	227
	7×2	14.5	17.0	16.2	18.0	14.5	17.0	16.2	18.0	259	311	242	306
	10×2	18.3	21.5	20.1	23.5	18.3	21.5	20.1	23.5	378	439	364	425
	14×2	19.7	23.0	21.7	25.5	19.7	23.0	21.7	25.5	464	539	431	506
	19×2	21.7	24.5	23.9	28.0	21.7	24.5	23.9	28.0	575	665	530	620
	24×2	25.5	29.5	28.1	32.5	25.5	29.5	28.1	32.5	747	877	712	841
	30×2	27.0	31.5	29.6	34.0	27.0	31.5	29.6	34.0	870	1006	826	961
	37×2	29.3	34.0	31.7	36.5	29.3	34.0	31.5	36.5	1042	1161	988	1106
	48×2	33.6	38.5	35.8	41.0	33.6	38.5	35.8	41.0	1319	1453	1248	1382
0.75	1×2	8.9	11.0	10.6	12.5	8.9	11.0	10.5	12.5	105	137	104	136
	1×4	10.0	12.0	11.6	13.5	10.0	12.0	11.6	13.5	141	176	138	174
	4×2	14.1	16.5	15.9	18.5	14.1	16.5	15.9	18.5	240	294	235	289
	7×2	16.4	19.2	18.7	21.5	16.4	19.0	18.7	21.5	370	432	361	423
	10×2	21.0	24.5	23.2	27.0	21.0	24.5	23.2	27.0	499	593	486	580
0.75	14×2	22.9	26.5	25.1	29.5	22.9	26.5	25.1	29.5	660	751	641	733
	19×2	25.5	29.5	28.1	32.0	25.5	29.5	28.1	32.0	817	953	792	929
	24×2	30.0	34.5	32.4	37.5	30.0	34.5	32.4	37.5	1028	1171	997	1140
	30×2	31.7	36.5	34.3	39.0	31.7	36.5	34.3	39.0	1202	1365	1190	1327
	37×2	34.4	39.5	36.3	42.0	34.4	39.5	36.6	42.0	1439	1584	1391	1536
	48×2	39.2	45.0	41.4	47.0	39.2	45.0	41.4	47.0	1786	1949	1726	1909
0.3	5×2					9.6	11.5	11.2	13.5			126	163
	10×2					12.5	15.0	14.1	16.5			204	256
	15×2					16.2	19.5	18.5	21.5			295	396
	20×2					18.1	21.5	19.9	23.5			385	465
	25×2					19.7	23.0	21.7	25.5			450	546
	30×2					22.5	27.0	24.9	29.0			590	680
	40×2					25.0	29.5	27.5	32.0			779	835
	50×2					27.8	31.0	30.0	35.0			814	982
	60×2					30.3	35.5	32.7	38.0			957	1140
	80×2					36.1	42.0	38.3	44.5			1261	1440
	100×2					42.2	49.0	44.4	51.0			1541	1752

3. 性能指标

（1）电性能（见表6-3-117）

（2）绝缘和护套物理力学性能 参见船用电力电缆。

（3）耐燃烧、低温性能等 参见船用电力电缆。

（4）结构性能要求

1）绞合元件可由线组（对线组、三线组和四线组）和单位组成。绞合元件的绞合节距应不大于120mm。

2）线芯每层或每个单位中可加一个绝缘线芯作为计数线芯，其导体直径与元件的导体直径相等，绝缘的颜色应为红/白色。计数元件不作为线芯元件计数。

3）缆芯中相邻各对应采用不同的绞合节距，必要时采用较短节距。

4）缆芯至少应绕包两层聚酯薄膜或其他非吸湿性薄膜，总厚度应不小于0.1mm。

5）绝缘线芯和绞合元件的识别：

① 绝缘标称厚度为0.25mm者应符合下列规定：

同心式电缆中或单位式电缆每一单位中的绞合元件和绝缘线芯的识别，应以色谱为基础。

表6-3-117 船用通信电缆电性能

20℃时导体直流电阻/(Ω/km) ≤		绝缘电阻/(MΩ·km)		电压试验			工作电容（任一对线芯间）			电容不平衡（任一对线芯间）
导体标称截面积/mm²	不镀锡铜线	镀锡铜线	绝缘材料类型	20℃时绝缘电阻常数①K_i/(MΩ·km) ≥	绝缘标称厚度/mm	试验电压有效值/V		持续时间/min	绝缘类型	绝缘标称厚度/mm	工作电容/(nF/km) ≤	
						交流	直流					
0.3	57.6	—	乙丙橡皮	3670	0.25	1000	1500	1	普通聚氯乙烯	0.25	200	每500m电缆长度应不大于1000pF；不足500m时，长度L的测量值除以下列修正系数：$\frac{1}{2}\left(\frac{1}{500}+\sqrt{\frac{L}{500}}\right)$
0.5	36.0	36.7	交联聚乙烯	3670	0.50	1500	3000	5		0.50 0.60	200	
0.75	24.5	24.7	普通聚氯乙烯	36.7	0.60	1500	3000	5	其他绝缘	0.5 0.6	120	
			硅橡皮	1500								

① 绝缘电阻常数K_i的换算公式同船用控制电缆。

所有绞合元件只能用a线和b线识别，其标志色谱应符合GB/T 9333—2009附录A规定。单位式电缆允许只采用1号计数组色谱。

c线和d线应各有一种明显区别于a线和b线的识别颜色，且在所有绞合元件中都是这一种颜色。

绝缘线芯采用组合颜色标志时，标志应为环状或单螺旋线（参阅GB/T 9333—2009）。

② 绝缘标称厚度为0.50mm及以上者，可在下列规定中任选一种：

数字识别——符合GB 6995.4—2008规定，每一个对线组中应有编号1的绝缘线芯。

颜色识别——符合表6-3-118的规定。

③ 单位识别：在每个单位上螺旋疏绕着色扎带，其色谱应符合GB 9333—2009附录B规定。也可以在扎带上印数字标志。数字的高度应不大于3mm，相邻数字中心间距应不大于20mm。

④ 计数应从电缆中心或单位的中心层开始到外层，计数方向为顺时针方向。

表6-3-118 船用通信电缆绝缘线芯颜色识别

线组类别	绝缘线芯识别				线组识别
	a	b	c	d	
对线组	黑	蓝	—	—	4对及以上电缆用印有数字的扎带识别
三线组	黑	蓝	褐	—	—
四线组	黑	褐	蓝	灰	—

6）其余结构要求同船用电力电缆。

3.3.6 船用射频电缆

1. 产品规格与结构尺寸（见表6-3-119 ~ 表6-3-120）

表6-3-119中的外导体由金属丝编织套组成，具体组成如表6-3-120中规定。

表 6-3-119　船用射频电缆结构尺寸的规定

电缆型号	电缆规格代号	内 导 体		绝缘厚度/mm ≥	外导体材料		护套厚度/mm		镀锌钢丝编织铠装
		材料	结构		内层	外层	最小值	标称值	
CSYV CSYV90	50-7-2	铜线	7/0.75	2.0	—	铜线	0.85	1.05	1）镀锌钢丝直径为0.3mm 2）填充系数K应不小于0.6（计算公式见GB/T 9334—2009）
	50-7-6	铜线	7/0.75	2.25	镀银铜线	铜线	0.9	1.1	
	50-12-1	铜线	7/1.15	3.5	—	铜线	1.0	1.3	
	50-17-2	铜线	1/5.0	5.5	—	铜线	1.5	1.8	
	50-17-3	铜线	1/5.0	5.5	钢线	铜线	1.55	1.85	
CSFF	50-7-8	镀银铜线	7/0.82	2.0	镀银铜线	镀银铜线	0.70	1.0	—
CSYV CSYV90	75-4-1	铜线	7/0.21	1.25	—	铜线	0.6	0.8	1）镀锌钢丝直径为0.3mm 2）填充系数K应不小于0.6（计算公式见GB/T 9334—2009）
	75-4-2	铜线	/0.21	1.40	铜线	铜线	0.65	0.85	
	75-7-2	铜线	7/0.40	2.40	—	铜线	0.85	1.05	
	75-7-3	铜线	7/0.40	2.72	铜线	铜线	0.9	1.1	
	75-17-2	铜线	1/2.70	6.60	—	铜绒	1.5	1.8	
CSFF	75-7-11	镀银铜包钢线 1级	7/0.45	1.96	—	镀银铜线	待定	待定	—

表 6-3-120　船用射频电缆外导体组成的规定

结构类型	材　料		绝缘标称外径/mm			结构参数	
	内层	外层	3.7~4.8	7.25~11.5	17.3	编织角≤	填充系数K
			编织层金属丝直径/mm				
单层编织层	—	裸铜线	0.13~0.15	0.18~0.20	0.24~0.26	45°	0.70~0.95
	—	镀银铜线	0.13~0.15	0.18~0.20	0.24~0.26	45°	0.70~0.95
双层编织层	镀银铜线	裸铜线	0.13~0.15	0.16~0.18	0.18~0.20	45°	0.70~0.95
	镀银铜线	镀银铜线	0.13~0.15	0.16~0.18	0.18~0.20	45°	0.70~1.05

1）编织角按下式确定。

$$\alpha = \arctan(3.14D/L)$$
$$D = 介质直径 + 2d$$

式中　D——编织层平均直径（mm）；

　　　d——金属丝直径（mm）；

　　　L——编织节距（mm）。

2）填充系数 K 按下式确定：

$$K = ndp/\sin\alpha$$

式中　n——每锭中金属丝根数；

　　　d——金属丝直径（mm）；

　　　p——单位长度内的交叉锭数（锭数/mm）；

　　　α——电缆轴线与编织锭股线的倾斜角（°）。

2. 计算外径与计算重量

船用同轴射频电缆的最大外径和计算重量列于

表 6-3-121 中，规定电缆的实际外径应不超过最大值。电缆的计算重量不作考核，供设计、使用部门参考。

表 6-3-121　船用同轴射频电缆的外径与重量

电缆型号	电缆规格代号	电缆最大外径/mm	电缆计算重量/(g/m)
CSYV CSYV90	50-7-2	12.3	160
	50-7-6	13.0	210
	50-12-1	17.0	280
	50-17-2	24.0	690
	50-17-3	25.0	750
CSFF	50-7-8	11.3	210

（续）

电缆型号	电缆规格代号	电缆最大外径/mm	电缆计算重量/(g/m)
CSYV CSYV90	75-4-1	8.0	60
	7-5-4-2	9.0	75
	75-7-2	12.5	150
	75-7-3	13.0	200
	75-17-2	24.0	580
	75-7-11	待定	待定

3. 性能指标

（1）电性能

1）导体电阻率（见表6-3-122）。

表6-3-122　船用同轴射频电缆导体电阻率的规定

铜电阻率/(Ω·mm²/m) ≤		铜包钢丝电阻系数[1]		
铜	镀银铜	级别编号	铜/钢（%）	电阻系数≤
0.017241	0.017241	1	≈40	2.8
		2	≈30	3.5
		3	≈40	2.8

[1] 该系数是指铜包钢线的有效直流电阻与同直径圆铜线直流电阻之比。

2）绝缘电阻20℃时内外导体之间的绝缘电阻应不小于5000MΩ·km。

3）绝缘耐电压性能（见表6-3-123）。

表6-3-123　船用同轴射频电缆绝缘耐电压性能

绝缘标称外径/mm	特性阻抗 Z_c/Ω		持续时间/min
	50	75	
	试验电压/kV		
3.0~4.8	—	4	1
7.25~10.0	10	8	1
11.5	15	15	1
17.3	22	18	1

4）护套耐电压性能（见表6-3-124）。

表6-3-124　船用同轴射频电缆护套耐电压性能指标

护套标称厚度 t_s/mm	浸水试验		火花试验	
	试验电压/kV	持续时间/min	试验电压/kV	每点接触时间/s≥
t_s≤0.5	不试验	—	不试验	
0.5<t_s≤0.8	2	1~2	3	0.1
0.8<t_s≤1.0	3	1~2	5	0.1
t_s>1.0	5	1~2	8	0.1

5）电晕试验（见表6-3-125）。

表6-3-125　船用同轴射频电缆电晕试验指标

电缆型号	电缆规格代号	灭晕电压（rms）/kV ≥
CSYV CSYV90	50-7-2	5
	50-7-6	5
	50-12-1	7.5
	50-17-2	11
	50-17-3	11
CSFF	50-7-8	4
CSYV CSYV90	75-4-1	2
	75-4-2	2
	75-7-2	4
	75-7-3	4
	75-17-2	9
CSFF	75-7-11	3.4

6）衰减常数（见表6-3-126）。

表6-3-126　船用同轴射频电缆衰减常数的规定

电缆型号	电缆规格代号	衰减常数/(dB/m) ≤	
		200MHz	3000MHz
CSYV CSYV90	50-7-2	0.11	—
	50-7-6	—	0.62
	50-12-1	0.08	—
	50-17-2	0.056	—
	50-17-3	0.06	—
CSFF	50-7-8	待定	
CSYV CSYV90	75-4-1	0.22	—
	75-4-2	—	0.95
	75-7-2	0.12	—
	75-7-3	—	0.6
	75-17-2	0.056	—
CSFF	75-7-11	0.105	

7）特性阻抗（见表6-3-127）。

表 6-3-127　船用同轴射频电缆特性阻抗

电缆型号	电缆规格代号	特性阻抗 Z_c/Ω ≥	特性阻抗 Z_c/Ω ≤
CSYV CSYV90	50-7-2	48	52
	50-7-6	49	51
	50-12-1	48	52
	50-17-2	48	52
	50-17-3	48	52
CSFF	50-7-8	48	52
CSYV CSYV90	75-4-1	72	78
	75-4-2	73.5	76.5
	75-7-2	72	78
	75-7-3	73.5	76.5
	75-17-2	72	78
CSFF	75-7-11	72	78

（2）机械物理性能

1）加热污染性能（见表 6-3-128）。

表 6-3-128　船用同轴射频电缆加热污染性能

电缆型号	电缆规格代号	试验条件 温度/℃	试验条件 时间/h	试验结果 3000Hz 时的衰减增值/(dB/m) ≤
CSYV CSYV90	50-7-2	$100 ^{+0}_{-4}$	168	0.75
	50-7-6			0.2
	50-12-1			0.2
	50-17-2			0.4
	50-17-3			0.15
	75-4-1			—
	75-4-2			0.3
	75-7-2			0.75
	75-7-3			0.2
	75-17-2			0.4

2）加热卷绕性能（见表 6-3-129）。

3）高温后冷弯曲性能（见表 6-3-130）。

4）低温弯曲性能（见表 6-3-131）。

5）流动性能（见表 6-3-132）。

表 6-3-129　船用同轴射频电缆加热卷绕性能

电缆护套类型	试验条件 温度/℃	时间/h	试棒直径/mm	卷绕次数	试验结果
聚氯乙烯护套	$100 ^{+0}_{-4}$	168	10D	5min 内 10 次	绝缘和护套应无机械损伤
聚四氟乙烯护套	200 ± 5	168	10D	5min 内 10 次	

注：D 为试样外径（mm）。

表 6-3-130　船用同轴射频电缆高温后冷弯曲性能

电缆护套类型	高温暴露 温度/℃	高温暴露 时间/h	低温暴露 温度/℃	低温暴露 时间/h	卷绕 试棒直径/mm	卷绕 卷绕速度/(r/4s)	卷绕 卷绕圈数	试验结果
聚氯乙烯护套电缆	$100 ^{+0}_{-4}$	168	-35	20	10D	1	试棒外径 D<12.7mm 者为 3 圈，D≥12.7mm 者为 1 圈	绝缘和护套应无机械损伤
聚四氟乙烯护套电缆	250 ± 5	168	-55	20	10D	1		

注：D 为试样外径（mm）。

表 6-3-131　船用同轴射频电缆低温弯曲性能

护套类型	试验温度/℃	持续时间/h	试棒外径/mm	卷绕圈数	试验结果
聚氯乙烯护套电缆	-40	20	10D	D<12.7mm 者为 3 圈 D≥12.7mm 者为 1 圈	绝缘和护套应无机械损伤
聚四氟乙烯护套电缆	-55	20	10D		

注：D 为试样外径（mm）。

表 6-3-132　船用同轴射频电缆热流动性能

电缆型号	电缆规格代号	试验温度/℃	持续时间/h	负荷/N	绝缘流动位移（%）　≤
CSYV CSYV90	50-7-2	100±2	7.5	100	15
	50-7-6			100	
	50-12-1			215	
	50-17-2			—	
	50-17-3			—	
	75-4-1			25	
	75-4-2			29	
	75-7-2			80	
	75-7-3			80	
	75-17-2				

(3) 结构性能要求

1) 实芯内导体经最后一次拉制后不应再焊接。绞合内导体的单线可以用无酸焊剂铜焊或银焊，各焊接点间的距离应不小于 300mm。焊接处的外径不应增加，且无块状物或尖锐凸起。

2) 外导体由金属丝编织套组成，具体组成如表 6-3-120 的规定。

3) 导体材料应符合下列规定：

① 铜线应符合 GB/T 3953—2009 的 TR 型；

② 镀银铜线应符合 JB 3135—1999 的 TRY 型；

③ 铜包钢线应符合表 6-3-133 规定，铜层应均匀，其厚度在整个长度上应保持一致。

4) 绕包一编织组合护层中的聚四氟乙烯薄膜绕包层应密封防潮，玻璃丝编织层应浸涂硅有机漆密封。

(4) 镀锌钢丝编织铠装层表面应平整，不许整体接续，股线可焊接或搭接，搭接时金属丝端头应不外露。

铠装层上应涂覆防锈漆。

表 6-3-133　铜包钢线性能要求

级别		电阻系数[①] ≤	抗拉强度 /MPa　≥	250mm 试样的 伸长率（%）　≥
编号	铜/钢 （%）			
1	≈40	2.8	760	1
2	≈30	3.5	880	1
3	≈40	2.8	380	8

① 该系数是指铜包钢线的有效直流电阻与同直径圆铜线直流电阻之比。

3.3.7　船用电缆交货长度

船用电缆交货长度见表 6-3-134。

表 6-3-134　船用电缆交货长度

类别	型号或规格	交货长度 /m ≥	允许短段电缆 长度/m ≥	允许短段电缆占总长 度百分比（%）≤	备注
船用 电力 电缆	所有型号的三芯及以下和导 体截面积不大于 2.5mm² 电缆	150	20	10	
	其他电缆	100	20	10	
船用 控制 电缆	所有型号的 7 芯及以下和导 体截面积不大于 2.5mm² 电缆	150	20	10	
	其他电缆	100	20	10	根据双方协议 允许任何长度电 缆交货
船用通 信电缆	所有型号和规格	100	20	10	
船用 射频 电缆	CSYV VSYV90	100	10	15	
	CSFF	45	3	15	

3.3.8　船用电缆特殊试验方法

1. 浸水电容试验

(1) 试验设备

1) 水槽：保持水面不变，水温保持 50℃ ±2℃ 恒温。

2) 空气烘箱。

(2) 试样制备

1) 试样为电缆的任一根绝缘线芯长 4.5m。按 GB2951.11—2008 的第 2.4 条规定取样。绝缘径向厚度应大于或等于 0.8mm。

2) 除去绝缘层外的任何覆盖层，包括橡皮布带，如为两层绝缘时则应保持两层绝缘状态。

3) 将按第 2) 条处理的绝缘线按下列规定经受电压试验：

① 浸入室温水中，两端露出水面。

② 按下表进行交流或直流电压试验，击穿试样不能用于此项试验。

额定电压 (U_0/U)/kV	试验电压/kV		持续时间 /min
	交流	直流	
0.6/1	3.5	8.4	5

(3) 试验步骤

1) 试样在 70 ~ 75℃ 的空气烘箱中干燥 24h。

2) 取出试样后，立即放入水槽中浸泡在预先加热到 50℃ ±2℃ 的水中。中间浸水部分为 3m，两端各露出 0.75m。在该温度的水中保持 14 天。

3) 在频率为 800 ~ 1000Hz 的低压交流电压下，在导体和水之间测量第 1 天、第 7 天和第 14 天的电容。

(4) 试验结果应符合有关标准的规定。

2. 水密性试验

(1) 试验设备

1) 水槽：水槽上有水压控制装置和密封填料函。填料函用以将试样扣紧在水槽上，它能既不使试样被压缩，又不被扩张，且能防止漏水。

2) 水压压力表。

3) 漏水检测装置。

(2) 试样制备　从成品电缆上截取长 1.5m 试样 2 个。试样应未经过受曲绕、加热或其他任何试验，试样上的裸铠装可以剥除。

(3) 试验步骤

1) 将试样一端装入水槽。

2) 在 1min 内将水压升到 0.1MPa，并保持 3h。

3) 收集从试样另一端或试样表面渗出的水，并测量其体积。

(4) 试验结果　渗水的体积应符合有关电缆标准的规定。

3. 镀锌钢丝镀层附着性试验

(1) 试验设备

1) 玻璃容器：$\phi35 \times 160$mm。

2) 试验溶液：187g/L 硫酸铜液（$CuSO_4 \cdot 5H_2O$），温度保持 20℃ ± 0.5℃。完全溶解后，每升溶液中可加入 1 ~ 2g 的氢氧化铜，或粉状碳酸铜，或氧化铜，以中和游离硫。

(2) 试样准备　从成品电缆上截取长约 200mm 的试样 5 个。用蘸汽油的脱脂棉或棉纱、棉布擦干净试样，并使之干燥。

(3) 试验步骤

1) 在容器中倒入 4/5 容器容积的试验溶液。

2) 将一个试样浸泡在试验溶液中 1min，静置不搅拌，1min 后取出，立即在自来水中用棉纱清洗，除去试样表面海绵状沉积铜。

同一试样如此反复浸泡，直至用棉纱不能除去试样表面的析出铜为止。试样浸泡端 30mm 以内那部分表面上的析出铜不考核。

注：直径小于 0.8mm 的试样浸泡时间为 0.5min。

3) 记录该试样的浸泡次数。

4) 更换试样溶液，试验第 2 个试样。

5) 按上述 1) ~ 4) 的规定试验全部试样完毕后，计算出 5 个试样的平均浸泡次数。

(4) 试验结果判断

1) 5 个试样的平均浸泡次数应符合下表的规定：

试样外径（或厚度）标称值/mm	浸泡次数≥
$d \leq 1.3$	1
$1.3 < d \leq 2.0$	2
$2.0 < d \leq 2.5$	3
$2.5 < d \leq 5.1$	4

2) 当锌层本体上附有铜时，将造成不合格的错觉，此时应做如下处理：

① 浸泡次数完成后，再进行其他合宜方法的附着性试验。

② 用棉纱轻轻擦去附着在浸泡过的试样上的铜，或者浸入氯化氢溶液（1/10）中 15s 后，立即用自来水清洗并用力擦去铜。若铜除去后试样表面露出锌层，则判为试样合格。

3.3.9 船用电缆载流量

1. 单根电缆连续工作制的载流量

1）电缆的连续工作制系指载流（恒定负载）的时间大于电缆的发热时间常数的 3 倍，即大于临界持续时间（见图 6-3-14）。

2）各种绝缘材料的单根电缆连续工作制载流量见表 6-3-135。在选择这些载流量时可不考虑电缆保护层的类型（如有无铠装等）。

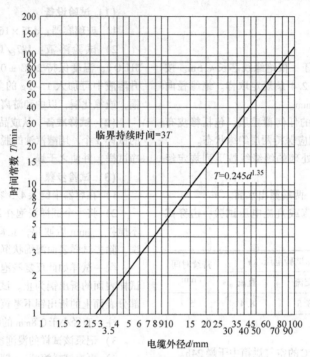

图 6-3-14 电缆的时间常数

表 6-3-135 单根船用电缆载流量①

绝缘材料和工作温度	普通聚氯乙烯 60℃			天然丁苯橡皮 70℃			耐热聚氯乙烯 75℃			乙丙橡皮或交联聚乙烯 85℃			硅橡皮或矿物绝缘 95℃		
芯数 导体截面积/mm²	1	2	3或4	1	2	3或4	1	2	3或4	1	2	3或4	1	2	3或d
1	8	7	6	11	9	8	13	11	9	16	14	11	20	17	14
1.5	12	10	8	15	13	11	17	14	13	20	17	14	24	20	17
2.5	17	14	12	22	19	15	24	20	17	28	24	20	32	27	22
4	22	19	15	29	25	20	32	27	22	38	32	27	42	36	29
6	29	25	20	37	31	26	41	35	28	48	41	34	55	47	39
10	40	34	28	51	43	36	57	48	40	67	57	47	75	64	53
16	54	46	38	69	59	48	76	65	53	90	77	63	100	85	70
25	71	60	50	91	77	64	100	85	70	120	102	84	135	115	95
35	87	74	61	113	96	79	125	106	88	145	123	102	165	140	116
50	105	89	74	141	120	99	150	128	105	180	153	126	200	170	140
70	135	115	95	174	148	122	190	162	133	225	191	158	255	217	179
95	165	140	116	210	179	147	230	196	161	275	234	193	310	264	217
120	190	162	133	243	207	170	270	230	189	320	272	224	360	306	252
150	220	187	154	280	238	196	310	264	217	365	310	256	410	349	287
185	250	213	175	319	271	223	350	298	245	415	353	291	470	400	329
240	290	247	203	375	319	263	415	353	291	490	417	343	—	—	—
300	335	285	234	431	366	302	475	404	332	560	476	392	—	—	—

① 环境温度为 45℃。

3）当电缆芯数超过四芯时，一般应将表6-3-135中单芯电缆载流量乘以下列系数。

芯数	系数	芯数	系数
5～6	0.56	25～42	0.42
7～24	0.49	43及以上	0.35

注：考虑到同时工作系数，上述系数可以适当放宽。

2. 不同环境温度的修正系数

表6-3-135所列的载流量是以环境温度45℃为基准的。这对于任何船舶在任何气候条件下航行都是适用的。但考虑到特殊用途的船舶（例如沿海船舶、渡船和港口船舶等）的环境温度经常低于45℃，则表6-3-135所列的载流量可以增加。

当预计到电缆周围的空气温度高于45℃（例如当电缆全部或局部通过高温处所或舱室）时，则表6-3-135所列的载流量应减少。

不同环境空气温度时的修正系数见表6-3-136。

表6-3-136　不同环境空气温度时的修正系数

导体长期允许工作温度/℃	不同环境空气温度/℃										
	35	40	45	50	55	60	65	70	75	80	85
60	1.29	1.15	1.00	0.82	—	—	—	—	—	—	—
65	1.22	1.12	1.00	0.87	0.71	—	—	—	—	—	—
70	1.18	1.10	1.00	0.89	0.77	0.63	—	—	—	—	—
75	1.15	1.08	1.00	0.91	0.82	0.71	0.58	—	—	—	—
80	1.13	1.07	1.00	0.93	0.85	0.76	0.65	0.53	—	—	—
85	1.12	1.06	1.00	0.94	0.87	0.79	0.71	0.61	0.50	—	—
90	1.10	1.05	1.00	0.94	0.88	0.82	0.74	0.67	0.58	0.47	—
95	1.10	1.05	1.00	0.95	0.89	0.84	0.77	0.71	0.63	0.55	0.45

3. 成束电缆的修正系数

成束敷设在导板上、管子、管道或电缆槽内的电缆，一般不用修正系数，可直接采用表6-3-135所列的载流量。但是当超过6根的电缆以额定负载同时工作（一般属于同一电路），而且又相互紧靠在一起成束敷设使电缆周围无空气自由循环时，则应用0.85修正系数。

注：①在单独的管道、电缆槽或电缆通道内，或者若未被封闭但相互间不可分开的2根或2根以上的电缆，均称为电缆束。

②敷设层数一般不超过2层或高度不超过50mm。

4. 非连续工作制的修正系数

1）0.5h或1.0h工作制的修正系数可采用图6-3-15给出的相应的修正系数。但图6-3-15给出的修正系数仅在停止工作的时间超过图6-3-14中给出的临界持续时间（临界持续时间等于电缆时间常数的3倍）的情况下才适用。

图6-3-15给出的修正系数是近似值，主要取决于电缆直径。通常0.5h工作制适用于绞车和锚机等。

2）重复短时工作制的修正系数可采用图6-3-16所给出的相应的修正系数。

图6-3-16给出的修正系数是按10min为周期

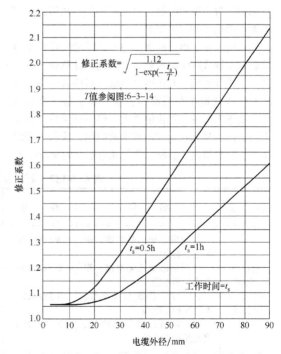

图6-3-15　"0.5h"和"1h"工作制的修正系数

计算的，其中4min承受恒定负载，6min为空载。

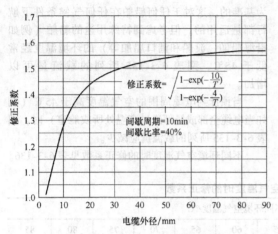

$$修正系数 = \sqrt{\frac{1-\exp(-\frac{10}{T})}{1-\exp(-\frac{4}{T})}}$$

间歇周期=10min
间歇比率=40%

图 6-3-16 间歇工作制的修正系数

3.4 石油及地质勘探用电缆

这类电缆例如：承荷探测电缆在电缆类别中属于较特殊的电缆，使用环境恶劣、制造特殊、难度较大、要求高，产品往往要用到多种学科。随着石油钻井深度的增加，温度升高，压力增大，机械负荷加重，对产品的机械、电气、重量、几何尺寸等方面都提出了相当的要求。

石油工业、地质勘探（包括海洋勘探等）本身就融合了现代科学的成就。诸如电子计算机、数字技术、光纤通信、海洋生物和航天遥感技术等。当然对电缆会提出相当高的要求。要求与计算机配合，改善电缆的信息传输性能，提高分辨度，减少干扰；随着激光技术在油井中的应用，仪器体积缩小了，容量提高了，新一代的光电复合的承荷探测电缆也随之出现。

陆地与海上地质勘探也由于采用先进的非炸药爆炸震源，无震源勘探，数字式地质勘探与计算机联用，利用计算机处理测量数据，对地层结构进行解释，都要求更新式的电缆。为了提高效率，要求多芯，为了提高分辨度而要求更高的抗干扰能力，为了减少劳动强度缩小车辆尺寸而要求外径小、强度高，从而要求薄绝缘结构。在海洋勘探时要求控制飘浮深度，经得起反复拖拽、弯曲，有的产品还要求强的抗电磁力，为了减少航行阻力还要求外径小，检波器装入塑料管内的结构还要求塑料套要有好的超声波透过能力，以便提高检波系统的灵敏度。当然电缆还要求耐海水。这些要求使得电缆在制作时要照顾相当广泛的综合性能。

发展海洋石油工业，首先要进行海洋地质勘探，然后建造海上石油生产系统，各种海洋水下工程也就随之发展起来，与水下工程有关的饱和潜水技术，单人常压潜水技术，无人操作的遥控潜水技术，救捞用潜水镜，水下吊放装置，海底科研基地，生命维持系统要求吊放仪器，提供电力、通信、输送药物饮料，这些功能都要求电缆去完成，或是用分装的组合电缆，或是整体式的综合电缆，有的更形象地称之为脐带电缆，电缆就像母体的脐带一样维持着水下工程人员的生命，电缆元件增加了食品卫生要求，这类电缆已向多功能方面发展的综合电缆。

3.4.1 产品品种

产品品种见表6-3-137。

表 6-3-137 石油及地质勘探用电缆品种

类 别	名 称	型 号	导线长期允许工作温度/℃	允许环境温度/℃	主要用途
检波器电缆（地震专用电缆）	55 对铜芯聚乙烯绝缘，聚氨酯护套电缆	WTYP-110		−40～+60	陆地地震勘探专用
	75 对铜芯聚乙烯绝缘，聚氨酯护套电缆	WTYP-150		−40～+60	
	100 对铜芯聚乙烯绝缘，聚氨酯护套电缆	WTYP-200		−40～+60	
	125 对铜芯聚乙烯绝缘，聚氨酯护套电缆	WTYP-250		−40～+60	
检测用电缆	二芯检波器用橡套电缆	WTXH	65	−30～+60	在野外条件下，作地震检波器测量用
	氯丁护套检波器用电缆	WTMH		−20～+40	野外地质勘探时作检波器输送信号至地震仪的连接线

（续）

类　别	名　称	型　号	导线长期允许工作温度/℃	允许环境温度/℃	主要用途
检测用电缆	聚氯乙烯护套检波器用电缆	WTMV		−20～+40	野外地质勘探时作检波器输送信号至地震仪的连接线
	野外探测仪器用连接电缆	WEVV		−30～+55	用于野外探测仪器的连接线
	海上无磁性勘探电缆	WCJYY-0.3		−30～+55	220V 及以下磁力仪的连接线海上勘探用
检波器电缆	航空无磁性双芯电缆	WFJYV-0.4			220V 及以下磁力仪的连接线航用探测用
	航空无磁性电缆	WFJH WFH			
	放射性同位素含砂量计用电缆	WF		−30～+70	供河道海口放射性测量用工作电压直流 1200V
钻探电缆	承荷探测电缆	WTX WTE WTB WTBP WTBPP WTF46 WTF46P WTF46PP		−40～+90 −40～+150 −30～+150 −30～+150 −30～+150 −50～+232 −50～+232 −50～+232	各类油、气井、测井、射孔、取芯，海洋调查、河海测量、煤田地质勘探、地热测井的挂重仪器连接线
	三芯轻便电缆	WTJYV-0.2	70	−40～+50	野外交流 110V 及以下，连接电子仪器作测量井层电气参数
	地球物理用野外测井电缆	WJHG-0.3		−40～+50	从事矿藏调查地球物理工作电缆拉断力 2.94kN
	地球物理用野外测井电缆	WJHG-0.6 WHG-1.0	70	−40～+50	电缆拉断力 5.88kN 电缆拉断力 9.8kN
	三芯轻便电测电缆	WTJHF-0.35 WTJYH-0.35	65	−20～+50	野外连接电子仪器测量井层电气参数之用
	野外高强度轻便探测电缆	WTJHQ-1		−40～+45	交流 250V 及以下连接电子仪器作测量电气参数之用电缆拉断力不小于 9.8kN
潜油泵电缆	电动潜油泵引接电缆	WQJYEN 10 WQJYEE 10 WQJYEH 10 WQJYEQ 10	175	120	交流 3.6/6kV 及以下潜油泵机组与潜没式电机连接
		WQJYFQ 10	200	150	
	电动潜油泵扁形电力电缆	WQPN 10 WQPF 10 WQPN 12 WQYJN 10 WQYJN 12	100	90	交流 3.6/6kV 及以下连接地面控制箱与引接电缆
		WQEN 10 WQEN 12	140	120	
		WQEE 10 WQEE 12 WQEH 10 WQEH 12 WQEQ 10	150	120	

（续）

类　　别	名　　称	型　　号	导线长期允许工作温度/℃	允许环境温度/℃	主　要　用　途
潜油泵电缆	电动潜油泵圆形电力电缆	WQPNY 10 WQPFY 10 WQPNY 12 WQPFY 12 WQYJNY 10 WQYJNY 12	100	90	交流 3.6/6kV 及以下潜油、潜水、潜卤机组连接地面控制箱与井下引接电缆
		WQENY 10 WQENY 12	140	120	
		WQEEY 10 WQEEY 12 WQEHY 10 WQEHY 12	150	120	
加热电缆	固定敷设三芯油井加热电缆	WAMA WMHY WMHHY	120		交流 380V 固定敷设于油井内加热用。压力不大于 120 个大气压[①] 弯曲半径不小于电缆外径的 50 倍

① 工程大气压（lat）= 98.0665kPa

3.4.2　产品规格与结构尺寸

1. 检测用电缆（见表 6-3-138 ~ 表 6-3-142）

表 6-3-138　地震勘探专用电缆结构

型　　号	电缆芯数和导线截面/（芯数×mm²）	导线结构和单线直径/（根数/mm）	绝缘厚度/mm	护套厚度/mm	外径/mm	计算重量/kg	交货长度（套、段）/m
WTYP110	110×0.09 或 110×0.08 （软结构）	1×0.34 或 1×0.34 漆包线 或 7×0.12 镀锡线	0.13 0.11 0.11		11		
WTYP150	150×0.09 或 150×0.08	1×0.34 或 1×0.34 漆包线 或 7×0.12	0.13 0.11 0.11	1.5	12.5		按用户需要
WTYP200	200×0.09 或 200×0.08	1×0.34 或 1×0.34 漆包线 或 7×0.12	0.13 0.11 0.11		13.5		
WTYP250	250×0.09 或 250×0.08	1×0.34 或 1×0.34 漆色线 250×7×0.12	0.13 0.11 0.11		15.5		

表 6-3-139　检波器用电缆结构

型号	导线截面积/mm²	导线结构单线直径/（根数/mm）		绝缘厚度/mm	护套厚度/mm	外径/mm		计算重量/（kg/km）	交货长度/m	
		镀锡钢线	镀锡铜线			计算值	最大值		规定值 ≥	允许短段长度
WJXH	0.35	4×0.25	3×0.25			7.5	8.2	70		
WTMH			28×0.33	0.8	1.0	6.0	7.0			
WTMV										
WEVV			16×0.15			7.4		80	60	10

表 6-3-140 海上无磁性勘探电缆结构

型号	芯数截面积/mm²	导线结构与单线直径/（根数×mm）		聚乙烯绝缘厚度/mm	聚乙烯护套厚度/mm	外径/mm		计算重量/（kg/km）	交货长度/m	
		铜导线	黄铜线			计算值	最大值		规定值 ≥	允许偏差（%）≤
WCJYY-0.3	2×10	21×0.40	28×0.50	0.8	1.0	33.2	40.0	224	200	±5

表 6-3-141 航空无磁性双芯电缆结构

型号	主线芯结构		辅线（一）结构		辅线（二）结构		聚乙烯绝缘厚度/mm	聚氯乙烯护套厚度/mm	外径/mm		计算重量/（kg/km）	交货长度/m	
	芯数	黄铜线/（根数×mm）	芯数	铜线/（根数×mm）	芯数	铜线（根数×mm）			计算值	最大值		规定值	备注
WFJYV-0.4	2	49×0.50	0	19×0.41	4	7×0.25	0.5	0.5	18.6	20.5	544	35及其倍数	双方协议可按任何长度
WFJH	2	49×0.5	8	7×0.32	—	—	橡皮0.6	橡皮1.0	18.2	20.0	563	60及其40倍数	
WFH	2	铜84×0.15	—	—	—	—	0.6	1.0	8.4	9.24	84		

表 6-3-142 放射性同位素含砂量计电缆结构

型号	加强芯		主线芯		聚乙烯绝缘厚度/mm	主线芯镀锡铜线编织厚度/mm	成缆后绕包聚酯薄膜厚度/mm	0.3mm镀锌钢线编织厚度/mm	聚氯乙烯护套厚度/mm	外径/mm	计算重量/（kg/km）
	芯数×截面积/mm²	镀锡钢线结构与单线直径/（根数/mm）	芯数×截面积/mm²	镀锡铜线结构与单线直径/（根数/mm）							
WF	1×1.3	19×0.3	6×0.35	7×0.26	加强芯0.2 主线0.5	0.2	0.05	0.6	1.0	9.26	128

2. 钻探电缆（见表 6-3-143～表 6-3-144）

表 6-3-143 承荷探测电缆结构

型号	芯数	导线结构与单线直径/（根数×mm）	绝缘厚度/mm	镀锌铠装钢丝厚度/mm		铠装外径/mm	制造长度/m				
				内层	外层						
W7X				—	—		—	—	—	—	3500
W7E	7	7×0.32	0.7	1.0	1.2	12.0	—	—	—	5500	4200	3500
W7B							—	—	—	5500	4200	3500
W7BP							—	—	—	5500	4200	3500
W7BPP							—	—	—	5500	4200	3500
W7F46							8000	7500	7500	5500	4200	3500
W7F46P							8000	7500	7500	5500	4200	3500
W7F46PP							8000	7500	7500	5500	4200	3500

注：X—橡皮绝缘　E—乙丙绝缘　B—聚丙烯绝缘　F46—氟塑料绝缘　P—分相半导体屏蔽　PP—分相屏蔽＋总屏蔽。

表 6-3-144　钻探电缆结构

型号	芯数	镀锡铜线	镀锡钢线	加强芯结构与单线直径（钢芯）/（根数×mm）	绝缘厚度/mm	护套厚度/mm	第一层	第二层	计算值	最大值	计算重量/(kg/km)≥	标准≥	短段≥
WJH-0.3	3	7×0.25	12×0.25	—	1.0	2.0	—	—	12.7		150	300	100
WJH-0.6	3	12×0.41	7×0.4	—	1.4	2.0	—	—	14.3		300	500	100
WJH-1	3	1×0.41	18×0.4	—	1.4	2.2	—	—	14.7		340	1000	100
WJH-2	3	1×0.52	18×0.50	—	1.8	2.5	—	—	19.4		480	1000	100
WJH-4	3	1×0.52	48×0.50	—	2.0	3.0	—	—	25.6		905	1000	100
WJHY-4	3	1×0.52	48×0.52	—	2.0	3.0	—	—	25.6		990	1000 / 2200	100
WJHY4-3	1	7×0.3	12×0.30		0.9	0.4	1.0	1.2	9.8	10.8	375	3500	1900
WJHY4-4	1	7×0.3	12×0.30		1.0	0.4	0.8	1.1	8.4		270	500	300
WTJNV-0.2	3	1×0.3	6×0.30		0.4	1.0			4.8	5.5	33	300±10%	—
WEXHF	3	19×0.64	—		1.2	1.2	—	—	8.0		137	500 / 250	—
WTJHY-0.35	3	1×0.40	6×0.40	—	0.6	1.0	—	—	7.2	80	89	350 +5%/−10%	
WTJHQ-1	7	6×0.41	1×0.40	一芯 49×0.40	0.7（导电芯）/ 0.4（加强芯）	1.5	—	—	13.0	14.3	266	1200	误差 −5%

3. 潜油泵电缆（见表 6-3-145 ～ 表 6-3-149）

表 6-3-145　潜油泵电缆引接电缆结构

型号	芯数	标称截面积/mm²	截面积/mm²	导线根数×直径/mm	绝缘厚度/mm	内护套厚度/mm	钢带厚度/mm≥	外形尺寸/(mm×mm)≤	长度/m
WQJYEN10	3	10.0	10	1×3.67	1.0① （不包括聚酰亚胺-氟46复合膜厚度）	0.8	0.3	12×30	双方协议
WQJYEH10		13.2	13.2	1×4.12				12.5×31	
WQJYEQ10		16.0	16.0	1×4.60				13×36	
WQJYFQ10		20.0	20.0	1×5.19				15×39	

① 组合绝缘导线符合 JB5332.1～5332.4—2007 的要求，型号为 MYFS-7.25。

表 6-3-146　潜油泵电缆扁形电力电缆

型号	芯数	标称截面积/mm²	截面积/mm²	导线根数×直径/mm	绝缘厚度/mm	内护套厚度/mm	钢带厚度/mm≥	外护套厚度/mm≥	裸铠装	有外护套	制造长度/m
WQPN10	3	16.0	16.0	1×4.62	1.9	1.3	0.5	1.0	17×40	23×46	双方协议
WQPF10		20.0	20.0	1×5.19					18×42	24×48	
WQPN12		33.5	33.5	7×2.47					20×48	26×54	
WQPF12		42.5	42.5	19×1.69					21×52	27×58	
WQYJN10											
WQYJN12											
WQEN10											
WQEN12											

（续）

型号	芯数	标称截面积/mm²	导线结构 截面积/mm²	导线结构 导线根数×直径/mm	绝缘厚度/mm	内护套厚度/mm	钢带厚度/mm ≥	外护套厚度/mm ≥	外形尺寸/(mm×mm) ≤ 裸铠装	外形尺寸/(mm×mm) ≤ 有外护套	制造长度/m
WQEE10			16.0	1×4.62					17×40	23×46	
WQEE12			20.0	1×5.19					18×42	24×48	
WQEH10	3	16.0 20.0			1.9	1.3					双方协议
WQEH12											
WQEQ10											

表 6-3-147　潜油泵电缆圆形电力电缆

型号	芯数	标称截面积/mm²	导线结构 截面积/mm²	导线结构 导线根数×直径/mm	绝缘厚度/mm	内护套厚度/mm	钢带厚度/mm ≥	外护套/mm ≥	外径/mm 裸铠装/mm ≤	外径/mm 有外护套/mm ≤	制造长度/m
WQPNY10 WQPFY10 WQPNY12 WQPFY12 WQYJNY10 WQYJNY12 WQENY10 WQENY12 WQEEY10 WQEEY12 WQEHY10 WQEHY12	3	16.0 20.0 33.5 42.5	16.0 20.0 33.5 42.5	1×4.6 1×5.19 7×2.47 19×1.64	1.9	2.0	0.5	1.0	31.0 32.0 38.4 40.0	35.0 36.0 42.4 44.0	双方协议

注：WQJ—潜油泵引接电缆；WQ—潜油泵电力电缆；P—聚丙烯绝缘；YJ—交联聚乙烯绝缘；E—乙丙橡胶绝缘；YE—聚酰亚胺-F46/乙丙橡胶组合绝缘；YF—聚酰亚胺-F46/可熔性聚四氟乙烯组合绝缘；Q—铅护套；E—乙丙护套；H—氯磺化聚乙烯护套；F—丁腈聚氯乙烯护套；N—丁腈橡皮护套；10—裸铠装；12—PVC护套；Y—圆形。

表 6-3-148　加热器电缆（WAMA）结构

芯数×截面积/mm²	导线结构	绝缘厚度/mm	包带厚度/mm	铝护套厚度/mm	外径/mm 计算	外径/mm 最大	计算重量/(kg/km)	制造长度/m
3×16	单根扇形铝芯	0.5	0.36	2	16.2	19	422	850 及以上
—	高：3.67mm 宽：6mm	0.026 聚酯薄膜绕包	0.12mm 乳胶玻璃布带绕包	—	—	—	—	—

表 6-3-149　加热器电缆（WMHY，WMHHY）结构

型号	芯数×截面积/mm²	导线结构与单线直径/(根数×mm)	绝缘薄膜	包带	成缆填充	成缆包带	分相护套	总护套	铠装	制造长度/m	最短长度/m
WMHY	3×10	7×1.33	聚酯 F4	—	麻	聚酯布带	—	丁腈-PVC	双层镀锌钢丝	1000±50	900
WMHHY	3×8	7×1.21	聚酯 F4	尼龙丝编织	麻	聚酯布带	丁腈-PVC		φ1.2mm	950 $^{+50}_{-30}$	870

3.4.3 主要性能指标（见表6-3-150～表6-3-155）

表6-3-150　地震专用电缆性能

型号	20℃导线电阻/(Ω/km)≤	线间工作电容/(pF/m)≤	线芯间绝缘电阻/(MΩ·km)≥	电缆抗拉力/N≥	护套（聚氨酯或其他材料）			曲挠试验30000次后性能
					抗张强度/MPa≥	100℃，48h后变化率（%）≤	低温冲击/℃	
WTYP-110 WTYP-150 WTYP-200 WTYP-250	220 (7×0.12 结构≤260)	100	100	2000 2500 3500 4200	12.5	±25	−40	性能合格

表6-3-151　检测用电缆性能

型　号	电缆线芯的拉断力/kg≥	导线直流电阻20℃/(Ω/km)≤	电缆绝缘电阻20℃/(MΩ·km)≥	工频耐电压试验		屏蔽线芯计算波阻抗/Ω≥
				试验电压/V	加压时间/min	
WTXH	—	20	25	1000	5	—
WTMH	—	—	100	—	—	—
WTMV	—	—	100	—	—	—
WEVV	—	①	1（浸水24h后）	1500（浸水24h后）	1	40
WCJYY-0.3	300	5	—	500	5	—
WFJYV-0.4	400	40	—	1500	5	—
WFJH	—	10	—	1500	5	—
WFH	—	40	—	1000	5	—
WF	200	②	50（浸水6h后）	500（浸水6h后）	1	—

注：绝缘线芯工频火花耐压试验4000V，信号线芯衰减≤0.35奈培（Np)/100m，1奈培（Np) =8.686dB。
① 导线直流电阻率小于0.0184Ω·mm²/m。
② 导线直流电阻率小于0.0190Ω·mm²/m。

表6-3-152　承荷探测电缆

型　号	电缆拉断力/kN≥	电缆残余伸长率（%）≤	导线直流电阻20℃/(Ω/km)≤	交流电压试验，线芯间，线芯-铠装间	绝缘电阻20℃/(MΩ·km)≥	电容一芯对其余芯接铠装/(μF/km)≤	高温高水压试验/(MΩ·km)≥	高温绝缘电阻/(MΩ·km)≥
WTX	44				100		—	—
WTE	59				200			
WTB	59				200			
WTBP	59	0.2	36	1000V，5min	200	0.19	2.5	2.5
WTBPP	59				200			
WTF46	69				500			
WTF46P	69				500		2.5	5
WTF46PP	69				500			

表 6-3-153　钻探电缆

型　号	电缆拉断力 /kg ≥	导线直流电阻 20℃/(Ω/km) ≤	电缆绝缘电阻 20℃/(MΩ·km) ≥	工频耐压试验		备　注
				试验电压/V	加压时间/min	
WJH-0.3	300	50	—	2000		伸长率 ≤0.2% 绝缘线芯 火花耐压 3000V
WJH-0.6	600	12	150	3000		
WJH-1	1000	65	150	3000		
WJH-2	1800	42	150	3000	5	
WJH-4	3600	22	150	3000		
WJHY-4	3600	22	150	3000		
WJHY4-3	3000	22	100	3000		
WJHY4-4	3000	22	150	3000	5	
WTJNV-0.2	200	185	20	220	1	
WEXHF	—	3		2000		
WTJHY-0.35	350	100	20	1000	5	
WTJHQ-1	1000	25.5	50 (浸水耐压后)	1000 (浸水6h后)		
WTJYV-0.2	200	185 (Ω/mm²)/km	100	500	5	
WJHG-0.3	300	50	100	2000	5	火花试验 3000V 0.2s
WJHG-0.6	600	25	100	2000	5	
WJHG-1.0	1000	65	100	2000	5	

表 6-3-154　潜油泵电缆性能

类别	累计 360° 弯曲	试验电压			绝缘电阻 20℃/(MΩ·km)		导线电阻 20℃/(Ω/km)			15.6℃下 泄漏电流/ (μA/km) ≤	高温高 压试验/ MΩ ≥	导体 不平 衡电阻 (%) ≤
		额定 电压 /kV	直流 /kV (5min)	交流 /kV (5min)	引接 电缆 ≥	扁、圆 电力 电缆	标称 截面 /mm²	不镀锡 ≤	镀锡 ≤			
引接电缆 圆、扁形 电力电缆	相邻 铠装 层不 分开	1.8	19.5	8	750	2000 (聚丙烯、交 联聚乙 烯绝缘)	10.0	1.83	—	(聚丙烯 交联聚 乙烯) 15	500	3
							13.2	1.386				
		3.6	30	11			16.0	1.15	1.16			
							20.0	0.84	0.86			
							33.5	0.54	0.56			
							42.5	0.43	0.44			

注：1. 试样均要进行交流、直流试验，不可代替。

　　2. 累计 360° 弯曲的弯曲筒径扁电缆为 20mm；圆形电缆为 14mm。

表6-3-155　加热器电缆性能

型号	20℃时导线直流电阻率 /(Ω·mm²/m)≤	绝缘电阻 20℃ /(MΩ·km)≥	工频耐压试验		密封试验	导电线芯拉断力 /MPa≥
			试验电压/V	加压时间/min		
WAMA	0.031	50	2000	5	试样一端充入不小于6个大气压的干燥空气（或氮气），使另一端气压达到4个大气压为止。要求4h内气压不降落，开始充气气压不大于8个大气压	13
WMHY WMHHY	0.0184	10	1500	5	（≤120℃，≤120大气压下使用）①	—

① 工程1大气压 = 98.0665kPa。

3.4.4　使用要求和结构特点

产品使用要求和结构特点见表6-3-156～表6-3-159。

表6-3-156　检测电缆使用要求及结构特点

种类	使用要求	结构特点
检测电缆（地震专用检波器等）	1）陆地用：外径小，重量轻，柔软、耐磨，耐弯曲，耐气候，耐水，抗干扰，绝缘性好，线芯识别性好，成套组合方便	导体用柔软结构或漆包线薄绝缘，线芯对绞，多对绝缘，分色，用介电常数小的材料，护套用聚氨酯之类的材料
	2）航空用：无磁性，抗拉力，外径小，重量轻	导体，铜、黄铜类
	3）海上用：透声性好，耐水，飘浮度适度，能浮在水下一定深度，耐拉，抗弯曲，卷挠绝缘性好，抗干扰，成套性好	专用透声材料，加强芯或铠装加强层（金属或非金属），发泡内护套调节飘浮度，多对线芯，抽头组合套段供货

表6-3-157　钻探电缆使用要求及结构特点

种　类	使用要求	结构特点
钻探电缆	1）承荷探测电缆 外径小，通常12mm以下。长度长，一般根据井深分3500m、5500m；7000m及以上单根连续长度供应。抗油气，水压超深井电缆高温高压试验要求达到1200大气压，耐高温，根据井深及地层梯度不同分100℃、150℃、232℃甚至更高；抗干扰；高抗拉力：44kN、59kN、69kN或更大；耐磨损；寿命长，特殊环境井含H₂S时要求耐H₂S。新型测井仪要求电缆具有光、机、电综合性能。所有铠装钢绞断裂后不松散，否则造成堵井废井事故，残余伸长小以保证测井精确	1）柔软导线结构，聚丙烯绝缘者镀锡 2）绝缘用耐高温材料聚丙烯，乙丙橡胶氟塑料，或组合绝缘 3）屏蔽用半导电材料涂敷，挤包，绕包 4）铠装用高强度镀锌钢丝，特殊环境用专用钢丝 5）用专用制造技术配合满足性能要求
	2）射孔电缆 ①一般为了芯，截面更大，承受拉力更大单根连续长度比探测电缆短，不松散，寿命长，耐压，抗射孔振动，常在建成生产井之前使用，允许外径大些 ②单芯过油管射孔电缆专供已生产油气井射孔，作过程控制，开放相应的油气层。要求外径与相应的生产井配合，电缆不能太粗也不能太细，使仪器沉得下去，又能通过井孔，不漏油，外径公差小，传输性能好，结构稳定，耐磨，残余伸长小	1）导体铜芯中等柔软结构 2）绝缘用聚丙烯，乙丙橡胶或其他耐高温材料 3）过油井射孔电缆其导体拉制、绝缘控制、铠装钢丝尺寸要相当精确，保证井口密封，要用专用制造技术配合满足性能要求

（续）

种 类	使 用 要 求	结 构 特 点
钻探电缆	3）煤田、非金属矿、金属矿、地热、水井等勘探电缆，水文电缆，水下电缆，井深较浅，抗一定拉力，价宜，寿命长，柔软，易弯曲，绝缘性能好，带有电视摄录时要阻抗匹配，传输高频信号	1）内铠装、内加强芯 2）导电线芯为一般软铜绞线 3）绝缘用普通橡皮或塑料 4）护套用，普通橡皮氯丁护套或弹性塑料 5）特殊情况用金属或非金属铠装 6）水下电视探测、监控要求者，要同时具有多对同轴线芯，甚至光机电组合 7）综合探测者，线芯兼电力、通信，测量多种功能结构与之相兼容

表 6-3-158　潜油泵电缆使用要求和结构特点

种 类	使 用 要 求	结 构 特 点
潜油泵	1）油田使用油管外径小，要求电缆外形尺寸小 2）井深增加泵功率增大，要求绝缘耐高温、高压，结构稳定 3）好的电性能，高绝缘性，泄漏电流小 4）寿命长，结构稳定，重复使用好（可修复性） 5）力学性能好	1）中小型油管，采用扁形电缆，保证小的外形尺寸，导体采用实芯，大截面，用绞合导体，大油管可用圆电缆 2）引接电缆，线芯为聚酰亚胺-氟46绕包烧结线，乙丙绝缘。电力力缆用乙丙，交联聚乙烯，或其他耐热绝缘（聚烯烃类等） 3）护套使用耐油丁腈橡皮或其复合物，氯磺化聚乙烯或其他耐油耐高温高压材料，铅护套 4）结构稳定性使用联锁铠装 5）防卤结构，在裸铠装外施加防卤护套，为专用PVC

表 6-3-159　加热器电缆使用要求和结构特点

种 类	使 用 要 求	结 构 特 点
加热器电缆	1）一般用于含蜡高的油井的加热，使不喷的井变为自喷井，电缆发热 2）在黏度大的油井中，通过加热使黏度降低变成自喷井或增加采油效率，增加潜油泵的排放量，电缆发热 3）在电缆安装使用上，通常根据使用方式要有一定的机械强度、机械稳定性、结构稳定性和一定的耐高低温性能 4）具备一般油井电缆的耐油、气，抗高温高压性，好的电气性能、长的使用寿命，耗电小耐磨等 5）根据加热方法的不同派生出许多种不同电缆品种结构，如工频加热，恒功率的电热丝加热，非金属半导体自动伴热，利用油管涡流加热的单芯、双芯电缆等 6）使用温度大致为 90℃、105℃、120℃、150℃、180℃或更高	1）根据加热器电缆发热方法的异同，导体用软铜导体作自身发热体，或供给其他方式发热的供电导体 2）发热元件为铜导体、钢铜混绞线或钢线、电阻丝。非金属半导体如 PVC、结晶性聚乙烯、交联聚乙烯、氟塑料类半导体 3）绝缘按耐温等级及发热方法不同，有聚酯薄膜、F4膜、F40、F46、交联聚乙烯和 PVC 4）护套有铝、丁腈橡胶及其复合物，氟塑料、耐热 PVC，耐热、耐油橡胶 5）加强件、钢绳、钢铠装如双钢丝铠装、联锁铠装、钢铜混绞线 6）形状可为圆或扁形、自动伴热电缆（或称自控温电缆）多为双芯扁形

3.4.5　特殊试验方法

石油和地质勘探电缆特殊试验方法较多，因为本身就属于特种电缆之类，这里只介绍产品出厂试验或型式试验有关的几种。

1. 承荷探测电缆

（1）电缆残余伸长率试验　在伸长试验机上进行，它有上下圆轮各一个，直径均为330mm，圆轮上带有与电缆直径相当的沟槽，用 3～5m 的试样固定在沟槽中，下轮加上 160kg 负荷，使电缆伸直，

在试样的中间部位标注一段 1100mm 的间距，然后增至 800kg 负荷（即电缆拉力为 400kg），当下轮往复 100 次之后（上轮可传动 90°，往返 90°，即来回共 180°为一次，其速度每分钟不大于 20 次），测量标注间距实际长度 l，并按下式计算试样的伸长百分数

$$\varepsilon = \frac{l - 1100}{1100} \times 100\%$$

式中　ε——伸长率（%）；

　　　l——试验后上轮两面的记号，电缆上标注的实际长度（mm）。

（2）高温高水压试验 从成品上截取 5m 长电缆，任取其中两根绝缘线芯，在高温高水压装置上进行。温度与压力同时达到表 6-3-160 的规定时，稳定 1h 后，测量导体与试验设备外壳之间绝缘电阻。

表 6-3-160　高温高压试验温度压力对照表（承荷探测电缆）

型号	最高试验温度/℃	最高试验压力/MPa
WTE、WTB、WTBPP	150	66.6
WTF46、WTF46P、WTF46PP	200	117.6

注：1MPa = 1N/mm² = 10.2kgf/cm²。

2. 潜油泵电缆高温高压试验

试验设备一般为管状压力容器，试验介质一般为自来水，测试仪器可以是 2500V 绝缘电阻表，或可接地测量的高阻计。从成品电缆上取 1m 试样，剥去电缆内护套或铅护套外附加层，将 3 根线芯或单根线芯的一端去掉 20mm 绝缘和不少于 50mm 的护套，允许采用绝缘外无内护套及附加层的试样进行试验，但试验结果不合格时，仍应采用有无护套的试样，绝缘与内护套无法分开时则应采用无内护套的试样。将制作好的试样，装入容器内，两端露在外面，通过容器法兰将电缆线芯妥善密封，加入介质（水或原油成分的介质），使容器充满介质，装好压力表和温度测量装置，连接加压装置，给容器加压力、加热，使温度和压力达到表 6-3-161 的温度和压力下，根据电缆导体长期工作温度和井下环境温度，在规定的压力下保持规定的时间。在这规定期间每小时最少测量一次绝缘电阻，仲裁时至少 4h 测量一次绝缘电阻，记录下试验结束时的绝缘电阻，绝缘电阻在试样导体和介质之间测量，试验结果：试样每根绝缘线芯的绝缘电阻均应大于 500MΩ。

表 6-3-161　潜油泵电缆高温高压试验温度压力时间对照表

导体长期允许工作温度/℃	容器内温度/℃	容器内压力/MPa 井下环境温度/℃				试验持续时间/h
		50±5	90±5	120±5	150±5	
205	205±5	—	—	20	20	
175	175±5	—	—	20	20	
150	150±5	—	—	20	20	4①
140	140±5	—	—	20	—	
100 及以下	100±5	10	15	—	—	

① 仲裁试验时为 24h。

3.5　电梯电缆

电梯电缆产品品种有橡皮绝缘和塑料绝缘两种，现对它们的产品规格、结构尺寸和性能要求等分述如下。

3.5.1　橡皮绝缘橡皮护套电梯电缆

图 6-3-17 为电梯电缆的结构示意图。

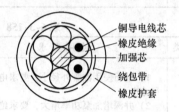

铜导电线芯
橡皮绝缘
加强芯
绕包带
橡皮护套

图 6-3-17　电梯电缆结构示意图

1. 产品规格

橡皮绝缘电梯电缆产品规格和交货长度见表 6-3-162 ~ 表 6-3-163。

表 6-3-162　电梯电缆产品规格

型号	电压等级 (U_0/U)/V	导电线芯截面积/mm²	芯数	导电线芯长期允许工作温度/℃
YT、YTF	300/500	(0.75) 1.0	6、9、12 18、24、30	65

注：1. 括号内的截面积为非优先选用的规格。
2. 表中所列芯数不排除其他芯数或更多的芯数。

表 6-3-163　电梯电缆交货长度

型号	芯数	交货长度/m ≥	允许短段长度/m ≥	占总量百分比（%）	备注
YT YTF	24 及以下	100	20	10	按协议可以任何长度交货
	30		30		

2. 结构尺寸（见表 6-3-164）

3. 性能指标

（1）电气性能

1）直流电阻、绝缘电阻和绝缘线芯耐电压试验见表 6-3-165。

2）成品电缆耐电压试验见表 6-3-166。

表 6-3-164　电梯电缆结构尺寸

芯数 × 标称截面积 /mm²	导电线芯结构与单线直径/（根数/mm）	绝缘标称厚度/mm	护套标称厚度/mm	平均外径/mm≤
（6×0.75）	24/0.20	0.8	1.5	14.8
6×1.0	32/0.20	0.8	1.5	15.3
（9×0.75）	24/0.20	0.8	2.0	18.3
9×1.0	32/0.20	0.8	2.0	18.9
（12×0.75）	24/0.20	0.8	2.0	22.9
12×1.0	32/0.20	0.8	2.0	23.7
（18×0.75）	24/0.20	0.8	2.0	24.0
18×1.0	32/0.20	0.8	2.0	24.8
（24×0.75）	24/0.20	0.8	2.5	27.5
24×1.0	32/0.20	0.8	2.5	28.4
（30×0.75）	24/0.20	0.8	2.5	30.9
30×1.0	32/0.20	0.8	2.5	32.0

注：括号内产品不推荐使用。

表 6-3-165　直流电阻、绝缘电阻和绝缘线芯耐电压试验

截面积/mm²	20℃时导电线芯直流电阻/（Ω/km）≤		20℃时绝缘电阻/（MΩ·km）≥	绝缘线芯耐电压试验		
	铜芯	镀锡铜芯		工频火花试验		或浸水工频耐电压试验
				绝缘厚度/mm	试验电压/V	
0.75	27.3	28.0	—	0.8	6000	—
1.0	20.5	21.0	—	0.8	6000	—

表 6-3-166　成品电缆耐电压试验

序号	试验条件		性能要求
1	成品电缆浸水电压试验		
	试样长度/m	≥	10
	浸水时间/h	≥	1
	水温/℃		20±5
	交流试验电压值/V		2000
	施加电压时间/min	≥	5
2	成品绝缘线芯浸水电压试验		
	试样长度/m	≥	5
	浸水时间/h	≥	1
	水温/℃		20±5
	交流试验电压值/V		2000
	施加电压时间/min	≥	5
3	成品电缆不浸水电压试验		
	样品长度/m		整盘或整圈
	温度/℃		室温
	交流试验电压值/V		2000
	施加电压时间/min	≥	5

（2）物理力学性能

1）绝缘橡皮和护套橡皮力学性能绝缘橡皮的力学物理性能应符 GB 7594.2—1987 XJ-00A 型绝缘橡皮的规定。

护套橡皮的力学物理性能：YT 型电缆的护套橡皮应符合 GB 7594.4-1987 XH-00A 型护套橡皮的规定；YTF 型电缆的护套橡皮应符合 GB 7594.5—1987 XH-01A 型护套橡皮的规定。

2）电缆标志的耐擦性。电缆标志的耐擦性应符合 GB 6995—2008《电线电缆识别标志》的规定。

3）静态曲挠试验。电缆应经受表 6-3-167 规定的静态曲挠试验。试验装置见图 6-3-18，试验方法如下：

表 6-3-167　静态曲挠试验

芯数	最大距离 L'/cm
12 及以下	115
18	125
24、30	150

① 试样长度为 3m ± 0.05m 的电缆。

② 试验装置如图 6-3-18 所示。夹头 A 和 B 离地面的距离至少 1.5m，夹头 A 固定，夹头 B 可以在夹头 A 的同一水平线上水平移动。

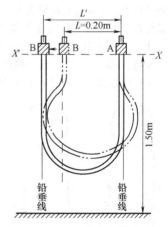

图 6-3-18　静态曲挠试验

③ 试验步骤。

将试样垂直地夹在夹头 A 和 B 上，如图 6-3-18 所示。在整个试验过程中，试样应保持垂直状态。夹头 A 和 B 的距离 L=0.2m，装好的试样形状如图 6-3-18 中虚线所示。

朝离开固定夹头 A 的方向移动夹头 B，直到试样形成如图实线所示的 U 形，即试样的外侧与通过夹头的两根铅垂线相切。

按上述规定重复进行一次，在重复进行前，应首先将试样翻转 180°。

每次试验结束后测量两根铅垂线之间的距离 L'，试验结果取两次测量数据的平均值。

如试验结果不合格时，应重新取样，并对试样先进行预处理。将试样绕在直径约等于试样外径20倍的轴上，然后松开，共进行四次，每进行下一次前，试样应翻转90°。经处理的试样再按上述规定进行试验。

4）电缆的弯曲性能

① 试验设备为三辊轮弯曲试验机。

② 试样制备：从成品电缆上截取长度3.5~3.8m的试样两端去除距端部100mm的护套和10mm的绝缘，将全部绝缘虚线的导体串联。

③ 试验步骤：按表6-3-168选取规定的辊轮和负荷。试验的往复弯曲速度约为400回/h。

表 6-3-168　试验负荷及辊轮尺寸

芯数	负荷 G/kg		辊轮尺寸/mm	
	0.75mm²	1.0mm²	直径 D	槽径 r
12 及以下			100	20
18	5	10	150	25
24、30			200	28

如图6-3-19所示，将试样两端分别用夹具规定在弹簧和负荷上，夹具应夹在护套上，使电缆整体受力。试样过程中电缆（除与辊轮接触部分外）应与铅垂线平行。将试样接入6~14V控制回路。起动弯曲试验机，试验过程中，任一绝缘虚线的导体断芯，试验机即自动停止，记录弯曲回数。

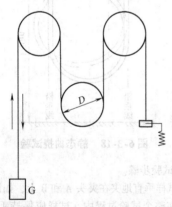

图 6-3-19　弯曲试验示意图

④ 试验结果。试验结果以电缆每通过一个辊轮为弯曲一次计算。

试样经30000次弯曲，导体应不断芯。

5）不延燃性能

① 试验按GB/T 2951—2008进行。

② 试验前，电缆中不相邻的绝缘线芯导体应串联连接，在其中一个串联线路中接入一只约100W/220V的灯泡。然后在两个串联线路的一端加上220V

交流电压，另一端接入一只约10W/220V的灯泡作为指示灯。典型的电缆连接如图6-3-20所示。

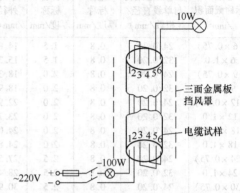

图 6-3-20　不延燃试验电气接线图

对于有多层绝缘线芯的电缆，不相邻绝缘线芯的串联连接依次通过每一层，使得在每一层上相邻的绝缘线芯尽可能不在同一线路中。

③ 试验期间，指示灯应保持明亮。

6）加强芯强度试验：加强芯应能承受≥300m电缆重量的拉断力。

试验方法：

① 试验设备：能自由悬挂重量的装置或能施加恒力的拉力试验机。

② 试样制备：从成品电缆上截取1m长的试样并称重。在试样两端剥除距端部0.20m的所有覆盖物，并剪去绝缘线芯。

③ 试验步骤：在试样的加强芯上，按规定施加恒定的拉力，施加拉力的时间应≥1min。加载时应平稳，缓慢，无冲击。

试验期间，加强芯应不断裂。

断裂发生在夹持处时，应另取试样重新试验。

(3) 结构性能要求

1）导电线芯的结构应符合表6-3-164的规定。导电线芯中的单线可以镀锡，如果导体不镀锡，则在每一导体外面包覆一层由合适材料制成的隔离层。

2）绝缘橡皮应采用XJ-00A型绝缘橡皮。绝缘厚度的平均值应不小于规定的标称值，其最薄点的厚度应不小于标称值的90%—0.1mm。

3）绝缘线芯应采用颜色标志或数字标志。

4）绝缘线芯之间，以及绝缘与导体，绝缘与护套不粘合。

5）加强芯应由天然或合成纤维材料、货金属材料组成。如果采用金属材料则应在加强芯上包覆一层非导电材料。

6）绝缘线芯应绞合在加强芯的周围，成缆方向为右向，各层同向绞合，最外层成缆节径比应不大于10倍。

7）成缆后绕包一层布带或类似材料的带子，其搭盖量应≥5mm。

8）YT型电缆的护套橡皮应采用XH-00A型护套橡皮；YTF型电缆的护套橡皮应采用XH-01A型护套橡皮。护套厚度的平均值应不小于规定的标称值，其最薄点的厚度不应小于标称值的85%—0.1mm。

4. 使用要求和结构特点（见表6-3-169）

表6-3-169 电梯电缆的使用要求和结构特点

使用要求	结构特点
1）电缆在安装前应自由垂吊，充分退扭，电缆加强芯应固定，同时承受拉力 2）多根电缆应成排敷设，在运行中，电缆随电梯一起上下移动，移动、弯曲频繁，要求柔软、弯曲性能好 3）电缆垂直敷设，要求有一定的抗拉强度 4）工作环境有油污及防火要求，要求电缆能不延燃 5）要求外径小、重量轻	1）采用0.20mm的圆铜单线束绞而成，绝缘与导体之间绕包隔离层，成缆时同向绞合，增加电缆的柔软、弯曲性能 2）电缆中增加电缆加强芯，承受机械拉力。加强芯采用尼龙绳、钢丝绳等材料，增强电缆的抗拉强度 3）YTF型电缆采用以氯丁橡胶为主的护套橡皮，提高电缆的耐气候性和不延燃性能

3.5.2 塑料绝缘塑料护套电梯电缆

1. 产品规格（见表6-3-170）

表6-3-170 塑料电梯电缆产品规格

型号 \ 导体截面积/mm^2	芯数		
	0.75	0.5 0.75 1.5	
YTVV3	30	45	—
YTVV43	—	—	44

2. 结构尺寸（见表6-3-171）

表6-3-171 塑料电梯电缆结构尺寸

型号	电缆芯数	导体截面积/mm^2	导体结构与单线直径/(根数/mm)	绝缘厚度/mm	护套前直径/mm	护套厚度/mm
YTVV3	30	0.75	24/0.20	0.65	18.5	1.85
YTVV3	45	0.75	24/0.20	0.65	22.2	1.85
YTVV43	44	0.5 0.75 1.5	16/0.20 24/0.20 30/0.25	0.65 0.65 0.75	31.1	2.0

3. 性能指标（见表6-3-172）

表6-3-172 塑料电梯电缆性能

20℃时电缆的导体直流电阻/(Ω/km)≤	20℃电缆的绝缘电阻/(MΩ·km)≥	交流电压试验/V(5min)	不延燃试验
0.5mm^2：39.3 0.75mm^2：26.2 1.5mm^2：13.4	36.7	1500 不击穿	电缆离开火焰后，延燃时间应不超过60s，烧焦或受影响部分不应达到距试样上夹头底50mm区域内

不延燃试验后的交流电压试验/V(5min)	弯曲试验	钢芯的最小拉断力/kN≥
1500 不发生击穿	电缆应经受了百万次弯曲试验后，导体不断路，绝缘线芯间不闪络或发生击穿	30芯电缆：8.9 45芯电缆：8.9 44芯电缆：12.4

4. 使用要求

（1）额定电压为250/440V

（2）长期工作温度为90℃

（3）额定电流（见下表）

导体截面积/mm^2	0.5	0.75	1.5
载流量/A	5	10	15

（4）最大悬垂长度（见下表）

电缆型号	电缆芯数	最大悬垂长度/m
YTVV3	30芯	230
YTVV3	45芯	160
YTVV43	44芯	182

（5）安装（包括紧急更换）时，应按安装导则要求进行预先垂吊。

3.6 控制电缆和计算机及仪表电缆

控制电缆和计算机及仪表电缆是作为各类电器、电子计算机系统、监控回路、自动化控制系统的信号传输及检测仪器、仪表及自动装置之间的连接线，主要用于控制、监控联锁回路及保护线路等场合，起着传递控制、信号等各种作用。广泛应用于各种工矿企业、交通运输等重要的部门，如在发电厂、变电站、电力线路及石油化工等企业中，就采用了大量的控制电缆和计算机及仪表电缆，对于安全供电及生产系统的运转，其功能甚至超过主干线用的电力电缆；而在铁路信号联锁系统中的信号电缆,对铁路运输的正常安全运行也是非常重要的。随着工农业生产中自动化程度的日益提高,这类产品的用量将越来越多。

控制电缆均为 450/750V 级及以下,导体截面积较大,可通过较大的动力控制电流。而计算机及仪表电缆大多是 300/500V 级的,导体截面积较小,主要用于传输信号或测量用的弱电流。

目前控制电缆主要采用 PVC、XLPE、氟塑料和硅橡胶绝缘结构,计算机及仪表电缆主要采用 PVC、PE、XLPE、氟塑料和硅橡胶绝缘结构,电缆重量较轻、安装方便、并具有较好的防潮、耐油、耐腐蚀等性能,适合于各种使用场合。

控制电缆性能指标满足 GB/T9330-2008《塑料绝缘控制电缆》,氟塑料绝缘控制电缆性能指标满足国家电线电缆质量监督检验中心技术规范 TICW3《氟塑料绝缘氟塑料护套控制电缆》,硅橡胶绝缘控制电缆性能指标满足国家电线电缆质量监督检验中心技术规范 TICW5《硅橡胶绝缘硅橡胶护套控制电

缆》,计算机及仪表电缆性能指标满足国家电线电缆质量监督检验中心技术规范 TICW6《计算机及仪表电缆》。

为提高控制电缆和计算机及仪表电缆防内、外干扰的能力,除与绝缘材料、电缆结构(对绞、不等节距)有关外,主要采取设置屏蔽层措施,目前主要有总屏蔽和分相屏蔽两种。屏蔽结构有铜带绕包、铜丝编织和铝(铜)塑复合带绕包等多种形式。

近年来,随着工业和民用设施环境对火灾后一次和二次灾害影响的严格控制,相继开发了耐火、低烟无卤阻燃等控制电缆和计算机及仪表电缆,其结构参数基本与常规的控制电缆和计算机及仪表电缆相同,仅区别于所选用的绝缘和护套材料。

3.6.1 产品品种

控制电缆和计算机仪表的主要品种见表 6-3-173 和表 6-3-174。

表 6-3-173 控制电缆主要品种

产品名称	标准号	型号	导体长期允许工作温度/℃	敷设场合及要求
铜芯聚氯乙烯绝缘聚氯乙烯护套控制电缆	GB/T-9330—2008	KVV	70	敷设在室内、电缆沟、管道等固定场合
铜芯聚氯乙烯绝缘聚氯乙烯护套编织屏蔽控制电缆	GB/T-9330—2008	KVVP	70	敷设在室内、电缆沟、管道等要求防干扰的固定场合
铜芯聚氯乙烯绝缘聚氯乙烯护套铜带屏蔽控制电缆 铜芯聚氯乙烯绝缘聚氯乙烯护套铝塑复合带屏蔽控制电缆	GB/T-9330—2008	KVVP2 KVVP3	70	敷设在室内、电缆沟、管道等要求防干扰的固定场合
铜芯聚氯乙烯绝缘聚氯乙烯护套钢带铠装控制电缆	GB/T-9330—2008	KVV22	70	敷设在室内、电缆沟、管道、直埋等能承受较大机械外力的固定场合
铜芯聚氯乙烯绝缘聚氯乙烯护套细钢丝铠装控制电缆	GB/T-9330—2008	KVV32	70	敷设在室内、电缆沟、管道、竖井等能承受较大机械拉力的固定场合
铜芯聚氯乙烯绝缘聚氯乙烯护套铜带屏蔽钢带铠装控制电缆	GB/T-9330—2008	KVVP2-22	70	敷设在室内、电缆沟、管道、直埋等要求防干扰并能承受较大机械外力的固定场合
铜芯聚氯乙烯绝缘聚氯乙烯护套控制软电缆	GB/T-9330—2008	KVVR	70	敷设在室内、有移动要求、柔软、弯曲半径较小的场合
铜芯聚氯乙烯绝缘聚氯乙烯护套编织屏蔽控制软电缆	GB/T-9330—2008	KVVRP	70	敷设在室内、有移动要求、柔软、弯曲半径较小要求防干扰的场合

（续）

产品名称	标准号	型号	导体长期允许工作温度/℃	敷设场合及要求
铜芯交联聚乙烯绝缘聚氯乙烯护套控制电缆	GB/T-9330—2008	KYJV	90	敷设在室内、电缆沟、管道的固定场合
铜芯交联聚乙烯绝缘聚氯乙烯护套编织屏蔽控制电缆	GB/T-9330—2008	KYJVP	90	敷设在室内、电缆沟、管道等要求防干扰的固定场合
铜芯交联聚乙烯绝缘聚氯乙烯护套铜带屏蔽控制电缆 铜芯交联聚乙烯绝缘聚氯乙烯护套铝塑复合带屏蔽控制电缆	GB/T-9330—2008	KYJVP2 KYJVP3	90	敷设在室内、电缆沟、管道等要求防干扰的固定场合
铜芯交联聚乙烯绝缘聚氯乙烯护套钢带铠装控制电缆	GB/T-9330—2008	KYJV22	90	敷设在室内、电缆沟、管道、直埋等能承受较大机械外力的固定场合
铜芯交联聚乙烯绝缘聚氯乙烯护套细钢丝铠装控制电缆	GB/T-9330—2008	KYJV32	90	敷设在室内、电缆沟、管道、竖井等能承受较大机械拉力的固定场合
铜芯交联聚乙烯绝缘聚氯乙烯护套铜带屏蔽钢带铠装控制电缆	GB/T-9330—2008	KYJVP2-22	90	敷设在室内、电缆沟、管道、直埋等要求防干扰并能承受较大机械外力的固定场合
铜芯交联聚乙烯绝缘聚烯烃护套低烟无卤阻燃（A、B、C）类控制电缆	GB/T-9330—2008	KYJY	90	敷设在室内、电缆沟、管道等有低烟无卤阻燃要求的固定场合
铜芯交联聚乙烯绝缘聚烯烃护套编织屏蔽低烟无卤阻燃（A、B、C）类控制电缆	GB/T-9330—2008	KYJYP	90	敷设在室内、电缆沟、管道等要求防干扰且有低烟无卤阻燃要求的固定场合
铜芯交联聚乙烯绝缘聚烯烃护套铜带屏蔽控制电缆 铜芯交联聚乙烯绝缘聚烯烃护套铝塑复合带屏蔽低烟无卤阻燃（A、B、C）类控制电缆	GB/T-9330—2008	KYJYP2 KYJYP3	90	敷设在室内、电缆沟、管道等要求防干扰且有低烟无卤阻燃要求的固定场合
铜芯交联聚乙烯绝缘聚烯烃护套钢带铠装低烟无卤阻燃（A、B、C）类控制电缆 *	GB/T-9330—2008	WDZ（A、B、C）-KYJY23	90	敷设在室内、电缆沟、管道、直埋等能承受较大机械外力且有低烟无卤阻燃要求的固定场合
铜芯交联聚乙烯绝缘聚烯烃护套细钢丝铠装低烟无卤阻燃（A、B、C）类控制电缆	GB/T-9330—2008	WDZ（A、B、C）-KYJY33	90	敷设在室内、电缆沟、管道、竖井等能承受较大机械拉力且有低烟无卤阻燃要求的固定场合
铜芯交联聚乙烯绝缘聚烯烃护套铜带屏蔽钢带铠装低烟无卤阻燃（A、B、C）类控制电缆	GB/T-9330—2008	WDZ（A、B、C）-KYJYP2-23	90	敷设在室内、电缆沟、管道、直埋等要求防干扰并能承受较大机械外力且有低烟无卤阻燃要求的固定场合

（续）

产品名称	标准号	型号	导体长期允许工作温度/℃	敷设场合及要求
铜芯交联聚乙烯绝缘聚烯烃护套低烟无卤阻燃（A、B、C）类控制电缆	GB/T-9330—2008	WDZ（A、B、C)-KYJY	90	敷设在室内、电缆沟、管道等有低烟无卤阻燃要求的固定场合
铜芯交联聚乙烯绝缘聚烯烃护套编织屏蔽低烟无卤阻燃（A、B、C）类控制电缆	GB/T-9330—2008	WDZ（A、B、C)-KYJYP	90	敷设在室内、电缆沟、管道等要求防干扰有低烟无卤阻燃要求的固定场合
铜芯交联聚乙烯绝缘聚烯烃护套铜带屏蔽低烟无卤阻燃（A、B、C）类控制电缆 铜芯交联聚乙烯绝缘聚烯烃护套铝塑复合带屏蔽低烟无卤阻燃（A、B、C）类控制电缆	GB/T-9330—2008	WDZ（A、B、C)-KYJYP2 WDZ（A、B、C)-KYJYP3	90	敷设在室内、电缆沟、管道等要求防干扰有低烟无卤阻燃要求的固定场合
铜芯交联聚乙烯绝缘聚烯烃护套钢带铠装低烟无卤阻燃（A、B、C）类控制电缆	GB/T-9330—2008	WDZ（A、B、C)-KYJY23	90	敷设在室内、电缆沟、管道、直埋等能承受较大机械外力等有低烟无卤阻燃要求的固定场合
铜芯交联聚乙烯绝缘聚烯烃护套细钢丝铠装低烟无卤阻燃（A、B、C）类控制电缆	GB/T-9330—2008	WDZ（A、B、C)-KYJY33	90	敷设在室内、电缆沟、管道、竖井等能承受较大机械拉力且有低烟无卤阻燃要求的固定场合
铜芯交联聚乙烯绝缘聚烯烃护套铜带屏蔽钢带铠装低烟无卤阻燃（A、B、C）类控制电缆	GB/T-9330—2008	WDZ（A、B、C)-KYJYP2-23	90	敷设在室内、电缆沟、管道、直埋等要求防干扰并能承受较大机械外力且有低烟无卤阻燃要求的固定场合
铜芯氟塑料绝缘氟塑料护套控制电缆	TICW 3	KFF	200	敷设在室内、电缆沟、管道等有耐高温要求的固定场合
铜芯氟塑料绝缘氟塑料护套编织屏蔽控制电缆	TICW 3	KFFP	200	敷设在室内、电缆沟、管道等要求防干扰有耐高温要求的固定场合
铜芯氟塑料绝缘氟塑料护套铜带屏蔽控制电缆 铜芯氟塑料绝缘氟塑料护套铝塑复合带屏蔽控制电缆	TICW 3	KFFP2 KFFP3	200	敷设在室内、电缆沟、管道等要求防干扰有耐高温要求的固定场合
铜芯氟塑料绝缘氟塑料护套控制软电缆	TICW 3	KFFR	200	敷设在室内、有移动要求、柔软、弯曲半径较小等有耐高温要求的场合
铜芯氟塑料绝缘氟塑料护套编织屏蔽控制软电缆	TICW 3	KFFRP	200	敷设在室内、有移动要求、柔软、弯曲半径较小要求防干扰等有耐高温要求的场合
铜芯聚氯乙烯绝缘聚氯乙烯护套控制电缆	TICW 4	KGG	180	敷设在室内、电缆沟、管道等有耐高温要求的固定场合

（续）

产品名称	标准号	型号	导体长期允许工作温度/℃	敷设场合及要求
铜芯硅橡胶绝缘硅橡胶护套编织屏蔽控制电缆	TICW 4	KGGP	180	敷设在室内、电缆沟、管道等要求防干扰有耐高温要求的固定场合
铜芯硅橡胶绝缘硅橡胶护套铜带屏蔽控制电缆 铜芯硅橡胶绝缘硅橡胶护套铝塑复合带屏蔽控制电缆	TICW 4	KGGP2 KGGP3	180	敷设在室内、电缆沟、管道等要求防干扰有耐高温要求的固定场合
铜芯硅橡胶绝缘硅橡胶护套钢带铠装控制电缆	TICW 4	KGG2G	180	敷设在室内、电缆沟、管道、直埋且能承受较大机械外力且有耐高温要求的固定场合
铜芯硅橡胶绝缘硅橡胶护套细钢丝铠装控制电缆	TICW 4	KGG3G	180	敷设在室内、电缆沟、管道、竖井等能承受较大机械拉力且有耐高温要求的固定场合
铜芯硅橡胶绝缘硅橡胶护套铜带屏蔽钢带铠装控制电缆	TICW 4	KGGP2-2G	180	敷设在室内、电缆沟、管道、直埋等要求防干扰并能承受较大机械外力且有耐高温要求的固定场合
铜芯硅橡胶绝缘硅橡胶护套控制软电缆	TICW 4	KGGR	180	敷设在室内、有移动要求、柔软、弯曲半径较小等有耐高温要求的场合
铜芯硅橡胶绝缘硅橡胶护套编织屏蔽控制软电缆	TICW 4	KGGRP	180	敷设在室内、有移动要求、柔软、弯曲半径较小要求防干扰等有耐高温要求的场合

注：括号内为可选择项，以下同。

表 6-3-174　计算机及仪表电缆主要品种

产品名称	标准号	型号	导体长期允许工作温度/℃	敷设场合及要求
铜导体聚氯乙烯绝缘铜丝编织总屏蔽聚氯乙烯护套计算机电缆	TICW 6	DJVVP	70	敷设在室内、电缆沟、管道等要求防干扰的固定场合
铜导体聚氯乙烯绝缘铜丝编织分屏蔽及总屏蔽聚氯乙烯护套计算机电缆	TICW 6	DJVPVP	70	敷设在室内、电缆沟、管道等要求防干扰的固定场合
铜导体聚氯乙烯绝缘铜丝编织总屏蔽钢带铠装聚氯乙烯护套计算机电缆	TICW 6	DJVVP22	70	敷设在室内、电缆沟、管道、直埋等要求防干扰并能承受较大机械外力的固定场合

（续）

产 品 名 称	标 准 号	型 号	导体长期允许工作温度/℃	敷设场合及要求
铜导体聚氯乙烯绝缘铜丝编织总屏蔽钢丝铠装聚氯乙烯护套计算机电缆	TICW 6	DJVVP32	70	敷设在室内、电缆沟、管道、直埋等要求防干扰并能承受较大机械外力和拉力的固定场合
铜导体聚氯乙烯绝缘铜丝编织分屏蔽及总屏蔽钢带铠装聚氯乙烯护套计算机电缆	TICW 6	DJVPVP22	70	敷设在室内、电缆沟、管道、直埋等要求防干扰并能承受较大机械外力的固定场合
铜导体聚氯乙烯绝缘铜丝编织分屏蔽及总屏蔽钢丝铠装聚氯乙烯护套计算机电缆	TICW 6	DJVPVP32	70	敷设在室内、电缆沟、管道、直埋等要求防干扰并能承受较大机械外力和拉力的固定场合
铜导体聚氯乙烯绝缘铜带总屏蔽聚氯乙烯护套计算机电缆	TICW 6	DJVVP2	70	敷设在室内、电缆沟、管道等要求防干扰的固定场合
铜导体聚氯乙烯绝缘铜带分屏蔽及总屏蔽聚氯乙烯护套计算机电缆	TICW 6	DJVP2VP2	70	敷设在室内、电缆沟、管道等要求防干扰的固定场合
铜导体聚氯乙烯绝缘铜带总屏蔽钢带铠装聚氯乙烯护套计算机电缆	TICW 6	DJVVP2-22	70	敷设在室内、电缆沟、管道、直埋等要求防干扰并能承受较大机械外力的固定场合
铜导体聚氯乙烯绝缘铜带总屏蔽钢丝铠装聚氯乙烯护套计算机电缆	TICW 6	DJVVP2-32	70	敷设在室内、电缆沟、管道、直埋等要求防干扰并能承受较大机械外力和拉力的固定场合
铜导体聚氯乙烯绝缘铜带分屏蔽及总屏蔽钢带铠装聚氯乙烯护套计算机电缆	TICW 6	DJVP2VP2-22	70	敷设在室内、电缆沟、管道、直埋等要求防干扰并能承受较大机械外力的固定场合
铜导体聚氯乙烯绝缘铜带分屏蔽及总屏蔽钢丝铠装聚氯乙烯护套计算机电缆	TICW 6	DJVP2VP2-32	70	敷设在室内、电缆沟、管道、直埋等要求防干扰并能承受较大机械外力和拉力的固定场合
铜导体聚氯乙烯绝缘铝塑复合带总屏蔽聚氯乙烯护套计算机电缆	TICW 6	DJVVP3	70	敷设在室内、电缆沟、管道等要求防干扰的固定场合
铜导体聚氯乙烯绝缘铝塑复合带分屏蔽及总屏蔽聚氯乙烯护套计算机电缆	TICW 6	DJVP3VP3	70	敷设在室内、电缆沟、管道等要求防干扰的固定场合
铜导体聚氯乙烯绝缘铝塑复合带总屏蔽钢带铠装聚氯乙烯护套计算机电缆	TICW 6	DJVVP3-22	70	敷设在室内、电缆沟、管道、直埋等要求防干扰并能承受较大机械外力的固定场合

（续）

产品名称	标 准 号	型 号	导体长期允许工作温度/℃	敷设场合及要求
铜导体聚氯乙烯绝缘铝塑复合带总屏蔽钢丝铠装聚氯乙烯护套计算机电缆	TICW 6	DJVVP3-32	70	敷设在室内、电缆沟、管道、直埋等要求防干扰并能承受较大机械外力和拉力的固定场合
铜导体聚氯乙烯绝缘铝塑复合带分屏蔽及总屏蔽钢带铠装聚氯乙烯护套计算机电缆	TICW 6	DJVP3VP2-22	70	敷设在室内、电缆沟、管道、直埋等要求防干扰并能承受较大机械外力的固定场合
铜导体聚氯乙烯绝缘铝塑复合带分屏蔽及总屏蔽钢丝铠装聚氯乙烯护套计算机电缆	TICW 6	DJVP3VP2-32	70	敷设在室内、电缆沟、管道、直埋等要求防干扰并能承受较大机械外力和拉力的固定场合
铜导体聚氯乙烯绝缘铜丝编织总屏蔽聚氯乙烯护套计算机软电缆	TICW 6	DJVVRP	70	敷设在室内、有移动要求、柔软、弯曲半径较小要求防干扰的场合
铜导体聚氯乙烯绝缘铜丝编织分屏蔽及总屏蔽聚氯乙烯护套计算机软电缆	TICW 6	DJVPVRP	70	敷设在室内、有移动要求、柔软、弯曲半径较小要求防干扰的场合
铜导体聚氯乙烯绝缘铜丝编织分屏蔽及总屏蔽钢丝铠装聚氯乙烯护套计算机电缆	TICW 6	DJVPVRP32	70	敷设在室内、有移动要求、柔软、弯曲半径较小要求防干扰并能承受较大机械外力和拉力的固定场合
铜导体聚乙烯绝缘铜丝编织总屏蔽聚氯乙烯护套计算机电缆	TICW 6	DJYVP	70	敷设在室内、电缆沟、管道等要求防干扰的固定场合
铜导体聚乙烯绝缘铜丝编织分屏蔽及总屏蔽聚氯乙烯护套计算机电缆	TICW 6	DJYPVP	70	敷设在室内、电缆沟、管道等要求防干扰的固定场合
铜导体聚乙烯绝缘铜丝编织总屏蔽钢带铠装聚氯乙烯护套计算机电缆	TICW 6	DJYVP22	70	敷设在室内、电缆沟、管道、直埋等要求防干扰并能承受较大机械外力的固定场合
铜导体聚乙烯绝缘铜丝编织总屏蔽钢丝铠装聚氯乙烯护套计算机电缆	TICW 6	DJYVP32	70	敷设在室内、电缆沟、管道、直埋等要求防干扰并能承受较大机械外力和拉力的固定场合
铜导体聚乙烯绝缘铜丝编织分屏蔽及总屏蔽钢带铠装聚氯乙烯护套计算机电缆	TICW 6	DJYPVP22	70	敷设在室内、电缆沟、管道、直埋等要求防干扰并能承受较大机械外力的固定场合

（续）

产 品 名 称	标 准 号	型 号	导体长期允许工作温度/℃	敷设场合及要求
铜导体聚乙烯绝缘铜丝编织分屏蔽及总屏蔽钢丝铠装聚氯乙烯护套计算机电缆	TICW 6	DJYPVP32	70	敷设在室内、电缆沟、管道、直埋等要求防干扰并能承受较大机械外力和拉力的固定场合
铜导体聚乙烯绝缘铜带总屏蔽聚氯乙烯护套计算机电缆	TICW 6	DJYVP2	70	敷设在室内、电缆沟、管道等要求防干扰的固定场合
铜导体聚乙烯绝缘铜带分屏蔽及总屏蔽聚氯乙烯护套计算机电缆	TICW 6	DJYP2VP2	70	敷设在室内、电缆沟、管道等要求防干扰的固定场合
铜导体聚乙烯绝缘铜带总屏蔽钢带铠装聚氯乙烯护套计算机电缆	TICW 6	DJYVP2-22	70	敷设在室内、电缆沟、管道、直埋等要求防干扰并能承受较大机械外力的固定场合
铜导体聚乙烯绝缘铜带总屏蔽钢丝铠装聚氯乙烯护套计算机电缆	TICW 6	DJYVP2-32	70	敷设在室内、电缆沟、管道、直埋等要求防干扰并能承受较大机械外力和拉力的固定场合
铜导体聚乙烯绝缘铜带分屏蔽及总屏蔽钢带铠装聚氯乙烯护套计算机电缆	TICW 6	DJYP2VP2-22	70	敷设在室内、电缆沟、管道、直埋等要求防干扰并能承受较大机械外力的固定场合
铜导体聚乙烯绝缘铜带分屏蔽及总屏蔽钢丝铠装聚氯乙烯护套计算机电缆	TICW 6	DJYP2VP2-32	70	敷设在室内、电缆沟、管道、直埋等要求防干扰并能承受较大机械外力和拉力的固定场合
铜导体聚乙烯绝缘铝塑复合带总屏蔽聚氯乙烯护套计算机电缆	TICW 6	DJYVP3	70	敷设在室内、电缆沟、管道等要求防干扰的固定场合
铜导体聚乙烯绝缘铝塑复合带分屏蔽及总屏蔽聚氯乙烯护套计算机电缆	TICW 6	DJYP3VP3	70	敷设在室内、电缆沟、管道等要求防干扰的固定场合
铜导体聚乙烯绝缘铝塑复合带总屏蔽钢带铠装聚氯乙烯护套计算机电缆	TICW 6	DJYVP3-22	70	敷设在室内、电缆沟、管道、直埋等要求防干扰并能承受较大机械外力的固定场合
铜导体聚乙烯绝缘铝塑复合带总屏蔽钢丝铠装聚氯乙烯护套计算机电缆	TICW 6	DJYVP3-32	70	敷设在室内、电缆沟、管道、直埋等要求防干扰并能承受较大机械外力和拉力的固定场合
铜导体聚乙烯绝缘铝塑复合带分屏蔽及总屏蔽钢带铠装聚氯乙烯护套计算机电缆	TICW 6	DJYP3VP2-22	70	敷设在室内、电缆沟、管道、直埋等要求防干扰并能承受较大机械外力的固定场合

(续)

产品名称	标准号	型号	导体长期允许工作温度/℃	敷设场合及要求
铜导体聚乙烯绝缘铝塑复合带分屏蔽及总屏蔽钢丝铠装聚氯乙烯护套计算机电缆	TICW 6	DJYP3VP2-32	70	敷设在室内、电缆沟、管道、直埋等要求防干扰并能承受较大机械外力和拉力的固定场合
铜导体聚乙烯绝缘铜丝编织总屏蔽聚乙烯护套计算机电缆	TICW 6	DJYYP	70	敷设在室内、电缆沟、管道等要求防干扰的固定场合
铜导体聚乙烯绝缘铜丝编织分屏蔽及总屏蔽聚乙烯护套计算机电缆	TICW 6	DJYPYP	70	敷设在室内、电缆沟、管道等要求防干扰的固定场合
铜导体聚乙烯绝缘铜丝编织总屏蔽钢带铠装聚乙烯护套计算机电缆	TICW 6	DJYYP23	70	敷设在室内、电缆沟、管道、直埋等要求防干扰并能承受较大机械外力的固定场合
铜导体聚乙烯绝缘铜丝编织总屏蔽钢丝铠装聚乙烯护套计算机电缆	TICW 6	DJYYP33	70	敷设在室内、电缆沟、管道、直埋等要求防干扰并能承受较大机械外力和拉力的固定场合
铜导体聚乙烯绝缘铜丝编织分屏蔽及总屏蔽钢带铠装聚乙烯护套计算机电缆	TICW 6	DJYPYP23	70	敷设在室内、电缆沟、管道、直埋等要求防干扰并能承受较大机械外力的固定场合
铜导体聚乙烯绝缘铜丝编织分屏蔽及总屏蔽钢丝铠装聚乙烯护套计算机电缆	TICW 6	DJYPYP33	70	敷设在室内、电缆沟、管道、直埋等要求防干扰并能承受较大机械外力和拉力的固定场合
铜导体聚乙烯绝缘铜带总屏蔽聚乙烯护套计算机电缆	TICW 6	DJYYP2	70	敷设在室内、电缆沟、管道等要求防干扰的固定场合
铜导体聚乙烯绝缘铜带分屏蔽及总屏蔽聚乙烯护套计算机电缆	TICW 6	DJYP2YP2	70	敷设在室内、电缆沟、管道等要求防干扰的固定场合
铜导体聚乙烯绝缘铜带总屏蔽钢带铠装聚乙烯护套计算机电缆	TICW 6	DJYYP2-23	70	敷设在室内、电缆沟、管道、直埋等要求防干扰并能承受较大机械外力的固定场合
铜导体聚乙烯绝缘铜带总屏蔽钢丝铠装聚乙烯护套计算机电缆	TICW 6	DJYYP2-33	70	敷设在室内、电缆沟、管道、直埋等要求防干扰并能承受较大机械外力和拉力的固定场合
铜导体聚乙烯绝缘铜带分屏蔽及总屏蔽钢带铠装聚乙烯护套计算机电缆	TICW 6	DJYP2YP2-23	70	敷设在室内、电缆沟、管道、直埋等要求防干扰并能承受较大机械外力的固定场合

（续）

产品名称	标准号	型号	导体长期允许工作温度/℃	敷设场合及要求
铜导体聚乙烯绝缘铜带分屏蔽及总屏蔽钢丝铠装聚乙烯护套计算机电缆	TICW 6	DJYP2YP2-33	70	敷设在室内、电缆沟、管道、直埋等要求防干扰并能承受较大机械外力和拉力的固定场合
铜导体聚乙烯绝缘铝塑复合带总屏蔽聚乙烯护套计算机电缆	TICW 6	DJYYP3	70	敷设在室内、电缆沟、管道等要求防干扰的固定场合
铜导体聚乙烯绝缘铝塑复合带分屏蔽及总屏蔽聚乙烯护套计算机电缆	TICW 6	DJYP3YP3	70	敷设在室内、电缆沟、管道等要求防干扰的固定场合
铜导体聚乙烯绝缘铝塑复合带总屏蔽钢带铠装聚乙烯护套计算机电缆	TICW 6	DJYYP3-23	70	敷设在室内、电缆沟、管道、直埋等要求防干扰并能承受较大机械外力的固定场合
铜导体聚乙烯绝缘铝塑复合带总屏蔽钢丝铠装聚乙烯护套计算机电缆	TICW 6	DJYYP3-33	70	敷设在室内、电缆沟、管道、直埋等要求防干扰并能承受较大机械外力和拉力的固定场合
铜导体聚乙烯绝缘铝塑复合带分屏蔽及总屏蔽钢带铠装聚乙烯护套计算机电缆	TICW 6	DJYP3YP2-23	70	敷设在室内、电缆沟、管道、直埋等要求防干扰并能承受较大机械外力的固定场合
铜导体聚乙烯绝缘铝塑复合带分屏蔽及总屏蔽钢丝铠装聚乙烯护套计算机电缆	TICW 6	DJYP3YP2-33	70	敷设在室内、电缆沟、管道、直埋等要求防干扰并能承受较大机械外力和拉力的固定场合
铜导体聚乙烯绝缘铜丝编织总屏蔽聚烯烃护套低烟无卤阻燃（A、B、C）类（耐火）计算机电缆	TICW 6	WDZ（A、B、C）（N）-DJYEP、WDZ（A、B、C）（N）-DJYYP	70	敷设在室内、电缆沟、管道等要求防干扰且有低烟无卤阻燃（耐火）要求的固定场合
铜导体聚乙烯绝缘铜丝编织分屏蔽及总屏蔽聚烯烃护套低烟无卤阻燃（A、B、C）类（耐火）计算机电缆	TICW 6	WDZ（A、B、C）（N）-DJYPEP、WDZ（A、B、C）（N）-DJYPYP	70	敷设在室内、电缆沟、管道等要求防干扰且有低烟无卤阻燃（耐火）要求的固定场合
铜导体聚乙烯绝缘铜丝编织总屏蔽钢带铠装聚烯烃护套低烟无卤阻燃（A、B、C）类（耐火）计算机电缆	TICW 6	WDZ（A、B、C）（N）-DJYYP23	70	敷设在室内、电缆沟、管道、直埋等要求防干扰并能承受较大机械外力且有低烟无卤阻燃（耐火）要求的固定场合
铜导体聚乙烯绝缘铜丝编织总屏蔽钢丝铠装聚烯烃护套低烟无卤阻燃（A、B、C）类（耐火）计算机电缆	TICW 6	WDZ（A、B、C）（N）-DJYYP33	70	敷设在室内、电缆沟、管道、直埋等要求防干扰并能承受较大机械外力和拉力且有低烟无卤阻燃（耐火）要求的固定场合

（续）

产品名称	标准号	型号	导体长期允许工作温度/℃	敷设场合及要求
铜导体聚乙烯绝缘铜丝编织分屏蔽及总屏蔽钢带铠装聚烯烃护套低烟无卤阻燃（A、B、C）类（耐火）计算机电缆	TICW 6	WDZ（A、B、C）（N）-DJYPYP23	70	敷设在室内、电缆沟、管道、直埋等要求防干扰并能承受较大机械外力且有低烟无卤阻燃（耐火）要求的固定场合
铜导体聚乙烯绝缘铜丝编织分屏蔽及总屏蔽钢丝铠装聚烯烃护套低烟无卤阻燃（A、B、C）类（耐火）计算机电缆	TICW 6	WDZ（A、B、C）（N）-DJYPYP33	70	敷设在室内、电缆沟、管道、直埋等要求防干扰并能承受较大机械外力和拉力且有低烟无卤阻燃（耐火）要求的固定场合
铜导体聚乙烯绝缘铜带总屏蔽聚烯烃护套低烟无卤阻燃（A、B、C）类（耐火）计算机电缆	TICW 6	WDZ（A、B、C）（N）-DJYEP2、WDZ（A、B、C）（N）-DJYYP2	70	敷设在室内、电缆沟、管道等要求防干扰且有低烟无卤阻燃（耐火）要求的固定场合
铜导体聚乙烯绝缘铜带分屏蔽及总屏蔽聚烯烃护套低烟无卤阻燃（A、B、C）类（耐火）计算机电缆	TICW 6	WDZ（A、B、C）（N）-DJYP2EP2、WDZ（A、B、C）（N）-DJYP2YP2	70	敷设在室内、电缆沟、管道要求防干扰且有低烟无卤阻燃（耐火）要求的固定场合
铜导体聚乙烯绝缘铜带总屏蔽钢带铠装聚烯烃护套低烟无卤阻燃（A、B、C）类（耐火）计算机电缆	TICW 6	WDZ（A、B、C）（N）-DJYYP2-23	70	敷设在室内、电缆沟、管道、直埋等要求防干扰并能承受较大机械外力且有低烟无卤阻燃（耐火）要求的固定场合
铜导体聚乙烯绝缘铜带总屏蔽钢丝铠装聚烯烃护套低烟无卤阻燃（A、B、C）类（耐火）计算机电缆	TICW 6	WDZ（A、B、C）（N）-DJYYP2-33	70	敷设在室内、电缆沟、管道、直埋等要求防干扰并能承受较大机械外力和拉力且有低烟无卤阻燃（耐火）要求的固定场合
铜导体聚乙烯绝缘铜带分屏蔽及总屏蔽钢带铠装聚烯烃护套低烟无卤阻燃（A、B、C）类（耐火）计算机电缆	TICW 6	WDZ（A、B、C）（N）-DJYP2YP2-23	70	敷设在室内、电缆沟、管道、直埋等要求防干扰并能承受较大机械外力且有低烟无卤阻燃（耐火）要求的固定场合
铜导体聚乙烯绝缘铜带分屏蔽及总屏蔽钢丝铠装聚烯烃护套低烟无卤阻燃（A、B、C）类（耐火）计算机电缆	TICW 6	WDZ（A、B、C）（N）-DJYP2YP2-33	70	敷设在室内、电缆沟、管道、直埋等要求防干扰并能承受较大机械外力和拉力且有低烟无卤阻燃（耐火）要求的固定场合
铜导体聚乙烯绝缘铝塑复合带总屏蔽聚烯烃护套低烟无卤阻燃（A、B、C）类（耐火）计算机电缆	TICW 6	WDZ（A、B、C）（N）-DJYEP3、WDZ（A、B、C）（N）-DJYYP3	70	敷设在室内、电缆沟、管道等要求防干扰且有低烟无卤阻燃（耐火）要求的固定场合
铜导体聚乙烯绝缘铝塑复合带分屏蔽及总屏蔽聚烯烃护套低烟无卤阻燃（A、B、C）类（耐火）计算机电缆	TICW 6	WDZ（A、B、C）（N）-DJYP3EP3、WDZ（A、B、C）（N）-DJYP3YP3	70	敷设在室内、电缆沟、管道等要求防干扰且有低烟无卤阻燃（耐火）要求的固定场合

（续）

产 品 名 称	标 准 号	型 号	导体长期允许工作温度/℃	敷设场合及要求
铜导体聚乙烯绝缘铝塑复合带总屏蔽钢带铠装聚烯烃护套低烟无卤阻燃（A、B、C）类（耐火）计算机电缆	TICW 6	WDZ（A、B、C）(N)-DJYYP3-23	70	敷设在室内、电缆沟、管道、直埋等要求防干扰并能承受较大机械外力且有低烟无卤阻燃（耐火）要求的固定场合
铜导体聚乙烯绝缘铝塑复合带总屏蔽钢丝铠装聚烯烃护套低烟无卤阻燃（A、B、C）类（耐火）计算机电缆	TICW 6	WDZ（A、B、C）(N)-DJYYP3-33	70	敷设在室内、电缆沟、管道、直埋等要求防干扰并能承受较大机械外力和拉力且有低烟无卤阻燃（耐火）要求的固定场合
铜导体聚乙烯绝缘铝塑复合带分屏蔽及总屏蔽钢带铠装聚烯烃护套低烟无卤阻燃（A、B、C）类（耐火）计算机电缆	TICW 6	WDZ（A、B、C）(N)-DJYP3YP2-23	70	敷设在室内、电缆沟、管道、直埋等要求防干扰并能承受较大机械外力且有低烟无卤阻燃（耐火）要求的固定场合
铜导体聚乙烯绝缘铝塑复合带分屏蔽及总屏蔽钢丝铠装聚烯烃护套低烟无卤阻燃（A、B、C）类（耐火）计算机电缆	TICW 6	WDZ（A、B、C）(N)-DJYP3YP2-33	70	敷设在室内、电缆沟、管道、直埋等要求防干扰并能承受较大机械外力和拉力且有低烟无卤阻燃（耐火）要求的固定场合
铜导体交联聚乙烯绝缘铜丝编织总屏蔽聚氯乙烯护套计算机电缆	TICW 6	DJYJVP	90	敷设在室内、电缆沟、管道等要求防干扰的固定场合
铜导体交联聚乙烯绝缘铜丝编织分屏蔽及总屏蔽聚氯乙烯护套计算机电缆	TICW 6	DJYJPVP	90	敷设在室内、电缆沟、管道等要求防干扰的固定场合
铜导体交联聚乙烯绝缘铜丝编织总屏蔽钢带铠装聚氯乙烯护套计算机电缆	TICW 6	DJYJVP22	90	敷设在室内、电缆沟、管道、直埋等要求防干扰并能承受较大机械外力的固定场合
铜导体交联聚乙烯绝缘铜丝编织总屏蔽钢丝铠装聚氯乙烯护套计算机电缆	TICW 6	DJYJVP32	90	敷设在室内、电缆沟、管道、直埋等要求防干扰并能承受较大机械外力和拉力的固定场合
铜导体交联聚乙烯绝缘铜丝编织分屏蔽及总屏蔽钢带铠装聚氯乙烯护套计算机电缆	TICW 6	DJYJPVP22	90	敷设在室内、电缆沟、管道、直埋等要求防干扰并能承受较大机械外力的固定场合
铜导体交联聚乙烯绝缘铜丝编织分屏蔽及总屏蔽钢丝铠装聚氯乙烯护套计算机电缆	TICW 6	DJYJPVP32	90	敷设在室内、电缆沟、管道、直埋等要求防干扰并能承受较大机械外力和拉力的固定场合

（续）

产　品　名　称	标　准　号	型　　号	导体长期允许工作温度/℃	敷设场合及要求
铜导体交联聚乙烯绝缘铜带总屏蔽聚氯乙烯护套计算机电缆	TICW 6	DJYJVP2	90	敷设在室内、电缆沟、管道等要求防干扰的固定场合
铜导体交联聚乙烯绝缘铜带分屏蔽及总屏蔽聚氯乙烯护套计算机电缆	TICW 6	DJYJP2VP2	90	敷设在室内、电缆沟、管道等要求防干扰的固定场合
铜导体交联聚乙烯绝缘铜带总屏蔽钢带铠装聚氯乙烯护套计算机电缆	TICW 6	DJYJVP2-22	90	敷设在室内、电缆沟、管道、直埋等要求防干扰并能承受较大机械外力的固定场合
铜导体交联聚乙烯绝缘铜带总屏蔽钢丝铠装聚氯乙烯护套计算机电缆	TICW 6	DJYJVP2-32	90	敷设在室内、电缆沟、管道、直埋等要求防干扰并能承受较大机械外力和拉力的固定场合
铜导体交联聚乙烯绝缘铜带分屏蔽及总屏蔽钢带铠装聚氯乙烯护套计算机电缆	TICW 6	DJYJP2VP2-22	90	敷设在室内、电缆沟、管道、直埋等要求防干扰并能承受较大机械外力的固定场合
铜导体交联聚乙烯绝缘铜带分屏蔽及总屏蔽钢丝铠装聚氯乙烯护套计算机电缆	TICW 6	DJYJP2VP2-32	90	敷设在室内、电缆沟、管道、直埋等要求防干扰并能承受较大机械外力和拉力的固定场合
铜导体交联聚乙烯绝缘铝塑复合带总屏蔽聚氯乙烯护套计算机电缆	TICW 6	DJYJVP3	90	敷设在室内、电缆沟、管道等要求防干扰的固定场合
铜导体交联聚乙烯绝缘铝塑复合带分屏蔽及总屏蔽聚氯乙烯护套计算机电缆	TICW 6	DJYJP3VP3	90	敷设在室内、电缆沟、管道等要求防干扰的固定场合
铜导体交联聚乙烯绝缘铝塑复合带总屏蔽钢带铠装聚氯乙烯护套计算机电缆	TICW 6	DJYJVP3-22	90	敷设在室内、电缆沟、管道、直埋等要求防干扰并能承受较大机械外力的固定场合
铜导体交联聚乙烯绝缘铝塑复合带总屏蔽钢丝铠装聚氯乙烯护套计算机电缆	TICW 6	DJYJVP3-32	90	敷设在室内、电缆沟、管道、直埋等要求防干扰并能承受较大机械外力和拉力的固定场合
铜导体交联聚乙烯绝缘铝塑复合带分屏蔽及总屏蔽钢带铠装聚氯乙烯护套计算机电缆	TICW 6	DJYJP3VP2-22	90	敷设在室内、电缆沟、管道、直埋等要求防干扰并能承受较大机械外力的固定场合
铜导体交联聚乙烯绝缘铝塑复合带分屏蔽及总屏蔽钢丝铠装聚氯乙烯护套计算机电缆	TICW 6	DJYJP3VP2-32	90	敷设在室内、电缆沟、管道、直埋等要求防干扰并能承受较大机械外力和拉力的固定场合

(续)

产品名称	标准号	型号	导体长期允许工作温度/℃	敷设场合及要求
铜导体交联聚乙烯绝缘铜丝编织总屏蔽聚烯烃护套低烟无卤阻燃（A、B、C）类（耐火）计算机电缆	TICW 6	WDZ（A、B、C）(N)-DJYJEP、WDZ（A、B、C）(N)-DJYJYP	90	敷设在室内、电缆沟、管道等要求防干扰有低烟无卤阻燃（耐火）要求的固定场合
铜导体交联聚乙烯绝缘铜丝编织分屏蔽及总屏蔽聚烯烃护套低烟无卤阻燃（A、B、C）类（耐火）计算机电缆	TICW 6	WDZ（A、B、C）(N)-DJYJPEP、WDZ（A、B、C）(N)-DJYJPYP	90	敷设在室内、电缆沟、管道等要求防干扰有低烟无卤阻燃（耐火）要求的固定场合
铜导体交联聚乙烯绝缘铜丝编织总屏蔽钢带铠装聚烯烃护套低烟无卤阻燃（A、B、C）类（耐火）计算机电缆	TICW 6	WDZ（A、B、C）(N)-DJYJYP23	90	敷设在室内、电缆沟、管道、直埋等要求防干扰并能承受较大机械外力且有低烟无卤阻燃（耐火）要求的固定场合
铜导体交联聚乙烯绝缘铜丝编织总屏蔽钢丝铠装聚烯烃护套低烟无卤阻燃（A、B、C）类（耐火）计算机电缆	TICW 6	WDZ（A、B、C）(N)-DJYJYP33	90	敷设在室内、电缆沟、管道、直埋等要求防干扰并能承受较大机械外力和拉力且有低烟无卤阻燃（耐火）要求的固定场合
铜导体交联聚乙烯绝缘铜丝编织分屏蔽及总屏蔽钢带铠装聚烯烃护套低烟无卤阻燃（A、B、C）类（耐火）计算机电缆	TICW 6	WDZ（A、B、C）(N)-DJYJPYP23	90	敷设在室内、电缆沟、管道、直埋等要求防干扰并能承受较大机械外力且有低烟无卤阻燃（耐火）要求的固定场合
铜导体交联聚乙烯绝缘铜丝编织分屏蔽及总屏蔽钢丝铠装聚烯烃护套低烟无卤阻燃（A、B、C）类（耐火）计算机电缆	TICW 6	WDZ（A、B、C）(N)-DJYJPYP33	90	敷设在室内、电缆沟、管道、直埋等要求防干扰并能承受较大机械外力和拉力且有低烟无卤阻燃（耐火）要求的固定场合
铜导体交联聚乙烯绝缘铜带总屏蔽聚烯烃护套低烟无卤阻燃（A、B、C）类（耐火）计算机电缆	TICW 6	WDZ（A、B、C）(N)-DJYJEP2、WDZ（A、B、C）(N)-DJYJYP2	90	敷设在室内、电缆沟、管道等要求防干扰有低烟无卤阻燃（耐火）要求的固定场合
铜导体交联聚乙烯绝缘铜带分屏蔽及总屏蔽聚烯烃护套低烟无卤阻燃（A、B、C）类（耐火）计算机电缆	TICW 6	WDZ（A、B、C）(N)-DJYJP2EP2、WDZ（A、B、C）(N)-DJYJP2YP2	90	敷设在室内、电缆沟、管道等要求防干扰有低烟无卤阻燃（耐火）要求的固定场合
铜导体交联聚乙烯绝缘铜带总屏蔽钢带铠装聚烯烃护套低烟无卤阻燃（A、B、C）类（耐火）计算机电缆	TICW 6	WDZ（A、B、C）(N)-DJYJYP2-23	90	敷设在室内、电缆沟、管道、直埋等要求防干扰并能承受较大机械外力且有低烟无卤阻燃（耐火）要求的固定场合
铜导体交联聚乙烯绝缘铜带总屏蔽钢丝铠装聚烯烃护套低烟无卤阻燃（A、B、C）类（耐火）计算机电缆	TICW 6	WDZ（A、B、C）(N)-DJYJYP2-33	90	敷设在室内、电缆沟、管道、直埋等要求防干扰并能承受较大机械外力和拉力且有低烟无卤阻燃（耐火）要求的固定场合

（续）

产　品　名　称	标　准　号	型　号	导体长期允许工作温度/℃	敷设场合及要求
铜导体交联聚乙烯绝缘铜带分屏蔽及总屏蔽钢带铠装聚烯烃护套低烟无卤阻燃（A、B、C）类（耐火）计算机电缆	TICW 6	WDZ（A、B、C）（N）-DJYJP2YP2-23	90	敷设在室内、电缆沟、管道、直埋等要求防干扰并能承受较大机械外力且有低烟无卤阻燃（耐火）要求的固定场合
铜导体交联聚乙烯绝缘铜带分屏蔽及总屏蔽钢丝铠装聚烯烃护套低烟无卤阻燃（A、B、C）类（耐火）计算机电缆	TICW 6	WDZ（A、B、C）（N）-DJYJP2YP2-33	90	敷设在室内、电缆沟、管道、直埋等要求防干扰并能承受较大机械外力和拉力且有低烟无卤阻燃（耐火）要求的固定场合
铜导体交联聚乙烯绝缘铝塑复合带总屏蔽聚烯烃护套低烟无卤阻燃（A、B、C）类（耐火）计算机电缆	TICW 6	WDZ（A、B、C）（N）-DJYJEP3、WDZ（A、B、C）（N）-DJYJYP3	90	敷设在室内、电缆沟、管道等要求防干扰有低烟无卤阻燃（耐火）要求的固定场合
铜导体交联聚乙烯绝缘铝塑复合带分屏蔽及总屏蔽聚烯烃护套低烟无卤阻燃（A、B、C）类（耐火）计算机电缆	TICW 6	WDZ（A、B、C）（N）-DJYJP3EP3、WDZ（A、B、C）（N）-DJYJP3YP3	90	敷设在室内、电缆沟、管道等要求防干扰有低烟无卤阻燃（耐火）要求的固定场合
铜导体交联聚乙烯绝缘铝塑复合带总屏蔽钢带铠装聚烯烃护套低烟无卤阻燃（A、B、C）类（耐火）计算机电缆	TICW 6	WDZ（A、B、C）（N）-DJYJYP3-23	90	敷设在室内、电缆沟、管道、直埋等要求防干扰并能承受较大机械外力且有低烟无卤阻燃（耐火）要求的固定场合
铜导体交联聚乙烯绝缘铝塑复合带总屏蔽钢丝铠装聚烯烃护套低烟无卤阻燃（A、B、C）类（耐火）计算机电缆	TICW 6	WDZ（A、B、C）（N）-DJYJYP3-33	90	敷设在室内、电缆沟、管道、直埋等要求防干扰并能承受较大机械外力和拉力且有低烟无卤阻燃（耐火）要求的固定场合
铜导体交联聚乙烯绝缘铝塑复合带分屏蔽及总屏蔽钢带铠装聚烯烃护套低烟无卤阻燃（A、B、C）类（耐火）计算机电缆	TICW 6	WDZ（A、B、C）（N）-DJYJP3YP2-23	90	敷设在室内、电缆沟、管道、直埋等要求防干扰并能承受较大机械外力且有低烟无卤阻燃（耐火）要求的固定场合
铜导体交联聚乙烯绝缘铝塑复合带分屏蔽及总屏蔽钢丝铠装聚烯烃护套低烟无卤阻燃（A、B、C）类（耐火）计算机电缆	TICW 6	WDZ（A、B、C）（N）-DJYJP3YP2-33	90	敷设在室内、电缆沟、管道、直埋等要求防干扰并能承受较大机械外力和拉力且有低烟无卤阻燃（耐火）要求的固定场合
铜导体氟塑料绝缘铜丝编织总屏蔽氟塑料绝缘护套计算机电缆	TICW 6	DJFFP	200	敷设在室内、电缆沟、管道等要求防干扰有耐高温要求的固定场合
铜导体氟塑料绝缘铜丝编织分屏蔽及总屏蔽氟塑料护套计算机电缆	TICW 6	DJFPFP	200	敷设在室内、电缆沟、管道等要求防干扰有耐高温要求的固定场合

（续）

产品名称	标 准 号	型 号	导体长期允许工作温度/℃	敷设场合及要求
铜导体氟塑料绝缘铜丝编织总屏蔽钢丝编织铠装氟塑料护套计算机电缆	TICW 6	DJFFP9F	200	敷设在室内、电缆沟、管道、直埋等要求防干扰并能承受较大机械外力和拉力且耐高温要求的固定场合
铜导体氟塑料绝缘铜丝编织分屏蔽及总屏蔽钢丝编织铠装氟塑料护套计算机电缆	TICW 6	DJFPFP9F	200	敷设在室内、电缆沟、管道、直埋等要求防干扰并能承受较大机械外力和拉力且耐高温要求的固定场合
铜导体氟塑料绝缘铜带总屏蔽氟塑料护套计算机电缆	TICW 6	DJFFP2	200	敷设在室内、电缆沟、管道等要求防干扰有耐高温要求的固定场合
铜导体氟塑料绝缘铜带分屏蔽及总屏蔽氟塑料护套计算机电缆	TICW 6	DJFP2FP2	200	敷设在室内、电缆沟、管道等要求防干扰有耐高温要求的固定场合
铜导体氟塑料绝缘铜带总屏蔽钢丝编织铠装氟塑料护套计算机电缆	TICW 6	DJFFP2-9F	200	敷设在室内、电缆沟、管道、直埋等要求防干扰并能承受较大机械外力和拉力且耐高温要求的固定场合
铜导体氟塑料绝缘铜带分屏蔽及总屏蔽钢丝编织铠装氟塑料护套计算机电缆	TICW 6	DJFP2FP2-9F	200	敷设在室内、电缆沟、管道、直埋等要求防干扰并能承受较大机械外力和拉力且耐高温要求的固定场合
铜导体氟塑料绝缘铝塑复合带总屏蔽氟塑料护套计算机电缆	TICW 6	DJFFP3	200	敷设在室内、电缆沟、管道等要求防干扰有耐高温要求的固定场合
铜导体氟塑料绝缘铝塑复合带分屏蔽及总屏蔽氟塑料护套计算机电缆	TICW 6	DJFP3FP3	200	敷设在室内、电缆沟、管道等要求防干扰有耐高温要求的固定场合
铜导体氟塑料绝缘铝塑复合带总屏蔽钢丝编织铠装氟塑料护套计算机电缆	TICW 6	DJFFP3-9F	200	敷设在室内、电缆沟、管道、直埋等要求防干扰并能承受较大机械外力和拉力且有耐高温要求的固定场合
铜导体氟塑料绝缘铝塑复合带分屏蔽及总屏蔽钢丝编织铠装氟塑料护套计算机电缆	TICW 6	DJFP3FP2-9F	200	敷设在室内、电缆沟、管道、直埋等要求防干扰并能承受较大机械外力和拉力且有耐高温要求的固定场合

（续）

产品名称	标准号	型号	导体长期允许工作温度/℃	敷设场合及要求
铜导体氟塑料绝缘铜丝编织总屏蔽氟塑料护套计算机软电缆	TICW 6	DJFFRP	200	敷设在室内、有移动要求、柔软、弯曲半径较小要求防干扰且有耐高温要求的场合
铜导体氟塑料绝缘铜丝编织分屏蔽及总屏蔽氟塑料护套计算机软电缆	TICW 6	DJFPFRP	200	敷设在室内、有移动要求、柔软、弯曲半径较小要求防干扰且有耐高温要求的场合
铜导体氟塑料绝缘铜丝编织分屏蔽及总屏蔽钢丝编织铠装氟塑料护套计算机电缆	TICW 6	DJFPFRP9F	200	敷设在室内、有移动要求、柔软、弯曲半径较小要求防干扰并能承受较大机械外力和拉力且有耐高温要求的场合
铜导体硅橡胶绝缘铜丝编织总屏蔽硅橡胶护套计算机电缆	TICW 6	DJGGP	180	敷设在室内、电缆沟、管道等要求防干扰且有耐高温要求的固定场合
铜导体硅橡胶绝缘铜丝编织分屏蔽及总屏蔽硅橡胶护套计算机电缆	TICW 6	DJGPGP	180	敷设在室内、电缆沟、管道等要求防干扰且有耐高温要求的固定场合
铜导体硅橡胶绝缘铜丝编织总屏蔽钢带铠装硅橡胶护套计算机电缆	TICW 6	DJGGP2G	180	敷设在室内、电缆沟、管道、直埋等要求防干扰并能承受较大机械外力且有耐高温要求的固定场合
铜导体硅橡胶绝缘铜丝编织总屏蔽钢丝铠装硅橡胶护套计算机电缆	TICW 6	DJGGP3G	180	敷设在室内、电缆沟、管道、直埋等要求防干扰并能承受较大机械外力和拉力且有耐高温要求的固定场合
铜导体硅橡胶绝缘铜丝编织分屏蔽及总屏蔽钢带铠装硅橡胶护套计算机电缆	TICW 6	DJGPGP2G	180	敷设在室内、电缆沟、管道、直埋等要求防干扰并能承受较大机械外力且有耐高温要求的固定场合
铜导体硅橡胶绝缘铜丝编织分屏蔽及总屏蔽钢丝铠装硅橡胶护套计算机电缆	TICW 6	DJGPGP3G	180	敷设在室内、电缆沟、管道、直埋等要求防干扰并能承受较大机械外力和拉力且有耐高温要求的固定场合
铜导体硅橡胶绝缘铜带总屏蔽硅橡胶护套计算机电缆	TICW 6	DJGGP2	180	敷设在室内、电缆沟、管道等要求防干扰且有耐高温要求的固定场合
铜导体硅橡胶绝缘铜带分屏蔽及总屏蔽硅橡胶护套计算机电缆	TICW 6	DJGP2GP2	180	敷设在室内、电缆沟、管道等要求防干扰的有耐高温要求的固定场合

（续）

产 品 名 称	标 准 号	型 号	导体长期允许工作温度/℃	敷设场合及要求
铜导体硅橡胶绝缘铜带总屏蔽钢带铠装硅橡胶护套计算机电缆	TICW 6	DJGGP2-2G	180	敷设在室内、电缆沟、管道、直埋等要求防干扰并能承受较大机械外力且有耐高温要求的固定场合
铜导体硅橡胶绝缘铜带总屏蔽钢丝铠装硅橡胶护套计算机电缆	TICW 6	DJGGP2-3G	180	敷设在室内、电缆沟、管道、直埋等要求防干扰并能承受较大机械外力和拉力且有耐高温要求的固定场合
铜导体硅橡胶绝缘铜带分屏蔽及总屏蔽钢带铠装硅橡胶护套计算机电缆	TICW 6	DJGP2GP2-2G	180	敷设在室内、电缆沟、管道、直埋等要求防干扰并能承受较大机械外力且有耐高温要求的固定场合
铜导体硅橡胶绝缘铜带分屏蔽及总屏蔽钢丝铠装硅橡胶护套计算机电缆	TICW 6	DJGP2GP2-3G	180	敷设在室内、电缆沟、管道、直埋等要求防干扰且并能承受较大机械外力和拉力且有耐高温要求的固定场合
铜导体硅橡胶绝缘铝塑复合带总屏蔽硅橡胶护套计算机电缆	TICW 6	DJGGP3	180	敷设在室内、电缆沟、管道等要求防干扰且有耐高温要求的固定场合
铜导体硅橡胶绝缘铝塑复合带分屏蔽及总屏蔽硅橡胶护套计算机电缆	TICW 6	DJGP3GP3	180	敷设在室内、电缆沟、管道等要求防干扰且有耐高温要求的固定场合
铜导体硅橡胶绝缘铝塑复合带总屏蔽钢带铠装硅橡胶护套计算机电缆	TICW 6	DJGGP3-2G	180	敷设在室内、电缆沟、管道、直埋等要求防干扰并能承受较大机械外力且有耐高温要求的固定场合
铜导体硅橡胶绝缘铝塑复合带总屏蔽钢丝铠装硅橡胶护套计算机电缆	TICW 6	DJGGP3-3G	180	敷设在室内、电缆沟、管道、直埋等要求防干扰并能承受较大机械外力和拉力且有耐高温要求的固定场合
铜导体硅橡胶绝缘铝塑复合带分屏蔽及总屏蔽钢带铠装硅橡胶护套计算机电缆	TICW 6	DJGP3GP2-2G	180	敷设在室内、电缆沟、管道、直埋等要求防干扰并能承受较大机械外力且有耐高温要求的固定场合
铜导体硅橡胶绝缘铝塑复合带分屏蔽及总屏蔽钢丝铠装硅橡胶护套计算机电缆	TICW 6	DJGP3GP2-3G	180	敷设在室内、电缆沟、管道、直埋等要求防干扰并能承受较大机械外力和拉力且有耐高温要求的固定场合

（续）

产品名称	标 准 号	型 号	导体长期允许工作温度/℃	敷设场合及要求
铜导体硅橡胶绝缘铜丝编织总屏蔽硅橡胶护套计算机软电缆	TICW 6	DJGGRP	180	敷设在室内、有移动要求、柔软、弯曲半径较小要求防干扰且有耐高温要求的固定场合
铜导体硅橡胶绝缘铜丝编织分屏蔽及总屏蔽硅橡胶护套计算机软电缆	TICW 6	DJGPGRP	180	敷设在室内、有移动要求、柔软、弯曲半径较小要求防干扰且有耐高温要求的固定场合

产品型号中各字母代表意义：

系列代号

 控制电缆···················· K

 计算机及仪表电缆 ·········· DJ

材料特征代号

 铜导体 ···················· 省略

 聚氯乙烯绝缘或护套········· V

 聚乙烯绝缘················· Y

 交联聚乙烯或交联聚烯烃绝缘 ··· YJ

 硅橡胶绝缘或护套··········· G

 氟塑料绝缘或护套··········· F

 聚烯烃绝缘或护套 ······· E（或 Y）

结构特征代号

 铜丝编织屏蔽 ·············· P

 铜带屏蔽 ················· P2

 铝/塑复合带屏蔽 ··········· P3

软结构（移动敷设）············· R

双钢带铠装 ···················· 2

钢丝铠装 ······················ 3

聚氯乙烯外护套················· 2

聚乙烯或聚烯烃外护套··········· 3

硅橡胶外护套·················· G

氟塑料外护套·················· F

燃烧特性代号

单根燃烧 ···················· 省略

A 类成束燃烧 ·················· ZA

B 类成束燃烧 ·················· ZB

C 类成束燃烧 ·················· ZC

无卤 ························· W

低烟 ························· D

耐火 ························· N

3.6.2　产品规格与结构尺寸

1．产品规格（见表 6-3-175 和表 6-3-176）

表 6-3-175　控制电缆的产品规格（GB/T 9330-2、GB/T 9330-3、TICW 3、TICW 4）

型 号	额定电压	导体标称截面积/mm²							
		0.5	0.75	1.0	1.5	2.5	4	6	10
		芯　　数							
KVV，KVVP		—	2 ~ 61				2 ~ 14		2 ~ 10
KVVP2，KVVP3，		—	4 ~ 61				4 ~ 14		4 ~ 10
KVV22		—	7 ~ 61		4 ~ 61		4 ~ 14		4 ~ 10
KVVP2-22	450/750V	—	7 ~ 61		4 ~ 61		4 ~ 14		4 ~ 10
KVV32		—	19 ~ 61		7 ~ 61		4 ~ 14		4 ~ 10
KVVR		2 ~ 61					—		—
KVVRP		2 ~ 61			2 ~ 48		—		—

（续）

型　号	额定电压	导体标称截面积/mm²							
		0.5	0.75	1.0	1.5	2.5	4	6	10
		芯　数							
KYJV，KYJVP KYJY，KYJYP		—	2～61				2～14		2～10
KYJVP2，KYJVP3， KYJYP2，KYJYP3，		—	4～61				4～14		4～10
KYJV22，KYJY23	450/750V	—	7～61		4～61		4～14		4～10
KYJVP2-22， KYJYP2-23		—	7～61		4～61		4～14		4～10
KYJV32，KVYJ33		—	19～61		7～61		4～14		4～10
KFF，KFFP	450/750V，0.6/1kV	—	2～19				2～12		—
KFFP2，KFFP3	450/750V，0.6/1kV	—	2～19				2～12		—
KFFR，KFFRP	450/750V，0.6/1kV	2～19					2～12		—
KFF9F	450/750V，0.6/1kV	—	2～19				2～12		—
KGG，KGGP	450/750V，0.6/1kV	—	2～61				2～14		2～10
KGGP2，KGGP3，	450/750V，0.6/1kV	—	4～61				2～14		2～10
KGG2G	450/750V，0.6/1kV	—	7～61		4～61		2～14		2～10
KGGP2-2G，KGGP3-2G	450/750V，0.6/1kV	—	7～37		4～37		2～14		2～10
KGG3G	450/750V，0.6/1kV	—	7～37		7～37		2～14		2～10
KGGR	450/750V，0.6/1kV	2～61					—		—
KGGRP	450/750V，0.6/1kV	2～61			2～48		—		—

注：1. 推荐的芯数系列为2、3、4、5、7、8、10、12、14、16、19、24、27、30、37、44、48、52和61芯。
　　2. 耐火、低烟无卤阻燃等控制电缆，其规格与常规的控制电缆相同。
　　3. 本表中未列出的电缆规格可根据需求增加。

表6-3-176　计算机及仪表电缆的产品规格（TICW 6）

型　号	标称截面积/mm²	成缆元件结构		
		对线组	三线组	四线组
聚乙烯绝缘、聚氯乙烯绝缘、交联聚乙烯绝缘、无卤低烟阻燃聚烯烃绝缘	0.5、0.75、1.0、1.5、2.5	1～50	1～24	1～10
硅橡胶绝缘	0.5、0.75、1.0、1.5、2.5	1～50	1～24	1～10
氟塑料绝缘	0.5、0.75、1.0	1～19	1～10	—
	1.5 、2.5	1～10	1～10	—

2．结构尺寸

（1）控制电缆

1）导体结构。

固定敷设用电缆的导体采用 GB/T 3956—2008 的第 1 种圆形实心导体或第 2 种圆形绞合导体。

移动敷设用软电缆导体采用 GB/T 3956—2008 的第 5 种圆形柔软圆形绞合导体。

2）绝缘。

绝缘标称厚度符合表 6-3-177 的规定，绝缘厚度的平均值不小于标称值，其最薄处厚度不小于标称值的 90% － 0.1mm。

表 6-3-177　绝缘厚度

导体标称截面积/mm²	绝缘标称厚度　/mm					
	聚氯乙烯	交联聚乙烯	氟塑料		硅橡胶	
	450/750V	450/750V	450/750V	0.6/1kV	450/750V	0.6/1kV
0.5	0.6	—	0.30	0.35	0.7	0.8
0.75	0.6	0.6	0.30	0.35	0.7	0.8
1.0	0.6	0.6	0.30	0.35	0.7	0.8
1.5	0.7	0.6	0.35	0.40	0.8	1.0
2.5	0.8	0.7	0.35	0.40	0.8	1.0
4	0.8	0.7	0.45	0.50	0.8	1.0
6	0.8	0.7	0.45	0.50	0.8	1.0
10	1.0	0.7	—	—	0.9	1.0

3）成缆。

a）绞合方向和绞合节距。

绝缘线芯应绞合成缆，最外层的绞合方向为右向。

绞合节距：

——固定敷设用的硬结构电缆应不大于绞合外径的 20 倍；

——移动场合用的软电缆应不大于绞合外径的 16 倍。

b）排列：绝缘线芯采用数字标志时，由内层到外层从 1 开始按自然数序顺时针方向排列。

4）金属屏蔽。

铜带绕包：采用 0.05～0.10mm 的软铜带重叠绕包，铜带绕包搭盖率应不小于 15%。

铝塑带绕包：采用 0.05～0.10mm 的铝塑带重叠绕包，铝塑带绕包搭盖率应不小于 15%。

圆铜线编织：编织屏蔽由软圆铜线或镀锡圆铜线构成，其编织密度应不小于 80%。

5）内衬层。

内衬层可以挤包或绕包。挤包或绕包内衬层厚度的标称值（或近似值）应符合表 6-3-178 ~ 表 6-3-180 的规定。

聚氯乙烯绝缘和交联聚乙烯绝缘控制电缆挤包或绕包内衬层厚度的最小厚度值应不小于规定标称值的 80%；硅橡胶绝缘控制电缆对于挤包型内衬层在任一点的厚度应不小于标称值的 80% － 0.2mm，绕包内衬层的平均厚度不小于标称值的 80% － 0.2mm。

表 6-3-178　聚氯乙烯绝缘和交联聚乙烯绝缘控制电缆内衬层标称厚度

挤包前或绕包假定直径 d/mm	挤包或绕包内衬层厚度/mm
d≤20	1.0
d>60	1.2

表 6-3-179　氟塑料绝缘控制电缆内衬层厚度

挤包或绕包前假定直径 d/mm	内衬层厚度（近似值）/mm
d≤10	0.3
d>10	0.4

表 6-3-180　硅橡胶绝缘控制电缆内衬层标称厚度

挤包前或绕包假定直径 d/mm	挤包内衬层厚度/mm	绕包内衬层厚度/mm
d≤20	1.0	0.6
20≤d<40	1.2	0.9
40≤d<60	1.6	1.2
d>60	2.0	1.4

6）铠装。

金属铠装的结构尺寸符合表 6-3-181 ~ 表 6-3-183的规定。

表 6-3-181 聚氯乙烯绝缘、交联聚乙烯绝缘和硅橡胶绝缘控制电缆铠装金属带标称厚度

铠装前假定直径 d/mm	金属带层数×标称厚度/mm	宽度/mm
d < 15.0	2×0.2	20
15 ≤ d ≤ 25	2×0.2	25
25 < d ≤ 30	2×0.2	30
30 < d ≤ 35	2×0.5	30
35 < d ≤ 50	2×0.5	35
d > 50	2×0.5	45

表 6-3-182 聚氯乙烯绝缘、交联聚乙烯绝缘和硅橡胶绝缘控制电缆铠装钢丝单线标称直径

铠装前假设直径 d/mm	铠装圆金属丝标称直径/mm
d ≤ 10	0.8
10 < d ≤ 15	1.25
15 < d ≤ 25	1.6
25 < d ≤ 35	2.0
d > 35	2.5

表 6-3-183 氟塑料绝缘控制电缆编织钢丝单线标称直径

铠装前假设直径 d/mm	单线标称直径/mm
d ≤ 10	0.2
10 < d ≤ 30	0.3
d > 30	0.4

注：TICW 3—2009 技术规范只规定镀锌钢丝编织铠装。

铠装金属丝和金属带的尺寸低于标称尺寸的量值应不超过：金属丝：5%；金属带：10%。编织铠装的编织密度应不小于80%。

7）护套。

护套厚度的标称值应符合表 6-3-184～表 6-3-186 的规定。

聚氯乙烯绝缘和交联聚乙烯绝缘控制电缆铠装型电缆护套的标称厚度应不小于1.5mm，其最薄处厚度应不小于标称值的80% -0.2mm；非铠装型电缆护套厚度测量值的平均值应不小于规定的标称厚度，其最薄处厚度应不小于标称值的85% -0.1mm。

氟塑料绝缘控制电缆护套厚度平均值应不小于规定的标称厚度，最薄处厚度应不小于标称值的85% -0.1mm。

硅橡胶绝缘控制电缆铠装型电缆护套的标称厚度应不小于1.8mm，其最薄处厚度应不小于标称值的80% -0.2mm；非铠装型电缆护套厚度测量值的平均值应不小于规定的标称厚度。其最薄处厚度应不小于标称值的85% -0.1mm。

表 6-3-184 聚氯乙烯绝缘和交联聚乙烯绝缘控制电缆护套标称厚度

挤包护套前假定外径 d/mm	护套标称厚度/mm	挤包护套前假定外径 d/mm	护套标称厚度/mm
d ≤ 10	1.2	25 < d ≤ 30	2.0
10 < d ≤ 16	1.5	30 < d ≤ 40	2.2
16 < d ≤ 25	1.7	40 < d ≤ 60	2.5

表 6-3-185 氟塑料绝缘控制电缆护套标称厚度

挤包护套前假定外径 d/mm	护套标称厚度/mm	挤包护套前假定外径 d/mm	护套标称厚度/mm
d ≤ 10	0.6	16 < d ≤ 25	0.9
10 < d ≤ 16	0.7	25 < d ≤ 30	1.1

表 6-3-186 硅橡胶绝缘控制电缆护套标称厚度

挤包护套前假定外径 d/mm	护套标称厚度/mm	挤包护套前假定外径 d/mm	护套标称厚度/mm
d ≤ 10	1.2	25 < d ≤ 30	2.0
10 < d ≤ 16	1.5	30 < d ≤ 40	2.2
16 < d ≤ 25	1.7	40 < d ≤ 60	2.5

(2) 计算机及仪表电缆

1）导体结构。

固定敷设用电缆的导体应采用 GB/T 3956—2008

的第1种圆形实心导体或第2种圆形绞合导体；移动敷设用软电缆的导体应采用 GB/T 3956—2008 中的第5种柔软圆形绞合导体。导体材料为退火铜线，正常运行时导体最高温度超过100℃，以及有酸碱腐蚀的场合，应使用镀金属层退火铜线。

2）绝缘

绝缘标称厚度符合表6-3-187的规定，绝缘厚度的平均值不小于标称值，其最薄处厚度不小于标称值的90%-0.1mm。

表6-3-187　绝缘厚度

导体标称截面积/mm²	绝缘厚度/mm				
	聚氯乙烯、无卤低烟阻燃聚烯烃	硅橡胶	聚乙烯	交联聚乙烯	氟塑料
0.5	0.6	0.7	0.5	0.4	0.35
0.75	0.6	0.7	0.6	0.5	0.35
1.0	0.6	0.7	0.6	0.5	0.40
1.5	0.7	0.8	0.6	0.6	0.40
2.5	0.7	0.8	0.7	0.6	0.40

3）成缆元件。

a）成缆元件的结构。

ⓐ 对线组——两根绝缘线芯相互绞合在一起，并分别标定为a线、b线；

ⓑ 三线组——三根绝缘线芯相互绞合在一起，并分别标定为a线、b线和c线；

ⓒ 四线组——四根绝缘线芯体相互绞合在一起，并分别标定为a线、b线、c线和d线。

b）成缆元件的节距。

成品电缆中，1.5mm²及以下任一成缆元件的最大绞合节距应不大于100mm；2.5mm²及耐火型电缆任一成缆元件的最大绞合节距应不大于120mm。电缆中的相邻非屏蔽成缆元件宜采用不同的绞合节距。

c）成缆元件的识别。

成缆元件可采用色带或数字或色谱识别。如采用色谱识别，对线组色谱推荐采用蓝/白、红/白、绿/白、红/蓝，蓝/白对为标志对，其色谱推荐按表6-3-188的规定执行。三线组和四线组色谱由制造企业自定。

对于非屏蔽两对电缆也可采用四芯星绞组形式，星绞节距应不大于150mm。

表6-3-188　绝缘线芯色谱

线 对 序 号	1	2	3	4	5	6	7	8	9	10
中心对1	蓝/白	—								
中心对2	蓝/白	红/蓝	—							
中心对3	蓝/白	红/白	红/蓝	—						
中心对4	蓝/白	红/白	绿/白	红/蓝	—					
中心对5	蓝/白	红/白	绿/白	红/白	红/蓝	—				
层绞对	蓝/白	除第1对（蓝/白），最后1对（红/蓝）以外的奇数对和偶数对以此类推。								红/蓝

注：绝缘颜色可按用户要求选用。

d）成缆元件分屏蔽。

分屏蔽可采用金属带绕包或纵包或金属丝编织形式。用于移动场合的应采用铜丝编织形式。

对于金属带屏蔽，屏蔽带下应纵放一根标称截面积不小于0.2mm²的圆铜线或镀锡圆铜线作为引流线，确保屏蔽的电气连续性。

金属屏蔽带的厚度为0.05mm～0.10mm，重叠绕包层的重叠率应不低于25%，纵包重叠率应不低于15%，复合带材其金属面应向内侧。

对于编织屏蔽层，编织单线直径应不小于0.12mm，编织密度应不小于80%。

4）缆芯结构。

缆芯应按同心式绞合，最外层绞向为右向。

固定敷设用电缆，缆芯绞合节距应不大于成缆外径的20倍；移动敷设用软电缆，缆芯绞合节距应不大于成缆外径的16倍。

5）总屏蔽层。

屏蔽形式分铜丝编织、复合带材绕包或纵包、

铝塑复合带 + 铜丝编织等形式。用于移动场合的软电缆应采用铜丝编织形式。

金属带绕包或纵包：应采用厚度为 0.05 ~ 0.10mm 的软铜带或铝/塑复合带重叠绕包或纵包，重叠率应不低于 15%。复合带材其金属面应向内侧。包带时应在金属带下纵向放置一根标称截面积不小于 0.5mm² 的圆铜线或镀锡圆铜线构成的引流线。

铜丝编织：编织屏蔽用软圆铜线或镀金属圆铜线的标称直径应符合表 6-3-189 的规定，其编织密度应不小于 80%。

表 6-3-189　编织用圆铜线（镀金属圆铜线）标称直径

编织前假定直径 d/mm	圆铜线标称直径/mm	编织前假定直径 d/mm	圆铜线标称直径/mm
$d \leqslant 10$	0.15	$20 < d \leqslant 30$	0.25
$10 < d \leqslant 20$	0.20	$30 < d$	0.30

采用铝塑复合带 + 铜丝编织的编织形式时，铝塑带的金属面应朝向铜丝编织层，其绕包重叠率应不低于 15%，编织密度应不小于 80%。

6）铠装。

如果用户对电缆有铠装要求，铠装应符合 GB/T 2952—2008 标准的规定。

注：铠装不适用于氟塑料和硅橡胶绝缘电缆。

7）护套厚度。

挤包护套标称厚度值 TS（以 mm 计）应按下列公式计算：

氟塑料护套：TS = 0.025D + 0.4，最小厚度为 0.6mm；

硅橡胶护套：TS = 0.035D + 1.0，最小厚度为 1.4mm；

其他护套材料：TS = 0.025D + 0.9，最小厚度为 1.0mm。

其中，D 为挤包护套前电缆的假定直径（mm）。

护套平均厚度应不小标称厚度，其最薄处厚度应不小于标称厚度的 85% – 0.1mm。

3.6.3　性能指标

1. 控制电缆

（1）导体直流电阻　电缆的每芯导体在 20℃ 时的直流电阻应符合 GB/T 3956—2008 中的规定。

（2）耐电压性能

1）聚氯乙烯绝缘和交联聚乙烯绝缘控制电缆。

成品电缆耐压试验：应能经受工频交流 3000V 电压试验 5min 而不发生击穿。

绝缘线芯浸水电压试验：绝缘标称厚度 0.6mm 及以下，应能经受工频交流 2000V 电压试验 5min 而不发生击穿，绝缘标称厚度 0.6mm 以上，应能经受工频交流 2500V 电压试验 5min 而不发生击穿。

2）氟塑料绝缘和硅橡胶绝缘控制电缆。

成品电缆耐压试验：额定电压 450/750V 成品电缆应能经受工频交流 2500V 电压试验 5min 而不发生击穿；额定电压 0.6/1kV 成品电缆应能经受工频交流 3500V 电压试验 5min 而不发生击穿。

绝缘线芯浸水电压试验：额定电压 450/750V 成品电缆绝缘线芯应经受工频交流 2000V 电压试验 5min 而不发生击穿；额定电压 0.6/1kV 成品电缆绝缘线芯应经受工频交流 2400V 电压试验 4h 而不发生击穿。

（3）绝缘电阻　聚氯乙烯绝缘和交联聚乙烯绝缘控制电缆绝缘线芯长期工作温度下的绝缘电阻应符合表 6-3-190 的规定。

表 6-3-190　聚氯乙烯绝缘和交联聚乙烯绝缘控制电缆绝缘线芯长期工作温度下的绝缘电阻

导体标称截面积/mm²	最小绝缘电阻/(MΩ·km)				
	PVC 绝缘电缆 70℃			XLPE 绝缘电缆 90℃	
	第 1 种	第 2 种	第 5 种	第 1 种	第 2 种
0.5	—	—	0.013	—	—
0.75	0.012	0.014	0.011	1.20	1.40

（续）

导体标称截面积/mm²	最小绝缘电阻/(MΩ·km)				
	PVC 绝缘电缆 70℃			XLPE 绝缘电缆 90℃	
	第 1 种	第 2 种	第 5 种	第 1 种	第 2 种
1.0	0.011	0.013	0.010	1.10	1.30
1.5	0.011	0.010	0.010	1.10	1.0
2.5	0.010	0.009	0.009	1.0	0.90
4	0.0085	0.0077	—	0.85	0.77
6	0.0070	0.0065	—	0.70	0.65
10	—	0.0065	—	—	0.65

氟塑料绝缘控制电缆绝缘电阻：成品电缆20℃时绝缘电阻常数应不小于3000MΩ·km；工作温度时（200℃）绝缘电阻常数应不小于3MΩ·km。

硅橡胶绝缘控制电缆绝缘电阻：成品电缆20℃时绝缘电阻常数应不小于1500MΩ·km；工作温度时（180℃）绝缘电阻常数应不小于0.15MΩ·km。

（4）物理力学性能　控制电缆的绝缘和护套应符合表6-3-191和表6-3-192的要求。

表 6-3-191　控制电缆绝缘力学物理性能要求

序　号	试 验 项 目	单位	绝缘材料的型号				
			PVC/A	PVC/D	XLPE	G	F
1	力学性能						
1.1	原始抗张强度，最小	N/mm²	12.5	10.0	12.5	5.0	16.0
1.2	原始断裂伸长率，最小	%	150	150	200	150	200
	空气烘箱老化试验						
	老化条件：温度	℃	100 ± 2	80 ± 2	135 ± 2	200 ± 2	240 ± 2
	时间	h	168	168	168	240	168
	老化后的抗张强度，最小	N/mm²	12.5	10.0	—	4.0	14.0
	变化率，最大	%	±25	±20	±25	—	±30
	老化后的断裂伸长率，最小	%	150	150	—	120	200
	变化率，最大	%	±25	±20	±25	—	±30
2	热延伸试验						
	试验条件：温度	℃	—		200 ± 3	200 ± 3	—
	负荷时间	min			15	15	
	机械应力	N/mm²			0.2	0.2	
	载荷下伸长率，最大	%			175	175	
	冷却后永久伸长率，最大	%			15	25	
3	热失重试验						
	试验条件：温度	℃	80 ± 2	80 ± 2	—		—
	持续时间	h	168	168			
	最大允许失重量	mg/cm²	2.0	2.0			
4	抗开裂试验						
	试验条件：温度	℃	150 ± 3	150 ± 3	—		250 ± 2
	时间	h	1	1			6
	试验结果		不开裂	不开裂			不开裂

（续）

序　号	试 验 项 目	单位	绝缘材料的型号				
			PVC/A	PVC/D	XLPE	G	F
5	高温压力试验 试验条件：温度 试验结果：压痕深度，最大	℃ %	80 ±2 50	70 ±2 50	— 	— 	—
6	低温性能试验 低温弯曲试验（直径≤12.5 mm） 　试验条件：温度 　试验结果： 低温拉伸试验（直径＞12.5 mm） 　试验条件：温度 　试验结果：最小伸长率 低温冲击 　试验条件：温度 　试验结果：	 ℃ ℃ % ℃ 	 －15 ±2 不开裂 －15 ±2 20 －15 ±2 不开裂	 －15 ±2 不开裂 －15 ±2 20 －15 ±2 不开裂	— — 	— — 	— －55 ±3 不开裂 －55 ±3 20 －55 ±2 不开裂
7	耐酸碱试验 　酸液类型：N-盐酸标准溶液（1mol/L） 　碱液类型：N-氢氧化钠标准溶液 （1mol/L） 　试验条件：温度 　　　　　时间 试验后的抗张强度变化率，最大 试验后的断裂伸长率，　最小	 ℃ h % %	— 	— 	— 	— 	 23 ±2 168 ±30 100

注：绝缘材料的型号代号如下：
PVC/A 为热塑性聚氯乙烯，长期工作温度70℃；
PVC/D 为热塑性柔软型聚氯乙烯，长期工作温度70℃；
XLPE 为热固性交联聚乙烯，长期工作温度90℃；
G 为硅橡胶，长期工作温度180℃；
F 为氟塑料，长期工作温度200℃。

表6-3-192　控制电缆护套力学物理性能要求

序号	试 验 项 目	单位	护套材料的型号					
			ST1	ST5	ST2	SHF1	G	F
1 1.1 1.2	力学性能 原始抗张强度，最小 原始断裂伸长率，最小 空气烘箱老化试验 老化条件：温度 　　　　　时间 老化后的抗张强度，最小 　　　　变化率，最大 老化后的断裂伸长率，最小 　　　　变化率，最大	 N/mm² % ℃ h N/mm² % % %	 12.5 150 100 ±2 168 12.5 ±25 150 ±25	 10.0 150 80 ±2 168 10.0 ±20 150 ±20	 12.5 150 100 ±2 168 12.5 ±25 150 ±25	 9.0 125 100 ±2 168 7.0 ±30 110 ±30	 6.0 150 200 ±2 240 5.0 — 120 —	 16.0 200 240 ±2 168 14.0 ±30 200 ±30

（续）

序号	试 验 项 目	单位	护套材料的型号					
			ST1	ST5	ST2	SHF1	G	F
2	热延伸试验 试验条件：温度 　　　　　负荷时间 　　　　　机械应力 载荷下伸长率，最大 冷却后永久伸长率，最大	℃ min N/mm² % %	—	—	—	—	200 ± 3 15 0. 2 175 25	—
3	热失重试验 试验条件：温度 　　　　　持续时间 最大允许失重量	℃ h mg/cm²	80 ± 2 168 2. 0	80 ± 2 168 2. 0	100 ± 2 168 1. 5	—	—	—
4	抗开裂试验 试验条件：温度 　　　　　时间 试验结果	℃ h	150 ± 3 1 不开裂	150 ± 3 1 不开裂	150 ± 3 1 不开裂	150 ± 3 1 不开裂	—	250 ± 2 6 不开裂
5	高温压力试验 试验条件：温度 试验结果：压痕深度，最大	℃ %	80 ± 2 50	70 ± 2 50	90 ± 2 50	80 ± 2 50	—	—
6	低温性能试验 低温弯曲试验（直径≤12. 5 mm） 　试验条件：温度 　试验结果： 低温拉伸试验（直径>12. 5 mm） 　试验条件：温度 　试验结果：最小伸长率 低温冲击 　试验条件：温度 　试验结果：	℃ ℃ % ℃	− 15 ± 2 不开裂 − 15 ± 2 20 − 15 ± 2 不开裂	− 15 ± 2 不开裂 − 15 ± 2 20 − 15 ± 2 不开裂	− 15 ± 2 不开裂 − 15 ± 2 20 − 15 ± 2 不开裂	− 15 ± 2 不开裂 − 15 ± 2 20 − 15 ± 2 不开裂	—	− 55 ± 3 不开裂 − 55 ± 3 20 − 55 ± 2 不开裂
7	抗撕试验 抗撕强度，最小	N/mm²	—	—	—	—	4. 0	—
8	耐酸碱试验 　酸液类型：N-盐酸标准溶液（1mol/L） 　碱液类型：N-氢氧化钠标准溶液 （1mol/L） 试验条件：温度 　　　　　时间 试验后的抗张强度变化率，最大 试验后的断裂伸长率，最小	℃ h % %	—	—	—	—	23 ± 2 168 ± 30 100	23 ± 2 168 ± 30 100

注：护套材料的型号如下：
ST1 为热塑性聚氯乙烯，长期工作温度 80℃；
ST5 为热塑性柔软型聚氯乙烯，长期工作温度 70℃；
ST2 为塑性聚氯乙烯，长期工作温度 90℃；
SHF1 为无卤低烟热塑性聚烯烃，长期工作温度 90℃；
G 为硅橡胶，长期工作温度 180℃；
F 为氟塑料，长期工作温度 200℃。

2. 计算机及仪表电缆

(1) 导体直流电阻 电缆的每芯导体在20℃时的直流电阻应符合 GB/T 3956—2008 中的规定。

(2) 耐电压性能 对无屏蔽和无铠装的电缆，电压应加在导体之间，试验电压值应为1500V；对有屏蔽或有铠装的电缆，电压应加在导体之间和导体与接地的屏蔽和铠装之间，试验电压值应为1000V，电压应逐渐增加，并维持1min，绝缘应发生不击穿。

(3) 绝缘电阻 待测的每一导体相对于其余连接在一起的导体/屏蔽/铠装之间的绝缘电阻，聚乙烯、交联聚乙烯、氟塑料绝缘20℃时每千米应不小于3000MΩ，硅橡胶、聚氯乙烯、无卤低烟聚烯烃绝缘20℃时每千米不小于25MΩ。试验电压为直流500V，稳定充电1min后测量。

对于有单独屏蔽对的电缆，试验电压为直流500V，稳定充电1min后测得的屏蔽之间的绝缘电阻，20℃时每千米应不小于1MΩ。

(4) 工作电容 成缆元件1kHz时的工作电容和电感电阻比L/R应不超过表6-3-193的规定。

表6-3-193 计算机及仪表电缆工作电容和电感电阻比 L/R 要求

序号	电气特性	单位	绝缘材料								
			PE、XLPE			G			PVC、WJ1、F		
			0.5mm² 0.75mm² 1.0mm²	1.5mm²	2.5mm²	0.5mm² 0.75mm² 1.0mm²	1.5mm²	2.5mm²	0.5mm² 0.75mm² 1.0mm²	1.5mm²	2.5mm²
1	最大工作电容	pF/m									
1.1	无屏蔽电缆		75	85	90	120	120	120	250	250	250
1.2	只有总屏蔽电缆（除1成缆元件与2成缆元件外）		75	85	90	120	120	120	250	250	250
1.3	有总屏蔽的1成缆元件和2成缆元件的电缆以及所有带单独屏蔽对的电缆。		115	125	130	140	140	140	280	280	280
2	最大的L/R比	μH/Ω	25	40	65	25	40	65	25	40	65

(5) 电容不平衡 屏蔽电缆线对对地的最大电容不平衡值，长度为250m，频率为1kHz时，应不超过500pF。长度不是250m的，测量值应做如下修正：测量值应乘以250/L，L是试验电缆的长度（m），长度小于100m的按100m计算。

(6) 屏蔽抑制系数 电缆屏蔽抑制系数，只有总屏或只有分屏的电缆最大应不超过0.05，分屏加总屏的电缆最大应不超过0.01。（注：该项试验在用户要求时测试。）

(7) 物理力学性能 计算机及仪表电缆的绝缘和护套物理力学性能应符合表6-3-194和表6-3-195的要求。

表6-3-194 计算机及仪表电缆绝缘物理力学性能要求

序号	试验项目	单位	绝缘材料的型号					
			PVC/A	PE	WJ1	XLPE	G	F
1	力学性能							
1.1	原始抗张强度，最小	N/mm²	12.5	12.5	9.0	12.5	5.0	16.0
	原始断裂伸长率，最小	%	150	150	125	200	150	200
1.2	空气烘箱老化试验							
	老化条件：温度	℃	100±2	100±2	100±2	135±2	200±2	240±2
	时间	h	168	168	168	168	240	168
	老化后的抗张强度，最小	N/mm²	12.5	—	—	—	4.0	14.0
	变化率，最大	%	±25	±25	±30	±25	—	±30
	老化后的断裂伸长率，最小	%	150	—	100	—	120	200
	变化率，最大	%	±25	±25	±40	±25	—	±30

（续）

序号	试验项目	单位	绝缘材料的型号					
			PVC/A	PE	WJ1	XLPE	G	F
2	热延伸试验 试验条件：温度 　　　　　负荷时间 　　　　　机械应力 载荷下伸长率，最大 冷却后永久伸长率，最大	℃ min N/mm² % %	— 	— 	— 	200±3 15 0.2 175 15	200±3 15 0.2 175 25	—
3	抗开裂试验 试验条件：温度 　　　　　时间 试验结果	℃ h 	150±3 1 不开裂	— 	130±3 1 不开裂	— 	— 	250±3 6 不开裂
4	高温压力试验 试验条件：温度 试验结果：压痕深度，最大	℃ %	80±2 50	— 	80±2 50	— 	— 	—
5	收缩试验 标志间长度 试验条件：温度 　　　　　持续时间 允许收缩率，最大	mm ℃ h %	— 	— 	200 100±3 1 4	200 130±3 1 4	— 	—
6	低温性能试验 低温弯曲试验（直径≤12.5 mm） 　试验条件：温度 　试验结果： 低温拉伸试验（直径＞12.5 mm） 　试验条件：温度 　试验结果：最小伸长率	℃ ℃ %	−15±2 不开裂 −15±2 20	−15±2 不开裂 −15±2 20	−15±2 不开裂 −15±2 20	— — 	−45±2 不开裂 −45±2 20	−55±2 不开裂 −55±2 20
7	吸水试验（电气法）电气法 试验条件：温度 　　　　　持续时间 试验结果	℃ 	70±2 240 不击穿	— 	— 	— 	— 	—
8	吸水试验（重量分析法） 试验条件：温度 　　　　　持续时间 重量最大增量	℃ d mg/cm²	— 	— 	— 	85±2 14 1	— 	—
9	耐酸碱试验 　酸液类型：N-盐酸标准溶液（1mol/L） 　碱液类型：N-氢氧化钠标准溶液（1mol/L） 　试验条件：温度 　　　　　　时间 　试验后的抗张强度变化率，最大 　试验后的断裂伸长率，　最小	℃ h % %	— 	— 	— 	— 	— 	23±2 168 ±30 100
10	腐蚀性（无卤） pH 值，最小 电导率，最大	 μS/mm	— 	— 	4.3 10	— 	— 	—

注：绝缘材料的型号如下：

WJ1 为无卤低烟阻燃聚烯烃，长期工作温度70℃。

表 6-3-195　计算机及仪表电缆护套物理力学性能要求

序号	试验项目	单位	护套材料的型号					
			ST1	ST2	WJ1	PE	G	F
1	力学性能							
1.1	原始抗张强度，最小	N/mm²	12.5	12.5	9.0	12.5	6.0	16
	原始断裂伸长率，最小	%	150	150	125	150	150	150
1.2	空气烘箱老化试验							
	老化条件：温度	℃	100±2	100±2	100±2	100±2	200±2	240±2
	时间	h	168	168	168	168	240	168
	老化后的抗张强度，最小	N/mm²	12.5	12.5	7.0	—	5.0	14
	变化率，最大	%	±25	±25	±30	±25	—	±30
	老化后的断裂伸长率，最小	%	150	150	110		120	200
	变化率，最大	%	±25	±25	±30	±25	—	±30
2	热延伸试验							
	试验条件：温度	℃	—	—	—	—	200±3	—
	负荷时间	min					15	
	机械应力	N/mm²					0.2	
	载荷下伸长率，最大	%					175	
	冷却后永久伸长率，最大	%					25	
3	抗撕试验							
	抗撕强度，最小	N/mm	—	—	—		4.0	—
4	抗开裂试验							
	试验条件：温度	℃	150±3	150±3	130±3			250±3
	时间	h	1	1	1			6
	试验结果		不开裂	不开裂	不开裂			不开裂
5	高温压力试验							
	试验条件：温度	℃	80±2	90±2	80±2	—	—	—
	试验结果：压痕深度，最大	%	50	50	50			
6	热失重试验							
	试验条件：温度	℃		100±2				
	持续时间	h		168				
	最大允许失重量	mg/cm²		1.5				
7	收缩试验							
	标志间长度	mm			200	200		
	试验条件：温度	℃			100±3	80±3		
	持续时间	h			1	1		
	最大允许收缩率	%			4	3		
8	低温性能试验							
	低温弯曲试验（直径≤12.5 mm）		—				—	
	试验条件：温度	℃	-15±2	-15±2	-15±2		-45±2	-55±2
	试验结果：		不开裂	不开裂	不开裂		不开裂	不开裂
	低温拉伸试验（直径>12.5 mm）							
	试验条件：温度	℃	-15±2	-15±2	-15±2	—	-45±2	-55±2
	试验结果：最小伸长率	%	20	20	20		20	20
	低温冲击							
	试验条件：温度	℃	-15±2	-15±2	-15±2		-45±2	-55±2
	试验结果		不开裂	不开裂	不开裂		不开裂	不开裂

（续）

序号	试验项目	单位	护套材料的型号					
			ST1	ST2	WJ1	PE	G	F
9	炭黑含量（仅适于黑色护套） 标称值 偏差	% %	— 	— 	— 	2.5 ±0.5	— 	—
10	腐蚀性（无卤） pH 值，最小 电导率，最大	μS/mm	—	—	4.3 10	—	—	—
11	耐酸碱试验 　酸液类型：N- 盐酸标准溶液 　碱液类型：N- 氢氧化钠标准溶液 试验条件：温度 　　　　　时间 试验后的抗张强度变化率，最大 试验后的断裂伸长率，最小	℃ h % %	—	—	—	—	23±2 168 ±30 100	23±2 168 ±30 100

3.6.4　使用要求和结构特点

控制电缆和计算机及仪表电缆使用要求与结构特点　　见表6-3-196。

表 6-3-196　控制电缆和计算机及仪表电缆使用要求与结构特点

使用要求	结构特点
1）由于控制及仪表电缆均用于控制、测量系统，当导线折断或绝缘损坏时，会造成极为严重的后果、要求安全、可靠地工作 2）一般的控制及仪表电缆多为固定敷设，但电缆线芯与电器仪表、设备连接处，导线经常易受弯曲，要求导线能经受多数弯曲而不断 3）工作电压，控制及仪表电缆一般有动力控制和信号传输控制两种，故实际使用电压为380V及以下，而仪表电缆的工作电压则更低。从电缆的绝缘等级考虑，两者大多可以通用 4）仪表电缆的工作电流一般在4A以下，控制电缆当作为控制主设备回路使用时电流稍大，所以可根据线路电压降和力学性能选择截面	1）导电线芯：一般均采用铜芯。固定敷设除采用单根结构外，增加了7根绞合结构。移动采用第5类软导体结构。以满足柔软、耐弯曲的性能要求 2）绝缘层：普通电缆主要采用聚乙烯、聚氯乙烯和交联聚乙烯等绝缘，耐热和耐酸碱电缆主要采用氟塑料和硅橡胶绝缘 3）绝缘线芯应反向成缆，使结构更稳定。而同向成缆，则可增加其柔软度和耐弯曲性能。成缆节径比，固定敷设不大于20倍，移动不大于16倍 4）护套：普通电缆主要采用聚氯乙烯护套，耐热和耐酸碱电缆主要采用氟塑料和硅橡胶护套，无卤低烟阻燃电缆采用低烟无卤阻燃聚烯烃护套 5）绝缘和护套及包带填充材料耐温等级相匹配 6）计算机电缆应有分屏或总屏

3.7　直流高压软电缆

电气装备用电线电缆中，直流高压软电缆是比较新的一类产品，用于各种需要直流高压电力电源的设备、装置或仪器中作连接线。一般使用长度不长，传送功率不大，因此不同于传输大功率电能用的直流高压电力电缆。

由于诸如钢铁、造船、航空、电子工业、医疗卫生以及科学技术的发展，近年来，直流高压软电缆发展很快，品种很多，如用于工业探伤设备、电子显微镜、X射线晶体仪、静电除尘、静电选矿、静电喷漆和镀膜、电子轰击炉、电子束焊机、高压电炉等一系列设备配套用的电缆，均属于此类。按使用特性来分，直流高压电缆可分为强电流（10~60A）和弱电流（≤6A，有的以毫安计）两种。从电压级来分，可分为中压（幅值≤30kV）和高压（≥50kV）两种。

目前介绍的各种产品，大多数还是根据具体的设备性能仪器而专门设计生产的产品，因此有着明显的特殊性，但可作为设计其他同类产品的参考。

直流高压软电缆的额定工作电压是指设备在一极接地的情况下，即电缆高压线芯上实际承受的直流电压。对于中性点接地的设备，设备上接高压的二极（正，负极）之间的电压可等于电缆工作电压的2倍。

3.7.1　产品品种

直流高压软电缆的品种见表6-3-197。

表 6-3-197　直流高压软电缆品种

产品名称	型　号	最高允许工作温度/℃	主要用途
X 射线机用橡皮绝缘直流高压电缆	X-Z50 X-Z75 X-Z100 X-Z125 X-Z150 X-Z200	—	弱直流、高压 X 射线机（医疗设备、工业探伤、电子显微镜、电子分析仪器等）中，作为 X 射线管的灯丝及阳极电源的引线用（移动式） 直流电压级：50 ~ 200kV，额定电流：10A
聚乙烯绝缘直流高压电缆	GYV	60	弱直流、高压的各种仪器、装备中，作电源连接线用，固定敷设 直流电压级：150 ~ 400kV
电子束焊机用直流高压电缆	DHG	65	电子束焊机灯丝加热用、固定敷设的直流电源连接线，工作电压为脉动直流 100kV 或 150kV
电子轰击炉用聚氯乙烯绝缘直流高压电缆	HVV	65	供电子轰击炉作直流高压电源连接线之用，HVV 型的工作电压不超过直流 30kV、HXV 型工作电压为 80kV、HYV 型工作电压为 40kV 使用环境温度： HVV：≤30℃ HXV：−20 ~ 50℃ HYV：−40 ~ 40℃
电子轰击炉用橡皮绝缘直流高压电缆	HXV	65	
电子轰击炉用聚乙烯绝缘直流高压电缆	HYV	65	
橡皮绝缘直流高压电缆	GZX	60	适用于直热式电子枪灯丝加热和各种直流高压连接时传输电能之用。额定电压 30kV，33kV 和 150kV
橡皮绝缘直流高压屏蔽电缆	GZXP		
静电喷漆用高压直流电缆	JGYV	在 −25 ~ 50℃ 环境中长期工作	用于静电喷漆或其他静电发生器直流高压电源的连接线上。90kV 的用于移动式，120 ~ 150kV 级的用于固定敷设
高压电炉用橡皮绝缘直流高压电缆	GZXL	65	供特种电炉上传输直流高压大电流用，直流电压50kV，使用环境温度为 0 ~ 40℃

3.7.2　规格、结构与性能指标

(1) 射线机用橡皮绝缘直流高压软电缆　X 射线机用橡皮绝缘直流高压电缆的截面如图6-3-21 所示，其规格、结构与性能指标分别列于表 6-3-198 ~ 表 6-3-199。其他性能如下：

1）高压绝缘厚度允许偏差为 −15%，应紧密结实，无目测可见的气隙，护套厚度偏差为 ±20%。

2）为了区别电压级，电缆护套上应有工作电压的标志，或在高压绝缘外用不同颜色的棉纱线加以区别，颜色规定如表6-3-200 所示。

3）电缆最小允许弯曲半径为：75kV 及以下允许 5 倍，其余为 8.5 倍。

4）镀锡铜丝编织屏蔽层编织覆盖率不小于7m。

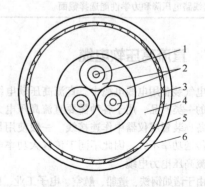

图 6-3-21　X 射线机用橡皮绝缘直流高压软电缆截面
1—导电线芯　2—半导电橡皮　3—低压绝缘
4—高压绝缘　5—镀锡铜丝编织　6—聚氯乙烯护套

表 6-3-198　X 射线机用直流高压软电缆规格与结构

型　　号	额定工作电压/kV	导线截面积/mm²	芯　　数	低压绝缘厚度/mm	高压绝缘厚度/mm	护套厚度/mm	最大外径/mm
X-250	50	1.5	3	1.0	4.5	1.0	24.5
X-275	75	1.5	3	1.0	6.0	1.0	28.0
X-Z100	100	1.5	3	1.0	7.5	1.0	31.0
X-Z125	125	1.5	3	1.0	9.0	1.0	35.0
X-Z150	150	1.5	3	1.0	11.0	1.5	43.0
X-2200	200	1.5	3	1.0	13.0	1.5	51.0

表 6-3-199　X 射线机电缆的电性能要求

20℃时导线直流电阻/(Ω/km) ≤	低压绝缘线芯			高压绝缘线芯与屏蔽层间		
	成缆前绝缘线芯		成品电缆低压线芯间	工作电压/kV（脉动直流峰值）	试验电压/kV（脉动直流峰值）	加压时间/min
	火花耐压	或浸水6h后耐压				
	绝缘厚度/mm	电压/V				
12.75	1.0	6000	工频 2000V 5min	工频 1000V 5min	50 75 100 125 150 260	65 100 130 165 200 300	15

表 6-3-200　X 射线机电缆分色规定

电压等级/kV	50	75	100	125	150	200
颜色	绿	红	蓝	白	黑	黄

(2) 聚乙烯绝缘直流高压软电缆　聚乙烯绝缘直流高压软电缆产品规格和性能见表 6-3-201 ～ 表6-3-202。

表 6-3-201　聚乙烯绝缘直流高压软电缆规格结构

直流工作电压等级/kV	导线截面积/mm²	导线结构/(根数/mm)	最大允许工作电流/A	半导电聚乙烯层厚度/mm	绝缘厚度/mm	金属编织屏蔽/mm	聚氯乙烯护套/mm	最大外径/mm	计算重量/(kg/km)
150	2.5	19/0.41			0.4			15	261
200	1.5	7/0.52	6		0.4			40	210
400		7/0.52	7.0	17.0	0.4	4.0		60	648

注：根据用户需要，可浸有金属编织屏蔽层。

表 6-3-202　聚乙烯绝缘直流高压软电缆性能指标

20℃时导线直流电阻率/(Ω·mm²/m) ≤	耐电压试验（导线—屏蔽层）			最小允许弯曲半径/mm		
	电缆工作电压/kV	试验电压/kV	试验时间/min	电缆工作电压/kV		
				150	200	400
镀锡铜线 0.0190	150	200	15	150	400	600
铜线 0.0184	200	250	15	150	400	600
	400	500	15	150	400	600

(3) 电子束电焊机用直流高压电缆 目前生产的电子束电焊机用直流高压电缆根据用户的要求有两种结构:一种是 3 根导电线芯构成同心式分布,中心为 1.5mm² 的控制线芯,并绕包 0.6mm 厚的聚酯(或聚四氟乙烯)薄膜,然后依次同心绞合 2 层截面积为 6mm² 的灯丝线芯,然后才是半导电层和高压绝缘,见图 6-3-22。该产品可用于 100kV 直流电压的设备上。产品结构尺寸与性能指标分别列于表 6-3-203 ~ 表 6-3-204。另一种结构是导线截面积为 2.5mm² 的 4 芯电缆,4 芯分别绝缘并绞合成缆后再挤包半导电层和高压绝缘,用于 150kV 的直流电压设备上,电缆的结构尺寸和性能指标见表 6-3-205 ~ 表 6-3-206。

这两种结构形式的差异并不是因电压级的不同,而是结构设计上的不同。

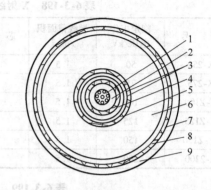

图 6-3-22 电子束焊机用电缆(第一种结构)截面图
1—栅极线芯 2—栅极线芯绝缘 3—灯丝线芯
4—灯丝线芯绝缘 5—半导电聚乙烯 6—高压聚乙烯
7—半导电聚乙烯 8—金属编织屏蔽层 9—聚氯乙烯护套

表 6-3-203 电子束焊机用直流高压电缆的第一种结构

项目	控制线芯		第一层灯丝线芯		第二层灯丝线芯		半导电层/mm	高压绝缘层/mm	半导电层/mm	金属屏蔽/mm	护套/mm	电缆外径/mm		计算重量/(kg/km)
	截面积/mm²	绝缘/mm	截面积/mm²	绝缘/mm	截面积/mm²	绝缘/mm						计算值	最大值	
结构尺寸	1.5 (19/0.32)[1]	0.6 —	≥6 (12/1.0)[1]	0.5	≥6 (24×0.85)[1]	1.0	6.0	0.12	0.6	1.5	26	29		832
材料组成	铜绞线	聚酯或聚四氟乙烯薄膜	铜线同心式绞合一层	聚酯或一聚四氟乙烯薄膜	铜线同心式绞合一层	半导电聚乙烯	聚乙烯	半导电纸绕包一层	镀锡铜丝编织	聚氯乙烯挤包	—		—	

① 系指导线结构(根数/单线直径 mm)。

表 6-3-204 第一种结构电子束焊机电缆性能指标 (DHG-100)

使用条件		性能指标	
直流额定工作电压:100kV 灯丝线芯间电压:直流 500V 灯丝线芯与控制芯间电压:直流 5kV 灯丝线芯与控制芯对地的额定电压:直流 100kV 灯丝线芯允许最大电流:30A 固定敷设		导线直流电阻率 20℃时	≤0.0184 (Ω·mm²/m)
		成品电缆试验电压	灯丝线芯间:交流 1500V,5min 灯丝线芯与控制芯间:交流 3000V,5min 灯丝和控制线芯,对屏蔽层间:直流 200kV,15min
		敷设时最小弯曲半径	电缆外径的 15 倍

表 6-3-205　电子束焊机用电缆第二种结构

导电线芯		绝缘 /mm	半导 电层 /mm	高压 绝缘层/mm	半导 电层 /mm	金属 屏蔽层 /mm	护套 /mm	最大 外径 /mm	计算 重量 /(kg/km)
芯数×截面积 /mm²	导线结构和 单线直径 /(根/mm)								
4×2.5	19/0.41	1.0	1.5	11.0	0.6	0.4	1.5		
镀锡铜线正规 绞合	天然 丁苯橡皮	半导 电橡皮	专用 橡皮	半导 电布带 二层	0.2毫米 镀锡铜 丝编织	聚氯 乙烯	44	1881

表 6-3-206　第二种结构电子束焊机电缆性能指标（DHG-150）

使用条件	性能指标	
直流额定工作电压：150kV 4个线芯相互间工作电压：直流1000V 导电线芯与金属屏蔽间工作电压：直流150kV 线芯允许最大电流：15A 可移动使用	导线直流电阻 率（20℃）	≤0.0190（Ω·mm²/m）
	成缆前绝缘线 芯耐电压试验	工频火花耐压6000V
	成品电压试验	导电线芯间：交流2000V，5min 导线与屏蔽层间：直流200kV，15min
	电缆允许弯曲半径	不小于电缆外径的8.5倍

（4）电子轰击炉用直流高压电缆　电子轰击炉用直流高压电缆，由于用户的需要有几种结构，绝缘有橡皮绝缘、聚氯乙烯绝缘、聚乙烯绝缘三种。下面介绍其中的两个产品。

橡皮绝缘的电子轰击炉用直流高压电缆的结构与性能指标见表6-3-207～表6-3-208。聚氯乙烯绝缘的另一种产品结构和性能指标见表6-3-209～表6-3-210。

表 6-3-207　HXV 型（80kV）电子轰击炉电缆结构

导电线芯		半导电 橡皮层 /mm	绝缘橡 皮层 /mm	半导电 胶布带 /mm	镀锡铜丝 编织屏蔽 /mm	聚氯乙 烯护套 /mm	计算 外径 /mm	计算 重量 /(kg/km)
芯数截面积 /mm²	导线结构 与单线直径 /(根/mm)							
1×25	133/0.49	0.8	7.0	0.3	0.5	2.0	28.6	1146

表 6-3-208　HXV 型（80kV）电子轰击炉电缆性能指标

使用 条件	电缆额定工作电压：直流80kV	性能 指标	导线直流电阻率20℃时，≤	镀锡铜线 0.0190（Ω·mm²/m）
	电缆最大允许电流：90A		成品电缆耐电压试验	导线对屏蔽层：直流110kV，15min
	使用环境温度：-20～+50℃		电缆允许弯曲半径	不小于电缆外径8倍

表 6-3-209　HVV 型（25kV）电子轰击炉用电缆结构

导电线芯			线芯 的绝缘	半导 电层	高压 绝缘	半导 电层	金属 屏蔽	护套	计算 外径 /mm	计算 重量 /(kg/km)
第一根 灯丝线芯	第二根 灯丝线芯	栅极 线芯								
19mm² (19/1.13)[1] 正规绞合	19mm² (19/1.13)[1] 同心式绞线	0.5～ 0.20mm 镀锡铜 丝编织	聚酯 薄膜	半导 电聚氯 乙烯	高压 绝缘用 聚氯乙烯	半导 电聚氯 乙烯	0.2mm 镀锡铜 丝编织	1.5mm 聚氯乙 烯护套	25.5	1052

① 指导线线芯结构（根数/单线直径mm）。

表 6-3-210 HVV 型（25kV）电子轰击炉用电缆性能指标

使 用 条 件	性 能 指 标	
	导线直流电阻率20℃时，≤	0.0184（Ω·mm²/m）
工作电压：直流 25kV 灯丝线芯电流：最大 60A 栅极线芯电流：最大 3A 环境温度：最高 30℃	电压试验	灯丝线芯间：交流 500V，1min 灯丝线芯与栅极线芯间：交流 5000V，5min 栅极线芯与金属屏蔽间：直流 62.5kV，15min
	电缆允许弯曲半径	不小于电缆外径的 8 倍

（5）直热式电子枪用橡皮绝缘直流高压电缆 （见表 6-3-211 ~ 表 6-3-212）

表 6-3-211 直热式电子枪用电缆结构

型 号	芯数	导电线芯截面积/mm² 与结构						电缆外径/mm		计算 重量 /（kg/km）
		中心导线		第一层外导电线芯		第二层外导电线芯		计算值	最大值	
		截面积	结构①	截面积	结构①	截面积	结构①			
GZX-30	2	6.0	49/0.39	4.5	32/0.43	—	—	21.3	22.0	687
GZXP-33	1	1.2	19/0.28	—	—	—	—	8.2	9.5	100
GZX-150	3	1.5	19/0.32	3.8	32/0.34	3.8	32/0.39	31.6	40.0	1630

注：电缆芯采用同心式，也可制成绞合式分布。导线外低压绝缘后，分别包上半导电层，高压橡皮绝缘半导电带和金属屏蔽编织，以蜡光纱编织为护层。

① 指根数/单线直径（mm）。

表 6-3-212 直热式电子枪用电缆性能指标

使 用 条 件				耐电压试验		
项目	GZX-30	GZXP-33	GZX-150	GZX-30	GZXP-33	GZX-150
额定直流电压/kV	30	33	150	导线间：交流 500V，1min 导线与屏蔽间： 直流 40kV，15min	导线与屏蔽 层间：直流 49.5kV，5min	中心导线对第一 层外导体工频： 4000V，5min 外导线间：工频 500V，1min 外导线与屏蔽层 间：直流 200kV， 15min
线芯间电压/V	交流 25V		中心导线对第 一层 2000V； 第一、二两层 间 50V			
线芯与屏蔽间 电压/V	30	33	150			
线芯最大允许 电流/A	20		中心导线 0.5 外导电芯 15			

（6）静电喷漆用直流高压电缆 （见表 6-3-213 ~ 表 6-3-214）

表 6-3-213 静电喷漆用直流高压电缆规格结构

型 号	导电线芯结构 与单线直径 /（根/mm）	聚乙烯 绝缘/mm	聚氯乙烯 护套/mm	计算外径 /mm	计算重量 /（kg/km）	敷 设 场 合
JGYV-90	7×0.25	3.5	0.8	10.2	120	用于需经常移动之处
JGYV-120	19×0.36	4.5	1.2	13.2	174	固定敷设用
JGYV-150	19×0.36	6.5	1.2	17.2	294	固定敷设用

表 6-3-214　静电喷漆用直流高压电缆性能指标

项　目	指　标	
耐电压试验	直流高压试验 15min　JGYV-90：140kV	
	JGYV-120：160kV	
	JGYV-150：180kV	
额定工作电压下漏电流	不大于 45mA/m	
电缆最小弯曲半径	不小于 150mm	

(7) 高压电炉用橡皮绝缘直流高压电缆（见　表 6-3-215 ~ 表 6-3-216）。

表 6-3-215　高压电炉用电缆结构

导线截面积/mm^2			内导体与第一	第二层外导	高压	半导	金属	护	计算	计算
内导体	第一层外导体	第二层外导体	层外导体，二层外导体间绝缘	体外半导电层	绝缘	电层	屏蔽	套	外径/mm	重量/(kg/km)
1.5	8.5	8.5	低压绝缘橡皮	半导电橡皮	高压绝缘橡皮	半导电橡皮	镀锡铜丝编织	蜡光棉纱编织	33.5	1496

表 6-3-216　高压电炉用电缆性能指标

使 用 条 件	性 能 指 标	
额定工作电压：直流 50kV 二个阴极线芯间电压：交流 200V 阴极线芯与栅极线芯间：交流 3000V 阴极线芯电流：最大 35A 栅极线芯电流：最大 5A	导线直流电阻率 20℃ ≤	镀锡铜线 0.0190Ω·mm^2/m
	绝缘线芯耐压试验	内导电线芯：浸室温水 6h 后交流 6000V，5min
		外导电线芯：交流火花耐压，3000V 或浸水 6h 后交流 1000V，5min
	成品耐压试验	内导电线芯与第一层外导电线芯间：交流 6000V，5min
		外导电线芯间：交流 1000V，1min
		外导电线芯对屏蔽：直流 65kV，15min
	电缆允许弯曲半径	不小于电缆外径 10 倍

3.7.3　使用要求和结构特点

1. 射线机用直流高压软电缆（见表 6-3-217）

2. 其他直流高压电缆（见表 6-3-218）

表 6-3-217　X 射线用直流高压软电缆使用要求与结构特点

使 用 要 求	结 构 特 点
1）X 射线机用直流高压软电缆适用范围包括：工业探伤用 X 光机，透视、照相、治疗用 X 光机，电子显微镜、X 射线晶体仪等电子仪器用的电缆。有单焦点和双焦点型两种 　这一类电缆用于直流电压较高（单向辐值 50 ~ 200kV）电流较小（6A 及以下，有的以毫安计）情况	1）导电线芯：芯数均为 3 芯，通用于双焦点型与单焦点型。采用 1.5mm^2 的铜软绞线。3 芯分别绝缘后挤上半导电橡皮或塑料半导电材料的体积电阻系数为 103 ~ 105Ω·mm 左右

（续）

使用要求	结构特点
2）电缆通常要求可随设备移动，要求柔软、耐磨 3）要求外径小、重量轻，并有可拆装式接头装置，使用方便 4）由于可能与人身接触，因此要求安全可靠 5）为了保证电子仪器有高的分辨能力，要求电源电压波动较小（如电子显微镜要求1min内变化为10^{-3}V以下），因此要求电缆各项性能参数十分稳定。要求防干扰性能良好 6）要求电缆泄漏电流小	2）高压绝缘层： 一般天然-丁苯橡皮直流最大场强取27kV/mm，乙丙橡皮取35kV/mm 3）外屏蔽层： 采用0.15~0.2mm镀锡铜丝编织，编织覆盖率不小于65%，或采用金属钢带绕包 4）护套：采用特软聚氯乙烯或丁腈聚氯乙烯挤包

表6-3-218　其他直流高压电缆的使用要求与结构特点

使用要求	结构特点
1）除了X射线机用直流高压软电缆外，其他直流高压电缆应用范围很广。目前主要应用于各种工业中的新技术设备配套上，如电子束加工、电子轰击炉、高压电炉、电子枪、静电喷漆、静电镀膜等 这类产品，一般是电源的功率较大，因此电缆上通过的灯丝加热电流也较大（达数十安培），电压从10~200kV不等 2）电缆大多为固定敷设，与人体一般不直接接触 3）由于电缆传输能量较大，要考虑电缆的热性，电缆最高允许工作温度与环境温度 4）某些设备使用中频率短时放电（如电子束加工），电缆需承受2.5~4倍的过电压，应保证足够的电气强度 5）由于各种设备尚未标准化，系列化，因此同一类型的设备，其灯丝线芯间的工作电压，灯丝线芯与栅极线芯间的工作电压均不一致，选用时应予注意验算	1）导电线芯：大多为3芯，也有双芯或单芯，或4芯的3芯电缆一般是两根灯丝加热线芯，一根控制线芯。导线与屏蔽层间承受直流高压 3芯电缆的结构有两种形式：一种与X射线机电缆相似，采用分别绝缘后绞合成缆，再挤包半导电层，高压绝缘……；另一种结构将控制（栅极）线芯作为中心导体，挤包绝缘后将两根灯丝线芯以同心式绞合（中间隔以薄绝缘），然后再挤包半导电层，高压绝缘 2）高压绝缘，金属屏蔽及护套基本同X射线用高压电缆 3）某些固定敷设用电缆可采用轻型护套结构——蜡光棉纱编织，使外径小，节约材料

3.8　核电站用电缆

3.8.1　品种规格

核电站用电缆一般可分为中压电力电缆、低压电力电缆、控制电缆、仪表电缆、热电偶补偿电缆5大类，应用于核电站安全壳内（在二代核电站中，称为K1类电缆）、安全壳外（在二代核电站中，称为K3电缆）、常规岛以及辅助厂房BOP等区域，其中安全壳内电缆及安全壳外电缆统称为核级电缆。

核级电缆的结构示意图如图6-3-23~图6-3-26所示。

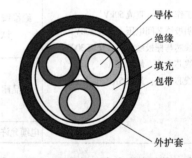

图6-3-24　三芯低压电力电缆结构示意图

图6-3-23　三芯中压电力电缆结构示意图

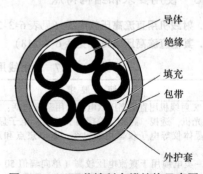

图6-3-25　五芯控制电缆结构示意图

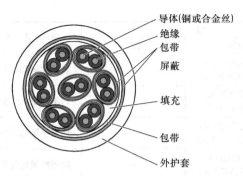

图 6-3-26 七对仪表或热电偶补偿电缆结构示意图

1. 品种与敷设场合

核级电缆的品种、型号与敷设场合见表 6-3-219

和表 6-3-220，由于不具备核级电缆国标及行标，采用二代核电站使用较为广泛的产品型号来介绍。

表 6-3-219　核电站用 1E 级 K3 类电缆（壳外电缆）的型号与敷设场合

品　　种	型　　号		外护层种类	敷 设 场 合
	铜芯	铝芯		
6（6.6）/10kV 中压电力电缆	HLEJ-K3	HLELJ-K3	热固性聚烯烃护套	
	HLYJYJ-K3	HLYJLYJ-K3		
	HLEY-K3	HLELY-K3	热塑性聚烯烃护套	
	HLYJY-K3	HLYJLY-K3		
0.6/1kV 低压电力电缆	HLEJ-K3	HLELJ-K3	热固性聚烯烃护套	
	HLYJYJ-K3	HLYJLYJ-K3		
	HLEY-K3	HLELY-K3	热塑性聚烯烃护套	
	HLYJY-K3	HLYJLY-K3		
0.6/1kV 控制电缆	HKEJ-K3 HKEJGP-K3	——	热固性聚烯烃护套	安装在安全壳外（以二代核电站为例）：1）反应堆厂房温度：-10~65℃；2）相对湿度：100%；3）40年或60年正常工况 γ 射线辐照（如有）
	HKEY-K3 HKEYGP-K3	——	热塑性聚烯烃护套	
	HKYJYJ-K3 HKYJYJGP-K3	——	热固性聚烯烃护套	
	HKYJY-K3 HKYJYGP-K3	——	热塑性聚烯烃护套	
300/500V 仪表电缆	HYEJGP-K3 HYEPJGP-K3	——	热固性聚烯烃护套	
	HYEYGP-K3 HYEPYGP-K3	——	热塑性聚烯烃护套	
	HYYJYJGP-K3 HYYJPYJGP-K3	——	热固性聚烯烃护套	
	HYYJYGP-K3 HYYJPYGP-K3	——	热塑性聚烯烃护套	

（续）

品　种	型　号		外护层种类	敷设场合
	铜芯	铝芯		
300/500V 热电偶补偿电缆	HBKXEJGP-K3 HBKCBEJGP-K3	——	热固性聚烯烃护套	安装在安全壳外（以二代核电站为例）： 1）反应堆厂房温度： -10~65℃； 2）相对湿度：100%； 3）40年或60年正常工况γ射线辐照（如有）
	HBKXEYGP-K3 HBKCBEYGP-K3	——	热塑性聚烯烃护套	
	HBKXYJYJGP-K3 HBKCBYJYJGP-K3	——	热固性聚烯烃护套	
	HBKXYJYGP-K3 HBKCBYJYGP-K3	——	热塑性聚烯烃护套	

注：K3—安装在安全壳外，通过K3质量鉴定程序验证其具备在正常环境条件下和地震载荷下以及在对一些设备规定的事故条件下能完成其规定功能的电缆；

HL—核电站用电力电缆；

HK—核电站用控制电缆；

HB—核电站用热电偶补偿电缆；

L—铝芯；

T—铜芯（省略）；

E—乙丙橡皮绝缘；

P—铜丝编织芯组屏蔽，也可以采用其他材料组屏蔽形式，如铝塑带A、铜带P2等；

GP—铜丝编织总屏蔽，也可以采用其他材料总屏蔽形式，如铝塑带A、铜带P2等；

J—热固性聚烯烃护套；

YJ—交联聚乙烯绝缘/交联聚烯烃绝缘/热固性聚烯烃护套；

KX—导体采用镍铬合金（正极）、镍硅合金（负极），也可以采用其他分度合金丝材料，如EX等；

KCB—导体采用铜（正极）、铜镍合金（负极），也可以采用其他分度合金丝材料，如EX等。

表6-3-220　核电站用1E级K1类电缆（壳内电缆）的型号与敷设环境

品　种	型　号		外护层种类	敷设场合
	铜芯	铝芯		
6（6.6）/10kV 中压电力电缆	HLEJ-K1	HLELJ-K1	热固性聚烯烃护套	安装在安全壳内（以二代核电站为例）： 1）温度：0~65℃； 2）相对湿度：100%； 3）40年正常工况γ射线辐照，累积剂量：250kGy或以上； 4）LOCA工况γ射线辐照，累积剂量：600 kGY或以上； 5）LOCA事故工况，事故期间及事故后能执行相关电气功能
0.6/1kV 低压电力电缆	HLEJ-K1	HLELJ-K1	热固性聚烯烃护套	
0.6/1kV 控制电缆	HKEJ-K1 HKEJGP-K1	——	热固性聚烯烃护套	
300/500V 仪表电缆	HYEJGP-K1 HYEPJGP-K1	——	热固性聚烯烃护套	
300/500V 热电偶补偿电缆	HBKXEJGP-K1 HBKCBEJGP-K1	——	热固性聚烯烃护套	

注：K1—安装在安全壳内，通过K1质量鉴定程序验证其具备在正常环境条件下、地震载荷下以及在事故环境下和（或）在事故后能完成其规定功能的电缆；

HL—核电站用电力电缆；

HK—核电站用控制电缆；

HB—核电站用热电偶补偿电缆；

L—铝芯；T—铜芯（省略）；

E—乙丙橡皮绝缘；

P—铜丝编织芯组屏蔽，也可以采用其他材料组屏蔽形式，如铝塑带A、铜带P2等；

GP—铜丝编织总屏蔽，也可以采用其他材料总屏蔽形式，如铝塑带A、铜带P2等；

J—热固性聚烯烃护套；YJ—交联聚乙烯绝缘/交联聚烯烃绝缘/热固性聚烯烃护套；

KX—导体采用镍铬合金（正极）、镍硅合金（负极），也可以采用其他分度合金丝材料，如EX等；

KCB—导体采用铜（正极）、铜镍合金（负极），也可以采用其他分度合金丝材料，如EX等。

2. 工作温度与敷设条件（以二代核电站用核级电缆为例）

1）导体长期允许工作温度应不超过 90℃。

2）电力电缆短路时（最长持续时间不超过

5s）电缆导体的最高温度不超过 250℃。

3）敷设电缆时的环境温度不低于 0℃，敷设时电缆的允许最小弯曲半径为见表 6-3-221。

表 6-3-221　核级电缆最小弯曲半径

电　缆	6（6.6）/10kV 中压电力电缆	0.6/1kV 低压电力电缆	0.6/1kV 控制电缆	300/500V 仪表电缆	300/500V 热电偶补偿电缆
弯曲半径　≥	12D	8D	8D	8D	8D

注：D 为电缆直径

3. 型号规格

核级电缆型号规格见表 6-3-222。

表 6-3-222　核级电缆的型号规格

型　号	芯　数	额定电压/kV	导体截面积/mm²
HLELY、HLEY、HLELJ、HLEJ、HLYJLY、HLYJY、HLYJLYJ、HLYJYJ	1 3	6（6.6）/10	16～800 16～400
HLELY、HLEY、HLELJ、HLEJ、HLYJLY、HLYJY、HLYJLYJ、HLYJYJ	1 2～6	0.6/1	1.5～800 1.5～630
HKEY、HKEYGP、HKEJ、HKEJGP HKYJY、HKYJYGP、HKYJYJ、HKYJYJGP	1～61	0.6/1	0.35～10
HYEYGP、HYEPYGP、HYEJGP、HYEPJGP HYYJYGP、HYYJPYGP、HYYJYJGP、HYYJPYJGP HBKXEYGP、HBKCBEYGP、HBKXEJGP、 HBKCBEJGP、HBKXYJYGP、HBKCBYJYGP、 HBKXYJYJGP、HBKCBYJYJGP	1组～61组	0.3/0.5	0.35～2.5

4. 外径和重量

以交联聚乙烯绝缘/交联聚烯烃绝缘、热塑性护套核级电缆为代表产品，选取每类电缆的大、中、小规格电缆为代表，提供计算外径及计算重量见表 6-3-223。

表 6-3-223　核级电缆外径及重量

型　号	规　格	参考外径/mm	计算重量/(kg/km)
HLYJY-K3　6（6.6）/10kV	3×240	70.7	9872
HLYJY-K3　6（6.6）/10kV	1×400	40.1	4516
HLYJY-K3　6（6.6）/10kV	1×50	23.9	971
HLYJY-K3　0.6/1kV	3×300	60.2	10240
HLYJY-K3　0.6/1kV	4×70	35.4	3309
HLYJY-K3　0.6/1kV	1×1.5	7.7	79
HKYJYGP-K3　0.6/1kV	14×6	25.8	1371
HKYJYGP-K3　0.6/1kV	7×2.5	15.3	419
HKYJYGP-K3　0.6/1kV	2×0.5	8.8	105
HYYJYGP-K3　300/500V	7×4×1	24.4	817

（续）

型　　号	规　　格	参考外径/mm	计算重量/(kg/km)
HYYJYGP-K3　300/500V	2×3×1	17.0	345
HYYJYGP-K3　300/500V	1×2×1	10.4	143
HBKXYJYGP-K3　300/500V	24×2×1	36.9	1478
HBKXYJYGP-K3　300/500V	7×2×1	21.0	530
HBKXYJYGP-K3　300/500V	1×2×1	10.4	142

3.8.2　产品结构（核级电缆）

1. 导体

（镀锡）铜/铝导电线芯结构性能应符合 GB/T 3956—2008 的要求

2. 绝缘

若设计规范书有绝缘标称厚度规定的，应符合相关规范的规定。若无特殊要求绝缘标称厚度满足表 6-3-224 要求。当绝缘线芯有阻燃要求时，允许采用双层绝缘结构。

表 6-3-224　核级电缆的绝缘厚度

导体截面积 /mm²	电压等级	交联聚乙烯或 交联聚烯烃绝缘 标称厚度/mm	乙丙橡皮 绝缘标称 厚度/mm	导体截面积 /mm²	电压等级	交联聚乙烯或交 联聚烯烃绝缘 标称厚度/mm	乙丙橡皮 绝缘标称 厚度 /mm
16～400	6 (6.6)/10kV	3.4	3.4	185	0.6/1kV	1.6	2.0
1.5、2.5、4、6、10、16	0.6/1kV	0.7	1.0	240	0.6/1kV	1.7	2.2
25、35	0.6/1kV	0.9	1.2	300	0.6/1kV	1.8	2.4
50	0.6/1kV	1.0	1.4	400	0.6/1kV	2.0	2.6
70	0.6/1kV	1.1	1.4	500	0.6/1kV	2.2	2.8
95	0.6/1kV	1.1	1.6	630	0.6/1kV	2.4	2.8
120	0.6/1kV	1.2	1.6	800	0.6/1kV	2.6	2.8
150	0.6/1kV	1.4	1.8				

3. 护套

护套厚度应符合相关设计规范书的规定。

3.8.3　技术指标

核级电缆的主要性能符合以下要求。

1. 电气性能

核级电缆电气性能符合表 6-3-225 和表 6-3-226规定。

表 6-3-225　中压电力电缆主要电气性能

序　号	试　验　项　目	单　位	性　能　指　标
1	例行局部放电试验	—	试验电压 $1.73U_0$，试验灵敏度为 10PC 或更优，应无任何由被试电缆产生的超过声明试验灵敏度的可检测出到的放电
2	弯曲试验后局部放电试验	—	将电缆在 20 (D+d) (1±5%) 圆柱体上正反弯曲三次，试验电压 $1.73U_0$，试验灵敏度为 5PC 或更优，应无任何由被试电缆产生的超过声明试验灵敏度的可检测出的放电

（续）

序　号	试 验 项 目	单　位	性 能 指 标
3	tan δ 测量	—	EPR 材料 $\leqslant 400 \times 10^{-4}$ XLPE 材料 $\leqslant 80 \times 10^{-4}$
4	4h 交流电压试验	—	施加 $4U_0$，试样不击穿
5	屏蔽电阻率试验	$\Omega \cdot m$	导体屏蔽电阻率≤1000 绝缘屏蔽电阻率≤500
6	导体直流电阻	Ω/km	符合 GB/T 3956—2008 规定

表 6-3-226　0.6/1kV 及以下电压等级电缆主要电气性能

序　号	试 验 项 目	单　位	性 能 指 标
1	20℃绝缘电阻试验	$M\Omega \cdot km$	20℃绝缘电阻常数≥3670
2	90℃绝缘电阻试验	$M\Omega \cdot km$	90℃绝缘电阻常数≥3.67
3	例行交流电压试验	—	施加规定电压，试样不击穿
4	4h 交流电压试验	—	施加 $4U_0$ 电压，试样应不发生击穿
5	导体直流电阻	Ω/km	符合 GB/T 3956—2008 规定

2. 力学性能

核级电缆绝缘和护套力学性能符合表 6-3-227 规定。

表 6-3-227　核级电缆绝缘和护套力学性能

序　号	试 验 项 目	单　位	性 能 指 标
1	机械性能 老化前后绝缘力学性能 老化前后护套力学性能	N/mm^2 % % N/mm^2 % %	原始抗张强度≥7.0（EPR）或 12.5（XLPE）或 9.0（XLPO） 原始断裂伸长率≥200 135 ±2℃，10d 老化后 抗张强度变化率≤ ±30，断裂伸长率变化率≤ ±30 原始抗张强度≥9.0（热固性）或 10（热塑性） 原始断裂伸长率≥200 120 ±2℃（热固性）或 110 ±2℃（热塑性）， 10d 老化后 抗张强度变化率≤ ±25，断裂伸长率变化率≤ ±25
2	绝缘热延伸试验	% %	温度 250 ±3℃（乙丙），温度 200 ±3℃（交联聚烯烃），载荷时间 15min，机械应力 20 N/cm^2 负载下伸长率≤175 冷却后永久变形≤15
3	护套热延伸试验（热固性）	% %	温度 200 ±3℃，载荷时间 15min，机械应力 20 N/cm^2 负载下伸长率≤175 冷却后永久变形≤15

3. 特殊性能

核级电缆特殊性能符合表 6-3-228 规定。

表 6-3-228　核级电缆特殊性能（以二代核电站用核级电缆为例）

序　号	试验项目	单　位	性能指标
1	材料热寿命评定		工作温度下具有 40 年使用寿命
2	等效加速热老化试验		等效 40 年加速热老化，老化条件由材料热寿命评定数据导出
3	正常工况辐照老化		经过等效加速热老化试验后的试样，施加一定剂量 γ 射线辐照（按照核电站正常工况下 40 年内累积量），之后进行：20 倍弯曲成圈浸水 1h 后，按 3150V/mm 进行 5min 耐压试验，试样应不发生击穿
4	事故工况辐照老化		经过正常工况辐照老化后的电缆试样再施加事故状况的 γ 辐照剂量
5	事故（LOCA）及事故后工况模拟		按照要求开展事故（LOCA）温度和压力曲线的模拟，试验结束后： 1）按 40 倍电缆外径成圈，浸水 1h 后，耐压试样应不发生击穿。 2）必要时开展绝缘电阻的测量
6	热老化前后的成束燃烧试验		A 类或 B 类成束燃烧试验
7	绝缘线芯单根垂直燃烧试验		符合技术规格书要求
8	取自电缆低压无卤材料燃烧时析出气体试验	mg/g μS/mm	HCL 含量　≤5 pH 值　　≥4.3 电导率　　≤10
9	电缆燃烧烟浓度试验	%	≥60

注：1. 第 3、4 及 5 项仅适用于 K1 类电缆（壳内用电缆）。

　　2. 三代核电站核级电缆的材料热寿命评定及等效加速热老化试验应达到 60 年寿命要求，正常工况辐照老化应施加 60 年内 γ 射线累积量，事故工况辐照老化应施加事故状况下 γ 及 β 射线累积量，高于二代核电站 K1 类电缆要求，三代核电站壳内电缆其他特殊性能要求应符合相应技术规格书要求。

3.9　风力发电用电缆

3.9.1　风力发电用 1.8/3kV 及以下电力电缆

1. 品种规格

风力发电用 1.8/3kV 及以下电力电缆适用于机舱内发电机定子至塔基变流器的电力传输。

风力发电用 1.8/3kV 及以下电力电缆结构示意图如图 6-3-27 和图 6-3-28 所示（仅列出代表性产品）。

(1) 品种与敷设场合　风力发电用 1.8/3kV 及以下电力电缆的品种与敷设场合见表 6-3-229。

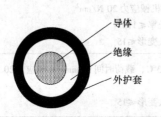

图 6-3-27　风力发电用 1.8/3kV 及以下单芯电力电缆结构示意图

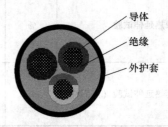

图 6-3-28　风力发电用 1.8/3kV 及以下三芯电力电缆结构示意图

表 6-3-229　风力发电用 1.8/3kV 及以下电力电缆的品种与敷设场合

品　种	型　号	名　称	敷设场合
风力发电用 1.8/3kV 及以下 电力电缆	FDEF-25、FDEF-40、 FDEF-45	铜芯乙丙橡皮绝缘氯丁橡皮护套风力发电用耐 （（严）寒）扭曲软电缆	机舱内发电机定 子至塔基变流器的 电力传输，可用于 扭转场合
	FDES-25、FDES-40、 FDES-55	铜芯乙丙橡皮绝缘热塑弹性体护套风力发电用耐 （（严）寒）扭曲软电缆	
	FDGG-40、FDGG-55	铜芯硅橡胶绝缘硅橡胶护套风力发电用耐（（严） 寒）扭曲软电缆	
	FDEU-40、FDEU-55	铜芯乙丙橡皮绝缘聚氨酯弹性体护套风力发电用耐 （（严）寒）扭曲软电缆	
	FDEG-40、FDEG-55	铜芯乙丙绝缘硅橡胶护套风力发电用耐（（严）寒） 扭曲软电缆	
	FDEH-25、FDEH-40、 FDEH-55	铜芯乙丙绝缘氯磺化聚乙烯橡皮护套风力发电用耐 （（严）寒）扭曲软电缆	
	FDGU-40、FDGU-55	铜芯硅橡胶绝缘聚氨酯弹性体护套风力发电用耐 （（严）寒）扭曲软电缆	

注：-25、-40、-45 及 -55 分别为耐低温等级。

(2) 工作温度与敷设条件

1) 导体额定工作最大温度：70℃ 或 90℃，可满足-25℃、-40℃、-45℃ 或 -55℃ 低温要求。

注：FDEF 型电缆最大工作温度为 70℃，其余均为 90℃。

2) FDEF 型电缆短路时（最长持续时间不超过 5s）电缆的最高温度 200℃。其余电缆短路时（最长持续时间不超过 5s）电缆的最高温度 250℃。

3) 电缆的最小弯曲半径：固定敷设不小于电缆外径的 4 倍；移动敷设不小于电缆外径的 6 倍。

4) 电缆导体允许张力负荷：15N/mm²。

5) 敷设温度：电缆在不低于 0℃ 的环境条件下，不需预先加温；当温度低于 0℃ 时应预先对电缆进行加热，以保证敷设质量。

(3) 规格　风力发电用 1.8/3kV 及以下乙丙绝缘电力电缆规格见表 6-3-230。

表 6-3-230　风力发电用 1.8/3kV 及以下乙丙绝缘电力电缆的规格

额定电压	芯　数	导体规格/mm²
450/750V 0.6/1kV	1	1.5 ~ 400
	2	1 ~ 25
	3	1 ~ 300
	3 + 1	4 ~ 185
	4	1 ~ 300
	5	1 ~ 25
	6 ~ 36	1.5 ~ 4
1.8/3 kV	1	10 ~ 400
	3	10 ~ 240

(4) 外径　风力发电用 1.8/3kV 及以下乙丙绝缘电力电缆代表产品的外径和 20℃ 绝缘电阻见表 6-3-231。

表 6-3-231-1　风力发电用 1.8/3kV 及以下乙丙绝缘电力电缆外径和 20℃绝缘电阻

规格/mm²	450/750V、0.6/1kV 电缆参考外径/mm		1.8/3 kV 电缆参考外径/mm		20℃绝缘电阻≥ /(MΩ·km)	
	FDEF、FDES FDGG、FDEG FDEH	FDEU、FDGU	FDEF、FDES FDGG、FDEG FDEH	FDEU、FDGU	450/750V、 0.6/1kV	1.8/3kV
1×1.5	5.7~7.1	4.8~5.9	—	—	150	250
1×2.5	6.3~7.9	5.4~6.7	—	—	150	250
1×4	7.2~9.0	6.3~7.8	—	—	150	250
1×6	7.9~9.8	6.7~8.4	—	—	150	250
1×10	9.5~11.9	8.3~10.5	11.3~13.7	10.1~12.3	150	250
1×16	10.8~13.4	9.5~11.7	12.6~15.2	11.3~13.5	150	250
1×25	12.7~15.8	11.4~14.1	14.3~17.4	13.0~15.6	150	250
1×35	14.3~17.9	12.7~16.0	15.9~19.5	14.3~17.5	150	250
1×50	16.5~20.6	14.8~18.4	17.7~21.8	16.0~19.6	100	200
1×70	18.6~23.3	16.6~20.9	19.8~24.5	17.8~22.1	100	200
1×95	20.8~26.0	18.8~23.6	22.0~27.2	20.0~24.8	100	200
1×120	22.8~28.6	20.8~26.3	24.0~29.8	22.0~27.4	100	200
1×150	25.2~31.4	23.1~28.9	26.4~32.6	24.3~30.0	100	200
1×185	27.6~34.4	25.2~31.7	28.4~35.2	26.0~32.5	80	150
1×240	30.6~38.3	28.2~35.6	31.4~39.1	29.0~36.5	80	150
1×300	33.5~41.9	31.1~39.2	33.9~42.3	31.5~39.5	80	150
1×400	37.4~46.8	34.9~43.8	37.8~47.2	35.3~44.3	80	—
2×1	7.7~10.0	6.9~9.0	—	—	150	
2×1.5	8.5~11.0	7.6~9.8	—	—	150	
2×2.5	10.2~13.1	9.0~11.6	—	—	150	
2×4	11.8~15.1	10.6~13.7	—	—	150	
2×6	13.1~16.8	11.8~15.1	—	—	150	
2×10	17.7~22.6	15.6~19.9	—	—	150	
2×16	20.2~25.7	17.9~22.8	—	—	150	
2×25	24.3~30.7	21.8~27.6	—	—	150	
3×1	8.3~10.7	7.4~9.5	—	—	150	
3×1.5	9.2~14.0	8.0~10.4	—	—	150	
3×2.5	10.9~14.0	9.6~12.4	—	—	150	
3×4	12.7~16.2	11.3~14.5	—	—	150	
3×6	14.1~18.0	12.8~16.3	—	—	150	
3×10	19.1~24.2	16.8~21.4	23.0~28.1	20.6~25.2	150	250
3×16	21.8~27.6	19.5~24.7	25.7~31.5	23.3~28.6	150	250

（续）

规格/mm²	450/750V、0.6/1kV 电缆参考外径/mm		1.8/3 kV 电缆参考外径/mm		20℃绝缘电阻≥ /(MΩ·km)	
	FDEF、FDES FDGG、FDEG FDEH	FDEU、FDGU	FDEF、FDES FDGG、FDEG FDEH	FDEU、FDGU	450/750V、0.6/1kV	1.8/3kV
3×25	26.1~33.0	23.6~29.9	29.6~36.5	27.1~33.5	150	250
3×35	29.3~37.1	26.5~33.8	32.8~40.6	30.0~37.5	150	250
3×50	34.1~42.9	30.9~39.2	36.7~45.5	33.5~42.0	100	200
3×70	38.4~48.3	35.1~44.0	41.0~50.9	37.7~47.2	100	200
3×95	43.3~54.0	39.6~49.7	45.9~56.6	42.2~52.5	100	200
3×120	47.4~60.0	43.4~55.5	50.0~62.6	46.0~58.3	100	200
3×150	52.0~66.0	47.6~61.1	54.6~68.6	50.2~63.9	100	200
3×185	57.0~72.0	52.2~66.7	58.7~73.7	53.9~68.8	80	150
3×240	65.0~82.0	59.8~76.2	66.7~83.7	54.6~78.2	80	150
3×300	72.0~90.0	66.3~83.6	—	—	80	—
3×4+1×2.5	14.0~17.9	12.7~16.3	—	—	150	
3×6+1×4	15.7~20.0	14.1~18.1	—	—	150	
3×10+1×6	20.9~26.5	18.5~23.8	—	—	150	
3×16+1×10	23.5~29.6	21.1~26.8	—	—	150	
3×25+1×16	27.9~35.6	25.1~32.4	—	—	150	
3×35+1×16	31.0~40.1	28.1~36.6	—	—	150	
3×50+1×25	35.7~46.0	32.4~42.1	—	—	100	
3×70+1×35	40.7~52.0	37.1~47.9	—	—	100	
3×95+1×50	46.4~59.0	42.4~54.5	—	—	100	

表6-3-231-2 风力发电用1.8/3kV及以下乙丙绝缘电力电缆外径和20℃绝缘电阻

规格/mm²	450/750V、0.6/1kV 电缆参考外径/mm		20℃绝缘电阻≥ /(MΩ·km)
	FDEF、FDES、FDGG、FDEG、FDEH	FDEU、FDGU	
3×120+1×70	50.0~64.0	45.9~59.3	100
3×150+1×70	55.0~70.0	50.5~64.9	100
3×185+1×95	60.0~76.0	55.0~70.5	80
4×1	9.2~11.9	8.2~10.7	150
4×1.5	10.2~13.1	9.0~11.6	150
4×2.5	12.1~15.5	10.7~13.8	150
4×4	14.0~17.9	12.7~16.2	150
4×6	15.7~20.0	14.2~18.1	150
4×10	20.9~26.5	18.3~23.6	150
4×16	23.8~30.1	21.3~27.0	150

（续）

规格/mm²	450/750V、0.6/1kV 电缆参考外径/mm		20℃绝缘电阻≥ /(MΩ·km)
	FDEF、FDES、FDGG、FDEG、FDEH	FDEU、FDGU	
4×25	28.9~36.6	26.1~33.2	150
4×35	32.5~41.1	29.3~37.2	150
4×50	37.7~47.5	34.4~43.5	100
4×70	42.7~54.0	39.0~49.5	100
4×95	48.4~61.0	44.0~55.9	100
4×120	53.0~66.0	48.6~60.9	100
4×150	58.0~73.0	53.2~67.5	100
4×185	64.0~80.0	58.8~74.3	80
4×240	72.0~91.0	66.6~84.7	80
4×300	80.0~101.0	73.6~94.0	80
5×1	10.2~13.1	9.0~11.7	150
5×1.5	11.2~14.4	9.8~12.8	150
5×2.5	13.3~17.0	11.9~15.5	150
5×4	15.6~19.9	14.1~18.2	150
5×6	17.5~22.2	15.7~20.2	150
5×10	22.9~29.1	20.4~26.0	150
5×16	26.4~33.3	23.7~30.2	150
5×25	32.0~40.4	28.8~36.8	150
6×1.5	13.4~17.2	11.6~15.4	150
12×1.5	17.6~22.4	15.6~20.4	150
18×1.5	20.7~26.3	18.5~24.1	150
24×1.5	24.3~30.7	21.9~28.3	150
36×1.5	27.8~35.2	25.2~32.6	150
6×2.5	15.7~20.0	13.9~18.2	150
12×2.5	20.6~26.2	18.6~24.2	150
18×2.5	24.4~30.9	22.0~28.5	150
24××2.5	28.8~36.4	26.2~33.8	150
36×2.5	33.2~41.8	30.4~39.0	150
6×4	18.2~23.2	16.2~21.2	150
12×4	24.4~30.9	22.0~28.5	150
18×4	28.8~36.4	26.0~33.6	150

注：五芯以上电缆优先选用6、12、18、24和36；五芯以上非优选芯电缆的护套的标称值应根据 GB/T 12706.1—2008。

附录 A 的假定直径法使用下列公式计算得出：

FDEF、FDES、FDGG、FDEG、FDEH 护套 = 0.11D + 1.5mm；

FDEU、FDGU 护套 = 0.07D + 1.0mm。

其中 D 为成缆缆芯的假定直径，单位为 mm。

2. 产品结构

（1）导体　导体应采用 GB/T 3956—2008 中规定的第 5 种铜或镀锡铜导体。导体表面允许用非吸湿性材料带作重叠绕包或纵包。

（2）绝缘　绝缘应为表 6-3-232 所列的挤包固体介质的一种。绝缘应紧密挤包在导体上，断面无目力可见的气泡和杂质，外观圆整且容易与导体剥离。

表 6-3-232　绝缘混合料

绝缘混合料	代　号	导体最高温度/℃	
		正常运行时	短路时（最长持续 5s）
70℃乙丙橡皮	IE4	70	200
90℃乙丙橡皮	EPR	90	250
硅橡胶橡皮	G	90	250

（3）绝缘线芯　应经受表 6-3-233 规定的试验电压，线芯不发生击穿。

表 6-3-233　火花试验电压

绝缘标称厚度/mm	试验电压有效值/kV	测量设备量程（工频火花试验机）/kV	绝缘标称厚度/mm	试验电压有效值/kV	测量设备量程（工频火花试验机）/kV
$0.5 < \delta \leq 1.0$	6	0~15 或 0~20	$2.0 < \delta \leq 2.5$	20	0~20 或 0~25
$1.0 < \delta \leq 1.5$	10	0~15 或 0~20	$2.5 < \delta$	25	0~30 或 0~35
$1.5 < \delta \leq 2.0$	15	0~20 或 0~25	—	—	—

（4）绝缘线芯和填充（若有）绞合成缆　绝缘线芯应紧密绞合在一起，成缆绞合节径比应不大于绞合外径的 12 倍。可以在成缆线芯中间放置填充。若是大截面导体的绝缘线芯，则允许挤护套前在成缆线芯上绕包织物带，只要成品电缆绝缘线芯之间的外部间隙中没有任何实质性空隙。多芯电缆包覆护套之前，允许在缆芯外绕包一根合适材料的带子。

（5）外护套　多芯电缆护套应不与绝缘相粘连。护套应表面光滑、圆整、色泽基本一致，断面应无目力可见的气泡和杂质。

3. 技术指标

成品电缆的主要性能如下。

1）成品电缆的 20℃导体直流电阻见表 6-3-234。

表 6-3-234　20℃导体直流电阻

规格/mm²	20℃导体直流电阻≤/(Ω/km)	
	不镀锡	镀锡
1.5	13.3	13.7
2.5	7.98	8.21
4	4.95	5.09
6	3.30	3.39

（续）

规格/mm²	20℃导体直流电阻≤/(Ω/km)	
	不镀锡	镀锡
10	1.91	1.95
16	1.21	1.24
25	0.78	0.795
35	0.554	0.565
50	0.386	0.393
70	0.272	0.277
95	0.206	0.210
120	0.161	0.164
150	0.129	0.132
185	0.106	0.108
240	0.0801	0.0817
300	0.0641	0.0654
400	0.0486	0.0495

2）电缆 20℃的绝缘电阻见表 6-3-231 的规定。

3）电缆例行耐压试验：单芯电缆的试验电压应施加在导体与地之间，多芯电缆的试验电压应施加在导体与导体之间，持续 5min，试验电压见表 6-3-235。

表 6-3-235 成品耐压试验电压

额 定 电 压	试验电压/kV
450/750V	2.5
0.6/1 kV	3.5
1.8/3kV	6.5

4）产品特殊性能

a）常温下、不同低温下的电缆扭转试验。

先顺时针扭转电缆 1440°，后再逆时针扭转相同角度使电缆恢复到原始状态，此后逆时针扭转1440°后再顺时扭转相同角度使电缆恢复到初始状态，此为一个周期。

常温下，用户无特殊要求时，转轮的转速范围一般为 720°~2160°/min，进行 10000 个周期。

在规定低温条件下，用户无特殊要求时，转轮的转速范围一般为 360°~1080°/min，进行 2000 个周期。

试验结束后，试样表面应无开裂及扭曲现象，然后将完成扭转的试样按表 6-3-236 中的要求进行交流电压试验，应不发生击穿。

表 6-3-236 交流试验电压

样品额定电压	芯数	施加电压方式	试验电压/kV
450/750V	单芯	导体与水之间	1
	多芯	导体与导体之间	2.5
0.6/1 kV	单芯	导体与水之间	1.5
	多芯	导体与导体之间	3.5
1.8/3kV	单芯	导体与水之间	4.5
	多芯	导体与导体之间	6.5

b）电缆负重试验。

取 1.5m 电缆作为试样，在 23±5℃ 环境下，在试样下端的导体上悬挂一个砝码，砝码质量为铜导体截面积×15N，在负重状态下放置 7×24h 后，试样的护套、绝缘表面应无开裂，试样的导体直流电阻符合规定要求。

c）电缆低温弯曲试验。

电缆试样在规定的低温条件下，按一定转速进行卷绕在规定直径的试棒上，试验后电缆试样护套、绝缘表面应无裂纹。

d）电缆耐盐雾试验。

按 GB/T 2423.17—2008 规定进行，试验周期为 336h。试验结果为盐雾试验前后，绝缘和护套的抗张强度变化率应不超过 30%。

e）电缆阻燃试验。

满足单根或成束 C 类燃烧试验。

5）电缆具有耐气候性能。

3.9.2 风力发电用 3.6/6kV 及以上电力电缆

1. 品种规格

风力发电用 3.6/6~26/35kV 电力电缆适用于 2.5MW 及以上风机塔筒、机舱电力线路连接。

风力发电用 3.6/6~26/35kV 电力电缆结构示意图如 6-3-29~图 6-3-31。

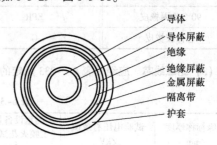

导体
导体屏蔽
绝缘
绝缘屏蔽
金属屏蔽
隔离带
护套

图 6-3-29 风力发电用 3.6/6~26/35kV 单芯电力电缆结构示意图

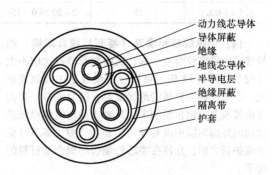

动力线芯导体
导体屏蔽
绝缘
地线芯导体
半导电层
绝缘屏蔽
隔离带
护套

图 6-3-30 风力发电用 3.6/6~26/35kV 多芯电力电缆结构示意图

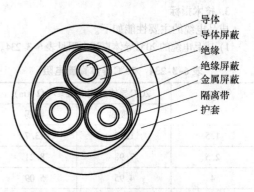

导体
导体屏蔽
绝缘
绝缘屏蔽
金属屏蔽
隔离带
护套

图 6-3-31 风力发电用 3.6/6~26/35kV 三芯电力电缆结构示意图

(1) 品种与敷设场合 风力发电用 3.6/6 ~ 26/35kV 电力电缆的品种与敷设场合见表 6-3-237。

表 6-3-237 3.6/6 ~ 26/35kV 风力发电用电力电缆的品种与敷设场合

品 种	型 号	名 称	敷 设 场 合
风力发电用 3.6/6 ~ 26/35kV 电力电缆	FDEH – 25	乙丙橡皮绝缘热固性弹性体护套风力发电机用耐扭扭曲软电缆	6MW 及以下风机塔筒、机舱电力线路连接，可用于扭转场合
	FDEH – 40	乙丙橡皮绝缘热固性弹性体护套风力发电机用耐寒耐扭曲软电缆	
	FDEU – 25	乙丙橡皮绝缘聚氨酯护套风力发电机用耐扭扭曲软电缆	
	FDEU – 40	乙丙橡皮绝缘聚氨酯护套风力发电机用耐寒耐扭曲软电缆	
	FDES – 25	乙丙橡皮绝缘热塑弹性体护套风力发电机用耐扭扭曲软电缆	
	FDES – 40	乙丙橡皮绝缘热塑弹性体护套风力发电机用耐寒耐扭曲软电缆	

注：– 25、– 40 分别为耐低温等级。

(2) 工作温度与敷设条件

1）导体额定工作最大温度：90℃，可满足 – 25℃ 或 – 40℃ 的低温要求。

2）短路时（最长持续时间不超过 5s）电缆的最高温度为 250℃。

3）电缆弯曲半径：三芯电缆最小弯曲半径为 $6D$，单芯电缆的最小弯曲半径为 $8D$，其中 D 为电缆直径。

4）电缆导体允许张力负荷：15N/mm²。

5）敷设温度：电缆在不低于 0℃ 的环境条件下，不需要预先加温；当温度低于 0℃ 时应预先对电缆进行加热，以保证敷设质量。

(3) 规格 风力发电用 3.6/6 ~ 26/35kV 乙丙绝缘电力电缆的规格见表 6-3-238。

表 6-3-238 3.6/6 ~ 26/35kV 乙丙绝缘风力发电用电力电缆的规格

额 定 电 压	芯 数	导体规格/mm²
3.6/6、6/6 6/10、8.7/10 8.7/15、12/20 18/30、21/35 26/35	1、3	25 ~ 300

(4) 外径 风力发电用 3.6/6 ~ 26/35kV 电力电缆外径参数见表 6-3-239 和表 6-3-240。

表 6-3-239 风力发电用 3.6/6 ~ 26/35kV 单芯电缆外径

型 号	规格 /mm²	电缆最大外径/mm						
		3.6/6kV	6/6kV 6/10kV	8.7/10kV 8.7/15kV	12/20kV	18/30kV	21/35kV	26/35kV
FDEH – 25 FDEH – 40 FDEU – 25 FDEU – 40 FDES – 25 FDES – 40	1 × 25	30.2	31.1	33.6	35.9	41.7	44.7	47.4
	1 × 35	31.6	32.5	35.0	37.3	43.1	46.1	48.8
	1 × 50	33.6	34.6	37.1	39.4	45.1	48.1	50.9
	1 × 75	35.4	36.3	38.8	41.1	46.9	49.9	52.6
	1 × 95	37.7	38.6	41.1	43.4	49.2	52.2	54.9
	1 × 120	40.0	40.9	43.4	45.7	51.5	54.5	57.2
	1 × 150	41.7	42.6	45.1	47.4	53.2	56.2	58.9
	1 × 185	43.4	44.3	46.9	49.2	54.9	57.9	60.7
	1 × 240	46.9	47.8	50.3	52.6	58.4	61.4	64.1
	1 × 300	50.3	51.2	53.8	56.1	61.8	64.8	67.6

表 6-3-240　风力发电用 3.6/6～26/35kV 多芯电缆外径

型　　号	规格 /mm²	电缆最大外径/mm						
		3.6/6kV	6/6kV 6/10kV	8.7/10kV 8.7/15kV	12/20kV	18/30kV	21/35kV	26/35kV
FDEH-25 FDEH-40	3×25+3×10/3	49.5	51.9	57.8	65.5	78.2	86.2	87.5
FDEU-25	3×35+3×10/3	52.5	55.4	60.8	68.6	81.2	89.2	90.6
FDEU-40	3×50+3×16/3	56.4	60.4	65.9	72.4	85.0	92.1	95.6
FDES-25 FDES-40	3×70+3×16/3	61.8	64.9	70.4	77.0	89.6	97.6	100.1

2. 产品结构

(1) 导体　导体应采用 GB/T 3956—2008 中规定的第 5 种铜或镀锡铜导体。

(2) 绝缘　主线芯绝缘应为 EPR 绝缘料。绝缘应紧密挤包在导体上，断面无目力可见的气泡和杂质，外观圆整且容易与导体剥离。

(3) 屏蔽

1) 导体屏蔽：导体屏蔽应是非金属的，由挤包的半导电料或在导体上先包半导电带再挤包半导电料组成。挤包的半导电料应和绝缘紧密结合。

2) 绝缘屏蔽

单芯及三等芯电缆：应由非金属半导电层与金属层组合而成。

三大三小结构电缆：应由非金属半导电层组成。

(4) 成缆　绝缘线芯应紧密绞合在一起，成缆绞合节径比应不大于绞合外径的 12 倍。

(5) 外护套　所有电缆均应有外护套。

外护套应为热塑性弹性体护套料（如 TPU、TPE）或热固性弹性体护套料（CPE、CR）。

3. 技术指标

(1) 成品电缆耐压试验

1) 单芯电缆的试验电压应施加在导体与金属屏蔽之间，持续 5min。

2) 三芯电缆试验步骤：对于分相金属编织（或疏绕）屏蔽的三芯电缆，应在每一根导体与金属屏蔽层之间施加电压，持续 5min；对于无分相金属屏蔽、有地线的三芯电缆，应依次在每一根主线芯导体对地导体之间施加试验电压，持续 5min。

额定电压的单相试验电压值见表 6-3-241。

表 6-3-241　成品耐压试验电压

额 定 电 压	试验电压/kV
3.6/6 kV	12.5
6/6kV、6/10 kV	21.0

（续）

额 定 电 压	试验电压/kV
8.7/10 kV、8.7/15 kV	30.5
12/20kV	42.0
18/30kV	63.0
21/35kV	73.5
26/35kV	91（65）

(2) 导体直流电阻　符合表 6-3-234 规定。

(3) 例行局部放电试验　在 $1.73U_0$ 下，应无任何由被试电缆产生的超过声明试验灵敏度的可检测到的放电（声明试验灵敏度 10pC 或更优）。

(4) 产品特殊性能　等同风力发电用 1.8/3kV 及以下电力电缆要求，其中常温下、不同低温下的电缆扭转试验项目，拧转试验结束后，试样表面应无开裂及扭曲现象，然后将完成扭转的试样按表 6-3-241 中的要求进行交流电压试验应不发生击穿。

3.10　光伏发电用电缆

3.10.1　品种规格

光伏发电用电缆适用于光伏发电系统中直流侧的光伏组件与组件之间的串联电缆、组串之间及组串至直流配电箱（汇流箱）之间的并联电缆和直流配电箱至逆变器之间的电缆，也可适用于逆变器与输电网间连接用的交流应用电缆。

光伏发电用电缆结构示意图如图 6-3-32 和图 6-3-33 所示（仅列出代表性产品）。

1. 品种与敷设场合

光伏发电用电缆的品种与敷设场合见表 6-3-242。

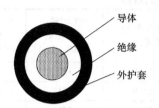

图 6-3-32 光伏发电用单芯电缆结构示意图

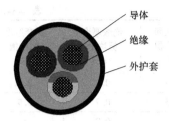

图 6-3-33 光伏发电用三芯电缆结构示意图

表 6-3-242 风力发电用 1.8/3kV 及以下电力电缆的品种与敷设场合

序 号	产品型号	型 号 名 称	无卤燃烧特性备注[①]
1	PV-YJYJ	交联聚烯烃绝缘和护套的光伏发电系统专用电缆	单根阻燃
2	PV-ZCYJYJ	阻燃 C 级交联聚烯烃绝缘和护套的光伏发电系统专用电缆	成束阻燃 C 级
3	PV-WYJYJ	无卤交联聚烯烃绝缘和护套的光伏发电系统专用电缆	无卤 单根阻燃
4	PV-WDYJYJ	无卤低烟交联聚烯烃绝缘和护套的光伏发电系统专用电缆	无卤 燃烧低烟 单根阻燃
5	PV-WDZCYJYJ	无卤低烟阻燃 C 级交联聚烯烃绝缘和护套的光伏发电系统专用电缆	无卤 燃烧低烟 成束阻燃 C 级

① 成束敷设安装、阻燃等级要求高的场合应采用成束阻燃 C 级的电缆。

具备无卤特性的电缆由于在燃烧时产生较低的酸性气体，适用于对周围环境及设备对酸性气体敏感，易遭受其不利影响的敷设场合。

2. 工作温度与敷设条件

1）导体额定工作最大温度为 120℃，可满足 -40℃低温要求。

2）电缆短路时（最长持续时间不超过 5s）电缆的最高温度为 250℃。

3）电缆的最小弯曲半径：敷设不小于电缆外径的 6 倍。

4）规格：光伏发电用电缆规格见表 6-3-243 和表 6-3-244。

表 6-3-243 单芯光伏发电电缆的规格

导体芯数和 标称截面积/mm²	绝缘厚度标称值 /mm	护套厚度标称值 /mm	平均外径上限/mm	20℃时最小绝缘 电阻/(MΩ·km)	90℃时最小绝缘电阻 /(MΩ·km)
1×1.5	0.7	0.8	5.4	859	0.859
1×2.5	0.7	0.8	5.9	691	0.691
1×4	0.7	0.8	6.6	579	0.579
1×6	0.7	0.8	7.4	499	0.499
1×10	0.7	0.8	8.8	424	0.424
1×16	0.7	0.9	10.1	342	0.342
1×25	0.9	1.0	12.5	339	0.339
1×35	0.9	1.1	14.0	287	0.287
1×50	1.0	1.2	16.3	268	0.268
1×70	1.1	1.2	18.7	247	0.247
1×95	1.1	1.3	20.8	220	0.220
1×120	1.2	1.3	22.8	211	0.211
1×150	1.4	1.4	25.5	206	0.206
1×185	1.6	1.6	28.5	200	0.200
1×240	1.7	1.7	32.1	198	0.198

表 6-3-244 多芯光伏发电电缆的规格

导体芯数和标称截面积/mm²	绝缘厚度标称值/mm	护套厚度标称值/mm	平均外径下限/mm	平均外径上限/mm	20℃时最小绝缘电阻/(MΩ·km)	90℃时最小绝缘电阻/(MΩ·km)
2×1.5	0.7	0.9	9.0	10.9	859	0.859
2×2.5	0.7	0.9	9.9	11.9	691	0.691
2×4	0.7	1	11.3	13.7	579	0.579
2×6	0.7	1.1	12.7	15.3	499	0.499
2×10	0.7	1.2	14.8	17.9	424	0.424
2×16	0.7	1.3	17.3	20.9	342	0.342
3×1.5	0.7	1	10.2	12.3	859	0.859
3×2.5	0.7	1.1	11.5	13.9	691	0.691
3×4	0.7	1.2	13.1	15.8	579	0.579
3×6	0.7	1.2	14.1	17.0	499	0.499
3×10	0.7	1.2	16.0	19.3	424	0.424
3×16	0.7	1.3	18.7	22.6	342	0.342
4×1.5	0.7	1.1	11.8	14.3	859	0.859
4×2.5	0.7	1.2	13.4	16.1	691	0.691
4×4	0.7	1.2	14.6	17.7	579	0.579
4×6	0.7	1.2	15.8	19.1	499	0.499
4×10	0.7	1.3	18.4	22.2	424	0.424
4×16	0.7	1.4	21.4	25.8	342	0.342
5×1.5	0.7	1.2	13.7	16.6	859	0.859
5×2.5	0.7	1.2	14.9	18.0	691	0.691
5×4	0.7	1.3	16.8	20.4	579	0.579
5×6	0.7	1.3	18.1	21.9	499	0.499
5×10	0.7	1.4	21.0	25.4	424	0.424
5×16	0.7	1.6	24.9	30.1	342	0.342

3.10.2 产品结构

1. 导体

导体应采用 GB/T 3956—2008 中规定的第 5 种镀锡铜导体。导体表面允许用非吸湿性材料带作重叠绕包或纵包。

2. 绝缘

绝缘应为表 6-3-245 所列的挤包固体介质的一种。绝缘应紧密挤包在导体上，断面无目力可见的气泡和杂质，外观圆整且容易与导体剥离。

表 6-3-245 绝缘混合料

材料代号	材料名称	适用电缆型号	导体最高温度/℃	
			正常运行时	短路时（最长持续 5s）
XPO/120	耐热 120℃辐照交联聚烯烃绝缘混合物	PV-YJYJ PV-ZCYJYJ	120	250
XPO/120W	耐热 120℃无卤辐照交联聚烯烃绝缘混合物	PV-WYJYJ PV-WDYJYJ PV-WDZCYJYJ	120	250

3. 绝缘线芯应经受表 6-3-246 规定的试验电压，线芯不发生击穿。

绝缘线芯应按 GB/T 3048.9—2007 经受规定的火花试验作为中间检查。

4. 绝缘线芯和填充（若有）绞合成缆

1）两芯及以上电缆的绝缘线芯应绞合成缆，成缆节径比应不大于 16。

2）缆芯间隙可以采用非吸湿性材料填充完整。

3）缆芯外根据需要可以绕包一层或多层非吸湿性材料。

4）对于具备无卤性能的电缆，填充材料和绕包材料均应当为无卤材料，并满足无卤材料的要求。

5. 外护套

多芯电缆护套应不与绝缘相粘连。护套应表面光滑、圆整、色泽基本一致，断面应无目力可见的气泡和杂质。

3.10.3　技术指标

成品电缆的主要性能如下：

1）成品电缆的 20℃导体直流电阻应符合 GB/T 3956—2008 中第 5 种导体的要求。

2）电缆 20℃和 90℃绝缘电阻见表 6-3-243 和 6-3-244 的规定。

3）电缆例行耐压试验：单芯电缆的试验电压应施加在导体与地之间，多芯电缆的试验电压应施加在导体与导体之间，持续 15min，试验电压为 6.5kV。

4）产品特殊性能

a）动态穿透试验。本试验应使用图 6-3-34 所示的设备进行。试验装置还应包括施压装置和压力测量仪，同时用于穿透样品钢针。测试时应在导体和钢针间施加低压检测信号，使得钢针穿透样品与导体接触时终止试验。

本试验应在室温下进行。钢针上压力的增加速率应为 1N/s，直到钢针穿透样品与导体接触为止。每次试验应在每个试样上进行 4 次，每次试验完成后应移动一定距离后再顺时针旋转 90°进行第二次测试。

4 次试验完成后，平均值应大于 F 值，F 值由以下公式计算得出：

$$F = 150 \times (d)^{1/2}$$

式中　d——IEC 60719：1992 中的导体外径（mm）。

b）低温冲击试验。低温冲击试验应按照 GB/T 2951.14—2008 标准在 –40℃条件下进行试验，但是砝码重量和落锤高度应按照表 6-3-246 中的规定

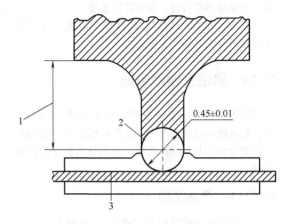

图 6-3-34　动态穿透试验装置图

1—长度取决于样品厚度　2—钢针　3—样品

进行试验。

表 6-3-246　低温冲击试验的试验参数

电缆直径 /mm	砝码质量 /g	圆杆质量 /g	砝码高度 /mm
$D \leq 15$	1000	200	100
$15 < D \leq 25$	1500	200	150
$D > 25$	2000	200	200

试验后用正常视力或矫正视力而不用放大镜检查，要求试样均不应有裂纹。

c）湿热试验。成品电缆应经受湿热试验。

试验方法：取适当长度电缆，采用 GB/T 2423.3—2008 规定的方法，温度设置为（90 ±2）℃，湿度为 85 ±5%，放置时间为 1500h。随后将试样取出，冷却至室温。按照 GB/T 2951.11—2008 方法，绝缘和护套各取 5 个试件，进行拉伸试验。

试验结果判定：湿热试验前后，绝缘和护套的抗张强度变化率和断裂伸长率变化率应不超过标准规定值。

d）绝缘耐长期直流试验。

测量方法：取一根 5m 长的电缆，剥去护套和任何其他包覆层或填充而不损伤绝缘线芯。把试样浸入含氯化钠 10g/L 的恒温水槽中，水槽的水溶液温度为（60 ±5）℃，浸入试样时，试样两端应露出水溶液约 0.25m。

对于 AC 0.6/1kV（DC 900V）线缆在水溶液和试样导体间施加 900V 的直流电压，对于 DC1500V 线缆在水溶液和试样导体间施加 1500V 的直流电

压，要求导体接负极，水溶液接正极。

要求：在 240h 以内，试样应不发生击穿及试验结束后绝缘表面应无损坏。

3.11 轨道交通用电缆

轨道交通用电缆主要用于城市轨道交通车辆上，如地铁和城轨电车上，这类电缆需要比较好的电气安全性能和耐燃烧性能，还应具有较好的耐油性能。

3.11.1 产品品种

DCEH 型电缆的设计工作温度等级为 100℃，

耐油性能分为 1、2、3 类，此类电缆采用乙丙橡胶混合物绝缘氯磺化聚乙烯橡胶混合物护套，电压等级为 750V、1500V、3000V。

无卤低烟阻燃交联聚烯烃型电缆的设计工作温度等级为 125℃，耐油性能分为 1、2、3 类，电压等级为 500V、750V、1500V、3000V。

无卤低烟阻燃交联聚烯烃薄壁型电缆的设计工作温度等级为 125℃ 和 150℃，耐油性能分为 1、2、3 类，电压等级为 750V。

3.11.2 产品规格与结构尺寸

结构见表 6-3-247 ~ 表 6-3-249。

表 6-3-247 DCEH/-100 型电缆的结构尺寸

截面积 /mm²	导体规格	750V 电缆				1500V 电缆				3000V 电缆			
		绝缘标称厚度 /mm	护套标称厚度 /mm	平均外径 /mm		绝缘标称厚度 /mm	护套标称厚度 /mm	平均外径 /mm		绝缘标称厚度 /mm	护套标称厚度 /mm	平均外径 /mm	
				下限	上限			下限	上限			下限	上限
0.5	5 类	0.6	0.6	3.2	4.4								
	6 类	0.6	0.6	3.2	4.4								
0.75	5 类	0.6	0.6	3.4	4.7								
	6 类	0.6	0.6	3.4	4.7								
1.0	5 类	0.6	0.6	3.5	4.9	0.8	0.8	4.3	6.0				
	6 类	0.6	0.6	3.5	4.9	0.8	0.8	4.3	6.0				
1.5	5 类	0.6	0.6	3.7	5.4	0.8	0.8	4.5	6.6				
	6 类	0.6	0.6	3.7	5.4	0.8	0.8	4.5	6.6				
2.5	5 类	0.7	0.6	4.4	6.2	0.9	0.9	5.0	7.6	1.4	1.2	7.0	8.6
	6 类	0.7	0.6	4.4	6.2	0.9	0.9	5.2	7.6	1.4	1.2	7.0	8.6
4	5 类	0.7	0.6	5.0	6.8	0.9	0.9	5.8	8.2	1.4	1.2	7.4	9.2
	6 类	0.7	0.6	5.0	6.8	0.9	0.9	5.8	8.2	1.4	1.2	7.4	9.2
6	5 类	0.7	0.6	5.4	7.8	0.9	0.9	6.4	9.0	1.4	1.2	8.0	10.5
	6 类	0.7	0.6	5.4	7.8	0.9	0.9	6.4	8.8	1.4	1.2	8.0	10.5
10	5 类	0.8	0.8	7.0	9.0	1.0	1.0	8.0	9.8	1.6	1.2	9.4	11.5
	6 类	0.8	0.8	7.0	9.0	1.0	1.0	7.8	9.8	1.6	1.2	9.4	11.5
16	5 类	0.8	0.8	8.0	10.5	1.0	1.0	8.8	11.5	1.6	1.2	10.0	13.0
	6 类	0.8	0.8	8.0	10.5	1.0	1.0	8.8	11.0	1.6	1.2	10.0	12.5
25	5 类	1.0	1.0	10.0	13.0	1.2	1.2	10.5	13.5	1.8	1.4	12.0	15.5
	6 类	1.0	1.0	10.0	13.0	1.2	1.2	10.5	13.5	1.8	1.4	12.0	15.5
35	5 类	1.0	1.0	11.0	14.5	1.2	1.2	12.0	15.0	1.8	1.4	13.5	17.0
	6 类	1.0	1.0	11.0	14.5	1.2	1.2	12.0	15.0	1.8	1.4	13.5	17.0

（续）

截面积/mm²	导体规格	750V电缆				1500V电缆				3000V电缆			
		绝缘标称厚度/mm	护套标称厚度/mm	平均外径/mm		绝缘标称厚度/mm	护套标称厚度/mm	平均外径/mm		绝缘标称厚度/mm	护套标称厚度/mm	平均外径/mm	
				下限	上限			下限	上限			下限	上限
50	5类	1.2	1.2	13.5	17.0	1.4	1.4	14.0	18.0	2.0	1.8	16.0	20.0
	6类	1.2	1.2	13.5	17.0	1.4	1.4	14.0	18.0	2.0	1.8	16.0	20.0
70	5类	1.2	1.2	15.0	19.5	1.4	1.4	16.0	20.5	2.0	1.8	17.5	22.5
	6类	1.2	1.2	15.0	19.5	1.4	1.4	16.0	19.5	2.0	1.8	18.0	22.0
95	5类	1.4	1.4	17.5	21.5	1.6	1.6	18.0	22.5	2.2	1.6	20.0	24.5
	6类	1.4	1.4	17.5	21.5	1.6	1.6	18.5	22.5	2.2	1.6	20.0	24.5
120	5类	1.4	1.4	19.0	23.5	1.6	1.6	19.5	24.5	2.2	1.6	21.5	26.5
	6类	1.4	1.4	19.0	23.5	1.6	1.6	20.0	24.5	2.2	1.6	22.0	26.5
150	5类	1.8	1.8	22.0	28.0	2.0	1.8	22.5	29.0	2.6	2.2	24.5	30.5
	6类	1.8	1.8	22.5	28.0	2.0	1.8	22.5	28.0	2.6	2.2	24.5	30.0
185	5类	1.8	1.8	23.5	29.5	2.0	1.8	24.0	30.0	2.6	2.2	26.0	32.0
	6类	1.8	1.8	23.5	29.5	2.0	1.8	24.0	30.0	2.6	2.2	26.0	32.0
240	5类	2.2	2.2	28.0	34.0	2.4	2.4	28.5	35.0	3.0	2.8	30.5	37.0
	6类	2.2	2.2	28.0	34.0	2.4	2.4	28.5	35.0	3.0	2.8	30.5	37.0
300	5类	2.2	2.2	30.0	37.0	2.4	2.4	31.0	38.0	3.0	2.8	33.0	40.0
	6类	2.2	2.2	30.0	37.0	2.4	2.4	31.0	38.0	3.0	2.8	32.5	40.0

表6-3-248　WDZ-DCYJ-125型耐热125℃交联聚烯烃绝缘无卤低烟阻燃轨道交通车辆电缆

截面积/mm²	500V电缆			750V电缆			1500V电缆			3000V电缆		
	绝缘标称厚度/mm	电缆外径/mm		绝缘标称厚度/mm	电缆外径/mm		绝缘标称厚度/mm	电缆外径/mm		绝缘标称厚度/mm	电缆外径/mm	
		标称	最大		标称	最大		标称	最大		标称	最大
0.75				0.8	2.75	3.00	1.2	3.53	3.90	1.4	3.93	4.3
1	0.4	2.2	2.3	0.8	2.9	3.3	1.2	3.7	4.1	1.4	4.1	4.5
1.5	0.5	2.7	2.8	0.8	3.2	3.6	1.2	4.0	4.4	1.4	4.4	4.8
2.5	0.5	3.1	3.2	0.8	3.65	4.2	1.2	4.5	5.0	1.4	4.85	5.3
4	0.5	3.8	3.9	0.8	4.52	5.0	1.2	5.35	5.9	1.4	5.75	6.3
6				0.8	5.2	5.7	1.2	6.0	6.6	1.4	6.38	7.0
10				1.2	7.1	7.7	1.4	7.5	8.1	1.6	7.9	8.5
16				1.2	8.3	9.0	1.4	8.7	9.4	1.6	9.1	9.8
25				1.2	9.7	10.5	1.4	10.1	10.9	1.6	10.5	11.3
35				1.2	10.9	11.8	1.4	11.3	12.2	1.6	11.7	12.6
50				1.4	12.9	13.9	1.6	13.3	14.4	2.0	14.1	15.2
70				1.6	15.3	16.5	1.8	15.7	17.0	2.0	16.1	17.4

（续）

截面积 /mm²	500V 电缆			750V 电缆			1500V 电缆			3000V 电缆		
	绝缘标称厚度 /mm	电缆外径/mm		绝缘标称厚度 /mm	电缆外径/mm		绝缘标称厚度 /mm	电缆外径/mm		绝缘标称厚度 /mm	电缆外径/mm	
		标称	最大		标称	最大		标称	最大		标称	最大
95				1.6	17.2	18.6	2.0	18.0	19.4	2.2	18.4	19.8
120				1.8	19.4	21.0	2.2	19.6	21.4	2.4	20.2	21.8
150				2.0	21.7	23.4	2.4	22.5	24.2	2.6	22.9	24.6
185				2.0	23.6	25.5	2.4	24.4	26.3	2.6	24.8	26.8
240				2.2	27.2	29.4	2.6	28.0	30.2	2.6	28.4	30.6
300				2.2	29.7	32.0	2.6	30.5	32.8	2.8	30.9	33.4

表 6-3-249　WDZ-DCYJB-125 和 WDZ-DCYJB-150 型 750V 薄壁型电缆

截面积/mm²	绝缘标称厚度 /mm	平均外径上限 /mm	截面积/mm²	绝缘标称厚度 /mm	平均外径上限 /mm
0.5	0.25	1.50	2.0	0.25	2.45
0.75	0.25	1.75	2.5	0.25	2.65
1.0	0.25	1.85	4.0	0.25	3.20
1.2	0.25	2.00	6.0	0.30	3.85
1.5	0.25	2.15			

3.11.3　试验项目及试验方法

1. 结构尺寸

导体尺寸按 GB/T 4909.2—2009 进行测量，绝缘厚度、电线外径按 GB/T 2951.11—2008 进行测量。

2. 绝缘和护套材料的非电气性能试验（见表 6-3-250 ~ 表 6-3-251）。

3. 电缆的电气性能试验（表 6-3-252）

表 6-3-250　交联聚烯烃和薄壁型电缆用聚烯烃绝缘非电气性能

序号	试验项目	单位	交联聚烯烃	薄壁型电缆用聚烯烃		试验方法	
			YJ-125	YJB-125	YJB-150	GB/T	条文号
1	交货状态原始性能					2951.11-2008	9.1
1.1	抗张强度原始值：						
	最小中间值	N/mm²	9	30	30		
1.2	断裂伸长率原始值：						
	最小中间值	%	125	100	100		
2	空气烘箱老化后的性能					2951.11-2008　2951.12-2008	9.1　8.1.3.1
2.1	老化条件：						
	温度	℃	158 ±2	158 ±2	178 ±3		
	时间	h	7 ×24	7 ×24	7 ×24		
2.2	老化后抗张强度：						
	最小中间值	N/mm²	—	—	—		
	最大变化率①	%	−25	—	—		

（续）

序号	试验项目	单位	交联聚烯烃 YJ-125	薄壁型电缆用聚烯烃 YJB-125	YJB-150	试验方法 GB/T	条文号
2.3	老化后断裂伸长率：						
	最小中间值	%	100	—	—		
	最大变化率①	%	−40	—	—		
2.4	电缆老化后电压试验			不击穿	不击穿		
3	热延伸试验					2951.21—2008	9
3.1	条件：						
	温度	℃	200±3	—	—		
	时间	min	15	—	—		
	机械应力	N/mm²		—	—		
3.2	负荷下最大伸长率	%	175	—	—		
3.3	冷却后最大永久变形	mg/cm²	20	—	—		
4	浸矿物油试验 IRM902					2951.21—2008	10
4.1	条件						
	温度	℃	100	100	100		
	时间	h	70	70	70		
4.2	浸油后抗张强度最大变化率	%	−50	—	—		
	浸油后断裂伸长率最大变化率	%	−50	—	—		
4.3	浸油后外径最大变化率	%		±5	±5		
4.4	浸油后耐压试验			不击穿	不击穿		
5	浸燃料油试验 IRM903					2951.21—2008	10
5.1	条件						
	温度	℃	70	70	70		
	时间	h	168	168	168		
5.2	浸油后抗张强度最大变化率	%	−55	—	—		
	浸油后断裂伸长率最大变化率	%	−55	—	—		
5.3	浸油后外径最大变化率	%		±5	±5		
5.4	浸油后耐压试验			不击穿	不击穿		
6	耐臭氧试验					2951.21—2008	8
6.1	条件						
	温度	℃	25	25	25		
	时间	h	3	3	3		
	浓度	%	0.025~0.030	0.025~0.030	0.025~0.030		
6.2	试验结果						
6.2.1	外观		不开裂	不开裂	不开裂		
6.2.2	电压试验		不击穿	不击穿	不击穿		
7	高温压力试验					2951.31-2008	8.1
7.1	试验条件：						
	刀口上施加的压力		见 GB/T 2951.31-2008 中 8.1.4				
	载荷下加热时间	h	4	4	4		
	温度	℃	125±3	125±3	150±3		

（续）

序号	试 验 项 目	单位	交联聚烯烃 YJ-125	薄壁型电缆用聚烯烃 YJB-125	薄壁型电缆用聚烯烃 YJB-150	试 验 方 法 GB/T	试 验 方 法 条文号
7.2	试验结果： 压痕深度，最大中间值	%	50	50	50		
8	低温卷绕试验					2951.14—2008	8.1
8.1	温度	℃	−40 ± 2	−60 ± 2	−60 ± 2		
8.2	试验结果						
8.2.1	外观		不开裂	不开裂	不开裂		
8.2.2	电压试验		不击穿	不击穿	不击穿		
9	低温拉伸试验					2951.14—2008	8.1
9.1	温度	℃	−40 ± 2	—	—		
9.2	试验结果-最小伸长率	%	20	—	—		
10	低温冲击试验					2951.14—2008	8.1
10.1	温度	℃	−40 ± 2	−60 ± 2	−60 ± 2		
10.2	试验结果 外观		不开裂	不开裂	不开裂		
11	绝缘抗摩擦性（往返）		—	150 次	150 次		

① 变化率 =（老化后的中间值 − 原始中间值）/原始中间值 ×100%。

表 6-3-251　DCEH 型电缆橡胶绝缘和护套非电气性能

序号	试 验 项 目	单位	乙丙橡胶	氯磺化聚乙烯橡胶	试 验 方 法 GB/T	试 验 方 法 条文号
1	交货状态原始性能				2951.11—2008	9.1
1.1	抗张强度原始值： 最小中间值	N/mm²	5	10		
1.2	断裂伸长率原始值： 最小中间值	%	250	250		
2	空气烘箱老化后的性能				2951.11—2008 2951.12—2008	9.1 8.1.3.1
2.1	老化条件： 温度 时间	℃ h	120 ± 2 240	120 ± 2 240		
2.2	老化后抗张强度： 最小中间值 最大变化率①	N/mm² %	— −20	— −20		
2.3	老化后断裂伸长率： 最小中间值 最大变化率①	% %	200 −40	200 −40		
3	热延伸试验				2951.21—2008	9
3.1	条件： 温度 时间 机械应力	℃ min N/mm²	200 ± 3 15	200 ± 3 15		

（续）

序号	试验项目	单位	乙丙橡胶	氯磺化聚乙烯橡胶	试验方法	
					GB/T	条文号
3.2	负荷下最大伸长率	%	175	175		
3.3	冷却后最大永久变形	mg/cm²	20	20		
4	浸矿物油试验 IRM902				2951.21—2008	10
4.1	条件					
	温度	℃	—	100		
	时间	h	—	70		
4.2	浸油后抗张强度最大变化率	%	—	−30		
	浸油后断裂伸长率最大变化率	%	—	−40		
4.3	浸油后体积最大变化率	%	—	+20		
5	浸燃料油试验 IRM903				2951.21—2008	10
5.1	条件					
	温度	℃	—	70		
	时间	h	—	168		
5.2	浸油后抗张强度最大变化率	%	—	−30		
	浸油后断裂伸长率最大变化率	%	—	−40		
5.3	浸油后体积最大变化率	%	—	+20		
6	耐臭氧试验				2951.21—2008	8
6.1	条件					
	温度	℃	25	25		
	时间	h	3	3		
	浓度	%	0.025 ~ 0.030	0.025 ~ 0.030		
6.2	试验结果					
6.2.1	外观		不开裂	不开裂		
6.2.2	电压试验		不击穿	不击穿		
7	低温卷绕试验				2951.14—2008	8.1
7.1	试样					
7.1.1	未处理					
7.1.2	经空气烘箱老化后					
7.1.3	经燃料油处理后					
7.2	温度	℃	−25 ±2	−25 ±2		
7.3	试验结果					
7.3.1	外观		不开裂	不开裂		
7.3.2	电压试验		不击穿	不击穿		
8	低温拉伸试验				2951.14—2008	8.1
8.1	试样					
8.1.1	未处理					
8.1.2	经空气烘箱老化后					
8.1.3	经燃料油处理后					
8.2	温度	℃	−25 ±2	−25 ±2		
8.3	试验结果-最小伸长率	%	20	20		

① 变化率 = (老化后的中间值 − 原始的中间值)/原始的中间值 ×100% 。

表 6-3-252　电缆电性试验要求

序号	试 验 项 目	单位	电缆额定电压				试验方法	
			500V	750V	1500V	3000V	标 准 号	条文号
1	导体电阻的测量						GB/T 3048.4—2007	
1.1	试验结果：							
	— 最大值							
2	成品电缆电压试验		见 GB/T 12528 产品标准				GB/T 3048.8—2007	
2.1	试样最小长度							
2.1.1	未处理	m	10	10	10	10		
2.1.2	经矿物油处理后	m	3	3	3	3		
2.1.3	经燃料油处理后	m	3	3	3	3		
2.1.4	经弯曲后							
2.2	试验电压（交流）	kV	2	3.5	6	12		
2.3	每次最少施加电压时间	min	15	15	15	15		
2.4	试验结果		不击穿	不击穿	不击穿	不击穿		
3	击穿电压试验						GB/T 3048.8—2007	
3.1	试样最小长度							
3.1.1	未处理	m	1	1	1	1		
3.1.2	经矿物油处理后	m	1	1	1	1		
3.1.3	经燃料油处理后	m	1	1	1	1		
3.1.4	最低击穿电压	kV	4	6	16	20		
3.2	试验结果		不击穿	不击穿	不击穿	不击穿		
4	电缆表面漏放电试验						GB/T12528—2008	附录 D
4.1	试样							
4.1.1	未处理							
4.1.2	经矿物油处理后							
4.1.3	经燃料油处理后							
4.2	试验结果							
4.2.1	最大泄漏电流	mA	电缆外径测量值的 50%					
4.2.2	最低闪络电压	kV	10					
5	电缆的耐湿性试验						GB/T12528—2008	附录 E
5.1	试样长度		5					
5.2	水溶液温度	℃	60 ±5					
5.3	施加的直流电压值	V	750	1000	1800	3600		
5.4	施加电压时间	h	240					
5.5	试验结果		不击穿	不击穿	不击穿	不击穿		
6	绝缘线芯电阻率（20℃）	Ω·m	—	—	—	5×10^{12}	GB/T 3048.3—2007	

4. 电缆的燃烧性能试验

（1）**电缆的单根垂直燃烧试验** 电缆应符合 GB/T 18380.21—2008 的标准要求。

（2）**成束电缆燃烧试验** 阻燃电缆外径大于 12mm 时，应符合 GB/T 18380.35—2008 标准规定，阻燃电缆外径不大于 12mm 时，应符合 GB/T 18380.36—2008 标准规定。

（3）**电缆烟密度试验** 无卤低烟阻燃电缆按 GB/T 17651.2—1998 标准规定条件进行试验，其透光率不低于 70%。

（4）**燃烧气体酸度试验** 无卤低烟阻燃电缆按 GB/T 17650.2—1998 标准规定条件进行试验，其燃烧气体的 pH≥4.3，电导率≤10μS/mm。

3.12 铁路机车车辆用电缆

铁路机车车辆用电缆按照用途分，有内燃机用机车车辆电缆、客车用机车车辆电缆、动车及高铁用机车车辆电缆；按照结构分，有薄壁绝缘电缆、标准壁厚绝缘电缆、小尺寸绝缘电缆；按照所用材料分，有 DECH 型电缆、交联聚烯烃绝缘电缆、硅橡胶绝缘电缆等。通常内燃机用机车车辆电缆要求

有比较好的耐油性能，要求较低的成本，因而常用 DCEH 型的电缆；客车用机车车辆电缆通常要求有较高的安全性能，对电气性能和耐燃烧性能要求较高，因而需要采用低烟无卤聚烯烃材料；动车及高铁用机车车辆电缆因为需要适合机车高速运行，因而除了应有较高的安全性能外，要求尽量减轻电缆的分量，需要采用小尺寸结构电缆或薄壁绝缘电缆，也因此带来了成本的上升。

3.12.1 产品品种

DECH 型电缆通常的设计工作温度等级为 100℃，交联聚烯烃绝缘电缆通常的设计工作温度等级为 90℃，特殊情况下某些薄壁绝缘电缆的设计工作温度等级为 105℃，硅橡胶绝缘电缆通常的设计工作温度等级为 120℃和 150℃；按照耐油等级分为 1 类、2 类、2 类耐油；电缆又分屏蔽型和非屏蔽型；电缆的低压等级常常又分为 300/500V、0.6/1kV、1.8/3kV、3.6/6kV。

3.12.2 产品规格与结构尺寸

参数见表 6-3-253～表 6-3-276。

表 6-3-253 单芯薄壁绝缘电缆的尺寸和电气性能

导体标称截面积/mm²	导体结构/(n×mm)	导体直径		最小壁厚最小/mm	外径		20℃下导体电阻/(Ω/km)	20℃下绝缘电阻/(MΩ·km)	90℃下绝缘电阻/(MΩ·km)
		最小/mm	最大/mm		最小/mm	最大/mm			
0.5	19×0.18	0.80	0.95	0.18	1.15	1.45	40.1	600	0.3
0.75	19×0.23	1.00	1.15	0.18	1.35	1.65	26.7	500	0.25
1.0	19×0.25	1.10	1.30	0.18	1.45	1.80	20.0	500	0.25
1.5	37×0.23	1.45	1.65	0.22	1.95	2.30	13.7	400	0.20
2.5	37×0.30	1.85	2.15	0.28	2.50	2.85	8.21	400	0.20

表 6-3-254 薄壁绝缘薄壁护套电缆的尺寸

导体芯数×标称截面积/mm²	护套最薄处厚度/mm	电缆外径	
		最小/mm	最大/mm
1×0.5	0.20	2.3	2.8
2×0.5	0.20	3.5	4.3
3×0.5	0.20	3.7	4.5
4×0.5	0.20	4.0	5.0
1×0.75	0.20	2.5	3.0
2×0.75	0.20	3.9	4.7
3×0.75	0.20	4.0	5.0
4×0.75	0.20	4.5	5.5

（续）

导体芯数×标称截面积/mm²	护套最薄处厚度/mm	电缆外径	
		最小/mm	最大/mm
1×1	0.20	2.7	3.2
2×1	0.20	4.2	5.2
3×1	0.20	4.5	5.5
4×1	0.20	5.0	6.0
1×1.5	0.20	3.1	3.6
2×1.5	0.20	5.1	6.1
3×1.5	0.20	5.4	6.4
4×1.5	0.20	6.0	7.0
1×2.5	0.20	3.6	4.4
2×2.5	0.20	6.4	7.4
3×2.5	0.20	6.8	7.8
4×2.5	0.20	7.5	8.5

表 6-3-255　薄壁绝缘标准壁厚护套多芯电缆

导体芯数×标称截面积/mm²	1E 型			1P 型		
	护套最薄处厚度/mm	电缆外径		护套最薄处厚度/mm	电缆外径	
		最小/mm	最大/mm		最小/mm	最大/mm
4×0.5	1.0	5.5	6.5	0.42	4.1	5.1
7×0.5	1.0	6.3	7.3	0.42	4.9	5.9
13×0.5	1.0	8.3	9.3	0.56	7.3	8.3
19×0.5	1.0	9.0	10.2	0.56	8.1	9.1
37×0.5	1.0	12.3	13.5	0.56	10.8	12.0
4×0.75	1.0	6.0	7.0	0.42	4.6	5.6
7×0.75	1.0	6.9	7.9	0.42	5.5	6.5
13×0.75	1.0	9.1	10.3	0.56	8.2	9.2
19×0.75	1.0	10.0	11.2	0.56	9.0	10.2
37×0.75	1.0	13.2	14.4	0.56	12.2	13.4
48×0.75	1.0	14.8	16.4	0.56	13.9	15.5
4×1.0	1.0	6.3	7.3	0.42	4.9	5.9
7×1.0	1.0	7.3	8.3	0.42	6.0	7.0
13×1.0	1.0	9.7	10.9	0.56	8.7	9.9
19×1.0	1.0	10.7	11.9	0.56	9.8	11.0
37×1.0	1.0	14.0	15.6	0.56	13.3	14.5
4×1.5	1.0	7.4	8.4	0.42	6.0	7.0
7×1.5	1.0	8.6	9.8	0.56	7.7	8.7
13×1.5	1.0	11.7	12.9	0.56	10.7	11.9
19×1.5	1.0	13.0	14.2	0.56	12.0	13.2
37×1.5	1.0	17.2	18.8	0.56	16.2	17.8
2×2.5	1.0	7.7	8.7	0.56	6.7	7.7
3×2.5	1.0	8.1	9.1	0.56	7.7	8.1
4×2.5	1.0	8.8	10.0	0.56	7.9	8.9

表 6-3-256 薄壁绝缘标准壁厚护套多芯屏蔽电缆

导体芯数 × 标称截面积 /mm²	3E 型			3P 型		
	护套最薄处厚度/mm	电缆外径		护套最薄处厚度/mm	电缆外径	
		最小/mm	最大/mm		最小/mm	最大/mm
2×0.5	1.0	5.5	6.5	0.42	4.1	5.1
3×0.5	1.0	5.7	6.7	0.42	4.3	5.3
4×0.5	1.0	6.1	7.1	0.42	4.7	5.7
6×0.5	1.0	6.9	7.9	0.42	5.5	6.5
8×0.5	1.0	7.5	8.5	0.42	6.0	7.0
2×0.75	1.0	5.9	6.9	0.42	4.5	5.5
3×0.75	1.0	6.2	7.2	0.42	4.7	5.7
4×0.75	1.0	6.5	7.5	0.42	5.2	6.2
6×0.75	1.0	7.5	8.5	0.42	6.1	7.1
8×0.75	1.0	8.2	9.2	0.42	6.6	7.6
2×1.0	1.0	6.2	7.2	0.42	4.7	5.7
3×1.0	1.0	6.5	7.5	0.42	5.1	6.0
4×1.0	1.0	6.9	7.9	0.42	5.5	6.5
6×1.0	1.0	8.0	9.0	0.42	6.6	7.6
8×1.0	1.0	8.6	9.8	0.56	7.7	8.7
2×1.5	1.0	7.1	8.1	0.42	5.7	6.7
3×1.5	1.0	7.4	8.4	0.42	6.0	7.0
4×1.5	1.0	8.0	9.0	0.42	6.6	7.6
6×1.5	1.0	9.2	10.4	0.56	8.3	9.3
8×1.5	1.0	10.2	11.4	0.56	8.9	10.1
2×2.5	1.0	8.3	9.3	0.56	7.3	8.3
3×2.5	1.0	8.6	9.8	0.56	7.7	8.7
4×2.5	1.0	9.4	10.6	0.56	8.4	9.6

表 6-3-257 薄壁绝缘标准壁厚护套多对分屏蔽电缆

导体芯数 × 标称截面积 /mm²	5E 型			5P 型		
	护套最薄处厚度/mm	电缆外径		护套最薄处厚度/mm	电缆外径	
		最小/mm	最大/mm		最小/mm	最大/mm
2×2×0.5	1.0	10.1	11.3	0.56	9.0	10.2
3×2×0.5	1.0	10.8	12.0	0.56	9.6	10.8
4×2×0.5	1.0	11.8	13.0	0.56	10.7	11.9
7×2×0.5	1.0	13.9	15.5	0.56	13.0	14.2
2×2×0.75	1.0	10.9	12.1	0.56	9.8	11.0
3×2×0.75	1.0	11.6	12.8	0.56	10.5	11.7
4×2×0.75	1.0	12.8	14.0	0.56	11.6	12.8
7×2×0.75	1.0	15.1	16.7	0.56	14.0	15.6
2×2×1.0	1.0	11.3	12.5	0.56	10.2	11.6
3×2×1.0	1.0	12.0	13.2	0.56	10.9	12.1
4×2×1.0	1.0	13.2	14.4	0.56	12.1	13.3
7×2×1.0	1.0	15.7	17.3	0.56	14.6	16.2

（续）

导体芯数×标称截面积/mm²	5E 型			5P 型		
	护套最薄处厚度/mm	电缆外径		护套最薄处厚度/mm	电缆外径	
		最小/mm	最大/mm		最小/mm	最大/mm
2×2×1.5	1.0	13.3	14.5	0.56	12.2	13.4
3×2×1.5	1.0	14.0	15.6	0.56	13.1	14.3
4×2×1.5	1.0	15.5	17.1	0.56	14.3	15.9
7×2×1.5	1.0	18.7	20.3	0.56	17.6	19.2

表 6-3-258 0.6/1kV 标准壁厚绝缘无护套电缆

截面积/mm²	导体外径/mm	绝缘标称厚度/mm	外 径		20℃下导体电阻/(Ω/km)	20℃下绝缘电阻/(MΩ·km)	90℃下绝缘电阻/(MΩ·km)
			最小/mm	最大/mm			
1.0	1.25	0.8	2.8	3.2	20.0	65	0.65
1.5	1.50	0.8	3.0	3.5	13.7	55	0.55
2.5	1.95	0.8	3.4	3.9	8.21	50	0.50
4	2.5	0.8	3.9	4.6	5.09	40	0.40
6	3.0	0.9	4.6	5.4	3.39	35	0.35
10	3.9	1.1	5.8	6.8	1.95	30	0.30
16	5.0	1.1	7.2	8.5	1.24	30	0.30
25	6.4	1.3	8.6	10.0	0.795	30	0.30
35	7.7	1.3	10.2	11.5	0.565	25	0.25
50	9.2	1.5	11.6	13.5	0.393	25	0.25
70	11.0	1.5	13.3	15.5	0.277	20	0.20
95	12.5	1.6	14.9	17.4	0.210	20	0.20
120	14.2	1.6	16.5	19.3	0.164	20	0.20
150	15.8	1.9	18.5	21.7	0.132	15	0.15
185	17.5	1.9	20.1	23.6	0.108	15	0.15
240	20.1	2.1	22.9	26.8	0.0817	15	0.15
300	22.5	2.2	25.4	29.7	0.0654	10	0.10
400	25.8	2.3	28.7	33.6	0.0495	10	0.10

表 6-3-259 1.8/3kV 标准壁厚绝缘无护套电缆

截面积/mm²	导体外径/mm	绝缘标称厚度/mm	外 径		20℃下导体电阻/(Ω/km)	20℃下绝缘电阻/(MΩ·km)	90℃下绝缘电阻/(MΩ·km)
			最小/mm	最大/mm			
1.5	1.50	2.5	6.2	7.3	13.7	120	1.2
2.5	1.95	2.5	6.6	7.8	8.21	100	1.0
4	2.5	2.5	7.1	8.4	5.09	90	0.90
6	3.0	2.5	7.6	8.9	3.39	80	0.80

（续）

截面积 /mm²	导体外径 /mm	绝缘标称 厚度 /mm	外 径		20℃下导 体电阻 /(Ω/km)	20℃下绝 缘电阻 /(MΩ·km)	90℃下绝 缘电阻 /(MΩ·km)
			最小 /mm	最大 /mm			
10	3.9	2.5	8.4	9.9	1.95	65	0.65
16	5.0	2.5	9.5	11.1	1.24	55	0.55
25	6.4	2.5	10.8	12.7	0.795	45	0.45
35	7.7	2.5	12.0	14.1	0.565	40	0.40
50	9.2	2.5	13.4	15.7	0.393	35	0.35
70	11.0	2.5	15.1	17.7	0.277	30	0.30
95	12.5	2.7	16.9	19.8	0.210	30	0.30
120	14.2	2.7	18.5	21.7	0.164	25	0.25
150	15.8	2.7	20.0	23.4	0.132	20	0.20
185	17.5	2.7	21.6	25.3	0.108	20	0.20
240	20.1	2.7	24.1	28.2	0.0817	20	0.20
300	22.5	2.7	26.3	30.8	0.0654	15	0.15
400	25.8	2.9	29.8	34.9	0.0495	15	0.15

表 6-3-260　1.8/3kV 标准壁厚绝缘护套电缆

截面积 /mm²	导体外径 /mm	绝缘标称 厚度 /mm	护套标 称厚度 /mm	外 径		20℃下导 体电阻 /(Ω/km)	20℃下绝 缘电阻 /(MΩ·km)	90℃下绝 缘电阻 /(MΩ·km)
				最小 /mm	最大 /mm			
1.5	1.50	1.3	1.4	6.7	7.8	13.7	960	9.6
2.5	1.95	1.3	1.4	7.1	8.3	8.21	850	8.5
4	2.5	1.3	1.4	7.6	8.9	5.09	750	7.5
6	3.0	1.3	1.4	8.1	9.5	3.39	670	6.7
10	3.9	2.2	1.4	10.6	12.4	1.95	550	5.5
16	5.0	2.2	1.4	11.7	13.6	1.24	450	4.5
25	6.4	2.2	1.4	13.0	15.2	0.795	390	3.9
35	7.7	2.2	1.4	14.2	16.6	0.565	350	3.5
50	9.2	2.2	1.4	15.6	18.3	0.393	300	3.0
70	11.0	2.2	1.5	17.5	20.5	0.277	260	2.6
95	12.5	2.4	1.6	19.6	22.3	0.210	250	2.5
120	14.2	2.4	1.6	21.1	24.6	0.164	220	2.2
150	15.8	2.4	1.7	22.7	26.6	0.132	210	2.1
185	17.5	2.4	1.7	24.0	28.1	0.108	200	2.0
240	20.1	2.4	1.8	27.0	31.6	0.0817	180	1.8
300	22.5	2.4	1.9	29.4	34.4	0.0654	170	1.7
400	25.8	2.6	2.0	32.7	38.3	0.0495	150	1.5

表 6-3-261 3.6/6kV 标准壁厚绝缘护套电缆

截面积 /mm²	导体外径 /mm	绝缘标称厚度 /mm	护套标称厚度 /mm	外 径 最小 /mm	外 径 最大 /mm	20℃下导体电阻 /(Ω/km)	20℃下绝缘电阻 /(MΩ·km)	90℃下绝缘电阻 /(MΩ·km)
2.5	1.95	3.0	1.4	10.5	12.3	8.21	1300	13
4	2.5	3.0	1.4	11.0	12.9	5.09	1150	11.5
6	3.0	3.0	1.4	11.5	13.4	3.39	1050	10.5
10	3.9	3.0	1.4	12.3	14.4	1.95	850	8.5
16	5.0	3.0	1.4	13.3	15.6	1.24	710	7.1
25	6.4	3.0	1.4	14.7	17.2	0.795	630	6.3
35	7.7	3.0	1.4	15.9	18.6	0.565	550	5.5
50	9.2	3.0	1.5	17.5	20.5	0.393	500	5.0
70	11.0	3.0	1.5	19.2	22.4	0.277	430	4.3
95	12.5	3.0	1.6	20.8	24.3	0.210	400	4.0
120	14.2	3.1	1.7	22.7	26.6	0.164	360	3.6
150	15.8	3.1	1.7	24.2	28.4	0.132	340	3.4
185	17.5	3.2	1.8	26.2	30.7	0.108	330	3.3
240	20.1	3.4	1.9	29.2	34.2	0.0817	300	3.0
300	22.5	3.4	1.9	31.5	36.9	0.0654	250	2.5
400	25.8	3.4	2.0	34.8	40.7	0.0495	230	2.3

表 6-3-262 多芯非屏蔽电缆（300/500V）

截面积 /mm²	导体外径 /mm	绝缘厚度 /mm	线芯外径 最小 /mm	线芯外径 最大 /mm	护套厚度 /mm	电缆外径 最小 /mm	电缆外径 最大 /mm	20℃导体电阻 /(Ω/km)	20℃绝缘电阻 EI105 /(MΩ·km)	20℃绝缘电阻 EI101-EI104 /(MΩ·km)
2×1		0.6			1.4	7.2	8.5			
4×1		0.6			1.4	8.2	9.6			
7×1		0.6			1.4	9.6	11.2			
9×1		0.6			1.4	11.5	13.4			
12×1	1.25	0.6	2.4	2.8	1.4	12.3	14.4	20.0	140	70
19×1		0.6			1.4	14.5	16.6			
24×1		0.6			1.5	16.7	19.6			
32×1		0.6			1.6	18.5	21.7			
37×1		0.6			1.6	19.2	22.4			
40×1		0.6			1.6	19.9	23.3			
4×1.5		0.7			1.4	9.2	10.8			
7×1.5		0.7			1.4	10.9	12.8			
9×1.5	1.5	0.7	2.8	3.3	1.4	13.1	15.3	13.7	120	60
12×1.5		0.7			1.4	14.0	16.4			
19×1.5		0.7			1.5	16.5	19.4			
24×1.5		0.7			1.6	19.5	22.8			

（续）

截面积 /mm²	导体外径 /mm	绝缘厚度 /mm	线芯外径 最小 /mm	线芯外径 最大 /mm	护套厚度 /mm	电缆外径 最小 /mm	电缆外径 最大 /mm	20℃导体电阻 /(Ω/km)	20℃绝缘电阻 EI105 /(MΩ·km)	20℃绝缘电阻 EI101-EI104 /(MΩ·km)
32 × 1.5	1.5	0.7	2.8	3.3	1.7	21.5	25.2	13.7	120	60
37 × 1.5		0.7			1.7	22.4	26.2			
4 × 2.5		0.8			1.4	10.7	12.5			
7 × 2.5		0.8			1.4	12.7	14.9			
9 × 2.5	1.95	0.8	3.4	4.0	1.5	15.6	18.3	8.21	90	45
12 × 2.5		0.8			1.5	16.7	19.6			
19 × 2.5		0.8			1.6	19.7	23.1			
24 × 2.5		0.8			1.8	23.5	27.5			

表 6-3-263　多芯屏蔽电缆（300/500V）

截面积 /mm²	导体外径 /mm	绝缘厚度 /mm	线芯外径 最小 /mm	线芯外径 最大 /mm	屏蔽层单丝直径 最大 /mm	护套厚度 /mm	电缆外径 最小 /mm	电缆外径 最大 /mm	20℃导体电阻最大 /(Ω/km)	20℃绝缘电阻 EI105 最小 /(MΩ·km)	20℃绝缘电阻 EI101-EI104 最小 /(MΩ·km)
2 × 1		0.6			0.16	1.4	7.2	8.5			
4 × 1		0.6			0.16	1.4	8.2	9.6			
7 × 1		0.6			0.16	1.4	9.6	11.2			
9 × 1		0.6			0.21	1.4	11.5	13.4			
12 × 1		0.6			0.21	1.4	12.3	14.4			
19 × 1	1.25	0.6	2.4	2.8	0.26	1.4	14.5	16.6	20.0	140	70
24 × 1		0.6			0.26	1.5	16.7	19.6			
32 × 1		0.6			0.26	1.6	18.5	21.7			
37 × 1		0.6			0.26	1.6	19.2	22.4			
40 × 1		0.6			0.26	1.6	19.9	23.3			
4 × 1.5		0.7			0.16	1.4	9.2	10.8			
7 × 1.5		0.7			0.21	1.4	10.9	12.8			
9 × 1.5		0.7			0.21	1.4	13.1	15.3			
12 × 1.5		0.7			0.21	1.4	14.0	16.4			
19 × 1.5	1.5	0.7	2.8	3.3	0.26	1.5	16.5	19.4	13.7	120	60
24 × 1.5		0.7			0.26	1.6	19.5	22.8			
32 × 1.5		0.7			0.26	1.7	21.5	25.2			
37 × 1.5		0.7			0.26	1.7	22.4	26.2			
4 × 2.5		0.8			0.21	1.4	10.7	12.5			
7 × 2.5		0.8			0.21	1.4	12.7	14.9			
9 × 2.5	1.95	0.8	3.4	4.0	0.26	1.5	15.6	18.3	8.21	90	45
12 × 2.5		0.8			0.26	1.5	16.7	19.6			
19 × 2.5		0.8			0.26	1.6	19.7	23.1			
24 × 2.5		0.8			0.26	1.8	23.5	27.5			

表 6-3-264 0.6/1kV 线芯尺寸

截面积 /mm²	导体外径 /mm	绝缘厚度 /mm	线芯外径		20℃导体电阻
			最小/mm	最大/mm	最大/(Ω/km)
1.5	1.5	0.8	3.0	3.5	13.7
2.5	1.95	0.8	3.4	3.9	8.21
4	2.5	0.8	3.9	4.6	5.09
6	3.0	0.9	4.6	5.4	3.39
10	3.9	1.1	5.8	6.8	1.95
16	5.0	1.1	7.2	8.5	1.24
25	6.4	1.3	8.6	10.0	0.795
35	7.7	1.3	10.2	11.5	0.565
50	9.2	1.3	11.6	13.5	0.393

表 6-3-265 0.6/1kV 多芯非屏蔽电缆

截面积/mm²	护套厚度/mm	电缆外径		20℃绝缘电阻 EI105	20℃绝缘电阻 EI101-EI104
		最小/mm	最大/mm	最小/(MΩ·km)	最小/(MΩ·km)
2×1.5	1.4	8.5	9.9	150	75
2×2.5	1.4	9.3	10.9	130	65
2×4	1.4	10.3	12.1	110	55
2×6	1.4	11.8	13.9	90	45
2×10	1.4	14.3	16.7	85	45
2×16	1.5	16.5	19.4	70	35
2×25	1.6	20.1	23.5	65	35
2×35	1.7	22.7	26.6	60	30
2×50	1.9	26.7	31.2	55	30
3×1.5	1.4	8.9	10.5	150	75
3×2.5	1.4	9.9	11.6	130	65
3×4	1.4	11.0	12.9	110	55
3×6	1.4	12.5	14.6	90	45
3×10	1.5	15.3	17.9	85	45
3×16	1.6	17.8	20.8	70	35
3×25	1.7	21.6	25.3	65	35
3×35	1.8	24.4	28.6	60	30
3×50	1.9	28.2	33.3	55	30
4×1.5	1.4	9.7	11.3	150	75
4×2.5	1.4	10.7	12.5	130	65
4×4	1.4	11.9	14.0	110	55
4×6	1.4	13.7	16.1	90	45
4×10	1.5	16.9	19.8	85	45
4×16	1.6	19.6	22.9	70	35
4×25	1.8	24.1	28.2	65	35

（续）

截面积/mm²	护套厚度/mm	电缆外径		20℃绝缘电阻 EI105	20℃绝缘电阻 EI101-EI104
		最小/mm	最大/mm	最小/(MΩ·km)	最小/(MΩ·km)
3×35+1×25	1.9	28.5	34.2	60	30
3×50+1×25	2.0	33.4	40.0	55	30

表 6-3-266　0.6/1kV 多芯屏蔽电缆

截面积 /mm²	屏蔽层单丝直径 最大/mm	护套厚度 /mm	电缆外径		20℃绝缘电阻 EI105	20℃绝缘电阻 EI101-EI104
			最小/mm	最大/mm	最小/(MΩ·km)	最小/(MΩ·km)
2×1.5	0.16	1.4	9.3	10.9	150	75
2×2.5	0.16	1.4	10.2	11.9	130	65
2×4	0.21	1.4	11.5	13.4	110	55
2×6	0.21	1.4	12.9	15.1	90	45
2×10	0.21	1.5	15.5	18.2	85	45
2×16	0.26	1.5	17.9	20.9	70	35
2×25	0.26	1.7	21.6	25.3	65	35
2×35	0.31	1.8	24.4	28.6	60	30
2×50	0.31	1.9	28.2	33.0	55	30
3×1.5	0.16	1.4	9.8	11.4	150	75
3×2.5	0.16	1.4	10.7	12.5	130	65
3×4	0.21	1.4	12.0	14.1	110	55
3×6	0.21	1.4	13.6	16.0	90	45
3×10	0.26	1.5	16.7	19.6	85	45
3×16	0.26	1.6	19.1	22.3	70	35
3×25	0.26	1.7	22.9	26.8	65	35
3×35	0.31	1.8	26.0	30.5	60	30
3×50	0.31	2.0	30.3	35.4	55	30
4×1.5	0.16	1.4	10.5	12.3	150	75
4×2.5	0.21	1.4	11.8	13.9	130	65
4×4	0.21	1.4	13.1	15.3	110	55
4×6	0.21	1.4	14.9	17.4	90	45
4×10	0.26	1.6	18.4	21.6	85	45
4×16	0.26	1.7	21.1	24.6	70	35
4×25	0.31	1.8	25.6	29.9	65	35
3×35+1×25	0.31	1.9	30.0	35.1	60	30
3×50+1×25	0.31	2.1	34.9	40.8	55	30

表 6-3-267　0.6/1kV 减薄绝缘壁厚小尺寸无护套电缆

截面积 /mm²	导体外径 /mm	绝缘标称 厚度 /mm	外　径		20℃下导 体电阻 /(Ω/km)	20℃下绝 缘电阻 /(MΩ·km)	90℃下绝 缘电阻 /(MΩ·km)
			最小 /mm	最大 /mm			
1.0	1.25	0.6	2.4	2.8	20.0	11.4	0.114
1.5	1.50	0.7	2.8	3.3	13.7	11.0	0.110
2.5	1.95	0.7	3.2	3.8	8.21	9.1	0.091
4	2.5	0.7	3.8	4.4	5.09	7.5	0.075
6	3.0	0.7	4.2	5.0	3.39	6.5	0.065
10	3.9	0.7	5.1	5.9	1.95	5.2	0.052
16	5.0	0.7	6.1	7.2	1.24	4.2	0.042
25	6.4	0.9	7.8	9.1	0.795	4.1	0.041
35	7.7	0.9	9.0	10.6	0.565	3.5	0.035
50	9.2	1.0	10.6	12.4	0.393	3.3	0.033
70	11.0	1.1	12.5	14.6	0.277	3.0	0.030
95	12.5	1.1	13.9	16.3	0.210	2.7	0.027
120	14.2	1.2	15.7	18.4	0.164	2.7	0.027
150	15.8	1.4	17.6	20.6	0.132	2.7	0.027
185	17.5	1.6	19.6	22.9	0.108	2.6	0.026
240	20.1	1.7	22.2	26.0	0.0817	2.6	0.026
300	22.5	1.8	24.6	28.8	0.0654	2.4	0.024
400	25.8	2.0	28.1	32.9	0.0495	2.4	0.024

表 6-3-268　1.8/3kV 减薄绝缘壁厚小尺寸无护套电缆

截面积 /mm²	导体外径 /mm	绝缘标称 厚度 /mm	外　径		20℃下导 体电阻 /(Ω/km)	20℃下绝 缘电阻 /(MΩ·km)	90℃下绝 缘电阻 /(MΩ·km)
			最小 /mm	最大 /mm			
1.5	1.50	2.0	5.3	6.2	13.7	21.0	0.210
2.5	1.95	2.0	5.7	6.7	8.21	18.0	0.180
4	2.5	2.0	6.2	7.3	5.09	15.5	0.155
6	3.0	2.0	6.7	7.8	3.39	13.7	0.137
10	3.9	2.0	7.5	8.8	1.95	11.5	0.115
16	5.0	2.0	8.6	10.0	1.24	9.5	0.095
25	6.4	2.0	9.9	11.6	0.795	7.9	0.079
35	7.7	2.0	11.1	13.0	0.565	6.8	0.068
50	9.2	2.0	12.5	14.6	0.393	5.9	0.059
70	11.0	2.0	14.2	16.6	0.277	5.0	0.050
95	12.5	2.2	16.0	18.7	0.210	4.5	0.045
120	14.2	2.2	17.6	20.6	0.164	4.0	0.040

（续）

截面积 /mm²	导体外径 /mm	绝缘标称 厚度 /mm	外　径		20℃下导 体电阻 /(Ω/km)	20℃下绝 缘电阻 /(MΩ·km)	90℃下绝 缘电阻 /(MΩ·km)
			最小 /mm	最大 /mm			
150	15.8	2.2	19.1	22.3	0.132	3.7	0.037
185	17.5	2.4	20.9	24.4	0.108	3.4	0.034
240	20.1	2.4	23.7	27.5	0.0817	3.0	0.030
300	22.5	2.4	25.6	30.1	0.0654	2.7	0.027
400	25.8	2.6	29.2	34.2	0.0495	2.4	0.024

表 6-3-269　1.8/3kV 减薄绝缘壁厚小尺寸护套电缆

截面积 /mm²	导体外径 /mm	绝缘标称 厚度 /mm	护套标 称厚度 /mm	外　径		20℃下导 体电阻 /(Ω/km)	20℃下绝 缘电阻 /(MΩ·km)	90℃下绝 缘电阻 /(MΩ·km)
				最小 /mm	最大 /mm			
1.5	1.50	1.3	0.8	5.7	6.7	13.7	21.8	0.218
2.5	1.95	1.3	0.8	6.0	7.0	8.21	18.8	0.188
4	2.5	1.3	0.8	6.5	7.6	5.09	16.2	0.162
6	3.0	1.3	0.8	7.0	8.1	3.39	14.4	0.144
10	3.9	1.5	0.8	8.2	9.6	1.95	12.8	0.128
16	5.0	1.5	0.8	9.2	10.8	1.24	10.7	0.107
25	6.4	1.8	1.0	11.5	13.4	0.795	10.3	0.103
35	7.7	1.8	1.0	12.7	14.9	0.565	8.9	0.089
50	9.2	1.8	1.0	14.1	16.5	0.393	7.8	0.078
70	11.0	1.8	1.0	15.8	18.5	0.277	6.7	0.067
95	12.5	2.2	1.0	18.0	21.0	0.210	6.5	0.065
120	14.2	2.2	1.0	19.6	22.9	0.164	6.1	0.061
150	15.8	2.2	1.2	21.4	25.1	0.132	5.8	0.058
185	17.5	2.4	1.2	23.4	27.4	0.108	5.6	0.056
240	20.1	2.4	1.2	25.9	30.3	0.0817	5.0	0.050
300	22.5	2.4	1.2	28.1	32.9	0.0654	4.5	0.045
400	25.8	2.6	1.4	32.0	37.4	0.0495	4.4	0.044

表 6-3-270　3.6/6kV 减薄绝缘壁厚小尺寸护套电缆

截面积 /mm²	导体外径 /mm	绝缘标称 厚度 /mm	护套标 称厚度 /mm	外　径		20℃下导 体电阻 /(Ω/km)	20℃下绝 缘电阻 /(MΩ·km)	90℃下绝 缘电阻 /(MΩ·km)
				最小 /mm	最大 /mm			
2.5	1.95	2.6	0.8	8.6	10.1	8.21	24.6	0.246
4	2.5	2.6	0.8	9.1	10.7	5.09	21.6	0.216
6	3.0	2.6	0.8	9.6	11.2	3.39	19.5	0.195

（续）

截面积 /mm²	导体外径 /mm	绝缘标称厚度 /mm	护套标称厚度 /mm	外径 最小 /mm	外径 最大 /mm	20℃下导体电阻 /(Ω/km)	20℃下绝缘电阻 /(MΩ·km)	90℃下绝缘电阻 /(MΩ·km)
10	3.9	2.6	0.8	10.4	12.2	1.95	16.7	0.167
16	5.0	2.6	0.8	11.5	13.4	1.24	14.2	0.142
25	6.4	2.9	1.0	13.7	16.1	0.795	13.1	0.131
35	7.7	2.9	1.0	14.9	17.5	0.565	11.6	0.116
50	9.2	2.9	1.0	16.4	19.1	0.393	10.2	0.102
70	11.0	2.9	1.0	18.0	21.1	0.277	8.9	0.089
95	12.5	2.9	1.0	19.5	22.8	0.210	8.0	0.080
120	14.2	2.9	1.2	21.2	25.1	0.164	7.5	0.075
150	15.8	2.9	1.2	22.9	26.8	0.132	6.9	0.069
185	17.5	3.2	1.2	25.1	29.4	0.108	6.7	0.067
240	20.1	3.4	1.4	28.3	33.1	0.0817	6.5	0.065
300	22.5	3.4	1.4	30.6	35.8	0.0654	5.9	0.059
400	25.8	3.4	1.4	33.7	39.4	0.0495	5.2	0.052

表 6-3-271 减薄绝缘壁厚小尺寸多芯非屏蔽电缆（300/500V）

截面积 /mm²	导体外径 /mm	绝缘厚度 /mm	线芯外径 最小 /mm	线芯外径 最大 /mm	护套厚度 /mm	电缆外径 最小 /mm	电缆外径 最大 /mm	20℃导体电阻 /(Ω/km)	20℃绝缘电阻 EI105 /(MΩ·km)	20℃绝缘电阻 EI101-EI104 /(MΩ·km)
2×1		0.4			0.6	5.3	6.2			
4×1		0.4			0.6	6.1	7.2			
7×1		0.4			0.7	7.5	8.7			
9×1		0.4			0.7	9.1	10.6			
12×1	1.25	0.4	2.0	2.4	0.7	9.8	11.5	20.0	15.0	7.5
19×1		0.4			0.8	11.7	13.7			
24×1		0.4			1.0	14.1	16.5			
32×1		0.4			1.0	15.5	18.2			
37×1		0.4			1.0	16.1	18.9			
40×1		0.4			1.0	16.7	19.6			
4×1.5		0.5			0.7	7.3	8.6			
7×1.5		0.5			0.7	8.7	10.2			
9×1.5		0.5			0.8	10.9	12.7			
12×1.5	1.5	0.5	2.4	3.9	0.8	11.8	13.8	13.7	14.0	7.0
19×1.5		0.5			1.0	14.2	16.6			
24×1.5		0.5			1.0	16.6	19.5			
32×1.5		0.5			1.2	18.7	21.9			
37×1.5		0.5			1.2	19.5	22.8			

（续）

截面积 /mm²	导体外径 /mm	绝缘厚度 /mm	线芯外径		护套厚度 /mm	电缆外径		20℃导体电阻 /(Ω/km)	20℃绝缘电阻 EI105 /(MΩ·km)	20℃绝缘电阻 EI101-EI104 /(MΩ·km)
			最小 /mm	最大 /mm		最小 /mm	最大 /mm			
4×2.5		0.5			0.7	8.3	9.8			
7×2.5		0.5			0.8	10.2	11.9			
9×2.5	1.95	0.5	2.9	3.4	1.0	12.9	15.1	8.21	13.0	6.5
12×2.5		0.5			1.0	13.9	16.3			
19×2.5		0.5			1.0	16.3	19.1			
24×2.5		0.5			1.2	19.6	22.9			

表 6-3-272　减薄绝缘壁厚小尺寸多芯屏蔽电缆（300/500V）

截面积 /mm²	导体外径 /mm	绝缘厚度 /mm	线芯外径		屏蔽层单丝直径 最大 /mm	护套厚度 /mm	电缆外径		20℃导体电阻最大 /(Ω/km)	20℃绝缘电阻 EI105 最小 /(MΩ·km)	20℃绝缘电阻 EI101-EI104 最小 /(MΩ·km)
			最小 /mm	最大 /mm			最小 /mm	最大 /mm			
2×1		0.4			0.16	0.6	6.0	7.1			
4×1		0.4			0.16	0.7	7.0	8.2			
7×1		0.4			0.16	0.7	8.2	9.6			
9×1		0.4			0.21	0.8	10.2	11.9			
12×1		0.4			0.21	0.8	10.9	12.7			
19×1	1.25	0.4	2.0	2.4	0.26	1.0	13.2	15.4	20.0	15.0	7.5
24×1		0.4			0.26	1.0	15.2	17.8			
32×1		0.4			0.26	1.0	16.6	19.4			
37×1		0.4			0.26	1.0	17.2	20.1			
40×1		0.4			0.26	1.2	18.2	21.3			
4×1.5		0.5			0.16	0.7	8.0	9.4			
7×1.5		0.5			0.21	0.7	9.6	11.3			
9×1.5		0.5			0.21	1.0	12.1	14.2			
12×1.5		0.5			0.21	1.0	13.0	15.2			
19×1.5	1.5	0.5	2.4	3.9	0.26	1.0	15.3	17.9	13.7	14.0	7.0
24×1.5		0.5			0.26	1.2	18.1	21.2			
32×1.5		0.5			0.26	1.2	19.8	23.2			
37×1.5		0.5			0.26	1.2	20.5	24.0			
4×2.5		0.5			0.21	0.7	9.2	10.8			
7×2.5		0.5			0.21	0.8	11.1	13.0			
9×2.5	1.95	0.5	2.9	3.4	0.26	1.0	13.9	16.3	8.21	13.0	6.5
12×2.5		0.5			0.26	1.0	15.0	17.5			
19×2.5		0.5			0.26	1.2	17.8	20.8			
24×2.5		0.5			0.26	1.2	20.6	24.1			

表 6-3-273　减薄绝缘壁厚小尺寸 0.6/1kV 线芯结构

截面积/mm²	导体外径/mm	绝缘厚度/mm	线芯外径		20℃导体电阻
			最小/mm	最大/mm	最大/(Ω/km)
1.5	1.5	0.7	2.8	3.3	13.7
2.5	1.95	0.7	3.2	3.8	8.21
4	2.5	0.7	3.8	4.4	5.09
6	3.0	0.7	4.2	5.0	3.39
10	3.9	0.7	5.1	5.9	1.95
16	5.0	0.7	6.1	7.2	1.24
25	6.4	0.9	7.8	9.1	0.795
35	7.7	0.9	9.0	10.6	0.565
50	9.2	1.0	10.6	12.4	0.393

表 6-3-274　减薄绝缘壁厚小尺寸 0.6/1kV 多芯非屏蔽电缆（2、3、4 芯等截面）

截面积/mm²	护套厚度/mm	电缆外径		20℃绝缘电阻 EI105	20℃绝缘电阻 EI101-EI104
		最小/mm	最大/mm	最小/(MΩ·km)	最小/(MΩ·km)
2×1.5	0.70	7.2	9.0	21.0	10.5
2×2.5	0.70	8.0	10.0	17.2	8.6
2×4	0.70	9.1	11.3	14.2	7.1
2×6	0.80	10.1	12.4	12.2	6.1
2×10	1.00	12.5	15.4	9.8	4.9
2×16	1.00	14.9	18.4	7.9	3.9
2×25	1.20	18.7	23.0	7.3	3.6
2×35	1.20	21.2	25.9	6.7	3.3
2×50	1.40	25.1	30.7	6.3	3.1
3×1.5	0.70	7.7	9.5	21.0	10.5
3×2.5	0.70	8.5	10.5	17.2	8.6
3×4	0.70	9.7	12.0	14.2	7.1
3×6	0.80	10.7	13.2	12.2	6.1
3×10	1.00	13.3	16.5	9.8	4.9
3×16	1.00	16.0	19.6	7.9	3.9
3×25	1.20	20.0	24.7	7.3	3.6
3×35	1.20	23.0	28.2	6.7	3.3
3×50	1.40	26.3	32.2	6.3	3.1
4×1.5	0.70	8.5	10.5	21.0	10.5
4×2.5	0.70	9.4	11.6	17.2	8.6
4×4	0.80	10.9	13.4	14.2	7.1
4×6	0.80	12.2	14.9	12.2	6.1
4×10	1.00	14.7	18.2	9.8	4.9
4×16	1.20	18.0	22.1	7.9	3.9
4×25	1.20	22.6	27.6	7.3	3.6

表6-3-275　减薄绝缘壁厚小尺寸 0.6/1kV 多芯非屏蔽电缆（3+1 芯）

截面积/mm²	护套厚度/mm	电缆外径		20℃绝缘电阻 EI105	20℃绝缘电阻 EI101 - EI104
		最小/mm	最大/mm	最小/(MΩ·km)	最小/(MΩ·km)
3×35+1×25	1.40	25.7	31.2	6.7	3.3
3×50+1×25	1.60	30.0	36.5	6.3	3.1

表6-3-276　减薄绝缘壁厚小尺寸 0.6/1kV 多芯屏蔽电缆

截面积 /mm²	屏蔽层单丝直径 最大/mm	护套厚度 /mm	电缆外径		20℃绝缘电阻 EI105	20℃绝缘电阻 EI101 - EI104
			最小/mm	最大/mm	最小/(MΩ·km)	最小/(MΩ·km)
2×1.5	0.16	0.70	7.9	9.9	21.0	10.5
2×2.5	0.16	0.70	8.7	10.7	17.2	8.6
2×4	0.21	0.70	10.2	12.7	14.2	7.1
2×6	0.21	0.80	10.9	13.6	12.2	6.1
2×10	0.21	1.00	13.4	16.6	9.8	4.9
2×16	0.26	1.00	16.0	19.8	7.9	3.9
2×25	0.26	1.20	19.8	24.6	7.3	3.6
2×35	0.31	1.20	22.8	27.9	6.7	3.3
2×50	0.31	1.40	26.4	32.3	6.3	3.1
3×1.5	0.16	0.70	8.4	10.4	21.0	10.5
3×2.5	0.16	0.70	9.2	11.4	17.2	8.6
3×4	0.21	0.80	10.8	13.3	14.2	7.1
3×6	0.21	0.80	11.6	14.3	12.2	6.1
3×10	0.26	1.00	14.4	18.0	9.8	4.9
3×16	0.26	1.20	17.4	21.3	7.9	3.9
3×25	0.26	1.20	21.3	26.1	7.3	3.6
3×35	0.31	1.40	24.5	29.8	6.7	3.3
3×50	0.31	1.60	28.3	34.6	6.3	3.1
4×1.5	0.16	0.70	9.1	11.3	21.0	10.5
4×2.5	0.21	0.80	10.4	12.9	17.2	8.6
4×4	0.21	0.80	11.8	14.5	14.2	7.1
4×6	0.21	1.00	13.1	16.1	12.2	6.1
4×10	0.26	1.00	15.9	19.5	9.8	4.9
4×16	0.26	1.20	19.3	23.6	7.9	3.9
4×25	0.31	1.40	24.0	29.3	7.3	3.6
3×35+1×25	0.31	1.40	26.9	32.9	6.7	3.3
3×50+1×25	0.31	1.60	31.5	38.2	6.3	3.1

3.12.3　测试项目和试验方法

见表6-3-277～表6-3-282。

表6-3-277　单芯薄壁绝缘电缆测试项目及试验方法

序　号	试验项目	试验类别	测试标准	条　款　号
1	电性能			
1.1	导体直流电阻	T, S	EN50305	6.1
1.2	成品耐压试验	T, S	EN50305	6.2.1
1.3	介电强度	T	EN50305	6.8
1.4	直流稳定性	T	EN50305	6.7

（续）

序　号	试验项目	试验类别	测试标准	条款号
1.5	绝缘电阻20℃	T, S	EN50305	6.4.1
	绝缘电阻90℃	T	EN50305	6.4.2
2	结构尺寸			
2.1	导体检查	T, S	EN50306-2	
2.2	绝缘厚度及偏心度	T, S	EN50306-1	
2.3	外径	T, S	EN50306-1	6.1
2.4	标志检查	T, S	EN50306-2	
3	绝缘层性能试验			
3.1	绝缘剥除性	T, S	EN50305	5.5.1
3.2	绝缘附着力	T, S	EN50305	5.5.2
3.3	热延伸	T, S	EN 60811-2-1	9
3.4	长期老化试验	T	EN50305	7.2
3.5	耐矿物油试验	T	EN50305	8.1
3.6	耐燃料油试验	T	EN50305	8.1
3.7	耐酸碱试验	T	EN50305	8.2
3.8	高温压力试验	T	EN50305	7.5
3.9	耐切通试验	T, S	EN50305	5.6
3.10	耐切口扩展试验	T, S	EN50305	5.3
3.11	热收缩试验	T, S	EN50305	7.6
3.12	线芯粘连试验	T	EN50305	10.2
3.13	低温卷绕试验	T	EN 60811-1-4	8.1
3.14	耐刮磨试验	T	EN50305	5.2
3.15	线芯柔软性试验	T	EN50305	5.4
3.16	耐臭氧试验	T	EN50305	7.4.1
3.17	应力开裂试验	T	EN50305	7.7
4	燃烧性能试验			
4.1	单根垂直燃烧	T, S	EN50265-2-1	
4.2	成束燃烧试验	T	EN50305	9.1.2
4.3	材料释出气体分析	T	EN50267-2-1，EN50267-2-2	
	氟含量分析		EN60684-2	
4.4	烟密度试验	T	EN50268-2	
4.5	毒性试验	T	EN50305	9.2

表 6-3-278　薄壁绝缘多芯或多对电缆护套性能测试项目及试验方法

序　号	试验项目	试验类别	测试标准	条　款　号
1	护套耐压试验	T, S	EN50305	6.3
2	结构尺寸			
2.1	屏蔽层检查	T, S	EN50306-2	
2.2	护套厚度	T, S	EN50306-1	
3	护层性能试验			
3.1	护套原始力学性能	T, S	EN 60811-1-1	9.2
3.2	护套吸水试验	T	EN50305	8.3
3.3	热延伸	T, S	EN 60811-2-1	9
3.4	长期老化试验	T	EN50305	7.3
3.5	耐矿物油试验	T	EN50305	8.1
3.6	耐燃料油试验	T	EN50305	8.1
3.7	耐酸碱试验	T	EN50305	8.2
3.8	高温压力试验	T	EN50305	7.5
3.9	耐切通试验	T, S	EN50305	5.6
3.10	耐切口扩展试验	T, S	EN50305	5.3
3.11	低温卷绕试验	T	EN 60811-1-4	8.2
3.12	耐刮磨试验	T	EN50305	5.2
3.13	耐臭氧试验	T	EN50305	7.4.1
3.14	应力开裂试验	T	EN50305	7.7
3.15	相容性试验			
4	燃烧性能试验			
4.1	单根垂直燃烧	T, S	EN50265-2-1	
4.2	成束燃烧试验	T	EN50305	9.1.2
4.3	材料释出气体分析	T	EN50267-2-1，EN50267-2-2	
	氟含量分析		EN60684-2	
4.4	烟密度试验	T	EN50268-2	
4.5	毒性试验	T	EN50305	9.2

表 6-3-279　标准壁厚及减薄壁厚小尺寸电缆测试项目及试验方法

序　号	试验项目	试验类别	测试标准	条　款　号
1	电性能			
1.1	导体直流电阻	T, S	EN50305	6.1
1.2	成品耐压试验	T, S	EN50305	6.2.1
1.3	介电强度	T	EN50305	6.8
1.4	表面电阻	T	EN50305	6.6
1.5	绝缘电阻20℃	T, S	EN50305	6.4.1

（续）

序　号	试验项目	试验类别	测试标准	条　款　号
1.6	绝缘电阻90℃	T	EN50305	6.4.2
1.7	直流稳定性	T	EN50305	6.7
2	结构尺寸			
2.1	导体检查	T, S	EN50264-1	6.1
2.2	绝缘厚度	T, S	EN60811-1-1	8.1
2.3	护套厚度	T, S	EN60811-1-1	8.2
2.3	外径	T, S	EN60811-1-1	8.3
2.4	标志检查	T, S	EN50264-1	5.1
3	绝缘和护套力学性能			
3.1	原始力学性能	T	EN60811-1-1	9.1
3.2	老化后力学性能	T	EN60811-1-2	8.1
3.3	热延伸试验	T	EN60811-2-1	9
3.4	护套吸水试验	T	EN60811-1-3	9.2
3.5	耐臭氧试验	T	EN50305	7.4.2
3.6	耐矿物油试验	T	EN60811-2-1	10
3.7	耐燃料油试验	T	EN60811-2-1	10
3.8	耐酸碱试验	T	EN60811-2-1	10
3.9	低温卷绕或低温拉伸试验	T	EN60811-1-4	8.1, 8.2, 8.3, 8.4
3.10	低温冲击试验	T	EN50305	5.1
3.11	相容性试验	T	EN50305	7.1
4	燃烧性能试验			
4.1	单根垂直燃烧	T, S	EN60332-1-2	EN 50264-1, 8.1
4.2	成束燃烧试验	T	EN50266-2-4, EN50266-2-5 EN 50305	EN 50264-1, 8.2.1 EN 50264-1, 8.2.2 9.1.2
4.3	材料释出气体分析	T	EN50264-1	9.1
	氟含量分析	T	EN50264-1	9.1
4.4	烟密度试验	T	EN61034-2	
4.5	毒性试验	T	EN50305	9.2

表6-3-280　标准壁厚电缆绝缘材料试验要求

序号	试验项目	单位	混合物型号					试验标准	条　款
			EI101	EI102	EI103	EI104	EI105		
	工作温度	℃	90	90	90	90	90		
1	力学性能							EN60811-1-1	9.1
1.1	原始力学性能							EN50264-2	附录 C
1.1.1	抗张强度（中间值）	MPa	8.0	8.0	8.0	8.0	5.0		
1.1.2	断裂伸长率（中间值）	%	125	125	125	125	200		
1.2	烘箱老化							EN60811-1-2	8.1.3.2
1.2.1	老化条件							EN50264-2	附录 C
	温度	℃	120±2	120±2	120±2	120±2	120±2		
	时间	h	240	240	240	240	240		

（续）

序号	试验项目	单位	混合物型号					试验标准	条 款
			EI101	EI102	EI103	EI104	EI105		
1.2.2	抗张强度变化率（中间值）	%	±30	±30	±30	±30	±30		
	断裂伸长率变化率（中间值）	%	±30	±30	±30	±30	±30	EN60811-2-1	
2	热延伸							EN60811-2-1	9
2.1	试验条件								
	温度	℃	200±3	200±3	200±3	200±3	200±3		
	时间	min	15	15	15	15	15		
	机械应力	N/cm²	20	20	20	20	20		
2.2	试验要求								
	负荷下最大伸长	%	100	100	100	100	100		
	冷却后永久变形	%	25	25	25	25	25		
3	耐臭氧							EN50305	7.4.2
3.1	方法A								
	浓度	×10⁻⁶	250~300	250~300	250~300	250~300	250~300		
	温度	℃	25±2	25±2	25±2	25±2	25±2		
	时间	h	24	24	24	24	24		
	要求		无裂纹	无裂纹	无裂纹	无裂纹	无裂纹		
3.2	方法B								
	浓度	pphm	150~250	150~250	150~250	150~250	150~250		
	温度	℃	40±2	40±2	40±2	40±2	40±2		
	时间	h	72	72	72	72	72		
	要求		无裂纹	无裂纹	无裂纹	无裂纹	无裂纹		
4	耐矿物油试验						N.A	EN60811-2-1	10
4.1	试验条件								
	（IRM902）								
	温度	℃	100±2	100±2	100±2	100±2			
	时间	h	24	24	72	72			
4.2	抗张强度变化率（中间值）	%	±30	±30	±30	±30			
	断裂伸长率变化率（中间值）	%	±40	±40	±40	±40			
5	耐燃料油试验		N.A	N.A			N.A	EN60811-2-1	10
5.1	试验条件								
	（IRM903）								
	温度	℃			70±2	70±2			
	时间	h			168	168			
5.2	抗张强度变化率（中间值）	%			±30	±30			
	断裂伸长率变化率（中间值）	%			±40	±40			
6	低温拉伸							EN60811-1-4	8.3
6.1	试验条件								
	温度	℃	-25	-40	-25	-40	-40		
6.2	伸长率（最小值）	%	30	30	30	30	30		
7	酸气释出量							EN50267-2-1	

（续）

序号	试验项目	单位	混合物型号					试验标准	条 款
			EI101	EI102	EI103	EI104	EI105		
7.1	卤素含量（最大）	%	0.5	0.5	0.5	0.5	0.5	EN50267-2-2	
7.2	pH（最小）		4.3	4.3	4.3	4.3	4.3		
7.3	电导率（最大）	μS/mm	10.0	10.0	10.0	10.0	10.0		
8	氟含量（最大）	%	0.1	0.1	0.1	0.1	0.1	EN60684-2	
9	毒性试验							EN50305	9.2
	ITC-2 和 ITC-3		5	5	5	5	5		
	ITC-4		3	3	3	3	3		
10	耐酸碱试验						N. A	EN60811-2-1	10
10.1	条件								
	标准草酸								
	标准 NaOH								
	温度	℃	23±2	23±2	23±2	23±2			
	时间	h	168	168	168	168			
10.2	抗张强度变化率（中间值）	%	±30	±30	±30	±30			
	断裂伸长率（中间值）	%	100	100	100	100			

表 6-3-281　减薄壁厚小尺寸电缆绝缘材料试验要求

序号	试验项目	单位	混合物型号					试验标准	条 款
			EI106	EI107	EI108	EI109	EI110		
	工作温度	℃	90	90	90	90	90		
1	力学性能							EN60811-1-1	9.1
1.1	原始力学性能							EN50264-2	附录 C
1.1.1	抗张强度（中间值）	MPa	10.0	10.0	10.0	10.0	7.0		
1.1.2	断裂伸长率（中间值）	%	150	150	150	150	150		
1.2	烘箱老化							EN60811-1-2	8.1.3.2
1.2.1	老化条件							EN50264-2	附录 C
	温度	℃	135±2	135±2	135±2	135±2	135±2		
	时间	h	168	168	168	168	168		
1.2.2	抗张强度变化率（中间值）	%	±30	±30	±30	±30	±30		
	断裂伸长率变化率（中间值）	%	±30	±30	±30	±30	±30		
2	热延伸							EN60811-2-1	9
2.1	试验条件								
	温度	℃	200±3	200±3	200±3	200±3	200±3		
	时间	min	15	15	15	15	15		
	机械应力	N/cm²	20	20	20	20	20		
2.2	试验要求								
	负荷下最大伸长	%	100	100	100	100	100		
	冷却后永久变形	%	25	25	25	25	25		
3	耐臭氧								

（续）

序号	试验项目	单位	混合物型号					试验标准	条　　款
			EI106	EI107	EI108	EI109	EI110		
3.1	方法 A							EN50305	7.4.2
	浓度	×10⁶	250~300	250~300	250~300	250~300	250~300		
	温度	℃	25±2	25±2	25±2	25±2	25±2		
	时间	h	24	24	24	24	24		
	要求		无裂纹	无裂纹	无裂纹	无裂纹	无裂纹		
3.2	方法 B								
	浓度	pphm	150~250	150~250	150~250	150~250	150~250		
	温度	℃	40±2	40±2	40±2	40±2	40±2		
	时间	h	72	72	72	72	72		
	要求		无裂纹	无裂纹	无裂纹	无裂纹	无裂纹		
4	耐矿物油试验						N. A	EN60811-2-1	10
4.1	试验条件								
	（IRM902）								
	温度	℃	100±2	100±2	100±2	100±2			
	时间	h	24	24	72	72			
4.2	抗张强度变化率（中间值）	%	±30	±30	±30	±30			
	断裂伸长率变化率（中间值）	%	±40	±40	±40	±40			
5	耐燃料油试验		N. A	N. A			N. A	EN60811-2-1	10
5.1	试验条件								
	（IRM903）								
	温度	℃			70±2	70±2			
	时间	h			168	168			
5.2	抗张强度变化率（中间值）	%			±30	±30			
	断裂伸长率变化率（中间值）	%			±40	±40			
6	低温拉伸							EN60811-1-4	8.3
6.1	试验条件								
	温度	℃	-25	-40	-25	-40	-40		
6.2	伸长率（最小值）	%	30	30	30	30	30		
7	酸气释出量							EN50267-2-1 EN50267-2-2	
7.1	卤素含量（最大）	%	0.5	0.5	0.5	0.5	0.5		
7.2	pH（最小）		4.3	4.3	4.3	4.3	4.3		
7.3	电导率（最大）	μS/mm	10.0	10.0	10.0	10.0	10.0		
8	氟含量（最大）	%	0.1	0.1	0.1	0.1	0.1	EN60684-2	
9	毒性试验								
	ITC-2 和 ITC-3		5	5	5	5	5	EN50305	9.2
	ITC-4		3	3	3	3	3		
10	耐酸碱试验						N. A	EN60811-2-1	10
10.1	条件								
	标准草酸								
	标准 NaOH								

（续）

序号	试验项目	单位	混合物型号					试验标准	条款
			EI106	EI107	EI108	EI109	EI110		
10.2	温度	℃	23±2	23±2	23±2	23±2			
	时间	h	168	168	168	168			
	抗张强度变化率（中间值）	%	±30	±30	±30	±30			
	断裂伸长率（中间值）	%	100	100	100	100			

表6-3-282　电缆护套材料试验要求

序号	试验项目	单位	混合物型号				试验标准	条款
			EM101	EM102	EM103	EM104		
	工作温度	℃	90	90	90	90		
1	力学性能						EN60811-1-1	9.1
1.1	原始力学性能						EN50264-2	附录C
1.1.1	抗张强度（中间值）	MPa	10.0	10.0	10.0	10.0		
1.1.2	断裂伸长率（中间值）	%	125	125	125	125		
1.2	烘箱老化						EN60811-1-2	8.1.3.2
1.2.1	老化条件						EN50264-2	附录C
	温度	℃	120±2	120±2	120±2	120±2		
	时间	h	240	240	240	240		
1.2.2	抗张强度变化率（中间值）	%	±30	±30	±30	±30		
	断裂伸长率变化率（中间值）	%	±30	±30	±30	±30		
2	热延伸						EN60811-2-1	9
2.1	试验条件							
	温度	℃	200±3	200±3	200±3	200±3		
	时间	min	15	15	15	15		
	机械应力	N/cm²	20	20	20	20		
2.2	试验要求							
	负荷下最大伸长	%	100	100	100	100		
	冷却后永久变形	%	25	25	25	25		
3	耐臭氧							
3.1	方法A						EN50305	7.4.2
	浓度	×10⁻⁶	250~300	250~300	250~300	250~300		
	温度	℃	25±2	25±2	25±2	25±2		
	时间	h	24	24	24	24		
	要求		无裂纹	无裂纹	无裂纹	无裂纹		
3.2	方法B							
	浓度	pphm	150~250	150~250	150~250	150~250		
	温度	℃	40±2	40±2	40±2	40±2		
	时间	h	72	72	72	72		
	要求		无裂纹	无裂纹	无裂纹	无裂纹		
4	耐矿物油试验						EN60811-2-1	10
4.1	试验条件（IRM902）							
	温度	℃	100±2	100±2	100±2	100±2		
	时间	h	24	24	72	72		

（续）

序号	试验项目	单位	混合物型号				试验标准	条　款
			EM101	EM102	EM103	EM104		
4.2	抗张强度变化率（中间值）	%	±30	±30	±30	±30		
	断裂伸长率变化率（中间值）	%	±40	±40	±40	±40		
5	耐燃料油试验		—	—			EN60811-2-1	10
5.1	试验条件							
	（IRM903）							
	温度	℃			70±2	70±2		
	时间	h			168	168		
5.2	抗张强度变化率（中间值）	%			±30	±30		
	断裂伸长率变化率（中间值）	%			±40	±40		
6	低温拉伸						EN60811-1-4	8.3
6.1	试验条件							
	温度	℃	−25	−40	−25	−40		
6.2	伸长率（最小值）	%	30	30	30	30		
7	酸气释出量						EN50267-2-1	
7.1	卤素含量（最大）	%	0.5	0.5	0.5	0.5	EN50267-2-2	
7.2	pH（最小）		4.3	4.3	4.3	4.3		
7.3	电导率（最大）	μS/mm	10.0	10.0	10.0	10.0		
8	氟含量（最大）	%	0.1	0.1	0.1	0.1	EN60684-2	
9	毒性试验							
	ITC-2 和 ITC-3		5	5	5	5	EN50305	9.2
	ITC-4		3	3	3	3		
10	耐酸碱试验						EN60811-2-1	10
10.1	条件							
	标准草酸							
	标准 NaOH							
	温度	℃	23±2	23±2	23±2	23±2		
	时间	h	168	168	168	168		
10.2	抗张强度变化率（中间值）	%	±30	±30	±30	±30		
	断裂伸长率（中间值）	%	100	100	100	100		

3.13　机场灯光照明用埋地电缆

3.13.1　品种规格

机场灯光照明用埋地电缆适用于机场助航灯光和信号系统主回路。

机场灯光照明用埋地电缆的结构示意图如图 6-3-35 所示。

1. 品种与敷设场合

机场灯光照明用埋地电缆的品种与敷设场合见表 6-3-283。

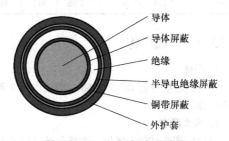

图 6-3-35　机场灯光照明用
埋地电缆结构示意图

表 6-3-283　机场灯光照明用埋地电缆的品种与敷设场合

品　种	型　号		外护层种类	敷设场合
	铝芯	铜芯		
交联聚乙烯绝缘聚乙烯护套机场助航灯光回路用埋地电缆	——	DYJY	聚乙烯	直埋敷设，不能承受较大机械外力
交联聚乙烯绝缘聚氯乙烯护套机场助航灯光回路用埋地电缆		DYJV	聚氯乙烯	
乙丙绝缘氯丁或类似混合物护套机场助航灯光回路用埋地电缆		DEF	氯丁或类似混合物	

2. 工作温度与敷设条件

1）导体长期允许工作温度应不超过90℃。

2）短路时（最长持续时间不超过5s）电缆导体的最高温度不超过250℃。

3）敷设电缆时的环境温度不低于0℃，敷设时电缆的允许最小半径为12D（D为电缆直径）

3. 型号规格

机场灯光照明用埋地电缆的型号规格见表6-3-284。

表 6-3-284　机场灯光照明用埋地电缆的型号规格

型　号	芯数	额定电压 /kV	导体截面积 /mm²
DYJY、DYJV、DEF	1	5kV	6

4. 外径及重量

机场灯光照明用埋地电缆的外径及重量见表6-3-285。

表 6-3-285　机场灯光照明用埋地电缆的外径及重量

规格 /mm²	外径 /mm		计算重量 /(kg/km)		
	DYJY	DYJV	DEF	DYJY	DYJV	DEF
1×6	13.4~15.9			276	313	353

3.13.2　产品结构

1. 导体

导电线芯应符合 GB/T 3956—2008 中第2种圆形铜导体的规定。

2. 导体屏蔽

导体屏蔽应是非金属的，由挤包的交联半导电料组成，导体屏蔽应均匀地包覆在导体上，并和绝缘紧密结合。导体屏蔽表面应光滑，不应有明显的凸纹、尖角、颗粒、烧焦、脱料、擦伤等缺陷。导体屏蔽最薄处厚度应不小于0.15mm。

3. 绝缘屏蔽

（1）非金属半导电层　直接挤包与绝缘可剥离的交联半导电材料构成非金属半导电层，最薄处厚度不小于0.30mm。

（2）金属屏蔽层　金属屏蔽应为一层铜带，最薄厚度应不小于0.07mm，铜带绕包最小搭盖率应不低于15%。

4. 绝缘

绝缘应为交联聚乙烯（XLPE）或乙丙橡胶绝缘混合料（EPR），当采用交联聚乙烯绝缘料时，宜采用抗水树交联聚乙烯绝缘料（TRXLPE），绝缘的厚度见表6-3-286。

表 6-3-286　机场灯光照明用埋地电缆绝缘厚度

导体截面积 /mm²	绝缘标称厚度 /mm	绝缘平均厚度≥ /mm	绝缘最薄处厚度≥ /mm
6	2.8	2.8	2.52

5. 护套

电缆护套应为聚氯乙烯（ST2型）、聚乙烯（ST7型）、氯丁橡胶或类似聚合物（SE1型）材料中的一种。护套有耐化学腐蚀时，应不含有对人类或环境有害的成分。护套厚度见表6-3-287。

表 6-3-287　机场灯光照明用埋地电缆护套厚度

护套前计算直径 /mm	护套最薄处厚度≥ /mm
12.4	1.40

3.13.3　技术指标

1. 电气性能

机场灯光照明用埋地电缆电气性能符合表6-3-288规定。

表 6-3-288　**机场灯光照明用埋地电缆电气性能**

序号	试验项目	单位	性能指标
1	导体直流电阻	Ω/km	≤3.08
2	例行交流耐压试验	kV/min	18/5，不击穿
3	例行局部放电试验	pC/kV	施加 18kV 交流电压，放电量不超过 10pC
4	4h 电压试验	kV/h	20/4，不击穿
5	半导电屏蔽电阻率	Ω·m	导体屏蔽：≤1000 绝缘屏蔽：≤500
6	tanδ 试验	—	XLPE：≤80 × 10⁻⁴ EPR：≤400 × 10⁻⁴

2. 机械物理性能

机场灯光照明用埋地电缆绝缘力学性能符合表 6-3-289 规定。

机场灯光照明用埋地电缆护套力学性能符合表 6-3-290 规定。

表 6-3-289　**机场灯光照明用埋地电缆绝缘力学性能**

序号	试验项目	单位	性能指标		
			EPR	XLPE	TRXLPE
1	绝缘力学性能 老化前抗张强度 ≥ 老化前断裂伸长率 ≥ 老化后 老化温度 老化时间 老化后抗张强度变化率 ≤ 老化后断裂伸长率变化率 ≤	MPa % ℃ d % %	8.2 250 135 ±3 7 ±30 ±30	12.5 250 135 ±3 7 ±25 ±25	12.5 250 135 ±3 7 ±25 ±25
2	绝缘热延伸性能 空气温度（误差 ±3℃） 载荷时间 机械应力 载荷下最大伸长率 冷却后最大永久伸长率	℃ min N/cm² % %	250 15 20 175 15	200 15 20 175 15	200 15 20 175 15
3	绝缘屏蔽的剥离试验	N	4 ~45		

表 6-3-290　**机场灯光照明用埋地电缆护套力学性能**

序号	试验项目	单位	性能指标		
			ST2	ST7	SE1
1	护套力学性能 老化前抗张强度 ≥	MPa	12.5	12.5	10.0

（续）

序号	试验项目	单位	性能指标		
			ST2	ST7	SE1
1	老化前断裂伸长率 ≥ 老化后 老化温度 老化时间 老化后抗张强度 ≥ 老化后抗张强度变化率 ≤ 老化后断裂伸长率 ≥ 老化后断裂伸长率变化率 ≤	% ℃ d MPa % % %	150 100 7 12.5 ±25 150 ±25	300 110 10 — — 300 —	300 100 7 — ±30 250 ±40

3.14　无机绝缘耐火电缆

随着技术的进步，耐火电缆用的绝缘材料形式也在不断改进，目前无机绝缘耐火电缆的绝缘主要有两种类型，一类是氧化镁矿物绝缘，一类是云母带绕包绝缘，此类电缆适用于环境恶劣、安全性要求特别高的场所或部位。电缆由铜导体、氧化镁矿物绝缘或云母带绕包绝缘、铜护套和可选的尤其适用于火灾条件下要保证安全供电的消防系统线路，是一种性能十分优良的安全性电缆。

3.14.1　氧化镁矿物绝缘电缆

1. 电缆结构

氧化镁矿物绝缘电缆以符合 GB/T 3956—2008 的第 1 种退火铜导体、紧压成型的氧化镁矿物密实体作为绝缘，退火铜管作为护套为基本结构组成。当电缆用于对铜有腐蚀的场所时最外层可挤一层聚氯乙烯塑料护套。而在建筑物或地下场所对电缆美观或易触及的场所时可加一层符合国家规定的任何颜色的无卤低烟护套。

2. 电缆表示方法

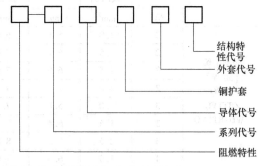

结构特性代号
外套代号
铜护套
导体代号
系列代号
阻燃特性

例一：截面积为 1.5mm² 的 4 芯轻型铜芯铜护套氧化镁绝缘电缆

表示为：BTTQ-500　4×1.5

例二：截面积为 300mm² 的 5 芯重型铜芯铜护套氧化镁绝缘无卤低烟电缆

表示为：BTTZ-750　5×[1×300]

3. 型号及规格

氧化镁矿物绝缘电缆型号及规格见表 6-3-291。

表 6-3-291　氧化镁矿物绝缘电缆型号及规格

结构特征	型号	名　　称	截面积/mm²	芯数	电压等级/V
轻型	BTTQ	轻型铜芯铜护套氧化镁绝缘电缆	1~4	1, 2, 3, 4, 7	500
	BTTVQ	轻型铜芯铜护套聚氯乙烯外套氧化镁绝缘电缆			
	WD-BTTYQ	轻型铜芯铜护套无路低烟无卤外套			
重型	BTTZ	重型铜芯铜护套氧化镁绝缘电缆	1~400	1, 2, 3, 4, 7, 10, 12, 19	750
	BTTVZ	重型铜芯铜护套聚氯乙烯外套氧化镁绝缘电缆			
	WD-BTTYZ	重型铜芯铜护套无卤低烟外套氧化镁绝缘电缆			

注：1. 截面积为 25mm² 以上的多芯电缆均由多根单芯电缆组成。
　　2. 氧化镁矿物绝缘电缆额定电压采用国际标准中的 500V 和 750V 两种表示方法，其中 500V 为轻型电缆，可用于控制线路，750V 为重型电缆，可用于 600/1000V 低压电力线路。

4. 产品标准

产品标准见表 6-3-292。

表 6-3-292　氧化镁矿物绝缘电缆的相关标准

标准号	类别	名　　称
GB/T 13033—2007	产品制造标准	额定电压 750V 及以下矿物绝缘电缆及终端
IEC 60702—2002		额定电压 750V 及以下矿物绝缘电缆及终端
BS 6207—2001		额定电压 750V 及以下矿物绝缘电缆及终端
09D101—6	敷设标准	矿物绝缘电缆敷设
JGJ 232—2011		矿物绝缘电缆敷设技术规程
GB/T 16895.15—2002	在流量标准	建筑物电气装置布线系统载流量
BS 6387—1994	产品特性标准	用于火灾条件下保持电路完整的电缆的性能要求
GB/T 18380.31—2008		电缆和光缆在火焰条件下燃烧试验
GB/T 19216—2008		在火焰条件下电缆或光缆的线路完整性试验

5. 矿物绝缘电缆工程数据（见表 6-3-293 和表 6-3-294）

表 6-3-293　轻型氧化镁矿物绝缘电缆数据表

电缆类别	规格		电缆外径		额定载流量		铜护套横截面积	近似重量	
	芯数	标称截面积	裸电缆	防腐外套电缆	裸电缆	防腐外套电缆		裸电缆	防腐外套电缆
	NO	mm²	mm	mm	A	A	mm²	kg/km	kg/km
轻型电缆[500V] BTTQ/BTTVQ/WD-BTTYQ	2	1.0	5.1	6.4	17	20	6.0	106	123
	2	1.5	5.7	7.0	22	24	7.1	133	152
	2	2.5	6.6	7.9	30	33	9.4	183	204
	2	4.0	7.7	9.2	38	44	12.2	252	281
	3	1.0	5.8	7.1	15	17	7.6	138	157
	3	1.5	6.4	7.7	19	21	8.9	171	192
	3	2.5	7.3	8.8	25	28	10.7	227	255
	4	1.0	6.3	7.6	15	16	8.8	165	185
	4	1.5	7.0	8.3	19	21	10.2	206	229

（续）

电缆 类别	规格		电缆外径		额定载流量		铜护套 横截面积	近似重量	
	芯数	标称 截面积	裸电缆	防腐外 套电缆	裸电缆	防腐外 套电缆		裸电缆	防腐外 套电缆
	NO	mm²	mm	mm	A	A	mm²	kg/km	kg/km
轻型电缆 〔500V〕 BTTQ /BTTVQ /WD-BTTYQ	4	2.5	8.1	9.6	25	28	12.8	282	312
	7	1.0	7.6	9.1	10	11	11.6	239	268
	7	1.5	8.4	9.9	13	14	13.3	299	331
	7	2.5	9.7	11.2	17	19	17.4	418	454
	10	1.5	13.6	15.1	13	14.5	30.3	679	729
	12	1.5	14.3	15.8	11.6	14	32.7	755	807
	19	1.5	16.7	18.7	10.2	11.2	41.9	1037	1118
	21	1.5	17.5	19.5	9.3	10.1	44.9	1134	1225

表 6-3-294　重型氧化镁矿物绝缘电缆数据表

电缆 类别	规格		电缆外径		额定载流量		铜护套 横截面积	近似重量	
	芯数	标称 截面积	裸电缆	防腐外 套电缆	裸电缆	防腐外 套电缆		裸电缆	防腐外 套电缆
	NO	mm²	mm	mm	A	A	mm²	kg/km	kg/km
重型 〔750V〕 BTTZ /BTTVZ /WD-BTTYZ	1	1.5	4.9	6.3	30	33	5.8	97	113
	1	2.5	5.3	6.7	39	43	6.4	116	134
	1	4.0	5.9	7.3	51	56	7.7	147	167
	1	6.0	6.4	7.8	63	69	8.9	180	201
	1	10	7.3	8.9	81	92	10.7	243	270
	1	16	8.3	9.9	107	119	13.2	328	359
	1	25	9.6	11.2	139	154	17.0	457	493
	1	35	10.7	12.3	168	187	20.2	587	627
	1	50	12.1	13.7	207	230	24.7	776	820
	1	70	13.7	15.3	251	279	30.9	1026	1075
	1	95	15.4	17.5	300	333	36.7	1322	1395
	1	120	16.8	18.9	344	382	42.6	1609	1690
	1	150	18.4	20.5	388	431	29.5	1957	2046
	1	185	20.4	23.0	434	182	57.5	2390	2513
	1	240	23.3	26.0	483	537	69.4	3074	3215
	1	300	26.0	28.6	795	883	84.6	3760	3916
	1	400	30.0	32.6	948	1053	106.0	4975	5154
	2	1.5	7.9	9.5	24	26	12.5	231	260
	2	2.5	8.7	10.3	32	36	14.6	284	317
	2	4.0	9.8	11.4	42	47	17.6	365	402
	2	6.0	10.9	12.5	54	60	20.9	460	500
	2	10	12.7	14.3	74	82	26.7	637	683
	2	16	14.7	16.3	98	109	34.1	874	928
	2	25	17.1	19.2	128	142	43.4	1208	1290
	3	1.5	8.3	9.8	20	22	13.6	261	292
	3	2.5	9.3	10.8	27	30	16.1	333	367
	3	4.0	10.4	11.9	36	40	19.3	427	465
	3	6.0	11.5	13.0	46	51	23.1	539	581

（续）

电缆类别	规格		电缆外径		额定载流量		铜护套横截面积	近似重量	
	芯数	标称截面积	裸电缆	防腐外套电缆	裸电缆	防腐外套电缆		裸电缆	防腐外套电缆
	NO	mm²	mm	mm	A	A	mm²	kg/km	kg/km
重型 [750V] BTTZ /BTTVZ /WD-BTTYZ	3	10	13.6	15.1	62	69	30.3	772	821
	3	16	15.6	17.6	83	92	38.1	1056	1132
	3	25	18.2	20.2	108	120	47.4	1469	1557
	4	1.5	9.1	10.6	21	23	15.8	313	347
	4	2.5	10.1	11.6	27	30	18.5	396	433
	4	4.0	11.4	12.9	36	40	22.9	520	562
	4	6.0	12.7	14.2	46	51	26.7	661	707
	4	10	14.8	16.3	61	68	34.4	932	985
	4	16	17.3	19.3	80	89	44.4	1314	1398
	4	25	20.1	22.6	104	116	56.0	1833	1955
	7	1.5	10.8	12.3	14	16	20.7	445	484
	7	2.5	12.1	13.6	19	21	24.7	577	621

6. 电缆性能参数

(1) 导体直流电阻 导体直流电阻参见 GB/T 3956—2008。

(2) 绝缘厚度 测量值应符合表 6-3-295 规定，测量时绝缘最小厚度不小于规定值的 80% -0.1mm。

(3) 铜护套厚度及电阻 铜护套厚度及电阻见表 6-3-296 ~ 表 6-3-298。

(4) 外套厚度 当有外套时，外套厚度平均测量值应不小于表 6-3-299 规定的标称值，任一处厚度与标称值的差值不应超过标称值的 15% +0.1mm。

(5) 电缆弯曲半径 弯曲半径见表 6-3-300。

(6) 成品电缆试验电压 试验电压见表 6-3-301。

表 6-3-295 500V 氧化镁矿物绝缘电缆绝缘厚度

导体标称截面积/mm²	绝缘标称厚度/mm	
	1, 2 芯	3, 4, 7 芯
1	0.65	0.75
1.5	0.65	0.75
2.5	0.65	0.75
4	0.65	—

表 6-3-296 500V 氧化镁矿物绝缘电缆铜护套厚度及电阻

导体标称截面积/mm²	护套平均厚度/mm					20℃时铜护套最大电阻/(Ω/km)				
	1 芯	2 芯	3 芯	4 芯	7 芯	1 芯	2 芯	3 芯	4 芯	7 芯
1	0.31	0.41	0.45	0.48	0.52	8.85	3.95	3.15	2.71	2.06
1.5	0.32	0.43	0.48	0.50	0.54	7.75	3.35	2.67	2.33	1.78
2.5	0.34	0.49	0.50	0.54	0.61	6.48	2.53	2.23	1.85	1.36
4	0.38	0.54	—	—	—	4.98	1.96	—	—	—

表 6-3-297 750V 氧化镁矿物绝缘电缆绝缘厚度及铜护套尺寸

导体标称截面积/mm²	绝缘标称厚度/mm	铜护套平均厚度/mm						
		1 芯	2 芯	3 芯	4 芯	7 芯	12 芯	19 芯
1	1.30	0.39	0.51	0.53	0.56	0.62	0.73	0.79
1.5	1.30	0.41	0.54	0.56	0.59	0.65	0.76	0.84
2.5	1.30	0.42	0.57	0.59	0.62	0.69	0.81	—
4	1.30	0.45	0.61	0.63	0.68	0.75	—	—
6	1.30	0.48	0.65	0.68	0.71	—	—	—
10	1.30	0.50	0.71	0.75	0.78	—	—	—
16	1.30	0.54	0.78	0.82	0.86	—	—	—

（续）

导体标称	绝缘标称	铜护套平均厚度/mm						
截面积/mm²	厚度/mm	1 芯	2 芯	3 芯	4 芯	7 芯	12 芯	19 芯
25	1.30	0.60	0.85	0.87	0.93	—	—	—
35	1.30	0.64	—	—	—	—	—	—
50	1.30	0.69	—	—	—	—	—	—
70	1.30	0.76	—	—	—	—	—	—
95	1.30	0.80	—	—	—	—	—	—
120	1.30	0.85	—	—	—	—	—	—
150	1.30	0.90	—	—	—	—	—	—
185	1.40	0.94	—	—	—	—	—	—
240	1.60	0.99	—	—	—	—	—	—
300	1.80	1.08	—	—	—	—	—	—
400	2.10	1.17	—	—	—	—	—	—

表 6-3-298　750V 氧化镁矿物绝缘电缆铜护套电阻

铜导体标称	20℃时铜护套最大电阻 （Ω/km）						
截面积/mm²	1 芯	2 芯	3 芯	4 芯	7 芯	12 芯	19 芯
1	4.63	2.19	1.99	1.72	1.31	0.843	0.663
1.5	4.13	1.90	1.75	1.51	1.15	0.744	0.570
2.5	3.71	1.63	1.47	1.29	0.959	0.630	—
4	3.09	1.35	1.23	1.04	0.783		
6	2.67	1.13	1.03	0.887			
10	2.23	0.887	0.783	0.690			
16	1.81	0.695	0.622	0.533			
25	1.40	0.546	0.500	0.423			
35	1.17	—	—	—			
50	0.959	—	—	—			
70	0.767	—	—	—			
95	0.646	—	—	—			
120	0.556	—	—	—			
150	0.479	—	—	—			
185	0.412	—	—	—			
240	0.341	—	—	—			
300	0.280	—	—	—			
400	0.223	—	—	—			

表 6-3-299　氧化镁矿物绝缘电缆可选（外套）厚度

铜护套外径 D/mm	外套标称厚度/mm
D≤7	0.65
7<D≤15	0.75
15<D≤20	1.00
20<D	1.25

表 6-3-300　氧化镁矿物绝缘电缆弯曲半径

电缆外径 D/mm	D<7	7≤D<12	12≤D<15	D≥15
电缆内侧最小允许弯曲半径 R	2D	3D	4D	6D

表 6-3-301　氧化镁矿物绝缘电缆试验电压

额定电压/V	试验电压 （有效值）/kV
500	2.0
750	2.5

7. 型号选择

使用 BTTQ、BTTVQ、WD-BTTYQ（轻型）时导体与铜护套及导体之间的电压不超过交流电压 500V（有效值）或直流电压 500V。

使用 BTTZ、BTTVZ、WD-BTTYZ（重型）时导体与铜护套及导体之间的电压不超过交流电压 750V（有效值）或直流电压 750V。

电缆明敷在建筑物空间或有美观要求的场所时，应设计成 WD-BTTYZ 型。

有氨及氨气或其他对铜有腐蚀作用化学的环境，应设计成 BTTVZ 型。

电缆可同其他塑料类电缆共同敷设在同一桥架、电缆沟，在电缆隧道或人能触及的场所时，应设计成 BTTVZ 型或 WD-BTTYZ 型；而当电缆与塑料电缆共同敷设，且有隔离时，或该电缆单独敷设时，应设计成 BTTZ 型。

电缆无需穿金属管，单芯电缆不允许单独穿管，特殊场合必须穿金属管的线路，宜设计成 BT-TVZ 型或 WD- BTTYZ 型。

8. 规格选择

根据电缆的敷设环境，确定电缆最高使用温度，合理选择相应的电缆载流量，并确定电缆规格。

矿物绝缘电缆按金属护套 70℃ 和 105℃（环境温度 30℃）两种不同载流量选择。

电缆沿墙、支架、顶板及桥架等明敷线路应按正常的工作温度为 70℃ 的载流量确定电缆规格。

与其他塑料电缆共同敷设在同一桥架、竖井、电缆沟、电缆隧道等的线路应按正常的工作温度为 70℃ 的载流量确定电缆规格。

其他由于电缆护套温度过高易引起人员伤害的

或设备损坏的场所等线路应按正常的工作温度为 70℃ 的载流量确定电缆规格。

电缆单独敷设于桥架、电缆沟，穿管无人触及的场所等线路应按正常的工作温度为 105℃ 的载流量确定电缆规格。

3.14.2 云母带绕包绝缘耐火电缆

1. 电缆结构

云母带绕包绝缘电缆用导体符合 GB/T 3956—2008 的第 1 种、第 2 种退火铜导体要求，绕包云母带为芯绝缘，再增加云母带绕包带绝缘，退火铜管作为护套为基本结构组成。当电缆用于对铜有腐蚀的场所时最外层可挤一层聚氯乙烯或低烟无卤塑料护套。

2. 电缆表示方法

产品用型号、额定电压和规格如下。

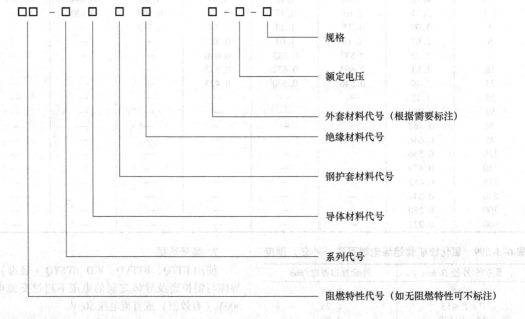

电缆型号标记范例见表 6-3-302。

表 6-3-302 电缆型号标记范例

示　例	名　称
RTTZ-0.45/ 0.75kV-(7×1.5)	额定电压 0.45/0.75kV 铜芯铜护套云母带绕包矿物绝缘柔性防火电缆，规格为（7×1.5）mm²
RTTZV-0.6/ 1kV-(4×95)	额定电压 0.6/1kV 铜芯铜护套云母带绕包矿物绝缘聚氯乙烯外套柔性防火电缆，规格为（4×95）mm²

（续）

示　例	名　称
WDZ-RTTZY-0.6/ 1kV-(3×70+1×35)	额定电压 0.6/1kV 铜芯铜护套云母带绕包矿物绝缘低烟无卤聚烯烃外套阻燃类柔性防火电缆，规格为（3×70+1×35）mm²

3. 电缆规格

电缆规格见表 6-3-303 规定。

表 6-3-303　电缆规格表　　　　　　　　　　　　　　　　（续）

型号	额定电压/kV	芯数	标称截面积/mm²
RTTZ	0.45/0.75①	2	2.5 ~ 4
		3	1 ~ 2.5
		4	1 ~ 2.5
		7	1 ~ 2.5
		12	1 ~ 2.5
		19	1 ~ 1.5
	0.6/1②	1	1 ~ 630
		2	1 ~ 240
		3	1 ~ 240
		4	1 ~ 240
		3 + 1	3 × 16 + 1 × 10
			3 × 25 + 1 × 16
			3 × 35 + 1 × 16
			3 × 50 + 1 × 25
			3 × 70 + 1 × 35
			3 × 95 + 1 × 50
			3 × 120 + 1 × 70
			3 × 150 + 1 × 70
			3 × 185 + 1 × 95
			3 × 240 + 1 × 120

型号	额定电压/kV	芯数	标称截面积/mm²
RTTZ	0.6/1②	3 + 2	3 × 25 + 2 × 16
			3 × 35 + 2 × 16
			3 × 50 + 2 × 25
			3 × 70 + 2 × 35
		4 + 1	4 × 16 + 1 × 10
			4 × 16 + 1 × 16
			4 × 25 + 1 × 16
			4 × 35 + 1 × 16
			4 × 50 + 1 × 25
			4 × 70 + 1 × 35

① 表中给出的规格是优先选用规格，客户可以根据设计要求另行选择，但控制电缆导体截面积不超过 4mm²。

② 在没有特殊要求的情况下，金属外护套既作为电缆的外保护层，也作为接地线芯使用，如 3 × 25 + 2 × 16，缆芯只有 4 个绝缘线芯，其中 1 个"1 × 16"是没有导体存在的，是用金属外护套替代的；还比如 3 × 25 + 1 × 16 缆芯只有 3 个绝缘线芯，其中 1 个"1 × 16"是没有导体存在的，是用金属外护套替代的。

4. 电缆结构尺寸

电缆的结构尺寸见表 6-3-304 ~ 表 6-3-306。

表 6-3-304　0.45/0.75kV 电缆结构参数

导体标称截面积/mm²	单芯绝缘标称厚度/mm	多芯芯绝缘标称厚度/mm	铜护套标称厚度/mm				
			1 芯	2 芯	3 芯	4 芯	7、9、12 芯
1	0.80	0.40	0.40	0.40	0.40	0.40	0.40
1.5	0.80	0.40	0.40	0.40	0.40	0.40	0.40
2.5	0.80	0.40	0.40	0.40	0.40	0.40	0.40
4	0.80	0.40	0.40	0.40	0.40	0.40	0.40

表 6-3-305　0.6/1kV 电缆结构参数

导体标称截面积/mm²	单芯绝缘标称厚度/mm	多芯芯绝缘标称厚度/mm	铜护套标称厚度/mm				导体标称截面积/mm²	芯绝缘标称厚度/mm	铜护套标称厚度/mm
			1 芯	2 芯	3 芯	4 芯			
1	0.90	0.45	0.40	0.40	0.40	0.40	3 × 16 + 1 × 10	0.55	0.50
1.5	0.90	0.45	0.40	0.40	0.40	0.40	3 × 25 + 1 × 16	0.55	0.50
2.5	0.90	0.45	0.40	0.40	0.40	0.40	3 × 35 + 1 × 16	0.60	0.50
4	0.90	0.45	0.40	0.40	0.40	0.40	3 × 50 + 1 × 25	0.65	0.50
6	0.90	0.45	0.40	0.40	0.40	0.40	3 × 70 + 1 × 35	0.65	0.60
10	1.10	0.55	0.40	0.40	0.40	0.40	3 × 95 + 1 × 50	0.65	0.60
16	1.10	0.55	0.40	0.40	0.40	0.40	3 × 120 + 1 × 70	0.65	0.70
25	1.10	0.55	0.40	0.50	0.50	0.50	3 × 150 + 1 × 70	0.75	0.70
35	1.20	0.60	0.40	0.50	0.50	0.50	3 × 185 + 1 × 95	0.75	0.80
50	1.30	0.65	0.50	0.50	0.50	0.50	3 × 240 + 1 × 120	0.75	0.90
70	1.30	0.65	0.50	0.50	0.50	0.60	3 × 25 + 2 × 16	0.55	0.50
95	1.30	0.65	0.50	0.50	0.60	0.60	3 × 35 + 2 × 16	0.60	0.60
120	1.30	0.65	0.50	0.50	0.70	0.70	3 × 50 + 2 × 25	0.65	0.60
150	1.50	0.75	0.50	0.60	0.70	0.70	3 × 70 + 2 × 35	0.65	0.60

(续)

导体标称截面积/mm²	单芯绝缘标称厚度/mm	多芯芯绝缘标称厚度/mm	铜护套标称厚度/mm 1芯	2芯	3芯	4芯	导体标称截面积/mm²	芯绝缘标称厚度/mm	铜护套标称厚度/mm
185	1.50	0.75	0.50	0.60	0.80	0.80	4×16+1×10	0.55	0.50
240	1.50	0.75	0.60	0.60	0.90	0.90	4×16+1×16	0.55	0.50
300	1.80	—	0.70	—	—	—	4×25+1×16	0.55	0.50
400	1.80	—	0.70	—	—	—	4×35+1×16	0.60	0.60
500	2.00	—	0.70	—	—	—	4×50+1×25	0.65	0.60
630	2.20	—	0.70	—	—	—	4×70+1×35	0.65	0.60

表 6-3-306　带绝缘厚度

缆芯假设外径/mm	带绝缘标称厚度/mm
D≤10.0	0.30
10.1<D≤20.0	0.40
20.1<D≤30.0	0.50
30.1<D	0.60

注：D指电缆金属外护套前缆芯的假定直径计算值。

5. 产品性能要求

1）环境温度下的绝缘电阻测量：电缆的绝缘电阻（MΩ）与电缆长度的乘积不应小于100MΩ·km。

2）正常运行时导体最高温度下绝缘电阻测量：结果要求见表6-3-307。

3）0.6/1kV 电缆电压试验：试验要求应按照GB/T 3048.8-2007 的接线方式，在导体与金属护套之间施加 $4U_0$ 的工频电压，电压应逐渐升高并持续4h，绝缘应不发生击穿。

表 6-3-307　工作温度条件绝缘电阻

导体标称截面积/mm²	导体种类	工作温度条件下最小绝缘电阻/(MΩ·km) 90℃	120℃
1	1	0.016	0.014
1.5	1	0.014	0.012
2.5	1	0.013	0.011
4	1	0.012	0.010
6	1	0.011	0.009
10	1	0.010	0.008
1.5	2	0.014	0.012
2.5	2	0.013	0.011
4	2	0.012	0.010
6	2	0.010	0.008
10	2	0.010	0.008
16	2	0.008	0.006
25	2	0.008	0.006
35	2	0.007	0.005
50	2	0.007	0.005

(续)

导体标称截面积/mm²	导体种类	工作温度条件下最小绝缘电阻/(MΩ·km) 90℃	120℃
70	2	0.006	0.004
95	2	0.006	0.004
120	2	0.005	0.003
150	2	0.005	0.003
185	2	0.005	0.003
240	2	0.004	0.002
300	2	0.004	0.002
400	2	0.004	0.002
500	2	0.003	0.001
630	2	0.003	0.001

4）芯绝缘厚度测量：应符合表6-3-304～表6-3-305中的要求。

5）带绝缘厚度测量：应符合表6-3-306中的要求。

6）金属护套厚度测量：应符合表6-3-304～表6-3-305中的要求。

7）外护套厚度测量：应符合表6-3-308中的要求。

8）非金属外护套老化前后力学性能试验：应符合表6-3-309中的要求。

9）护套混合料特殊性能试验：应符合表6-3-310中的要求。

表 6-3-308　外护套厚度

铜护套后外径计算值 D/mm	外护套标称厚度/mm
D≤7	0.6
7<D≤15	0.8
15<D≤20	1.0
20<D≤25	1.2
25<D≤30	1.4
30<D	1.6

注：D指电缆金属外护套后的计算直径见附录A。

10）低烟无卤护套混合料特殊试验：应符合表 6-3-311 中的要求。

11）耐火试验：成品电缆按 BS 6387—2013 或 BS 8491—2008 的规定在一根试样上按顺序进行 C、W、Z 三项试验，若客户有要求还应按 GB/T 19216.21—2003 进行耐火试验。

表 6-3-309　护套混合料力学性能试验要求（老化前后）

序号	试验项目	单位	指标	
			ST₂	ST₈
0	正常运行时导体最高温度	℃	90	90
1	老化前（GB/T 2951.11—2008 中 9.2）			
1.1	抗张强度（最小）	N/mm²	12.5	9.0
1.2	断裂伸长率（最小）	%	150	125
2	空气烘箱老化后（GB/T 2951.12—2008 中 8.1）			
2.1	处理			
	温度（偏差 ±2℃）	℃	100	100
	持续时间	h	168	168
2.2	抗张强度：			
	a）老化后数值（最小）	N/mm²	12.5	9.0
	b）变化率① (最大)	%	±25	±40
2.3	断裂伸长率：			
	a）老化后数值（最小）	%	150	100
	b）变化率① (最大)	%	±25	±40

① 变化率：老化前后得出的中间值之差值除以老化前中间值，以百分数表示。

表 6-3-310　护套混合料特殊性能试验要求

序号	试验项目	单位	指标	
			ST₂	ST₈
1	空气烘箱中失重试验（GB/T 2951.32—2008 中 8.2）			—
1.1	处理			
	温度（偏差 ±2℃）	℃	100	
	持续时间	h	168	
1.2	最大允许失重质量	mg/cm²	1.5	—
2	高温压力试验（GB/T 2951.31—2008 中第 8 章）			
2.1	温度（偏差 ±2℃）	℃	90	80
3	低温性能试验①（GB/T 2951.14—2008 中第 8 章）			
3.1	未经老化前进行试验			
	直径 < 12.5mm 的冷弯曲试验			
	温度（偏差 ±2℃）	℃	-15	-15

（续）

序号	试验项目	单位	指标	
			ST₂	ST₈
3.2	哑铃片的低温拉伸试验			
	温度（偏差 ±2℃）	℃	-15	-15
3.3	冷冲击试验			
	温度（偏差 ±2℃）	℃	-15	-15
4	抗开裂试验（GB/T 2951.31—2008 中第 9 章）			—
4.1	温度（偏差 ±3℃）	℃	150	
4.2	持续时间	h	1	
5	吸水试验（GB/T 2951.13—2008 中第 9.1 章）			—
5.1	温度（偏差 ±2℃）	℃		70
5.2	持续时间	h		24
5.3	最大增加质量	mg/cm²		10

① 因气候条件，购买方可以要求采用更低的温度。

表 6-3-311　低烟无卤护套混合料试验方法和要求

序号	试验项目	单位	要求
1	酸气含量试验（GB/T 17650.1—1998）		
1.1	溴和氯含量（以 HCL 表示），最大值	%	0.5
2	氟含量试验（IEC60684-2：2003）		
2.1	氟含量（最大值）	%	0.1
3	pH 值和电导率试验（GB/T 17650.2—1998）		
3.1	pH 值（最小值）		4.3
3.2	电导率（最大值）	μS/mm	10

注：毒性指数试验在考虑中。

12）弯曲试验

a）概述。

试样长度 1m，试验在专用弯曲试验机上进行。试验弯曲轮直径应符合表 6-3-312 的规定，将试样电缆绕着相应的弯曲轮弯曲 180°，为第一次弯曲，然后向反方向弯曲 180° 为第二次。对于电缆外径 14mm 及以下的反复弯曲两次；对于电缆外径 14mm 以上的反复弯曲一次。试样经弯曲试验后目测检查，试样的金属护套应无裂纹。

表 6-3-312　试验弯曲轮直径

导体标称截面积/mm²	弯曲轮直径/mm						
	1 芯	2 芯	3 芯	4 芯	7 芯	12 芯	19 芯
1	60	80	80	80	100	130	160
1.5	60	80	100	100	100	160	200
2.5	60	100	100	100	160	—	

(续)

导体标称 截面积/mm²	弯曲轮直径/mm						
	1芯	2芯	3芯	4芯	7芯	12芯	19芯
4	60	100	130	130	—	—	—
6	80	130	130	160	—	—	—
10	80	160	160	160	—	—	—
16	100	160	200	200	—	—	—
25	120	200	200	250	—	—	—
35	130	250	300	300	—	—	—
50	160	300	300	400	—	—	—
70	160	400	400	400	—	—	—
95	200	400	400	500	—	—	—
120	200	400	500	500	—	—	—
150	200	400	500	—	—	—	—
185	300	500	500	—	—	—	—
240	300	500	—	—	—	—	—
300	400	—	—	—	—	—	—
400	400	—	—	—	—	—	—
500	500	—	—	—	—	—	—
630	500	—	—	—	—	—	—

b) 要求。

将经弯曲试验后的试样端部密封后，弯曲部分浸入水中1h后取出，在导体之间及全部导体和铜护套之间分别施加试验电压，0.45/0.75kV电缆施加交流电压3000V，0.6/1kV电缆施加交流电压3500V，持续时间5min不应被击穿。

13）压扁试验

a) 概述。

剥去外护套的电缆试样长度1m放在铁砧间压扁，每个铁砧应有一个不小于75mm×25mm的平面，铁砧的边缘应是一个不小于10mm的圆角。试样的轴线应与铁砧平面较长的一边平行。压扁后试样的厚度应等于试样铜护套标称外径与压扁系数的乘积，压扁系数应符合表6-3-313的规定。试样经压扁试验后目测检查，金属护套应无裂纹。

表6-3-313 压扁系数

铜护套标称外径 D/mm	压扁系数
D≤20.00	0.92
D>20.00	0.90

b) 要求。

将经压扁试验后的试样端部密封，压扁部分浸入水中1h后，在导体之间及全部导体和铜护套之间分别施加试验电压，0.45/0.75kV电缆施加交流电压3000V，0.6/1kV电缆施加交流电压3500V，持续时间5min不应被击穿。

3.15 耐高温电缆

随着国民经济的发展，使用特种电缆的领域越来越广泛，特别是耐高温电缆，使用的绝缘有硅橡胶绝缘、氟塑料绝缘和无机绝缘材料等。

3.15.1 硅橡胶绝缘软电缆

在电气装备用电线电缆中，硅橡胶绝缘软电缆由于具有优异的耐高温性能使其在不同场所得到了越来越广泛的应用，如炼钢厂、炼铝厂、炼焦厂、玻璃厂、炼油厂及各种军工设备。由于使用环境的不同，适合使用的硅橡胶电缆可分为硅橡胶绝缘电力电缆、硅橡胶绝缘控制电缆、硅橡胶绝缘安装线、硅橡胶绝缘扁平软电缆等。

1. 产品品种

硅橡胶绝缘软电缆产品品种见表6-3-314。

表6-3-314 硅橡胶绝缘软电缆产品品种

产品名称	型号	主要用途
耐热硅橡胶绝缘控制电缆	KGGR KGGRP KGGR-P	适用于长期工作在180℃及以下，额定电压450/750V以及下的控制回路、信号、保护和测量线路用控制电缆
硅橡胶绝缘电机电器用耐热安装线	AGR AGRP	适用于交流额定电压500V及以下的电机、电器装备检测控制仪表等线路安装用。电线的长期允许工作温度不超过+180℃以及允许在不低于-60℃环境温度范围内使用
（镀锡）铜芯硅橡胶绝缘及护套电力电缆	GG GXG	适用于交流额定电压0.6/1KV及以下固定敷设用动力传输线或移动电器用连接电缆，电缆结构柔软，敷设方便，高温（高寒）环境下电气性能稳定，抗老化性能突出
（镀锡）铜芯硅橡胶绝缘及护套移动扁平软电缆	YGXGB YGGB	适合于交流额定电压1KV及以下具有抗拉、耐热、防腐等特殊要求的行车、台车、传输机械等移动设备和电器用动力传输线及控制、照明、通讯线

2. 规格、结构及性能

（1）耐热硅橡胶绝缘控制电缆

1）耐热硅橡胶绝缘控制电缆的规格见表6-3-315。

表 6-3-315 电缆规格

型号	额定电压/V	芯数	标称截面积/mm²
KGGR	450/750	2～48	0.5、0.75、1.0、1.5
KGGRP		2～37	2.5
KGGR-P		2～10	4、6、10

2）耐热硅橡胶绝缘控制电缆绝缘厚度见表 6-3-316。

表 6-3-316 绝缘厚度

标称截面积/mm²	导体种类	绝缘厚度/mm
0.5	5	0.6
0.75		0.6
1.0		0.6
1.5		0.7
2.5		0.8
4		0.8
6		0.8
10		1.0

3）耐热硅橡胶绝缘控制电缆的性能

a）对于屏蔽型电缆编织屏蔽采用镀锡铜丝，其编织密度应不小于 90%。

b）由于硅橡胶电缆材料力学性能低于塑料材料，因此对于使用环境恶劣，有较强力学性能要求的地方应选用高抗撕的硅橡胶材料。

c）电缆弯曲半径不小于电缆外径的 6 倍。

d）电缆应能经受工频 3000V/5min 的试验电压而不发生击穿。

（2）硅橡胶绝缘电机电器用耐热安装线

1）硅橡胶绝缘电机电器用耐热安装线的规格见表 6-3-317。

表 6-3-317 电缆规格

型号	额定电压/V	芯数	标称截面积/mm²
AGR、AGRP	300/500	1	0.5～10

2）硅橡胶绝缘电机电器用耐热安装线的绝缘厚度见表 6-3-318。

表 6-3-318 电缆绝缘厚度及电缆外径

标称截面积/mm²	导体种类	绝缘厚度/mm	电线平均外径/mm			
			AGR		AGRP	
			下限	上限	下限	上限
0.5	5	0.6	2.3	2.9	2.9	3.6
0.75		0.6	2.6	3.2	3.2	4.0
1.0		0.6	2.7	3.4	3.3	4.1

（续）

标称截面积/mm²	导体种类	绝缘厚度/mm	电线平均外径/mm			
			AGR		AGRP	
			下限	上限	下限	上限
1.5	5	0.7	3.0	3.8	3.6	4.5
2.5		0.8	4.3	5.4	5.0	6.2
4		0.8	5.0	6.3	5.7	7.1
6		0.8	5.8	7.3	6.3	7.9
10		1.0	7.0	8.7	7.5	9.4

3）硅橡胶绝缘电机电器用耐热安装线性能

a）AGRP 型电线应采用镀锡圆铜丝进行编织，编织丝单丝直径为 0.12mm。

b）电线应按表 6-3-319 规定浸水 1h 后进行耐压试验 5min。

表 6-3-319 试验电压

绝缘标称厚度/mm	试验电压/V
0.6	1500
0.6 以上	2000

（3）硅橡胶绝缘及护套电力电缆

1）硅橡胶绝缘及护套电力电缆产品规格见表 6-3-320。

表 6-3-320 电缆规格

型号	额定电压/kV	芯数	标称截面积/mm²
GG、GXG	0.6/1	1、2、3、3＋1、4、3＋2、4＋1、5	2.5～150

2）硅橡胶绝缘及护套电力电缆绝缘厚度见表 6-3-321。

表 6-3-321 绝缘厚度

标称截面积/mm²	标称厚度/mm	标称截面积/mm²	标称厚度/mm
2.5	1.0	35	1.6
4	1.0	50	1.8
6	1.2	70	1.8
10	1.2	95	2.0
16	1.4	120	2.0
25	1.6	150	2.2

3）硅橡胶绝缘及护套电力电缆性能

a）由于硅橡胶电缆材料力学性能低于塑料材料，因此对于使用环境恶劣，有较强力学性能要求的地方应选用高抗撕的硅橡胶材料。

b）电缆弯曲半径不小于电缆外径的 6 倍。

c）电缆应能经受工频 3500V/5min 的试验电压而不发生击穿。

d）硅橡胶绝缘及护套电力电缆绝缘电阻应符合表 6-3-322 的规定。

表 6-3-322　硅橡胶绝缘材料电气性能

序号	试验项目	指标
1	体积电阻率 ρ/($\Omega \cdot$ m)	
1.1	在 20℃	$\geqslant 10^{13}$
1.2	在电缆工作温度	$\geqslant 10^{10}$
2	绝缘电阻常数	
2.1	在 20℃/(M$\Omega \cdot$ km)	$\geqslant 1500$
2.2	在电缆最高工作温度/(M$\Omega \cdot$ km)	$\geqslant 1.5$

(4) 硅橡胶绝缘及护套扁平软电缆

1）硅橡胶绝缘及护套扁平软电缆规格见表 6-3-323。

表 6-3-323　产品规格

型号	额定电压/V	芯　数	标称截面积/mm²
YGXGB YGGB	300/500	3、4、5、6、9、12、16、18、24	0.75、1.0
	450/750	3、4、5、6、9、12	1.5、2.5
	450/750	3、4	4、6、10、16、25、35、50

2）硅橡胶绝缘及护套扁平软电缆结构如图 6-3-36 所示。

3）硅橡胶绝缘及护套扁平软电缆性能。

a）在结构排列中应放置加强芯，加强芯绝缘材料与主线芯绝缘材料相一致，加强芯可以放置于线芯两侧，也可以放置于相邻线芯间。

b）扁形电缆棱形边应成圆角。

c）硅橡胶绝缘及护套扁平软电缆成品试验电压应符合表 6-3-324 的规定。

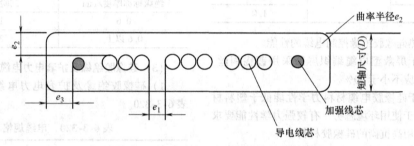

图 6-3-36　硅橡胶绝缘及护套扁平软电缆结构

表 6-3-324　成品试验电压

额定电压/V	试验电压/V
300/500	1500
450/750	2500

3.15.2　氟塑料绝缘电线电缆

1. 聚全氟乙丙烯绝缘控制电缆

(1) 聚全氟乙丙烯绝缘控制电缆规格（见表 6-3-325）

表 6-3-325　电缆规格

型　号	额定电压/V	芯数	导体标称截面积/mm²
KF46H3-1 KF46H3-2 KF46H3P-1 KF46H3P-2 KF46H3P21-2	450/750	2~61	0.5、0.75、1.0、1.5
		2~48	2.5
		2~37	4.0、6.0

（续）

型　　号	额定电压/V	芯数	导体标称截面积/mm²
KF46H3R-1 KF46H3R-2 KF46H3RP-1 KF46H3RP-2 KF46H3RP21-2	450/750	2~61	0.5、0.75、1.0、1.5
		2~44	2.5

(2) 聚全氟乙丙烯绝缘控制电缆绝缘厚度（见表 6-3-326）

表 6-3-326　绝缘厚度

导体标称截面积/mm²	绝缘标称厚度/mm	导体标称截面积/mm²	绝缘标称厚度/mm
0.5	0.3	2.5	0.5
0.75	0.3	4	0.5
1.0	0.3	6	0.5
1.5	0.4	—	—

（3）聚全氟乙丙烯绝缘控制电缆性能

1）额定电压为 450/750V。

2）电缆长期允许最高工作温度为 200℃。

3）电缆最小弯曲半径应不小于电缆外径的 10 倍。

4）聚全氟乙丙烯绝缘控制电缆中由于聚全氟乙丙烯为含氟材料，对导体有一定的腐蚀性，所以导体应采用镀锡或镀银导体。

5）电缆的绝缘电阻常数应符合表 6-3-327 的规定。

表 6-3-327 绝缘电阻常数

试 验 项 目	指 标
绝缘电阻常数/（MΩ·km） 在 20℃ 在电缆最高工作温度	≥1800 ≥1.8

2. 氟塑料绝缘及护套电力电缆

（1）氟塑料绝缘及护套电力电缆的型号（见表 6-3-328）

表 6-3-328 产品型号

型号	名 称	使 用 范 围
F2H8	聚偏氟乙烯绝缘及护套电力电缆	用于 -65～135℃ 固定敷设的场合
F46H3	聚全氟乙丙烯绝缘及护套电力电缆	用于 -65～200℃ 固定敷设的场合
F4H4	聚四氟乙烯绝缘及护套电力电缆	用于 -65～260℃ 固定敷设的场合

（2）氟塑料绝缘及护套电力电缆的规格（见表 6-3-329）

表 6-3-329 产品规格

型号	额定电压/kV	芯数	标称截面积/mm²
F2H8 F46H3 F4H4	0.6/1	1	1.5～240
		2、3	1.5～70
		3＋1	4～50
		4	4～50

（3）氟塑料绝缘及护套电力电缆的绝缘厚度（见表 6-3-330）

表 6-3-330 绝缘厚度

导体标称截面积/mm²	绝缘标称厚度/mm		导体标称截面积/mm²	绝缘标称厚度/mm	
	F2H8	F46H3、F4H4		F2H8	F46H3、F4H4
1.5	0.7	0.4	50	1.0	0.7

（续）

导体标称截面积/mm²	绝缘标称厚度/mm		导体标称截面积/mm²	绝缘标称厚度/mm	
	F2H8	F46H3、F4H4		F2H8	F46H3、F4H4
2.5、4、6、10	0.7	0.5	70、95	1.2	0.8
16	0.7	0.6	120、150	1.4	1.0
25	0.9	0.6	185、240	1.6	1.2
35	0.9	0.7	—	—	—

（4）氟塑料绝缘电力电缆的护套厚度（见表 6-3-331）

表 6-3-331 护套厚度

缆芯假定直径/mm	护套标称厚度/mm
～6.4	0.44
6.41～12.7	0.55
12.71～25.4	0.66
25.4～	0.77

（5）氟塑料绝缘控制电缆的性能：

1）电缆额定电压为 600/1000V，试验电压为工频交流 3500V/5min。

2）F2H8 型电缆采用铜导体或镀锡铜导体，F46H3 型电缆采用铜导体或镀锡铜导体或镀银铜导体，F4H4 型电缆采用镀锡或镀银铜导体或镀镍铜导体。

3）成缆时尽量不采用填充，如果使用填充，则填充物应不黏附绝缘线芯和易于剥离，耐温等级与电缆耐温等级一致。

4）电缆弯曲半径应不小于电缆外径的 15 倍。

5）电缆最高额定工作温度和最低使用环境见表 6-3-332。

表 6-3-332 最高额定工作温度和最低使用环境温度

型号	最高额定工作温度/℃	最低使用环境温度/℃
F2H8	135	-60
F46H3	200	-60
F4H4	260	-60

6）电缆的绝缘电阻常数见表 6-3-333。

表 6-3-333 绝缘电阻常数

试 验 项 目	单位	指 标	
		F2H8	F46H3、F4H4
绝缘电阻常数 在 20℃ 在电缆最高工作温度	MΩ·km MΩ·km	≥1500 ≥1.5	≥1800 ≥1.8

3.15.3 无机绝缘耐高温电缆

(1) 500℃高温绝缘控制电缆的型号（见表6-3-334）

表6-3-334 产品型号

型 号	名 称	使用范围
KWGB-500	镀镍铜芯500℃高温绝缘及护套控制电缆	用于固定敷设的耐高温场合
KWGBR-500	镀镍铜芯500℃高温绝缘及护套控制软电缆	用于弯曲半径较小且固定敷设的耐高温场合
KWGBP-500	镀镍铜芯500℃高温绝缘及护套编织屏蔽控制电缆	用于要求有抗干扰性能且固定敷设的耐高温场合
KWGBRP-500	镀镍铜芯500℃高温绝缘及护套编织屏蔽控制软电缆	用于要求有抗干扰性能而且柔软的耐高温场合

(2) 500℃高温绝缘控制电缆的规格（见表6-3-335）

表6-3-335 产品规格

型 号	导体标称截面积/mm²						导体种类
	1.0	1.5	2.5	4	6	10	
	芯 数						
KWGB-500							2
KWGBR-500	2~48	2~44	2~37	2~14	2~10	2~14	5
KWGBP-500							2
KWGBRP-500		2~44	2~37				5

(3) 500℃高温绝缘控制电缆的结构

1) 导体采用镀镍铜线。

2) 绝缘层应由云母带绕包和无碱玻璃纤维纱编织并浸渍高温漆。

3) 成缆采用合适的耐高温玻璃纤维绳填充，并绕包无碱玻璃丝包带或其他合适的材料。

4) 如有编织层，则编织采用镀镍圆铜线进行编织，编织密度不小于80%。

5) 护套采用无碱玻璃纤维纱进行编织，编织密度不小于95%，编织后浸渍高温漆。

(4) 500℃高温绝缘控制电缆的性能特点

1) 电缆允许最高工作温度为500℃。

2) 敷设电缆时的环境温度不低于−20℃。

3) 电缆允许弯曲半径应不小于电缆外径的6倍。

4) 成品电缆的电压试验应符合表6-3-336的规定。

表6-3-336 电压试验

试验项目	单 位	性能指标及要求
试验长度	m	交货长度
试验温度	℃	环境温度
施加时间	min	≥5
试验电压：线芯与线芯	V	3000
线芯与屏蔽	V	2000
试验结果	—	不发生击穿

5) 成品电缆在500℃时的绝缘电阻应不少于10MΩ·m。

3.16 海洋工程电气装备用电缆

3.16.1 卷筒电缆

1. 品种规格

卷筒电缆适用于快速移动的港口机械（如起重机、集装箱吊机）等，也可用于其他类型移动设备的电力提供。

卷筒电缆的结构示意图如图6-3-37和图6-3-38所示。

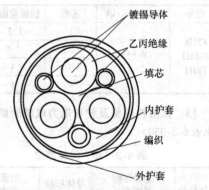

图6-3-37 0.6/1kV 非光纤复合乙丙绝缘卷筒电缆结构示意图

（标注：镀锡导体、乙丙绝缘、填芯、内护套、编织、外护套）

(1) 品种与敷设场合 卷筒电缆的品种与敷设场合见表6-3-337。

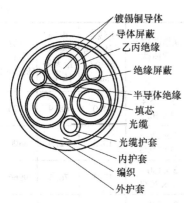

图 6-3-38　3.6/6～12/20kV 光纤复合乙丙绝缘卷筒电缆结构示意图

镀锡铜导体
导体屏蔽
乙丙绝缘
绝缘屏蔽
半导体绝缘
填芯
光缆
光缆护套
内护套
编织
外护套

表 6-3-337　卷筒电缆的品种与敷设场合

品　种	外护层种类	敷设场合
卷筒电缆	特种橡胶	敷设在卷筒或卷盘机中，随设备快速移动

注：产品型号可与用户商量后确定。

（2）工作温度与敷设条件

1）导体长期允许工作温度应不超过 90℃。

2）短路时（最长持续时间不超过 5s）电缆导体的最高温度不超过 250℃。

3）敷设电缆时的环境温度不低于 0℃，敷设时电缆的允许最小半径为：0.6/1kV 不小于 6 倍电缆外径，3.6/6～12/20kV 不小于 12 倍电缆外径。

4）适合于 -15～+80℃ 环境使用；有要求时，可在 -45～+80℃ 环境使用。

（3）规格　卷筒电缆规格见表 6-3-338。

表 6-3-338　卷筒电缆的规格

产品类别	额定电压/kV	芯数×导体截面积/mm²
非光纤复合卷筒电缆	0.6/1 3.6/6 6/10 8.7/15 12/20	3×25+3×25/3 3×35+3×25/3 3×50+3×25/3 3×70+3×35/3 3×120+3×70/3 3×150+3×70/3 3×185+3×95/3 3×240+3×120/3
光纤复合卷筒电缆	3.6/6 6/10 8.7/15 12/20	3×25+2×25/2+LWL 3×35+2×25/2+LWL 3×50+2×25/2+LWL 3×70+2×35/2+LWL 3×120+2×70/2+LWL 3×150+2×70/2+LWL 3×185+2×95/2+LWL 3×240+2×120/2+LWL

注：常用光纤规格为 LWL = Y × Z/125μm，（Y = 6，12，18，Z = 9，50，62.5）。

（4）外径、重量和允许拉力　卷筒电缆的外径、重量和允许拉力见表 6-3-339。

表 6-3-339　卷筒电缆的外径、重量和允许拉力

额定电压/kV	规格芯数×导体截面积/mm²	主线芯导体参考外径/mm	电缆参考最大外径/mm	计算重量/(kg/km)	最大允许计算拉力/N
0.6/1	3×25+3×25/3	7.4	34.0	1900	2250
	3×35+3×25/3	8.3	37.0	2290	3150
	3×50+3×25/3	10.0	41.2	3070	4500
	3×70+3×25/3	12.0	44.8	4300	6300
	3×95+3×50/3	14.0	49.6	5330	8550
	3×120+3×70/3	15.5	57.7	7100	10800
	3×150+3×70/3	17.3	65.0	8040	13500
	3×185+3×95/3	19.1	70.0	9780	16650
	3×240+3×120/3	21.9	77.0	12260	21600
3.6/6	3×25+3×25/3	7.4	41.0	2390	1500
	3×35+3×25/3	8.3	44.5	2950	2100
	3×50+3×25/3	10.0	48.5	3690	3000
	3×70+3×25/3	12.0	52.0	4720	4200
	3×95+3×50/3	14.0	59.0	5900	5700
	3×120+3×70/3	15.5	62.5	7200	7200
	3×150+3×70/3	17.3	68.5	8700	9000
	3×185+3×95/3	19.1	72.0	10420	11100
	3×240+3×120/3	21.9	80.0	13310	14400
6/10	3×25+3×25/3	7.4	43.5	2618	1500

（续）

额定电压/kV	规格芯数×导体截面积/mm²	主线芯导体参考外径/mm	电缆参考最大外径/mm	计算重量/(kg/km)	最大允许计算拉力/N
6/10	3×35+3×25/3	8.3	46.0	3168	2100
	3×50+3×25/3	10.0	49.5	3828	3000
	3×70+3×25/3	12.0	56.0	5170	4200
	3×95+3×50/3	14.0	60.5	6226	5700
	3×120+3×70/3	15.5	63.9	7513	7200
	3×150+3×70/3	17.3	69.3	9889	9000
	3×185+3×95/3	19.1	73.0	10626	11100
	3×240+3×120/3	21.9	81.0	13541	14400
8.7/15	3×25+3×25/3	7.4	47.0	2937	1500
	3×35+3×25/3	8.3	49.0	3443	2100
	3×50+3×25/3	10.0	53.4	4191	3000
	3×70+3×25/3	12.0	59.7	5456	4200
	3×95+3×50/3	14.0	64.3	6677	5700
	3×120+3×70/3	15.5	69.4	8000	7200
	3×150+3×70/3	17.3	73.4	9193	9000
	3×185+3×95/3	19.1	77.4	11154	11100
	3×240+3×120/3	21.9	85.3	13400	14400
12/20	3×25+3×25/3	7.4	50.0	3234	1500
	3×35+3×25/3	8.3	52.9	3762	2100
	3×50+3×25/3	10.0	58.5	4730	3000
	3×70+3×25/3	12.0	62.9	5830	4200

（续）

额定电压/kV	规格芯数×导体截面积/mm²	主线芯导体参考外径/mm	电缆参考最大外径/mm	计算重量/(kg/km)	最大允许计算拉力/N
12/20	3×95+3×50/3	14.0	68.9	7326	5700
	3×120+3×70/3	15.5	72.0	8400	7200
	3×150+3×70/3	17.3	76.5	9966	9000
	3×185+3×95/3	19.1	82.0	11935	11100
	3×240+3×120/3	21.9	88.5	14674	14400
3.6/6	3×25+2×25/2+LWL	7.4	44.0	2750	1500
	3×35+2×25/2+LWL	8.3	46.0	3230	2100
	3×50+2×25/2+LWL	10.0	49.0	3800	3000
	3×70+2×25/2+LWL	12.0	55.0	4990	4200
	3×95+2×50/2+LWL	14.0	61.0	6300	5700
	3×120+2×70/2+LWL	15.5	64.0	7300	7200
	3×150+2×70/2+LWL	17.3	70.0	9000	9000
	3×185+2×95/2+LWL	19.1	75.0	10700	11100
	3×240+2×120/2+LWL	21.9	83.0	12900	14400
6/10	3×25+2×25/2+LWL	7.4	45.0	2800	1500
	3×35+2×25/2+LWL	8.3	48.0	3200	2100
	3×50+2×25/2+LWL	10.0	51.0	3980	3000
	3×70+2×25/2+LWL	12.0	57.0	5250	4200
	3×95+2×50/2+LWL	14.0	63.0	6500	5700
	3×120+2×70/2+LWL	15.5	68.0	7800	7200
	3×150+2×70/2+LWL	17.3	72.0	9300	9000

（续）

额定电压/kV	规格芯数×导体截面积/mm²	主线芯导体参考外径/mm	电缆参考最大外径/mm	计算重量/(kg/km)	最大允许计算拉力/N
6/10	3×185+2×95/2+LWL	19.1	76.0	11100	11100
	3×240+2×120/2+LWL	21.9	84.0	13700	14400
8.7/15	3×25+2×25/2+LWL	7.4	48.0	3100	1500
	3×35+2×25/2+LWL	8.3	51.0	3600	2100
	3×50+2×25/2+LWL	10.0	57.0	4600	3000
	3×70+2×25/2+LWL	12.0	62.0	5750	4200
	3×95+2×50/2+LWL	14.0	68.0	7200	5700
	3×120+2×70/2+LWL	15.5	71.0	8600	7200
	3×150+2×70/2+LWL	17.3	76.0	9900	9000
	3×185+2×95/2+LWL	19.1	82.0	11900	11100
	3×240+2×120/2+LWL	21.9	89.0	14500	14400
12/20	3×25+2×25/2+LWL	7.4	52.0	3465	1500
	3×35+2×25/2+LWL	8.3	56.0	4191	2100
	3×50+2×25/2+LWL	10.0	60.5	5071	3000
	3×70+2×25/2+LWL	12.0	65.0	6204	4200
	3×95+2×50/2+LWL	14.0	71.0	7755	5700
	3×120+2×70/2+LWL	15.5	75.0	9100	7200
	3×150+2×70/2+LWL	17.3	81.0	10700	9000
	3×185+2×95/2+LWL	19.1	85.0	12500	11100
	3×240+2×120/2+LWL	21.9	94.0	15500	14400

2. 产品结构

(1) 导体　导体应符合 GB/T 3956—2008 中第

5 种镀锡铜导体的规定。

(2) 绝缘

1) 低压电缆绝缘采用乙丙橡胶绝缘混合料（EPR）单层挤出。

2) 中压电缆绝缘采用乙丙橡胶绝缘混合料（EPR）与导体屏蔽、绝缘屏蔽三层共挤，绝缘厚度应符合相应标准规范的规定。

(3) 缆芯　缆芯中央采用填芯填充，缆芯应紧密。

(4) 内护套　内护套应采用与产品长期工作温度相当的橡皮材料，内护套应紧密挤包在缆芯外。

(5) 编织　采用合适的纤维材料编织，达到抗扭转效果。

(6) 外护套　外护套采用特种橡皮材质，应耐磨损、耐腐蚀，外护套挤包应紧密。

3. 技术指标

成品电缆的主要性能符合以下要求：

(1) 主要电气性能

1) 导体直流电阻符合 GB/T3956—2008 的规定。

2) 例行交流耐压性能：试验电压及时间应按表 6-3-340 的规定进行，电缆不发生击穿。

表 6-3-340　试验电压及时间

额定电压 U_0/U/kV	0.6/1	3.6/6	6/10	8.7/15	12/20
试验电压/kV	4.0	11.0	17.0	24.0	29.0
持续时间/min	5				

3) 局部放电试验（仅适用于中压电缆）：在 $1.73U_0$ 电压下，应无任何由被试电缆产生的超过声明试验灵敏度的可检测到的放电（试验灵敏度应为 10pC 或更优）。

(2) 物理力学性能

1) 绝缘力学性能符合表 6-3-341 的规定。

表 6-3-341　绝缘力学性能

序号	试验项目		乙丙绝缘混合料	
			低压 EPR	中压 EPR
1	老化前力学性能			
1.1	抗张强度/(N/mm²)	≥	4.2	7
1.2	断裂伸长率（%）	≥	200	250
2	空气箱老化后力学性能			
	处理条件：温度/℃		135	
	温度偏差/℃		±2	
	持续时间/d		7	
2.1	抗张强度变化率（%）	≤	±30	
2.2	断裂伸长率变化率（%）	≤	±30	

2）护套力学性能符合表 6-3-342 的规定。

表 6-3-342 护套力学性能

序号	试验项目		特种橡皮护套混合料
1	老化前力学性能		
1.1	抗张强度/（N/mm²）	≥	10.0
1.2	断裂伸长率（%）	≥	300
2	空气箱老化后力学性能		
	处理条件：温度/℃		100
	温度偏差/℃		±2
	持续时间/d		7
2.1	抗张强度变化率（%）	≤	±30
2.2	断裂伸长率（%）	≥	250
2.3	断裂伸长率变化率（%）	≤	±40

(3) 特殊性能

1）卷筒电缆具备优异的耐曲挠性能。

2）卷筒电缆具备耐臭氧、耐油、防紫外线和防潮湿的特性。

3）卷筒电缆光纤性能见表 6-3-343。

表 6-3-343 光纤复合乙丙绝缘卷筒电缆光纤性能

光纤传输特性	光 纤 规 格		
	50/125	62.5/125	9/125
850nm 时最大衰减/（dB/km）	2.8	3.3	—
1300nm 时最大衰减/（dB/km）	0.8	0.8	0.36
1550nm 时最大衰减/（dB/km）	—	—	0.3

3.16.2 拖令电缆

1. 品种规格

拖令电缆适用于高空拖拽移动的港口机械（如物料小车、行车）等，也可用于其他类型移动设备的电力提供，如露天作业及井下采矿等。

拖令电缆结构示意图如图 6-3-39 ~ 图 6-3-41 所示。

图 6-3-39 三芯拖令电力电缆结构示意图

(1) 品种与敷设场合 拖令电缆的品种与敷设场合见表 6-3-344。

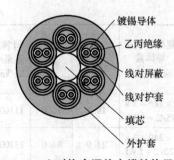

图 6-3-40 六对拖令通信电缆结构示意图

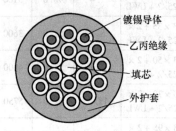

图 6-3-41 十八芯拖令控制电缆结构示意图

表 6-3-344 拖令电缆的品种与敷设场合

品 种	外护层种类	敷 设 场 合
拖令电力电缆		
拖令通信电缆	特种橡胶	敷设在拖令系统机构中，随设备快速移动
拖令控制电缆		

注：产品型号可与用户商量后确定。

(2) 工作温度与敷设条件

1）导体长期允许工作温度应不超过 90℃。

2）短路时（最长持续时间不超过 5s）电缆导体的最高温度不超过 250℃。

3）敷设电缆时的环境温度不低于 0℃，敷设电缆的允许最小半径为 10 倍电缆外径。

4）适用于 -15 ~ +80℃ 环境使用，有要求时，可在 -45 ~ +80℃ 环境使用。

(3) 规格 拖令电缆规格见表 6-3-345。

表 6-3-345 拖令电缆规格

类 别	额定电压/kV	芯数×导体截面积/mm²
电力电缆	0.6/1	1×(16~185)
		4×(4~25)
		5×(4~16)
		3×35+3×25/3
		3×50+3×25/3
		3×70+3×35/3
通信电缆		(3~9)×2×1
		(6~12)×2×0.5
控制电缆		(12~36)×1.5
		(4~36)×2.5

（4）外径、重量和允许拉力　拖令电缆的外径、重量和允许拉力见表6-3-346。

表6-3-346　拖令电缆的外径、重量和允许拉力

类别	电压等级/kV	规格/mm²	主线芯导体参考外径/mm	电缆参考最大外径/mm	计算重量/(kg/km)	最大允许计算拉力/N
电力	0.6/1	1×16	5.7	12.3	253	240
		1×25	7.1	14.2	359	375
		1×35	8.5	17.6	541	525
		1×50	10.0	19.9	724	750
		1×70	12.3	22.9	1013	1050
		1×95	14.1	24.9	1251	1425
		1×120	15.9	26.9	1523	1800
		1×150	17.9	30.3	2055	2250
		1×185	19.7	32.8	2443	2775
		4×4	2.7	15.8	384	240
		4×6	3.3	18.0	514	360
		4×10	4.5	22.7	840	600
		4×16	5.7	25.8	1165	960
		4×25	7.1	31.1	1733	1500
		5×4	2.7	17.0	455	300
		5×6	3.3	19.4	613	450
		5×10	5.7	24.7	1292	750
		5×16	4.5	28.8	1172	1200
		3×35+3×25/3	8.5	32.2	2637	1950
		3×50+3×25/3	10.0	36.0	3341	2625
		3×70+3×35/3	12.3	42.5	4630	3675
控制	0.6/1	12×1.5	1.6	18.2	538	270
		18×1.5	1.6	20.7	726	405
		24×1.5	1.6	24.1	976	563
		36×1.5	1.6	25.3	1113	810
		4×2.5	2.1	16.2	1327	150
		7×2.5	2.1	20.6	403	263
		12×2.5	2.1	19.9	655	450
		18×2.5	2.1	23.5	699	675
		24×2.5	2.1	27	1003	938
		30×2.5	2.1	29.4	1324	1125
		36×2.5	2.1	31.4	1393	1350
通信	0.6/1	3×2×1	1.3	26.9	680	90
		6×2×1	1.3	32.3	1129	180
		9×2×1	1.3	42.3	1839	270
		6×2×0.5	0.9	28.5	869	90
		9×2×0.5	0.9	38.6	1529	135
		12×2×0.5	0.9	44.0	2065	180

2. 产品结构

（1）导体　导体应符合 GB/T 3956—2008 中第5种镀锡铜导体的规定。

（2）绝缘　绝缘采用乙丙橡胶绝缘混合料（EPR）或其他绝缘材料。

（3）缆芯　缆芯间隙应填充，缆芯应紧密，采用加强抗拉型结构。

（4）护套　护套采用特种橡皮材质，耐磨损、耐腐蚀。

3. 技术指标

（1）主要电气性能

1）导体直流电阻符合 GB/T 3956—2008 的规定。

2）例行交流耐压试验：试验电压及时间符合表6-3-347的规定要求，电缆不发生击穿。

表6-3-347　试验电压及时间

额定电压 U_0/U/kV	0.6/1
试验电压/kV	3.5
持续时间/min	5

（2）物理力学性能

1）绝缘力学性能应符合表6-3-348的规定。

表6-3-348　绝缘力学性能

序号	试 验 项 目		乙丙绝缘混合料
1	老化前力学性能 　抗张强度/(N/mm²) 　断裂伸长率（%）	≥ ≥	4.2 200
2	空气箱老化后力学性能 　处理条件：温度/℃ 　　温度偏差/℃ 　　持续时间/d 　抗张强度变化率（%） 　断裂伸长率变化率（%）	 ≤ ≤	135 ±2 7 ±30 ±30

2）护套力学性能应符合表6-3-349的规定。

表6-3-349　护套力学性能

序号	试 验 项 目		特种橡皮护套混合料
1	老化前力学性能 　抗张强度/(N/mm²) 　断裂伸长率（%）	≥ ≥	10.0 300

（续）

序号	试 验 项 目	特种橡皮护套混合料
2	空气箱老化后力学性能 处理条件：温度/℃ 　　　　　温度偏差/℃ 　　　　　持续时间/d 抗张强度变化率（%）　≤ 断裂伸长率（%）　　　≥ 断裂伸长率变化率（%）≤	100 ±2 7 ±30 250 ±40

（3）特殊性能

1）拖令电缆具备优异的耐反复弯曲拉伸性能。

2）拖令电缆具备耐臭氧、耐油、防紫外线和防潮湿的特性。

3.16.3　拖链电缆

1. 品种规格

拖链电缆适用于港口机械拖链系统，内置拖链使用，可以承受反复曲绕使用。

拖链电缆结构示意图如图 6-3-42 ~ 图 6-3-44 所示。

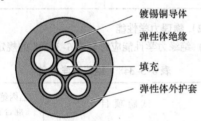

图 6-3-42　五芯拖链电力电缆结构示意图

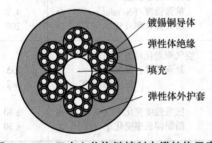

图 6-3-43　三十六芯拖链控制电缆结构示意图

（1）品种与敷设场合　拖链电缆的品种与敷设场合见表 6-3-350。

表 6-3-350　拖链电缆的品种与敷设场合

品　种	外护层种类	敷 设 场 合
拖链电力电缆 拖链通信电缆 拖链控制电缆	弹性体混合材料	敷设在拖链系统机构中，随设备快速移动

注：产品型号可与用户商量后确定。

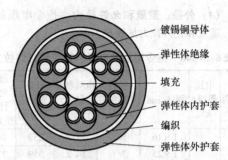

图 6-3-44　六对拖链通信电缆结构示意图

（2）工作温度与敷设条件

1）导体长期允许工作温度应不超过 90℃。

2）短路时（最长持续时间不超过 5s）电缆导体的最高温度不超过 250℃。

3）敷设电缆时的环境温度不低于 0℃，敷设时电缆的允许最小半径为 10 倍电缆外径。

4）适用于 -15 ~ +80℃ 环境使用，有要求时，可在 -45 ~ +80℃ 环境使用。

（3）型号规格　拖链电缆型号规格见表 6-3-351。

表 6-3-351　拖链电缆的型号规格

类　别	额定电压/kV	芯数×导体截面积/mm^2
电力电缆	0.6/1	1×(6 ~ 185) 4×(4 ~ 25) 5×(6 ~ 10)
通信电缆	0.3/0.3	(4 ~ 8)×2×0.5 3×2×0.75 (4 ~ 6)×2×1 3×2×2.5
控制电缆	0.3/0.5	(2 ~ 36)×0.5 (5 ~ 25)×0.75 (3 ~ 25)×1 (2 ~ 36)×1.5 (7 ~ 25)×2.5

（4）外径、重量和允许拉力　拖链电缆代表产品的外径、重量和允许拉力见表 6-3-352。

表 6-3-352　拖链电缆代表产品的外径、重量、允许拉力

类别	电压等级/kV	规格/mm^2	主线芯导体参考外径/mm	电缆参考最大外径/mm	计算重量/(kg/km)	最大允许计算拉力/N
电力电缆	0.6/1	1×6	3.3	9.5	120	90
		1×10	4.5	11.3	183	150
		1×16	5.7	12.5	251	240

（续）

类别	电压等级/kV	规格/mm²	主线芯导体参考外径/mm	电缆参考最大外径/mm	计算重量/(kg/km)	最大允许计算拉力/N
电力电缆	0.6/1	1×25	7.1	14.5	360	375
		1×35	8.4	15.8	468	525
		1×50	10.2	17.7	629	750
		1×70	12.3	20.4	890	1050
		1×95	14.1	22.3	1113	1425
		1×120	15.9	24.4	1384	1800
		1×150	17.9	27.0	1857	2250
		1×185	19.7	29.3	2230	2775
		4×4	2.7	14.7	331	240
		4×6	3.3	16.3	433	360
		4×10	4.5	20.6	709	600
		4×16	5.7	23.7	1011	960
		4×25	7.1	28.3	1504	1500
		5×6	3.3	17.7	518	450
		5×10	4.5	22.5	859	750
通信电缆	0.3/0.3	4×2×0.5	0.9	15.2	271	60
		6×2×0.5	0.9	17.0	333	90
		8×2×0.5	0.9	17.9	368	120
		3×2×0.75	1.2	15.5	281	68
		4×2×1.0	1.3	17.1	350	120
		6×2×1.0	1.3	19.3	439	180
		3×2×2.5	2.1	20.1	494	225
控制电缆	300/500V	2×0.5	0.9	8.0	66	15
		3×0.5	0.9	8.2	75	23
		4×0.5	0.9	8.6	86	30
		5×0.5	0.9	9.1	98	38
		7×0.5	0.9	10.1	122	53
		12×0.5	0.9	13.6	223	90
		18×0.5	0.9	14.2	269	135
		25×0.5	0.9	15.5	286	188
		36×0.5	0.9	18.0	452	270
		5×0.75	1.2	9.8	119	56
		7×0.75	1.2	11.0	150	79
		12×0.75	1.2	15.0	282	135
		18×0.5	0.9	14.2	269	135
		25×0.5	0.9	15.5	286	188
		36×0.5	0.9	18.0	452	270
		5×0.75	1.2	9.8	119	56
		7×0.75	1.2	11.0	150	79
		12×0.75	1.2	15.0	282	135
		20×0.75	1.2	15.9	370	225

（续）

类别	电压等级/kV	规格/mm²	主线芯导体参考外径/mm	电缆参考最大外径/mm	计算重量/(kg/km)	最大允许计算拉力/N
控制电缆	300/500V	25×0.75	1.2	17.2	431	281
		3×1.0	1.3	9.2	101	45
		4×1.0	1.3	9.7	118	60
		5×1.0	1.3	10.3	136	75
		12×1.0	1.3	15.9	329	180
		18×1.0	1.3	16.8	409	270
		25×1.0	1.3	18.4	506	375
		2×1.5	1.6	9.9	110	45
		4×1.5	1.6	10.9	158	90
		5×1.5	1.6	11.7	184	113
		7×1.5	1.6	13.3	243	158
		12×1.5	1.6	18.7	469	270
		18×1.5	1.6	19.8	586	405
		25×1.5	1.6	21.7	732	563
		36×1.5	1.6	25.8	1017	810
		4×2.5	2.1	12.2	214	150
		5×2.5	2.1	13.0	252	188
		7×2.5	2.1	14.9	329	263
		12×2.5	2.1	21.4	666	450
		16×2.5	2.1	22.7	793	600
		18×2.5	2.1	22.7	838	675
		25×2.5	2.1	25.0	1058	938

2. 产品结构

（1）导体　导体应符合 GB/T 3956—2008 中第 5 种镀锡铜导体的规定。

（2）绝缘　绝缘采用弹性体材料。

（3）缆芯　缆芯间隙应进行填充，缆芯应紧密，应具有耐曲挠性能。

（4）护套　护套采用弹性体材料，应耐磨损、耐腐蚀。

3. 技术指标

（1）主要电气性能

1）导体直流电阻符合 GB/T 3956—2008 的规定。

2）例行交流耐压试验：按 GB/T 3048.8—2007 规定的试验方法进行试验，试验电压及时间符合表 6-3-353 规定，要求电缆不发生击穿。

表 6-3-353　试验电压及时间

额定电压 U_0/U/kV	0.3/0.3	0.3/0.5	0.6/1
试验电压/kV	2.0	2.0	3.5
持续时间/min	5		

（2）物理力学性能

1）绝缘力学性能应符合表 6-3-354 的规定。

表 6-3-354　绝缘力学性能

序号	试 验 项 目		弹性体绝缘
1	老化前力学性能 抗张强度/（N/mm²） 断裂伸长率（%）	≥ ≥	 15.0 250
2	空气箱老化后力学性能 处理条件：温度/℃ 　　　　温度偏差/℃ 　　　　持续时间/d 抗张强度变化率（%） 断裂伸长率变化率（%）	 ≤ ≤	 135 ±2 7 ±30 ±30

2）护套力学性能应符合表 6-3-355 的规定。

表 6-3-355　护套力学性能

序号	试 验 项 目		弹性体护套
1	老化前力学性能 抗张强度/（N/mm²） 断裂伸长率（%）	≥ ≥	 20.0 200
2	空气箱老化后力学性能 处理条件：温度/℃ 　　　　温度偏差/℃ 　　　　持续时间/d 抗张强度变化率（%） 断裂伸长率变化率（%）	 ≤ ≤	 100 ±2 7 ±30 ±30

（3）特殊性能

1）拖链电缆具备优异的耐曲挠、耐磨损性能。

2）拖链电缆具备耐臭氧、耐油、防紫外线和防潮湿的特性。

3.16.4　石油平台用电力电缆

1. 品种规格

石油平台用电力电缆适用于石油平台电力传输系统。

石油平台用电力电缆结构示意图如图 6-3-45 和图 6-3-46 所示。

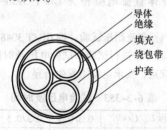

图 6-3-45　三芯非屏蔽型石油平台用电力电缆结构示意图

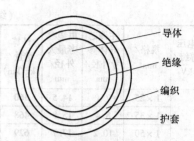

图 6-3-46　单芯屏蔽型石油平台用电力电缆示意图

（1）品种与敷设场合　石油平台用电力电缆的品种与敷设场合见表 6-3-356。

表 6-3-356　石油平台用电力电缆的品种与敷设场合

品　种	敷　设　场　合
石油平台电力电缆	敷设在石油平台电力传输系统中，固定敷设

注：可与用户商量后确定产品型号。

（2）工作温度与敷设条件

1）电缆允许长期工作温度为 125℃，可满足 −40℃ 或 −55℃ 低温性能要求。

2）短路时（最长持续时间不超过 5s）电缆导体的最高温度不超过 250℃。

3）电缆在不低于 0℃ 的环境条件下，不需预先加温；当环境温度低于 0℃ 时应预先对电缆进行加热，以保证敷设质量，敷设时电缆的允许最小半径为 6 倍的电缆外径。

（3）规格　石油平台用电力电缆规格见表 6-3-357。

表 6-3-357　石油平台用电力电缆的规格

额定电压/V	导体截面积/mm²
600 2000	10 ~ 300

（4）外径　石油平台用电力电缆的外径见表 6-3-358。

表 6-3-358　石油平台用电力电缆的外径

规格/mm²	导体直径近似值/mm	600V		2000V	
		电缆参考外径(非屏蔽型)/mm	电缆参考外径(屏蔽型)/mm	电缆参考外径(非屏蔽型)/mm	电缆参考外径(屏蔽型)/mm
1×10	4.7	8.6	19.3	9.2	20.0
1×16	5.9	9.8	20.5	10.4	21.2
1×25	7.3	11.3	23.2	12.0	23.9

（续）

规格/ mm²	导体直径近似值 /mm	600V		2000V	
		电缆参考外径(非屏蔽型)/mm	电缆参考外径(屏蔽型)/mm	电缆参考外径(非屏蔽型)/mm	电缆参考外径(屏蔽型)/mm
1×35	8.7	13.5	25.3	14.1	26.0
1×50	10.5	15.4	27.2	16.0	27.8
1×70	12.4	17.3	29.2	18.0	31.0
1×95	14.5	19.6	32.6	22.5	34.9
1×120	16.5	22.3	35.3	24.6	36.9
1×150	18.4	24.3	37.3	26.6	38.9
1×185	20.3	26.4	39.4	28.6	41.0
1×240	23.3	30.2	43.2	32.7	44.8
1×300	26.1	33.2	46.2	35.7	47.8
2×10	4.7	21.1	23.7	22.5	25.1
2×16	5.9	23.8	26.3	25.1	27.7
2×25	7.3	27.1	29.6	28.4	31.0
2×35	8.7	31.8	34.3	33.2	35.7
2×50	10.5	35.8	38.4	37.2	39.7
2×70	12.4	40.1	42.7	41.5	44.1
2×95	14.5	45.1	47.6	49.9	52.5
2×120	16.5	51.0	53.6	54.4	57.0
2×150	18.4	55.4	57.9	58.8	61.3
2×185	20.3	59.8	62.4	63.2	65.8
2×240	23.3	68.1	70.7	71.5	74.0
2×300	26.1	74.6	77.2	78.0	80.5
3×10	4.7	22.5	25.0	24.0	26.5
3×16	5.9	25.3	27.9	26.8	29.4
3×25	7.3	28.9	31.4	30.4	32.9
3×35	8.7	34.0	36.5	35.5	38.0
3×50	10.5	38.3	40.9	39.8	42.3
3×70	12.4	43.0	45.5	44.4	47.0
3×95	14.5	48.3	50.8	53.5	56.1
3×120	16.5	54.7	57.3	58.3	60.9
3×150	18.4	59.4	61.9	63.0	65.6
3×185	20.3	64.2	66.7	67.8	70.4
3×240	23.3	73.1	75.6	76.7	79.3
3×300	26.1	80.1	82.6	83.7	86.3

2. 产品结构

（1）**导体结构** 铜导电线芯应符合 GB/T 3956—2008 中第 5 种镀锡导体的要求。

（2）**绝缘结构** 绝缘采用乙丙绝缘料或交联聚烯烃绝缘料。

（3）**护套结构** 护套采用交联聚烯烃护套料。

（4）**编织**（如有） 采用镀锡铜丝编织，编织密度不小于 80%。

3. 技术指标

（1）**电气性能** 石油平台电力电缆电气性能应符合表 6-3-359 的规定。

表 6-3-359 石油平台用电力电缆电气性能

序号	试验项目	单位	性能指标
1	导体直流电阻	Ω/km	符合 GB/T 3956—2008
2	绝缘电阻（15.6℃）≥	Ω·km	符合 GB/T 3048—2007
3	例行耐压试验 $\delta \leq 1.1$	/	5.5kV 持续 5min 电缆不发生击穿
	$1.1 < \delta \leq 1.4$		7.0kV 持续 5min 电缆不发生击穿
	$1.4 < \delta \leq 2.0$		8.0kV 持续 5min 电缆不发生击穿
	$2.0 < \delta$		9.5kV 持续 5min 电缆不发生击穿

注：δ 为绝缘标称厚度（mm）。

（2）**机械物理性能** 石油平台用电力电缆机械物理性能应符合表 6-3-360 的规定。

表 6-3-360 石油平台用电力电缆力学物理性能

序号	试验项目		单位	性能指标
1	老化前绝缘力学性能 拉伸强度		N/mm²	10.0
	断裂伸长率		%	150
	热老化试验：(158±2℃×168h)			
	拉伸强度保留率	≥	%	90
	断裂伸长率保留率	≥	%	50
2	绝缘热变形试验 导体直径 15.6mm 及以下规格	≤	%	20
	导体直径 15.6mm 以上规格	≤	%	10

注：老化前后护套力学性能与绝缘性能的试验条件及考核指标一致，护套热变形试验与绝缘性能的试验条件及考核指标一致。

（3）**特殊性能** 石油平台用电力电缆特殊性能应符合表 6-3-361 的规定。

表 6-3-361 石油平台用电力电缆特殊性能

序号	试验项目		单位	性能指标
1	绝缘吸水试验 1~14 天，电容增量	≤	%	3.0
	7~14 天，电容增量	≤	%	1.5
	14 天后，稳定性系数	≤		0.5
2	绝缘耐臭氧试验 臭氧浓度：0.03%(90±2℃×24h)			绝缘不开裂
3	绝缘、护套无卤性能测试 pH 值	≤		4.3
	电导率	≤	μS/mm	10

（续）

序号	试验项目	单位	性能指标
4	绝缘毒性指数试验 ≤	%	2.5
5	成品电缆耐热油试验 电缆浸在 ASTM 2#油中 150 ± 2℃ ×100h 电缆直径膨胀率 ≤ 电缆浸热油后耐压试验，要求见表 6-3-353	 % 	表面不开裂 40 电缆不击穿
6	耐泥浆试验 矿物油，型号 IRM903（100℃，7d） 溴化钙盐水水基（70℃，56d） Carbo Sea 油基（70℃，56d）		NEK606
7	成品电缆阻燃试验		IEC60332
8	成品电缆烟浓度 透光率 ≥	%	60

3.17 其他电缆

3.17.1 单芯中频同轴电缆

1. 型号与用途（见表 6-3-362）

表 6-3-362 单芯中频同轴电缆型号和用途

型　号	POLV（企标）
用途	作中频感应加热设备的供电线路用
工作电压和频率	1500V 及以下，频率为 1000 ~ 8000Hz
导线长期工作温度	85℃
电缆使用环境温度	35℃ 及以下
安装要求	按电力电缆安装规程，敷设在空气中（包括沿墙敷设及电缆沟内）

2. 结构尺寸和交货长度（见表 6-3-363 ~ 表 6-3-364）

表 6-3-363 单芯中频同轴电缆结构尺寸

结构层次		结　构	尺　寸
内导体结构与单线直径/（根/min）	中心支撑管	螺旋型蛇皮镀锌铁管	1/27.3
	导体	由圆铝线或扁铝线单层绞制而成	41/2.14
内绝缘层/mm		聚酯薄膜重叠绕包导体表面分别包一层半导体纸、绝缘表面包二层半导体纸	1.2

（续）

结构层次		结　构	尺　寸
外导体厚度/mm	1000Hz	挤压铝层或单层铝扁线绞制	标称 1.80，最小 1.65
	2500Hz 及以上		标称 1.50，最小 1.35
外绝缘厚度/mm		玻璃乳胶布或聚酯薄膜、重叠绕包，绝缘外由一层铝带屏蔽	0.8
外护层厚度/mm		聚氯乙烯挤压护套	2.0
电缆外径/mm			43.7

表 6-3-364 单芯中频同轴电缆交货长度

交货长度/m ≥	允许短段长度/m ≥	允许短段不超过交货总量（%）≤	备　注
200	50	10	双方协议，可按任何长度交货

3. 导体截面的选择

电力电缆的工作电流较大，在频率较高的条件下工作时，产生的趋肤效应及邻近效应均较大，使电缆导体的利用率大大降低，其中尤以趋肤效应的影响较为严重。为此在导体结构上应作考虑。

设计时首先计算中频电流在非磁性导体（铜、铝）内流动的透入深度 Δ（mm）。透入深度与电流频率的关系可用下式表示

$$\Delta = k \times (\rho/f)^{1/2}$$

式中　ρ——导体的电阻系数（Ω/m）；

　　　f——电流频率（Hz）；

　　　k——系数，对于铝导体 $k = 50300$。

当铝导体温度为 85℃，频率为 1000Hz、2500Hz、8000Hz 时，电流的透入深度分别 3.0mm、1.9mm、1.0mm。

在确定导体结构时，为了尽量充分利用导体，应使内导体的厚度尽可能接近于相应频率的透入深度，中心螺旋管的外径具有一定的数值，外导体的截面层可能等于或略大于内导体的截面。

4. 性能指标（见表 6-3-365）

表 6-3-365 单芯中频同轴电缆工频电压试验

内　绝　缘		外　绝　缘	
电压/V	时间/mm	电压/V	时间/min
4000	10	1500	10

3.17.2　铝芯滤尘器用电缆

1. 型号与用途 （见表 6-3-366）

表 6-3-366　铝芯滤尘器电缆型号与用途

型　　号	ZLQG2（企业标准）
用途	供直流高压滤尘器传输电能用，直流电压 75kV ×（1 +15%）
最高允许环境温度/℃	50
敷设条件	环境温度不低于 0℃ 时，敷设时不必预先加热，敷设允许位差不大于 40m

2. 结构尺寸和交货长度 （见表 6-3-367 ~ 表 6-3-368）

表 6-3-367　铝芯滤尘器电缆结构尺寸

导线截面积/mm²	导线结构与单线直径/（根数/mm）	绝缘厚度/mm	金属化纸屏蔽/mm	铅层厚度/mm	护层厚度/mm	标称外径/mm	计算重量/（kg/km）
95	19/2.49	12	0.20	1.60	4.7	49.5	5891

注：护层为钢带铠装有内衬层和外被层。

表 6-3-368　铝芯滤尘器电缆交货长度

交货长度/m ≥	允许短段长度/m ≥	允许短段占总量百分比（%）≤	备　　注
150	30	10	双方协议，可按任何长度交货

3. 性能指标 （见表 6-3-369）

表 6-3-369　铝芯滤尘器电缆性能指标

项　　目		条件与单位	指标
导线直流电阻率		20℃（Ω·mm²/m），≤	0.031
线芯绝缘电阻		20℃（MΩ·km），≥	100
工频耐电压试验		加压时间 20min，（kV）	65
敷设后直流耐压试验		加压时间 10min，（kV）	150
介质损耗角正切	tanδ	工频电压 65kV 时，≤	0.015
	Δtanδ	工频电压从 20kV 增至 65kV 时的增值，≤	0.003
弯曲后耐工频电压试验		试样在电缆直径 25 倍的圆柱上正反方向各弯曲三次后，施加电压时间 2h（kV）	115

3.18　热带地区对电线电缆的技术要求

电线电缆产品在热带地区使用时，由于热带地区的气候条件，对电线电缆产品提出了一些特殊的要求。有些产品本身的性能能够满足这些要求，就可直接用于热带地区。而有些产品必须根据热带地区的气候条件在结构上进行改变，生产出热带型的产品。本节将叙述热带地区的气候条件和对电线电缆产品的一些技术要求，以供设计和选用热带地区用电线电缆产品时作为依据。

3.18.1　热带地区的气候条件

热带地区的气候条件可分为湿热带和干热带两种类型，其气候条件的指标见表 6-3-370。

表 6-3-370　热带地区气候条件

环　境　因　素		额　定　数　值	
		湿热带	干热带
空气温度/℃	年最高 月平均最高（最热月） 年最低 最大日变化	40 35 0 —	50 45 -5 30
太阳直射下黑色物体表面最高温度/℃		80	90
1m 深土壤中最高温度/℃		32	32
空气相对湿度（%）	最大湿月平均 最小干月平均	95（25℃时）	10（40℃时）
太阳辐射最大强度/［cal/（cm²·min）］		1.4	1.6
霉菌		有	—

3.18.2　产品型号与技术要求

1. 型号

凡适用于在热带地区使用的专用产品，型号后加注 "-T"。

2. 产品结构上的规定

1）电线电缆导电线芯用铜或铝。

2）橡皮绝缘电线电缆产品的铜导电线芯镀锡。塑料绝缘电线电缆的铜导电线芯除产品专业标准规定镀锡外，允许不镀锡。所有用于屏蔽及编织的铜丝应镀锡。

3）橡皮绝缘棉纱（或玻璃丝）编织涂蜡电线

和蜡克线不宜采用。

4）裸铅包电缆的铅层表面应均匀涂封一层工业凡士林或其他相应的涂料。金属护套电缆的外护层应按表 6-3-371 选用。

表 6-3-371　热带地区电缆的外护层选用

产品或结构	按 GB/T 2952—2008《电缆外护层》标准选用
铠装电缆	采用二级外护层，裸铠装可采用一级外护层
无铠装电缆	采用一级外护层
防水内衬层	采用沥青复合物和二层聚氯乙烯塑料带
铠装钢带	裸铠装电缆钢带必须镀锌，其余电缆钢带应镀锌或涂沥青等防腐涂料

3. 技术要求

热带用电线电缆的技术性能要求除按各专业标准的要求外，应按表 6-3-372 所列试验进行。

3.18.3　气候对产品性能的要求

1）电线电缆产品用于热带地区时的第一个气候特征是环境温度高。因此要求选用的材料耐热性要好，热老化性能高，同时长期工作时的最大允许电流必须充分考虑"热"的因素，这在干热带地区更为突出。

2）当电线电缆产品在热带地区户外使用时，由于日光辐射强度比一般地区强得多，因此产品的护层材料和结构应有良好的耐日光性。在电线设计上也应避免在户外日光下直接安装敷设的可能性。

表 6-3-372　热带地区用电线电缆技术要求

补充试验项目	适用产品	要求和指标	试验方法
防霉试验	绝缘电线	试验后长霉程度不超过二级（即轻微长霉）	见本篇 4.8.2 节
湿热试验	除金属护套电缆外，工作电压 250V 及以上的产品	试验后绝缘电阻应不低于：橡皮电线电缆 5MΩ·km 塑料电线电缆 0.5MΩ·km 仍能经受住相应的耐电压试验。外观不得严重退色，明显的光泽变化或出现皱纹	见本篇 4.8.1 节
人工日光试验	橡、塑护套材料	试验后表面不应有肉眼可见的裂纹 橡皮经 500h，K_1、K_2 应不小于 0.5 聚氯乙烯经 600h，K_1、K_2 应不小于 0.8	见本篇 4.8.3 节

3）电线电缆产品在热带地区直埋土壤中敷设时，土壤温度也较高，应予注意。同时电缆在土壤中受细菌、盐碱、水分等侵蚀作用也较严重，还有白蚁的破坏，因此对电线电缆的外护层结构要求较高。

4）湿热带地区由于湿度大，因此在某些方面比干热带地区使用条件更为苛刻。如要求护套透湿率小，要求绝缘层吸湿小。同时湿热带地区霉菌繁殖快，对产品的性能直接影响虽不大，但影响外观，应予以防霉处理等。

第4章

性能测试

电气装备用电线电缆与其他电线电缆产品相比，其明显的特征是产品的系列、品种、规格多，产品的使用范围极广；其次是多数产品工作电压不高等。因此这一大类产品的性能要求，除了应保证基本的电性能外，更主要的是力学性能、热性能及其他特殊性能。这些性能项目对各类产品的要求不一，综合起来项目很多，总的是根据使用要求提出的。具体可从下面两个方面加以考虑。

1）特殊的使用环境对产品的要求，如高的环境温度或配套设备的耐高温要求；严寒地区野外使用的耐寒要求；强烈日光辐照；要求产品有不延燃性；矿用电缆应能承受矿石从高处掉下的冲击力等。

2）特殊的使用要求对产品的要求，如经常移动；小半径弯曲；扭转；大长度深井探测；高压引起表面放电或耐电晕性；深水密封；防无线电干扰、电磁兼容和屏蔽性能；经常接触油气或溶剂等。

对于某一个具体产品，这两者往往是不可分割的综合要求。这些要求又必须与选用的橡皮、塑料材料的基本特性密切结合起来加以研究，因此对各类电气装备用电线电缆产品的设计与研制或选用，首先深入了解其使用环境和使用条件是十分重要的。由于这些特殊性，因此本大类产品的设计不可能像电力电缆或通信电缆产品一样进

行大量的计算工作，而主要是根据模拟使用要求的试验研究和实际运行试验，辅以部分的设计计算工作而进行。

本章中主要介绍与各种性能有关的试验项目与试验方法，一方面供制造厂选用参考，另一方面辅以某些实例提供设计、研究工作时做参考。其中某些特殊性能的试验方法本身是研究性的，要在实践中不断改进。

4.1 性能与测试项目

4.1.1 性能与测试项目的分类

电气装备用电线电缆的性能要求大致可分为下面几类。

1）结构尺寸及外观检查；
2）基本电性能；
3）特殊电性能；
4）力学性能；
5）耐热、耐寒性能；
6）耐油、耐溶剂性能；
7）耐气候性能。

总的项目列于表6-4-1，各个产品的性能要求则是其中的一部分具体项目。

表6-4-1　电气装备用电线电缆性能与测试项目分类表

分类	性能项目	性能要求	工厂检测试验项目	研究性试验	要求此项性能的代表性产品
结构尺寸及外观	导线结构控制	保证导线截面、导电能力和柔软度	单线直径、根数、绞合方式、绞合节距倍数	与下列各项性能试验结合进行考核，而不单独进行	各类产品
	绝缘和护套厚度控制	保证产品基本性能	厚度的测定，偏差率测定		

（续）

分类	性能项目	性能要求	工厂检测试验项目	研究性试验	要求此项性能的代表性产品
结构尺寸及外观	产品结构组成控制	保证产品基本性能	填芯，垫层及组合方式	与下列各项性能试验结合进行考核，而不单独进行	各类产品
	编织覆盖率控制	纤维编织层起护套作用，金属编织层有的起护套作用，有的为屏蔽层	编织覆盖率的测定		有纤维编织层或金属编织层的产品
	外径控制	有的产品要控制最大外径	外径测定		船用、航空、矿用等产品应控制最大外径
	产品表面状态	发现表面局部缺陷、美观、表面光滑不毛糙	外观检查		各类产品
基本电性能	导线直流电阻	保证导电能力，个别产品要求一定电阻范围	直流电阻测定	一般由金属材料部门进行	各类产品
	绝缘电阻	保证工作条件下电绝缘性能	绝缘电阻测定（干试、水试、浸水后试验及作为考核其他性能的一种测试方法）	绝缘电阻与有关影响因素（如材料温度、产品老化）的关系，与测试条件的关系	绝大部分产品
	耐电压性能	保证产品在一定寿命范围内，安全承受工作电压，及内、外过电压的能力	绝缘线芯耐电压试验（干试、水试）、成品耐电压试验及作为考核其他性能的一种测试方法，试验电压有交流、直流、脉冲等几种	瞬时及长期击穿电压的测定 测试条件影响的研究（如浸水时间、干试与水试出厂耐电压试验电压值的研究） 交、直流试验电压关系的研究	各类产品
	电容值控制	保证中、高频信号电能的传输	电容值测定	电容值的要求根据产品性能要求而提出	信号电缆、介质损耗角试验器用电缆
	导线不断线	发现细导线在生产中是否断线	导线通用试验	—	丁腈聚氯乙烯绝缘引接线
特殊电性能	表面放电性	保证工作电压下表面不放电	表面放电性测试	测试方法准确性研究	汽车用高压点火线
	屏蔽层过渡电阻	保证运行中故障状态时继电保护的可靠性	过渡电阻的测定		矿用屏蔽型电线电缆
	屏蔽效应	保证产品屏蔽作用		屏蔽效应测试	各种屏蔽型电线电缆
	耐表面电痕	限制放电碳化痕迹		6kV 以上无外屏蔽线缆	架空绝缘电缆
	耐电晕开裂性能	在较高电压下不产生表面电晕及材料耐电晕性良好		电晕开裂性能测试	6kV 矿用橡套电缆

（续）

分类	性能项目	性能要求	工厂检测试验项目	研究性试验	要求此项性能的代表性产品
特殊电性能	泄漏电流性能	要求小的泄漏电流保证配套装配的性能		泄漏电流测定	静电喷漆用高压直流电缆
	半导电线芯电阻控制	要求电阻在某一范围内		半导电线芯电阻值测定	汽车用阻尼点火线
	点火寿命	要求产品有足够的点火次数		点火寿命试验	汽车用高压点火线
	抑制点火时无线电干扰性能	要求点火时对外不产生无线电干扰		防干扰性试验	汽车用阻尼点火线
力学性能	导电线芯多次弯曲性能	保证导电线芯有一定的柔软性和弯曲强度		多次弯曲试验是考核导线柔软性的主要方法，研究导线的结构，绞合方式等	电钻电缆，矿用机组电缆及一些要求频繁移动弯曲的产品
	产品弯曲性能	保证产品在经常弯曲时的寿命		弯曲试验	船用电缆
	产品扭转性能	保证产品在扭力作用下的寿命		扭力试验	矿用电缆
	产品抗挤压、抗冲击性能	保证产品在机械外力挤压，或物品冲击力作用下不受损坏	抗挤压试验 抗冲击试验	研究产品的结构、材料与性能的关系，同时研究试验中参数的选择	矿用电缆
	耐磨性能	保证产品在经常移动时的耐磨耗性		耐磨性能试验	矿用电缆、架空绝缘导线、通用橡套电缆等移动使用产品
	抗冲割性能	产品在重物掉下受冲割时应不被损坏		抗冲割试验	矿用电缆
	产品拉断力控制	要求产品有一定的拉断力	拉断力测定		油矿钻探电缆
	产品伸长率控制	要求产品有较小的伸长率		伸长率试验	油矿钻探电缆
	产品横向密封性	要求产品在水压下不透水	横向密封性试验		防水密封电缆
产品绝缘和护套材料性能	抗拉强度	保证产品具有一定的力学性能	抗拉强度测定	选择材料品种和配方时进行研究试验，并作为其他试验的考核指标	各类产品
	伸长率		伸长率测定		
	热老化性能	保证产品的耐热老化性能，以保证产品的使用寿命	热老化性能试验	同上，并结合产品使用情况，对老化条件及考核指标进行研究	
耐热，耐寒，不延燃性	绝缘热变形性能	要求绝缘材料在工作时较小变形	热变形试验		塑料绝缘电线、软线
	表面涂料粘性	要求在工作时表面涂料不流出，不明显发粘	表面涂料粘性试验		橡皮绝缘纤维编织涂蜡电线

（续）

分 类	性 能 项 目	性 能 要 求	工厂检测试验项目	研究性试验	要求此项性能的代表性产品
耐热，耐寒，不延燃性	耐寒性	要求产品在严寒条件下不开裂，并有一定的力学性能	低温静弯曲试验 低温动弯曲试验		船用电缆，汽车用高压点火线
	不延燃性	要求产品被燃烧时除去火源而不延燃	不延燃性能试验		矿用电缆，车辆用电缆，船用电缆，阻燃电缆等
耐油、耐溶剂性	耐油性能	要求产品在与油雾，油类接触时，护套或绝缘材料不丧失应有的力学性能	耐油性能试验	选择材料品种和配方时进行研究试验，并研究试验油种及试验条件	汽车用电线，船用电缆，机车车辆电缆，油矿电缆
	耐热、耐溶剂性	要求产品在浸渍剂中高温浸渍时不损坏	耐热耐溶剂性试验		电机引接线
	耐热、耐水、耐油综合性	要求产品在热、水、油的综合条件下不损坏	耐热、耐水、耐油综合性能试验		汽车用高压点火线
耐气候性	防霉能力	产品在湿热条件下应不长霉	防霉试验	选择材料品种和配方时进行研究试验，并研究试验方法与考核指标	热带产品，车辆用电线，船用电缆
	耐湿热能力	保证产品在湿热条件下有足够电性	耐湿热试验		热带产品
	耐日光性能	保证产品在强力日光下有足够寿命	人工日光试验		架空绝缘导线
其他	耐湿性能	要求材料吸湿性小	电容增加率测定		船用电缆
	水压下吸水量性能	要求不大量吸水	水压下吸水量测定		防水密封电缆
	护套防白蚁侵蚀性能等	根据特殊使用要求而提出			

4.1.2 工厂检测试验与研究性试验

试验规则及种类如下：

工厂检测试验（代表性产品工厂检测项目见表 6-4-2）

为保证产品质量，控制产品工艺、材料而必须经常进行的项目，均由产品标准中加以规定

例行试验——全部产品 100% 进行，如结构尺寸、外观检查，成品耐电压试验等，对保证安全运行起主要影响的项目。

抽样试验——以交货产品每批中抽一定数量的试样进行试验，抽样数量在产品标准中规定。试验结果有一个试样不合格时，应另取两倍数量的样品进行第二次试验。第二次仍有一个试样不合格时，则全部产品 100% 进行。

型式试验——当首批投产或产品材料、结构、工艺有改变时进行试验。或当产品正常生产时，按标准中规定定期（半年或一年）进行试验，以考核产品质量、材料和工艺水平等。

研究性试验——在制造厂技术及研究设计部门，为深入研究产品性能，设计研究新产品、新材料、新工艺，研究改进试验方法，制定或验证产品标准时进行的研究试验。

表 6-4-2　代表性产品工厂检测项目表

序号	检测项目	橡皮绝缘电线软线 BX BXF RXS	聚氯乙烯绝缘电线、软线、屏蔽电缆 BV,BVV RV,RVS BVP,RVP	丁腈聚氯乙烯绝缘软线 RFB RFS	汽车用高压点火线 QG QGX	氯磺化聚乙烯点火线 DG	橡皮绝缘丁腈护套引接线 JBXF	丁腈聚氯乙烯绝缘引接线 JBF	聚氯乙烯绝缘尼龙护套电线 FVN FVNP	通用橡套电缆 YZ YC	通用橡套电缆 YZW YCW	矿用软电缆 UC	矿用软电缆 UP UCP
1	结构尺寸及外观检查	*	*	*	*	*	*	*	*	*	*	*	*
2	长度计量	○	○	○	○	○	○	○	○	○	○	○	○
3	导线直流电阻	△	△	△	△		△	△	△	△	△	▲	△
4	成品绝缘电阻		▽						△			○	○
5	耐电压试验	○	○	○	○	○	○	○		○	○	○	○
6	成品电容测定												
7	导线通电试验							∨					
8	表面放电电性能测试					∨							
9	屏蔽层过渡电阻测定		∨										
10	成品泄漏电流测定												
11	成品绝缘和护套材料机械和老化性能	∨	∨	∨	∨	∨	∨	∨	∨	∨	∨	∨	∨
12	成品耐冲击、挤压性能												
13	成品拉断力测定												
14	成品弯曲性能												
15	成品喷雾密封试验				∨	∨							
16	绝缘热变形试验		▽	▽	▽				▽				
17	耐寒性能试验		▽		▽				▽				
18	耐油性能试验								▽				
19	防毒试验												
20	防潮试验												
21	耐湿热试验												
22	人工日光辐射试验					∨							
23	表面涂料粘性试验	∨											
24	耐臭氧试验												
25	不延燃性测试								∨			∨	∨
26	耐热、耐水、耐油综合试验			∨			∨	∨		∨	∨		
27	水压下吸水量试验												
28	耐热耐溶剂性试验												

（续）

检测项目	电焊机电缆 YH YHL	机车车辆用电缆 DCEH DCXVF	防水密封电缆 JHS	潜水泵电缆 YQSB YQSFB	船用电缆	石油探测电缆	油泵电缆 油井加热电缆	高压直流电缆 X-射线机电缆	高压直流电缆 JGYV	控制电线电缆 KXV KVV	信号电线电缆 PVV PYV	热带产品 -T	架空绝缘电缆 JV JHLYJ	电梯电缆 YJ YTVV
1 结构尺寸及外观检查	*	*	*	*	*	*	*	*	*	*	*		*	*
2 长度计量	○	○	○	○	○	○	○	○	○	○	○		○	○
3 导线直流电阻	△	△	△	△	△	△	△	△		△	△		△	△
4 成品绝缘电阻		∨		△	○	∨	∨			∨	∨		△	△
5 耐电压试验	○	○	○	○	○	○	○	○	○	○	○		○	○
6 成品电容测定														
7 导线通电性测试														
8 表面放电电流测定														
9 屏蔽层过放电流测定														
10 成品泄漏电流测定	∨							∨	∨					
11 成品绝缘和护套材料机械和老化性能														
12 成品耐冲击,抗压性能				∨	∨					∨	∨		∨	∨
13 成品拉断力测定							∨							
14 成品弯曲性能					∨	∨							∨	∨
15 成品横向密封试验			∨	∨										
16 绝缘热变形性能试验		∨			∨		∨							
17 耐寒性能试验		∨			∨						∨			
18 耐油性能试验		∨			∨							∨	∨	∨
19 防霉试验												∨	∨	∨
20 防潮试验												∨		
21 耐湿热试验													∨	∨
22 人工日光辐射试验														
23 表面涂料料性能试验														
24 耐臭氧试验														
25 不延燃性测试		∨			∨									
26 耐热,耐水,耐油综合试验														
27 水压下吸水量试验			∨											
28 耐热耐溶剂试验														
29 耐磨试验														
30 耐表面电痕试验													∨	
31 静态曲挠试验													△	△

注:1. * 为中间控制或出厂试验;△为抽验;○为出厂全做;∨为定期进行。

2. 热带产品的其他性能按各具体产品标准。

4.2 结构尺寸检查

结构尺寸检查是指按产品标准规定的各部分结构尺寸来考核每一个产品，内容包括外径、厚度、节距的测定，以及结构组成的检查等。结构尺寸应符合标准的规定，这是任何产品应首先满足的要求，控制结构尺寸对保证产品的性能十分重要。

在工厂中，结构检查一般是作为一种控制产品连续生产的中间检查，只有在质量评比、抽验的情况下定期进行。

4.2.1 外径的测定

对于导线线芯、绝缘线芯及各结构部分外径测定的方法有 4 种，列于表 6-4-3 中。

表 6-4-3 电线电缆外径测定方法

种类	测量用工具	测 量 方 法	图示及适用范围	计 算 公 式
直接测量	千分尺（精度 0.01mm）或游标卡尺（精度 0.05mm）	1. 卡尺与产品轴线垂直，放置在产品上，接触部分应该平整 2. 在同一断面上应在两个垂直方向各测量一次，取二次的算术平均值作为此点的外径 3. 对外径要求较高的产品，应在产品上离两端 100cm 之内各测一点，在中间另选测 3 点，取 5 点的平均值作为产品的平均外径 4. 最大、最小外径：将卡尺沿产品圆周反复转动 180° 以上，从其中读出最大值与最小值 5. 对于易变形的产品，应将卡尺刚好与产品表面接触而无缝隙，被测体能容易通过卡尺	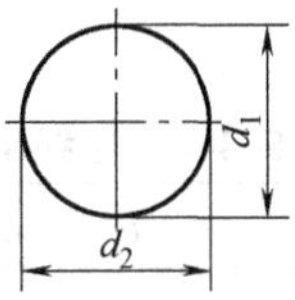 应用范围： 一般产品的导线，绝缘线芯及产品总外径等，太细或较粗的产品宜用其他方法	$d_e = \dfrac{d_1 + d_2}{2}$ d_e——平均外径 外径偏差： $\delta = d_{max} - d_{min}$ 不圆度 $\Delta u\% = \dfrac{\delta}{D_0} \times 100\%$ D_0——标称外径
纸带法	狭纸带、削尖的铅笔、精度为 0.5mm 的钢皮直尺	1. 将宽度不大于被测直径 50% 的纸带（纸带最小宽度为 5mm），要求两边整齐和平行，斜绕在被测体要测外径的断面处 2. 要使纸带二边缘刚好对接，不保留有间隙或重叠 3. 用铅笔在被测断面与纸带对接的交点处划一条线（见右图） 4. 将纸带取下拉直，在纸带二边缘上划线处连一直线，用直尺量出两点间距离，即为被测断面的周长 l 5. 周长读数精确到 0.1mm，纸厚用千分卡尺测量，精度为 0.01mm	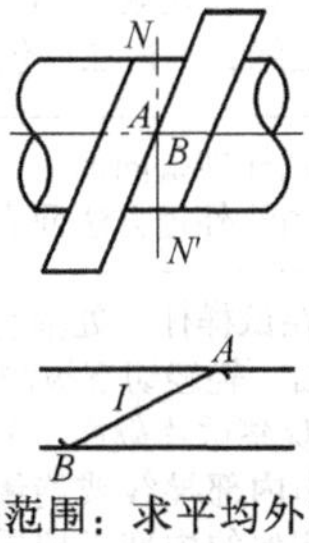 适用范围：求平均外径较正确，适用于外径较大的产品	$d = \dfrac{l}{\pi} - 2\Delta$ l——测出周长 Δ——纸带厚度
绕管法	试验用圆棒、游标卡尺、千分卡尺	1. 取直径 $D_0 = 10mm \pm 0.02mm$ 的钢圆棒，将被测体绕至圆棒上，要求一圈紧接一圈绕 20 圈 2. 用 0.1mm 级精度的游标卡尺沿圆棒轴向测量绕 20 圈的累计长度 L 3. 再用 0.01mm 精度的千分卡尺测量绕后的圆棒外径 D_1 4. 按公式计算出外径 d	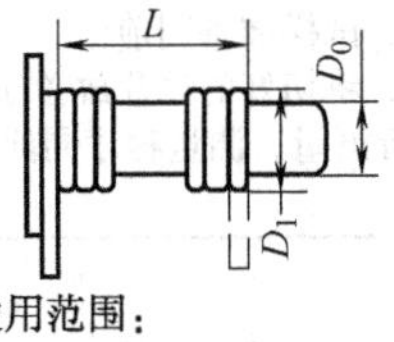 适用范围：适用于受压力易变形直径在 2mm 及以下的软线	$d_1 = \dfrac{L}{20}$ $d_2 = \dfrac{D_1 - D_0}{2}$ $d = \dfrac{d_1 + d_2}{2}$

（续）

种类	测量用工具	测量方法	图示及适用范围	计算公式
显微镜直读法	放大倍数为 20～40 倍的读数显微镜	1. 将产品的截面横放置于读数显微镜底部 2. 调节放大镜，使产品横截面的轮廓全部在显微镜的坐标刻度之内 3. 直接按显微镜的坐标刻度读出产品外径的值 4. 精确度 0.01mm	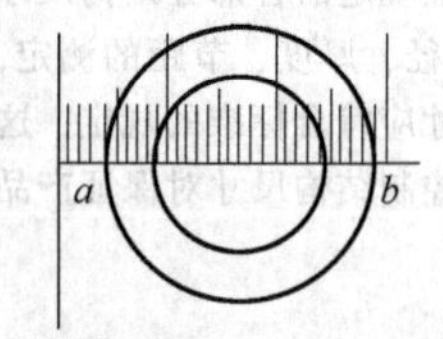 适用范围： 被测体容易变形的产品，精度较高，用于仲裁试验	$d = b - a$ a，b 为刻度尺上的读数

4.2.2　厚度、厚度偏差率及偏心度的测定

1. 厚度测量

厚度的测量应包括最大厚度与最小厚度的测量，并计算平均厚度。常用测量方法列于表 6-4-4。

表 6-4-4　电线电缆绝缘层和护套厚度测量方法

种类	测量用工具	测量方法	适用范围	计算公式
测量外径法	千分尺（精度 0.01mm）或游标卡尺（精度 0.05mm）	1. 在成盘或成圈的产品两端各取样一段，试样长度不小于 50mm 2. 轻轻使试样平直，剥去测量外的部分（如测绝缘厚度，应剥去护套） 3. 用千分尺、游标卡尺测量外径 D（垂直方向各测一次取平均） 4. 剥去被测部分，（如绝缘层）在上述同一测量截面上再测其内层结构的外径（如导线）d 5. 测量易变形结构部分时，卡尺应轻轻与被测物接触，不使被测物变形。对纵包绝缘，不得在纵包扎缝处测量	适用产品的一般测量	$\Delta e = \dfrac{D - d}{2}$ Δe—平均厚度
纸带法	与表 6-4-3 相同	1. 试样准备同前 2. 测量外径方法同表 6-4-3 中所述	适用直径较大的产品	
直读测量法	千分尺（精度 0.01mm）	1. 在试样任一处垂直轴向切取一个平滑断面，轻轻切下被测部分作为试片 2. 观察试片截面，先测量薄点，再测其他由内部导线或绝缘线芯，在内表面造成印痕的中部，护层测量数等于成缆主线芯数，最多测四点，绝缘层测四点，求多点测量的平均值作为平均厚度 3. 最大厚度先用肉眼观察，后测出	适用各种产品	$\Delta e = \dfrac{\Delta_1 + \Delta_2 + \cdots + \Delta_n}{n}$ Δe—平均厚度，在 Δ_1，$\Delta_2 \cdots \Delta_n$ 中的最小值即为最小厚度 $\Delta_{\min}$
读数显微镜法	放大倍数为 20～40 倍精度 0.01mm 的读数显微镜	1. 试样准备同前 2. 将切好的试片放置于读数显微镜下进行测量，测量程序同前	精度较高，而且方便应优先采用，仲裁试验规定用此法	

2. 厚度偏差率的测定

先测出绝缘（或护套）层内外直径 d 或 D，再测出绝缘（或护套）最薄厚度 b，如图 6-4-1 所示。

然后按下列公式计算绝缘（或护套）的厚度偏差率 C（%）：

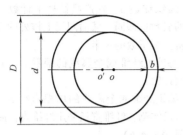

图 6-4-1 绝缘厚度偏差率示意图

d—导线直径 *D*—绝缘外径

b—最薄绝缘厚度

$$C = \left(1 - \frac{2b}{D-d}\right) \times 100\%$$

3. 偏心度的测定

先测出绝缘（或护套）层内外直径 *d* 和 *D*，再测

出绝缘（或护套）最薄厚度 *b*，如图 6-4-1 所示。然后按下列公式计算绝缘的偏心度 *P*（%）：

$$P \frac{\frac{D-d}{2} - b}{D} \times 100\% = \frac{D-d-2b}{2D} \times 100\%$$

4.2.3 节距的测定

电线电缆产品的节距包括束线节距、绞线节距、成缆节距、包带及铠装层包绕节距等。

节距是被绞合体（或绕包带）沿绞合中心轴旋转一圈沿产品轴向前进的距离。

节距倍数（节距比）是节距长度与被绞合或包绕上的产品结构部分的外径之比。电线电缆结构元件的节距测定方法见表 6-4-5。

表 6-4-5 电线电缆结构元件节距测定方法

种类	测量工具	测定方法	图示及适用范围	计算公式
直接法	钢直尺	1. 将被测体拉直平置 2. 用精度为 0.5mm 的钢皮尺平行沿被测体轴向直接测出	适用于节距较长的制品，例如截面较大的产品成缆节距，带状包绕节距	$L = \overline{AA'}$
纸带法	纸带 铅笔或其他 钢直尺	1. 将一适当宽度，长度为二倍节距左右的薄纸带，平铺在被测体上 2. 用铅笔、碳棒或其他可染色的棍棒沿着被测体轴向摩擦纸带（摩擦长度应大于一个节距）则纸带上留下一组多于外层根数的平均线条 3. 取下纸带自任何一线条上某一点起（除本身外）数至等于该层中导线（或线芯）数目的另一线条上 用该数为 0.5mm 精度的直尺量出距离	适用于导电线芯的绞合节距等外层根数多而较硬的被测品	
移线法	钢直尺	1. 将被测体外层任一根单丝或线芯小心地移去，移去长度不少于一个节距长度 2. 用精度为 0.5mm 的钢皮尺直接测量一个节距最短距离	适用于外层根数较多的制品和较软的制品，如导电线芯及多芯绝缘线芯成缆	
平均法	钢直尺	1. 用精度为 0.5mm 的钢皮尺，平行沿制品的轴线测量几个节距的长度 *S*；*n* 一般取 10，20，50 2. 计算出节距	适用于单根导丝尺寸细小，绞合节距很小的制品（如束线，特软绝缘线芯小节距成缆制品）外径较大的产品也可采用平均法	$L = \frac{S}{n}$ *n*—被测节距个数

注：直接法、纸带法、移线法也可多测几个节距后采用平均法，使所测节距比较接近平均值。

4.2.4 编织覆盖率的检测

编织覆盖率是纤维编织层在产品表面的覆盖面积与产品表面积之比的百分数，表示了编织层对产品表面积有效覆盖的程度。这对于编织层发挥护套保护作用或屏蔽作用均有密切关系。

编织覆盖率的检验采用测量后计算的方法。

1. 主要参数的测量与计算测量工具

精度为 0.1mm 的游标卡尺和精度为 0.01mm 的千分卡尺。

参数的测量与计算:

1) 被编织制品编织前外径 D: 用外径测量法测出。

2) 编织节距 h: 用节距测定法测出,一般采用平均法。

3) 编织绽数 a: 在产品试样上计数,为一个节距中的股数也即同一截面圆周上排列的股数,等于编织机上绽子数的一半。

4) 每绽上纤维或金属线的根数 n: 用放大镜直接观察计数。

5) 编织纤维或金属线的单根直径 d: 金属线用千分卡尺实测,纤维直径采用纤维直径测量法或查表(见表6-4-6)。

表 6-4-6 棉纱的支数及其尺寸换算表

项目	棉纱支数		截面积 /mm²	直径 /mm	编织或绕包后的		重量 /(kg/km)
	英制 (支/股)	近似公制 (支/股)			厚度 /mm	宽度 /mm	
换算表	10/1	17/1	0.0618	0.262	0.189	0.327	0.0588
	16/1	27/1	0.0389	0.208	0.149	0.261	0.0370
	21/1	36/1	0.0292	0.180	0.129	0.220	0.0278
	32/1	54/1	0.0194	0.147	0.105	0.185	0.0185
	42/1	71/1	0.0148	0.128	0.092	0.161	0.0141
	60/1	102/1	0.0103	0.107	0.077	0.134	0.0098
	80/1	135/1	0.0078	0.093	0.066	0.118	0.0074
	21/2	36/2	0.0583	0.255	0.183	0.319	0.0588
	32/2	54/2	0.0389	0.208	0.149	0.268	0.0392
	42/2	71/2	0.0296	0.181	0.130	0.228	0.0296
	60/2	102/2	0.0206	0.151	0.109	0.189	0.0210
	80/2	135/2	0.0156	0.132	0.094	0.166	0.0162
符号	N'	N	q	d	T	b	W
换算公式	$N'=0.59N$	$N=\dfrac{N'}{0.59}$	$q=\dfrac{1.05}{N}$	$d=\dfrac{1.08}{\sqrt{N}}$	$T=\sqrt{\dfrac{0.6}{N}}$	$b=\dfrac{q}{T}$	$W=\dfrac{1}{N}$

2. 编织覆盖率的计算

(1) 计算编织角 α

对于圆形线芯

$$\alpha=\arctan\frac{h}{\pi(D+T)}$$

式中 T——编织层的厚度(mm);

h——编织节距。

对金属线,T 等于金属线单股直径;对纤维材料,T 从表6-4-6中查出。

对于二芯椭圆形线芯

$$\alpha=\arctan\frac{h}{2D+\pi(D+T)}$$

(2) 计算编织层单排紧密度 P_1

$$P_1=\alpha nd/(h\cos\alpha)$$

(3) 计算编织覆盖率 P

$$P=(2P_1-P_1^2)\times100\%$$

为了实用方便,将 P 与 P_1 的关系列成表6-4-7,在求出 P_1 后,可查表求出 P。

表 6-4-7 编织覆盖率 P 与单排紧密度 P_1 换算表

P(%)	P_1	P(%)	P_1	P(%)	P_1	P(%)	P_1
50	0.2930	77	0.5204	81.1	0.5653	87	0.6394
64	0.4000	78	0.5310	81.2	0.5664	88	0.6536
65	0.4084	79	0.5417	81.3	0.5676	89	0.6683
66	0.4169	80	0.5528	81.4	0.5687	90	0.6837
67	0.4255	80.1	0.5539	81.5	0.5699	91	0.7000
68	0.4343	80.2	0.5550	81.6	0.5710	92	0.7171
69	0.4432	80.3	0.5562	81.7	0.5722	93	0.7354
70	0.4523	80.4	0.5573	81.8	0.5734	94	0.7550
71	0.4615	80.5	0.5584	81.9	0.5746	95	0.7764
72	0.4708	80.6	0.5595	82	0.5758	96	0.8000
73	0.4804	80.7	0.5607	83	0.5877	97	0.8268
74	0.4901	80.8	0.5618	84	0.6000	98	0.8586
75	0.5000	80.9	0.5630	85	0.6127	99	0.9000
76	0.5101	81.0	0.5641	86	0.6258		

4.3 基本电性能试验

电性能是各类电气装备用电线电缆的一项主要性能,反映了各类产品传输电能的能力,承受工作电压的安全裕度和工作状态下的电绝缘性能,因此极为重要。

产品的基本电气性能包括:导电线芯的电阻;产品耐电压的性能;产品的绝缘电阻;产品的电容、电感等。

一般产品均要求导线电阻小,以减少线路损耗。个别特殊产品要求电阻在某一范围内(如高压阻尼点火线),也有的产品没有严格的电阻要求(如矿工帽灯线、爆破线等)。导线的电阻在标准中规定为直流电阻不大于某一个值或直流电阻率不大于规定值。对于截面积很小的产品尚需进行通电试验以防在生产和运输中被拉断。

每个产品均有一定的电容、电感值,但除了信号、通信电线电缆外,其他产品对电容没有严格要求。至于电感只有在安装敷设后,电路系统中有要求时才进行实测或计算。

产品耐电压的性能在产品标准中主要以工作电压一定倍数的试验电压加以考验,一般只有在有缺陷(机械外伤、材料中有导电杂质或工艺缺陷)时才会击穿,这种出厂检测项目为"耐电压试验"。产品耐电压性能的另一个含义是产品的电气击穿性能,这是指产品在某种电压(工频、直流、冲击波等)作用下所具有的击穿电压(和击穿电场强度),加压的方式有瞬时连续升压、逐级升压和长期加压等几种。这一类试验结果在一定程度上较真实地反映了产品的耐电压能力,也就是在工作电压的条件下工作时所具有的安全裕度。此类试验在深入研究产品性能或研制产品时应进行,为区别于出厂试验,称为"电压击穿试验"。此外尚有在弯曲试验、耐油、耐热试验后进行的耐压试验,作为上述试验过程中的考核方法。

绝缘电阻测试的目的与耐压试验类似,一般出厂检测时是考核产品能否满足标准中规定的最低指标。在深入研究产品或制新产品时又是研究试验的重要内容。

由于基本电性能测试方法第 5 篇第 6 章中(电力电缆的性能测试)已详细介绍,本节中主要介绍电气装备用电线电缆产品的一些特殊方法(如火花、浸水耐压)与试验实例作为补充。

4.3.1 导电线芯直流电阻试验

金属导体材料直流电阻的测量已有比较成熟的试验方法,但在应用到电线电缆产品时,由于导电线芯大多是绞线,特别是大截面铝绞线结构时,沿用一般的直流电阻测量方法,常不易得到正确的测量数值,故在本节中除了介绍一般通用的要求外,还将进一步分析影响测量正确性的因素。

1. 测量线路和试验方法

电线电缆导电线芯直流电阻的测量仪器,视其测量范围,低电阻可以用各种类型的开尔文电桥测量。测量电阻在 100Ω 及以上的,可采用惠斯顿电桥,其接线原理如图 6-4-2 和图 6-4-3 所示。

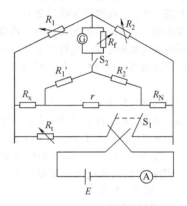

图 6-4-2　开尔文电桥

E—直流电源　A—电流表　G—检流计　R_f—分流计

R_1、R_2、R_1'、R_2'—电桥桥臂电阻　R_N—标准电阻

R_t—变阻器　R_x—被测电阻　S_2—检流计开关

S_1—直流电源开关　r—跨线电阻

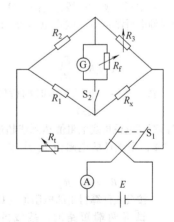

图 6-4-3　惠斯顿电桥

E—直流电源　A—电流表　G—检流计　R_f—分流计

R_1、R_2、R_3—电桥桥臂电阻　R_t—变阻器

R_x—被测电阻　S_2—检流计开关

S_1—直流电源开关

测量用电桥的精度以不低于 0.2 级为宜，标准电阻的精度不低于 0.1 级。在用开尔文电桥测量时，标准电阻与被测电阻间的连接线的电阻 (r) 应不大于标准电阻。

在将试样接入测量系统前，应预先清洁其连接部分的导体表面，去除附着物、污秽和油垢，连接处表面的氧化层应尽可能除尽。用惠斯顿电桥测量时，用两个夹头连接被测试样；用开尔文电桥测量时，用四个夹头连接被测试样，一对为电位测量夹头，另一对为电流连接夹头。试样每一端的电位夹头和电流夹头间的距离应尽可能拉开，不小于试样断面周长的 1.5 倍。在测量绞线线芯时，线芯的全部单线均应通过特殊设计的测量夹具，可靠地和测量系统的电流夹头相连接，也可用适当的方法先将各根单线的通电端头接合在一起，然后接上电流连接夹头。

在测量前试样应在试验环境中放置一段时间，使达到温度平衡，在试样放置和试验过程中环境温度的变化应尽可能小。为了不引起导体温升，测量时的电流密度不宜太大。在测量小电阻时（小于 0.1Ω）要用相反方向的电流再测量一次（利用换向开关 S_1），取其平均值。

2. 试验结果的计算

用惠斯顿电桥测量时，试样电阻 R_x（Ω）按下式计算

$$R_x = R_N \cdot \frac{R_1}{R_2}$$

式中　R_N——标准电阻（Ω）；
　　　R_1，R_2——电桥平衡时的桥臂电阻（Ω）；

用惠斯顿电桥测量时，试样电阻 R_x（Ω）按下式计算

$$R_x = R_3 \cdot \frac{R_1}{R_2}$$

式中　R_1、R_2、R_3——电桥平衡时的桥臂电阻值（Ω）。

如果惠斯顿电桥接线电阻值达到或超过测量电阻值的 0.2%，则试样的电阻值 R_x 应按下式进行校正

$$R_x = R'_x - R_p$$

式中　R'_x——按公式计算得出的电阻值（Ω）；
　　　R_p——试样两端短路时，接线的总电阻（Ω）。

温度 20℃ 时每千米长度电阻值 R_{20}（Ω/km）按下式计算

$$R_{20} = \frac{R_x}{1 - \alpha_{20}(t - 20)} \cdot \frac{1000}{L}$$

温度 20℃ 时导电线芯的电阻率 ρ_{20}（$\Omega \cdot mm^2/m$）按下式计算

$$\rho_{20} = \frac{R_x S}{[1 + \alpha_{20}(t - 20)]L}$$

式中　L——试样的长度（m）；
　　　S——导电线芯的截面积（mm^2）；
　　　t——测量时的环境温度（℃）；
　　　α_{20}——导电线芯金属材料 20℃ 时的电阻温度系数（$1/℃$）。

3. 影响试验正确性的因素分析

(1) 接触电阻对测量结果的影响　由于绞合结构导电线芯的单线表面氧化，而且氧化层的电阻率大于金属导体本身的电阻率（特别是氧化铝），因此在测量导体电阻时，被测试样同连接线（或夹具）之间就存在氧化层接触电阻。接触电阻的大小随氧化层的性质和厚度而变化，也与被测试样同连接夹具之间的接触面积松紧程度有关。接触电阻不仅存在于导体和连接线（夹具）之间，同时也存在于绞合线芯的每根单线之间，在数值上它是不稳定的，随着夹紧位置和加紧力而变化。大截面铝绞线的电阻最不易测准，这一方面是氧化铝的电阻比较高，截面积越大，单线根数越多，单线之间的总接触电阻也就越大；另一方面，大截面试样本身的电阻，比小截面试样要小得多，有时甚至可能同接触电阻处于同一数量级范围，这时的相对影响显然就很大。正由于接触电阻的不稳定性，得到的必然是一个不稳定的测量结果。

各电线电缆生产厂常用的试样连接夹具，有刀形和环形两种（见图 6-4-4）。一般来说，刀形夹具只适合于测量单线或实心线。对于大截面绞线结构的线芯，由于刀形夹具是以垂直方向压紧的，没有一个压紧限度，所以随着加紧力的增加，线芯变形，其侧面各根单线松开，甚至彼此脱离接触，因此使得测量结果分散性大。环形夹具是沿圆周方向压紧的，虽能使绞合线芯中各单线接触紧密，但由于不能消除各单线表面氧化层之间的接触电阻，因此测量结果也同样有较大的分散性。用刀形夹具和环形夹具测量的导电线芯电阻的分散性比较，示于图 6-4-5。

从试验结果可见，铝芯较铜芯有更大的分散率，大截面规格比小的截面规格有更大的分散率。

接触电阻存在于试样的直径方向，轴线方向则是不存在的。电流夹具同试样之间以及各根单线之间接触电阻的存在，阻碍了测量电流在每一根单线中的均匀分布。

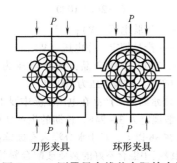

图 6-4-4 **测量导电线芯电阻的夹具**

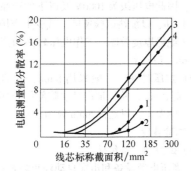

图 6-4-5 **两种夹具电阻测量值的分散率**

1—铜导电线芯，用刀形夹具测量
2—铜导电线芯，用环形夹具测量
3—铝导电线芯，用刀形夹具测量
4—铝导电线芯，用环形夹具测量

一般情况是：同夹具直接接触的单线，电流密度大一些。中间的单线（需经过接触电阻传递电流的内层单线）电流密度小一些，这是因为有一部分电压降落消耗在与外层单线间的接触电阻上，层数越多，中心位置的单线分布电流密度越小。所以，试样内部各单线的电流分布是不均匀的，每个单线的等效电阻也不相等。试验表明用端部压接或焊接方法可以改变绞线试样中的电流分布。

端部连接前，各单线中的电流 I_1、I_2、$I_3 \cdots I_n$ 以及各单线的等效电阻 R_1、R_2、$R_3 \cdots R_n$ 都是不相等的，绞线试样总的等效电阻为

$$R' = \cfrac{1}{\cfrac{1}{R_1} + \cfrac{1}{R_2} + \cfrac{1}{R_3} + \cdots + \cfrac{1}{R_n}}$$

实际电阻为 $R = R_0/n$

R 不等于 R'。式中 R_0 为每根单线的实际电阻，n 是单线根数。

端部连接后，测量电流 I 可以经焊接处进入试样，且均匀分布于每根单线中，故 $I_1 = I_2 = I_3 = \cdots =$

I_n，$R_1 = R_2 = R_3 \cdots = R_n$，所以 $R' = R_0/n$，$R = R'$。

应当指出，电流夹具应尽量同线芯端部连接处靠近，如果直接从连接处通入测量电流，则线芯内部的电流分布将是最佳的。

图 6-4-6 是用端部焊接法前后电阻测量值分散率的变化。试样经过端头焊接以后，小截面电缆测量分散率几乎下降到 $0.1\% \sim 0.2\%$，大截面电缆也从百分之十几下降到 $1\% \sim 2\%$，尤以铝电缆更为显著。因此要消除接触电阻对大截面导线芯直流电阻测量的影响，必须使试样中的电流分布均匀，尽可能使得组成导电线芯的每一根单线都有同样的测量电流密度。

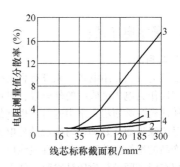

图 6-4-6 **端部焊接法前后电阻测量值分散率比较**

1—铜芯，端部焊接前　2—铜芯，端部焊接后
3—铝芯，端部焊接前　4—铝芯，端部焊接后

（2）电流密度对电阻测量的影响 判断导线温度是否受测量电流影响而升高，可用比例为 $1:1.41$ 的两个电流分别测定其电阻值。倘若两者之差不超过 $\pm 0.5\%$，则可以认为用比例为 1 的电流进行测量时，导线温度并不升高。但用 40% 电流增值来衡量测量电流选择是否恰当，在实际使用时很不方便，为此曾对一些试样进行了测量电流密度与电阻测量值之间的变化关系试验，其试验结果示于图 6-4-7。试验结果表明，铝芯电缆的测量电流密度不超过 $0.5 \mathrm{A/mm^2}$ 时电阻测量值的增率小于 0.06%。对铜芯电缆，测量电流密度可提高到不超过 $1 \mathrm{A/mm^2}$。这个关系对于中小截面电缆可以作为参考。

（3）其他影响因素 除了以上两项影响试验正确性的因素外，其他还有：

1）线芯温度同周围环境温度未达到完全平衡；

2）试样长度的测量误差；

3）电位引线夹具同试样（特别是短试样）的接触宽度带来的误差；

4）电流引线同电位引线相距太近带来的测量

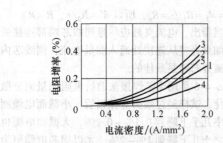

图6-4-7 测量电流密度与电阻增率的关系
1—铝芯 4mm² 2—铝芯 10mm²
3—铝芯 16mm² 4—铜芯 6mm²
5—铜芯 6mm²

误差等。

4.3.2 浸水电压试验

1. 试验目的

大多数电气装备用电线电缆没有金属护套或金属丝编织层作为电压试验时的外电极，对这些产品进行耐压试验时必须浸入水中进行，也就是以水作为与产品绝缘表面良好和均匀接触的外电极。主要适用于产品的绝缘线芯和单芯护套电线电缆。当多芯电缆仅在线芯间进行耐压试验时，就不必采用浸水试验。

浸水是耐电压试验本身所需要的，与所加电压的形式（工频、高频、直流）、加压的时间无关。

由于电气装备用电线电缆多数是电压级较低的产品，而作为绝缘的橡皮、塑料等材料中混有数量很大的配合剂，其中有些配合剂在单独存在时具有水溶性，因此为了发现工艺上的缺陷或材料中的杂质等，在电压试验前规定了必须在室温中浸水一定的时间，以更好地起到发现缺陷和保证质量的目的。

对于个别产品的特殊使用环境，可以采用浸海水试验、浸高温水试验、长期浸水试验等方法，作为设计研究产品时的参考。

2. 试验条件选择

（1）试验电压 对于作为出厂检验项目的浸水耐电压试验来说，试验电压的确定原则与低压电力电缆相似（参见第5篇第6章），即要有足够的电场强度，以利于有效地发现产品上的缺陷，又不能有过高的电场强度，造成合格产品的绝缘受到损坏（例如产生内部游离），此外尚需考虑到产品的不同使用要求。

对于工作电压为交流1000V及以下的大多数产品，试验电压按下式确定

$$U = 2u_0 + 1000$$

式中 U——试验电压（V）；
u_0——产品额定工作电压（V）。

例如，250V级的产品，试验电压为1500V；500V级的产品，试验电压为2000V。

（2）浸水时间 产品在电压试验中浸于水中的时间，一般规定为3~24h。长期的生产实践证明，浸水时间在3h以上，对于水分浸入有缺陷的部位，或贯穿绝缘层中混合不好的杂质或配合料的部位是充分的。在3~24h范围内，耐电压试验的效果基本一致，因此电压级为1000V及以下的产品基本上采用浸水3h，以加快试验速度，减少生产场地。

对于绝缘厚度较厚，工作电压较高的产品可浸用水6h、12h等。

（3）加压时间 一般采用5min，有的产品采用1min或15min。从保证产品缺陷部位内部游离而形成击穿的要求，以选择5min较为适宜。

3. 试验装置

浸水试验的设备包括：
1）高压电源设备和击穿自动停止装置；
2）水池数只；
3）烘房或晒场；
4）吊运设备。

因此浸水试验占用生产场地较大。

4. 试验步骤

1）将一盘或几盘被测产品，两端头剥出50mm左右的绝缘，露出线芯，吊入水池中。

水应浸没全部产品，每盘产品有不少于200mm的端头露出水面外，固定在水池上端的绝缘架上。

2）导电线芯接高压（多盘时并联），水中接低压端（接地）。

3）记录浸水时间，到达规定浸水时间后，即开始升压，并耐电压一定的时间（规定值）。

4）当多盘产品中有一盘发生击穿时（自动切除高压电源），记录时间，将高压电源控制台中的电压旋钮调至零值。然后逐盘寻找已有击穿点的产品。然后其他几盘继续试验补足耐压时间。

5）已有击穿点的产品，通过复绕寻找击穿点，待干燥后进行修补，然后再重复进行浸水试验。

5. 试验实例

1）表6-4-8中列出了对部分产品的试样浸水击穿试验的电压值，以供参考。结果表明即使是500V级的绝缘电线，合格的产品也具有足够的电压安全裕度。

表 6-4-8　部分产品浸水击穿试验的电压值

产品规格	试验条件	击穿电压/kV
铝芯聚氯乙烯绝缘电线，截面积 1.0mm²，绝缘厚 0.8mm	浸水 6h 后，2000V，5min 后继续升压至击穿	16
铝芯橡皮绝缘电线，截面积 1.0mm²，绝缘厚 0.8mm	浸水 6h 后，2000V，1min 后继续升压至击穿	16
铝芯氯丁橡皮电线，截面积 1.0 和 4.0mm²，绝缘厚 1.2mm	浸水 6h 后，2000V，1min 后继续升压至击穿	12.5
铝芯橡皮绝缘氯丁护套电线，截面积 1.0mm²，绝缘厚 0.8mm，护套 0.3mm	浸水 6h 后，2000V，1min 后继续升压至击穿	16
QVR 截面积 1.5mm²，绝缘厚 0.6mm	绕在 φ45 金属圆棒上加电压（未浸水）	23.5
QVR 截面积 0.75mm²，绝缘厚 0.6mm	浸在水中试验，以 0.3kV/s 的速度升压至击穿	21
FVN 截面积 0.75mm²，绝缘厚 0.35mm	浸在水中试验，以 0.3kV/s 的速度升压至击穿	25
BVR 截面积 0.75mm²，绝缘厚 0.7mm	浸在水中试验，以 0.3kV/s 的速度升压至击穿	19.5

2）长期浸水试验作为一项研究性试验，对某些产品进行浸水时间与击穿电压关系的研究。其目的是考核橡胶、塑料绝缘产品在潮湿的环境、在水中或直埋土壤中的耐电压强度，同时也是研究材料组分和工艺的一种方法。

图 6-4-8 是对聚氯乙烯绝缘电线的试验结果，表明击穿电压随浸水时间略有下降，但基本稳定。

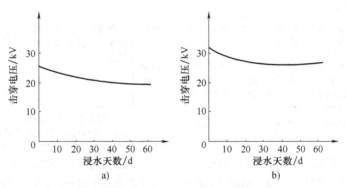

图 6-4-8　聚氯乙烯电线击穿电压与浸水时间的关系（水温为 65℃）

a）导线截面积 1mm²　b）导线截面积 2.5mm²

3）高温浸水试验。表 6-4-9 是工作电压为 1000V 级的聚氯乙烯绝缘线芯浸在 80℃ 水中的浸水时间与击穿电压值（击穿试验在室温水中进行），以证明击穿电压略有下降，基本稳定和具有足够的安全裕度。

表 6-4-9　聚氯乙烯绝缘线芯浸高温水（80℃）试验

浸水天数/天	35mm² 绝缘线芯击穿电压/kV	
	试样 1	试样 2
0	40	40
7	40	40
14	40	35
28	33	31
35	30	—
55	—	28
63	—	27

注：击穿试验在室温下进行。

4.3.3　火花耐电压试验

火花耐电压试验是一种快速和连续进行的耐电压试验方法，主要用于对橡皮、塑料绝缘电线，或对有护套的电线电缆产品的橡皮、塑料绝缘线芯进行耐电压试验，一般适用于 1000V 及以下电压级的产品。由于设备简单，速度快，在制造厂中被大量采用。

火花耐电压试验的目的主要是发现工艺中的缺陷或试品材料中是否混有杂质，以确保产品的基本电性能。因此是制造厂中作为对产品进行中间检查和出厂检测的一个主要项目。火花耐电压试验与浸水耐电压试验各有优缺点，表 6-4-10 列出了两种方法的优缺点。火花耐电压试验广泛地用于大量生产的、电压等级较低的、绝缘厚度较薄的各类电线产品和低压橡套或塑料护套电缆的绝缘线芯作检测试验用。

表 6-4-10　浸水和火花耐电压试验特点比较

序号	浸水耐电压试验	火花耐电压试验
1	适合于各种无金属护套或金属屏蔽层的产品，但一般应用于截面积较大、工作电压较高或重要的产品	适合于各种无金属护套或金属屏蔽层的产品，但必须是截面较小、绝缘厚度不太厚的产品，对于低压产品和护套电缆的绝缘线芯优先采用
2	产品的整体浸在水内（两个端头 0.5～1m 处打不到电压），能保证良好、均匀地接触	相对地接触面较小而不够均匀，在电极链条的长度、密度设计得不够合理时，特别在下部有可能让弱点漏过。开始的端头有 2～3m 处打不到电压
3	以水为外电极媒质，采用试验电压较低，承受电压时间较长，易于反映产品的实际缺陷	以珠链形或刷形作外电极，造成空气处于游离高电压的情况。因此，试验电压较高，承受时间较短，如设计不合理，对发现缺陷不利
4	击穿后很难找出击穿孔，特别是大截面的电线电缆，更难找出击穿孔	击穿后可自动停车，较易找到击穿孔，修补也方便
5	占用场地大，要有水池、烘房或日晒场地等，用水也多，费用大	设备单一，占用场地少，试验周期短，且可安排在生产流水线上进行，因此省工时和人力，较经济
6	工序复杂，要复绕、烘干，耗工时多，辅助工时多，试验周期长，往往会影响下一工序	
7	浸水试验易影响工厂环境，试验后产品很湿，在运输、晾晒、烘干过程中易于粘染上污物而影响产品外观。塑料线浸水后会造成不同程度的光泽褪色	
8	复绕次数多。对于细线易拉断，会影响产品质量	采用流水线无此缺陷。经过复绕的产品也应防止拉细的可能，但比浸水试验要好些

火花耐电压试验所采用的电源形式有多种，目前主要采用的是工频（50Hz）电压、高频（3kHz）电压和直流电压三种。

火花耐电压试验的工作原理是产品的导电线芯接地，产品以一定速度经过高压电极，使绝缘层承受高压试验。高压电极有接触型（电极与产品绝缘表面接触）和非接触型两种，目前均采用接触型电极（珠链形或刷形电极）。当产品通过高压电极时，绝缘表面一方面与密集分布的电极相接触；另一方面电极占有部分空间的空气被高压所游离。当电极电压达到一定数值（几千伏及以上）时，可以近似认为，产品绝缘表面的空气电压即为电极电压，因此，电极及其周围的游离空气相当于组成了被测产品的一个外电极。实际上，被测产品绝缘表面的电压较之电极电压略低，因为其中存在空气隙的电压降，使电极电压与产品表面绝缘电压呈非线性关系，受电极形状、尺寸与被测产品的尺寸与材料等因素的影响。

根据目前所选用的火花耐电压试验值，在长期的生产实践中证明，基本上能达到与浸水耐电压试验的相同效果，同过去对各种产品大量的对比试验表明，火花耐电压试验与浸水耐电压试验发现产品缺陷能力的偏差仅为 0.004～0.053 孔/km。

1. 工频火花耐电压试验

（1）试验装置工频火花试验机组成部分

1）高压变压器和调压装置；

2）高压电极；

3）指示电压表和信号电路；

4）安全保护装置。

指示检测电路中装有疵点击穿计数装置和疵点标志装置等。

设备以试验一根产品为主，但在设备构造满足被测产品能均匀受到规定的试验电压时，可考虑采用二头或多头，以加快检测速度。

在产品上的疵点被高压击穿后，检测电路继电器的动作时间应不短于 0.05s，最小动作电流

为 $600\mu A$。

（2）高压电极参数的确定

1）电极形式：目前工频火花试验机大多采用珠链形电极，以 V 字形的形状分布。电极长度一般在 $200\sim1000mm$ 的范围内。

2）高压电极两端加装环形屏蔽电极，以保证安全操作，屏蔽电极的长度为工作电极有效长度的 $1/10\sim1/5$（每端）。

3）珠链根数及直径对于保证产品绝缘表明的试验电压有极大关系，根据长期实践及试验的经验规定：珠链根数密度不得小于 1.5 根 $/cm^2$；珠链根数密度 = 珠链根数/电极长度 × 宽度；珠链直径应在 $2.5\sim4mm$ 的范围内，直径过大，对电极周围空气的电压游离是不利的。

（3）试验机实例（见表 6-4-11）

表 6-4-11　工频火花试验机技术数据

型　　号	HHX-600A	HHD-1000A
导电线芯截面积/mm^2	10 以下	16 及以上
绝缘线芯外径/mm	3～8	7.5～20
收线盘转速/(r/min)	83	51.5
收线速度/(m/min)	156.5	—
火花检验器试验电压值/V	2000～15000	2000～15000
击穿灵敏度/s	0.05	0.05
外形尺寸：长×宽×高/(mm×mm×mm)	5700×1300×1125	

（4）试验中安全要求

1）试验机外壳及操作等应可靠接地。

2）加上高压时应先有警铃以红灯指示。有击穿时应自动切除高压电源。

3）操作人员应穿绝缘鞋并站在绝缘物上进行操作。

4）当调线盘和接头时，应先关掉高压电源后再进行。

5）必须定期检查、效验设备，一般三个月一次，以保证火花耐电压试验机的灵敏度和安全操作。

2. 高频火花耐电压试验

（1）试验装置与原理　高频火花耐电压试验设备由高频电源发生器、高压电极装置、击穿计数装置及控制系统组成。

其工作原理与工频火花耐电压试验设备相同，即使电线电缆试品通过高频高压电极，试品的导线接地而进行耐压试验，当试品有击穿时，自动记录并计数，高频电源发出正弦波形。

1）频率选择：导线电缆试品进行火花耐压试验时，规定了通过电极时应保证的时间，就是保证了试品受多少个正弦波的耐压试验。因此在电极长度固定的条件下，频率越高，通过电极的时间越短，试品通过电极的线速度越快，即

$$V=\frac{L}{t}=\frac{L}{\frac{1}{f}}$$

式中　V——检测速度（m/s）；

L——电极长度（m）；

t——通过电极的时间（s）；

f——电源的频率（Hz）。

但电源频率过高，将使设备元部件的要求提高，对被测试品的热影响增加，对安全也有影响。根据试验和实践，采用 3kHz 的频率。初步试验表明，电源频率在 $3\sim10kHz$ 的范围内，效果相似。

2）电极长度：在频率不变时，电极越长，检测速度越快，但电极增长，要求设备输出功率增加。目前采用电极长为 33mm 和 100mm 两种。

3）设备参数：列于表 6-4-12 中。

表 6-4-12　高频火花耐电压试验机技术参数

项　目	参　数
最大输出电压	0～15kV
输出电压频率、波形	3kHz、正弦波
满、空载时电压变化	输出电流 $500\mu A$ 时电压变化小于 ±4%
可测导线最大外径	$\phi26mm$
电极形式	刷形、珠链形
最大检测速度电极长（33mm 时）	600m/min
计数装置	数字显示击穿次数及电铃报警
电源波动对输出的影响	电流变化 ±10%，输出变化 ±10%
高频发生器体积	415mm×455mm×240mm
高频发生器重量	15kg

（2）高频火花耐压试验的特点　高频火花耐压试验较之工频火花耐压试验具有很多优点，比较见表 6-4-13，因此应优先采用。

表 6-4-13　工频与高频火花耐压试验机性能对比

项　目	工频火花耐压试验机	3kHz 火花耐压试验机
检测速度/(m/min)	210	电极长 33mm 时 600 电极长 100mm 时 1800
电极长度/mm	720	33 或 100
最大功率损耗/VA	1500	400
安全情况	偶然触电, 有生命危险	偶然触电, 有麻感, 无生命危险 (在 3 ~ 10kHz 范围内)
经济性	体积大, 重量重, 成本为高频机 4 倍左右	体积小, 重量轻, 成本低
工艺	速度低, 不能装在高速流水线上, 要复绕, 分两道工序	可装配在高速挤出机流水线上试验
检测效果	基本良好	基本良好, 比工频灵敏度高些
试验用电压	目前采用相同的电压值	

表 6-4-14　工频与高频火花耐压试验实例

产品类别	品种数/个	试品外径/mm	试验总长度/km	击穿孔数	
				高频机	工频机
橡皮绝缘电线	10	2.5 ~ 26.26	103	194	194
塑料绝缘电线	3	2.4 ~ 13.5	64	34	34

注: 此表为试验实例, 高频与工频检测效果的关系尚需进一步总结。

在实际试验中, 将高频火花机 (在前) 与工频火花机 (在后) 串联进行对比检测效果列于表 6-4-14。

(3) 高频机设备使用步骤与注意事项　设备使用步骤如下:

1) 将设备妥善接地;

2) 连接高压电极, 将被测导线置于电极中;

3) 将高压调节开关旋转至零值;

4) 打开电源, 预热 30min, 使触发电路热稳定;

5) 旋动高压调节开关, 使高压指示表指示值为 3 ~ 5kV;

6) 旋动频率微调旋钮, 使电压指示为最大 (即使微调旋钮左右旋转也无法使电压值再升高);

7) 旋动高压调节开关, 使电压值达到所需的试验电压;

8) 起动挤出机, 使试品通过火花机。如挤出机已经起动, 调节方法同上, 在前面一段未经火花检验, 应补做。

注意事项:

1) 使用时, 务必检查是否妥善接地, 挤出机放线盘不接地;

2) 对绝缘较薄的被测导线进行设备的高压预调整时, 最好是在导线移动过程中进行, 以免导线被热击穿。

3) 挤出机因故停车时, 务必将高压切除或将电线拉出高压电极, 以免电线热击穿。

3. 直流火花耐电压试验

(1) 直流火花耐压试验的特点　作为在线检测的试验装置, 火花机直接工作在挤塑或挤橡生产过程中。随着挤出速度的加快, 工频火花机的应用受到了一定程度的限制, 这是因为试品处于火花机电极电压下的最短时间, 按火花耐压试验标准是有规定的, 电压的性质不同, 规定的时间也不一样。例如工频交流电压试验时间为 50ms, 而直流电压为 1ms, 是工频的 1/50, 所以在相同电极长度下, 直流火花机与工频火花机相比, 可在提高 50 倍挤出速度下进行检测。此外, 对工频火花机而言, 还存在试品电容电流的问题。试品电容电流的大小不仅取决于试品导体的截面积, 也与工频火花机的电极长度有关。电极越长, 电容电流就越大; 导体截面积越大, 电容电流也越大。电容电流的增大, 导致火花机高压电源容量的增大。从技术角度看, 电容电流大, 对高灵敏度的火花检测会带来困难, 机器容易产生误动作, 降低了可靠性。直流火花机不存在上述缺点, 机器不需承受试品的电容电流。因此, 与工频火花机相比, 直流火花机具有更高的检测分辨率, 更高的灵敏度, 较小的高压电源容量和较好的运行可靠性。

（2）直流火花试验机的技术性能 直流火花机的直流高压，是由交流高压经整流获得的。直流具有一定的纹波，直流火花机的纹波系数，一般规定在额定电流下，峰值相对额定值的百分比不得大于10%；火花试验标准规定了工频火花耐压试验和直流火花耐压试验的互用性，表6-4-15 为工频与直流试验电压的对照。

表 6-4-15 工频与直流试验电压的对照

绝缘径向厚度/mm	试验电压/kV	
	交流（有效值）	直流
≤0.25	3	5
>0.25 ~ ≤0.5	4	6
>0.5 ~ ≤1.0	6	9
>1.0 ~ ≤1.5	10	15
>1.5 ~ ≤2.0	15	23
>2.0 ~ ≤2.5	20	30
>2.5	25	33

直流火花机产品有 DD 系列，其额定电压分别为 50kV（DC）和 25kV（DC）两种，检测灵敏度达到 600VA。该机的直流高压采用了倍压整流电路，电路的特点是变压器容量小，高压侧电压低，因而变压器的成本较低。倍压整流采用三级倍压，电容器容量较大，因而获得了在较大稳态电流（20mA）下具有较好的纹波系数（≤5%），而击穿时的脉冲短路电流在不限流情况下，可达到100mA以上，为寻找击穿点提供了较理想的条件。

4.3.4 绝缘电阻测试

1. 测试目的与测试方法

绝缘电阻反映了产品在正常工作状态所具有的电绝缘性能，因此对大多数的电线电缆产品（不包括裸电线产品）均需测定其绝缘电阻性能。对电压级较高，使用环境恶劣，使用部位重要的产品更应重视。

产品的绝缘电阻主要取决于所选用的绝缘材料，但工艺水平对绝缘电阻的影响更大。因此对正常生产的产品在工厂中测试其绝缘电阻的目的，主要是作为监督、控制材料质量和工艺质量的一种方法。

在设计和研制新产品或选用新材料时，对绝缘电阻及其各种可能的影响因素必须进行大量的研究试验，以保证产品及所用材料能很好地满足使用要求。此外，当产品在某些特殊环境中使用时，也必须进行有关的绝缘电阻性能研究试验。

绝缘电阻的测试方法有 3 种：

1）绝缘电阻表法；

2）高阻计法；

3）直流比较法电桥测试法。

一般工厂中出厂试验采用绝缘电阻表和高阻计法；仲裁试验和研究试验采用直流比较法电桥测试。测试方法参见第 3 篇第 8.2 节。

2. 绝缘电阻指标的表示形式

绝缘电阻的数值与产品的长度成反比，与测试时温度也有很大的关系。因此在产品标准中为了统一和方便，均以测试温度为 20℃，长度为 1km 时的绝缘电阻最低限度值作为指标的依据。对电气装备用电线电缆来说，主要有下面两种形式。

（1）规定产品的绝缘电阻 对于同一型号、不同规格的产品规定同一个绝缘电阻值作为指标；即不考虑结构尺寸的不同而引起绝缘电阻值的变化。这种表示方法适用于在使用中对绝缘电阻要求不高的一般产品，或产品实际的绝缘电阻值比使用所要求的指标高得多（裕度很大）的产品（如矿用橡套电缆，橡皮绝缘电线等）。

根据产品不同的使用要求和绝缘材料的特性，橡皮绝缘的电线或电缆一般规定在 20℃ 时的最低绝缘电阻值有 50MΩ·km、100MΩ·km、200MΩ·km 等几种。同样对于丁基橡皮，乙丙橡皮绝缘的产品规定有 5MΩ·km、10MΩ·km、50MΩ·km、100MΩ·km 等几种。

对于高压（6000V 以上）产品，要求采用绝缘电阻高的材料，对于低压产品绝缘电阻指标仅能作为本类产品中考核材料与工艺质量的指标。例如聚氯乙烯绝缘电线的绝缘电阻指标比橡皮绝缘电线低得多，但其在各种使用环境中的适用性反而比橡皮绝缘电线要好得多，安全性也不差。

（2）规定产品的绝缘电阻系数 同一种绝缘材料，规定同一个绝缘电阻系数，因此同一型号、不同规格的产品就有着不同的绝缘电阻指标。绝缘电阻按下式求出

$$R = K_i \lg \frac{D}{d}$$

式中 R——每千米产品在 20℃ 时的绝缘电阻值（MΩ·km）；

K_i——绝缘电阻系数（MΩ·km），相当于材料的体积绝缘电阻系数（ρ）乘以 1.593×10；

D——绝缘线芯的计算外径（mm）；

d——导电线芯的计算外径（mm）。

这种表示方法，从理论上说比较合理，也较严格，但在实用中每一型号不同规格的产品有着不同的绝缘电阻指标，给制造厂检验人员增加了许多麻烦。因此在产品绝缘电阻裕度范围内，把产品规格分成几档，规定几个绝缘电阻指标，以简化出厂检验工作。在仲裁试验时仍以绝缘电阻系数 K_i 为指标。

作为实例，表 6-4-16 中列出了船用电缆的绝缘电阻系数指标。此外，尚有不少产品规定了工作温度下绝缘电阻（或其系数）的指标，使测试工作能更好地反映实际运行条件。对于某些特殊的使用条件，还规定了在浸水、受潮等各种试验后的绝缘电阻值。

表 6-4-16　船用电缆几种绝缘材料的绝缘电阻系数

材料种类		天然一丁苯胶	氯丁胶	丁基胶	乙丙胶	硅橡胶	聚氯乙烯
产品工作温度/℃		65	65	80	85	95	80	65
K_i/(MΩ·km)	20℃时	750	125	2400	2400	1500	750	200
	工作温度下	0.75	0.125	2.4	2.4	1.5	0.75	0.2

3. 温度对绝缘电阻的影响

（1）绝缘电阻温度系数　产品的绝缘电阻与测试时的产品所处的温度有密切关系，对于橡皮、塑料绝缘材料，绝缘电阻的下降与测试时产品温度的上升呈指数关系。因此在室温中测试得的绝缘电阻应按下式换算成20℃时的电阻值，以便与指标值进行对比。

$$R_{20} = K_t R_t$$

式中　R_{20}——换算到20℃时的绝缘电阻；

K_t——温度为 t℃时的绝缘电阻系数；

R_t——产品温度为 t℃时实测的绝缘电阻。

K_t 虽称为产品的绝缘电阻系数，但主要取决于材料的种类、质量与配方，生产工艺也有很大的影响。因此对于某一固定的配方性能和工艺相对稳定的不同型号产品。可以采用统一的 K_t 换算表。K_t 换算表一般以 20℃ 为基准，即 $K_{20} = 1$。

K_t 换算表是通过大量的试验，并在统计方法的基础上制订的。当材料或工艺有较大变更时应重新试验以修订 K_t 换算表。

对于仅需对测试环境温度范围内进行换算的产品，K_t 换算表一般只需考虑在 -5℃ ～ $+40$℃ 的范围内。

而对于需对工作温度范围内换算的产品，K_t 换算表的温度范围应延伸至工作温度之上。此时按下式计算

$$R_{t0} = \frac{K_t}{K_{t0}} R_t$$

式中　R_{t0}、K_{t0}——工作温度时的绝缘电阻和相应的温度系数；

R_t、K_t——在温度 t 时实测的绝缘电阻和相应的温度系数。

（2）产品绝缘电阻温度系数的测定

1）选择一定长度的代表性产品试样三段，除去护套，试样长度一般为 100m 以上。

2）将试样在室温水中至少应放置 16h 以上，然后取出试样放入能加热和冷却的水浴中。试样放入水中时，两端应各露出水面 0.5 ～ 0.6m，使表面泄漏较小。水浴温差不应超过 ±0.5℃。

3）水浴从低温开始，逐步升温，选择一定的温度范围（应尽量小些）的测量点。例如 -5℃、-3℃、-1℃、0℃、4℃、8℃、12℃等。

在每一温度点上，应先使水浴温度稳定及产品温度基本不变（要求试品的导线电阻在至少 5min 内保持恒定），读取水浴真实温度并测量绝缘电阻值。

4）求出每一点的平均值，并画出对数曲线（做成直线状），再根据上述曲线列出温度每隔 1℃ 时 K_t 换算表。

5）上述换算表仅是某一产品的试验值。当作为工厂常用换算表时，必须选取较多的代表性试样（同一材料、不同型号、不同规格），以及在不同时间（如 1 月、2 月、7 月、8 月内）分批分期进行上述试验，然后用数理统计的方法求出 K_t 换算表。

表 6-4-17 列出了几种材料的绝缘电阻温度系数。

表 6-4-17　几种材料的绝缘电阻温度系数（以 20℃ 为基准）

温度 /℃	天然-丁苯并用 橡皮（XJ-35）	丁基橡皮（醌类硫化， 含胶量 40%）	乙丙橡皮（DCP 硫化， 含胶量 40%）	绝缘级 聚氯乙烯
-5	—	—	—	0.016
-4	—	—	—	0.019
-3	—	—	—	0.024
-2	—	—	—	0.029
-1	—	—	—	0.032
0	—	0.34	—	0.042
1	0.43	0.36	—	0.048
2	0.44	0.38	—	0.054
3	0.45	0.40	—	0.070
4	0.48	0.42	—	0.077
5	0.50	0.44	—	0.091
6	0.53	0.46	—	0.109
7	0.55	0.49	—	0.124
8	0.58	0.52	—	0.151
9	0.61	0.55	—	0.183
10	0.64	0.58	0.42	0.211
11	0.67	0.61	0.46	0.249
12	0.70	0.64	0.50	0.292
13	0.73	0.68	0.55	0.340
14	0.76	0.72	0.60	0.402
15	0.80	0.76	0.65	0.468
16	0.84	0.80	0.71	0.547
17	0.88	0.85	0.78	0.638
18	0.92	0.90	0.85	0.744
19	0.96	0.95	0.92	0.857
20	1.00	1.00	1.00	1.00
21	1.05	1.07	1.09	1.17
22	1.10	1.14	1.19	1.34
23	1.15	1.22	1.30	1.57
24	1.20	1.30	1.41	1.81
25	1.26	1.38	1.54	2.08
26	1.31	1.46	1.69	2.43
27	1.37	1.55	1.84	2.79
28	1.42	1.65	1.99	3.22
29	1.48	1.76	2.18	3.71
30	1.53	1.88	2.38	4.27
31	—	2.00	2.59	4.92
32	—	2.15	2.82	5.60
33	—	2.32	3.08	6.45
34	—	2.50	3.35	7.42
35	—	2.69	3.65	8.45
36	—	2.90	3.98	9.70
37	—	3.13	4.34	11.03
38	—	3.38	4.73	12.70
39	—	3.65	5.16	14.50
40	—	3.94	5.61	16.50

注：本表仅作为环境温度换算，故测至 40℃，若要进行工作温度换算，必须继续升温测定。

4. 浸水对绝缘电阻的影响

电气装备用电线电缆在潮湿环境或直接浸入水中长期使用时，应该保持足够的绝缘性能，而各种材料、配方和工艺条件对产品绝缘电阻与受潮的关系影响很大，因此对此类产品，应进行浸水后的性能研究。

试验和使用实践表明，橡皮、塑料绝缘和护套电线电缆产品的绝缘电阻随浸水时间的变化，大多是随时间增长而缓慢降低，最后趋向平缓。但许多塑料绝缘电线（无护套）在浸水的前一阶段，由于塑料中增塑剂被水所萃取，绝缘电线反而略有上升（这对产品的长期寿命并不是有益的），然后再缓慢下降，图6-4-9中可以看出这种倾向。

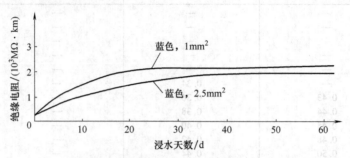

图6-4-9　聚氯乙烯绝缘电线浸水时间与绝缘电阻的关系

各类产品的绝缘电阻虽随着浸水时间而下降，但变化不大。试验表明，在20℃或40℃下浸水50天内，绝缘电阻的变化范围均不超过一次方，表明了产品和所用材料的良好品质。

图6-4-10中列出了两种船用电缆浸在含盐量为5%的海水中的绝缘电阻变化（试样规格3×2.5mm²）。

图6-4-11是聚氯乙烯和护套电缆（1kV级）在工作温度（80℃）下进行浸水试验的结果，表明性能良好。

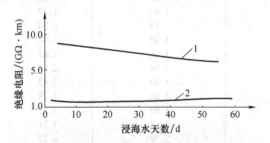

图6-4-10　在80℃中浸海水天数与绝缘电阻的关系
1—丁基橡皮绝缘　2—天然-丁苯橡皮绝缘

4.4　特殊电性能试验

在某些特殊场合下使用的电线电缆产品，除了基本电性能的要求之外，还有一些特殊电性能的要求，例如汽车用高压点火线的点火寿命、表面放电性能，架空绝缘电缆的耐表面电痕性能；矿用电缆的半导电屏蔽层的过渡电阻；屏蔽型电线电缆的屏蔽效应试验等。这些性能基本是针对某一种或某一类产品而提出的。

由此在试验方法上也是尽量地按照实际使用条

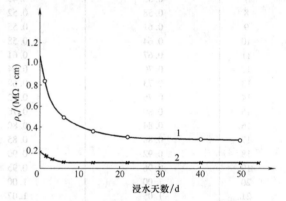

图6-4-11　聚氯乙烯绝缘电缆绝缘电阻率与浸水天数关系（浸水和测试温度均为80℃）
1—耐热聚氯乙烯　2—普通聚氯乙烯

件予以模拟测试，使试验能较好地反映运行情况。同时这些试验项目大多还是研究性的，有的尚待进一步完善。因此本节除了介绍这些试验项目外，主要是为了今后对某些特殊产品进行特殊性能试验时做参考。

4.4.1　半导电屏蔽材料电阻率的测定

电气设备用半导电橡、塑材料，包括抗静电的和导电的两种。前者是指该半导电材料附于绝缘外表面，能阻止表面静电电荷的积聚，防止着火或对人体的电击伤；后一种半导电材料的电阻要小于抗静电的半导电材料，在电线电缆结构中常用以改善电场分布。

半导电材料电阻率测量的正确性，同它所处的应力状态、环境温度的变化以及在测量电流下内部功率损耗的大小等都有较大影响。例如处于张力状态下的半导电橡皮，它的电阻率可以比实际值增加

100 倍,但在 100℃ 下短时处理后,应力消除,电阻率又恢复正常,所以采用合适的测量系统和对试样进行条件化处理,应是试验的重要组成部分。

1. 测量装置和试验要求

测量系统接线原理如图 6-4-12 所示,其中电位电极用不锈钢制成,其与试样接触部分的顶端应是半径不大于 0.5mm 的锐角。两个电位测量极之间保持一定距离,测量极之间的绝缘电阻应大于 $10^{12}\Omega$。

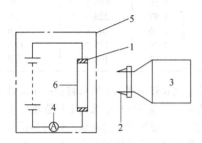

图 6-4-12 测量系统接线原理图

1—电流电极 2—电位电极 3—电压表
4—电流表 5—绝缘板 6—试样

电流电极用黄铜或不锈钢制成,长度按试样选定,并应保证与试样有一定的接触宽度。

整个测量系统应对地绝缘。

试样为长方形或正方形试片,沿试片长度的厚度应均匀。试样表面应清洁,必要时可用白土渗水轻擦试样表面,再用蒸馏水冲洗干净,然后放在空气中干燥。擦洗时不要损伤试样表面。在进行测量前试样需做条件化处理,一般可在 70℃ 下加热 2h 以消除内应力,然后在环境温度下放置一定时间后再进行测量。

测量电流经试样时,不宜在试样内部产生大于 0.1W 的功率损耗。测量试样表面电位时,电位电极同试片接触的刀口应垂直于电流流动方向,并且任何一端的电流电极同电位电极之间均有一定距离。

根据电流表和电压表上得出的测量电流值和测量电压值可以计算电阻率。

2. 试验结果的计算

用下式计算试样的电阻率 ρ($\Omega \cdot cm$)

$$\rho = \frac{V \cdot S}{I \cdot l}$$

式中 V——电压读数(V);
I——电流读数(A);
S——试片截面积(cm^2);
l——同试样接触的两个电位电极之间的距离(cm)。

3. 影响测量正确性的因素

半导电橡、塑材料的电阻率对温度和内应力的变化是非常敏感的,主要是炭黑微粒的活化能以及同高分子材料大分子的构成状态的变化。一般说来,应注意三个要点:①试片内部不应存在内应力;②环境条件化处理的效果;③测量电流不可在试片内部引起大的功率损耗。

(1) 试片内应力对试验结果的影响 内应力来自橡、塑材料的加工过程,也可能来自测试时试片受到的压力、夹紧力或剪切力。一般在 70℃ 温度下加热条件化处理 2h 就可起到消除内应力的作用,必要时将引起内应力的机械构件(测量电极等)一起放入加热箱(呈装配状态)机械处理。

将不同的电阻率范围的(10~1000$\Omega \cdot cm$)电线电缆用半导电橡皮和塑料,作了加热条件化处理前后的测量结果对比列于表 6-4-18,试验方法采用 ISO1853 规定。

从试验结果表 6-4-18 可见,试片经加热条件处理后,由于内应力部分地或全部地消除,电阻率总的趋势是下降的。因此,为了得到正确的测量数值,在测量前进行试片的加热条件处理是必要的。

表 6-4-18 橡塑半导电材料加热处理前后电阻率测量结果对比

试片编号	试片厚度/mm	加热处理前测量			加热处理后测量			电阻率变化率 $\Delta\rho_v$(%)
		测量电流/mA	电位电极电压/V	电阻率 $\rho_v/(\Omega \cdot cm)$	测量电流/mA	电位电极电压/V	电阻率 $\rho_v/(\Omega \cdot cm)$	
橡-1	1.96	20	1.42	34.8	20	0.95	23.3	33
-2	2.13	10	2.73	145.3	10	2.18	116.0	20
-3	2.04	4	8.17	1041.7	4	6.53	832.6	20
-4	2.12	20	2.41	63.0	20	2.20	58.3	8.8
-5	2.10	20	2.38	62.4	20	2.34	61.4	1.6
-6	1.90	30	1.11	17.5	30	1.01	16.0	8.6
-7	2.01	20	2.62	65.8	20	2.12	53.2	19
-8	1.96	10	1.03	50.5	10	2.09	51.2	1.4
-9	2.00	20	2.03	57.5	20	2.56	64.0	11

（续）

试片编号	试片厚度 /mm	加热处理前测量			加热处理后测量			电阻率变化率 $\Delta\rho_v$（%）
		测量电流 /mA	电位电极 电压/V	电阻率 ρ_v/($\Omega\cdot$cm)	测量电流 /mA	电位电极 电压/V	电阻率 ρ_v/($\Omega\cdot$cm)	
塑-1	2.24	40	1.05	14.7	40	1.05	14.7	0
-2	2.21	40	1.09	15.1	40	0.95	13.1	13
-3	2.23	40	1.11	15.5	40	1.11	15.5	0
-4	2.17	5	5.15	558.8	5	4.40	477.4	15
-5	2.06	5	8.08	832.2	5	6.50	669.5	20
-6	2.32	5	2.26	262.2	5	1.97	228.5	13
-7	2.21	15	2.84	104.6	15	2.56	98.7	5.6
-8	2.20	10	2.11	116.1	10	2.10	115.5	0.5
-9	2.16	15	2.86	102.9	15	3.01	108.4	5.3

（2）试片内部的功率损耗对试验结果的影响 试片中因测量电流的通过会引起功率损耗，一般应规定电流或损耗的极限数值。图 6-4-13 是用从小到大逐渐增加测量电流的方法，求出试片的功率损耗与电阻率 ρ_v 的变化关系。实际表明，从 10～100$\Omega\cdot$cm 的各种半导电橡、塑材料试片，当测量时内部功率损耗超过 0.2W 以后，ρ_v 就有明显的增高，然后有规律地随着热损耗的增大而逐渐上升。

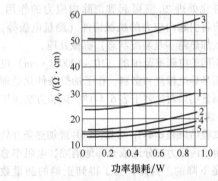

图 6-4-13 半导电橡、塑材料的 ρ_v 与功率损耗的关系

1、2、3—半导电橡皮试片 4、5—半导电塑料试片

（3）其他影响因素 除了以上两项影响试验正确性的因素，其他应注意的还有：

1）在试片加热条件化处理后，在环境温度下要放置一定时间，使试样周围环境完全达到平衡。

2）电位测量电极的负荷重量如太轻，由于它同试片之间的接触电阻增加，会带来测量误差；负荷力太大，在试片内部又造成内应力，这时测量结果就要发生变化，ρ_v 值增大。

4.4.2 中高压电力电缆屏蔽层体积电阻介绍

1. 中高压电缆中的导体屏蔽和绝缘屏蔽

如果将交联聚乙烯绝缘直接挤在导体上，导体的凹陷、隆起和不规则等情形将会产生局部电场的应力集中，并显著减小绝缘的电场强度。为了避免这种情况，一层半导电交联聚乙烯材料挤包在导体上，在朝向交联聚乙烯绝缘上产生非常光滑的介质界面。由于内半导电层十分圆整，表面光滑，将不会存在电场应力集中的情况。

通过采用硅油热油浴的方法，可以观察内屏蔽层的表面。交联聚乙烯绝缘层在 130℃ 变得透明，显现出内半导电层表面的结构细节。

三层共挤技术还提供了绝缘层外的半导电层，以形成稳定的介质表面，免受外部金属屏蔽层的影响。三层结构"导体屏蔽——绝缘——绝缘屏蔽"组成了电缆的绝缘系统，均衡了绝缘层内部的电场分布。

半导电交联聚乙烯采用一般以聚乙烯作为基料的共聚物混合 40% 的炭黑制成，体积电阻率不大于 250$\Omega\cdot$m（欧洲电工标准）或 500$\Omega\cdot$m（国际电工委员会标准）。如果屏蔽材料电阻率过高，电力系统内的冲击电压将在半导电材料中造成很高的电场强度，最终导致绝缘的击穿。目前，多数的炭黑配方具有很大的裕度以满足电缆的设计要求。

研究表明：在交联聚乙烯绝缘电缆中，绝缘层与半导电层之间的良好粘附的、无间隙和气隙的结合对于电缆的寿命有着决定性的意义。当在周期负荷和较高电压时，牢固结合的半导电层的优点在于有更高的运行可靠性。

但可剥离的绝缘屏蔽有时也用于中压电缆中，它虽然降低了绝缘层和绝缘屏蔽之间的粘合性，但在接头和终端制备的过程中，这种绝缘屏蔽可以比较容易地去除，节省了大量的工时。

2. 中高压电缆中的导体屏蔽和绝缘屏蔽的测试原理

中高压电缆中的导体屏蔽和绝缘屏蔽的测试原

理与本章4.4.1节的伏安法相似，样品的测试图如图6-4-14和图6-4-15所示。

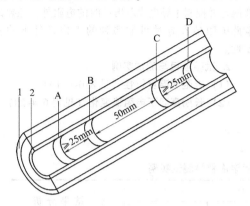

图6-4-14 导体屏蔽体积电阻率测量
1—绝缘屏蔽层 2—导体屏蔽层
B、C—电位电极 A、D—电流电极

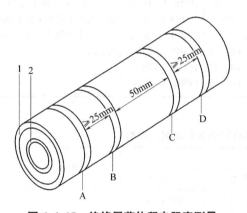

图6-4-15 绝缘屏蔽体积电阻率测量
1—绝缘屏蔽层 2—导体屏蔽层；
B、C—电位电极 A、D—电流电极

在测试时，在A、D端注入电流，而通过B、C端测量两个端子的电压，这样就可以通过伏安公式，得到B、C两端子间半导电屏蔽层的电阻值，进而根据其几何尺寸推算出其体积电阻率。

3. 中高压电力电缆屏蔽层体积电阻的测量

(1) 测试设备 该试验项目检测所用的仪器设备可以用已商品化的检测仪器，也可用符合要求的直流电源、电压表、电流表和烘箱等组建一个临时检测装置进行测试，无论是商品化的检测仪器还是临时组建的检测装置，其关键设备元件均应符合一定的测量要求。

直流电源：具有一定的功率，输出电压或电流可以调整，应保证试件两电位电极间的功率损耗不大于0.1W。

(2) 测试步骤

1）试样制备。

挤包的导体和绝缘半导电屏蔽电阻率，应从电缆绝缘线芯上取下的试样上进行测量，绝缘线芯应分别取自刚制造好的电缆样品上，也就是说，存放时间较长或使用过的电缆不能作为考核半导体电阻率是否合格的样品。

第一步，从符合标准要求的电缆上截取长150mm两段电缆样品，一段放置在试验室中，待另一段处理后一起进行制样。另一段放入老化箱中进行老化试验，是整根电缆段放入老化箱，不要切开，老化条件为7天、100℃，老化箱的要求与电缆附加老化段的要求相同。

第二步，将两段电缆绝缘线芯样品沿纵向对半切开，除去导体以制备导体屏蔽试样（见图6-4-14），如导体表面有隔离层或导电纸应去掉。将绝缘线芯外所有保护层除去后制备绝缘屏蔽试件（见图6-4-15）。

第三步，涂银电极制作，高导电的银漆在大气中干燥或在低温下烘干，银膏在高温下还原，都能在试样表面形成电极。这种电极由不连续的银粒沉积在试样表面而形成。制作电极的方法是根据图6-4-14和图6-4-15中电极之间的距离要求，先用透明胶带粘贴在电极宽度（2～4mm）的两侧，粘贴时保证电极边缘平行，无毛刺。然后用毛笔将透明胶带之间的电极宽度全部涂满银漆或银膏，在空气中或烘箱中放置一段时间，使其形成导电电极。两个电位电极间距为50mm，两个电流电极相应地在电位电极的外侧间隔至少25mm。

2）试验程序。

第一步，采用合适的夹子或自粘铜带连接涂银电极，四个电极要全部连接，在测试回路中形成四电极测量系统。在连接导体屏蔽时，应确保夹子与试样外表面绝缘屏蔽层的绝缘，例如用合适的绝缘薄膜放在夹子的下面作为绝缘。

第二步，将组装好的试样放入预热到规定温度的烘箱中。试样在烘箱中必须用绝缘板支撑，绝缘板可采用环氧板。

第三步，连接测试回路，两个电流电极接到电源的两端，两个电位电极连接到电压表的两端。

第四步，样品在规定温度（90±2℃）的烘箱中放置30min后，进行测量。如果是110kV及以上电压等级的交联聚乙烯电力电缆，由于绝缘较厚，半小时不一定能到达温度平衡，加热时间可能还要长一些。如果是商品化的仪器，可以直接读出电阻值；如果是组建的测试回路，读出电流和电压降，然后根据欧姆定律计算电阻。

第五步，电阻测量后，取出样品在室温下测量导体屏蔽和绝缘屏蔽的外径以及导体屏蔽和绝缘屏蔽的厚度。测量厚度时每个数据取六个测量值的平均值（测量方法参见绝缘和护套厚度测量方法）。

4.4.3 半导电线芯电阻稳定性试验

1. 试验目的

汽车用高压阻尼点火线采用了棉纱浸石墨或半

导电塑料的线芯，根据防止无线电干扰的要求，半导电线芯应控制在某一电阻值的范围内，为此除了要测定并控制半导电线芯出厂时的电阻外，还要试验此电阻值在各种可能遇到的工作条件下的稳定性。

2. 试验项目与测试实例

(1) 电阻值温度特性（见表6-4-19）

(2) 长期高温下电阻值变化（见表6-4-20）

表 6-4-19　半导电线芯电阻温度特性测试实例

试验方法	半导电线芯电阻/Ω				结果分析
	温度/℃	试样1	试样2	试样3	
取500mm长试样三根，依次放在冷冻箱和烘箱内，用电桥测出在 -40 ~ +100℃ 范围内的电阻值	-40	8880（-27.7）	8920（-29.0）	8940（-26.2）	在 -40 ~ +100℃ 范围内，电阻值的变化率不到100%，而且其绝对值均在 6 ~ 22kΩ 范围内
	-20	9980（-18.7）	9810（-21.7）	9780（-19.2）	
	0	10980（-10.7）	11030（-11.9）	10880（-10.2）	
	20	12300（0）	12580（0）	15900（0）	
	40	13010（+5.3）	13490（+7.5）	12890（+6.5）	
	60	15020（+21.8）	15590（+24.3）	14680（+21.2）	
	80	17330（+40.7）	17880（+43.3）	16760（+38.3）	
	100	21000（+64.0）	21300（+61.7）	19700（+62.6）	

注：括号内数值为对应 +20℃ 时的电阻变化率（%）。

表 6-4-20　高温下半导电线芯电阻值变化的测试实例

试验方法	半导电线芯电阻/Ω				结果分析
	试验时间/h	试样1	试样2	试样3	
取500mm长试样三根，测量原始值后，放入100±3℃鼓风的烘箱内，定期用电桥测定电阻值	0	20154（0）	22484（0）	20494（0）	经过长期热老化后，电阻值降低最大为42.2%，其绝对值仍大于6kΩ的下限值很多
	50	19234（-4.3）	19830（-11.6）	19000（-7.3）	
	166	18960（-5.3）	19770（-12.2）	19050（-7.0）	
	262	18970（-5.6）	19790（-12）	18850（-8.0）	
	397	17150（-14.7）	17960（-20.4）	17070（-16.7）	
	494	16010（-20.4）	17510（-22.2）	15810（-23.0）	
	566	15240（-24.8）	15960（-29）	14960（-27.0）	
	659	14050（-30.0）	15000（-33.3）	13910（-32.0）	
	894	12720（-36.5）	13120（-41.5）	11820（-42.2）	

注：括号内为电阻变化率（%）。

3. 电阻值耐油试验（见表6-4-21）

表 6-4-21　半导电线芯电阻的耐油试验

试验方法	测试实例				结果分析
	试样号	原始电阻/Ω	试验后电阻值/Ω	变化率（%）	
取300mm长试样3根，测其原始电阻值，然后浸入常温10号车用机油中48h后，再测电阻值	1	7581	7496	-1.2	电阻值变化不大
	2	7228	7125	-2.1	
	3	6546	6524	-0.4	

4. 电阻值耐水性试验（表6-4-22）

表6-4-22　半导电线芯电阻的耐水性试验

试验方法	测试实例				结果分析
	试样号	原始电阻/Ω	试验后电阻值/Ω	变化率（%）	
取300mm长试样3根，测其原始电阻值，然后浸入常温水中24h后，除去表面水滴，再测其电阻值	1	8566	7104	-8.7	电阻率变化不大
	2	6666	6517	-2.2	
	3	7093	6811	-3.8	

5. 点火寿命试验（表6-4-23）

表6-4-23　半导电线芯电阻的点火寿命试验

试验方法	半导电线芯电阻/Ω				结果分析
	试验时间/h	半导电塑料线芯1	半导电塑料线芯2	棉芯石墨线芯	
在点火寿命试验台上进行，采用标准6缸分电器，分电器转速为1000r/min。标准三极放电计的火花间隙为7mm	0	15000（0）	14000（0）	12000（0）	在预定点火寿命1000h及1500h的试验后，电阻变化不大。点火试验1500h后没有一根被击穿
	24	12000（-20）	11500（-18）	12000（0）	
	96	13500（-10）	11500（-18）	12000（0）	
	196	12000（-20）	11000（-21.5）	12000（0）	
	432	12000（-20）	11000（-21.5）	14000（+16.3）	
试样在100℃±2℃的烘箱内，由分电器控制点火。试验时间为1500h定期测量线芯电阻	675	10000（-33.3）	10000（-28.6）	14000（+16.3）	
	847	10340（-31）	10170（-27.4）	14760（+23）	
	1000	10800（-28）	10800（-22.9）	15000（+25）	
	1336	11000（-27.7）	12000（-14.3）	14000（+16.3）	
	1500	11000（-27.7）	12000（-14.3）	13500（+12.5）	

注：括号内为电阻变化率（%）。

4.4.4　屏蔽效能试验

1. 试验目的

采用屏蔽型电线电缆的场合，均要求产品在工作时不受外界无线电波的干扰，同时产品中的电流也不对外界的电子设备产生无线电波的强力干扰，这种效能称为屏蔽效能。实践证明，电缆间的相互感应和耦合是产生干扰的重要途径之一，目前测定产品屏蔽效能就是采用两根产品间的感应与耦合的情况来进行。本试验仅作为一项产品的研究性试验。

测试方法有两种：感应电压法和干扰场强法。

2. 感应电压法

本方法是测试发送时的屏蔽效应。

用两根长度为2.5m紧靠着的电缆，放在离"地平面"（一个接地的金属平台）一定位置上，并在电缆终端接上一定的负载电阻，用信号发生器激励一根电缆（称为发射电缆），于是在另一根电缆（接收电缆）上感应出了电压，用无线电干扰场强测量仪（即干扰测量仪）或高频微伏表测试其感应电压。

测试时，首先将被测电缆分成两段，将其中的一段剥去屏蔽层作为接收电缆，如图6-4-16a所示，测得的感应电压为U_0。然后换上带屏蔽层的一段作为另一根接收电缆，如图6-4-16b所示，测得的感应电压为U_A。则屏蔽效能A_1（dB）

$$A_1 = 20\lg \frac{U_0}{U_A}$$

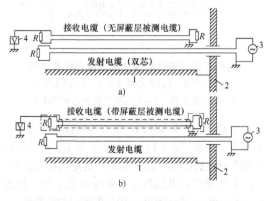

图6-4-16　感应电压法测试屏蔽效能原理图

1—"地平面"（接地金属台）　2—屏蔽室壁

3—信号发生器　4—干扰测量仪或高频微伏表

若仪表读数分别为 B_0（dB）和 B_A（dB）时，则

$$A_1 = B_0 - B_A$$

式中 $B_0 = 20\lg U_0$、$B_A = 20\lg U_A$

并取 $1\mu V$ 为零分贝计算。

为保证测试不受外界干扰，测试需在屏蔽室内进行。为防止信号发生器和测干扰仪（或微伏表）之间相互影响，需将发生器放在屏蔽室外。并需特别注意整个装置应连续可靠、接地良好和屏蔽层连续。干扰测量仪的输入线应和被测电缆互相垂直，严禁跨越和平行。

对 CF32、CVV32 型船用屏蔽电缆进行了测试，其镀锡铜丝编织的覆盖率为 80%，在 0.15～10MHz 范围内，屏蔽效能 A_1 均可达到 50dB 或更高些，这样就能满足电力电缆通过无线电接收天线附近及穿过无线电工作室防干扰的要求。

3. 干扰场强法

本方法测试接收屏蔽效能。

测量装置和要求与感应电压法相仿，但采用环状、鞭状或偶极子天线（视不同频率而选用不同天线）。天线放在距被测电缆（作发射电缆）一定距离的位置上，用干扰测量仪测量被测电缆所辐射的电场和磁场强度。测试原理图如图 6-4-17 所示。

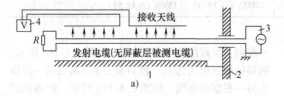

a)

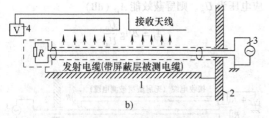

b)

图 6-4-17　干扰场强法测屏蔽效能原理图

1—"地平面"（接地金属平台）　2—屏蔽室壁
3—信号发生器　4—干扰测量仪或高频微伏表

测量时，首先将被测电缆分为两段。一段剥去屏蔽层，放在"地平面"上一定位置上，用信号发生器激励。然后在距发射电缆一定距离放置天线，用干扰测量仪测其辐射电、磁场强 E_0、H_0，如图 6-4-17a 所示。随后将另一段带屏蔽层的电缆换上，重复上述步骤，测得电、磁场强为 E_A、H_A，如图 6-4-17b 所示。则屏蔽效能分别为 A_2、A_3。

$$A_2 = 20\lg \frac{E_0}{H_0}$$

式中　A_2——以测量磁场为主的屏蔽效能（dB）；
　　E_0、H_0——没有屏蔽层时测得的电场强度和磁场强度。

$$A_3 = 20\lg \frac{E_A}{H_A}$$

式中　A_3——以测量磁场为主的屏蔽效能（dB）；
　　E_A、H_A——有屏蔽层时测得的电场强度和磁场强度。

其中还需考虑采用不同型式天线的校正系数。

对 CF32 和 CVV32 型电缆进行了测试，在 0.15～10MHz 范围内，A_2、A_3 约为 50dB，有的则更高些，这样就能满足了防干扰的要求。

4.4.5　表面放电电压的测定

1. 试验目的

汽车用高压点火线的点火电压较高，达 8～15kV，而且安装空间有限，电极间距离较短，因此要求产品有较高的表面放电电压，使电线表面不易产生跳火飞弧，以免损伤绝缘和影响点火工作，因此要进行此项检测试验。

2. 试验方法

1）取试样三段，每段长 300mm 在试样中间的两端，各以线径为 0.5mm 的铜线缠绕数匝作为电极，两电极间距离为 100mm，然后在两电极间加以工频交流电压 20000V，保持 1min，在两电极之间所有试样均不应有跳火飞弧现象。

2）取试样三段，每段长 300mm 在试样中间的两端，各以线径为 0.5mm 的铜线缠绕数匝作为电极，两电极间距离为 100mm，然后将试样浸入在 50℃±2℃ 的水中（试样两端应露在水面外）6h，取出试样，并立即用布拭去试样表面的水膜，随即在两电极间加以工频交流电压 15000V，保持 1min，在两电极之间所有试样均不应有跳火飞弧现象。

3. 试样实例（见表 6-4-24）

表 6-4-24　QGXU 型高压点火线表面放电试验

试验类别	试验方法	结　果
检测试验	按上列试验方法进行干燥状态和浸水后的放电电压试验	合格
逐级升压试验	室温下，从 18kV 开始，每隔 1min 升压 3kV，直至放电浸水后取出，重复逐级升压	51～54kV 时产生表面放电

（续）

试 验 类 别	试 验 方 法	结　果
湿热条件后 逐级升压试验	在70℃和相对湿度95%下静置5天后，按逐级法升压	27～45kV时产生表面放电
	在湿热条件下放置5天后，在一般环境中再放置24h	51kV左右产生表面放电

4.4.6　护套电晕开裂性能试验

1. 试验目的

6kV 矿用橡套软电缆在运行过程中，如果在三相严重不平衡（甚至一相对地短路）的情况下继续运行，在护套表面就会产生一定的高电位（由泄漏电流引起），造成表面空气持续游离而产生臭氧，使护套发生电晕开裂而被破坏。电晕开裂的裂口十分整齐，像刀切一样，不同于机械裂口。因此应该研究这一类电缆的电晕开裂性能。

2. 试验方法

取 2m 长的电缆试样，接入如图 6-4-18 的试验系统，其中一根主线接地，护套表面与接地电极成点接触。

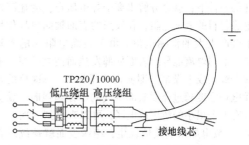

图 6-4-18　电晕开裂试验接线原理图

试验时使高压绕组端有 6kV 的线电压，然后测量护套表面的对地电位，并观察电晕开裂的情况。

3. 试验实例

试验结果见表 6-4-25。

表 6-4-25　6kV 矿用橡套电缆电晕开裂试验数据

运 行 状 态	试样规格 /(芯数×mm²)	护套材料	试验条件	护套表面 电位/kV	试 验 结 果
三相平衡运行	4×25	天然胶	线电压：10kV	0	9d 试验，不开裂
	3×25+1×10	天然胶	线电压：6kV	0	100d 试验，不开裂
	3×25+1×16	氯丁胶	线电压：10kV	0	41d 试验，不开裂
一相接地，线电压 6kV	4×25	天然胶	第四芯不接地	2.9	40min 试验，开裂
	4×10	改进绝缘性能 的天然胶	第四芯不接地	0～0.5	15d 试验，不开裂
	3×25+1×10 半导电分相屏蔽	天然胶	第四芯不接地	0～0.7	16d 试验，不开裂
	3×25+1×10 半导电分相屏蔽	天然胶	第四芯不接地	2.1	24min 试验，开裂
			第四芯接地	0	18d 试验，不开裂
	3×25+1×16	氯丁胶	第四芯不接地	2.2	18h 试验，开裂
			第四芯接地	1.5	4d 试验，开裂

从试验中说明：

1）护套表面电位是反映电晕开裂的一个重要参数，表面电位高，易开裂。

2）三相平衡运行，即使一般的材料也无电晕开裂。但一相接地而第四相不接地时，电晕开裂比较严重。

3）半导电分相屏蔽层有改善电晕开裂的作用。

4）采用绝缘性能较好的材料能显著改善电晕开裂的情况，同时护套材料耐臭氧性能较好者，对改善电晕开裂性能也有帮助。

4.4.7　耐表面电痕试验

美国国家标准对"电痕"的定义为：由于电弧作用产生痕迹的过程。此电弧集有足够的能量，产生一条或几条痕迹，并使其发展。当痕迹伸展到跨越两个电极之间的距离时，就发生损坏。惠氏塑料辞典的定义为：高压电极在绝缘材料表面缓慢地但是恒稳地形成细的、金属丝般的碳化线迹，引起泄漏电流或破坏通道，这种现象称为电痕。

1. 试验目的

近十余年来，环境污染情况日益严重，尤其随着石油、化工、冶炼等工业的发展，以及严酷环境条件下电气设备使用的情况正越来越多。不同的天然或合成橡、塑材料，在电场和污染联合作用下的耐受性是不同的。因此橡皮和塑料电线电缆，尤其是 1～4kV 电压等级范围内的无外屏蔽（如架空绝缘导线）和无正规终端的电线电缆，能否适应污染环境下的可靠性使用问题，应引起足够的重视。因为电线电缆的绝缘外表面，如果长期附有污染物，例如盐雾、灰尘、油脂、化学污物等，在有水分存在的条件下，就会分解出离子导电质点，明显降低绝缘材料的表面电阻，在较强的表面轴向电场作用下会产生大的泄漏电流。由于表面电阻率的不均匀，泄漏电流能导致表面局部发热而使之干燥，形成干燥点或干燥带，即所谓"干区"。当这里的表面电场强度超过介质表面空气的击穿场强时，就立即有一个很小的游离放电区，可以观察到一次"闪烁"。放电如果连续地发生，绝缘表面就持续地存在高温点或高温区。放电能够产生热和电的双重作用，热能够使绝缘分解；高能电子撞击绝缘材料的高分子链，使电介质的化学链裂解，在局部地方形成导电碳痕。随着时间的连续，电碳痕延伸，直到高压极同接地部分沟通，形成事故。

2. 试验方法和试验设备

对试样耐电痕性的考查，通常有两种方法：①在规定的污染条件下，电痕贯通表面短接两个电极所需的时间（或试验周期）。②在规定时间内发生电痕所需的电压对橡皮和塑料绝缘电线电缆的耐电痕试验，如果是为了比较几次试验结果或几个试品的性能，则宜采用第一种方法。在此方法中对污染条件做了强化规定，并且在试样上所施加的电场如下：试样长度不小于150mm，沿试样轴线垂直方向切除一端的绝缘，从端面算起的切除长度约为20mm，令线芯导体露出，在离切口100mm的位置，垂直于试样轴线绕上直径1mm的裸铜线2~3圈。试样的另一端面应给予适当的绝缘处理（封端），以免在试验过程中附着试验液体后产生末端放电。试样应垂直放置，导电线芯加工频试验电压，裸铜线接地。

试验开始，对试样间歇直接喷雾。喷雾试验液中含有NaCl和表面活性剂（去离子湿润剂），试验液电导率约为3000μS/cm。喷头距离试样约500mm，离地面至少600mm，喷头轴线与试样轴线呈45°。试样放置处的喷雾量约为0.5mm/min ± 0.1mm/min，喷雾压力应基本稳定。

喷雾周期按喷雾10s，间隙20s为一个周期。

试样液的电导G用电导率仪测量，由下式求取电导率k

$$k = G \cdot \theta$$

式中　G——试验液的电导（μS）；

　　　θ——电导率常数，可以标准氯化钾溶液求得（1/cm）。

实际测试表明，用自来水配制试验液，如要求电导率达到3000μS/cm左右，按自来水本身的电导率的变化，在1000mL水中加入NaCl（化学纯）应控制在1.5%~2.0%的范围。试验液的表面活性剂选用辛烷基酚聚氧乙烯醚。加入表面活性剂后，并不引起试验液电导率的变化。

调节喷雾压力和喷头空径改变喷雾量，使符合0.5mm/min ± 0.1mm/min的规定。

试验样品与高压设备连接如图6-4-19所示。示波器和毫安表用来观察表面泄漏电流的波形和数值。当电流超过规定值时，变压器的过电流继电器动作。喷雾系统和喷雾周期的程序控制线路如图6-4-20所示。真空泵用来将试验液吸入压力容器；空气压缩机保持喷雾压力在0.47~0.54MPa（4.8~5.5kg/cm²）的范围；液面指示计指示压力容器内试验液的数量；电磁阀门通过程序控制线路保证每一个喷雾周期为10s喷雾，20s停止。

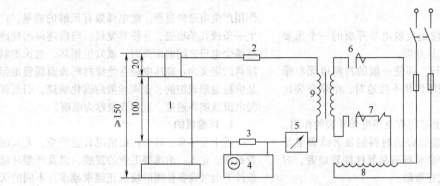

图6-4-19　试样的电气连接线路
1—试样　2—1kΩ 保护电阻　3—10kΩ 标准电阻　4—示波器　5—交流毫安表　6—接触器
7—过电流继电器　8—调压器　9—高压变压器

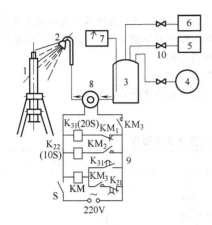

图 6-4-20 喷雾系统和程序控制电路
1—试样 2—喷雾器 3—压力容器 4—试验液储筒
5—真空泵 6—空气压缩机 7—液面指示器 8—电
磁阀 9—电磁阀程序控制电路 10—阀门

3. 两种典型的试验结果

绝缘材料可分为"电痕型"和"非电痕型"两类。

"电痕型"线缆在试验过程中有明亮的表面火花，在临近破坏时，试样表面燃烧，并有明亮的贯穿于两个电极之间的蜿蜒通路。损坏的试样表面碳化严重，在接地极和高压极之间有一条横向的破坏痕迹，这是典型的电痕性破坏。

"非电痕型"线缆的破坏，实际上不是由于电痕，而是由于电腐蚀破坏。用上述方法经过几千个周期的试验后，在接地极以上 10～15mm 范围内（此处的轴向电场强度最高），绝缘有明显的腐蚀凹陷。"非电痕型"线缆因腐蚀而造成最终破坏的时间要长得多，而本试验方法只适用于评价中等抗电痕能力的试样，如用来评价因腐蚀而损坏的材料是很困难的，因为需要非常长的试验周期。

4.4.8 抑制点火对无线电干扰性能试验

1. 试验目的

汽车点火系统工作时会发出强力的、有连续性频谱的无线电干扰波，频谱范围极广，从标准广播频率至 900MHz 的微波波段。它严重地影响了军用指挥车、通信车及高级轿车内无线电通信设备和收音机的正常工作。采用阻尼点火线是一种抑制无线电干扰的简便有效办法。为了测定阻尼电阻值的适当范围，并对比各种类型汽车的防干扰性能，应进行抑制无线电干扰性能的测试。

2. 测试方法

由于空气间经常存在着各种无线电波，因此测试场地应选择在周围没有强力无线电干扰的场合进行。应选择没有高大建筑物、树林、矮树丛、架空线及其他能引起电磁波反射的平坦广场。

在汽车发动机车盖外，装置鞭状偶极子天线并连接干扰测试仪，测试仪放在 0.8m ± 20% m 高的绝缘支架上，使汽车发动机和仪器盖接近同一水平，1m 长的鞭状天线距发动机本体金属外壳 1m，但距汽车车盖必须 ≥ 0.3m。

先测在各选定频率时外界场地的无线电干扰强度，再测在各个频率点火工作时的干扰强度。测出的点火时干扰强度加上天线的校正系数即为实际干扰强度（以电平表示）。

在测试某一频率点时应转动天线，使其位于仪器指示为最大值时以便测量和对比。

为了避免发动机转速对干扰强度的影响，发动机统一采用 1500r/min。根据试验，这一转速时，干扰强度比较稳定。

由于各种车型的无线电干扰特征有所不同，应对各型汽车进行测试。

3. 试验实例

将全塑料阻尼点火线在各种主要类型汽车上实测后，证明点火线线芯电阻值在 6～30kΩ 范围内均有良好的抑制无线电干扰的性能。表6-4-26 为某种汽车的测试实例。

表 6-4-26 点火时实测无线电干扰强度

试　　样	测试频率/MHz														
	0.15	0.25	0.35	0.6	0.8	1.0	1.5	2.5	3.5	5	7	10	15	20	30
	环境干扰强度/dB														
	23	24	26	23	23	23	23	23	27	37	39	26	23	30	25
普通铜芯点火线	108	95	92	90	86	86	86	83	83	82	78	75	74	73	68
铜芯点火线加阻尼电阻（8～15kΩ）	93	92	85	85	81	81	78	78	77	76	76	73	68	73	63
半导电塑料线芯（电阻≈20kΩ）	66	65	64	63	64	65	67	63	60	54	50	53	58	33	34
棉纱石墨线芯（电阻≈10kΩ）	69	64	65	64	62	64	67	66	65	54	60	70	35	41	

4.4.9 耐热、耐水、耐油试验后的电性能试验

1. 试验目的

此项综合性能试验是专为汽车用高压点火线设计的考核项目。高压点火线在工作时经常处于高温

并与水、油接触，又要保持承受高电压的作用，电线的绝缘厚度又不能太厚。因此此项试验是模拟实际情况进行的。

2. 试验方法

试验方法与程序见表 6-4-27。

表 6-4-27　耐热、耐水、耐油试验方法与程序

项　目	试验方法与程序	要　求
试样与试样装置	金属缠绕电极　金属管状电极　导电线芯 1. 取试样三段，每段长约 1m 2. 将试样缠绕在直径为 25mm 长 200mm 的实心铜圆棒上 5 匝，每匝间节距为 20mm 3. 将上述试样圆棒放入内径 39.5mm ± 0.2mm 的金属电极内，金属电极见上图	
耐热、耐水后电压试验	1. 将上述试验装置放置在 100℃ ±2℃ 自然通风的恒温烘箱内，放置 24h 后取出 2. 立即放入 50℃ ±2℃ 的水中（试样两端应露在水外），保持 6h，取出试样 3. 在室温中冷却 1h 后，在试样导线与金属电极连接黄铜棒之间，加工频交流电压 15000V，试验 10min	所有试样均不应发生击穿
耐油试验后电压试验	1. 将通过上述试验的试样连同装置，再放入 90℃ ±2℃ 的 15 号车用机油中，保持 18h，取出试样 2. 在室温中冷却 1h 后，仍按上述接线方法，加工频交流电压 15000V，试验 5min	所有试样均不应发生击穿

4.5　力学性能试验

对于电气装备用电线电缆中的各系列产品，力学性能的要求差异很大。对于一般室内外或土壤装置中固定敷设或定期更换安装部位的产品，除了考虑生产运输、安装中的机械应力和直埋土壤中的机械外力以外，没有特殊的力学性能要求，如橡皮或塑料绝缘电线、电机引出线、高压直流软电缆和控制信号电缆等。对于作为经常移动、弯曲使用的产品，则要求产品能承受经常弯曲、扭转、延伸、剪切等机械应力，因此在产品设计和材料选择时必须充分考虑上述机械应力的因素，例如通用橡套软电缆、橡皮塑料软线等产品。但这部分产品的力学性能在设计产品时通过试验研究确定产品结构、材料之后，基本均能满足，因此产品出厂时不再进行检测试验。

对于矿用电缆、探测电缆等产品，由于所处的特殊使用环境或使用条件，除了上述力学性能要求外，还有一些特殊的性能要求，而且这些力学性能往往是对这些产品的主要性能要求。因此除了开展大量研究试验以外，还规定一些出厂检测项目，以保证产品的安全运行。

本节中介绍了产品结构设计中研究试验项目和某些特殊力学性能测试项目。

4.5.1　导电线芯弯曲试验

1. 试验目的

根据产品对导电线芯柔软度的要求，通过导电线芯弯曲试验来对比研究导电线芯的结构，供设计和选定导电线芯结构时参考。导电线芯的结构包括单线根数、单线直径、绞合方向（束线或正规绞合、绞向）、绞合节距等。

对于频繁弯曲、移动使用的电线电缆产品，应具有足够的柔软度。首先取决于导电线芯的柔软度，当导线柔软度达到一定程度时，电缆的其他结构材料对柔软度的影响就开始突出（如成缆节距、挤护套的松紧和衬垫材料性能等），因此首先研究导线结构的柔软度是必要的。

2. 试验方法

1）取一定长度的裸导电线芯在导电线芯往复弯曲试验机上进行。

2）试验装置的原理如图 6-4-21 所示，装有一对滚轮的小车在试验机的导轨上往复运动。

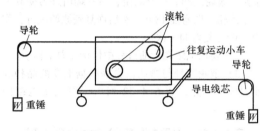

图 6-4-21 导电线芯弯曲试验装置原理图

被测导电线芯经过两个滚轮保持平行位置，两端经导轮下端挂有一定重量的重锤。

小车往复一次，有计数器记录一次。当导电线芯在某处完全断裂时，即自动停车，所记录数字即为弯曲次数。

3）小车往复行程为 1m，运动速度为 0.33m/s，试验时选用滚轮直径和重锤的重量根据截面积大小而选定，表 6-4-28 中列出了几种矿用电缆用导线试验时的滚轮直径和荷重。

表 6-4-28 矿用电缆导电线芯弯曲试验参数

导线截面积 /mm^2	滚轮直径 /mm	荷重 /kg
3 × 4 + 1 × 2.5	34	2.5
3 × 16 + 1 × 6	100	8.5
3 × 35 + 3 + 6	100	8.5

3. 试验实例

通过对截面积为 4mm^2 电钻电缆的导电线芯进行大量的对比试验，可以看出导线结构中几种因素与断裂弯曲次数之间的关系（见表 6-4-29）。

表 6-4-29 单线直径与断裂弯曲次数的关系

导线截面积 /mm^2	导线结构与单线直径 /（根数/mm）	束线节距 倍数	复绞节 距倍数	断裂弯曲次数 （平均值）	弯曲次数增加 百分率（%）	导线伸长率 变化（%）
4	7 × 7/0.32 7 × 11/0.26 7 × 18/0.20	25	16	2626 3496 5412	100 137 206	由 22 降至 2.7 由 22 降至 10 由 19 降至 7.4

注：导线先经束绞后再进行复绞。例如导线结构 7 × 7/0.32，即先将单线直径 0.32mm 的 7 根导线束绞，然后再将 7 根束线再复绞，以下各表相同。

（1）构成导线的单线直径与断裂弯曲次数的关系 试验数据表明，单线直径越细断裂弯曲次数越大，经过弯曲试验后导线伸长率下降也较少，因此用于频繁弯曲、移动场合的特软型导线结构采用很细的单线直径。但运行经验和成品弯曲试验证明，单线直径为 0.20mm 左右，对特软型产品的柔软度保证已经足够，

继续减小单线直径由于产品其他结构部分的影响，作用已不明显，反而使生产率显著降低。

（2）绞制节距与断裂弯曲次数的关系 从表 6-4-30 试验数据大致上看出，节距数越小，导线断裂弯曲次数越大的规律，因此对各种柔软度要求的产品标准中规定了束线和复绞的最大节距倍数。

表 6-4-30 绞制节距对断裂弯曲次数的影响

导线截面积 /mm^2	导线结构与单线直径/ （根数/mm）	束线节 距倍数	复绞节 距倍数	断裂弯曲次数 （平均值）	弯曲次数增加 百分率（%）
4	7 × 18/0.2	25	30	3521	100
	7 × 18/0.2	25	20	3500	98
	7 × 18/0.2	25	16	5043	143
	7 × 18/0.2	25	10	6134	174
	7 × 22/0.193	25	16	5426	154
	7 × 22/0.193	25	10	6480	184
	7 × 22/0.193	13	10	9404	267

(3) 束线方向与复绞方向对弯曲次数的影响 由表6-4-31试验结果表明，束线方向与复绞方向采取同向时，断裂弯曲次数略有增加，因此对特软型导线结构一般采用同向绞合。

表 6-4-31 束绞方向对弯曲次数的影响

导线截面积 /mm²	导线结构与单线直径 /（根数/mm）	束绞方向与复绞方向	断裂弯曲次数（平均值）	弯曲次数增加百分率（%）
4	7×22/0.18	反向	10166	100
	7×22/0.18	同向	11002	108

4.5.2 电缆弯曲试验

电缆的弯曲试验是按照电缆的实际使用情况设计的，有两种方法，一种适用于固定敷设或不经常移动的软电缆，另一种适用于频繁弯曲移动的软电缆。

1. 电缆定量弯曲试验

(1) 试验目的 电缆在制造、安装和使用过程中承受着不同程度的弯曲，对于安装敷设运行位置较小的场合和性能要求较高的场合（如船用电缆）应进行此项试验，以保证产品质量。因此此项试验为产品出厂检验项目。

(2) 试验装置 试验装置原理如图6-4-22所示，不同直径的圆柱滚轮安装在试验台上，电缆一端由夹子固定，另一端绕两个滚轮的方向弯曲。

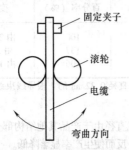

固定夹子

滚轮

电缆

弯曲方向

图 6-4-22 电缆定量弯曲试验装置简图

弯曲后用4倍放大镜检查电缆表面情况。

(3) 试验方法

1）电缆试样长1.2m，两端部扎紧，放置于两个圆柱滚轮之间。一端固定，另一端由外力使其沿一个滚轮方向弯曲180°，然后恢复到原始位置，作为180°往复弯曲一次。

2）要求电缆在弯曲过程中保持轴向不移动。

3）滚轮直径与弯曲次数需根据电缆的品种和使用场合确定，表6-4-32列出了对船用电缆的规定。

表 6-4-32 船用电缆弯曲试验对弯曲半径与弯曲次数的规定

产品类别	$n=\dfrac{圆柱体直径}{电线电缆外径}$	弯曲次数
船用铅包电缆（老产品）	10	3
船用橡皮、塑料绝缘电缆	5	5
船用金属编织型电缆	5	10

注：金属编织型电缆中绝缘线芯的屏蔽层应以5次弯曲来考核。

4）弯曲试验后检查试样导线的绝缘、绝缘层、护套、金属编织层等是否有损坏的现象，铅护套裂纹应用4倍放大镜检查。

(4) 试验实例（见表6-4-33）

表 6-4-33 船用电缆弯曲试验实例

电缆试样	电缆外径 d/mm	弯曲直径与电缆直径比（D/d）	弯曲试验情况		破坏时平均弯曲次数
			弯曲次数	检查情况	
CQ型2×1mm²（老产品）	11.3	9	3	铅套无皱纹	9~9.5
CQ型2×35mm²（老产品）	25	10	3	铅套有皱纹	8
CF31型2×1mm²	11.8	5	10	钢丝编织没有断裂，表面有部分涂漆脱落	未进行
		10	10		未进行
CF31型3×16mm²	22.4	5	10		未进行
		10	10		未进行

2. 电缆多次弯曲试验

（1）试验目的　在模拟电缆实际使用情况的条件下多次卷绕，放开再进行弯曲。对用于考核这些场合的电缆（如矿用电钻电缆、采掘机组用电缆）的综合弯曲性能比较有效。在选定和设计产品时应进行此项研究性试验。

当此项试验与导电线芯弯曲试验同时进行时，电缆成品的弯曲试验对于分析研究其他结构部分（如填芯、垫层、挤压护套的松紧程度）的柔软度和结构稳定性有重要的参考价值。

（2）试验装置　采用立式弯曲试验机，其工作原理如图6-4-23所示。

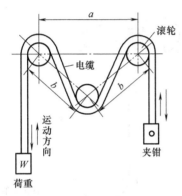

图6-4-23　电缆多次弯曲试验原理图

三个可以转动的滚轮固定在机架上，滚轮直径与互相间的距离（a、b）根据电缆直径进行选择和调节，滚轮表面应光滑。

电缆试样一端夹在夹头中，夹头由电动机带动上下往复运动。

由计数器记录夹头往复运动的次数。

试样的另一端悬挂重锤，使电缆试样在一定的张力下往返弯曲。

（3）试验方法

1）电缆试样长3m左右，按图6-4-23放置，当上下运动时，电缆试样在滚轮中不断进行弯曲和放开，夹头上下往返运动一次作为一次弯曲。

2）电缆导线多芯串联并通以低压交流或直流电，当导线完全断裂时，自动停车。

3）滚轮的直径和试样一端的荷重根据电缆的品种和外径进行选定，见表6-4-34。

表6-4-34　矿用电缆弯曲试验用滚轮直径与荷重

电缆品种芯数×截面积/mm²	滚轮直径/mm	滚轮间距离/mm		荷重/kg
		a	b	
电钻电缆	100	273	171	25
3×16+1×6 或	150	410	250	50
4×16				
3×35+1×6	200	505	300	75
3×35+1×10	200	505	300	75

（4）试验实例　表6-4-35为矿用电缆进行弯曲试验的实例，结果表明，几种矿用电缆均具有良好的弯曲性能。而且电缆产品的断裂弯曲性能比裸导电线芯的断裂弯曲次数要高得多。

表6-4-35　矿用电缆试样弯曲试验实例

型号	电缆规格 芯数×截面积/mm²	电缆外径/mm	滚轮直径/mm	荷重/kg	断裂弯曲次数（平均值）
UZ	3×2.5+1×1.5 导线不镀锡	17.8	100	25	38247
	3×2.5+1×1.5 导线镀锡	18.0	100	25	36557
	3×4+1×2.5	19.2	100	25	23973
	4×4	23.4	100	25	56002
UC	3×35+3×6	39.5	200	75	24549
	3×35+3×10	42.1	200	75	47297
U	3×16+1×6	34.0	150	50	48667 仍未断
	3×35+1×10	38.5	200	50	21000 仍未断

从表中也可以看出，UC型电缆如果第4芯太小则断裂弯曲次数明显降低，对于3×4+1×2.5和4×4的电钻电缆也同样如此。

4.5.3　电缆扭转试验

1. 普通耐扭转试验

(1) 试验目的　电线电缆产品在一端固定（或基本固定），另一端任意扭转的情况下使用，受到很大的扭力，一般的产品就易于扭断。此项研究性试验专为研究设计这种使用条件下的产品而采用，例如电钻电缆及日用电器上采用的电缆等。

(2) 试验装置　在立式扭转试验机上进行，其工作原理如图 6-4-24 所示。

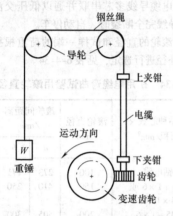

图 6-4-24　电缆扭转试验装置简图

电缆试样垂直固定在上下两个夹钳之中，并通过钢丝绳和两个导轮，在钢丝绳的另一端挂有重锤。上夹钳只能上下松动而不能有轴向转动。下夹钳连在一个齿轮上，可由另一个变速齿轮带动而绕轴向作两个方向的转动，每个方向的转动角度为 $160° \sim 180°$。

变速齿轮每正反方向旋转一次，由记录器记录一次。

另装有导线完全断裂时的自动停机机构。

(3) 试验方法

1）取 1m 断裂试样，装在上下夹钳间进行试验。

2）导线串联并与自动停机机构连接。

3）重锤的重量根据产品品种和电缆外径而选定，使试样保持一定的张力。

4）试验实例（见表 6-4-36）

表 6-4-36　扭转试验实例

电　缆	荷重/kg	断裂扭转次数
电钻电缆	20	100000 次以上
矿用软电缆 4×16	30	35000 次以上

2. 风力发电用电缆特殊扭转试验

(1) 适用范围　本试验方法适用于风力发电机中由机舱引向塔架部分的并且在风机工作过程中需要扭转的所有电缆。

(2) 试验设备　试验设备包括扭转试验装置和温度控制试验装置两部分，其中扭转试验装置是用来安装试样并进行扭转的装置，其扭转角度和扭转速度应可调节（见图 6-4-25）；温控装置是在有温度要求的试验过程中对试样提供一定的温度环境的装置，其温控范围是 $-60 \sim +60$℃，电缆所处的位置要求温差不超过 ± 3℃。

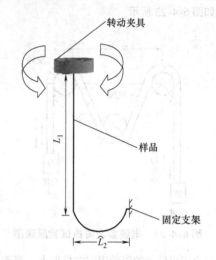

图 6-4-25　扭转试验的示意图

(3) 试样制备　从被试电缆上截取 12.5m 长的电缆样品，不同条件下的试验应在被试电缆上分别取样。

(4) 试验程序

1）常温扭转试验程序：首先将取好的试样在环境温度中放置半小时，然后再将试样顶端固定在扭转试验装置的转轮上，扭转装置应放置在距离下端固定支架 $7 \sim 9$m 的高度，试样下端固定在支架上，受扭试样长度为 $L_1 + \hat{L_2}$，约 12m。扭转过程为：转轮先顺时针扭转 1440°，然后逆时针扭转相同角度使试样恢复到初始状态，继续逆时针扭转 1440° 后再顺时针扭转相同角度使试样恢复到初始状态，此为一个周期。转轮的转速范围一般为 720°/min ~ 2160°/min。用户没有特殊要求时，推荐进行 10000 个周期的试验。

2）低温扭转试验程序：低温扭转试验的试样安装方式与常温扭转试验的安装方式相似，但要使整个试样完全处于温度可控箱体内（常温下的扭转试验试样不必安装在温度可控箱内），然后在电缆型号规定的最低环境温度（－25℃或－40℃或－55℃或用户要求的最低使用温度）下进行试验。箱体内的温度应从试样安装好后算起的1小时内达到规定的试验温度。试样在规定的试验温度下放置不少于4h，然后开始扭转试验。转轮的转速范围一般为360°/min～1080°/min，其他扭转条件同1）条。用户没有特殊要求时，推荐进行2000个周期的试验。

3）高温扭转试验程序：高温扭转试验的试样安装方式与常温扭转试验的安装方式相似，但要使整个试样完全处于温度可控箱体内，然后在温度为+60℃的条件下进行试验。试样在规定的试验温度下放置不少于4h，然后开始扭转试验。转轮的转速范围一般为720°/min～2160°/min，其他扭转条件同1）条。用户没有特殊要求时，推荐进行10000个周期的试验。

4）负载扭转试验程序：负载扭转试验的试样安装方式和试验程序与常温扭转试验的安装方式和试验程序相似，但在试验期间应同时通电加热。通电期间，应使导体温度稳定在电缆额定工作温度。用户没有特殊要求时，推荐进行10000个周期的试验。

5）试验结果评定：在完成上述试验程序规定的试验后，检查试样表面，应无裂纹及扭曲现象，然后将完成扭转的试样（成品电缆）进行 $2.5U_0$、15min 交流电压试验和导体直流电阻试验，电缆应不发生击穿，导体直流电阻（20℃）应符合相应标准的要求。

4.5.4　耐磨耗试验

1. 试验目的

移动式橡套软电缆工作时经常被拖磨，为了考核产品的耐磨性，对比所选择的护套材料和工艺，可进行耐磨试验。

耐磨试验是一项参考试验，不作为评价电缆质量的依据。矿用橡套电缆长期运行经验表明，电缆由于拖磨而损坏的可能性极小。

2. 试验装置与试验方法

1）试验在装有36号碳化硅砂轮的砂轮机上进行。砂轮直径为300mm，转速60r/min，装置如图6-4-26所示。

2）取长为0.8m的电缆试样，上端固定，下端悬有负荷，对于电钻电缆挂重为2.5kg；对于16～35mm² 矿用电缆挂重5kg。

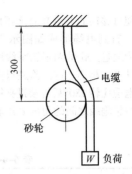

图 6-4-26　耐磨耗试验图

3）以护套磨穿出现绝缘时的砂轮转数为耐磨数据。

3. 试验实例

矿用橡套软电缆的耐磨数据一般为2000～4000次。试验表明，耐磨次数与砂轮接触面的大小、所挂重量、环境温度，特别是护套配方中软化剂是否析出，有很大关系。

4.5.5　静态曲挠试验

对电焊机电缆和电梯电缆需进行此试验，用以考核电缆在静态时的挠度。试验方法如下：

一根长度为3m±0.05m的试样放在如图6-4-27所示的装置上进行试验，夹钳A和B应放置在离地平面至少1.5m高的地方。

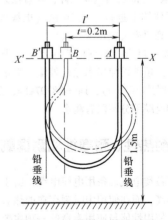

图 6-4-27　静态曲挠度试验

夹钳A固定，夹钳B可以在夹钳A的水平线上作水平移动。

试样的两端应垂直夹钳（在试验期间、也应保持垂直），一端夹在夹钳A上，另一端夹在可移动的夹钳B上，夹钳B与夹钳A之间的距离 $l=0.2m$，电缆装好后的大致形状如图6-4-27虚线所示。

然后，使可移动的夹钳 B 向远距离固定夹钳 A 的方向移动，直到电缆形成如图示实线所示的 U 形，即完全为通过夹钳两根铅垂线所包围，铅垂线与电缆的外形线相切。该试验进行两次。在第一次试验后。电缆应转 180°后再装进夹钳。

测量两根铅垂线之间的距离 l' 并取其两次的平均值。

如果试验结果不合格，对试样应进行预处理，即把试样绕在一根直径是电缆外径约 20 倍的轴上，然后松开，每次转动试样 90°，这样共反复 4 次。试样处理后，经上述试验，二次测量 l' 的平均值对于电焊机电缆应不超过表 6-4-37 的规定值，对于电梯电缆应不超过表 6-4-38 的规定值。

表 6-4-37　电焊机电缆静态曲挠度试验要求

标称截面积/mm²	最大距离 l'/cm	标称截面积/mm²	最大距离 l'/cm	标称截面积/mm²	最大距离 l'/cm
16	45	35	50	70	55
25	45	50	50	95	60

表 6-4-38　电梯电缆静态曲挠度试验要求

电缆类型	线芯数	最大距离 l'/cm	电缆类型	线芯数	最大距离 l'/cm
编织电梯电缆	12 芯及以下	70	硫化橡皮和氯丁或相当的合成胶弹性体护套电缆	12 芯及以下	115
	16 和 18 芯	90		16 和 18 芯	125
	大于 18 芯	125		大于 18 芯	150

4.5.6　电缆横向密封性试验

1. 试验目的

对于防水密封电缆，其要求在水压下，水不从电缆线芯中渗出，而降低其电性能，应进行此项试验。

2. 试验装置与试验方法

1）取 2.5m 长的电缆试样，在直径为 5 倍电缆外径的圆柱体上进行弯曲 10 次（电缆弯成 180°，然后拉直到原来位置作为一次）。

2）将经过弯曲的试样放入水压箱中，电缆两端通过密封填圈而伸出水箱的外端，水箱内压力为 30 个工程大气压（at），1at＝98.07kPa，在 2h 内露出外面的电缆部分不能有滴水。

4.6　耐热性、耐寒性和耐臭氧试验

对于各类电气装备用电线电缆，由于大多数工作电压不高，而在使用中时刻存在的热氧老化即是影响产品使用性能与使用寿命的一项主要因素。热氧老化性能的机理比较复杂，影响因素较多，但又必须作为多数产品的一项性能考核指标。因此在产品出厂时把加速热氧老化试验作为一项定期试验。在研究确定产品实际使用寿命或者选择合理的工作温度时，就采用热寿命评定试验的方法。由于热寿命评定试验中必须根据实际使用条件，所选定的参数较多，因此得出的热老化寿命曲线和寿命方程主要是显示产品的热老化规律，而不是其最后的绝对

值。在对几种产品进行比较时，应该在相同的选定条件和试验条件下才有意义。

产品在寒冷地区使用时，应具有相应的耐寒性，对某些橡皮绝缘产品有耐臭氧性的要求，因此对于用于这些场合下的产品应进行耐寒或耐臭氧性能试验。

4.6.1　加速热老化试验

1. 热老化性能概述

电线电缆产品在正常使用条件下，性能缓慢地变坏直至丧失其工作性能的过程称为"老化"。

对于电气装备用电线电缆所采用的橡皮、塑料等高分子材料，促使老化的因素有：氧气的存在；在受热条件下工作；受日光辐射；臭氧的作用；低温下弯曲移动、磨耗；材料的裂解或聚合，材料组分的迁移和挥发；受油或溶剂的侵蚀等。

在这些因素中热与氧是材料老化的主要因素，热氧老化将普遍发生于各种使用环境中，尤其是在大气中，因此研究和考核产品的热氧老化是极为重要的。

橡皮、塑料等高分子材料能够吸收外界的氧气，并在本体内扩散，氧原子可以与橡胶、树脂起化学反应（氧化）而引起交联以致使材料丧失优良的弹性、柔软度并使力学性能逐步变坏，最后也引起电性能的丧失。橡、塑材料中的部分配合剂（如增塑剂）被氧化，氧化生成物有的可挥发，有的又可促进老化的过程，产品在热状态下工作，因为温度越高，材料的分子热运动将大大增加。同时由于热的作用，材料的裂解，组分的迁移或挥发也必然

加剧，这些现象统称为"热老化"。

因此产品所采用的橡、塑材料的热老化与材料的品质、配方工艺有很大的关系、如橡皮的热老化除了与橡胶品种有关外，还取决于防老体系和硫化体系。加入防老剂能够使氧化生成的中间产物钝化而延迟氧化，但防老剂本身在一定温度下也会挥发、消耗以致失去作用。聚氯乙烯塑料的热老化性能主要与稳定体系有关。

研究、考核产品或材料的热老化性能的试验方法基本可分为三类，各类方法的优缺点及试验目的列于表6-4-39，根据需要可选其中一项或几项进行。

表6-4-39 热老化试验类别与优缺点

类 别	目的与适用范围	要 点	优 点	缺 点
加速热老化试验	希望在较短的时期内获得长期运行的资料，但实际上仅为相对热老化性能。用于选择和对比材料或产品，并作为质量控制的方法	将老化因素中的一种或几种因素进行强化，以加速考核老化性能 热是必要的一个因素，以外还有加压力氧气、压力空气等	1. 在短期内可得到试验结果 2. 可以大量重复对比试验	1. 不能得出试样真正的耐热老化的性能 2. 几种材料之间很难比较，必须按不同材料研究不同的指标
自然老化试验	对于特殊的典型环境或特殊产品进行此项试验。对于一般环境作为研究与加速老化的关系，获得第一性资料 重大新产品也应进行	试样在实际的使用环境和条件下工作，积累资料或选择几种类型的典型环境或使用条件，观察试样老化的情况	符合实际，试验结果可靠	1. 试验时间长，只能作为积累性试验 2. 老化因素是多方面的 3. 典型环境的结果不宜广泛采用
热寿命评定试验	研究在一定条件下老化寿命，或按寿命要求研究工作时应满足的条件	试品在多种条件下老化试验，用外推法求出工作条件下的寿命时间	1. 可得出比较明确的耐老化性能 2. 多种材料间有可比性	1. 时间长 2. 仍然是模拟试验

判断热老化性能的好坏是选择产品或材料中的一项或几项性能作为考核的项目。考核项目的选定一般根据产品的使用要求和老化过程中变化最为明显的性能项目。对于橡、塑材料一般以力学性能（抗拉强度、伸长率、定伸长抗拉强度、静负荷伸长率）为考核项目，其他还有应力松弛、热失重率、材料的硬度等。同时，必须分析各种材料老化至失去其工作性能时考核指标的临界值，当低于这个临界值时产品将不能工作。

2. 加速热老化试验方法与参数的选择

（1）试验方法的选择 加速热老化的试验方法有三种，可选其中之一或两种进行平行试验，表6-4-40中是三种试验方法的比较。

工厂中热老化试验主要采用烘箱法。

表6-4-40 三种加速热老化试验的比较

种 类	要 点	适用范围	优缺点
烘箱法	利用自然通风的烘箱，测定热老化前、后的性能指标来考核 单一利用热的因素来强化老化因素，温度提高，氧的作用也显著增强	适用于一般使用场合和大多数通用材料	1. 比较接近于正常工作状态，试验结果与自然老化的差别比其他方法小 2. 时间较长 3. 温度过高时（例如120℃）试样会不均匀老化 4. 试验方便、设备简单
氧弹法	在压力容器中充一定压力的氧气（15~20大气压）[①]，并加温。增加氧的浓度可加速氧化，温度不宜过高，容器密封，温度分布均匀	适用于氧的浓度较高的场合和快速试验	1. 试验时间短，比烘箱法加快10倍以上 2. 试验结果分散性小 3. 试验设备较复杂
空气弹法	设备与氧弹法相同，但充空气。氧的浓度也增高，温度也随压力而增高	适用于较高温度下工作的场合和耐热材料	与氧弹法相似

① 工程大气压（at），1at = 98.07kPa。

（2）试验条件的选择

1）试验温度：在一定温度范围内，材料吸收氧气并在内部扩散，每一部分都较均匀地缓慢氧化，温度增加，氧化速度上升，因此提高试验温度可缩短试验周期。但试验温度高过某一临界温度时，吸氧与扩散的过程就会不平衡，以造成试品表面加速强力老化，生成一种硬膜，阻止氧往里渗入，使老化不均匀，影响试验的效果。试验温度应选择低于这个临界温度。

临界温度与材料品种有关，与试样厚度也有明显关系。试样厚，临界温度低，临界温度应通过大量的试验决定。

2）试验时间：长期的试验表明，168h 的热老化试验已能反映出材料力学性能的明显变化，也反映了橡皮护套中游离硫对绝缘橡皮迁移的影响，因此一般选 168h。对于耐热橡皮等特殊材料则适当延长。

3）指标的选择：大多数材料采用抗拉强度和伸长率的变化作为指标。加速热老化试验的指标必须根据长期积累的经验，结合自然老化的结果和相应的试验温度、试验时间综合考虑予以选定。

4）试验中要求自然通风以保证氧的浓度，试样间保持一定距离。产品的绝缘老化时应带导体进行，以保证导体对材料老化的影响因素和绝缘内表面空气流通的程度与实际相接近。

表 6-4-41 中列出了一些橡皮、塑料的老化条件。

5）所有试样力学性能测试温度为 23℃ ±5℃。

表 6-4-41　加速热老化试验条件

绝缘用材料					护套用材料				
材料种类	老化条件		老化系数		材料种类	老化条件		老化系数	
	温度/℃	时间/h	K_1	K_2		温度/℃	时间/h	K_1	K_2
聚氯乙烯绝缘	100/80	168	—	0.7	聚氯乙烯护套	100/80	168	—	0.70
105℃用聚氯乙烯绝缘	130	168	—	0.7	一般护套橡皮、户外护套橡皮、不延燃护套橡皮、耐寒护套橡皮、丁腈耐油橡皮	80	96	0.7	0.7
丁腈聚氯乙烯复合物	110	48	—	0.85					
天然-丁苯橡皮	100	96	0.7	0.7					
一般耐热橡皮	100	168	0.7	0.7					
丁基橡皮	120	96	0.6	0.6	丁腈聚氯乙烯护套	100	96	0.7	0.6
乙丙橡皮	130	168	0.6	0.6	丁腈耐油耐热橡皮	130	96	0.5	0.5
氯丁橡皮	100	96	0.6	0.6					

注：K_1 为老化后的抗拉强度/老化前的抗拉强度；K_2 为老化后的断裂伸长率/老化前的断裂伸长率。

绝大部分材料用老化前后的抗张强度和断裂伸长率变化率来表述。

老化前后的抗张强度的变化率计算公式如下：

$$TS = \frac{\sigma_1 - \sigma_0}{\sigma_0} \times 100\%$$

式中　TS——抗张强度变化率（%）；
　　　σ_1——老化前的抗张强度（MPa）；
　　　σ_0——老化后的抗张强度（MPa）；

老化前后的断裂伸长率变化率计算公式如下：

$$EB = \frac{\varepsilon_1 - \varepsilon_0}{\varepsilon_0} \times 100\%$$

式中　EB——断裂伸长率变化率（%）；
　　　ε_1——老化前的断裂伸长率（%）；
　　　ε_0——老化后的断裂伸长率（%）。

3. 烘箱法加速热老化试验装置

（1）试验装置

1）热老化烘箱：要求自动控制箱内温度（±2℃），箱内全部空气更换次数为 8～20 次/h，不采用旋转式风扇或鼓风机。

2）250kg（2.45kN）拉力试验机，夹具空载时移动速度为 250mm/min ±50mm/min。

（2）试样准备

1）从成圈或成盘产品中切取试样，橡皮或塑料绝缘的产品至少切取 10 个试样，带有塑料或橡皮护套的产品再切取 10 个护套试样，分别进行绝缘和护套的试验。每个试样长度为 100mm。

2）剥去外面的有关结构部分，试样应不偏心、无气孔、砂眼、杂质，且无机械损伤。

3）根据表 6-4-42 的规定制备样品。如因试样太小不能采用Ⅰ号哑铃试片时，则采用较小的Ⅱ号哑铃试片（见图 6-4-28～图 6-4-29）。

表 6-4-42 加速热老化试验试样的数量与形状

部位	材料种类	试样总数	不老化试样数	老化试样数	试样形状
绝缘层	橡皮	10	5	5	导线横截面积在 10mm² 以下：热老化时带导线进行，拉力试验时剥去导线用空管试验。导线横截面积在 10mm² 及以上：按图 6-4-28 的形状切成试片
	塑料	10	5	5	
护套	橡皮	10	5	5	电线外径在 16mm 以下，除去绝缘芯，用空管试验电线外径在 16mm 及以上，按图 6-4-28 的形状切成试片
	塑料	10	5	5	凡能切片的一定要切片，不能切片的用空管试样（按图 6-4-28 或 6-4-29）

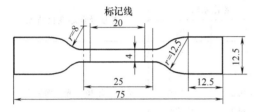

图 6-4-28 Ⅰ号哑铃试片

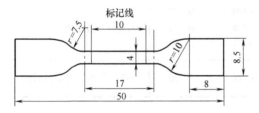

图 6-4-29 Ⅱ号哑铃试片

4）试样标距为 20mm 或 10mm，试片有效部分应磨平。截面积计算：

空管状试样

$$S = \pi(d - \delta)\delta$$

式中　S——试样截面积（mm²）；

　　　d——试样实测平均外径（mm）；

　　　δ——试样平均厚度（mm）。

哑铃试片　　$S = b \times \delta$

式中　b——试样有效部分宽度（mm）；

　　　δ——试样最薄厚度（mm）。

空管状试样截面积也可用称重法确定。

(3) 试验过程

1）取一组未老化的试样，在 23℃ ±5℃ 的温度下进行拉力试验，并计算得出每一试样的抗拉强度（MPa）和伸长率（%）。然后求出试验结果的中间值作为老化前的数据。

2）将准备进行老化试验的试样放在热老化试验的烘箱中，按产品规定的温度与时间进行加速热老化。

试样自由悬挂在烘箱内，不得转动。试样间的距离应为 15～20mm，其与烘箱之间的距离应不小于 50mm。不同硫化体系和有相互影响的试样不应放在同一烘箱内。

3）按规定时间热老化后，取出试样，在 23℃ ±5℃ 温度下至少放置 3h，但不能超过 96h，进行试样的拉力试验。同样以试验结果的中间值得出热老化后的抗拉强度和伸长率（截面积按老化前已测好的尺寸计算），并可求出老化系数 K_1、K_2 或变化率。

4. 试验实例

1）表 6-4-43 是丁基绝缘丁腈聚氯乙烯护套船用电缆的热老化试验结果，热老化条件为 120℃，240h。

表 6-4-43 加速热老化试验实例

导线截面积/mm²	结构部分	试 样	老化前数值		老化后数值		老化系数	
			抗拉强度/MPa	伸长率（%）	抗拉强度/MPa	伸长率（%）	K_1	K_2
400	绝缘	不带铜芯、护套带铜芯，不带护套带铜芯、护套	6.45	464	5.28	242	0.82	0.62
			6.45	464	5.30	272	0.82	0.69
			6.45	464	3.81	340	0.59	0.73
	护套	带绝缘、铜芯	19.22	374	17.01	264	0.83	0.70

（续）

导线截面积/mm²	结构部分	试样	老化前数值 抗拉强度/MPa	伸长率（%）	老化后数值 抗拉强度/MPa	伸长率（%）	老化系数 K_1	K_2
3×240	绝缘	不带铜芯、护套带铜芯，不带护套带铜芯、护套	5.63 5.63 5.63	664 664 664	4.1 4.23 3.87	412 480 532	0.73 0.76 0.69	0.62 0.72 0.80
	护套	带绝缘、铜芯	19.22	374	17.01	264	0.88	0.70

2）对铜芯氯丁橡皮绝缘电线进行了较长时间的加速热老化试验，以研究这种产品的耐热老化性能，其结果列于表6-4-44，并绘出加速热老化的曲线（图6-4-30）。

表6-4-44 氯丁橡皮绝缘电线（1.0mm²）加速热老化性能

老化条件	老化天数	抗拉强度/MPa	伸长率（%）	老化系数 K_1	K_2	橡皮及铜芯变化情况
老化前	—	6.37	560	—		
100℃热老化带铜芯进行	7	6.52	448	1.01	0.802	不粘，不黑，光亮黄铜色
	14	5.95	440	0.922	0.786	
	21	5.77	430	0.893	0.768	
	28	4.31	384	0.668	0.686	
	35	4.14	313	0.641	0.559	
	42	3.86	322	0.598	0.574	有点粘、黄褐色
	50	3.75	144	0.58	0.257	
120℃带铜芯热老化	4	5.65	408	0.886	0.720	不粘，不黑，光亮黄铜色

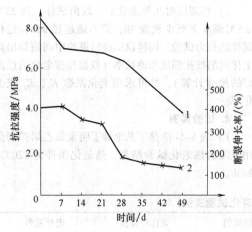

图6-4-30 氯丁橡皮绝缘电线加速热老化曲线（带铜芯老化）
1—抗拉强度 2—伸长率

3）作为加速热老化试验的对比，表6-4-45中列出了氯丁橡皮绝缘电线在70℃下长期老化的性能变化，可以发现性能下降的速率比加速热老化要慢得多。而且电线在实际使用时，不是全部时间满负荷运行，即使是满负荷运行，绝缘外表面的温度也较低，证明产品具有良好的耐热老化性能。图6-4-31是70℃下的老化曲线。

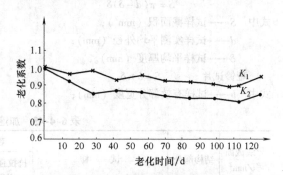

图6-4-31 氯丁橡皮绝缘电线70℃长期老化曲线（带铜芯老化）
K_1—抗拉强度残留率 K_2—伸长率残留率

表6-4-45 氯丁橡皮绝缘电线（1.0mm²）在70℃下老化的性能变化

老化天数	抗拉强度/MPa	拉断伸长率（%）	老化系数		橡皮及铜芯变化情况
			K_1	K_2	
14	8.00	552	0.96	0.92	不粘、不黑、光亮、微紫铜色
28	8.06	540	0.967	0.90	不粘、不黑、光亮、微紫铜色
43	7.75	512	0.93	0.854	不粘、不黑、光亮、微紫铜色
56	7.90	525	0.95	0.875	不粘、不黑、光亮、微紫铜色
70	7.71	514	0.925	0.856	不粘、不黑、光亮、微紫铜色
84	7.61	508	0.913	0.847	不粘、不黑、光亮、微紫铜色
98	7.54	495	0.905	0.825	不粘、不黑、光亮、黄铜色
105	7.39	480	0.886	0.80	不粘、不黑、光亮、黄铜色
112	7.40	480	0.889	0.80	不粘、不黑、光亮、黄铜色
125	7.71	500	0.925	0.834	不粘、不黑、光亮、黄铜色

注：带铜芯进行老化。

4.6.2 热寿命评定试验

1. 试验目的

加速热老化试验仅能作为检测产品热老化性能的一种方法，其结果仅能判别在这一温度下的工作寿命。因此对于产品热老化性能的进一步探讨，有必要进行热寿命评定试验。

热寿命评定试验的目的就是要通过一系列的试验研究得出产品的寿命与使用温度之间的关系曲线（称为寿命曲线），这样就可以得出在各个使用温度下相应的工作寿命，从而根据使用的要求合理地选择产品的工作温度。使产品在可靠而又经济的条件下工作。因此热寿命评定试验可以确定产品的耐温等级。

对于各种产品和材料，寿命曲线有着较好的可比性。但对于自然老化来说，这种试验仍然是相对的，仅供参考。

2. 试验原则与条件选择

(1) 试验原则

1）电线电缆产品所采用的高分子材料，在一定温度范围内热老化时大多符合化学反应动力学的热老化寿命方程

$$\ln\tau = a + \frac{b}{T}$$

式中　τ——产品在温度 T 条件工作的寿命；

　　　T——工作温度（绝对温度，K）；

　　　a，b——与材料热老化本质有关的系数。

上式也可表达成下列近似式

$$\ln\tau = a' - b't$$

式中　t——工作温度（℃）；

　　　a'，b'——系数。

2）确定热老化试验的温度范围，并在其中选择3~5个温度进行产品的加速热老化试验。

3）选定能反映试品的主要性能作为考核的性能参数，此项性能参数应该能最灵敏地反映出试品随热老化时间而变坏的规律，能够准确地测试，试验数据有较高的重要性等。并选定此项参数低于某一个值时，即作为寿命终止的临界值。

4）在每个已选定的温度下进行热老化试验，求出每一温度下试品性能参数与热老化时间的曲线（做出老化曲线）。

从各个温度下的老化曲线可列出老化曲线方程。将老化曲线延长到性能参数的临界值（寿命终止时）即为某一温度下的寿命时间，这个寿命时间也可从老化曲线方程中求得。

5）将各个温度下的寿命时间与温度的关系做成曲线，就是这一产品的寿命曲线。根据曲线同样可以列出寿命曲线方程。

从寿命曲线可以确定产品在某一温度下的工作寿命，这种方法称为二次外推法。

(2) 试验条件选择

1）试验温度。热寿命评定试验的方法总的来说是利用在高温下进行数次加速热老化试验，然后根据二次外推法评定在低温（即预定工作温度）下的寿命。这种方法的前提是热老化试验温度的选择一定要在老化机理基本相同的范围内，即在某一温度范围内，热老化的性质和规律基本相同。

因此最高温度应能保证化学反应机理与工作温度时相近，例如一般的聚氯乙烯电线，其最高试验温度选110℃较合适；天然-丁苯橡皮和则可选120℃。加速试验过程中，最低的试验温度可比产品工作温度高10~20℃，在此温度范围内选取3~5个试验温度。一般尽量利用高分子材料热老化近似10℃的规律（即温度变化10℃，老化时间近似

差一倍)。

2) 老化周期。在每一试验温度下加速热老化试验时,周期一般取 6~10 个,以得出老化曲线的实测点数。如果老化曲线为线性规律,周期间隔就采用等比级数,即 1,2,4,8,16,……若老化曲线为非线性规律,周期间隔就采用等差级数,即 2,4,6,8,10,……

最后一点应接近寿命终止指标附近。

老化温度较高时,时间间隔应短些,反之可较长些。一般应通过预备性试验,先选定高温下的老化周期,再选较低温度时的周期。若老化曲线为指数规律,可按下列方法选择。

120℃时周期间隔选择为:1,2,4,8,16,32 天;

110℃时可选择为:2,4,8,16,32,64 天;

100℃时可选择为:3,6,12,24,48,96 天;

90℃时可选择为:4,8,16,32,64,128 天。

3) 性能参数与寿命终止指标。作为热寿命评定的性能参数必须与产品实际损坏的性能有关(即是反映产品品质变化的主要性能);必须与热老化的时间和温度(即热老化程度)显示出明显的关系,并选择其中规律性好的一个;还必须符合线寿命方程(即在一定温度范围内性能参数与热老化的关系是均匀而不突变的)。因此能够作为寿命评定的指标是不多的。热寿命评定的性能参数是按照实践经验和多次的加速热老化试验分析后选定的。

对于橡皮绝缘电线电缆一般选择抗拉强度或断裂伸长率,并选定其中随着老化过程性能下降规律较好的一个;对于聚氯乙烯绝缘电线电缆,一般采用静伸长率和热失重作为评定的性能参数。

根据使用条件和实践经验而确定性能参数降低到某一极限值时,即认为产品丧失其工作性能,这个极限值即称为寿命终止指标。事实上,同一产品在不同条件使用时,寿命终止指标应该有所不同,但一般总是综合考虑,作为分析研究产品时参考。例如橡皮绝缘电线电缆,一般选取 K_1、K_2 等于 0.5~0.3 时的抗拉强度或伸长率作为寿命终止指标。

4) 如果热寿命评定试验的目的是要确定产品合理的耐温等级,那么应该先确定产品的寿命(称为极限寿命,即寿命终止的时间),然后再按照热老化寿命方程求出最合理的工作温度。

根据国内的使用经验和试验证明:极限寿命时间建议为 25000h。

3. 试验实例

具体的试验方法有烘箱老化法和通电流老化法两种,前者温度控制较严格,其方法同前面所述的加速热老化试验,通电流老化法较接近于实际使用情况。烘箱老化法的试验条件比通电流老化法要严格些。

(1) 橡皮绝缘电线的热寿命评定试验

1) 试样:天然-丁苯橡皮绝缘,导线截面积为 1mm²,绝缘厚度为 1mm。

2) 方法:采用烘箱老化法。

3) 试验温度:取 100℃、90℃、80℃、70℃四种。

每一温度下取 6~9 个测性能时间,待老化曲线出现明显规律时即可终止,每一测试点的试样数量及测试方法同前。

4) 评定指标:从试验结果知抗拉强度的下降较断裂伸长率更为明显,并假定抗拉强度下降至 20kgf/cm² (1.96MPa) 时作为寿命终止(由于本试验图表摘自于旧参考文献,抗拉强度单位选用 kgf/cm²,应改为 MPa,但考虑到换算后的图表变化较大,故仍采用 kgf/cm²,以下相同)。

5) 试验得出的老化曲线如图 6-4-32 所示。

从图 6-4-32 中的数据可求得 4 个温度下的老化曲线方程:

$$70℃ \quad\quad \sigma = 92.16 - 0.03934\tau \quad (6\text{-}4\text{-}1)$$
$$80℃ \quad\quad \sigma = 90.28 - 0.1358\tau \quad (6\text{-}4\text{-}2)$$
$$90℃ \quad\quad \sigma = 87.14 - 0.3738\tau \quad (6\text{-}4\text{-}3)$$
$$100℃ \quad\quad \sigma = 93.2 - 1.241\tau \quad (6\text{-}4\text{-}4)$$

式中 σ——抗拉强度(kgf/cm²);

τ——老化时间(天)。

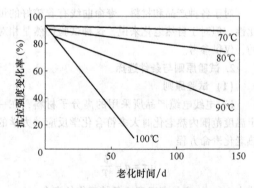

图 6-4-32 天然丁苯橡皮绝缘电线的老化曲线

6) 以寿命终止指标 $\sigma = 20$kgf/cm² 代入方程 (6-4-1) ~ 方程 (6-4-4),可以求出各个温度下寿命终止的老化时间 τ (即寿命)

70℃ $\tau = 1835$ 天 $\ln\tau = 3.264$

80℃ $\tau = 518$ 天 $\ln\tau = 2.718$

90℃ $\tau = 180$ 天 $\ln\tau = 2.255$

100℃ $\tau = 60$ 天 $\ln\tau = 1.778$

用数理统计方法，可得出寿命方程（6-4-5），并做出寿命曲线（见图6-4-33）：

$$\log\tau = 6.706 - 0.04926\tau \qquad (6-4-5)$$

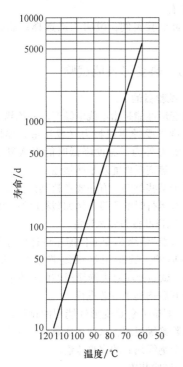

图 6-4-33　天然丁苯橡皮绝缘电线的寿命曲线

从寿命曲线或寿命方程，可以求出当工作温度为65℃时的寿命为3200天左右，大大超过了热老化试验的极限寿命时间25000h。实际使用时，不可能连续以最大负荷运行，因此从热老化的观点来看，橡皮绝缘电线的寿命在15~20年之间。

(2) 聚氯乙烯绝缘电线的热寿命评定试验

1）试样：普通聚氯乙烯绝缘电线，导线截面积在 $1.5~6\text{mm}^2$ 之间，老化后切成试片进行，因此不计截面积影响。

2）方法：将试样放在一个内径为 65mm 的 U 形钢管内，钢管浸在水槽里两端露出水面，水槽温度为 55℃ ±10℃。放电线试样的钢管内，一种是自然流通的空气，一种是人工强迫通风，风量为 10.5L/min 以上，进入钢管前风温为 53℃。

电线通以电流，导线中插有热电偶以测量导线温度。

3）试验温度：导线温度选择 100℃、90℃ 和 80℃ 三种。

每一温度热老化过程中，选测 5~6 个点当热老化进行到某一预定时间之后，取出一组电线，除去污物，沿导线绞合方向，切开绝缘，并沿此方向切成哑铃形试片。

4）评定指标：选择静伸长率为评定寿命的性能参数。

试片在一定负荷下、一定时间后的伸长率称为静伸长率。此项性能参数与塑料热老化有较好的线性关系。但静负荷和计量时间需合理选择。现选择负荷为 5kg，延伸时间为 5min，测量温度为 18~28℃。

寿命终止指标选择在静伸长率为 0 的一点，大约相当于相对伸长率为 100%，从实际使用观点来看，这是偏于安全的，此时电线还有足够的柔软度。

5）试验后的数据见表6-4-46。

表 6-4-46　聚氯乙烯绝缘电线热寿命评定试验结果

静伸长率（%）　老化温度/℃　　老化时间/天	80	90	100
	通　风		
0	58 ± 0.13①	58 ± 0.13	58 ± 0.13
6.8	53 ± 0.16	55 ± 0.11	44 ± 0.18
19.5	49 ± 0.14	51 ± 0.18	38 ± 0.07
35.0	54 ± 0.11	40 ± 0.17	31 ± 0.28
50.8	60 ± 0.04	48 ± 0.03	30 ± 0.21
70	52 ± 0.20	37 ± 0.27	21 ± 0.33
90	57 ± 0.22	36 ± 0.10	17 ± 0.8
	不　通　风		
6.3	60 ± 0.20	55 ± 0.11	51 ± 0.18
18.8	56 ± 0.16	60 ± 0.12	43 ± 0.13
35.8	60 ± 0.25	49 ± 0.12	36 ± 0.16
50.8	55 ± 0.16	44 ± 0.13	30 ± 0.20
69	49 ± 0.18	42 ± 0.18	16 ± 0.6

① 变异系数，是表示数据分散性的特征数。它是标准误差与其平均数的商，用百分数表示。此数越大，分散性也越大。

其相应的老化曲线如图 6-4-34 所示。

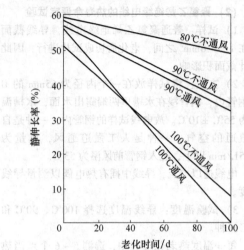

**图 6-4-34 聚氯乙烯绝缘电线
长期热老化曲线**

6）计算在不通风条件下的寿命的方程。用数理统计方法，取显著性水平为 10%，求得

$$\ln\tau = 5.5301 - 0.03528t$$

并做出寿命曲线（见图 6-4-35）。

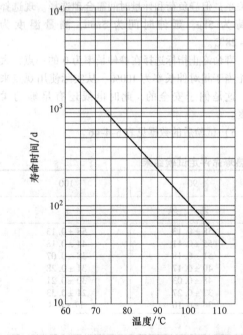

图 6-4-35 聚氯乙烯绝缘电线寿命曲线

从寿命曲线或寿命方程中假定工作温度为 65℃，试验寿命约为 4 年。应该指出，由于选用静伸长率等于零（相当于相对伸长率为 100%）作为

寿命终止指标，因此计算的寿命曲线要比实际低得多，且试验条件远比实际工作条件苛刻得多，按橡皮绝缘电线的实际经验和聚氯乙烯电线的运行经验，可以推定聚氯乙烯绝缘电线的实际工作寿命在 15 年左右。

由此试验实例，说明正确选择终止指标极为重要。

4.6.3 热变形性能试验

1. 试验目的

热变形性能是指电线电缆产品的绝缘或护套在一定温度下受外界机械力（或自重）作用而变形后，当除去外力，温度降低时能否恢复原状的能力，因此热变形性能就是热塑性。

对于某些材料，有必要考核其热变形，以保证产品正常运行时的质量，例如塑料电线电缆。

2. 试样准备与测试设备

1）测试绝缘热变形性能用试样的导电线芯必须是圆形的，试验用绝缘线芯进行，试样长约 100mm，试验前应除去绝缘线芯的护套；平行电线应先分开后选其中一芯进行。

2）测试护套热变形性能用的试样，从纵向剖开并去除绝缘线芯，试样切成条状，其内表面应保留有一个绝缘线芯的完整印痕。

3）试验装置

a）恒温箱；

b）热变形试验装置；

c）精度 0.01mm，20 ~ 0 倍读数显微镜。

热变形试验装置如图 6-4-36 所示。刀口部分为方形尺寸，要求精确到 ± 0.01mm。刀口的表面粗糙度 R_a 不低于 6.3μm。整个设备必须经过防锈处理。

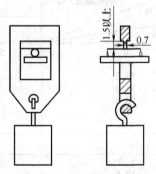

图 6-4-36 热变形试验装置

3. 试验方法

（1）试验绝缘线芯热塑性将符合要求的试样

放入已预热到规定温度的试验承样板中部，按表 6-4-47 规定加上负荷。试样不得滚动，且保持刀口和试样垂直，然后将试验器放入控制到规定温度的恒温箱内。

表 6-4-47　热变形性试验负荷的规定

试样外径/mm	负荷/g	试样外径/mm	负荷/g
≤1.0	75	4.6~6.0	225
1.1~1.5	100	6.1~8.0	300
1.6~2.5	125	8.1~10.0	350
2.6~3.0	150	10.1~12.0	400
3.1~3.5	175	≥12	500
3.6~4.5	200		

经过4h后，取出试验装置，在不去除负荷的情况下，用冷水细流冷却试样3min，取下试样，用读数显微镜测量被压处及其一侧不大于2mm处的绝缘厚度。

（2）试验护套热变形性能　将符合要求的试样包覆在按表 6-4-48 规定直径的金属棒上，放入试验装置承样板中加负荷。

将试验装置放入恒温箱中，按对绝缘热变形性能试验相同的办法进行试验和测量。

表 6-4-48　护套热变形试验时的试棒直径和负荷

试棒选择/mm		负荷选择	
绝缘线芯外径	试棒外径	护套厚度/mm	负荷/g
2.0~3.0	2.0	0.7	150
3.1~4.0	3.0	0.8	175
4.1~5.0	4.0	0.9	200
5.1~6.0	5.0	1.0	225
6.1~7.0	6.0	1.2	250
		1.4	275

（3）试验结果及计算

1）热塑性即热变形率 a（%）应按下式进行计算

$$a = \frac{b_1 - b_2}{b_1} \times 100$$

式中　b_1——距被压处任一侧2mm内的实测绝缘厚度（或护套）；

b_2——被压处的实测绝缘厚度（或护套）。

2）试验结果取三个试样实测值的算术平均值，若三个试样热塑性数值最大和最小值之差大于10%时，应重新试验。

4. 试验实例（见表 6-4-49）

表 6-4-49　部分聚氯乙烯电线热变形试验实例

型 号 规 格	绝缘厚度/mm	护套厚度/mm	试样外径/mm	负荷/g	试验温度/℃	测试数据/mm b_2	测试数据/mm b_1	热变形率 a（%）	耐电压试验
BV（1mm²）	0.8	—	2.51	125	80±2	0.41 0.45 0.44	0.68 0.72 0.70	39.7 37.5 37.0	
BV（6mm²）	1.0	—	4.86	221	80±2	0.89 0.84 0.80	1.21 1.14 1.10	26.4 26.3 27.3	
BV（16mm²）	1.2	—	7.5	300	80±2	0.88 0.80 0.84	1.41 1.12 1.11	37.6 28.6 24.3	不击穿
BLV（6mm²）	1.0	—	4.89	225	80±2	0.73 0.91 0.78	1.07 1.20 1.12	31.8 24 30.4	
RVS（0.3mm²）	0.6	—	2.05	125	80±2	0.45 0.41 0.43	0.62 0.65 0.62	27.4 36.9 30.6	
RVV（3×2mm²）	—	1.2		175	80±2	0.93 0.78	1.45 1.4	36.9 44.3	—

（续）

型号规格	绝缘厚度/mm	护套厚度/mm	试样外径/mm	负荷/g	试验温度/℃	测试数据/mm b_2	测试数据/mm b_1	热变形率 a（%）	耐电压试验
					100 ± 2	—	—	42.5 43 49.5	
RV-105（1mm²）	0.6	—	2.9	150	20 ± 2	—	—	57.7 65 63	不击穿
					140 ± 2	—	—	87 100 100	

4.6.4 耐寒性能试验

1. 试验目的

耐寒性能试验就是通过在低温条件下的试验来考核电线电缆产品在严寒地区或其他低温条件下能否正常工作的特性。

产品的耐寒性能，在固定敷设的场合，要求在允许的最低环境温度和最小敷设弯曲半径下安装时，产品的绝缘和护套不开裂，以及在低温条件下长期运行时不因受弯曲预应力作用或分子结构力的作用而开裂。对于移动或半移动使用的产品，则要求在低温下能承受多次以较小的弯曲半径弯曲时的机械应力而绝缘和护套不破坏，即要求产品的绝缘和护套在低温条件下仍能保持一定的柔软度和弹性。

电气装备用电线电缆中许多产品均需在严寒地区或低温环境下工作，不少产品是移动或半移动工作的，而产品的绝缘和护套大多采用橡皮、塑料等高分子材料，因此考核产品的耐寒性能有重要的实用意义。

对于高分子材料来说，材料的极性小，分子间的作用力小，则其耐寒性越好。此外产品中导电线芯及其他结构部分的柔软度好，则在低温下弯曲时的机械应力较小，能使耐寒性能提高。

2. 试验方法与装置

耐寒性能试验有下列五种试验方法，产品根据其使用条件的不同选择其中一种或两种。

(1) 静置后弯曲法

1）取一定长度（200～400mm）的试样2～3段（有屏蔽层的产品应除去屏蔽层），平直放置于符合产品标准的冷冻设备中；

2）到达标准规定的放置时间后取出，立即在一定直径的圆棒上弯曲180℃或卷绕几圈，或取出后在室温中放置一定时间后再弯曲。

3）弯曲后保持弯曲状态静置至室温，取下试样，观察试样全部表面，要求不应有目力可见的裂纹。

此方法适用于在低温环境下固定敷设的产品，静置的温度、放置时间、弯曲用圆棒的直径等条件均按产品专业标准，表6-4-50是几个产品标准中规定的试验指标。

表 6-4-50 静置后弯曲试验条件的实例

产品	试样长度/mm	静置低温环境中 温度/℃	静置低温环境中 时间/h	取出后室温 放置时间/min	弯曲条件	外观检查
汽车高压点火线 QGX、QGV 系列	200	-40 ± 2	1	0	3 倍电线外径的圆棒上弯曲180°	表面不应有目力可见的裂纹
汽车高压点火线 DG 系列	300	-10	1.5	不取出弯曲（-10℃）	在 100mm 直径的圆棒上弯曲180°	
		-60	3	30	在 1 倍电线外径的圆棒上弯曲180°	

(2) 弯曲后静置法（静弯曲法）

1）取一定长度的试样两段，有金属编织的在除去后将试样在直径为电缆外径 3 ~ 10 倍的金属圆棒上，卷绕 1 ~ 5 匝，卷绕倍数与匝数按产品标准的规定。

2）将金属棒放入已稳定调节到规定试验温度的冷冻箱中，静置一定时间（一般为 3h）。

3）取出试样，在室温下放置 10 ~ 15min，要求试样的绝缘和护套表面均不应有目力可见的裂纹。

此方法适用于在低温环境下固定敷设的产品，表 6-4-51 是几种产品的试验指标。

表 6-4-51　静弯曲试验条件的实例

产　品	卷绕直径为试样外径倍数		卷绕匝数		低温静置		外观检查
	导线截面积/mm²	倍数	试样外径/mm	匝数	温度/℃	时间/h	
聚氯乙烯绝缘尼龙护套电线 FVN, FVNP	≤2.5 3 ~ 10	5 6	≤2.5 2.6 ~ 6.5	6 5	−60 ± 3	3	表面应无目力可见的裂纹
船用电缆 CF, CF31, CY, CYR 等	16 ~ 35	8	6.6 ~ 9.5 9.6 ~ 12.5	4 2	−40 ± 3	3	
船用电缆 CV 型	50 ~ 95	10	>12.6	1	−30 ± 2	3	

(3) 低温卷绕试验（动弯曲法）

1）试验装置

① 低温箱：温度变化范围应符合试验要求。

② 弯曲装置：有手动与机动两种。装置中有绕试样的滚轮两个，直径可按产品外径选择，滚轮的转动角度和方向可自动控制。弯曲装置放在低温箱中，手动型装置可打开低温箱，摇动手柄控制转动角度和方向。机动的在低温箱外自动控制。

2）取一定长度的试样两段，表面应无机械损伤和平整。如有金属护层或其他编织层，应小心剥除。

3）试验装置先在低温箱中按规定的温度放置 2h 以上，然后将试样一端固定在弯曲装置的一个滚轮（或滚棒）上，均匀进行卷绕几匝，试样的另一端固定在另一个滚轮（棒）上。滚轮的直径和卷绕匝数按试样直径并根据产品标准规定选定，两个滚轮（棒）直径相等。

4）将绕好试样的弯曲装置放在低温箱中，按产品标准规定的试验温度静置 4h 以上。然后在同样温度下转动滚轮使试样转绕到另一个滚轮上，接着再反方向转动使试样绕回原滚轮，卷绕的速度大约为每 5s 一匝，船用电缆规定速度为 15s 一匝。图 6-4-37 是弯曲卷绕的原理图。

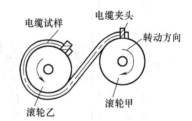

图 6-4-37　低温卷绕装置原理图

5）经反复一次卷绕后，取出试样在室温下放置 10 ~ 15min 后观察（或用四倍放大镜观察），试样表面应无目力可见的裂纹。

此方法适用于低温环境下移动使用的产品，见表 6-4-52。

表 6-4-52　动弯曲试验条件的实例

产　品	卷绕直径为试样外径的倍数	卷绕匝数	低温静置		外观检查
			温度/℃	时间/h	
塑料绝缘电线 BV, BV-105, BLV 等	5	5	−35 ± 2	3	表面应无目力可见的裂纹
塑料绝缘软线 RV, RVB, RVS, RVV	3	5	−35 ± 2	3	
RFB, RFS	3	5	−50 ± 3	3	
橡皮绝缘和护套船用电缆 CF, CF31, CY…	见表 6-4-51	见表 6-4-51	−30 ± 2	3	
塑料护套船用电缆 CU			−20 ± 2	3	

(4) 低温拉伸试验 此试验方法适用于测定电线电缆绝缘和护套在低温状态下的力学性能。按国际电工委员会（IEC）建议，外径大于12.5mm 的圆形线芯绝缘或宽边大于20mm 的扁平电线电缆，以及可制备哑铃试片的扇形线芯绝缘，可采用低温拉伸试验。试验可配备有冷却装置附件的拉力试验机，也可放在冷冻房内的一般拉力试验机。

试验设备和试片应在有关电线电缆标准规定的温度下进行预冷处理。在空气中冷却时，若装置和试片均未经预冷处理冷却时间应不少于4h，若装置或设备已经预冷处理，而试片未经预冷处理，冷却时间可缩短为2h。试片也可采用液体致冷，冷却液一般用乙醇或甲醇与干冰的混合物。拉力试验机的夹头的位移速度为25mm/min ±5mm/min。

(5) 低温冲击试验 此试验适用于各种聚氯乙烯护套电缆，不管线芯采用什么绝缘。

试验设备如图 6-4-38 所示。重锤在 100mm 高度下落冲击试样，重锤和试样外径的关系列于表 6-4-53。

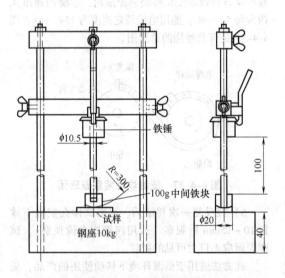

图 6-4-38 冲击试验设备

将设备和试样放入低温箱中，应按有关电线电缆产品标准的规定温度进行冷却，设备和试样均未经预冷处理的，冷却时间应不短于 16h。如果设备已经预冷处理，试样的冷却时间才可缩短到使试样达到规定的试验温度，但不得短于 1h。

经过冲击试验后的试样用下列方法进行检查：无护套的电线电缆试样以每 100mm 长保持直线状态扭转 360°，然后检查绝缘。如试样不能作 360°扭转时，可先浸入温水中一定时间后取出，沿试样轴

向切开护套，再检查绝缘表面和护套内外表面，用目力观察应无任何裂纹。

表 6-4-53 试样外径和对应的重锤重量

试样平均外径 D/mm		重锤重量 /g
固定敷设用电线电缆试样	软电线电缆及通信电缆试样	
$D \leq 4.0$	$D \leq 6.0$	100
$4.0 < D \leq 6.0$	$6.0 < D \leq 10.0$	200
$6.0 < D \leq 9.0$	$10.0 < D \leq 15.0$	300
$9.0 < D \leq 12.5$	$15.0 < D \leq 25.0$	400
$12.5 < D \leq 20.5$	$25.0 < D \leq 35.0$	500
—	$35 < D$	600
$20 < D \leq 30$	—	750
$30 < D \leq 50$	—	1000
$50 < D \leq 75$	—	1250
$75 < D$		1500
平行软电线		100

注：试样为扁平电缆时，D 取扁平电缆的短轴尺寸。

4.6.5 耐臭氧试验

1. 试验目的

臭氧（O_3）是淡蓝色和具有臭味的气体，凭着它的气味，即使在空气中只有微量的臭氧，也很容易分辨出它的存在，臭氧具有很大的毒性，由英国 HM 工厂总监出版的技术资料规定了工作室环境中化学物质的极限浓度（TLV）。根据这个文件推荐：臭氧的 TLV 为 $0.1 \times 10^{-4}\%$（按体积计，每百万分空气的臭氧份数）。

1L 臭氧的重 2.15g，1L 氧重 1.43g，1L 空气重 1.293g（在标准状态下）。所以臭氧比氧重 0.5 倍，比空气重 0.66 倍。臭氧是很强的氧化剂。在常温下，臭氧的分子就会逐渐分解：

$$O_3 = O_2 + O$$
原子态的氧

与氧分子（O_2）同时分出的还有一个单独的氧原子，这个氧原子具有高度的化学活性，能氧化金属，使染料褪色，使橡胶龟裂等。

耐臭氧试验的主要对象是高压橡皮绝缘电缆。这种电缆在工作时间因局部游离放电作用而产生臭氧，使绝缘表面劣化，故对这些电缆的橡皮绝缘就要求其具有一定的耐臭氧性能，以保证电缆的安全运行。在一般条件下，臭氧对橡胶的作用十分缓慢。但当橡胶处于应力作用下时，臭氧的作用会变得十分迅速，以致引起龟裂。基于这种原因，橡皮试片的耐臭氧试验是预先给哑铃试片一个张力，橡皮电缆的耐臭氧试验一般是将其按一定倍径的曲率

弯成圆弧形,使橡皮绝缘处于一定的张力状态,然后将这些试样置于规定浓度的臭氧环境中一定时间,看其是否发生龟裂来判断它们的耐臭氧性能。

2. 试验方法

注意臭氧有毒性,应采取预防措施使人与臭氧一直保持尽可能少的接触,工作室环境的浓度不超过 $0.1 \times 10^{-4}\%$ 。

(1) 试验装置 主要由臭氧发生器、装有试样的试验箱的循环系统和臭氧浓度百分比的测量装置三大部分组成,试验装置流程图如图6-4-39所示。

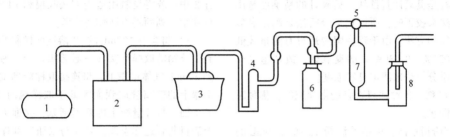

图6-4-39 臭氧试验装置工作流程

1—压缩空气泵,排气压力应能满足臭氧发生器所需要的工作压力。

2—臭氧发生器,从压缩空气泵来的无油空气经气水分离器、调压阀、过滤器、干燥等进行高度干燥后减压,再次过滤、干燥,最后进入臭氧发生单元,在高电压作用下产生臭氧。根据 IEC 规定臭氧发生器的流速为280～560L/h,臭氧浓度为0.025%～0.030%;

3—带有恒温浴的试验箱。弯曲后的电缆试样在此经受臭氧的作用,从臭氧发生器出来的含臭氧气体由一定的管路通到试验箱的底部,然后通过试验箱底部附近的过滤器,从试样空间通过由顶部出口排出,过滤器由一层疏松的石棉纤维或玻璃纤维夹在两层铜网之间组成,主要作用是使含臭氧的气体能在试样空间均匀分布。试验箱内还应放置一试样架,使制备好的试样其弯曲部分向上,交叉扎紧部分朝下放置在试样架上。试验箱应是透明或带观察窗的,以便于观察试样。

根据 IEC 规定,试验温度为25℃±2℃,故可带一只恒温水浴。

4—流量计。用以监视气流的流量。

5—三通活塞。一端接通试验箱的流量计,一端接取样瓶,另一端接大气。当流量计与取样瓶接通时,可以取样测定臭氧的浓度;当流量计与大气接通时,通过试验箱的含臭氧的空气排到大气中去。这一端一定要用一根塑料软管通到远离试验房间的室外,保持试验室内无臭氧污染。

6—取样瓶;

7—500mL 气体量瓶。

8—500mL 吸收瓶。

(2) 试验方法 无论电缆是单芯还是多芯,只要取一个芯进行试验。取样的根数按产品标准规定,应除去线芯上全部护套包括绕包的半屏蔽层,所以应多取一倍的试样,一半试样保留半导电屏蔽层,一半除去。

将一根试样沿其原有的弯曲方向和平面弯曲,并应无扭绞地绕于芯轴一圈整,在末端交叉处用绳扎牢;另一根试样应在其原有的曲率和平面做同样弯曲,但方向相反。如果线芯有挤包半导电屏蔽层,那么无论保留或去除半导电屏蔽层的试样都要做上述两种方式的弯曲。

弯曲的芯轴可用黄铜、铝或适当处理过的木制芯轴,芯轴直径和试样线芯直径的关系如表6-4-54所示。

表6-4-54 芯轴直径与试样的关系 (单位:mm)

试样直径	≤12.5	12.5～20	20～30	30～45	>45
心轴直径	4	5	6	8	10

若试样太硬,末端不能交叉,则试样应至少在规定直径上弯曲180°并扎牢。弯曲在试棒上的试样,在环境温度和空气中放置30～45min。

调节臭氧发生器的电压或气流,以获得规定的臭氧浓度,臭氧产生后至少15min取样检查,在臭氧浓度达到正常并至少稳定45min后,将试样放入试样箱内,试样箱保持规定的温度。臭氧流量在280～560L/h 之间,试验箱内的压力应保持在略高于大气压。

试验的时间按电缆标准规定,试验结束后从试验箱中取出试样进行检查,在目力观察下,离结扎最远处弯曲180°部位表面应无裂纹。

注意：打开试验箱取出试样以前，应先停止臭氧发生器，并用一般空气充分地冲洗整个试验箱。

3. 臭氧浓度测定

臭氧浓度的测定方法有两种：一种是化学分析法；另一种是臭氧计直读法。臭氧计的精确度是用化学分析法来校正的，所以化学分析法是测定臭氧浓度最可靠的方法。由于现在国内还没有测量较低浓度（0.025% ~ 0.030%）的臭氧计，故这里只介绍采用化学分析法来测定臭氧浓度。

(1) 试剂 各种试剂均应是化学纯的，稀释时必须用蒸馏水。

1）淀粉指示液：可溶的淀粉1g加入40mL的冷水中。不断地搅拌，并加热到沸腾，直到淀粉完全溶解，用冷水稀释到约200mL；再加2g结晶氯化锌，让溶液澄清，然后倒出上层清液供使用。为保持定期使用，每隔两天或三天要更换溶液一次。

另外也可用1g可溶性淀粉溶于100mL沸水中制备新鲜溶液。

不管用哪一种淀粉溶液作指示剂，均应加几滴10%醋酸到待滴定的溶液中。

2）标准碘溶液：在称量管中加入2g碘化钾（KI）和10mL的水，并对溶液和称量管称重。将碘直接加入放在天平盘上的称量管的溶液，直到溶液中的总碘量约为0.1g。准确称重含碘的溶液，测定加在溶液中的碘量。将溶液倒入烧杯中，在烧杯上面用蒸馏水清洗称量管。然后将溶液从烧杯中倒入1000mL的量瓶。用蒸馏水冲洗烧杯，并倒入量瓶内，并将量瓶中的溶液稀释到1000mL。（注：若保存在阴暗且冷的地方和封紧的棕色瓶内，则此溶液是相当稳定的）。

3）硫代硫酸钠溶液：将约0.24g的硫代硫酸钠（$Na_2S_2O_3$）置于1000mL的量瓶内，并稀释到1000mL，制成其浓度大到和标准碘溶液基本相同的$Na_2S_2O_3$溶液。由于溶液的浓度逐渐下降，因此在臭氧试验的当天，应对照碘溶液及硫代硫酸钠进行标定。

硫代硫酸钠溶液的浓度按碘当量计算，以每mL溶液的毫克数表示，计算为

$$\frac{FC}{S}$$

式中 F——碘溶液的容量（mL）；

C——碘的浓度（mg/mL）；

S——用于滴定的硫代硫酸钠溶液的容量（mL）。

4）碘化钾溶液：纯KI约20g溶于2000mL的蒸馏水中。

5）醋酸：制备10%溶液（按体积比）。

(2) 臭氧的收集和测定 被测定的含臭氧空气，应通过试验箱从碘化钾溶液冒泡流出收集在取样瓶中；或将臭氧用适当方法收集和KI溶液混合。现介绍下列两种方法作为参考。

1）将含有100mL的KI溶液取样瓶的一边连接到试验箱的取样活塞（三通活塞）上，另一边连接到500mL气体量瓶上。将连接取样瓶到试验箱取样活塞上的玻璃管放到大大低于取样瓶内KI溶液面的下面。打开量瓶上的双通活塞，接通大气，用水充满量瓶到达标志线，升高与量瓶底部连接的吸气瓶。然后关闭通大气的量瓶活塞，接通取样瓶，再打开试验箱上取样活塞接通取样瓶。接着放低吸气瓶，直到从量瓶中水流完。当完成此过程时，从试验箱来的500mL的气体将通过KI溶液流出，然后关闭活塞，将取样瓶取下供滴定用。

2）用KI溶液冲满400mL容量的分液漏斗，并与试验箱的试验活塞连接。同时打开试验活塞和分液漏斗底部活塞，直到约200mL的KI溶液流进放置在它下面的有刻度的量筒内。尽快关闭试验活塞和分液漏斗的活塞，移去和塞住分液漏斗，则其中所含的气体体积等于400mL和圆筒中KI溶液体积之差。摇动分液漏斗，使KI溶液完全发生反应。然后将圆筒内溶液用淀粉指示剂测定是否有碘，若测定有碘的话，则气体采样应作废，另外再收集。

KI溶液与通过试验箱收集得到的已知体积的臭氧进行反应，用淀粉指示剂和标定的硫代硫酸钠溶液进行滴定后，即能测定臭氧的浓度。

4.7 耐油性试验

电线电缆产品在使用过程中经常可能接触油类，如接触油雾，少量直接接触油类，或直接浸在油中工作等。而大部分是少量接触油类如油滴，油迹的污染或周围存在油气、油雾。油的种类也各不相同。产品所用的橡皮、塑料等高分子材料在不同程度上会吸收油类，透过油气，其中有些组分会与油分子产生相溶性，引起材料的溶胀，抽取材料中的某些组分（如增塑剂等），以致影响产品的外形或力学、电气性能。

因此对于有可能接触油类的电线电缆产品，就有必要进行所选用材料对有关油料的耐油性试验，以保证正常运行和延长使用寿命。同时耐油性试验

也作为选择合适的材料,考核材料的品质和工艺条件等因素的重要方法。

材料与部分产品的耐溶性,其要求和试验方法的选择也与此类似。

4.7.1 耐油性能概述

油类对电线电缆产品所采用的橡、塑材料的影响主要是:橡、塑材料对油、油雾的透过性,材料吸收油的能力,材料及其配合剂与油分子的相溶性等几个方面,其中材料之间的相溶性起着决定性的作用。因此橡、塑材料的耐油性能与材料本身、配合剂的分子结构,与油的种类和特性有着极为重要的关系。一般所说的耐油性能仅是指耐某一油类的特性。

根据热力学自由方程式,两种物质的溶度参数值越接近,则越容易相互溶合,表 6-4-55 列出了某些高分子材料与油类或溶剂的溶度参数值。

对材料耐油性能的要求取决于接触油类方式。油雾的作用是因气相油分子透过材料而被吸收,而浸油则是液相油分子被材料所吸收,两者吸收油分子的浓度是有差别的,只有在周围油雾浓度很大时才趋于相近。少量接触油类则是指不经常地接触,而且也是局部部位的接触,这是产品在使用中的多数情况,电线电缆产品在接触油雾或少量接触油类的情况下,一般选用氯丁橡胶和聚氯乙烯塑料为护套;在经常接触油类的情况下则往往选用丁腈橡胶、丁腈-聚氯乙烯复合物或氯醇橡胶作耐油护套;对浸在油中工作的产品则应采用氯化聚醚、氟橡胶作耐油护套,或采用金属密封护套。

表 6-4-55 部分材料的溶度参数值

高聚物名称	溶度参数	油及溶剂名称	溶度参数
聚四氟乙烯	6.2	脂肪族碳氢化合物油类	6.8
聚乙烯	7.9	芳香族矿物油	8.2
丁基橡胶	7.9	汽油	8.2
聚丙烯	8.1	二甲苯	8.8
丁苯橡胶	8.1	甲苯	8.9
硅橡胶	8.1	苯	9.1
天然橡胶	8.2	丙酮	10.0
丁腈橡胶(低丙烯腈含量)	9.0	乙醇	12.7
氯丁橡胶	9.2		
聚氯乙烯	9.7		
丁腈橡胶(高丙烯腈含量)	9.8		
尼龙66	13.6		

与电线电缆产品接触的油类主要是润滑油类(如机油、透平油等)和燃料油(汽油、航空汽油、轻柴油等),因此考核材料的耐油性一般是选择部分代表性的油种来进行试验。目前主要采用 20 号机油(SH/T0139)或 IRM902 作为润滑油类的代表,以 0 号轻柴油(GB252)或 IRM903 作为燃料油的代表。对于接触特殊油类的产品,也可按具体使用条件加以考虑。

4.7.2 试验条件与参数

1. 接触油类的方式

为了加速试验,一般采用浸油试验的方法,这比油雾试验和少量接触条件要苛刻。对于仅接触油雾的场合,也可进行耐油雾试验与浸油试验做对比参考。

2. 试验温度

接触油类时的环境温度与材料的耐油性关系很大,温度越高,材料与油类分子的分子热运动越加剧,这对油的透过能力、材料吸收油的能力与相溶性的能力均有关。作为考核材料耐油性能的加速试验,一般选取比实际使用温度较高的温度。对于燃料油,因其对材料的溶胀能力较强,且本身的汽化温度和闪点较低,则选用 50℃ 作为试验温度。

3. 试验时间

一般选取 24h。作研究性试验可适当延长。

4. 性能参数与指标的选择

其原则与加速热老化试验和热寿命评定试验类似。在材料接触油类时,比较敏感的性能参数是材料的力学性能,浸油后材料的增重和材料的硬度等几项。目前一般采用以力学性能作为考核指标，即耐油系数：

$$Y_1 = \frac{浸油后抗拉强度}{浸油前抗拉强度}$$

$$Y_2 = \frac{浸油后伸长率}{浸油前伸长率}$$

对于加速耐油试验，Y_1、Y_2 的考核指标一般选 0.6 左右，这个指标的选定应与试验温度和时间相配合，并根据长期的使用经验和试验结果而确定。对于长期试验，应考虑材料趋于近于破坏（丧失工作能力）时的参数值，其试验方法的原理可参照热寿命评定试验。

4.7.3　试验方法

1. 试样准备

1）产品试样从成盘或成圈的电线电缆任一端取样，同一样品上取样 10 个，要求试样表面平整，无机械损伤。

2）产品的绝缘部分试样，截面积为 $10mm^2$ 及以下的除去导线成管状试样进行；$10mm^2$ 及以上的应切成哑铃形试片进行。护套部分试样，绝缘线芯外径在 3mm 以下的应除去绝缘线芯，以管状试样进行；绝缘线芯外径在 3mm 及以上的应切成哑铃形试片。试片尺寸按图 6-4-28 或图 6-4-29 的形状切制。空管状试样长度为 100mm，标距为 25mm。

3）护套厚度为 2.0mm 及以下的试片，应用电动砂轮机将内层绞合印痕磨平；厚度在 2.0mm 及以上的应磨平至 2.0mm±0.2mm。磨试片时应防止试片过热。

磨平后的试片应在测量标距内测量三个点厚度，各点厚度差不大于 0.1mm。计算截面积时，按三点中最薄点计算。

管状试样截面按下式计算

$$S = \pi(d-t)t$$

式中　d——浸油前实测平均外径（cm）；

t——浸油前实测平均厚度（cm）。

2. 试验装置

1）电动砂轮机：砂轮不低于 40 号，线速度不高于 25m/s。

2）恒温烘箱：应使油的温差不大于 ±2℃。

3）盛油容器。

4）拉力试验机：拉力 250kgf（2.45kN）以下。空载时夹具移动速度为 250mm/min±50mm/min。

3. 试验步骤

1）将盛有油的容器预热到规定的试验温度。

2）将 5 个试样悬挂于预热过的油容器中，油面与试样、试样与试样之间，以及试样与容器间应有适当距离，以不互相接触为限。

将油容器放在达到规定试验温度的恒温烘箱中，保持规定的时间。

3）达到预定规定的时间后，取出油容器在室温中放置 1h 后，取出试样，于酒精中洗涤不多于 3min，再用滤纸吸净试样表面油迹，进行测量并计算抗拉强度和断裂伸长率，取其算术平均值。

4）取另 5 个试样测量浸油前的原始值并计算抗拉强度和断裂伸长率，取其算术平均值。

5）求出 Y_1 和 Y_2，考核是否符合标准规定的指标。

6）不同配方的试样不得放入同一油容器。试验用油只许用一次。

7）算术平均值计算时，若某一、二个试验值超过平均值（60±10）%，应予去除，以三个或四个平均。若有三个试样的结果超过 ±10%，则应重做。

4.7.4　试验实例

表 6-4-56 和表 6-4-57 是船用电缆几种不同的护套短期和长期耐油的试验结果，均具有较好的耐油性。

表 6-4-56　船用电缆护套试片短期耐油试验

试验条件 耐油指标 试样种类	20 号机油 100℃，24h		22 号透平油 100℃，24h		0 号轻柴油 50℃，24h	
	Y_1	Y_2	Y_1	Y_2	Y_1	Y_2
成品电缆氯丁护套试片	0.87	1.05	0.82	1.08	0.88	1.00
成品电缆丁腈聚氯乙烯护套试片	0.94	0.79	0.97	0.85	0.97	1.03
成品电缆聚氯乙烯护套试片	1.14	0.81	1.16	0.91	0.86	0.92
	1.00	0.87	0.91	0.83	0.91	0.94
成品电缆耐寒聚氯乙烯护套试片	0.89	0.83	0.86	0.84	0.87	0.86

表 6-4-57　船用电缆护套试片长期耐油试验

试样种类	试验条件	原始性能 σ 为抗拉强度/MPa ε 为伸长率（%）	耐油系数	浸油天数				
				1	4	8	16	32
氯丁护套	20 号机油（45℃）	$\sigma = 10.81$ $\varepsilon = 368$	Y_1	0.93	0.88	0.87	0.88	0.89
			Y_2	0.90	0.92	0.89	0.82	0.84
	22 号透平油（45℃）		Y_1	—	0.90	0.89	—	0.89
			Y_2	—	0.89	0.87	—	0.86
	0 号轻柴油（20℃）		Y_1	—	0.79	0.79	—	0.82
			Y_2	—	0.90	0.85	—	0.84
丁腈聚氯乙烯护套	20 号机油（45℃）	$\sigma = 18.53$ $\varepsilon = 644$	Y_1	0.96	0.94	0.95	0.93	0.93
			Y_2	0.96	1.00	0.95	0.98	0.95
	22 号透平油（45℃）		Y_1	—	0.98	0.98	0.99	0.87
			Y_2	—	0.97	0.96	0.96	0.84
	0 号轻柴油（20℃）		Y_1	0.98	1.00	1.04	0.97	0.83
			Y_2	0.99	1.02	0.99	1.04	1.02

表 6-4-58 是不同户外型通用橡套电缆氯丁护套橡皮中氯丁橡胶与天然胶配比变化与耐油性能的关系。从试验可知，当天然胶百分比较大（大到与氯丁胶比例为 1:1 时），这种橡皮耐油性就较差。

表 6-4-58　氯丁橡皮胶种配比与耐油性能关系（含胶量 40%）

胶种配比	50℃，24h		70℃，24h		100℃，24h		浸油后增重率（%）		
氯丁胶/天然胶	Y_1	Y_2	Y_1	Y_2	Y_1	Y_2	50℃	70℃	100℃
1:0	0.92	1.05	0.84	0.97	0.88	0.90	1.88	3.75	9.18
8:2	0.80	1.12	0.75	0.93	0.69	0.91	5.47	9.89	19.2
6:4	0.78	1.06	0.73	0.94	0.65	0.88	11.3	19.0	29.8
1:1	0.71	0.96	0.66	0.92	0.61	0.86	15.0	25.4	37.1
3:7	0.75	0.85	0.57	0.71	0.44	0.64	16.4	27.3	40.0
0:1	0.50	0.82	0.45	0.71	0.11	0.52	32.6	54.4	105

4.8　耐气候性能试验

使用电线电缆产品时，周围的环境条件对使用寿命和产品性能有着一定的影响，例如大气中相对湿度很高，而气温也较高，霉菌的繁殖，日光辐射、雨水、严寒等。在寒冷地区主要是电线电缆在低温下敷设使用时的弯曲机械应力问题，耐寒性能试验方法已在 4.6.4 节中做了介绍。本节主要针对热带气候（湿热与干热）地区的使用条件所要求产品的耐湿热性能、防霉性能、耐日光辐射性能，介绍其相应的试验方法（通称三防试验）。其他如船用电线电缆、地下铁道车辆用电线电缆由于使用在相对湿度很高的场合，故对这一类产品也有耐湿和防霉性能的要求。

三防试验主要是模拟实际的使用条件采取人工加速的方法，经过多年来的试验和改进产品的结构和材料配方，目前供热带地区使用的各种产品和船用电缆、地下铁道车辆用电线电缆等产品均能较好地符合试验的要求。同时对于这些试验的方法和指标尚在继续研究改进中，使试验方法更能符合使用条件，试验周期相对缩短。

防水橡套电缆在水压下的吸水量试验也列于本节中介绍。

4.8.1　耐湿热试验

1. 试验目的与耐湿热性能概述

电线电缆产品在环境温度较高（月平均最高温度为 35℃，最高温度为 40℃ 或以上）和高湿度（25℃ 时空气相对湿度为 95%）的条件下工作时，湿与热这两种因素对产品的使用性能有着显著的影响。耐湿热试验的主要目的是考核在湿、热因素同时作用下产品的承受能力。在湿与热的因素中，主要考虑湿的因素，故也称为防潮试验。但环境温度高，因此热的因素肯定存在，热对促使湿度发生作用的影响很大。

产品在湿度很高的环境中工作，要求水分（或水汽）不易透入产品之中，如果有微量水分透入又要求产品所采用的材料吸水量极少。因此对于电线电缆产品的护套层要求透水系数小，对于绝缘层要求溶水系数和扩散系数要小，这三种特性参数的物理意义及单位列于表6-4-59。

表 6-4-59　材料耐湿性能的有关参数

特性参数	常用符号	物理意义	单　位	主要影响因素
透水系数	P	单位时间内，在单位水蒸气压力差作用下，透过单位厚度的水的重量值，表示材料的透水性能	$g/(cm \cdot h \cdot mmHg)$	
溶水系数	h	单位体积的材料在单位水蒸气压力差作用下所吸收的水分重量值，表示材料的吸水性能	$g/(cm^3 \cdot mmHg)$	主要取决于材料特性。温度对其有很大影响，呈指数关系
扩散系数	D	水分在单位厚度的材料，于单位时间内扩散的面积，表示水分在材料内扩散的能力	cm^2/h	

耐湿性能的有关参数是材料的基本特性之一，主要取决于材料的化学结构及组成，与几何尺寸的关系不大。这些参数可以通过试验测定。

电气装备用电线电缆所采用的绝缘和护套材料主要是各种橡皮或塑料，橡皮、塑料基本上是低极性或中极性材料（ε 在 7～9 以下），因此其透水、溶水和扩散系数相对于纤维材料及极性介质要小得多。同时，在橡、塑材料中，这些耐湿性能的参数与材料的品种、配方组成及其他混合材料有很大关系，例如橡皮配方中碳酸钙易吸水和溶水，有的材料会析出等，应做全面的分析研究。

增加电缆护套的厚度能延长透水的时间，对透水性能的提高作用并不显著。

2. 试验装置与试验方法

（1）试验装置　采用人工湿热试验箱（室），由下列几个组成部件（图6-4-40）。

1）湿热试验箱箱体，内有喷水雾或气泡的加湿装置、多根试样的安置架、空气调温装置等。试样两端通过密封圈引出箱体外，箱体夹层中有电热装置和保温材料。

2）压缩空气机及使箱内温度均匀的空气调节系统。

3）加湿装置及湿度控制系统。

4）加热与测温自动控制系统。

（2）试验条件的控制　在人工湿热试验条件达到控制值后，应满足下列要求：

1）有效试验工作空间内任一点的温度偏差不

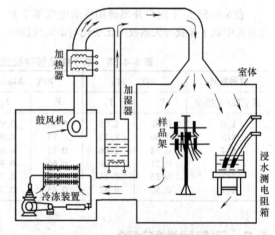

图 6-4-40　湿热试验装置

得大于 ±2℃。指示点的温度波动值不得大于 ±1℃。温度计精度应不低于 ±0.2℃。

2）有效试验工作空间内任一点的相对湿度偏差值不得大于 ±3%。指示点的相对湿度不得大于 ±2%。要求箱内的冷凝水不滴落在试样上。

3）有效试验工作空间内任一点的空气应流动，但流动速度不得大于 1m/s。

4）试验中加湿所用的水的电阻值不低于 500Ω·m。

5）试验时所用的测试引线或接线端子之间其对地的绝缘电阻值，均应不低于 200MΩ。

（3）试验方法

1）取电线电缆试样长13m，两端头除去护套或屏蔽50～70mm，两端头不应密封。装上测量绝缘电阻用的保护环，放在温度为20℃±2℃、相对湿度为65%±5%的条件下正常处理48h以上。

2）进行外观检查，测量在上述条件下的原始绝缘电阻值和交流耐压试验。

3）将试样放入人工湿热试验箱中，两端露出箱外。

4）试验箱的温度达到30℃±2℃时，开始进行湿热试验，试验以24h为一个周期，采用周期交变湿热的试验条件，每一周期内温度与相对湿度的变化规律见表6-4-60。

表6-4-60 耐湿热试验条件阶段控制程序

阶段 \ 参数指标	温度/℃	相对湿度（%）	各阶段时间/h	合计时间/h
升温 高温高湿	30 升至 40 / 40±2	≥85 凝露 / 95±3 凝露消失	1.5～2 / 14～14.5	16
降温 低温高湿	40 降至 30 / 30±2	≥85 / 95±3	2～3 / 5～6	8

5）在温度达到30℃±2℃，相对湿度大于85%时，应先测定一次产品的绝缘电阻，作为起始值。从第一个周期开始，在每个周期低温高湿阶段结束前2h均需测量产品的绝缘电阻值。

6）工厂定期试验模拟7个周期湿热试验后取出试样，并在+20℃和相对湿度65%的条件正常化处理2h以上，然后应进行下列检查。

① 试验后产品的绝缘电阻应不低于有关标准对此项试验规定的数值。

② 按产品标准的规定经受电压试验，产品应不发生击穿。

③ 外观检查：表面应无皱纹、气孔、裂纹、内部成分的析出，涂料的流出，以及金属编织层或铠装层锈蚀等现象发生。

7）对产品进行研究试验，试验周期可取14、21或更长的时间。

3. 试验实例

几种丁苯天然橡皮绝缘氯丁橡皮护套船用电缆经长期湿热试验后的结果列于表6-4-61～表6-4-62和图6-4-41（图中为老型号）。

从上述试验表明：

1）电缆试样经过21个湿热试验周期后，产品的绝缘电阻虽略有下降，但下降幅度不大，7个周期后耐压性能也合格。说明电缆试样的耐湿热性能良好。从对其他产品的大量试验也说明了电线电缆产品具有较好的耐湿热性能。

表6-4-61 几种船用电缆湿热试验中绝缘电阻的变化

试样型号及规格芯数 ×截面积/(芯×mm²)	原始绝缘电阻20℃ 相对湿度65% /(MΩ·km)	每周期绝缘电阻测定值/(MΩ·km)									
		试验周期/d									
		1	2	3	4	5	6	7	8	9	10
CF 2×1	574.87	—	152.3	115.4	109.9	109.4	98.2	88.9	82.4	79.6	74.1
CF₃₁ 1×4	220.9	—	36.8	37.4	32.8	30.8	31.6	30.8	28.6	27	25.3
CF₃₁ 2×4	184	—	44.3	39.9	40.5	42.3	41.1	41.1	39.4	38.3	36.3
CF 1×35	769.5	35	29.2	28.9	30.4	28.5	26.2	29.6	24.3	24.3	23.1

试样型号及规格芯数 ×截面积/(芯×mm²)	原始绝缘电阻20℃ 相对湿度65% /(MΩ·km)	每周期绝缘电阻测定值/(MΩ·km)									
		试验周期/d									
		11	12	13	14	15	16	17	18	19	20	21
CF 2×1	574.87	74.5	82.4	70	52.4	64.1	56.3	59.3	59.2	56.3	55	56.3
CF₃₁ 1×4	220.9	25.1	26.1	27.3	25.9	25.6	26.4	25.6	25.1	24.3	24.3	24.3
CF₃₁ 2×4	184	35.8	37.3	39.4	39.9	26.3	38.3	36.3	36.3	35.4	34.9	32.9
CF 1×35	769.5	23.1	23.1									

注：1. 每个周期中的绝缘电阻值是在高温高湿阶段将终止时测定的，温度为40℃±2℃。

2. 产品刚达到10℃±2℃时的起始绝缘电阻值没有测定。

3. 表中CF、CF31型即为图6-4-41中的CHF型和CHF31型。

表 6-4-62 船用电缆湿热试验中其他性能变化

性能 试验型号及规格	试验外观		交流耐压试验	
	试验前外观	21天试验后外观	试验前耐压试验	7天试验后耐压试验
CF 2×1mm²	表面无异常变化	无变化	交流2500V15min	交流2500V15min
CF₃₁ 1×4mm²	镀锌钢丝无生锈	镀锌钢丝有	不发生击穿	不发生击穿
CF₃₁ 2×4mm²	现象	严重白锈出现		
CF 1×35mm²	表面无异常变化	无变化		

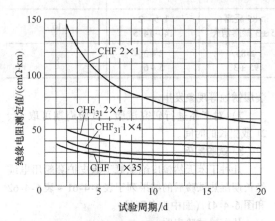

图 6-4-41 船用电缆湿热试验中绝缘电阻变化

2) 绝缘电阻的下降大多在开始 7~10 个周期内,过后就趋于平稳,因此标准规定试验 7 周是比较合理的。

3) 产品的绝缘电阻值受温度的影响很大,从绝缘电阻随温度变化的规律可知,绝缘电阻的下降与温度升高呈指数关系。因此作为耐湿热试验应该以在同样温度下测出的绝缘电阻值作为起始值来考核。

4.8.2 防霉试验

1. 生霉的条件与试验目的

电线电缆产品在相对湿度很高,而又有一定环境温度的场合下使用时,表面会生长霉菌。根据对微生物的研究,霉菌生长的主要条件是温度和湿度。适合霉菌生长的一般温度是 15~35℃,而最适宜的温度是 25~30℃,当温度低于 0℃ 或高于 40℃时,霉菌实际上停止生长。适合霉菌生长的相对湿度为 80%~90%,而当相对湿度超过 95% 时,生长最为旺盛,因此环境温度为 30℃±2℃ 和相对湿度大于 95% 时,最适合于霉菌大量繁殖。此外,气流对霉菌生长速度也有影响,气流速度快可以限制霉菌的繁殖和生长,而在空气不大流动的条件,霉菌

生长很快。如果在高真空中,霉菌也不能生长。

电线电缆在湿热带地区或船上使用时,其所处环境,一般是完全符合霉菌最有利的生长条件的,因此要求电线电缆产品具有一定的防霉能力。产品表面如果长霉后首先影响产品的外观,其次会损坏表面的材料和影响部分产品的性能。因此对于湿热带地区用的船用、地下铁道用的电线电缆应把防霉试验作为工厂定期试验项目。

电线电缆产品的防霉性能主要取决于暴露在空气中的最外面一层的材料与配方。如天然胶中含有少量蛋白质,就容易生霉;合成橡胶与塑料一般不易生霉;对于配方中的配合剂(如碳酸钙、炭黑、石蜡或脂肪酸类等)容易生霉;而多硫化合物、硫氢基等促进剂却能抵抗霉菌生长。因此提高产品防霉性能的主要途径是合理选择材料和确定配方,同时可以添加一些防霉剂(如水杨酰苯胺、恶唑酮等)于橡皮、塑料中。

2. 试验装置与试验方法

(1) 试验装置 采用人工霉菌试验箱,其基本装置与湿热试验箱相似,也可直接采用湿热试验箱。试验箱内应有照明和观察窗,并有可调节温度和有喷菌装置的喷菌箱。

(2) 试验条件的控制 在人工霉菌试验的试验条件达到控制值后,应满足下列要求:

1) 箱内有效试验空间内的温度和相对湿度值与均匀性应符合表 6-4-63 的要求。

表 6-4-63 霉菌试验条件控制值

试验条件	控制值	有效试验空间 偏差范围	指示点 控制值
温度/℃	28	28±2	28±0.5
相对湿度(%)	97	95~99	98±1

2) 试验箱内空气流速应小于 0.2m/s。

3) 在试验过程中应每隔 7 天换气一次。换气期间,指示点的温度允许波动,相对湿度应不大于

90%；但在 2h 内指示点的温度及湿度应恢复到表 6-4-63 中所规定的数值。

4）箱内顶部的冷凝水不允许滴落在试样上，试样表面不允许有直径大于 1mm 的水珠凝露。

(3) 试验方法

1）每次试验所需试样为 4 根，电线产品每根长度为 2m，电缆产品为 0.5 ~ 1m。试样应用清洁的细府绸或黑丝绒擦去表面灰尘或污斑。

2）将试样预先悬挂或放置在温度大于 25℃ 的喷菌箱内，把预先制备好的混合霉菌孢子悬液用喷雾器（嘴孔径不大于 0.5mm）均匀地喷射在试样表面。喷射在试样表面的液滴直径应不大于 0.5mm。

试验用菌种和孢子悬液的浓度和培养方法按

《霉菌试验》（GJB 150.10—2009）。

3）进行试验时应同时将霉菌孢子悬液喷射在容易长霉的对照试样上。对照试样经 7 昼夜后长霉等级应大于或等于 2 级。否则这次试验无效，应制备孢子悬液重新试验。

4）试样经霉菌孢子悬液喷射感染后，应迅速移至规定温度和相对湿度的霉菌试验箱内。试验的总体积不超过霉菌试验箱有效试验空间的 1/5，试样间距离应不小于 5cm，不允许互相碰撞。

5）试验周期为 28 天，在此周期内不取出试样检查。

试验周期完成后，小心取出试样，观察试样全部表面，按表 6-4-64 规定的分级方法进行定级。

表 6-4-64　长霉等级判定

性能 试验型号及规格	试验外观		交流耐压试验	
	试验前外观	21 天试验后外观	试验前耐压试验	7 天试验后耐压试验
CF $2 \times 1mm^2$	表面无异常变化	无变化	交流 2500V15min	交流 2500V15min
CF$_{31}$ $1 \times 4mm^2$	镀锌钢丝无生锈	镀锌钢丝有	不击穿	不击穿
CF$_{31}$ $2 \times 4mm^2$	现象	严重白锈出现		
CF $1 \times 35mm^2$	表面无异常变化	无变化		

6）试验结果以三根试样以上相同数据为准。

4.8.3　光老化试验

1. 橡皮、塑料光老化性能概述

电气装备用电线电缆在室外敷设使用时，产品所采用的橡皮、塑料材料受日光辐射的影响很大，日光能在不同程度上加速材料的老化，称为光老化。在干热带地区，由于日照时间长，光强度大，环境温度高，日光老化成为影响产品性能的主要因素。

日光老化除了受到日照时间的影响外，还与环境温度、相对湿度、光的强度与波长等因素有关。适当地选择材料配方，特别是颜料品种和颜色的选择可以改善材料的光老化性能。下面是根据有关研究试验后对上述影响因素的概述。

(1) 温度的影响　在 25 ~ 90℃ 的范围内，温度增加时，橡皮的光老化速度加快（不成比例）。而当温度达到 100℃ 及以上时，光老化的速度又几乎不随温度而上升，这是因为温度达 100℃ 及以上时，橡皮中防老剂的光敏作用降低，防老剂在橡皮中真实溶解部分的浓度增加，热老化的作用已十分显著而光老化因素不再突出的缘故。

(2) 相对湿度的影响　从光老化作用来说，相

对湿度的大小几乎没什么影响，例如橡皮在干热带与湿热带的老化速度相差不大。

但是在相对湿度大的条件下会发生两方面的影响：一是如果把橡皮和塑料周期性地润湿，会使样品冷却而减低老化速度；另一方面如果降雨量大、频率高，会把材料中能溶于水的添加剂（如稳定剂、塑料的增塑剂等）萃取出来而洗涤掉，使老化速度加快。

(3) 光强度的影响　随着光强度的增加，光化学反应（聚合和氧化）会加速，有时与光强度成正比，有时甚至更为强烈。但对不同材料这种老化速度随着增加有一个"最大值"，超过这个值，光强度再增加，作用就不明显了。

(4) 波长的影响　光线对样品照射时，光的波长对贯穿材料的深浅起主要作用。光的波长短则贯穿于材料表面，由于光线中的能量主要集中于短波部分，因此使样品的表面起着强烈作用，而易于被损坏。

同时不同材料对光线有一个敏感波长，在敏感波长时，光对材料有强烈的破坏作用，例如对聚氯乙烯紫外光的敏感波长为 310mm，聚乙烯为 300mm。

(5) 颜料对聚氯乙烯耐光性的影响　材料所用

的颜色对光的吸收有一定的影响，如黑色能阻止光的透射，吸收光能，把光能转变为热能而传导出去，减慢对材料的老化。但是颜料品种的不同，对耐光性也有很大影响，如对聚氯乙烯塑料，以黑色的耐光性最好，但与炭黑的含量、类型、品质和粒度均有关。其次如加入钛青蓝的蓝色聚氯乙烯，加入金红石型钛白粉的白色聚氯乙烯，加入立索尔宝红的红色聚氯乙烯等耐光性也较好。

材料中选用的稳定剂、增塑剂、紫外线吸收剂以及工艺因素均能影响材料的稳定性。

2. 试验目的

为了预测高分子聚合物的户外光老化性能。目前广泛采用的实际手段是用人工气候试验仪来模拟自然界的日光暴晒和雨淋喷洒。但必须认识到达种手段及其实用价值的局限性。因为到目前为止，还没有一种试验室用的人工加速气候老化试验设备能够完全复制太阳辐射、温度、湿度、空气污染等多种变化。然而，如用于产品的质量控制，或者是配方研制开发阶段对材料的筛选或者是同一配方中评价改进效果的好坏，其价值就大大提高了。

3. 试验设备与试验条件

（1）试验设备 试验在人工日照箱中进行。目前常用的光源有紫外线碳弧灯和氙灯两种。由于氙灯的光谱特别是对高聚物的有害波长范围非常近似太阳光，故目前推出的人工气候试验仪均以氙灯为灯源。

紫外线碳弧灯源：使用两个作为光源。碳弧点燃电压为 120 ~ 145V，电源 15 ~ 17A，外加由硼化硅酸盐玻璃制成的灯罩。灯罩使用 2000h 后作废。

氙灯源：氙灯是利用氙气电离发光的光源。氙灯的功率一般采用 6kW。氙灯的寿命与结构有关，一般是 200 ~ 2000h。它的光谱能量也随时间而变。

样品表面平均受到的总辐射强度在 1.0cal/（cm² · min）以上，其中紫外线辐射强度在 0.1cal/（cm² · min）以上。

（2）试验条件

1）温度与湿度：应使试样位置处的黑体温度为 75℃ ±5℃，试样附近的相对湿度为 75℃ ±5℃。

2）喷水：喷洒清洁自来水，喷水时间为18min，光照、喷水同时进行，接着是 102min 的单独光照，每 2h 一次，重复进行。喷水水压为 1.2 ~ 1.5kgf/cm²（117.7 ~ 147.1kPa），喷水嘴内径为 0.8mm。

3）碳弧灯中心线间距离约 260mm，样品架直径 800mm，并以每分钟一周的速度旋转。

4. 试验方法

1）试验以材料试片进行，制备 15 个试片，试片的形状与尺寸如图 6-4-42 所示。

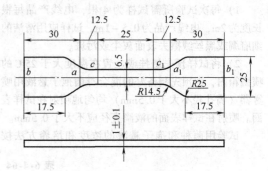

图 6-4-42　光老化试验用试片尺寸

试片应按纵向截切，表面应光滑平整。无肉眼可见的裂纹及其他缺陷。

2）将 20 个试片分成二组：第一组 10 片放入人工日照箱中作暴露试验；第二组 10 片保存于阴暗干燥处，作为试验完毕后的外观检查对照及试样原始力学性能测定用。

3）在人工日照箱中的试样不能相互重叠、遮蔽。试样和灯光应尽可能垂直。

4）人工日照试验应按上述试验条件每天工作23h。最后 1h 停止光照和喷水，以便更换碳棒，清理灯罩和检查试样。氙灯则可连续进行。

5）试验结束后，取出试样，在室温中放置 2h 以上，与第二组试样对照进行外观检查，肉眼观察颜色变化情况，有无龟裂及内部成分析出等。

6）外观检查后，分别将两组试片进行力学性能试验，测出试片的抗拉强度与拉断伸长率。

计算各组试验的算术平均值。对于第一组，如果其中某一个试验数据对平均值的偏差大于 ±10%，则应将此数据剔除，重新计算平均值，直至符合上述要求。但最后所得的算术平均值的试样数不得少于 5 个。

7）将第一组的算术平均值，除以第二组的算术平均值。分别求出抗拉强度老化系数 K_1 和伸长率老化系数 K_2，作为判断材料耐光性能的参数。另外，目前也推荐采用变化率的表示方法，即光老化后的抗拉强度变化率和断裂伸长率变化率来表示。

第 7 篇

电缆护层

为使电缆适应各种使用环境的要求而在电缆绝缘上所施加的保护覆盖层，叫作电缆护层。

电缆护层是电缆的三大组成部分之一，其质量的好坏、选用的适当与否，直接影响电缆的使用寿命。因此，正确设计、精心制造、合理选用电缆护层具有重要意义。

电缆护层主要有金属护层、橡皮塑料护层以及组合护层三大类。在特殊需要时，也采用特种护层。

在我国，随着橡皮、塑料绝缘电缆的大量生产和应用，橡皮塑料护层以其轻便价廉的优点在电缆护层中已占据重要的地位，为节约有色金属做出了重要的贡献，但因其具有一定的透过性，它不可能完全取代金属护层；在金属护层中，我国仍以铅护套为主，且全部采用力学性能好的合金铅，并继续推行以铝代铅的技术政策；组合护层兼具橡塑护层和金属护层的优点，在橡塑绝缘电缆及光缆上的应用将越来越广；阻燃（包括无卤低烟）、耐火、耐辐照以及防白蚁等特种护层，在我国已付诸实用；防蚀性能较差的油麻沥青外护层已基本被淘汰了。

第1章

电缆护层的分类、结构、型号、特性和用途

1.1 电缆护层的分类、结构和型号

1.1.1 电缆护层的分类

电缆护层按护套材料可分为金属护层、橡塑护层和组合护层三大类，如图7-1-1所示。特种护层一般不作单独一类，因为它是在不改变护层结构而只改变材料得到的。

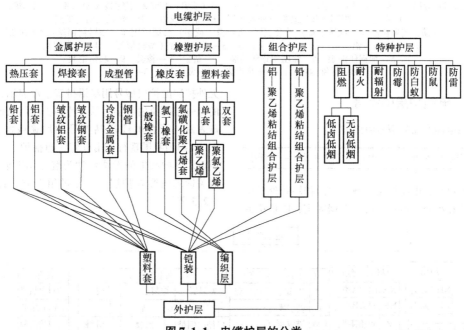

图 7-1-1 电缆护层的分类

1.1.2 电缆护层的结构

电缆护层有各种各样的结构，大体可分为三种类型。

1) 只有一个护套而没有外护层的结构。这是电缆护层中最简单的结构，简称套，如聚氯乙烯套、氯丁橡套、铝-聚乙烯粘结组合套等。金属套因一般常有外护层，故对无外护层的金属套常称"裸"，如裸铅套、裸铝套等。

2) 没有内护层而只有外护层的结构。如非金属套电缆通用外护层，一般都是直接施加在电缆缆芯上。这种护层以铠装层和外被层的顺序称谓，如钢带铠装聚氯乙烯外套、单细钢丝铠装聚乙烯外套、涂塑粗钢丝铠装纤维外被等。

3) 既有内护层又有外护层的结构。这是电缆护层中最复杂的结构。内护层仅与外护层相对而言，也就是外护层里面的护套。这种护层用内护层、铠装层和外被层的顺序称谓。如铝套聚氯乙烯

外套、铅套钢带铠装聚氯乙烯外套、铝-聚乙烯粘结组合套钢带铠装聚乙烯外套等。但是，当内护层为塑料套时，可以把它看作铠装的内衬层，故称谓可予省略。此外，在充油电缆的护层中多了一个加强层，故应按内护层、加强层、铠装层和外被层的

顺序命名，如铅套铜带加强聚氯乙烯外套、铅套不锈钢带加强单粗圆钢丝铠装纤维外被等。

电缆外护层的种类较多，结构也比较复杂，详见本章1.2.5节。

图7-1-2所示为电缆护层的几种典型结构。

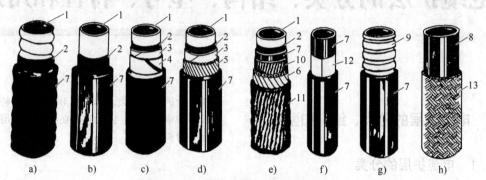

图7-1-2 电缆护层的几种典型结构
a) 皱纹铝（或钢）套聚氯乙烯（或聚乙烯）外套护层 b) 铝（或铅）套聚氯乙烯（或聚乙烯）外套护层
c) 铝（或铅）套钢带铠装聚氯乙烯（或聚乙烯）外套护层 d) 铝（或铅）套细圆钢丝铠装聚氯乙烯（或聚乙烯）外套护层
e) 铅套涂塑粗圆钢丝铠装纤维外被护层 f) 铝（或铅）-聚乙烯粘结组合护层
g) 联锁铠装聚氯乙烯（或聚乙烯）外套护层 h) 橡（或塑）套镀锌钢丝（或镀锡铜丝）编织护层
1—金属套（铝、铅、钢） 2—电缆沥青 3—带型内衬（塑料带等） 4—钢带铠装
5—细钢丝铠装 6—涂塑粗钢丝铠装 7—塑套 8—橡套 9—联锁铠装
10—纤维内衬 11—纤维外被 12—复合带 13—编织层

1.1.3 电缆护层的型号

我国电缆产品的型号组成如下：

类别或用途	导体	绝缘层	（内）护层	外护层	—	派生

由此可见，电缆护层的型号由内护层和外护层组成，排在绝缘层型号之后。根据规定，内护层或

无外护层的护层型号用汉语拼音字母表示，外护层的型号用阿拉伯数字表示。特种护层用汉语拼音字母表示，标在电缆产品型号的用途或派生项中。

图7-1-3为我国现行通用电缆（包括护层）型号的组成。其中派生的燃烧特性为舰船用电缆所采用。有关标志电缆外护层用数字的组合方法详见本章1.2.5节。

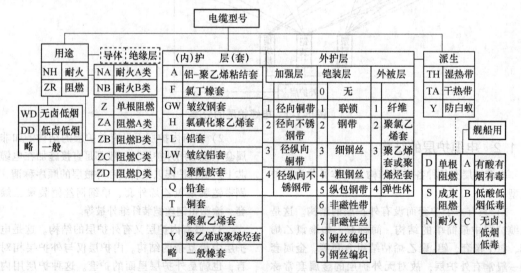

图7-1-3 电缆（包括护层）型号的组成

1.2 电缆护层的特性

1.2.1 金属护层的特性

金属护层的最大特点是具有完全的不透过性。按其加工工艺，一般分为热压金属护套、焊接（熔焊）皱纹金属护套和成型金属管三种。使用的材料主要有铝、铅合金和钢。在有外护层的场合，常称电缆金属护套为电缆的内护层。

1. 热压金属护套的特性

用热挤出工艺生产的电缆无缝金属套称热压金属护套，有铝护套和铅护套两种。铝护套与铅护套比较，不仅具有经济性，而且可以提高电缆的运行性能，所以，推广使用铝护套以节约用铅是电缆金属护层的主要发展方向。随着我国压制工艺、防蚀技术和连接技术的不断提高，铝护套电缆已在各部门中得到了广泛的应用。

热压铝护套与铅护套的特性比较见表7-1-1。

表 7-1-1　热压铝护套与铅护套特性比较

序号	项目	铝护套	铅护套	说　明
1	耐振动性	好	差	纯铅在振动情况下易于龟裂，铅合金的耐振性提高也不大。铝护套耐振性好，在一般振动场所敷设，如过桥、架空等可不需防振装置
2	耐蠕变性	好	差	铅护套在自重的作用下，易于产生晶格间蠕动变形而破坏，在温度和内压力等作用下，蠕变加剧。铝护套一般不发生蠕变现象
3	弹性	好	差	铝的弹性极限强度为铅的5~10倍。在落差较大或过负荷情况下，油纸绝缘铅护套电缆常会发生胀破、干枯、漏油等现象，而采用铝护套可以避免。在高压充油、充气的自容式电缆等场合，铝护套可以承受1.5MPa的内压力而正常运行，而铅护套则需用黄铜带等材料予以加强
4	抗张性	好	差	铝的屈服极限强度比铅大2~3倍，因此，铝护套比铅护套可承受较大的拉力，在敷设牵引时不易损坏
5	抗压性	好	差	铝护套用于地下埋设时可不必用钢带铠装，且钢带铠装对提高铝护套的抗压性能并不显著。铅护套用于地下埋设必须铠装
6	防雷性	好	差	铝的电导率约为铅的7倍，熔点为铅的2倍。雷击时，铝护套的排流性能比铅护套好，反击芯线绝缘和烧熔较难发生
7	防生物性	好	差	铝的硬度约为铅的10倍。裸铝护套在架空敷设时一般可不受虫害，抗鼠咬及蚁害能力也较铅护套好
8	屏蔽性	好	差	铝护套抗外界电磁场的干扰能力比铅护套好得多，对于通信电缆和控制电缆尤为适用
9	导电性	好	差	用于电力电缆的铝护套，导电性能往往超过主线芯的50%，对电气保护提供了有利的条件，有时可作为接地保护的第四芯
10	柔软性	差	好	铝护套的柔软性比铅护套差，故不易弯曲，敷设时弯曲半径必须取较大值。皱纹铝护套在柔软性方面有所改善[①]
11	耐蚀性	差	好	铝护套的耐蚀性，除一般架空外，均比铅护套差。因此，用于地下或水下均需有防蚀性能优良的外护层
12	接续性	差	好	铝护套要接续得好，比铅护套难，因为铝护套的接续，不能采用铅护套那样比较简单成熟的钎焊工艺。铝护套钎焊时，必须先去除表面的氧化铝膜。目前，采用低温反应钎焊等工艺可以解决。铝护套的钎焊接头，还必须施以防水性能优良的防蚀覆盖层
13	加工工艺性	差	好	热压铝护套的挤出所需单位压力比铅护套大1倍，且温度较高，设备比较庞大。但压铅易于铅中毒
14	经济性	好	差	铝的密度只有铅的1/4，且铝的机械强度高，故护套所需厚度比铅护套小，因此，铝护套电缆一般仅有铅护套电缆重量的30%~70%，比较便宜
15	资源	好	差	铝是地壳中分布最广的金属之一，约占地壳重量的7.58%，而铅仅占0.00002%。我国铝资源非常丰富

[①] 实践表明，缆芯直径在40mm以下，平铝护套的柔软性可以满足使用的实际需要，但其敷设弯曲半径应同类铅护套电缆约大一倍。缆芯直径在40mm以上，铝护套一般应轧纹。

2. 焊接皱纹金属护套的特性

用金属带经纵包、熔焊、轧纹等工艺生产的电缆金属套，称焊接皱纹金属护套，其特点是可以自由选择材料。主要有焊接皱纹铝护套和焊接皱纹钢护套两种。特殊需要时，也采用铜、黄铜、不锈钢等材料制作电缆的焊接皱纹护套。

焊接皱纹金属护套的特性见表7-1-2。

表7-1-2　焊接皱纹金属护套的特性

优　点	缺　点
1. 力学性能好 　由于金属护套轧纹，故耐压缩、冲击和振动等性能较好，可以直接用于地下埋设 2. 柔软性好 　由于轧纹，提高了护套的柔软性，以皱纹钢护套为例，弯曲半径为护套外径的8倍时，一般弯曲次数在20次以上，可以适应施工敷设的需要 3. 屏蔽性好 　适当选择金属材料，如铜、铝，可以获得好的电磁屏蔽特性。若用钢，则屏蔽性能一般 4. 密封性好 　焊接得好，与热压金属护套一样，具有完全的密封性 5. 厚度均一，重量较轻 　由于采用带材，故可获得均一的厚度，重量较轻 6. 自由选择材料及皱纹形状 　在制造上，可供选用的金属材料较多，特别是对于采用热压方法不能加工的金属材料可以加工。可以根据各种不同的使用要求进行经济合理的设计，如采用不锈钢提高耐蚀性，采用铜、铝提高屏蔽性和防雷性 7. 防鼠、防蚁 　焊接皱纹金属护套所用材料硬度较高，故有较好的防鼠、防蚁性能 8. 制造设备比较简单	1. 由于轧纹，电缆外径增大，电缆外护层材料消耗也较大 　2. 采用皱纹钢护套，内壁常需防锈保护，其外护层的防水性能要求也比其他金属护套高

注：焊接皱纹金属护套是指采用熔焊工艺的金属护套，不包括冷焊和钎焊。

3. 成型金属管的特性

用成型金属管作电缆金属护层的主要是钢管（无缝钢管或焊接钢管），其次是冷拔铝管。为适应耐火、耐高温、耐低温、耐辐射等特殊需要，有时也用铜管、镍管、不锈钢管等成型管拉制电缆护套。

钢管作为电缆护层主要应用于超高压充油电力电缆中，其与铝护套和铅护套的自容式充油电缆比较，有表7-1-3中所示的特点。

表7-1-3　钢管护层的特性

优　点	缺　点
1. 结构简单，损耗较小 　工作电压在110kV或以上的自容式电缆，一般均采用单芯式，而钢管电缆则可将三芯成缆后或分相铅包后直接拉入钢管再充油或充气，故结构简单，损耗较小 2. 电气性能好 　采用钢管护层，油压或气压可达1.5MPa，故电气性能好 3. 机械保护完善可靠 　钢管的抗压、抗冲击、耐振动等力学性能在电缆护套中最高，因此一般不会受到机械破坏 4. 安装维护比较方便 　采用钢管护层，其损耗一般不予考虑。而单芯式电缆为减少护层损耗，常需采用交叉换位接地方式，线路上的辅助设备也比较分散	1. 外径较大 　为使电缆易于拉入钢管，电缆在钢管中所占面积一般仅为钢管内孔面积的40% 　2. 钢管外护层的防蚀性能要求高，常需附加电气防蚀保护

4. 主要金属护套特性比较（表7-1-4）

表7-1-4　主要金属护套特性比较表

材料	加工工艺		密封性	耐振性	耐蠕变性	抗张性	抗压性	柔软性	耐蚀性	屏蔽性	防雷性	防生物	接续性	重量	外径
铅	热压		好	差	差	差	差	好	好	差	差	差	好	差	小
铝	热压	平	好	好	好	好	中	中	好	好	中	中	好	小
		皱纹	好	好	好	好	中	好	好	好	中	中	好	中
	焊接	皱纹	好	好	好	好	中	好	好	好	中	中	好	中
钢	焊接	皱纹	好	好	好	好	好	好	差	中	好	好	好	中
	管材		好	好	好	好	好	差	差	中	中	好	差	大
铜	冷拔		好	好	好	好	好	中	好	好	中	中	好	小
	焊接	皱纹	好	好	好	好	好	中	好	好	中	中	好	中

1.2.2　橡塑护层的特性

橡塑护层的最大特点是柔软轻便价廉，但有一定的透过性。

橡塑护层按所用材料一般可分为橡皮护套和塑料护套两类。

1. 橡皮护套的特性

橡皮护套的特点是机械强度高，弹性和柔韧性好。使用的材料主要有天然橡胶、丁苯橡胶、氯丁橡胶、丁腈橡胶和氯磺化聚乙烯等，经挤包硫化制成。

2. 塑料护套的特性

塑料护套的特点是有好的耐药品性，透过性较小，机械强度也较好，而且料源丰富，价格便宜，加工方便。目前大量应用的是聚氯乙烯和聚乙烯，此外还有聚酰胺、聚氨酯、聚氯乙烯丁腈橡胶复合物等，用挤包法制成。

3. 双层护套的特性

为了满足某些使用上的要求，有时在护层中采用双护套结构，以弥补单护套在某些性能上的不足。例如：为改善聚氯乙烯的耐磨性和剥离性能，在聚氯乙烯护套上再挤包一层薄的尼龙护套；为改善聚乙烯的易燃性和耐环境老化性能，在聚乙烯护套上再挤包一层聚氯乙烯护套；为提高电缆护层的抗白蚁性能，在聚氯乙烯或聚乙烯护套上再挤包一层尼龙-11 或尼龙-12 护套等。对于双护套，其内层和外层分别简称内护套和外护套。

4. 橡塑护套特性比较（见表7-1-5）

表7-1-5　橡塑护套特性比较表

名称		机械强度	耐磨性	柔软性	弹性	耐寒性	耐热性	阻燃性	耐药品性	耐油性	透过性	耐气候性	防生物性
橡皮护套	一般	良	良	优	优	良	良	差	良	差	良	可	可
	氯丁	良	优	优	优	良	良	优	良	良	良	优	可
	氯磺化聚乙烯	良	优	良	优	良	良	优	良	良	良	优	可
聚氯乙烯护套	普通	良	良	优	良	可	良	优	良	良	良	良	差
	耐寒	良	可	优	优	良	良	优	良	良	良	良	差
	柔软	良	可	优	良	可	良	优	良	良	良	良	差
	硬质	优	良	良	差	差	良	优	良	良	良	良	优
聚乙烯护套		良	良	优	良	优	良	差	优	优	优	可	差
聚酰胺护套		优	优	可	可	可	良	良	优	优	可	可	良
聚四氟乙烯护套		良	良	良	良	优	优	优	优	优	优	优	可

注：橡塑护套性能与材料配方及加工工艺密切相关，而每一性能又可能有许多具体项目，因此本表仅可作为一般参考。有关橡胶和塑料的复合物或二元及二元以上的共聚物，在某些性能上有较大提高，但作为电缆护套应用还比较少，未予列入。

1.2.3 组合护层的特性

组合护层又称为综合护层。其特点是柔软轻便，且透过性比橡塑护层小得多，适用于防水性能要求较高的地方。但与金属护层比较，它仍有一定的透过性。

通常采用金属带和塑料护套组合构成。按其工艺的不同，可以大体分为铝塑、铝钢塑和粘结组合护层三类。现实际使用的是粘结组合护层。

1. 铝塑组合护层

铝塑组合护层简称阿尔卑斯（Alpeth）护层，1947年由美国开发。它是在缆芯上纵包铝带，涂覆防蚀涂料后挤包聚乙烯护套而成。现已为铝塑粘结组合护层所代替。

2. 钢塑组合护层

铝钢塑组合护层简称斯塔尔卑斯（Stalpeth）护层，1951年由美国开发。它是在缆芯上纵包铝带和预轧纹镀锡钢带，钢带纵叠缝用钎焊密封，涂以防蚀涂料后再挤包聚乙烯或聚氯乙烯护套而制成的。后者现已为纵包复合钢带粘结聚乙烯套所代替。

3. 粘结组合护层

主要有铝-聚乙烯粘结组合护层和铅-聚乙烯粘结组合护层两种。前者采用聚乙烯复合铝带，后者采用聚乙烯复合铅带，把其纵包在缆芯上，然后挤包聚乙烯护套，并依靠挤出的压力和温度，使复合带的重叠缝间及复合带与聚乙烯护套间热熔粘结成一体。这是目前应用最广的方法。

此外，不用复合带，而用铝带直接纵包在缆芯上，然后涂以热熔胶，再挤包聚乙烯护套，也可制得铝-聚乙烯粘结组合护层，其特点是设备简单，比较经济。

4. 组合护层特性比较（见表7-1-6）

表7-1-6 组合护层与聚乙烯护套特性比较表

名称	铝塑组合护层	铝钢塑组合护层	粘结组合护层		聚乙烯护套
			铝-聚乙烯	铅-聚乙烯	
防潮性	可	优	良	良	差
屏蔽性	良	优	良	可	差
机械强度	良	优	良	良	良
耐蚀性	良	优	良	优	一
柔软性	良	良	良	优	优

1.2.4 特种护层的特性

特种护层是为特殊环境使用而制作的电缆护层。它可以由特殊结构和特殊材料所组成，也可以是在金属护层、橡塑护层和组合护层的基础上，采取适当措施来满足。

在发电厂、核电站、地下铁道、石油平台和高层建筑等场所，从安全性出发，要使用阻燃电缆。阻燃电缆一般采用阻燃护层来解决。此外，还有耐辐射、耐火、防霉、防白蚁、防鼠、防雷等特种要求的护层。

特种护层采用的主要材料及结构工艺见表7-1-7。

表7-1-7 特种护层采用的主要材料及结构工艺

特性	主要材料	工艺	药剂用量
阻燃	1. 三氧化二锑、多硼酸锌、氯化石蜡、十溴二苯醚、氢氧化铝、碳酸钙等 2. 氢氧化铝、氢氧化镁等	混入聚氯乙烯、氯丁橡胶、氯磺化聚乙烯作护套 混入聚烯烃作护套	5%~50% 100%以上
耐火	1. 有机硅云母玻璃丝带、石棉带 2. 铜	绕包 冷拔护套	
耐辐射	1. 聚酰亚胺薄膜 2. 镍	绕包粘结 冷拔护套	
防霉	1. 水杨酰苯胺 2. 二氯苯并恶唑酮 3. 8-羟基奎林酮 4. 对硝基酚	混入橡、塑材料作护套 混入塑料作护套 混入涂料 混入涂料	3% 1% 10% 5%
防白蚁	1. 狄氏剂、艾氏剂或林丹[①] 2. 氯丹或有机磷防蚁剂 3. 尼龙-12、高密度聚乙烯 4. 铜合金带、不锈钢带	混入护套料或作涂料 混入护套料或作涂料 挤出护套 铠装或焊接皱纹护套	0.5%~2% 2%~5%
防老鼠[②]	1. 环己酰亚胺 2. 环己酰亚胺（微胶囊） 3. 钢带、铜带等	配制涂料，喷或刷 混入塑料作护套 铠装或焊接皱纹护套	0.2~2mg/cm²
防雷	1. 铝 2. 铜带 3. 半导电塑料	护套 铠装 护套	

① 此类有机氯药剂对人体有害，如非许可，禁止使用。
② 经试验，电缆表面光滑，外径在40mm以上，可不受老鼠攻击，不需防鼠措施。电缆的外径越小，受鼠类破坏的可能性越大。

若干高聚物材料的耐辐射性（γ射线）见表7-1-8。

表7-1-8　高聚物材料的耐辐射性（单位：rad）

材料名称	少许老化	中等程度老化
普通聚乙烯	4×10^7	3×10^8
无填充交联聚乙烯	2×10^8	3×10^8
有填充交联聚乙烯	2×10^8	4×10^8
阻燃柔性交联聚乙烯	1×10^8	2×10^8
柔性交联聚乙烯	5×10^8	8×10^8
软质聚氯乙烯	1×10^7	3×10^7
乙丙橡胶	5×10^8	7×10^8
普通硅橡胶	3×10^7	6×10^7
耐辐射硅橡胶	1×10^8	2×10^8
氯丁橡胶	2×10^7	4×10^7
氯磺化聚乙烯	3×10^7	3×10^8
玻璃丝编织聚酰亚胺薄膜	10^9 以上	10^9 以上

注：rad（拉德）为吸收剂量单位，$1 \mathrm{rad} = 10^{-2} \mathrm{Gy}$（戈）。

1.2.5　外护层的特性

包覆在电缆护套或橡皮塑料绝缘缆芯外面起防腐蚀和机械保护作用的保护覆盖层，叫作电缆外护层。相对于此，被保护的电缆护套通常称为电缆内护层。

电缆外护层一般由内衬层、铠装层和外被层三部分组成：

内衬层——位于铠装下面起铠装衬垫作用并兼具金属护套防蚀保护作用的同心层；

铠装层——在内衬层上面起机械保护作用的金属带或金属丝构成的同心层；

外被层——在铠装层外面对金属铠装起防蚀保护作用的同心层。

此外，为防止不同金属材料直接接触，如超高压电缆的加强带与铠装之间、塑料电力电缆的屏蔽与铠装之间所设置的覆盖层称为隔离层；为使绕包结构比较稳定，如同向绕包的双层粗钢丝铠装之间所设置的覆盖层称为间隔层。

过去，我国曾经采用电缆沥青、浸渍纸或麻多层复合制作的所谓普通电缆外护层，因其防水性能差和污染环境，已基本被淘汰而为塑料带、无纺布带、无纺麻布带和塑料护套等新材料、新结构所代替。防腐蚀性能差的普通钢带也已为镀锌钢带或涂漆钢带所代替，且不推荐使用裸铠装。

(1) 电缆外护层的型号　电缆外护层的型号用阿拉伯数字表示。有如下规定：

1) 金属套通用电缆外护层、非金属套通用电缆外护层和组合套通用电缆外护层的型号按铠装层和外被层的结构顺序，用阿拉伯数字表示。每一数字表示所采用的主要材料。在一般情况下，型号由两位数字组成。只有当铠装层数增加或由不同材料联合组成时，表示电缆外护层型号的数字位数才相应增加。

2) 铅套充油电缆外护层的型号按加强层、铠装层和外被层的结构顺序，用阿拉伯数字表示，每一数字表示所采用的主要材料。在一般情况下，型号都是三位数。

3) 内衬层、隔离层、间隔层在电缆外护层型号中均省略。

表示加强层、铠装层和外被层所用主要材料的数字及其含义见表7-1-9。

表7-1-9　电缆外护层型号所用数字的意义

标记	加强层	铠装层	外被层	曾用过的含义[1]
0	—	无	—	裸
1	径向铜带	联锁钢带	纤维外被	塑料护套；一级防蚀外护层
2	径向不锈钢带	双钢带	聚氯乙烯外套	双钢带；二级防蚀外护层
3	径向、纵向铜带	细圆钢丝	聚乙烯或聚烯烃外套	细圆钢丝
4	径向、纵向不锈钢带	粗圆钢丝	弹性体外套	双细圆钢丝
5		皱纹钢带（纵包）		单粗圆钢丝
6 或 7		非磁性金属带或丝		双粗圆钢丝
8		镀锡铜丝编织		
9		镀锌钢丝编织		内铠装钢带

① 镀锌钢丝编织曾用标记31，镀锡铜丝编织曾用标记32。

(2) 电缆外护层型号的变迁　我国电缆外护层从1962年的电工专业标准电（D）81—1962起，经1967年的机械部标准JB1072—67到1982年的国家标准GB/T 2952—1982和2008年开始实施的新国家标准GB/T2952.1～2952.4—2008，从品种和质量上都发生了巨大的变化，其相应的型号及含义也发生了变化。为便于应用，表7-1-10列出了现行型号与过去性能相类似的使用过的型号相对照。要特别注意的是，有些看来相同的型号，其材料、结构已完全不同。

表7-1-10　电缆外护层新旧型号对照表

2008 年起实施			1982 ~ 1989 年	1967 ~ 1982 年		1962 ~ 1967 年
GB/T 2952.1 ~ 2952.4—2008			GB/T 2952—1982	JB 1072—1967	JB 1597—1975 等	电 (D) 81—1962
金属套	非金属套	铅套充油	金属套、非金属套	金属套	塑力缆等	金属套
02, 03		102, 202, 302, 402	02, 03	11		1
	12					
			20	120		20
			(21)	12		2
22, 23	22, 23		22, 23	22	29	
			30		30	30, 40
			(31)	13, 14		3, 4
32, 33	32, 33		32, 33	23, 24	39	
			(40)		50	50, 60
41	41	141, 241	41	15, 25		5
42, 43	42, 43		(42), (43)		59	
441	441		441	16, 26		6
241	241		241			
(2441)			2441			
	53					
	62, 63					

注：无相应新型号的旧型号电缆外护层结构已被淘汰，应选用相近的新型号，如20、(21) 可选用22或23。2441 型号外护层需特别商定方予制造。

(3) 电缆外护层的结构

1) 金属套通用电缆外护层的结构（见表7-1-11）

表7-1-11　金属套通用电缆外护层的结构

型号	外护层结构		
	内衬层	铠装层	外被层
02	无	无	电缆沥青（或热熔胶）—聚氯乙烯外套
03	无	无	电缆沥青（或热熔胶）—聚乙烯外套
22	绕包型：电缆沥青—塑料带，或电缆沥青—塑料带—无纺麻布带，或电缆沥青—塑料带—浸渍纸带（或浸渍麻）—电缆沥青　　挤出型：电缆沥青—聚氯乙烯套，或电缆沥青—聚乙烯套	双钢带	聚氯乙烯外套
23		双钢带	聚乙烯外套
32		单细圆钢丝	聚氯乙烯外套
33		单细圆钢丝	聚乙烯外套
41	电缆沥青（或热熔胶）—聚乙烯套。允许用：电缆沥青—塑料带—浸渍麻—电缆沥青	单粗圆钢丝	胶粘涂料—聚丙烯绳，或电缆沥青—浸渍麻—电缆沥青—白垩粉
42		单粗圆钢丝	聚氯乙烯外套
43		单粗圆钢丝	聚乙烯外套
441		双粗圆钢丝双钢带—单	胶粘涂料—聚丙烯绳，或电缆沥青—浸渍麻—电缆沥青—白垩粉
241		粗圆钢丝	

注：1. 内衬层用绕包或挤包由厂方任定。
　　2. 441 型同向绕包双粗钢丝间、241 型钢带钢丝间没有间隔层。
　　3. 分相铅套电缆在每相铅套上施加防蚀层后再成缆，然后施加外护层。

2）非金属套通用电缆外护层的结构（见表 7-1-12）

表 7-1-12　非金属套通用电缆外护层的结构

型号	外护层结构		
	内衬层	铠装层	外被层
12	绕包型：塑料带或无纺布带	联锁铠装	聚氯乙烯外套
22		双钢带铠装	聚氯乙烯外套
23			聚乙烯外套
32		单细圆钢丝铠装	聚氯乙烯外套
33			聚乙烯外套
53	挤出型：塑料套	单皱纹钢带纵包铠装	聚乙烯外套
62		双铝带（或铝合金带）铠装	聚氯乙烯外套
63			聚乙烯外套
42	塑料套	单粗圆钢丝铠装	聚氯乙烯外套
43			聚乙烯外套
41			胶粘涂料—聚丙烯绳，或电缆沥青—浸渍麻—电缆沥青—白垩粉
41		双粗圆钢丝铠装	
241		双钢带—单粗圆钢丝铠装	

注：1. 施加在缆芯上的内衬层，绕包或挤包由厂方自定，一般采用绕包。
2. 施加在金属屏蔽上的内衬层，必须采用挤出型，称为隔离套。
3. 联锁铠装内衬层可以采用纤维编织。
4. 441 型若双粗钢丝为同向绕包，则在钢丝层间、241 型的钢带与钢丝间应设间隔层。
5. 有时也采用编织层作为电缆外护层，常用材料是镀锡圆铜丝、镀锌细钢丝、玻璃丝或合成纤维等。如船用电缆护层，86 为铜丝编织铠装聚烯烃外套，95 为钢丝编织铠装交联聚烯烃外套。

3）铅套充油电缆外护层的结构（见表 7-1-13）

表 7-1-13　铅套充油电缆外护层的结构

型号	外护层结构				
	内衬层	加强层	隔离层	铠装层	外被层
102	电缆沥青—塑料带，或其他性能相当的防水层	径向铜带	—	无	塑料带—聚氯乙烯外套
202		径向不锈钢带	—	无	
302		径向铜带纵向窄铜带	—	无	
402		径向不锈钢带，纵向窄不锈钢带	—	无	
141		径向铜带	塑料带—塑料套	单粗圆钢丝	胶粘涂料—聚丙烯绳
241		径向不锈钢带		单粗圆钢丝	

4）钢管电缆外护层。钢管电缆外护层的作用是防止钢管的腐蚀，故常称为钢管防蚀层。其要求是：

a）结构紧密，密封性好，具有优良的耐水、耐油、耐药品性能；

b）良好的电绝缘性能，在长期运行中无大的降低；

c）防蚀层与钢管的粘附性好，采用电气防蚀保护时不剥离；

d）由于土壤应力等所引起的变形要小，在搬

运或敷设时不易受损伤;

　　e) 容易施工,维护方便;

　　f) 资源丰富,价格低廉。

　　由于钢管电缆所用钢管直径和自重较大,其防蚀层要完全满足上述的要求是很困难的,且钢管电缆通常用于重要干线上,因此,为使钢管防蚀可靠,通常是采用防蚀层加电气防蚀保护的方法。

　　钢管电缆外护层一般分为护套型和绕包型两类。表7-1-14 为钢管电缆外护层常用材料及结构的实例。

表 7-1-14　钢管电缆外护层及结构实例

实例	结　　构
1	聚乙烯熔着涂层—沥青复合物—聚氯乙烯带—沥青复合物—玻璃丝布带—沥青复合物
2	热涂沥青漆—聚氯乙烯热缩管—沥青—浸透沥青的麻布或玻璃布带
3	煤焦油环氧漆—沥青—维尼纶布带—沥青
4	镀锌—聚氯乙烯胶粘带
5	挤包沥青玛蹄脂(沥青、填料和石棉短纤维的混炼物)
6	底涂层—挤包塑料套

　　注: 1. 用带均取叠盖绕包,并与涂料多层组合以达到要求的总厚度。
　　　　2. 据试验,在沥青系涂料中,煤焦油沥青的粘附性、耐微生物性、绝缘的耐久性以及吸水率等都比石油沥青的性能好。

1.3　电缆护层的用途

1.3.1　电缆护层对各种绝缘的适用性 (见表7-1-15)

表 7-1-15　电缆护层对各种绝缘的适用性

护层名称	纸绝缘				橡塑绝缘				无机绝缘	
	一般	浸油	充油	充气	橡皮	塑料	充气	油膏	氧化镁	云母带
铅套	△	△	△	△	△	△				
铝套	△	△	△	△	△	△	△			
焊接皱纹铝套	△	△			△	△				
焊接皱纹钢套	△	△								
铜套									△	
钢管							△			
橡套					△					
塑套					△	△				△
粘结组合套					△	△		△		

　　注: △表示适用。

1.3.2　电缆外护层对各种内护套的适用性 (见表7-1-16)

表 7-1-16　电缆外护层对各种内护套的适用性

外护层型号	铅套	铝及皱纹铝套	皱纹钢套	铜套	橡塑套或缆芯	粘结组合套
02, 03	△	△	△	△		
22, 23, 32, 33	△	△			△	△
12, 53					△	△
41, 42, 43, 441, 241	△					
62, 63					△	
102, 202, 302, 402, 141, 241	△					

　　注: △表示适用。

1.3.3　电缆护层的使用范围

1. 电缆护套的使用范围（见表7-1-17）

表 7-1-17　电缆护套的使用范围

名称	型号	主要适用敷设场所													
		敷设方式									特殊环境条件				
		架空	室内	隧道	电缆沟	管道	埋地		竖井	水下	易燃	移动	强电干扰	严重腐蚀	大拉力
							一般土壤	多砾石							
裸铝套	L	△	△	△							△				
裸皱纹铝套	LW	△	△	△							△				
裸皱纹钢套	GW														
裸铜套	T		△	△	△										
裸铅套	Q	△	△	△	△	△									
一般橡套	省略	△	△	△	△	△						△		△	
氯丁橡套，氯磺化聚乙烯套	F，H	△	△	△	△	△					△	△		△	
聚氯乙烯套	V	△	△	△	△	△					△	△		△	
聚乙烯或聚烯烃套	Y	△	△	△	△	△									
铝-聚乙烯粘结套	A	△	△	△	△	△								△	
铅-聚乙烯粘结套		△	△	△	△	△								△	

注：△表示适用。

2. 金属套电缆通用外护层的使用范围（见表7-1-18）

表 7-1-18　金属套电缆通用外护层的使用范围

型号	名称	被保护的金属套	主要适用敷设场所												
			敷设方式									特殊环境			
			架空	室内	隧道	电缆沟	管道	埋地		竖井	水下	易燃	强电干扰	严重腐蚀	拉力
								一般土壤	多砾石						
02	聚氯乙烯外套	铅套	△	△	△	△	△					△		△	
		铝套	△	△	△	△	△	△			△			△	
		皱纹钢套或铝套	△	△	△	△	△						△	△	
03	聚乙烯外套	铅套	△	△		△	△							△	
		铝套	△	△	△	△	△	△			△			△	
		皱纹钢套或铝套	△	△		△	△							△	

（续）

型号	名称	被保护的金属套	主要适用敷设场所												
			敷设方式									特殊环境			
			架空	室内	隧道	电缆沟	管道	埋地：一般土壤	埋地：多砾石	竖井	水下	易燃	强电干扰	严重腐蚀	拉力
22	钢带铠装聚氯乙烯外套	铅套		△	△	△		△	△			△		△	
		铝套或皱纹铝套		△	△	△			△			△	△	△	
23	钢带铠装聚乙烯外套	铅套		△		△		△	△					△	
		铝套或皱纹铝套		△		△			△				△	△	
32	细圆钢丝铠装聚氯乙烯外套	各种金属套						△	△	△	△	△		△	△
33	细圆钢丝铠装聚乙烯外套	各种金属套						△	△	△	△			△	△
41	粗圆钢丝铠装纤维外被	铅套									△			○	△
42	粗圆钢丝铠装聚氯乙烯外套	铅套								△	△	△		△	△
43	粗圆钢丝铠装聚乙烯外套	铅套								△	△			△	
441	双粗圆钢丝铠装纤维外被	铅套									△			○	△
241	钢带—粗圆钢丝铠装纤维外被	铅套									△			○	△

注：△表示适用，○表示当采用涂塑钢丝等具有良好非金属防蚀层的钢丝时适用。

3. 非金属套电缆通用外护层的使用范围（见表7-1-19）

表7-1-19 非金属套电缆通用外护层的使用范围

型号	名称	主要适用敷设场所										
		敷设方式								特殊环境		
		室内	隧道	电缆沟	管道	埋地：一般土壤	埋地：多砾石	竖井	水下	易燃	严重腐蚀	拉力
12	联锁钢带铠装聚氯乙烯外套	△	△	△		△	△			△	△	
22	钢带铠装聚氯乙烯外套	△	△	△		△	△			△	△	
23	钢带铠装聚乙烯外套	△		△		△	△				△	
32	细圆钢丝铠装聚氯乙烯外套					△	△	△	△	△	△	△
33	细圆钢丝铠装聚乙烯外套					△	△	△	△		△	△
41	粗圆钢丝铠装纤维外被								△		○	△
42	粗圆钢丝铠装聚氯乙烯外套							△	△	△	△	△

（续）

型号	名　称	主要适用敷设场所										
		敷设方式								特殊环境		
		室内	隧道	电缆沟	管道	埋地		竖井	水下	易燃	严重腐蚀	拉力
						一般土壤	多砾石					
43	粗圆钢丝铠装聚乙烯外套							△	△		△	△
62	铝带铠装聚氯乙烯外套	△	△	△		△	△			△	△	
63	铝带铠装聚乙烯外套	△		△		△					△	
441	双粗圆钢丝铠装纤维外被								△		○	△
241	钢带-粗圆钢丝铠装纤维外被								△		○	△

注：△表示适用，○表示当采用涂塑钢或具有良好非金属防蚀层的钢丝时适用。

4. 铅套充油电缆外护层的使用范围（见表7-1-20）

表7-1-20　铅套充油电缆外护层的使用范围

型号	名　称	敷设方式		承受张力	
		陆上	水下	一般	较大
102	径向铜带加强聚氯乙烯外套	△			
202	径向不锈钢带加强聚氯乙烯外套	△			
302	径向铜带纵向窄铜带加强聚氯乙烯外套	△		△	
402	径向不锈钢带纵向窄不锈钢带加强聚氯乙烯外套	△		△	
141	径向铜带加强单粗圆钢丝铠装纤维外被		△		△
241	径向不锈钢带加强单粗圆钢丝铠装纤维外被		△		△

注：△表示适用。

5. 其他特种护层的使用范围（见表7-1-21）

表7-1-21　其他特种护层的使用范围

型号	名　称	适用敷设场所
ZA、ZB、ZC、ZD	阻燃	成束敷设的电站、工厂、矿山、高层建筑、船舶等
WDZ	无卤低烟阻燃	地铁、商场、高层住宅、医院、计算机中心、船舶、石油平台等
NH	耐火	地铁、地下街、高层建筑、商场、宾馆等的消防、报警、信号系统
TH	湿热带	有防霉要求的湿热带地区
Y	防白蚁	白蚁活动地区
80，90	裸铜丝或钢丝编织	船舶
82，92 85，95 86，96	铜丝或钢丝编织，聚氯乙烯外套或聚烯烃外套	船舶中严重腐蚀区，SC型为无卤低烟低毒阻燃，适用于舰船、客轮、邮轮
	防雷	雷电活动地区的易遭雷击地段
	耐辐射	核电站等强辐射区
	防鼠	鼠类活动地区

第2章

电缆护层的设计与计算

2.1 电缆护层结构尺寸计算

2.1.1 假定直径的计算

过去，电缆护层中各部分的尺寸，例如绕包层和挤出护套的厚度，都是由标称直径的大小来确定的。而标称直径则与所采用的结构（如导体的形状及紧压程度）、制造方法（绕包还是挤包）以及各种不同的计算程序有关。这样，在不同制造厂之间就会出现标称直径的差异，因而相同类型的电缆就会出现彼此不等的标称厚度。

为了避免这种情况，在电缆护层的结构尺寸计算中，采用所谓"假定直径"的计算方法。其基本出发点是，在不考虑导体形状及紧压程度的情况下，根据给定的导体截面积、绝缘标称厚度以及绝缘线芯数目求出假定直径。护层中各部分的厚度根据 $\Delta = aD + b$ 计算出或根据 D 从标准规定的厚度系列中查出，其中 D 就是包层下面的假定直径，a、b 为常数。

必须注意，假定直径仅作为计算护层厚度之用，它不能取代确定电缆实际直径的计算程序，而实际直径则是应用上所必需的，应当另外求出。

有关假定直径的计算见表7-2-1～表7-2-4。

表7-2-1 假定直径的计算

序号	项　目		计算公式	说　明
1	导体直径		$D_1 = 2\sqrt{\dfrac{S}{\pi}}$	D_1—导体直径（mm），不管导体形状或是否紧压，均按实心圆形计算，也可从表7-2-2中直接查取 S—导体标称截面积（mm²）
2	线芯直径		$D_2 = D_1 + 2\Delta_1$	D_2—线芯直径（mm） Δ_1—绝缘标称厚度，包括屏蔽层的厚度（mm）。对有内、外半导电层的绝缘线芯，屏蔽层厚度取1.5
3	线芯成缆外径	等径线芯（同心层绞）	$D_3 = nD_2$	D_3—线芯成缆外径（mm） n—成缆系数，见表7-2-3 D_{21} 或 D_{c1}—大线芯直径（mm） D_{22} 或 D_{c2}—小线芯直径（mm） D_{c3}—小线芯直径（mm）
		四芯（三大一小）	$D_3 = \dfrac{2.41(3D_{21} + D_{22})}{4}$	
		五芯（四大一小）	$D_f = \dfrac{2.70(4D_{c1} + D_{c2})}{5}$	
		五芯（三大二个不等的小截面导体）	$D_f = \dfrac{2.70(3D_{c1} + D_{c2} + D_{c3})}{5}$	

（续）

序号	项目		计算公式	说明
4	缆芯直径	带绝缘	$D_4 = D_3 + 2\Delta_2$	D_4—缆芯直径（mm） Δ_2—带绝缘标称厚度（mm） Δ_3—成缆包带层厚度（mm）。D_3 在 40mm 及以下时取 0.4mm；D_3 在 40mm 以上时取 0.6mm。Δ_3 是假定值，不管包层有无，是绕包还是挤包都要用 Δ_4—有同心式导线层或同心金属屏蔽层时的直径增加值（mm），见表 7-2-4
		成缆包带	$D_4 = D_3 + 2\Delta_3$	
		同心导体或金属屏蔽	$D_4 = D_3 + 2\Delta_3 + \Delta_4$	
		单芯	$D_4 = D_2$	
		无成缆包带	$D_4 = D_3$	
5	护套直径 内衬前直径	金属套	$D_5 = D_4 + 2\Delta_5$	D_5—护套直径或内衬前直径（mm）；分相铅套为成缆外径 Δ_5—铅套、铝或皱纹铝套、皱纹钢套等金属套的厚度（mm），在皱纹套的场合，该值应加上波峰高度 Δ_6—橡皮、塑料及粘结组合套等非金属套厚度（mm） Δ_7—分相铅套防蚀层厚度（mm），绕包时取 0.4mm；挤包时取 1.0mm
		非金属套	$D_5 = D_4 + 2\Delta_6$	
		分相铅套外径	$D_5 = 2.15(D_2 + 2\Delta_5 + 2\Delta_7)$	
		成缆包带外径	$D_5 = D_4$	
		同心导体或金属屏蔽外径	$D_5 = D_4$	
6	铠装前直径		$D_6 = D_5 + 2\Delta_8$	D_6—铠装前直径（mm） Δ_8—内衬层厚度（mm）
7	外被（套）前直径	钢带铠装外径	$D_7 = D_6 + 4\Delta_9$	D_7—铠装外径（mm） Δ_9—钢带厚度（mm） Δ_{10}—圆铠装丝直径（mm） Δ_{11}—扁丝厚度（mm） Δ_{12}—联合铠装层厚度（mm），该厚度包括铠装厚度、间隔层厚度和包扎带厚度，包扎带厚度标称值小于 0.3mm 时不计
		圆钢丝铠装外径	$D_7 = D_6 + 2\Delta_{10}$	
		扁钢丝铠装外径	$D_7 = D_6 + 2\Delta_{11}$	
		联合铠装外径	$D_7 = D_6 + 2\Delta_{12}$	

注：假定直径的计算值应修约到小数点后一位（小数点后第 2 位 4 舍 5 入）。小于 0.3mm 厚度的包层在计算假定直径时可以忽略不计。

表 7-2-2 导体的假定直径 D_1　　　　　　　　　　　（续）

导体截面积/mm²	D_1/mm	导体截面积/mm²	D_1/mm
1.5	1.4	500	25.2
2.5	1.8	630	28.3
4	2.3	800	31.9
6	2.8	1000	35.7
10	3.6		
16	4.5		
25	5.6		
35	6.7		
50	8.0		
70	9.4		
95	11.0		
120	12.4		
150	13.8		
185	15.3		
240	17.5		
300	19.5		
400	22.6		

注：不用标称截面积表示的导体，D_1 采用导体的标称直径。

表 7-2-3 成缆系数 n

线芯数 N	n	线芯数 N	n	线芯数 N	n
2	2.00	16	4.70	34	7.00
3	2.16	17	5.00	35	7.00
4	2.42	18	5.00	36	7.00
5	2.70	18[①]	7.00	37	7.00
6	3.00	19	5.00	38	7.33
7	3.00	20	5.33	39	7.33
7[①]	3.35	21	5.33	40	7.33

（续）

线芯数 N	n	线芯数 N	n	线芯数 N	n
8	3.45	22	5.67	41	7.67
8①	3.66	23	5.67	42	7.67
9	3.80	24	6.00	43	7.67
9①	4.00	25	6.00	44	8.00
10	4.00	26	6.00	45	8.00
10①	4.40	27	6.15	46	8.00
11	4.00	28	6.41	47	8.00
12	4.16	29	6.41	48	8.15
12①	5.00	30	6.41	52	8.41
13	4.41	31	6.70	61②	9.00
14	4.41	32	6.70		
15	4.70	33	6.70		

① 线芯在一层中绞合。

② 61 芯以上，绞合（成缆）系数可按 $n = 1.16 \times \sqrt{N}$ 计算。

表 7-2-4　有同心式导体层或同心金属屏蔽层时的直径增加值 Δ_4

同心导体或金属屏蔽的标称截面积/mm²	直径增加值 Δ_4/mm
1.5	0.5
2.5	0.5
4	0.5
6	0.6
10	0.8
16	1.1
25	1.2
35	1.4
50	1.7
70	2.0
95	2.4
120	2.7
150	3.0
185	4.0
240	5.0
300	6.0

注：如果同心导体或金属屏蔽的标称截面积在表列两个数值之间，则直径增加值应取较大值。

当表 7-2-4 中金属屏蔽的标称截面积未可知时，按下述方法计算：

（1）带屏蔽

$$S_t = n_t t_t w_t \qquad (7\text{-}2\text{-}1)$$

式中　S_t——带屏蔽截面积（mm²）；

　　　n_t——带的根数；

　　　t_t——每根带的厚度（mm）；

　　　w_t——每根带的宽度（mm）。

注意：当带屏蔽总厚度小于 0.15mm 时，直径增加值 Δ_4 为零。

（2）线屏蔽并有反向扎线时

$$S_w = \frac{\pi}{4} n_w d_w^2 + n_h t_h w_h \qquad (7\text{-}2\text{-}2)$$

式中　S_w——线屏蔽截面积（mm²）；

　　　n_w——线的根数；

　　　d_w——每根线的直径（mm）；

　　　n_h——反向扎线根数；

　　　t_h——反向扎线厚度（mm）；

　　　w_h——反向扎线宽度（mm）。

2.1.2　护套厚度的设计计算

挤出型护套标称厚度与护套前假定直径呈线性关系，可用下述公式计算：

$$\Delta = aD + b \qquad (7\text{-}2\text{-}3)$$

式中　Δ——护套标称厚度（mm），计算至小数后一位；

　　　D——护套前假定直径（mm）；

　　　a 和 b——常数，见表 7-2-5。

在实际应用中，因为护套标称厚度以 mm 为单位时只需计算到小数后一位，因此护套标称厚度与护套前假定直径的关系并不是线性的，而是一个以级差为 0.1mm 的阶梯。据此制作的坐标图称为护套厚度阶梯图。当需把级差放大时，只能朝护套厚度增大的方向，如图 7-2-1 所示。

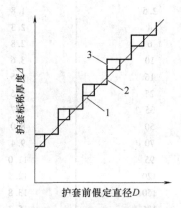

图 7-2-1　护套厚度阶梯图
1—按 $\Delta = aD + b$ 计算的直线
2—标准级差厚度　3—增大级差厚度

表 7-2-5 计算护套厚度用的 a、b 值

序号	电缆类型	护套名称			a	b	标称厚度最小值/mm
1	铅套电力电缆	铅套	分相铅套		0.03	0.7	1.2
			裸铅套或粗钢丝铠装		0.03	1.1	1.4
			带绝缘或分相屏蔽		0.02	0.8	1.2
		塑料套	铅套上的塑料外套		0.028	0.6	1.4
			铠装下的内衬套		0.02	0.6	1.0
			铠装上的塑料外套		0.028	1.1	1.4
2	铅套充油电缆	铅套	有加强层时		0.025	1.5	2.6
		塑料套	加强层与铠装间隔离套		0.02	0.6	1.2
			加强层或铠装上的外套		0.035	1.0	3.5
3	铅套低气压电缆（0.0784~0.117MPa）	E 合金铅套（不用加强层）			0.048	0.5	2.8
		塑料外套（铅套上）			0.035	1.0	3.5
4	铝套电缆（电力、通信、信号、控制）	铝套	平铝套		0.02	0.6	0.9
			皱纹铝套		0.01	0.7	1.1
			皱纹铝套（与平铝套屏蔽系数相当）		0.01	1.0	1.4
		塑料套	铝套上的塑料外套			0.65	0.9
			铠装下的内衬套		0.02	0.6	1.0
			铠装上的塑料外套		0.028	1.1	1.4
5	皱纹铝套充油电缆（常时0.588MPa，瞬时1.078MPa）	皱纹铝套（不用加强层）			0.02	0.6	1.5
		塑料外套（铝套上）			0.035	1.0	3.5
6	铅套通信电缆（包括控制、信号）	铅套	裸铅套	Pb-Sb-Cu	0.03	1.0	1.2
				Pb-Sn-Sb-Cu	0.03	0.9	1.2
			钢丝铠装时	Pb-Sb-Cu	0.03	1.1	1.4
				Pb-Sn-Sb-Cu	0.03	1.0	1.4
			其他外护层时	Pb-Sb-Cu	0.03	0.6	1.2
				Pb-Sn-Sb-Cu	0.03	0.5	1.2
		塑料套	铅套上的塑料外套		0.028	0.6	1.4
			铠装下的内衬套		0.02	0.6	1.0
			铠装上的塑料外套		0.028	1.1	1.4
7	皱纹钢套电缆	钢套			0.0037	0.25	0.3
		塑料套（钢套上）			0.028	1.1	1.4
8	挤包绝缘（橡塑）电力电缆或控制电缆（1~30kV）	铅套	单芯或成缆缆芯		0.03	0.8	1.2
			扇形导体缆芯		0.03	0.6	1.2
			其他		0.03	0.7	1.2
		塑料套	隔离套（直接挤包在铅套上）		0.02	0.6	1.0
			隔离套（非铅包电缆）		0.02	0.6	1.2
			外护套（直接挤包在单芯绝缘上）		0.035	1.0	1.4
			外护套（其他直接挤包在铠装、金属屏蔽、同心导体上的电缆和所有多芯电缆）		0.035	1.0	1.8

注：1. 铅套、铝套实际平均厚度应不小于标称值，任一点测得的最小厚度不应小于：铅套标称值的95% - 0.1mm；铝套标称值的90% - 0.1mm。

2. 包在正规圆柱形光滑表面的塑料套的实际平均厚度应不小于标称值，其任一点测得的最小厚度应不小于标称值的85% - 0.1mm；包在非正规圆柱形（如绞合缆芯、铠装等）表面的塑料套，其任一点测得的最小厚度应不小于标称值的80% - 0.2mm。

2.1.3 复合铝带（或铅带）纵包重叠宽度的确定

组合护套的复合铝带（或铅带）的纵包重叠宽度可按表7-2-6确定。

表7-2-6 复合铝带（或铅带）纵包重叠宽度
（单位：mm）

护套前假定直径	重叠宽度	
	参考值	最小值
≤10	6	4
>10~20	8	6
>20~40	12	10
>40~60	18	15
>60	22	18

2.1.4 皱纹金属套轧纹深度的确定

皱纹铝套的轧纹深度可按表7-2-7确定，皱纹钢套的轧纹深度可按表7-2-8确定。

表7-2-7 皱纹铝套的轧纹深度 （单位：mm）

皱纹铝套外径	轧纹深度	
	参考值	最小值
<50	商定	
50~60	4.2	3.0
>60~72	4.5	3.4
>72~83	4.8	3.8
>83~93	5.0	4.0
>93	商定	

表7-2-8 皱纹钢套的轧纹深度 （单位：mm）

皱纹钢套外径	轧纹深度	
	参考值	最小值
≤16	1.7	1.6
>16~28	2.4	2.0
>28~36	2.6	2.2
>36~50	3.5	3.0
>50~64	3.7	3.2
>64~74	4.0	3.4
>74~80	4.2	3.6
>80	4.4	3.8

2.1.5 加强层厚度的设计计算

铅套充油电缆加强层厚度计算公式如下：

$$\Delta = \frac{kpD}{2\alpha_1\alpha_2\sigma} \qquad (7\text{-}2\text{-}4)$$

式中 Δ——加强层厚度（mm）；

p——长期使用时的最高油压（MPa）；

D——加强层的假定内径（mm）；

σ——加强带的许用应力（MPa），黄铜带时取147MPa，不锈钢带时取392MPa；

k——安全系数，取为3；

α_1——接续效率（即由于接头所致的强度降低），取0.85；

α_2——绕包效率（即加强层为带型绕包而不是连续管状所致的效率降低），取0.85。

加强带厚度按如下公式计算：

$$t = \frac{\Delta}{n} \qquad (7\text{-}2\text{-}5)$$

式中 t——加强带厚度（mm）；

Δ——加强层厚度（mm）；

n——加强带绕包层数，通常取2。

在铅套与加强层之间的内衬层，其厚度应不大于0.5mm。

2.1.6 带型内衬层和纤维外被层厚度的确定

带型内衬层和纤维外被层的标称厚度可按表7-2-9确定。实际厚度允许有20%的负偏差，正偏差不做规定。当内衬层直接包在缆芯上时，成缆包带的厚度可计入内衬层厚度内。

表7-2-9 带型内衬层和纤维外被层的标称厚度
（单位：mm）

	钢带铠装	细钢丝铠装	粗钢丝铠装（水下）	
			一般	海水
带型内衬层	1.5	1.5	2.0	
纤维外被层			2.0	4.0

注：用扁钢丝铠装时，内衬层厚度为1.5mm。

2.1.7 铠装层厚度的确定

钢带铠装层的铠装钢带层数、标称厚度和宽度可按表7-2-10选定。

表7-2-10 钢带铠装层厚度的确定 （单位：mm）

	金属套	
铠装前假定直径	层数×厚度	宽度≤
≤15	2×0.3	20
>15~20	2×0.5	25
>20~25	2×0.5	30
>25~40	2×0.5	35
>40~60	2×0.5	45
>60	2×0.8	60

（续）

非 金 属 套		
铠装前假定直径	层数×厚度	宽度≤
≤15	2×0.2（或0.3）	20
>15~25	2×0.2（或0.3）	25
>25~35	2×0.5	30
>35~50	2×0.5	35
>50~70	2×0.5	45
>70	2×0.8	60

注：1. 铠装钢带应双面涂漆或镀锌。

2. 铠装前假定直径≤10mm时，宜用直径为 0.8~1.6mm的细钢丝铠装。也可采用厚度 0.1~0.2mm的镀锡钢带绕包一层作铠装，但 重叠率应不小于25%。

轧纹钢带纵包铠装采用预轧环形纹钢带，厚度 有0.15mm和0.20mm两种。钢带搭接或间隙宽度 按表7-2-11选定。

表7-2-11 纵包铠装层皱纹钢带搭接或间隙 宽度的确定 （单位：mm）

铠装前假 定直径	单钢带铠装 纵包搭接 宽度	双钢带铠装	
		内层纵包间 隙宽度	外层纵包 搭接宽度
≤15	≥3	3~6	≥3
>15	≥6	3~6	≥6

注：1. 双钢带纵包铠装的两条纵缝应处在相对位置，不能重叠。

2. 钢带应镀锌、涂塑或采取其他有效的防蚀措施。

联锁铠装钢带的厚度可按表7-2-12确定。
铠装钢丝的标称直径可按表7-2-13确定。

表7-2-12 联锁铠装钢带厚度的确定 （单位：mm）

铠装前假定直径	层数×厚度	备注：美国采用的厚度
≤23.0	1×0.3	D13.0及以下：1×0.64
>23.0	1×0.5	D13.0以上：1×0.86

注：1. 钢带的两面及边缘均应镀锌。

2. 联锁铠装的圈数以宽9.5mm、厚0.5mm的钢 带为例，每100mm长度应不少于14圈。具体 按性能要求设计确定。

表7-2-13 铠装钢丝标称直径的确定 （单位：mm）

铠装前假定直径	细钢丝直径	粗钢丝直径
≤15	0.8~1.6	
>15~25	1.6~2.0	
>25~35	2.0~2.5	4.0~6.0
>35~60	2.5~3.15	
>60	3.15	

注：1. 铠装钢丝应镀锌，粗钢丝可涂塑，但涂塑层厚 度不计入钢丝直径。

2. 粗钢丝的直径范围主要根据设计要求或用户要 求而定，必要时可选用更粗的钢丝。

3. 当用扁钢丝铠装时，厚度有0.8mm、1.2mm、 1.4mm三种，通常采用0.8mm。铠装前假定 直径小于15mm的电缆，不能用扁钢丝铠装。

2.2 电缆护层的机械强度计算及校核

2.2.1 电缆护层的受力计算

为了计算方便，计算公式中的力用千克力（kgf） 表示，换算为国际单位制（SI）时1千克力（kgf） 等于9.8牛（N）。

1. 架空电缆（见表7-2-14-1~表7-2-14-2）

表7-2-14-1 架空电缆的张力计算

序 号	项 目	图 示	计算公式	符号说明		备 注
				符号意义	单位	
1	垂直悬挂时电 缆的张力（P）		$P_A = Gl$ $P_B = 0$	P—张力 G—单位长度电缆 的负荷 l—见图示 h、F、f—电缆弧垂	kgf kgf/m m m	悬点A处张力 最大
2	水平悬挂时电 缆的张力（P）		$P_A = P_B = P_C + Gh$ $P_C = \dfrac{l^2 G}{8h}$			悬点A和B处 张力最大
3	斜度悬挂时电 缆的张力（P）		$P_A = P_C + GF$ $P_B = P_C + Gf$ $P_C = \dfrac{l^2 G}{8f}$			悬点A处张力 最大

表 7-2-14-2 张力计算公式中单位长度电缆负荷 G 的计算

序号	项目	图示	计算公式	符号说明		备注
				符号意义	单位	
1	只考虑电缆重量		$G = G_1$	G_1—单位长度电缆重力 G_2—单位长度电缆覆冰重力	kgf/m kgf/m	气象负荷参考数据
2	考虑覆冰作用		$G = G_1 + G_2$ $G_2 = \pi b(D + b)\gamma$	D—电缆外径 b—覆冰厚度 γ—覆冰密度（0.9） G_3—垂直作用于单位长度电缆纵轴上的水平方向风力	m m t/m³ kgf/m	覆冰厚度/mm / 风速/(m/s) : 5 / 15 ; 10~20 / 10 ; 0 / 25
3	考虑风力作用		$G = \sqrt{G_1^2 + G_3^2}$ $G_3 = aDv^2$ $a = \dfrac{\alpha K}{16} = 0.0638$	α—风速不均匀系数（0.85），电缆长度不大时（1.0） K—空气动力系数（1.2）		
4	考虑覆冰和风力同时作用		$G = \sqrt{(G_1 + G_2)^2 + G_4^2}$ $G_4 = a(D + 2b)v^2$ $a = \dfrac{\alpha K}{16} = 0.0638$	v—垂直作用于电缆纵轴上的水平风速 G_4—单位长度覆冰电缆所受风力	m/s kgf/m	

2. 海底电缆（见表 7-2-15）

表 7-2-15 海底电缆的张力计算

序号	项目	图示	计算公式	符号说明		备注
				符号意义	单位	
	电缆悬于水中的张力		$P_A = P_B = P_C + Gh$ $P_C = \dfrac{l^2 G}{8h}$	P—张力 G—单位长度电缆负荷 h—电缆的弧垂 l—悬点间距	kgf kgf/m m m	
1	1）只考虑电缆重量时		1）$G = G_1 = W_1 - W_2$ $W_2 = \pi\gamma\left(\dfrac{D}{2}\right)^2$	G_1—单位长度电缆在水中重力 W_1—单位长度电缆的重力	kgf/m kgf/m	悬点 A 和 B 处张力最大
	2）考虑流速作用时		2）$G = \sqrt{G_1^2 + G_2^2}$ $G_2 = K\gamma\dfrac{v^2 D}{2g} \times 10^{-3}$ $v = \dfrac{3\psi}{3\psi + 1}v_{av}$ $\psi = 0.026\left(\dfrac{H}{D}\right)^{0.12}$	W_2—单位长度电缆在水中的浮力 γ—水的密度 D—电缆直径 G_2—单位长度电缆受水的冲击力 K—环流常数 g—重力加速度（9.8m/s²）	kgf/m t/m³ m kgf/m m/s²	
2	电缆敷设时所受的张力		$P_A = H\left[G_1 - \dfrac{G_1 Dv_1^2\left(\dfrac{v_2}{v_1} - \cos\beta\right)^2}{\sin\beta}\right]$ $\cos\beta = -\dfrac{a}{v_1^2} + \sqrt{\left(\dfrac{a}{v_1^2}\right)^2 + 1}$ $a = \dfrac{W_1 - W_2}{2C_2 D}$	v—水底流速 v_{av}—平均流速 H—最高水位时的水深 v_1—电缆船速度	m/s m/s m m/s	放出电缆 A 处张力最大

（续）

序号	项目	图示	计算公式	符号说明		备注
				符号意义	单位	
3	电缆打捞时所受的张力	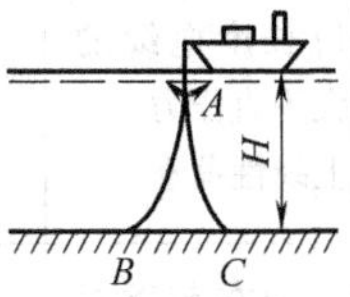	$P_A = P_B + G_1 H$ $P_B = P_C = \dfrac{G_1 H}{3S}$ $S = \dfrac{v_2 - v_1}{v_1} \times 100\%$	v_2—电缆放出速度 β—电缆入水角 C_1—轴向水阻系数（4.4） C_2—电缆径向水阻系数（44） S—电缆余长百分率	m/s (°)	抓缆锚 A 处张力最大

3. 直埋电缆（见表 7-2-16）

表 7-2-16　直埋电缆的压力计算

序号	项目	图示	计算公式	符号说明		备注
				符号意义	单位	
1	电缆受回填土的垂直压力	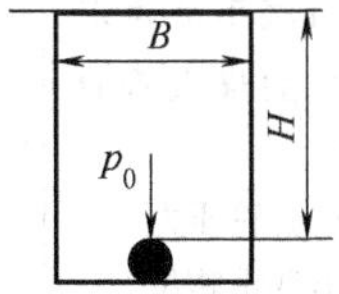 （直壁沟槽）（斜壁沟槽）（阶壁沟槽） 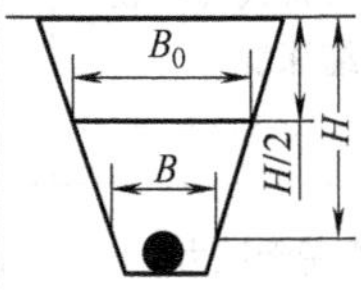 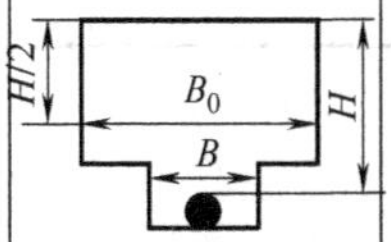	$p_0 = n_0 K \gamma H \dfrac{B + D}{2}$ **K 值表** H/B_0, K: 1,0.88; 2,0.78; 3,0.70; 4,0.62; 5,0.55; 6,0.49; 7,0.45; 8,0.40; 9,0.37; 10,0.35 （直壁沟槽 $B_0 = B$）	p_0—回填土对单位长度电缆的垂直压力 n_0—超载系数（1.4） K—土壤垂直压力系数（查表） γ—土壤容重（夯实最大取 1.8） H—电缆上部回填土高度 B—与电缆顶平的沟宽度 D—电缆直径	tf/m t/m³ m m m	1）假设压力沿电缆纵断面均匀分布 2）电缆受回填土的侧压力约为垂直压力的 1/6～1/3
2	沿电缆四周的压力分布	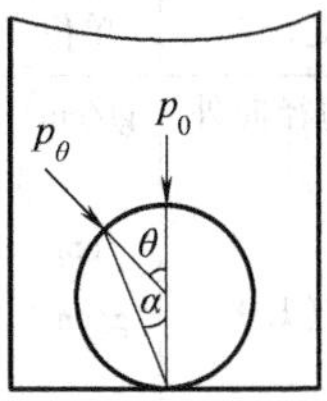	$p_\theta = p_0 \left(1 - \dfrac{\theta}{\pi - \alpha}\right)$	p_0—回填土对电缆顶端的压力 p_θ—径向压力	tf/m tf/m	1）假设电缆不变形 2）$\theta = \pi/2$ 时 $p_\theta = \dfrac{1}{3} p_0$
3	地上荷重对电缆的压力	（1）集中荷重	$p_1 = 0.636 \dfrac{P_1 D}{H^2}$	p_1—地上集中荷重对单位长度电缆的最大垂直压力 P_1—地上集中静荷重 H—电缆深度	tf/m tf m	

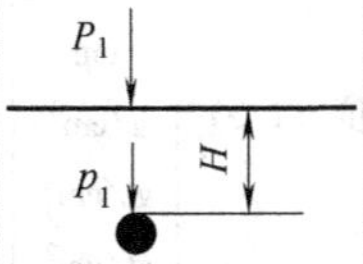

(续)

序号	项目	图　示	计算公式	符号说明 符号意义	单位	备注
3	地上荷重对电缆的压力	(2) 线性荷重	$p_2 = 0.750\dfrac{P_2 D}{H}$	p_2—地上线性荷重对单位长度电缆的最大垂直压力 P_2—地上线性荷重	tf/m tf	
		(3) 均布荷重	$p_3 = aP_3 D$ $a = 1 - \left[\dfrac{1}{1+\left(\dfrac{r}{H}\right)^2}\right]^{\frac{3}{2}}$	p_3—地上均布荷重对单位长度电缆的最大垂直压力 P_3—地上均布荷重 r—均布荷重半径 H—电缆深度	tf/m tf m m	
		(4) 汽车荷重 C 值表	$p_4 = nCP$ $P = 0.365T$	p_4—地面汽车静重对电缆的最大垂直压力 P—汽车后轮压力 T—汽车载重吨位 n—超载系数 (1.2) C—载重系数 (查表) H—电缆深度	tf/m tf tf m	当电缆埋深在1m以下时,因交通车辆产生的活荷重作用一般比静力作用小,可不予考虑
4	直埋电缆可能受到的最大垂直压力		$p = p_0 + p_n$	p—电缆所受压力 p_0—回填土压力 p_n—地上荷重之压力	tf/m tf/m tf/m	

C 值表

H	C	H	C
0.5	0.12	1.2	0.03
0.8	0.06	1.5	0.015
1.0	0.045	2 以上	0.01

4. 其他 (见表7-2-17)

表 7-2-17　其他受力计算

序号	项目	图　示	计算公式	符号说明 符号意义	单位	备　注
1	水中电缆的外压力强度		$p = h\gamma$	p—水中电缆的径向外压力强度 h—电缆深度 γ—水的密度 (1.0 ~ 1.4)	gf/cm^2 cm g/cm^3	
2	落差敷设电缆浸渍剂产生的静压力强度		$p_B = h\gamma$ $p_A = 0$	p—浸渍剂产生的静压力强度 h—落差高度 γ—浸渍剂密度 (1.0) p_A—A 点压强 p_B—B 点压强	gf/cm^2 cm g/cm^3 gf/cm^2 gf/cm^2	干绝缘和不滴流电缆不适用

（续）

序号	项目	图　示	计　算　公　式	符号说明		备　注
				符号意义	单位	
3	电缆护层的最大压缩应力		$\sigma_a = \dfrac{12(D-\Delta)^2 P}{\pi l (D-2\Delta)\Delta^2}$	σ_a—最大压缩应力 D—金属护套或铠装外径 Δ—金属护套厚度 l—受力长度 P—作用力	kgf/mm^2 mm mm mm kgf	一般要求： 当 $P/l \geqslant 1tf/m$ 时 电缆变形率： $\varphi = \dfrac{A-B}{A+B} \leqslant 5\%$
4	电缆护层的弯曲变形		$\varepsilon = \pm \dfrac{h}{\rho}$ 最大相对形变： $\varepsilon = \pm \dfrac{r}{R+r} = \pm \dfrac{1}{a+1}$ $a = \dfrac{R}{r}$	ε—相对伸长或压缩率 h—变形部分至电缆中心线距离 ρ—电缆中心线的曲率半径 r—电缆半径 R—弯曲半径 a—弯曲倍数	% mm mm mm mm	电缆弯曲时，一般均超过材料的弹性限度而产生不可逆变形，故使用时应避免弯曲半径太小或多次反复的弯曲，以免护层折裂

弯曲倍数 $\alpha\left(\dfrac{R}{r}\right)$	1	5	10	15	20	25	30	50
最大相对形变 ε（%）	50	16.6	9.1	6.3	4.8	3.9	3.2	2.0

2.2.2　电缆护层的应力计算

1. 金属护套（见表7-2-18）

表 7-2-18　金属护套的应力计算

序号	应力名称	计算公式	符号说明	
			符号意义	单　位
1	均匀内压径向应力	$\sigma = \dfrac{pd}{2\Delta}$		
2	均匀内压轴向应力	$\sigma = \dfrac{pd}{4\Delta}$	σ—计算应力 d—护套内径 D—护套外径 Δ—护套厚度 p—压力强度 P—外作用力 t—皱纹深度 Δ'—波谷厚度 φ—皱纹螺旋角，一般为6° M—作用力矩	Pa m m m Pa N m m （°） N·m
3	均匀外压径向应力	$\sigma = \dfrac{pD}{2\Delta}$		
4	拉伸应力（管形）	$\sigma = \dfrac{P}{\pi(D+\Delta)\Delta}$		
5	拉伸应力（皱纹管）	$\sigma = \dfrac{P\cos\varphi}{\pi(D-2t-\Delta)\Delta'}$		
6	弯曲应力	$\sigma = \dfrac{32MD}{\pi(D^4-d^4)}$		
7	扭转应力	$\sigma = \dfrac{16MD}{\pi(D^4-d^4)}$		

2. 金属铠装（见表 7-2-19）

表 7-2-19　金属铠装的应力计算

序号	应力名称	计算公式	符号说明	
			符号意义	单　位
1	金属丝拉伸应力	$\sigma = \dfrac{4P\sin\alpha}{\pi n d_0^2}$	σ—计算应力	Pa
2	金属带内压应力	$\sigma = \dfrac{pd(1-m)}{2m\Delta}$	P—张力 α—绞合角度 d_0—金属丝直径	N $72°\sim75°$ m
3	金属带外压应力	$\sigma = \dfrac{pD(1-m)}{2n\Delta}$	p—压力强度 d—铠装内径 D—铠装外径 Δ—铠装带厚度 n—金属丝根数或带层数	Pa m m m

铠装带绕包系数　$m = \dfrac{e}{b}$（一般为 ±0.2）

e—重叠或间隙宽度（间隙取负值）

b—带宽

2.2.3　电缆护层的强度校核

1. 基本公式

$$\sigma \leqslant [\sigma] \tag{7-2-6}$$

式中　σ——计算应力（Pa）；

　　　$[\sigma]$——许用应力（Pa）。

2. 许用应力的确定

为使电缆护层不产生较大的塑性变形，电缆护层的工作应力应小于材料的屈服强度 σ_T，因此，许用应力 $[\sigma]$ 可由下式确定：

$$[\sigma] = \frac{\sigma_T}{K} \tag{7-2-7}$$

式中　σ_T——护层材料屈服强度（Pa）；

　　　K——安全系数，一般取 1.4～1.7。

3. 常用电缆护层材料的强度及许用应力值

（见表 7-2-20）

表 7-2-20　护层材料的强度及许用应力值　　　　（单位：MPa）

材料名称	抗拉强度	弹性模量	屈服强度	许用应力 $[\sigma]$	主　要　用　途
铝	80～150	30～40	50～80	30	护套
铅及铅合金	15	2.5	5～10	5	护套
镀锌钢丝	350～500	—		120	水下电缆铠装
低碳钢带	300 以上	—		100	地下电缆铠装
黄铜带	400～600	—		150	超高压电缆加固
紫铜带	210～300	15	60～80	70	防雷电缆铠装
铝合金线	300			100	超高压电缆铠装

注：1. 用抗拉强度求许用应力时，安全系数一般取为 3。

　　2. 剪切许用应力一般可取拉伸许用应力的 50%～60%。

2.3　电缆护层橡塑材料的透过性

2.3.1　橡塑材料的透过性

橡塑材料由于本身结构的不紧密性，因此与金属材料不同，当橡塑材料两面存在着气体压力差时，气体就将从压力大的一面，沿着橡塑材料的内部，迂回曲折地向压力小的一面透过。橡塑材料这种让气体透过的能力，叫作橡塑材料的透过性。

透过性与漏过性是本质上不同的两种现象，为避免实用上的混淆，现将其主要区别列于表 7-2-21。

表 7-2-21　透过性与漏过性的区别

名称	原　因	媒质通过特性	现　象	能否防止	影　响
透过性	高分子材料本身结构的不紧密性	仅以气体状态通过	微观现象，肉眼不可见	橡塑材料本身不能防止	要求不同，影响不同
漏过性	工艺缺陷或外伤	气体、液体均可通过	宏观现象，常有孔洞可见	可以防止	不允许发生

必须特别注意，所有橡塑材料都有透过性，但不同材料的透过性的大小不同。橡塑材料透过性的大小用透过系数表示，透过系数大的，透过性大。

2.3.2　影响橡塑材料透过性的因素

(1) 分子的对称性　分子的高度对称性，有利于规则排列和结晶化，从而减小分子间的间隙，透过性减小。如聚乙烯和聚四氟乙烯，分子的对称性高，因而透过性很小。又如天然橡胶和氯丁橡胶，欲使其透过性有显著降低，常采用氯化的方法以增加其分子的对称性。

(2) 敛集密度　敛集密度对玻璃态固体及晶体起主要作用，如聚四氟乙烯、聚乙烯、聚氯乙烯、聚甲基丙烯酸甲酯，在聚合时的体积收缩率依次减小，故透过性依次增大。敛集密度对高弹态聚合物也有影响，如聚异丁烯，由于分子较为对称而有利于紧密敛集，故透过性也很小。

(3) 置换基大小　在分子中占有大比例的置换基的大小，对透过性影响较大。置换基大的，透过性也大。如聚甲基丙烯酸丁酯的置换基比聚甲基丙烯酸乙酯、聚甲基丙烯酸甲酯相应大，故其透过性也相应增大。

(4) 分枝和侧链　由不饱和单体接枝聚合得到的聚合物，往往在高分子链中产生侧链和分枝，由于侧链和分枝的增多，使高分子间的充填度减少，因而透过性增大。

(5) 柔顺性　对高弹态聚合物的影响最大，因其链段可做相当的热运动，特别在玻化温度以上更为激烈。同时，由于透过物质的侵入，也可能使链段做相应的移动。因此，柔顺性大的，透过性也大。如丁苯橡胶，随着苯乙烯量的降低，柔顺性增大，透过性也增大。

(6) 双键　主链中存在双键，使透过性大大增加。如聚丁二烯与聚乙烯比较，因聚丁二烯存在双键，其透潮率约为聚乙烯的 100 倍。

(7) 异构体　异构体的根源在于双键，但由于反式异构的排列有利于高分子链紧的充填，所以透过性比顺式异构为小。例如古塔波橡胶，它是异戊二烯的反式聚合物，而天然橡胶则是异戊二烯的顺式聚合物，故古塔波橡胶的透过性比天然橡胶小。

(8) 极性基和亲水基　极性基和亲水基多的聚合物，常呈现高的透过性。如羟基、酯基、缩醛基、羰基、醚基和硝基等，对于水的透过，具有相反的两种影响：一方面，由于其极性的作用，使分子间的"网目"致密性增加，扩散系数减小；另一方面，由于亲水基的存在，使链具有较大的刚性，不利于紧密敛集，分子间的间隙增大，并且由于与水的亲和力增加，使溶解度增大。因为透潮率等于扩散系数和溶解度的乘积，而在一般情况下，溶解度的影响远远为大，故具有亲水基多的聚合物，都具有高的透潮性。如聚乙烯醇，因含有羟基，亲水性极强，故其透潮率比聚乙烯大 100 倍以上。为使聚乙烯醇的透潮性减少，通常采用缩醛化方法以减少其亲水性。

(9) 交联度　交联度大，透过性小，这是由于交联的材料密度大，有利于结构的紧密堆积，而且由于交联，分子的运动特别是链节的运动受到了限制，利于扩散的空孔生成率减少的缘故。

(10) 结晶度　对于两相共存的聚合物，结晶相一般都以微晶形式存在于无定形相中。结晶相因较紧密，因此，一般透过是沿着无定形相进行的。结晶度越大，透过性越小。

(11) 分子量　分子量大小对透过性的影响无一定关系。高密度聚乙烯的分子量比低密度聚乙烯大，但其透过性较小的原因是分枝较少、敛集密度大的缘故。

(12) 增塑剂　常用增塑剂大都含有亲水基，一般使透潮性都增大，并且增塑剂增加了高分子链的可动性，为气体的透过提供了通路。如果选用疏水性的增塑剂，则水蒸气透过聚合物间的间隙将受到阻碍，透潮性减小。

(13) 填料　填料若为水溶性盐类，由于水分子在材料内部扩散时будет束缚在盐粒附近，并企图将盐粒溶解，因此，开始时透潮性较小，但随着盐粒的溶解及迁移，透潮性将大为增加。此外，透过物质的结构与橡塑材料分子结构间的相互作用，也存在着较为复杂的关系，在改善橡塑材料的透过性时 必须注意。

2.3.3 透过量的计算（见表7-2-22）

表7-2-22 透过量的计算

序号	项目	图示	计算公式	符号说明	
				符号意义	单位
1	橡塑护套的透过量		$Q = \dfrac{2\pi P(p_2 - p_1)}{\ln \dfrac{r_2}{r_1}}$ 或 $Q = \dfrac{2\pi P r_1(p_2 - p_1)}{\Delta}$	Q—单位时间单位长度护套的透过量 P—橡塑护套的透过系数 p_2—护套外气体压力 p_1—护套内气体压力 r_2—护套外半径 r_1—护套内半径 Δ—护套厚度	$cm^3/(cm \cdot s)$ $cm^3/(cm \cdot s \cdot cmHg)$ cmHg cmHg cm cm cm
2	铝—塑粘结组合护层的透过量		$Q = \dfrac{Ph(p_2 - p_1)}{I + \Delta}$ 搭接处无粘结时： $Q = \dfrac{Ph(p_2 - p_1)}{\Delta}$	Q—单位时间单位长度护套的透过量 P—橡塑护套的透过系数 p_2—护套外气体压力 p_1—护套内气体压力 Δ—护套厚度 h—粘结层厚度	$cm^3/(cm \cdot s)$ $cm^3/(cm \cdot s \cdot cmHg)$ cmHg cmHg cm cm cm cm
3	金属护套的透过量		$Q = 0$ （因金属透过系数为0）		

注：1. 实际上，由于气体的透过，护套内气体压力 p_1 将随透过时间 t 而改变，即 $p_1 = f(t)$，因此，表中各式仅能作为一般的近似计算用。在护层设计中，应用表中公式作为不同结构护层透过性大小的对比计算一般已能满足要求。如：在相同透过量的情况下，铝—聚乙烯粘结组合护层与聚乙烯护套比较，透过时间为聚乙烯护套的 $2\pi r_1(I + \Delta)/\Delta h$ 倍。
2. 1cmHg = 1333.22Pa。

2.3.4 橡塑材料的透过系数（见表7-2-23）

表7-2-23 橡塑材料的透过系数

材料名称	$cm^3 \cdot mm/(cm^2 \cdot s \cdot cmHg \cdot 10^{10})$ (20~30℃)			
	N_2	O_2	CO_2	H_2O
聚偏二氯乙烯	0.01	0.05	0.29	14~1000
聚氟乙烯	0.04	0.2	0.9	3300
聚乙烯对苯二甲酸酯	0.05	0.3	1.0	1300~2300
氯化橡胶	0.08~6.2	0.25~5.4	1.7~18.2	250~19000
聚三氟氯乙烯	0.09~1.3	0.25~5.4	0.48~12.5	3~360
酚醛树脂	0.95	—	—	—
聚酰胺（尼龙）	0.1~0.2	0.38	1.6	700~17000
环氧树脂	—	0.49~16	0.86~14	2600

（续）

材料名称	$cm^3 \cdot mm/(cm^2 \cdot s \cdot cmHg \cdot 10^{10})$（20~30℃）			
	N_2	O_2	CO_2	H_2O
聚苯乙烯-甲基丙烯腈	0.21	1.6	—	
聚乙烯醇缩甲醛（乙醛）	0.22	0.38	1.9	5000~10000
聚氯乙烯	0.4~1.7	1.2~6	10.2~37	2600~6300
聚苯乙烯丙烯腈	0.46	3.4	10.8	9000
醋酸纤维素	1.6~5	4.0~7.8	24~180	15000~106000
聚丁二烯-丙烯腈（丁腈橡胶）	2.4~25	9.6~82	75~636	10000
聚碳酸酯	3	20	85	7000
聚苯乙烯	3~80	15~250	75~370	10000
聚异丁烯-异戊二烯（丁基橡胶）	3.2	13	52	400~2000
聚乙烯	3.3~20	11~59	43~280	120~2100
聚偏二氟乙烯-六氟丙烯（氟橡胶）	4.4	15	78	520
聚丙烯	4.4	23	92	700
聚氨酯	4.9	15.2-48	140~400	3500~125000
聚二甲基丁二烯（甲基橡胶）	4.8	21	75	—
氯磺化聚乙烯（海帕龙）	11.6	28	208	12000
聚氯丁二烯（氯丁橡胶）	11.8	40	250	18000
聚全氟乙丙烯（氟-46）	21.5	59	17	500
聚四氟乙烯	—	—	—	360
聚丁二烯-苯乙烯（丁苯橡胶）	63.5	172	1240	24000
聚丁二烯	64.5	191	1380	29000
天然橡胶	84	230	1330	30000
乙基纤维素	84	265	410	14000~130000
硅橡胶	—	1000~6000	6000~30000	106000
聚甲基丙烯酸甲酯（有机玻璃）				13000
聚酯（涤纶）				14000
聚乙烯醇	—	—	—	29000~140000

注：1. 水的透过系数常称透潮率或透湿度，常用单位为 $g \cdot cm/(cm^2 \cdot h \cdot mmHg)$，用此单位时，将表给值乘以 0.029 即可。如聚丙烯的透潮率以 $cm^3 \cdot mm/(cm^2 \cdot s \cdot cmHg)$ 为单位时，从表可查得其数值为 700×10^{-10}，采用 $g \cdot cm/(cm^2 \cdot h \cdot mmHg)$ 为单位时，其数值为 2.03×10^{-9}。

2. $1mmHg = 133.322Pa$。

2.4 电缆护层结构的防蚀设计计算

2.4.1 电缆护层金属材料的腐蚀

金属腐蚀按机理可分为化学腐蚀（干蚀）和电化学腐蚀（湿蚀）两类。电缆护层金属材料的腐蚀，大部分属电化学腐蚀，即由于金属材料与电解液直接接触而导致金属材料的破坏。电缆护层金属材料的腐蚀程度与材料本身的耐蚀性和敷设环境密切相关。常见电缆护层金属材料的腐蚀见表 7-2-24。

表 7-2-24 电缆护层金属材料的腐蚀

腐蚀名称	主要腐蚀因素	加速腐蚀因素
大气腐蚀	潮湿腐蚀性气体	不同金属接触、固定或交变应力作用等
土壤腐蚀	潮湿土壤或地下水	不同金属接触、土壤通气差、杂散电流、厌气性细菌作用等
管道腐蚀	潮湿或积水	不同金属接触、固定或交变应力作用、通气差、杂散电流、混凝土管道析碱等
海水腐蚀	海水	磨损、杂散电流、不同金属接触、固定或交变应力、细菌等

注：不同金属接触产生的腐蚀常称接触腐蚀；杂散电流产生的腐蚀常称电解腐蚀（简称电蚀）；细菌参与作用的腐蚀常称细菌腐蚀；固定或交变应力易产生晶间腐蚀。

2.4.2 电缆护层结构的防蚀设计

提高金属材料本身的耐蚀性，有利于提高电缆护层的防蚀性能，但是最有效的方法还是使护层金属材料不与主要腐蚀因素（电解液）直接接触，从而防止一切腐蚀，这是电缆护层结构防蚀设计的根本。

电缆护层结构防蚀，都是选用透潮率较小、机械强度较高的非金属材料，包覆在金属材料上，构成有效的防蚀覆盖层，它一般由防蚀涂料和防蚀被覆两部分组成。其作用、材料及工艺见表7-2-25。

表7-2-25　有效防蚀覆盖层的设计

组成	作　用	常用材料	工　艺
防蚀涂料	填充防蚀被覆与金属材料间的空隙，防止电解液纵向扩散，有时起粘结作用	沥青复合物，漆类，胶粘剂	热涂，冷涂，静电喷涂，电泳或挤出
防蚀被覆	连续密封，防止电解液的漏过，并有一定机械保护作用	聚氯乙烯，聚乙烯，氯丁橡胶	挤出，绕包

注：当防蚀被覆与金属材料可紧密结合时，防蚀涂料可以不用。

2.4.3 防蚀层厚度的确定

确定防蚀层厚度，主要应从防水性、机械性、工艺性和经济性四个方面进行综合考虑。

挤出型的防蚀护套具有优良的防水性，其厚度按式（7-2-3）确定，即可充分满足防蚀要求。

绕包型的防蚀层必须通过盐浴槽的防水性能试验，因此，其最小厚度可用下式进行近似计算：

$$t = \frac{mn}{\rho_v} \qquad (7\text{-}2\text{-}8)$$

式中　t——绕包型防蚀层的最小厚度（cm）；

m——盐浴槽试验指标，$m = 10^4 M\Omega \cdot cm^2$（25℃）；

ρ_v——绕包型防蚀层的体积电阻率（$M\Omega \cdot cm^2$）（25℃）；

n——安全系数，取为3。

2.4.4 橡塑护套的化学稳定性（见表7-2-26）

表7-2-26　橡塑护套的化学稳定性

药剂名称	聚氯乙烯	聚乙烯	氯丁橡胶	药剂名称	聚氯乙烯	聚乙烯	氯丁橡胶
丙酮	×	○	△	硅油	○	○	○
苯	×	○	×	氟利昂12	○	○	○
四氯化碳	×	×	×	杂酚油	×	△	×
氯仿	×	○	×	甲酚	○	○	×
三氯乙烯	×	○	×	苯酚	○	○	△
甲苯	×	×	×	苯胺	○	○	○
二甲苯	×	×	×	苯二甲酸二辛酯	△	○	×
甲醇	○	○	○	醋酸乙烯	△	○	×
乙醇	○	○	○	沥青	○	○	○
环己烷	×	○	×	盐酸（10%）	◎	◎	◎
二硫化碳	△	△	×	盐酸（38%）	◎	◎	×
乙烯甘油酯	○	○	○	硫酸（10%）	◎	◎	◎
乙醚	×	△	×	浓硫酸（发烟）	×	×	×
甲醛	△	○	△	硝酸（10%）	◎	◎	○
甘油	○	○	○	浓硝酸（发烟）	△	×	×
己烷	△	○	△	醋酸（50%）	◎	○	○
石油醚	×	○	×	亚硫酸气	◎	○	○

（续）

药剂名称	聚氯乙烯	聚乙烯	氯丁橡胶	药剂名称	聚氯乙烯	聚乙烯	氯丁橡胶
轻质汽油	×	△	×	氨气	○	○	○
汽油	○	○	△	稀氨水	○	○	○
煤油	○	×	○	浓氨水	○	○	△
燃料油	×	×	×	氯气	×	×	×
石油	○	△	○	过氧化氢	○	○	×
润滑油	△	△	△	硫化氢	△	○	△
润滑脂	△	△	△	稀氢氧化钠	○	○	○
动物油	△	◎	△	食盐水	◎	◎	◎
植物油	○	△	○	海水	◎	◎	◎
变压器油	○	○	△	土壤	◎	◎	◎

注：◎—完全或几乎不受侵蚀，实用上耐受；
　　○—受到若干作用，在实用上问题不大；
　　△—受到较大作用，不如避免使用；
　　×—严重侵蚀，不可使用。

2.5　防雷护层的设计与计算

2.5.1　雷电对电缆的影响

　　雷电由大气中带电的云层相互间或对地放电所形成，它是幅度很大、历时极短、包含着大量谐波的脉冲电流，由 1 个或数个脉冲（多重放电时）所构成。在我国，雷电流幅值一般为 50kA 以下，最大可达 260kA，观测波形大多为 10/100μs。

　　雷电对电缆影响最大的是直击雷，严重的可把电缆击断、压扁或烧毁，并威胁到线路设备和工作人员生命的安全。

2.5.2　电缆的防雷品质因数

　　电缆的防雷品质因数是衡量电缆防雷性能的一个重要指标，一般可用下式进行近似计算：

$$G = \frac{U}{R_K} \qquad (7\text{-}2\text{-}9)$$

式中　G——电缆的防雷品质因数（kA·km）；
　　　U——电缆绝缘耐冲击击穿电压（kV）；
　　　R_K——耦合阻抗，近似计算时用电缆护层的直流电阻 R（Ω/km）。

　　电缆防雷品质因数表明，当电缆护层的直流电阻为 R，绝缘耐冲击击穿电压为 U 时，电缆在一定长度范围内能以防护的雷电流大小。例如：设 U 为 3kV，R 为 1Ω/km，则按式上式可计算得电缆的防雷品质因数为 3kA·km。这就是说，1km 长度电缆，3kA 以内的雷电流不会使绝缘击穿，如果电缆的长度是 100m，那么电缆能承受的雷电流为 30kA 以内。

2.5.3　电缆护层雷击点感应电压计算（见表 7-2-27）

表 7-2-27　电缆护层雷击点感应电压计算

外护层型式	计算公式	符号意义
普通外护层	$U = \dfrac{2.65IR}{\sqrt{\dfrac{v}{2\rho}} + \sqrt{C_0 R_0}} \times 10^{-3}$	U—雷击点感应电压（kV） I—雷电流幅值（kA） R—护层电阻（Ω/km）
一级或二级外护层	$U = \dfrac{2.65IR}{\sqrt{C_1 R} + \sqrt{C_0 R_0}} \times 10^{-3}$	v—大地电感系数（H/m）一般取 1.256×10^{-6} ρ—大地电阻率（Ω·m） C_1—电缆护层对大地电容（F/km） R_0—线芯护层回路电阻（Ω/km） C_0—线芯护层间电容（F/km）

注：1. 计算公式是电缆为无限长、雷电流持续时间为 65μs 时的情况，因此，计算值高于实际值
　　2. 若雷电流持续时间为 S 微秒，则相应电压为：

（续）

外护层型式	计算公式	符号意义
	$$U_S = U_{S0}\sqrt{\dfrac{S}{S_0}}$$ $$S_0 = 65\,\mu s$$ 3. 金属护套与金属铠装并接时，护层电阻的计算： $$R = \dfrac{R_1 R_2}{R_1 + R_2}$$ $$R_1 = \dfrac{4\rho_1}{\pi(D_1^2 - d_1^2)} \times 10^3$$ $$R_2 = \dfrac{4\beta\rho_2}{\pi(D_2^2 - d_2^2)} \times 10^3$$ 4. 非直击雷对电缆影响较小，设计时一般不予考虑	R_1—金属护套电阻（Ω/km） ρ_1—金属护套电阻率（$\Omega\cdot mm^2$/m） D_1—金属护套外径（mm） d_1—金属护套内径（mm） R_2—铠装电阻（Ω/km） β—间隙绕包系数，可取 1.15 ρ_2—铠装电阻率（$\Omega\cdot mm^2$/m） D_2—铠装外径（mm） d_2—铠装内径（mm）

一般地说，电力电缆绝缘的耐冲击电压水平比通信电缆高得多，而且线路较短，接地良好，因此，受雷击破坏的概率较小。而通信电缆，特别是长途通信电缆，受雷击破坏的可能性就要大些，在雷电活动地区，必须注意。

2.5.4 防雷护层的结构设计

1. 防止电缆雷害方法

1）在电缆线路上采取防雷保护措施；

2）提高电缆绝缘的耐冲击击穿电压水平；

3）采用防雷护层。

2. 防雷护层结构设计要点

1）减小护层的直流电阻。如铝的电导率为铅的 7 倍，因此，采用铝护套可大大提高电缆的防雷性能；

2）采用导磁金属材料屏蔽；

3）提高外护层耐冲击电压击穿强度；

4）提高金属护套排泄雷电流速度，如采用半导电塑料制作外护层等。

必须指出，在电缆线路上采取防雷保护措施，对于防止直击雷对电缆的危害，在目前是比较可靠和经济的方法。

第3章

电缆护层的试验

3.1 电缆护层的试验项目

为确保电缆护层的制造质量，以满足各种不同使用环境的要求，电缆护层除作一般检查外，还必须根据不同的使用要求，进行有关项目的试验。电缆护层的试验项目很多，有的直接取自电缆上的护层材料为试样，但更多的情况是以电缆成品为试样，因此，必须遵照有关产品标准的规定，选取适当的样品和相应试验方法，并应时刻注意到这种试验方法可能有所更新。

有关电缆护层的试验项目分为一般检查、力学性能试验、环境老化性能试验、燃烧试验、电性能试验和特种性能试验6类，见表7-3-1。

表 7-3-1 电缆护层的试验项目

序号	类 别	试验项目名称
1	一般检查	1. 外观检查；2. 结构检查；3. 尺寸检查
2	力学性能试验	1. 扩张；2. 弯曲；3. 柔软性；4. 拉伸；5. 压缩；6. 内压；7. 冲击；8. 扭转；9. 刮磨；10. 振动；11. 蠕变
3	环境老化试验	1. 耐寒；2. 耐热；3. 耐油；4. 光老化；5. 厌氧性细菌腐蚀；6. 环烷酸铜含量测定；7. 防霉；8. 盐浴槽；9. 腐蚀扩展；10. 透潮；11. 耐药品；12. 耐环境应力开裂
4	燃烧试验	1. 氧指数；2. 温度指数；3. 比光密度（NBS 法）；4. 氢卤酸含量；5. 酸度和电导率；6. 单根垂直燃烧；7. 单根水平燃烧；8. 单根倾斜燃烧；9. 成束燃烧；10. 烟浓度；11. 冒烟；12. 耐火特性（线路完整性）
5	电性能试验	1. 耐电压；2. 火花；3. 电阻
6	其他特种试验	1. 防白蚁；2. 防老鼠；3. 辐射环境试验

注：有关自然环境老化试验，如日光暴晒、土壤埋设、海水浸蚀等，其试验方法据不同要求而定，本章未列入。

3.2 电缆护层的一般检查方法

3.2.1 外观检查

适用范围：各种电缆护层。

检验方法：用目力或在必要时借助 4 倍放大镜进行观察。

技术指标：外观平整，无产品标准所规定的不允许的缺陷，如裂缝、穿孔、气泡、夹杂等。

主要依据：GB/T 2952—2008 及各产品标准。

3.2.2 结构检查（见表7-3-2）

表7-3-2 电缆护层的结构检查项目及方法

序号	项目名称	检查对象	取样要求	检查方法	技术指标	主要依据
1	解剖检查	各种护层	适量	分层解剖，目力观察	护层材料及结构层次应符合标准规定	各标准
2	钢带绕包质量检查	钢带铠装	距电缆端不小于1m处	把电缆（外被层应剥除）卷绕在直径为铠装外径15倍的圆柱体上不少于一圈，用目力观察	1. 联锁铠装的锁边不张开或脱离 2. 双层金属带铠装应看不到下层的绕包间隙	GB/T 2952—2008
3	内衬层连续性检查（碰铅试验）	金属套电缆的绕包型内衬层	每盘	在金属套与铠装间用1000V绝缘电阻表测定绝缘电阻	不小于 20MΩ·m（20℃）	GB/T 2952—2008
4	铠装钢丝总间隙检查	钢丝铠装	任何位置	实测钢丝及铠装层外径和钢丝绕包角，计算出铠装钢丝总间隙相当于钢丝的根数	不大于1	GB/T 2952—2008

3.2.3 尺寸检查（见表7-3-3）

表7-3-3 电缆护层的尺寸检查项目及方法

序号	项目名称	主要对象	量具	检查方法	技术指标	主要依据
1	直径测量	各种护层	游标卡尺（精度不低于0.05mm）；千分尺（精度不低于 0.01 mm）；读数显微镜（20～40 倍，精度不低于 0.01 mm）；直尺（精度不低于 0.5mm）	1）用纸带和直尺量出圆周长度，用下式进行计算：$$D = \frac{L}{\pi} \quad (7\text{-}3\text{-}1)$$式中 D—直径（mm）L—周长（mm）2）用游标卡尺在同一截面上相互垂直的两个方向进行测量，取算术平均值	应符合标准规定的公差	GB/T 2951—2008 GB/T 2952—2008
2	厚度测量	各种护层		1）用测量直径的方法测定护层内外直径之差的1/2计算 2）将护层平整展开，沿圆周方向5等分，用千分尺测量5处厚度后取算术平均值	应符合标准规定的公差	
3	最小厚度测量			沿平整护层截面用目力观察最薄点，用千分尺直接测量或切片用读数显微镜测量		
4	绕包节距、重叠或间隙厚度测量	绕包层		用游标卡尺或直尺直接测量		

3.3　电缆护层力学性能试验方法

3.3.1　扩张试验

适用范围：铅护套（直径 15mm 以上）。

取样要求：试样长度 150mm。

试验方法：如图 7-3-1 所示。将铅护套套在圆锥体上，铅护套内加油滑润，垂直轻掷圆锥体底部，然后转动铅护套或锥体，使铅护套扩张至要求内径为止。

技术指标：纯铅扩张至内径的 1.5 倍，合金铅扩张至内径的 1.3 倍，铅护套应不破裂。

主要依据：铅套电缆标准。

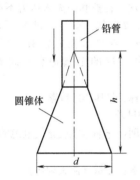

图 7-3-1　铅套扩张试验（$h = 3d$）

3.3.2　弯曲试验

适用范围：各种电缆。

取样要求：一般为 5m 3 根。

试验方法：按护层外径 d 选择适当倍率直径 D 的圆盘，在圆盘上进行往复弯曲。弯曲时以往复各 180° 算为 1 次，如图 7-3-2 所示。

技术指标：弯曲倍率及次数应符合各产品标准规定。

主要依据：相应的产品标准。

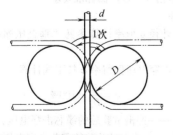

图 7-3-2　电缆弯曲试验（$D = nd$）

3.3.3　柔软性（挠性）试验

适用范围：金属护套或电缆

取样要求：3m×0.8m。

试验方法：取试样的一端固定于试验台上，伸出 500mm，另一端挂以重锤，如图 7-3-3 所示，测定不同重量重锤作用下的相应下垂量。

技术指标：对比性试验，下垂量大，柔软性好。

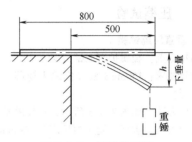

图 7-3-3　柔软性试验

3.3.4　拉伸试验

适用范围：金属护层或钢丝铠装层。

取样要求：300mm 3 根。

试验方法：如图 7-3-4 所示，试验前应将试样矫直，并除去缆芯及不必要的外护层，再将试样紧固于夹具内。试验在拉力机上进行。试样中心标距为 200mm，断裂应在中心标距两端 20mm 以内，试验速度为 15mm/min。求取抗拉强度及伸长率，必要时可做拉伸图。

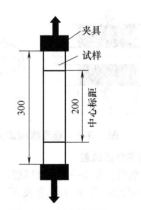

图 7-3-4　拉伸试验

技术指标：应符合有关产品要求。

附注：抗拉强度及伸长率按下式计算：

抗拉强度（MPa）：

$$\sigma_b = \frac{P_b}{F_0} \qquad (7\text{-}3\text{-}2)$$

式中　P_b——试样的拉断力（N）；

　　　F_0——试样的原截面积（mm²）。

伸长率：

$$\delta = \frac{L_1 - L_0}{L_0} \times 100\% \qquad (7\text{-}3\text{-}3)$$

式中　L_1——试样拉断后的标距长度（mm）；

　　　L_0——试样原标距长度，200mm。

3.3.5　压缩试验

1. 垂直压缩试验

适用范围：金属护套及铠装层。

取样要求：150mm3 根（应除去缆芯及不必要的外护层）。

试验方法：如图 7-3-5 所示，在压缩机或有换向器的拉力机上进行，受压缩长度为 100mm，压缩速度为 15mm/min，求当压缩负重为 1000N，2000N，3000N 等的相应护套或铠装层的外径变形率。

技术指标：土壤直埋敷设时，若压缩力为 1000N/100mm，外径变形率应小于 5%。

附注：外径变形率 φ 按下式计算

$$\varphi = \frac{a - b}{2D} \times 100\% \qquad (7\text{-}3\text{-}4)$$

式中　a——压缩后长径（mm）；

　　　b——压缩后短径（mm）；

　　　D——原直径（mm）。

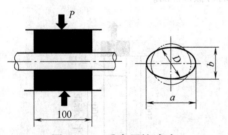

图 7-3-5　垂直压缩试验

2. 均匀外压试验

适用范围：金属护套或加固层。

取样要求：适量（缆芯及不必要外护层应去除）。

试验方法：如图 7-3-6 所示，将试样置于压力管中，用水泵施加压力。

技术指标：按使用要求。

附注：水中敷设电缆，敷设深度每增加 10m，电缆所受水压约增加 0.1MPa。

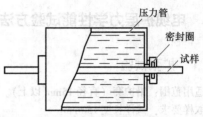

图 7-3-6　均匀外压试验

3.3.6　内压试验

1. 密封性试验

适用范围：通信电缆的金属护套或特种电缆护层。

取样要求：每盘。

试验方法：在护套内充入压力不小于 0.3MPa 的干燥空气或氮气，至另一端气压表读数达到 0.3MPa 为止，在气压稳定后 3h（裸金属护套）或 6h（有外护层的金属护套）观察气压降落情况。

技术指标：气压不应降落。

2. 爆破试验

适用范围：充油电缆或充气电缆的金属护套或加固层。

取样要求：适量（除去缆芯）。

试验方法：用液压进行，读取爆破时的压强（MPa）。

技术指标：按设计或使用要求。

3.3.7　冲击试验

适用范围：各种护层电缆。

取样要求：300mm 3 根。

试验方法：如图 7-3-7 所示，在冲击试验机上进行，记录冲击动量（N·m）与外径变形率。必要时可对缆芯进行试验前后的电击穿试验，求相应冲击动量的缆芯击穿电压保留率。

技术指标：按产品标准要求。

附注：

1）外径变形率计算参见"垂直压缩试验"中的附注；

2）击穿电压保留率 φ 按下式计算

$$\varphi = \frac{U}{U_0} \times 100\% \qquad (7\text{-}3\text{-}5)$$

式中　U——冲击试验后的缆芯击穿电压；

　　　U_0——冲击试验前的缆芯击穿电压。

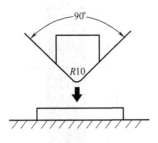

图 7-3-7 冲击试验

3.3.8 扭转试验

参见第 6 篇 4.5.3 节。

3.3.9 刮磨试验

适用范围：外径在 30mm 及以上的塑料外套。

取样要求：电缆成品约 1m。

试验方法：如图 7-3-8 所示，把经弯曲试验后的试样矫直，并使受弯曲面成水平状态固定在刮磨机的台板上。刮磨机的角铁刮头应与试样表面保持垂直相接触，并在接触点上按表 7-3-4 的规定施加垂直作用力。

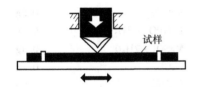

图 7-3-8 刮磨试验

表 7-3-4 刮磨试验施加的作用力

电缆实测外径/mm		作用力/N
≥	<	
30	40	65
40	50	106
50	60	155
60	70	210
70	80	270
80	90	340
90	100	420
100	110	500
110		550

刮磨机的角铁刮头的曲率半径应不小于 1mm 和不大于 2mm，刮头行程应不小于 600mm，刮磨速度为 15～30cm/s。

刮磨试验应在 20℃ ±5℃下进行。每一试样应刮磨 25 次，以往返一个行程为一次。

对塑料外套有电性能要求时，刮磨后还应进行耐电压试验，具体方法见本篇 3.6 节。

技术指标：耐电压试验时不击穿（当有电性能要求时），塑料护套内外表面无明显可见的裂缝或开裂。

主要依据：相应产品标准。

3.3.10 振动试验

适用范围：金属套。

取样要求：适量。

试验方法：如图 7-3-9 所示，把电缆试样一端固定在振动台上（A），另一端固定在地上（B）。振动通过 A 端传到电缆。试样充以 0.3MPa 气体，两端密封。振动破坏可从压力表（C）上观察到。电缆弯曲半径 R 可取 10 倍电缆外径或按弯曲试验规定。试验参数可按实际需要或设计要求确定，一般试验可取：振幅为 10mm，频率为 600 次/min。

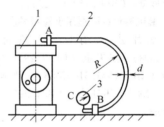

图 7-3-9 振动试验（$R = 10d$）
1—振动台 2—试样 3—压力表

技术指标：振动次数大于 10^7 次不破坏或根据设计要求。

3.3.11 蠕变试验

用于铅套，通常取试片在蠕变试验机上进行，参见第 1 篇。

3.4 电缆护层环境与老化性能试验方法

3.4.1 耐寒性试验

1. 涂料耐寒试验

适用范围：外被层的电缆沥青或类似涂料。

取样要求：约 3m 电缆。

试验方法：把试样放在规定温度（如 0℃ ± 2℃）的冷冻槽或冷冻室内 2h，然后立即弯曲 3 次。若将试样从冷冻槽或冷冻室取出进行弯曲试验，则从试样取出后至弯曲试验前的时间不应超过 60s。

技术指标：电缆沥青或类似涂料应无碎落。

主要依据：相应产品标准。

2. 低温试验适用于橡塑护套

有低温卷绕、低温拉伸和低温冲击三种试验方法，详见第六篇4.6.4节。相应标准为GB/T 2951.12—2008、GB/T 2951.13—2008和GB/T 2951.14—2008。

3.4.2 耐热性试验

1. 涂料热滴流试验

适用范围：外被层的电缆沥青或类似涂料。

取样要求：从成品电缆上截取300mm长试样3根。

试验方法：把试样呈水平状态悬挂在烘箱中，烘箱底部铺上白纸。在70℃±2℃下保持4h。

技术指标：白纸上无肉眼可见之涂料滴落痕迹。

主要依据：GB/T 2952.1—2008。

2. 护套热特性试验适用于橡塑护套

常取试片进行。有空气箱热老化（GB/T 2951.12—2008）、热失重（GB/T 2951.32—2008）、高温压力（GB/T 2951.31—2008）、热延伸（GB/T 2951.21—2008）、热冲击（GB/T 2951.31—2008）等试验方法。

3.4.3 耐油性试验

适用于橡塑护套（GB/T 2951—2008），详见第6篇4.7节。

3.4.4 光老化试验

适用于橡塑护套，详见第6篇4.8.3节。

3.4.5 厌氧性细菌腐蚀试验

适用范围：外护层用麻、纸或布。

取样要求：麻不少于20根，每根长250mm；纸或布带不少于10根，宽15mm，长200mm。放干燥皿中不少于48h。

试验方法：称10g重新鲜土壤（最好是现取的池塘土），放入具盖的磨砂标本瓶中，然后放入一种试样，加入培养液至满，密闭瓶盖，如图7-3-10所示。一起移入细菌培养箱中，温度为30℃±5℃。试验时间为纸10d，麻或布45d。到时取出，用自来水冲洗干净后先自然风干，再放入干燥缸内不少于48h。取出进行拉断力试验，速度为100mm/min。拉断力以N为单位，精确至1N。

技术指标：试验前后的拉力损失率应小于15%

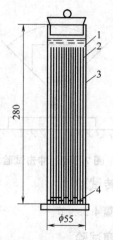

图7-3-10 厌氧性细菌腐蚀试验装置
1—培养液 2—试样 3—磨口标本瓶 4—新鲜土壤

（参考值），或对比试验结果无显著差异。

主要依据：相应产品标准。

附注：

1）本试验方法不适用于水溶性杀菌剂；

2）灭菌培养液配方如下：

$NaNH_4HPO_4 \cdot 4H_2O$	1.5g
KH_2PO_4	0.5g
$K_2HPO_4 \cdot 3H_2O$	0.5g
$MgSO_4 \cdot 7H_2O$	0.4g
NaCl	0.1g
蛋白胨	5.0g
$CaCO_3$	2.0g
蒸馏水	1000mL
pH	7.0~7.4

在消毒锅中灭菌30min，水蒸气压力为0.1~0.15MPa表压。

3）拉力损失率按下式计算

$$\varphi = \frac{P_0 - P}{P_0} \times 100\% \qquad (7\text{-}3\text{-}6)$$

式中 P_0——试验前平均拉力（N）；

P——试验后平均拉力（N）。

4）试验结果有否显著差异的判定。

a）可疑观测值的舍弃。当观测值与算术平均值之差的绝对值 d_i 大于 kS 值时，该观测值应舍弃。k 值可根据试样数 n 查表7-3-5。S 为样本标准差，可按下式计算：

$$S = \sqrt{\frac{\sum\limits_{i=1}^{n} d_i^2}{n-1}}$$

表 7-3-5　*k* 值表

n	*k*	*n*	*k*	*n*	*k*
5	1.68	12	2.03	24	2.31
6	1.73	14	2.10	26	2.35
7	1.79	16	2.16	30	2.39
8	1.86	18	2.20	40	2.50
9	1.92	20	2.24	50	2.58
10	1.96	22	2.28	100	2.80

数值舍弃应反复进行。即在数值舍弃之后，剩余数值再重新计算算术平均值和样本标准差，按上述方法进行舍弃，直至无可舍弃为止。

b）*t* 值检查。设进行对比试验的两个正态分布的均值分别为 μ_1 和 μ_2，并分别为 n_1 和 n_2 个试验数据所得到，令 $\overline{X}$、$\overline{Y}$ 分别表示它们的样本均值，S_1^2、S_2^2 分别表示样本方差，则：

$$\overline{X} = \frac{\overline{X} - \overline{Y}}{\sqrt{(n_1-1)S_1^2 + (n_2-1)S_2^2}} \times \sqrt{\frac{n_1 n_2 (n_1 + n_2 - 2)}{n_1 + n_2}}$$

$$\tag{7-3-7}$$

当 $n_1 = n_2 = n$ 时：

$$t = \frac{\overline{X} - \overline{Y}}{\sqrt{S_1^2 + S_2^2}} \sqrt{n} \tag{7-3-8}$$

根据上式计算得到的 *t* 值，与以自由度 $f = n_1 + n_2 - 2$ 和显著性水平 α（一般取 $\alpha = 0.05$）查表 7-3-6 所得的 t_α 值相比较，可确定检验下列假设的否定域：

检验假设 $\mu_1 = \mu_2$，否定域为：$t > t_\alpha$
检验假设 $\mu_1 \geq \mu_2$，否定域为：$t < -t_{2\alpha}$
检验假设 $\mu_1 \leq \mu_2$，否定域为：$t > t_{2\alpha}$

表 7-3-6　t_α 值表

f	$\alpha = 0.05$	$2\alpha = 0.1$	*f*	$\alpha = 0.05$	$2\alpha = 0.1$
11	2.201	1.796	23	2.069	1.714
12	2.179	1.782	24	2.064	1.711
13	2.160	1.771	25	2.060	1.708
14	2.145	1.761	26	2.056	1.706
15	2.131	1.753	27	2.052	1.703
16	2.120	1.746	28	2.048	1.701
17	2.110	1.740	29	2.045	1.699
18	2.101	1.734	30	2.042	1.697
19	2.093	1.729	40	2.021	1.684
20	2.086	1.725	60	2.000	1.671
21	2.080	1.721	120	1.980	1.658
22	2.074	1.717	∞	1.960	1.645

3.4.6　环烷酸铜含量测定

适用范围：用环烷酸铜进行防腐处理的麻、纸或无纺麻布。

取样要求：取纤维材料剪成零碎小段，充分混合后分成 2 份，每份称重约 5g，并精确至 0.001g。

试验方法：

1）取 1 份试样放入瓷坩埚中，再放入马弗炉内燃烧使成灰烬（炉温约 850℃，时间 20～30min）。取出，加入 10mL 硝酸溶液（浓度 50%）。然后注入烧杯中，并用水冲洗坩埚，使坩埚内物完全倒入烧杯。再加入 10mL 硝酸溶液。烧开直至铜的氧化物完全溶解后，进行过滤。烧杯必须用水冲洗 7～8 次，把冲洗液一起过滤。将过滤过的溶液用铂电极进行电解。铂电极的增重即为铜重。

2）取另一份试样置于萃取装置中，用苯或其他溶剂进行萃取 8～12h，直至浸渍剂完全排除，然后取出试样，小心烘干并称重。

3）按下式计算出环烷酸铜含量的百分数：

$$X = \frac{a \cdot c}{b \cdot k} \times 100\% \tag{7-3-9}$$

式中　*X*——环烷酸铜含量（%）；
　　　a——白金电极上的铜重（g）；
　　　b——精称出非铜含量测定的一份试样重（g）；
　　　c——铜与环烷酸铜的换算系数，$c = 11.1$；
　　　k——抽出浸渍剂试样与未抽检前的重量比。

技术指标：天然纤维材料中的环烷酸铜含量至少应为 3.8%。

主要依据：GB/T 2952—2008。

3.4.7　防霉试验

适用于湿热带用电缆护层，有湿室悬挂法和无机琼脂平皿法两种，详见第 6 篇 4.8.2 节。

3.4.8　盐浴槽试验

适用范围：金属套上的带型绕包层，但不适用于纤维材料构成的覆盖层。

取样要求：长度不小于 3m 的电缆 3 根（橡塑外套应剥去）。

试验方法：

1）把经弯曲试验后的试样弯成 U 形置于盐浴槽中，槽内注入 0.5% 的食盐水溶液，深度保持为 500mm，如图 7-3-11 所示。

2）在试样两端距端部约 100mm 处，装置保护环各 1 个，保护环用 30mm 宽的铝箔绕包紧贴在电缆护层表面，并用铜丝扎紧，彼此相连。外层如有钢带，均必须剥去至保护环以下约 100mm。

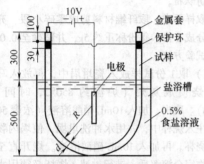

图 7-3-11 盐浴槽试验装置（$R = 10d$）

3）试样浸入 24h 后，开始加 10V 直流电压，以金属护套为负极，溶液为正极。同时在 3h 内将溶液加热至 65℃±5℃，并在此温度下保持 5h，测量外护层电阻为 R_1，此为盐浴槽试验的第一个热循环。

4）撤去热源，让溶液自然冷却约 16h，然后再将溶液在 3h 内升温至 65℃±5℃，并保温 5h，共 24h，此为第 2 个热循环，如此至 100 个热循环为止，在 25℃时再测外护层电阻为 R_{100}。

5）取出试样进行解剖观察。

技术指标：

1）$R_{100}A \geqslant 10^4 M\Omega \cdot cm^2$ (7-3-10)

式中 R_{100}——100 个热循环后在 25℃±2℃ 下测得的绝缘电阻；

    A——防水层浸入盐溶液部分的表面积（cm^2），$A = \pi DL$；

    D——防水层外径（cm）；

    L——防水层浸入盐溶液部分的长度（cm）。

2）金属套表面的腐蚀为 0 级，即无腐蚀。

3）防水层带材经试验后在室温下用手对折不开裂。

主要依据：GB/T 2952—2008。

3.4.9 腐蚀扩展试验

适用范围：金属套上具有防蚀塑料外套的电缆，用于检验当防蚀套受局部破坏后腐蚀是否局限在规定区域。

取样要求：适当长度的电缆一根。

试验方法：把经弯曲试验后的试样弄直。对于金属套外径在 20mm 及以上的试样，在其中部位置轴向相互间隔 100mm、沿圆周方向成 90°呈螺旋状排列的 4 个点上，分别用旋塞钻在防蚀护套上各钻出一个直径为 10mm 的孔，直至金属套表面，小心把 4 个孔内的钻屑及金属套表面的防蚀涂料（或胶

粘剂）清除干净。对金属套外径在 20mm 以下的试样，上述 4 个钻孔改用刀片沿防蚀套圆周方向切成宽度为 5mm 的 4 个环形槽。把试样两端向上弯成 U 形放入室温下的 1% 硫酸钠溶液槽中，溶液深度为 500mm，4 个孔洞（或环形切槽）均应完全浸没在试验溶液中。以试样的金属套为负极，以浸入溶液中的金属板为阳极，接在电压为 100V 的直流电源上，并在每一试样上串入一个约 10kΩ 的电阻，使每一试样所通过的电流保持为 10mA。连续试验 100h±2h 后，取出试样，解剖观察钻孔或切槽处的腐蚀情况。

技术指标：距原来钻孔（或切槽）边缘 10mm 以外的任何一点金属套上，应无肉眼可见的腐蚀痕迹。

主要依据：相应产品标准。

3.4.10 透潮性试验

1. 透湿杯法

适用范围：橡塑护套材料。

取样要求：$\phi 34$ 试片 4 片。

试验方法：

1）测量试样厚度至 0.001mm。

2）在透湿杯中加入 15mL 蒸馏水，把试样装在透湿杯上，然后连同透湿杯一起称重至 0.0001g，如图 7-3-12 所示。

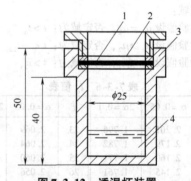

图 7-3-12 透湿杯装置
1—试样 2—垫圈 3—透湿杯 4—蒸馏水

3）把透湿杯正放在干燥器隔板的圆孔中。干燥器底部装 1kg 浓硫酸（比重大于 1.83）或无水氯化钙。

4）将干燥器置于恒温箱中，试验温度为 38℃±1℃。

5）每间隔一定时间将透湿杯取出，置于相同湿度下冷却至室温，进行称量。在达到稳定透过后，继续称量 3 次。

6）记录稳定透过时，单位时间内透湿杯减少的重量，计算材料透潮系数。

技术指标：实测材料透潮系数，供设计应用。

主要依据：HG2-159。

附注：

1）若测定亲水性试样的透潮性，则在透湿杯中装满氯化钙，根据所需湿度条件，在干燥器中放置盐的饱和溶液控制所需湿度，按同样试验方法求取稳定透过时，单位时间内透湿杯增加的重量，计算材料透潮系数。

2）透潮系数按下式计算

$$P = \frac{Qb}{S \cdot t(p_2 - p_1)} \qquad (7\text{-}3\text{-}11)$$

式中　P——透潮系数 $[\text{g} \cdot \text{cm}/(\text{cm}^2 \cdot \text{h} \cdot \text{mm Hg})]$；

Q、t——稳定透过时，单位时间内透湿杯减少或增加的重量 (g/h)；

S——试样的试验面积 (cm^2)；

b——试样厚度 (cm)；

$p_2 - p_1$——试样两侧的水蒸气压力差 (mmHg)。

2. 电解法

适用范围：橡塑护套或组合护层。

取样要求：适量。

试验方法：如图 7-3-13 将试样置于恒温水槽中（38℃或据需要而定），打开阀门 a 和 b，关闭阀门 c，用干燥氮气清除试样内的残存水汽。然后关闭阀门 a 和 b。经一定时间 t 后，再打开阀门 a 和 c，用干燥氮气将透过试样内的微量潮气扫庐进微量水分仪以测量透潮量 Q，以此计算透潮系数。

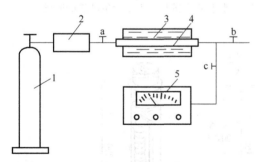

图 7-3-13　电解法测定透潮系数装置示意图
1—氮气瓶　2—五氧化二磷干燥器　3—恒温水槽
4—试样　5—微量水分仪

技术指标：实测护套特别是组合护层的透潮系数。

附注：

1）根据法拉第定律可知，电解 1g 当量水（9g）需要 96500C 的电量。微量水分仪就是根据这一原理制造的电化学式仪器。当被测气体进入微量水分仪中的电解池时，气体所含微量水分被覆盖在电解池表面上的 P_2O_5—H_3PO_4 薄膜全部吸收并电解，在阳极上放出氧气，阴极上放出氢气。因此，从电解电流的大小可知气体中水分的含量，即透潮量。

2）透潮系数可用下式计算

$$P = \frac{Q\ln\frac{r_2}{r_1}}{2\pi l \cdot t \,(p_2 - p_1)} \qquad (7\text{-}3\text{-}12)$$

式中　P——透潮系数 $[\text{g} \cdot \text{cm}/(\text{cm}^2 \cdot \text{h} \cdot \text{mmHg})]$；

Q——透潮量 (g)；

t——透过时间 (h)；

l——透过试样的实际长度 (cm)；

r_2——试样外半径 (cm)；

r_1——试样内半径 (cm)；

$p_2 - p_1$——试样内外侧水蒸气压力差 (mmHg)。

3. 湿敏电阻法

适用范围：橡塑护套材料。

取样要求：试片面积 $150 \times 150\text{mm}^2$。

试验方法：见图 7-3-14。试验箱为密闭容器，分上下两部分，试样夹于其中。下室放水，上室有通干燥空气的阀门，并放置湿度检测器（湿敏电阻），湿度增加，电子控制器可根据湿敏电阻的电阻降低检出湿度万分之一的变化。试验时，先在上室通以干燥空气，使相对湿度在 9% 以下，然后停止通入干燥空气，下室的水蒸气即通过试样进入上室，当湿度为 10% 时，自动计时器开始计时，到湿度为 11% 时自动停止。根据湿度增加 1% 的时间计算透潮系数。试验温度应精确控制在 ±1℃ 以内。

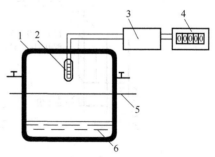

图 7-3-14　湿敏电阻法测定装置
1—试验箱　2—湿敏电阻　3—电子控制器
4—自动计时器　5—试样　6—水

技术指标：实测橡塑护套材料透潮系数，也可测定组合护层的透潮量。

3.4.11 耐药品性试验

1. 试片浸渍法

适用范围：护层金属材料和橡塑材料。

取样要求：适量试片。

试验方法：如图7-3-15所示，将试片搁置在支架上，彼此不相接触，然后放入玻璃缸或搪瓷缸内，加欲试之酸、碱或盐溶液，把试片淹没，并盖盖，一起放入恒温箱中。试验温度、溶液浓度、试验时间根据需要确定。测试项目一般为重量变化（失重或增重）和机械强度变化（抗拉强度和伸长率）。必要时可测定体积变化、电阻率变化和色泽变化等，以评定耐药品性能。

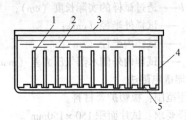

图7-3-15 试片浸渍法装置
1—试片 2—试液 3—盖板
4—容器 5—试片支架

技术指标：对比性试验，根据实际需要确定。

2. 成品浸渍法

适用范围：橡塑护套或组合护层。

取样要求：1m。

试验方法：如图7-3-16所示，将试样插入铅管中，以试样外径的10倍为曲率半径成U形弯曲，把欲试溶剂或溶液充填其间，封端后放入温水槽中。经一定时间后观察护套表面有否异常情况，必要时可切片测定试验前后抗拉强度和伸长率的变化情况。

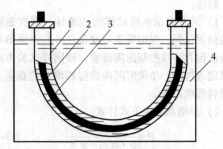

图7-3-16 成品浸渍法装置
1—铅管 2—试样 3—试液 4—温水槽

技术指标：对比性试验。

3.4.12 耐环境应力开裂试验

适用范围：聚乙烯护套材料。

取样要求：取成品电缆护套1m，用适量模铸成10个试片，在每一试片中央，用剃刀片切一条缝，见图7-3-17a。

试验方法：把试片弯曲，并使切缝位于外侧，嵌入试片支架中。试片支架用硬质或半硬质黄铜制成，见图7-3-17b。然后一起放入直径为32mm的硬质玻璃试管中，在试管内加入龟裂剂，使试片全部浸没，试管用铝箔包的软木塞塞牢，见图7-3-17c，并把它放在温度为50℃±1℃的水浴中。测定10个试片中5个产生开裂的时间。

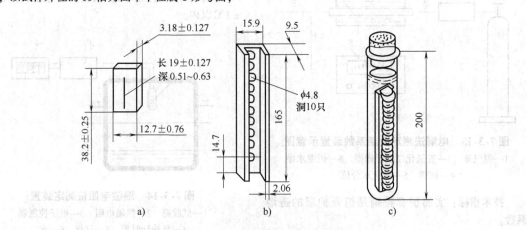

图7-3-17 环境应力开裂试验
a) 试片 b) 试片支架 c) 试验装置

技术指标：不小于 48h。

主要依据：GB/T 1842—2008，IEC20A39 附录 R3。

附注：龟裂剂用 20% TX-10 或 10% 1gepal 水溶液。

3.5　燃烧试验方法

3.5.1　氧指数测定方法

所谓氧指数（O.I.），就是在规定的条件下，试样在氧气和氮气的混合气流中，维持稳定燃烧（指有焰燃烧，就像点燃的蜡烛那样）所需的最低氧气浓度。用混合气流中氧所占的体积百分数的数值表示。

氧指数作为判断电线电缆用材料在空气中与火焰接触时燃烧的难易程度是一个重要的参数。氧指数在 22 以下的是易燃材料；在 22~27 之间为难燃材料，即具自熄性；在 27 以上的是高难燃材料，其阻燃性能很好。

氧指数测定结果的精度取决于流量计的精度、供给氧气的纯度和燃烧状态的稳定性。由于材料的不同，有的材料会呈现无焰燃烧、滴流、翘曲、弯曲或卷曲等不稳定燃烧的状态。在这种场合，因为再现性差，故应在各种氧浓度下进行多次反复的测量，并用统计的方法求取氧指数。此外，各国的氧指数测定方法标准也有差异，见表 7-3-7。

表 7-3-7　氧指数测定法要点对比　　　　　　　　（单位：mm）

	标准号	适用对象	试样尺寸 （长×宽×厚）	燃烧筒 （内径×高）	气　源	点火器 （口径×火焰高度）	判　据
中国	GB/T 2406— 2009	直立塑料， 不适用于泡沫 塑料	70~150×6.5×3.0	φ75~80×450	工业级氧 和氮	φ1~3×6~25	燃烧 3min 或燃烧长度 50mm
美国	ANSI/AST MD 2863— 1997	直立塑料	50~150×6.5×3.0	φ75×450（或 φ95 × 210， 上部收口为 φ50）	工业级氧 和氮，或干 燥空气	φ1~3×6~25	燃烧 3min 或 50mm
		直立软塑料	70~150×6.5×2.0				
		泡沫塑料	125~150×12.5×12.5				燃烧 3min 或 75mm
		薄膜、薄片	140×52×原厚				燃烧 100mm
日本	JISK 7201— 1976	各种高聚物 材料（橡胶、 塑料、纤维等）	70~150×6.5×3.0 （自立） 150×20×原厚 （卷绕自立） 150×60×原厚 （U 形夹持）	φ75×450	标准氧和 高纯氮	φ3×15~20	燃烧 3min 或 50mm
国际 电工 委员 会	IEC60332 -3 附录 B（草案）	电缆用各种 橡塑材料 （能够直立）	70~150×6.5×3.0	φ75×450 或 φ95×210~310 （上部收口为 φ40~φ50）	工业级氧 和氮，或干 燥空气。混 合气体的潮 气含量应低 于 0.1%（重 量）	φ3.1×30	燃烧 3min 或 50mm
国际 标准 化组 织	ISO 4589	直立型材或 板材	80~150×10 ×1.2~10.5	同 ASTM	同 ASTM	φ2±1×16±4 或炽热点火器 （955℃ ±5℃）	燃烧 3min 或 50mm
		直立塑料	70~150×6.5×3.0				
		薄膜、薄片	140×52×原厚				燃烧 80mm

注：直立塑料指在常温下夹住下端能直立的塑料。

下面着重介绍国际电工委员会推荐的氧指数测定方法。

适用范围：能够直立的高聚物材料。

取样要求：应从在同一批产品的生产期间所用的材料采取，经压片、切割或加工制成。试样不能直接取自产品上已被硫化的材料。试样尺寸为 70 ~ 150mm 长、6.5mm ± 0.5mm 宽、3.0mm ± 0.5mm 厚。试样边缘应光滑、没有绒毛、无机械加工所生的毛刺或无模注所生的毛边。

试验装置：由燃烧筒、试样夹具、供气系统、氧浓度测量和点火器等部分组成，如图 7-3-18 所示。

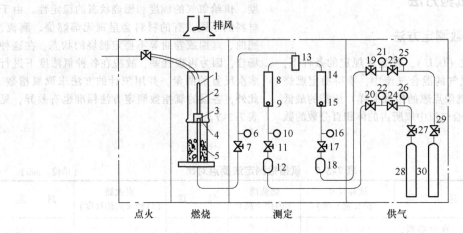

图 7-3-18 氧指数测定装置

1—燃烧筒　2—试样　3—试样夹具　4—金属网　5—玻璃珠　6—压力计　7—开关阀　8—氮气流量计　9—针形阀　10—氮气压力表　11—调压阀　12—过滤器　13—气体混合器　14—氧气流量计　15—针形阀　16—氧气压力表　17—调压阀　18—过滤器　19，20，27，29—阀门　21，22—供气压力表　23，24—调压阀　25，26—压力表　28—氮气瓶　30—氧气瓶

燃烧筒的尺寸应符合表 7-3-8 的规定。有两种不同的高度，并有直筒形和上端收口两种规格。燃烧筒用耐热玻璃制成。筒底或基础放有非燃性材料拌合物（通常用玻璃珠），以使混合气体均匀分散地进入燃烧筒内。拌合物上置一金属网，以收集试样燃烧时的滴落物。

表 7-3-8　燃烧筒的尺寸

（单位：mm）

	内径≥	高度		上端开口限制	
		≥	≤	≥	≤
圆筒 a	75	450	—	75	—
圆筒 b	95	210	310	40	50

装置应预先校验并保证进入筒内的混合气体的温度为 23℃ ±2℃。如果在燃烧筒内设置热电偶探测头，则其位置和外形应设计到对筒内气体的扰动为最小。试样夹具应能夹住试样的根部并使试样垂直树立在燃烧筒的中心。

试验所用的混合气体应为精制工业级或更高级（>98%纯度）的氧和氮或适当的洁净的空气（空气含氧20.9%）。进入筒内的混合气体的水汽含量用质量计算应低于 0.1%。

氧浓度的测量必须精确到混合气体体积的 ±0.5%。在有争议的情况下，混合气体中的氧浓度应由测量氧的顺磁性来确定，例如，利用磁导式气体分析仪可以比较精确地测定混合气体中氧的含量。

点火器为带有如图 7-3-19 所示附件的丁烷点火器。其火焰长度在空气中测量从挡板算起达到 30mm。

计时器应至少能计时 10min，并精确到 1s。另设置排风扇以排除试验时产生的烟、灰和有毒气体，但所处位置不应对试验结果有不良影响。

试验方法：

先把每个试样在距顶端 8mm 和 58mm 的地方各画一条标志线。对于白色或彩色的试样，可以用普通的圆珠笔。对于黑色试样，则使用白色墨水，但墨水在试验前应干燥。

用燃烧筒内的夹具夹住试样，使接近于圆筒的中心位置。对于直筒形燃烧筒，试样的顶端应距圆筒的顶端以下至少 100mm；对于上部收口的燃烧筒，则至少为40mm。

试验应在23℃±2℃下进行。并且试样应预先在温度23℃±2℃和相对湿度为50%±5%的条件下处理24h。

按要求调整通过燃烧筒的氧气的起始浓度。混合气体在燃烧筒中的流动速率应为40mm/s±10mm/s，其可从实验条件下气体的总流量（mm³/s）除以圆筒的截面积（mm²）计算出。例如燃烧筒的内径为95mm，则其截面积为7088mm²，要使混合

气体在燃烧筒内的流速为40mm/s，则应调节混合气体的总流量为283520mm³/s，即17.0L/min。

让混合气体在装置内流通30s以清净装置。然后，用点火器较低的火焰（大约6mm长）与试样的顶端紧密接触。试样着火后，点火器的火焰应减弱，以保持与试样接触的火焰仍为大约6mm（因为试样着火后也产生火焰），直至试样燃烧长度达到8mm（第1标线），取出点火器并开始计时观察。

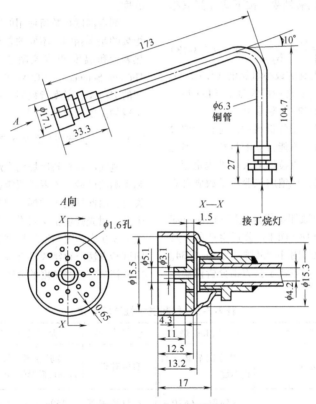

图 7-3-19 点火器附件

如果试样燃烧超过3min或者试样燃烧长度超过50mm（第2标线），则表明氧浓度高了；如果在3min之前或50mm之前试样停止燃烧，则表明氧浓度低了。

根据上述结果，调整氧浓度，嵌入一个新的试样（试验过的试样，如果长度足够，可待冷却后切除燃烧的一端，重复再使用），按上述步骤重新试验。经过一系列氧浓度的试验，直至得到下列的结果：

① 试样燃烧至少3min或燃烧长度至少50mm时的最低氧浓度；

② 试样在3min或50mm之前停止燃烧的氧浓度——次低氧浓度，它与上述最低氧浓度之间的差值应不大于0.25%。

以上述①的最低氧浓度作为被测材料的近似氧指数数值。

认证试验：

1）准确氧指数数值的认证试验。为求取准确的氧指数数值，必须对每一个氧浓度进行三次试验（求取近似氧指数的最初系列应当计入），以取得"多数结果"。方法是，以求得的近似氧指数数值为起始氧浓度进行试验，然后以不大于±0.25%的级

别随便取高或低氧浓度在近似氧指数值附近继续进行试验。如此试验所得到的"多数结果"，如果都满足上述①最低氧浓度和②次低氧浓度的要求，则该"多数结果"相对应的最低氧浓度就是材料在试验下准确的氧指数数值。

2）最小氧指数规定值的认证试验。这个方法很简单，控制氧浓度在氧指数最小规定值以上，按规定氧指数的步骤进行试验，如果试样的燃烧在3min之前或50mm之前熄灭，则表明材料的氧指数比规定的最小值大，试验合格。

结果计算：根据试验结果，按下式计算氧指数 OI

$$OI = \frac{[O_2]}{[O_2] + [N_2]} \times 100 \qquad (7-3-13)$$

式中　$[O_2]$——试验得到的最小氧流量（L/min）；

$[N_2]$——与 $[O_2]$ 对应的氮流量（L/min）。

主要依据：IEC 60332—3 附录 B。

附注：在电线电缆所用的材料中，还有诸如薄膜、纸、布、纤维纱线等不能自立的材料。当测定这些材料的氧指数时，可以按照有关标准规定用 U 形框架夹持，或卷成筒，或编成三股辫子做成自立试样。

国际上常用的氧指数测定仪是英国 PL Thermal Sciences（STANTON REDCROFT）公司生产的，其型号为 FTA，丁烷点火器附件产品牌号为 No. 9234。国产氧指数测定仪由江苏省江宁县方山分析仪器厂生产，型号 HC-2。

3.5.2　温度指数测定方法

在氧指数的测定方法中，严格规定了测定时的环境温度，因为在一般情况下，材料的氧指数将随温度的升高而降低。为此，又有用"温度指数（T. I. 或 Tox-21）"来评定材料可燃性程度的试验方法。

所谓温度指数，就是在规定的条件下，试样在固定的氧、氮混合气流中的氧浓度为 20.9% 时，逐渐升高温度直至试样刚好维持烛样燃烧 3min 时的温度。

测定温度指数所使用的装置和点火器与测定氧指数的基本相同，不同的是在燃烧筒外面设置有电热装置和温度调节控制装置。一般采用英国 PL Thermal Sciences（STANTON REDCROFT）公司生产的 HFTA 型温度指数测定仪，其可以测定高聚物材料的温度指数到 400℃。

3.5.3　比光密度测定方法（NBS 法）

电线电缆材料燃烧的发烟性试验有重量测定法和光测法两种。前者是测定材料燃烧前后重量的损失值，由此推断出发烟量的多少；后者则是测定所生烟雾对光强度的衰减作用来判断发烟量的多少。表 7-3-9 为各国的发烟性试验方法概要。当然，不同试验方法所得结果没有可比性。下面着重介绍用 NBS 箱测定比光密度的方法。

表 7-3-9　材料发烟性试验方法

标准或方法	试样尺寸	加热方式和燃烧方法	空气供给	燃烧室及燃烧时间	结　果
ASTM D 757（cass）	0.2~0.4g	炽热碳硅棒，自由燃烧	自由对流	实验室烟罩，引燃 0~20s 后燃烧 10~30s	用重量法测定发烟率（%）
ASTM E 162	152mm×215mm	热辐射，（670±1）℃，自由燃烧	空气流速度为 12m/min	150mm × 225mm × 450mm，15min	计算沉积在滤纸上的烟尘重量
阿拉帕霍法（Arapahoe）	38mm × 13mm × 3mm，精称至 ±0.2g	丙烷微型燃烧器，自由燃烧	气流速度为 0.13m³/min	125mm × 125mm × 750mm，30s	用重量法计算发烟量（%）
ASTM D 2843	25.4mm×25.4mm× 6.4mm，或 50mm× 50mm×50mm	丙烷喷灯，自由燃烧	不通风换气	305mm × 305mm × 750mm，4min	用光测法计算比光密度
NBS 法 ASTM E 662	76mm×76mm×原厚 mm，试验面 4225mm²（65mm×65mm）	辐射热 2.5W/cm² 或丙烷喷灯，控制燃烧（有焰或无焰）	不通风换气	914mm × 610mm × 914mm，变更时间，一般为 30min	用光测法计算比光密度

（续）

标准或方法	试样尺寸	加热方式和燃烧方法	空气供给	燃烧室及燃烧时间	结　果
ASTM E 84（Steiner Tunnel）	495mm×7620mm（暴露面 3.3m²）	喷灯供火后，自由燃烧	空气流速度 73m/min±1.5 m/min	7620mm×304mm×450mm，10min	计算时间—吸光系数曲线下的面积
中国标准（GB/T 8323.2—2008）	75mm×75mm×10mm（暴露面 65mm×65mm）	辐射热（无焰）2.5W/cm² 或丙烷喷灯（有焰）控制燃烧	不通风换气	914mm×610mm×914mm，20min	计算比光密度
劳伦斯辐射研究法	76mm×76mm×原厚mm（试验面 65mm×65mm）	辐射热 2.5W/Cm² 或喷灯，控制燃烧（有焰或无焰）	通风，每小时换气 0~20 次	914mm×610mm×914mm，变更时间，一般为 30min	计算比光密度
联邦建筑实验站	暴露 50mm 直径的表面	辐射热 3.5W/cm² 或喷灯，电火花点火，控制燃烧（有焰或无焰）	控制气氛含氧气在 10%~21%	5.7m³，直到最大烟浓度的时间	计算比光密度
斋藤炉法（日本建筑研究所）	重 1g	电热调温，最高 800℃	自由对流	500mm×500mm×500mm，或 1m³，在不同温度下达到最大烟浓度	计算减光系数
JIS A 1321	受热面 180mm×180mm，原厚（试样 220mm×220mm）	电热和城市煤气	不通风换气，集烟箱吸烟量为 1.5 L/min	1.41mm×1.41mm×1m，阻燃 3 级材料 6min，阻燃 1、2 级材料 10min	计算单位面积的发烟系数（即比光密度）
JIS D 1201	350mm×100mm，厚度不超过 12mm	天然气或液化石油气本生灯	自由对流	380mm×205mm×355mm，外接测烟筒，光路500mm	计算最大减光系数
	同测定氧指数的试样尺寸（A₁、A₂ 和 B）	用城市煤气点火后自燃	以 11.4L/min 供给氧、氮混合气体	在测定氧指数的燃烧筒上接测烟筒，光路 500mm	计算最大减光系数

适用范围：各种片材。

取样要求：试样尺寸为 76mm×76mm×原厚（≤25.4mm），共 6 个。

试验装置：

NBS 箱是美国国家标准局用以测定材料燃烧时释出烟浓度的试验装置的简称。由燃烧室、电热器、喷灯、光测系统和控制系统等部分组成，如图 7-3-20 所示。

燃烧室的内部尺寸为长 914mm、深 610mm、高 914mm。有两种加热方式：电热器辐射（2.50W/cm²±0.05W/cm²）和 6 管喷灯火焰燃烧。光测装置为垂直式，包括光电倍增管光度计、光源及稳压

器、记录仪等。光路长度为 914mm，光度计有 4 档，其透光率满刻度读数分别为 100%、10%、1% 和 0.1%，并设有自动复零和灵敏度调节装置。

试验方法：

把试样在 60℃±3℃ 中干燥 3h，然后在 23℃±2℃，相对湿度为 50%±5% 的环境中调节至恒重。辐射热和喷灯燃烧试验各用 3 个试样。

试验前，打开试验箱和进气口，启动风机通气 25min，以净化试验箱。同时清除光窗、试样盒、喷灯和试样支架上的残余物。当改变试验材料或箱内沉积物过多时应清净试验箱的内壁。

当进行热辐射试验时，应取掉喷灯。用喷灯进

行燃烧时，应调节好它与试样之间的位置。如果没有进行试验或未标定辐射强度时，都应将装有石棉板的空白试样盒放在支架上。

把试样用一张完整的厚度约为 0.04mm 的铝箔覆盖试样背面，并越过边缘包到试样试验面的四周上（试样供试验用的暴露面积为 65mm × 65mm），

然后用一块尺寸为 5mm × 75mm × 10mm 的纯石棉板做背衬，用弹簧片和固定棒把试样和背衬一起固定在试样盒内。切除试样暴露面上的多余铝箔，留下缺口处的铝箔向下弯曲，以便把试样的熔滴引入试样盒下边的小槽中。

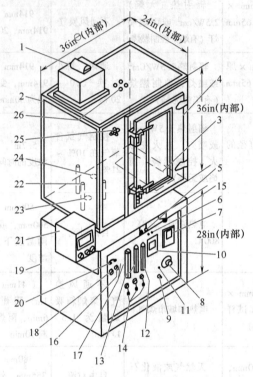

图 7-3-20　NBS 箱

1—光电倍增管罩　2—试验箱　3—送风板　4—带窗的活动门　5—排气口控制器　6—辐射仪输出插孔
7—温度（壁）指示器　8—自耦变压器　9—炉子开关　10—电压表　11—熔断器　12—辐射仪空气流量计
13—燃气和空气流量计　14—流量计截流阀　15—样品移动调节器　16—光源开关　17—光源电压插孔
18—线路开关　19—箱基　20—指示灯　21—微光度计　22—光学体系杆　23—光学体系下透光窗
24—排气口调节器　25—进气口调节器　26—入口孔

对于某些薄膜和织物等试样，试验时可能产生收缩、卷曲或从试样盒中掉下来，可以用钉书钉在试样中心和 4 个角的中间位置上，把试样连同包封的铝箔一起钉在石棉背衬上，再一起装入试样盒。

上述准备工作完成后，接通电源，调节辐射炉电流，并关闭排烟口和试验箱门。在标定热辐射强度或开始进行试验时，试验箱内壁温度应为 35℃ ±2℃。

采用辐射炉进行热辐射试验时，炉面距试样表面 38mm ± 0.8mm，并与试样表面平行且同心，通过电流控制系统使辐射炉在试样中心直径为 38mm

的范围内产生 2.50W/cm² ± 0.05W/cm² 的恒定辐射。

采用喷灯进行燃烧试验时，应调节其中两个水平喷嘴的中心线距试样盒开口的下边缘为 6.4mm ± 1.5mm，嘴端距试样表面为 6.4mm ± 0.8mm。采用流量为 50mL/min 的纯度在 95% 以上的丙烷气和流量为 500mL/min 的空气混合气作为燃料，点燃喷灯。

用活动光闸挡住平行光束，调节记录仪所示的

⊖ 1in = 0.0254m。

透光率为零,然后移开光闸,使记录仪指示的透光率为 100%。

所有仪器调节好后,用装好试样的试样盒取代支架上的空白试样盒,迅速关闭试验箱门,起动记录仪,当出现烟雾指示时,关闭进气口,由记录仪记下透光率随时间的变化曲线,当透光率的数值降低到满量程的 10% 时,应立即转换到低一档量程继续测量。

当出现最小透光率值时,或者已试验 20min 而还没出现最小透光率值时,要再进行 2min 试验。如果透光率降低到 0.01% 以下,则应用不透光帘闸遮住试验箱门的观察窗,以防透过光散射影响测量的精确度。

试验结束,从试样盒中取出试样,冷却并称重。

结果计算:

根据透光率和时间的关系曲线进行下列计算:

(1) 最大比光密度即烟浓度的计算

$$D_{\mathrm{m}} = \frac{V}{LA}\left[\left(\lg\frac{100}{T_{\min}}\right) + F\right] \qquad (7\text{-}3\text{-}14)$$

式中　D_{m}——最大比光密度或烟浓度;

　　　V——试验箱容积(mm³);

　　　A——试样的表面积(mm²);

　　　L——光路长度(mm);

　　　$T_{\min}$——最小透光率或 20min 的透光率(%);

　　　F——未使用范围扩展滤光片时,$F = 0$;使用范围扩展滤光片时,若滤光片在光路中 $F = 0$,滤光片从光路移开时,F 等于滤光片的光密度。

(2) 烟浓度校正值的计算

$$D_{\mathrm{mc}} = D_{\mathrm{m}} - D_{\mathrm{c}} \qquad (7\text{-}3\text{-}15)$$

式中　D_{mc}——烟浓度校正值;

　　　D_{m}——最大比光密度;

　　　D_{c}——透光率为 T_{c} 时用式(7-3-14)计算出的比光密度,T_{c} 为一次试验结束后,立即起动排风机,并用空白试样盒取代被试试样盒,直至透光率恢复到的最大值。如果光测系统的光窗不被烟所污染,T_{c} 将恢复到 100%。

(3) 平均发烟速度的计算

$$R = \frac{D_{\mathrm{m}}}{t_{D\mathrm{m}}} \qquad (7\text{-}3\text{-}16)$$

式中　R——平均发烟速度;

　　　$t_{D\mathrm{m}}$——达到最大比光密度(或最小透光率)的时间(min)。

(4) 失重率的计算

$$G = \frac{m_1 - m_2}{m_1} \times 100\% \qquad (7\text{-}3\text{-}17)$$

式中　G——失重率;

　　　m_1——试验前试样的重量(g);

　　　m_2——试验后试样的重量(g)。

以上结果均以 3 个同类试验所得数据的算术平均值表示,取两位有效数。

在被试的 3 个试样中,如果有一个试样的烟浓度值大于另一试样烟浓度值的 1.5 倍,则再取 3 个试样进行试验,试验结果用 6 个数据的算术平均值表示。

在被试的 3 个试样中,出现下述 5 种现象之一者,均不得用于平均值的计算,应另取 3 个试样补做试验,试验结果以正常试样的平均值表示。但若这 6 个试样中有 3 个以上试样出现异常现象,则表明这种试样不适用于本试验方法。

5 种异常现象为:

1) 试样从试样盒中脱落;

2) 热辐射试验时试样着火;

3) 燃烧试验时喷灯的任一喷嘴熄火;

4) 试样熔滴从试样盒下面的小槽流出;

5) 试样与辐射炉的距离不是 38mm ± 0.8mm 且表面不平行不同心。

主要依据:ASTM E 662—1983 和 GB/T 8323—2008。

附注:NBS 箱国内有中国船舶工业总公司 725 研究所生产的 SD-2 型烟密度测定仪,国外有英国 PL Thermal Sciences(Stanton Redcroft)公司、日本叉方试验机制作所等产品。

3.5.4　氢卤酸含量测定方法

材料燃烧时释出的气体,可以分为三部分:一部分是水溶性气体,如氯化氢、溴化氢、氟化氢、氨、氰化氢和二氧化硫等;一部分是非水溶性气体,如一氧化碳、二氧化碳和甲烷、乙烷、丙烷、乙烯、丙烯、乙炔、苯、甲苯等有机气体;另一部分是粒状物质,如镍、钒、铬、锰等。对于电线电缆材料燃烧时释出气体的定量测定,主要是针对水溶性气体。下面介绍国际电工委员会推荐的我国国家标准等同采用的用于测定电线电缆材料燃烧时释出卤化氢(氟化氢除外)数量的方法(IEC60754—1)。

适用范围:电线电缆用含卤高聚物或掺入含卤

阻燃剂的高聚物材料。氢卤酸含量小于5mg/g时不适用，且不能用来定义"无卤"。

取样要求：取自电缆结构中具有代表性的材料切成碎片，重500～1000mg为试样，精称至

0.1mg。

试验装置：试验装置主要由管形电炉、耐火石英管、瓷舟、洗瓶等组成，如图7-3-21所示。

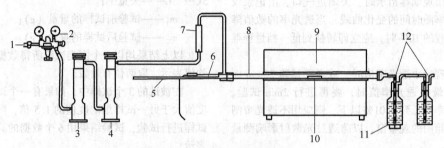

图7-3-21　氢卤酸含量测定装置

1—压缩空气　2—减压阀　3—干燥器（CaCl₂）　4—干燥器（硅胶）
5—磁力牵引瓷舟的玻璃导管　6—热电偶　7—流量计　8—石英玻璃管
9—炉子　10—瓷舟和试样　11—磁力搅拌器　12—洗瓶（气体吸收瓶）

管形电炉加热区的有效长度应为500～600mm，内径为40～60mm，具有电气调节温度装置。石英玻璃（二氧化硅）管的内径应在32～45mm的范围内。管子突出在炉子进口一侧的长度为60～200mm，在炉子出口一侧为60～100mm。瓷舟或石英舟的尺寸为45～100mm、宽12～30mm、深5～10mm。每只只能用3次。

在2只洗瓶中，各装入至少220mL0.1M的氢氧化钠溶液，并在第一个瓶内投入搅拌棒，以便利用磁力搅拌器使吸收液打漩，使其更好地吸收燃烧产生的气体。插在洗瓶内的管子末梢，其最大内径应为5mm，这样也可帮助更好地吸收气体。在每一洗瓶中，液体的高度应在插入瓶内玻璃管末梢向上100～120mm，因此，宜选用内径大约为50mm的洗瓶。

用玻璃管和硅橡胶管把石英管和两个洗瓶连接起来，并尽可能短。试验装置各部件的连接应不漏气。

试验方法：

试样在温度23℃±2℃和相对湿度50%±5%的条件下存放至少16h，精称500～1000mg（至0.1mg）并均匀散布在瓷舟的底部。然后把瓷舟推进已放在管形电炉内的石英管中。用针形阀调节空气的流量为0.0155D^2L/h（1±10%）（D为石英管内径，mm），并保持此值在试验期间内为恒定。加热使试样以均匀速度升温，使在40min±5min内的温度达到800℃±10℃，并保持该温度20min。加热速率和试样温度应预先进行空白试验，即用上述的

空气流量，用一根热电偶放在空的瓷舟内将放试样的点上，以确定符合加热速率和试样温度再现的加热方式。

拆下洗瓶，把内容物用蒸馏水或软水冲洗到1000mL容积的烧杯中。连接杆和石英管的终端在冷却后也应冲洗到烧杯里，并把内容物兑至1000mL。

瓷舟取走后，石英管应在950℃煅烧，使全长得到清净。

冷却至室温后，用吸管或滴管取200mL待测溶液至一只烧杯，依次加入4mL浓硝酸、20mL0.1M的硝酸银和3mL硝基苯。摇匀使很好混合并生成氯化银，随后追加1mL含有几滴6M硝酸的40%硫酸铁铵水溶液作为指示剂，混匀后用0.1M硫氰酸铵溶液在磁搅拌下进行滴定。

结果计算：

氢卤酸含量用每克试样所含氯化氢的毫克数表示，计算公式如下

$$[HCl] = \frac{36.5(B-A)M}{m} \times \frac{1000}{200} \quad (7\text{-}3\text{-}18)$$

式中　[HCl]——氯化氢含量（mg/g）；

　　　　A——在测定中用去的0.1M硫氰酸铵体积（mL）；

　　　　B——空白试验时用去的0.1M硫氰酸铵体积（mL）；

　　　　m——试样的质量（g）；

　　　　M——硫氰酸铵溶液的浓度（mol/L）。

主要依据：GB/T 17650.1—1998。

附注：空白试验在无试样情况下进行，方法与有试样时完全相同。卤化氢含量的测定应进行两次，取其试验结果的平均值。当卤化氢含量小于 5mg/g 时，应采用测定酸度和电导率的方法。

3.5.5 燃烧释出气体的酸度和电导率测定方法

这是一种间接测定电缆燃烧时释出酸性气体数量的方法。测定酸度和电导率这两个参数是因为它们与腐蚀性的评价相关。本试验虽然不用整个电缆作为试件来进行，但在进行危害性评价时，已经考虑到电缆各组成材料的实际体积的综合影响。

适用范围：电缆组件的各种非金属材料。

取样要求：取自电缆结构中具代表性的材料，切成碎片，在 23℃ ±2℃ 和相对湿度 50% ± 5% 的条件下存放至少 16h。每种材料的一个试样的重量用精确度为 0.1mg 的分析天平称量为 1000mg ±5mg，精称至 1.0mg。每种材料的试样数为 3 个。

试验装置：与测定氢卤酸含量的装置相同，如图 7-3-21 所示。但 2 只洗瓶中的吸收液为蒸馏水或软化水（pH 值 5 ~ 7，电导率小于 1.0μS/mm），每只洗瓶装 450mL。

试验方法：把精称至 1mg 的试样均匀地散布在瓷舟的底部。用针形阀调节空气流量为 0.0155D_2 L/h(1 ± 10%)，并在整个试验期间保持恒定。用防蚀热电偶放在炉子中的管子里面测量温度。把装有试样的瓷舟迅速送入管子的有效区，同时启动计时器。瓷舟所在位置的温度应不低于 935℃，沿气流方向距瓷舟 300mm 处的温度不得低于 900℃。如此在炉中燃烧 30min。

燃烧试验结束后，把两个洗瓶中的吸收液合并，再用蒸馏水追加至 1000mL。但无须对石英管的连接件进行冲洗收集。取出瓷舟后，整根石英管应在 950℃ 下煅烧以清净之。然后在室温下测定酸度和电导率。测定酸度用的酸度计，应具有自动温度补偿装置，pH 值的精确度达 ±0.02，测试方法按制造厂提供的使用说明书。测定电导率用的装置，其测量范围为 10^{-2} ~ 102μS/mm，按使用说明书规定的步骤进行。

结果计算：

1. 一般方法

(1) 平均值的计算 测定 pH 值和电导率应进行 3 次试验，并用 3 次试验的测定结果计算平均值、标准偏差和变化率。如果变化率大于 5%，则要再做 3 次试验，并用 6 个数值重新计算平均值、标准偏差和变化率。

(2) 加权值的计算 所谓加权值就是综合考虑电缆各组成部分材料的影响而计算得到的数值。

1）酸度加权值的计算

$$pH' = \lg\left[\frac{\sum_i w_i}{\sum_i \dfrac{w_i}{10^{x_i}}}\right] \qquad (7\text{-}3\text{-}19)$$

式中　pH'——酸度加权值；

x_i——电缆结构中第 i 种非金属材料酸度的平均值；

w_i——每单位长度电缆中第 i 种非金属材料的重量。

2）电导率加权值的计算

$$c' = \frac{\sum_i c_i w_i}{\sum_i w_i} \qquad (7\text{-}3\text{-}20)$$

式中　c'——电导率加权值；

c_i——电缆结构中第 i 种非金属材料电导率的平均值；

w_i——每单位长度电缆中第 i 种非金属材料的重量。

2. 简单方法

对每个试样的 pH 值和电导率做两次试验。

参考指标：按一般方法求得的一升水的 pH 加权值应不小于 4.3，电导率加权值应不大于 10μS/mm。用简单方法进行的每次试验求得的对应于一升水的 pH 值应不小于 4.3，电导率值应不大于 10μS/mm。

主要依据：IEC60754—2（1991，Amendmentl，1997）和 GB/T 17650.2—1998。

附注：有可能出现这种情况，如 pH 值合格而电导率不合格，此时供需双方应协商寻求解决的方法。

3.5.6 毒性指数测定方法

燃烧释出气体的毒性，最为直观的是动物暴露法，但简便而实用的是测定毒性指数。根据英国海军工程标准（NES713），所谓毒性指数就是 100g 材料在 1m³ 体积中充分燃烧所产生的各种气体的浓度与暴露在相应该气体中 30min 致人死亡的浓度比值的总和。

适用范围：小样材料燃烧产物的毒性，适用于各种材料。

取样要求：试样重量根据燃烧产物及分析灵敏度而定（一般 1.5 ~ 2.0g，含无机填料 50% 的取 3 ~ 4g，含氟较高的聚合物取 0.1g，以保证 *HF*（氢氟酸气体）在变色管的量程内）。称量精确至 1mg。

试验装置：

1）试验箱。$0.7m^3$ 体积的密封箱。箱壁一面至少有两个采样点，以抽取气样但不损害箱体的气密性。箱内有一台风扇以保证箱内燃烧产物的充分混合。

2）喷灯。高 125mm，灯管直径为 11mm，进气口径为 5mm。空气流量为 15L/min、甲烷（$40MJ/m^3$）为 10L/min，火焰高度为 100mm，最高温度为 $1150℃\pm50℃$。

3）试样支架。金属格子架。

4）计时器。满程 5min 以上秒表，精度为 $\pm1s$。

5）变色管。能迅速测试和评定附注所列气体的浓度变色管或其他气体分析系统。

试验方法：把称量过的试样放在试样支架的格子网上，试样下面可垫玻璃毛膜。用调节好火焰强度的喷灯置于试验箱的中心，并与垂直线夹角成 $30°\pm5°$，用火焰燃烧试样并开始计时，至所有有机材料烧完为止。熄灭喷灯，记下供火时间。起动气体混合风扇，30s 后开始对试验箱中的气体采样，按附注所列气体一一分析。

一旦完成分析，关掉混合风扇，接通强迫排风系统，打开箱门，把燃烧产物从试验箱中排出，强迫循环连续进行 3min。

背景修正：在没有试样情况下，用调节好火焰强度的喷灯置于试验箱中分别燃烧 1min、2min，并分别测定其所产生的 CO 和 CO_2 的浓度，燃烧时间为零时的 CO_2 可定为 0.03%，CO 为 0。据此制作喷灯随着燃烧时间而产生的二氧化碳和一氧化碳数量曲线图。

结果计算：根据供火时间，从背景修正曲线中可得喷灯产生的二氧化碳和一氧化碳的数量，然后从试样燃烧分析测得的 CO_2 和 CO 总量中减去上述量即为实际产生量。用下列公式计算每 100g 材料燃烧后其燃烧产物分散在 $1m^3$ 体积的空气中所产生的每种气体的浓度 C_Q（10^{-4}%）

$$C_Q = \frac{C\times100}{m}\times V \quad (7\text{-}3\text{-}21)$$

式中 C——试验箱中的气体浓度（10^{-4}%）；

m——试样重量（g）；

V——试验箱体积（m^3）。

计算重复测量的每种气体的 C_Q 的算术平均值。并按式（7-3-22）计算毒性指数

$$T = \sum_{i=1}^{n} \frac{C_Qi}{C_fi} \quad (7\text{-}3\text{-}22)$$

式中 C_f——人体接触 30min 致死的气体浓度（毒性浓度）（10^{-4}%）。

技术指标：按材料技术规范要求。

主要依据：NES713-1985（第 3 版）。

附注：

1）试验箱中燃烧产物的分析应包括的气体及其毒性浓度 C_f 值（10^{-4}% 即 ppm）：

二氧化碳（CO_2）	100000×10^{-4}%
一氧化碳（CO）	4000×10^{-4}%
硫化氢（H_2S）	750×10^{-4}%
氨气（NH_3）	750×10^{-4}%
甲醛（HCHO）	500×10^{-4}%
氯化氢（HCl）	500×10^{-4}%
丙烯腈（CH_2CHCN）	400×10^{-4}%
二氧化硫（SO_2）	400×10^{-4}%
氧化氮（$NO+NO_2$）	250×10^{-4}%
苯酚（C_6H_5OH）	250×10^{-4}%
氰化氢（HCN）	150×10^{-4}%
溴化氢（HBr）	150×10^{-4}%
氟化氢（HF）	100×10^{-4}%
光气（$COCl_2$）	25×10^{-4}%

2）如果被测材料中不含氯，就不必测定燃烧产物中氯化氢的含量。为便于分析，在评价毒性指数之前，希望先确定材料中含有的元素。如果未发现氮，则不必分析含氮气体，如氧化氮、氰化氢、丙烯腈和氨气。

3.5.7 单根电线电缆垂直燃烧试验方法

单根电线电缆垂直燃烧试验，各国标准概要如表 7-3-10 所示。我国标准 GB/T 18380.11~13—2008 和 GB/T 18380.21~22—2008 规定有五种，分别等效于 IEC 60332—1—1~3（2004）、IEC 60332—2—1~2（2004）和 ANSI/UL83（1979）中的 VW-1 法，并称为 DZ-1、D2-2 和 DZ-3 法。

1. IEC 60332—1—1（2004）法

适用范围：检验单根电线电缆在垂直状态下用规定火焰燃烧时的阻燃性能。该试验合格，并不意味着在多根成束敷设条件下也有相同的阻燃特性。

取样要求：取长 600mm±25mm 的成品电线电缆试样一根。如果试样表面有漆或蜡等涂层，则试验前应把试样在 $60℃\pm2℃$ 下保持 4h。

试验装置：标称 1kW 预混型喷灯，如图 7-3-22a 所示。丙烷纯度不低于 98%，压缩空气要求无油无水，如图 7-3-20b 所示。

表 7-3-10　单根电线电缆垂直燃烧试验方法

机构	标准号	标准名称	试验装置	试样	试验方法	性能要求
中国技术监督局	GB/T 18380—2008	单根电线电缆垂直燃烧验	300mm × 450mm × 1200mm 金属罩，仅正面敞开；口径 10mm 本生灯；火焰长度 125mm，蓝色内焰长度约 40mm 蓝色内焰尖端在 4 ~ 6s 内能将 0.71mm 直径铜线熔断	成品电线或电缆，长度为 600mm ±25mm	直径大于 50mm 的电缆用 2 只喷灯，直径小于或等于 50mm 的用 1 只喷灯。喷嘴轴线与试样轴线成 45° 角。2 只喷灯时，喷嘴轴线互为 90° 角。 供火时间 T（s）按下式计算： $$T = 60 + \frac{W}{25}$$ W 为校正至 600mm 长的电缆试样重量（g）	移去火源后试样火焰应自熄，试样烧焦部分在上夹具下缘 50mm 以下为合格
英国标准学会	BS 4066：1980	电缆的不延燃性				
原苏联国家标准局	ГОСТ 7006—72	电缆外护层	当用 φ9.5mm 标准丙烷喷灯时，火焰长度为 175mm，蓝色内锥为 55mm			
美国保险商实验室	UL 44—1977	橡皮绝缘电线电缆	305mm × 355mm × 610mm 三面金属罩；梯瑞尔喷灯，口径 9.5mm，喷嘴长 102mm；火焰长度 125mm，蓝色内焰长 25 ~ 37.5mm；标志纸旗 12.5mm×19mm；药棉；20°楔台	长 450mm	供火 15s，停火 15s，反复 5 次。标志纸旗置于供火点上方 254mm 处，在供火点下方不大于 240mm 处铺垫药棉，喷灯喷嘴轴线与垂直试样纵轴成 20°角	纸旗烧毁面积不超过 25%、药棉不燃和任一次停止供火时试样延燃不超过 60s 为合格
	UL 62—1979	软线和固定安装线				
	UL 83—1979	热塑性塑料绝缘电线电缆				
中国技术监督局	GB/T 18380—2008	单根电线电缆垂直燃烧试验方法				
美国电力电缆工程师协会	IPCEA S-19—81 （1980）	输配电用橡皮绝缘电线电缆	同上	长 550mm	同上	同上
	IPCEA S-61-402 （1979）	输配电用塑料绝缘电线电缆				
美国材料与试验协会	ASTM D 2633—1976	塑料绝缘和护套电线电缆试验方法				
国际电工委员会	IEC 603322—2	单根绝缘细电线的垂直燃烧试验（铜导体直径 0.4 ~ 0.8mm）草案	300mm × 450mm × 1200mm 三面金属罩，正面敞开，顶部、底部封闭，φ9.5mm 丙烷喷灯，火焰长度 125mm ±25mm	长 600mm ±25mm	试样垂直，下方按导体截面积加负荷 5N/mm^2。喷灯倾斜 45°供火 20s ±1s	移去火源后试样自熄，其燃烧应在到达上夹具下方 50mm 之前熄灭
中国技术监督局	GB/T 18380—2008	单根电线电缆垂直燃烧试验				
国际电工委员会	IEC 60332—1	单根绝缘电线电缆垂直燃烧试验	同上。用标称 1kW 预混型喷灯，蓝色内锥 50 ~ 60mm，总长度 170 ~ 190mm	长 600 ±25mm	用一只喷灯与试样成 45°角供火，时间为（D 试样外径，mm）： $D \leqslant 25$　60s $25 < D \leqslant 50$　120s $50 < D \leqslant 75$　240s $D > 75$　480s	试样烧焦部分在上支架下缘 50 ~ 540mm 之间为合格

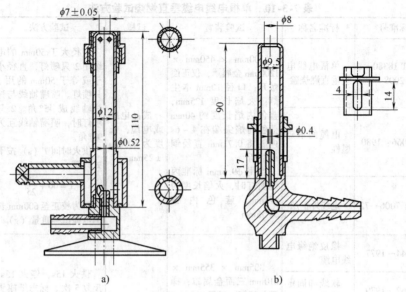

图 7-3-22　丙烷喷灯

a）标称 1kW 预混型喷灯　b）标准丙烷喷灯

挡风罩，三面由金属板制成。高 1200mm ± 25mm，宽 300mm ± 25mm，深 450mm ± 25mm。正面敞开，顶与底部封闭。安装样品的上下支架间距 550mm ± 5mm。

试验装置应置于通风柜中，但试验时不通风。试验箱环境温度应为 23℃ ± 10℃。

试验方法：把试样按图 7-3-23 垂直固定（用 1mm² 铜线绑在支架上）在挡风罩的正中。

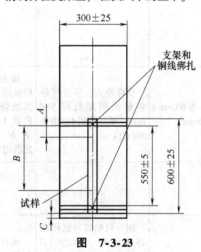

图　7-3-23

距离 A：未炭化部分的最小长度为 50mm

距离 B：炭化表面向下极限点的最大长度为 540mm

距离 C：试样下端和底板之间的长度为 50mm（近似值）

调节供给喷灯的丙烷流量为（650mL ± 30mL）/min、压缩空气流量为（10L ± 0.5L）/min（在

23℃，0.1MPa 时），使燃烧火焰的蓝色内锥为 50 ~ 60mm、总长度为 170 ~ 190mm。其火焰强度用直径 9mm 重 10.00g ± 0.05g 的铜棒置于直立喷灯喷嘴之上 95mm ± 1mm 处，测得该铜棒从 100℃ ± 2℃ 上升到 700℃ ± 3℃ 的时间应为 45s ± 5s。

按照图 7-3-24 规定的喷灯与试样的位置，用调节好火焰强度的喷灯的火焰蓝色内锥尖端与试样表面接触，接触点位于上支架下缘 475mm ± 5mm 处，喷灯与试样轴线夹角成 45°（扁电缆在扁平面上居中供火）。

火焰应连续燃烧试样，燃烧时间根据试样外径（D）如下确定：

D ≤ 25	60s
25 < D ≤ 50	120s
50 < D ≤ 75	240s
75 < D	480s

对于非圆形电线电缆，用其周长按下式计算等效直径：

$$D = \frac{L}{\pi} \qquad (7\text{-}3\text{-}23)$$

式中　D——试样外径（mm）；

　　　L——周长（mm）。

技术指标：试样被烧焦部分在上夹具下缘向下 50 ~ 540mm 之间，则试验合格。

主要依据：IEC 60332—1—1（2004）。

2. IEC 60332-2 法

适用范围：实心铜导体直径在 0.4 ~ 0.8mm 和

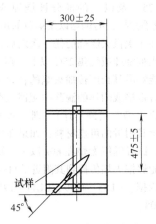

图 7-3-24　喷灯与试样

绞合导体截面积在 0.1～0.5mm² 的绝缘电线，当用 IEC 60332—1 法使导体熔化时。

取样要求：在成品电线上截取试样 2 根，各长 600mm±25mm，并分别编号为 1 和 2。如果试样表面有涂料或清漆涂层，试验前应将试样在 60℃±2℃ 下保持 4h，然后冷却至室温。

试验装置：与 IEC 60332—1—1（2004）相同，但采用标准丙烷喷灯，如图 7-3-22b 所示。

试验方法：把 1 号试样垂直夹住使其处在金属罩的中心位置，并对试样施加按导体截面积计算的张力 5N/mm²。把标准丙烷喷灯垂直放置，关闭空气进口，调节丙烷流量使发光火焰的总长度为 125mm±25mm，然后使喷灯倾斜 45°，按规定位置向试样供火 20s±1s，如图 7-3-25 所示。

如果试样的导体没有被熔断，则试验结束。如果试样导体不到 20s±1s 时间被熔断，则应记下被熔断的时间 t，并用 2 号试样重新进行试验，供火时间改为（$t-2$）。

技术指标：在燃烧停止之后，把试样擦干净，其碳化部分不应到达距上夹具下缘 50mm 的范围内。如果试样导体过早地熔化而改用 2 号试样重新试验时，除应符合上述要求外，还必须注明实际供火的时间。

主要依据：IEC 60332—2 和 GB/T 18380—2008。

3. VW-1 法

适用范围：电子仪器设备和家用电器设备用电线或电缆缆芯，当要求燃烧滴落物不引燃时。

取样要求：从成品电线电缆上截取试样一根，长 457mm。通常选用 14 号美国线规铜线（直径约 1.63mm）或 12 号铝线或铜包铝线（直径约 2.05mm）为导体的电线试样进行试验，并以其试

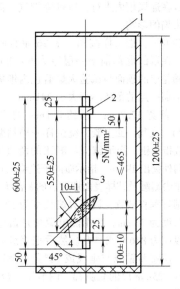

图 7-3-25　单根细电线的垂直燃烧试验
1—金属罩　2—夹具　3—试样　4—标准丙烷喷灯

验结果来代表其他规格电线的燃烧性能。

试验装置：梯瑞尔（Tirrill）喷灯。喷灯可以附带或不附带点火用的煤气小火焰装置。喷灯的管嘴长度为 102mm，内径为 9.5mm。

试验在金属制的三面罩内进行，正面和顶部敞开，金属罩的尺寸为宽 305mm、深 355mm、高 610mm。在罩内设置试样夹具，使试验的纵轴垂直固定在罩的正中，如图 7-3-26 所示。

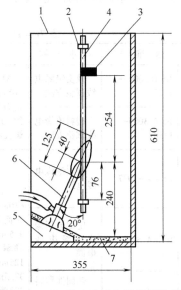

图 7-3-26　VW-1 法垂直燃烧试验装置
1—金属罩　2—夹具　3—纸旗　4—试样
5—楔形台　6—喷灯　7—药棉

试验在通风柜内进行,以排除烟气,但要防止气流对火焰的影响。

试验方法:把试样按图 7-3-26 垂直固定在罩的正中,在罩的底部铺垫一层厚为 6~25mm 的脱脂棉,棉花层的顶面与试验火焰蓝色内锥尖端触及试样表面那一点的距离不得大于 241mm。

用一条宽 12.7mm、厚约 0.1mm 的牛皮纸条(94g/m²),在其一面上胶,绕试样一周粘贴在试样上,做成指示旗。指示旗应与屏罩的两边平行,并从试样向外突出 19mm。指示旗的下边缘与试验火焰蓝色内锥尖端触及试样表面那一点的距离为 254mm。

把喷灯垂直放置,调节火焰长度为 127mm,蓝色内锥长度为 38mm。并用热电偶测量蓝色内锥的尖端温度应为 816℃或高些。然后把喷灯固定在楔形台上,使喷嘴轴线与垂直成 20°角。楔形台面也应铺上 6~25mm 厚的脱脂棉。调节楔形台的位置,使喷嘴纵轴和试样纵轴处在相同的垂直面内,并使火焰的蓝色内锥尖端与试样表面相接触,而这个接触点距试样的下夹具或其他支承件应不小于 76mm。

用喷灯向试样供火 15s,停火 15s,反复 5 次。如果在停火时间内试样继续燃烧,但在 15s 内自动熄火时,则在喷灯停止供火 15s 后开始下一次的供火;如果在停火时间内试样继续燃烧超过 15s,则在试样燃烧自动熄火后立即进行下一次的供火。

技术指标:在任何一次喷灯停止供火后,试样的继续燃烧时间不应大于 60s;在整个试验过程之中和试验之后,不应使铺垫的棉花引燃,也不应使

指示旗有 25% 及以上的部分被烧掉或烧焦成炭(可用布或手指抹去的烟垢以及褐色的焦痕不计)。

如果在 5 次供火燃烧的任一次之后,发现试样上的指示旗被烧掉或烧焦 25% 以上,则可认为该电线电缆是能够沿其长度传播火焰的;如果在试验过程中发现有带焰或灼热的滴落物使铺垫在下面的棉花燃烧(无火焰的炭迹不计),则可认为该电线电缆能够引燃其附近的可燃材料;如果在停止供火后的任一次,试样继续燃烧在 60s 以上,则可认为该电线电缆能够把火焰传播到其附近的可燃材料。

主要依据:UL83—1979、UL44—1977 和 GB/T 18380—2008。

3.5.8 单根电线电缆水平燃烧试验方法

单根电线电缆水平燃烧试验,各国标准不尽相同,如表 7-3-11 所示。我国国家标准 GB/T 18380—2008(简称 DP 法)主要参照英国煤炭部规范 NCB610 编制,具体方法如下。

适用范围:拖拽软电缆,特别是矿井下使用的拖拽软电缆。

取样要求:成品电线电缆长 300mm ± 10mm 一根。

试验装置:金属罩由三面金属板制成,宽 450mm ± 25mm、深 300mm ± 25mm、高 1200mm ± 25mm,正面和顶部敞开。罩内有固定试样呈水平状态的夹具,两支点间距约 200mm。罩子放在自由通风的室内。罩内的光线与室内的正常光线比较应相当暗。

表 7-3-11　单根电线电缆水平燃烧试验方法

	标　准　号	标准名称	试 验 装 置	试　样	试 验 方 法	性 能 要 求
日本工业标准	JIS C 3004—1978	橡皮绝缘电线试验方法	310mm × 360mm × 610mm 铁制三面罩,正面和顶面敞开;口径约 10mm 本生灯;还原焰长约 35mm	约 300mm	试样水平置于罩的中间,喷灯与试样垂直从试样下部中点供火 30s	对橡皮不继续燃烧;对塑料 60s 内自熄
	JIS C 3005—1980	塑料绝缘电线试验方法				
美国保险商实验室	UL 44—1977	橡皮绝缘电线电缆	305mm × 355mm × 610mm 三面金属罩,正面和顶面敞开,口径 9.5mm、喷嘴长 102mm 梯瑞尔喷灯;火焰长 125mm,蓝色内焰长 37.5mm,温度 816℃;20°楔台;药棉	254mm	试样水平置于罩的中间,喷灯在试样中点垂直面内与试样轴线成 20°倾角供火 30s	燃烧从试样中点向一边或两边扩展不应达到 51mm;滴落物不应引燃铺垫的药棉
美国电力电缆工程师协会	IPCEA S-19—81	输配电用橡皮绝缘电线电缆				
美国材料与试验协会	ASTM D 470—1975	热固性塑料绝缘和护套电线电缆试验方法				

（续）

	标 准 号	标准名称	试验装置	试 样	试验方法	性能要求
英国煤炭部规范	NCB NO. 610/1974	拖拽软电缆的阻燃性能	450mm × 300mm × 1200mm 三面金属罩，正面和顶部敞开；口径 19mm 喷嘴长 69mm 酒精喷灯；火焰长度 150～180mm	300mm ±10mm	试样水平置于罩的中间，喷灯在试样中点垂直面内与试样相距 50mm 并成 45° 倾角供火 60s。残焰熄灭后用气流喷射 15s	残焰和残灼在 30s 内自熄，烧焦总长度不超过 125mm
中国国家标准	GB/T 18380—2008	单根电线电缆水平燃烧试验方法	同上	同上	同上，但不用气流喷射	同上
美国军用标准	MIL-W-5086/1A-1974	600V、105℃ 铜导体聚氯乙烯绝缘尼龙护套电线	305mm × 355mm × 610mm 三面金属罩；口径 9.5mm、长 102mm 本生灯；喷火口 50 × 1.6mm；蓝色焰高 50mm；符合 UU-T-540 规范的卫生纸	254mm	试样水平置于罩中间。喷灯与试样垂直，喷火口与试样平行。从试样中下方供火 15s（10AWG 及以下）或 30s（8AWG 及以上）。卫生纸置于试样下方 240mm 处	停止供火后，火焰自熄时间不大于 30s；扩展距离不大于 38mm，卫生纸不燃烧
ISO	ISO R 1220—1970	飞机铜芯耐热（190℃）电缆试验方法	通风柜；口径 9.5mm 本生灯，火焰高度 76mm，蓝色内锥 25mm	适当长度	试样水平放置，用火焰最热点与试样中部接触，供火时间 5s 或 15s（依电缆尺寸而定）	停止供火后，25s 内停止燃烧，燃烧长度不大于 76mm
	ISO R 1491—1970	飞机铜芯耐热（260℃）电缆试验方法	同上	同上	同上，但供火时间为 15s	停止供火后 10s 内自熄，燃烧长度不大于 76mm
中国军用标准	GJB 17.18—1984	航空电线电缆试验方法，燃烧试验	360mm × 250mm × 600mm 有顶三面罩；孔径 9.5mm 本生灯；用丙烷时火焰高度 175mm，蓝色内锥 55mm	250mm	试样水平放置，其他按产品标准规定	按产品标准规定
原中国煤炭部	MT386—2011	煤矿用阻燃电缆阻燃性的试验方法和判定规则	1100mm × 500mm × 900mm 燃烧箱；孔径 9.5mm 本生灯；用甲烷火焰高度 125mm，蓝色内锥 75mm	长 1.8m	试样水平置于支架，通 5 倍额定电流，至导体温度达 204℃ 时，供火 1min	停止供火后，4min 内自熄，且炭化长度小于 15cm

酒精灯，喷管内径 19mm，管长 69mm，喷射孔直径 0.7mm ± 0.04mm。用无水乙醇为燃料，把酒精灯垂直放置，调节火焰高度为 150～180mm。用一根长度不小于 100mm，直径为 0.710mm ± 0.025mm 的裸铜线的一端呈水平状态在距喷嘴上端 50mm 处插入火焰中，并直达火焰的另一边，裸铜线应在 4～6s 内被熔化。以此为试验用火焰。

排风扇及秒表。

试验方法：

（1）标称外径在 32mm 及以下的试样 把试样按图 7-3-27 水平固定在金属罩内，其纵轴与罩子正面平行，距底板约 240mm。调节喷灯灯管轴线与水平面成 45° 角，并调节喷口至试样表面的距离为 50mm。用调节好的喷灯火焰与试样纵轴成 90° 角在试样中点供火 60s。停止供火后，用秒表测定试样上的残焰和残灼的熄灭时间。

（2）标称外径在 32mm 以上的试样 在试样直径相对的外表面，各给一条纵向的直线 A 和 B。按上述方法先对 A 线一侧进行燃烧试验。如符合要求，则在停止供火 60s 后转过 B 线一侧再进行一次相同的燃烧试验。

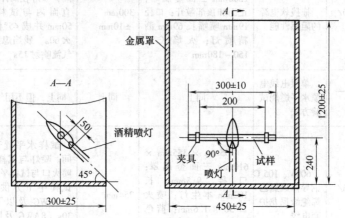

图 7-3-27　单根电线电缆水平燃烧试验

技术指标：

1）停止供火后，试样上的残焰持续时间不超过 30s；

2）停止供火后，试样上的残灼在 30s 后不明显；

3）试样烧焦长度不超过 125mm。

主要依据：NCB610—1974 和 GB/T 18380—2008。

附注：从试验开始至停止供火之前 10s 的这段时间，可以使用排风扇排烟。

3.5.9　单根电线电缆倾斜燃烧试验方法

各国试验方法标准对照见表 7-3-12。我国国家标准 GB/T 18380—2008（简称 DX 法）参照日本工业标准 JISC3005—1980 编制，试样倾斜角为 60°。

表 7-3-12　单根电线电缆倾斜燃烧试验方法

	标准号	标准名称	试验装置	试　样	试验方法	性能要求
美国军用标准（60°角）	MIL—W—5086/5B—1974	600V 聚氯乙烯绝缘聚偏二氟乙烯护套电线	305mm × 305mm × 610mm 三面罩；孔径 9.5mm，长 102mm 本生灯，954℃	长 610mm	试样与垂线成 30°角，喷灯与试样垂直，供火 30s	记录火焰延燃时间及距离，以及卫生纸是否燃烧具体指标依产品略有不同
	MIL—W—16878/9A	电子电器设备安装线	同上，但火焰高 50mm，内焰 17mm	长 450mm	同上，供火 30s	
	MIL—W—22759 D	氟塑料绝缘电线	同上。但加火焰扩张器 50 × 1.6mm；955 ± 30℃	长 610mm	供火时间：ϕ0.25 ~ 1mm 电线 15s；ϕ1.3 ~ 2mm30s；ϕ2.6 ~ 5.2mm60s；更大电线 120s	
	MIL—W—81044	交联聚烷烃绝缘电线	同上，火焰高 75mm，内焰 25mm，≮954℃	长 610mm	同上。供火 30s	
	MIL—W—81381A	聚酰亚胺绝缘电线	同上	长 610mm	同上。供火 30s	

（续）

	标准号	标准名称	试验装置	试 样	试验方法	性能要求
日本工业标准（60°角）	JISC3005—1980	塑料绝缘电线试验方法	310mm × 360mm × 610mm 三面罩；孔径约 10mm 本生灯；还原焰长 35mm	长 300mm	试样与水平面成 60°角。喷灯与水平面垂直，在试样下端 20mm 处供火 30s	60s 内自熄
中国国家标准（60°角）	GB/T 18380.12—2008-2	单根电线电缆倾斜燃烧试验方法	305mm × 355mm × 610mm 三面罩；标准丙烷喷灯	长 300mm	试样与水平面成 60°角。喷灯与水平面垂直，在试样下端 20mm 处供火 30s	60s 内自熄
ISO（45°角）	ISO R 1468—1970	飞机用铝芯与铝合金芯通用电缆试验方法	无流动空气的房间；口径 9.5mm 本生灯；火焰高度 76mm，蓝色内焰 25mm		试样与水平面成 45°倾角，用喷灯供火 15s（铜导体截面积为 0.38 ~ 1.22mm² 的供火 5s）	5s 内自熄，延燃长度不超过 76mm，试样无滴落物
	ISO R 634—1967	飞机用铜芯通用电缆试验方法				
中国军用标准（60°角）	GJB 17.18—1984	航空电线电缆试验方法，燃烧试验	360mm × 250mm × 600mm 三面罩；顶面封闭，孔径 9.5mm 本生灯；用丙烷时火焰高度 175mm，蓝色内锥 55mm	长 600mm	试样与水平面成 60°角。供火时间按产品标准规定	延燃时间及燃烧距离，具体指标由产品标准规定

适用范围：电线电缆。

取样要求：成品电线电缆长 300mm ± 10mm 一根。

试验装置：三面金属罩宽 305mm ± 25mm、深 355mm ± 25mm、高 610mm ± 25mm，正面和顶部敞开。罩内有保持试样中心线与水平面成 60°角的夹具。

供火采用标准丙烷喷灯（见图 7-3-28）。

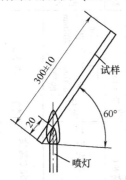

图 7-3-28 单根电线电缆倾斜燃烧试验

试验方法：把试样固定在金属罩内的中间，使试样的中心线与水平面成 60°倾角。

用调节好火焰的喷灯蓝色内焰尖端在距试样下端 20mm 处供火 30s。

技术指标：停止供火后 60s 内试样上的残焰应自行熄灭。

主要依据：JIS C 3005—1980 和 GB/T 18380.12—2008。

3.5.10 成束电线电缆燃烧试验方法

电线电缆通过单根燃烧试验并合格，并不意味着其在多根成束敷设的条件下仍旧具有阻燃性。因此，在我国，所谓阻燃电线或阻燃电缆，一般指的就是通过成束燃烧试验合格的电缆。

各国有关成束电线电缆燃烧试验方法的要点见表 7-3-13。其中最著名的是 IEEE 383 和 IEC 60332—3。各国已趋向采用后者。我国国家标准 GB/T 18380—2008 是等效采用 IEC60332—3 编制的。原分为 A、B、C 三类，将增补适用于细电缆的 D 类，具体方法如下。

适用范围：阻燃电线电缆。

取样要求：从成品电线电缆上截取试样，每根长度为 3.5m。

试样根数按成束电线电缆每米长度所含非金属材料的不同体积，分为四种类别。

A 类——试样根数应使每米所含的非金属材料的总体积为 7L；

表 7-3-13 成束电缆燃烧试验方法一览

试验内容		美国[①]IEEE 383	美国 UL 1277	意大利 CEI 20—22	瑞典 SEN 241475	英国 GDCD	日本[①]JCS 366 VCD 法	德国 DIN 57472 (VDE 0742)	美国 UL 16ft 托架	国际电工委员会 IEC 60332—3	中国 GB 18380—2008
热源	加热方式	带型喷灯（AGF 公司 10in 宽）	同左	两个宽 600mm，高 700mm 的电加热板	甲醇（容器宽 400mm，长 800mm，深 100mm）	两个宽 600，高 700mm 的电加热板	带型喷灯（AGF 公司 10in 宽）	同左	2 个带型喷灯（A.G.F 公司）	带型喷灯（AGF 公司）	同左
	能量	空燃比为 5：1，丙烷气体，815℃，73MJ/h	同左	两热板同保持 400~500℃	燃烧热为甲醇的 27kJ/L 6L	≥600℃	液化石油气，815℃	丙烷气，815℃	44.4MJ/h	丙烷，空气混合，73.7MJ/h	同左
	加热时间	20min	同左	1h	甲醇烧完	1h	20min	20min	20min	A,B 类 40min，C,D 类 20min	同左
	其他	—		与点火燃烧器并用	甲醇烧完时	与点火燃烧器并用					
电缆配置	排列	以 1.5D 间距在 150mm 宽度上排一列	同左	电缆成束，有机材料 ≥10kg/m	同左，有机材料 ≥5kg/m（小尺寸电缆）	同左，有机材料约 10kg/m（≥9.5kg/m）	以 1.5D 间距在 250mm 宽度上排两列	同距 1.5D（最大 10mm）250mm 宽	同距 1.5D，宽度 150mm，排四列	以 1.5D 间距在 300mm 宽度上排列或密排等	同左
	长度	8ft（喷灯上 6ft）	同左	≥4.5m	3.6m	≥2.5m	3m	3.6m（喷灯上 3m）	16ft	3.5m	3.5m
装置	梯架	宽 12in，深 3in，高 8ft	同左	宽 500mm，高 4.5m	宽 600mm，高 3.6m	宽 >300mm 高 ≥2.5m	宽 300mm 高 3m	宽 320mm 高 3.5m	宽 12in，高 16ft	宽 0.5m 或 0.8m，高 3.5m	同左
	围墙	无，室内不过分风	同左	距下部 2.5m 高处，安装 600mm × 700mm 的烟囱	宽 1in，长 2in，高 4m 的燃烧炉内无过分通风	距下部 2.5m 高处，安装 750mm 的烟囱	3m 高度上全部安装宽 350mm，深 250mm 的通道	宽 1in，深 2in，高 4m	L 形石棉板 16ft 高	宽 1m，深 2m，高 4m 燃烧室气流 5m³/min ± 0.5m³/min	同左
评定	燃烧长度	<6ft（高度 <8ft）	同左	<3.5m	≤3m	≤1.5m	<2.25m（不应达到通道的高度）	≤3m		≤2.5m	≤2.5m
	自熄性	自熄		自熄		自熄	自熄	自熄		—	—

① 日本 JCS366（1978）中尚有 VOT 法，与 IEEE383 完全相同，美国 EBASCO 规范 NO.211-80 第 4.226 条燃烧试验也与 IEEE383 基本相同，但加了一个 2.4m×2.4m×2.4m 的围墙等；1ft＝0.3048m；1in＝0.0254m。

B 类——试样根数应使每米所含的非金属材料的总体积为 3.5L；

C 类——试样根数应使每米所含的非金属材料的总体积为 1.5L；

D 类——试样根数应使每米所含的非金属材料的总体积为 0.5L。仅适用于外径 12mm 及以下的细电线电缆。

按上述类别要求简单确定试样根数由试样的几何尺寸用下式计算确定

$$n = \frac{1000V}{S - S_m} \qquad (7\text{-}3\text{-}24)$$

式中 n——试样根数，小数后 4 舍 5 入；

V——按试验类别要求的每米非金属材料总体积，A 类 7.0L/m，B 类 3.5L/m，C 类 1.5L/m，D 类 0.5L/m；

S——根试样横断面的面积（mm²）；

S_m——根试样横断面中金属材料的面积（mm²），其等于导体截面积和金属屏蔽、铠装等截面积之和。

IEC60332 或 GB/T 18380-2008 标准的试样根数则是通过测量构成电缆试样的每一种非金属材料的重量和密度，先计算出该种材料的体积，然后再根据试验要求的类别计算出试样根数，具体方法如下。

取不小于 0.3m 长试样，测得长度为 l（m）。从该段试样上，仔细取下每一种非金属材料 C，并分别称重为 M_i（kg）。任何小于非金属材料总重 5% 的部分可舍弃。用合适的方法（如 IEC60811—1—3 第 8 条）测量每一种非金属材料（包括泡沫材料）的密度为 ρ_i（kg/dm³）。包带和纤维部分可假设其密度为 1.0。半导电屏蔽如不能从绝缘上剥下来，则可视它们为一体，测其重量和密度。用下列公式计算每一种非金属材料 C_i 的体积 V_i（L/m）和试样根数 n

$$V_i = \frac{M_i}{\rho_i l} \qquad (7\text{-}3\text{-}25)$$

$$n = \frac{V}{\Sigma V_i} \qquad (7\text{-}3\text{-}26)$$

式中 n——试样根数，小数后 4 舍 5 入；

V——非金属材料总体积，A 类 7L/m，B 类 3.5L/m，C 类 1.5L/m，D 类 0.5L/m；

ΣV_i——实测电缆试样上每种非金属材料体积的总和（L/m）。

对比之下，可见用简单的方法计算试样根数要比用 IEC 60332 或 GB/T 18380—2008 的方法简便得多，且结果差别并不大。

试验装置：试验装置如图 7-3-29 所示，具体要求如下。

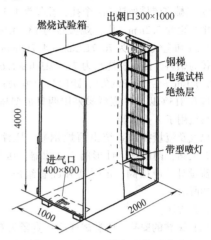

图 7-3-29 成束电线电缆燃烧试验装置

(1) 燃烧试验箱 燃烧试验箱如图 7-3-29 所示。箱体内部尺寸为宽 100mm±100mm、深 2000mm ±100mm 和高 4000mm±50mm。箱的底部距地坪 150mm，箱体正面开有一个门。在箱的底板上距前墙 150mm±10mm 处，居中开一个（800mm±20mm）×（400mm±10mm）的进气口，空气从箱外沿此孔进入箱内应无任何实质上的障碍。在箱的顶部的后边缘，开一个（1000mm±100mm）×（300mm±5mm）的出烟口。试验箱的背墙和两侧墙应采用热导系数约为 0.7W/m² 的热绝缘。例如，在 1.5mm 厚钢板上包覆 65mm 厚的矿物纤维再加一个适当的外套就可满足。

(2) 消烟除尘器 在出烟口处应装设消烟除尘器，以收集和洗涤燃烧试验时产生的烟尘。除尘器的排烟量应使试验自始至终通过试验箱的空气流量保持在 5m³/min±0.5m³/min。该流动空气的计量及监控可在靠近试验箱进气口处。也可仅在试验前在连接出烟口与除尘器间的烟道中进行。进入试验箱的空气温度应为 20℃±10℃。

(3) 钢梯 安装试样的钢梯用钢管焊接制成。有宽 500mm 的标准梯和宽 800mm 的宽型梯两种。均高 3500mm±10mm，分 9 级。其两侧立柱采用公称口径为 25mm（外径 33.5mm）的钢管。

横档采用公称口径为 20mm（外径 26.75mm）的钢管。最好采用尺寸相当的不锈钢管。横档间距约 400mm。钢梯应垂直挂在试验箱内，其与试验箱后墙的距离为 150mm±10mm。

(4) 火源 标准梯供火采用一只带型喷灯，

其喷口是在长 341mm、宽 30mm 的金属板上，在标称尺寸为 257×4.5mm 的范围内用 81 个、80 个和 81 个分三排交错排列钻 242 个孔，孔径为 1.32mm，孔间中心距为 3.2mm。用丙烷流量为 13.3L/min ± 0.5L/min 和空气流量为 76.7L/min ± 4.7L/min 的混合气体为燃料，提供燃烧热为 73.7MJ/h ± 1.68MJ/h（70000Btu/h ± 1600Btu/h），距喷口前方 75mm 处的温度在 815℃ 以上。宽型梯采用两只带型喷灯供火，仅适用于 A 类试验。

供气及流量控制系统由丙烷钢瓶、压缩空气机、开关阀、调压阀、针形阀、过滤器、压力表、转子流量计、电磁阀、定时器和配管组成，如图 7-3-30 所示。

试验方法：

(1) 试样的安装　所有试样应用直径为 0.5～1.0mm 的金属线绑扎在梯子的每一级横档上。安装试样应居中，其总宽度应不超过 300mm（标准梯）或 600mm（宽型梯）。试样在梯子上的排列及绑扎方法应符合下列的规定：

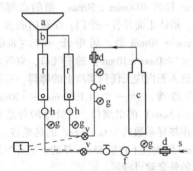

图 7-3-30　成束燃烧试验的供气系统
a—带型喷灯　b—文丘里里混合器　c—丙烷钢瓶
d—总阀　e—调压阀　f—过滤器　g—气压表
h—针形阀　r—流量计　s—压缩空气
t—定时器　v—电磁阀

1）间隔排列安装方法。对于导体标称截面积超过 35mm² 的电力电缆，应采用间隔排列安装方法。以试样外径的一半为间隔，但该间隔最大不应超过 20mm。对于标准梯，把试样呈单层安排在梯子前面限定的宽度范围内。每个试样分别用金属线绑扎固定。如果在梯子前面限定的宽度范围内单层不能容纳所有试样，则先按规定把正面排满，然后在梯子后面从中间开始向两侧单层安排剩余的试样，并使梯子前后的试样相对错开。

为便于识别，仅在梯子前面安装试样的方法记作 F，在梯子前后两面安装试样的方法记作 F/R。

对于宽型梯，试样在梯子前面只能排一层，包括规定的间隔。宽型梯仅适用于 A 类试验。

2）紧密排列安装方法。对于所有其他电线电缆，例如导体标称截面积小于或等于 35mm² 的电线电缆，以及通信、信号、控制电缆等，应采用紧密排列安装方法。把试样一个挨一个地安排在梯子前面限定宽度的范围内。一层排不下，可以多层重叠。如仅有一层，则用金属线呈倾斜状把每个试样分别绑扎固定在一起。如为多层，则把试样分成若干同等宽度，分别先用金属线绑扎成束固定，然后再用金属线把相邻电缆束的相邻试样绑扎固定起来。

3）试样选择原则。由于受梯子容量所限，为使试样的根数能够符合要求，对被试电线电缆的截面积必须进行选择：

a）对于导体标称截面积超过 35mm² 的电力电缆，按间隔排列方法在梯子前面（AF、BF、CF）或前面和后面（AF/R）分别单层排满而仍有多余试样排不下时，应选择较大导体截面积的电缆以减少试样根数。对于 BF、CF 类试样，根数至少应有 2 根。如果少于 2 根，则应选择较小导体截面积的电缆以增加试样根数。

b）对于导体标称截面积小于或等于 35mm² 的电线电缆，以及通信、信号、控制等电线电缆。AF、BF、CF、DF 类试样的选择至少应有两根。

(2) 试验准备

1）试验条件。用风速计测量试验箱顶部的外面风速，如果超过 8m/s 则不能进行试验。如果内侧墙的温度低于 5℃ 或高于 40℃ 时也不能进行试验。箱体内侧墙的温度在距箱体底板上面 1500mm、距一侧墙面 50mm 和距门 1000mm 的交点上进行测量。试验的自始至终小室的门应关闭。

2）试验装置和试样的处理。固定在梯子上的试样在开始试验之前应在温度为 23℃ ±5℃ 下预处理至少 3h，试验箱应干燥。

3）氧指数的测定。如有要求，对试样中有影响的重量超过 5% 的可燃材料应按照 GB/T 2406.1—2008 或 IEC60332—3 附录 B（草案）规定的步骤分别测定其氧指数，并做记录。

4）火源定位。调节喷灯成水平位置，喷口距电缆试样前表面为 75mm ±5mm、距试验箱底板以上 600mm ±5mm。喷灯的供火点应保持在梯子两根横档之间的中心，并且距试样下端向上至少 500mm。

(3) 试验步骤

1）起动消烟除尘器，关闭小门，调节通过试

验箱的空气流量为 $5m^3/min \pm 0.5m^3/min$，直至试验结束。

2）打开喷灯的供气阀门，调节每只喷灯丙烷的流量为 $13.3L/min \pm 0.5L/min$，空气的流量为 $76.7L/min \pm 4.7L/min$。

3）喷灯点火，并按下述规定供火时间用喷灯火焰燃烧试样：

A 类试样供火时间 40min；

B 类试样供火时间 40min；

C 类试样供火时间 20min；

D 类试样供火时间 20min。

4）在燃烧完全停止之后，把电缆擦干净。如果在停止供火 1h 之后，试样仍燃烧不止，可以将其强行熄灭。

5）检查试样损坏的程度，即试样炭化部分所到达的高度，方法如下：

先用尖锐物体按压试样表面，如从弹性变为脆性（粉化）则表明试样表面开始炭化。然后用常规卷尺或直尺从喷灯喷口的底边起测量至试样表面开始炭化处之间的距离，此即为试样炭化部分所到达的高度。此测量在成束试样的前面和后面都要进行。

在检查试样的损坏程度时，下列两种情况应忽略不计。

a）覆盖在试样表面可以擦掉的烟灰而试样原来的表面并没被损坏；

b）试样中非金属材料的软化或各种变形。

技术指标：试样被燃烧的炭化部分从供火位置向上所到达的高度不超过 2.5m。

主要依据：IEC 60332 和 GB/T 18380—2008。

附注：试验结果应注明试样类别，用 SZ- A、SZ- B、SZ- C 或 SZ- D 表示。在本试验中测定材料氧指数的目的，仅作为以后同类产品进行质量控制的基础，它并不意味着氧指数的数值与燃烧条件下火焰沿电缆蔓延的情况密切相关。

成束电线电缆的燃烧试验成套装置由上海电缆研究所设计制造，其中带型喷灯和文丘里混合器，IEC 推荐使用美国燃气炉公司（AGF Co.）的产品。国内已有符合标准要求的产品。

3.5.11　电线电缆燃烧的烟密度试验方法

适用范围：测定电线电缆或光缆产品燃烧时的烟密度（烟浓度）。

取样要求：从成品电线电缆或光缆上截取试样，每根试样经小心校直的长度为 $1m \pm 0.05m$。试样根数根据试样的外径按照表 7-3-14 确定。

表 7-3-14　烟密度试验取样根数

电缆外径 D/mm	试样数	
	电缆数	线束数④
D > 40	1	—
20 < D ≤ 40	2	—
10 < D ≤ 20	3	—
5 < D ≤ 10	$N_1$①③	$N_2$②③
2 ≤ D ≤ 5		

① $N_1 = 45/D$ 根电缆。

② $N_2 = 45/3D$ 束。

③ N_1 和 N_2 值应舍去小数成整数，得出电缆根数或线束数。

④ 每一线束应由 7 根电缆绞合在一起构成，绞合节距在 20D 至 30D 之间，然后用直径约为 0.5mm 的金属线从中心部位开始每隔 100mm 绕两圈扎紧。

试验装置：

（1）燃烧室　燃烧室应包括一个用合适材料固定在角铁支架上而构成的立方体，其内部尺寸为 $3000mm \pm 30mm$。燃烧室的一面是带有玻璃观察窗的门，两侧相对的墙上各设一扇透明密封窗（最小尺寸为 $100mm \times 100mm$）以让水平光测装置的光束透过。这些密封窗的中心距离地面的高度应为 $2150m \pm 100mm$（见图 7-3-31）。

为了穿电缆等原因，以及使内部处于大气压下，围墙在地平面上应开若干通气孔。试验期间一直打开的通气孔的总面积应为 $50cm^2 \pm 10cm^2$。围墙外面的环境温度应为 $20℃ \pm 10℃$，而且不应直接暴露在阳光下或极端气候条件下。

注：通常每次试验后应通过带有阀门的管道把烟从燃烧室内排出，试验时阀门应关闭，管道可以装设一只排风扇以提高排烟速度，建议打开试验室的门以加速排烟过程。

（2）光测装置　光测装置中的光源和接收器应放在燃烧室两侧相对的墙上的密封窗外面的居中位置，且不与密封窗直接接触。光束可以通过两侧墙上的玻璃窗穿过燃烧室。光源应是一只具有钨丝和透明石英灯泡的卤素灯，具有下述特性：

标称功率：100W；

标称电压：直流 12V；

标称光通量：$2000 \sim 3000lm$；

标称色温：$2800 \sim 3200K$。

灯泡应由电压 $12.0V \pm 0.1V$（平均值）供电。试验期间的电压应稳定在 $\pm 0.01V$ 误差范围内。灯泡应安装在一个罩子里面，并由透镜组成的镜头来调节光束，使在对面墙壁的内表面上产生一个直径为 1.5m ±0.1m 的被均匀照明的圆面。

接收器光电池应为硒光电池或硅光电池，其光谱灵敏度与国际照明委员会（CIE）的测光仪（相当于人眼）相匹配。光电池安装在长度为 150mm ±10mm 的管子一端，另一端为防尘窗。管子内表面应为无光泽黑色，以防反射。光电池应与电位记录仪相连以产生线性输出。光电池应加负载电阻使其运行在它的线性范围内，记录仪的输入阻抗至少应比光电池的负载电阻大 10^4 倍，光电池的负载电阻应不超过 100℃。

光测装置在空白试验之前应通电。当达到稳定后，应调节记录仪的零刻度和满刻度读数与检测器上的透光率为 0%（无光线透过）和 100% 相对应。

注：光电池的性能应定期（例如在系列试验开始之前）进行检测。方法是将标准中性密度滤光片置于光束中，重要的是将这些光片覆盖住光电池的整个光线进口，此时用光电池测得的吸收系数（或光密度）数值应在标称值 ±5% 的范围内，同时也允许用滤光片来鉴定检测器的线性响应，在使用范围内，它必须与光线吸收系数成正比。

（3）烟的混合装置 为使烟在试验室里均匀分布，一台台式风扇应按图 7-3-31 放置在试验室的地面，风扇转轴距离地面 200～300mm，距墙 500mm ±50mm。风扇叶片范围为 300mm ±60mm，风量为 7～15m³/min。试验期间空气由风扇作水平吹动，但火源应由如图所示的挡板作保护。

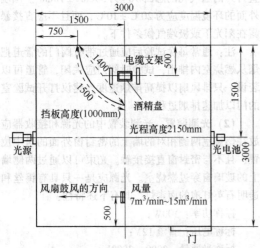

图 7-3-31　烟浓度测定装置平面图

（4）试样支架 试样支架用钢或不锈钢制成，如图 7-3-32 所示。

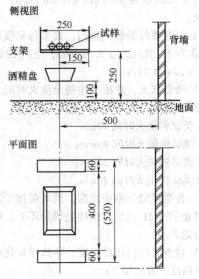

图 7-3-32　试样支架

（5）酒精盘 酒精盘由镀锌或不锈钢经焊边制成，主体截面呈梯形，内部尺寸如下：

底面：210mm ×110mm；

顶面：240mm ×140mm；

高度：80mm。

所有尺寸 ±2mm。

盘子厚度：1.0mm ±0.1mm。

成套试验装置的认可：在相同条件下燃烧同一种电线电缆时，要使不同的燃烧室得到相同的试验结果，必须对全套试验装置按下述方法进行认可试验。

（1）空白试验 空白试验的目的是使燃烧室内达到规定的温度范围，在做试验之前有需要时进行。

1）把 1L ±0.01L 的酒精倒入酒精盘中，酒精的组分应为乙醇 90% ±1%，甲醇 4% ±1%、水 6% ±1%）（下同）。点燃酒精以预热燃烧室。

2）开动排气系统以清除燃烧室内的所有燃烧产物。

（2）认可燃烧试验 认可燃烧试验的目的是检验用下述规定的两种酒精/甲苯火源在燃烧室内燃烧产生的烟所得到的标准吸收系数数值是否在规定的范围内。

1）燃烧室的准备。擦净光测装置的密封窗使在电压稳定之后透光率回到 100%。

在开始试验之前，燃烧室内面的温度应在 25℃ ±5℃ 的范围内。该温度在门内面距地面高度为 1.5～2.0m、距墙最小 0.2m 的地方测量。如果需要，可进行空白试验以使燃烧室内达到该特定的温度范围。

2）合格认可的火源。甲苯（分析纯）和酒精（组分与空白试验同）应用容积按如下比例配制：4份甲苯对96份酒精，10份甲苯对90份酒精。采用滴定管和容量瓶作精确度量。

注：分析纯（PA）甲苯的纯度超过99.5%。

把混合液倒入酒精盘子里。

试验步骤：燃烧$1L \pm 0.01L$甲苯酒精混合液，记录试验期间测得的最小透光率I_t。

3）计算。按下述公式计算测得的吸收系数A_m：

$$A_m = \lg \frac{I_0}{I_t} \tag{7-3-27}$$

式中 I_0——起始透光率。

计算标准吸收系数A_0：

$$A_0 = \frac{A_m}{\text{甲苯}} \times \frac{\text{燃烧体积}}{\text{光程}} \tag{7-3-28}$$

4）认定合格指标。如果标准吸收系数A_0的计算值在下述范围内，则试验设备的认定合格：

4%甲苯时，$A_0 = 0.18 \sim 0.26$（当燃烧室为$27m^3$时，相当于I_t为$83.2\% \sim 76.6\%$）；

10%甲苯时，$A_0 = 0.80 \sim 1.20$（当燃烧室为$27m^3$时，相当于I_t为$12.9\% \sim 4.64\%$）。

图7-3-33为我国自行设计制造的烟密度室的认定试验曲线（10%甲苯酒精溶液）。在$950 \sim 960s$时，透光率有最小值，即$I_t = 7.175\%$，故$A_m = 1.136$，$A_0 = 1.022$。此值在认定合格指标$0.80 \sim 1.20$的范围内。

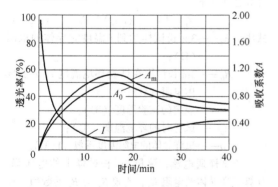

图7-3-33 烟密度室认定试验曲线
（10%甲苯酒精溶液）

I—透光率 A_m—最大吸收系数 A_0—标准吸收系数

试验方法：

（1）试样预处理 试验前，试样应在23℃±

5℃下预处理至少16h。

（2）试样安装 在试验期间，试样应保持在如下规定的位置上：

电缆或线束的两端扎在一起，并且在距每端300mm处用金属线把它们固定在支架上。

细电缆和软电缆在试验期间可能会产生移动。在这种场合也可用大约0.5mm直径的金属线从多根电缆或线束的中央开始向每端每隔100mm处绕两圈进行绑扎。或者用适当的装置（例如用弹簧）或重量把多根电缆或线束的一端或两端张紧。

（3）试样位置 盛有酒精的酒精盘应架离地面以使空气流通。试样（电缆或线束）应紧挨着水平放置并位于酒精盘上方的中心位置，使试样的下表面和酒精盘底部之间的距离为150mm±5mm（见图7-3-32）。

（4）试验步骤 在每次试验之前，应把光测装置的密封窗擦干净，以使电压稳定之后透光率回到100%。

1）在开始试验之前，马上在门内面距地面高度$1.5 \sim 2.0m$、距墙最小0.2m的地方测量燃烧室的温度应在25 ± 5℃的范围内。

2）如果需要，在试验前应进行一次空白试验来预热燃烧室。

3）试验用的火源应采用空白试验中规定的酒精。

4）把试样架在酒精盘的上面，起动风扇使空气流通并点燃酒精。在确认所有操作人员已离开燃烧室后马上把门关上。

5）火源熄灭后5min或者试验持续时间达到40min时，透光率不再减小，则可认为试验结束。

6）记录最小透光率。

7）每次试验结束后排除燃烧产物。

技术指标：透光率最小值不小于60%。

主要依据：IEC 61034和GB/T 17651—1998。

附注：

1）我国国家标准GB/T 12666.7—1990出版于1990年，是根据IEC建议的草案编制的。其中，"试验装置"内容与随后IEC61034—1（1990）相同，但试验步骤和要求与IEC61034—2（1991，修改1号1993）有所不同。1997年IEC61034第2版出版，其第1部分内容基本没有变动，但第2部分内容，特别是技术指标有大的变动。现把国标与IEC在烟密度测定上的不同点列于表7-3-15中。在我国新编制的国标GB/T 17651-1998中已等同采用IEC。

表 7-3-15　原 GB 与 IEC 在电缆烟密度测定上的差别

	IEC61034：1997 第 2 版			GB/T 17651—1998		
试样	1 根或多根 1m ± 0.05m，在 23℃ ±5℃ 下存放至少 16h			每根试样长 1m ± 0.05m 在 20℃ ±5℃ 下至少放置 24h		
	电缆或光缆外径	根数	束数	电缆外径	根数	束数
根数选择	$D > 40$	1	—		1	
	$40 \geqslant D > 20$	2	—	$D > 40$	2	
	$20 \geqslant D > 10$	3	—	$> 20 \sim 40$	3	
	$10 \geqslant D > 5$	N_1	—	$> 10 \sim 20$	14	2
	$5 \geqslant D \geqslant 2$	—	N_2	$> 5 \sim 10$	21	3
	注：N_1 = 45/D 根（舍去小数取整数） N_2 = 45/3D 束（舍去小数取整数） 每个电缆束由 7 根电缆以节距 20 ~30D 绞合，用 ϕ0.5 金属丝每隔 100mm 绕两圈扎牢			注：每个电缆束用 7 根试样按（1 + 6）结构平行束合，每隔 100mm 用 ϕ40.5 ~ ϕ1.0 金属丝绕两圈扎紧		
试样安装	把试样紧挨着布放在试样支架上，在距试样每端 300mm 处与支架夹紧固定，试样两端用金属丝绕扎细的或柔软电缆构成的电缆束应在其一端或两端用合适的方法如弹簧使张紧 注意：试样支架上不罩烟囱			试样应紧挨着布放在试样支架上，在距试样每端约 300mm 处与支架夹紧固定 在试样上加 40mm ×240mm ×500mm 的烟囱		
结果评定	在相关电缆或光缆标准中规定，否则透光率最小值应不小于 60%			最小透光率不小于下列数值，则试验合格 1 根电缆 70% 2 根电缆 60% 3 根电缆 60% 14 根电缆 50% 21 根电缆 40%		

2）烟密度测定装置的燃烧室由上海电缆研究所设计制造，光测装置由沈阳自动化仪表研究所设计制造。

3.5.12　电线电缆冒烟试验方法

飞机用电线电缆发生燃烧，将会带来机毁人亡的严重后果。同样，即使不燃烧，而是在异常状态下因热分解而冒烟，也是很危险的。为此，国际标准化组织（ISO）和美军标准等都有冒烟试验的规定，我国军用标准也有这种规定，具体方法如下。

适用范围：航空航天用电线电缆。

取样要求：成品电线或电缆约 4m 一根，有金属屏蔽层者应去除。

试验装置：直流电源（350A）和高输入阻抗数字式电压表。

试验方法：把试样水平悬挂在静止空气（不通风）中，中部 3m 一段应无任何支撑。试样后面设置黑色背景。试样两端与直流电源相连接，电压表并接在 3m 长试样段的导体上。

按照试样的规格，计算当试样导体达到产品规定的试验温度时，在 3m 长试样上的导体电阻数值。计算公式如下

$$R_t = \left[1 + a \left(t - t_0 \right) \right] R_0 \qquad (7\text{-}3\text{-}29)$$

式中　R_t——3m 长试样达到 t 温度时导体的电阻（Ω）；

R_0——3m 长试样在试验环境温度 t_0 下的导体电阻（Ω）；

t——规定的试验温度（℃）；

t_0——试验时的环境温度（℃）；

a——试样导体的电阻温度系数（1/℃）。

给试样通电流，测量 3m 长试样上的电压降，计算试样导体的电阻 R_x，比较 R_x 与 R_t 的数值，如有差异，再调电流，直至 $R_x = R_t$，并保持通电流 15min。

技术指标：试样导体稳定在试验温度的 15min 内，从试样上不得冒出可见的烟。

主要依据：GJB 17.17-1984。

3.5.13　电线电缆耐火试验方法

耐火电线电缆与阻燃电线电缆不同，它要求在火灾情况下，产品被火焰直接燃烧时仍能保持一定时间的运行。IEC60331 规定了这种耐火试验方法。对应的我国标准 GB/T 19216—2003，其具体方法如下。

适用范围：矿物绝缘（MI）和耐火电线电缆。

取样要求：取成品电线或电缆长 1200mm 一根为试样，两端各剥去 100mm 的护套或护层，一端的导电线芯与试验变压器相连接，另一端的线芯分开，以免相碰发生短路。

试验装置：试样用夹子夹住并保持水平，其中部用两只间隔为 300mm 的金属环支撑。金属环及夹持装置均应良好接地，如图 7-3-34 所示。

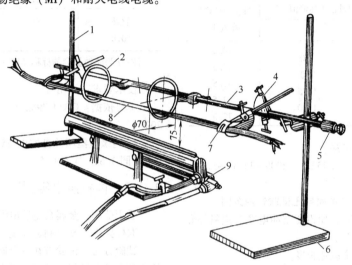

图 7-3-34　耐火试验的夹持装置
1—铁台　2—金属环　3—金属杆　4—十字夹　5—接地柱
6—底座　7—冷管夹　8—电缆试样　9—管形喷灯

配置一只三相星形联结或者三只单相的电力变压器，其在试验电压下的容量应不小于 3A。若采用直流电压试验，则试验电压应等于规定交流电压的峰值。变压器的每一相应通过一只 3A 的熔断器与试样相连接，并在必须接地的中性回路中串入一只 5A 的熔断器。三芯以上的线芯应编成三组，然后与三相连接，并使相邻线芯分配在不同的相上。

试验应在室内进行，并具有排除燃烧烟气的系统。

火源为一只长 610mm 的管形燃气喷灯，它所产生一排间距很近的火焰。用热电偶在靠近燃气进口端距喷嘴上面 75mm 的火焰中测得的温度应为 750～800℃（B 类）或 950～1000℃（A 类）。燃气建议采用丙烷，但也可用煤气代替，如果能够达到规定温度的话。

试验方法：在试样上施加电缆的额定电压，且在试验过程中不中断，喷嘴与试样下表面的距离为 75mm，用调整好的喷灯火焰在试样下面连续供火 90min。

技术指标：3A 熔断器不熔断。

主要依据：IEC 60331—2009 和 GB/T 19216—2003。

附注：

IEC 标准火焰强度只有一种，即 750～800℃。供火时间为 3h。但也有把供火时间缩短为 90min 的建议。并已在 IEC60331-1999 标准中采用。该标准把耐火特性称为线路完整性，也适用于数据电缆和光缆。

3.6　电缆护层电性能试验方法

3.6.1　耐电压试验

1. 刮磨试验后的耐电压试验

适用范围：铅套充油电缆的塑料绝缘外套。

取样要求：经刮磨试验（见第 6 篇 4.5.4 节）后的试样。

试验方法：经刮磨后试样应依次进行如下耐电压试验：

1）试样在室温下浸入 0.5% 氯化钠和大约

0.1%重量的适当的非离子型表面活性剂水溶液中24h后,以内部金属层为负极,对金属层与盐溶液间的塑料外套施加直流电压20kV持续1min。

2)在塑料外套之间,即在金属层与盐溶液间施加符合表7-3-16规定的冲击试验电压正、负极性各10次。

表7-3-16 绝缘塑料外套的冲击试验电压值

主绝缘耐受标称雷电冲击电压峰值/kV		冲击试验电压峰值/kV
≥	<	
380	380	20.0
750	750	37.5
1175	1175	47.5
1550	1550	62.5
		72.5

技术指标:不击穿。

主要依据:GB/T 2952.1—2008 和 IEC 60229—2007。

2. 绝缘塑料外套的耐电压试验适用范围

绝缘型塑料外套,如铅套充油电缆对塑料外套有电绝缘性能要求时。

取样要求:整个制造长度。

试验方法:电缆浸水以水作为外电极,或在电缆塑料护套外涂覆石墨半导电层,以半导电层为外电极,以金属护套为内电极,在其间施加以塑料套标称厚度8kV/mm的直流电压1min。但最高试验电压不应超过25kV。

技术指标:不击穿。

主要依据:GB/T 2952.1—2008 和 IEC 60229—2007。

附注:如用户同意,也可用直流火花试验代替直流耐电压试验。直流火花试验电压按下式计算确定:

$$U = (20t + 12) \text{ 最高值 } 120kV \quad (7\text{-}3\text{-}30)$$

式中 U——直流火花试验电压(kV);
t——塑料外套的标称厚度(mm)。

被试电缆在电极中通过的最短时间应不少于10s。

3.6.2 火花试验

1. 普通型塑料外套的火花试验

适用范围:金属套或铠装上的塑料外套,无电绝缘性能要求时。

取样要求:整个制造长度,用以检出工艺缺陷。

试验方法:金属套或铠装接地,让电缆塑料外套通过火花试验机的电极,其通过电极的时间应足以检出各种缺陷。

火花试验电压应符合表7-3-17的规定,工频火花机应符合 JB/T 4278.10—2011 的规定。

表7-3-17 普通塑料外套的火花试验电压

火花试验类型	试验电压/kV	最高试验电压/kV
直流	9t	25
50Hz	6t	15

注:t 为防蚀护套的标称厚度(mm)。

技术要求:不击穿。

主要依据:GB/T 2952.1—2008 和 IEC 60229—2007。

2. 绝缘型塑料外套的火花试验

(同3.6.2节第1条。)

3.6.3 内衬层电阻测试

适用范围:金属套铠装电缆绕包型内衬层。

取样要求:整个制造长度。

试验方法:试验应在一个制造长度或交货长度的整盘电缆上进行。被试电缆在室温下存放应不少于24h,并在室温下用1000V绝缘电阻表或其他同等效能的测试仪表进行测量。测量时绝缘电阻表的高压端接金属护套,接地端接铠装,读取稳定或1min时的绝缘电阻数值,并按下式计算:

$$M = RLa$$

式中 M——20℃时单位长度电缆铠装内衬层的绝缘电阻值(MΩ·m);
R——在 t℃时实测铠装内衬层的绝缘电阻值(MΩ);
L——实测被试电缆长度(m);
a——温度换算系数。以聚氯乙烯带材为主的内衬层可按表7-3-18查取,也可由厂方自行校正,其他材料可取1.0。

表7-3-18 PVC 带型内衬的电阻温度换算系数

t	a	t	a	t	a	t	a
0	0.022	9	0.122	18	0.683	27	3.808
1	0.026	10	0.148	19	0.826	28	4.609
2	0.032	11	0.179	20	1.000	29	5.579
3	0.039	12	0.217	21	1.210	30	6.753
4	0.047	13	0.262	22	1.465	31	8.174
5	0.057	14	0.318	23	1.774	32	9.895
6	0.069	15	0.385	24	2.147	33	11.98
7	0.083	16	0.466	25	2.599	34	14.50
8	0.101	17	0.564	26	3.146	35	17.55

技术指标：20℃时单位长度电缆铠装内衬层的绝缘电阻值应不低于 20MΩ·m。

主要依据：GB/T 2952.1-2008。

3.7　电缆护层特种性能试验方法

3.7.1　防白蚁试验方法

适用范围：药物防蚁电缆护层。

取样要求：距防白蚁电缆护层两端不少于 300mm 处取下防白蚁护套，切粒热压成 1mm 厚的薄片，然后切 ϕ50mm 试片，每组 3 个。

试验方法：采用生物测定法，试验装置如图 7-3-35 所示。供试白蚁为家白蚁的工蚁，每 1 试片 20 只，试验温度为 24～26℃，测定供试白蚁厥倒 50% 的时间（KT_{50}）。

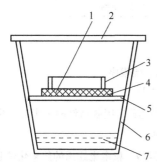

图 7-3-35　防白蚁试验
1—供试白蚁　2—玻璃盖板　3—玻璃环（ϕ40）
4—试片　5—玻璃板　6—瓷盆　7—水技术指标：

1）初测 $KT_{50} \leqslant$5h。

2）试片经 70℃，48h 热处理后 $KT_{50} \leqslant$7h。

3.7.2　防老鼠试验方法

适用范围：防鼠电缆护层。

取样要求：100mm 长 3 根，应用金属带适当保护端部。

试验方法：采用生物测定法，试验装置如图 7-3-36 所示，选择需要供试老鼠，每笼 1 只，供试试样与对照试样各 1 只在笼中任意放置。老鼠每天上午供食 1 次。试验时间为 3～7d。

技术指标：对照样品应全部咬穿，供试试样不咬穿。

附注：

1）对照样品用外径约为 13mm 的透明聚氯乙烯软管，内填塞鼠饲料。

2）供试样品抽除缆芯后填塞鼠饲料。

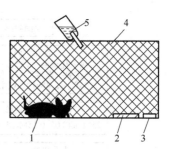

图 7-3-36　防老鼠试验
1—供试老鼠　2—供试试样　3—对照试样
4—鼠笼　5—饮水

3.7.3　核电环境试验方法

用于原子能发电厂（核电站）的电线电缆，必须通过环境试验的认定。在正常运行情况下，电线电缆处在"缓和环境"之中，仅受到高能射线的辐照。但在发生事故（LOCA/HELB）时，电线电缆就要处在比正常运行条件下更高射线剂量的辐照以及高温高压水蒸气和受到化学药剂喷射的环境之中。这种环境称为"严酷环境"。因此，环境试验有缓和环境试验和严酷环境试验之分。而在试验方法上，则有把各种因素如辐照、热和高温高压水蒸气集中在一起进行试验的所谓"同时法"，也有把这些因素分开依次单独进行的所谓"逐次法"。逐次法比较容易实施，是目前实际使用的方法。但在试验程序的安排上，各国有所不同。图 7-3-37 为美国、日本常用的试验程序，图 7-3-38 则是法国、德国所采用的逐次法程序。

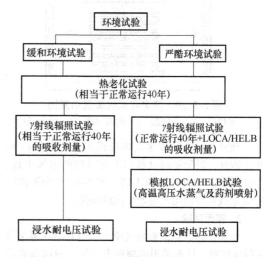

图 7-3-37　核电站用电缆的环境试验程序

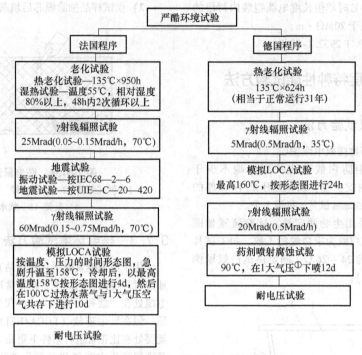

图 7-3-38 法国和德国的严酷环境试验程序

① 1 标准大气压（atm）= 101.325kPa

1. 热老化试验

热老化试验装置示意图如图 7-3-39 所示。其应有足够容量使试样缓慢转动而受到均匀加热，并能按规定进行换气。

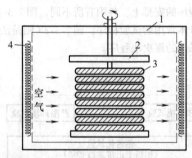

图 7-3-39 热老化试验装置示意图

1—绝热层 2—悬挂盘 3—电缆试样 4—加热元件

热老化试验的加速效果应相当于正常运行 40年。因此，对于不同材料和不同结构的电线电缆，热老化试验条件应有所不同。表 7-3-19 为不同国家规定或推荐使用的热老化试验条件。

2. 辐照试验

对经过热老化试验的试样，要用 Co-60 再进行 γ 射线辐照。日本采用的辐照方法是：把试样卷成涡盘状，用板状射线源（1.2m×0.3m）照射涡盘的一面，到达预定吸收剂量的一半时，再翻转试样照射另一面。

表 7-3-19 核电电缆用的热老化试验条件

国别	美国	日本	法国	德国
温度/℃	138	140	135	135
时间/h	300	216	900	624
附注	相当 40 年	相当 40 年	温度提高 10℃，加热时间减半	相当 31 年

试样的吸收剂量率取决于射线源至试样之间的距离，但因射线源强度本身存在衰减以及试样本身的屏蔽等问题，在每次辐照试验时，都要对吸收剂量率进行测定，以便按照吸收总剂量的规定来确定需要辐照的时间。

有关吸收剂量的指标，依缓和环境（正常运行）和严酷环境（发生事故时）而不同，而且不同国家有关吸收剂量的规定和辐照程序也有差异，如表 7-3-20、图 7-3-37 和图 7-3-38 所示。

3. 模拟 LOCA/HELB 试验

所谓 LOCA（Loss Of Cooling Accident），俗称罗卡，即冷却剂损失事故；HELB（High Energy Line Break），即高能管破裂事故，日本人叫作 MSLB（Main Steam Line Break），即主蒸汽管破裂事故。

表 7-3-20　辐照试验条件（γ 射线）

国　别		日本	美国	法国	德国
吸收剂量	正常运行	50	70	25 (70℃)	5 (35℃)
/Mrad	LOCA/ HELB	150	30	60 (70℃)	20 (35℃)
总吸收剂量/Mrad		200	100	85	25
吸收剂量率	正常运行时	小于 1.0		0.05～ 0.15	0.5
/(Mrad/h)	LOCA 时	小于 1.0		0.15～ 0.75	0.5

在反应堆的设计基准事故（Design Basis Accident, DBA）即假想事故中，早先只考虑 LOCA（IEEE323-1974），故称罗卡试验。但在实际上，可能发生的事故，不仅是 LOCA，而且还有 HELB，所以现在所说的罗卡试验，正确地说，应该是 LOCA/HELB 试验（IEEE323-1983）。

在发生 LOCA/HELB 时，使用在格纳容器里面或外面的电缆，都要受到比正常运行情况下更高 γ 射线剂量的辐射，并且还要受到高温高压水蒸气的冲击和腐蚀性化学药剂的作用。不过，在逐次法的环境试验程序中，追加的 γ 射线照射是与高温高压水蒸气和喷射化学药剂的试验分开进行的，因此，所谓模拟 LOCA/HELB 试验，实际是指电缆试样在模拟高温高压水蒸气和喷射化学药剂条件下的试验。通常把试验过程各种复杂的试验条件按温度、蒸汽压与试验时间的关系绘制成所谓 LOCA/HELB 试验形态图，以方便应用。

LOCA/HELB 试验形态图一般是根据用户的要求再加上一定的裕度来确定的。增加裕度的方法有

提高峰值温度或附加瞬时温度峰值的办法，如图 7-3-40 所示。图中虚线为用户指定的工作条件（蒸汽温度压力与时间的关系形态），实线 a 为提高温度峰值并覆盖用户指定工作条件的试验条件，实线 b 则是附加瞬时温度峰值的典型例子。

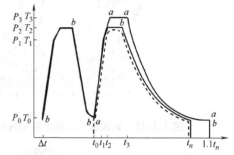

图 7-3-40　典型的 LOCA/HELB 试验温度 T 和压力 P 与时间 t 关系形态图（IEEE323—1983）

在实际应用上，不同型式的反应堆所要求的试验条件不同，各国也有差异。图 7-3-41 为日本对压水反应堆（PWR）和沸水反应堆（BWR）格纳容器内外使用的制品进行 LOCA 试验的条件。图 7-3-42 为美国 IEEE 382—1980 标准规定对压水反应堆格纳容器内第 4 区（远离核燃料区域）的安全阀调节器进行 LOCA/MSLB 质量认可型式试验的参数。其有多种喷射液供用户选择。其中一例是 1.5% 硼酸溶液，在室温下用氢氧化钠调节至 pH 值为 10.5。喷射速度对水平投影面为 34.2L/min · m^2）。与图 7-3-41 比较，其峰值温度约比日本的 LOCA 条件下高 100℃，但保持时间为 2min。而日本在 LOCA/MSLB 情况下的模拟试验条件如图7-3-43所示，其瞬时峰值温度比 LOCA 条件下高 40℃。

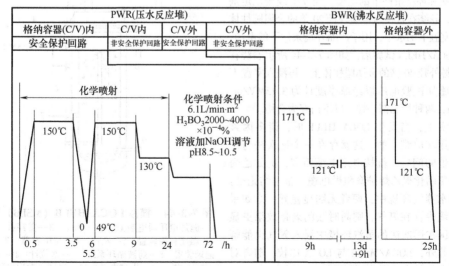

图 7-3-41　日本模拟 LOCA 试验条件形态图

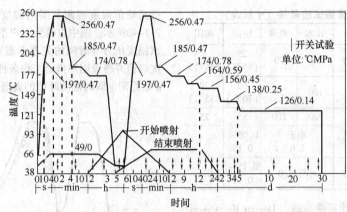

图7-3-42　美国压水反应堆格纳容器内发生LOCA/MSLB时的质量认可试验参数

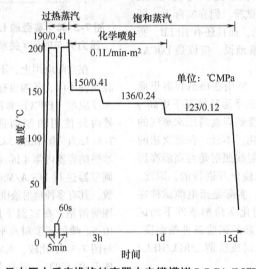

图7-3-43　日本压水反应堆格纳容器内电缆模拟LOCA/MSLB试验条件

4. 浸水耐电压试验分两种情况

用于缓和环境条件下的电缆,经γ射线按规定剂量照射后,卷绕在直径为电缆外径20倍的金属圆柱体上,浸入室温下的水中;用于严酷环境条件下的电缆,则在经LOCA/HELB试验后,如图7-3-44所示卷绕在直径为电缆外径40倍的金属圆柱体上,再浸入室温下的水中。施加试验电压以绝缘厚度计为3.15MV/m,时间5min,两种情况都一样,以不击穿为合格。

在事实上,当发生LOCA/HELB时,诸多因素是一起作用在电缆上的,这就存在一个逐次法与同时法是等值的问题。就核电用电缆而言,例如乙丙橡胶绝缘氯磺化聚乙烯护套阻燃电缆。基本结论是:①在饱和水蒸气环境中,两者无明显差异;②如果水蒸气环境中存在氧气,则同时法的老化效果更显著。但法国在逐次法的蒸汽环境中混入氧气也能解决问题。此外,LOCA/MSLB与LOCA比较,前者对绝缘电阻和伸长率的影响更严重。

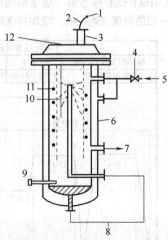

图7-3-44　模拟LOCA/HELB(MSLB)试验装置
1—施加电压通电装置　2—导线　3—贯穿孔(3个)
4—温度自控装置　5—蒸汽　6—高压容器　7—压力自动
记录装置　8—药液循环系统　9—水位计　10—圆柱形栅
栏　11—供试电缆　12—温度自动记录装置

第 8 篇

电线电缆的结构

电线电缆的结构尺寸和重量，是产品设计、生产组织、安装敷设以及使用中所需的基本参数。例如，产品技术性能的计算，原材料用量及工模具尺寸的确定，安装敷设时的线路设计、接头附件的设计与选用，使用中电气负荷计算等，无不与之相关。

电线电缆的结构计算，包括其各个组成部分的尺寸和重量计算．其中，重量一般是根据结构尺寸（截面积）和所用材料的密度计算出的，计算通式为

$$W = \frac{SL\rho}{L} = S\rho$$

式中　W——电线电缆某组成部分单位长度的重量（kg/km）；

　　　S——该组成部分某种材料所占截面积（mm^2）；

　　　L——电线电缆的长度（km）；

　　　ρ——该组成部分某种材料的密度（g/cm^3）。

因此，除必要的举例及需采用其他重量计算公式外，在本篇各章中，不再列出通常的重量计算公式。

第1章

单 根 导 体

导体是电线电缆主要的结构部分。将导体直接作产品使用的称为裸电线；而外加绝缘层、保护层的导体，则称为导电线芯。裸电线和导电线芯的结构，计算方式相同。

导体可分为单根导体与绞合导体两种结构类型，本章介绍单根导体的结构计算。

1.1 圆单线

圆单线是导体的基本品种，既可作为绞合导体的基础件，又可单独使用。圆单线中包括单一材料的圆单线、双金属线、有镀层的圆单线和空心圆单线。

1.1.1 单一材料圆单线

其截面形状如图 8-1-1 所示。

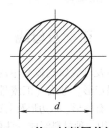

图 8-1-1 单一材料圆单线截面

1. 截面积 S（mm^2）

$$S = \frac{\pi}{4}d^2 \qquad (8-1-1)$$

式中 d——圆单线直径（mm）。

2. 周长 l（mm）

$$l = \pi d \qquad (8-1-2)$$

3. 重量 W（kg/km）

$$W = S\rho = \frac{\pi}{4}d^2\rho \qquad (8-1-3)$$

式中 ρ——所用材料的密度（g/cm^3）。

常用的单一材料圆单线重量如表 8-1-1 所列。

表 8-1-1 常用单一材料圆单线重量

所用材料	材料密度/（g/cm^3）	重量/（kg/km）
铝及铝合金	2.7	$2.121d^2$
铜	8.89	$6.982d^2$
钢（铁）	7.8	$6.126d^2$

1.1.2 双金属线

其截面形状如图 8-1-2 所示。

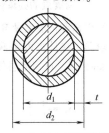

图 8-1-2 双金属圆线截面

1. 内层截面积 S_1、外层截面积 S_2 和总截面积 S 的计算式如下，单位均为 mm^2

$$S_1 = \frac{\pi}{4}d_1^2 \qquad (8-1-4)$$

式中 d_1——内层导体的直径（mm）。

$$S_2 = \frac{\pi}{4}(d_2^2 - d_1^2) \qquad (8-1-5)$$

或

$$S_2 = \pi(d_1 + t)t \qquad (8-1-6)$$

式中 d_2——外层导体的直径（mm）；

t——外层导体厚度（mm），$t = \dfrac{d_2 - d_1}{2}$。

$$S_1 = S_1 + S_2 = \frac{\pi}{4}d_2^2 \qquad (8-1-7)$$

2. 内层重量 W_1、外层重量 W_2 和总重 W 的计算式如下，单位均为 kg/km

$$W_1 = \frac{\pi}{4}d_1^2\rho_1 \qquad (8-1-8)$$

式中 ρ_1——内层材料的密度（g/cm^3）。

$$W_2 = \frac{\pi}{4}(d_2^2 - d_1^2)\rho_2 \qquad (8-1-9)$$

或 $W_2 = \pi(d_1 + t) t\rho_2$ (8-1-10)

式中 ρ_2——外层材料的密度（g/cm³）。

$$W = W_1 + W_1$$

$$= \frac{\pi}{4}\left[d_1^2\rho_1 + (d_2^2 - d_1^2)\rho_2\right]$$ (8-1-11)

或 $W = \pi\left[\frac{1}{4}d_1^2\rho_1 + (d_1 + t)\rho_2\right]$ (8-1-12)

1.1.3 有镀层的圆单线

有镀层的圆单线也可看作双金属线，但镀层较薄（见图8-1-3），不易测量。

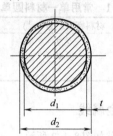

图 8-1-3 有镀层的圆单线截面

1. 内层截面积 S_1 和内层重量 W_1

由于镀层较薄，在计算内层截面积 S_1（mm²）和重量 W_1（kg/km）时，可用镀层外径 d_2 直接进行粗略计算，即

$$S_1 \approx \frac{\pi}{4}d_2^2$$ (8-1-13)

$$W_1 \approx S_1\rho_1 = \frac{\pi}{4}d_2^2\rho_1$$ (8-1-14)

式中 d_2——圆单线镀层外径（mm）；

ρ_1——内层材料的密度（g/cm³）。

如果要精确计算内层截面积和重量，则分别按式（8-1-4）和式（8-1-8）进行。

2. 镀层厚度

常用有镀层圆单线的镀层重量可按式（8-1-9）和式（8-1-10）计算。镀锡铜线的最大锡层厚度可参考表8-1-2。

表 8-1-2 镀锡铜线最大锡层厚度（参考值）

线径/mm	锡层厚度/μm	线径/mm	锡层厚度/μm	线径/mm	锡层厚度/μm
0.03	0.32	0.1	1.08	0.9	5.36
0.04	0.43	0.2	2.16	1.0	5.96
0.05	0.54	0.3	3.24	1.2	7.15
0.06	0.65	0.4	3.58	1.4	8.34
0.07	0.76	0.5	3.98	1.5	8.94
0.08	0.86	0.6	4.32	2.0	11.92
0.09	0.97	0.8	4.77	2.5	14.92

镀银及镀镍线厚度为 0.016μm（参考值）

1.1.4 空心圆单线

空心圆单线指内孔呈圆形的管材，其截面形状如图8-1-4所示。

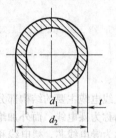

图 8-1-4 空心圆单线截面

1. 截面积 S（mm²）

$$S = \frac{\pi}{4}(d_2^2 - d_1^2)$$ (8-1-15)

或 $S = \pi(d_1 + t)t$ (8-1-16)

式中 d_1——空心圆单线的内径（mm）；

d_2——空心圆单线的外径（mm）；

t——空心圆单线的壁厚（mm），$t = \frac{d_2 - d_1}{2}$。

2. 重量 W（kg/km）

$$\left.\begin{array}{l} W = S\rho = \frac{\pi}{4}(d_2^2 - d_1^2)\rho \\ W = \pi(d_1 + t)t\rho \end{array}\right\}$$ (8-1-17)

式中 ρ——材料的密度（g/cm³）。

1.2 扁线、带材及母线

扁线、带材及母线属比较简单的型线。扁线和带材的截面都呈矩形。母线（汇流排）除大部分为矩形截面外，还有梯形、六边形及七边形的母线。这类单根导体大多用一种材料制成，只有少数扁线是用两种材料制成（如铜包铝扁线），通称双金属扁线。

1.2.1 矩形型线

1. 实心扁线、带材及母线

截面形状如图8-1-5所示。由图可知，实心扁线、带材及母线都有一定的圆角（见表8-1-3）。

(1) 截面积 S（mm²）

$$S = ab - 0.858r^2$$ (8-1-18)

此外，母线的截面积也可采用以下惯用公式计算：

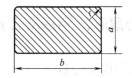

图8-1-5 实心扁线、带材及母线的截面

表8-1-3 扁线的圆角半径（参考值）

（单位：mm）

标称厚度 a	圆角半径 r	标称厚度 a	圆角半径 r
$a \leq 1.00$	$a/2$	$2.44 < a \leq 3.55$	0.80
$1.00 < a \leq 1.60$	0.50	$3.55 < a \leq 6.00$	1.00
$1.60 < a \leq 2.44$	0.65	$6.00 < a \leq 7.10$	1.20

用于绕组的母线

$$S = ab - 1.3 \qquad (8\text{-}1\text{-}19)$$

用于其他场合的母线

$$S = ab - 0.5 \qquad (8\text{-}1\text{-}20)$$

（2）周长 l（mm）

$$l = 2(a + b) - 1.72r \qquad (8\text{-}1\text{-}21)$$

式中 a——厚度（mm）；

$\quad\quad b$——宽度（mm）；

$\quad\quad r$——圆角半径（mm）。

2. 空心扁线

空心扁线一般制成矩形或方形，其截面形状如图8-1-6所示。它的截面积 S（mm^2）计算如下：

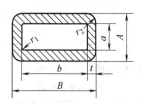

图8-1-6 空心扁线截面

$$\left.\begin{array}{c} S = AB - ab - 0.858(r_2^2 - r_1^2) \\ \text{或 } S = 2(A + B - 2t)t - 0.858(r_2^2 - r_1^2) \end{array}\right\}$$
$$(8\text{-}1\text{-}22)$$

式中 A——空心扁线外壁高度（mm）；

$\quad\quad B$——空心扁线外壁宽度（mm）；

$\quad\quad a$——空心扁线内壁高度（mm）；

$\quad\quad b$——空心扁线内壁宽度（mm）；

$\quad\quad t$——空心扁线壁厚（mm）。

3. 双金属扁线

双金属扁线的截面形状如图8-1-7所示。

（1）内层截面积 S_1、外层截面积 S_2 和总截面积 S（单位均为 mm^2）

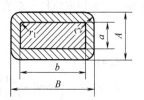

图8-1-7 双金属扁线截面

$$S_1 = ab - 0.858r_1^2 \qquad (8\text{-}1\text{-}23)$$

式中 a——内层导体的厚度（mm）；

$\quad\quad b$——内层导体的宽度（mm）；

$\quad\quad r_1$——内导体的圆角半径（mm）。

$$S_2 = AB - 0.858r_2^2 - S_1 \qquad (8\text{-}1\text{-}24)$$

式中 A——双金属扁线的厚度（mm）；

$\quad\quad B$——双金属扁线的宽度（mm）；

$\quad\quad r_2$——双金属扁线的圆角半径（mm）。

$$S = S_1 + S_2 = AB - 0.858r_2^2 \qquad (8\text{-}1\text{-}25)$$

（2）重量 W（kg/km）

$$W = S_1\rho_1 + S_2\rho_2 \qquad (8\text{-}1\text{-}26)$$

式中 ρ_1——内层材料的密度（g/cm^3）；

$\quad\quad \rho_2$——外层材料的密度（g/cm^3）。

1.2.2 梯形铜排

梯形铜排的截面形状如图8-1-8所示。其截面积 S（mm^2）按下式计算

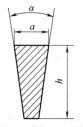

图8-1-8 梯形铜排截面

$$S = \left(a - h\tan\frac{\alpha}{2}\right)h \qquad (8\text{-}1\text{-}27)$$

式中 a——梯形铜排最大宽度（mm）；

$\quad\quad h$——梯形铜排高度（mm）；

$\quad\quad \alpha$——两侧面的夹角（°）。

1.2.3 多边形铜排

常见的多边形铜排有六边形及七边形铜排，它们的截面积计算，可先分割成若干简单的几何形状进行计算，然后由各几何截面积相加而得。

1. 六边形铜排截面积 S

由图8-1-9可知，六边形的截面积 S 由一个矩

形截面积 S_1 和一个梯形截面积 S_2 组成（单位均为 mm^2），即

$$S = S_1 + S_2$$

式中 $S_1 = bd - 0.43r^2$：

$$S_2 = \frac{1}{2}(d+e)c - r^2\left(2\tan\beta - \frac{\pi\beta}{180}\right)$$

所以

$$S = bd + \frac{c}{2}(d+e) - r^2\left(0.43 + 2\tan\beta - \frac{\pi\beta}{180}\right)$$

$$(8\text{-}1\text{-}28)$$

式中符号均见图 8-1-9，长度单位为 mm。

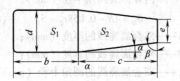

图 8-1-9 六边形铜排的截面

2. 七边形铜排截面积 S

由图 8-1-10 可知，七边形的截面积 S 由一个三角形 S_1、一个矩形 S_2 和一个梯形 S_3 组成（单位均为 mm^2），即 $S = S_1 + S_2 + S_3$。

其中
$$S_1 = \frac{e}{2} \times \frac{e\tan\gamma}{2} - r^2\left(2\tan\gamma - \frac{\pi\gamma}{180}\right)$$
$$= \frac{e^2}{4}\tan\gamma - r^2\left(2\tan\gamma - \frac{\pi\gamma}{180}\right)$$

$$S_2 = ce - r^2\left[\tan\frac{90-\gamma}{2} - \frac{\pi(90-\gamma)}{180}\right]$$

$$S_3 = \frac{1}{2}(e+f)d - r^2\left(2\tan\beta - \frac{\pi\beta}{180}\right)$$

所以
$$S = \frac{1}{2}\left(\frac{e^2}{2}\tan\gamma + 2ce + de + df\right)$$
$$- r^2\left[2\tan\gamma + \tan\frac{90-\gamma}{2}\right.$$
$$\left. + 2\tan\frac{\beta}{2} - \frac{\pi}{180}(90+\beta)\right]$$

$$(8\text{-}1\text{-}29)$$

式中符号均见图 8-1-10。长度单位为 mm。

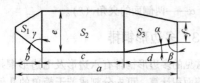

图 8-1-10 七边形铜排的截面

1.3 实心扇形、弓形及 Z 形线芯

1.3.1 实心扇形线芯

小规格三芯或四芯电力电缆的导电线芯，常可采用实心扇形线芯。

1. 截面积 S

由图 8-1-11 可见，扇形线芯的截面可分成 8 个简单几何图形，其面积分别为：

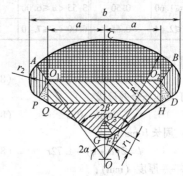

图 8-1-11 扇形芯截面及其分割方法

（1）ABC 的面积 S_1（mm^2）

$$S_1 = \frac{R^2}{2}\left(\frac{\pi}{180}2\alpha - \sin\alpha\right)$$

（2）ABO_1O_2 面积 S_2（mm^2）

$$S_2 = (2a + r_2\sin\alpha)r_2\cos\alpha$$
$$= 2ar_2\cos\alpha + \frac{r^2}{2}\sin2\alpha$$

（3）HQO_1O_2 的面积 S_3（mm^2）

$$S_3 = 2ar_2/\sin\beta$$

（4）PO_1Q 及 DO_2H 面积之和 S_4（mm^2）

$$S_4 = r_2^2\cot\beta$$

（5）AO_1P 及 BO_2D 面积之和 S_5（mm^2）

$$S_5 = \pi r_2^2\frac{90-\alpha-\beta}{180}$$

（6）QHF 的面积 S_6（mm^2）

$$S_6 = a^2\cot\beta$$

（7）FGO_3 及 FEO_3 面积之和 S_7（mm^2）

$$S_7 = r_1^2\cot\beta$$

（8）GO_3E 的扇形面积 S_8（mm^2）

$$S_8 = \pi r_1^2\frac{90-\beta}{180}$$

所以，扇形线芯的截面积 S（mm^2）应为

$$S = S_1 + S_2 + S_3 + S_4 + S_5 + S_6 + S_7 + S_8$$

$$\left(\frac{\pi\alpha}{180} - \frac{\sin2\alpha}{2}\right)(R^2 - r_2^2) + \left(\frac{\pi\beta}{180} + \cot\beta\right)(r_2^2 - r_1^2) +$$

$$\frac{\pi}{2}(r_1^2 + r_2^2) + 2ar_2\left(\cos\alpha + \frac{1}{\sin\beta}\right) + a^2\cot\beta \tag{8-1-30}$$

2. 扇形线芯的周长 l（mm）

$$l = \frac{\pi\alpha}{90}(R - r_2) + \pi(2r_2 + r_1) -$$

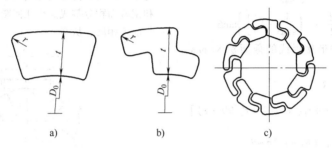

图 8-1-12 弓形及 Z 形单线

a）弓形单线 b）Z 形单线 c）由 Z 形单线构成的导电线芯

1. 空心绞合线芯的直径 D（mm）

$$D = D_0 + 2t \tag{8-1-32}$$

式中 D_0——空心绞合线芯的内径（mm）；

t——弓形或 Z 形单线的厚度（mm）。

2. 弓形及 Z 形单线的截面积 S（mm^2）

$$S = \frac{\pi}{n}(D_0 + t)t - 0.858r^2 \tag{8-1-33}$$

式中 n——空心绞合线芯的弓形或 Z 形单线的
根数；

r——弓形或 Z 形单线的圆角半径（mm）。

1.4 双沟形接触线

双沟形接触线截面积的计算，也是将它先分成
几个简单的几何图形分别计算，然后相加而得。双
沟形接触线分有单一材料（如铜或铝合金）接触线
和钢铝接触线，其中钢铝接触线有多种截面形状，
但计算方法相同。故以下主要是对单一材料的双沟
形接触线的截面积进行推算。

1.4.1 单一材料双沟形接触线

单一材料双沟形接触线的截面形状如图 8-1-13
所示。根据其截面，可划分为 ABC、$ABDE$、$DEFG$
及 FGH 四个几何形状。在 A 和 B、D 和 E、F 和 G
处的圆角半径，分别为 r_1、r_2 及 r_3。上下表面的圆
弧半径分别为 R_1 和 R_2。

$$r_1\left(\frac{\pi\beta}{90} = \cot\beta\right) + \frac{2a}{\sin\beta} \tag{8-1-31}$$

1.3.2 弓形及 Z 形单线

这两种单线主要用于高压充油电缆的空心绞合
导电线芯，它们的截面形状如图 8-1-12 所示。

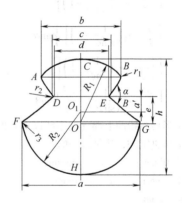

图 8-1-13 单一材料双沟形接触线的截面

1. ABC 弓形的面积 S_1（mm^2）

$$S_1 = \frac{\pi R_1^2\theta}{180} - \frac{1}{2}(b - 2r_1)(R_1 - r_1) \times$$

$$\cos\theta + \frac{\pi r_1^2}{180}(90 - \theta)$$

式中 $\theta = \arcsin\dfrac{b - 2r_1}{2(R_1 - r_1)}$

2. FGH 弓形的面积 S_2（mm^2）

$$S_2 = \frac{\pi R_2^2\varphi}{180} - \frac{1}{2}(a - 2r_3)(R_2 - r_3) \times$$

$$\cos\varphi + \frac{\pi r_3^2}{180}(90 - \varphi)$$

式中 $\varphi = \arcsin\dfrac{a - 2r_3}{2(R_2 - r_3)}$

3. ABDE 梯形的面积 S_3（mm^2）

$$S_3 = \left\{ \left[\frac{b}{2} + r_1 \left(\frac{1}{\sin\alpha} - 1 \right) \right]^2 - \left[\frac{d}{2} - r_2 \left(\frac{1}{\sin\alpha} - 1 \right) \right]^2 \right\} \tan\alpha$$

4. DEFG 梯形的面积 S_4（mm^2）

$$S_4 = \left\{ \left[\frac{a}{2} + r_3 \left(\frac{1}{\sin\beta} - 1 \right) \right]^2 - \left[\frac{d}{2} - r_2 \left(\frac{1}{\sin\beta} - 1 \right) \right]^2 \right\} \tan\beta$$

所以，单一材料双沟形接触线的截面积 S（mm^2）应为

$$
\begin{aligned}
S &= S_1 + S_2 + S_3 + S_4 \\
&= \frac{\pi}{180} \left[R_1^2 \theta + R_2^2 \varphi + r_1^2 (90 - \theta) + r_3^2 (90 - \varphi) \right] \\
&\quad - \frac{1}{2} \left[(b - 2r_1)(R_1 - r_1)\cos\theta \right. \\
&\quad \left. + (a - 2r_3)(R_2 - r_3)\cos\varphi \right] \\
&\quad + \left\{ \left[\frac{b}{2} + r_1 \left(\frac{1}{\sin\alpha} - 1 \right) \right]^2 \right. \\
&\quad \left. - \left[\frac{d}{2} - r_2 \left(\frac{1}{\sin\alpha} - 1 \right) \right]^2 \right\} \tan\alpha \\
&\quad + \left\{ \left[\frac{a}{2} + r_3 \left(\frac{1}{\sin\beta} - 1 \right) \right]^2 \right. \\
&\quad \left. - \left[\frac{d}{2} - r_2 \left(\frac{1}{\sin\beta} - 1 \right) \right]^2 \right\} \tan\beta \quad (8\text{-}1\text{-}34)
\end{aligned}
$$

双沟形接触线的上部（沟中线以上）的尺寸是由吊线夹所决定的，故是统一的。

$b = 8.05mm$;　　　$d = 5.32mm$;

$e = 2.5mm$;　　　$R_1 = 6.0mm$;

$r_1 = 0.6mm$。

下部尺寸随接触线规格（截面）的不同而异，其主要尺寸见表 8-1-4 所列。

表 8-1-4　单一材料双沟形接触线其他主要尺寸

（单位：mm）

标称截面积/ mm^2	铜电车线				铝合金电车线	
	a	h	d	R_1	a	h
65	10.19	9.30	0.50	6.00	—	—
85	11.75	10.80	1.30	6.00	—	—
100	12.81	11.80	1.80	6.00	—	—
110	12.34	12.34	1.70	6.17	—	—
130	—	—	—	—	13.9	13.16
170	—	—	—	—	15.5	15.27
200	—	—	—	—	16.7	16.7

1.4.2　钢铝接触线

1. 外包式钢铝接触线

钢铝接触线的截面也呈双沟形，图 8-1-14 是外包式结构的截面图。在计算时，应对铝和钢的截面积及重量分别进行计算。铝线在双沟上部的形状，与单一材料双沟形接触线完全相同。以下，仅将铝和钢截面积分割成简单几何图形情况做介绍，推算与前述相同，从略。

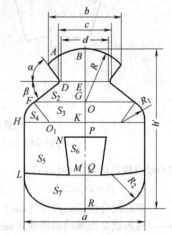

图 8-1-14　外包式钢铝接触线的截面

（1）铝线部分截面积 $S_铝$

$$S_铝 = S_1 + S_2 + S_3 + S_4 + S_5 \quad (8\text{-}1\text{-}35)$$

式中　S_1——为 ABED 面积的两倍；

　　　S_2——为 DEGF 面积的两倍；

　　　S_3——为 FGKO_1 面积的两倍；

　　　S_4——为 FHO_1 面积的两倍；

　　　S_5——为 KHLMNP 面积的两倍。

（2）钢线部分截面积 $S_钢$

$$S_钢 = S_6 + S_7 \quad (8\text{-}1\text{-}36)$$

式中　S_6——为 MNPQ 面积的两倍；

　　　S_7——为 LQR 面积的两倍。

表 8-1-5 为两种钢铝接触线的规格与主要尺寸。

表 8-1-5　外包式钢铝接触线的规格与主要尺寸

型号、规格	截面积/mm^2		主要尺寸/mm				单位重量/（kg/km）
	铝	钢	a	b	c	h	
GLC-120/55	120	55	13.2	8.05	5.70	16.70	744
GLC-150/70	150	70	19.6	8.40	5.60	16.50	925
GLC-160/70	160	70	20.0	8.40	6.00	17.50	965

2. 内包式钢铝接触线

图 8-1-15 是内包式钢铝接触线的结构，图 8-1-16 是计算截面时的分割图，规格及尺寸见表 8-1-6。

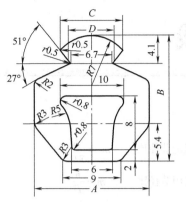

图 8-1-15 内包式钢铝接触线结构

表 8-1-6 内包式钢铝接触线的规格及主要尺寸

型号、规格	截面积/mm²		主要尺寸/mm				单位重量/(kg/km)
	铝	钢	A	B	C	D	
GLCN-19 5	140	55	16.0	16.2	9.55	7.30	807
GLCN-250	188	62	18.0	18.5	9.55	7.30	994

(1) 钢芯部分截面积（见图 8-1-16b）

$$S_{钢} = S_7 + S_8 + S_9 \qquad (8\text{-}1\text{-}37)$$

(2) 铝线部分截面积（见图 8-1-16a）

$$S_{铝} = S_1 + S_2 + S_3 + S_4 + S_5 + S_6 - S_{钢}$$

$$(8\text{-}1\text{-}38)$$

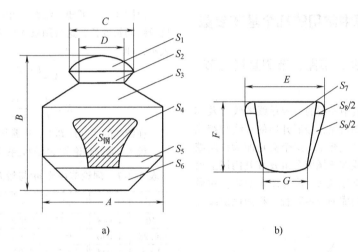

a)   b)

图 8-1-16 计算内包式钢铝接触线截面的分割图

a) 总截面分割   b) 钢芯部分分割

第2章

绞　　　线

绞线包括裸绞线和绞合导电线芯，均由多根单线（通常是用圆单线）构成。用多根单线直接以束制或同心层绞的方法绞成圆形的绞线，称为一般圆形绞线；用多根单线绞合并压制成圆形或其他形状的绞线，则称为紧压绞线或紧压线芯。

2.1　绞线计算中常用的几个基本参数

2.1.1　螺旋升角、节距、节圆直径与节径比

图 8-2-1 为绞线中外层的一根单线的绞合及其展开情况示意。由图可见，经展开后的单线与绞线的断面之间形成一个夹角 α，这个夹角即为该层绞线的螺旋升角。单线按此螺旋升角 α 在其内层上绞绕一整圈的绞线轴向距离 h，称为绞合节距。由最外层单线中心线所构成的绞线直径，称为该层绞线的节圆直径 D'。

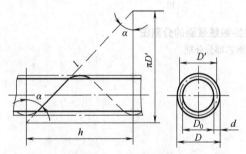

图 8-2-1　绞合展开图

D' 是绞线节圆最后直径 D（即绞线外径）减去一根单线直径 d，即 $D'=D-d$。节径与绞线节圆直径（平均值）之比称为理论节径比 m'；节径与绞线节圆最后直径 D 之比称为实用节径比 m。

各计算式如下

螺旋升角　　$\tan\alpha = \dfrac{h}{\pi D'} = \dfrac{m}{\pi}$　　（8-2-1）

理论节径比：　$m' = \dfrac{h}{\pi D'}$　　（8-2-2）

实用节径比：　$m = \dfrac{h}{D}$　　（8-2-3）

2.1.2　绞入率、绞入系数及平均绞入系数

由图 8-2-1 可知，绞线中单线的展开长度 l 要比绞线的长度长，这常用绞入率 λ 和绞入系数 K 来表示，即

$$\lambda = \dfrac{l-h}{h}$$　　（8-2-4）

$$K = \dfrac{l}{h} = \dfrac{1}{\sin\alpha}$$　　（8-2-5）

在绞线的实际计算上，通常用的是绞入系数 K。

绞入系数与理论节径比的关系式如下或见表 8-2-1。

表 8-2-1　理论节径比 m' 与绞入系数 K 的关系

m'	K	m'	K	m'	K
10	1.048	14.75	1.022	29	1.0059
10.25	1.046	15	1.021	30	1.0055
10.5	1.044	15.5	1.02	31	1.0051
10.75	1.04	16	1.019	32	1.0048
11	1.039	16.5	1.018	33	1.0045
11.25	1.037	17	1.017	34	1.0043
11.5	1.036	17.5	1.016	35	1.004
11.75	1.034	18	1.015	36 ~ 40	1.0038
12.0	1.033	18.5	1.014	41 ~ 50	1.0027
12.25	1.032	19	1.013	51 ~ 60	1.0016
12.5	1.031	20	1.012	61 ~ 70	1.0012
12.75	1.030	21	1.011	71 ~ 80	1.0009
13.0	1.029	22	1.01	81 ~ 90	1.0007
13.25	1.028	23	1.0093	91 ~ 100	1.0006
13.5	1.027	24	1.0088	101 ~ 110	1.00044
13.75	1.026	25	1.0079	111 ~ 127	1.00035
14.0	1.025	26	1.0073	127 以上	1.00030
14.25	1.024	27	1.0068		
14.5	1.023	28	1.0063		

$$K = \sqrt{1 + \left(\frac{\pi}{m'}\right)^2} \qquad (8\text{-}2\text{-}6)$$

$$m' = \frac{\pi}{\sqrt{(K-1)(K+1)}} \qquad (8\text{-}2\text{-}7)$$

多层绞合线芯各层的节距不同，绞入系数应取平均值，可按下式计算

$$K_n = \frac{Z_0 K_0 + Z_1 K_1 + Z_2 K_2 + \cdots + Z_n K_n}{Z_0 + Z_1 + Z_2 + \cdots + Z_n}$$

$$(8\text{-}2\text{-}8)$$

式中　Z_0、Z_1、$Z_2 \cdots Z_n$——分别为中心层及其他各层的单线根数；

K_0、K_1、$K_2 \cdots K_n$——分别为中心层及其他各层的绞入系数。

此外，在选择参数时，应注意节径比选择，特别是在计算绞线重量时，必须选用理论节径比即 $h/D' = m'$ 求取绞入系数 K 值。理论节径比 m' 与实际节径比 $h/D = m$ 的换算式如下，也可查表 8-2-2。

$$m' = m\frac{D}{D-d} = m\frac{D}{D'} \qquad (8\text{-}2\text{-}9)$$

表 8-2-2　绞线的单线总根数与 D/D' 的关系

总根数	D/D'	总根数	D/D'	总根数	D/D'
2	2	13 ~ 14	1.29	31 ~ 33	1.17
3	1.86	15 ~ 16	1.27	34 ~ 37	1.16
4	1.71	17 ~ 19	1.25	38 ~ 48	1.14
5	1.59	20	1.24	49 ~ 56	1.13
6 ~ 7	1.50	21	1.23	57 ~ 61	1.12
8	1.44	22	1.21	62 ~ 64	1.11
9	1.37	23 ~ 24	1.20	91 ~ 127	1.10
10	1.33	25 ~ 27	1.19		
11 ~ 12	1.32	28 ~ 30	1.18		

2.2　普通绞线及组合绞线

这两种绞线都是属同心层绞合（正规绞合）的绞线（见图 8-2-2）。普通绞线由相同线径的同一种材料的单线构成。组合绞线由不同材料的单线构成，不同材料的单线直径有的相同，有的不相同。

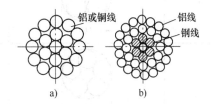

图 8-2-2　绞线截面图

a)　普通绞线　b)　组合绞线

2.2.1　普通绞线

1. 中心层的外径 D_0

普通绞线的中心层通常由 1 根单线组成，也有采用 2 ~ 5 根单线的。如果单线直径为 d，则由 1 ~ 5 根单线构成的中心层的外径计算，如表 8-2-3 所列。

2. 普通绞线的结构尺寸

普通绞线结构尺寸的主要数据，可按表 8-2-4 所列的公式进行计算。

根据表 8-2-4 中的计算公式，6 层以内的普通绞线的结构数据见表 8-2-5，其结构和外径比 M（即 D/d）如表 8-2-6 所列。

表 8-2-3　普通绞线中心层的外径计算

单线根数 z_0	图　　例	外径 D_0/mm	外径比 $M_0(D_0/d)$	公式编号
1		$D_0 = d$	1	(8-2-10)
2		$D_0 = 2d$	2	(8-2-11)

（续）

单线根数 z_0	图　例	外径 D_0/mm	外径比 M_0(D_0/d)	公式编号
3		$D_0 = 2.154d$	2.154	(8-2-12)
4		$D_0 = 2.414d$	2.414	(8-2-13)
5		$D_0 = 2.7d$	2.7	(8-2-14)

表 8-2-4　普通绞线结构尺寸的计算

计算项目	中心层为单根时的结构尺寸		中心层为多根时的结构尺寸	
	计算公式	公式编号	计算公式	公式编号
绞线外径 D/mm	$D = D_0 + 2nd$ $= (M_0 + 2n)d$	(8-2-15)	同左	同左
某一层绞线的单线根数 z_n	$z_n = 6n$	(8-2-16)	$z_n = z_0 + 6n$	(8-2-17)
绞线的单线总根数 Z	$Z = 1 + 3n(n+1)$	(8-2-18)	$Z = (z_0 + 3n)(n+1)$	(8-2-19)
绞线的填充系数 η(%)	$\eta = \dfrac{3n^2 + 3n + 1}{4n^2 + 4n + 1}$	(8-2-20)	$\eta = \dfrac{3n^2 + (z_0+3)n + z_0}{4n^2 + 4M_0 n + M_0^2} \times 100$	(8-2-21)

注：表中各公式中的符号为：
　　D_0—中心层外径(mm)；
　　d—单线直径(mm)；
　　n—为绞线的层数(计算绞线外径、单线总根数及填充系数)或绞线的某一层次(计算某一层绞线的单线根数)，中心层均不计在内；
　　z_0—中心层单线根数；
　　M_0—中心层外径比，等于 D_0/d(见表8-2-3)。

表 8-2-5　普通绞线的结构数据

中心层根数	结构数据项目	绞线层数 n						
		中心层	1	2	3	4	5	6
1	各层的单线根数 z	1	6	12	18	24	30	36
	绞线的单线总根数 Z	1	7	19	37	61	91	127
	绞线外径 D	$1d$	$3d$	$5d$	$7d$	$9d$	$11d$	$13d$
	填充系数 η(%)	100	78	76	75	75	75	75
2	各层的单线根数 z	2	8	14	20	26	32	38
	绞线的单线总根数 Z	2	10	24	44	70	102	140
	绞线外径 D	$2d$	$4d$	$6d$	$8d$	$10d$	$12d$	$14d$
	填充系数 η(%)	50	62	67	70	70	71	72
3	各层的单线根数 z	3	9	15	21	27	33	39
	绞线的单线总根数 Z	3	12	27	48	75	108	147
	绞线外径 D	$2.15d$	$4.15d$	$6.15d$	$8.15d$	$10.15d$	$12.15d$	$14.15d$
	填充系数 η(%)	64	69	71	72	73	73	74

（续）

中心层根数	结构数据项目	绞线层数 n						
		中心层	1	2	3	4	5	6
4	各层的单线根数 z	4	10	16	22	28	34	40
	绞线的单线总根数 Z	4	14	30	52	80	114	154
	绞线外径 D	2.4d	4.4d	6.4d	8.4d	10.4d	12.4d	14.4d
	填充系数 η(%)	60	72	73	74	74	74	75
5	各层的单线根数 z	5	11	17	23	29	35	41
	绞线的单线总根数 Z	5	16	33	56	85	120	161
	绞线外径 D	2.7d	4.7d	6.7d	8.7d	10.7d	12.7d	14.7d
	填充系数 η(%)	69	73	74	74	74	74	75
6	各层的单线根数 z	6	12	18	24	30	36	42
	绞线的单线总根数 Z	6	18	36	60	90	126	168
	绞线外径 D	3d	5d	7d	9d	11d	13d	15d
	填充系数 η(%)	67	72	73	74	74	75	75

表 8-2-6　普通绞线的结构及外径比

单线根数	结　　构	外径比 M(D/d)	单线根数	结　　构	外径比 M(D/d)
2	2	2	37	1+6+12+18	7
3	3	2.154	38	1+7+12+18	7.3
4	4	2.414	38	2+6+12+18	8
5	5	2.7	39	1+7+13+19	7.3
6	6	3	39	2+7+12+18	8
7	1+6	3	40	1+7+13+19	7.3
8	1+7	3.3	40	2+7+12+19	8
9	1+8	3.7	41	2+7+13+19	8
10	2+8	4	42	2+8+13+19	8
11	3+8	4.154	43	2+8+14+19	8
12	3+9	4.154	44	2+8+14+20	8
13	4+9	4.414	45	3+8+14+20	8.154
14	4+10	4.414	46	3+9+14+20	8.154
15	5+10	4.7	47	3+9+15+20	8.154
16	5+11	4.7	48	3+9+15+21	8.154
17	0+6+11	5	49	4+9+15+21	8.414
18	0+6+12	5	50	4+10+15+21	8.414
19	1+6+12	5	51	4+10+16+21	8.414
20	1+6+13	5.154	52	4+10+16+22	8.414
21	1+7+13	5.3	53	5+10+16+22	8.7
22	1+8+13	5.7	54	5+10+17+22	8.7
23	2+8+13	6	55	5+11+17+22	8.7
24	2+8+14	6	56	5+11+17+23	8.7
25	3+8+14	6.154	57	6+11+17+23	9
26	3+9+14	6.154	58	6+12+17+23	9
27	3+9+15	6.154	59	6+12+18+23	9
28	4+9+15	6.414	60	6+12+18+24	9
29	4+9+16	6.414	61	1+6+12+18+24	9
30	4+10+16	6.414	62	2+6+12+18+24	10
31	5+10+16	6.7	63	1+7+13+18+24	9.3
32	5+11+16	6.7	63	2+7+12+18+24	10
33	5+11+17	6.7	64	2+7+13+18+24	10
34	6+11+17	7	91	1+6+12+18+24+30	11
35	6+12+17	7	127	1+6+12+18+24+30+36	13
36	6+12+18	7			

3. 普通绞线截面积 $S(\text{mm}^2)$ 及重量 $W(\text{kg/km})$

$$S = \frac{\pi}{4}d^2 Z \qquad (8\text{-}2\text{-}22)$$

式中　d——单线直径（mm）；

　　　Z——单线总根数。

$$W = SK_m\rho = \frac{\pi}{4}d^2 ZK_m\rho \qquad (8\text{-}2\text{-}23)$$

式中　K_m——绞线的平均绞入系数；

　　　ρ——绞线用材料的密度（g/cm³）。

2.2.2　组合绞线

　　组合绞线包括架空用的钢芯铝绞线以及电线电缆中以钢线加强的绞合导电线芯等。

1. 组合绞线的结构尺寸

　　由单线直径相同的不同材料构成的组合绞线有两种形式：一种为同一绞层中的单线材料相同，另一种为同一绞层中的单线材料不全相同。但无论哪种形式，其绞线外径的计算方法，均与普通绞线相同。

　　对于用不同单线直径的不同材料构成的组合绞线，其外径计算，可根据绞线最外层单线根数当作普通绞线求出，也可从表 8-2-6 查得。表 8-2-6 "结构"栏中最后的数字为绞线最外层的单线根数。

　　以钢芯铝绞线为例，它的规格是按一定的铝、钢股线直径比确定的，其结构与绞合参数如表 8-2-7 所示。

表 8-2-7　钢芯铝绞线结构与绞合参数

结　　构		铝钢股线直径比	绞 合 参 数			
			铝　　线		钢　　线	
铝	钢		平均绞入系数 K	重量常数 C	平均绞入系数 K	重量常数 C
6	1	1.000	1.015	6.091	1.000	1.000
7	7	2.250	1.017	7.117	1.005	7.032
12	7	1.000	1.022	12.26	1.005	7.032
18	1	1.000	1.019	18.34	1.000	1.000
24	7	1.500	1.021	24.50	1.005	7.032
26	7	1.286	1.022	26.56	1.005	7.032
30	7	1.000	1.022	30.67	1.005	7.032
30	19	1.666	1.022	30.67	1.008	19.15
42	7	1.800	1.021	42.90	1.005	7.032
45	7	1.500	1.022	45.98	1.005	7.032
48	7	1.286	1.022	49.06	1.005	7.032
54	7	1.000	1.023	55.23	1.005	7.032
54	19	1.666	1.023	55.23	1.008	19.15

　　注：表列结构的钢线直径与铝线直径相同。

2. 组合绞线截面积 $S(\text{mm}^2)$ 及重量 $W(\text{kg/km})$

　　如果两种不同材料的截面积分别为 S_1 和 S_2，则组合绞线的截面积为

$$S = S_1 + S_2 = \frac{\pi}{4}(d_1^2 Z_1 + d_2^2 Z_2) \qquad (8\text{-}2\text{-}24)$$

式中　d_1 和 d_2——分别为两种不同材料单线的直径（mm）；

　　　Z_1 和 Z_2——分别为两种不同材料单线的根数。

　　组合绞线的重量则为

$$W = W_1 + W_2 = S_1\rho_1 K_{m1} + S_2\rho_2 K_{m2} \qquad (8\text{-}2\text{-}25)$$

式中　ρ_1 和 ρ_2——分别为两种不同材料的密度（g/cm³）；

　　　K_{m1} 和 K_{m2}——分别为两种不同材料单线绞合时的平均绞入系数。

　　应该指出的是，对于裸绞线或导电线芯中加强用的钢线截面，在电气性能计算中都不应考虑在内。

2.3　束线及复绞线

2.3.1　束线

　　束线是由多根单线以同一绞向一次性束合而成

的，各单线间的位置互相不固定，所以束线的外形不一定呈正圆形。

1. 束线的外径 $D_束$(mm)

在单线直径和单线根数相同的情况下，束线的外径要比普通绞线的外径稍小，其计算公式为

$$D_束 = Dk \qquad (8\text{-}2\text{-}26)$$

式中　D——单线直径和根数相同时的普通绞线外径（mm）；

　　　k——调整系数。

束线的外径比 $M_束(D_束/d)$ 和调整系数 k 参见表 8-2-8。

表 8-2-8　束线的外径比和调整系数

中 心 根 数	层　　次	单 线 根 数 Z	外径比 $M_束$			调整系数 k
			最大	最小	平均	
1	中心	1	1	1	1	—
	1	7	3	3	3	1.0
	2	19	5	4.864	4.955	0.991
	3	37	7	6.819	6.94	0.991
	4	61	9	8.727	8.909	0.99
	5	91	11	10.67	10.89	0.99
	6	127	13	12.19	12.73	0.979
2	中心	2	2	2	2	1.0
	1	10	4	3.909	3.97	0.992
	2	24	6	5.892	5.964	0.994
	3	44	8	7.885	7.962	0.995
	4	70	10	9.88	9.96	0.996
	5	102	12	11.87	11.96	0.997
	6	140	14	13.88	13.96	0.997
3	中心	3	2.154	2.154	2.154	1.0
	1	12	4.154	4.045	4.118	0.991
	2	27	6.154	6.033	6.114	0.993
	3	48	8.154	8.02	8.109	0.992
	4	75	10.154	10.018	10.109	0.995
	5	108	12.154	12.015	12.108	0.996
	6	147	14.154	14.01	14.106	0.996
4	中心	4	2.414	2.414	2.414	1.0
	1	14	4.414	4.384	4.404	0.997
	2	30	6.414	6.278	6.369	0.993
	3	52	8.414	8.225	8.351	0.992
	4	80	10.414	10.14	10.324	0.991
	5	114	12.414	12.08	12.303	0.991
	6	154	14.414	14.01	14.28	0.992
5	中心	5	2.7	2.7	2.7	1.0
	1	16	4.7	4.695	4.698	0.999
	2	33	6.7	6.695	6.698	0.999
	3	56	8.7	8.694	8.698	0.999
	4	85	10.7	10.693	10.698	0.999
	5	120	12.7	12.693	12.698	0.999
	6	161	14.7	14.693	14.698	0.999

由表 8-2-8 可知，束线外径的最大值与相同单线直径和根数的普通绞线相同，而束线外径的最小值可按表 8-2-9 所列公式计算。

表 8-2-9　束线的最小外径

相当于绞线中心层的单线根数	束线最小外径/mm	公式编号
1, 6	$1.18\sqrt{Z}d$	(8-2-27)
2	$1.17\sqrt{Z}d$	(8-2-28)
3, 4, 5	$1.154\sqrt{Z}d$	(8-2-29)

如果束线的中心为单根导线时，束线外径 $D_束$(mm)也可按下式计算

$$D_束=\sqrt{\frac{4Z-1}{3}}d \qquad (8-2-30)$$

式中　Z——单线总根数；

　　　d——单线直径（mm）。

当然，束线的外径受工艺、设备的影响而有变化。因此，以上束线外径的所有计算公式和表 8-2-8 中所列的束线外径范围，都属参考性数据。

2. 束线的重量 $W_束$（kg/km）

$$W_束=\frac{\pi}{4}d^2ZK\rho \qquad (8-2-31)$$

式中　K——束线的绞入系数；

　　　ρ——束线所用材料的密度（g/cm³）。

2.3.2　复绞线

复绞线是由多股束线或普通绞线以正规绞合制成，故外周呈圆形。

1. 复绞线的外径 $D_复$ 及填充系数 $\eta_复$

复绞线的外径及填充系数的计算基础是同心层绞的绞线或束线（见图 8-2-3）。

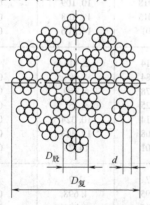

图 8-2-3　复绞线截面

（1）复绞线的外径 $D_复$

当复绞线的股线采用绞线时，其外径 $D_复$(mm)为

$$D_复=\frac{D_复}{D_股}\cdot\frac{D_股}{d}d \qquad (8-2-32)$$

式中　$D_复/D_股$——复绞线外径与股线外径之比；

$D_股/d$——股线外径与单线直径之比。

当复绞线的股线采用束线时，其外径 $D_复$ 为

$$D_复=\frac{D_复}{D_股}\cdot\frac{D_股}{d}dk \qquad (8-2-33)$$

式中　k——束线的调整系数。

上述两式中的 $D_复/D_股$ 及 $D_股/d$，同理可按普通绞线或束线的外径比的规律求得；而且两者的乘积 $D_复/d$ 即为复绞线的外径比 $M_复$（见表 8-2-10）。

表 8-2-10　复绞线的外径比

复绞线结构（股/单线/单线直径）	外径比 $M_复$($D_复/d$)		
	最大	最小	平均
4/19/d	12.07	11.742	11.96
6/19/d	15	14.29	14.76
7/7/d	9	8.409	8.803
7/11/d	12.442	11.708	12.21
7/12/d	12.463	11.708	12.21
7/14/d	13.242	12.11	12.86
7/19/d	15	14.28	14.76
7/27/d	18.4	17.688	18.16
7/32/d	20.1	17.49	19.23
12/7/d	12.462	11.729	12.22
14/7/d	13.292	12.408	12.96
14/9/d	16.33	15.14	15.54
19/7/d	15	14.098	14.7
19/10/d	20	18.09	19.36
19/11/d	20.77	19.478	19.92
19/13/d	22.07	19.82	21.32
19/14/d	22.07	19.898	21.35
19/15/d	23.5	18.87	22.29
19/17/d	25	23.356	24.42
19/18/d	25	23.75	24.58
19/22/d	28.06	26	27.38
19/26/d	30.77	28.78	30.11
19/27/d	30.77	28.34	30.11
19/37/d	35	32.74	34.25
27/7/d	18.462	16.954	17.96
27/16/d	28.936	24.76	27.54
27/18/d	30.77	29.154	30.23
27/49/d	50.186	45.78	49.78
30/19/d	32.07	30.56	31.57
31/19/d	33.5	31.7	32.90
33/19/d	33.5	31.7	32.90
37/7/d	21	19.864	20.62
37/8/d	23.1	22.312	22.84
37/12/d	29.018	27.22	27.84
37/16/d	32.9	27.6	29.36
37/19/d	35	33.226	34.41
37/21/d	37.1	34.58	35.42
48/7/d	24.462	22.744	23.89
48/19/d	40.77	38.616	40.05
52/19/d	42.07	40.034	41.39
61/7/d	27	25.589	26.53
61/12/d	37.386	34.92	36.56
61/14/d	39.726	35.18	38.12
61/32/d	60.318	56.02	58.89
61/46/d	73.386	68.76	71.88

(2) 复绞线的填充系数 $\eta_{复}$

$$\eta_{复} = \eta_1 \eta_2 \times 100\% \qquad (8\text{-}2\text{-}34)$$

式中　η_1 和 η_2——分别为股线绞合和复绞时的填充系数（%），它们的数值与相应的普通绞线相同。

2. 复绞线的重量 $W_{复}$（kg/km）

$$W_{复} = W_{股} Z_{股} K_{复} \qquad (8\text{-}2\text{-}35)$$

式中　$W_{股}$——束制或绞制股线的重量（kg/km）；

　　　$Z_{股}$——复绞线中的股数；

　　　$K_{复}$——复绞的绞入系数。

2.4　其他形式的圆形绞线

2.4.1　扩径绞线及空心线芯

1. 扩径绞线

扩径绞线用于超高压架空电力线路。它的扩径方法有复绞、疏绕和空心扩径三种。前两种结构简单，但能扩大的外径倍数不大；其中复绞已在2.3节做了介绍，而疏绕扩径结构主要用于扩径钢芯铝绞线。空心扩径所扩大的外径倍数较大。疏绕扩径绞线和空心扩径绞线的截面形状如图8-2-4所示。

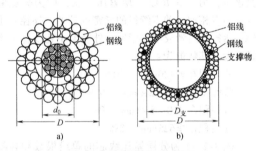

图8-2-4　扩径绞线截面

a）疏绕结构的扩径钢芯铝绞线　b）空心扩径绞线

(1) 扩径钢芯铝绞线的外径 D（mm）及重量 W（kg/km）　由图8-2-4a可知，扩径钢芯铝绞线的外径 D 为

$$D = d_0 + 2(d_1 + d_2 + \cdots + d_n) \qquad (8\text{-}2\text{-}36)$$

式中　d_0——中心层（即钢芯）的外径（mm）；

　d_1、$d_2 \cdots d_n$——分别为第一层、第二层…最外层的铝单线直径（mm）。

如果最外层的各单线紧密相接，可根据最外层单线的根数从表8-2-5中查出扩径钢芯铝绞线的外径（此时表中的 d 应是最外层单线直径）。但是，由于其内层外径的影响，最外层各单线的紧接程度并不完全合乎正规绞合的规律，因此用这种方法得

出的外径尺寸仅为近似值。

扩径钢芯铝绞线的重量 W 按下式计算：

$$W = \frac{\pi}{4} \left[z_0 d_0^2 K_{m钢} \rho_{钢} + (z_1 d_1^2 + z_2 d_2^2 \cdots + z_n d_n^2) K_{m铝} \rho_{铝} \right]$$

$$(8\text{-}2\text{-}37)$$

式中　z_0——钢线根数；

　z_1、$z_1 \cdots z_n$——分别为第一层、第二层…最外层的铝单线根数；

　$K_{m钢}$、$K_{m铝}$——分别为钢线部分及铝线部分的平均绞入系数；

　$\rho_{钢}$、$\rho_{铝}$——分别为钢及铝的密度（g/cm³）。

(2) 空心扩径绞线的外径 D（mm）及重量 W（kg/km）　由图8-2-4b可看出，空心扩径绞线的外径 D 与中心支撑物（如蛇皮管）的外径、铝单线的直径及其绞合层数有关，即

$$D = D_{支} + 2nd \qquad (8\text{-}2\text{-}38)$$

式中　$D_{支}$——中心支撑物的外径（mm）；

　　　n——铝单线的绞合层数；

　　　d——铝单线及钢单线直径（mm）。

如果最外层各单线间紧密相接，则绞线外径也可用查表8-2-5的方法近似求得。

空心扩径绞线的重量 W 按下式计算：

$$W = W_{支} + W_{铝} + W_{钢} \qquad (8\text{-}2\text{-}39)$$

式中　$W_{支}$——中心支撑物重量（kg/km）；

　$W_{铝}$——铝线重量（kg/km），$W_{铝} = \frac{\pi}{4} d^2 Z_{铝}$ $K_{m铝}\rho_{铝}$；

　$W_{钢}$——钢线重量（kg/km），$W_{钢} = \frac{\pi}{4} d^2 Z_{钢}$ $K_{m钢}\rho_{钢}$；

2. 空心线芯

空心线芯用作超高压电缆的导电线芯，内通绝缘体（如充油电缆的绝缘油）。图8-2-5为它的两种结构形式，图8-2-5a是用圆单线构成的空心线芯，图8-2-5b是用 Z 形及弓形单线构成的空心线芯。

(1) 圆单线构成的空心线芯的外径 D（mm）及重量 W（kg/km）

外径 D 按下式计算：

$$D = D_{支} + 2nd + 2t \qquad (8\text{-}2\text{-}40)$$

式中　$D_{支}$——内衬螺旋管的外径（mm）；

　　　n——铜单线的绞制层数；

　　　d——铜单线直径（mm）；

　　　t——屏蔽层厚度（mm）。

重量 W 按下式计算：

$$W = W_{支} + W_{铜} + W_{屏} \qquad (8\text{-}2\text{-}41)$$

式中 $W_支$——螺旋管重量（kg/km）；

$W_铜$——铜线重量（kg/km），$W_铜 = \dfrac{\pi}{4} d^2 Z K_m \rho$；

$W_屏$——屏蔽层重量（kg/km）。

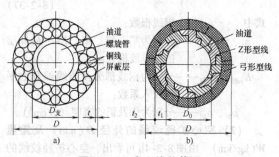

图 8-2-5 空心线芯截面
a）圆单线构成的 b）Z 形或弓形单线构成的

（2）Z 形及弓形单线构成的空心线芯的外径 D（mm）及重量 W（kg/km）

由图 8-2-5b 可见，这种空心线芯的外径 D，按下式计算：

$$D = D_0 + 2t = D_0 + 2(t_1 + t_2) \quad (8\text{-}2\text{-}42)$$

式中 D_0——型线绞合后的孔径（mm）；

t——型线的绞合总厚度（mm）；

t_1——Z 形线厚度（mm）；

t_2——弓形线厚度（mm）。

根据式（8-1-33），由 Z 形及弓形单线构成的空心线芯的重量 W，可按下式计算：

$$W = W_1 + W_2 = [\pi(D_0 + t_1)t_1 + \pi(D_0 + 2t_1 + t_2)t_2 - 0.858(r_1^2 n_1 + r_2^2 n_2)]K_m\rho$$

$$(8\text{-}2\text{-}43)$$

式中 r_1 与 r_2——分别为 Z 形与弓形单线的圆角半径（mm）；

n_1 与 n_2——分别为 Z 形与弓形单线的根数；

K_m——空心线芯的平均绞入系数；

ρ——材料密度（g/cm³）。

此外，由型线构成的空心线芯，也可单独采用 Z 形或弓形单线绞合而成，其外径与重量的计算方法与上述基本相同。

以上各种扩径绞线及空心线芯的截面积，通常都以导电截面积表示，故只计算铜、铝单线或型线的截面积。

2.4.2 压缩绞线及紧压线芯

架空线用压缩绞线和电缆导电线芯用圆形紧压线芯，就其结构、绞合—紧压工艺及截面形状（见图 8-2-6）而言，都是相同的．它们的外径都小于普通绞线。

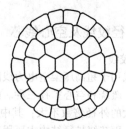

图 8-2-6 紧压型圆绞线截面

紧压方法有两种：一是将整个圆形绞线进行一次紧压；另一是每绞一层紧压一次，称为分层紧压。两者相比，前者绞线的紧密度较差，外径缩小 5%～8%；后者绞线较紧密，外径缩小程度比一次紧压大，其数值为：

截面积在 ≤120mm² 10%

截面积在 150～240mm² 9.5%

截面积在 300～500mm² 9%

截面积在 ≥625mm² 8%

表 8-2-11 为分层紧压线芯的单线根数和各绞层外径的参考数据，由表可见，分层绞合时各层单线的直径是不同的。表 8-2-12 为现行普通圆形绞合线芯、紧压线芯的结构与外径。

表 8-2-11 分层紧压线芯的单线直径和每层外径 （单位：mm）

标称截面积 /mm²	单线根数	第一层（6 根）		第二层（12 根）		第三层（18 根）		第四层（24 根）	
		单线直径	外径	单线直径	外径	单线直径	外径	单线直径	外径
25～35	7	$D_1/2.46$	D_1						
50～120	19	$D_2/3.7$	$D_2/1.48$	$D_2/4.36$	D_2				
150～240	37	$D_3/4.95$	$D_3/1.9$	$D_3/5.65$	$D_3/1.28$	$D_3/6.3$	D_3		
300～500	61	$D_4/6.25$	$D_4/2.3$	$D_4/6.7$	$D_4/1.53$	$D_4/7.65$	$D_4/1.18$	$D_4/8.2$	D_4
625 以及上	61	$D_4/6.43$	$D_4/2.3$	$D_4/6.84$	$D_4/1.58$	$D_4/7.8$	$D_4/1.23$	$D_4/8.77$	D_4

表 8-2-12　普通与紧压圆形线芯的结构及外径　　　　　　（单位：mm）

标称截面积 /mm²	普通圆形绞线		一次紧压线芯			分层紧压线芯		
	根数×直径	外径	根数×直径	外径	外径缩小（%）	根数×直径	外径	外径缩小（%）
25	7×2.1	6.30	—	—	—	7×2.3	5.66	89.8
35	7×2.49	7.50	—	—	—	7×2.74	6.75	90.0
50	19×1.81	9.05	19×1.83	8.38	92.6	7×2.21 12×1.87	8.19	90.4
70	19×2.14	10.7	19×2.16	9.92	92.7	7×2.59 12×2.2	9.6	89.7
95	19×2.49	12.5	19×2.50	11.55	92.4	7×3.03 12×2.57	11.2	89.7
120	19×2.8	14.0	37×2.01	13.12	93.6	7×3.38 12×2.88	12.5	89.2
150	19×3.13	15.7	37×2.25	14.68	93.5	7×2.86 12×2.52 18×2.25	14.2	90.4
185	37×2.49	17.4	37×2.52	16.30	93.6	7×3.17 12×2.78 18×2.49	15.7	90.2
240	37×2.83	19.8	37×2.85	18.57	93.7	7×3.62 12×3.17 18×2.84	17.9	90.4
300	37×3.17	22.2	61×2.5	21.14	95.2	7×3.23 12×3.02 18×2.64 24×2.46	20.2	90.9

1. 压缩绞线及紧压线芯的截面积 S（mm²）

$$S = \frac{\pi}{4} d^2 Z \frac{1}{\mu} \qquad (8\text{-}2\text{-}44)$$

式中　d——单线直径（mm）；

　　　Z——单线根数；

　　　μ——紧压时单线的延伸系数，取以下经
验值：

截面积为 25～70mm²　$\mu = 1.05$

截面积为 95～120mm²　$\mu = 1.035$

截面积为 ≥150mm²　$\mu = 1.04$

2. 压缩绞线及紧压线芯的重量 W（kg/km）

$$W = \frac{\pi}{4} d^2 Z \frac{1}{\mu} K_m \rho \qquad (8\text{-}2\text{-}45)$$

式中　K_m——平均绞入系数；

　　　ρ——材料密度（g/cm³）。

如果绞线是由不同直径的单线或不同材料的单
线构成，则在计算时应对 $d^2 Z \rho$ 的乘积，分别进行
计算。

2.4.3　电话软线的导电线芯

电话软线的导电线芯系在纤维束上绕包多层扁
铜丝构成，又称金皮线。

1. 导电部分（扁丝）的截面积 S（mm²）

$$S = abn \qquad (8\text{-}2\text{-}46)$$

式中　a——扁丝的宽度（mm）；

　　　b——扁丝的厚度（mm）；

　　　n——绕包的扁丝根数。

2. 导电线芯中扁丝的重量 W（kg/km）

$$W = abn \frac{1}{\sin\alpha} \rho \qquad (8\text{-}2\text{-}47)$$

式中　a——扁丝的绕包角（°）；

　　　ρ——扁丝的材料密度（g/cm³）。

如果计算金皮线的总重量，就应把纤维束的重量计算在内。纤维束的重量 W_0（kg/km），可按下式计算。

$$W_0 = \frac{1}{N} n_0 \qquad (8\text{-}2\text{-}48)$$

式中　N——纤维号数；

　　　　n_0——纤维根数。

2.4.4　型线绞合

型线绞合结构可用于架空导线，也可以用于电缆的导体。型线绞合结构分为普通型线绞线和组合型线绞线。普通型线绞线由同一种材料的单线构成，其主要用于电线电缆的导体，其结构和截面形状如图 8-2-7 所示。组合型线绞线由不同材料的单线构成，其主要用于架空输电线路中，其结构芯部为加强芯，外部绞合型线导电层，其结构和截面形状如图 8-2-8 所示。它们的外径都小于同截面圆线绞合的普通绞线。

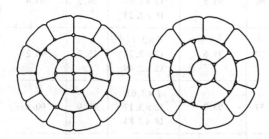

图 8-2-7　普通型线绞合结构

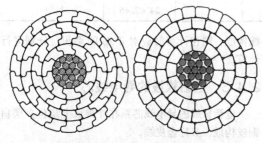

图 8-2-8　组合型线绞合结构

（1）普通型线绞线的外径 D 及重量 W

型线绞合结构绞线的外径根据填充系数来确定，普通型线绞合结构的外径为

$$D = \sqrt{\frac{4S}{\pi\eta}} \qquad (8\text{-}2\text{-}49)$$

式中　S——绞线的标称面积（g/cm³）；

　　　　η——绞线的填充系数（一般为 0.92 ~ 0.96）。

如果型线绞合的绞线用于电线电缆的导体，其材质较软，一般为退火状态，其填充系数可为 0.94 ~ 0.96，甚至更高达 0.98。

普通型线绞合结构绞线的重量 W 按下式计算：

$$W = (z_0 \cdot s_0 + z_1 \cdot s_1 + z_2 \cdot s_2 + \cdots z_n \cdot s_n) \cdot K_m \rho \qquad (8\text{-}2\text{-}50)$$

式中　z_0、z_1、$z_2 \cdots z_n$——绞线的中心层、第一层、

　　　　　　　　　　　　第二层…第 n 层的根数；

　　　　s_0、s_1、$s_2 \cdots s_n$——绞线的中心层、第一层、

　　　　　　　　　　　　第二层…第 n 层型单线截

　　　　　　　　　　　　面积（mm²）；

　　　　K_m——平均绞入系数；

　　　　ρ——导体密度（g/cm³）。

用于电缆导体的平均绞入系数见表 8-2-13。

表 8-2-13　用于电缆导体的平均绞入系数

绞线层数（不包括中心层为一根层）	平均绞入系数
1	1.013
2	1.015
3	1.017
4	1.020
5	1.025

（2）组合型线绞线的外径 D 及重量 W

组合型线绞线的外径根据加强芯外径和外部型线填充系数来确定，组合型线绞合结构的外径为

$$D = \sqrt{D_芯 + \frac{4S}{\pi\eta}} \qquad (8\text{-}2\text{-}51)$$

式中　$D_芯$——加强芯的外径（mm）；

　　　　S——型线部分标称面积（mm²）；

　　　　η——型线部分的填充系数（一般为 0.92 ~ 0.96）。

组合型线绞线的重量 W 按下式计算：

$$W = W_芯 + W_型 = \frac{\pi}{4} d^2 Z_芯 K_{m芯} \rho_芯 +$$
$$(z_1 \cdot s_1 + z_2 \cdot s_2 + \cdots z_n \cdot s_n) \cdot K_m \rho \qquad (8\text{-}2\text{-}52)$$

式中　d——加强芯中单线的直径（mm）

　　　　$Z_芯$——加强芯中单线的根数；

　　　　$K_{m芯}$——加强芯平均绞入系数；

　　　　$\rho_芯$——加强芯的密度（g/cm³）；

z_1、$z_2 \cdots z_n$——型线绞层第一层、第二层…第 n 层的

　　　　　　　　　　根数；

s_1、$s_2 \cdots s_n$——型线绞层第一层、第二层…第 n 层中

　　　　　　　　　　型单线的截面积（mm²）；

　　　　K_m——型线绞层平均绞入系数；

ρ——型线导体密度（g/cm^3）。

用于型线架空导线的平均绞入系数见表 8-2-14

表 8-2-14 用于型线架空导线的平均绞入系数

型线绞合层数	加强芯层数（不包括中心层为一根层）	型线平均绞入系数 K_m	加强芯平均绞入系数 $K_{m芯}$
1	–	1.015	–
1	1	1.015	1.0043
2	–	1.02	–
2	1	1.02	1.0043
3	1	1.025	1.0043
3	2	1.025	1.0077
4	1	1.03	1.0043
4	2	1.03	1.0077

（3）型单线参数的计算［对于梯（瓦）形线而言］

型线同心绞导线设计时一般采用等高或等截面设计方式，在计算时略有不同，通常在等高设计时各层型单线等高不等截面，在等截面设计时各层型单线等截面不等高，各层型单线的根数由型线的宽高比来设定，为了避免型线绞合时翻身，型单线的宽高比经验为 4∶3 左右为宜。

1）当各层型线等高时设计时，各层型线单线高度的计算：

$$h = \frac{D - D_0}{2n} \quad (8\text{-}2\text{-}53)$$

式中　h——型单线的高度（mm）；
　　　D——绞线外径（mm）；
　　　D_0——绞线中加强芯直径（mm）；
　　　n——型线层数。

每层型单线圆弧角度的计算：

$$\theta_n = \frac{360°}{N_n K_n} \quad (8\text{-}2\text{-}54)$$

式中　θ_n——该层型单线的圆弧角度（°）；

N_n——该层型单线的根数；

K_n——该层型单线的绞入系数。

每层型单线截面的计算：

$$s_n = \frac{\pi \theta_n}{360}\left(\frac{D_2^2 - D_1^2}{4}\right) - 0.858r^2 \quad (8\text{-}2\text{-}55)$$

式中　s_n——该层型单线的截面积（mm^2）；

D_2——该层型单线外接圆外径（mm）；

D_1——该层型单线内接圆外径（mm）；

r——该层型单线圆弧角半径（mm）。

2）当各型单线等截面设计时，各层型单线截面的计算：

$$s_n = \frac{S}{N} \quad (8\text{-}2\text{-}56)$$

式中　S——型线导体部分的总面积（mm^2）；

N——型线总根数。

每层型单线圆弧角度的计算：

$$\theta_n = \frac{360°}{N_n K_n} \quad (8\text{-}2\text{-}57)$$

式中　θ_n——该层型单线的圆弧角度（°）；

N_n——该层型单线的根数；

K_n——该层型单线的绞入系数。

每层型单线外接圆外径的计算：

$$D_2 = \sqrt{\left[\left(\frac{s_n \pm 0.858r^2}{360\pi\theta_n}\right) + \frac{D_1}{4}\right] \times 4} \quad (8\text{-}2\text{-}58)$$

式中　s_n——该层型单线的截面积（mm^2）；

D_1——该层型单线外接圆外径（mm）；

D_2——该层型单线内接圆外径（mm）；

r——该层型单线圆弧角半径（mm）。

2.5　扇形和半圆形紧压线芯

异形的绞合线芯都用作电缆的导体，最常见的是电力电缆的扇形线芯和半圆形线芯（见图 8-2-9），而且都是采用紧压形式，故称为扇形紧压和半圆形紧压线芯。

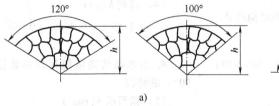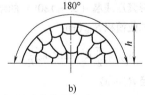

图 8-2-9　扇形和半圆形紧压线芯
a）扇形紧压线芯　b）半圆形紧压线芯

2.5.1　扇形及半圆形紧压线芯的填充系数

　　扇形及半圆形线芯采用紧压以后，使线芯的填充系数增大，导线占用的面积减小，从而可节约绝缘和护层材料。这类紧压线芯的填充系数的大小，与线芯截面积的大小和所采用的紧压方法有关，扇形的还与中心是绞线还是实心扇形有关，一般见表 8-2-15。

表 8-2-15　扇形及半圆形紧压线芯的填充系数

标称截面积 /mm²	线芯填充系数 η(%)		
	一次紧压	分层紧压	中心为实心扇形的分层紧压
50 ~ 95	83 ~ 90	92	95
120 ~ 185	83 ~ 90	90	92
240	83 ~ 90	89	91

2.5.2　扇形及半圆形紧压线芯的结构尺寸

　　图 8-2-10 是紧压线芯的结构尺寸图。由此可知，紧压线芯的主要尺寸如下：

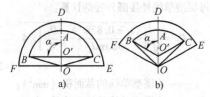

图 8-2-10　紧压线芯的主要尺寸
a) 半圆形　b) 扇形

线芯半径 R：$R = OA = OB = OC$

线芯高度 h：$h = O'A$

线芯截面中心线与侧边的夹角 α：$\alpha = \angle AO'B = \angle AO'C$。对半圆形紧压线芯，$\alpha = 90°$；对三芯电缆用扇形紧压线芯，$\alpha = 60°$；对四芯电缆用扇形主线芯，$\alpha = 50°$。

绝缘厚度 t：$t = AD$

绝缘后线芯高度 h'：$h' = OD = O'A + 2t$

1. 半圆形紧压线芯（$2\alpha = 180°$）的结构尺寸

（1）线芯截面积 S_{180}（mm²）

$$S_{180} = \frac{\pi}{2}R^2 - 2tR + \frac{t^3}{3R} \qquad (8-2-59)$$

（2）半径 R（mm）

$$R = 0.64\left(t + \sqrt{1.57S_{180} + 0.84t^2}\right) \qquad (8-2-60)$$

（3）周长 l（mm）

$$l = 2R\left[2.5708 - \frac{t}{R} - \frac{1}{2}\left(\frac{t}{R}\right)^2 - \frac{1}{6}\left(\frac{t}{R}\right)^3\right] \qquad (8-2-61)$$

（4）高度 h（mm）

$$h = R - t = 0.64 \times \sqrt{1.57S_{180} + 0.84t^2} - 0.36t \qquad (8-2-62)$$

2. 三芯电缆用扇形紧压线芯（$2\alpha = 120°$）的结构尺寸

（1）线芯截面积 S_{120}（mm²）

$$S_{120} = \frac{\pi}{3}R^2 - 2tR + \frac{t^2}{\sqrt{3}} + \frac{t^3}{3R} \qquad (8-2-63)$$

（2）半径 R（mm）

$$R = 0.955\left(t + \sqrt{1.05S_{120} + 0.36t^2}\right) \qquad (8-2-64)$$

（3）周长 l（mm）

$$t = \frac{2S_{120}}{R} - 2 \times \left(1 - \frac{t}{R}\right)\left(\frac{t}{\sqrt{3}} - R + \frac{t^2}{2R}\right) \qquad (8-2-65)$$

（4）高度 h（mm）

$$h = R - \frac{2}{\sqrt{3}}t$$
$$= 0.955 \times \sqrt{1.05S_{120} + 0.36t^2} - 0.2t \qquad (8-2-66)$$

3. 四芯电缆用扇形紧压线芯（$2\alpha = 100°$）的结构尺寸

（1）线芯截面积 S_{100}（mm²）

$$S_{100} = \frac{5}{18}\pi R^2 - 2tR + 0.84t^2 + \frac{t^3}{3R} \qquad (8-2-67)$$

（2）半径 R（mm）

$$R = 1.15\left(t + \sqrt{0.87S_{100} + 0.25t^2}\right) \qquad (8-2-68)$$

（3）周长 l（mm）

$$l = \frac{2S_{100}}{R} + 2R + \left[0.32 - 2.68\left(\frac{t}{R}\right) - \left(\frac{t}{R}\right)^2\right]t \qquad (8-2-69)$$

（4）高度 h（mm）

$$h = 1.15 \times \sqrt{0.84S_{100} + 0.25t^2} - 0.16t \qquad (8-2-70)$$

4. 四芯等截面电缆用扇形紧压线芯（$2\alpha = 90°$）的结构

（1）截面积 S（mm²）

$$S = \frac{\pi}{4}R^2 - 2tR - t^2 + \frac{t^3}{R} \qquad (8-2-71)$$

（2）半径 R（mm）

$$R = 1.273t + \sqrt{1.275S + 0.296t^2} \quad (8\text{-}2\text{-}72)$$

(3) 周长 l（mm）

$$l = 2.827\frac{S}{R} - 0.457\pi R +$$

$$2.827\left(0.707 + \frac{\Delta}{R}\right)\left[\Delta + R + \frac{\Delta^2}{R^2}\right]$$

$$(8\text{-}2\text{-}73)$$

(4) 扇形高度 h（mm）

$$h = R - \sqrt{2}t \quad (8\text{-}2\text{-}74)$$

5. 参考数据

(1) 线芯周长及高度与相当圆线直径的关系 线芯周长 l 与相当圆线直径 $D_当$（mm）的关系可用下式表示

$$D_当 = \frac{1}{\pi} \quad (8\text{-}2\text{-}75)$$

线芯高度与相当圆线直径 $D_当$ 的关系见表 8-2-16。

(2) 线芯截面与并线模孔型截面的关系 并线模孔型的截面积 $S_孔$（mm²）可按式（8-2-76）计算。

$$S_孔 = \frac{S}{\eta} \quad (8\text{-}2\text{-}76)$$

式中 S——扇形或半圆形紧压线芯的截面积（mm²）；

η——填充系数（%）。

(3) 紧压线芯的压辊孔型尺寸 紧压线芯的压辊孔型如图 8-2-11 所示，其具体尺寸见表 8-2-17。

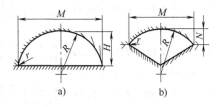

图 8-2-11 紧压线芯的压辊孔型
a) 半圆形压辊孔型 b) 扇形压辊孔型

表 8-2-16 线芯高度与相当圆线直径关系（参考值） （单位：mm）

线芯截面积 /mm²		半圆形及扇形线芯高度 h				线芯相当圆直径 $D_当$	绝缘后半圆及扇形线芯高度 h'			
		半圆形 2芯 180°	扇 形				半圆形 2芯 180°	扇 形		
标称值	计算值		3芯 120°	3+1芯 100°	4芯 90°			3芯 120°	3+1芯 100°	4芯 90°
25	24.2	4.6	5.0	5.6	5.42	6.75	4.6+2t	5.0+2.155t	5.6+2.31t	5.42+2.414t
35	34.0	5.6	5.9	6.5	6.5	7.86	5.6+2t	5.9+2.155t	6.5+2.31t	6.50+2.414t
50	48.4	6.4	7.1	7.7	7.8	9.90	6.4+2t	7.1+2.155t	7.7+2.31t	7.80+2.414t
70	67.8	7.5	8.4	9.2	9.3	11.53	7.5+2t	8.4+2.155t	9.2+2.31t	9.30+2.414t
95	92.0	8.8	9.9	11.1	10.9	13.10	8.8+2t	9.9+2.155t	11.1+2.31t	10.90+2.414t
120	116.5	9.8	11.3	12.8	12.3	14.64	9.8+2t	11.3+2.155t	12.8+2.31t	12.30+2.414t
150	145.2	10.9	12.9	13.8	13.8	16.76	10.9+2t	12.9+2.155t	13.8+2.31t	13.80+2.414t
185	179.5	—	14.3	15.6	15.3	17.71	—	14.3+2.155t	15.6+2.31t	15.30+2.414t
240	233.0	—	16.5	17.7	17.5	21.00	—	16.5+2.155t	17.7+2.31t	17.50+2.414t
300	291.0	—	17.7	—	19.6	23.9	—	17.7+2.155t	—	19.60+2.414t

注：表中 t 为绝缘厚度（mm）。

表 8-2-17 紧压线芯的压辊孔型尺寸（参考值） （单位：mm）

线芯标称截面积 /mm²	2芯180°半圆形压辊孔型尺寸			扇形压辊孔型尺寸								
				3芯，120°			3+1芯，100°			4芯90°		
	R	H	M	R	N	M	R	N	M	R	N	M
25	5.20	3.38	8.92	6.35	1.95	9.16	6.55	1.55	8.45	6.79	1.48	8.47

（续）

线芯标称截面积/mm²	2芯180°半圆形压辊孔型尺寸			扇形压辊孔型尺寸								
	R	H	M	3芯，120°			3+1芯，100°			4芯90°		
				R	N	M	R	N	M	R	N	M
35	6.01	4.13	10.47	7.35	2.45	10.96	7.65	1.90	10.09	7.89	1.79	9.99
50	7.14	5.08	12.41	8.50	3.00	12.96	8.9	2.30	11.9	9.62	2.15	12.11
70	8.31	6.14	14.57	9.00	1.60	10.35	10.45	2.90	14.45	10.88	2.64	14.21
				10.35	3.30	15.30						
95	9.62	7.50	17.32	10.15	2.00	12.10	12.05	3.45	16.88	12.56	3.03	16.43
				11.70	4.00	17.62						
120	10.65	8.50	19.51	11.20	2.35	13.80	13.45	3.90	18.94	13.45	3.90	19.00
				13.00	4.65	19.93						
150	10.10	6.36	17.99	10.40	3.9	16.24	11.05	3.15	15.45	14.25	2.35	15.66
	11.70	9.60	21.72	13.90	5.6	22.30	14.95	4.35	21.08	15.86	3.87	20.76
185	9.50	8.10	18.80	11.50	4.5	18.25	12.40	3.55	17.38	15.66	2.63	17.36
	13.10	11.70	26.00	15.40	6.3	24.86	16.60	4.60	23.64	17.47	4.33	23.02
240	—	—	—	13.00	5.25	20.86	15.40	4.60	21.8	18.75	4.96	16.68
	—	—	—	17.4	7.15	28.14	19.80	6.00	28.5	20.32	3.35	22.31
300	—	—	—	—	—	—	—	—	—	22.14	5.00	28.03
	—	—	—	15.86	3.52	19.92	—	—	—	18.87	2.29	18.02
	—	—	—	18.00	5.91	20.67	—	—	—	20.52	3.88	24.02
	—	—	—	20.08	8.44	32.74	—	—	—	22.38	5.60	29.62
400	—	—	—	—	—	—	—	—	—	21.45	2.58	20.42
	—	—	—	—	—	—	—	—	—	23.41	4.53	27.67
	—	—	—	—	—	—	—	—	—	25.60	6.67	34.46

第3章

绝　缘　层

电线电缆的绝缘层，分有挤包、纵包或涂覆的实体绝缘层；线绳或带状材料构成的绕包绝缘层；以及其他特殊结构的绝缘层（如同轴电缆的鱼泡式绝缘）等。

如从电线电缆结构考虑（除电磁线外），绝缘层又可分为芯绝缘和带绝缘。芯绝缘是指导体外面的绝缘层，又称线芯绝缘。带绝缘是指电缆芯外部的绝缘层，又称缆芯绝缘，常用带状材料绕包而成。

3.1 实体绝缘层

这是一种常见的绝缘层，它包括挤包或纵包的橡皮绝缘，挤包或涂覆的塑料绝缘，涂覆的漆膜和纸浆绝缘等。

3.1.1 单根线芯的绝缘层

1. 圆形单根线芯的绝缘层

这是最简单的绝缘层形式（见图8-3-1），主要用于一般绝缘电线、漆包圆线、通信电线电缆、信号及控制电缆等。

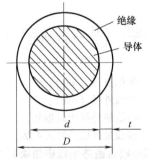

图8-3-1　圆单线绝缘层

（1）绝缘层外径 D（mm）
$$D = d + 2t \qquad (8-3-1)$$

式中　d——导体直径（mm）；

　　　t——绝缘层厚度（mm）。

（2）绝缘层截面积 S（mm^2）
$$S = \pi(d + t)t \qquad (8-3-2)$$

（3）绝缘层重量 W（kg/km）
$$W = \pi(d + t)t\rho \qquad (8-3-3)$$

式中　ρ——绝缘材料密度（g/cm^3）。如为漆层，应是固体漆的密度。

在漆包线生产中，都是采用含有一定固体含量的绝缘漆液，所以漆液的重量 W_E（kg/km）按下式计算，固体含量用百分数表示。
$$W_E = W/固体含量 \qquad (8-3-4)$$

式中　W——漆包线固体漆膜重量（kg/km）。

2. 矩形单根线芯的绝缘层

最常见的是漆包扁线绝缘层，如图8-3-2所示。

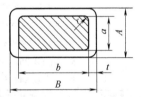

图8-3-2　扁线绝缘层

（1）绝缘层外形尺寸 A 及 B（单位均为 mm）
$$\left.\begin{array}{l} A = a + 2t \\ B = b + 2t \end{array}\right\} \qquad (8-3-5)$$

式中　a——矩形导体窄边尺寸（mm）；

　　　b——矩形导体宽边尺寸（mm）；

　　　t——绝缘厚度（mm）。

（2）绝缘层的截面积 S（mm^2）

根据图8-3-2可知，绝缘层按下式计算：
$$\left.\begin{array}{l} S = 2(a + b + 2t)t - 0.858 \times (2rt + t^2) \\ 或 S = 2(A + B - 2t)t - 0.858 \times (2rt + t^2) \end{array}\right\}$$
$$(8-3-6)$$

(3) 绝缘层重量 W(kg/km)

$$W = [2(a+b+2t)t - 0.858 \times (2rt+t^2)]\rho$$

或 $W = [2(A+B-2t)t - 0.858 \times (2rt+t^2)]\rho$

$$(8-3-7)$$

漆包扁线所用绝缘漆液的重量，则按式（8-3-4）计算。

3. 扇形单根线芯的绝缘层

先按式（8-1-31）计算出扇形导体的周长 l，并按式（8-2-62）将周长换算到与之相当的圆线直径 $D_{当}$。然后，即可按圆形单根线芯绝缘层的计算方法，进行结构尺寸及重量的计算。

3.1.2 圆形绞合线芯的绝缘层

由图 8-3-3 可见，由于绞线表面各单线间存在空隙，绝缘材料包覆时会嵌入其中。如果绞线外先包上带形材料，则可使部分空隙处于带形材料内侧，绝缘材料仅包覆在带材外面而不再嵌入单线间其余的空隙中。

圆形绞合线芯绝缘层的截面积与包覆绝缘的工艺有关。当采用挤包工艺时，绝缘层的截面积 S(mm²) 为

$$S = \pi(D+t)t + S_C \qquad (8-3-8)$$

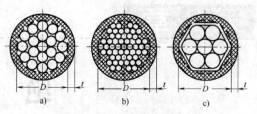

图 8-3-3 绞合线芯绝缘层

a) 普通绞线的绝缘层 b) 复绞线的绝缘层
c) 有包带绞线的绝缘层

当采用纵包工艺时，其截面积 S 则为

$$S = \pi(D+t)t + \frac{4}{5}S_C \qquad (8-3-9)$$

式中 D——绞合线芯外径（mm）；
　　　t——绝缘厚度（mm）；
　　　S_C——绝缘在绞合线芯表面的嵌隙面积（mm²）。

绝缘在线芯表面的嵌隙面积 S_C，随着绞合线芯结构的不同而大小不一。现分述如下：

1. 普通绞合线芯的绝缘嵌隙面积

(1) 束制线芯的绝缘嵌隙面积 S_C　当中心单线根数不同时，束制线芯绝缘嵌隙面积的计算方法见表 8-3-1 所列。

表 8-3-1　束制线芯绝缘嵌隙面积 S_C 的计算

中心单线根数	绝缘嵌隙面积 S_C/mm²	常数 C 值		公式编号
		奇数层	偶数层	
1	$S_C = d^2(0.256n^2 + 0.187n - C)$	0.46	0.185	(8-3-10)
2	$S_C = d^2(0.456n^2 + 0.84n + C)$	0.188	0.188	(8-3-11)
3	$S_C = d^2(0.449n^2 + 0.23n - C)$	0.059	0.059	(8-3-12)
4	$S_C = d^2(0.25n^2 + 0.7722n + C)$	0.0639	0.265	(8-3-13)
5	$S_C = d^2(0.544n^2 + 0.198n + C)$	0.256	0.256	(8-3-14)

注：d 为单线直径（mm）；n 为线芯层数；C 为常数，其值见表中所列。

(2) 同心层绞合线芯的绝缘嵌隙面积 S_C(mm²)　从图 8-3-4 可推导出如下的 S_C 计算式

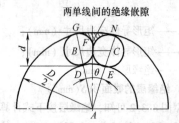

两单线间的绝缘嵌隙

图 8-3-4　同心层绞合线芯绝缘嵌隙图

$$S_C = \frac{d^2}{8}\left[\frac{2\pi D^2}{d^2} - \left(\frac{D}{d}-1\right)^2 z_n \sin\frac{2\pi}{z_n} - (z_n+2)\pi K\right]$$

$$(8-3-15)$$

式中 d——单线直径（mm）；
　　　D——绞线外径（mm）；
　　　z_n——绞线最外层单线根数；
　　　K——绞线最外层的绞入系数。

(3) 圆形绞合线芯绝缘嵌隙面积 S_C　具体值根据式（8-3-10）～式（8-3-14）的计算结果，S_C 的值分别列于表 8-3-2 及表 8-3-3 中。

表 8-3-2　正规绞合束线和绞线的绝缘嵌隙面积

中心单线根数	单线总根数	线芯排列	线芯外径 D/mm		绝缘嵌隙面积 S_C/mm²	
			束　线	绞　线	束线 S_{C1}	绞线 S_{C2}
1	1	1	d	d	—	$1.263d^2$
	7	$1+6$	$3d$	$3d$	$1.215d^2$	$2.022d^2$
	19	$1+6+12$	$4.95d$	$5.0d$	$2.4d^2$	$2.768d^2$
	37	$1+6+12+18$	$6.93d$	$7.0d$	$4.661d^2$	$3.507d^2$
	61	$1+6+12+18+24$	$8.91d$	$9.0d$	$6.87d^2$	$4.223d^2$
	91	$1+6+12+18+24+30$	$10.89d$	$11d$	$10.155d^2$	
2	2	2	$2d$	$2d$	$1.484d^2$	$1.551d^2$
	10	$2+8$	$3.98d$	$4d$	$3.692d^2$	$2.276d^2$
	24	$2+8+14$	$5.96d$	$6d$	$6.912d^2$	$3.004d^2$
	44	$2+8+14+20$	$7.95d$	$8d$	$10.944d^2$	$3.774d^2$
	70	$2+8+14+20+26$	$9.97d$	$10d$	$15.788d^2$	$4.55d^2$
	102	$2+8+14+20+26+32$	$11.96d$	$12d$	$21.644d^2$	$5.338d^2$
3	3	3	$2.154d$	$2.154d$	$1.248d^2$	$1.248d^2$
	12	$3+9$	$4.12d$	$4.154d$	$1.277d^2$	$1.946d^2$
	27	$3+9+15$	$6.11d$	$6.154d$	$3.292d^2$	$2.674d^2$
	48	$3+9+15+21$	$8.1d$	$8.154d$	$6.205d^2$	$3.499d^2$
	75	$3+9+15+21+27$	$10.11d$	$10.154d$	$10.016d^2$	$4.300d^2$
	108	$3+9+15+21+27+33$	$12.11d$	$12.154d$	$14.725d^2$	$4.942d^2$
4	4	4	$2.414d$	$2.414d$	$1.222d^2$	$1.222d^2$
	14	$4+10$	$4.4d$	$4.414d$	$5.951d^2$	$1.928d^2$
	30	$4+10+16$	$6.36d$	$6.414d$	$9.556d^2$	$2.660d^2$
	52	$4+10+16+22$	$8.35d$	$8.414d$	$13.637d^2$	$3.306d^2$
	80	$4+10+16+22+28$	$10.33d$	$10.414d$	$18.242d^2$	$3.881d^2$
	114	$4+10+16+22+28+34$	$12.30d$	$12.414d$	$23.323d^2$	$4.726d^2$
5	5	5	$2.7d$	$2.7d$	$1.259d^2$	$1.259d^2$
	16	$5+11$	—	$4.7d$	$2.828d^2$	$1.969d^2$
	33	$5+11+17$		$6.7d$	$5.746d^2$	$3.075d^2$
	56	$5+11+17+23$	—	$8.7d$	$9.752d^2$	$3.301d^2$
	85	$5+11+17+23+29$		$10.7d$	$14.846d^2$	$4.278d^2$
	120	$5+11+17+23+29+35$	—	$12.7d$	$21.028d^2$	$5.530d^2$

注: d 为所用单线直径（mm）。以下各表与此相同。

2. 复绞线芯的绝缘嵌隙面积

复绞线芯的绝缘嵌隙情况如图 8-3-5 所示，其嵌隙面积 S_C（mm²）按下式计算

$$S_C = S_{C1} + \left(\frac{1}{2} + \frac{1}{z_n}\right) z_n S_{C2} \qquad (8\text{-}3\text{-}16)$$

式中　S_{C1}——将复绞线芯外层股线视作单根圆线时的绝缘嵌隙面积（mm²）根据外层股线的外径和外层股线数，可从表 8-3-3 或表 8-3-4 查得 S_{C1} 值；

　　　S_{C2}——绝缘在一根股线表面的嵌隙面积（mm²），其值同理可以从表 8-3-2 和表 8-3-3 中查得；

　　　z_n——复绞线芯最外层的股线数；

$\left(\dfrac{1}{2} + \dfrac{1}{z_n}\right)$——绝缘在复绞线芯最外层一根股线中的嵌入系数。

为简便起见，兹将复绞线芯绝缘嵌隙面积 S_C 列于表 8-3-4。

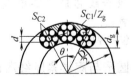

图 8-3-5　复绞线芯绝缘嵌隙图

表 8-3-3　非正规绞合束线和绞线的绝缘嵌隙面积

单线总根数	线 芯 排 列	线芯外径 D/mm		绝缘嵌隙面积 S_C/mm²	
		束　线	绞　线	束线 S_{C1}	绞线 S_{C2}
8	1+7	—	3.3d	—	1.34d^2
9	1+8	—	3.7d	—	1.6d^2
11	▲3+8	—	4.154d	—	2.73d^2
16	5+11	—	4.7d	—	1.97d^2
17	6+11	4.91d	5d	2.4d^2	2.8d^2
18	6+12	4.91d	5d	2.4d^2	2.022d^2
20	1+6+13	—	5.154d	—	1.82d^2
21	1+7+13	—	5.3d	—	2.082d^2
26	▲3+9+14	6.05d	6.154d	3.98d^2	3.46d^2
28	4+9+15	6.32d	6.414d	—	3.14d^2
32	▲5+11+16	6.69d	6.7d	5.746d^2	3.86d^2
35	▲6+12+17	6.88d	7.0d	—	3.45d^2
36	6+12+18	6.88d	7.0d	—	2.76d^2
41	2+7+13+19	7.85d	8.0d	—	4.09d^2
46	3+9+14+20	8.065d	8.154d	6.99d^2	3.86d^2
49	4+9+15+21	8.28d	8.414d	13.64d^2	3.87d^2

注：表中数据是按几何图形并结合正规绞合外径，加以平均确定的。表中有带"▲"符号的结构，其外层与内层相差 5 根单线，故绝缘嵌隙面积中加了一根单线的截面。

3. 有包带层的绞合线芯的绝缘

嵌隙面积由图 8-3-6 可见，包带绞合线芯的绝缘嵌隙面积 S_C（mm²）有如下的计算通式

$$S_C = \frac{d}{4}\left\{ \pi\left(\frac{D^2}{d} + \frac{D}{d}t - 4t - d \right) \right.$$
$$- Z_n\left(\frac{D}{d} - 1 \right)\sin\frac{\pi}{2}$$
$$\left. \left[d\left(\frac{D}{d} - 1 \right)\cos\frac{\pi}{2} + 2d + 4t \right] \right\}$$

$$(8\text{-}3\text{-}17)$$

由于上式计算较为复杂，在实际中常采用以下经验公式，即

$$S_C = 0.8d^2 + 0.25dt \qquad (8\text{-}3\text{-}18)$$

式中　D——绞合线芯外径（mm）；

　　　d——单线（或股线）直径（mm）；

　　　Z_n——绞合线芯最外层单线（或股线）根数；

　　　t——包带厚度（mm）。

3.1.3　半圆形与扇形紧压线芯的绝缘层

计算两芯、三芯或四芯电缆用半圆形及扇形紧压线芯的绝缘层时，先按式（8-2-51）、式（8-2-55）或式（8-2-59）计算出它们相应的导电线芯周长 l，并按实芯圆公式将周长换算到与之相当的圆线直径 D_d。然后，即可按圆形单根线芯绝缘层的计算公式求得其绝缘层的截面积 S。由于紧压线芯表面较平整，故绝缘嵌隙面积可忽略不计。绝缘后紧压线芯的高度 h' 及周长 l' 见表 8-3-5。

3.1.4　多根平行线芯的绝缘层

1. 普通两芯平行电线的绝缘层

普通两芯平行电线的绝缘层，有 8 字形和扁平形两种基本形式（见图 8-3-7）。

（1）8 字形绝缘层的截面积 S（mm²）

$$S = 2\pi(d+t)t - S_1 \qquad (8\text{-}3\text{-}19)$$

其中 $S_1 = 2 \times \left[\frac{1}{2}\left(\frac{d}{2} + t \right)^2 \left(\frac{\pi}{180}\alpha - \sin 2\alpha \right) \right]$

$$(8\text{-}3\text{-}20)$$

式中　d——导电线芯直径（mm）；

　　　t——绝缘厚度（mm）；

　　　S_1——绝缘层两圆环重合处的面积（mm²）；

　　　α——其值等于 $\arccos\dfrac{d+t}{d+2t}°$。

（2）扁平形绝缘层的截面积 S（mm²）

$$S = (d+t)(d+5.14t) - 0.785d^2$$

$$(8\text{-}3\text{-}21)$$

表 8-3-4　复绞线芯绝缘嵌隙面积

复绞线结构			绝缘嵌隙面积 S_C /mm²
$Z_g/Z_o/d$	外层股数 z_n	外径 D /mm	
4/19/d	4	11.742d	35.79d²
6/19/d	6	14.76d	39.03d²
7/7/d	6	8.8d	12.21d²
7/11/d	6	12.21d	32.7d²
7/12/d	6	12.21d	28.9d²
7/14/d	6	12.86d	32.2d²
7/19/d	6	14.76d	39.03d²
7/27/d	6	18.16d	60.00d²
7/32/d	6	19.23d	69.32dz
12/7/d	9	12.22d	24.8d²
14/7/d	10	12.96d	24.0d²
14/9/d	10	16.28d	36.0d²
19/7/d	12	14.76d	26.71d²
19/10/d	12	19.36d	57.4d²
19/14/d	12	21.35d	52.64d²
19/17/d	12	24.42d	66.34d²
19/18/d	12	24.58d	66.34d²
19/22/d	12	27.38d	94.36d²
19/26/d	12	30.11d	94.17d²
19/37/d	12	34.25d	116.77d²
27/7/d	15	17.96d	34.33d²
27/16/d	15	27.54d	73.7d²
27/19//d	15	30.23d	80.58d²
27/49/d	15	49.78d	291.0d²
30/19/d	16	31.57d	83.57d²
37/7/d	18	20.62d	37.09d²
37/19/d	18	34.41d	88.09d²
48/7/d	21	23.89d	45.47d²
48/19/d	21	40.05d	109.0d²
52/19/d	22	41.39d	105.1d²
61/7/d	24	26.53d	47.3d²
61/12/d	24	36.56d	76.04d²
61/32/d	24	58.89d	199.4d²
61/46/d	24	71.88d	274.2d²

注：Z_g 为复绞线总股线数；Z_o 为每根股线中的单线数；d 为单线直径（mm）。

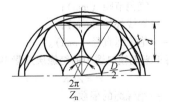

图 8-3-6　包带绞合线芯的绝缘嵌隙图

表 8-3-5　扇形紧压绝缘线芯的尺寸

线芯形状	绝缘后线芯高度 h'/mm	绝缘后线芯周长 l'/mm
两芯电缆用半圆形线芯（180°）、三芯电缆用扇形线芯（120°）、四芯电缆用扇形线芯（100°）	$h' = h + 2t$[①] $h' = h + 2.154t$[①] $h' = h + 2.31t$[①]	$l' = 5.14h'$ $l' = 4.094h'$ $l' = 3.745h$

① 式中 h 为绝缘前紧压线芯的高度（mm）。

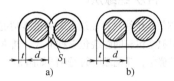

图 8-3-7　平行电线的绝缘形式

a) 8 字形绝缘　b) 扁平形绝缘

2. 电视带形电线的绝缘层

电视带形电线的绝缘层如图 8-3-8 所示。

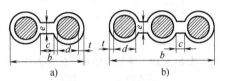

图 8-3-8　电视带形电线的绝缘层

a) 两芯　b) 三芯

(1) 两芯带形电线绝缘层的截面积 S(mm²)

$$S = 2\pi(d+t)t + ce \\ 或 S = 2\pi(d+t)t + e(b-2d-4t) \right\}$$

$$(8\text{-}3\text{-}22)$$

式中　d——导电线芯直径（mm）；

$\quad\quad t$——绝缘厚度（mm）；

$\quad\quad c$——绝缘层的带形宽度（mm）；

$\quad\quad e$——绝缘层的带形厚度（mm）；

$\quad\quad b$——带形电线的总宽度（mm）。

(2) 三芯带形电线绝缘层的截面积 S(mm²)

$$S = 3\pi(d+t)t + 2ce \\ 或 S = 3\pi(d+t)t + e(b-3d-6t) \right\}$$

$$(8\text{-}3\text{-}23)$$

3.2　绕包绝缘层

绕包绝缘层用的带状绝缘材料有纸、布、橡皮和塑料等；绳状绝缘材料有纸、塑料等；线状绝缘材料有棉纱、丝以及其他各种纤维材料。绕包绝缘层的截面如图 8-3-9 所示。

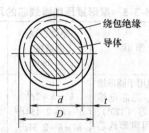

图 8-3-9　绕包绝缘层截面图

3.2.1　带状绝缘层

根据带状绝缘材料在绕包时的搭接情况，有重叠绕包、对隙绕包和间隙绕包三种形式。通常都采用重叠或间隙绕包，其绝缘层的展开图如图 8-3-10 所示。

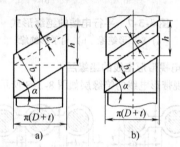

图 8-3-10　绝缘带绕包层的展开图

a) 重叠绕包　b) 间隙绕包

1. 绕包角 α

$$\alpha = \arctan \frac{h}{\pi(D+t)} \qquad (8-3-24)$$

式中　h——绕包节距（mm）；

　　　D——导线外径（mm）；

　　　t——绝缘带的厚度（mm）。

2. 绝缘带的宽度 b(mm)

$$b = \pi(D+t)\frac{1}{1 \pm k}\sin\alpha \qquad (8-3-25)$$

式中　k——重叠或间隙的宽度 e 与带宽 b 之比值。

　　　重叠绕包采用 $1-k$，间隙绕包采用 $1+k$。

3. 绝缘层截面积 S(mm²)

$$S = \pi(D+nt)nt\frac{1}{1 \pm k} \qquad (8-3-26)$$

式中　n——绝缘带绕包层数

4. 绝缘层重量 W(kg/km)

每千米电线电缆中绝缘层重量 W 的通用计算公式为

$$W = \pi(D+nt)nt\frac{\rho}{1 \pm k} \qquad (8-3-27)$$

式中　ρ——绝缘带的材料密度（g/cm³）。

假如绝缘带（如橡布带、布带、塑料薄膜）的单

位面积重量是已知的，则绝缘层重量 W 可按下式计算

$$W = n\pi(D+nt)\frac{G}{1 \pm k} \qquad (8-3-28)$$

式中　G——每平方米绝缘带的重量（kg/m²）。

各种绝缘带每平方米的重量见表 8-3-6。

表 8-3-6　绝缘带的重量

绝缘带名称	厚度/mm	重量 G/(kg/m²)
白布、花布	0.15 ~ 0.25	0.11
橡布带	0.20 ~ 0.30	0.15 ~ 0.22
黄蜡绸	0.12	0.134
黄蜡布	0.17	0.19
玻璃布	0.10	0.11
	0.12	0.137
	0.14	0.15
	0.18	0.151 ~ 0.19
聚乙烯薄膜	0.20	0.184
聚氯乙烯薄膜	0.20	0.31
	0.23	0.323
聚四氟乙烯薄膜	0.025	0.05
聚酯薄膜	0.05	0.07

扁线、扇行线芯或其他形状导体的带状绝缘层的计算，可先换算出截面积与之相当的圆直径 $D_当$，然后再按上述各公式进行计算。

3.2.2　绳状绝缘层

绳状绝缘材料的绕包，常采用螺旋状疏绕，而不是密绕。疏绕绝缘层的展开图如图 8-3-11 所示。

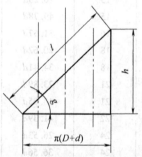

图 8-3-11　绝缘绳绕包层的展开图

1. 绕包角 α

$$\alpha = \arctan \frac{h}{\pi(D+d)} \qquad (8-3-29)$$

式中　h——绕包节距（mm）；

　　　D——导线外径（mm）；

　　　d——绝缘绳直径（mm）。

2. 每千米电线电缆中的绝缘层重量 W(kg/km)

$$W = ZGK \qquad (8-3-30)$$

式中　Z——绝缘绳的根数；

　　　G——单根绝缘绳每千米的重量（kg/km）；

K——绕包系数，系绝缘绳一个节距内的实际长度 l 与绕包节距 h 之比值。

表8-3-7为纸绳每千米的重量。

表8-3-7　纸绳的重量

纸绳直径 /mm	纸绳重量 G /（kg/km）	纸绳直径 /mm	纸绳重量 G /（kg/km）
0.40	0.125	1.00	0.74
0.49	0.180	1.25	1.23
0.50	0.20	1.35	1.43
0.60	0.28	1.50	1.77
0.76	0.43	2.00	3.14
0.81	0.51	2.50	4.91
0.82	0.52	3.00	7.07
0.85	0.54	4.00	12.50

3.2.3　线状绝缘层

棉纱、天然丝、玻璃丝和一些合成纤维等线状绝缘材料的粗细，各有计量单位，如棉纱一类是以英制支数（S）表示，玻璃纤维纱是以公制支数（N）表示，天然丝等则以纤度（T）表示。这些计量单位相互间的换算关系为：

$$N = 1.7S$$

$$N = 9000/T$$

每千米电线中线状绝缘层重量 W（kg/km）计算如下：

1. 无碱玻璃丝绝缘层重量 W

$$W = \frac{nZ}{N}K \qquad (8\text{-}3\text{-}31)$$

式中　n——绕包层数；

Z——每层中玻璃丝的根数；

N——玻璃丝公制支数（m/g）；

K——绕包系数，即一个绕包节距内玻璃丝的实际长度 l 与节距 h 之比值。

2. 棉纱绝缘层重量 W

$$W = 0.59\frac{nZ}{S}K \qquad (8\text{-}3\text{-}32)$$

式中　Z——每层中棉纱的根数；

S——棉纱英制支数，840yd/1b。

棉纱绕包绝缘的一些有关数据见表8-3-8。

表8-3-8　棉纱绕包绝缘的有关数据

棉　纱　支　数		绕包覆盖宽度 /mm	绕包厚度 t /mm
英制 S	公制 N[①]		
120/1	200/1	0.091	0.052
100/1	170/1	0.10	0.056
80/1	133/1	0.115	0.065
60/1	100/1	0.136	0.077
50/1	85/1	0.147	0.10
42/1	70/1	0.165	0.11
32/1	54/1	0.176	0.13
24/1	40/1	0.205	0.15
21/1	36/1	0.216	0.17

① $N = 1.7S$。

式（8-3-31）及式（8-3-32）中的绕包系数 K，与节距比 m［即 $h/(D+t)$］有关，可从表8-3-9中查得。有关扁线的 K 值，可先换算出截面积与之相当的圆直径 D_d 后求得。

表8-3-9　棉纱绕包绝缘层绕包系数与节距比的关系

节距比 m	绕包系数 K	节距比 m	绕包系数 K	节距比 m	绕包系数 K	节距比 m	绕包系数 K
0.10	31.43	0.30	10.52	0.50	6.362	0.70	4.597
0.11	28.58	0.31	10.18	0.51	6.241	0.71	4.537
0.12	26.20	0.32	9.868	0.52	6.124	0.72	4.476
0.13	24.19	0.33	9.573	0.53	6.011	0.73	4.418
0.14	22.46	0.34	9.294	0.54	5.903	0.74	4.361
0.15	20.97	0.35	9.032	0.55	5.800	0.75	4.307
0.16	19.66	0.36	8.784	0.56	5.698	0.76	4.252
0.17	18.50	0.37	8.549	0.57	5.618	0.77	4.201
0.18	17.48	0.38	8.328.	0.58	5.509	0.78	4.149
0.19	16.56	0.39	8.118	0.59	5.418	0.79	4.100
0.20	15.74	0.40	7.918	0.60	5.331	0.80	4.052
0.21	15.00	0.41	7.728	0.61	5.246	0.81	4.005
0.22	14.31	0.42	7.546	0.62	5.166	0.82	3.960
0.23	13.69	0.43	7.306	0.63	5.086	0.83	3.916
0.24	13.09	0.44	7.210	0.64	5.010	0.84	3.872
0.25	12.61	0.45	7.053	0.65	4.936	0.85	3.829
0.26	12.12	0.46	6.902	0.66	4.864	0.86	3.787
0.27	11.68	0.47	6.759	0.67	4.794	0.87	3.747
0.28	11.26	0.48	6.621	0.68	4.726	0.88	3.706
0.29	10.88	0.49	6.489	0.69	4.661	0.89	3.669

（续）

节距比 m	绕包系数 K	节距比 m	绕包系数 K	节距比 m	绕包系数 K	节距比 m	绕包系数 K
0.90	3.630	1.32	2.581	1.74	2.064	2.16	1.765
0.91	3.595	1.33	2.565	1.75	2.055	2.17	1.760
0.92	3.558	1.34	2.549	1.76	2.046	2.18	1.754
0.93	3.522	1.35	2.533	1.77	2.037	2.19	1.748
0.94	3.489	1.36	2.517	1.78	2.028	2.20	1.744
0.95	3.456	1.37	3.502	1.79	2.020	2.21	1.738
0.96	3.422	1.38	2.486	1.80	2.011	2.22	1.733
0.97	3.389	1.39	2.472	1.81	2.003	2.23	1.727
0.98	3.350	1.40	2.457	1.82	1.995	2.24	1.722
0.99	3.327	1.41	2.442	1.83	1.987	2.25	1.718
1.00	3.297	1.42	2.428	1.84	1.978	2.26	1.713
1.01	3.268	1.43	2.413	1.85	1.971	2.27	1.707
1.02	3.239	1.44	2.400	1.86	1.963	2.28	1.703
1.03	3.209	1.45	2.385	1.87	1.955	2.29	1.698
1.04	3.183	1.46	2.373	1.88	1.948	2.30	1.693
1.05	3.154	1.47	2.359	1.89	1.940	2.31	1.688
1.06	3.127	1.48	2.346	1.90	1.932	2.32	1.683
1.07	3.102	1.49	2.333	1.91	1.925	2.33	1.678
1.08	3.076	1.50	2.321	1.92	1.918	2.34	1.674
1.09	3.051	1.51	2.309	1.93	1.910	2.35	1.669
1.10	3.027	1.52	2.296	1.94	1.903	2.36	1.665
1.11	3.002	1.53	2.284	1.95	1.897	2.37	1.660
1.12	2.978	1.54	2.272	1.96	1.889	2.38	1.656
1.13	2.955	1.55	2.260	1.97	1.882	2.39	1.651
1.14	2.931	1.56	2.248	1.98	1.875	2.40	1.646
1.15	2.909	1.57	2.237	1.99	1.869	2.41	1.643
1.16	2.886	1.58	2.226	2.00	1.862	2.42	1.639
1.17	2.865	1.59	2.215	2.01	1.856	2.43	1.635
1.18	2.844	1.60	2.203	2.02	1.849	2.44	1.630
1.19	2.823	1.61	2.193	2.03	1.842	2.45	1.626
1.20	2.802	1.62	2.182	2.04	1.837	2.46	1.622
1.21	2.782	1.63	2.171	2.05	1.830	2.47	1.618
1.22	2.762	1.64	2.161	2.06	1.824	2.48	1.614
1.23	2.742	1.65	2.150	2.07	1.818	2.49	1.610
1.24	2.724	1.66	2.140	2.08	1.811	2.50	1.606
1.25	2.706	1.67	2.130	2.09	1.806	2.51	1.602
1.26	2.687	1.68	2.121	2.10	1.799	2.52	1.598
1.27	2.668	1.69	2.111	2.11	1.795	2.53	1.595
1.28	2.650	1.70	2.101	2.12	1.788	2.54	1.591
1.29	2.632	1.71	2.091	2.13	1.781	2.55	1.587
1.30	2.615	1.72	2.082	2.14	1.776	2.56	1.583
1.31	2.598	1.73	2.073	2.15	1.770	2.57	1.579

（续）

节距比 m	绕包系数 K	节距比 m	绕包系数 K	节距比 m	绕包系数 K	节距比 m	绕包系数 K
2.58	1.576	3.00	1.448	3.42	1.357	3.84	1.291
2.59	1.572	3.01	1.445	3.43	1.356	3.85	1.290
2.60	1.568	3.02	1.443	3.44	1.354	3.86	1.289
2.61	1.565	3.03	1.441	3.45	1.352	3.87	1.288
2.62	1.562	3.04	1.438	3.46	1.350	3.88	1.287
2.63	1.558	3.05	1.435	3.47	1.349	3.89	1.286
2.64	1.554	3.06	1.433	3.48	1.347	3.90	1.284
2.65	1.551	3.07	1.430	3.49	1.345	3.91	1.283
2.66	1.548	3.08	1.428	3.50	1.344	3.92	1.282
2.67	1.544	3.09	1.426	3.51	1.342	3.93	1.280
2.68	1.540	3.10	1.423	3.52	1.341	3.94	1.279
2.69	1.537	3.11	1.421	3.53	1.339	3.95	1.278
2.70	1.534	3.12	1.419	3.54	1.337	3.96	1.276
2.71	1.531	3.13	1.416	3.55	1.335	3.97	1.275
2.72	1.527	3.14	1.414	3.56	1.333	3.98	1.274
2.73	1.524	3.15	1.413	3.57	1.332	3.99	1.273
2.74	1.522	3.16	1.410	3.58	1.330	4.00	1.272
2.75	1.519	3.17	1.408	3.59	1.329	4.01	1.271
2.76	1.515	3.18	1.406	3.60	1.328	4.02	1.269
2.77	1.512	3.19	1.404	3.61	1.326	4.03	1.268
2.78	1.509	3.20	1.401	3.62	1.324	4.04	1.267
2.79	1.506	3.21	1.399	3.63	1.322	4.05	1.266
2.80	1.503	3.22	1.397	3.64	1.321	4.06	1.265
2.81	1.500	3.23	1.395	3.65	1.319	4.07	1.263
2.82	1.497	3.24	1.393	3.66	1.318	4.08	1.262
2.83	1.494	3.25	1.390	3.67	1.316	4.09	1.261
2.84	1.491	3.26	1.389	3.68	1.314	4.10	1.260
2.85	1.489	3.27	1.387	3.69	1.313	4.11	1.259
2.86	1.485	3.28	1.385	3.70	1.311	4.12	1.257
2.87	1.483	3.29	1.383	3.71	1.310	4.13	1.256
2.88	1.480	3.30	1.380	3.72	1.309	4.14	1.255
2.89	1.477	3.31	1.379	3.73	1.307	4.15	1.254
2.90	1.474	3.32	1.377	3.74	1.306	4.16	1.253
2.91	1.412	3.33	1.375	3.75	1.305	4.17	1.252
2.92	1.469	3.34	1.373	3.76	1.303	4.18	1.251
2.93	1.466	3.35	1.370	3.77	1.302	4.19	1.250
2.94	1.464	3.36	1.368	3.78	1.300	4.20	1.249
2.95	1.460	3.37	1.367	3.79	1.299	4.21	1.248
2.96	1.458	3.38	1.365	3.80	1.297	4.22	1.247
2.97	1.456	3.39	1.363	3.81	1.296	4.23	1.246
2.98	1.453	3.40	1.361	3.82	1.294	4.24	1.245
2.99	1.450	3.41	1.359	3.83	1.293	4.25	1.243

（续）

节距比 m	绕包系数 K	节距比 m	绕包系数 K	节距比 m	绕包系数 K	节距比 m	绕包系数 K
4.26	1.242	4.45	1.224	5.0	1.181	6.9	1.098
4.27	1.241	4.46	1.223	5.1	1.174	7.0	1.095
4.28	1.240	4.47	1.223	5.2	1.168	7.1	1.094
4.29	1.239	4.48	1.222	5.3	1.162	7.2	1.091
4.30	1.238	4.49	1.221	5.4	1.156	7.3	1.088
4.31	1.237	4.50	1.220	5.5	1.152	7.4	1.086
4.32	1.236	4.51	1.219	5.6	1.147	7.5	1.084
4.33	1.235	4.52	1.218	5.7	1.142	7.6	1.082
4.34	1.234	4.53	1.217	5.8	1.137	7.7	1.080
4.35	1.234	4.54	1.216	5.9	1.133	7.8	1.078
4.36	1.233	4.55	1.215	6.0	1.129	7.9	1.076
4.37	1.232	4.56	1.214	6.1	1.124	8.0	1.074
4.38	1.231	4.57	1.213	6.2	1.121	8.25	1.069
4.39	1.230	4.58	1.212	6.3	1.118	8.50	1.062
4.40	1.229	4.59	1.211	6.4	1.114	8.75	1.061
4.41	1.228	4.60	1.210	6.5	1.111	9.0	1.058
4.42	1.227	4.70	1.203	6.6	1.108	9.5	1.049
4.43	1.226	4.80	1.195	6.7	1.105	10.0	1.048
4.44	1.225	4.90	1.187	6.8	1.101		

注：yd 为长度码的单位，1yd = 0.9144m；lb 为质量磅的单位，1lb = 0.453592kg。
节距比 $m = h/(D + d)$；绕包系数 $K = l/h = 1/\sin\alpha$，式中 h 为节距（mm）；D 为导线外径（mm）；d 为线的直径（mm）；l 为线绕包一个节距的实际长度（mm）；α 为绕包角。

3.2.4 绝缘浸渍材料的重量

油浸纸绝缘电缆的电缆芯在纸包成缆后，需用浸渍剂浸渍。玻璃丝包线的绕包绝缘层，需浸渍绝缘漆。这些浸渍材料的重量计算如下：

1. 纸力缆浸渍剂的重量 W（kg/km）

$$W = \frac{\pi}{4}(D^2 - nd^2 k) \cdot \varepsilon \qquad (8\text{-}3\text{-}33)$$

式中 D——包带绝缘后的电缆芯外径（mm）；
d——导电线芯外径（mm）；
n——芯数；
k——线芯紧压系数；
ε——浸渍系数，粘性浸渍取 0.55 ~ 0.6，滴干浸渍取 0.4 ~ 0.5。

如果是单芯电缆，缆芯外径即为绝缘线芯外径。

2. 玻璃丝包线浸渍绝缘漆重量 W（kg/km）

$$W = ltn\rho \qquad (8\text{-}3\text{-}34)$$

式中 l——导线周长（mm），扁线的周长按式（8-1-21）计算；
t——每次的浸渍厚度（mm）；
n——浸渍次数；
ρ——固体漆的密度（g/cm³）。
绝缘漆液的重量 W_E，则按式（8-3-4）计算。

3.3 其他形式绝缘层

这里主要介绍同轴电缆的鱼泡式绝缘重量的计算。

所谓鱼泡式绝缘，就是每隔一定距离将管状绝缘层压紧在导线上，每段绝缘管与导线之间留有空隙，犹如鱼泡。其重量 W（kg/km）按下式计算

$$W = \pi(D - t)t\rho \qquad (8\text{-}3\text{-}35)$$

式中 D——鱼泡管外径（mm）；
t——鱼泡管壁厚度（mm）；
ρ——鱼泡管的材料密度（g/cm³）。

第 4 章

电缆芯（成缆）

两根以上绝缘线芯经并合或绞合成缆后，称为电缆芯（某些两芯以上的电线也是如此）。用平行排列并合成的电线电缆芯，通常为 2～3 芯，所以结构计算较为简单。而绞合成缆的圆形电缆芯的品种规格很多，故本章着重介绍这类电缆芯的外形尺寸及其中心和外层外缘的空隙面积的计算方法，借此可确定电缆芯的垫芯、外层填充物及护层等有关的结构尺寸。

4.1 等圆绝缘线芯构成的电缆芯

4.1.1 圆形电缆芯

1. 圆形电缆芯的外径 D(mm)

$$D = D_0 + 2nd \qquad (8\text{-}4\text{-}1)$$

式中 D_0——中心层外径（mm）；

$\qquad d$——绝缘线芯直径（mm）；

$\qquad n$——中心层以外的绝缘线芯绞合层数。

有关中心层外径 D_0 的计算，由 1～5 根绝缘线芯组成的中心层，按表 8-4-1 的相应公式进行计算；6 根绝缘线芯组成的中心层（见图 8-4-1），则 $D_0 = 3d$。

两芯　三芯　四芯　五芯　六芯

图 8-4-1　电缆芯绞合时中心空隙面积

2. 圆形电缆芯的空隙面积

（1）电缆芯的中心空隙面积 S_{C0}(mm²)

电缆芯或电缆芯的中心层由 2～6 根绝缘线芯组成时，其中心空隙面积 S_{C0}（图 8-4-1 中的涂黑部分）按下式计算

$$S_{C0} = \frac{\pi}{4} d^2 \left(\frac{z_0}{\pi \tan \alpha} - \frac{z_0}{2} + 1 \right) \qquad (8\text{-}4\text{-}2)$$

式中 d——绝缘线芯直径（mm）；

$\qquad z_0$——中心层绝缘线芯根数；

$\qquad \alpha$——每根绝缘线芯所占中心角的一半，$\alpha = 180°/z_0$。

（2）电缆芯最外层的外缘空隙面积 S_{Cn}(mm²)

$$S_{Cn} = \frac{d^2}{4} \left[\frac{2\pi D^2}{d^2} - \left(\frac{D}{d} - 1 \right)^2 \times z_n \sin \frac{2\pi}{z_n} - (z_n + 2)\pi \right]$$

$$(8\text{-}4\text{-}3)$$

式中 D——电缆芯外径（mm）；

$\qquad d$——绝缘线芯直径（mm）；

$\qquad z_n$——电缆芯最外层绝缘线芯根数。

根据式（8-4-2）及式（8-4-3），2～48 芯电缆芯的中心空隙及外层的外缘空隙面积计算值，列于表 8-4-1。

4.1.2 扁平形电缆芯

1. 扁平形电缆芯的周长 l

扁平形电缆芯大多由 2～3 芯构成。由图 8-4-2 可见，扁平形电缆芯的周长 l(mm) 为

对两芯电缆芯

$$l = \pi d + 2d \qquad (8\text{-}4\text{-}4)$$

对三芯电缆芯

$$l = \pi d + 4d \qquad (8\text{-}4\text{-}5)$$

式中 d——绝缘线芯外径（mm）。

2. 扁平形电缆芯空隙面积 S_C(mm²)

对两芯电缆芯

$$S_C = d^2 - \frac{\pi}{4} d^2 = 0.215 d^2 \qquad (8\text{-}4\text{-}6)$$

对三芯电缆芯

$$S_C = 2 \times \left(d^2 - \frac{\pi}{4} d^2 \right) = 0.43 d^2 \qquad (8\text{-}4\text{-}7)$$

4.1.3 三角形电缆芯

三芯电缆的电缆芯，除通常绞合成圆形外，也有制成三角形的（见图 8-4-3）。

表 8-4-1　2~48 芯电缆芯的空隙面积

芯数	线芯排列	外径比[①] $M = D/d$	中心空隙面积 $\times d^2/\text{mm}^2$	外层外缘空隙面积 $\times d^2$ /mm²
2	2	2	0	1.571
3	3	2.154	0.04	1.248
4	4	2.414	0.215	1.220
5	5	2.7	0.543	1.259
6	6	3	1.025	1.329
7	1+6	3	0	1.329
8	1+7	3.3	0	1.390
9	1+8	3.7	0	1.679
10	2+8	4	0	2.276
11	3+8	4.154	0.04	2.593
12	3+9	4.154	0.04	2.039
13	4+9	4.414	0.215	2.553
14	4+10	4.414	0.215	2.025
15	5+10	4.7	0.543	2.578
16	5+11	4.7	0.543	2.071
17	6+11.	5	1.025	2.641
18	6+12	5	1.025	2.137
19	1+6+12	5	0	2.137
20	1+6+13	5.154	0	1.944
21	1+7+13	5.3	0	2.257
22	1+8+13	5.7	0	4.442
23	2+8+13	6	0	3.598
24	2+8+14	6	0	2.975
25	3+8+14	6.154	0.04	3.285
26	3+9+14	6.154	0.04	3.285
27	3+9+15	6.154	0.04	2.801
28	4+9+15	6.414	0.215	3.282
29	4+9+16	6.414	0.215	2.806
30	4+10+16	6.414	0.215	2.806
31	5+10+16	6.7	0.543	3.319
32	5+11+16	6.7	0.543	3.319
33	5+11+17	6.7	0.543	2.864
34	6+11+17	7	1.025	3.398
35	6+12+17	7	1.025	3.398
36	6+12+18	7	1.025	2.927
37	1+6+12+18	7	0	2.927
38	1+7+12+18	7.3	0	3.458
38	2+6+12+18	8	0	4.705
40	2+7+12+19	8	0	4.254
41	2+7+13+19	8	0	4.254
42	2+8+13+19	8	0	4.254
44	2+8+14+20	8	0	3.774
45	3+8+14+20	8.154	0.04	4.042
48	3+9+15+21	8.154	0.04	2.867

① 10 芯以上电缆芯的中心层为 2~5 芯时，中心层外径比 M_0 值与表中 2~5 芯的 M 值相同。

图 8-4-2　扁平形电缆芯

a) 两芯　b) 三芯

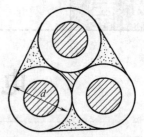

图 8-4-3　三角形电缆芯

1. 三角形电缆芯的周长 l (mm)

$$l = \pi d + 3d = 6.14d \qquad (8\text{-}4\text{-}8)$$

式中　d——绝缘线芯直径 (mm)。

2. 三角形电缆芯的相当圆直径 D_d (mm)

$$D_d = l/\pi = 1.955d \qquad (8\text{-}4\text{-}9)$$

3. 三角形电缆芯的空隙面积

三角形电缆芯的中心空隙面积 S_{C0} 与圆形三芯电缆芯相同，见式 (8-4-2) 或表 8-4-1。

三角形电缆芯的外缘空隙面积 S_C (mm²) 则按下式计算：

$$S_C = \frac{1}{2} \times 3\left(d^2 - \frac{\pi}{4}d^2\right) = 0.323d^2$$

$$(8\text{-}4\text{-}10)$$

4.2　不等圆绝缘线芯构成的电缆芯

构成这类电缆芯的绝缘线芯数量，常见的有二大一小、三大一小和三大三小等三种，电缆芯截面形状都呈圆形。

4.2.1　两大一小的电缆芯

1. 电缆芯外径 D

图 8-4-4 为两大一小电缆芯的截面示意图。图中 d_1 为两个大圆形绝缘线芯的直径，d_2 为小圆形绝缘线芯的直径，D 为电缆芯的外径。

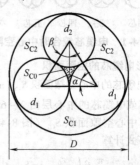

图 8-4-4　两大一小电缆芯

令 a 为电缆芯外径与大圆形绝缘线芯直径的倍比，电缆芯的外径 D（mm）则为

$$D = ad_1 \qquad (8\text{-}4\text{-}11)$$

令 $b = \dfrac{d_2}{d_1}$

则推导得

$$a = \frac{b(b+1+\sqrt{b^2+2b})}{b-1+\sqrt{b^2+2b}} \qquad (8\text{-}4\text{-}12)$$

由于 b 值（d_2/d_1）是已知的，因此与 b 值相对应的 a 值也可按式（8-4-12）求得，然后再根据式（8-4-11）计算出电缆芯的外径 D。

为简便起见，a 与 b 的对应值可从图 8-4-5 中直接查出，a 与 b 的部分对应值见表 8-4-2。

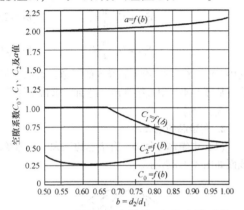

图 8-4-5　两大一小电缆芯，a 及空隙系数 C_0、C_1、C_2 与 b 的关系曲线

表 8-4-2　a 与 b 的部分对应值

a	b	a	b
2.002	0.70	2.088	0.90
2.015	0.75	2.120	0.95
2.035	0.80	2.1547	1.00
2.0588	0.85		

2. 电缆芯空隙面积（见图 8-4-4）

$$\cos\alpha = \frac{1}{a-1}$$

$$\sin\beta = \frac{1}{b+1}$$

因此两大一小电缆芯的中心空隙面积 S_{C0} 及外缘上的空隙面积 S_{C1} 与 S_{C2}（单位均为 mm^2）分别为

$$S_{C0} = \frac{\pi}{4}d_1^2\left(\frac{\tan\alpha}{\pi} - \frac{90-\beta}{180} + \frac{a-b}{\pi} - b^2\frac{\beta}{180}\right) \qquad (8\text{-}4\text{-}13)$$

$$S_{C2} = \frac{\pi}{4}d_1^2\left(a^2\frac{90-\alpha}{180} - \frac{\tan\alpha}{\pi} + \frac{\alpha}{180} - 1\right) \qquad (8\text{-}4\text{-}14)$$

$$S_{C2} = \frac{\pi}{4}d_1^2\left[a^2\frac{90+\alpha}{360} - \frac{1}{2}(1+b^2) - \frac{1}{2\pi} - (a-b) + \frac{90-\alpha-\beta}{360} + b^2\frac{\beta}{360}\right] \qquad (8\text{-}4\text{-}15)$$

令各空隙系数分别为

$$C_0 = \frac{\tan\alpha}{\pi} - \frac{90-\beta}{180} + \frac{a-b}{\pi} - b^2\frac{\beta}{180}$$

$$C_1 = a^2\frac{90-\alpha}{180} - \frac{\tan\alpha}{\pi} + \frac{\alpha}{180} - 1$$

$$C_2 = a^2\frac{90+\alpha}{360} - \frac{1}{2}(1+b^2) - \frac{1}{2\pi}(a-b)$$

$$\frac{90-\alpha-\beta}{360} + b^2\frac{\beta}{180}$$

则各空隙面积有以下的计算式

$$S_{C0} = C_0\frac{\pi}{4}d_1^2 \qquad (8\text{-}4\text{-}16)$$

$$S_{C1} = C_1\frac{\pi}{4}d_1^2 \qquad (8\text{-}4\text{-}17)$$

$$S_{C2} = C_2\frac{\pi}{4}d_1^2 \qquad (8\text{-}4\text{-}18)$$

其中，C_0、C_1 及 C_2 均为 a 及 b 的函数，因此根据 b 值可从图 8-4-5 中直接查出，进而可求得空隙面积 S_{C0}、S_{C1}、S_{C2}。

4.2.2　三大一小的电缆芯

三大一小电缆芯有两种结构：一种是绝缘线芯间与二大一小电缆芯一样，是互相靠接的；另一种是绝缘线芯间保持一定的距离，即这种电缆芯的中心加有垫芯。

1. 线芯相接的电缆芯

（1）电缆芯外径 D　这种结构的电缆芯的截面示意图如图 8-4-6 所示。图中 d_1 为三个大圆形绝缘线芯的直径，d_2 为小圆形绝缘线芯的直径，D 为电缆芯的外径。

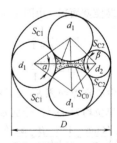

图 8-4-6　线芯相接的三大一小电缆芯

令 a 为电缆芯外径与大圆形绝缘线芯直径的倍比，电缆芯的外径 D（mm）则为

$$D = ad_1 \qquad (8\text{-}4\text{-}19)$$

令

$$b = \frac{d_2}{d_1}$$

则推导得

$$b = \frac{a^3 - 2a^2}{a^2 - a - 1} \quad (8\text{-}4\text{-}20)$$

由于 b 值（d_2/d_1）是已知的，因此与 b 值相对应的 a 值可按式（8-4-20）求得，然后再根据式（8-4-19）计算出电缆芯的外径 D。

为便于计算，a 与 b 的对应值可从图 8-4-7 中直接查出，a 与 b 的部分对应值见表 8-4-3 所列。

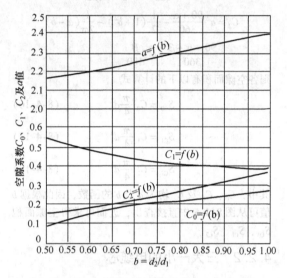

图 8-4-7 相接的三大一小电缆芯，a 及空隙系数 C_0、C_1、C_2 与 b 的关系曲线

表 8-4-3 a 与 b 的部分对应值

a	b	a	b
2.100	0.367	2.300	0.797
2.155	0.4834	2.350	0.8897
2.200	0.590	2.400	0.976
2.250	0.698	2.414	1.000

（2）电缆芯空隙面积 由图 8-4-6 可知

$$\cos\alpha = \frac{1}{a-1}$$

$$\sin\beta = \frac{2\sin\alpha}{b+1}$$

因此电缆芯的中心空隙面积 S_{C0} 及外缘上的空隙面积 S_{C1} 及 S_{C2}（单位均为 mm²）分别为

$$S_{C0} = 2 \times \frac{\pi}{4}d_1^2 \left(\frac{\tan\alpha}{\pi} - \frac{180-\beta}{360} + \frac{a-b}{\pi}\sin\alpha - b^2\frac{\beta}{360} \right) \quad (8\text{-}4\text{-}21)$$

$$S_{C1} = \frac{\pi}{4}d_1^2 \left(a^2\frac{90-\alpha}{180} - \frac{\tan\alpha}{\pi} + \frac{\alpha}{180} - 1 \right) \quad (8\text{-}4\text{-}22)$$

$$S_{C2} = \frac{\pi}{4}d_1^2 \left(a^2\frac{a}{180} - \frac{2\alpha+\beta}{360} - b^2\frac{180-\beta}{360} - \frac{a-b}{\pi}\sin\alpha \right) \quad (8\text{-}4\text{-}23)$$

令各空隙系数分别为

$$C_0 = 2 \left(\frac{\tan\alpha}{\pi} - \frac{180-\beta}{360} + \frac{a-b}{\pi} - b^2\frac{\beta}{360} \right)$$

$$C_1 = a^2\frac{90-\alpha}{180} - \frac{\tan\alpha}{\pi} + \frac{\alpha}{180} - 1$$

$$C_2 = a^2\frac{\alpha}{180} - \frac{2\alpha+\beta}{360} - b^2\frac{180-\beta}{360} - \frac{a-b}{\pi}\sin\alpha$$

则各空隙面积有以下的计算式

$$S_{C0} = C_0\frac{\pi}{4}d_1^2 \quad (8\text{-}4\text{-}24)$$

$$S_{C1} = C_1\frac{\pi}{4}d_1^2 \quad (8\text{-}4\text{-}25)$$

$$S_{C2} = C_2\frac{\pi}{4}d_1^2 \quad (8\text{-}4\text{-}26)$$

其中，C_0、C_1、C_2 均为 a 及 b 的函数，因此根据 b 值可从图 8-4-7 中直接查出，进而可求得空隙面积 S_{C0}、S_{C1}、S_{C2}。

2. 有垫芯的电缆芯

（1）电缆芯外径 D 有垫芯的三大一小电缆芯截面如图 8-4-8 所示。

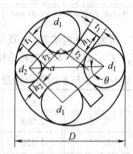

图 8-4-8 有垫芯的三大一小电缆芯

由图可见，电缆芯外径 D(mm) 可按式（8-4-27）计算

$$D \sqrt{\frac{1}{4}(d_1+d_2+2t_2)^2 + (d_1+t_2)^2} + d_1 \quad (8\text{-}4\text{-}27)$$

式中　d_1——大圆形绝缘线芯直径（mm）；

d_2——小圆形绝缘线芯直径（mm）；

t_2——垫芯突棱最窄处的宽度（即线芯间的距离）（mm）。

（2）垫芯截面积 S_0(mm²)

$$S_0 = \frac{1}{2}(d_1+d_2+2t_2)(d_1+t_2) - \frac{\pi}{4}$$

$$\left(\frac{\theta}{180}d_1^2 + \frac{90-\theta}{180}d_2^2 + \frac{d_1^2}{2}\right) + (t_1 + t_2)$$
$$(h_1 + h_2) \tag{8-4-28}$$

式中　t_1——垫芯突棱顶端的宽度（mm）；

　　　h_1——相邻两个大圆线芯的圆心连线与垫芯突棱顶端的垂直距离（mm）；

　　　h_2——相邻大小圆线芯的圆心连线与垫芯突棱顶端的垂直距离（mm）；

　　　θ——穿过大小圆线芯圆心的电缆芯中心线与相邻两个大圆线芯圆心连线间的夹角。

4.2.3　三大三小的电缆芯

三大三小的电缆芯，其中心都采用六棱形垫芯，电缆芯的结构如图8-4-9所示。

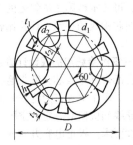

图8-4-9　三大三小电缆芯

1. 电缆芯外径 D（mm）

$$D = 2(d_1 + t_2) + d_2 \tag{8-4-29}$$

式中　d_1——大圆线芯直径（mm）；

　　　d_2——小圆线芯直径（mm）；

　　　t_2——小圆线芯及电缆芯外周间距离（mm）。

2. 垫芯截面积 S_0（mm²）

$$S_0 = 0.6495(d_1 + d_2 + 2t_2)^2 - \frac{\pi}{4}(d_1^2 + d_2^2) + 3(t_1 + t_2)h \tag{8-4-30}$$

式中　t_1——垫芯突棱的宽度（mm）；

　　　h——相邻两个线芯的圆心连线与垫芯突棱顶端的垂直距离（即垫芯突棱高度）（mm）。

4.3　电力电缆和通信电缆的电缆芯

4.3.1　半圆形或扇形绝缘线芯构成的电力电缆芯

用半圆形或扇形绝缘线芯构成的电缆，有两

芯、三芯及四芯等结构形式，其截面示意如图8-4-10所示。

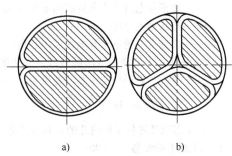

图8-4-10　半圆形及扇形绝缘线芯构成的电缆芯
a) 半圆形线芯　b) 扇形线芯

1. 电缆芯外径 D

根据表8-3-5可知，电缆芯的外径 D（mm）为

对两芯电缆　$D = 2h' = 2(h + 2t)$ 　(8-4-31)

对三芯电缆　$D = 2h' = 2(h + 2.154t)$ (8-4-32)

对四芯电缆　$D = 2h' = 2(h + 2.31t)$ (8-4-33)

式中　h'——绝缘线芯的高度（mm）；

　　　h——导电线芯的高度（mm）；

　　　t——绝缘厚度（mm）。

2. 电缆芯的空隙面积

图8-4-11为一个扇形绝缘线芯的中心空隙面积和两侧外缘空隙面积示意图（半圆形绝缘线芯与此相同）。由图可知，一个扇形（或半圆形）绝缘线芯的中心空隙面积（mm²）的计算通式为

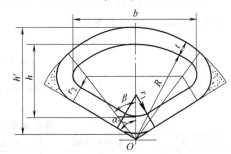

图8-4-11　扇形绝缘线芯的空隙面积

$$S_{C01} = (r_1 + t)^2 \tan(90 - \alpha) - \frac{\pi(r_1 + t)^2}{180}(90 - \alpha) \tag{8-4-34}$$

一个扇形（或半圆形）绝缘线芯的两侧外缘空隙面积（mm²）的计算通式为

$$S_{C02} = \frac{\pi(R + t)}{180}(\alpha - \beta) - \frac{\pi(r_2 + t)^2}{180} \times (90 + \alpha - \beta) - \frac{(r_2 + t)^2}{\tan(\alpha - \beta)} \tag{8-4-35}$$

式中 R——扇形导电线芯大圆弧边的半径（mm）；

r_1——扇形导电线芯底角的圆角半径（mm）；

r_2——扇形导电线芯边角的圆角半径（mm）；

t——绝缘层的厚度（mm）；

α——二分之一的扇形导电线芯中心角；

β——以 R 为半径的线芯圆弧部分夹角的一半。当扇形导电线芯的宽度为 b（mm）

时，$\beta = \arcsin \dfrac{0.5b - r^2}{R - r_2}$

由 2~4 芯电缆芯各扇形线芯的 α 角分别为

两芯电缆芯的线芯　$\alpha = 90°$

三芯电缆芯的线芯　$\alpha = 60°$

四芯电缆芯的主线芯　$\alpha = 50°$

根据式（8-4-34）及式（8-4-35）就可以计算出 2~4 芯电缆芯的中心空隙面积 S_{C0} 和外缘空隙面积 S_C，具体为

（1）两芯电缆芯的空隙面积　两芯电缆芯无中心空隙面积，其外缘空隙面积 S_C（mm²）为

$$S_C = 2S_{C02} = \frac{\pi(R+t)^2}{90}(90 - \beta) - \frac{\pi(r_2+t)^2}{90} \times$$

$$(180 - \beta) - \frac{2(r_2+t)^2}{\tan(90 - \beta)} \quad (8\text{-}4\text{-}36)$$

（2）三芯电缆芯的空隙面积（mm²）

$$S_{C0} = 3S_{C01} = 0.16(r_1+t)^2 \quad (8\text{-}4\text{-}37)$$

$$S_C = 3S_{C02} = \frac{\pi(R+t)^2}{60}(60 - \beta) - \frac{\pi(r_2+t)^2}{60} \times$$

$$(150 - \beta) - \frac{3(r_2+t)^2}{\tan(60 - \beta)} \quad (8\text{-}4\text{-}38)$$

（3）四芯电缆芯的空隙面积（mm²）

$$S_{C0} = 0.423(r_1+t)^2 + 0.686(r_1'+t)^2 \quad (8\text{-}4\text{-}39)$$

$$S_C = \frac{\pi(R+t)^2}{60}(50 - \beta) - \frac{\pi(r_2+t)^2}{60} \times (140 - \beta) -$$

$$\frac{3(r_2+t)^2}{\tan(50 - \beta)} + \frac{\pi(R+t)^2}{180}(30 - \beta) -$$

$$\frac{\pi(r_2'+t)^2}{180}(120 - \beta) - \frac{(r_2'+t)^2}{\tan(30 - \beta)} \quad (8\text{-}4\text{-}40)$$

式中 r_1 及 r_2——中性线芯与主线芯相应的有关圆角半径（mm）。

4.3.2　通信电缆的电缆芯

通信电缆的电缆芯，包括市内电话电缆、低频与高频长途通信电缆、局用电缆以及配线电缆的电缆芯。

1. 线组的直径 d_p

通信电缆的线组有对绞组、星绞组、复对绞组等等。构成这些线组的单根绝缘芯的绝缘层，总的来说有空气纸绝缘和塑料绝缘两类。其中塑料绝缘的结构计算，可按本篇第 3 章叙述的方法进行；而空气纸绝缘线芯构成的线组，计算比较特殊，故以下做着重介绍。

（1）空气纸绝缘线组的理论计算直径　空气纸绝缘线芯分有纸带绝缘线芯、纸浆绝缘线芯和纸绳纸带绝缘线芯。由于空气作为绝缘介质而存在，因此绝缘纸与导线间应留有一定的空隙，以满足对电缆的电气特性要求。根据电容方面的要求，线组直径 d_p 的理论计算公式为

$$C = \frac{\varepsilon K}{36\ln(ad_p/d_0)} \quad (8\text{-}4\text{-}41)$$

式中 ε——等效介电系数，空气纸绝缘取 1.6；

K——绞入系数；

a——线组绞合系数，对绞组为 0.94，星绞组为 0.75，复对绞组为 0.65；

d_0——导体直径（mm）；

C——线对的工作电容（μF/km）。

各种线组的理论有效直径，如表 8-4-4 所列。

表 8-4-4　线组的理论有效直径

线组名称	截面示意图	代表符号	简图符号	线组有效直径 d_p [1]
对绞组		$1 \times 2 \times d_1$		$1.65d_1$
加强对绞组		$1 \times 2 \times d_1$		$1.65d_1 + 2t_1$
屏蔽对绞组		$1 \times 2 \times d_1$		$1.65d_1 + 2t_1 + 2t_2$

（续）

线组名称	截面示意图	代表符号	简图符号	线组有效直径 d_p [①]
星绞组		$1 \times 4 \times d_1$		$2.2d_1$
加强星绞组		$1 \times 4 \times d_1$		$2.2d_1 + 2t_1$
屏蔽星绞组		$1 \times 4 \times d_1$		$2.2d_1 + 2t_1 + 2t_2$
复对绞组		$1 \times 2 \times 2 \times d_1$		$2.6d_1$
六线组		$1 \times 2 \times 3 \times d_1$		$3.55d_1$
八线组		$1 \times 2 \times 4 \times d_1$		$3.9d_1$

① 式中，d 为单根绝缘线芯直径（mm），t_1 为加强纸层厚度（mm），t_2 为屏蔽层厚度（mm）。

（2）空气纸绝缘线组生产中的实用直径　空气纸绝缘线芯因绝缘纸和导线之间有空隙，故在绞成线组和绞缆时，线芯和线组都会受到压缩，这对纸带绝缘的线芯尤为明显，因为纸带绝缘层与导线不是紧贴的。

为保证电缆的电气性能，又考虑到线芯和线组的压缩因素，在实际生产中，纸带绝缘线芯及其线组的直径，常采用倒算法加以确定，即先对电缆芯进行电气参数的测定，再测量出线组及单根绝缘线芯的直径，以此作为生产中的经验数据。

纸带绝缘市话电缆对绞组，经压缩后的直径的经验数据，见表 8-4-5；与其相应的单根纸带绝缘线芯直径（即纸包用线模的孔径）的经验数据，见表 8-4-6。

2. 电缆芯外径 D

（1）同心式电缆芯的外径　对绞市话电缆、配线电缆同心式电缆芯的结构排列见表 8-4-7。

表 8-4-5　纸带绝缘市话电缆对绞组直径的经验数据　（单位：mm）

导线直径 d_0	经压缩后的对绞组直径 d_p	
	同心式电缆	单位式电缆
0.4	1.26 ~ 1.32	1.36 ~ 1.40
0.5	1.39 ~ 1.47	1.46 ~ 1.49
0.6	1.86 ~ 1.96	2.06 ~ 2.10
0.7	2.34 ~ 2.43	2.28 ~ 2.32
0.9	2.44 ~ 2.54	2.51 ~ 2.55

表 8-4-6　市话电缆纸带绝缘线芯直径的经验数据　（单位：mm）

导线直径 d_0	绝缘线芯直径 d_1	导线直径 d_0	绝缘线芯直径 d_1
0.4	1.05	0.7	1.7
0.5	1.1	0.9	1.9
0.6	1.5		

表 8-4-7　对绞同心式电缆芯的结构

标称对数	实际对数	对绞组结构排列	外径比 M[①]
5	5	5	2.7
10	10	2 + 8	4.0
15	15	5 + 10	4.63
20	20	1 + 6 + 13	5.26
25	25	3 + 8 + 14	6.16
30	30	4 + 10 + 16	6.42
50	50	4 + 10 + 15 + 21	8.42
80	81	4 + 10 + 16 + 22 + 29	10.42
100	101	2 + 8 + 14 + 20 + 26 + 31	12.00
150	151	4 + 10 + 16 + 22 + 27 + 33 + 39	14.42
200	202	4 + 10 + 16 + 22 + 28 + 34 + 41 + 47	16.42
300	303	3 + 9 + 16 + 22 + 28 + 33 + 39 + 45 + 51 + 57	20.16

① 外径 $M = D/d_p$，D 为电缆芯外径（mm），d_p 为对绞组直径（mm）。

1）纸带绝缘。对绞市话电缆的电缆芯外径 D （mm）

$$D = Md_p \qquad (8\text{-}4\text{-}42)$$

式中　M——外径比，取表 8-4-7 中的数值；

d_p——对绞组的直径（mm），其值见表 8-4-5。

2）纸浆绝缘或塑料绝缘。对绞市话、局用及配线电缆的电缆芯外径 D （mm）

5 对以下的电缆芯外径为

$$D = 1.65Md \qquad (8\text{-}4\text{-}43)$$

式中　M——外径比；

d——单根绝缘线芯直径。

10～100 对的电缆芯外径为

$$D = \sqrt{\frac{4}{\pi}Sk} \qquad (8\text{-}4\text{-}44)$$

式中　S——所有单根绝缘线芯的总截面积（mm²）：

k——绞缆外径系数，其值见表 8-4-8。

表 8-4-8　绞缆外径系数 k 值

电缆芯	k 值
市话电缆（导线 $\phi0.4 \sim \phi0.6$）	1.22
市话电缆（导线 $\phi0.7$）	1.28
自承式市话电缆	1.28
局用电缆（对绞组）	1.28
局用电缆（三线组、星绞组）	1.35
配线电缆	1.28

（2）单位式电缆芯的外径　对绞市话电缆、配线电缆单位式电缆芯的结构排列见表 8-4-9。

表 8-4-9　对绞单位式电缆芯的结构

实际对数	各单位结构排列	单位数	各单位排列图形
303	3	3	
404	4	4	
505	1 + 4	5	
606	1 + 5	6	
707	2 + 5	7	
808	2 + 6	8	
909	3 + 6	9	
1010	3 + 7	10	
1212	4 + 8	12	

注：本表每单位中的标称对绞组数为100。此外，也可用 50 个对绞组构成一个单位，排列图形与本表相同。

无论是纸带绝缘对绞市话电缆，或是纸浆绝缘及塑料绝缘对绞市话、局用和配线电缆，它们电缆

芯外径 D 的计算方法均相同。

1）电缆芯中一个单位的外径 $D_u(mm)$ 为

$$D_u = \sqrt{\frac{4}{\pi} z_p d_p}$$ (8-4-45)

式中　z_p——一个单位中的对绞组数；

　　　d_p——对绞组的直径（mm）。

2）电缆芯的外径 $D(mm)$ 为

$$D = \sqrt{Z_u} D_u$$ (8-4-46)

式中　Z_u——电缆芯的单位数。

3. 长途通信电缆的电缆芯外径 $D(mm)$

它是采用压缩系数的方法进行计算，其计算为

$$D = M d_p k$$ (8-4-47)

式中　M——外径比，即电缆芯外径与星绞组直径之比；

　　　d_p——星绞组直径（mm）；

　　　k——外径压缩系数，其值见表8-4-10。

表 8-4-10　长途通信电缆的外径压缩系数 k

电缆芯	k 值	电缆芯	k 值
低频 3～7 组	0.9	低频 3～7 屏蔽组	0.95
低频 12～19 组	0.85	低频 12～19 屏蔽组	0.9
低频 24～37 组	0.82	高频组	0.9

4.4　电缆芯的重量

4.4.1　无填充物的电缆芯重量

这类电缆芯的重量 W 是由各个绝缘线芯的单重及绞合时的绞入系数决定的，通常同心层绞电缆芯的重量 W（kg/km）以式（8-4-48）计算

$$\left.\begin{array}{l} W = GZK_m \\ \text{或 } W = G(z_0K_0 + z_1K_1 + z_2K_2 + \cdots + z_nK_n) \end{array}\right\}$$

(8-4-48)

式中　　　　G——单根绝缘线芯的重量（kg/km）；

　　　　　　z——绝缘线芯总根数；

　　　　　K_m——绝缘线芯的平均绞入系数；

$z_0 、 z_1 、 z_2 \cdots z_n$——分别为中心、第一、第二层……最外层的绝缘线芯根数；

$K_0 、 K_1 、 K_2 \cdots K_n$——分别为中心、第一、第二层……最外层的绞入系数。

对单位式通信电缆的电缆芯重量 W 的计算，则采用如下公式

$$W = GZ_u Z K_{mu} K_m$$ (8-4-49)

式中　G——单根绝缘线芯的重量（kg/km）；

　　　Z_u——一个单位中的单根绝缘线芯根数；

　　　Z——电缆芯的单位数；

　　　K_{mu}——一个单位中绝缘线芯的平均绞入系数；

　　　K_m——各单位绞合成电缆芯时的平均绞入系数。

如果无填充物的电缆芯是由不同直径或不同种类的绝缘线芯构成，则它们的重量应分别进行计算。

4.4.2　有填充物和有垫芯的电缆芯重量

有填充物和有垫芯的电缆芯重量，是由所有绝缘线芯的重量和填充物（或垫芯）的重量两部分组成。其中：绝缘线芯的总重量可按式（8-4-48）求得。因此，以下主要介绍填充物和垫芯的重量计算。

1. 填充物的重量 W_S

填充物的重量是由电缆芯的空隙面积、填充物的单重及绞入系数决定的。在计算时，先求出填充物的根数；然后根据填充物的单重及绞入系数，计算出填充物的总重。

（1）填充物的根数　电缆芯中心的填充物根数 Z_{S0} 按下式计算

$$Z_{S0} = S_{C0}/f$$ (8-4-50)

式中　S_{C0}——电缆芯的中心空隙面积（mm²）；

　　　f——单根填充物的截面积（mm²）。

电缆芯外缘的填充物根数 Z_{Sn} 按下式计算

$$Z_{Sn} = S_{Cn}/f$$ (8-4-51)

式中　S_{Cn}——电缆芯最外层的外缘空隙面积（mm²）。

（2）填充物的重量 W_S（kg/km）

$$W_S = Z_{S0} G K_0 + Z_{Sn} G K_n$$ (8-4-52)

式中　G——单根填充物的重量（kg/km）；

　　　K_0——中心层的绞入系数；

　　　K_n——最外层的绞入系数。

2. 垫芯的重量 W_0（kg/km）

$$W_0 = S_0 \rho$$ (8-4-53)

式中　S_0——垫芯的截面积（mm²）；

　　　ρ——垫芯的材料密度（g/cm³）。

第5章

保 护 层

电缆保护层（以下简称护层）主要有实体护层、绕包护层及编织护层等形式，其结构计算与绝缘层有很多相似之处。

5.1 实体护层

实体护层常指的是挤压的橡皮、塑料、铅或铝护层，此外还有采用金属带纵包并焊接的护层。

5.1.1 单芯电线电缆的护层

这种护层呈圆管形。由图 8-5-1 可知，如果绝缘线芯的直径为 D_0，护层的厚度为 t，则护层的外径 D（mm）及截面积 S（mm²）分别为

$$D = D_0 + 2t \tag{8-5-1}$$

$$S = \pi(D_0 + t)t \tag{8-5-2}$$

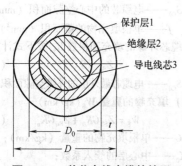

图 8-5-1　单芯电线电缆的护层

5.1.2　2芯或3芯扁平形电线电缆的护层

按 2~3 芯扁平形电线电缆护层的截面形状，可分为椭圆形、8 字形、扁平形和嵌入式等四种护层形式，而且结构计算也各不相同。

1. 椭圆形护层

这种护层大多用于截面积较小的两芯电线，由图 8-5-2 可见，护层的外形尺寸 A 与 B（单位均为 mm）、截面积 S（mm²）分别为

$$\left.\begin{array}{l} A = a + 2t \\ B = b + 2t \end{array}\right\} \tag{8-5-3}$$

$$S = \frac{\pi}{2}t(a + b + 2t) \tag{8-5-4}$$

式中　a——护层内壁高度（mm）；

　　　b——护层内壁宽度，为绝缘线芯直径 d 的两倍（mm）；

　　　t——护层厚度（mm）。

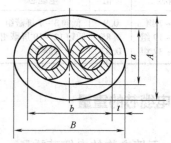

图 8-5-2　扁平两芯电线的椭圆形护层

2. 8 字形护层

8 字形护层用于两芯电线。由于两个绝缘线芯是平排相接的，由图 8-5-3 可见，其护层的截面积相当于两个圆环的面积减去两个弓形（图中划斜线部分）的面积。所以，8 字形护层的外形尺寸 A 与 B（单位均为 mm）、截面积 S（mm²）分别为

$$\left.\begin{array}{l} A = d + 2t \\ B = 2d + 2t \end{array}\right\} \tag{8-5-5}$$

$$S = 2\pi(d + t)t - 2S_g \tag{8-5-6}$$

式中　d——绝缘线芯直径（mm）；

　　　t——护层厚度（mm）；

　　　S_g——弓形部分（图中黑点部分）面积（mm²）。

3. 扁平形护层

2~3 芯电线电缆的扁平形护层，分不包带和有包带两种（见图 8-5-4）。

（1）扁平形护层的外形尺寸 A 与 B（单位均为 mm）

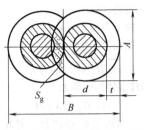

图 8-5-3　扁平两芯电线的 8 字形护层

对不包带的护层

$$\left.\begin{array}{l} A = d + 2t \\ B = 2d + 2t \end{array}\right\} \qquad (8\text{-}5\text{-}7)$$

对有包带的护层

$$\left.\begin{array}{l} A = d + 2t_1 + 2t \\ B = Zd + 2t_1 + 2t \end{array}\right\} \qquad (8\text{-}5\text{-}8)$$

式中　d——绝缘线芯直径（mm）；

　　　t——外层的护层厚度（mm）；

　　　t_1——包带层厚度（mm）；

　　　Z——绝缘线芯数。

（2）扁平形护层的截面积 S（mm^2）

对不包带的护层

$$S = \pi(d + t)t + (Z - 1) \times 2dt \qquad (8\text{-}5\text{-}9)$$

对有包带的护层

$$S = \pi(d + 2t_1 + t)t + (Z - 1) \times 2dt$$
$$(8\text{-}5\text{-}10)$$

式中，所有代号同前。

4. 嵌入式护层

2～3 芯电线电缆的嵌入式护层如图 8-5-5 所示。

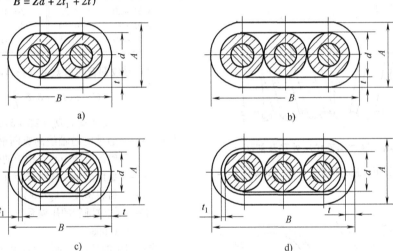

a)　　　　　　　　　　b)

c)　　　　　　　　　　d)

图 8-5-4　2～3 芯电线电缆的扁平型护层

a) 两芯不包带　b) 三芯不包带　c) 两芯有包带　d) 三芯有包带

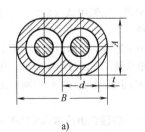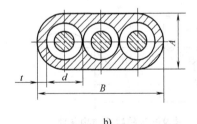

a)　　　　　　　　　　　b)

图 8-5-5　2～3 芯电线电缆的嵌入式护层

a) 两芯　b) 三芯

由图可见，嵌入式护层的外形尺寸 A 与 B 的计算方法与不包带的扁平形护层相同；而截面积 S（mm^2）的计算通式如下

$$S = \pi(d + t)t + (Z - 1)\left(2dt + d^2 - \frac{\pi}{4}d^2\right)$$
$$(8\text{-}5\text{-}11)$$

式中，所有代号及含义同前。

5.1.3 多芯圆形电线电缆的护层

这类护层当采用金属材料时，其外形有平滑的圆管和皱纹形圆管两种。当采用橡皮或塑料时，其外形有圆管和嵌入式圆管两种，而嵌入式的又有线芯间的嵌入和编织层空隙的嵌入。

1. 平滑圆管护层

这种护层的外径 D 与截面积 S 的计算方法，均与单芯电线电缆的护层相同，详见式（8-5-1）及式（8-5-2），其中 D_0 为电缆芯的直径。

2. 螺旋皱纹圆管护层

计算皱纹铝（钢）管电缆的护层为薄壁金属管轧制成的螺旋皱纹圆管，这种护层的外形及纵向剖面如图 8-5-6 所示。

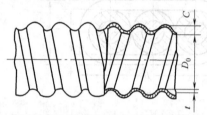

图 8-5-6 皱纹圆管护层外形及剖面

（1）轧纹节距、波高和弧卡关系 参见图 8-5-7，采用下列各式

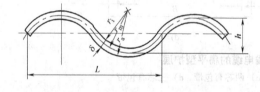

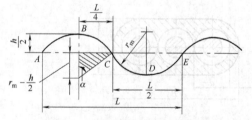

图 8-5-7 皱纹圆管护层的结构参数

$$r_m = \frac{1}{4}\left(\frac{L^2}{4h} + h\right) \quad (8\text{-}5\text{-}12)$$

$$\sin\alpha = \frac{L}{4r_m} \quad (8\text{-}5\text{-}13)$$

$$S = r_m \cdot \pi \cdot \frac{\alpha}{90} \quad (8\text{-}5\text{-}14)$$

式中 L——轧纹节距（mm）；

h——波高（mm）；

r_m——曲率半径（mm）；

α——孔径角半角（°）；

S——弧 $ABCD$ 长度（mm）。

（2）皱纹圆管的外径 D

$$D = D_0 + 2\delta + 2C \quad (8\text{-}5\text{-}15)$$

式中 D_0——皱纹管波谷内径（即电缆芯直径）（mm）；

δ——皱纹管壁厚（mm）；

C——皱纹管波峰内壁与缆芯表面的空隙距离（mm），其值见表 8-5-1。

表 8-5-1 空隙距离 C 值（单位：mm）

轧纹前圆管外径 D	C 值	轧纹前圆管外径 D	C 值
16.01 ~ 20	4.35	30.01 ~ 35	4.80
20.01 ~ 25	4.50	35.01 ~ 40	4.95
25.01 ~ 30	4.65	40.01 ~ 45	5.10

（3）皱纹圆管的重量 W（kg/km）

$$W = \pi(D_0 + \delta)\delta\frac{S}{L}\gamma \quad (8\text{-}5\text{-}16)$$

$$\text{或 } W = \pi(D_0 + 2C + \delta)\delta K \quad (8\text{-}5\text{-}17)$$

式中 S——通过电缆轴线的纵断面与一个螺旋波纹的管壁中心层相交的弧长（mm）；

L——螺旋形皱纹轧纹节距（mm）；

γ——材料密度（kg/km）；

K——皱纹圆管的压缩系数，通常取 1.002 ~ 1.008。

应该指出的是，如果轧纹前圆管的外径及壁厚有据可查，则以式（8-5-17）较为简便。

3. 嵌入电缆芯的圆形护层

这种护层的外径 D 的计算方法，与单芯电缆的护层相同，也采用式（8-5-1），其中 D_0 为电缆芯的直径。

由于这种护层的内壁有一部分嵌入到电缆芯外层各绝缘线芯间的外缘空隙中，因此护层的截面积 S 由圆环面积及嵌隙面积两部分组成，其计算公式如下。

（1）等圆绝缘线芯构成的多芯电缆的护层截面积 S（mm²）

$$S = \frac{\pi}{4}(D_0 + t)t + S_{Cn} \quad (8\text{-}5\text{-}18)$$

式中 D_0——电缆芯直径（mm）；

t——护层厚度（mm）；

S_{Cn}——电缆芯外缘的空隙面积（mm²）。其值按式（8-4-3）计算，或从

表 8-4-1查得。

(2) 绝缘线芯为二大一小的电缆护层截面积 S（mm^2）

$$S = \frac{\pi}{4}(D_0 + t)t + S_{C1} + 2S_{C2} \qquad (8\text{-}5\text{-}19)$$

式中 S_{C1} 及 S_{C2}——为两个大绝缘线芯间的外缘空隙面积及一大一小绝缘线芯间的外缘空隙面积（mm^2），它们的值分别按式（8-4-17）及式（8-4-18）计算。

(3) 绝缘线芯为相接的三大一小的电缆护层截面积 S（mm^2）

$$S = \frac{\pi}{4}(D_0 + t)t + 2S_{C1} + 2S_{C2} \qquad (8\text{-}5\text{-}20)$$

式中 S_{C1} 及 S_{C2}——同前，但其值按式（8-4-25）及式（8-4-26）计算。

(4) 绝缘线芯间有垫芯的电缆护层截面积 S（mm^2）

$$S = \frac{\pi}{4}(D_0 + 2t)^2 - S_z - S_0 \qquad (8\text{-}5\text{-}21)$$

式中 S_z——绝缘线芯的总截面积（mm^2）；

S_0——垫芯的截面积（mm^2）。对三大一小线芯的垫芯，用式（8-4-28）计算；对三大三小线芯的垫芯，用式（8-4-30）计算。

4. 嵌入编织层的圆形护层

当电缆芯的外面有金属丝编织层时，在挤包橡皮或塑料护层过程中，橡皮或塑料就会嵌入编织层的空隙内，如图 8-5-8 所示。有关编织层的结构计算，详见下节，因此这里仅对实体护层重量进行计算，编织层的本身重量不计在内。

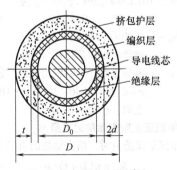

图 8-5-8 护层材料嵌入编织层空隙的示意

(1) 护层外径 D（mm）

$$D = D_0 + 4d + 2t \qquad (8\text{-}5\text{-}22)$$

式中 D_0——电缆芯直径（mm）；

d——编织用金属丝的直径（mm）；

t——护层厚度（mm）。

(2) 护层重量 W 护层重量 W 应为护层圆形套管的重量 W_1 与嵌入编织层空隙的护层材料重量 W_2（单位均为 kg/km）之和。其中

$$W_1 = \pi(D_0 + 4d + t)t\rho \qquad (8\text{-}5\text{-}23)$$

$$W_2 = \pi(D_0 + 2d)2d(1-p)\rho \qquad (8\text{-}5\text{-}24)$$

式中 ρ——护层的材料密度（g/cm^3）；

p——按面积计算的编织覆盖率（又称编织密度）（%）。

5.2 编织护层

编织护层是由两组纤维材料（棉纱、玻璃纤维等）或金属丝（铜丝、细钢丝等）交织而成，其展开后平面形状如图 8-5-9 所示。

图 8-5-9 编织护层展开图

5.2.1 有涂料的纤维编织护层

这种护层在纤维编织以后，常用沥青涂料或腊克浸涂。

1. 编织层外径 D（mm）

$$D = D_0 + 2t \qquad (8\text{-}5\text{-}25)$$

式中 D_0——编织前电线电缆外径（mm）；

t——编织层厚度（mm），为单根纤维纱（以下简称单纱）厚度的两倍，它与单纱的公制号数 N 的关系为：$t = 1.85/\sqrt{N}$，具体数值见表 8-5-2。

表 8-5-2 纤维材料编织的有关数据

材料	支数[①]		覆盖宽度 b/mm	编织厚度 t/mm	重量 /（kg/km）
	公制 N	英制 S			
棉纱	54/1	32/1	0.16	0.25	0.0185
棉纱	40/1	24/1	0.125	0.30	0.025
棉纱	36/1	21/1	0.21	0.34	0.0276
棉纱	17/1	10/1	0.2813	0.45	0.0588

（续）

材料	支数① 公制 N	支数① 英制 S	覆盖宽度 b/mm	编织厚度 t/mm	重量 /(kg/km)
棉纱	100/2	60/2	0.16	0.25	0.02
棉纱	85/2	50/2	0.172	0.275	0.0236
棉纱	70/2	42/2	0.22	0.314	0.0283
棉纱	54/2	32/2	0.246	0.35	0.0371
棉纱	36/2	22/2	0.275	0.44	0.0556
棉纱	34/2	20/2	0.28	0.45	0.0589
棉纱	35/3	21/3	0.2188	0.35	0.0855
棉纱	27/3	16/3	0.36	0.57	0.1111
棉纱	20/3	12/3	0.43	0.70	0.15
尼龙	34	—	0.278	0.10	0.0294
玻璃丝	45/2	—	0.274	0.20	0.0444
玻璃丝	80/2	—	0.137	0.10	0.0250

① $N = 1.7S$。

2. 每组纤维单向的覆盖率 p

通常，电线电缆对编织层的覆盖率（即编织密度）有一定的要求（即为已知的），这个编织覆盖率是指两组纤维交织后的总覆盖率。如果编织覆盖率为 P，则 P 与每组纤维的单向覆盖率 p 有以下关系式：

$$P = (2p - p^2) \times 100\% \qquad (8\text{-}5\text{-}26)$$

P 与 p 的对应值如表 8-5-3 所列。

表 8-5-3　编织覆盖率 P 与纤维
单向覆盖率 p 的关系

P（%）	p	P（%）	p	P（%）	p
99	0.9000	87	0.6394	75	0.5000
98	0.8586	86	0.6258	74	0.4901
97	0.8268	85	0.6127	73	0.4804
96	0.8000	84	0.6000	72	0.4708
95	0.7764	83	0.5877	71	0.4615
94	0.7550	82	0.5757	70	0.4523
93	0.7354	81	0.5641	69	0.4432
92	0.7171	80	0.5528	68	0.4343
91	0.7000	79	0.5417	67	0.4255
90	0.6873	78	0.5310	66	0.4169
89	0.6683	77	0.5204	65	0.4084
88	0.6536	76	0.5101	64	0.4000

3. 单纱根数

每个锭子的单纱根数 Z_0 为

$$Z_0 = \frac{\pi(D_0 + t)p\sin\alpha}{ab} \qquad (8\text{-}5\text{-}27)$$

式中　t——编织层厚度（mm）；

　　　D_0——编织前电线电缆外径（mm）；

　　　p——一组纤维纱的单向覆盖率（%）；

　　　α——编织角；

　　　a——编织总锭子数的 1/2；

　　　b——单纱的覆盖宽度（mm）。$b = 1.3/\sqrt{N}$，其值见表 8-5-2。

编织层单纱总根数 Z 则为

$$Z = 2aZ_锭 \qquad (8\text{-}5\text{-}28)$$

4. 编织层重量 p（kg/km）

编织层重量 W_p 的计算方法，有按编织角 α 计算和按纤维单向覆盖率 p 计算两种，即

$$W_p = \frac{2aZ_锭}{N\sin\alpha}k \qquad (8\text{-}5\text{-}29)$$

$$或 \quad W_p = \frac{2\pi(D_0 + t)p}{Nb}k \qquad (8\text{-}5\text{-}30)$$

式中　N——纤维纱的公制支数；

　　　k——考虑到纤维纱交织时增加长度的交叉系数，其值为 1.02。

5. 编织层上沥青涂料的重量 W_L

当编织层浸涂沥青涂料时，沥青涂层的重量 W_L（kg/km）与编织层所采用的纤维材料有关。例如：棉纱编织的沥青涂层重量 W_L 为

$$W_L = \frac{W_p}{P}\varepsilon \qquad (8\text{-}5\text{-}31)$$

式中　P——编织覆盖率（%）；

　　　ε——浸涂系数，其值见表 8-5-4。

表 8-5-4　棉纱编织层的浸涂系数 ε

棉纱支数 公制 N	棉纱支数 英制 S	第一次浸涂 ε	第一次浸涂 浸涂量（%）	第二次浸涂 ε	第二次浸涂 浸涂量（%）	合计 ε	合计 浸涂量（%）
17	10	1.48	80	0.37	20	1.85	100
36	21	1.28	80	0.32	20	1.60	100

玻璃丝编织的沥青涂层重量 W_L 为

$$W_L = (D_0 + t)\varepsilon \qquad (8\text{-}5\text{-}32)$$

式中　D_0——编织前电线外径（mm）；

　　　t——玻璃丝编织层厚度（mm）；

　　　ε——浸涂系数。当 D_0 为 6mm 及以下时，$\varepsilon = 0.31 \sim 0.40$；当 D_0 为 10mm 及以上时，$\varepsilon = 0.41 \sim 0.50$。

6. 编织层上腊克涂层的重量 W_L

当编织层涂腊克时，腊克涂层的重量 W_L 为

$$W_L = \pi(D + t)t_p\rho \qquad (8\text{-}5\text{-}33)$$

式中　D——编织层外径（mm）；

　　　t——腊克层厚度（mm）；

　　　ρ——固体腊克的密度（g/cm³）。

腊克漆液的重量 W_m 则为

$$W_m = W_L U \qquad (8\text{-}5\text{-}34)$$

式中　U——腊克的液化系数，即为固体含量的倒数。

5.2.2　金属丝编织护层

1. 编织层外径 D（mm）

$$D = D_0 + 4d \qquad (8\text{-}5\text{-}35)$$

式中　D_0——编织前电线电缆外径（mm）；

　　　d——金属丝直径（mm）。

2. 金属丝根数

每个锭子的金属丝根数 Z_d 为

$$Z_d = \frac{\pi(D_0 + 2d)p\sin\alpha}{ad} \qquad (8\text{-}5\text{-}36)$$

式中　p——每组金属丝的单向覆盖率（%），根据编织覆盖 P 值，p 可从表 8-5-3 查得；

　　　α——编织角；

　　　a——编织总锭子数的 1/2。

编织层金属丝总根数 Z 则为

$$Z = 2aZ_d \qquad (8\text{-}5\text{-}37)$$

3. 编织层重量 W（kg/km）

如按编织角计算：

$$W = \frac{\pi}{2}d^2 \frac{aZ_d}{\sin\alpha}k\rho \qquad (8\text{-}5\text{-}38)$$

如按每组金属丝单向覆盖率计算，则为

$$W = \frac{\pi^2}{2}d(D_0 + 2d)pk\rho \qquad (8\text{-}5\text{-}39)$$

式中　k——编织的交叉系数，其值为 1.02；

　　　ρ——金属丝的材料密度（g/cm³）。

某些电线电缆的钢丝编织层上，还涂有防腐漆，该漆层的重量 W_L（kg/km）按下式计算

$$W_L = 0.8(D_0 + 4d) \qquad (8\text{-}5\text{-}40)$$

防腐漆液的重量 W_m（kg/km）则为

$$W_m = W_L U \qquad (8\text{-}5\text{-}41)$$

式中　U——漆的液化系数，通常为 1.87。

5.3　铠装电缆外护层

当电缆敷设于地下、管道中、水下、竖井中等场合时，为了防护可能受到的外来机械力的破坏，或承受电缆自重的拉力，必须具备有钢带、钢丝等构成的铠装层。多种系列或类别的电缆需要采用不同的铠装层，铠装层的内衬层与外层结构很多，本节将以传统的铅包内护套电缆为代表来介绍铠装电缆外护层，因为其结构层次较多，参照应用时范围较少。

5.3.1　铅护套电缆外护层结构形式

铅护套电缆外护层的结构形式种类最多，可见表 8-5-5。

表 8-5-5　铅护套电缆外护层结构

型号	护层名称	外护层应用材料程序	旧型号对照
02	铅护套无铠装外护套	铅护套外涂沥青—绕包二层 PVC 带—挤聚氯乙烯套	11
03	铅护套无铠装外护套	铅护套外涂沥青—绕包二层 PVC 带—挤聚乙烯套	—
20	铅护套裸钢带铠装	铅护套外涂沥青—绕包二层 PVC 带—绕包一层浸渍纸带—涂沥青-0.68 支麻衬（或无纺蔴布）—涂沥青—钢带铠装	120
21	铅护套钢带铠装纤维外被	铅护套外涂沥青—绕包二层 PVC 带—绕包一层浸渍纸带—涂沥青-0.68 支麻衬（或无纺蔴布）—涂沥青—钢带铠装—沥青-0.51 蔴衬—涂沥青—涂白垩粉	12
22	铅护套钢带铠装聚氯乙烯套	铅护套外涂沥青—绕包二层 PVC 带—绕包一层浸渍纸带—涂沥青-0.68 蔴衬（或无纺蔴布）—沥青—钢带铠装—挤塑套	22, 29
23	铅护套钢带铠装聚乙烯套	铅护套外涂沥青—绕包二层 PVC 带—绕包一层浸渍纸带—涂沥青-0.68 蔴衬（或无纺蔴布）—沥青—钢带铠装—挤塑套	—
32	铅护套细圆钢丝铠装聚氯乙烯套	铅护套外涂沥青—绕包二层 PVC 带—绕包一层浸渍纸带—沥青 0.68 支蔴衬（或无纺蔴布）—沥青—钢丝铠装—挤塑套	23, 39
33	铅护套细圆钢丝铠装聚乙烯套	铅护套外涂沥青—绕包二层 PVC 带—绕包一层浸渍纸带—沥青 0.68 支蔴衬（或无纺蔴布）—沥青—钢丝铠装—挤塑套	39

（续）

型号	护层名称	外护层应用材料程序	旧型号对照
40	铅护套粗圆钢丝铠装	铅护套外涂沥青绕包二层 PVC 带—绕包—层浸渍纸带—涂沥青-0.51 支蔴衬（或无纺蔴布）—涂沥青—钢丝铠装	150，50
41	铅护套粗圆钢丝铠装纤维外被	铅护套外涂沥青—绕包二层 PVC 带—绕包—层浸渍纸带—涂沥青—0.51 支蔴衬（或无纺蔴布）—沥青钢丝铠装—涂沥青-0.51 支蔗被—沥青—涂白垩粉	15
42	铅护套粗圆钢丝铠装聚氯乙烯套	铅护套外涂沥青—绕包二层 PVC 带—绕包—层浸渍纸带—涂沥青—0.51 支蔴衬（或无纺蔴布）—沥青—钢丝铠装—挤塑套	25，59
43	铅护套粗圆钢丝铠装聚乙烯套	铅护套外涂沥青—绕包二层 PVC 带—绕包—层浸渍纸带—涂沥青—0.51 支蔴衬（或无纺蔴布）—沥青—钢丝铠装—挤塑套	—

5.3.2 外护层外径及重量的计算

1. 铅包后涂沥青的外径及沥青重量

涂沥青后的外径 D_1（mm）和所需沥青重量 W_1（kg/km）计算式如下

$$D_1 = D_0 + 2t \qquad (8\text{-}5\text{-}42)$$

$$W_1 = \pi (D_0 + t_0) t_0 \gamma_1 n \qquad (8\text{-}5\text{-}43)$$

式中 D_0——铅护套外径（mm）；

t——所涂沥青层的厚度（mm）；

t_0——涂一道沥青的厚度，通常以 0.6mm 计。式（8-5-43）为涂一道时的重量，如涂 n 道则需乘以 n；

n——涂沥青的道数，一般小于 5；

γ_1——沥青密度（g/cm^3），通常取 0.9。

2. 二层聚氯乙烯带绕包后的外径 D_2（mm）与材料重量 W_2（kg/km）

$$D_2 = D_1 + 5t_2 \qquad (8\text{-}5\text{-}44)$$

$$W_2 = \pi (D_1 + 2t_2) 2t_2 \gamma_2 k_1 \qquad (8\text{-}5\text{-}45)$$

式中 D_1——带材绕包前，半制品外径（mm）；

t_2——一层聚氯乙烯带厚度（mm）；

γ_2——聚氯乙烯带密度（g/cm^3）；

k_1——带材重叠绕包系数（见表 8-5-6）。

表 8-5-6 聚氯乙烯带重叠绕包系数（参考值）

带宽/mm		35	40	45	55	60	65	75	80	85	105	120
k_1	$D_1 \geqslant 13.0$mm	1.3	1.25	—	—	—	—	—	—	—	—	—
	$D_1 = 13.1 \sim 17.0$mm	—	—	1.22	1.17	—	—	—	—	—	—	—
	$D_1 = 17.1 \sim 21.0$mm	—	—	—	—	1.15	1.14	—	—	—	—	—
	$D_1 = 21.1 \sim 40.0$mm	—	—	—	—	—	—	1.12	1.11	1.10	—	—
	$D_1 \geqslant 40.1$mm	—	—	—	—	—	—	—	—	—	1.08	1.07

注：绕包带搭盖部分按 8mm 计算。

3. 一层油浸纸绕包后外径 D_3（mm）及材料重量 W_3（kg/km）

$$D_3 = D_2 + 3t_3 \qquad (8\text{-}5\text{-}46)$$

$$W_3 = \pi (D_3 + t_3) t_3 \gamma_3 k \varepsilon_1 \qquad (8\text{-}5\text{-}47)$$

式中 D_2——绕包纸带前半制品外径（mm）；

t_3——油浸纸带厚度（mm），一般用 0.17mm 的纸；

γ_3——未浸渍的纸带密度（g/cm^3），$\gamma_3 = 0.9$g/cm^3；

ε_1——油浸渍系数，$\varepsilon_1 = 1.3$；

k——浸渍纸带绕包重叠系数（见表8-5-7）。

表 8-5-7 浸渍纸带绕包重叠系数

纸宽/mm		32	35	40	45	50	55	60
k	$D_2 \leqslant 13.0$mm	1.18	1.16	1.14	—	—	—	—
	$D_2 \geqslant 13.1$mm	—	—	—	1.12	1.11	1.10	1.09

注：绕包重叠量以 5mm 计算。

4. 蔴衬、蔴被层外径 D_4（mm）及材料重量 W_4（kg/km）

$$D_4 = D_3 + 2t_4 \qquad (8\text{-}5\text{-}48)$$

$$W_4 = \pi \frac{(D_3 + t_4)\varepsilon_2}{Nb} \qquad (8\text{-}5\text{-}49)$$

式中 D_3——蔴绕包前半制品外径（mm）；

t_4——蔴衬或蔴被层厚度（mm）；

ε_2——蔴浸油系数，$\varepsilon_2 = 1.34$；

N、b——蔴的公制支数及蔴被覆盖宽度（见表 8-5-8）。

表 8-5-8　蔴层厚度及覆盖宽度

蔴纱公制支数 N		蔴层厚度	压缩系数	覆盖宽度[①]
干支数	湿支数	t/mm	k	b/mm
0.68	0.60	1.5	0.65	2.307
0.51	0.45	2.0	0.70	2.857
0.34	0.30	2.5	0.75	2.333

注：钢带、细钢丝铠装，蔴衬层用 0.68 支蔴，粗钢丝铠装用 0.51 支，单蔴被层用 0.51 支。

[①] $b = t/R$

5. 钢带铠装后外径 D_5（mm）及材料重量 W_5（kg/km）

$$D_5 = D_4 + 4t_5 - 1 \qquad (8\text{-}5\text{-}50)$$

$$W_5 = \pi(D_4 + 2t_5 - 1)2t_5\gamma k_3 \qquad (8\text{-}5\text{-}51)$$

式中　D_4——钢带绕包前半制品外径（mm）；

t_5——钢带厚度（mm）；

γ——钢带密度（g/cm³）；

k_3——钢带间隙系数（见表 8-5-9）。

6. 钢丝铠装后外径 D_6（mm）及材料重量材料重量 W_6（kg/km）

$$D_6 = D_4 + 2d - 1 \qquad (8\text{-}5\text{-}52)$$

表 8-5-9　钢带厚度、宽度和间隙系数表

金属内护套			非金属内护套		
铠装前外径/mm	层数 × 厚度 × 宽度/层数 × mm × mm	间隙系数 k_3	铠装间外径/mm	层数 × 厚度 × 宽度/层数 × mm × mm	间隙系数 k_3
15.0 及以下	2 × 0.3 × 20	0.8	15.0 及以下	2 × 0.3 × 20	0.8
15.01 ~ 20.00	2 × 0.5 × 25	0.733	15.01 ~ 25.00	2 × 0.3 × 25	0.733
20.01 ~ 25.00	2 × 0.5 × 30	0.733	25.01 ~ 35.00	2 × 0.5 × 30	0.733
25.01 ~ 40.00	2 × 0.5 × 35	0.733	35.01 ~ 50.00	2 × 0.5 × 35	0.733
40.01 ~ 60.00	2 × 0.5 × 40	0.733	50.01 ~ 70.00	2 × 0.5 × 45	0.733
60.01 及以上	2 × 0.8 × 60	0.733	70.01 及以上	2 × 0.8 × 60	0.733

注：金属套铠装前外径可按铅护套外径 + 3.0mm 计。

$$W_6 = 19.25(D_4 - 1 + d)d \qquad (8\text{-}5\text{-}53)$$

式中　D_4——钢丝铠装前半制品外径（mm）；

d——钢丝直径（mm），见表 8-5-10。

表 8-5-10　钢丝直径选择（单位：mm）

类别	铠装前外径				
	15.0 及以下	15.01 ~ 25.00	25.01 ~ 35.00	35.01 ~ 60.00	60.01 及以上
	钢丝直径 d				
细钢丝	0.8 ~ 1.6	1.6	2.0	2.5	3.15
粗钢丝	4.0	4.0	4.0	4.0	5.0

注：细钢丝铠装前电缆外径可以用铅护套外径 + 3.0mm 计；粗钢丝铠装可以用铅护套外径 + 5.0mm 计。

7. 塑料外护套外径 D_7（mm）及材料重量 W_7（kg/km）

$$D_7 = D_5 + 2t_6 \qquad (8\text{-}5\text{-}54)$$

$$W_7 = \pi(D_5 + t_6)t_7\gamma \qquad (8\text{-}5\text{-}55)$$

式中　D_5——钢带铠装后外径，如采用钢丝铠装，则应以 D_6 计（mm）；

t_7——塑料护套厚度（mm），选择见表 8-5-11。

γ——塑料密度（g/cm³），PVC 采用 1.38，PE 采用 0.92。

表 8-5-11　塑料外护套厚度 t_7 选择（单位：mm）

护套前标称直径	护套厚度
15.00 及以下	1.5
15.01 ~ 30.00	2.0
30.01 ~ 40.00	2.5
40.01 ~ 55.00	3.2
55.01 ~ 70.00	3.5
70.01 ~ 85.00	4.0
85.01 及以上	4.5